AF293567

Taschenbuch der Längenmeßtechnik

für Konstruktion / Werkstatt / Meßraum
und Kontrolle

In Gemeinschaft mit

Dr. phil. G. Berndt   und   Dr.-Ing. O. Kienzle
Professor an der   Professor an der
Techn. Hochschule Dresden   Techn. Hochschule Hannover

herausgegeben von

Dr.-Ing. Paul Leinweber

Berlin

Mit 790 Abbildungen
und 39 Zahlentafeln im Anhang

Springer-Verlag Berlin Heidelberg GmbH
1954

ISBN 978-3-642-94634-9   ISBN 978-3-642-94633-2 (eBook)
DOI 10.1007/978-3-642-94633-2

Vorwort

Nur durch Beherrschung der Längenmeßtechnik können der Maschinenbau, die Metallindustrie und die gesamte Feinmechanik die Genauigkeit ihrer Erzeugnisse erreichen. Das einzelne Teil ist in seinen Maßen während der Fertigung zu überwachen, oder vor dem Einbau zu prüfen. Die Gebote des Austauschbaus und seiner Wirtschaftlichkeit werden nur erfüllt, wenn man die Einhaltung der Toleranzen und Abmaße für die Passungen von Zylindern, Kegeln, ebenflächigen Körpern, Gewinden, Verzahnungen u. a. m. mit Hilfe geeigneter Meßzeuge gewährleistet. Die Normung von Einzelteilen steht und fällt mit ihrer Austauschbarkeit; daher stehen die Passungen und die Lehren in der vordersten Linie der industriellen Normen.

Meßzeuge nützen aber nur, wenn sie richtig gebraucht und die geeigneten Maßnahmen zur Auswertung der Meßergebnisse getroffen werden.

Diesem großen Gebiet, mit dem sich täglich Tausende von Fertigungsingenieuren, Konstrukteuren, Prüfern, Werkmeistern und hervorragenden Facharbeitern befassen, ist dieses Taschenbuch gewidmet. Es gibt Winke für Konstruktion, Einsatz, Instandhaltung von Längenmeßzeugen aller Art und übermittelt Erfahrungen in den verschiedenen Zweigen des neuzeitlichen Prüfwesens, wie Passungssysteme, Maßberechnungen, mathematische Statistik, Normung, Prüforganisation und dergleichen mehr.

Das Taschenbuch berücksichtigt die Entwicklung bis in die jüngste Zeit, und zwar, soweit nötig, auch die ausländische. Die einschlägigen Forschungsergebnisse sind eingearbeitet. Überall sind die bestehenden DIN-Normen zugrunde gelegt; viele davon sind auszugsweise wiedergegeben. Die verschiedenen physikalischen Methoden zur Sichtbarmachung von Meßergebnissen sind eingehend behandelt, seien sie mechanischer, optischer oder elektrischer Natur.

Die Verfasser und die Herausgeber waren bemüht, den Stoff kurz zusammengefaßt, übersichtlich und leichtverständlich darzustellen und durch einfache Skizzen zu erläutern. Soweit angängig, wurden auch marktgängige Meßgeräte und deren wichtigste Daten und Eigenschaften wiedergegeben. Das Taschenbuch ist das Ergebnis einer Gemeinschaftsarbeit erfahrener und namhafter Fachleute, die zusammen mit den Herausgebern nur den Wunsch haben, mit ihm den Fachgenossen den erwarteten Rat und die gesuchte Hilfe zu gewähren.

Ferner sind wir den Herren Professor Sir Ronald A. Fisher, Cambridge, und Dr. Frank Yates, Rothamsted, sowie dem Verlag Oliver and Boyd Ltd., Edinburgh, für die Erlaubnis zum Nachdruck der Tafel der t-Verteilung, Tafel Nr. 32, aus dem Buch ,,Statistical Tables for Biological, Agricultaral, and Medical Research'' zu besonderem Dank verpflichtet.

Dem Springer-Verlag danken wir für den Entschluß zu diesem Unternehmen sowie für die sorgfältige Ausstattung des Taschenbuches.

Im April 1954   **Die Herausgeber**

Als Verfasser wirkten mit:

Albrecht, Arthur, Oberingenieur, Siemens-Schuckert-Werke, Berlin. *Fertigung von Lehren, Behandlung, Pflege und Überwachung von Meßzeugen.*

Becker, Helmut, Oberingenieur, Ernst Leitz G.m.b.H., Wetzlar. *Optische Winkelmesser, Strichteilungen.*

Berndt, Georg, Professor Dr. phil., TH Dresden. *Begriffe, Einheiten.*

Claussen, C. Hein, Dr., Ernst Leitz G.m.b.H., Wetzlar. *Messen und Prüfen an optischen Teilen.*

Flügge, Johannes, Dr., Zeiss-Winkel, Göttingen. *Auswahl geeigneter Meßpersonen.*

Henssler, Alfred, Dipl.-Ing., Stuttgart-Degerloch. *Elektrische Meßgeräte.*

Hermann, Peter Konrad, Dr.-Ing., AEG, Berlin-Reinickendorf. *Messen während des Arbeitsganges.*

Horn, Wilhelm, Ingenieur und Berufsschuldirektor, Berlin-Friedenau. *Gestaltung von Lehren.*

Hultzsch, Erasmus, Dr. rer. nat., VEB Optik Carl Zeiss Jena, Jena. *Mathematik.*

Ickert, Joh., Dr.-Ing., Nürnberg. *Werkzeugmaschinen.*

Jürgensmeyer, Wilhelm, Dipl.-Ing., Schweinfurt. *Messen von Kugeln, Wälzlager.*

Kienzle, Otto, Professor Dr.-Ing., TH Hannover. *Normungszahlen, Zahnradtoleranzen, Maßpreßlehren.*

Kübler, Karl-Heinz, Dr.-Ing., TH Dresden. *Austauschbau, Meßuhren, Fühlhebel, Gewindemessen.*

Leinweber, Paul, Dr.-Ing., Berlin-Hermsdorf. *Mathematische Statistik, Mechanik und Wärme, Austauschbau, Messen großer Stückzahlen, Feinwerktechnik, Organisation, Wirtschaftlichkeit.*

Middeler, Paul, Obering., Hahn & Kolb, Stuttgart. *Werkzeugmaschinen.*

Räntsch, Kurt, Dr.-Ing., Carl Zeiss, Oberkochen. *Optik, Physiologie, Optische Meßgeräte, Messungen an optischen Teilen.*

Rossow, E., Professor Dr.-Ing., Technische Universität, Berlin. *Mathematische Statistik.*

Schmidt, Hans, Dr.-Ing., Hommelwerke, Mannheim. *Maße und Meßgeräte für allg. Zwecke, Komparatoren und Meßmaschinen, Einfache Meßaufgaben, Formen.*

Sievritts, Alfons, Oberingenieur, Deutscher Normenausschuß, Berlin. *Gewindetoleranzen, Keilwellen, Kerbverzahnungen.*

Summerer, Dipl.-Ing., Berlin-Charlottenburg. *Beleuchtung mit künstlichem und Tageslicht.*

von Weingraber, Herbert, Dr.-Ing., PTB, Braunschweig. *Feingestalt, Pneumatische Meßgeräte, Oberflächenprüfung.*

Wittwer, Erwin, Oberingenieur, Siemens-Schuckert-Werke, Berlin. *Messen von Hand.*

Zieher, G., Dr.-Ing., Carl Zeiss, Oberkochen. *Verzahnungen, Messen von Zahnrädern.*

Inhaltsverzeichnis

1 Grundlagen

Inhaltsverzeichnis **VII**

Inhaltsverzeichnis   **XV**

9 Tafeln

3 Lehren und Meßzeuge
31 Gestaltung von Lehren

Im Lehrenbau ist *einfache* und *zweckmäßige* Gestaltung erstrebenswert. Einfachheit ist nicht mit Primitivität gleichzusetzen; gemeint ist vielmehr: die durch allmähliche Entwicklung erreichbare, mit größter Zweckmäßigkeit gepaarte Einfachheit im höheren Sinne.

Der Zweck einer Lehre kann auf die Erfullung einer bestimmten Lehrung an einem Geräteteil gerichtet sein oder auf eine möglichst große Anzahl von Lehrungen an verschiedenen Geräteteilen (Einzweck – Vielzweck).

Dieser Abschnitt behandelt eine Auswahl allgemeiner Grundsätze und Richtlinien zur Gestaltung von Lehren und einigen anzeigenden Meßgeräten.

Die Beispiele enthalten übertragbare Erfahrungen und bieten Hilfen für die Wahl und Gestaltung dieser Meßmittel.

311 Werkstück und Lehrung
311.1 Unterlagen

Die geeignete Lehrenkonstruktion ist abhängig von dem zu prüfenden Werkstück, das eindeutig in Form, Maßen, Toleranzen und Werkstoff festgelegt sein muß. Hierzu dient die *Einzelteilzeichnung*; nur für einfache Teile genügen Skizzen oder Beschreibungen. Klarheit über Zweck, Einbaustelle und Funktion der zu lehrenden Werkstücke ist zu erhalten durch Einzelteilzeichnungen der Gegenstücke, Zusammenstellungszeichnungen, Besichtigung von Mustergeräten, Gerät- und Funktionsbeschreibungen.

Beim Entwurf schwieriger Lehren sollte der Konstrukteur möglichst ein Muster des zu lehrenden Werkstuckes (ggf. aus Holz, Gips oder Plastilin) benutzen, um die wahren *Größenverhältnisse* klarer als mit Hilfe von Zeichnungen erfassen zu können (verschiedene Zeichenmaßstäbe!).

311.2 Zu lehrende Maße

Für die Lehrung kommen folgende Arten von Zeichnungsmaßen in Betracht (s. Abschn. 161):

1. Funktionsmaße (Einfluß auf Zusammenwirken von Einzelteilen und Baugruppen);

2. Zusammenbaumaße (Einfluß auf Zusammenbau bei Herstellung und bei Einbau von Ersatzteilen);

3. Hilfsmaße (fur Aufnahme in Vorrichtungen und Lehren).

Diese Maße werden mit Abmaßen versehen, ggf. muß auch die zulässige Abweichung für sog. Nullmaße (Symmetrie, Schlag) und die Abweichung von der idealen geometrischen Form und Lage (Unebenheit, Unparallelität, Abweichung von der Zylinderform) angegeben werden (s. Abschn. 165.1, 166 u. 54).

Freie Baumaße werden im allgemeinen nicht besonders geprüft. Freimaßtoleranzen s. DIN 7168.

311.3 Reihenfolge der Lehrungen

Die Reihenfolge der Lehrungen ist von der Arbeitsfolge abhängig. Dadurch werden der Arbeitsplan, die Art und Reihenfolge der Bearbeitung, Werkzeuge und Vorrichtungen festgelegt, sie sind maßgeblich für die Wahl und Gestaltung der Lehren.

311.4 Lehraufgabe

Die Bemaßung der Werkstücke bildet die Grundlage für die Lehrung. Die Lehraufgabe muß klar erfaßt werden, da sie die Gestalt der Lehren bestimmt (Abb. 31-1). Besonders zu beachten sind die Aufnahme- und Anlageflächen, die voneinander abhängigen Maße und die Richtungen der Toleranzen (Abb. 31-2). Aufnahmen und Anlagen der Lehren sollen mit denen der Vorrichtungen in Lage und Größe möglichst übereinstimmen.

Unzweckmäßige Lehrengestaltung und Lehrenwahl haben häufig ihre Ursache in mangelhaften oder nicht genügend ausgewerteten Unterlagen zur Bestimmung der Werkstucke.

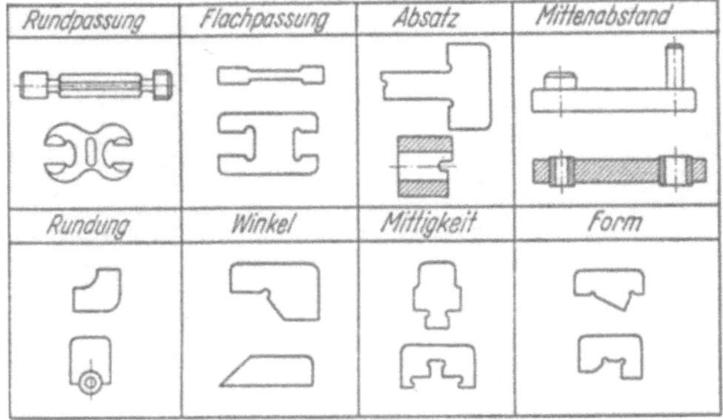

Abb. 31-1. Abhängigkeit der Lehrengestalt von der Lehraufgabe.

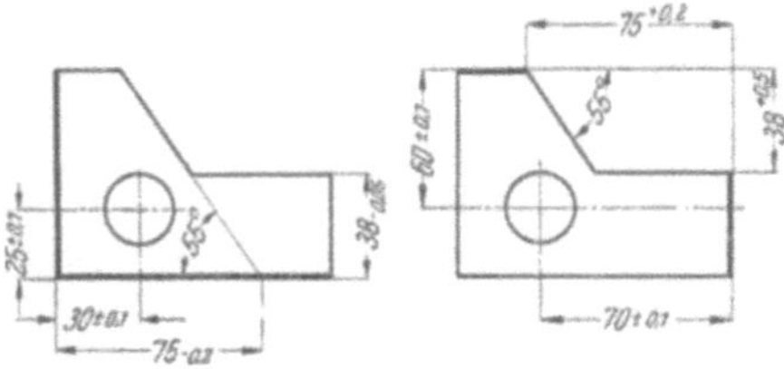

Abb. 31-2. Verschiedene Bezugsflächen für die Bemaßung des gleichen Werkstuckes beeinflussen die Konstruktion der Lehren.

312 Einteilung und Bauprinzip

312.1 Lehrenarten (Abb. 31-3)

Lehren dienen zur Feststellung der Einhaltung von Grenzwerten (s. Abschn. 111) und sind nach bestimmten Maßen gefertigt oder eingestellt.

Grenzlehren erfassen beide Grenzwerte einer Toleranz (auf der Gutseite Paarungs-, auf der Ausschußseite Istmaß, s. Abschn. 111.2).

Gut- bzw. Ausschußlehren erfassen nur *einen* Grenzwert.

Normallehren. Lehren, denen die Werkstücke so genau wie möglich angepaßt werden. Veraltet, Vorgänger der Grenzlehren.

Arbeitslehren zur Lehrung von Werkstücken bei der Fertigung.

Revisionslehren zur Lehrung von Werkstücken bei der Revision.

Abnahmelehren zur Lehrung von Werkstücken durch den Abnehmer.

Werkzeuglehren zur Lehrung von Werkzeugen.

Hilfslehren, zusätzliche (lose) Stücke, die am Lehrvorgang beteiligt sind.

Gegenlehren zur Maßbestimmung von Lehren bei der Fertigung
Urlehren zur Maßbestimmung von Gegenlehren
} ggf. unter Einschaltung von Endmaßen

Prüflehren. Gegenlehren zur Prüfung von Lehren in neuem Zustand oder auf Abnutzung. Abnutzungsprüfer sind Prüflehren mit dem Maß der abgenutzten Lehre.

Einstellehren zur Einstellung verstellbarer Lehren, Werkzeuge und Geräte.

Genormte Lehren nach DIN festgelegt (s. Abschn. 313).

Handelsübliche Lehren im Handel erhältliche genormte und nicht genormte Lehren.

Sonderlehren. Für Sonderfälle entwickelte Lehren. Besondere Konstruktionsarbeit, schwer zu beschaffen, meist für andere Lehraufgaben nicht zu verwenden (Einzwecklehren).

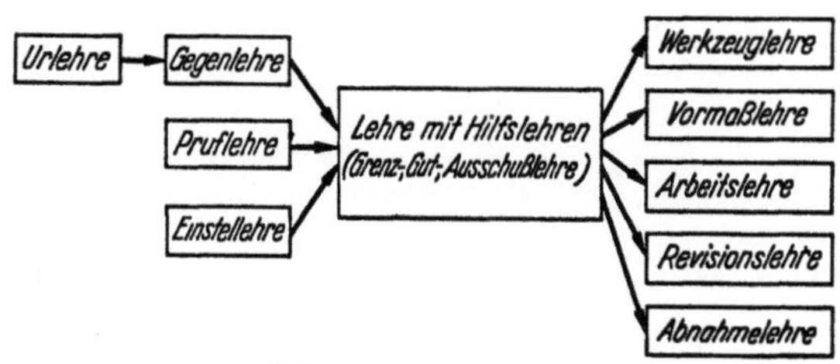

Abb. 31–3. Lehrenarten.

312.2 Bauprinzip

Nach der Konstruktion sind anzeigende Meßgeräte, verstellbare und unverstellbare Lehren zu unterscheiden. Sie können im wesentlichen die *gleiche* Gestalt haben wie der Prüfling oder die Gestalt des *Gegenwerkstücks* (s. Abb. 31–4).

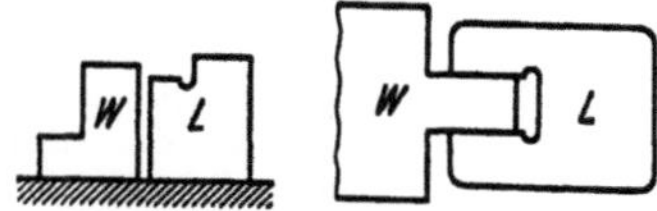

Abb. 31–4. Lehrung mit gleichartigem Körper und Gegenkörper. W = Werkstück, L = Lehre.

Gegenkörper beruhren die zu lehrenden Werkstücke in Flächen, Linien oder Punkten (Abb. 31–5). Gleichartige Körper berühren die zu lehrenden Flächen nicht. Abb. 31–6 zeigt eine Verbindung von Körperanlage und Strichablesung. Der Vergleich zwischen Körperkanten und Strichen ist nur bei groben Toleranzen zulassig. Grundsatzlich ist ein Strich-Strich- oder Körper·Körper-Vergleich anzustreben.

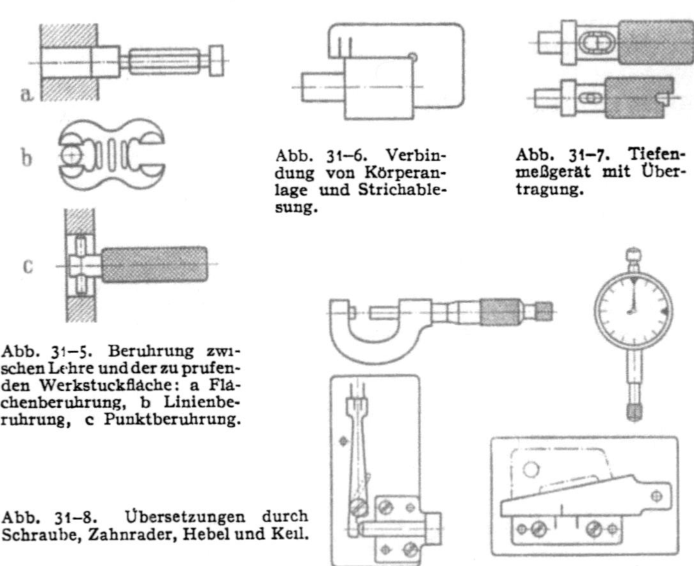

Abb. 31–6. Verbindung von Körperanlage und Strichablesung.

Abb. 31–7. Tiefenmeßgerät mit Übertragung.

Abb. 31–5. Beruhrung zwischen Lehre und der zu prufenden Werkstuckfläche: a Flächenberuhrung, b Linienberuhrung, c Punktberuhrung.

Abb. 31–8. Übersetzungen durch Schraube, Zahnrader, Hebel und Keil.

Durch Übertragung wird oft aus einem körperlichen Vergleichen ein Strich-Strich-Vergleich bzw. ein Vergleich von Meßflachen wie bei den Tiefenlehren (Abb. 31–7).

Übersetzungen durch Schraube, Zahnräder, Hebel und Keil zeigt Abb. 31–8.

Diese mit Übertragung oder Übersetzung arbeitenden Meßmittel gehören nach Abschn. 113.1 zu den anzeigenden Meßgeraten.

Abb. 31–9 zeigt das Bauprinzip einer kleinen Auswahl von Lehren und anzeigenden Meßgeraten.

312.3 Gestaltung nach dem Taylorschen Grundsatz

Eine sachgemaß gestaltete Lehre soll dem Taylorschen Grundsatz entsprechen (Abschn. 165.12). Gutlehren durfen mehrere Maße erfassen und sollen die Funktion des zu lehrenden Werkstuckes mit dem Gegenstück sicherstellen; sie *mussen* alle voneinander abhangigen Maße in ihrem Zusammenwirken erfassen (Abb. 31–10). Ausschußlehren durfen nur jedes Istmaß einzeln (möglichst Punktberuhrung) lehren.

Abb. 31—9. Bauprinzip

Strichlehre	Endmaß	Gutlehrdorn	Ausschußlehrdorn	Rachenlehre	Tiefenmeßgerät	Anzeigendes Gerät	Schmiege	
+	+	+	+	+			+	Maß oder Lehre
					+	+		Anzeigendes Meßgerät
+	+[1]		+	+[3]		+	+ oder	Maßlehrung
	+[2]	+		+[4]	+		+	Paarungslehrung
	+[2]	+		+[4]	+		+ oder	Flächenberührung
				+[3]			+	Linienberührung
			+			+		Punktberührung
+	+[1]							Keine Berührung
+					+	+		Strichvergleich
	+[2]	+	+	+	+		+	Gegenkörper
	+[1]							Gleichartiger Körper
					+			Übertragung
						+		Übersetzung
				+[5]		+	+	Verstellbar
+	+	+	+	+	+			Unverstellbar

[1] für Außenmaße [2] für Innenmaße [3] für Zylinder [4] für Flachteile [5] Sonderkonstruktion

In der Praxis müssen vielfach die Meßflächen der Gutlehren kleiner und die der Ausschußlehren größer gemacht werden als nach Taylor notwendig ist.

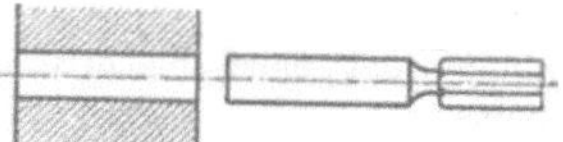

Abb. 31—10. Gutlehrung einer Bohrung mit einem Lehrdorn von der Länge des Gegenstuckes entsprechend dem Taylorschen Grundsatz. Alle Durchmesser der Bohrung werden gleichzeitig erfaßt.

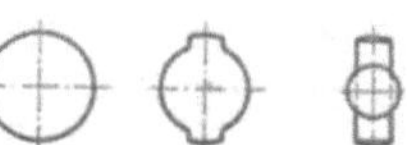

Abb. 31—11. Formen von Ausschußlehren für Bohrungen.

Vollzylindrische Ausschußlehrdorne entsprechen nicht dem Taylorschen Grundsatz; besser sind Ausschußlehrdorne, deren Meßflächen bis auf zwei gegenuberliegende schmale Streifen verkleinert sind; Kugelendmaße lehren vorschriftsmäßig (Abb 31—11).

Die Tebo-Lehre, s. Abb. 31–12, berührt auf der Gutseite nur auf einer Kreislinie; eine krumme Bohrung ist also als solche nicht erkennbar. Für kurze durchgehende Bohrungen für die sie entwickelt wurde (Wälzlagerringe), ist sie brauchbar; für längere, wenn die Geradheit durch das Fertigungsverfahren gesichert oder aber be-

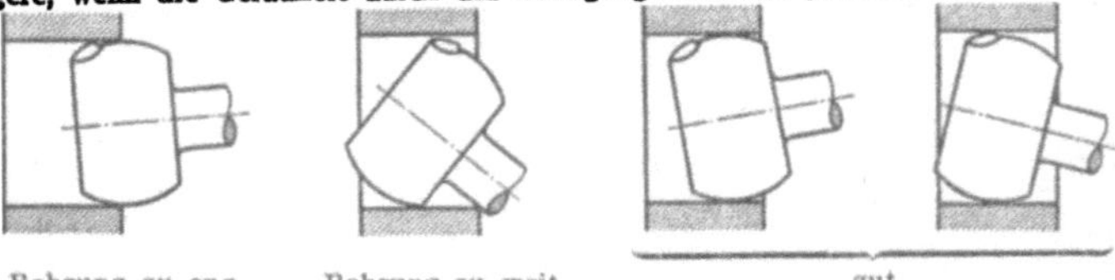

Abb. 31–12. Anzeigen der TeBo-Lehre.

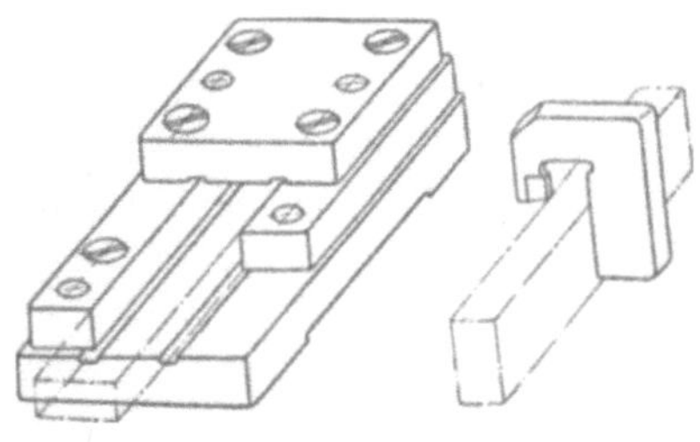

Abb. 31–13. Gut- und Ausschußlehre mit Vorführflächen zur Grenzlehrung eines Flachstückes.

deutungslos ist. Vorteile der Tebo-Lehre: leichte Ausführung, Ausschußlehrung durch Ankippen der Lehre, geringe Abnutzung. Aber Gefahr des Einhakens bei weichen Werkstoffen.

Wellen werden mit Grenzrachenlehren gelehrt. Die Anwendung von Lehrringen beschränkt sich auf kleine, sehr kurze Zylinder, auf dünnwandige Teile und auf sehr dünne Zapfen.

Lehren, die dem Taylorschen Grundsatz nicht entsprechen (wie z. B. die Gutseite der Rachenlehre), sind ohne Nachteil anwendbar, wenn die Formabweichung der Werkstücke in nicht störenden Grenzen bleibt.

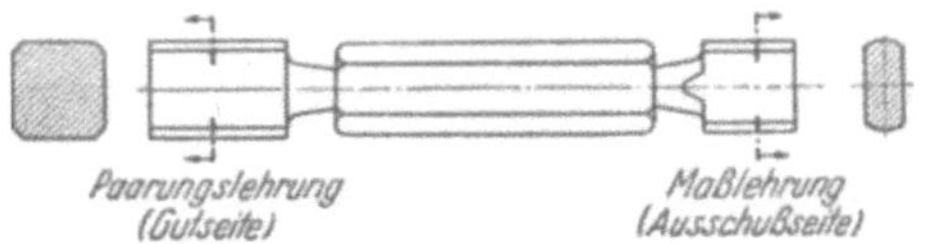

Abb. 31–14. Grenzlehre für Innenvierkant.

Abb. 31–13 zeigt Lehren zur Grenzprüfung eines Flachstückes und Abb. 31–14 eine Grenzlehre für Innenvierkant.

313 Genormte Lehren

313.1 Bohrungslehren

Tab. 31–1, S. 402/3, gibt eine Übersicht über die genormten Bohrungslehren, aus der die Unterteilung der Nenndurchmesser, die Gestaltung der Lehren und die DIN-Nummern zu entnehmen sind.

Grenzlehrdorne sind bis 30 mm genormt. Die Ausschußseiten werden bis 6 mm vollzylindrisch, darüber mit verminderter Berührungsfläche ausgeführt. Werden Grenzlehrdorne über 6 mm mit vollzylindrischer Ausschußseite zur Lehrung dünnwandiger Teile (Verformung!) benötigt, so ist dies besonders anzugeben. Bei längeren Bohrungen müssen zur Erreichung unbedingter Austauschbarkeit Meßzylinder mit größerer Meßlänge verwendet werden (Sonderausführungen, Abb. 31–10).

Für die Nenndurchmesser von 1···500 mm gibt es getrennte Gut- und Ausschußlehren, die sich bis zu 30 mm aus genormten Einsteckgriffen und Meßzapfen zusammensetzen. Über 30···100 mm sind Gutlehrdorne mit umsteckbaren Meßzylindern, Ausschuß-Kugelendmaße und (zum Prüfen dünnwandiger Teile oder flacher Bohrungsabsätze) umsteckbare Vollzylindrische Ausschußlehrdorne genormt. Über 100 mm werden Gut-Flachlehrdorne und Ausschuß-Kugelendmaße verwendet. Bohrungslehren unter 1 mm und über 500 mm sind nicht genormt und müssen dem Zweck entsprechend gestaltet werden.

313.2 Wellenlehren

Zweckmäßig sind Grenzrachenlehren mit hintereinanderliegenden Meßstellen (Ersparnis an Meßzeit) und getrennte Gut- bzw. Ausschußrachenlehren. Doppelmäulige Grenzrachenlehren sind nur für den Nennmaßbereich über 3···100 mm vorgesehen. Kleinere Rachenlehren werden zusammengesetzt. Übersicht s. Abb. 31–15.

Lehrringe, die als Gutlehrringe, als Einstellringe für Meßgeräte und als Prüfringe für Reibahlen dienen, sind nach DIN 2250 genormt.

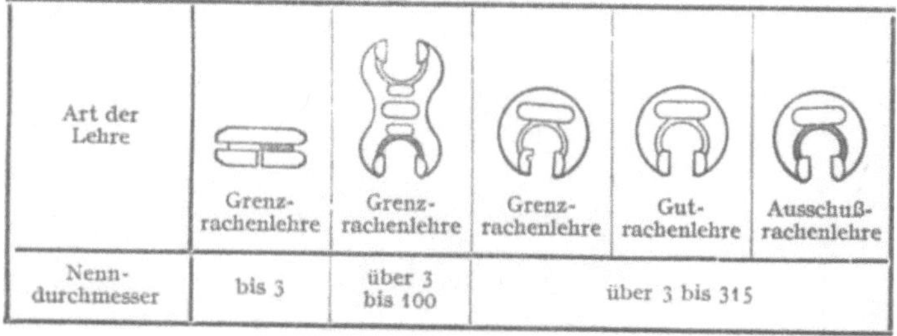

Art der Lehre	Grenz-rachenlehre	Grenz-rachenlehre	Grenz-rachenlehre	Gut-rachenlehre	Ausschuß-rachenlehre
Nenn-durchmesser	bis 3	über 3 bis 100	über 3 bis 315		

Abb. 31–15. Gestalt und Anwendungsbereich der Rachenlehren.

313.3 Meßuhren, Fühlhebel, Ständer

Mit Hilfe von Meßuhren und Fühlhebeln mit Toleranzmarken lassen sich viele Aufgaben ohne den Einsatz von Sonderlehren lösen.

Nach DIN 878 sind die Anschlußmaße der Meßuhren genormt. Der Austausch von Meßuhren verschiedener Herkunft und der Anschluß von Sondertastbolzen wird dadurch sichergestellt (s. a. Abschn. 234).

Anschlußmaße von Fühlhebeln zum Einbau in Meßtischen, Ständern od. dgl. s. Abb. 235–20. Hervorzuheben ist Form *C*, deren Aufnahmeschaft 8h6 die Anschlußmaße der großen Meßuhren besitzt und mit ihnen ausgetauscht werden kann.

Tabelle 31–1. **Genormte Bohrungslehren**

Nenn-durch-messer	Grenzlehren	Gutlehren	Ausschußlehren
1 bis 3	 Grenzlehrdorne DIN 2245	 Gutlehrdorne DIN 2246, Bl. 1	 Ausschußlehrdorne DIN 2247, Bl. 1
über 3 bis 30	 Grenzlehrdorne DIN 2245	 Gutlehrdorne DIN 2246, Bl. 1	 Ausschußlehrdorne DIN 2247, Bl. 1
über 30 bis 100		 Gutlehrdorne DIN 2246, Bl. 1	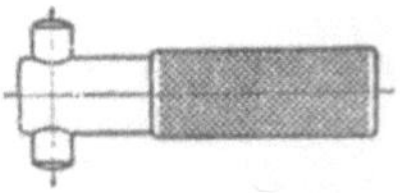 Ausschuß-Kugelendmaße DIN 2247, Bl. 1
über 100 bis 160		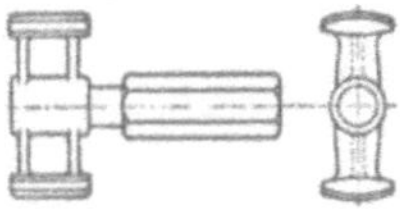 Gut-Flachlehrdorne DIN 2246, Bl. 2	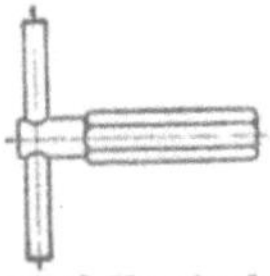 Ausschuß-Kugelendmaße DIN 2247, Bl. 2
über 160 bis 250		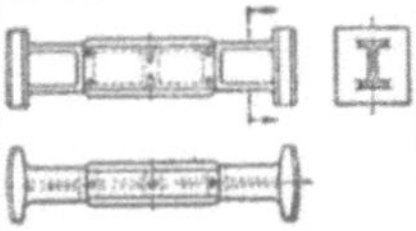 Gut-Flachlehrdorne DIN 2246, Bl. 2	 Ausschuß-Kugelendmaße DIN 2247, Bl. 2
über 250 bis 500		Gut-Flachlehrdorne DIN 2246, Bl. 2	 Ausschuß-Kugelendmaße DIN 2247, Bl. 2

Über 250 mm nach DIN 7162 Gut-Kugelendmaß.

DIN 2223 enthält Anschlußmaße der Ständer für Meßgeräte mit Tisch für vier Meßhöhen, s. Abb. 234–5.

313.4 Kegellehren

Genormt sind nur Normallehren, und zwar für Morsekegel nach DIN 231, für metrische Kegel nach DIN 233 und für Bohrfutterkegel nach DIN 238.

Tabelle 31–1 (Forts.)

Ausschußlehren	Gutmeßzapfen	Ausschußmeßzapfen Ausschuß-Kugelendmaße	Griffe
	 Gutmeßzapfen DIN 2248	 Ausschußmeßzapfen DIN 2249	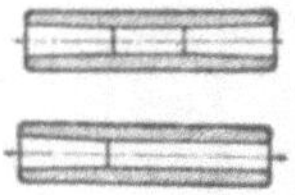
	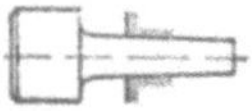 Gutmeßzapfen DIN 2248	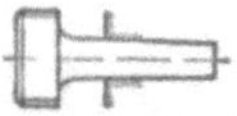 Ausschußmeßzapfen DIN 2249	Einsteckgriffe DIN 2240
 Vollzylindrische Ausschußlehrdorne DIN 2247, Bl. 3		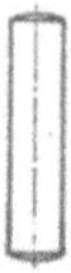 Ausschuß-Kugelendmaße DIN 2249	Griffe für Kugelendmaße DIN 2243
			Griffe aus Kunststoff DIN 2247, Bl. 2

Eine Übersicht der Lehrenausführungen und der DIN-Nummern bietet Tab. 31–2, S. 404.

313.5 Gewindelehren

Tab. 31–3 u. 31–4, S. 405 u. 406, zeigen eine Übersicht der zum Teil genormten Gewindelehren für metrische Gewinde.

Tabelle 31–2. Genormte Kegellehren

	Morsekegel nach DIN 231	Metrische Kegel nach DIN 233	Bohrfutterkegel nach DIN 238
Dorn und Hülse, kurze Ausführung ohne Lappen	DIN 229	DIN 234	
Hülse, lange Ausführung ohne Lappen	DIN 324	DIN 325	
Dorn und Hülse mit Lappen	DIN 230 — Ausf. A	DIN 235 — Ausf. B	
Lehrdorne und Lehrringe			DIN 2221 — DIN 2222

Meßzapfen für Gewinde-Gutlehrdorne und Gewinde-Gegenlehrdorne s. DIN 2282.

Meßzapfen für Gewinde-Ausschußlehrdorne und Gewinde-Abnutzungsprüfdorne s. DIN 2284.

Zum Prüfen des Muttergewindes sind Gewinde-Grenzlehrdorne bis 30 mm vorgesehen. Für den ganzen Nennmaßbereich gibt es getrennte

Tabelle 31–3. Gewindelehren für metrische Gewinde (Muttern)

Lehren zum Prüfen des Muttergewindes	Lehren zum Prüfen des Muttergewinde-Kerndurchmessers
DIN 2280 1 bis 30 mm Gewinde-Grenzlehrdorn	DIN 2245 1 bis 50 Grenzlehrdorn
DIN 2281 1 bis 100 mm Gewinde-Gutlehrdorn	DIN 2246 1 bis 100 Gutlehrdorn
DIN 2283 1 bis 100 mm Gewinde-Ausschußlehrdorn	DIN 2247 1 bis 100 Ausschußlehrdorn

Gut- und Ausschußlehrdorne. Zum Prüfen des Bolzengewindes werden Lehrringe für Gut, Flanken-Rachenlehren für Ausschuß, Gewinde-Rachenlehren für beide zugelassen.

Lehren für Whitworthgewinde von $^1/_4{''}\cdots2{''}$ sind genormt, s. DIN 2290, 2291, 2295, 2296, 2297.

Meßzapfen hierzu siehe:

DIN 2292: Meßzapfen für Gut-Gewindelehrdorn und Gegenlehrdorn,
DIN 2294: Meßzapfen fur Ausschuß-Gewindelehrdorn,
DIN 2298: Meßzapfen für Abnutzungsprufdorn.

Die Lehren für $^1/_4{''}$ bis einschließlich $^3/_8{''}$ werden aus Meßzapfen und Einsteckgriffen nach DIN 2240 zusammengesetzt.

314 Werkstoff und Gestaltung

314.1 Einsatzstahl-Werkzeugstahl

Gehärtet werden Flächen von Lehren: zur Verminderung der Abnutzung, zum Schutz gegen Beschädigung und Zerkratzen.

Wegen des geringeren Härteverzuges werden bei Sonderlehren häufig Einsatzstähle wie C 15 und C 22 verwendet.

Flächen, die weich bleiben sollen, werden beim Einsetzen abgedeckt, oder die aufgekohlte Einsatzschicht wird vor dem Härten weggearbeitet (Abb. 31–16).

Tabelle 31–4. **Gewindelehren für metrische Gewinde (Bolzen)**

Lehren zum Prüfen des Bolzengewindes	Lehren zum Prüfen des Bolzen-Außendurchmessers	Prüflehren	Einstellehren	Gegenlehren
 3 bis 100 mm Gewinde-Grenzrachenlehre	 1 bis 3 mm Grenzrachenlehre  / über 3 bis 100 mm Doppelseitige Grenzrachenlehre  / über 3 bis 100 mm Einseitige Grenzrachenlehre		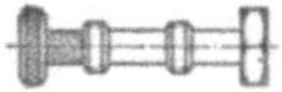 3 bis 100 mm Gewinde-Grenzeinstellehre zur Gewinde-Grenzrachenlehre	
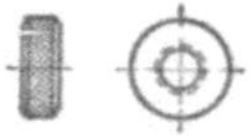 DIN 2285 1 bis 100 mm Gewinde-Gutlehrring  / 3 bis 100 mm Gewinde-Gutrachenlehre	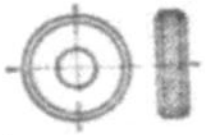 DIN 2250 1 bis 100 mm Gutlehrring  / über 3 bis 100 mm Gutrachenlehre	DIN 2283 1 bis 100 mm Gewinde-Abnutzungsprüfdorn zum Gewinde-Gutlehrring	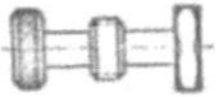 3 bis 100 mm Gewinde-Guteinstellehre zur Gewinde-Gutrachenlehre	1 bis 100 mm  Gewinde-Gegenlehrdorn zum Gewinde-Gutlehrring
  1 bis 100 mm Gewinde-Ausschußlehrring [1] / 3 bis 100 mm Gewinde-Ausschußrachenlehre	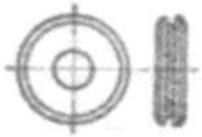 DIN 2250 1 bis 100 mm Ausschußlehrring  / über 3 bis 100 mm Ausschußrachenlehre		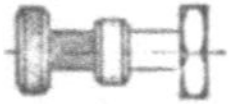 3 bis 100 mm Gewinde-Ausschußumstellehre zur Gewinde-Ausschußrachenlehre	1 bis 100 mm  Gewinde-Ausschußgegenlehrdorn zum Gewinde-Ausschußlehrring

[1] **Nur für dünnwandige Teile**

Für hochbeanspruchte Teile können auch legierte Einsatzstähle herangezogen werden.

Kleine und mittelgroße Teile werden aus Werkzeugstahl (Kohlenstoffstahl über 1 % C) und schwach chromlegierten Werkzeugstählen hergestellt. Mit

Abb. 31–16. Bearbeitung von Einsatzstahl. Vor dem Einsetzen ausarbeiten und abdecken oder nach dem Einsetzen ausarbeiten, dann härten und schleifen.

der Abkühlgeschwindigkeit wächst die Gefahr der Rißbildung. Durch geschickte Gestaltung können Spannungen, Härteverzug und Rißbildungen weitgehend eingeschränkt werden. Wie schroffe Querschnittänderungen und scharfe Übergänge vermieden werden, zeigen Abb. 31–17 bis 31–19.

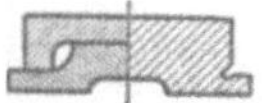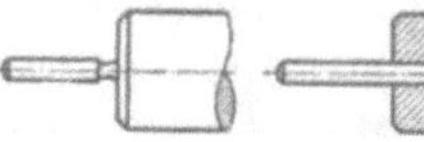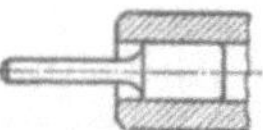

Abb. 31–17 (links). Zusammensetzen der Lehre aus mehreren Einzelteilen vermeidet schroffe Querschnittänderung.

Abb. 31–18 (rechts). Verminderung der Bruchgefahr bei schwachen Zylinderansätzen.

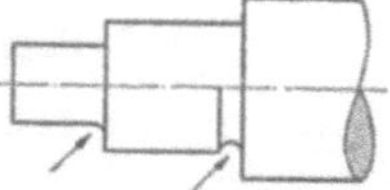

Abb. 31–19 (rechts). Rundungen und gerundete Einstiche vermindern die Rißgefahr.

Der Abnutzung wenig unterworfene große Meß- und Auflageflächen oder schwierig zu fertigende Formen läßt man weich, allerdings auf Kosten der Lebensdauer. Als Werkstoff eignen sich Stähle mit $60 \cdots 70 \ \mathrm{kg/mm^2}$ Festigkeit.

314.2 Hartverchromen-Hartmetall

Hartverchromte Meßflächen haben etwa vierfache Lebensdauer gegenüber nur gehärteten. Grundwerkstoff meist gehärtet.

Hartverchromung wird vielfach bei der Instandsetzung abgenutzter Meßflächen angewendet. Mehrfaches Entchromen und Verchromen ist möglich. Die Chromschicht wird insbesondere bei komplizierten Teilen ungleichmäßig dick, so daß meist nachgearbeitet werden muß.

Hartmetallbestückung ergibt einen etwa 40fachen Abnutzungswiderstand. Größere Meßflächen erhalten nur Streifen aus Hartmetall (aufgelötete Plättchen). Einen Lehrdorn mit Hartmetallsegmenten zeigt Abb. 31–20; ebenso werden Rachenlehren mit Hartmetallstreifen oder ganzen Hartmetallflächen versehen. Die hohen Herstellkosten ergeben sich aus der schwierigen Bearbeitbarkeit der Hartmetalle. Die Verwendung von Hartmetall im Lehrenbau führt zu neuartigen Lehrenformen.

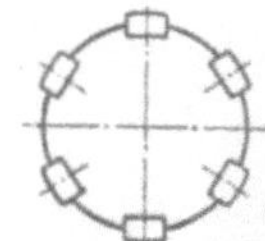

Abb. 31–20. Lehrdorn mit Hartmetallsegmenten.

314.3 Sonstige Werkstoffe

Fur die nicht unmittelbar am Lehrvorgang beteiligten Bauteile, z. B. Griffe, gelten die sonst üblichen Regeln der Gestaltung und der Werkstoffwahl.

Neben der spangebenden Formung genormter Konstruktionsstähle und Leichtmetalle haben sich im Lehrenbau Gußkonstruktionen (auch Druckguß für große Stückzahlen von Einzelteilen), Schweißkonstruktionen aus Blech, Rohr, Formstahl und Stahlbaukonstruktionen eingefuhrt.

Gesenkschmiedestucke kommen z. B. als Rohlinge fur Rachenlehren vor; auch können Einzelteile aus gezogenen Werkstoffen (Rundstahl, Federstahldraht), gestanzten oder tiefgezogenen Blechen bestehen. Holz, Preßstoffe und Kunststoffe verschiedener Art finden im Lehrenbau Verwendung zur Wärmeisolierung.

314.4 Rohmaßbestimmung

Bei der Gestaltung der Einzelteile müssen die Halbzeugnormen berucksichtigt werden, um Werkstoff und Zerspanungsarbeit einzusparen. Rohmaße werden auf die Abmessungen der Normalprofile aufgerundet. Platten für Formlehren sind nach DIN 366 festgelegt.

315 Fertigung und Gestaltung von Lehren

Auch für den Lehrenkonstrukteur gilt der Grundsatz, keine kleineren Toleranzen vorzuschreiben, als zur Erfüllung der gestellten Aufgabe erforderlich sind.

Alle Lehrenteile mussen mit Rucksicht auf Zweckmäßigkeit und Fertigung gestaltet werden. Ziel muß sein, von der vielgestaltigen zur einfachen Lehre zu kommen.

315.1 Gestaltung der Meßflächen

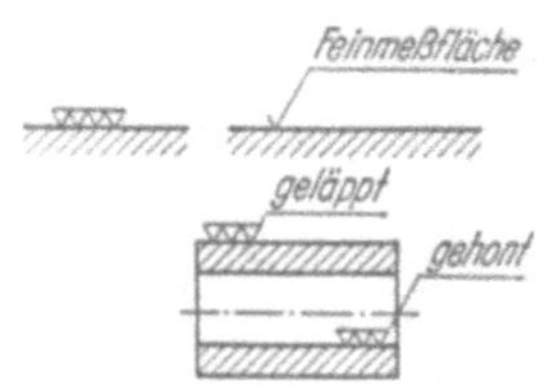

Abb. 31–21. Kennzeichnung von Meßflachen in Lehrenzeichnungen.

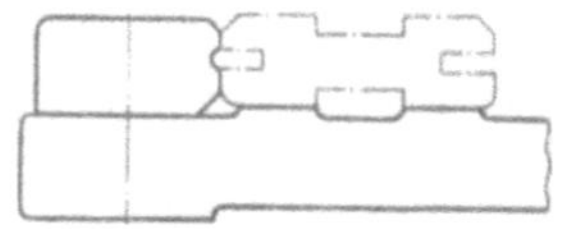

Abb. 31–22. Zweckmäßige Gestaltung einer Auf- und Anlagefläche.

Oberflächenzeichen fur Feinmeßflächen nach DIN 140 (Neuausgabe) s. Abb. 31–21. Allgemein werden Feinmeßflächen durch $\nabla\nabla\nabla\nabla$ gekennzeichnet.

Sehr kleine Meßflächen sind schwerer zu fertigen, oft müssen zweckmäßig gestaltete Läppkörper benutzt werden; sie sind überdies schwer auszurichten. Übermäßig große Meßflachen sind ebenfalls schwer zu fertigen, sie neigen zum Verziehen und werden leicht verspannt. Meßflächen an den nicht gebrauchten Stellen aussparen (Abb. 31–22 u. 31–23).

Sehr schmale oder quadratische Meßflachen lassen sich schwerer herstellen als solche, die bei genügender Breite doch eine betonte Länge aufweisen, wie z. B. bei Endmaßen.

Von Nuten durchbrochene Auflageflächen bieten Vorteile für die Fertigung und den Gebrauch, da sie sich leichter ebnen lassen und Schmutz von aufgeschobenen Werkstücken selbsttätig entfernt wird.

Freiliegende Kanten werden gebrochen oder gerundet; harte Meßflächen, soweit es die Funktion zuläßt, mit einer Fase versehen, um Verletzungen der Hände, Beschädigung, Ausbröckeln der Meßflächen und Kratzer auf den Werkstücken zu vermeiden (Abb. 31 –24). Übergänge zu Meßflächen, Aussenkungen und Gewindeschutz zeigen Abb. 31–25 bis 31–28.

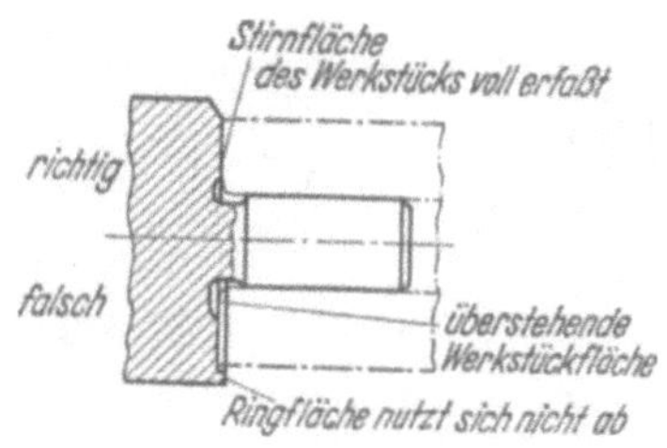

Abb. 31–23. Gestaltung einer Anlagefläche.

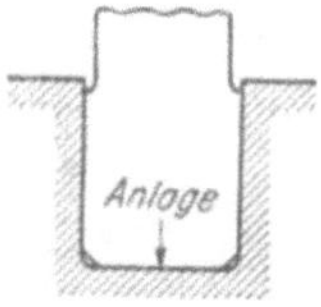

Abb. 31–24. Fasen an einer Flachlehre.

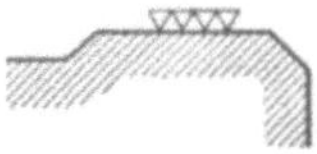

Abb. 31–25. Stumpfwinkliger Übergang zur Meßfläche.

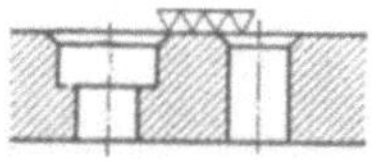

Abb. 31–26. Bohrungen in ן Meßflächen werden ausgesenkt.

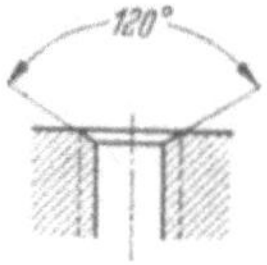

Abb. 31–27. Aussenkung eines Innengewindes.

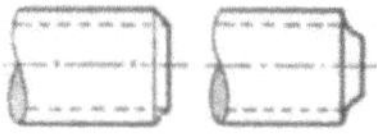

Abb. 31–28. Gewindeschutz durch Kegelkuppe und Kernansatz.

315.2 Zusammensetzen der Lehren

Ob Lehren aus einem Stück gefertigt oder aus mehreren Teilen zusammengesetzt werden sollen, läßt sich nicht immer leicht entscheiden.

Das Zusammensetzen ist zu empfehlen:

1. wenn die Zahl der Meßflächen eines Meßstückes dadurch geringer wird und die Ausschußgefahr bei wertvollen Teilen abnimmt;

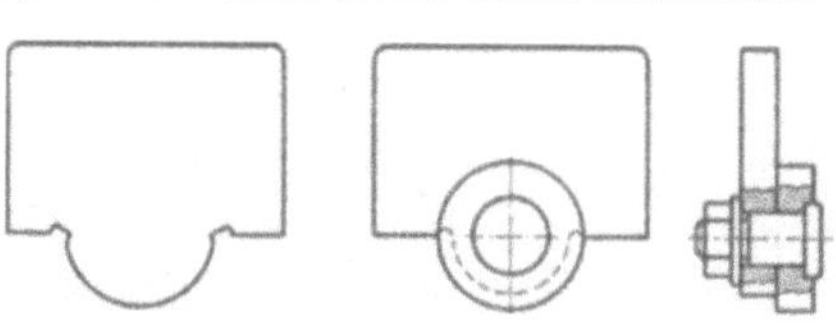

Abb. 31–29. Die zusammengesetzte Formlehre erleichtert die Fertigung.

2. wenn schwer zu fertigende Formen sich aus einfacheren zusammensetzen lassen, Handarbeit durch Maschinenarbeit ersetzt werden kann und sich die Anwendung von Sonderwerkzeugen erübrigt;

3. wenn die Instandsetzung vereinfacht wird.

Abb. 31–29 zeigt eine zusammengesetzte Formlehre und Abb. 31–30 zusammengesetzte Rachenlehren mit fertigungstechnischen Vorteilen. Durchbruchlehren zur Prüfung von Außenformen, Vierkanten oder Keilwellen lassen sich durch Zusammensetzen der Meßstücke ebenfalls leichter herstellen.

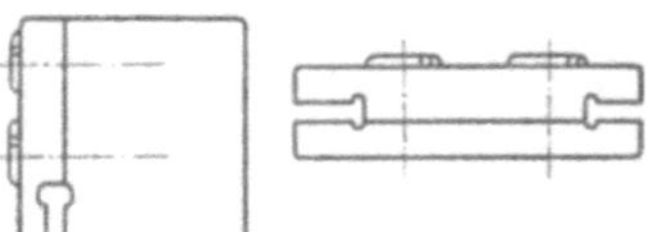

Abb. 31–30. Zusammengesetzte Rachenlehren.

Trotz vieler Vorteile verzichten viele Praktiker zuweilen auf das Zusammensetzen zugunsten höherer Steifheit und Maßbeständigkeit der Lehren.

315.3 Werkzeugauslauf

Die Gestalt der Einzelteile, die durch Spanabnahme geformt werden, muß freien Werkzeugauslauf zulassen. Für Hobel- und Fräsarbeiten Arbeitsstufen vorsehen (Abb. 31–31). Für das Stoßen von Nuten muß genug Raum zum Überlaufen des Stoßstahles geschaffen werden (Abb. 31–32).

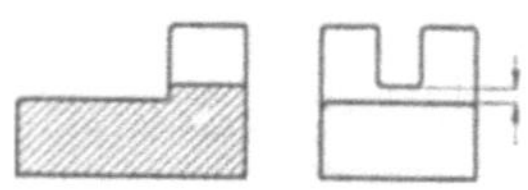

Abb. 31–31. Arbeitsstufe für freien Werkzeugauslauf.

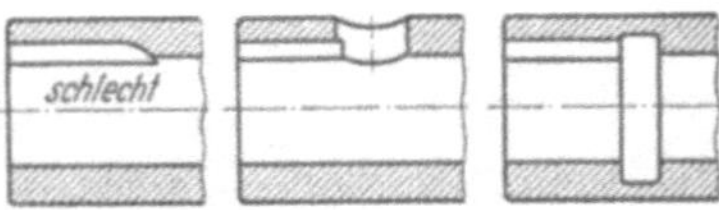

Abb. 31–32. Werzeugauslauf für das Stoßen von Nuten.

Am häufigsten treten im Lehrenbau Freistiche für das Schleifen und Läppen auf. An Rundteilen werden Einstiche oder Rillen vorgesehen (Abb. 31–33 u. 31–34).

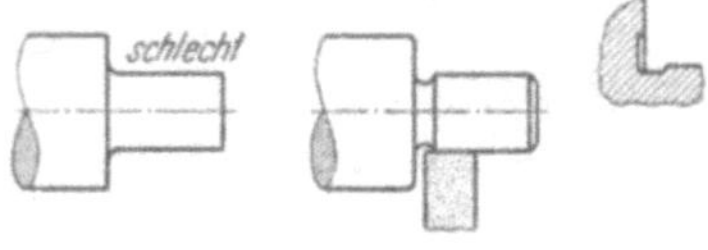

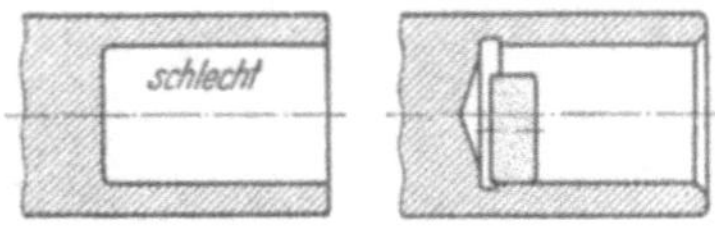

Abb. 31–33 (links). Einstich für den Schleifscheibenauslauf beim Außenschleifen.

Abb. 31–34 (Mitte). Einstich für den Schleifscheibenauslauf beim Innenschleifen.

Abb. 31–35 (unten links). Freimachungen an Flachteilen so groß wie möglich wählen.

Abb. 31–36 (unten rechts). Einstich zum Schleifen von Innenkegeln.

Flachteile erhalten Freiarbeitungen nach Abb. 31—35. Wegen der auftretenden Kerbwirkung, insbesondere bei schwachen gehärteten Rundteilen, ist darauf zu achten, daß die Einstiche möglichst flach (0,1 ··· 0,3 mm genugen) und gerundet sind. An Stelle

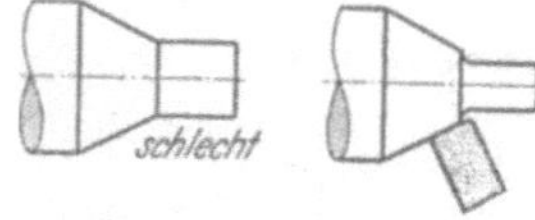

Abb. 31—37. Absatz zum Schleifen von Außenkegeln.

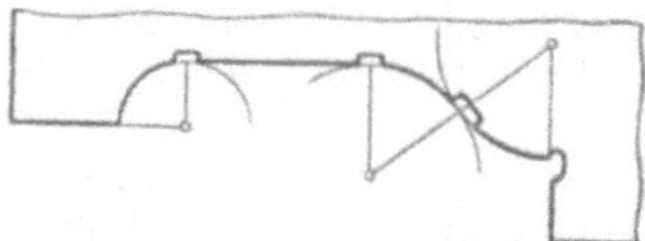

Abb. 31—38. Trennung der Formelemente durch Freistiche.

von Einstichen fur das Schleifen von Kegeln (Abb. 31—36) können Absätze treten, die den freien Auslauf der Schleifscheibe ermöglichen (Abb. 31—37).

Gewinderillen fur Bolzen- und Muttergewinde s. DIN 76.

Die einzelnen Formelemente bei Formblechlehren werden meist durch Freistiche getrennt (Abb. 31—38).

315.4 Die Verbindung der Einzelteile

Meßflächenträger, wie Meßstücke, Leisten, Platten und Böcke werden durch lösbare Verbindungen (meist durch Schrauben und Stifte) mit dem Grundkörper der Lehre vereinigt.

Die Stellung der Lehrenteile zueinander wird durch zylindrische Paßstifte mit dem Toleranzfeld m6 nach DIN 7 Ausf. A festgelegt. Toleranz der zugehörigen Bohrung H6.

In der Werkstatt werden Paßstifte vielfach aus Präzisionsrundstahl DIN 175 gefertigt und in die Bohrungen eingepaßt. Paßstifte möglichst weit auseinander anordnen, jedoch nicht zu dicht an Meßflächen setzen, da sonst die Gefahr des Verziehens der Meßflächen sehr groß ist.

Statt durch Paßstifte können Lehrenteile auch durch Führungsleiste und Nut oder bei Rundteilen durch einen Zentrieransatz festgelegt werden, wenn notwendig, unter Zusatz eines Paßstiftes.

Zur Befestigung der Einzelteile werden Zylinderschrauben mit Schlitz (DIN 83 und 84) oder Innensechskant (DIN 912) verwendet. Dünne Teile werden mit Halbrundschrauben (DIN 86), Senkschrauben (DIN 63) oder Linsensenkschrauben (DIN 91) befestigt.

Griffe werden vielfach durch Kegel- oder Schraubverbindungen befestigt. Auch Klemm- oder Spreizverbindungen kommen im Lehrenbau vor. Zu kräftig wirkende Klemmverbindungen zum Festhalten von Meßuhren können deren Tastbolzen durch Verspannen der Fuhrungshulse völlig festklemmen.

Als Klemm- und Einstellschrauben werden Rändelschrauben nach DIN 464 und DIN 653 neben Zylinderschrauben und Sonderschrauben verwendet.

Als Klemm- und Sicherungsschrauben sind Gewindestifte mit Kegelansatz nach DIN 551, als Stellschrauben Gewindestifte mit Zapfen nach DIN 417 in Gebrauch. Ab M8 Gewindestifte mit Innensechskant nach DIN 913 und 915.

Sechskantschrauben nur bei schweren Teilen.

Muttern werden wenig gebraucht:

DIN 548 und 1816   Kreuzlochmuttern
DIN 546   Schlitzmuttern
DIN 1804   Nutmuttern
DIN 466 bzw. 467   Rändelmuttern als Gegenmuttern zu Rändelschrauben

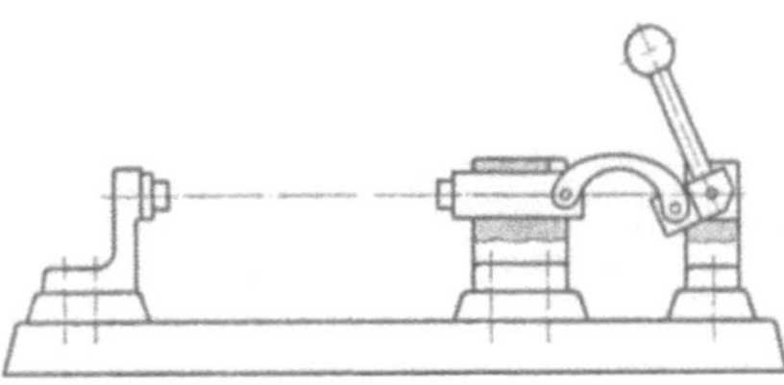

Abb. 31–39.
Sicherungs-
mutter mit
Spreizung.

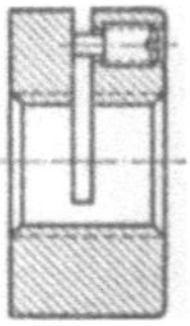

Abb. 31-39 zeigt eine Sicherungsmutter mit Schlitz, der durch einen Gewindestift gespreizt wird, wodurch die Gewindegange zueinander verklemmt werden.

Buchsen, Dorne, Bolzen und andere Rundteile werden durch Einpressen mit anderen Teilen verbunden. Zusätzliches Sichern durch Schrauben, Gewindestifte, Muttern, Stifte, Federn, Keile u. a. ist dann meist unnötig.

In Ausnahmefallen werden auch unlösbare Verbindungen zur Befestigung von Meßkörpern durch Schweißen, Hartlöten und Nieten im Lehrenbau hergestellt.

Bei der Gestaltung von Lehren ist stets der Zusammenbau der Einzelteile folgerichtig zu durchdenken, um Änderungen nach Fertigstellung der Einzelteile zu vermeiden.

Manchmal läßt sich ein gewunschtes Lehrenmaß durch Einschalten einer Bearbeitungszugabe und nachherige Fertigbearbeitung wirtschaftlicher erreichen als durch Zusammenbau fertigbearbeiteter Einzelteile mit sehr kleinen Toleranzen.

315.5 Baukastenprinzip

Durch Anwendung des Baukastenprinzips kann der Sonderlehrenbau wirtschaftlicher gestaltet werden. Gut geeignet hierzu sind Lehren für Werkstücke mit vielen von einer Aufnahme ausgehenden Maßen oder Lehrengruppen für ähnliche Teile gleicher Größenordnung. In solchen Fällen empfiehlt sich die Konstruktion einer Grundlehre, die durch Meßstücke, Böcke, Leisten, Dorne, Hilfslehren ergänzt wird. Dadurch wird die Konstruktions- und Zeichenarbeit im Büro geringer und durch die Herstellung gleicher Teile in größerer Stückzahl auch die Arbeit in der Werkstatt.

Abb. 31–40 zeigt schematisch den Aufbau einer Grundlehre, die aus einer Grundplatte und Böcken mit festem und beweglichem Aufnahmestück besteht. Die Spannung mit einem gekrummten federnden Stahlblechbügel hat sich gut bewährt. Um die Grundlehre auch für ahnliche Werkstücke mit verschiedenen Höhen verwenden zu können, sind Unterlegplatten verschiedener Dicke für die Böcke vorgesehen.

Abb. 31–40. Skizze einer
Grundlehre (Baukastenprinzip).

Eine weitere Möglichkeit, einheitliche Teile zu bekommen, zeigt Abb. 31–41. Die Einzelteile eines Zeigergerätes (Zeiger, Zapfen, Feder, Springring, Strichplatte) bleiben gleich, die Grundplatte mit Werkstückaufnahme und die Übertragung vom Werkstück zum Zeiger werden zusätzlich gestaltet.

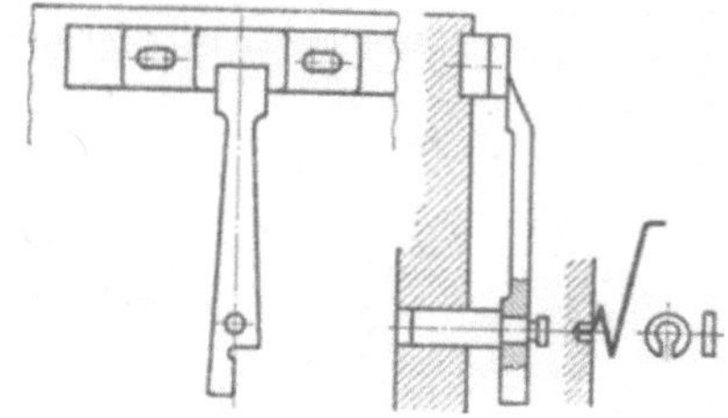

Abb. 31–41. Einzelteile eines Zeigermeßgerätes.

315.6 Einfluß der Stückzahl

Die Stuckzahl der zu beschaffenden Lehren hat großen Einfluß auf die Gestaltung.

Bei Einzelfertigung muß der Aufwand an Konstruktionsarbeit klein bleiben.

Schon bei geringen Stuckzahlen gleicher Lehren lohnt sich die sorgfältige Durchgestaltung; großer Wert ist dabei auf die Verwendungsmöglichkeit einfacher Fertigungsmittel und Meßgerate zu legen.

Erst bei Lehren, die in größeren Mengen gefertigt werden sollen, wird neben der Lehrenzeichnung auch ein Arbeitsplan aufgestellt. Vorrichtungen, Sonderwerkzeuge und andere Sondereinrichtungen müssen zur Wirtschaftlichkeit im Lehrenbau beitragen, zumal größere Stückzahlen fast ausschließlich bei handelsüblichen Lehren auftreten, die konkurrenzfähig sein müssen.

316 Messen der Lehren

316.1 Unmittelbare Maßbestimmung

Zu unterscheiden ist die Maßbestimmung der Lehren bei ihrer Fertigung und die Abnutzungsprüfung bei ihrem Gebrauch.

Bei der Gestaltung von Lehren ist zu uberlegen, ob sich die Messung innerhalb der zulässigen Fehlergrenzen ausführen läßt.

Kleinste Meßfehler erhält man beim Vergleich mit Endmaßen, deshalb werden Lehrmaße möglichst unmittelbar mit Endmaßen festgestellt. Dabei ist zu untersuchen, ob die Endmaße in Meßstellung in der Lehre Platz finden. Vielfach lassen kleine konstruktive Maßnahmen die Messung mit Endmaßen auch an Stellen zu, deren Maße sonst umständlich bestimmt werden müßten. Auf die Anwendung von Innen- und Außenmeßschnabeln, von Winkeln und Haarlinealen in Verbindung mit Endmaßen sei in diesem Zusammenhang hingewiesen (s. Abschn. 222).

316.2 Erleichterung der Maßbestimmung

Rundteile müssen häufig zwischen Spitzen geprüft werden. Genormte Zentrierbohrungen zeigt Abb. 31–42; diese sollen an der Lehre bleiben und nicht etwa aus Schönheitsgründen entfernt werden. Die Stirnfläche wird freigearbeitet, wenn sie als Meßfläche benutzt werden soll oder aus anderen Gründen eine Ringfläche bestimmter Größe vorhanden sein muß (Abb. 31–43).

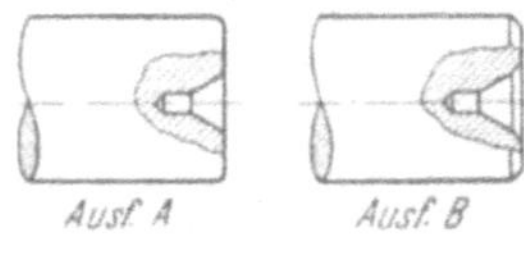

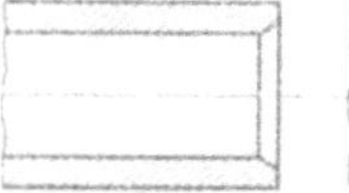
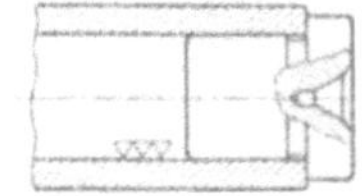

Abb. 31–42. Zentrierbohrungen nach DIN 332. Zentrierung nach Ausf. A ohne Schutzsenkung für untergeordnete Teile, nach Ausf. B mit Schutzsenkung für gehärtete Teile bei höheren Ansprüchen an Maß-, Rundlauf- und Formgenauigkeit.

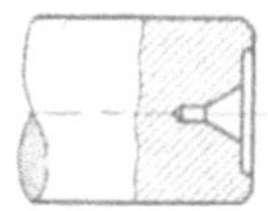

Abb. 31–43. Zentrierung mit freigearbeiteter Stirnfläche.

Abb. 31–44. Zentrierung längerer Hohlteile durch Ansenkung oder Stopfen.

Die Zentrierung längerer Hohlteile zeigt Abb. 31–44.

Aus der Lehrenzeichnung muß die Art der Zentrierung zeichnerisch oder wörtlich eindeutig hervorgehen; insbesondere müssen Hinweise vorhanden sein, wenn eine Stirnfläche *keine* Zentrierungen enthalten darf. Wird bei flachen Formstücken nur ein Teil eines Zylinders gebraucht, so ist zu empfehlen, gegenüber ein Stück der Zylinderfläche zur Maßbestimmung stehen zu lassen (Abb. 31–45).

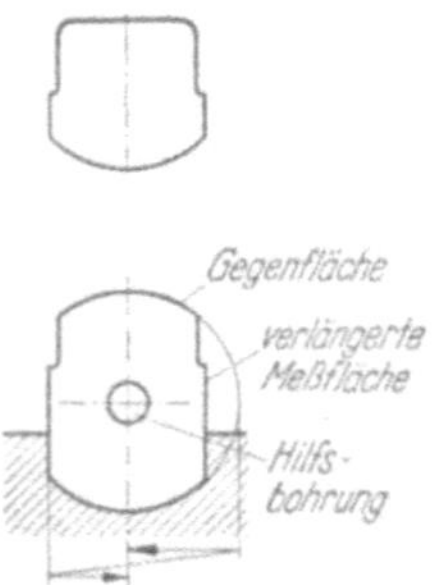

Abb 31–45. Zweckmäßige Gestaltung erleichtert die Maßbestimmung.

Die Gegenfläche erleichtert die Bestimmung des Halbmessers. Die seitlichen Meßflächen der gezeigten Lehre sollen mittig zum Zylinder stehen. Die Bestimmung der Mittenlage wird durch die Hilfsbohrung erleichtert, ebenso durch die Verlängerung dieser Meßflächen nach oben über die Mitte der Lehre hinaus.

Hilfsbohrungen und Hilfsmeßflächen ermöglichen oft die Maßbestimmung mit handelsüblichen Mitteln, wo sonst Sondermeßmittel notwendig wären. Zum Ausrichten der Lehren und zur Maßbestimmung dienen häufig Hilfsmeßflächen.

Gegenlehren werden benutzt für Bohrungen, Innenkegel, Innengewinde und sonstige, mit üblichen Meßmitteln schwierig zu messende Teile, und wenn mehrere Lehren gleicher Art gefertigt werden. Besser ist stets unmittelbare Messung wegen des Einflusses der Formfehler sowie der Berührungs- und gegebenenfalls der Anlagefehler.

Abnutzungsprüfer sollen den Abnutzungszustand der Lehren erkennen lassen. Zum Einstellen von Fühlhebeln dienen Endmaße oder besondere Einstellehren (s. Abschn. 312.1).

Zwischen Gegenlehre und Lehre sind möglichst Endmaße zu schalten, um Abweichungen der Lehre zahlenmäßig feststellen zu können und die Fertigung nicht zu zwingen, auf möglichst genaues Maß zu fertigen, ohne die zulässigen Herstellungstoleranzen ausnutzen zu dürfen.

Gegenlehren sind (unter Einschaltung von Endmaßen) außerdem zur Abnutzungsprüfung zu verwenden.

Abb. 31–46 zeigt eine Lehre zur Lehrung von Lochabständen und einer unter 65° liegenden Fläche. Bei Einzelbeschaffung und geringem Verbrauch dieser Lehre ist die Maßbestimmung mit Endmaßen und Meßzylinder an zwei Stellen ausreichend. Auch kann auf diese Weise der Abnutzungszustand festgestellt werden.

Sind mehrere gleiche Lehren zu fertigen und dauernd in Gebrauch, so ist eine Gegenlehre zu empfehlen.

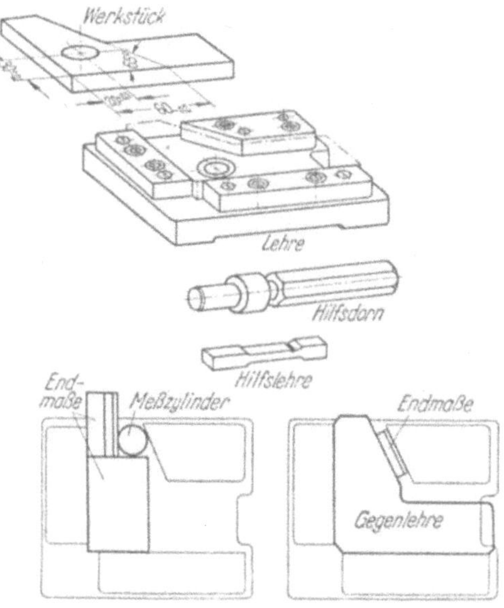

Abb. 31–46. Lehre mit Hilfsdorn und Hilfsflachlehre. Die Maßbestimmung kann mit Endmaßen und Meßzylinder oder mit Gegenlehre und Endmaßen erfolgen.

317 Handhabung und Gestaltung

317.1 Griffe, Halter, Hilfswerkzeuge

Lehren sollen sich bequem, schnell und sicher am Prüfplatz und bei der Beförderung handhaben lassen. Der Arbeitsaufwand je Lehrung muß klein sein, die Bedienungsweise einfach. Für die Gestaltung heißt das: geringes Gewicht, kleine Wege, einfacher Aufbau, natürliche Hand- und Körperhaltung, gleichmäßige Beschaftigung beider Hände, gegebenenfalls Fußbedienung. Schwerpunktlage beachten (s. Abschn. 72).

Lange schwere Lehrdorne lassen sich — besonders bei unvorteilhafter Griffgestaltung — nur unbequem handhaben. Aus diesem Grunde verwendet man für größere Bohrungen Flachlehrdorne, Tebo-Lehren mit Lang- oder Quergriff, Kugelendmaße oder Leichtlehrdorne besonderer Konstruktion (Abb. 31–47).

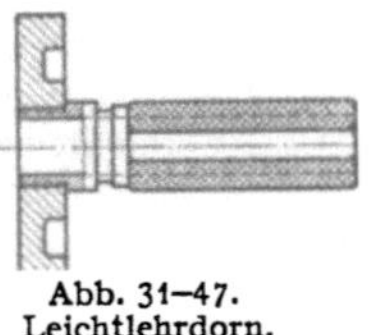

Abb. 31—47.
Leichtlehrdorn.

Griffe sind nicht nur Ansatzstellen der zur Bewegung der Lehre notwendigen Kraft, sie wirken auch ruckwarts auf den Tastsinn ein. Gestaltung in Form und Größe nach dem anatomischen Bau der menschlichen Hand anstreben.

Zu scharfe Kordelung verletzt die Hände; sechskantige Griffe sind deshalb besser als runde gekordelte.

Lehre und Werkstuck müssen sich schnell in die richtige Stellung zueinander bringen lassen.

Oft bewahren sich Halter fur die Lehren oder Aufnahmebretter fur die Werkstucke. Einfache Hilfswerkzeuge, wie Pinzetten, Nadeln, Stifte, Haken u. a. zum Halten oder Bewegen kleiner Werkstücke, als Hilfe zum Einlegen oder Herausnehmen vereinfachen die Handhabung.

317.2 Bewegliche Lehrenteile

Bewegliche Lehrenteile werden bei der Fertigung oft zu stramm eingepaßt. Flach- oder rundgefuhrte Teile lassen sich dadurch beim Gebrauch nur schwer bewegen oder setzen sich fest. Verringerte Gleitflachen bei Buchsen oder Flachfuhrungen lassen sich wirtschaftlicher herstellen (Abb. 31–48).

Bei der Bemessung und beim Einbau von Federn ist zu bedenken, daß Federkrafte bei standigem Gebrauch starker empfunden werden als bei kurzen Funktionsprüfungen.

Abb. 31—48.
Fuhrungen mit verkleinerten Gleitflächen.

317.3 Aufnehmen und Spannen

Aufnahmen mussen die Werkstücke einwandfrei ausrichten und festlegen.

Sicherungen gegen falsches Einlegen der Werkstücke in die Lehren sind im Lehrenbau selten, da die Prüfer von Massenteilen sachlich meist sorgfaltig eingewiesen werden mussen. Derartige Sicherungen sind angebracht, wenn zum richtigen Einlegen *besondere* Aufmerksamkeit nötig ist, zumal wenn einfache Mittel, wie Störstifte oder hindernde Formstucke die Lehre *narrensicher* machen.

Man wird versuchen, die Prüflage des Werkstuckes mit der Hand sicherzustellen. Sind die Teile wegen ihrer Kleinheit schwer zu halten oder braucht man die Hande z. B. bei der Anwendung mehrerer Hilfslehren anderweitig, werden die Werkstücke festgespannt. Größter Wert ist auf kurze Spannzeit bei sicherer Spannung zu legen, ohne daß Werkstuck oder Lehre verformt werden. Hierzu z. B. Schrauben ohne Kordelung, d. h. mit glattem Griff. Spannungen mit gleichbleibender Spannkraft verwenden. Spannen mit Schrauben, Hebeln, Exzentern oder Keilen ahnlich wie im Vorrichtungsbau; auch hydraulisches Spannen mit Igelit als Übertragungsmittel ist vorteilhaft.

317.4 Verkürzung der Prüfzeiten

Mehrfachlehren (s. Abschn. 721) enthalten mehrere Meßstellen und ersparen mehrfaches Aufnehmen eines Werkstückes. Diesem Vorteil stehen die schwierige Fertigung und Instandsetzung entgegen; außerdem besteht die Gefahr, daß einzelne Prüfungen ausgelassen werden. Abb. 31–13 zeigt eine Gutlehre mit zwei Vorfuhrflachen zur Erleichterung der Werkstuckeinfuhrung. Durch diese Anordnung ist auch leichter zu erkennen, welches der beiden zu lehrenden Maße noch über dem Gutmaß liegt, wenn sich das Werkstuck nicht in die Lehre einbringen laßt. Abb. 31–49 stellt einen Lehrdorn mit Einfuhransatz dar, Abb. 31–50 eine Rachenlehre mit Vorführfläche. Grenzlehren mit hintereinanderliegenden Meßstellen verkurzen die Lehrzeiten, da das Umdrehen zwischen Gut- und Ausschußlehrung wegfallt (Abb. 31–51); sie sind jedoch nicht immer anwendbar.

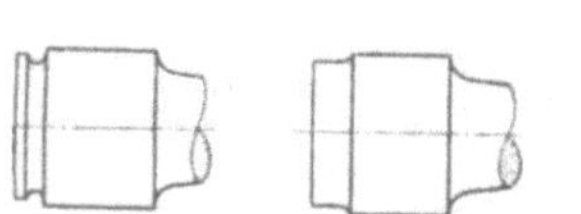

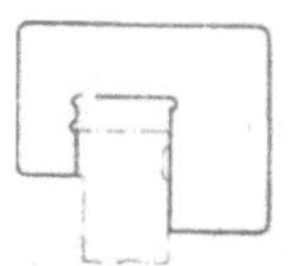

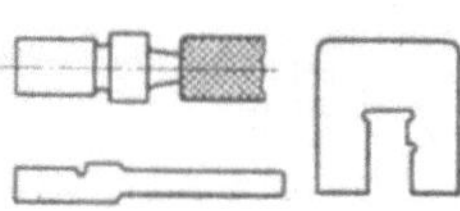

Abb. 31–49.
Lehrdorn mit Vorfuhransatz.

Abb. 31–50.
Rachenlehre mit
Vorführfläche.

Abb. 31–51.
Grenzlehren mit hintereinanderliegenden Meßflächen.

Werkstucke werden nach der Lehrung durch Auswerfer schnell aus der Lehre entfernt. Oft erleichtern jedoch schon Freiarbeitungen oder Ausfräsungen das Herausnehmen der Werkstücke bedeutend (Abb. 31–46).

317.5 Meßsicherheit, Meßgefühl

Die Meßunsicherheit hängt ab von der zweckmaßigen Gestaltung der Lehre, der Möglichkeit, sie einwandfrei zu messen, ihrer Einstellung oder Abnutzungsprüfung und der Handhabung.

Von Vorteil sind deshalb vom subjektiven Meßgefuhl unabhangige Lehren. Die meisten Lehren dieser Art arbeiten mit Fuhlhebeln oder Ratschen, um die Meßkraft gleich groß zu halten. Beispiel: Meßschrauben mit eingebautem Fuhlhebel (s. Abschn. 233). Das Eigengewicht kann, wie bei Rachenlehren (s. Abschn. 164.3), als Mittel zur Ausschaltung des subjektiven Meßgefühls dienen. Sie müssen durch Eigengewicht oder Gebrauchsbelastung bzw. dürfen nicht übergleiten.

Zu schwere Lehren beeinträchtigen stets das Meßgefühl.

Bei Markenstrichlehren ist dafür zu sorgen, daß Doppelstriche nicht zu eng stehen und so eine deutliche Ablesung auf die Dauer zu anstrengend wird. Abhilfe: zwei Strichpaare (Abb. 31–52). Störende Lichtreflexe werden durch Mattverchromen vermieden.

317.6 Kennzeichnung der Lehren

Für die Verwaltung und Anwendung der Lehren ist ubersichtliche Kennzeichnung nötig. Aus der Lehrenbeschriftung mussen hervorgehen:

die Zugehörigkeit der Lehren zu Hilfslehren, Gegenlehren und zum Werkstück, die zu lehrenden Maße und der Änderungszustand der Lehrenzeichnung. Ausschußmeßstellen werden wegen der Verwechslungsgefahr auffallend durch Formunterschiede oder Farbe gekennzeichnet (Abb. 31–53). Die Zahl „loser Teile" ist zu beschranken.

Die Maßunterschiede *gleichgeformter* Hilfslehren sollen deutlich erkennbar sein und 1 mm oder mehr betragen.

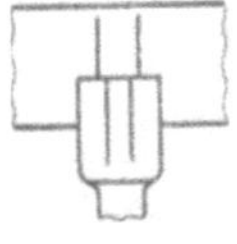
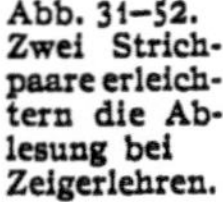

Abb. 31–52. Zwei Strichpaare erleichtern die Ablesung bei Zeigerlehren.

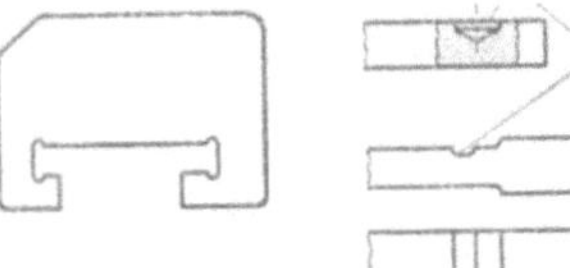

Abb. 31–53. Kennzeichnung von Ausschußseiten durch Wegfräsen einer Ecke, rot ausgelegte Anbohrung oder Nut.

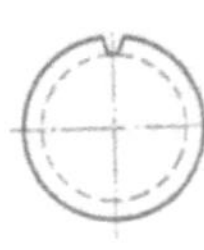

Abb. 31–54. Gewindelehrdorn mit Schmutznut.

317.7 Beförderung der Lehren

An schweren Lehren sind Griffe oder zum Anfassen geeignete Elemente anzubringen, sonst muß man damit rechnen, daß die empfindlichsten Lehrenteile als Handgriff benutzt werden. Leicht zu beschadigende Teile sollen möglichst nicht hervorstehen oder müssen abgedeckt werden, um Bruch oder Verbiegen zu vermeiden.

Geeignete Aufbewahrungskästen sollen die Lehren so unterstützen, daß sie auch durch Stoß nicht verbogen werden; sie erleichtern die Beförderung und vereinfachen die Verwaltung der Lehren.

318 Rücksicht auf Lebensdauer

318.1 Entfernung von Schmutz

Die Abnutzung der Meßflachen wird verringert, wenn beim Prüfvorgang der Schmutz *selbsttätig* entfernt wird. Von Nuten durchzogene Auflageflachen und die mit Schmutznuten versehenen Gewindelehrdorne und -lehrringe (Abb. 31–54) erfullen weitgehend diese Forderung (Schmutznuten siehe DIN 2278). Alle Auf- und Anlageflachen sind so zu gestalten, daß sie leicht gereinigt werden können.

318.2 Reibungsweg

Die Lange des Reibungsweges zwischen Werkstück und Lehre ist von entscheidender Bedeutung fur ihre Lebensdauer. Hierdurch erklart sich die starke Abnutzung von Gewindelehrringen und -dornen, die besonders lange Reibungswege aufweisen. Statt Gewindelehrringen werden deshalb Gewinde-Rachenlehren benutzt, die drehbar gelagerte Rippenrollen haben. Dadurch entsteht ein kurzer Reibungsweg bei rollender Reibung, und die Abnutzung der Lehren wird vermindert. Man hat auch versucht, den Gewindelehrdorn durch eine Lehre mit kürzerem Reibungsweg zu ersetzen.

Bei Lehrdornen, Gewindelehrdornen und Flachlehren tritt die stärkste Abnutzung an der Einführungsseite auf, da die hier liegenden Meßflächenteile einen längeren Reibungsweg zurücklegen müssen als die später mit dem Werkstück zur Berührung kommenden. Außerdem nutzen die vielen Einführungsversuche in Teile, deren Gutmaß noch nicht erreicht ist, die Meßflächen an der Einführungsseite starker ab. Das Umstecken von Meßkörpern ist ein Mittel, die Lebensdauer solcher Lehren zu erhöhen (Abb. 31–55).

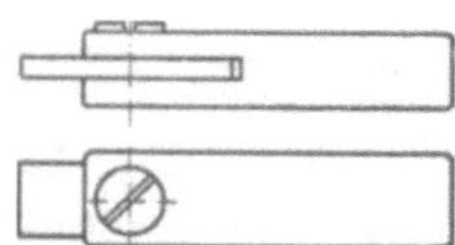

Abb. 31–55. Flachlehre mit umsteckbarem Meßplättchen.

318.3 Meßkraft

Eine weitere Ursache starken Lehrenverschleißes liegt in zu hohem Meßdruck zwischen Lehren- und Werkstückflächen. Dieser ist von der Meßkraft und — bei voller Flächenanlage — von der Größe der Meßfläche abhängig. Die Größe der Meßkraft ist je nach Lehrenart durch Federn oder das Gewicht der Lehren bestimmt; sehr oft ist jedoch die Handhabung der Lehre von Einfluß auf die Meßkraft.

Zur Verringerung der Abnutzung trägt der Leichtbau der Lehren wesentlich bei. Geringe Ermüdung des Prüfenden, Erhöhung des Feingefühls der Hand und Werkstoffersparnis sind weitere Vorteile des Leichtbaues. Nicht nur durch die Verwendung von Leichtmetall und Kunststoffen für Griffe werden die Lehren leichter, auch die Anwendung von Rohr oder Blech als Zieh- oder Stanzteile dienen diesem Zweck. Beispiel: aus Stahlblech gezogene und kalibrierte Lehrdorne und Lehrringe. Durch Meßkraft er-

Abb. 31–56. Eigengewichts-Rachenlehre (Kordt, Eschweiler). Die Lehre ist in dem durchsichtigen Halter längsverschieblich. Sie gleitet durch ihr Eigengewicht über den Prüfling.

zeugende oder Übergewicht aufhebende Federn oder durch Gewichtsausgleich anderer Art läßt sich eine unzweckmäßige Handhabung der Lehren oft ausschalten.

318.4 Beschädigungen

Viele Lehren werden vorzeitig durch Beschädigung unbrauchbar, der durch geschickte Gestaltung entgegengearbeitet werden kann: Schutz gegen Zerkratzen, Abbröckeln und Bruch; Sicherung gegen Anwendung von Gewalt, z. B. durch Federung schwacher Lehrdorne; entsprechende Bemessung von Bedienungsteilen, Weglassen der Randelung an Spann- oder Einstellschrauben u. ä.

318.5 Instandhaltung - Instandsetzung

Bei der Gestaltung von Lehren sind stets die Möglichkeiten zur leichten Instandhaltung und Instandsetzung zu erwägen. Der Abnutzung kann bis zu einem gewissen Grade durch Nachstellbarkeit der Lehren begegnet werden, wie z. T. bei Rachenlehren ausgeführt.

Bei Markenstrichlehren kann z. B. eine verschiebbare Markenstrichplatte angewendet werden, wenn nicht vorgezogen wird, bei Abnutzung die Markenstriche neu zu reißen.

Durch ungleiche Abnutzung uneben gewordene Meßflächen werden nachgearbeitet und nachgestellt, oder die Lehre wird durch Ersatz einzelner Teile wieder brauchbar gemacht. Die Stellen, an denen starke Abnutzung zu erwarten ist, müssen so gestaltet werden, daß einfache Teile, wie Meßzapfen, Buchsen, Meßstücke und -plättchen, leicht entfernt und ohne schädigenden Einfluß auf die noch brauchbaren Teile der Lehre wieder ersetzt werden können.

Grenzrachenlehren mit *getrennten* Gut- und Ausschußrachen lassen sich leichter instand setzen als solche mit hintereinanderliegenden Rachen; ebenso lassen sich geteilte kleine Rachenlehren leichter nacharbeiten als ungeteilte (Abb. 31–30). S. a. Abschn. 313.2 u. 326.

319 Allgemeine Richtlinien zur Gestaltung von Lehren

Richtlinien dieser Art lassen sich als Gedächtnisstütze bei der Gestaltung von Lehren anwenden oder bilden Hilfen bei der Überprüfung vorliegender Konstruktionen, da erfahrungsgemäß wichtige Gesichtspunkte oft vergessen werden.

319.1 Vorgehen bei der Gestaltung

Zu lehrende Werkstückmaße bestimmen;
Reihenfolge der Lehrungen festlegen;
Lehraufgabe klarstellen;
für genormte Lehren, handelsübliche oder Sonderlehren entscheiden;
Bauprinzip festlegen (s. Abschn. 312.2); möglichst bewährte Ausführungen übernehmen;
vorhandene brauchbare Lehren übernehmen, gegebenenfalls ändern oder ergänzen;
Funktion des Werkstückes durch Gestaltung der Lehren sichern; aber nicht mehr Maße lehren, als für Funktion erforderlich;
für alle zu lehrenden Maße eines Werkstückes Lehrenart und Meßschema festlegen.

319.2 Fertigung

Einzelteile mit Rücksicht auf Funktion und Fertigung durchformen;
vorzugsweise genormte Bauteile verwenden;
Form und Größe der Meßflächen beachten;
Stückzahl der zu lehrenden Werkstücke und der zu beschaffenden Lehren berücksichtigen;
Zusammenbau der Lehren durchdenken;
bequeme Maßbestimmung der Lehren anstreben.

319.3 Handhabung

Bequeme Handhabung und einfache Bedienung ermöglichen, gegebenenfalls
  einfache Hilfswerkzeuge benutzen;
sichere Aufnahmen schaffen;
Lehren klar kennzeichnen;
lose Teile vermeiden (ausgenommen Hilfslehren);
schnelle Einstellung und Abnutzungsprüfung ermöglichen;
subjektives Meßgefuhl möglichst ausschalten;
Gewicht der Lehren und Werkstucke beachten.

319.4 Lebensdauer

Meßflächen harten, hartverchromen oder mit Hartmetall bestücken;
selbsttatige Schmutzentfernung ermöglichen;
Reibungsweg und Meßkraft soweit zulässig verringern;
Maßnahmen gegen Beschàdigung treffen;
Instandhaltung und Instandsetzung beachten.

Schrifttum

Albrecht: Meßelemente und Meßverfahren bei Sonderlehren. Werkst.-Techn. u.
  Werksl. Bd. 32 (1938) H. 4, S. 69.
Dreyhaupt: Lehrdorne mit Vorfuhransatz. Werkst.-Techn. u. Werksl. Bd. 34 (1940)
  H. 16, S. 261.
Kienzle: Der heutige Stand der Toleranz- und Prufsysteme fur Werkstuckabmessun-
  gen. Werkst.-Techn. u. Werksl. Bd. 30 (1936) H. 23, S. 501.
Leinweber: Toleranzen und Lehren. 5. Aufl. Berlin: Springer 1948.
Nieberding: Gestaltung und Ausfuhrung fester Lehren fur hohe Genauigkeits-
  anspruche. Werkst.-Techn. u. Werksl. Bd. 31 (1937) H. 13, S. 295.
Sommer: Maßnahmen zur Verringerung des Lehrenverschleißes. Werkst.-Techn u.
  Werksl. Bd. 36 (1942) H. 9/10, S. 185.

32 Fertigung von Meßzeugen

321 Aufgaben und Forderungen

Die Eigenart der Meßzeugfertigung besteht im Erzeugen von Flachen
mit geringer Maß- und Formungenauigkeit und hoher Oberflachengute.
Die verschiedenartig geformten Flachengebilde oder Meßelemente mussen
in genaue maßliche Stellung zu anderen Meßflachen und Bezugsebenen gebracht werden. Dies läßt sich nicht immer nur durch Maschinenarbeit erfullen, die letzte Feinheit an Maßgenauigkeit und Oberflachengüte muß
durch zusatzliche Feinstbearbeitung oder durch den Zusammenbau erreicht
werden, die meist in Handarbeit ausgefuhrt werden mussen. Die hohe
Genauigkeit der Arbeit und der sich daraus ergebende große Anteil des
Menschen am Entstehen der Lehrenmaße rucken das Messen stark in den
Vordergrund.

Die notwendigen Arbeitsgänge innerhalb der Meßzeugfertigung sind
nach Qualitaten aufzuteilen, damit fur den hochwertigen Werkzeugmacher nur noch ein Minimum an Feinstbearbeitung und der Zusammenbau
auszuführen sind.

Der Maschinenpark ist zu ergänzen durch Vorrichtungen und Hilfsmittel, s. Abschn. 323.3, und durch Werkzeuge und Meßmittel, s. Abschn. 323.4 und 5. In Meßzeugfertigungen mit größerem Durchsatz werden zweckmäßig die Lehren und Lehrenteile so weit vorgearbeitet, wie vor dem Einsatz des Lehrenbauers übersehen werden kann.

In einer Meßzeugwerkstatt ist also besonderes Augenmerk zu richten auf:

1. Aufteilung der Arbeiten in Güteklassen mit dem Ziel der Entlastung hochwertiger Fachkräfte von minderen Arbeiten.

2. Weitgehende Vorarbeit von Einzelteilen.

3. Ausnutzung der Maschinen für Genauigkeitsarbeiten.

4. Ausschöpfen der den Fertigungsmitteln innewohnenden Möglichkeiten.

5. Schaffung geeigneter Vorrichtungen und Hilfsmittel zur Erhöhung der Genauigkeitsleistung von Maschinen.

6. Auswerten und Weiterentwickeln von besonderen Verfahren zur Erleichterung oder Ausschaltung der Handarbeit des Lehrenbauers.

7. Befruchtung der Lehrengestaltung durch Weitergabe besonderer Erfahrungen.

8. Sammeln und Festhalten von Erfahrungen aus dem gesamten Fertigungsgebiet.

9. Auswahl und Heranzüchten eines Stammes erfahrener Lehrenbauer.

10. Schaffung einer gesunden Arbeitsatmosphäre.

322 Der Lehrenbauer

Die Eignung für den Lehrenbau ist trotz Berufsberatung und Eignungsprüfungen beim Antritt einer Lehrzeit schwer zu erkennen. Am günstigsten ist der Ausbildungsweg über eine übliche Werkzeugmacherlehre, z. B. Vorrichtungsbau mit Übergang zum Lehrenbau etwa im 3. Lehrjahr. Der Lehrenbauer muß die im Werkzeug- und Lehrenbau üblichen Bearbeitungs- und Meßverfahren beherrschen und an allen einschlagigen Maschinen und Meßgeräten selbst gearbeitet haben. Selten sind in einem Menschen alle Fähigkeiten zum Lehrenbau gleichmäßig gut entwickelt. Der Lehrenbau bietet jedoch in den unterschiedlichen Schwierigkeitsgraden seiner Erzeugnisse genügend Einsatzmöglichkeiten auch für minderbegabte Kräfte. Aus Gründen der Wirtschaftlichkeit ist eine Staffelung der Kräfte nach Leistungsgraden sogar erwünscht; sie soll den verschiedenen Schwierigkeitsgraden des gesamten Lehrendurchsatzes angepaßt sein. Die in Abschn. 82 aufgeführten Eignungsmerkmale gelten auch für Lehrenbauer und können als Richtlinie dienen bei der Auswahl geeigneter Kräfte oder bei Eignungsprüfungen und sollen angehenden Werkzeugmachern Vergleichmöglichkeiten zur Selbstkritik bieten. An beruflichen Voraussetzungen sind zu fordern: Grundausbildung als Werkzeugmacher, dann Übergang zum Lehrenbau. Ausbildung nur im Lehrenbau ist meist zu einseitig.

Kenntnis der Trigonometrie und der Logarithmen ist erforderlich.

323 Fertigungseinrichtung

323.1 Werkstattraum

Die Haupterfordernisse eines Werkstattraumes für die Lehrenfertigung sind eine möglichst gleichmäßige Helligkeit durch seitlich und einseitig einfallendes Tageslicht oder entsprechendes künstliches Licht und eine örtlich und zeitlich gleichmäßige Temperatur von etwa 20° C. Am besten geeignet ist ein länglich rechteckiger Raum mit einer Fensterreihe auf der langen Seite, die nach Norden liegt. Die Tiefe des Raumes sollte möglichst gering sein. Bei Ausweitung der Fertigung soll nach Möglichkeit in die Länge, jedoch nicht in die Tiefe gegangen werden. Zusätzliches Oberlicht erzeugt Zwielicht und ist für Lehrenfertigung nicht geeignet. Freistehende Räume mit beiderseitiger Fensterreihe sind gegebenenfalls durch Zwischenwände zu trennen. Der Raum muß von Erschütterungen und Lärm frei sein. Er muß gut warmeisoliert sein, so daß nur geringe Temperaturschwankungen auftreten können. Bestgeeigneter Bodenbelag ist Holz. Die Handarbeitsplätze sind an der Fensterreihe, die Maschinen im Innern des Raumes anzuordnen. Vorteilhaft ist, die Maschinen in der Verlängerung des Raumes anzuschließen, wobei die Schleifmaschinen von den übrigen Maschinen abzusondern sind. Die Härterei ist wegen der Korrosionsgefahr durch Gase von der Lehrenfertigung zu trennen. Der Meßraum ist anschließend an die Lehrenfertigung, aber ebenfalls getrennt anzuordnen. Einrichtung des Meßraumes s. Abschn. 83.

323.2 Maschinenausrüstung

Gewöhnliche Werkzeugmaschinen: Leitspindel-Drehbänke, Mechaniker-Drehbänke, Bohrmaschinen, Tischhobelmaschinen, Waagerecht-Stoßmaschinen, Universal-Fräsmaschinen, Waagerecht- und Senkrecht-Fräsmaschinen, Rundschleifmaschinen (große und kleine für Außen- und Innenschleifarbeiten). Flachschleifmaschinen, Gewindeschleifmaschinen, Schleifböcke, Trennmaschinen.

Ist die Maschinenbearbeitung von der Lehrenfertigung getrennt, so sollten folgende Maschinen zur unmittelbaren Verfügung der Lehrenfertigung stehen; sie sind unter dem Gesichtswinkel kurzester Anlaufwege in die Lehrenfertigung einzuordnen. Mechaniker-Drehbänke, Bohrmaschinen, Schleifböcke, Trennmaschinen.

Sondermaschinen: Lehrenbohrwerk, Formschleifmaschine, Rachenlehrenschleifmaschine, Läppmaschinen für Rund- und Flachteile, Graviermaschine, Längs- und Kreisteilmaschinen, Schmirgelbandschleifmaschine od. ä. zum Schleifen von Außenflachen.

Sondereinrichtungen: Maschine oder Einrichtung zum Abrichten von Läppwerkzeugen, Entrostungs- und Reinigungsbad, Brünieranlage, gegebenenfalls auch Verchromungsbäder.

323.3 Vorrichtungen

Zweckmäßig ist eine weitgehende Ausrüstung der Lehrenfertigung mit Genauigkeitsvorrichtungen, Zusatzeinrichtungen und Hilfsmitteln. In Abb. 32–1 bis 32–8 werden Vorrichtungen und Hilfsmittel gezeigt, die aus

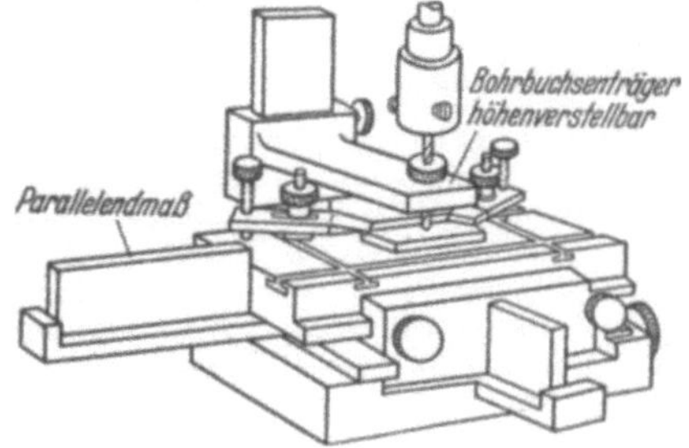

der Erfahrung erwachsen sind und die Linie andeuten, auf der eine neuzeitliche Lehrenfertigung weiterarbeiten soll, um die Wirtschaftlichkeit zu erhöhen.

Abb. 32–1. Nach Endmaßen einstellbarer Koordinatenbohrtisch als Universal-Bohrvorrichtung (Fritz Werner).

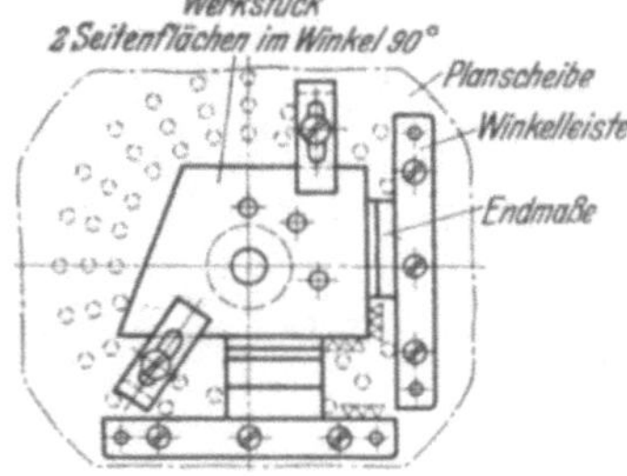

Abb. 32–2. Planscheibe für Bohren und Schleifen von Bohrungen mit feintolerierten Mittenabständen. Zwei gehärtete Leisten unter 90° auf Planscheibe befestigt, Werkstück mit Hilfsmeßflächen unter 90° versehen, nach Endmaßen eingestellt und mit Spanneisen gehalten. Die auf Spindelmitte stehende Bohrung wird schlagfrei gebohrt oder geschliffen.

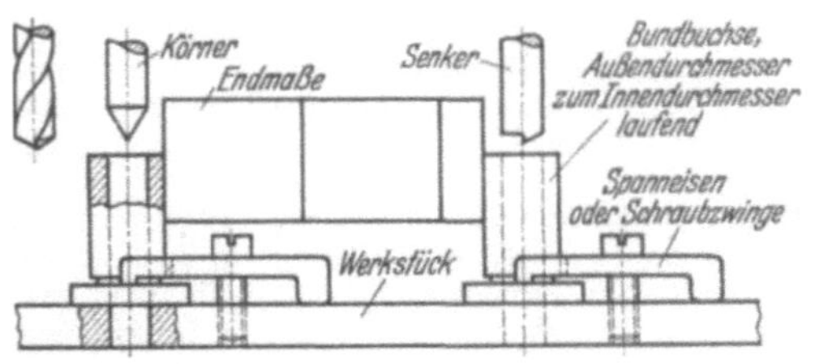

Abb. 32–3. Bohrverfahren für Bohrungen mit feintolerierten Mittenabständen. Gehärtete Bundbuchsen, Innen- und Außendurchmesser laufend zueinander, nach Endmaßen auf Abstand eingestellt; nach Ankornen wird vorgebohrt, mit geführten Kurzschneidesenker im Pendelfutter fertiggesenkt.

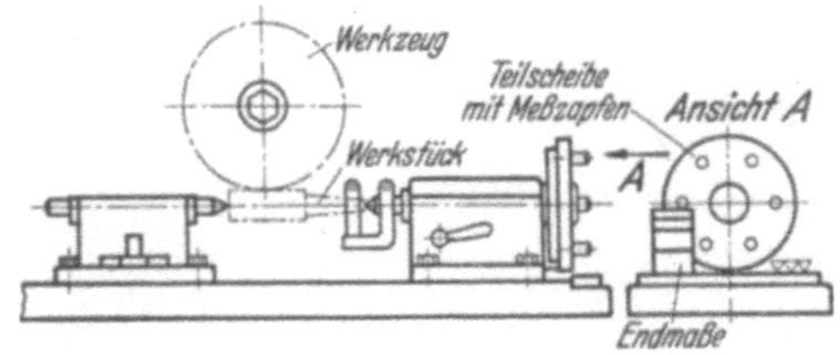

Abb. 32–4. Rundteilvorrichtung auf Endmaßbasis. Verwendbar zum Schleifen von Vielkanten, Keilwellenprofilen oder sonstigen Winkelflächen. Zum Anreißen von Winkelmarken, Kreis- und Umfangsteilungen. Teilscheibe auswechselbar gegen solche anderer Teilung.

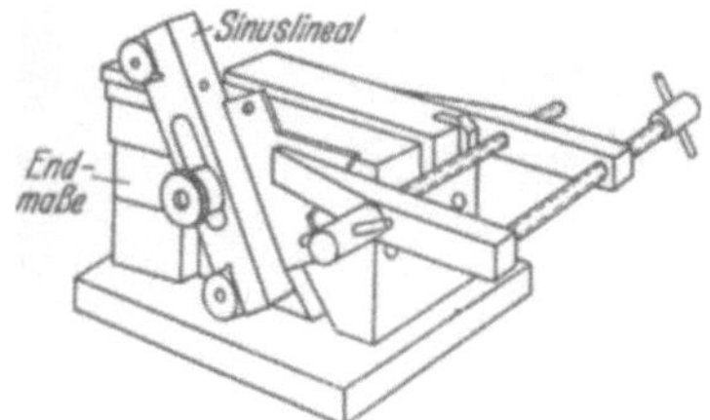

Abb. 32—6. Sinusschleifvorrichtung mit Schraubstock, nach Endmaßen in beliebigen Winkeln einstellbar.

Abb. 32—5. Sinusschleifklotz zum Schleifen oder Läppen von Teilen in genauer Winkelebene. Oben und beiderseitig mit T-Nuten unter 45° und 60° versehen zum Spannen des Sinuslineals.

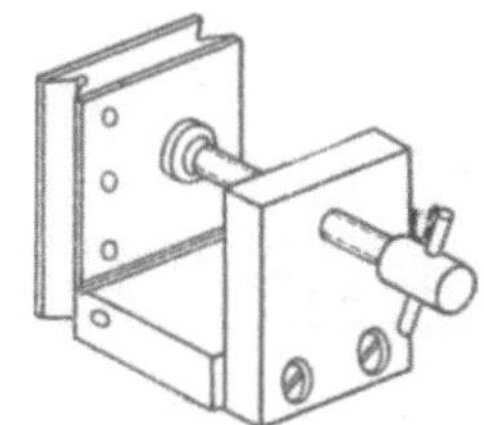

Abb. 32—8. Spannwinkel mit senkrechter Prismenaufnahme für Stirnschleifarbeiten an Rundteilen. Mit Hilfe der Spannschraube auch für Flachteile anwendbar.

Abb. 32—7. Sinusschleifvorrichtung mit Abziehvorrichtung für Schleifscheiben. In zwei Ebenen nach Endmaßen einstellbar, zur Erzeugung einer Winkelresultierenden. Spannwinkel auch unmittelbar zum Spannen von Werkstucken zu benutzen.

323.4 Werkzeuge

Allgemeine Werkzeuge: Feilen, Nadelfeilen, Hammer, Schraubenzieher, Bohrer, Senker, Gewindebohrer, Windeisen, Körner, Durchschlage, Reibahlen, Anreißwinkel, Tuschierplatte, Richtplatte, Holzkluppe.

Sonderwerkzeuge und Arbeitsmittel: Parallelstucke, Prismenstucke, Klemmwinkel, Schraub- und Parallelzwingen, Läpp-Platten, Lappwinkel, Läppleisten, Läppmittel, feine Sagen für Freiarbeitungen, Ölsteine verschiedener Querschnitte und Größen, Lupe mit Halter, Lichtkasten für Lichtspaltprüfungen.

323.5 Meßmittel

Zur Ausrustung eines Lehrenbauers für vorwiegend Sonderlehren gehören im wesentlichen folgende Meßmittel: Parallelendmaße, Meßplatte, Anschlagwinkel, Kantenwinkel und Haarlineale verschiedener Größen, Meßschrauben 0···25 und 25···50 mm Anzeigebereich, Schieblehre, Tiefen-

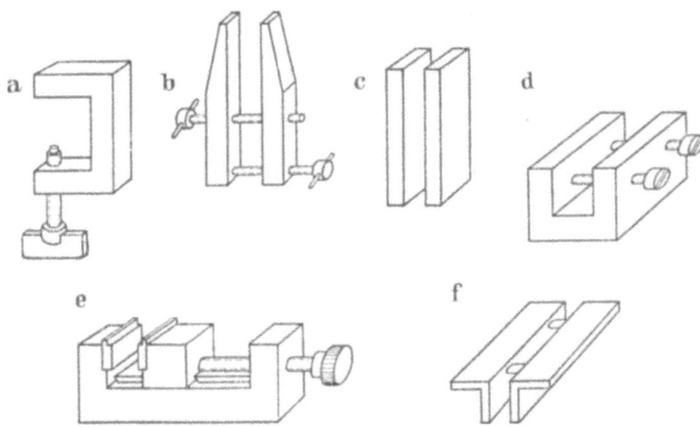

Abb. 32–9. Spannzeugsatz für Lehrenbauer. a) Schraubzwingen, b) Parallelzwingen, c) Parallelstücke, d) Spannkasten für Schleifarbeiten, e) Feinschraubstock, f) Parallelspannbacken, geschliffen.

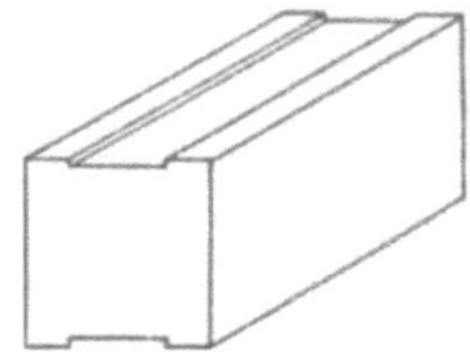

Abb. 32–10. Lappstück für Flächen an Blattlehren, die winklig zur Anlageebene stehen müssen.

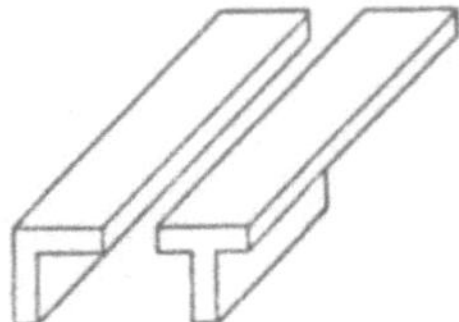

Abb. 32–11. Läppleisten für das Spannen im Schraubstock.

maß, Winkelmesser, geschliffene Parallelstücke verschiedener Größen, Sinuslineal, Planglasplatte. Zur allgemeinen Benutzung: Optischer Winkelmesser, Winkelsäule oder Winkelprüfgerät, Mikroskop- mit Rundungs- und Winkelprofilen, Meßständer mit Fühlhebel, Meßdrähte für Gewindemessung, Meßdorne mit gestuften Durchmessern. Für besondere Genauigkeitsforderungen weiterhin die Meßmittel des Prüfraumes, s. Abschn. 83.

Je größer die Stückzahl bestimmter Lehrenarten, je mehr nähern sich die Meßmittel und Meßverfahren denen der Serien- oder Mengenfertigung allgemeiner Genauigkeitserzeugnisse, Abschn. 324.9.

Lehrenwerkstoffe s. Abschn. 314.

324 Fertigung

324.1 Arbeitsvorbereitung bei Einzelfertigung

Voraussetzung ist eine fertigungstechnisch gut durchgearbeitete Lehrenzeichnung. Sie muß alle lehrentechnischen Forderungen und Einzelheiten

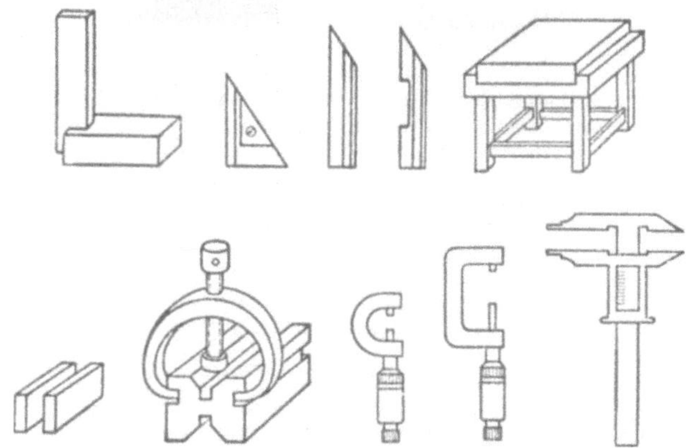

Abb. 32–12. Kleiner Meßzeugsatz für Lehrenbauer.

Abb. 32–13. Werktisch für Lehrenbauer.

eindeutig enthalten. Wichtige Einzelteile müssen herausgezeichnet werden. Bei zusammengesetzten Lehren soll die Zeichnung in Aufteilung, Bemaßung und Tolerierung den Ablauf der Fertigung erkennen lassen. Unklare Zeichnungen oder das Arbeiten nach Zusammenstellungszeichnungen sind oft Anlaß zu Irrtümern und Fehlfertigungen. Die Planung der Arbeitsgänge im einzelnen obliegt dem Meister oder dem Lehrenbauer.

324.2 Vorrichten

Zu den Arbeiten der Vorrichterei gehören: Werkstoffbeschaffung, Trennen, Zuschneiden, Steuerung der Maschinenarbeit, der Wärmebehandlung und der nach dem Harten notwendigen Schleifarbeit. Zur Prüfung der Vorarbeit ist die Revision einzuschalten.

Alle Maschinenarbeiten, die nach Vorgabe der vorgearbeiteten Teile an den Lehrenbau noch notwendig werden, müssen vom Lehrenbauer gesteuert werden. Ein Grundsatz der Maschinenvorarbeit muß sein: „heran an die Maßgrenzen" und nach Möglichkeit fertigarbeiten. Enge Zusammenarbeit mit dem Lehrenbauer und rechtzeitige Rückfragen ersparen manche Schwierigkeit. Die Schaffung von Normunterlagen für Bearbeitungszugaben und sonstige Richtwerte sind weitere Hilfen, die Vorarbeit wirtschaftlich zu gestalten. Das Hobeln und Frasen nach Körnern und Rissen sollte auf untergeordnete Maße beschrankt bleiben; die Maschinen werden dabei in ihrer Genauigkeitsleistung nicht ausgenutzt. Es ist Sache der betrieblichen Erziehung, daß weitgehend nach Maßen und Toleranzen gearbeitet wird.

324.3 Weichbearbeitung

Wichtig ist „die erste Fläche, der erste Arbeitsgang" an den maßtragenden Teilen einer Lehre. Beim Verbinden von Genauigkeitsteilen z. B. durch Verschrauben richtet sich die Fläche eines nachgiebigen Teiles nach der des festeren. Alle Ausgangsflachen, von denen Lehrenmaße abhängen oder die als Aufbauebenen dienen, mussen daher eben sein. Bei Einpaßarbeiten an Schiebern, Buchsen, Rund- oder Flachfuhrungen ist das schwieriger zu fertigende Maß, meist das Innenmaß, zuerst herzustellen. Daß Maß des Gegenstuckes ist mit einem leichten Übermaß so anzupassen, daß nach Verfeinerung der Oberflachengute die gewunschte Passung erreicht ist. Voneinander unabhangiges Fertigen von Maßen an Paßteilen mit engen Bewegungspassungen ist in der Einzelfertigung nicht zu empfehlen. Die ideale Passung ist durch das An- und Einpassen der Gegenstucke besser zu erzielen als durch unabhangiges Fertigen von Einzelmaßen mit dem hierbei notwendigen genauen Messen.

Spiel- und Übermaßpassungen können unabhangig nach Toleranzen gefertigt werden.

Teile, die zwischen Spitzen geschliffen werden, mussen einwandfreie Zentrierungen haben. Bei hohen Genauigkeitsforderungen sind die Zentrierkegel nach dem Harten zu schleifen.

Langere Rundteile, die nach dem Harten mit hoher Form- und Rundlaufgenauigkeit geschliffen werden sollen, mussen moglichst schlagfrei vorgedreht werden. Der Schlag vom Vordrehen her wirkt oft nach bis ins letzte Hundertstel vor Erreichung des Maßes. Zweckmaßig ist ein Vordrehen bis auf etwa 2 mm Ubermaß, danach Zwischengluhen mit anschließendem Fertigdrehen auf Schleifubermaß.

324.4 Hartbearbeitung

Parallele Meßflachen, z. B. bei Rachenlehren oder Absatze an Flachlehren, die an ein gemeinsames Teil angearbeitet werden und maßlich voneinander abhängig sind, sollen moglichst in einer Aufspannung geschliffen werden.

Ebenheit der Auflage und Spannung sind hierbei wichtig. Die Spannung darf die Lehre nicht verziehen. Gegebenenfalls ist Punktauflage und Punktspannung vorzusehen (Abb. 32–14).

Flachlehren oder sonstige Lehrenteile mit freiligenden Meßflächen sind weitgehend auf Flachschleifmaschinen und Magnetspannplatten zu schleifen.

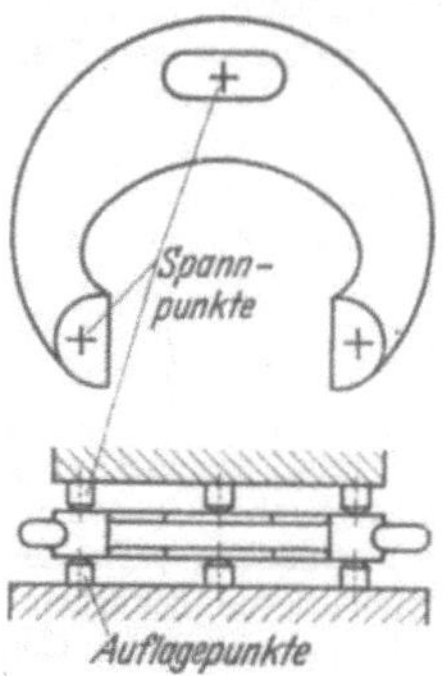

Abb. 32–14. Schema einer Dreipunktspannung fur das Schleifen größerer Rachenlehren.[1]

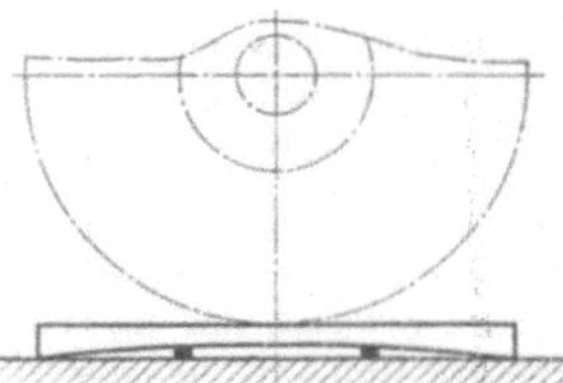

Abb. 32–15. Verzugsfreies Schleifen längerer Flachteile. Hohle Seite zuerst auf Magnetspannplatte legen. Hohle Stellen durch Zwischenlagen verzugsfrei unterstutzen, obere Seite spannungsfrei eben schleifen. Bei mehrfachem Umdrehen Härteverzug herausschleifen, hohle Stellen, wenn nötig, weiter abstutzen.

Freiarbeitung fur den Werkzeugauslauf (s. Abschn. 315.3).

Die Werkstücke müssen beim Schleifen „kalt" bleiben oder gekuhlt werden. Beim Rundschleifen wird im allgemeinen „naß" beim Flachenschleifen auf kleineren Maschinen meist trocken geschliffen. Je harter der zu schleifende Werkstoff, je weicher muß die Bindung der Schleifscheibe sein. An Werkstoffzugabe fur das Läppen genugen bei sauber geschliffenen Flachen $5\,\mu$ je Flache, Ebenheit oder Rundheit vorausgesetzt. In Sonderfallen kann bis auf $3\,\mu$ heruntergegangen werden. Auch hier gilt die Forderung „heran an die Maßgrenzen", damit unnötige Lapparbeit erspart wird. Es wird im Lehrenbau noch zuviel gelappt, wo man mit sauber geschliffenen Flachen auskommen könnte. Bei Toleranzen uber $10\,\mu$ sollte möglichst fertig geschliffen und erst unter $10\,\mu$ gelappt werden.

Größere oder ausladende Teile mit hoher Endgenauigkeit werden zum Ausgleich von Hartespannungen in mehreren Arbeitsstufen mit mehrtagigen Unterbrechungen auf Maß geschliffen.

Richten von durchgehärteten Teilen mit hoher Endgenauigkeit ist zu vermeiden. Die eingehammerten Spannungen vom Richten her liegen nur an der Oberfläche und werden beim Schleifen wieder frei. Es ist besser, den Harteverzug wegzuschleifen oder verzugsarmen Stahl zu verwenden. Kernweiche Teile können vor dem Schleifen unbedenklicher gerichtet werden.

Alle zu härtenden Teile sind mit einem Werkstoffkennzeichen zu versehen, das zu erneuern ist, wenn es durch einen Arbeitsgang weggearbeitet werden muß. Diese Maßnahme erspart hartetechnische Schwierigkeiten. Auf Magnetspannplatten geschliffene Teile mit Meßflachen sind zu entmagnetisieren.

324.5 Wärmebehandlung

In den meisten metallverarbeitenden Betrieben ist die Lehrenfertigung in den allgemeinen Werkzeugbau eingebaut; da die Aufgaben der Warmebehandlung in beiden Fallen etwa gleich sind, werden sie gewöhnlich in einer gemeinsamen Härterei durchgeführt. Auch in Betrieben mit ausschließlicher Lehrenfertigung fallen Härteaufgaben der allgemeinen Werkzeugfertigung an. Die Einrichtungen und Verfahren der Warmebehandlung von Lehren decken sich im wesentlichen mit denen der allgemeinen Werkzeugfertigung. Einzelheiten sind dem einschlagigen Schrifttum zu entnehmen. Es seien daher nur einige Hinweise gegeben, die fur die Wärmebehandlung von Lehren von besonderer Bedeutung sind. Lehren und Lehrenteile werden gehärtet, um den Verschleißwiderstand der Meßflachen und sonstiger beanspruchter Genauigkeitsteile zu erhöhen. Hierbei ist zu beachten, daß eine zahlenmäßig größte Harte nicht gleichzeitig den größten Widerstand gegen Verschleiß bietet. Zähharte Meßflachen verhalten sich im allgemeinen günstiger als glasharte. Daneben bieten gehärtete Meßflachen erhöhten Korrosionsschutz. Weiterhin lassen sich hohe Genauigkeiten am besten an gehärteten Teilen erzielen. Zur Vermeidung von Bruchgefahr werden gehartete Teile, z. B. dunne Lehrdorne oder hervorspringende dunne Lehrenteile, angelassen. Die Beurteilung der Anlaßtemperatur nach der Anlauffarbe ist nur bei unlegierten oder niedriglegierten Werkzeugstählen zuverlässig.

An Stelle des sich über längere Zeiträume erstreckenden natürlichen Alterns findet auch im Lehrenbau die kunstliche Alterung im steigenden Maße Eingang. Sie hat den Zweck, die im Laufe längerer Zeiträume eintretenden Gefügeumwandlungen zu beschleunigen und Abschreckspannungen zu beseitigen, so daß nachtraglichen Verformungen, Rißbildungen oder Bruchschaden vorgebeugt ist.

Hárteprufung. Sie erstreckt sich im wesentlichen auf Meßflachen, Buchsen, Zapfen, Fuhrungsteile, Aufnahme- und Anlageflachen usw., soweit diese Flachen mit den zu prufenden Werkstucken in Beruhrung kommen oder durch sie Genauigkeiten vermittelt werden. In der Regel werden die Teile nach dem Harten nach den bekannten Harteprufverfahren geprüft, wobei der Prufeindruck möglichst an Stellen angebracht wird, die mit Schleifzugabe versehen sind, so daß der Prufeindruck weggeschliffen werden kann.

Trotz aller Bemuhungen der Industrie, geeignete Harteprufer mit möglichst vielseitigem Anwendungsbereich zu entwickeln, sind sie meist nur bei einfach geformten Teilen mit guten Auflageflachen anwendbar; durch entsprechende Sonderaufnahmen kann ihr Einsatzgebiet erweitert werden. Bei schwierig geformten Teilen oder Innenflachen sind zuverlässige Prufeindrücke meist nicht zu erhalten. Vielfach gelingt es nicht, den Prüfeindruck dort anzubringen, wo die Hárte verlangt wird. Die Lage des Prufeindruckes ist abhängig von einer geeigneten Auflagefläche.

Für die Härteprüfung an fertigen Lehren oder Meßflächen scheiden im allgemeinen die Verfahren aus, die mit größeren Prüflasten arbeiten. Am besten geeignet ist hierfür das Vickersverfahren mit geringen Prüflasten. Die hierbei entstehenden Eindrücke und die Aufwulstungen an den Rändern des Eindruckes sind nur gering. Bei Einsatzstählen ist die Härteprüfung der fertigen Meßflächen besonders wichtig, da je nach Größe der Schleifzugabe und Tiefe der Härteschicht diese mehr oder weniger weggeschliffen wird und die Härte in Richtung auf den Kern hin abnimmt. Bei dunnen Einsatzschichten besteht außerdem die Gefahr, daß der Prüfeindruck die harte Schicht durchbricht und das Prüfergebnis verfälscht wird. Für derartige Prüffälle sind die Ritzharteprüfung oder die Mikrohärteprüfung besser geeignet. Trotz des reichen Angebots an Härteprüfern und Prüfverfahren wird die bewährte Prüffeile einstweilen ihren Platz behaupten.

324.6 Läppen

Das im Lehrenbau ubliche Lappen ist ein Feinstschleifen mit losem Korn zur Erzielung hoher Oberflachengüte, bei geometrisch genauer Grobgestalt und kleinen Toleranzen. Bei einer Rachenlehre z. B. hat das Läppen eine vierfache Aufgabe: Ebenheit und Oberflächengüte der Einzelfläche, Planparallelität und Abstand zur Gegenflache. Das Läppverfahren ist dadurch gekennzeichnet, daß die Gegenform der zu läppenden Fläche oder Form in einem Läppwerkzeug verkörpert wird, das unter Druck mit der zu läppenden Flache in gleitende Beruhrung gebracht wird. Hierbei überträgt das Läppwerkzeug seine ihm gegebene Genauigkeit (Ebenheit oder Form) unter Zugabe eines feinkörnigen Schleifmittels fortschreitend auf die Werkstückfläche, die Flachen gleichen sich einander an. Je nach der Wahl des Schleifmittels wird eine mehr oder minder große oder schnelle Werkstoffabnahme und eine entsprechende Oberflachengute erzielt. Je nach Art der zu läppenden Flache wird entweder das Läppwerkzeug bewegt oder das zu lappende Werkstück, oder es werden beide Teile in aufeinander abgestimmte Bewegungen versetzt, die von Hand oder maschinell erzeugt werden. Eine einwandfrei geläppte Oberflache läßt sich nur an gehärteten Werkstücken erreichen, ungehartete Flächen laden sich mit Lappmasse auf und werden schwarz.

Die nicht vermeidbare Verformung des Lappwerkzeuges beim Lappvorgang ist um so geringer und damit die erzielte Genauigkeit um so höher, je besser die gewunschte Form bereits im Maschinenschliff erzeugt wurde. Von der Maschinenarbeit sind daher möglichst saubere, der Sollform entsprechende Flachen mit gerade ausreichender Läppzugabe zu fordern. Zweckmaßiger Werkstoff fur Läppwerkzeuge ist weiches feinkörniges Gußeisen. Es behalt am besten seine Form, läßt sich gut mit Läppmasse aufladen, hält diese gut und hat geringe Neigung zum Fressen. Kleine Läppwerkzeuge werden aus Kupfer, Messing oder Weicheisen gefertigt. Läppwerkzeuge mit größeren Flächen, z. B. Lapp-Platten, werden mit einem Netz von Rillen versehen. Das Läppmittel halt sich besser als auf glatten Flächen, und das Ansaugen des Werkstückes wird vermindert. Als Läppmittel für das Vorläppen dient im allgemeinen reiner Kunstkorund, er hat hohe Schleifkraft auch bei feinster Körnung. Als Bindemittel dient Petroleum mit einem geringen Zusatz fetten Öles. Für das Feinstlappen hat sich Chromoxyd gut bewahrt, es ist in Form von Läpp-Pasten im Handel zu haben.

Auf umlaufenden Lappscheiben sind flüchtige Bindemittel, z. B. Benzin oder Tri, zu verwenden.

Eine hohe Oberflachengüte ist nur bei sparsamem Auftrag des Läppmittels und bei gleichmäßiger Körnung desselben zu erreichen.

Ebene Flachen sind nur von ebenen Lappwerkzeugen zu erreichen. Die Ebenheit von Lapp-Platten kann durch wechselseitiges Schleifen dreier Platten gegeneinander (1 mit 2, 1 mit 3 und 2 mit 3) wiederhergestellt werden. Wichtig ist das Gefuhl fur richtiges Aufeinanderliegen der Flachen vom Lappwerkzeug und Lappteil. Dies zu erlangen ist Sache der Erfahrung. Bei kleinen Meßflachen werden Lappklötze oder Lappwinkel als Hilfsmittel benutzt.

Das Gewicht des Lappteiles, sein Schwerpunkt und der zusatzliche Druck von Hand sind so auszugleichen, daß in allen Punkten der aufliegenden Flache der gleiche Reibungsdruck vorhanden ist. Zum Lappen von Bohrungen oder Innengewinden werden im Durchmesser verstellbare Spreizdorne verwendet.

Abb. 32–16. Lappmaschine mit umlaufendem Läppteller, durch Motor angetrieben, fur das Läppen von Rachenlehren und sonstigen Lehrenteilen mit freiliegenden Meßflachen.

324.7 Fertigarbeit, Zusammenbau

Bewegungspassungen, z. B. Hilfsdorne in Buchsen, Schieberfuhrungen, Drehlagerungen usw., die von Hand betatigt werden, mussen „leichtlaufend ohne Spiel" eingepaßt werden. Zu enge Spiele solcher Bewegungspassungen beeinträchtigen das Meßgefuhl und ermuden den Prufer. Preßpassungen und zu enge Passungen an zusammenzufugenden Teilen, sofern nicht besonders vorgeschrieben und konstruktiv berucksichtigt, sind zu vermeiden. Die Teile erhalten Spannungen und verformen sich, Flachen werden uneben, z. B. beim Eindrucken von Zapfen und Buchsen in Grundplatten, beim Aufpassen von Meßschenkeln auf Lehrdorne, beim Einpassen von Keilen in Nuten. Zusammengehörige Teile wie Schieberfuhrungen, zusammengesetzte Teile, Bewegungselemente usw. sind gegebenenfalls in Untergruppen zusammenzubauen. Ihre Maßhaltigkeit und Funktion ist vor dem Gesamtzusammenbau sicherzustellen. Zusammenzufugende Lehrenteile sind durch Paßstifte erst dann zu sichern, wenn ihre Lage zur Bezugsebene oder anderen Lehrenteilen in nur durch Verschraubung gesicherten Zustand maßlich einwandfrei festliegt.

Bei Meßvorrichtungen, die auf Grundplatten aufgebaut werden, sind die Teile am besten in der Reihenfolge ihrer Wirksamkeit beim Prufvorgang zusammenzubauen. Z. B. Grundplatte, Aufnahmeelemente, Auflagen, Anlagen, Spannelemente, Meßelemente. Die Reihenfolge laßt sich nicht immer einhalten, kann aber als Richtlinie gelten und deckt sich im wesentlichen mit dem Maßaufbau einer fertigungstechnisch gut durchdachten Lehrenzeichnung.

Alle Meßflächen-Kanten sind leicht zu brechen, sofern nicht scharfe Kanten vorgeschrieben sind. Alle ubrigen freiliegenden Kanten sind zu brechen oder zu runden, auch die Unterkanten von Grundplatten. Alle Schönheitsarbeit an Lehren ist zu vermeiden, z. B. übertriebene Oberflächengute, die uber das Maß des Vorgeschriebenen hinausgeht. Die Meßflachen sollen sich sichtbar abheben von den ubrigen Flächen. Oberflächenbehandlung der Hauptflachen durch Lackieren, Brunieren oder Verchromen gibt den Meßzeugen ein gutes Aussehen und ist billiger als Oberflächenverfeinerung von Hand.

Gegenlehren, Hilfslehren oder besonders angefertigte Meßhilfsmittel müssen, ehe sie zur Maßkontrolle von Lehren benutzt werden, durch eine Prufstelle gegangen sein.

Anreißen und Ätzen von Markenstrichen: Teilungen oder einzelne Markenstriche und geharteten Flächen werden im allgemeinen durch Ätzen aufgebracht. Die Flache wird zuvor mit Asphaltlack abgedeckt. Das Aufbringen der Risse erfolgt entweder durch Endmaßschneiden (Abb. 32–17) oder mittels gefuhrter Stichel auf Teilmaschinen oder Teilvorrichtungen.

Die Strichdicke wird hierbei durch eine entsprechende Abflachung der Schneide geregelt. Als Ätzmittel dient Salpetersäure im Verhältnis 1 : 1 verdunnt, als Abwaschmittel Petroleum. Bei weichen Werkstoffen schneidet der Stichel unmittelbar in den Werkstoff ein. Mit Hartmetallsticheln können Teilungen auch in gehartete Flachen eingerissen werden. Markenstriche auf längeren dünnen Rundkörpern, wie Lehrdornen, die zwischen Spitzen aufgenommen werden, können mit bestem Erfolg auch eingeschliffen und

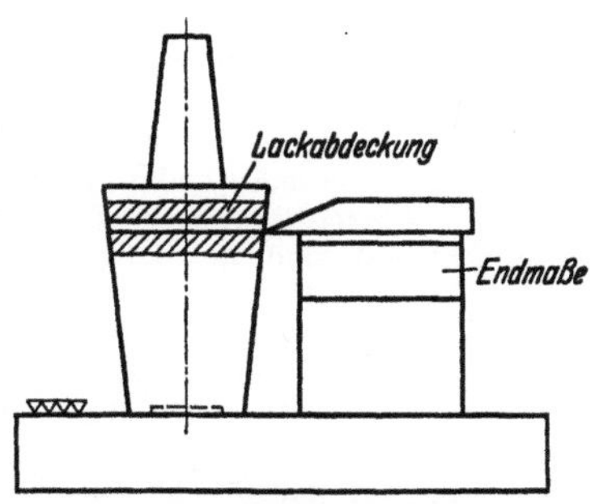

Abb. 32–17. Anreißen von Markenstrichen auf Rundkörpern.

schwarz ausgelegt werden. Das Einschleifen kann mit preßstoffgebundenen Scheiben, unter spitzem Winkel abgezogen, auf dem Rundschleifzusatzgerät einer Profilschleifmaschine vorgenommen werden. Es können Strichdicken bis 50 μ herab muhelos erreicht werden.

324.8 Beschriften

Beschriftet wird im Lehrenbau im wesentlichen nach folgenden Verfahren:

Aufschlagen mittels Schlagschriftzeichen. Gravieren maschinell oder von Hand. Ätzen oder elektrisch beschriften mit Elektroschreiber. Beschriften mit Schlagschriftzeichen darf nur angewendet werden bei weichbleibenden Bauteilen von Lehren, z. B. Handgriffe von Lehrdornen usw. Auf Grundplatten von Lehren, die Aufbauteile tragen, sind die Beschriftungszeichen wegen der Verzugsgefahr möglichst an den Rändern aufzuschlagen.

Das Beschriften mittels Schlagschriftzeichen auf Teile, die durchgehärtet werden sollen, ist wegen der Bruchgefahr beim Härten grundsätzlich zu vermeiden.

Auf weichbleibende oder zu härtende Teile, die sich maßlich nicht verandern durfen, wird die Beschriftung zweckmäßig maschinell aufgraviert.

Auf gehartete Teile wird die Beschriftung durch Ätzen aufgebracht.

Das Beschriften geharteter Teile wird oft notwendig z. B. bei kleinen Lehren oder Lehrenteilen, die im ganzen gehartet werden mussen. Die wirtschaftlichste Art des Beschriftens von Lehren ist die von Hand mittels eines Elektroschreibers. Das Verfahren laßt sich sowohl fur gehartete als auch fur weichbleibende Teile anwenden und ist selbst fur Beschriftungen auf kleinsten Flachen geeignet.

324.9 Fertigung in größeren Stückzahlen

Ist der Durchsatz an Prüfmitteln einer bestimmten Gattung oder Type größer, wie z. B. bei handelsublichen Prufmitteln der Meßzeugindustrie, so gelten fur die Arbeitsvorbereitung und den Ablauf der Fertigung die Gesetze der Serien- und Mengenfertigung anderer Industrieerzeugnisse. Die Gesichtspunkte und Maßnahmen, die einer wirtschaftlichen Fertigung von Lehren in größeren Stückzahlen zugrunde liegen mussen, sind im wesentlichen folgende:

1. Fertigungstechnische Überprüfung der Konstruktion auf Fertigungsreife fur die vorliegende und zu erwartende Stuckzahl. Man scheue nicht zuruck vor Umkonstruktionen, wenn sich die Fertigung dadurch gunstiger gestaltet. Meist sind mit fertigungstechnischen Vereinfachungen auch andere Vorteile verbunden.

2. Fertigungs- und toleranztechnische Überarbeitung der Fertigungszeichnungen in Zusammenarbeit mit der Arbeitsvorbereitung. Hierbei sind die wichtigen Funktions-, Fertigungs- und Prufmaße, die Größe und Lage ihrer Toleranzen bei gleichzeitiger Planung des Fertigungsablaufes festzulegen. Auf weitgehende Ausschaltung der Handarbeit hochwertiger Werkzeugmacher ist Wert zu legen.

3. Aufstellen eines Fertigungsplanes, der alle Einzelheiten des Arbeitsablaufes, die aufeinanderfolgenden Arbeitsgange mit den notwendigen Betriebsmitteln erhalt. (Maschine, Werkzeuge, Vorrichtungen, Prufmittel.)

4. Konstruktion und Bereitstellung von Vorrichtungen und Werkzeugen fur die einzelnen Arbeitsgange mit dem Schwerpunkt auf Genauigkeit und verspanungsfreiem Bearbeiten. Bei kleineren Genauigkeitsteilen können gegebenenfalls in einem Arbeitsgang mehrere Teile gleichzeitig bearbeitet werden. Dünne flache Teile, Blattlehren usw. können zu Paketen weich zusammengelötet und gemeinsam geschliffen werden.

5. Planung des Prufablaufes. Bereitstellung und gegebenenfalls Konstruktion von Prufmitteln fur die Funktions- und austauschwichtigen Maße.

6. Im Gegensatz zur Einzelanfertigung ist bei großen Stuckzahlen Austauschbau anzustreben. Auf Ersatzteile oder Auswechselbarkeit von Teilen ist Rucksicht zu nehmen. Bei engen Bewegungspassungen ist der Passungscharakter gegebenenfalls durch Aussuchen sicherzustellen.

7. Lehrenteile oder Erzeugnisse, die in größeren Stückzahlen entstehen, sind aus der Einzelfertigung herauszuziehen und von dieser getrennt zu fertigen. Wie in der Mengenfertigung anderer Erzeugnisse, so können auch

in der Lehrenfertigung für größere Stückzahlen Fließstraßen eingerichtet werden.

325 Besondere Lehrenarten

325.1 Gewindelehren

Mit dem Aufkommen der Gewindeschleifmaschine tritt das Weichschneiden von Gewindelehrdornen auf der Drehbank mit anschließendem Härten und Lappen mittels Läppringen mehr und mehr in den Hintergrund, es bleibt im wesentlichen auf Sonderfalle beschränkt. In der neuzeitlichen Gewindelehrenfertigung werden die Gewindeprofile von Gewindelehrdornen im Durchmesserbereich von etwa 1,7···180 mm mit Steigungen bis 0,25 mm herab in das gehärtete Werkstück voll eingeschliffen.

Das Schleifen ins Volle verlangt einen durchhärtenden Werkstoff; unlegierte oder niedriglegierte Werkzeugstähle (Wasserhärter). Auch legierte Stähle (Ölhärter) werden verwendet, um in besonderen Fallen die Bruchgefahr beim Härten herabzumindern. Einsatzstähle eignen sich wegen ihrer dünnen Harteschicht für das Gewindeschleifen ins Volle nicht.

Bei metrischen Gewinden wird das Profil in den auf das Fertigmaß geschliffenen Außendurchmesser des Gewindelehrdornes eingeschliffen. Bei gerundeten Profilen behalt der Außendurchmesser ein Aufmaß von etwa $20\,\mu$ für das Verrunden des Profiles. Die Rundung wird mit einer besonderen Schleifscheibe, in die das Profil der Rundung eingerollt wurde, auf das Profil des Lehrdornes aufgeschliffen.

Gewinde mit größeren Steigungen etwa von 3 mm ab, bei großen Gewindedurchmessern bereits von 2 mm ab, werden im allgemeinen mit mehrprofiliger Scheibe vor- und mit einprofiliger Scheibe fertiggeschliffen. Ist die zu schleifende Gewindelange kleiner als die Breite der Schleifscheibe, so wird im allgemeinen im Einstichverfahren vorgeschliffen, bei Gewindelangen die größer sind als die Scheibenbreite, im Durchgangsschleifen.

Bei größeren Stückzahlen empfiehlt sich das Vorschleifen in der angegebenen Weise auch bei kleineren Durchmessern und Steigungen, das Profil der Fertigschleifscheibe wird durch diese Maßnahme geschont.

Eindeutige Richtlinien für die Wahl des einen oder anderen Verfahrens können nicht gegeben werden, der Grad der verlangten Genauigkeit ist hierbei entscheidend. In den USA wird z. B. in stärkerem Maße mit mehrprofiligen Scheiben geschliffen.

Die größte Genauigkeit ist erreichbar beim Schleifen mit einer einprofiligen Scheibe. Erzielbare Genauigkeiten nach Lindner.

Abb. 32–18. Profilform einer Schleifscheibe fur das Durchgangsschleifen von Gewinden, zylindrisch in Schleifscheibe eingerollt, Profilspitzen auf der Anschliffseite unter spitzem Winkel weggenommen.

Flankendurchmesser	$\pm\,2\,\mu$
Steigung	$\pm\,2\,\mu$
Flankenwinkel	$\pm\,5'$

Erzielbare Genauigkeiten beim Einstechschleifen mit mehrprofiliger Scheibe

Flankendurchmesser $\pm 15\,\mu$
Steigung $\pm 10\,\mu$
Flankenwinkel $\pm 10'$

Gewindelehrringe bis 50 mm Durchmesser herab können ebenfalls mit Hilfe eines Innenschleifzusatzgerätes auf der Gewindeschleifmaschine mit einprofiliger Scheibe geschliffen werden.

Sind Gewindeschleifmaschinen nicht vorhanden, so müssen die Gewinde auf der Drehbank vorgeschnitten werden mit einer Lappzugabe, die dem zu erwartenden Härteverzug entspricht. Nach dem Härten und Entspannen werden die Gewinde mit entsprechenden Lappringen oder Lappdornen fertig gelappt.

325.2 Formlehren

Der Anteil der Formlehren am allgemeinen Lehrbedarf ist im Verlauf der prüftechnischen Entwicklung der letzten Jahre im ganzen stetig zurückgegangen. Der Grund hierfür liegt zum Teil darin, daß in einer neuzeitlichen Arbeitsvorbereitung die Notwendigkeit von Formlehren, namentlich solcher, die mit voller Form prüfen, kritischer betrachtet wird und Formen zum Teil nur punktweise oder im Profilprojektor geprüft werden. Weiterhin macht der fortschreitende Einsatz spanloser Formungsverfahren das Prüfen von Formen an fertigen Werkstücken z. T. unnötig.

Es wird angestrebt, die Formen in die vorgearbeiteten und gehärteten Lehren fertig einzuschleifen. Hierfür stehen eine Reihe geeigneter Formschleifmaschinen verschiedener Systeme zur Verfügung, deren verbreiteste in ihrer Wirkungsweise nachstehend kurz beschrieben werden:

1. Schleifen nach einer Formschablone im vergrößerten Maßstab, die mit einem schwenkbaren Kopierhebel abgefahren wird, der die Bewegungen auf die Schleifscheibe übertragt (System Studer). Die Form und Rundung des Kopierhebels muß der Form der Schleifscheibe entsprechen und ständig auf dieser Form gehalten werden. Die Schablonen müssen mit einer Formtoleranz von 0,1 mm gefertigt werden, wenn am Werkstück eine solche von 0,01 mm erreicht werden soll und auf Maßstabverhältnis 10 : 1 eingestellt ist.

2. Schleifen der optisch vergrößerten Form des Werkstückes, welche auf eine Mattscheibe geworfen wird, nach einem in demselben Maßstab vergrößerten Aufriß (System Ultra). Der Aufriß muß auf lichtdurchlässigen Stoff ausgeführt werden und dem der jeweiligen Maschine eigenen Vergrößerungsmaßstab entsprechen. Der Schleifvorgang kann bei starker Vergrößerung gut beobachtet werden.

3. Schleifen nach einem Aufriß, der im Maßstab 50 : 1 auf eine Metallfolie gerissen ist (System Loewe-Seidel & Naumann). Eine Tastnadel, die auf dem Aufriß punktweise weitergeführt wird, steuert über ein Parallelogrammgestänge ein Fadenkreuz über der Werkstückform, an das mit der Schleifscheibe herangegangen wird. Die Abnutzung der Schleifscheibe ist ohne Einfluß auf die Formgenauigkeit der zu schleifenden Form. Der Schleifvorgang wird durch ein Objektiv betrachtet.

Die vorkommenden Formen an Lehren im üblichen Größenbereich können mit verhältnismäßig wenigen Ausnahmen auf diesen Maschinen geschliffen werden. Oberflächengüte und Formgenauigkeit der erzeugten Formen entsprechen höchsten Anforderungen; Nachlappen der Formflächen ist nicht nötig.

Wo Formschleifmaschinen nicht zur Verfügung stehen, oder wenn besondere Formen nicht maschinell geschliffen werden können, muß die Form

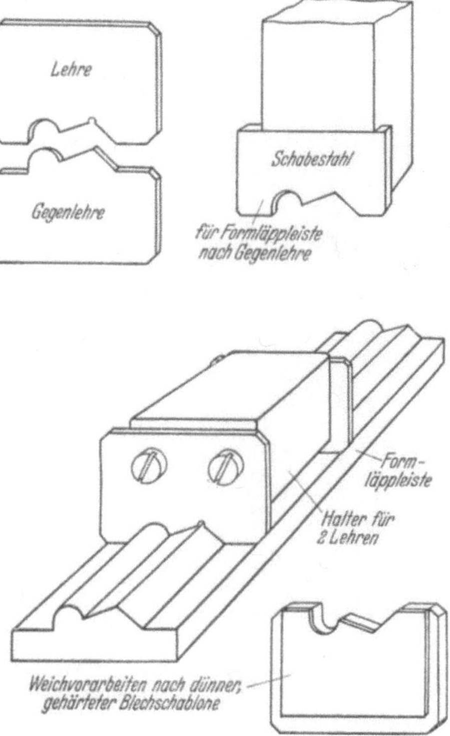

Abb. 32–19. Formläppleiste mit Schabestahl (nach Gegenlehre) gefertigt. Lehren mit geringer Lappzugabe weich vorgearbeitet, gehärtet und paarweise an Haltestück befestigt, auf Formläppleiste fertig gelappt. Form der Lehren kann in weichem Zustand nach dünner gehärteter Feilschablone vorgearbeitet werden.

vor dem Härten weitgehend vorgearbeitet und nach dem Härten durch Handschleifen oder Lappen fertig bearbeitet werden. Für Lehren, deren Härteverzug nicht durch maschinelles Schleifen beseitigt werden kann, sind verzugsarme, legierte Werkzeug- und Einsatzstähle zu verwenden. Stehen Formschleifmaschinen nicht zur Verfügung, so können bei wiederholtem Anfall gleicher Formlehren Hilfsmittel ähnlich Abb. 32-19 die Genauigkeitsarbeit wesentlich erleichtern.

Auf die Möglichkeit, dünne Formschablonen durch Ätzen herzustellen, sei hingewiesen.

325.3 Hartmetallbestückte Lehren

Die Hartmetallbewehrung wird hart aufgelötet. Die Sicherheit der Lotverbindung wird erhöht, wenn die Lotfläche des Hartmetalles angelappt wird. Zum Schleifen von Hartmetall werden Silizium-Karbid-Schleifscheiben in Körnung 50···100 verwendet. Für das Schleifen von Formen sind Schleifscheiben mit Diamantbord in Preßstoff, Bronze oder in Hartmetall gebunden im Gebrauch. Diese Scheiben lassen sich nicht durch Abziehen formen wie andere Schleifscheiben, man kann sie nur aufrauhen. Besondere Formen dieser Schleifscheiben müssen bei Bestellung angegeben werden. Als Schleifzugaben gelten die beim Schleifen von Kohlenstoffstählen üblichen Werte. Hartmetall ist paramagnetisch, es läßt sich z. B. nicht auf Magnetspannplatten festhalten.

Abb 32-20 Vorrichtung zum Einrollen von Profilen für Gewinde oder sonstige Formen in Schleifscheiben

Hartmetallmeßflächen müssen nach dem Schleifen gelappt werden. Hierzu werden Lappwerkzeuge benutzt, wie sie für Kohlenstoffstähle üblich sind. Als Lappmittel dient Diamantbord verschiedener Körnungen bis 3 μ herab; Bindemittel Petroleum. Diamantbord muß äußerst sparsam verwendet werden, kleinste Mengen genügen. Verschiedene Körnungen von Diamantbord dürfen niemals miteinander vermischt werden. Die Schleifwirkung richtet sich nach dem gröberen Korn, da Diamantbord sich nicht verreiben läßt.

Mit Diamantbord verschiedener Körnung aufgeladene Lappwerkzeuge müssen getrennt gehalten werden und dürfen nur mit derselben Körnung neu aufgeladen werden.

Schrifttum

Damgaard, A. Das maschinelle Lappen von Bohrungen. Masch.-Bau/Betr. (1942) S. 7.

Finkelnburg, Hans H.· Lappen. München. Hanser.

Frank, Karl: Mikrohärteprüfer. Z. VDI 1951, H. 17, S. 475

Frank, Karl: Mikrohärteprüfer Masch.-Bau 1940, S. 333/34

Hodam, Fr.: Überwachung der Lehren und Meßgeräte Werkst.-Techn./Betr. Dez. 1943, S 417.

Holecek, K. Einfache Meßvorrichtung für hohe Genauigkeiten Werkst.-Techn u. Werkl. 1941, Nr. 10, S. 176

Holecek, K Formprüfen von Rachenlehren. Werkst.-Techn. u. Werkl. 1942 Nr. 7/8, S. 146.

Kage, H.· Zusammenbau und Vorrichtungen zum gleichzeitigen Messen und Richten. Masch.-Bau u Betr 1936, S. 595

Kienzle: Genauigkeitsvorrichtungen Werkst.-Techn 1951, H. 4

Kniehahn Messen und Prüfen in der Massenfertigung Masch.-Bau u. Betr. 1939, S. 219.

Kordt, W.· Wirtschaftliche Gewindeprüfung Werkst.-Techn u Werkl. 1946, Nr. 15, S. 245.

Ludtke, K.. Formschleifen im Werkzeugbau Werkst.-Techn Mai 1943, S. 185.

Metzger Verfahren zur Herstellung von Formlehren. Werkst.-Techn. u. Werkl. 1943, Nr. 1/2, S. 29.

Schorsch. Ausgestaltung von Meßräumen. Werkst.-Techn. u. Werkl. 1936, Nr. 20, S. 429.

Sommer: Maßnahmen zur Verringerung des Lehrenverschleißes Werkst.-Techn. u. Werkl. 1942, Nr. 9/10, S 185.

Stenzel, W.· Alterungsverfahren. Härtetechn.-Mitt. 1949, Bd. 4, S. 27/51.

Tschirf, L.. Formfehler und Formtoleranzen Feinmechanik u Praz 1942, Nr. 9/10, S. 143.

Wittwer, E: Wirtschaftliches Prüfen in der Reihen- und Massenfertigung Werkst.-Techn. u. Werkl 1939, Nr. 8, S. 209.

Wittwer, E. Wirtschaftliche Fertigungsüberwachung Masch.-Bau u Betr. 1941, Nr. 5, S 205.

Wittwer, E: Einführansätze an Lehrdornen. Masch.-Bau u. Betr. 1942, Nr 12, S. 514

Wittwer, E · Zusammengesetzte Rachenlehren 1943, Nr. 5, S 199

326 Maßpreßlehren

Dies sind Lehren, die nach dem sog. Maßpreßverfahren hergestellt sind: Zwei Meßflächen einer Lehre befinden sich an zwei Teilen, die genau bis auf das Fertigmaß verschoben und dann durch eine Preßpassung gehalten werden.

Abb. 32–21 zeigt einen in eine Hülse eingepreßten Bolzen, bei dem es auf das Abstandsmaß ankommt. Dabei lassen sich Genauigkeiten von 2 ·· 3 μ erreichen, wenn man Pressen, z. B. mit Schraubspindel, benutzt, deren Preßstempel sich langsam bewegt. Man arbeitet mit einer Hubgeschwindigkeit von 0,6...1 mm/s und beobachtet gemäß Abb. 32–22 die Annäherung der beiden Meßflächen aneinander am Zeiger einer Meßuhr bis etwa 100 μ vor Erreichen des Fertigmaßes. Dann wird auf einen noch langsameren Vorschub von 6...10 μ/s umgeschaltet, bis an einem Fühlhebel das Fertigmaß angezeigt wird. Bei Entlastung geht der Einpreßbolzen um wenige μ zurück, die man beim Einpressen auf Fertigmaß in Rechnung setzt. Ob die Verbindung unter genügender Preßkraft hergestellt wurde, kann man durch einen Druckmesser prüfen.

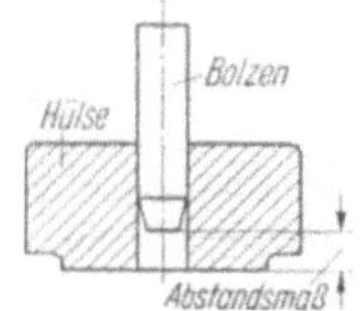

Abb. 32–21. Wesen des Maßpressens.

Anwendungen. *Ansatzlehre* (Abb. 32–23). Eine flache Ansatzlehre, bei der die Meßflachen auf genaues Maß hergestellt sind, wird durch eine

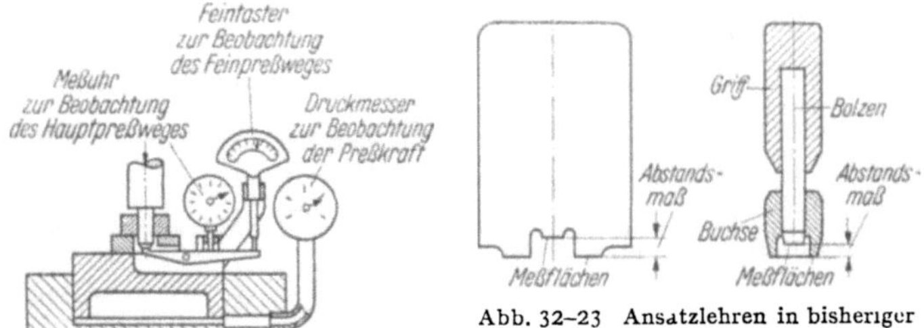

Abb. 32–23 Ansatzlehren in bisheriger und in Maßpreßausfuhrung.

Abb. 32–22. Dreifache Meßeinrichtung zur Kontrolle des Maßpreßvorganges.

runde Maßpreßlehre ersetzt, bei der die eine Meßflache durch Einpressen des Bolzens der anderen Meßflache in der Buchse angenahert wird, was offensichtlich viel geringeren Aufwand erfordert. Der Griff ist ebenfalls auf den spitzenlos geschliffenen Bolzen aufgepreßt.

Tiefenlehre (Abb. 32–24). In der Hulse, die gleichzeitig als Griff ausgebildet wird, ist eine Paßstelle vorgesehen, in die der Bolzen eingepreßt wird, bis das Abstandsmaß erreicht ist. Die Paßflache braucht nicht langer zu sein, als es fur die Haftkraft notwendig ist. Unten befindet sich eine Aussparung, die als Schmutznut dient.

Rachenlehre mit Maßpreßbolzen fur die Ausschußseite (Abb. 32–25). Die bekannte Bauart, bei der die Rachenlehre aus zwei flachen Stucken

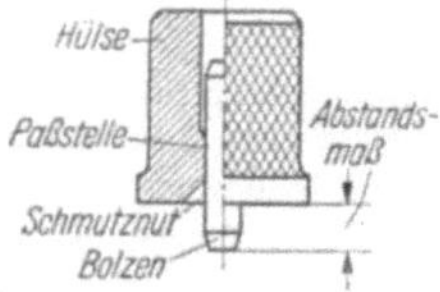

Abb 32–24. Tiefenlehre.

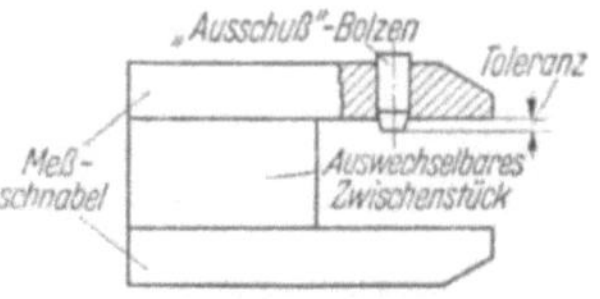

Abb. 32–25. Rachenlehre mit Maßpreßbolzen fur die Ausschußseite.

und einem auswechselbaren Zwischenstuck besteht, hat eine Gutseite, die durch das Maß des Zwischenstucks bestimmt ist. Der Ausschußbolzen wird so weit eingepreßt, daß der Überstand genau gleich der zu prufenden Toleranz T wird.

Maßpreß-Rachenlehre (Abb. 32–26). Alle vier Meßflachen sind in einen Rachen eingepreßt. Diese Lehre ist ein Mittelding zwischen fester und verstellbarer Rachenlehre. Im Gebrauch ist sie eine feste Rachenlehre, jedoch konnen die Bolzen innerhalb großer Bereiche (z. B. 32···40 mm) auf jedes beliebige Toleranzfeld umgepreßt werden; die gutseitigen Bolzen tragen verbreiterte Meßflachen. Zweckmaßig werden die Bolzen mit vorgeschliffenen Stirnflachen eingepreßt und erst dann parallel geschliffen und gelappt (Verfahren Roto-Werke AG, Konigslutter); damit werden etwaige Fluchtungsfehler der Bohrung ausgeschaltet. Beim Hin- und Herpressen andert sich die Parallelitat nicht. Ein Betrieb, der einige Satze solcher Maßpreßrachenlehren hat, ist daher innerhalb kurzester Zeit in der Lage, fur

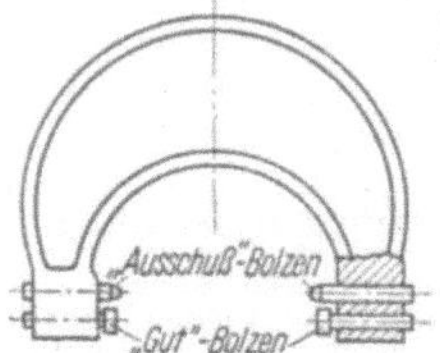

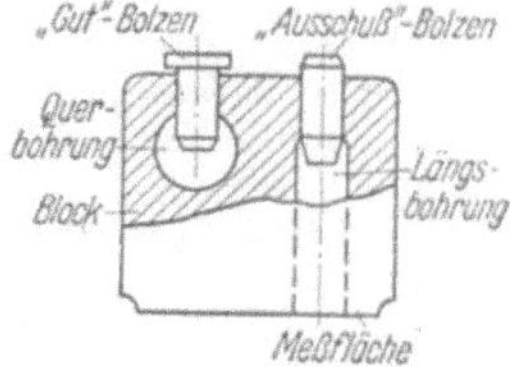

Abb. 32–26. Maßpreß-Rachenlehre.   Abb. 32–27. Flachlehre fur Innenmaße.

jedes vom Konstruktionsburo neu vorgeschriebene Toleranzfeld eine Rachenlehre umzupressen und in Betrieb zu geben. Die Konstruktion ist damit frei von der Rucksicht auf Lehrenvorrate und kann die jeweils gunstigsten Toleranzen ausnutzen.

Flachlehre fur Innenmaße (Abb. 32–27). In einen Block mit einer Meßflache sind fur Gut- und Ausschußseite die beiden Maßpreßbolzen eingepreßt. Durch Querbohrungen oder durch Langsbohrungen wird die Preßfuge auf eine zweckmaßige Lange begrenzt.

Einpreßkrafte von 5···20 kg genugen vollig. Die Maßpreßlehren konnen auch fur Abstande von Flachen zu Bohrungen oder zu Querbolzen sowie fur Winkellagen angewandt werden.

Das Verfahren verlangert die Lebensdauer der Lehren, da die Einpreßteile herausgezogen, neu eben geschliffen, gelappt und sodann neu eingepreßt werden können; ein schlanker Kegel am Bolzen auf der Einpreßseite verhindert Fressen.

Schriftt. s. Abschn. 327.

327 Herstellen von Strichteilungen

Verwendung. Strichteilungen, die *ohne Vergroßerung* betrachtet werden, finden sich an fast allen mechanischen Meßmitteln. Strichteilungen in optischen Meßgeraten werden vergrößert betrachtet: Langen-, Kreisteilungen, Formzeichnungen, z. B. Gewindestrichplatten im Werkstattmeßmikroskop.

327.1 Trägerglasplatten

Fur alle Strichplatten ist die Gute der Trager-Glasplatten ausschlaggebend. Außer guter Planparallelitat und Blasenfreiheit wird auch Sauberkeit der die Teilung tragenden Seite verlangt. Kratzer und Risse können bei Meßstrichplatten Fehlmessungen verursachen durch Irrefuhrung beim Schatzen zwischen den Intervallen. Um die Herstellung nicht unnötig zu

\erteuern, ist darauf zu achten, daß das eigentliche Strichfeld einwandfrei
ist, während an das übrige Feld ein weniger strenger Maßstab angelegt
werden kann (Abschn. 753.3).

327.2 Photographisch hergestellte Strichplatten

Formstrichplatten und Teilungsstrichplatten werden meist photographisch hergestellt. Das mit der Strichplatte gefundene Meßergebnis darf
nur einen Fehler aufweisen, der unterhalb der Meßmöglichkeit des Meßgerätes liegt, wenn nicht besondere Toleranzen angegeben sind.

327.3 Grundlage der photographischen Herstellung

Die Grundlage der photographischen Herstellung obengenannter Strichteilungen
ist die Zeichnung, ihre Herstellungsgenauigkeit liegt bei 0,1 mm. Außer Intervall-
oder Formgenauigkeit wird Strichgleichheit gefordert. Die Zeichnung wird zum besseren Photographieren auf weißem Glanzpapier mit Tusche aufgetragen Gleichmäßigkeit der Strichdicke $\pm$ 5%, dies wird nur von besonders ausgebildeten Zeichnern erreicht. Bevor eine Strichplatte hergestellt wird, muß die endgültige Größe des Strich-
plattenbildes und die geforderte Genauigkeit bekannt sein Soweit sie im Mikroskop
benutzt wird, ist Objektiv- und Okularvergrößerung festzusetzen. Daraus errechnen
sich die Maßangaben und die Strichdicken. Aus Maßangabe, geforderter Genauigkeit
und den Fehlern, die infolge der Zeichnung entstehen, läßt sich errechnen, mit welcher
Vergrößerung die Zeichnung hergestellt werden muß Wird z. B eine Strichplatte verlangt mit einem Strichabstand von 1 mm und einer Genauigkeit von 2 μ, so müssen
die Striche auf der Zeichnung 50 mm Abstand haben. Der Fehler, der auftritt, liegt bei
$\frac{0,1}{50} = 0,002$ mm. Um saubere Kanten und Übergänge bei Fertigteilung zu erzielen,
empfiehlt es sich, die Striche über ihre Endbegrenzung hinauszuziehen und die nicht
gebrauchte Länge mit Deckweiß zu löschen.

327.4 Photographie der Strichplatten

Photographieren erfordert außerordentliche Sorgfalt in bezug auf gleichmäßige
Feldausleuchtung der Zeichnung Ggf. vorhandene Verzeichnung durch die Optik
soll nach Möglichkeit um eine Dezimale kleiner sein als die geforderte Strichplatten-
toleranz.

Die Aufnahme stellt ein Negativ der gewünschten Strichplatte dar. Das Negativ
kann gegenüber der fertigen Strichplatte vergrößert sein oder auch die gewünschte
Größe haben. Im ersteren Falle muß, um auf das endgültige Maß zu kommen, nochmals optisch verkleinert werden. Im zweiten Falle direkter Kontaktabzug, solange mit
Trockenplatten gearbeitet wird Werden nasse Platten benutzt, ist auch hier Zwischen-
optik erforderlich.

Besonderes Augenmerk ist auf die senkrechte Lage der Zeichnung und Photoplatte zur optischen Achse des Photoobjektives zu richten Je nach der Lage der
Zeichnung einer Strichteilung zur optischen Achse entstehen Bildunschärfen und Ver-
zeichnungsfehler. Der Verzug der Schicht photographischer Platten ist bedingt durch
die chemische Zusammensetzung der Schicht und Spannungen, welche die Schicht
durch ihr Anhaften auf der Glasplatte erleidet. Besonders nach dem Rande zu werden
diese Spannungen sehr groß und ergeben merkliche Meßfehler. Deshalb empfiehlt sich,
die Photoplatten möglichst groß zu wählen und erst nach dem Photographieren auf
ihr endgültiges Maß zu schneiden. Auch ist ratsam, Photostrichplatten mit einer Planparallelplatte abzudecken, da die Schicht sehr empfindlich gegen mechanische Einflüsse ist. Nicht abgedeckte Photostrichplatten können als Photoätzung hergestellt
werden

Ein Verfahren dieser Art ist das Diadurverfahren der Fa. Dr. Johannes Heiden-
hain, Traunreut üb. Traunstein. Auf den Träger, z. B. eine Glasplatte, wird eine
lichtempfindliche, auswaschbare Schicht aufgebracht. Diese Schicht wird dann nach
einer Vorlage durch Kontaktkopieren oder Projizieren belichtet. Dann wird diese
Schicht ausgewaschen, wobei die durch das Licht gehärteten Stellen auf dem Träger
zurückbleiben Hiernach werden auf den mit dieser ausgewaschenen Schicht ver-

schenen Träger ein oder mehrere kopiebildende Stoffe in beliebiger Art aufgedampft, vorzugsweise im Hochvakuum. Schließlich werden die nicht ausgewaschenen Stellen der lichtempfindlichen Schicht zusammen mit den auf diesen Stellen befindlichen aufgedampften Stoffen gelöst bzw. zerstört. Nach diesem Lösungsvorgang bleiben auf dem Träger lediglich die auf den ausgewaschenen Stellen der Schicht aufgedampften Stoffe in Form der dem Original entsprechenden Kopie zurück.

Die erzeugten Kopien sind sehr originalgetreu, Rand der der Striche und Schriftzeichen werden scharf.

Schichtdicke der kopiebildenden Stoffe 0,1 ··· 1 μ. Schutz der Teilung durch Aufkitten eines Deckglases ist nicht erforderlich.

Abb 32–28
Photostrichplatte eines Werkstatt-Meßmikroskopes

327.5 Geritzte Strichplatten

Strichteilungen hoher Genauigkeit werden auf ihre Unterlage geritzt oder geätzt. Soweit diese metallisch ist, wird Ritzen dem Ätzen vorgezogen.

327.6 Teilmaschinen

Längs- und Kreisteilmaschinen. Aufbau im wesentlichen aus. Reißerwerk, automatisch angetriebenem Objekttisch.

Das Reißerwerk ist so eingerichtet, daß der Stichel über die zu teilende Unterlage mit einer bestimmten Kraft hinweggleitet und dabei den Strich einritzt Bei der Rückwärtsbewegung wird der Stichel abgehoben und geht frei in seine Ausgangstellung zurück Der Stichelhalter muß so gebaut sein, daß seine Führungen beim Arbeiten ihre Lage unverändert einhalten Die Strichlängen können verändert werden. Je nach Unterlage wird eine Diamantspitze oder ein feiner Stahl-Stichel (möglichst Hartmetall) benutzt. Die Form dieser Stichel ist keilig. Sie ähnelt dem Einstechstahl einer Drehbank. Der Keilwinkel ist von dem zu bearbeitenden Werkstoff abhängig. Teilmaschinen müssen in ihrer Güte einer Meßmaschine gleichkommen

Für Formstrichplatten muß mit einem Storchschnabel gearbeitet werden, ähnlich dem Vorgang auf den üblichen Graviermaschinen. Die zulässige Ungenauigkeit hängt von den Anforderungen (photographische oder geätzte Formstrichplatte) ab.

327.7 Oberflächengüte der Strichteilungsträger

Von der Oberflächengüte der Metallunterlage beim Ritzverfahren wird ein bestimmtes Maß von Sauberkeit und Politur gefordert. Bei 50facher Vergrößerung sollen auf der Oberfläche keine Risse und Poren zu sehen sein. Kleine Poren können zum Ausreißen der Striche führen. Strichdicken bei höheren Genauigkeiten 3...7 μ (DIN 864).

327.8 Strichteilungen an mechanischen Meßgeräten und Werkzeugmaschinen

An Teilungen für Meßschrauben, Schieblehren und einfache Metallmaßstabe, wie sie in der Werkstatt benutzt werden, brauchen nicht so hohe Anforderungen gestellt zu werden. Mechanisch werden die Teilungen in das Material gestoßen und schwarz ausgelegt. Vielfach benutzt man auch kleine Kreissagen, um die Striche zu sagen. Gestoßene Striche sind genauer und feiner.

Die beim Stoßen auftretenden Aufwulstungen müssen durch nachträgliches Polieren entfernt werden.

Abb. 32–29. Gestoßener Strichmaßstab, Werkstoff St. 50 11. Strichdicke 0,08 mm Strichtiefe 0,025 mm. (Aufnahme mit „Leitz"-Oberflachenmeßgerat, System Forster)

327.9 Ätzen

Beim Atzverfahren wird die Unterlage mit einem Atzgrund versehen. Dieser besteht aus etwa 20 Teilen Asphalt, 10 Teilen Bienenwachs und 20 Teilen Mastix; Mischung wird in Benzol gelost. Ätzgrund fur Strichdicken

Abb. 32–30. Geatzter Stahlmaßstab. Werkstoff St 50 11. Strichdicke 0,14 mm Strichtiefe 0,05 mm (Aufnahme mit „Leitz"-Oberflachenmeßgerat, System Forster)

von 0,015 mm und kleiner wird mit Spritzpistole fein aufgetragen. Strichdicken von 0,02 mm und größere vertragen aufgewalzten oder mittels Tauchen aufgetragenen Atzgrund. Striche bis 0,015 mm Dicke werden mit Diamant gezogen. Der Diamant ist keilformig. Keilwinkel 30…60°. Hinterschliff moglichst gering, um der Spitze die nötige Festigkeit zu verleihen. Fur Strichdicken uber 0,02 mm wird Rasterstahl aus Hartmetall benutzt. Dieser ist messerartig geschliffen mit steilem Hinterschliff. Zum Schreiben von Zahlen und Buchstaben benutzt man einen Rundstichel mit einem Kegelwinkel von 30…60°. Einatzen der Striche in die Unterlage in Dampf- oder Atzbad. Im ersten Falle benutzt man 75%ige Flußsaure. Im zweiten Falle eine Mischung aus Kalziumfluorid und Schwe-

Abb. 32–31. Geatzter Glasmaßstab, prismatische Atzung. Optisches Glas BK 7. Strichdicke 0,013 mm. Strichtiefe 0,012 mm (Aufnahme mit „Leitz"-Oberflachenmeßgerat, System Forster.)

felsaure. Die Atzzeiten wechseln je nach dem Werkstoff der Unterlage und werden durch entsprechende Versuche festgelegt. Nach dem Ätzen wird mit Wasser abgespült und der Ätzgrund mit Benzol oder Tri entfernt. Auf diese Weise werden Strichteilungen mit hoher Genauigkeit hergestellt.

Schrifttum zu Abschn. 326 u. 327

Hellgrebe, P. H.: Zur Bestimmung der Strichbreiten und Abstände bei Strichmarken in optischen Geräten. Dtsch. opt. Wochenschr. Bd. 65 (1948) H. 19, S. 146.

Kienzle: Das Maßpreßverfahren. Werkst.-Techn./Betr Bd. 38/23 (1944) H. 4, S. 95.

Handbuch der modernen Reproduktionstechnik. Bd. 1. Frankfurt a. M.: Klimsch & Co. 1940.

Taschenbuch Präzisionsmechanik und Optik usw. Bd. 2 (1902) S. 111—129.

Tukel, W. N.: Strichteilungen, Einfluß des Werkstoffes. Dissertation TH Dresden 1944.

Werner, Martin E.: Wirtschaftliche Herstellung von Strichplatten auf der Längenteilmaschine. Die Meßtechnik XV. Jahrg. 1939, H. 3. S. 50.

Werner, Martin E.: Wirtschaftliche Herstellung von Kreis- u. Längenteilungen im Werkzeugmaschinenbau. Werkst. u. Betr. Jahrg. 72 (1940) H. 2.

4 Behandlung, Pflege und Maßüberwachung von Meßmitteln

S. a. Abschn. 81 u. 83.

Meßmittel müssen sachgemäß und pfleglich behandelt und alle Einflüsse ferngehalten werden, die ihre Meßbereitschaft, Zuverlässigkeit und Lebensdauer herabsetzen können.

41 Behandlung und Pflege

411 Feingefühl

Ein auf die Eigenart des jeweiligen Meßvorganges und des Meßmittels abgestimmtes Feingefühl ist Grundgebot bei der Handhabung. Unsachgemäße und rauhe Behandlung von Meßmitteln hat seine Ursache teils in Unkenntnis meßtechnischer Vorgänge oder auch in mangelnder Gewöhnung an feinfühlige Arbeiten, wie sie oft anzutreffen ist bei Prüfkräften, die aus Schwerarbeiterberufen stammen. Beides kann behoben werden durch entsprechende Erziehung und Anleitung. Ebenso wichtig sind ruhige Hand, Geduld, Sorgfalt, Verantwortungsgefühl und Selbstkritik bei allen meßtechnischen Verrichtungen. Das Einführen von Lehren in Prüfteile oder dieser in Lehren, das Einbringen von Prüfteilen in Prüfstellung muß ohne Zwang erfolgen. Das für starre Bohrungs-, Wellen- oder Gewindelehren geltende Prüfkriterium: „Die Gutseite muß sich zwanglos ein- oder überführen lassen, die Ausschußseite darf anschnäbeln" und die Abarten dieses Kriteriums bei anderen Lehren müssen als Grenzbeanspruchungen eingehalten werden (s. Definition des Arbeitsmaßes einer Rachenlehre, Abschn. 164.3). Festklemmen und Ecken von Lehren in Prüfstücken und gewaltsames Lösen schadigt das Meßmittel. Das gilt auch für das Einführen von Hilfsdornen oder Hilfslehren in Werkstücke oder Lehren. Alles Hantieren mit Meßmitteln, der gesamte Ablauf eines Meßvorganges, das Betätigen von Hebeln, Schrauben oder Bewegungseinrichtungen von Klemm- oder Spannelementen muß unter weichen, gerundeten und gefühlsbetonten Handgriffen und Bewegungen vor sich gehen.

412 Schutz vor Beschädigungen

Viele Prüfmittel werden durch Beschädigungen oder Bruch vorzeitig unbrauchbar. Sie sind deshalb während ihres Gebrauches bei der Aufbewahrung oder bei der Beförderung vor Stößen und je nach ihrer Empfindlichkeit auch vor ruckartigen Erschütterungen und vor allem vor Fall zu schützen. Besonders empfindlich gegen unsachgemäße Behandlung sind Meßmittel, die mit Fühlhebel oder sonstigen empfindlichen Meßwertanzeigern ausgerüstet sind. Besondere Sorgfalt ist auf das Einspannen solcher Fühlhebel zu verwenden, da sie durch zu hartes Spannen leicht verklemmt und dadurch unbrauchbar werden. Fühlhebel dürfen nicht stoßartig bis an die Grenzen ihres Anzeigebereiches ausgefahren werden. Für ausreichenden Abstand des jeweiligen Toleranzbereiches von den Grenzen des gesamten Anzeigebereiches ist beim Einbau und bei der Einstellung zu sorgen. Bei

Fühlhebeln, die mit Stoßdämpfung versehen sind, ist die Gefahr von Beschadigungen bedeutend herabgemindert.

413 Sauberkeit des Meßmittels und der Prüfteile, Korrosionsschutz

Staub oder Schmutz, Gratteilchen oder Späne, herrührend von ungereinigten Prufteilen oder verschmutzten Meßmitteln können das Meßergebnis talschen und setzen die Lebensdauer der Meßmittel herab. Meßflachen von Lehren sind daher vor dem Gebrauch zu reinigen und zu entfetten. Bei langerem Nichtgebrauch sind sie mit säurefreiem Fett einzufetten. Alle blanken Außenflachen von Meßmitteln, die nicht Meß- oder Griffflachen sind, sollen stets einen leichten Fettfilm tragen, falls sie nicht mit einem Korrosionsschutz (Verchromung) versehen sind. Gutes Aussehen, wie man es z. B. durch Lackieren oder Brunieren erzielen kann, bietet erfahrungsgemaß einen Anreiz zur schonenden Behandlung. Selbstverstandlich durfen Meßmittel nicht in feuchten Raumen oder im Wirkungsbereich säurehaltiger Dampfe gelagert werden.

414 Temperaturschutz

Meßmittel und Prüfteile müssen vor örtlichen Temperaturschwankungen in der Nahe von Heizkörpern oder sonnenbestrahlten Fenstern geschützt werden. Meßmittel fur kleine Toleranzen, die beim Messen längere Zeit in die Hand genommen werden müssen, sind vor Einfluß der Handwärme zu schutzen. Auch starke künstliche Lichtquellen an Prufplatzen können unzulassige Erwärmung und Maßänderung verursachen.

415 Schmierung

Da an Meßmitteln im allgemeinen keine größeren Reibungswege und Kräfte auftreten, kommt einer Schmierung zur Verringerung von Reibung nur untergeordnete Bedeutung zu. Bewegliche Betätigungselemente, Schieber- und Geradfuhrungen, Gleitlagerungen fur Dreh- und Schwenkbewegungen mussen in langeren Zeitabstanden maßig geschmiert werden. Empfindliche Übertragungs- und Übersetzungselemente, vor allem solche, die schwer zugänglich eingebaut sind, Übertragungsglieder, die Meßwerte auf Fuhlhebel ubertragen, oder auf Kugeln gelagerte leichtgangige Schlittenfuhrungen, wie z. B. an Werkstattmikroskopen, werden vom Hersteller ausreichend geschmiert und brauchen nicht nachgeschmiert zu werden. Bei zu starkem Schmieren solcher Stellen treten Adhasionskrafte auf, die den Bewegungsablauf trage machen und unter Umstanden das Ansprechen des Meßmittels und damit seine Meßunsicherheit erhöhen. Verhärtete Ölruckstande können empfindliche Übertragungsbewegungen von meist kleinem Hub und geringen Kraften vollstandig lahmlegen und so zu Fehlmessungen fuhren. Gelenke von Fuhlhebeln z. B. durfen daher wegen Gefahr der Verharzung nie geschmiert werden.

416 Ablage und Lagerhaltung

Geeignete Ablage und Aufbewahrung bilden einen wesentlichen Beitrag zur Schonung von Meßmitteln. Hochwertige Meßmittel sollen so abgelegt und gelagert werden, daß sie weder untereinander noch mit anderen Werkzeugen in Berührung kommen. Ungeschütztes Ablegen von Lehren in Schubfächer, wo sie beim Aufziehen und Zuschieben derselben durchgerüttelt werden und aneinanderstoßen, ist für die Maßbestandigkeit von Meßmitteln und damit für die Wirtschaftlichkeit eines Betriebes unertraglich. Das Aufbewahren von Parallelendmaßen oder ähnlichen Meßmitteln, in Kasten oder Schachteln zusammengewürfelt, sollte ebenfalls der Vergangenheit angehören. Meßmittel, die in die Hand genommen werden mussen, wie z. B. Lehrdorne, sollen nach Gebrauch an der Maschine oder am Prüfplatz stets auf weiche Unterlagen abgelegt werden. Am besten eignen sich hierfur mit uberstehenden Randleisten versehene Ablegebretter, die auf dem unbenutzten Teil von Schlittenfuhrungen oder auf Werktischen aufgestellt werden. Für handelsübliche Meßmittel werden z. T. geeignete Ablage- und Aufbewahrungsbehalter mitgeliefert, deren Benutzung zur Pflicht gemacht werden muß. Wo Schutzbehalter nicht vorhanden sind, vor allem für Lehren, die an der Maschine gebraucht werden, sind sie zu schaffen. Aufwendungen hierfür machen sich erfahrungsgemaß bezahlt durch wesentlich langere Lebensdauer der Lehren und durch Einsparung an Kosten für ihre Instandsetzung und Nachprufung. Schutzbehalter mussen jedoch zweckmaßig gestaltet sein, so daß sie auch wirklich benutzt werden.

In der Lagerhaltung größerer Lehren- und Meßmittelbestände ist Übersichtlichkeit und Griffbereitschaft bei geringstem Platzbedarf anzustreben. Ordnung erhöht die Lebensdauer von Meßmitteln. Jedes Meßmittel muß für sich, ohne ein anderes zu berühren, entnommen und abgelegt werden können. Es ist zu trennen zwischen allgemeinen handelsublichen Meßmitteln, handelsüblichen Passungslehren und Sonderlehren. Handelsubliche Passungslehren sind nach Lehrenarten getrennt abzulegen. Bohrungslehren, Innen- und Außengewindelehren nach Durchmessern und Steigungen steigend mit ihren Pruf- und Einstellehren. Letztere können auch gesondert abgelegt werden. Sonderlehren sind zweckmaßig nach Sachgebieten abzulegen. Alle für ein Teil eines Erzeugnisses vorgesehenen Lehren, Hilfslehren usw., auch die handelsüblichen Passungslehren, liegen zusammen. Bei umfangreichen Erzeugnissen der Mengenfertigung sind die Meßmittel, soweit sie nicht in Benutzung sind, in der Reihenfolge des Fertigungsplanes abzulegen. Die Unterteilung der Lagerhaltung ist den jeweiligen Verhältnissen anzupassen, desgleichen die Gestalt der Ablage- und Aufnahmeeinrichtungen.

417 Verpackung und Beförderung

Sofern nicht besondere Aufbewahrungsbehälter vorgesehen sind, werden Lehren zum Versand mit saurefreiem Fett (Vaseline) eingefettet und in Ölpapier eingewickelt. Jede Meßeinheit: Lehre, Hilfslehre, Pruflehre und lose Teile, ist gesondert zu verpacken, desgleichen mitzuliefernde Fuhlhebel oder sonstige empfindliche und lösbare Teile. Nicht lösbare bewegliche Teile, wie leichtgängige Schlitten und Schieberfuhrungen oder Betatigungselemente usw., sind festzulegen und gegebenenfalls zu entlasten. Werden mehrere Meßmittel zusammen versandt, so muß die Verpackung ruttelsicher sein, Hohlräume sind mit Füllmaterial (Holzwolle, Papier, Putzwolle) auszufüllen.

Für größere sperrige oder schwere Meßmittel sind im Versandbehälter entsprechende Haltevorrichtungen vorzusehen, so daß eine besondere Lage des Beförderungsbehälters nicht eingehalten zu werden braucht.

418 Gebote der Lehrenbehandlung

Sie sollten überall dort, wo mit Lehren umgegangen wird, sichtbar angebracht sein.

1. Gebrauche Lehren mit Feingefühl, du verringerst dadurch ihre Abnutzung.
2. Fasse Lehren mit sicherem Griff an den vorgesehenen Griffelelementen.
3. Laß Lehren nicht fallen, sie verbiegen sich oder werden durch Beschädigung unbrauchbar.
4. Lege Lehren nicht auf harte Unterlagen ab (Drehbankbetten, Schlittenführung), du beschädigst Lehren und Maschinen.
5. Sorge für Ablegemöglichkeiten und Aufbewahrungsbehälter und benutze diese auch.
6. Setze Lehren nicht starken Temperaturschwankungen aus (Sonnenbestrahlung), die Lehrmaße verändern sich.
7. Durch Federn bewegte Meßelemente oder Meßwertanzeiger (Meßuhren) laß nur langsam in ihre Ruhelage zurückgehen.
8. Prüfe nur saubere Prüfteile mit sauberen Lehren.
9. Bei längerem Nichtgebrauch fette die Meßflachen mit saurefreiem Fett ein.

419 Feststehende Prüfraum-Meßmittel

Für Benutzung und Wartung handelsüblicher Prüfraummeßmittel, wie Universal-Meßmikroskope, Optimeter, Projektoren usw., werden von den Lieferfirmen Bedienungsanweisungen mitgegeben. Diese müssen griffbereit liegen. An solche Meßgeräte dürfen nur Personen herangelassen werden, welche die Bedienungsweise vollkommen beherrschen und mit den Eigenarten und Empfindlichkeiten der Meßgeräte vertraut sind. Neu hinzukommende Prüfkräfte sind eingehend zu unterweisen. Wichtig sind vor allem die Anweisungen, die für die Beförderung und Aufstellung dieser Meßgeräte gegeben sind, die empfindlich gelagerten Meßschlitten müssen für die Beförderung in der vorgeschriebenen Weise festgelegt und von ihren Eigengewichten entlastet werden. Umfangreiche Instandsetzungen an solchen Meßgeraten sollten nur unter Hinzuziehen von Fachleuten der Lieferfirma vorgenommen oder dieser gänzlich übertragen werden. Meßmittel, die im Gebrauch sind, sollen nicht nur von Zeit zu Zeit gesäubert werden, sondern müssen stets im Zustand höchster Meßbereitschaft und Sauberkeit gehalten werden. Die Optik solcher Meßgeräte soll zum Zwecke der Reinigung so wenig wie möglich berührt werden. Kleine Staubteilchen auf den Linsen beeinträchtigen die Optik in keiner Weise. Von den Außenflachen werden sie mit einem weichen sauberen Marderhaarpinsel entfernt. Eine etwa nötige Säuberung von innen liegenden Flächen (Strichplatte) darf nur von Fachkräften vorgenommen werden. Über Schmierung zum Zwecke der Reibungsverminderung, s. Abschn. 415, sofern nicht in den Bedienungsanweisungen besondere Vorschriften gegeben sind. Bei längerem Nichtgebrauch und nach Arbeitsschluß sind die Meßmittel mit den meist mitgelieferten Schutzkästen oder Hauben zu überdecken. Die Zubehörteile bleiben in den mitgelieferten Aufbewahrungsbehältern und werden nur für die Dauer des Gebrauches entnommen.

42 Eingangsprüfung

Überwachung von Meßmitteln beginnt mit Eingangsprüfung. Sämtliche Meßmittel, sowohl im eigenen Betrieb gefertigte, als auch von auswärts bezogene, müssen bei Eingang geprüft werden. Jedes Stück ist zu prüfen nach vorhandenen Unterlagen. Die Prüfung soll sich erstrecken auf Maßhaltigkeit, Oberflächengüte und Härte der maßtragenden Lehrenflächen oder Teile, Maßhaltigkeit von Bau- und Anschlußmaßen, richtiges Arbeiten von Klemm-, Spann- und Betätigungseinrichtungen, Spielfreiheit und Gängigkeit von Führungen, festen Sitz von Verbindungen und Paßstiften, äußere Beschaffenheit und Gratfreiheit aller Außenflächen und -kanten und vor allem solcher, die mit dem Prüfling in Berührung kommen, Beschriftungen und sonstige Kennzeichnungen, bei Meßmitteln mit losen Teilen Vollzähligkeit.

421 Handelsübliche Meßmittel

Für eine Reihe handelsüblicher Meßmittel sind die Richtlinien für die Prüfung und die zulässigen Abweichungen zum Teil nach Gütegraden gestuft, auf DIN-Blättern festgelegt.

Parallelendmaße	DIN 861 u. 2260	Lineale	DIN 874
Schieblehren	DIN 862	Winkel	DIN 875
Meßschrauben		Tuschierlineale und Platten	DIN 876
(Mikrometer)	DIN 863	Meßuhren	DIN 878
Strichmaßstäbe	DIN 864	Anschlußmaße für Feintaster	DIN 879

422 Handelsübliche Passungs- und Gewindelehren

Lehrenformen, Baumaße, Lehrenabmaße, Toleranzen, Kennzeichnungen und Beschriftungen sind auf DIN-Blättern festgelegt:

DIN 7162 ⎫
DIN 7163 ⎬ Isa-Passungen — Lage und Größe der Herstellungstoleranzen und
DIN 7164 ⎭ zulässigen Abnutzungen
DIN 13 Bl. 16 u. 17 Gewinde mit metrischem Profil, Lehrenmaße.

423 Sonderlehren

Als Prüfunterlage dient die Lehrenzeichnung. Wurden Prüfmittel im eigenen Betrieb gefertigt, so sind auch alle über die Lehrenzeichnungen hinaus angefertigten Hilfsmittel zum Messen und Herstellen, wie Schablonen, Aufnahmedorne, Aufrisse usw., für die Prüfung zur Verfügung zu stellen. Gegenlehren oder sonstige Sondermeßmittel, die für die Lehrenfertigung gebraucht werden, müssen vor Fertigstellung der Lehren von der Prüfstelle geprüft und freigegeben werden. Es ist zu empfehlen, den Änderungszustand der Lehrenzeichnung auf die Lehre aufzuschriften. Hierdurch werden zeitraubendes Vergleichen und Fehler bei der Prüfung vermieden.

Bei Prüfvorrichtungen für schwierige Teile oder solche mit mechanisierten Zufuhr-, Auswerf- oder Sortiervorgängen sind auch eine entsprechende Anzahl von Prüfteilen bereitzustellen, so daß neben der Maßhaltigkeit auch die mechanischen Funktionen geprüft werden können.

424 Prüfraum-Meßmittel

Sie müssen ebenfalls einer Eingangsprüfung unterzogen werden, auch wenn sie von namhaften Firmen gekauft wurden. Parallelendmaße oder sonstige Meßmittel wie Meßscheiben, Winkelendmaße usw., sind mit für den jeweiligen Genauigkeitsgrad geeigneten Meßmitteln zu prüfen. Für Meßgeräte höchster Genauigkeitsansprüche ist ein von einer amtlichen Eichbehörde geprüfter Urendmaßsatz mindestens nach Gütegrad I zu benutzen, falls er nicht selbst interferentiell gemessen werden kann. In der DDR ist Beglaubigung des Ursatzes durch DAMG vorgeschrieben.

Die Prüfung dieser Geräte muß sich im wesentlichen auf folgende Forderungen erstrecken: Rechtwinkligkeit, Geradlinigkeit und Spielfreiheit von Schlittenführungen und Lagerungen, Maßgenauigkeit von Steigungen an Meßspindeln, Teilungen von Maßstäben und Winkelteilungen, Gangigkeit von Führungen und Bewegungseinrichtungen, richtiges Arbeiten von Klemm- und Spanneinrichtungen und Federungen, Maßhaltigkeit und Vollständigkeit des Zubehörs. Es ist ein Austausch- und Gebrauchsversuch mit allen Zubehörteilen durchzuführen.

Alle bei der Prüfung oder auch später während des Gebrauches festgestellten Abweichungen von den garantierten Meßunsicherheiten sollten festgehalten werden, so daß ein individuelles Fehlerbild des Meßmittels entsteht, das in besonderen Fällen beim Messen berücksichtigt werden kann (s. Abb. 81–4).

425 Prüfstempel

Alle eine Prüfstelle durchlaufenden, geprüften und für brauchbar befundenen Meßmittel sind mit einem Prüfzeichen zu versehen. Das Prüfzeichen soll möglichst enthalten: das Kennzeichen der Prüfstelle und des Prüfers, Jahr und Monat der Prüfung.

Prüfzeichen sollten auf Lehren *nicht aufgeschlagen* werden, auch wenn die betreffende Stelle nicht gehärtet ist. Als zweckmäßigste und wirtschaftlichste Art das Prüfzeichen aufzubringen, hat sich das Aufschriften mit einem elektrischen Signiergerät bewährt.

43 Laufende Überwachung von Meßmitteln

S. a. Abschn. 814.

Meßmittel, insonderheit solche, die an Arbeits- und Prüfplätzen in die Hände angelernter Kräfte gegeben werden, sind ständig maßverändernden Einflüssen unterworfen und müssen laufend überwacht werden. Bei Lehrdornen z. B. werden die Lehrenmaße außer durch Beschädigungen der Meßflächen im allgemeinen durch Abnutzung infolge Reibung beim Meßvorgang verändert. Bei wenig starren Lehren, z. B. Rachenlehren, können außerdem noch Maßveränderungen durch Aufbiegen, beim Herunterfallen auch Verengen der Meßrachen auftreten. Bei anzeigenden Meßgeräten oder solchen, die mit Fühlhebeln ausgerüstet sind, besteht außerdem die Gefahr fehlerhafter Maßanzeigen, die durch mangelhaftes Einspannen oder Klemmen des Fühlhebels durch Unachtsamkeit oder durch Spielerei an den Zeigermarken hervorgerufen werden kann. Je kleiner die zu prüfenden Toleranzen sind und je mehr die Meßmittel maßverändernden Einflüssen ausgesetzt sind, die über eine gewöhnliche Abnutzung hinausgehen, desto kleiner muß der Zeitraum zwischen den einzelnen Überwachungsprüfungen sein. Zu unterscheiden ist zwischen allgemeinen Meßmitteln wie Meßschrauben und Schieblehren, Winkeln usw., die zum Verbleib an Werkzeugmacher oder Einrichter gegeben werden und solchen Meßmitteln, die entweder kurzzeitig ausgegeben und nach Erledigung des Auftrages wieder an das Lager zuruckgegeben werden oder, wie bei Mengenprüfung, bis an die Grenze ihrer Brauchbarkeit am Prüfplatz verbleiben.

431 Allgemeine Meßmittel

Für die Maßhaltigkeit von allgemeinen Meßmitteln tragt der Besitzer die Verantwortung. Im allgemeinen wird er im eigenen Interesse seine Meßmittel pfleglich behandeln; in Ausnahmefallen nuß er dazu erzogen werden. Es ist ihm vorgeschrieben, seine Prufmittel bei Verdacht von der zentralen Meßstelle nachprüfen zu lassen.

432 Meßmittel für Einzel- uud Serienfertigung

Sie werden kurzzeitig ausgegeben und sollten nach jedem Gebrauch an die zentrale Meßstelle zur Nachprufung gegeben werden. Es sollten nur geprufte Lehren zur Ausgabe gelangen. Der Name des letzten Benutzers ist durch Leihmarke oder besser Quittung solange festzuhalten, bis das Meßmittel von der Prufstelle als brauchbar freigegeben ist.

Wo genugender Vorrat an Meßmitteln vorhanden ist, können diese auch tage- oder wochenweise gesammelt zur Nachprüfung gegeben werden. Summarisches Nachprufen von Lagerbestanden an Meßmitteln in langeren Zeitabstanden birgt die Gefahr in sich, daß abgenutzte oder unbrauchbare Meßmittel nicht rechtzeitig erkannt und ausgeschieden werden. Außerdem ergeben sich durch dieses Verfahren stoßweise Belastungen der zentralen Meßstelle.

433 Meßmittel für Mengenfertigung

Meßmittel, die an Fertigungsmaschinen oder Prüfplätze in der Mengenfertigung ausgegeben werden und dort in der Regel bis zur Erreichung ihrer Abnutzungsgrenze gebraucht werden, bereiten einer ordnungsgemaßen Überwachung die meisten Schwierigkeiten, da sie nicht uber die zugelassene Abnutzungsgrenze hinaus benutzt werden durfen. Fehler an den Arbeitslehren werden bisweilen erst in der Endrevision der Fertigungsteile entdeckt und erst abgestellt, nachdem der Fehler bereits größere Stuckzahlen durchlaufen hat. Wo nicht einzelnen Personen aus der Fertigung, Einrichtern oder Meistern, die Verantwortung fur rechtzeitiges Nachprufen der Meßmittel ubertragen werden kann, muß man sich auf die turnusmaßige Nachprufung durch die Lehrenprufstelle verlassen. Der Zeitabstand dieser Nachprufungen muß auf den Durchsatz an Fertigungsteilen abgestimmt sein.

Die einzelnen Maßnahmen der Meßmitteluberwachung mussen den jezeils gegebenen Verhaltnissen angepaßt und durch die Erfahrung ausgebaut werden. Der Leitgedanke soll jedoch immer sein, einen Zwanglauf herzustellen. Man verlasse sich in dieser fur die Gute eines Erzeugnisses so wichtigen Frage nicht auf die Einsicht oder den guten Willen der Beteiligten.

434 Meßmittel in Endrevisionen

Die Verantwortung für die laufende Überwachung soll in Händen der Revisionsleitung liegen. Die zur Überwachung notwendigen Meßmittel sind der Revision zur Verfügung zu stellen. Desgleichen alle Unterlagen über Lehrenabmaße, Abnutzungswerte usw. Bei zeichnungsgebundenen Sonderlehren gehört hierzu auch die Lehrenzeichnung. In schwierigen Fallen oder in Zweifelsfragen ist die zentrale Meßstelle einzuschalten. Für stark beanspruchte Lehren, z. B. Gewindelehren, sind besondere Prüflehren (Abnutzungsprüfer) bereitzustellen. Alle Revisionsmeßmittel sind in bestimmten Zeitabstanden von der zentralen Meßstelle nachzuprufen. In Revisionen mit großem Durchsatz ist mindestens eine Prufperson mit der Überwachung der Meßmittel zu betrauen. Im Dauergebrauch arbeitende Meßmittel mit Fuhlhebeln mussen in kurzen Zeitabstanden uberwacht werden. Bei Meßuhren ist ferner dafur zu sorgen, daß der Toleranzbereich von Zeit zu Zeit in einen anderen Teil des Gesamtmeßbereiches verlegt wird, damit die Abnutzung der Verzahnungsteile möglichst gleichmaßig erfolgt. Elektrisch arbeitende Anzeigemittel sind vielfach frequenzempfindlich und empfindlich gegen Störfelder, ferner gegen Temperatur, sie sind deshalb längere Zeit vor Ingebrauchnahme einzuschalten. Einfache Kontaktfuhler, wie Elbus-und Censorgeräte, sind unabhangig von Frequenzunstetigkeit.

Besonderer Wert ist auf gründliche Unterweisung und Anleitung des Prüfpersonals in der Benutzung und Behandlung von Meßmitteln zu legen. Ungeeignete Prufkrafte sind auszuscheiden oder mit geeigneteren Arbeiten zu beschaftigen. Personen mit Schweißhanden sind ungeeignet fur Prufarbeiten.

44 Meßmittelbefund und Auswertung

Alle Entscheidungen über Maßhaltigkeit von Meßmitteln sind von der Lehrenprüfstelle zu treffen; sie sind verbindlich. Noch nicht ganz abgenutzte Arbeitslehren können noch als Revisionslehren weiter verwendet werden. Von mehreren gleichen Lehren werden die am weitesten abgenutzten als Revisionslehren benutzt. Bei Lehren, die durch Nacharbeit wieder brauchbar gemacht werden können, ist zu uberschlagen, ob nicht Neuanfertigung wirtschaftlicher ist. Aus unbrauchbaren Meßmitteln, die fur den Schrott bestimmt sind, sollten wiederverwendbare Teile oder Normenteile ausgebaut werden.

45 Wirtschaftliche Überwachung

Bei größerem Durchsatz von Meßmitteln muß die zentrale Meßstelle bestrebt sein, den Ablauf der einzelnen Prüfungen möglichst wirtschaftlich zu gestalten. Die Prüfer können auf bestimmte Prufaufgaben spezialisiert werden. Bei größeren Stückzahlen gleicher Lehren, z. B. Gewindelehrdornen, kann man den Prufarbeitsgang in einzelne Prufstufen zerlegen, die nacheinander an allen Lehren durchgeführt werden. Es ergibt sich hierbei außer der Ersparnis an Prüfzeit eine geringere Streuung der Meßergebnisse.

Zur Erleichterung der Überwachung wird von manchen Betrieben das Maß der Lehre „abgenutzt" auf die Lehre geschriftet. Es erubrigt sich hierdurch das Aufsuchen von Lehrenmaßen in Zahlentafeln.

Ein systematisches Festhalten von Stückleistungen der einzelnen Meßmittel bis zu ihrer Abnutzungsgrenze und andere Erfahrungen sind wertvolle Hilfsmittel, um die Überwachung wirtschaftlich zu gestalten; es können gegebenenfalls Schwerpunkte gebildet werden.

5 Einfache Meßaufgaben

51 Ebene Flächen und ihre Abstände

511 Prüfen der Ebenheit

511.1 Vergleich mit einer geraden Linie

Als Verkörperung dienen: a) die Kante eines Lineals (Haarlineal, Vierkantlineal, s. Abschn. 21); b) langgestreckte Meßflächen schmaler Lineale, wirken wie Linien; c) ein straff gespannter Meßdraht; gerade, wenn von oben betrachtet.

Mit Lineal läßt sich eine Fläche grob auf Ebenheit prüfen, indem man es auf die Fläche legt und an einem Ende quer verschiebt. Dabei dreht es sich um die Auflagestellen, die sich an den höchsten Erhebungen ergeben. Ist die Fläche z. B. gewölbt, so liegt das Lineal in der Mitte auf und führt eine Drehbewegung um diesen Punkt aus, wenn man es an einem Ende seitlich verschiebt. Da durch das Eigengewicht des Lineals und je nach der Unterstützung, die es an den hohen Stellen der Fläche erfährt, eine unbestimmte Angleichung von Lineal und Fläche erfolgt, die bei Temperaturunterschieden zwischen beiden noch unsicherer wird, ergibt diese Prüfung nur eine rohe Vorstellung von der Form der Fläche.

Zahlenergebnisse erhält man durch das *Ausmessen* mittels Lineal und Endmaßen oder einem Tastgerät, Abb. 51–1. Das Lineal wird mit zwei gleich großen Endmaßen unterstützt, die im Abstand von ungefähr zwei Neuntel der Lineallänge von seinen Enden untergelegt werden (s. Abschn. 141.51). Dann wird an beliebigen Punkten der Abstand des Lineals von der Fläche mit Endmaßen ausgemessen. Die Meßunsicherheit dieser Prüfung ist durch die Ungenauigkeit des verwendeten Lineals und der Endmaße und die Durchbiegung des Lineals gegeben. Anstatt den Abstand zwischen Prüfling und Lineal auszumessen, kann

Abb. 51–1. Messen der Unebenheit einer Fläche mit Lineal und Endmaßen. Endmaß E_1 und E_2 sind gleich groß; mit E_3 wird ausgemessen.

man ein geeignetes Böckchen mit einem Zeigermeßgerat, z. B. einem geeigneten Fühlhebel, auf dem Lineal entlang schieben und dabei mit dem Zeigermeßgerät die zu prüfende Fläche abtasten, Abb. 51–2. Dabei geht die Unebenheit der oberen Linealfläche als Fehler ein; außerdem biegt sich das Lineal durch das Gewicht des Böckchens verschieden durch.

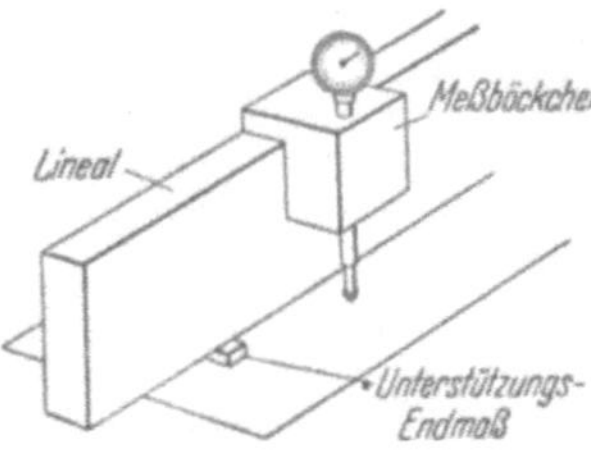

Abb. 51–2. Messen der Unebenheit einer Fläche mit Lineal und anzeigendem Meßgerät

Kleinere Flächen höheren Gütegrades können mittels Haarlineal auf Ebenheit geprüft werden, indem man die zwischen Lineal und Fläche auftretenden Lichtspalte beobachtet. Dieser Lichtspalt kann von etwa $1\,\mu$ ab wahrgenommen, aber nicht der Größe nach beurteilt werden, wobei man sich zum Vergleich Lichtspalte bekannter Größen mittels Endmaßen darstellen kann, Abb. 51–3.

Fur größere Längen wird an Stelle eines Lineals ein dunner Meßdraht verwendet, der durch Gewichte gespannt wird. Dieser Meßdraht wird von oben mit einem Mikroskop anvisiert, das von einem Böckchen getragen wird, Abb. 51–4. Das Böckchen wird auf der zu prufenden Flache entlang einer Fuhrung verschoben, mit dem Okularmikrometer des Mikroskopes wird an jeder gewunschten Stelle die Lage des Bockchens gegenuber dem Meßdraht ausgemessen. Das Verfahren ist fur senkrechte Beobachtung anwendbar, wahrend bei der Prufung waagerechter Flachen der Durchhang des Drahtes durch sein Eigengewicht berucksichtigt werden muß. Der Draht darf keine Knicke haben. Die Meßunsicherheit des Verfahrens hangt wesentlich vom Mikroskop ab und beträgt im allgemeinen etwa $\pm 10\,\mu$.

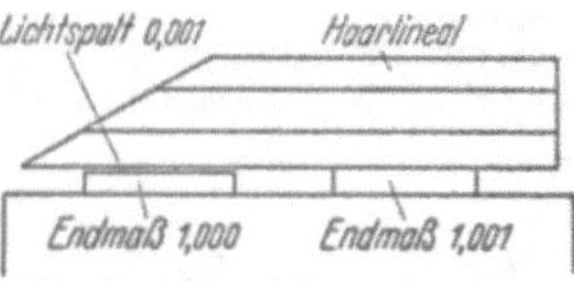

Abb. 51–3. Darstellung eines Lichtspaltes von 1 μ mit Endmaßen und Haarlineal.

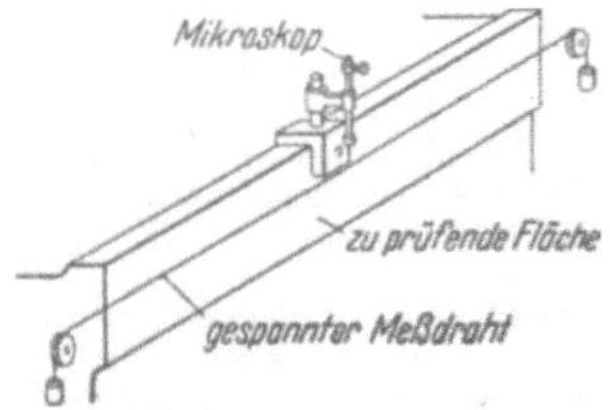

Abb. 51–4. Messen der Unebenheit einer Fläche mit Meßdraht und Mikroskop mit Okularmikrometer.

511.2 Vergleich mit einer anderen Fläche

a) Tuschierlineal oder Tuschierplatte. Auf sie wird Tuschierfarbe aufgetragen, nióglichst dunn, weil keine kleineren Höhenunterschiede sichtbar werden, als der Dicke der Farbschicht entspricht. Dann wird die zu prüfende Flache mit dem Tuschierstuck „antuschiert". Bei großen Flachen legt man es auf den Prufling, bei kleinen Flachen umgekehrt den Prufling auf die Tuschierplatte. Man bewegt beide Flachen gegeneinander, bis die Tuschierfarbe sich an den hohen („tragenden") Stellen der Pruflingsflache abgerieben hat. Auf diese Weise erhalt man ein Bild der Flache, aus der die „tragenden" Punkte deutlich hervorgehoben sind. Durch Nacharbeiten, z. B. Schaben, an diesen Punkten kann die Ebenheit der Flache schrittweise verbessert werden.

b) Interferenz des Lichtes für polierte Flächen, die Lichtstrahlen regular reflektieren (Abschn. 142); möglich im Tageslicht mittels einer Planglasplatte oder in monochromatischem (einfarbigem) Licht eines Interferometers (Abschn. 248). Letzteres hat den Vorteil, daß man mit einer genau bestimmten Lichtwellenlange *rechnen* kann. Vorbedingung ist sorgfaltige Reinigung der zu prufenden Flache.

Beim Prufen mit Planglas muß dieses so an die zu prüfende Fläche gehalten werden, daß zwischen ihm und der letzteren ein kleiner Winkel (Luftkeil) entsteht, der zur Bildung der Interferenzen gleicher Dicke notwendig ist. Die Gestalt der Interferenzlinien laßt auf die Gestalt der Fläche schließen: gerade Linien zeigen an, daß die geprufte Flache dieselbe Gestalt hat wie die Planglasflache, die im allgemeinen in den Grenzen von $\pm 0{,}1\,\mu$ eben ist; krumme Linien zeigen gewölbte oder hohle Flachen an. Im Tageslicht bedeutet die Durchbiegung um einen Linienabstand (s. Abb. 51–5) eine Unebenheit von $\approx 0{,}3\,\mu$. Die Entscheidung, ob hohl oder ballig, wird nach der Bewegungsrichtung der Interferenzstreifen getroffen, wenn man den Keilwinkel zwischen Planglas und Flache *verkleinert*. Die Streifen

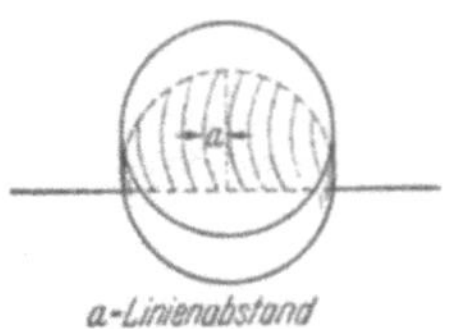

Abb. 51–5. Messen der Unebenheit einer spiegelnden Flache mit Planglas und Interferenzstreifen.

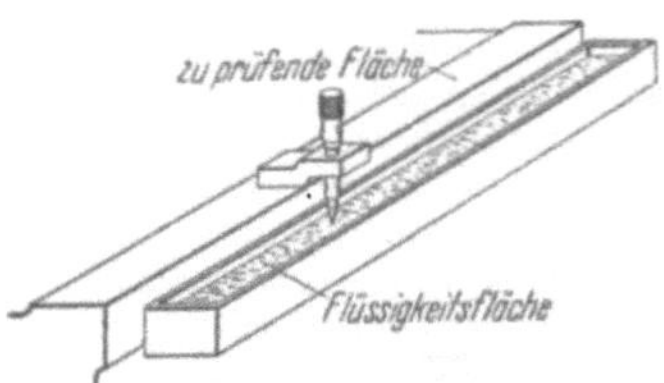

Abb. 51–6. Messen der Unebenheit einer Fläche mit Meßschraube nach Flussigkeitsspiegel.

(= Höhenschichtlinien) wandern vom Keilscheitel weg. Man sollte in zwei zueinander senkrechten Richtungen prufen, um ein anschauliches Bild der gepruften Flache zu erhalten.

c) Flussigkeitsoberflache. Man stellt einen kanalförmigen Flüssigkeitsbehalter neben die zu prufende Flache, Abb. 51-6. Diese wird mit einem Böckchen abgefahren, das eine Meßschraube mit Spitze tragt. An jeder zu messenden Stelle wird die Spitze der Meßspindel so eingestellt, daß sie die Flussigkeitsoberflache gerade berührt. Diese Kontaktstellung kann durch Beobachtung der Beruhrung von Spitze und ihrem Spiegelbild mittels Lupe oder auf elektrischem Wege erfaßt werden. Die Genauigkeit dieses Verfahrens betragt $\pm\,10\cdots20\,\mu$.

511.3 Unterschiedliche Neigungen

Diese Prufung wird an größeren Flächen mit Hilfe einer Wasserwaage (Libelle) durchgefuhrt. Die zu prufende Flache muß im großen und ganzen waagerecht stehen. Das wird gepruft, indem man ein Lineal mit zwei gleich großen Endmaßen an den Enden untersutzt, s. Abb. 51-7, und die

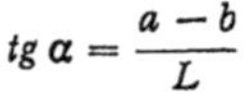

Abb. 51–7. Ausrichten einer unebenen Flache in waagerechte Lage mit Lineal und Wasserwaage.

$$tg\,\alpha = \frac{a - b}{L}$$

Abb. 51–8. Messen einer Flache mit Wasserwaage.

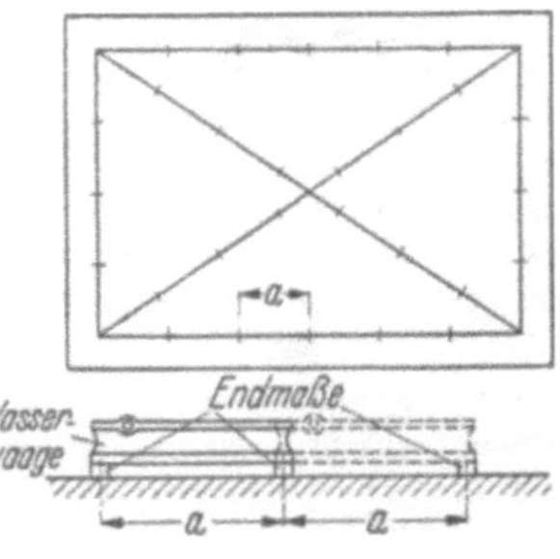

Lage der Platte so lange andert, bis die Blase einspielt. So wird die Flache mit der Wasserwaage in verschiedenen Richtungen ausgemessen. Abb. 51–8.

Unter die Enden der Wasserwaage werden zwei gleich große Endmaße gelegt und der Höhenunterschied des einen Endes gegenuber dem Ausgangspunkt an der Stellung der Libellenblase abgelesen, wobei die Ablesung umzurechnen ist auf den Abstand der Unterstutzungsendmaße. So wird fur jeden Meßpunkt der Höhenunterschied gegenuber dem vorhergehenden und durch Umrechnung gegenuber dem Ausgangspunkt der Messung ermittelt. Die Meßunsicherheit dieses Verfahrens hangt in der Hauptsache von dem Skalenwert der verwendeten Wasserwaage (s. Abschn. 236) ab, ferner von der Einhaltung eines bestimmten Abstandes der Unterstutzungsendmaße, den man am besten mittels einer einfachen Lehre einstellt.

512 Abstände von Außen- und Innenflächen; Parallelität

512.1 Parallele Außenflächen

Der Abstand paralleler Außenflachen wird mit den bekannten Meßgeräten Schieblehre (Abschn. 231), Meßschrauben (Abschn. 233), Meßmaschine (Abschn. 24 u. 27) oder mit Fühlhebel und Stander gemessen, wobei die zulässige Meßunsicherheit ausschlaggebend ist fur die Wahl des Meßgerats. Die Parallelitat wird durch Messen des Abstandes an mehreren Stellen geprüft. Von der Parallelität zweier Flachen kann jedoch nicht auf ihre Ebenheit geschlossen werden. Diese muß stets besonders bestimmt werden.

Für die Reihenprufung werden Rachenlehren mit planparallelen Meßflachen verwendet, die auch als Grenzlehren ausgebildet sein können.

Die Prüfung des Abstandes zweier Außenflachen kann umgewandelt werden in die Prufung eines Absatzes, indem man die eine Flache auf eine Hilfsflache aufsetzt und von dieser Hilfsfläche aus das Absatzmaß bestimmt, s. Abschn. 513. Die Dicke der Luftschicht hangt von der Unebenheit der sich beruhrenden Flachen ab, wenn nicht angesprengt werden kann. Die genaueste Messung dieser Art ist die Messung von Endmaßen auf dem Interferenz-Komparator, s. Abschn. 248. S. a. Abschn. 245.

512.2 Parallele Innenflächen

Zum Messen des Abstandes paralleler Innenflachen konnen die bekannten Meßgerate Schieblehre, Innenmeßschraube, Innenfuhlhebel, Meßschrauben-Stichmaß (s. Abschn. 233) verwendet werden.

Anwendbarkeit der beiden erstgenannten ist begrenzt durch die Lange der Meßschnabelansätze. Beim Durchschwenken des Meßschrauben-Stichmaßes ist *in der Meßebene* das kleinste Maß zu suchen, damit das Stichmaß senkrecht zu den Flachen steht.

Der Abstand ebener paralleler Innenflachen kann sehr genau mit Endmaßen ausgemessen werden. Die dabei erzielbare Meßunsicherheit ist außer von den verwendeten Endmaßen im wesentlichen von der Güte der Flachen und der Meßkraft abhängig; s. a. Abschn. 222.

Bei Reihenprüfung werden Flachlehren (auch Grenzflachlehren) mit planparallelen Meßflächen verwendet.

Ist der Abstand der ausgemessenen Flächen genügend groß, so konnen anzeigende Meßgeräte, z. B. ein Stander mit Meßuhr, verwendet werden,

Abb. 51-9. Alle genannten Meßgeräte können durch ihre Meßkraft den Abstand und die Parallelität der Prüflingsflächen verändern. Die Starrheit des Prüflingskörpers ist daher in Betracht zu ziehen und die Meßkraft möglichst klein zu halten. S. a. Abschn. 245.

Die Parallelität von Innenflächen wird bestimmt, indem man an mehreren Stellen ihren Abstand ermittelt. Ebenheit der Flächen muß unabhängig von

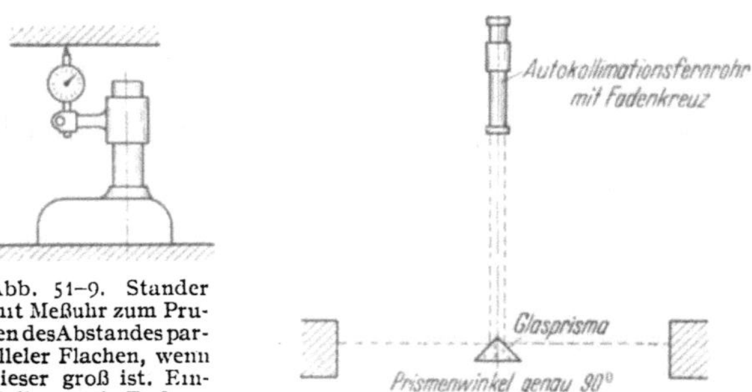

Abb. 51-9. Ständer mit Meßuhr zum Prüfen des Abstandes paralleler Flächen, wenn dieser groß ist. Einstellen nach Endmaßen und Meßschnabeln.

Abb 51-10. Prüfen der Parallelität von Innenflächen mit Autokollimationsfernrohr.

ihrer Parallelität bestimmt werden, da Abweichungen an beiden Flächen gleichmäßig verlaufen können.

Bei polierten, gut ebenen Flächen mit nicht zu großem Abstand kann die Parallelität mit Lichtinterferenzen geprüft werden. Hierzu werden Planprüfmaße aus Glas verwendet, die man zwischen die zu prüfenden Flächen bringt (Beispiel: die Meßflächen einer Bügelmeßschraube). Sind diese Flächen unparallel, so entsteht auf einer Seite des Planglases ein Luftkeil zwischen seiner Meßfläche und der zu prüfenden Fläche und es erscheinen Interferenzlinien, die um so enger stehen, je größer der Luftkeil und damit die Unparallelität ist. Hierbei muß die andere Meßfläche des Planglases an der zweiten Fläche gut anliegen. Man zählt die Anzahl der Interferenzlinien auf der Prüflingsfläche und vervielfacht sie mit der halben Lichtwellenlänge, bei Tageslicht also mit $0{,}3\,\mu$, um die Unparallelität zu bekommen. Alle Flächen müssen gut gereinigt und fettfrei sein.

Haben polierte, gut ebene Flächen einen großen Abstand, der die Verwendung von Planprüfmaßen ausschließt, dann kann ihre Parallelität mit einem Autokollimationsfernrohr geprüft werden, s. Abb. 51-10. Das genaue 90°-Prisma und der Prüfling werden so ausgerichtet, daß die Hypotenusenfläche senkrecht zum Fernrohr und die eine Meßfläche des Prüflings senkrecht zu den am Prisma reflektierten Strahlen steht, so daß diese in sich zurückgeworfen werden und das Reflexionsbild des Fadenkreuzes mit diesem zusammenfällt. Sind die Flächen unparallel, so deckt sich das von der zweiten Fläche reflektierte Bild nicht mit dem Fadenkreuz. Der Abstand der beiden Bilder wird mit Okularmikrometer gemessen und daraus und aus der Objektivbrennweite die Unparallelität berechnet.

513 Abstände von abgesetzten Flächen

513.1 Parallele Flächenabsätze

Absatzmaße (Treppen-, Staffelmaße) können meist mit handelsüblichen Geräten gemessen werden, wie Tiefenschieblehre (Abschn. 231), Tiefenmeßschraube (Abschn. 233), Meßständer mit Meßuhr oder Fühlhebel (Abb. 51-11),

Endmaße mit Haarlineal, Abb. 51–12. Im letzteren Fall werden die Endmaße so lange ausgewechselt, bis an dem aufgelegten Haarlineal kein Lichtspalt mehr zu erkennen ist. Größere Unparallelität der Absatzflächen ist an der Keilform des Lichtspaltes zwischen Haarlineal und geprüfter Fläche bemerkbar.

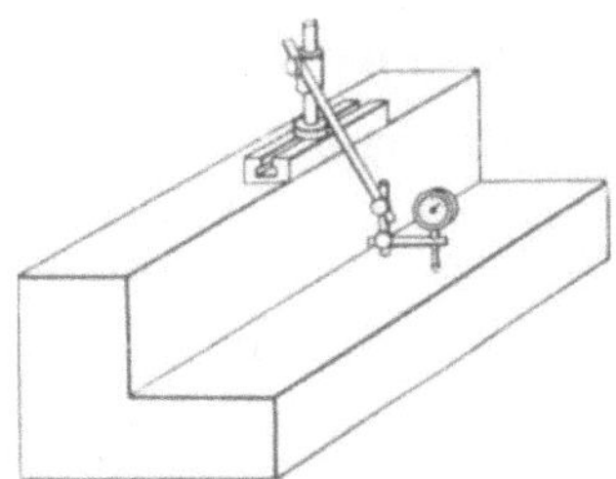

Abb. 51–11. Messen der Parallelität von Absatzflächen mit Ständer und Meßuhr.

Abb. 51–12. Messen eines Absatzmaßes mit Endmaßen und Haarlineal.

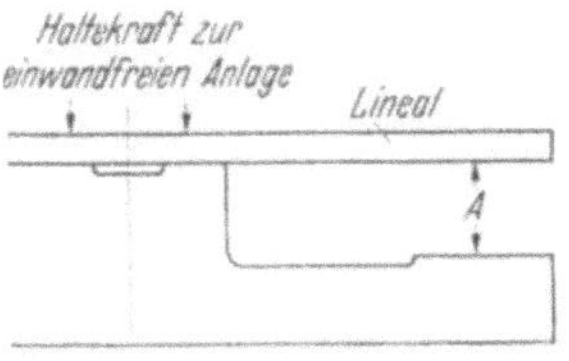

Abb. 51–13. Messen eines Absatzmaßes mit Lineal.

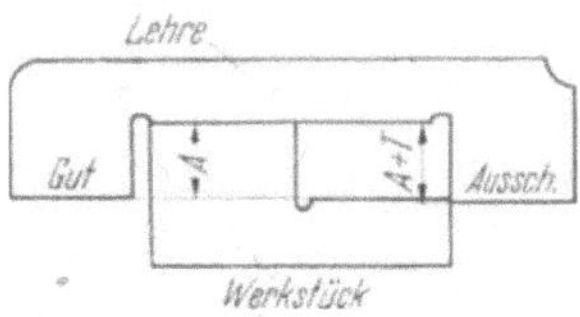

Abb. 51–14 Sonderlehre zum Prüfen eines Absatzmaßes.

Abb. 51–15. Sonderlehre zum Prüfen eines Absatzmaßes (Tiefenlehre)

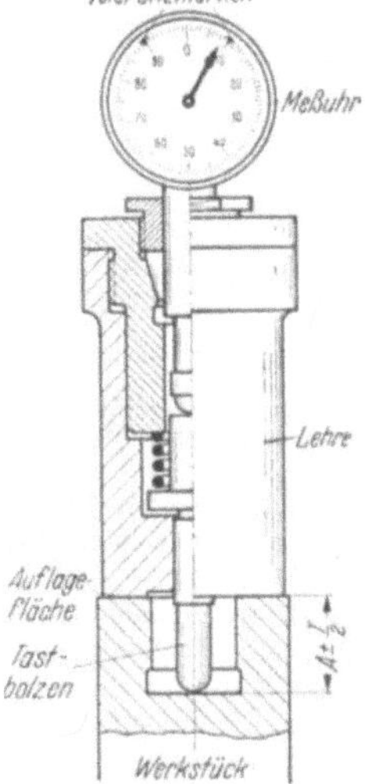

merkbar. Das Haarlineal wird an der kürzeren Fläche aufgelegt, weil eine Unparallelität an der längeren Fläche einen größeren Lichtspalt ergibt.

Bei größeren Flächen wird die obere Fläche durch Auflegen eines Lineals verlängert, Abb. 51–13. Seine Ungenauigkeit muß der Meßunsicherheit zugezählt werden. Auf einwandfreie Anlage des Lineals ist zu achten. Durchbiegung berücksichtigen.

Für Reihenprufungen von Absatzmaßen werden Sonderlehren verwendet, die meist als Grenzlehren ausgebildet sind; einfache Form s. Abb. 51–14; Sonderlehren s. Abb. 51–15 u. 31–7.

Absatzmessung höchster Genauigkeit ist die interferometrische Messung von Endmaßen, s. a. Abschn. 248.

52 Einfach gekrümmte Flächen

521 Zylindrische Bohrungen

An zylindrischen Bohrungen sind folgende Größen von Bedeutung: Durchmesser, Abweichung von der Kreisform, Geradheit der Mantellinien und Abweichung von der Zylinderform, z. B. Kegel.

Grenzlehrung zylindrischer Bohrungen s. Abschn. 164.

521.1 Durchmesser

Der Durchmesser in einer Ebene wird meist mit Zweipunkt-Meßgeraten gemessen, Abb. 52–1 u. 52–2. Die Dreipunkt-Meßgerate werden hauptsachlich zur Prufung der Abweichung von der Kreisform (Gleichdick) ver-

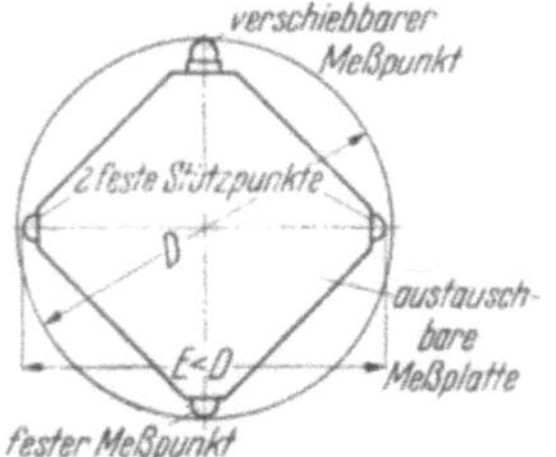

Abb. 52–1. Zweipunkt-Meßgerät mit zwei festen Stutzpunkten.

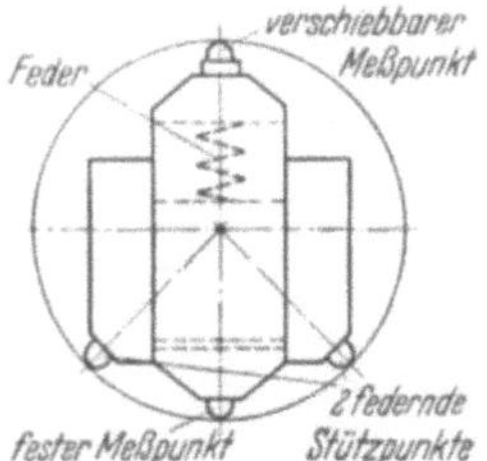

Abb. 52–2. Zweipunkt-Meßgerät mit zwei federnden Stutzpunkten.

wendet, s. Abschn. 521.2. Zweipunkt-Meßgerate zur unmittelbaren Maßablesung sind Schieblehren (s. Abschn. 231) und Innenmeßschrauben, Abb. 233–2.

Unterschiedsmessung liegt vor bei Geraten, die nach geeigneten Normalen, wie Rachenlehren, Meßschrauben, Endmaßen oder Einstellringen, eingestellt werden und nur den Unterschied gegen diese ermitteln. Hierher gehören alle Innenfuhlhebel, z. B. das Waagerecht-Optimeter mit Innenmeßeinrichtung von Zeiß, s. Abschn. 244. Die Einstellung erfolgt am besten nach einer Einstellehre, die aus Endmaßen, Meßschnabeln und einem Endmaßhalter besteht.

Abb. 52–3 zeigt Doppelkeil, Abb. 52–4 einen federnden Innentaster zum Ausfuhlen von Bohrungen.

Die pneumatische Messung kleiner Bohrungen, s. Abschn. 26, stellt eigentlich eine Querschnittsmessung dar. Die Bohrung kann wesentlich von der Kreisform abweichen, ohne daß dies durch die genannte Prüfung festgestellt wird. Anders ist es bei der Messung größerer Bohrungen mit einem pneumatischen Meßkopf, der mehrere Meßdusen enthalt. Wird er in der Bohrung gedreht, so zeigt er auch Abweichungen von der Kreisform an.

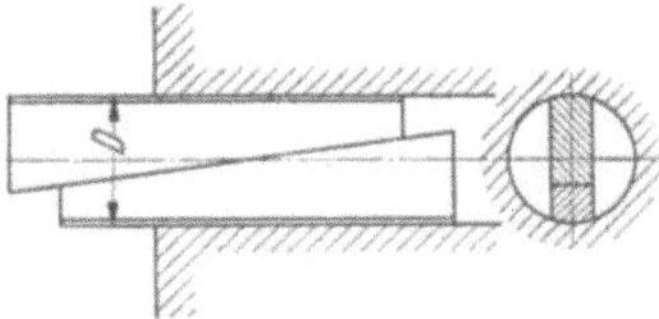

Abb. 52–3. Keilpaar zum Messen von Bohrungen. Maß D an dem Keilpaar wird in geeigneter Weise bestimmt, z. B. mit Meßschraube

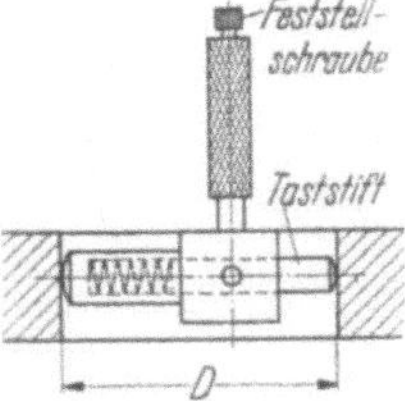

Abb. 52–4. Federnder Innentaster. Taststift wird in der Bohrung durch Anziehen der Feststellschraube in seiner Meßlage gesichert. Das im Taster verkorperte Maß wird nach dem Herausnehmen aus der Bohrung gemessen, z. B mit Meßschraube.

Abb. 52–5. Innenlehre aus Halbrundschnabeln, Endmaßen und Endmaßhalter. Messen des Kerndurchmessers eines Muttergewindes.

Eine genaue Durchmessermessung fur Durchmesser von 4 mm ab kann mit Endmaßen und Meßschnabeln durchgefuhrt werden, s. Abschn. 222. Die sog. Halbrundschnabel haben Ansatze mit halbkreisförmigem Querschnitt, die mit Endmaßgenauigkeit auf Dicken von 4...40 mm je Paar gefertigt werden. Durch Zwischenlegen von Endmaßen beliebiger Zusammensetzung, die mit den Schnabeln durch einen Halter verbunden werden (Abb. 52–5), können so Innenmaße hoher Genauigkeit gebildet werden. Mit normalen Endmaßsatzen und diesen Halbrundschnabeln kann man von 6 mm ab jedes Durchmessermaß um 0,001 mm gestuft zusammensetzen. Bei der Messung mussen sich die Meßschnabel leicht in die Bohrung einführen lassen. Gehen sie zu stramm, so werden sie an ihrem vorderen Ende durchgebogen und man stellt ein zu großes Maß fest. Das Abbesche Prinzip wird verletzt, s. Abschn. 141.2. Es ist daher fur sehr genaue Messungen zu empfehlen, vorn zwischen die Schnabel eine gleiche Endmaßkombination einzufugen, um das Durchbiegen der Meßschnabel zu verhindern. Die Meßungenauigkeit beträgt etwa $\pm$ 0,001 mm bei Verwendung hinreichend genauer Endmaße.

Micro-Maag-Innenmeßschraube s. Abb. 52–6.
Imicro-Innenmeßschraube s. Abb. 52–7.

Die optische Messung des Durchmessers zylindrischer Bohrungen auf einem Meßmikroskop wird wie die Messung durch Projektion durch die Lange der Bohrung beeinflußt. Auch bei kleinen Bohrungslangen ist die Meßungenauigkeit für kleine Bohrungen auf dem Mikroskop etwa + 0,005 mm, auf dem Projektionsapparat etwa + 0,01 mm.

Perflektometer s. Abschn. 245.

Bohrungsmeßgerät nach Krug-Lehmann s. Abschn 243

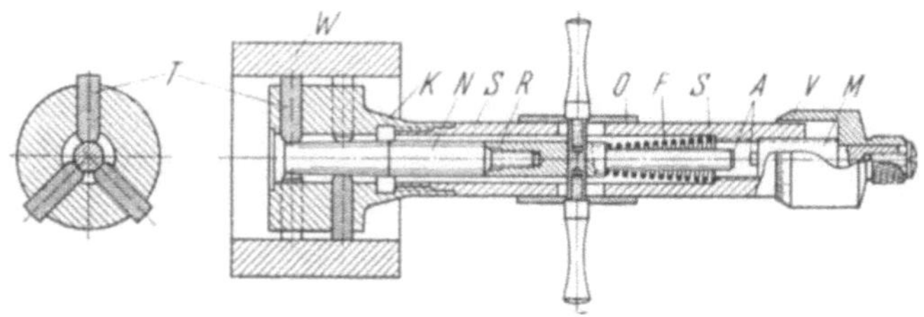

Abb. 52-6 Micro-Maag-Innenmeßschraube Durch Federkraft wird die Meßnadel verschoben, bis die Tastbolzen des Meßkopfes an der Bohrungswand anliegen. Mit der Meßschraube läßt sich die Verschiebung der Meßnadel und damit der Bohrungsdurchmesser bestimmen Skalenwert 0,001 Kleinster Durchmesser 5 mm.

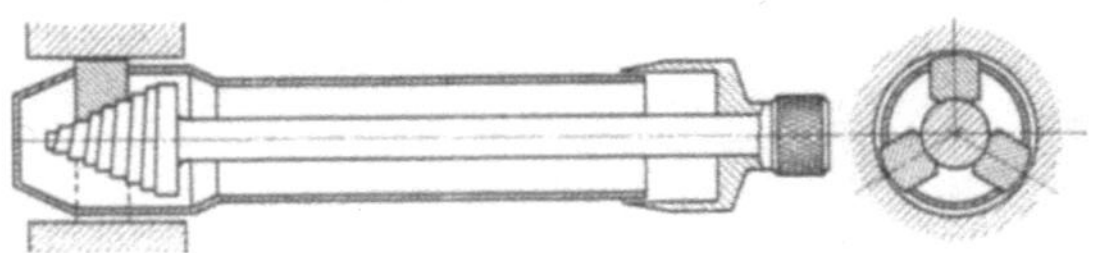

Abb 52-7. Imicro-Innenmeßschraube. Durch Drehen eines kegligen Meßgewindes werden die Tastbolzen des Meßkopfes nach außen bewegt, bis sie an der Bohrungswand anliegen. Ablesetrommel ist fest mit dem Meßgewinde verbunden Skalenwert 0,005. Kleinster Durchmesser 11 mm

521.2 Kreisform in einer Ebene

Mit Zweipunkt-Meßgeräten kann man den Durchmesser einer Bohrung in beliebigen Richtungen ermitteln. Mißt man in zwei senkrecht zueinander stehenden Richtungen, so kann man feststellen, ob die Bohrung unrund (oval, elliptisch) ist (Abb. 52-8), wenn man nicht zufällig zwei in bezug auf eine Hauptachse symmetrisch zueinander liegende Durchmesser mißt. Deshalb an mehreren gegeneinander versetzten Durchmessern messen. Örtliche Abweichungen von der Kreisform lassen sich mit diesen Geräten ebenfalls feststellen, wenn man auf dem halben Umfang dicht nebeneinander liegende Meßpunkte, also an vielen Stellen mißt.

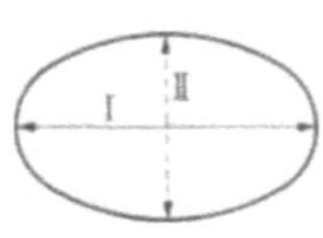

Abb 52-8. Messen einer elliptischen Bohrung mit Zwei-punkt-Meßgerät Meßlage I und II

Das Gleichdick (s. Abschn. 165.1) kann mit Zweipunkt-Meßgeräten nicht als Abweichung von der Kreisform erkannt werden.

Zur Prüfung von Bohrungen auf geometrische Form verwendet man daher besser ein Dreipunkt-Meßgerät, das einen beweglichen und zwei feste Meßpunkte hat Abb. 52-9. Durch drei Punkte ist ein Kreis eindeutig bestimmt und damit auch der Durchmesser dieses Kreises gegeben.

Dreipunkt-Meßgeräte werden auch zum Messen von Bohrungsdurchmessern verwendet. [1] Einstellung nach Lehrringen. Stehen die beiden festen Punkte um $^1/_6$ des Umfangs des Einstellkreises voneinander entfernt, so zeigt das Anzeigegerät mit einer Abweichung von etwa $+8\%$ den Durchmesserunterschied an. Stehen die festen Punkte um $^1/_3$ Umfang voneinander, so ist die Anzeige des Geräts durch 1,5 zu dividieren, um den Durchmesserunterschied gegenüber dem eingestellten Maß zu erhalten. In den meisten Fällen ist die Skale des Anzeigegeräts auf Durchmesserunterschiede geteilt, so daß eine Umrechnung entfällt. Der durch die Stützpunkte gebildete Zentriwinkel soll möglichst klein sein, keinesfalls 120°, weil geringe Elliptizitäten nicht angezeigt werden. S. a. Abschn. 522.2.

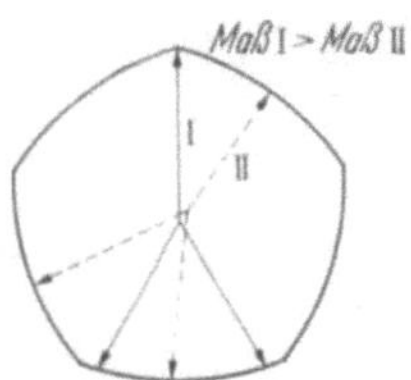

Abb. 52–9. Messen einer Gleichdickbohrung mit Dreipunkt-Meßgerät. Meßlage I und II.

521.3 Geradheit der Mantellinien und zylindrische Form

Eine Prüfung der Geradheit der Mantellinien einer Bohrung erfordert einen beträchtlichen Aufwand und wird daher nur gelegentlich in Meßlaboratorien durchgeführt. Sie ist z. T. in der Prüfung der zylindrischen Form enthalten, die auch nur in Sonderfällen vorgenommen wird, weil man sich in der Hauptsache darauf verläßt, daß die Werkzeugmaschine (Drehbank, Rundschleifmaschine usw.) eine gerade Bohrung liefert. Durch Messen des Durchmessers an verschiedenen Stellen in Längsrichtung der Bohrung lassen sich wesentliche Abweichungen von der zylindrischen

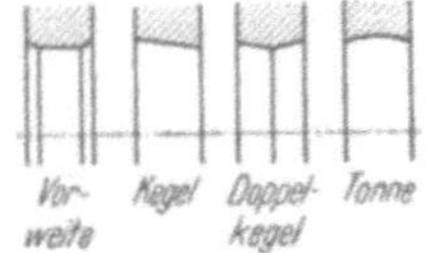

Abb. 52–10. Fehlerhafte Bohrungen.

Form ermitteln. Auf diese Weise kann man z. B. eine Vorweite der Bohrung und ihre Ausdehnung feststellen, ferner eine kegelförmige, doppelkegelförmige oder tonnenförmige Gestalt der Bohrung, s. Abb. 52–10.

Die Prüfung mit einem langen Prüfdorn, der das Kleinstmaß (Gutmaß) der Bohrung hat, zeigt nur, daß die Bohrung um keinen größeren Betrag krumm sein kann als ihrer Herstellungstoleranz entspricht; eine Prüfung des Ist-Größtmaßes ist hierbei unbedingt erforderlich.

Zum Prüfen der zylindrischen Form gibt es ferner Meßgeräte, z. B. für Motorenzylinderbohrungen. Sie sind in der Hauptsache dadurch gekennzeichnet, daß ein Durchmessermeßgerät an einer geraden Führung verschiebbar ist, so daß man an jeder Stelle der Bohrung in genau definierter Lage des Meßgeräts Messungen vornehmen kann.

Große Bohrungen können mit einem Fluchtfernrohr gemessen werden, s. a. Abschn. 247.

Kleine und verhältnismäßig lange Bohrungen können mit dem optischen Bohrungsmeßgerät von Zeiss auf Durchmesser, Abweichung von der Kreisform und Geradheit geprüft werden.

522 Zylindrische Wellen

An zylindrischen Wellen sind die gleichen Größen von Bedeutung wie an zylindrischen Bohrungen, s. Abschn. 521.

Grenzlehrung zylindrischer Wellen s. Abschn. 164.

522.1 Durchmesser

Die Messung des Durchmessers in einer Ebene wird meist mit Zweipunkt-Meßgeraten durchgefuhrt.

Zweipunkt-Meßgerate zur unmittelbaren Maßablesung sind Schieblehren, s. Abschn. 231, Meßschrauben, s. Abschn. 233, fur kleine Meßbereiche auch Dickenmesser mit Nonius, Meßuhr, Standmeßschrauben, s. Abschn. 232, ferner Meßgerate und Meßmaschinen mit Maßstabablesung, z. B. Abbescher Dickenmesser.

Unterschiedsmessung liegt vor bei Geraten, die nach geeigneten Normalen, wie Endmaße, Meßscheiben, Meßzylinder, eingestellt werden und nur den Unterschied gegen diese ermitteln, gleich, ob sie mechanisch, s. Abb. 52–11, optisch, elektrisch oder pneumatisch arbeiten; ferner bei Meßmaschinen, s. Abschn. 271, die keine Strichmaße verwenden und nach Endmaßen eingestellt werden. Selbstverstandlich können auch die Gerate mit unmittelbarer Maßablesung mit Endmaßen verglichen werden. Man kann z. B. die Ablesung an einer Meßschraube prufen, indem man das abgelesene Maß moglichst genau mit Endmaßen darstellt und diese zum Vergleich mit der Schraube mißt. Hierbei kann sich eine Korrektur der ersten Maßablesung ergeben.

Beim Messen von Außendurchmessern werden meist planparallele Meßflachen verwendet. Ebenheit und Parallelitat der Meßflachen mussen sich der Genauigkeit des Meßgerats anpassen. Auf der Seite des Anzeigegerats kann auch eine kugelförmige Meßflache verwendet werden.

Es ist dann notwendig, das Werkstuck zwischen den Meßflachen hin durchzubewegen und das großte angezeigte Maß abzulesen.

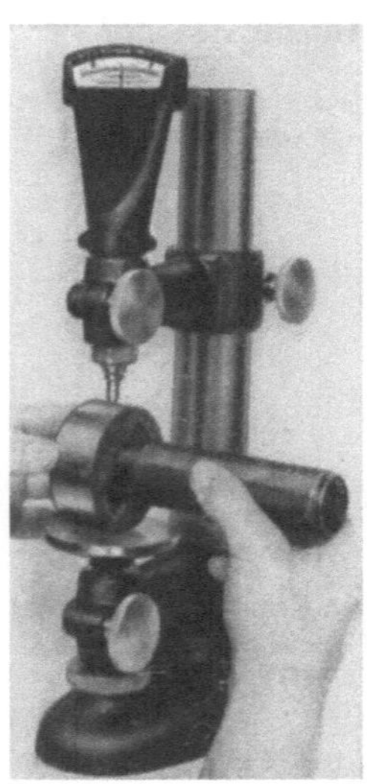

Abb 52–11 Dickenmesser mit Fuhlhebel. Messen eines Zylinders.

Bei der Anwendung einer kugelformigen Meßflache muß die Meßkraft besonders klein sein, weil sonst eine merkliche Abplattung an der Meßflache und an dem zylindrischen Werkstuck auftritt und zu negativen Fehlern fuhrt. Alle Maßangaben beziehen sich auf die Meßkraft null. Auch bei planparallelen Meßflachen kann die Meßkraft eine nicht zu vernachlässigende Abplattung herbeifuhren. Berechnung der Abplattung s. Abschn. 141.52.

Fur die Messung von großen Durchmessern konnen Bugel-Meßschrauben benutzt werden, die bis etwa 4 m Anzeigebereich gebaut werden [4]. Durch die Verschiebbarkeit von Amboß und Meßschraube erhalten sie einen Verstellbereich von 0,5 m fur jede Bugelgroße (ab 1 m). Sie werden mit Endmaßen eingestellt und haben vom eingestellten Maß aus den ublichen Anzeigebereich von 25 mm der Meßspindel.

Eine Messung der Sehnenhohe eines Kreisabschnittes bei bekannter Sehnenlange (Abb. 52–12) wird mitunter auch zur Durchmesserbestimmung

Abb. 52–12 Bestimmen eines großen Durchmessers durch Messen der Pfeilhohe h bei gegebener Sehnenlänge s.

$$R = \frac{h}{2} + \frac{s^2}{8h}.$$

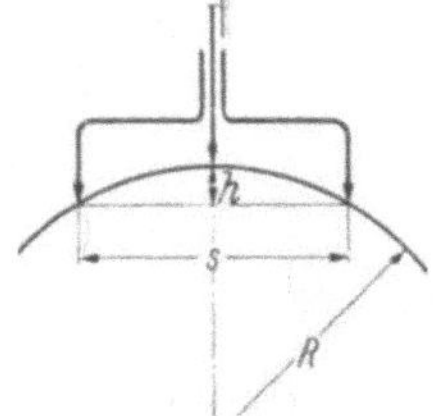

angewendet. Wie die Fehlerrechnung zeigt [5], konnen bei diesem Verfahren sehr erhebliche Fehler auftreten, ohne bemerkt zu werden, da ihre Große durch die geometrischen Verhaltnisse bedingt ist. Außerdem kann dadurch, daß von einer ortlichen Krummung auf den Kreisdurchmesser geschlossen wird, ein großer Fehler gemacht werden, man denke z. B. an das Gleichdick, s. Abschn. 165.1.

Große Durchmesser konnen ferner bestimmt werden, indem man mit einem Bandmaß oder durch Abrollen den Umfang mißt und durch π dividiert.

Abb. 52–13. Rachenlehre aus Halbrundschnabeln, Endmaßen und Endmaßhalter. Messen des Außendurchmessers eines Bolzengewindes.

Eine genaue Durchmessermessung ist moglich mit einer Rachenlehre aus Endmaßen, Meßschnabeln und Endmaßhalter, s. Abschn. 222, Abb. 52–13. Das Abbesche Prinzip wird nicht erfullt; nicht zu stramm messen. Meßschnabel biegen sich auf. Dieses Verfahren ist besonders am Platz, wenn kein Feinmeßgerat vorhanden ist oder wenn die Platzverhaltnisse die Anwendung eines solchen ausschließen. Die Meßungenauigkeit betragt bei hinreichender Oberflachengute etwa 0,001 mm. Bestimmung großer Durchmesser s. a. Schriftt. [4].

522.2 Kreisform in einer Ebene

Mit Zweipunkt-Meßgeraten kann man den Durchmesser einer zylindrischen Welle in beliebigen Richtungen einer Querschnittsebene ermitteln. Prufling und Normal konnen voneinander abweichende Form haben (Vorteil: Einstellung des Fuhlhebels fur Zylinder- oder Bohrungsmessung mit Endmaßen bzw. -rachenlehren). Will man die geometrische Kreisform feststellen, so mißt man in zwei zueinander senkrecht stehenden Richtungen. Es zeigt sich dann, ob die Welle unrund (oval, elliptisch) ist, wenn man nicht zufallig zwei in bezug auf eine Querschnittshauptachse symmetrisch zueinander liegende Durchmesser mißt. Deshalb in mehreren gegeneinander versetzten Durchmessern messen. Mißt man an vielen mehr oder weniger dicht nebeneinanderliegenden Stellen, so kann man auch die Große örtlicher Abweichungen, auf einen mittleren Durchmesser bezogen, feststellen.

Das Gleichdick, s. Abschn. 165.1, kann mit Zweipunkt-Meßgeraten nicht als Abweichung von der Kreisform erkannt werden. Ein Dreipunkt-Meßgerat, die sog. Reiterlehre, s. Abb. 52–14, läßt diese Abweichung er-

Abb 52–14 Reiterlehre zum Messen von zylindrischen Teilen. Reiterwinkel 60° Einstellung nach Einstellbolzen.

kennen. Bei diesem Gerat liegen die beiden Schenkel fest an dem Prufling an, während der Meßpunkt von dem beweglichen Taster gebildet wird.

Eine andere Ausfuhrung des Dreipunkt-gerates kann dadurch gebildet werden, daß ein Dickenmesser mit einem Auflageprisma ausgerustet wird, das den Prufling aufnimmt, Bolzenmeßgerat s. Abb. 52–15.

Es muß darauf geachtet werden, daß die Achse des beweglichen Meßtasters in der Mittelebene des Prismas liegt. Ferner muß der Taster eine möglichst große Meßfläche haben; mit abgerundeten Meßspitzen können die Abweichungen eines Gleichdicks nicht einwandfrei erfaßt werden.

Diese Dreipunkt-Meßgerate können nach Einstellung mit einem Bolzen, dessen Maß bekannt ist, auch zur Messung des Durchmessers dienen.

Abb. 52–15. Dickenmesser mit Fuhlhebel und Prisma (Bolzen-Meßgerat) zum Messen von zylindrischen Teilen, insbesondere Prufung auf Gleichdick-Form Prismenwinkel 60°. Einstellung nach Einstellbolzen.

Die Dreipunkt-Meßgerate (Bolzen- und Reitermeßgerate, V-Nut-Auflage) mussen mit einem Normal von der Form des Pruflings eingestellt werden. Ein solches Normal wird seinerseits erst an Endmaße angeschlossen und ist demzufolge mit einem großeren Fehler als diese behaftet. Dadurch wird die Dreipunktmessung etwas unsicherer als die mit Zweipunktanlage. Ferner bestimmt man nicht Unterschiede der Durchmesser unmittelbar, sondern die der Höhen der von den Auflagepunkten gebildeten Dreiecke [2].

Zwischen dem Durchmesserunterschied δd und dem Meßbolzenweg s bestehen folgende Beziehungen:

V-Nut:

$$\delta d = \frac{2 \cdot s}{\dfrac{1}{\sin \alpha} + 1}$$

Reiter:

$$\delta d = \frac{2 \cdot s}{\dfrac{1}{\sin \alpha} - 1}$$

s in μ
α = halber Nuten- bzw. Reiterwinkel

und fur Innenmeßgeräte (in 1. Naherung):

$$\delta d = s \frac{\cos \alpha}{\cos^2 \alpha/2}, \qquad \text{die bei folgenden Winkeln besonders einfach}$$

werden:

α	2α	V-Nut $\delta d/s$	Reiter $d\delta/s$	Innenmeß-gerat $\delta d/s$
11° 32′ 13″	23° 4′ 26″	$^1/_3$	$^1/_2$	—
19° 28′ 16,7″	38° 56′ 33″	$^1/_2$	1	—
30°	60°	$^2/_3$	2	0,928
36° 52′ 12,5″	73° 44′ 25″	$^3/_4$	3	—
41° 48′ 37,5″	83° 37′ 15″	$^4/_5$	4	—
[45°	90°	0,828	4,828	0,828]
45° 35′ 5″	91° 10′ 10″	$^5/_6$	5	—
56° 26′ 36″	112° 53′ 12″	$^{10}/_{11}$	10	—
60°	120°	0,928	12,928	$^2/_3$
90°	180°	1 (Ebene)	∞	—

Schwache Ellipsenform wird bei Dreipunktanlage falsch und bei 60°-Nutwinkel und bei 120°-Spreizwinkel (des Innenmeßfußes) gar nicht angezeigt, wohl aber bei Reitergeräten. Dagegen läßt sich mit Dreipunkt-Meßgeräten das Vorhandensein eines Gleichdicks nachweisen, wobei aber der in der Praxis bevorzugte Nutenwinkel 60° keine Vorteile bietet. Also: Nutenwinkel 60° bzw. Spreizwinkel 120° vermeiden, gunstig sind spitze Winkel.

Die Skalen der Anzeigegerate sind in den meisten Fallen so ausgefuhrt, daß Umrechnen entfallt.

Die Abweichung von der Kreisform zylindrischer Wellen kann auch durch Rundlauf zwischen Spitzen gepruft werden. Voraussetzung hierzu ist, daß die Spitzenlagerung fehlerfrei ist (einwandfreie Zentriebohrungen). Bei dem Prufergebnis ist zu unterscheiden zwischen einem etwaigen Rundlauf- bzw. Stirnlauffehler, der wahrend einer Umdrehung der Welle ein Maximum und ein Minimum hat, und den örtlichen Fehlern, die unregelmäßig verteilt sind.

522.3 Geradheit der Mantellinien und zylindrische Form

Die Geradheit der Mantellinien einer zylindrischen Welle kann mit Hilfe einer ebenen Fläche geprüft werden. Durch Auflegen der Welle auf Lineal oder Tuschierplatte können krumme Mantellinien bis etwa $1\,\mu$ an den auftretenden Lichtspalten erkannt werden. Wird die Welle auf der Fläche abgerollt, so zeigen sich krumme Mantellinien durch Heben und Senken von Wellenteilen.

Eine mäßliche Bestimmung dieser Abweichungen kann mit Endmaßen vorgenommen werden, s. Abb. 52–16, oder Auflage auf zwei Prismen und Abtasten mit Fühlhebel. Etwaige Durchmesserunterschiede müssen hierbei berücksichtigt werden. Im allgemeinen verläßt man sich darauf, daß die Werkzeugmaschinen (Drehbank oder Rundschleifmaschine) keine krummen Wellen erzeugen, aber sie können durch Freiwerden von Spannungen (gezogenes Halbzeug) und beim Härten, Anlassen, Altern entstehen.

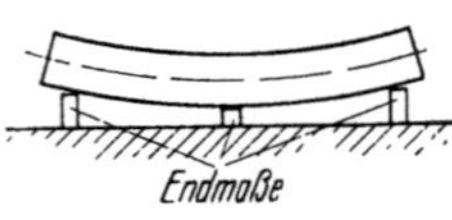

Abb. 52–16. Messen der Abweichung der Mantellinien von der Geraden mit Endmaßen. Krumme Welle

Die zylindrische Form einer Welle wird mäßlich festgelegt durch Bestimmen des Durchmessers und der Geradheit der Mantellinien an möglichst vielen Stellen. Mit einem Lehrring kann geprüft werden, ob eine Welle ihr Gutmaß nicht überschreitet; sämtliche Formabweichungen müssen dann innerhalb des durch die Bohrung des Lehrrings dargestellten Zylinders liegen. Durch eine Prüfung des Wellendurchmessers auf Ausschuß (Maßlehrung) wird anschließend das untere Grenzmaß der Welle überwacht.

Schrifttum

[1] Berndt: Bohrungsmessung mit Zwei- und Dreipunktgeräten. Instr.-Kde. Bd. 61 (1941) H. 1, S. 14.
[2] Berndt: Messung von Zylindern mit V-Nut und mit Reiter. Zeitschr. f. Instr.-Kde. Bd. 63 (1943) H. 1, S. 8.
[3] Sawin: Zylindrometer-Vorrichtung zum Ermitteln großer Durchmesser. Betr. u. Fert. 1 (1947) H. 1, S. 28.
[4] Schmidt: Meßgeräte für große Längen. Werkst.-Techn. u. Werks. Bd. 36 (1942) H. 13/14, S. 278.
[5] Schmidt: Über die genaue Messung großer Durchmesser. Masch.-Bau Bd. 7 (1928) H. 15, S. 720

523 Prüfung der Kugeln für Kugellager

Kugeln, welche als Rollkörper von Kugellagern verwendet werden sollen, werden auf Oberflächenfehler, Maßgenauigkeit und Formgenauigkeit geprüft.

Aus jeder Charge geschliffener und polierter Kugeln werden Stichproben, ≈ 10 Stück, entnommen. Diese werden entfettet und ihre Oberfläche mit Mikroskop (40fach) geprüft. Nur in besonderen Fällen wird das Verfahren nach Schmaltz angewendet, s. Abschn. 282.11 C. Die gleichen Kugeln werden dann auf Rundheit kontrolliert. Zu diesem Zweck wird die Kugel in eine Stutze des Meßgerates (Skalenwert $S = 0{,}2\,\mu$) gelegt. Damit die Kugel immer an der hinteren Flache liegt, ist das ganze System leicht nach ruckwarts geneigt, s. Abb. 52–17. Der Taststift wird auf einen größten Kugelkreis eingestellt, und die Kugel nach vielen Richtungen gedreht. Kugeln bis 25 mm Durchmesser durfen dabei keine größere Durchmesserschwankung als $1\,\mu$ aufweisen. Kugeln der Klasse *I* bis 5,5 mm haben eine zulassige Durchmesserschwankung von etwa $0{,}25\,\mu$.

Da die Erfahrung gelehrt hat, daß alle Kugeln einer Charge keine größere Durchmesserschwankung aufweisen als die der Stichprobe, kann man sich mit dieser Prufung begnugen. Werden größere Fehler festgestellt, dann wird die ganze Charge nachbearbeitet und abermals eine kleine Menge gepruft. Eine Kugel kann unrund, aber gleichdick sein., s. I. Kirner, „Vom Gleichdick"; Werkstattechn. 1933, H. 13.

Nachdem durch Augenprufung unter einer beleuchteten Mattscheibe Kugeln mit Hiebmarken, Rostnarben od. dgl. ausgeschieden wurden, folgt das selbsttatige Sortieren in Durchmessergruppen mit $2\cdots 7\,\mu$ Toleranz je nach Kugelgröße fur die Klasse *III*. Aus einem Sammelbehalter rollen die

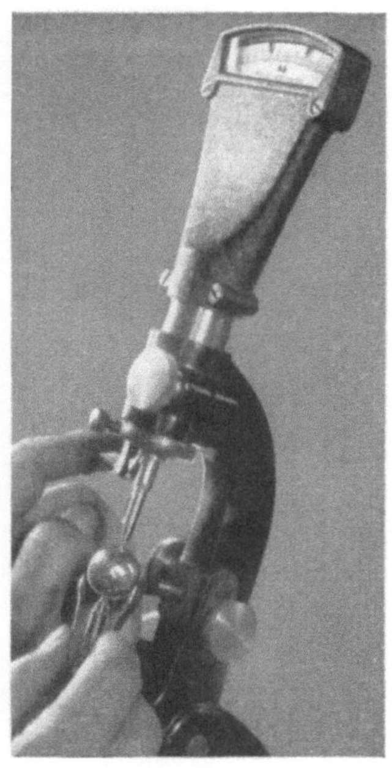

Abb. 52–17.
Prufen von Kugeln auf Rundheit.

Kugeln einzeln auf eine etwas geneigte Rinne, welche aus zwei Linealen besteht, s. Abb. 52–18. Die Linealkanten liegen in der Neigungsebene etwas unparallel zueinander, so daß der verbleibende Spalt sich gleichmäßig erweitert. Die in der Rinne herabrollenden Kugeln fallen durch den Spalt, sobald sie den Punkt erreicht haben, wo der Kantenabstand gleich dem Istmaß der Kugel ist. Unter der Rinne sind verschiedene Kasten angebracht entsprechend den Gruppen, die man zu erhalten wunscht, s. Abschn. 163.7.

Diese einfachen Verfahren verburgen praktisch fehlerlose Kugeln mit hoher Genauigkeit in bezug auf Maß und Form. Eine solche Beschaffenheit der Kugeln ist erforderlich, wenn moglichst geringe Streuung der Lebensdauer und gerauscharmer Lauf des Walzlagers erzielt werden sollen.

In der Tabelle 52–1 sind die Werte fur die Maß- und Formgenauigkeit der Kugeln aufgefuhrt.

Abb. 52–18. Sortieren von Kugeln.

Tabelle 52—1. **Maß- und Formgenauigkeit von Kugeln**

Klassen	über	bis	Grenzabmaße in den Durchm.-Gruppen μ	Toleranz der Sorten jed. Durchmess.-Gr. μ	Mittleres Abmaß der Sorten in μ											Zul. Durchm-schwankung μ[1]
I		5,5	± 10,25	0,5	bis − 10	− 2	− 1,5	− 1	− 05	0	+ 0,5	+ 1	+ 1,5	+ 2	bis + 10	0,25
II		25	± 11	2	− 10	− 8	− 6	− 4	− 2	0	+ 2	+ 4	+ 6	+ 8	+ 10	0,5
III		25	± 11	2	− 10	− 8	− 6	− 4	− 2	0	+ 2	+ 4	+ 6	+ 8	+ 10	1
	25	50	± 13,5	3		− 12	− 9	− 6	− 3	0	+ 3	+ 6	+ 9	+ 12		1,5
	50	75	± 14	4			− 12	− 8	− 4	0	+ 4	+ 8	+ 12			2
	75	100	± 17,5	5			− 15	− 10	− 5	0	+ 5	+ 10	+ 15			2,5
	100	125	± 21	6			− 18	− 12	− 6	0	+ 6	+ 12	+ 18			3
	125	150	± 24,5	7			− 21	− 14	− 7	0	+ 7	+ 14	+ 21			3,5
IV		10	± 14	4			− 12	− 8	− 4	0	+ 4	+ 8	+ 12			2
V		25	± 75	50					− 50	0	+ 50					25
	25	50	± 113	75					− 75	0	+ 75					38
	50	75	± 150	100					− 100	0	+ 100					50
	75	100	± 188	125					− 125	0	+ 125					63
	100	125	± 225	150					− 150	0	+ 150					75
	125	150	± 263	175					− 175	0	+ 175					88
VI			± 200	400												

$1\ \mu = 0{,}001$ mm. Alle Werte gelten fur Kugeln aus Walzlagerstahl mit der Harte $HRc = 63 \pm 3$

Fur Kugeln aus ungehartetem, chromlegiertem Stahl — 5fache
     aus ungehartetem, nichtrostendem Stahl — 5fache } Werte der Klasse III nach den Spalten
     aus gehartetem, nichtrostendem Stahl — 2fache } 3, 4 und 6
     aus Bronze und Messing — 10fache

Bezeichnung einer Kugel von 5 mm Durchmesser der Klasse III   Kugel 5 mm III

[1] Diese Werte gelten bei Dreipunktmessung, bei Zweipunktmessung sind nur die halben Werte zulassig. Die Werte der Tab. 52–1 stimmen uberein mit DIN 5401.

53 Winkel und Kegel

531 Zueinander geneigte Ebenen

531.1 Innenteil, Keil

Ein Keilinnenteil ist ein Körper, an dem zwei ebene Außenflächen gegeneinander geneigt sind, Abb. 53-1. Abmessungen sind gegeben durch:

Neigungsverhältnis der Keilflächen zueinander 1 : k, wobei $k = \dfrac{1}{2\,\mathrm{tg}\,\alpha/2}$; oder durch den Winkel α, den sie einschließen.

Abstand der Keilflächen an einer bestimmten Stelle, die beim symmetrischen Keil oft in einer Stirnebene angegeben wird (A_1, A_2), oder in einem Abstand (H_1) von einer solchen (A), vgl. Abschn. 167.

Der Winkel β oder die Teilwinkel β_1, β_2, den die Keilflächen mit einer Stirnfläche bilden, kann mit dem Universalwinkelmesser gemessen werden, s. Abschn. 237 u. 246. Das *Sinuslineal*, Abb. 53-2, kann mit Endmaßen auf

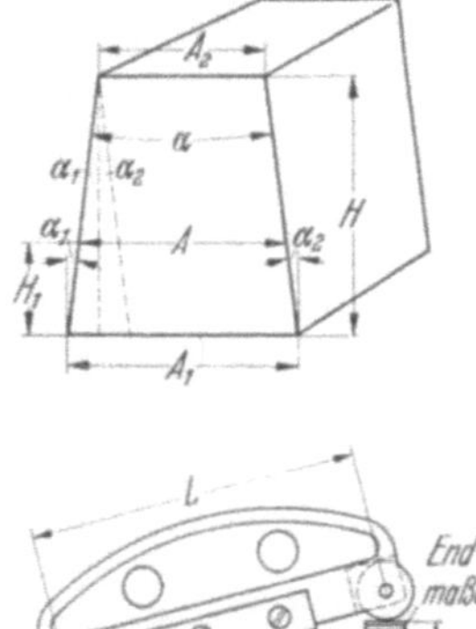

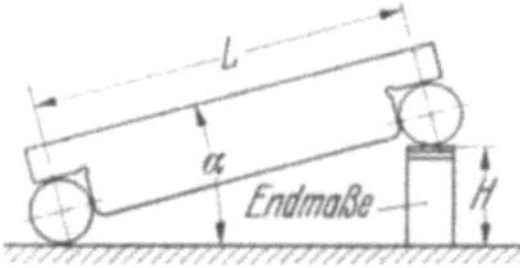

Abb. 53-1 (links). Doppelseitiger Keil. α = Keilwinkel.

α_1, α_2 $\left(\text{hier} = \dfrac{\alpha}{2}\right)$ = Flächenneigungswinkel. H = Gesamthöhe. H_1 = Höhe zu A. A, A_1, A_2 = Dickenmaße.

Abb. 53-2 (oben rechts). Sinus-Lineal. $\sin \alpha = \dfrac{H}{L}$.

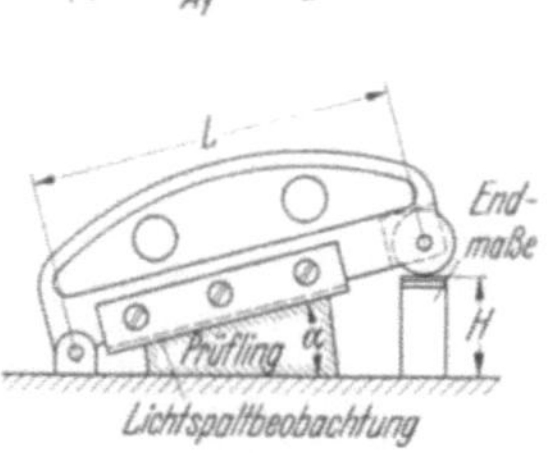

Abb. 53-3. Sinuslineal mit Messerkante zur Lichtspaltbeobachtung.

jeden Winkel zwischen $0°$ und $\approx 60°$ eingestellt werden. Es besteht aus zwei Meßrollen von gleichem Durchmesser, die an einem parallelen Lineal in bestimmtem Abstand L befestigt sind.

Beispiel. Gegeben $L = 200$, $\alpha = 26° 11'$. Gesucht H. Lösung: Nach der gegebenen Formel ist $H = L \cdot \sin \alpha = 200 \cdot 0{,}441245 = 88{,}2490$ mm.

Meßunsicherheit $\geqq 1'' \approx 1\,\mu$ auf 200 mm; abhängig von der Ungenauigkeit von L, Durchmesser- und Formfehler der Meßrollen, ungleiche Dicke der Anlageschnabel für die Rollen, Fehler der Endmaße und der Auflagefläche.

Für Keilinnenteile kann man ein Sinuslineal mit schneidenförmiger Meßkante benutzen (Abb. 53-3) und mit Lichtspalt beobachten. Das Lineal wird so lange verstellt, bis zwischen Meßkante und Prüfling kein Lichtspalt mehr zu erkennen ist; dann wird der Höhenunterschied H mit Endmaßen ausgemessen und α errechnet aus $\sin\alpha = H/L$.

Setzt man ein Sinuslineal gewöhnlicher Bauart nach Abb. 53-4 neben den Prüfling und vergleicht mit Haarlineal, so können wegen der verhältnismäßig schmalen Flächen Meßfehler auftreten. Nicht zu schwere Stücke legt man nach Abb. 53-5 auf das Sinuslineal und tastet mit Fühlhebel ab.

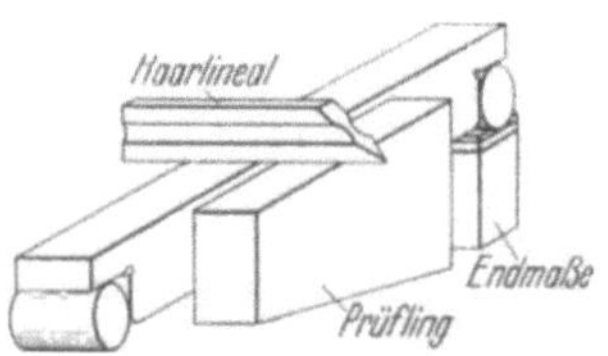

Abb. 53-4. Winkelprüfung mittels Sinuslineal und Haarlineal.

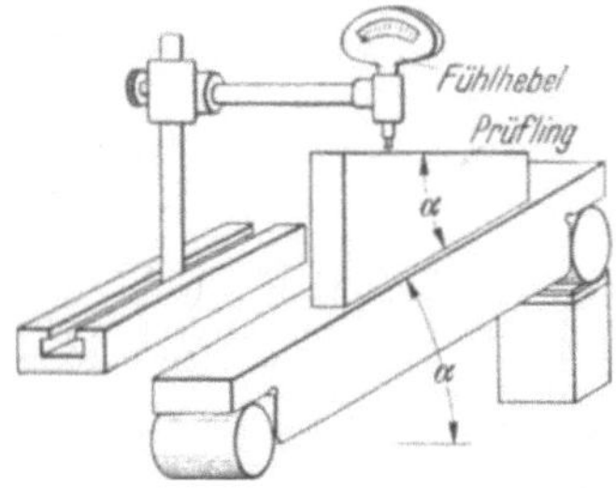

Abb. 53-5. Winkelprüfung mittels Sinuslineal und Fühlhebelgerät.

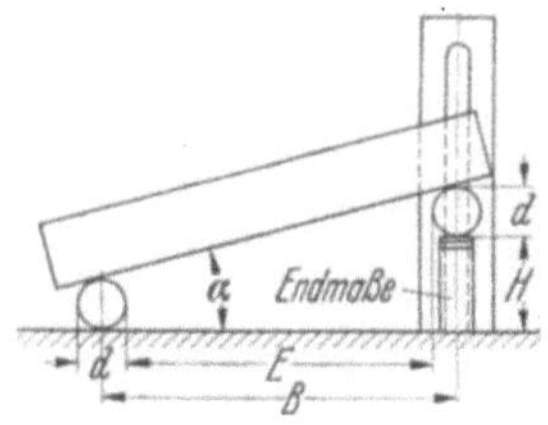

Abb. 53-6. Tangenslineal. B ist unveränderlich. $\mathrm{tg}\,\alpha = \dfrac{H}{B}$.

Das *Tangenslineal*, Abb. 53-6 ist weniger vielseitig anwendbar und ungenauer als das Sinuslineal. Der Abstand der Rollen $B = E + d$ wird durch Endmaße festgelegt.

Beispiel. Gegeben $\alpha = 30°$. Gesucht B und D. Lösung: Gewählt $B = 200$; $D = 200 \cdot \mathrm{tg}\,30° = 200 \cdot 0{,}577350 = 115{,}470\ \text{mm}$.

Ist nicht der Winkel α, sondern das Neigungsverhältnis $1 : k$ gegeben, so kann man den Keilwinkel α berechnen:

$$\mathrm{tg}\,\frac{\alpha}{2} = \frac{1}{2k}.$$ Nur bei kleinem α darf man setzen $\mathrm{tg}\,\alpha \approx \dfrac{1}{k}$.

Ohne Umrechnen bestimmt man die Neigung, indem man die Dicken A_1 und A_2 in verschiedenen Abständen e_1 und e_2 von einer Stirnfläche mißt, Abb. 53-7.

Meßzeuge mit parallelen Meßflächen (Schieblehre, Meßschraube) sind dazu nicht geeignet, weil diese nur an der undefinierten Kante berühren. Als Zwischenglieder dienen zylindrische Meßdorne

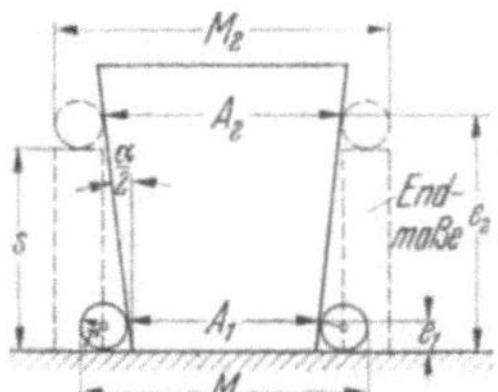

Abb. 53-7. Messen eines doppelseitigen Keiles mit Meßdornen und Endmaßen.

oder -rollen Meßgerate mit kugeligen Tastflachen sind nur geeignet. wenn der Krummungshalbmesser der Kugeln genau bestimmt und die Abweichung von der Kugelform bekannt ist. außerdem muß die Hohe s der Kugeln festgelegt werden konnen

Das *Neigungsverhaltnis* $1/k$ ergibt sich beim Messen nach Abb. 53-7 zu $\dfrac{1}{k} = \dfrac{M_2 - M_1}{s}$, daraus berechnet man α nach obiger Formel. Fur die *Keildicken* A_1, A_2 gilt

$$A = M - 2r\,(1 + \cos \alpha/2).$$

Die zugehorigen Abstande c_1, c_2 von der Stirnflache sind.

$$c = s + r\,(1 + \sin \alpha/2).$$

(Fur A_1 ist hier $s = 0$.) Außerdem ist

$$A_2 - A_1 = M_2 - M_1.$$

Haben die Keilflachen verschiedene Neigungen α_1, α_2 zur Auflage-Stirnflache (unsymmetrischer Keil), so mussen diese gesondert bestimmt (Winkelmesser) und in die Rechnung eingesetzt werden Zweckmaßig dient die Stirnflache am *dunnen* Ende als Bezugsflache, weil dann die Meßdorne durch die Meßkraft an Endmaß und Pruflingsflache angedruckt werden Im andern Fall haben sie das Bestreben, sich von den Endmaßen abzuheben; man muß dann auf einwandfreie Anlage besonders achten Die Maße M konnen mit Meßschraube gemessen werden, die gegen Endmaße verglichen wird, oder mit Endmaßen mit Meßschnabeln

Zur Reihenprufung von Keilen kann man Blechlehren nach Abb. 53-8 benutzen. Das in der Dicke tolerierte Werkstuck muß innerhalb der Markenstriche liegen. Um die Toleranz fur den Keilwinkel zu prufen, fertigt man zwei solcher Lehren an, deren eine das Kleinstmaß, die andere das Größtmaß des Winkels hat.

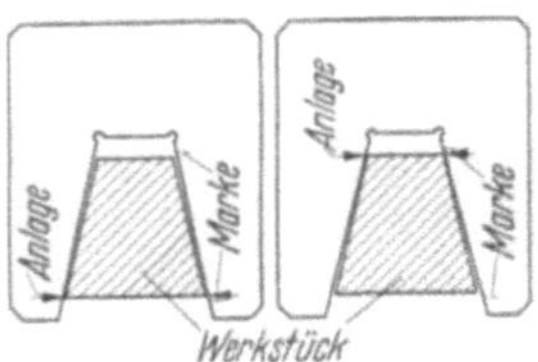

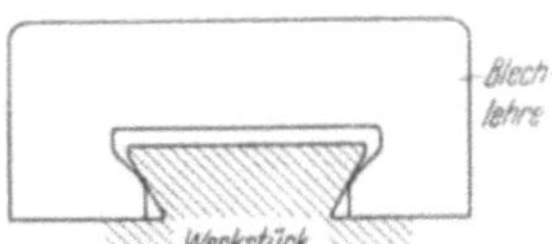

Abb 53-8 Blechlehre zum Pruten eines Keils.

Abb. 53-9. Ausschußlehre fur Schwalbenschwanz-Innenteil.

531.2 Innenteil, Schwalbenschwanz

werden entsprechend Abb. 53-7 gemessen, wobei diejenige Stirnflache als Bezugsflache benutzt werden muß, an der das Gegenstuck anliegt, also die obere *oder* die untere. (Die andere Stirnflache muß Spiel haben.) *Gelehrt* wird gutseitig mit einer Paarungslehre, die zur Berucksichtigung der Krummheit der Schwalbenschwanzfuhrung so lang ist, wie die Paßfuge zwischen den Werkstucken. Die Ausschußlehre beruhrt nur in der Mitte der Flanke auf einem kurzen Stuck, Abb. 53-9. Dabei ist die Flankenwinkeltoleranz geometrisch durch den Keilwinkel und das Verhaltnis Dickentoleranz : Schwalbenschwanzhöhe bestimmt. Soll der Winkelfehler nur halb so groß zugelassen werden, so benutzt man zwei Ausschußlehren, die je an einem Ende der Flanke auf einem kurzen Stuck beruhren [4].

531.3 Außenteil, offenes V

Ist nach Werkstattzeichnung die innere Stirnfläche, die untere in Abb. 53–10, die Bezugsfläche, so kann das Dickenmaß A_1 mit Meßdornen und Endmaßen gemessen werden. Es ergibt sich zu:

$$A_1 = M_1 + 2r\,(1 + \cos\alpha/2)$$

$$h_1 = r\,(1 - \sin\alpha/2).$$

Zum Messen von A_2 in der Höhe h_2 benutzt man die Anordnung nach Abb. 53–10.

$$B = \frac{h_2 - h_1}{\cos\alpha/2} - 2r, \quad \text{daraus} \quad h_2 = (B + 2r)\cos\alpha/2 + h_1$$

$$= (B + 2r)\cos\alpha/2 + r\,(1 - \sin\alpha/2)$$

$$A_2 = M_2 + 2r\,(1 + \cos\alpha/2)$$

$$\frac{1}{k} = \frac{M_2 - M_1}{h_2 - h_1}.$$

Steht eine der Keilflächen senkrecht zur Stirnfläche, so legt man die Endmaße unmittelbar, ohne Meßdorn, an diese und es wird.

$$A_1 = M_1 + r\,(1 + \cos\alpha/2) \quad (h_1 \text{ wie oben, } A_2, h_2 \text{ entsprechend}).$$

Ist die äußere (obere) Stirnfläche die Bezugsfläche, so legt man das Werkstück umgekehrt auf sie und mißt wie bei der Schwalbenschwanznut, s. Abschn. 531.4.

Lehren werden sinnentsprechend nach Abschn. 531.1 ausgeführt.

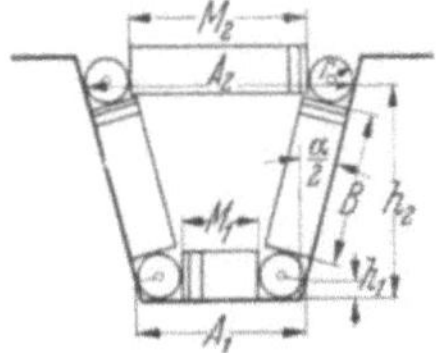

Abb. 53–10. Messen eines offenen Keils mit Meßdornen und Endmaßen.

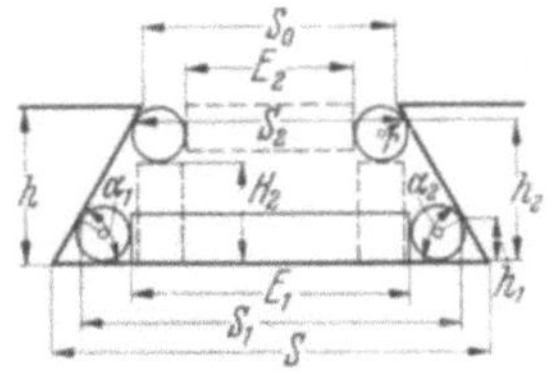

Abb. 53–11. Messen einer Schwalbenschwanzform mit Meßdornen und Endmaßen.

531.4 Außenteil, Schwalbenschwanznut

Messen. Die Winkel α_1, α_2 werden mit dem Universalwinkelmesser (Abschn. 237 u. 246) gemessen, genauer mit Winkelendmaßen. Ist $\alpha_1 \neq \alpha_2$, so wird $S = E_1 + r\,(2 + \operatorname{ctg}\alpha_1/2 + \operatorname{ctg}\alpha_2/2)$, Abb. 53–11.

Für $\alpha_1 = \alpha_2 = \alpha$ ist

$$S = E_1 + 2r\,(1 + \operatorname{ctg}\alpha/2).$$

Für die Maße S_1, S_2 in den Höhen h_1, h_2 gilt:

$$H_n = h_n - r\,(1 + \sin\alpha) \quad (H_1 = 0)$$

$$S_n = E_n + 2r\,(1 + \cos\alpha).$$

Ist S_0 Zeichnungsmaß, so mißt man zweckmäßig wie vorstehend, außerdem h mit Tiefenmesser (Abschn. 232) und rechnet von S auf S_0 um:

$$S_0 = S - h\,(\mathrm{tg}\,\alpha_1 + \mathrm{tg}\,\alpha_2).$$

Lehrung. Für Reihenprüfung benutzt man Lehren nach Abb. 53–12. Die Gutlehre a stellt sicher, daß das Gegenstück sich in die Schwalbenschwanznut einführen läßt (Paarungslehrung), sie ist so lang (L) wie die Paßfuge der Werkstücke. Die Ausschußlehre b dient für den Fall, daß S_0 (engste Stelle) Bezugsmaß ist, d wenn S Bezugsmaß. Beide berühren nur in der Mitte der Flanke. Wie bei der Schwalbenschwanzleiste sind dabei Dicken- und Winkeltoleranz voneinander abhängig. Wünscht man eine kleinere Winkeltoleranz, so kann man zwei Ausschußlehren anwenden, entsprechend wie in Abschn. 531.1 ausgeführt. Die Grenzlehren c und e dienen zum gesonderten Prüfen des Winkels mit Lichtspalt, für S_0 bzw. S als Bezugsmaß. Mit der Grenzlehre f wird die Tiefe der Schwalbenschwanznut gesondert geprüft.

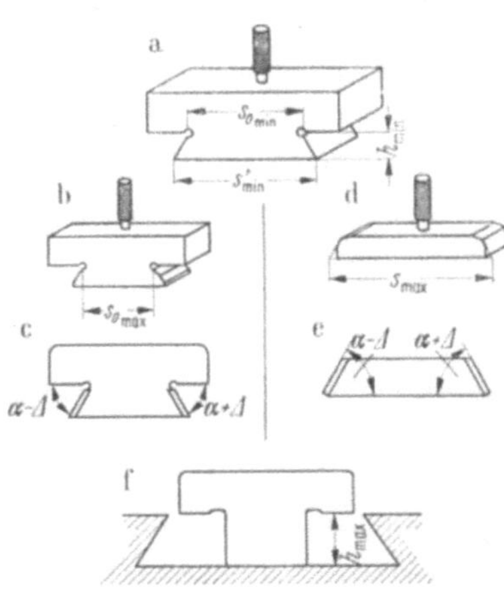

Abb. 53–12. Grenzlehren zum Prüfen einer Schwalbenschwanzform.

a Gutlehre

b Ausschußlehre }
c Winkellehre } Bezugsfläche außen

d Ausschußlehre }
e Winkellehre } Bezugsfläche innen
f Tiefenlehre }

531.5 Fehler beim Winkelmessen

Der Winkel, den zwei Ebenen miteinander einschließen, wird richtig gemessen, wenn man auf der Geraden, in der sich die beiden Ebenen schneiden, in jeder Ebene eine *Senkrechte* errichtet. Die beiden Senkrechten schließen dann den gesuchten Winkel miteinander ein. Nach dieser Definition ergibt sich ein Meßfehler durch Abweichen von der *senkrechten* Lage zur Schnittgeraden. Wird also ein Keilwinkel mit dem Universalwinkelmesser gemessen und diese Bedingung nicht eingehalten, so ergeben sich Meßfehler nach Abb. 53-13. Der Fehler ist positiv oder negativ je nach Größe des zu

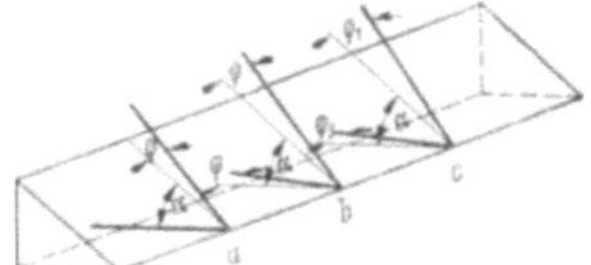

Abb 53–13. Meßfehler beim Winkelmessen infolge nicht senkrechter Lage der Meßschenkel zur Scheitelkante $\widehat{\Delta\alpha}$ = Fehler des Meßergebnisses, Winkel im Bogenmaß

Fall a. Nur *ein* Schenkel um $\widehat{\varphi}$ gekippt

$$\widehat{\Delta\alpha} \approx \mathrm{ctg}\,\alpha \cdot \frac{\widehat{\varphi}^{\,2}}{2}.$$

Fall b *Beide* Schenkel um den gleichen Winkel φ gekippt

$$\widehat{\Delta\alpha} \approx -2\ \frac{\sin^2\frac{2\alpha}{2}}{\sin\alpha}\ \widehat{\varphi^2} = -\frac{\cos\alpha - 1}{\sin\alpha}\ \widehat{\varphi^2}.$$

Fall c: *Beide* Schenkel um *verschiedene* Winkel φ_1 und φ_2 gekippt

$$\widehat{\Delta\alpha} \approx \frac{\operatorname{ctg}\alpha}{2}\left(\widehat{\varphi_1^2} + \widehat{\varphi_2^2}\right) - \frac{\widehat{\varphi_1}\,\widehat{\varphi_2}}{\sin\alpha}.$$

Diese Näherungsformeln gelten *nicht* für $\alpha \approx 0°$, $180°$, $360°$. Für diese Fälle gilt die allgemeine Formel (aus der die vorstehenden abgeleitet sind:

$$\widehat{\Delta\alpha} \approx -\operatorname{tg}\alpha + \sqrt{\operatorname{tg}^2\alpha + \widehat{\varphi_1^2} + \widehat{\varphi_2^2} - 2\frac{\widehat{\varphi_1}\,\widehat{\varphi_2}}{\cos\alpha}}.$$

Zahlenbeispiele.

Zu messender Winkel $\alpha°$	Meßfehler $\Delta\alpha$		
	im Fall a für $\varphi = 0,05 = 2° 52'$	im Fall b	im Fall c für $\varphi_1 = +0,05$ $\varphi_2 = -0,05$
15	$+ 2° 6'$	$- 1,1'$	$+ 1° 5'$
30	$+ 1° 14'$	$- 2,3'$	$+ 32'$
45	$+ 4,3'$	$- 3,6'$	$+ 21'$
90	0	$- 8,6'$	$+ 9'$
135	$- 4,3'$	$- 20,7'$	$+ 3,6'$

messenden Winkels α und nach der Art des fehlerhaften Anlegens. Das Zahlenbeispiel zeigt, daß er unter Umständen recht beachtlich werden kann.

532 Kegel

Grundlagen s. Abschn. 167.

532.1 Kegeldorn

Messen. Wie Keilinnenteil mit Universalwinkelmesser, Sinus- und Tangenslineal, Endmaßen und Meßrollen nach Abschn. 531.1. Außerdem auf dem Universalmeßmikroskop (Abschn. 243) mit Meßschneiden. Dabei kann man den kleinsten oder größten Kegeldurchmesser ohne Umrechnen unmittelbar messen. Der Kegeldorn kann auf dem UMM gemessen werden, weil wegen der Krümmung der Lichtspalt zwischen Schneide und Kegel einwandfrei beobachtet werden kann, beim Keil jedoch nicht. Auch der Profilmeßstand von Leitz-Strasmann eignet sich hierzu.

Das Kegelmeßgerät von Reinecker, Hersteller jetzt Richard Knauthe, Limbach/Sa., hat Meßstücke, deren Meßfläche durch den Drehpunkt geht und die sich nach der Mantellinie des Kegels frei einstellen, ohne den Abstand in der Meßachse zu verändern, Abb. 53–14. Der Abstand der Meßstücke und die Anzeige am Fühlhebel können deshalb mit Endmaßen eingestellt werden.

Lehrung. Meist noch Normallehren, s. Abschn 164.1 und DIN 229, 230, 234, 235, 324, 325 Man beobachtet, wie weit Lehre über Prüfling schiebbar. Toleranzgrenzen durch zwei Markenstriche oder Stufe, s Abb 53–15a. Das Werkstück wird als toleranzhaltig angesehen, wenn Kegelanfang oder -ende oder eine andere Körperkante innerhalb der Striche oder Stufe liegt. Dies Verfahren entspricht nur auf der Gutseite dem Taylorschen Satz, s. Abschn. 165.12; α und Kleinstmaße von D, d, L werden nicht einwandfrei geprüft. Prüfung von α durch Anreiben oder Beobachten des Wackelns des Prüflings in der Lehre läßt nur qualitativen Schluß zu, verführt zu übertriebener Genauigkeit oder zeitigt zu große Winkelfehler.

Anreiben. Mit Fettstift oder Bleistift dünnen Strich auf dem Prüfling ziehen, Lehre auf dem Zapfen drehen und beobachten, wo der Strich weggewischt wird; dort „trägt" die Fläche.

Lehrhülsen, die aufgeschlitzt sind, um die Anlage zwischen Lehre und Prüfling zu beobachten, verziehen sich leicht; außerdem kann kein Lichtspalt beobachtet werden, Verfahren folglich meist zu ungenau.

Die *Kegelflachlehre*, Abb. 53–16, prüft nur in einer Langsschnittebene, deshalb

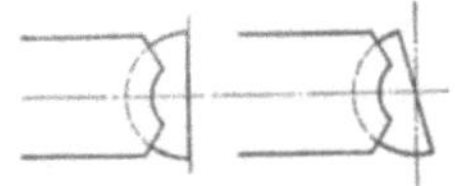

Abb. 53–14 b

Abb. 53–14. a) Universal-Feinmeßgerät, bes. für Außenkegel-Messungen; b) Anordnung der drehbaren Meßstücke zur Kegelmessung.

Abb. 53-14 a

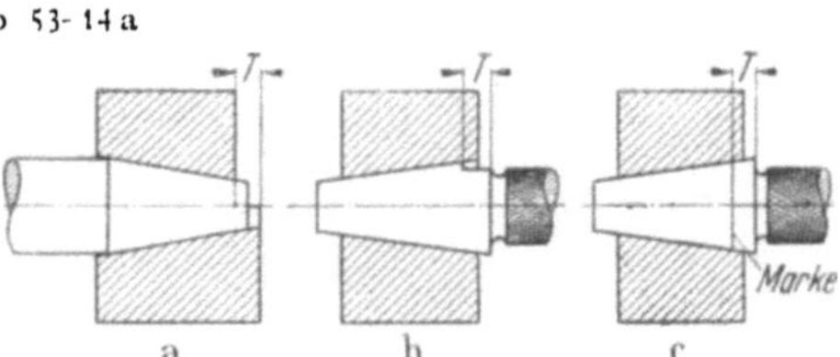

Abb. 53–15. Kegellehren; a) Lehrhülse mit Toleranzstufe, b) Lehrdorn mit Toleranzstufe, c) Lehrdorn mit Strichmarke und Kante. T = Toleranz in Achsenrichtung.

muß sie in mehreren Ebenen angelegt werden; der Winkel und die Geradheit der Mantellinie können qualitativ beurteilt werden.

Prüfung nach dem Taylorschen Grundsatz (die Abbildungen zeigen auch die Lehren für Kegelbohrungen)·

Gutseite. Paarungsmöglichkeit und Kegellänge gleichzeitig prüfen. Dazu drei Marken oder Kanten an der Lehre, s. Abb. 53–17.

Abb 53–16. Kegelflachlehre, bestehend aus zwei Linealen, die im Kegelwinkel zueinander auf den Lehrenkörper geschraubt sind und Markenstriche tragen Lehrenkörper durchbrochen, um Lichtspalt beobachten zu können.

Ausschußseite. Großen Durchmesser D der Hulse mit kurzem Kegellehrdorn oder besser Flachlehrdorn mit wenig größerer Neigung unmittelbar
an der Stirnflache prufen; großen Durchmesser D des Dornes mit Kegel-
lehrhulse von wenig kleinerer Neigung, s. Abb. 53-18.

Einfluß der Kantenrundung in beiden Fallen vernachlassigbar, wenn Neigung nur
wenig von der des Pruflings verschieden.

Kegelwinkel gesondert prufen oder Durchmesserunterschied bei gegebenem Abstand oder Abstand bei gegebenem Durchmesserunterschied.

Kegelwinkelprufung mit Grenzwinkelflachlehren nach Abb. 53-19 oder
mit Schmiege mit Toleranzmarken nach Abb. 53-20.

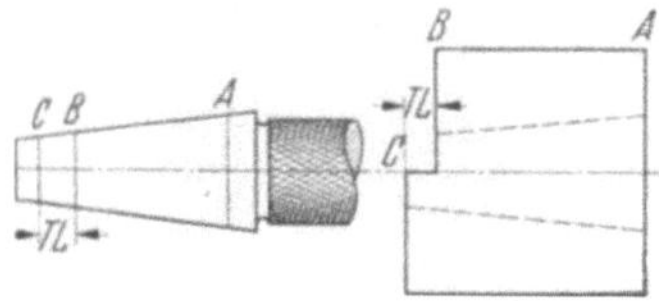

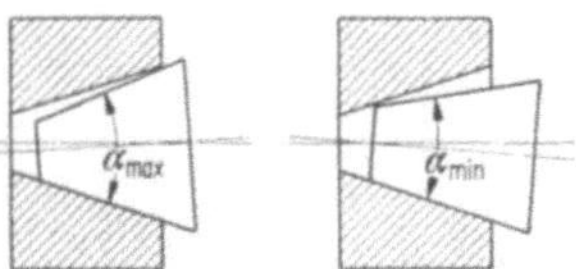

Abb. 53-17. Kegellehren zum Prufen
der Gutseite (Paarung) und der Länge

Abb. 53-19. Prufen des Winkels
eines Innenkegels mit Grenzwinkelflachlehren.

A = Marke oder Kante fur Kleinstmaß
von D der Hulse bzw. Großtmaß
von D des Dorres; Marke A darf
nicht verschwinden, Werkstuckkante darf nicht gegenuber der
Fläche A in der Lehrenbohrung
verschwinden;

B und C = Marken fur Langentoleranz
T_L; Werkstuckkante muß zwischen den Marken liegen.

T_L ist richtig bezogen, namlich auf den
Paarungsdurchmesser.

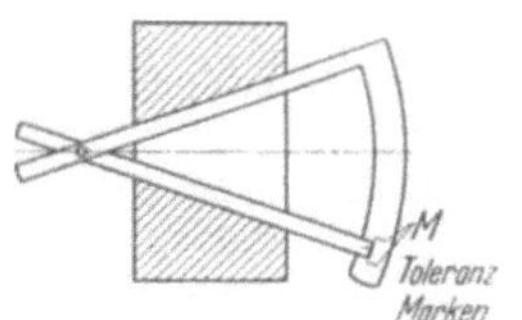

Abb. 53-20. Kontrolle des Winkels
eines Innenkegels mit Schmiege.

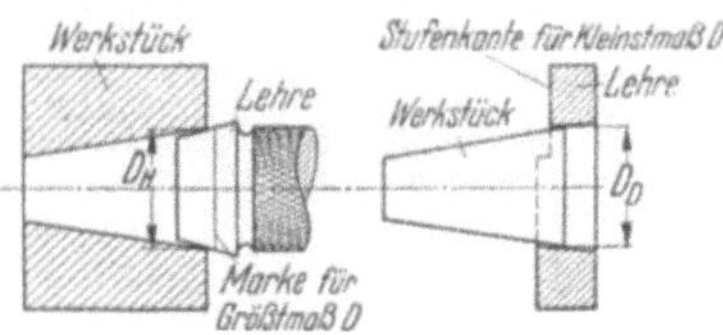

Abb. 53-18. Prufen der Ausschußseite
des großen Durchmessers D.

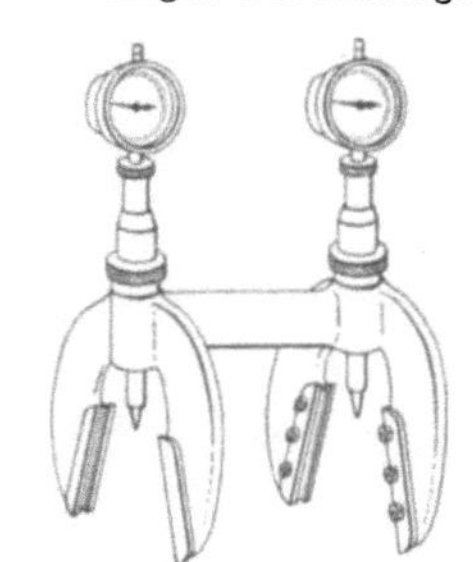

Abb. 53-21. Doppelreitergerat zum Prufen des
Winkels eines Außenkegels.

Bei der Werkstuckhulse kann der Lichtspalt nicht beobachtet werden, Beurteilung
nur durch Wackeln. Schmiege nur fur grobe Winkeltoleranzen.

Durchmesserunterschied bei gegebenem Abstand wird bei Hulsen mit
zwei Innenfuhlhebeln gepruft, die verschieden tief eintauchen; das Meßgerat wird mit Quersteg auf die Stirnflache gesetzt. Bei Dornen Doppelreitergerat, nach Abb. 53-21, das nach Kegellehrdorn eingestellt wird.

Den Abstand bei gegebenem Durchmesserunterschied kann man nach Abb. 53-22 prüfen. Entsprechendes Gerät für Dorn ist schwierig zu fertigen.

Abb 53-22. Prüfen des Winkels eines Innenkegels durch Bestimmung des Abstandes zweier abgerundeter Meßscheiben

532.2 Kegelhülse

Messen. Mit zwei Kugeln nach Abb. 53-23. Beim Messen von t_1 und t_2 darf nur geringe Meßkraft angewendet werden, um große Abplattung der

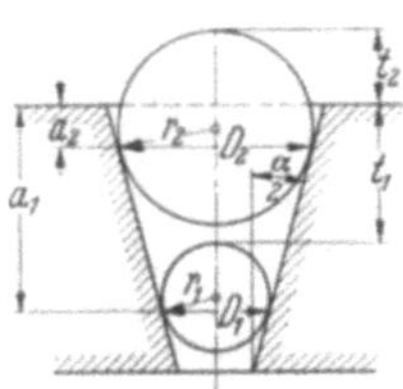

Abb. 53-23. Messen einer Kegelhülse mit zwei Kugeln. t_1 und t_2 werden gemessen a) mit Endmaßen und Haarlineal, b) mit Tiefenmeßschraube (wenn große Kugel vorsteht, wie in der Abb, Endmaße mit zu Hilfe nehmen), c) mit Tiefenfühlhebel

$$a_1 = t_1 + r_1 \left(1 + \sin \frac{\alpha}{2} \right)$$

$$a_2 = r_2 \left(1 + \sin \frac{\alpha}{2} \right) - t_2$$

$$D_1 = 2r_1 \cdot \cos \frac{\alpha}{2} \qquad D_2 = 2r_2 \cdot \cos \frac{\alpha}{2}$$

$$\sin \frac{\alpha}{2} = \frac{r_2 - r_1}{t_1 + t_2 + r_1 - r_2} .$$

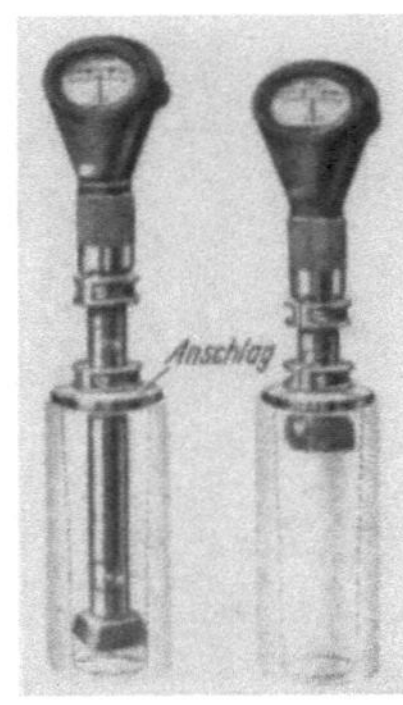

Abb 53-24. Messen einer Kegelhülse mit Innenmeßgeräten mit Anschlagflanschen. Der Prüfling wird in verschiedener Tiefe gegen ein Normal verglichen, das eine *kegelige* Lehrhülse sein muß, um gleiche Anlage der Meßbolzen wie beim Prüfling zu haben. Meßflächen müssen genügend gewölbt sein, damit sie nicht an den Kanten anliegen.

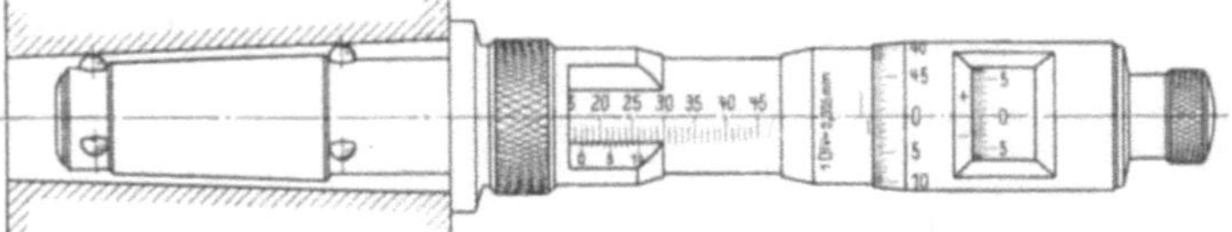

Abb 53-25 Meßgerät für Morsekegel-Hülsen (Tesa, Lausanne). Vergleich gegen Einstellehre (Normal). Die linke Strichteilung dient zur Einstellung des Meßbolzenabstandes von der Stirnfläche. Der Kegeldurchmesser wird wie an einer Meßschraube abgelesen. die Abweichung des Kegelwinkels in 5/1000 bezogen auf 40 mm Kegellänge an der Fenstertrommel

Kugeln zu vermeiden und dadurch die Kugeln nicht tiefer hineinzudrücken. Für D_1 und D_2 Istwerte einsetzen; Fehlereinfluß bei schlankem Kegel sehr groß.

Scharfkantige Scheiben an Stelle der Kugeln ergeben große Meßunsicherheit, weil die Kanten nicht scharf bleiben und die durch Abnutzung auftretende Rundung meßtechnisch schwer erfaßbar ist. Besser sind kurze Kegeldorne, die aber schwierig gleichachsig zum Prufling auszurichten sind.

Messen mit Innenmeßgeräten nach Abb. 53–24 u. 53–25.

Lehrung. Sinngemäß wie beim Kegeldorn, s. Abschn. 532.1; die Abb. 53–15, 53–17···53–20, 53–22 zeigen auch geeignete Lehren für Kegelhülsen.

532.3 Herstelltoleranzen der Arbeitslehren

Für Werkzeugkegel-Arbeitslehren werden folgende Herstelltoleranzen empfohlen:

| | für Kegelhulse | | für Kegeldorn |
	Arbeitslehrdorn	Arbeitsflachlehre	Arbeitslehrhulse
Verjungung V	$\pm\left(5 + \dfrac{L}{10}\right)$	$\pm\left(5 + \dfrac{L}{10}\right)$	$\pm\left(7 + \dfrac{L}{7}\right)$
Durchmesser D	$\pm\left(7 + \dfrac{D}{10}\right)$	$\pm\left(7 + \dfrac{D}{10}\right)$	$\pm\left(10 + \dfrac{D}{7}\right)$
Längen l_1, l_2, l_3, l_4, l_5	$+(300 + l)$	$-(300 + l)$	$-(300 + l)$
Lappen, Abstand der Mitnehmerfläche von der Kegelachse $b/2$	$+\left(50 + \dfrac{D}{5}\right)$	$-\left(50 + \dfrac{D}{5}\right)$	$-\left(50 + \dfrac{D}{5}\right)$
Lappendicke B (einschließl. Unparallelität der Flächen)	$+\left(100 + \dfrac{D}{2}\right)$	$-\left(100 + \dfrac{D}{2}\right)$	$-\left(100 + \dfrac{D}{2}\right)$

D, L, l in mm einsetzen, Werte in μ

Sollwerte für Längen und Lappenabmessungen sind aus DIN 229, 230, 234, 235, 324, 325 zu entnehmen.

Schrifttum

[1] Berndt, G.: Technische Winkelmessungen. Berlin: Springer 1925.

[2] Berndt, G.: Die Prufung von Schwalbenschwanznuten. Werkz.-Masch. 1939, H. 15, S. 373.

[3] Bartholdy: Mikrotast-Außen- und Innenlehren. Feinm. Präz. 1926, S. 41.

[4] Leinweber: Austauschbare Schwalbenschwanzfuhrungen. Werkst.-Techn. Bd. 34 (1940) H. 4, S. 57.

[5] Räntsch, K.: Grundlagen der technischen Winkelmessungen. München: C. Hauser 1952.

[6] Tschirf: Innenkegelmessung mit einem Bohrungsmeßgerät mit großen direkten Meßbereichen. ZVDI, Bd. 85 (1941), H. 17, S. 403.

54 Räumliche Lage

(Grundlagen s. Abschn. 166.)

541 Abstände von Bohrungen und Wellen

Die Abstandsmaße für Bohrungen und Wellen (Zapfen) werden stets auf deren Mitte (Achse) bezogen und am besten von ebenen und genügend großen Ausgangsflächen aus angegeben. Genügen die „zulässigen Abweichungen für Maße ohne Toleranzangabe" nach DIN 7168 nicht für die Funktion, so werden die Maße mit Abmaßen versehen.

An Stelle von rechtwinkligen oder auch schiefwinkligen Koordinaten können auch Polarkoordinaten (Halbmesser und Winkel) angegeben werden. Beispiel s. Abb. 54–11.

Die Mittellinie (Achse) einer Bohrung oder Welle ist eine gedachte Linie, körperlich vorhanden und der Messung zugänglich ist nur die Bohrungs- oder Wellenoberfläche. Folglich ist beim Messen von Mittenabständen der Istdurchmesser der Bohrung oder Welle zu beachten. Messen zylindrischer Wellen und Bohrungen s. Abschn. 521 u. 522.

541.1 Ebene als Ausgangsfläche

Behelfsmäßige Bestimmung eines Bohrungsabstandes aus zwei von drei Größen a, b, D_i nach Abb. 54–1. *Maß a* = Abstand einer hohlen von einer ebenen Fläche.

Beim Messen mit ebenen Meßflächen (Schieblehre oder Meßschraube, je nach zulässiger Ungenauigkeit, sofern Bohrung groß genug) entsteht ein Fehler f nach Abb.

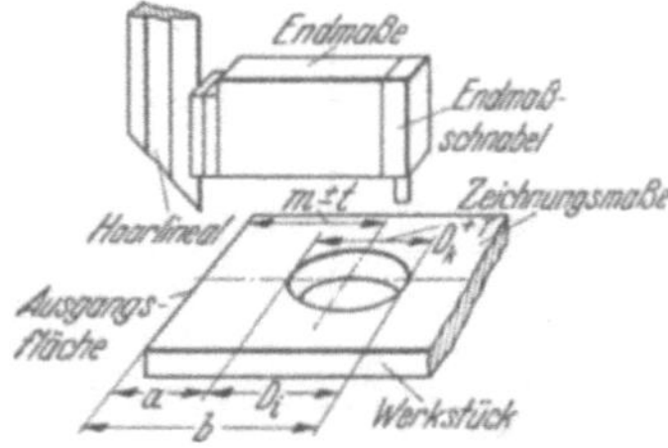

Abb. 54–2. Fehler f beim Anlegen einer ebenen Meßfläche an die Bohrungswand.

Abb. 54–1. Messen eines Lochabstandes von einer Ausgangsfläche aus. Das Istmaß von m ist $m_i = a + \dfrac{D_i}{2} = b - \dfrac{D_i}{2}$

$= \dfrac{a + b}{2}$. D_i = Istdurchmesser der Bohrung in Richtung des Bohrungsabstandes m gemessen.

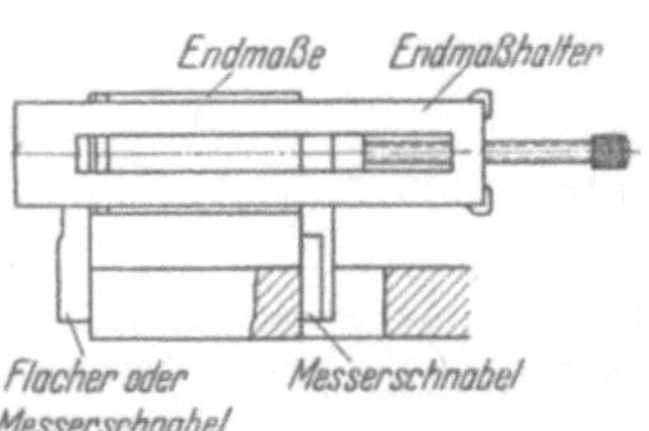

Abb. 54–3. Messen des Maßes a in Abb. 54–1 mit Endmaßen und Meßschnäbeln.

54–2. Um ihn zu vermeiden, kann man einen Bolzen von bekanntem Durchmesser d an die Bohrungswand anlegen und über jenen hinwegmessen. Erhält man dabei das Maß M, so ist $a = M - d$.

Besser und bequemer ist Schieblehre, deren Meßschnäbel genügend klein abgerundet sind. Genaue Messung von a mit Endmaßen und Meßschnäbeln nach Abb. 54–3.

Statt des schwieriger zu messenden *Maßes b* in Abb. 54–1 mißt man besser den Abstand a und das Istmaß D_i der Bohrung parallel zum Maß m. Aus a und D_i errechnet man das Istmaß m_i für den Bohrungsabstand von der Ausgangsfläche nach den bei der Abb. 54–1 angegebenen Formeln.

Eine Möglichkeit, das Maß b mit Endmaßen zu messen, ist in Abb. 54–1 oben angedeutet. Die Messung muß parallel zur Richtung der eingetragenen Maße erfolgen, also auch parallel zur oberen Werkstückfläche und nicht geneigt dazu, wie man z. B. mit einem Schieblehren-Tiefenmesser versuchen könnte; dies würde einen Meßfehler 2. Ordnung ergeben. Beachten, daß Ausgangsfläche und Bohrung auch schief zur oberen Werkstückfläche stehen können; wenn möglich, oben und unten messen und rechtwinklige Lage der Ausgangsfläche mit Anschlagwinkel prüfen.

Die bei Abb. 54–1 gegebenen Formeln können zur Nachprüfung der Meßergebnisse benutzt werden, wenn man alle drei Größen: a, b und D_i mißt.

Fehler im Meßergebnis können dadurch entstehen, daß die Meßfläche an der Bohrung zu flach gerundet oder nicht genügend angeschärft ist, die Bohrung zufällig in der Meßrichtung Formabweichungen hat, an der Bohrungskante Grat ist.

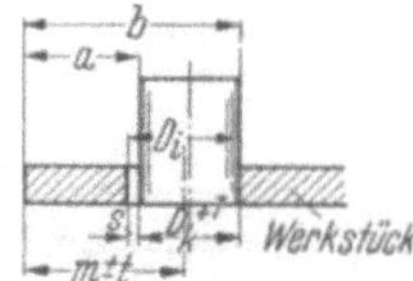

Abb. 54–5. Ermittlung eines Lochabstandes von einer Außenfläche mit Paßdorn.

$$m_i = a + \frac{D_i}{2} - \frac{S}{2}$$
$$= b - \frac{D_i}{2} + \frac{S}{2} = \frac{a+b}{2}.$$

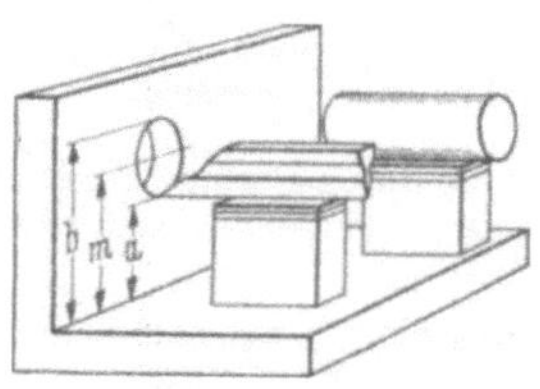

Abb. 54–4. Ermittlung des Abstandes einer Bohrung von einer Innenfläche mit Endmaßen, Meßdorn und Haarlineal. $m = \dfrac{a+b}{2}$.

Der Abstand einer *Bohrung von einer Innenfläche* kann nach Abb. 54–4 gemessen werden; Maß a mit Endmaßen und Haarlineal. Dabei ist der Lichtspalt in der Bohrung schlecht zu beobachten. Fettet man die Bohrungsfläche leicht ein, so entsteht beim Darüberschieben des Haarlineals ein heller Streifen, der besser zu sehen ist. Maß b mit Endmaßen und Meßbolzen oder Messerschnabel bekannter Dicke.

Mit *Paßdorn* nach Abb. 54–5. Maß a wird mit Tiefenmesser oder mit Endmaßen und Haarlineal gemessen, Maß b mit Schieblehre mit einem gekürzten Meßschnabel (auf Meßrichtung achten!).

Man achte darauf: 1. daß der Paßdorn nicht *schief* in der Bohrung steckt: Mit Haarwinkel vor und nach der Messung nachprüfen.

2. Wenn der Paßdorn nicht genau in die Bohrung paßt, muß er beim Messen von a und b in *verschiedenen* Richtungen an der Bohrungswand anliegen, also in Abb. 54–5 am besten beim Messen von a nach rechts, beim Messen von b nach links schieben, wie es der Richtung der Meßkraft entspricht.

Entsprechend Abb. 54–1 kann man auch nur a oder nur b und dazu das Istmaß D_i der Bohrung messen. Dann ist aber das Spiel des Paßdornes in der Bohrung bei der Rechnung zu berücksichtigen, z. B. indem man b und D_P (Durchmesser des Paßdornes) mißt, daraus $a = b - D_P$ berechnet und dieses a in den zu Abb. 54–1 gegebenen Formeln benutzt.

Mit *Kegeldorn* nach Abb. 54-6. *Vorteile.* Man braucht weniger Paß-dorne vorratig zu halten; die Nachteile des Wackelns in der Bohrung werden vermieden.

Nachteile. 1. Die Maße a und b sind nur in der oberen Werkstückebene vorhanden, weil der Kegeldorn nach oben dicker wird. Deshalb muß mit Schneiden gemessen werden, die auf der oberen Werkstuckfläche am Kegel-

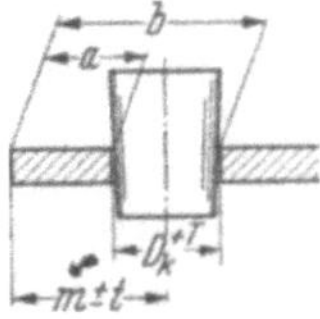

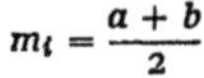

Abb. 54–6. Messen eines Loch-abstandes mit Kegeldorn.

$$m_i = \frac{a + b}{2}.$$

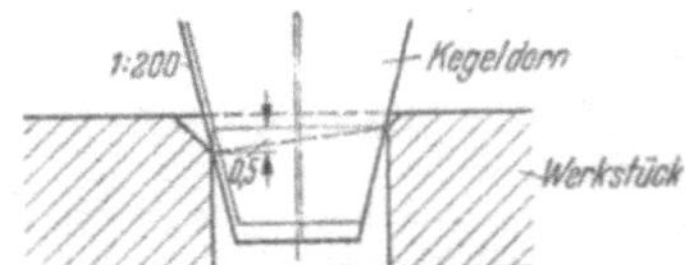

Abb. 54–7. Einfluß einer Ungleichmäßig-keit der Kantenbrechung. Die Kegelnei-gung ist ubertrieben dargestellt.

dorn anliegen, oder die Breite der Meßfläche muß durch Rechnung berück-sichtigt werden, was infolge der Kantenrundung an den Meßflachen wieder Fehler verursacht.

2. Man kann schwer kontrollieren, ob der Kegeldorn genau gerade in der Bohrung sitzt. Wegen der Bedenken 1 und 2 ist besser ein Kegeldorn mit zylindrischem Ansatz am dicken Ende.

3. Wenn die Bohrungskante unregelmäßig gebrochen, gerundet, oder die obere Werkstuckfläche uneben ist, fallt die Dornachse nicht mit der Boh-rungsachse zusammen.

Beispiel. Kegelverhältnis 1 : 100, also Neigung 1 : 200; die Bohrung sei links um 0,5 mm mehr gebrochen als rechts, Abb. 54-7. Dann wird a um

$$0{,}5 \cdot \frac{1}{200} = 0{,}0025 \text{ mm} \quad \text{zu klein gemessen und demnach} \quad m_i = \frac{a + b}{2}$$

um $1{,}25\,\mu$ zu klein ermittelt.

4. Der schlanke Kegel kann je nach der aufgewandten Kraft sehr ver-schieden tief eingedruckt werden (Abplattung an der Beruhrungsstelle); dadurch ändert sich sein Durchmesser in der Meßebene. Der Fehler fallt heraus, wenn m aus a und b bestimmt wird.

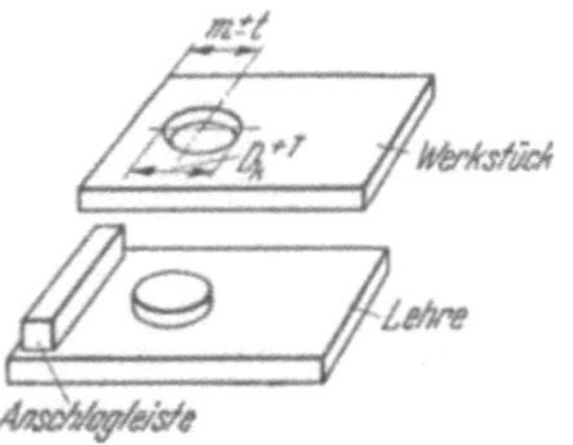

Mit Sonderlehren, und zwar: a) mit festem Zapfen nach Abb. 54-8. Nachteil: Beim Aufsetzen verkantet das Werkstuck leicht, die Prufung ist daher unsicher.

Abb. 54–8. Lochabstandslehre mit festem Zapfen. Das Werkstuck muß sich, an der Anschlagleiste anliegend, uber den Zapfen fuhren lassen. Dieser erhalt den Durchmesser $(D_k - 2\,t)$, Herstelltoleranz nach $+$, entgegen der Abnutzung.

b) Mit Hilfsdorn nach Abb. 54-9. Die Lehre wird auf das Werkstuck gelegt, an der Ausgangsfläche angeschoben und probiert, ob sich der Hilfsdorn, der um $2t$ dunner ist, durch die Werkstuckbohrung hindurchschieben läßt. Stößt er an oder hebt sich die Lehre von der Ausgangsflache ab, so ist die zugrunde gelegte Abstandstoleranz uberschritten.

Maße und Herstelltoleranzen nach Tab. 54-1, S. 487.

Mögliche Überschreitung der Nennabmaße fur den Abstand s. Abschn. 166.2, Anm. zu 1.

Fur Messung nach zwei Koordinaten gemaß Abb. 54-10 gilt sinn-

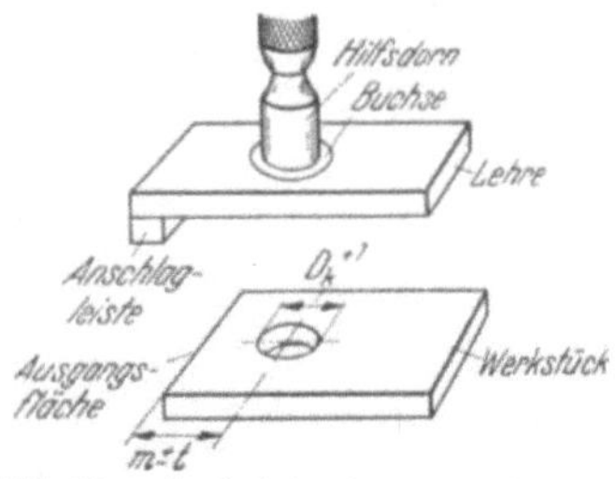

Abb. 54-9. Lochabstandslehre mit Hilfsdorn. Lehre auf Werkstuck legen, mit Anschlagleiste an Ausgangsfläche anlegen, so lange (nach vorn und hinten) verschieben, bis Hilfsdorn ohne Anstoßen durch die Bohrung geht. Gelingt dies nicht, ist die Toleranz $\pm t$ uberschritten. Durchmesser des Hilfsdornes $(D_k - 2\,t)$, Herstelltoleranz nach $+$.

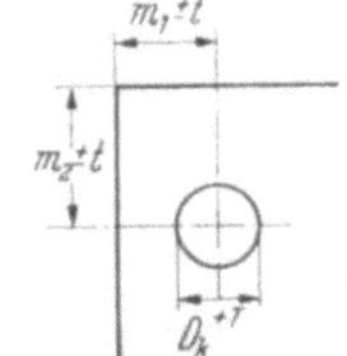

Abb. 54-10. Lochabstande von zwei rechtwinklig stehenden Ausgangsflachen aus bemaßt. Die Toleranzen fur m_1 und m_2 sollen moglichst gleich groß sein.

gemaß das gleiche wie vorstehend. Die Sonderlehren nach Abb. 54-8 und 54-9 erhalten dann eine zweite Anschlagleiste.

Kreisförmiges Toleranzfeld hierbei s. Abschn. 166.2.

Abstande von Zapfen werden sinngemaß ebenso gemessen wie bei Bohrungen.

Bei Winkelteilungen von Lochkreisen (Abb. 54-11) gilt ohne be-

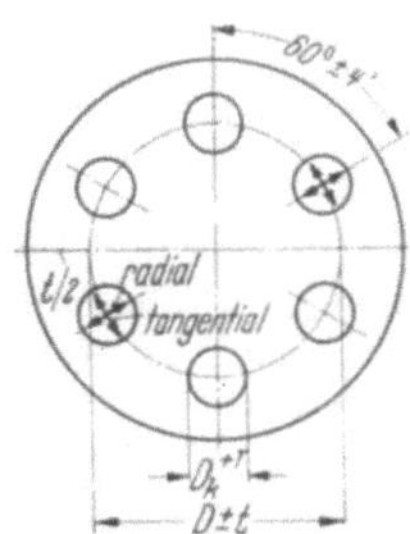

Abb. 54-11. Tolerierung einer Kreisteilung. Fur den Teilungswinkel (tangential) gilt die gleiche Toleranz $\pm t/2$ wie fur den Teilkreishalbmesser (radial).

sondere Zeichnungsangabe die gleiche Toleranz in tangentialer wie in radialer Richtung, so daß um den gedachten Punkt fur die fehlerfreie Mitte herum ein kreisförmiges Toleranzfeld vom Durchmesser t gilt. Will man den Winkel dennoch mit Abmaßen versehen, so muß die Winkeltoleranz so berechnet werden, daß die Abmaße fur die Bohrungsmitte in beiden Richtungen (tangential und radial) gleich groß sind.

Bogenlange auf dem Durchmesser D fur 1 Bogenminute $= 0{,}000291 \cdot \dfrac{D}{2}$.

Beispiel. Fur $60°$ in Abb. 54-11: $t' = \dfrac{t}{0{,}000291 \cdot D/2} = 3438\,\dfrac{2t}{D}$.

Zahlenbeispiel: $t = 0{,}1$; $D = 80$ mm $\varnothing$; $t' = 3438 \cdot 2 \cdot 0{,}1/80 = 8{,}6'$.

Also Maßeintragung für den Winkel: $60° \pm t'/2 = 60° \pm 4'$.

Der Wert 3438 ist auf vielen Rechenschiebern besonders eingraviert und mit ϱ' bezeichnet.

Mehrere Bohrungen oder Wellen (Zapfen) werden vorteilhaft alle von den *gleichen* Ausgangsflachen aus bemaßt, wie in Abb. 54–12. Dies geschieht mit Rucksicht auf Bohrvorrichtung und Lochabstandslehre. Die Toleranzen t_1, t_2, t_3 usw. sollen für jede Bohrung in beiden Richtungen gleich groß sein. Es steht aber nichts im Wege, fur einzelne Bohrungen oder Wellen größere oder kleinere Toleranzen vorzuschreiben, wenn diese in beiden Koordinatenrichtungen gleich groß gemacht werden können.

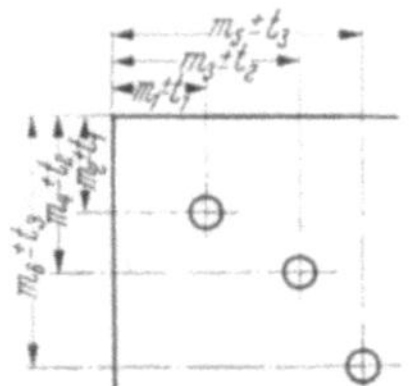

Abb 54–12. Richtige Bemaßung und Tolerierung der Abstande mehrerer Lochmitten von den gleichen Ausgangsflachen aus.

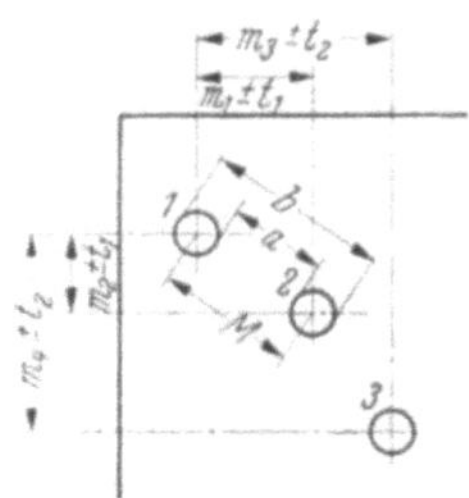

Abb. 54–13. Bemaßung und Tolerierung der Abstande mehrerer Lochmitten von einer Ausgangsbohrung (1) aus. (Besser ist das Verfahren nach Abb. 54–12.)

541.2 Abstände von Bohrungen oder Zapfen untereinander

Mehrere Bohrungen oder Zapfen können von einer und derselben Ausgangsbohrung oder Welle aus bemaßt, toleriert und gepruft werden, wie Abb. 54–13 zeigt. Besser sind aber ebene Flachen als Ausgang, wie in Abschn. 541.1 behandelt. Abgesehen von Konstruktionsschwierigkeiten der Vorrichtung fehlt auch der Lehre fur eine Bohrungsgruppe die Ausrichtung nach den Flachen. Die Abstande innerhalb der Bohrungsgruppe sind zwar eingehalten, die ganze Gruppe kann aber *verdreht* auf der Werkstuckflache liegen, ohne daß dies bemerkt wird.

Behelfsmäßige Messung nach Abb. 54–14 bis 54–16 ist hier nur möglich, wenn die Abstandsmaße der Bohrungen (Wellen) unmittelbar gegeben

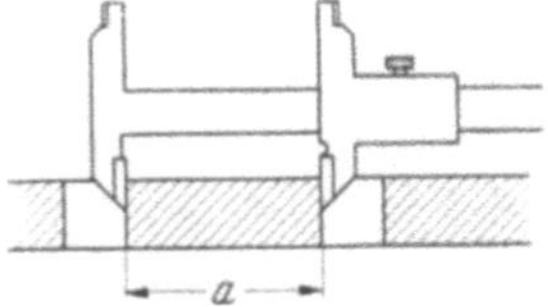

Abb. 54–14. Messen des Maßes a in Abb. 54–13 mit einer Schieblehre mit schneidenformigen Schnabeln.

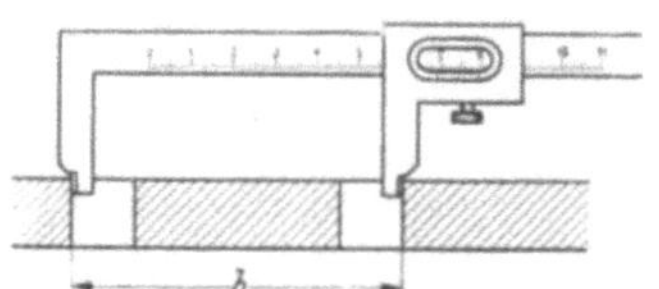

Abb. 54–15. Messen des Maßes b in Abb. 54–13 mit den Innenmeßschnabeln einer Schieblehre.

sind. Man kann zwar in Abb. 54–13 schrag von einer Bohrung zur anderen die Maße a und b ausmessen, weiß aber dann immer noch nicht, ob die Toleranzen von m_1 und m_2 wirklich eingehalten sind. Diesen Schragabstand kann man nach der Beziehung:

$$M = \sqrt{m_1^2 + m_2^2}\ \text{umrechnen.}$$

Mit *Paßdornen* oder Kegeldornen kann m nach Abb. 54–17 aus a und l unter Berucksichtigung der in Abschn. 541.1 gegebenen Hinweise ermittelt werden. *Sonderschieblehren* zum Messen von Bohrungsabstanden (z. B. DRP 488427) haben zwei gegeneinander verschiebbare Meßköpfe, in denen je ein zylindrischer oder kegeliger Meßstift befestigt ist, der in die Bohrung eingefuhrt wird. Der Abstand der Meßstifte kann wie bei einer Schieblehre an einer Teilung auf der Lehrenstange abgelesen werden.

Tabelle 54–1. **Maße und Herstelltoleranzen für Mittenabstands- und Mittigkeitslehren**

Abstandsmaß:	Werkstuck	$m \pm l$ (Toleranz $= 2l$)
	Lehre	$m \pm \dfrac{l}{10}$ Herstelltoleranz $\dfrac{l}{10}$ jedoch nicht kleiner als $5\,\mu$ und nicht kleiner als $\dfrac{m}{40}\,\mu$ (m in mm).

		1	2	3
			Abstandsmaße gehen aus von.	
		einer ebenen Bezugsflache (wie in Abb. 54–8, 54–9, 54–12) oder von einer Bohrung oder einer Welle wie z B. in Abb. 53–13. Dorne fur Bohrungen 2 und 3	einer Bohrung oder einer Welle	
			Maß fur die Aufnahme, z. B. Dorn fur Bohrung 1 in Abb 54–13	Toleranz gleichmaßig auf alle Lehrenbohrungen oder Zapfen verteilt. Voraussetzung: Abstandstoleranzen fur alle Bohrungen oder Wellen gleich groß
Meßzapfen Hilfsdorn	Lehrenmaß	$D_k - 2l + \dfrac{H}{2}$	$D_k + z$	$D_k - l + \dfrac{H}{2}$
	Herstelltoleranz	$\pm \dfrac{H}{2}$	$\pm \dfrac{H}{2}$	$\pm \dfrac{H}{2}$
Meßbohrung Rachen	Lehrenmaß	$D_g + 2l - \dfrac{H_1}{2}$	$D_g - z_1$	$D_g + l - \dfrac{H_1}{2}$
	Herstelltoleranz	$\pm \dfrac{H_1}{2}$	$\pm \dfrac{H_1}{2}$	$\pm \dfrac{H_1}{2}$

Werkstuckmaß der Bohrung $D_k + T.$ $D_k =$ Kleinstmaß, $T =$ Toleranz.

Werkstuckmaß der Welle: $D_g - T.$ $D_g =$ Großtmaß, $T =$ Toleranz.

Die Werte fur $\dfrac{H}{2}$, z, $\dfrac{H_1}{2}$, z_1 sind aus DIN 7162 entsprechend der Werkstucktoleranz T zu entnehmen

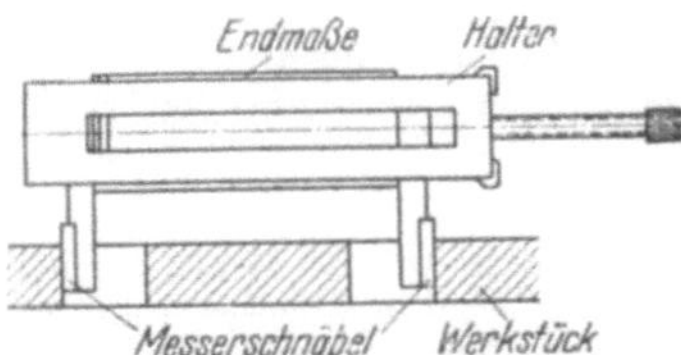

Abb. 54—16. Messen des Maßes b in Abb. 54—13 mit Endmaßen und Messerschnäbeln. Statt deren eignen sich auch Halbrundmeßschnäbel, wenn deren Halbmesser kleiner als der Bohrungshalbmesser ist. Nur für kurze Bohrungen; ggf. von oben und von unten messen.

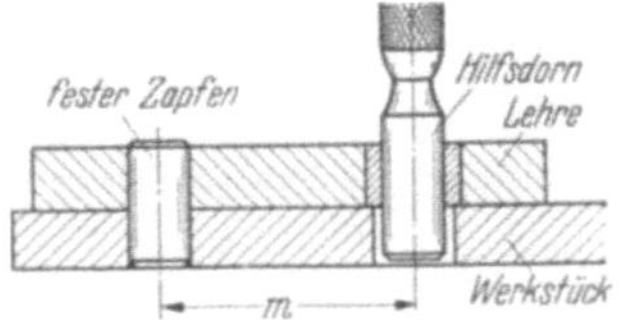

Abb. 54—18. Sonderlehre für den Abstand zweier Lochmitten. Wenn die Mittentoleranz für m eingehalten ist, läßt sich der Hilfsdorn ohne Anstoßen durch die rechte Werkstückbohrung hindurchschieben.

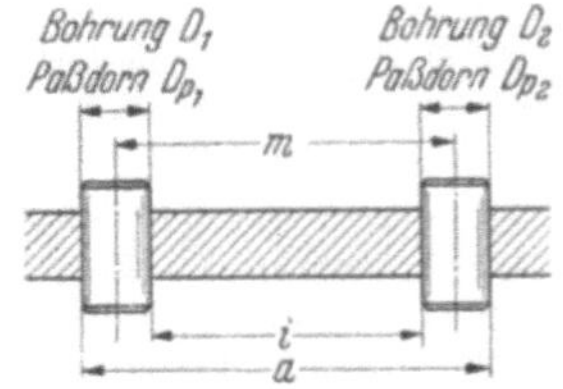

Abb. 54—17. Messen eines Bohrungsabstandes mit Paßdornen; m ergibt sich: aus a und i:

$$m = \frac{a + i}{2},$$ auch wenn Dorne Spiel haben (auf Parallelverschiebung achten); aus a:

$$m = a + \frac{D_1 + D_2}{2} - D_{p1} - D_{p2};$$

aus i.

$$m = i - \frac{D_1 + D_2}{2} + D_{p1} + D_{p2}.$$

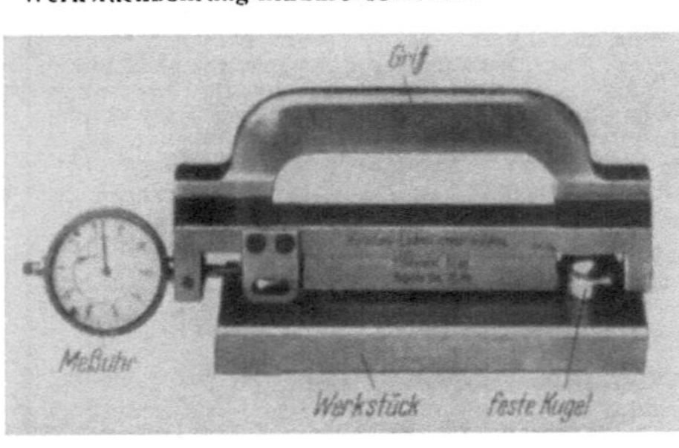

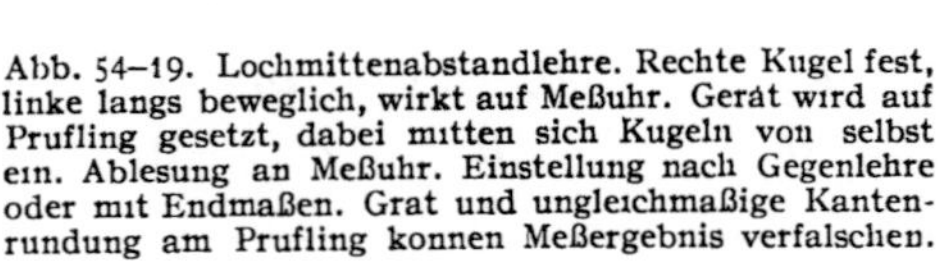

Abb. 54—19. Lochmittenabstandlehre. Rechte Kugel fest, linke längs beweglich, wirkt auf Meßuhr. Gerät wird auf Prüfling gesetzt, dabei mitten sich Kugeln von selbst ein. Ablesung an Meßuhr. Einstellung nach Gegenlehre oder mit Endmaßen. Grat und ungleichmäßige Kantenrundung am Prüfling können Meßergebnis verfälschen.

Abb. 54—20. Lochmittenabstandlehre für kleine Abmessungen. Gabel ist federnd und trägt an den Enden je eine Kugel. Gabel wird auf Prüfling aufgesetzt und Maß zwischen den Kugeln mit Grenzflächlehre geprüft.

Sonderlehren haben entweder axial verschiebbare Hilfsdorne oder feste Meßzapfen, Abb. 54—18. Entweder erhält der Dorn für die Ausgangsbohrung deren Kleinstmaß und die andern Dorne werden gemäß der Mittentoleranz dünner gemacht, oder die Mittentoleranzen werden auf alle Dorne gleichmaßig verteilt. Zapfenlehren der letzten Art lassen sich besser einführen. Andernfalls macht man oft auch den Dorn für die Ausgangsbohrung langer. S. Tab. 54–1, S. 487.

Herzstark-Lehre s. Abb. 54–19 u. 54–20.

541.3 Schrägliegende Bohrungen und Wellen (Zapfen)

Die Abstande werden entweder mit Sonderlehren geprüft oder behelfsmäßig mit Meßdornen und -rollen, Schieblehren, Meßschrauben, Endmaßen usw. gemessen.

Ein Beispiel mit zweckmäßiger Maßeintragung zeigt Abb. 54–21. Der Winkel α wird zuvor mit einem geeigneten Meßgerat, z. B. Universalwinkelmesser, gemessen. In die Berechnung werden die Istmaße von α und d, also α_i und d_i, eingesetzt. Wenn

Abb. 54–21. Bemaßung, Toleranzen und Messen einer schrägliegenden Bohrung.

$$M_{\max} = m + t - \frac{d_i}{2}\left(\operatorname{tg}\alpha_i + \frac{1}{\sin\alpha_i} + 1\right) - \frac{D_k}{2\sin\alpha_i},$$

$$M_{\min} = m - t - \frac{d_i}{2}\left(\operatorname{tg}\alpha_i + \frac{1}{\sin\alpha_i} + 1\right) - \frac{D_k}{2\sin\alpha_i}.$$

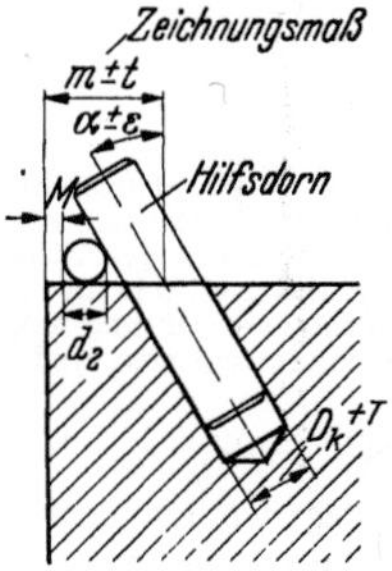

der Hilfsdorn nicht saugend in die Bohrung paßt, sondern Spiel hat, so muß das Schiefstehen entsprechend seiner Lange bei der Rechnung besonders berucksichtigt werden. Bequemer ist es, wenn man dafur sorgt, daß der Hilfsdorn beim Winkelmessen und beim Abstandmessen an der gleichen Seite der Bohrung anliegt. Der Winkelbetrag, um den er wackelt, kann ebenfalls gemessen und daraus die Mitte der Bohrung berechnet werden.

542 Parallelität von Achsen

Beim Prufen auf Parallelitat oder beim Messen der Unparallelitat von Wellen und Bohrungen kommt es nicht auf den Abstand der Achsen an, sondern auf Unterschiede langs der Achsen. Außerdem konnen die Achsen auch windschief zueinander stehen, so daß sich keine gemeinsame Ebene durch sie legen laßt. Unparallelitat von Achsen muß somit in zwei Richtungen gemessen werden.

542.1 Wellen

In der einen Ebene, die (bei windschiefer Lage angenahert) durch die Achsen der Wellen geht, kann der Abstand der beiden Wellen an verschiedenen Stellen *außen uber* die Wellen oder *zwischen* den Wellen gemessen werden (Abb. 54–22), und zwar je nach der zulassigen Ungenauigkeit mit Schieblehre, Meßschraube oder Endmaßen. Der Maßunterschied, bezogen auf einen (moglichst großen) Abstand zweier Messungen, gibt die Unparallelitat.

In der Ebene senkrecht dazu muß man eine Hilfsebene schaffen; dies sei je nach Größe und Zuganglichkeit der Teile eine Tuschierplatte, die in einigem Abstand parallel zur einen Wellenachse angeordnet wird (Abb. 54-23), oder eine waagerechte Ebene, die durch eine Wasserwaage gegeben ist, Abb. 54-24. Die Tuschierplatte kann auch unmittelbar *auf* die eine Welle

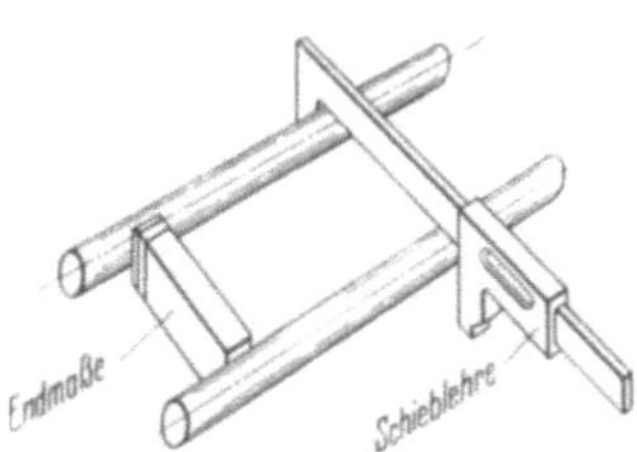

Abb. 54-22. Parallelität von Wellen. Zwei Möglichkeiten, Abweichungen vom Gleichbleiben des Abstandes zu messen Gemessen wird je an zwei Stellen, die in der Achsenrichtung möglichst weit voneinander entfernt sind.

Abb. 54-23. Parallelität von Wellen. Messen der Windschiefe von einer Bezugsebene aus.

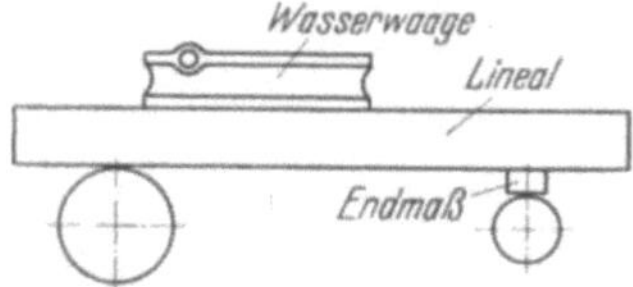

Abb. 54-24. Parallelität von Wellen. Messen der Windschiefe mit Wasserwaage und Endmaßen.

gelegt werden oder diese auf die Tuschierplatte. Zweckmäßig nimmt man dazu die dickere Welle, legt am einen Ende der anderen Welle Endmaße unter, so daß die Plattenfläche annahernd (um Fehler 2. Ordnung zu vermeiden) gleichen Abstand von den Wellenachsen hat, und fuhlt am andern Ende mit Endmaßen aus. Ist der Skalenwert der Wasserwaage bekannt, so kann beim Messen an verschiedenen Stellen nach Abb. 54-24 die Windschiefheit der Achsen leicht bestimmt werden. Man kann auch bei jeder Messung so viel Endmaße unterlegen, bis die Blase auf null einspielt.

Sondermeßgerate fur Windschiefe haben drei feste Auflageflachen oder ein Auflageprisma und eine feste Auflagefläche; der vierte Meßpunkt ist durch einen Fuhlhebel gegeben, der die Abweichung anzeigt. Nullstellung auf einer ebenen Platte.

542.2 Bohrungen

Steckt man Meßdorne in die Bohrungen, so kann man nach Abschn. 542.1 verfahren. Andernfalls mißt man in der *ersten Meßebene*, die (annahernd) durch die Bohrungsachsen geht, an zwei möglichst weit auseinanderliegenden Stellen der Bohrungsflachen, wie in Abschn. 541 beschrieben. Fur die *zweite Meßebene*, senkrecht zur ersten, muß wieder eine Bezugsfläche geschaffen werden. Die Abstande der beiden Bohrungen von der Bezugsfläche werden an je zwei Stellen gemessen.

542.3 Ebenen

Die *Unparallelität* zweier ebener *außenliegender* Flachen kann mit Außenmeßgeräten gemessen werden: Schieblehre, Meßschraube, Bugel mit Meßuhr oder Fuhlhebel. Dabei ist auf die richtige Meßrichtung zu achten: gegenuberliegende Punkte haben den kurzesten Abstand und ergeben den kleinsten Ausschlag des Meßgerates. Wenn die Gestalt des Werkstuckes dies erlaubt, kann man es auch auf dem Tisch eines Meßstanders mit Meßuhr oder Fuhlhebel verschieben und die Anderung der Anzeige dabei beobachten. Kippgefahr des Werkstuckes und Umkehrspanne des Meßgerates beachten! Um diese auszuschalten, hebt man den Meßbolzen bei jeder Messung an.

Bei nahezu punktweisem Messen geht die Grob- und teilweise auch die Feingestalt der Flachen (Abschn. 165) in das Meßergebnis ein. Benutzt man dagegen großere ebene Meßflachen, Meßschraube, ebene Meßhutchen, Meßtisch, so werden makrogeometrische Abweichungen entsprechend der Große der Meßflache ausgeschaltet. Unparallelitat von Endmaßflachen s. Abschn. 222 u. 248.

Die *Unparallelitat* zweier ebener *innenliegender*, also einander zugewandter Flachen kann entsprechend mit Innenmeßgeraten gemessen werden: Innenmeßschraube, Innenfuhlhebel mit Zweipunktanlage, Endmaße. Das vorstehend uber Meßrichtung, Umkehrspanne, Grob- und Feingestalt Gesagte gilt ebenso sinngemaß. Unparallelitat von Rachenlehrenflachen s. Abschn. 512.2.

Fluchten von Ebenen bedeutet, daß zwei Flachen in derselben geometrischen Ebene liegen: Parallelitat mit dem Abstand null. Man muß also prufen 1. ob die Flachen parallel sind, 2. ob der Abstand wirklich = 0 ist. Zu 1. kann man die Wasserwaage benutzen, wenn die Flachen in waagerechte Lage gebracht werden können (Abschn. 236), 2. muß dann besonders gemessen werden. Beides zugleich ist mit einem *Sondermeßgerat* möglich, das dem in Abschn. 542.1 beschriebenen ahnlich ist. Siehe auch Abschn. 513.1.

543 Mittigkeit, Fluchten

Mittigkeit ist ein Abstandsmaß zweier Achsen mit dem Nennmaß null: die Achsen sollen zusammenfallen. Dies gilt sowohl fur die Achsen zylindrischer Flachen, Bohrungen und Wellen, als auch fur die Mittelebene von ebenen Flachenpaaren, parallelflachige Schlitze, Nuten, Abflachungen.

Von *Fluchten* spricht man meist, wenn die Flachen nicht dem gleichen Einzelteil angehören, aber auch bei Ebenen gemaß Abschn. 542.3. Fluchten kann sich z. B. auf zwei hintereinander liegende Wellen beziehen.

Da Mittigkeits- und Fluchtungsfehler sich auf einen *Achsenabstand* mit dem Nennmaß null beziehen, gelten die gleichen Grundsatze hinsichtlich Bemaßung, Tolerierung und Messung wie bei anderen Abstandsmaßen. Dies schließt nicht aus, daß andere Meßmöglichkeiten gegeben sind und Einzelheiten anders gehandhabt werden mussen.

543.1 Wellen

Behelfsmaßig kann die Mittigkeit an einem Wellenabsatz oder das Fluchten zweier gegenuberstehender Wellenstumpfe nach Abb. 54–25 gemessen werden. Das Verfahren ist unsicher wegen der Gefahr des Kantens oder Kippens der Endmaßzusammenstellung. *Andere Möglichkeiten* zeigen

Abb. 54–26 und 54–27. Um Schiefstehen der Achsen zu erkennen, muß, in der Achsenrichtung, an zwei weit auseinanderliegenden Stellen gemessen werden.

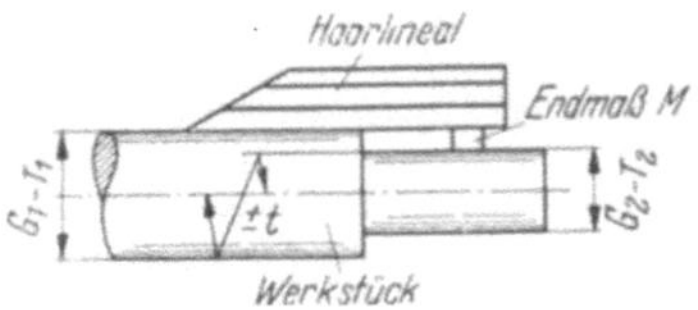

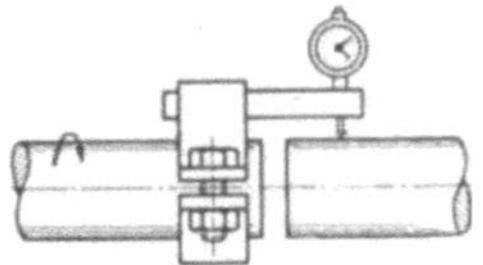

Abb. 54–25. Behelfsmäßige Messung der Mittigkeitsabweichung eines Wellenabsatzes. Die Messung wird rundherum mehrfach wiederholt. Berechnung des Endmaßes, das an keiner Stelle vorstehen darf:

$$M_{min} = \frac{G_1 - G_2 - T_1}{2} - t.$$

Berechnung des Endmaßes, das an keiner Stelle zurückstehen darf:

$$M_{max} = \frac{G_1 - G_2 + T_2}{2} + t.$$

Mit dem Haarlineal können noch Unterschiede von wenigen μ deutlich wahrgenommen werden.

Abb. 54–27. Messen des Fluchtungsfehlers zweier Wellen mit Meßuhr oder Fühlhebel. Die linke Welle wird gedreht und dabei die Änderung der Anzeige beobachtet. Umkehrspanne beachten; zum Ausschalten Tastbolzen vor jeder Ablesung anheben. Statt der Schellen kann auch der Meßuhrhalter mit V-Prismen-Auflage versehen werden.

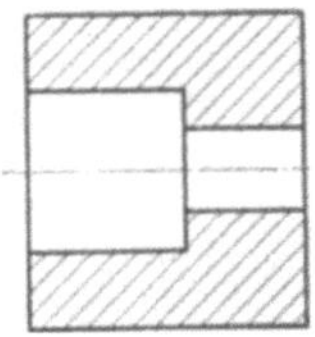

Abb 54–28. Sonderlehre zum Prüfen der Mittigkeit eines Wellenabsatzes. Ein Wellenteil muß bereits ein Stück in der Lehre geführt sein, ehe das andere eintaucht; so ist die Lehre zu konstruieren. Lehrenmaße und Herstelltoleranzen nach Tab. 54–1.

Abb. 54–26. Messen des Fluchtungsfehlers zweier Wellen mit Lineal und Endmaßen. Statt der beiden linken Endmaße nimmt man besser zwei genau gleiche V-Prismen.

Der Fluchtungsfehler langer oder weit auseinanderliegender Wellen kann auch mit der Wasserwaage (Abschn. 236) oder mit aufgesetztem Fluchtfernrohr und Kollimator (Abschn. 47) gemessen werden.

Eine *Sonderlehre* nach Abb. 54–28 kann *entweder* so konstruiert werden, daß eine der beiden Bohrungen das Gutmaß hat (Spalte 2 in Tab. 54–1) und zuerst mit dem Werkstück in Berührung kommt, *oder* die Mittigkeitstoleranz wird auf beide Bohrungen aufgeteilt (Spalte 3 von Tab. 54–1). Letzteres hat den Vorzug, daß die Lehre sich leichter einführen läßt.

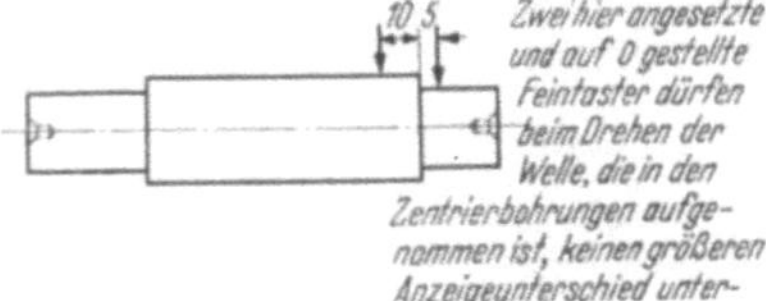

Eine andere Möglichkeit zeigt Abb. 54–29. Auf der Werkstückzeichnung ist aus-

Abb. 54–29. Prüfen der gleichmittigen Lage von Wellenabsätzen zwischen Spitzen. Werkstückzeichnung.

führlich und unmißverständlich ausgedrückt, wo und wie gemessen werden soll.

Beim Aufnehmen eines Prüflings in Zentrierbohrungen ist *immer* zu beachten, daß die Verbindungslinie der Zentrierungen mit *keiner* der Achsen der Werkstückoberfläche zusammenzufallen braucht. Die Abweichungen beeinflussen das Meßergebnis und haben meist mit den Funktionsanforderungen nichts zu tun. Am einfachsten pruft man die Mittigkeit von Wellenabsätzen, indem man die Welle auf einer ebenen Platte rollt und am dunneren Wellenstück Endmaße unterschiebt. Ebenso kann die Welle in genau gleichen V-Prismen gemessen werden.

543 2 Bohrungen

Behelfsmäßiges Messen wird nur in Sonderfällen möglich sein, wenn nämlich die Bohrungen groß genug sind und vorhandene Meßmittel, wie Meßrollen, Halbrundschnäbel usw. zufällig eingebracht werden können. Nachteilig ist die schlechte Zugänglichkeit und mangelhafte Erkennbarkeit, z. B. eines Lichtspaltes.

Wenn man das Werkstuck in der einen Bohrung mit einem Paßdorn aufnehmen kann, der zwischen Spitzen gelagert ist, so kann man das Fluchten einer zweiten, nicht allzu weitab liegenden Bohrung zur ersten mit Meßuhr oder Fuhlhebel prüfen, der in einem geeigneten Ständer gehalten ist.

Sonderlehren haben meist die Form einer abgesetzten Welle und sind sinnentsprechend wie Lehren fur Wellenabsätze ausgebildet. Die Lehre nach Abb. 54–30 darf beim Hindurchschieben an der zweiten Bohrung nicht anstoßen. Eine andere Möglichkeit zeigt Abb. 54–31. Liegen zwei Boh-

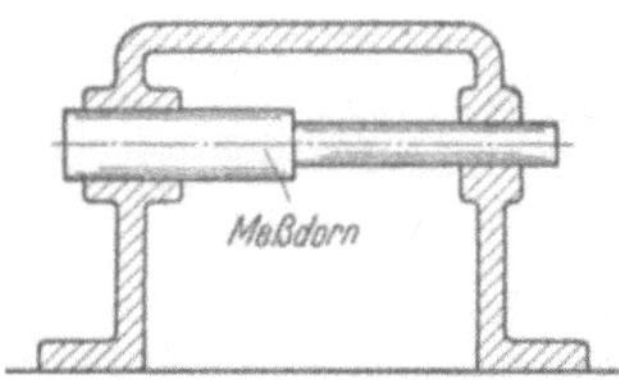

Abb. 54–30. Prufen des Fluchtens von Bohrungen mit Meßdorn.

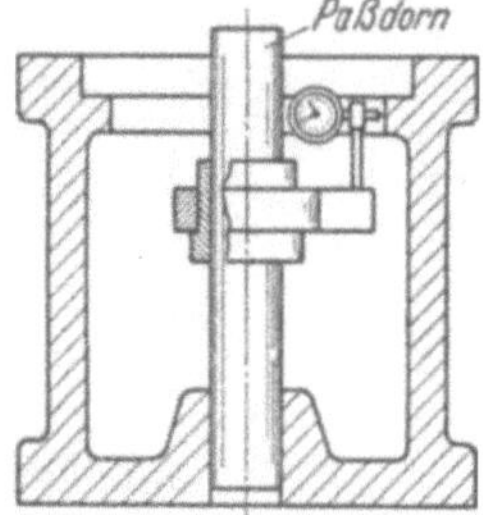

Abb. 54–31. Prüfen des Fluchtens von Bohrungen mit Meßuhr oder Fuhlhebel.

rungen nicht zu weit voneinander, so kann man in jede einen Paßdorn stecken und das Fluchten der Dorne gemäß Abschn. 543.1 prüfen. Bei großem Abstand der Bohrungen kann das Fluchten mit dem Fluchtfernrohr geprüft werden (s. Abschn. 247). Die verschiebbare Marke desselben muß in den Bohrungen einwandfrei zentriert werden, damit sie mit der Bohrungsachse zusammenfällt.

543.3 Andere Mittigkeiten

Abb. 54–32 zeigt eine Mittigkeitstoleranz an einem Werkstück, die leicht *behelfsmäßig* gemessen werden kann. Wenn der Schlitz nicht zu klein ist, können die Maße *a* und *b* je nach Größe der zulässigen Abweichungen mit einer gewöhnlichen Schieblehre, Meßschraube, mit Außenmeßgerät, Endmaßen und Meßschnäbeln gemessen werden. Die Maße a und b durfen sich nicht um mehr als $2t$ unterscheiden. Man kann außerdem noch die Auswirkung der beiden Toleranzen T_1 und T_2 in Betracht ziehen, wie dies bei einer *Sonderlehre* von selbst geschieht. Dann darf der Unterschied zwischen a und b nicht mehr als $2t + T_1 + T_2$ betragen.

Wenn eine größere Anzahl solcher Werkstücke zu prüfen ist, wird auch für dieses Beispiel eine einfache *Sonderlehre* vorzuziehen sein. Statt des blitzpfeilähnlichen Symmetriezeichens nach DIN 406 in Abb. 54–32 kann man auch die Maße a und b einschreiben und die Bemerkung anfügen, um wieviel sie sich unterscheiden durfen. Die Maße a und b durfen aber nicht etwa mit Toleranzen versehen werden, weil dann eine „Übertolerierung" (s. Abschn. 162.8) zustande käme.

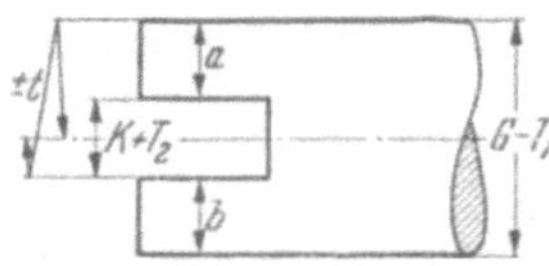

Abb. 54–32. Mittigkeitstoleranz zwischen einem runden Wellenzapfen und einer parallelflächigen Nut. Werkstückzeichnung.

Solche Bemerkungen sind klarer und unmißverständlicher als gedankenlos angewandte Kurzzeichen; sie müssen jedoch sorgfältig durchdacht und überlegt werden.

Wenn eine der Bezugsflächen sehr klein ist oder die bezogenen Flächen sehr weit auseinanderliegen, gibt man allgemein besser eine Beschreibung des Meßverfahrens oder der Lehre auf der Werkstückzeichnung an. Beispiel: „Paßfedernut wird mit einer Mittigkeitslehre geprüft, deren Paßfeder eine Breite von 9,98 mm hat." Oder für einen anderen Fall: „Welle muß sich mit den beiden Paßstellen 20 ∅ $h6$ zwangslos in eine Bohrung von 20,08 ∅ einfuhren lassen." Oder: „Fluchtungsprüfung der Lagerstellen mit einem Dorn von 49,95 ∅. Dieser muß sich leicht drehen lassen."

In besonders schwierigen Fällen schreibt man: „Lehre nach Zeichnung Nr...."

544 Rundlauf- und Stirnlauffehler

Fur Rundlauf- und Stirnlauffehler wird auf der Zeichnung am besten das Meßverfahren angegeben, wie z. B. in Abb. 54–33. Beim Lauffehler einer Stirnfläche *muß* auch der Halbmesser angegeben werden, auf dem der Fühlhebel oder die Meßuhr angesetzt werden soll. Denn der Ausschlag einer taumelnden, aber in sich ebenen Fläche ändert sich verhältnisgleich dem betrachteten Halbmesser, Abb. 54–34.

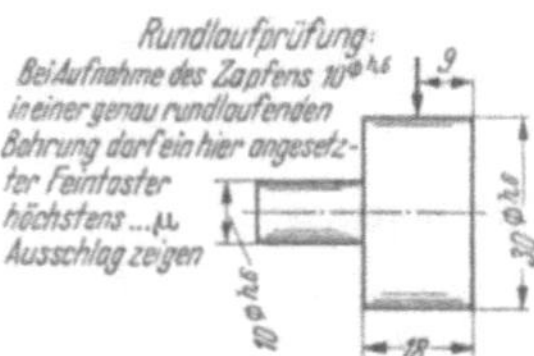

Abb. 54–33. Rundlauffehler. Zeichnungsangaben, Beispiel.

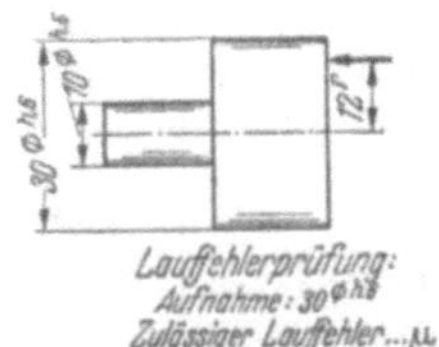

Abb. 54–34. Stirnlauffehler. Zeichnungsangaben, Beispiel.

Eine $\pm$-Angabe ist bei dieser Art von Abweichungen zu vermeiden, weil sie leicht zu Mißverständnissen und Irrtümern Veranlassung gibt. Man sagt am besten: „Gesamtausschlag (des Meßgerätes) nicht mehr als ...μ."

Wenn nichts besonderes angegeben ist, darf eine Umdrehungsflache so viel Rundlauffehler haben, wie ihrer Durchmessertoleranz entspricht, d. h. sie darf eine Lageabweichung innerhalb ihres Toleranzraumes (s. Abschn. 162.2) haben. Dementsprechend gilt fur zwei Stirnflächen an einer Welle mit einer Abstandstoleranz *zueinander*, daß der größte und der kleinste auffindbare Abstand zwischen zwei beliebigen Punkten der Flächen sich um nicht mehr als die Maßtoleranz unterscheiden durfen.

Vgl. hierzu auch Abschn. 64. Ebenso geben in schwierigen Fallen die Normen über die Prüfung von Werkzeugmaschinen, DIN 8605 bis 8646, manche Anregung.

Die Achse von Werkzeugkegeln muß zur Spindelachse der Maschine fluchten, andernfalls arbeitet Werkzeug nicht einwandfrei (z. B. Bohrer bohrt zu große Löcher).

Nach den Abnahmevorschriften für Werkzeugmaschinen DIN 8605 usw. wird Rundlauffehler eines in die zu prüfende Kegelhulse gesteckten Kegeldornes mittels Fuhlhebel geprüft. Entsprechend bei Reduzierhülsen. Werkzeugkegel werden in Kegelhülse mit Außenzylinder (Kegel- und Zylinderachse der Hulse müssen gut laufen) in V-Nut und Fühlhebel gedreht.

Schrifttum

Damm: Richtungstoleranzen, ihre konstruktive Notwendigkeit und Art der Tolerierung. Werkst.-Techn. 1936, H. 23, S. 521.

Fuchs: Das Prüfen des Rund- und Stirnlauffehlers kleiner Drehteile. Werkst.-Techn. Bd. 42 (1952) H. 3, S. 107.

Leinweber: Passung und Gestaltung. 2. Aufl. Abschn. 53 u. 542. Berlin: Springer 1942.

Leinweber: Toleranzen und Lehren. 5. Aufl. Berlin, Göttingen, Heidelberg: Springer 1948.

6 Zusammengesetzte Meßaufgaben

61 Formen, profilierte Körper

611 Ebene Formen

Formen, die in der Werkstatt geprüft werden müssen, setzen sich aus Geraden und Kreisbögen zusammen oder sind durch andere mathematische Kurven, z. B. Schraubenlinie, Evolvente, bestimmt. In besonderen Fallen sind Punkte der Kurve durch rechtwinklige oder Polarkoordinaten gegeben.

Bei profilierten Körpern kann in vielen Fallen der *Querschnitt in einer bestimmten Ebene* geprüft werden, und zwar dann, wenn sich der Körper senkrecht zu dieser Ebene erstreckt, z. B. gerades Stirnrad. Bei *räumlichen Kurven oder Flächen* muß der Meßpunkt oder die Meßebene genau definiert sein, z. B. Profil eines Gewindes: Achsenschnitt.

Beim *Prüfen einer Form in einer Ebene* kann man die Form als Ganzes erfassen oder Teilstucke nacheinander prüfen, z. B. Kreisbogen, gerade Stücke usw.

Projektion. Projektoren, behelfsmäßig auch mit optischer Bank, s. Abschn. 242. Anwendbar, wenn Höhe des Pruflings nicht größer als freier Objektabstand, Profilflache möglichst nur wenige mm hoch ist. Vergleich des projizierten Bildes mit Strichzeichnung auf Zeichenpapier, Mattscheibe, Zinkplatte oder mit Strichplatte. Bei hohen Profilflachen Formlehre aus dunnem Blech an den Prufling anschieben und auf Lichtspaltebene scharf einstellen.

Ungenauigkeit der Strichzeichnung bei größter Sorgfalt (am besten auf Zinkplatte): $\pm 100\,\mu$. Beim Vergleich mit dem Schattenbild sind Abweichungen von $300\cdots500\,\mu$ noch einwandfrei festzustellen. Das bedeutet bei Vergrößerung $50:1$ eine Vergleichsungenauigkeit von etwa $\pm 10\,\mu$. Am Meßtisch (Leitz, Abb. 24–2) können $5\,\mu$ abgelesen werden.

Projektion von Gewinde gibt nicht das Profil im Achserschnitt, weil (bei großer Steigung, kleinem Flankenwinkel) Teile der Gewindeflanke oberhalb und unterhalb des Achsenschnittes vorstehen. Schwenken des Tisches bewirkt Profilverzerrung.

Meßmikroskop, s. Abschn. 243. Ergibt genauere optische Prufung als durch Projektion. Das Gesichtsfeld der üblichen Mikroskope ist bei Vergrößerung $30:1$ etwa 7 mm $\varnothing$. Verglichen wird mit *Strichplatten,* die zwischen Objektiv und Okular gebracht werden: Gewindeprofile, Zahnformen, Rundungen, Winkel. Dabei wird nur verglichen und Abweichungen werden festgestellt. Messen kann man mit dem *Meßtisch* nach rechtwinkligen oder Polarkoordinaten und mit *Winkelmeßokular.*

Beispiel. Messen der Steigung und der Durchmesser am Gewinde, dabei wird der Meßtisch verschoben und das Maß als Unterschied der Einstellungen des Tisches bestimmt. Zweckmäßig werden Meßschneiden an die Flanken angelegt. Kippen des Tubus um den mittleren Steigungswinkel bewirkt für Flankendurchmesser und Steigung keinen Meßfehler; es ist nur beim Messen der Flankenwinkel unzulässig.

Storchschnabel und Mikroskop (Abb. 61–1). Der Storchschnabel wird mit einer Führungsspitze auf einen Punkt der aufgezeichneten Vergrößerung der Form eingestellt und der entsprechende Punkt des Pruflings mit Mikroskop mit Fadenkreuz anvisiert. Eine Abweichung wird am besten an der Führungsspitze beobachtet, nachdem das Fadenkreuz am Prüfling genau eingestellt ist. Prüfling und Strichzeichnung werden nach bemerkenswerten Punkten zueinander ausgerichtet. (Gleiches Prinzip bei der Profilschleifmaschine von Seidel & Naumann-Loewe.) Storchschnabel kann Kippfehler 1. Ordnung haben.

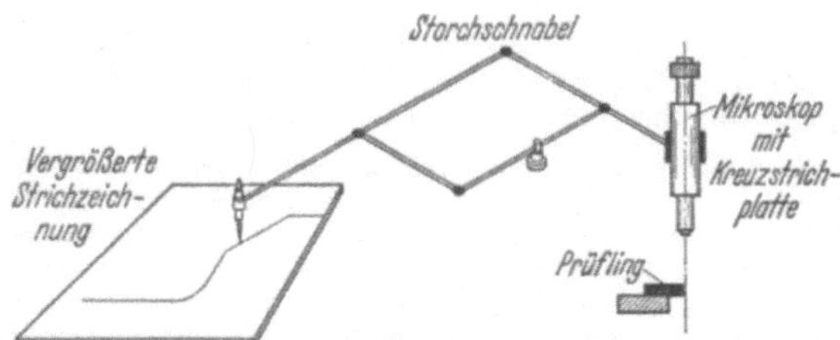

Abb. 61–1. Prüfen einer Form mit Storchschnabelmikroskop. Punktweises Abtasten.

Meßscheiben und Endmaße bei Formen, die für Mikroskop und Projektor zu groß sind, sofern sie sich aus Kreisbögen und Geraden zusammensetzen. Zum Messen sind zwei *Bezugsflächen* nötig, die rechtwinklig zueinander und zur Meßebene stehen, sauber bearbeitet sind, und von denen aus die einzelnen Maße bestimmt werden können.

Beispiel (Abb. 61–2). Die Koordinaten a_1, a_2 des Mittelpunktes der Rundung r werden gemessen, indem man in die Rundung eine Meßscheibe vom Durchmesser $2r$ einlegt; dazu sind gestufte Meßscheiben nötig, von denen man die passende auswählt.

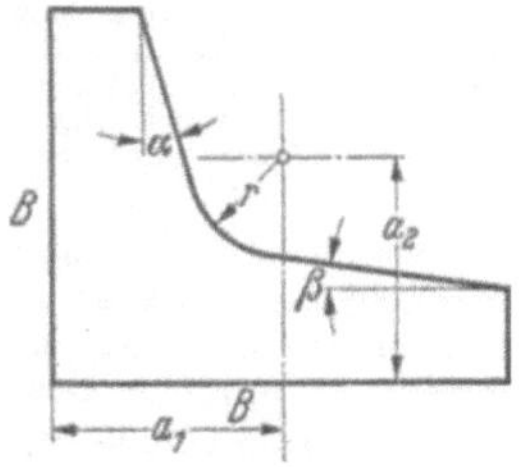

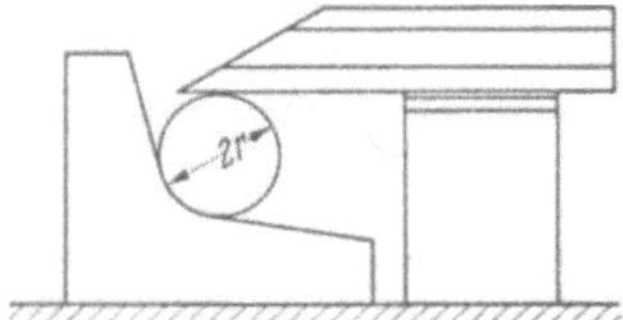

Abb. 61–2. Ebene Form, gebildet aus Rundung und geraden Stucken. B = Bezugsflächen.

Abb. 61–3. Messen der Lage der Rundung mit Meßscheibe, Endmaßen und Haarlineal.

Damit ist auch r bereits gemessen. Dann mißt man $a_1 + r$ und $a_2 + r$ mit Endmaßen und Haarlineal nach Abb. 61–3. Die Winkel α und β mißt man mit dem Universalwinkelmesser oder man berechnet an einer oder mehreren Stellen Hilfsmaße h_1, h_2 im Abstand s, t von den Bezugsflächen und prüft diese nach Abb. 61–4.

Für die Hilfsmaße gilt, wobei für r, a_1, a_2 *Ist*maße einzusetzen sind:

$$h_1 = a_1 - r \cdot \cos \alpha - (t - a_2 + r \cdot \sin \alpha)\, \mathrm{tg}\, \alpha$$
$$h_2 = a_2 - r \cdot \cos \beta - (s - a_1 + r \cdot \sin \beta)\, \mathrm{tg}\, \beta$$

Den Kontrollpunkt K wählt man am besten auf der Fläche, nicht an der Werkstückkante, weil diese nicht genau definiert und das Anvisieren schwierig ist. Die Abstände s und t werden durch Endmaße festgelegt. Für zwei verschiedene Werte s, s' erhält man h_2, h_2', ebenso für t und h_1. Aus den Unterschieden erhält man

$$\mathrm{tg}\,\alpha = \frac{\Delta h_1}{\Delta t} \qquad \mathrm{tg}\,\beta = \frac{\Delta h_2}{\Delta s}.$$

Damit läßt sich auch der tangentiale Übergang von der Rundung zu den geraden Stücken prüfen, besser als mit Haarlineal allein. Wichtig ist, daß die Anreißspitze scharf und unbeschädigt ist.

Um eine Form zu prüfen, die durch *eine mathematische* Kurve bestimmt ist, kann man in vielen Fällen durch ein Getriebe den Prüfling und einen Fühlhebel relativ so zueinander bewegen, daß die Tastspitze auf dem Prüfling die gewünschte Kurve beschreibt. Abweichungen von dieser Sollkurve werden am Fühlhebel angezeigt. Beispiel: Prüfung der Evolventenform an Zahnradflanken, s. Abschn. 631.1. Statt des Zeigergerätes kann auch ein Schreibgerät benutzt werden.

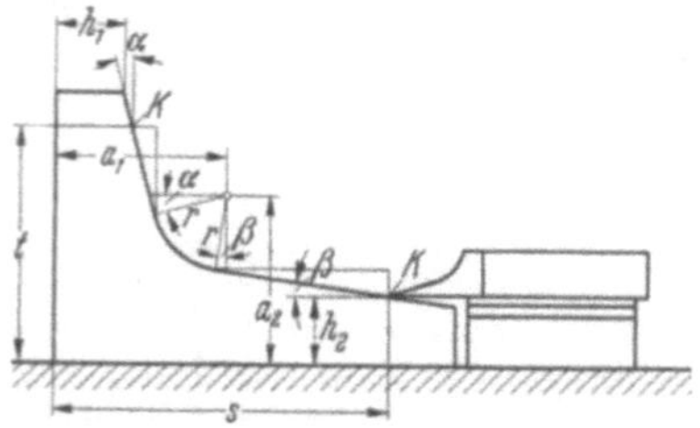

Abb. 61–4. Messen des Hilfsmaßes h_2 mit Endmaßen und Anreißspitze. K = Kontrollpunkte.

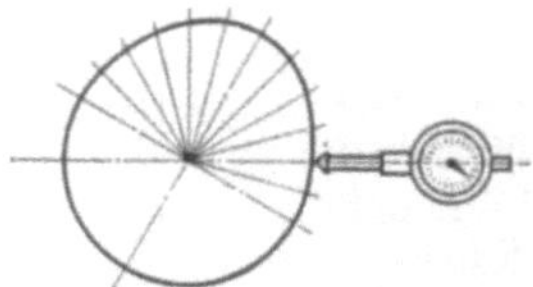

Abb. 61–5. Punktweise Messung einer Nockenform. Der Nocken wird mit einem Teilapparat auf verschiedene Winkel eingestellt und der Halbmesser abgelesen.

Kurven, die *punktweise gegeben* sind, können geprüft werden, indem man einen Fühlhebel von Punkt zu Punkt einstellt und die Änderung mißt, Abb. 61–5. Dabei ist die Rundung des Tastbolzens zu beachten. Macht man sie gleich der des Ventilstößels bei Steuernocken, so erhält man unmittelbar den Stößelhub. (Dieser ist zweckmäßig nebst der Rundung auf der Zeichnung anzugeben.)

Prüfung mit *Formlehren*, Formblechlehre s. Abb. 31–38. In letzter Zeit sind Geräte auf dem Markt, bei denen mittels Lupen die Übereinstimmung zwischen Prüfling und Formlehre beobachtet werden kann. Die Geräte eignen sich für laufende Prüfung, s. Abb. 24–3.

612 Räumliche Formen

Räumliche Formen, z. B. Kurvenkörper, werden entweder

1. in mehreren Ebenen geprüft, so daß in jeder Ebene eine ebene Kurve zu prüfen ist, oder

2. es muß eine räumliche Verschiebung eines Tastgerätes vorgenommen

werden, die der dem Prüflingskörper zugrunde liegenden Gesetzmäßigkeit entspricht.

Zu 1. Verfahren wie in Abschn. 611 beschrieben. Auf der Zeichnung müssen die Prüfebenen eindeutig angegeben sein.

Wenn es gelingt, das räumliche Problem auf ein ebenes zurückzuführen, wird die Messung meist vereinfacht. Dabei können aber auch Fehler auftreten, z. B. durch Tastspitzenrundung oder Dicke der Formlehre.

62 Gewinde

621 Lehrung

621.1 Grundsätzliches

Ein Gewinde ist im wesentlichen durch folgende zum Teil voneinander abhängende Größen bestimmt (vgl. Abschn. 168.3 und 168.4):

Flankendurchmesser	d_2 bzw. D_2[1]
Steigung	h bzw. H
Teilflankenwinkel	α_1 und α_2 bzw. A_1 und A_2
Außendurchmesser	d bzw. D
Kerndurchmesser	d_1 bzw. D_1.

Dazu Abflachungen und Abrundungen, von denen jedoch nur zu verlangen, daß sie Zusammenschraubbarkeit nicht behindern. Für die Funktion der Gewindepaarung sind Steigung und die Teilflankenwinkel von überragender Wichtigkeit, da durch sie Anlage an den Flanken und damit die Übertragung der axialen Kräfte bestimmt wird.

Da die Werkstücke mit einem Gegenstück gepaart werden, muß die Kontrolle nach dem Taylorschen Grundsatz (s. Abschn. 165,12) erfolgen, wonach auf der Gutseite eine Funktionsprüfung, auf der Ausschußseite die Kontrolle sämtlicher, voneinander unabhängiger Größen einzeln vorzunehmen ist.

Zwischen den drei wichtigsten Bestimmungsstücken: Steigung, Teilflankenwinkeln und Flankendurchmesser besteht funktioneller Zusammenhang. Fehler der Steigung und der Teilflankenwinkel werden danach durch Verkleinerung (Bolzen) bzw. Vergrößerung (Mutter) des Flankendurchmessers ausgeglichen (vgl. Abschn. 168.4).

$$d_2 = d_P - (f_h + f_a) \quad \text{bzw.} \quad D_2 = D_P + (f_H + f_A).$$

d_P bzw. D_P stellen den Paarungsdurchmesser des Werkstückes dar (s. Abschn. 161 und 163.12).

Ausgleichsbeträge f_h und f_a nach folgenden Formeln zu berechnen:

$$f_h = \frac{2 \cdot \delta h}{\operatorname{tg} \alpha_1 + \operatorname{tg} \alpha_2} \mu$$

$$f_a = \frac{0{,}291 \cdot t_2}{\sin \alpha} \cdot \left(\delta \alpha_1 \cdot \frac{\cos \alpha_2}{\cos \alpha_1} + \delta a_2 \cdot \frac{\cos \alpha_1}{\cos \alpha_2} \right) \mu,$$

(t_2 = Überdeckung in mm, $\delta \alpha$ in min)

---

[1] Kleine Buchstaben gelten für Außengewinde, große für Innengewinde.

die für symmetrisches Profil mit $\alpha_1 = \alpha_2 = \alpha/2$ übergehen in:

$$f_h = \delta h \cdot \operatorname{ctg} \alpha/2\,\mu \quad \text{und}$$

$$f_a = \frac{0{,}291}{\sin \alpha} \cdot t_2 \cdot (\delta a_1 + \delta a_2)\,\mu.$$

Durch Kontrolle des Kleinstmaßes von d_2 (Bolzenflankendurchmesser) bzw. des Größtmaßes von D_2 (Mutterflankendurchmesser) werden somit gleichzeitig die Fehler von h (Steigung) und von α_1 und α_2 (Teilflankenwinkel) eingeschränkt. Diese sind gewissermaßen als Formfehler aufzufassen. Wie sich praktisch gezeigt hat, wird im allgemeinen die gesamte d_2-Toleranz von jeder der drei Größen im groben Durchschnitt zu etwa $^1/_3$ in Anspruch genommen. Soll in bestimmten Fällen vermieden werden, daß zufällig eines der Bestimmungsstücke die volle Flankendurchmessertoleranz aufbraucht, so müssen die Istwerte von h, α_1 und α_2 gesondert ermittelt werden. Gewöhnlich genügt jedoch zur Kontrolle der drei Hauptbestimmungsstücke d_2, h und Teilflankenwinkel eine Gut- und eine Ausschußlehrung.

Maßgebend für die Mindestüberdeckung $t_2{}'$ einer Gewindeverbindung sind Außendurchmesser d des Bolzens und Kerndurchmesser D_1 der Mutter. Lehrung wie bei Rundpassungsteilen.

Die Größe des Bolzenkerndurchmessers d_1 ist nur zu einem gewissen Grade vom Flankendurchmesser mitbestimmt. Deshalb ist — gegebenenfalls zur Vermeidung der Kerbwirkungsgefahr bei zu scharf ausgeschnittenem Gewindegrund — Ausschußseite von d_1 gesondert zu kontrollieren. Dagegen wird im allgemeinen von einer Prüfung der Ausschußseite des Außendurchmessers D der Mutter abgesehen, da bei dieser Kerbwirkungsgefahr gering.

Bei den sogenannten Anlage- oder „identischen" Gewinden (s. Abschn. 624) muß außer den Gewindegrößen noch die Lage des Gewindemeßpunktes durch die Lehrung mit erfaßt werden.

621.2 Lehrenarten und ihre Anwendung
(s. a. Abschnitte 168.4 u. 313.5)

Innengewinde werden üblicherweise auf der Gutseite mit dem Gut-Gewinde-Lehrdorn, auf der Ausschußseite mit dem Ausschuß-Gewinde-Lehrdorn gelehrt. Ersterer besitzt volles Profil, und seine Länge muß — wegen des Ausgleichs fortschreitender Steigungsfehler der Muttern — etwa gleich, jedoch mindestens 80% der Einschraublänge EL sein. Obere Grenze der Lehrenlänge aus wirtschaftlichen Gründen etwa 1,25 EL (vgl. DIN 13, Blatt 14 u. Tafel 20). Somit entspricht der Gut-Gewinde-Lehrdorn völlig dem Taylorschen Grundsatz, während der Ausschuß-Gewinde-Lehrdorn mit verkürzten Flanken und wenigen Gängen diese Forderung nicht streng erfüllt. Zwar sind dadurch die Einflüsse der Steigungs- und Winkelfehler weitgehend herabgesetzt, doch werden immer noch die Abweichungen des Prüflings von der Rundheit mit ausgeglichen. Deshalb sollte in Fällen, wo unrundes Gewinde zu befürchten, an Stelle des Ausschuß-Gewinde-Lehrdornes ein anzeigendes Meßgerät mit verkürzten Meßstücken (Rippenrollen, Gewindebacken o. ä.) verwendet werden. Bei praktisch vernachlässigbarer Unrundheit des Prüflings sind solche Geräte — ausgerüstet mit entsprechenden Gut-Meßstücken — auch zur Kontrolle der

Gutseite verwendbar. Der bei Rippenrollen — wie bei der Rollenlehre für Außengewinde — auftretende, hier aber negative Anlagefehler hebt sich fort, da er an Prüfling und Einstell-Gewinde-Lehrring praktisch gleich groß ist.

Bei Lehrung von *Außengewinden* völlig dem Taylorschen Grundsatz entsprechend: Gutseite Gut-Gewinde-Lehrring, Ausschußseite Flanken- oder Gewinde-Rachenlehre mit verkürzten Meßstücken. Gut-Gewinde-Lehrring heute im allgemeinen — außer für dunnwandige Teile — durch Gewinde-Rachenlehre ersetzt, die sich für alle genormten Gewinde (außer Rundgewinde) als brauchbar erwiesen. Vorteile: geringerer Meßweg als beim Lehrring, damit kleinere Abnutzung, verkürzte Kontrollzeit, besonders wenn hinter den Gutmeßstücken auch noch diejenigen für die Ausschußseite angebracht.

Die Gutlehrung mit Gewinde-Rachenlehre entspricht nicht streng Taylors Forderung, da sie keine vollkommene Formprüfung darstellt. Trotzdem in der Praxis im allgemeinen bewährt, da bei den modernen Herstellverfahren praktisch genügende Rundheit des Gewindes gewährleistet. Außerdem Unrundheit durch Drehen des Prüflings zu erfassen.

Meßstücke bei Gewinde-Rachenlehren: Rillenbacken, Gewinderollen sowie feste oder drehbare Rippenrollen, wovon sich letztere am besten bewährt haben. Sie haben ein dem Axialschnitt des Gewindes entsprechendes Profil. Um Abnutzung durch Nachstellen ausgleichen zu können, werden die Rollen zweckmäßig exzentrisch gelagert. Die Rollen für die Gutseite sind — entsprechend der Gut-Gewindelehre — mit vollem Profil auzustatten und dürfen nicht kürzer als 0,8 EL sein, damit die Abweichungen der Steigung und der Teilflankenwinkel von ihren Sollwerten mit erfaßt werden (Paarungsmaß). Ausschußrollen aber mit verkürztem Profil und mit nur ein bzw. zwei Gängen.

Die Gewinde-Rachenlehren werden nach Einstell-Gewinde-Lehrdornen eingestellt. Da dies unbeeinflußt von dem Fehler der Steigung und der Teilflankenwinkel von Rollen und Einstellehren erfolgen muß (damit möglichst genau das geforderte Istmaß und kein dieses übersteigendes Paarungsmaß eingestellt wird), werden letztere mit verkurztem Profil und mit einer Länge von vier Gang ausgeführt. Vier Gänge sind nötig, um Verkippung zu vermeiden. Der Einstell-Gewinde-Lehrdorn für die Ausschußseite der Rollenlehre hat dagegen volles Gewindeprofil, da schon die Ausschußmeßstücke verkürzte Flanken aufweisen. Gangzahl der Ausschußseite beim Einstelldorn beliebig, aber aus wirtschaftlichen Gründen auf wenige Gänge zu beschränken.

Für den Gebrauch der Gewinde-Rachenlehre gelten die gleichen Vorschriften, wie sie DIN 2062 für glatte Rachenlehren enthalt, s. Abschn. 164.3. Danach muß die Rachenlehre durch ihr Eigengewicht bzw. durch die Gebrauchsbelastung uber den leicht gefetteten Einstelldorn und Prufling gleiten. Man kann auch Prufling und Einstelldorn — vorausgesetzt, daß beide annähernd gleiches Gewicht haben — durch die feststehende Rachenlehre gleiten lassen.

In der Einzelfertigung verstellbare Gewinde-Rachenlehren zweckmäßig, bei denen der eine Schenkel über einen größeren Bereich verstellbar. Besonders wirtschaftlich bei der Herstellung von Feingewinden, da Steigungen über größere Durchmesserbereiche gleich bleiben. Die verstellbare Gewinde-Rachenlehre wird folgendermaßen auf einen gerade benötigten Durchmesser d eingestellt: Mit Hilfe eines Paares vorhandener Einstellgewinde-Lehrdorne (Gut- und Ausschußseite), deren Flankendurchmesser d_2' bzw. d_2'' am günstigsten etwa im untersten Viertel des gesamten Verstellbereiches liegen sollen, wird die Gewinde-Rachenlehre eingestellt, so daß auch sie den

Durchmesser d_2' bzw. d_2'' aufweist. Jetzt fühlt man den Abstand zwischen den Spitzen der Rollen oder – besser – zwischen zwei dafür an einigen Ausführungen vorgesehenen Meßzapfen mit Parallelendmaßen aus. Um die Rachenlehre für den verlangten Durchmesser d verwenden zu können, werden die Endmaße um den Betrag $d - d'$ bzw. $d - d''$ geändert und damit die Rachenlehre verstellt. Das aber nur über einen begrenzten Bereich statthaft, da der Anlagefehler (18; 19) bei gleicher Steigung sich stark mit dem Durchmesser ändert (Abb. 62–1).

Gut-Gewinde-Lehrdorn und -Lehrring im allgemeinen im Grunde freigearbeitet, so daß sie die Gutseite von D_1 bzw. von d nicht mit prüfen.

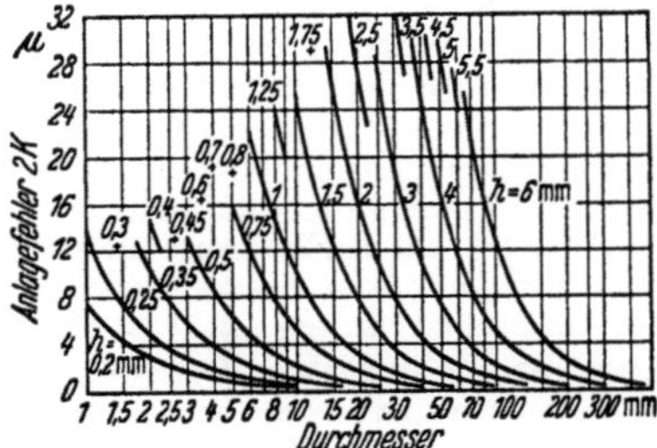

Abb. 62–1. Der Anlagefehler von Rippenrollen in Abhängigkeit vom Nenndurchmesser bei metrischen Gewinden.

Gleiches gilt — infolge des Anlagefehlers — für d und d_1 bei Gewinde-Rachenlehren mit Rippenrollen. Deshalb müssen Gut- und Ausschußseite von D_1 und d mit Rundpassungslehren und die Ausschußseite von d_1 durch eine Rachenlehre mit Spitzen oder Schneiden kontrolliert werden. Für den Fall, daß Ausschußseite von D von Bedeutung (Kerbwirkung bei geringer Wanddicke, Rohr), benutzt man Gewindelehrdorne mit möglichst nur einem schlanken Gang, der ausschließlich an seinem äußeren Umfange trägt.

Bei der Lehrung von Anlagegewinden (Abschn. 624) muß außer den eigentlichen Gewindebestimmungsgrößen noch der Abstand des Gewindemeßpunktes von seiner Bezugsfläche mit erfaßt werden. Zweckmäßig wird in den meisten Fällen die Lage der sogenannten Meßpunktebene als Winkel toleriert. Seine Kontrolle erfolgt bei der Gutprüfung des Gewindes, da für den Meßpunktabstand bzw. die Lage der Meßpunktebene der Steigungsfehler des Prüflings von Bedeutung ist. Vorteilhaft werden die Lehren der Gutseite dem jeweiligen Gegenstück des Prüflings nachgebildet. Die Lage der Meßpunktebene bzw. ihre Winkeltoleranz wird durch Markenstriche gekennzeichnet, zwischen denen bei der Lehrung das zu kontrollierende Bestimmungsstück (Nut, Nocken o. ä.) des Prüflings bei Toleranzhaltigkeit liegen muß.

622 Messungen von Außengewinden

622.1 Messung der Steigung

Die Steigung ist (Abschn. 168.3) definiert als der achsenparallele Abstand zweier gleichgerichteter Flanken. Da sich immer nur der größte (positive oder negative) Summenfehler δh_{max} bei der Paarung auswirkt, ist *der Steigungsfehler der — ohne Rücksicht auf das Vorzeichen — größte am Prüfling beobachtete Summenfehler* (Abb. 62–2). Er setzt sich aus dem fortschreitenden und aus örtlichen Fehlern von Gang zu Gang oder innerhalb der einzelnen Gänge zusammen.

Bei Meß- (z. B. von Meßschraubenspindeln) und Bewegungsgewinden (z. B. Leitspindeln) kommt es allein auf die relative Verschiebung von Spindel und Mutter an; sie ist verhältnismäßig einfach genau zu ermitteln. Dabei hat sich gezeigt, daß sich hauptsachlich die Fehler der Spindel auswirken, während die des Muttergewindes nur von geringem Einfluß sind[1]. Schädlich vor allem positive örtliche Fehler der Spindel (zu dicke Zähne), wohingegen gelegentliche negative örtliche Abweichungen unbedenklich sind. Positive örtliche Fehler des Muttergewindes wirken nur dann, wenn sie (absolut) kleiner als ein negativer der Spindel sind. Ein fortschreitender Fehler der Mutter ist wirkungslos, ein solcher der Spindel macht sich aber mit seinem ganzen Betrag bemerkbar.

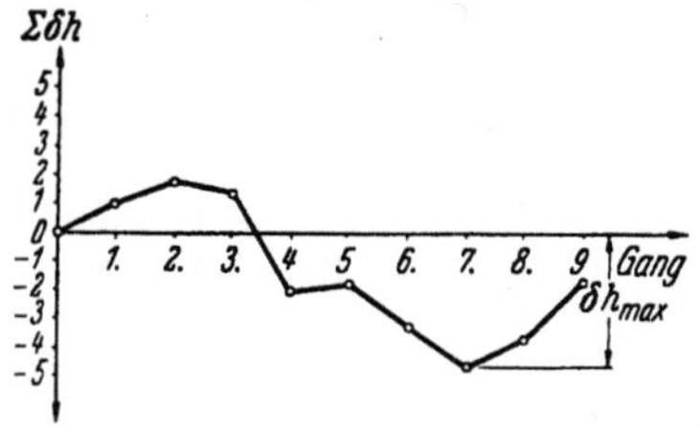

Gang	Einzel-fehler δh	Summen-fehler $\Sigma\delta h$
0···1	+ 1,0	+ 1,0
1···2	+ 0,8	+ 1,8
2···3	— 0,6	+ 1,2
3···4	— 3,2	— 2,0
4···5	+ 0,2	— 1,8
5···6	— 1,4	— 3,2
6···7	— 1,5	— 4,7
7···8	+ 0,8	— 3,9
8···9	+ 2,0	— 1,9

Abb. 62–2. Beispiel fur die Berechnung des Summensteigungsfehlers $\Sigma\delta h$ aus den von Gang zu Gang bestimmten Einzelfehlern δh. Verlauf von $\Sigma\delta h$ mit der Steigung. Aus Tabelle oder Kurve ist der fur die Paarung maßgebende große Summensteigungsfehler δh_{max} sowie der fur Dreidraht- und Zahndickenverfahren benotigte mittlere Fehler δh_{mittel} zu entnehmen.

$$\delta h_{max} = - 4{,}7\,\mu$$
$$\delta h_{mittel} = - \frac{1{,}9}{9}$$
$$\approx - 0{,}2\,\mu$$

Dem Verwendungszweck des Pruflings entsprechend, sind folgende zwei Verfahren zu unterscheiden:

A. Messung der Steigung am Einzelstuck (Lehre, Befestigungsgewinde).
B. Messung der relativen Verschiebung von Bolzen und Mutter (Bewegungs- und Meßgewinde).

Die Verfahren nach A. sind grundsatzlich auf zwei Fälle zurückzufuhren:

a) Anlage der Meßstucke nur an einer Flanke der Lucke (z. B. Meßschneide).
b) Anlage der Meßstucke an beide Flanken der Lucke (z. B. Kugel).

Im Fall a) erhalt man den achsenparallelen Abstand zweier gleichgerichteter Flanken (definitionsgemaße Steigung, die wegen Axialluft allein den praktischen Verhaltnissen entspricht). Verfahren b) gibt den Abstand der Profilmittellinien. Fur Gewindelehren und zur Aufdeckung einzelner Fehlerquellen an Befestigungs- und Bewegungsgewinden kommen nur die Verfahren a) in Frage, wahrend b) fur Messungen nachgeordneter Genauigkeit brauchbar ist.

Die Steigung von Außengewinden wird am genauesten mit Komparator (z. B. UMM) bestimmt. Dabei Anschieben einer Meßschneide an die Ge-

---

[1] Neben Steigungsfehlern wirken sich auch Teilflankenwinkelfehler aus.

windeflanke. Der Okularstrich wird auf einen feinen zur Schneidenkante und damit zur Flanke im Axialschnitt parallelen Markenstrich eingestellt,

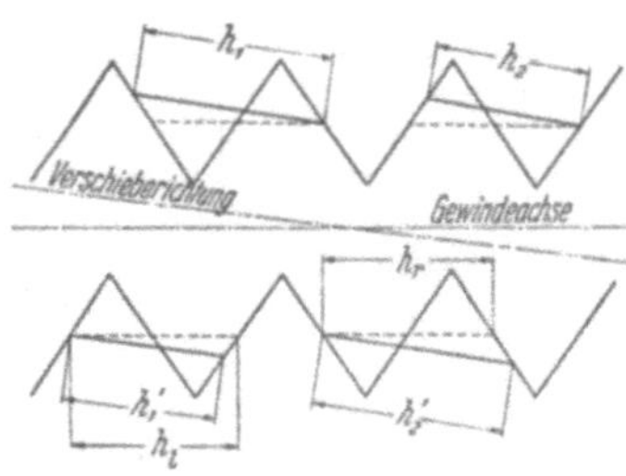

Abb. 62–3.
Optische Messung der Steigung
gemessen: h_1 und h'_1 oder h_2 und h'_2.

$$h_l = \frac{1}{2}\,(h_1 + h'_1) \qquad h_r = \frac{1}{2}\,(h_2 + h'_2).$$

die Schneide an die zweite Flanke angeschoben und ihr Markenstrich wieder mit dem Mikroskop eingefangen. Der Abstand des Schneidenstriches von der Kante hebt sich bei der Messung heraus und braucht deshalb (das gilt nur für die Steigerungsmessung) nicht bekannt zu sein. Messung ohne Schneiden (Einstellung auf Schattengrenze des Prüflings) ungenau, da Auffassung der Schattengrenze ziemlichen Schwankungen unterliegt.

Gewindeachse und Verbindungslinie der Zentrierbohrungen fallen praktisch nie völlig zusammen. Um alle durch Schieflage (in waagerechter und senkrechter Ebene) verursachten Fehler bis auf Größen 2. Ordnung auszuschalten, muß die Steigung als Mittelwert der Messungen zwischen Rechts- (Links-) Flanken auf der einen und Links- (Rechts-) Flanken auf der anderen Seite des Prüflings bestimmt werden.

$$h = \frac{1}{2}\,(h_1 + h'_1) \quad \text{oder} \quad h = \frac{1}{2}\,(h_2 + h'_2) \quad \text{(Abb. 62–3)}.$$

Dadurch wird die definitionsgemäße Steigung erhalten und nicht — wie bei der Messung an Rechts- und Linksflanken an derselben Seite — der Abstand der Profilmittellinien.

Bei Gewindelehren muß man mit Schieflagen bis zu 5′ rechnen, Fehler s. Tab. 621–1.

Tabelle 621–1

Berechnete Fehler in μ beim Messen von h, wenn die Mittellinie um 5′ schief steht (in der waagerechten Ebene).

Fehler von	Metr. Gew.	Wth.-Gew.	Trapez-Gew.	Sägengewinde	
				α_1	α_2
h_1	$+\,0{,}8418 \cdot h$	$+\,0{,}7590 \cdot h$	$+\,0{,}3911 \cdot h$	$+\,0{,}0773 \cdot h$	
h'_1	$-\,0{,}8383 \cdot h$	$-\,0{,}7558 \cdot h$	$-\,0{,}3886 \cdot h$	$-\,0{,}0752 \cdot h$	
h_2	$-\,0{,}8383 \cdot h$	$-\,0{,}7558 \cdot h$	$-\,0{,}3886 \cdot h$		$-\,0{,}8383 \cdot h$
h'_2	$+\,0{,}8418 \cdot h$	$+\,0{,}7590 \cdot h$	$+\,0{,}3911 \cdot h$		$+\,0{,}8418 \cdot h$
$\frac{1}{2}\,(h_1 + h'_1)$	$+\,0{,}0018 \cdot h$	$+\,0{,}0016 \cdot h$	$+\,0{,}0012 \cdot h$	$+\,0{,}00106 \cdot h$	$+\,0{,}00176 \cdot h$
$\frac{1}{2}\,(h_1 + h_2)$	$+\,0{,}0018 \cdot h$	$+\,0{,}0016 \cdot h$	$+\,0{,}0012 \cdot h$	$-\,0{,}3833 \cdot h$	$+\,0{,}3805 \cdot h$

Die Anlage einer Schneide an eine Flanke und die Einstellung auf deren Strichmarke ist zusammen mit einer Unsicherheit von $\pm$ 0,25/cos α_1 bzw. $\pm$ 0,25/cos $\alpha_2\mu$ durchführbar, so daß man fur die zwei die Meßstrecke begrenzenden Flanken mit einem Anschub- und Einstellfehler von $\pm$ 0,375/cos α_1 bzw. $\pm$ 0,375/cos $\alpha_2\,\mu$ rechnen kann. Damit wird die gesamte Unsicherheit der Steigungsmessung auf dem UMM unter Berucksichtigung von Maßstab- und Komparatorfehler:

$$f_g = \pm \left(0,5 + \frac{0,375}{\cos \alpha_1 \text{ bzw. } \alpha_2} + \frac{3 \cdot h}{100} \right) \mu. \ (h \text{ in mm}),^{[1]}$$

und mit den Teilflankenwinkeln der genormten Gewinde

$$f_g \approx \pm \left(0,9 + \frac{3 \cdot h}{100} \right) \mu.$$

Ohne Benutzung von Schneiden mit Profilstrichplatte wird beim UMM $f_g \approx \pm \left(4 + \frac{3 \cdot h}{100} \right) \mu$ und beim Werkzeugmikroskop (We-Mi) $\pm \left(7 + \frac{3 \cdot h}{100} \right) \mu$. Benutzt man beim UMM bzw. We-Mi an Stelle eines Okulars mit einem Faden ein solches mit Profilstrichplatte, so erhalt man damit die Steigung als achsenparallelen Abstand der Profilmittellinien, falls man auf den geringsten Abstand zwischen Flankenbild und Profilbegrenzung einstellt. Unsicherheit ist die gleiche wie bei Verwendung des Fadenokulars (ohne Schneiden).

Für weniger hohe Ansprüche in bezug auf Meßunsicherheit oder für den Fall, daß der Prüfling wegen seiner Größe in den obengenannten Meßgeräten nicht aufzunehmen ist ($d > 100$ mm), stehen Gerate mit Kugelmeßstücken, Profilschneiden oder Spitzen zur Verfugung (Steigungsprüfer [Zeiss] oder Stehbolzen-Prüfgerate [Zeiss, Mahr]).

Der Steigungsprüfer wird nach Normal (Lehre) eingestellt und die Abweichungen der Steigung des Pruflings von der der Lehre mit Hilfe eines eingebauten Fühlhebels ermittelt. Zum Einstellen und Messen wird das Gerät auf Lehre und Prüfling aufgesetzt. Außer den beiden Kugelmeßstücken, von denen eines fest am Gehause angebracht ist und das andere auf den Fühlhebel wirkt, ist noch eine Stutzkugel gleichen Durchmessers vorgesehen. Diese gegenüber der Verbindungslinie der beiden Meßkugeln schwenkbar, um Gerät achsenparallel zu stellen. Größte Meßunsicherheit $\approx \pm 8\,\mu$.

Das Stehbolzenprüfgerät ist ein Standgerät zum raschen Messen der Steigung von Stehbolzengewinden. Der Prüfling ruht während der Messung in zwei V-Nuten. Zwei Profilschneiden (besser: Kugeln), die sich von unten in zwei Gewindegange einlegen, geben uber einen Fühlhebel die Abweichung der Steigung des Pruflings von der des Normals, nach dem Gerät eingestellt.

Bei Meß- und Verstellgewinden ist die Relativverschiebung zwischen Bolzen und Mutter zu bestimmen. Grundsätzlich geht man dabei folgendermaßen vor:

---

[1] Vgl. die von Zeiss-Opton angegebenen Formeln in Abschn. 243, die fur den ungunstigsten Fall mit der praktischen Erfahrung übereinstimmen.

Die in einer geeigneten Meßvorrichtung (ohne Axialverschiebung) drehbare Spindel (bzw. Mutter) verschiebt die dazugehörige Mutter (bzw. Spindel), die gegen Drehung gesichert ist. Dabei wird die durch eine bestimmte Verdrehung bewirkte Verschiebung mittels Strichmaßstab und Mikroskop (Leitspindelprüfer, Steigungsmeßmaschine) oder durch Fühlhebel und Endmaße gemessen. Die Verdrehung um bestimmte Beträge erfolgt mit Hilfe eines sehr guten Teilkopfes oder einer Raste mit Anschlag, einer Teilscheibe mit Mikroskop oder eines Prismas mit Autokollimationsfernrohr.

622.2 Messung der Teilflankenwinkel

Teilflankenwinkel von Gewinden am zuverlässigsten auf dem UMM und dem We-Mi nach dem sogenannten Lichtspaltverfahren zu ermitteln: Meßschneide bis auf schmalen Lichtspalt der Flanke genahert, parallel zu Lichtspalt wird Faden des Winkelokulars ausgerichtet. Dadurch ungleichmäßige Schneidenabnutzung und Anschubfehler ohne Einfluß. Um eine etwaige Unparallelität zwischen Körner- und Gewindeachse auszugleichen, sind die beiden Teilflankenwinkel auf beiden Seiten des Prüflings zu messen und folgende Mittelwerte zu bilden:

$$\alpha_1 = \frac{I + III}{2}$$

$$\alpha_2 = \frac{II + II'}{2} \quad \text{(Abb. 62–4)}.$$

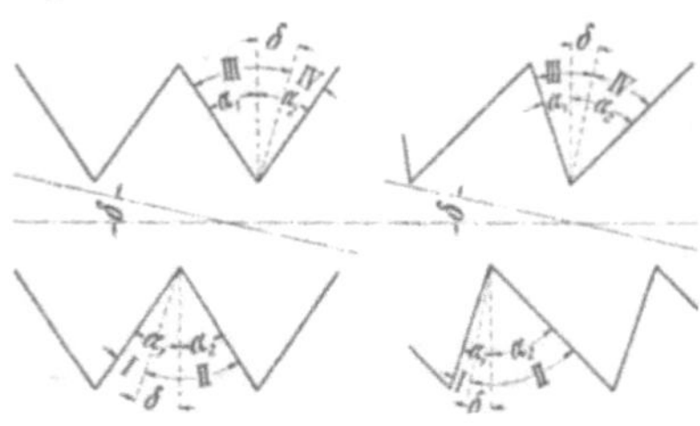

Abb. 62–4: Optische Messung der Teilflankenwinkel $\begin{cases} \alpha_1 = \dfrac{1}{2}\,(I + III) \\ \alpha_2 = \dfrac{1}{2}\,(II + IV') \end{cases}$.

Die Unsicherheit der Winkelmessung nach dem geschilderten Verfahren kann man zu

$$f\alpha_1 = f\alpha_2 = \pm\left(3 + \frac{2}{L}\right) \text{min}$$

ansetzen (L [in mm] = Lange der geraden Flanke).

Ist eine größere Unsicherheit tragbar, so können die Winkel ohne Benutzung der Schneiden gemessen werden (Okularfaden parallel zum Schattenbild der Flanke ausgerichtet). Mit achsensenkrecht stehendem Mikroskop sind infolge der raumlichen Krümmung der Schraubenflache Flanken im Axialschnitt nicht sichtbar. Man sieht nur das unscharfe Bild von Flankenteilen außerhalb des Axialschnittes. Die dabei auftretende größere Meßunsicherheit verringert sich, wenn das Mikroskop unter dem Steigungswinkel geneigt wird, auf die oben fur das Lichtspaltverfahren angegebene. Es werden dann aber nicht die Teilflankenwinkel im Axialschnitt, sondern in einer dazu um φ geneigten Ebene bestimmt und mussen nach folgender Formel (bei größeren Steigungswinkeln) umgerechnet werden:

$$\text{tg}\,\alpha_1 = \frac{\text{tg}\,\alpha_1'}{\cos\varphi} \approx \text{tg}\,\alpha_1'\left(1 + \frac{1}{2}\frac{h^2}{d_2^2\,\pi^2}\right).$$

Die Teilflankenwinkel von Pruflingen, die wegen ihrer Größe nicht im UMM bzw. We-Mi aufgenommen werden können, sind mit Hilfe des Gewindeprofilmikroskopes zu messen. Dieses Gerat wird — ahnlich wie der Steigungsvergleicher — auf den Prufling aufgesetzt.

622.3 Mechanische Messung des Flankendurchmessers

Der Flankendurchmesser eines Gewindes wird gemeinhin definiert als der achsensenkrechte Abstand zweier paralleler Flanken. Diese Begriffsbestimmung gilt indessen nur bei (in Praxis nie vorkommenden) völlig symmetrischem Profil. Allgemeingültig folgende Definition: Der Flankendurchmesser ist der achsensenkrechte Abstand der Flankenmitten (wo die Zahndicken = Lückenweiten sind) des scharf ausgeschnitten gedachten Profils. Daraus darf aber nicht geschlossen werden, daß man den Flankendurchmesser aus d und d_1 berechnen kann, da Abflachung und Abrundung praktisch nie denselben Wert haben. Selbst wenn dies der Fall, wurden aber doch praktisch die Achsen dieser drei Durchmesser nie zusammenfallen. Der Flankendurchmesser muß somit selbst gemessen werden.

Weit verbreitet ist die Messung von d_2 mit Hilfe der Flankenmeßschraube. Dies ist eine Bugelmeßschraube mit entsprechenden Einsatzen (Kegel und Kimme), die in Amboß und Spindel der Meßschraube angebracht werden. Zur Einstellung werden Einstellehren oder Gewinde-Lehrdorne verwendet, s. Abb. 233–5.

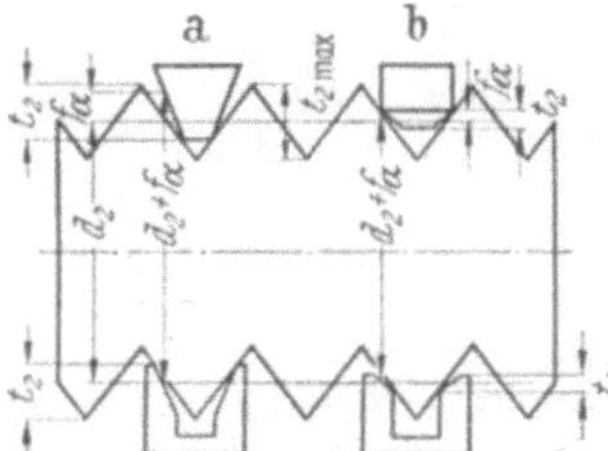

Abb. 62–5. Messung des Flankendurchmessers eines Bolzens mittels Kegel und Kimme.
a) Bei voller Flankenlange der Meßstucke (Flankenwinkel des Gewindes großer als der der Meßstucke).
b) Bei verkurzter Flankenlange der Meßstucke (Flankenwinkel des Gewindes kleiner als der der Meßstucke):
d_2 = Ist-Flankendurchmesser
$d_2 + f\alpha$ = gemessener Wert
$t_{2\,max}$ = theoretische Überdeckung
t_2 = tatsachliche Überdeckung.

Kegel und Kimme ergeben nur dann Istwert von d_2, wenn ihre Winkel genau mit dem Teilflankenwinkel des Pruflings ubereinstimmen (Abb. 62–5). Das ist jedoch praktisch nicht zu verwirklichen. Daher wird eine Art Paarungsdurchmesser (aber ohne Steigungsfehlerausgleich) bestimmt, der um den zum Ausgleich der Winkelfehler nötigen Betrag größer als der Flankendurchmesser ist. Deshalb Meßschraube mit Kegel und Kimme zur Messung des Ist-Flankendurchmessers (Ausschußseite) nicht geeignet, aber auch Gutseite nicht einwandfrei kontrolliert. Um praktisch genugend den Ist-d_2 zu erhalten, mussen wie bei Ausschuß-GLD Flanken verkurzt werden, wodurch eine wesentliche Verbesserung zu erzielen ist. Während sich bei der Benutzung von Kegel und Kimme mit voller Flanke die Meßfehler auf $47\,\mu$ (bei $h = 1$ mm) bis $\approx 180\,\mu$ ($h = 10$ mm) belaufen können, braucht man bei verkurzten Meßstücken hochstens mit $30\,\mu$ ($h = 1$ mm) bis $21\,\mu$ ($h = 10$ mm) zu rechnen. Diese Werte gelten für unmittelbare Messungen an Bolzen, fur Lehren etwa halb so groß. Bestimmt man den d_2 des Prüflings durch Vergleich mit dem eines Normals, so gehen die angegebenen Fehlerbeträge auf $\approx$ $^2/_3$ zuruck. Somit kommt das Flankenmikrometer für Lehren-messungen nicht in Frage, wohl aber ist es — mit verkürzten Meßstücken —

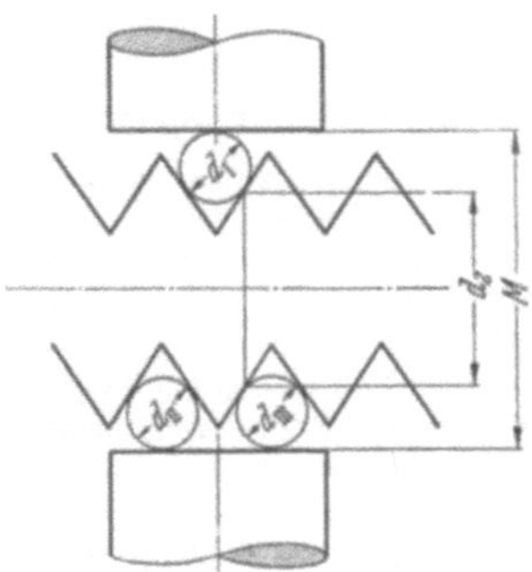

Abb. 62–6. Dreidrahtverfahren.

für die Ausschußkontrolle von Werk-stückgewinden brauchbar..

Dem Flankenmikrometer weit uberlegen und den — später zu be-sprechenden — optischen Verfahren gleichwertig ist bei sachgemäßer An-wendung die Dreidrahtmethode. Dabei werden zwei Drähte in benach-barte Lücken auf der einen und ein Draht in die gegenüberliegende Lücke auf der anderen Seite des Prüflings eingesetzt (Abb. 62–6).

Mit Meßschraube oder Fühlhebel (Vergleich gegen Endmaße) wird das Prüfmaß M über die Drähte ermittelt. Aus M folgt der Flankendurchmesser fur symmetrisches Profil aus

$$d_2 = M - d_D \left(\frac{1}{\sin \alpha/2} + 1 \right) + 1/2\, h \cdot \operatorname{ctg} \alpha/2 + A_1 + A_2$$

und für unsymmetrisches Gewinde aus

$$d_2 = M - d_D \left[1 + \frac{\cos 1/2\,(\alpha_2 - \alpha_1)}{\cos 1/2\,(\alpha_1 + \alpha_2)} \right] + h\, \frac{\cos \alpha_1 \cdot \cos \alpha_2}{\sin (\alpha_1 + \alpha_2)} + A_1 + A_2.$$

In diesen Gleichungen bedeuten

$$
\left.
\begin{array}{l}
d_D = \text{mittlerer Drahtdurchmesser} \\
\alpha_1, \alpha_2, \alpha/2 = \text{Teilflankenwinkel} \\
h = \text{Steigung}
\end{array}
\right\} \quad \text{Istwerte}
$$

$A_1 =$ Zusatzglied für die Schiefstellung der Drahte
$A_2 =$ Zusatzglied fur die Abplattung der Drahte.

Zur Berechnung von d_2 ist außer dem Prüfmaß M die Kenntnis des Drahtdurchmessers d_D (Mittelwert der Durchmesser der drei benutzten Drahte)[1], der Teilflankenwinkel, der Steigung sowie der Korrekturglieder

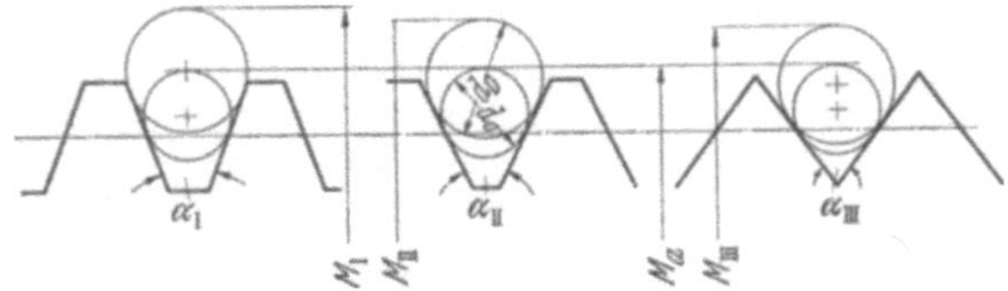

Abb. 62–7. Einfluß der Flankenwinkelfehler auf das Prüfmaß M bei gunstigstem (d_s) und größerem (d_D) Drahtdurchmesser.

$$\alpha_I < \alpha_{II} < \alpha_{III}$$
$$M_I > M_{II} > M_{III}$$

---

[1] $d_D = \frac{1}{2}\left[d_I + \frac{1}{2}\,(d_{II} + d_{III}) \right]$ (s. Abb. 62–6).

für Schräglage und Abplattung erforderlich. In die obigen Gleichungen ist die *mittlere* Steigung (in mm) des Prüflings einzusetzen. Benutzt man zur Messung Drähte, die sich in der Mitte der Flanken des scharf ausgeschnitten gedachten Profils anlegen (Abb. 62–7), so ist bei symmetrischem Profil der Einfluß der Abweichungen des Teilflankenwinkels vom Sollwert auf das Prüfmaß klein von der 2. Ordnung.

Der Durchmesser d_0 — der sogenannte günstigste Drahtdurchmesser — berechnet sich aus

$$d_0 = \frac{1}{2} \frac{h}{\cos \alpha/2}$$

und ist für die wichtigsten Gewinde mit symmetrischem Profil:

Profil	$a/2$	d_0
Metrisch	30°	
USSt u UN	30°	0,57735 · h
Whitworth	27°30′	0,56375 · h
Trapez	15°	0,51765 · h
BA	23,75°	0,54626 · h

Setzt man den Wert d_0 in die Gleichung für d_2 ein, so erhält man

$$d_2 = M - 1/2\, h \left(\frac{\sin \alpha/2 + 1}{\cos \alpha/2} \right) + A_1 + A_2.$$

Damit wird (für den Sollwert von α):

$$\text{Metrisch u. USSt: } d_2 = M - 0,86603 \cdot h + A_1 + A_2$$
$$\text{W: } d_2 = M - 0,82397 \cdot h + A_1 + A_2$$
$$\text{Trapez: } d_2 = M - 0,65167 \cdot h + A_1 + A_2$$
$$\text{BA: } d_2 = M - 0,77240\, h + A_1 + A_2$$

Bei unsymmetrischem Profil ist Einfluß der Fehler des Hauptflankenwinkels α_1 (der kleinere der beiden Teilflankenwinkel) nicht zum Verschwinden zu bringen, da ein Draht mit dafür berechnetem günstigsten Durchmesser nicht über das Gewindeprofil hinausragt. Deshalb Meßdrähte verwenden, die in der Mitte des Teilflankenwinkels α_2 anliegen, so daß nur dessen Einfluß zu Null wird. Der günstigste Drahtdurchmesser d_0 errechnet sich dann zu

$$d_0'' = \frac{1}{2} h \cdot \frac{\cos \alpha_1}{\cos^2 \frac{1}{2}(\alpha_1 + \alpha_2)}.$$

Für die Sägengewinde nach DIN 514 ($\alpha_1 = 3°$; $\alpha_2 = 30°$) wird

$$d_0'' = 0,54313 \cdot h,$$

und damit:

$$d_2 = M - 0,81475 \cdot h + A_1 + A_2. \quad (h = \text{Istwert der mittleren Steigung.})$$

Einfluß der Fehler der Bestimmungsgrößen auf den d_2 s. Tab. 622-2.

Infolge der Raumkrümmung der Schraubenflächen legen sich die Meßdrähte nicht im Achsenschnitt, sondern in zwei Punkten der Flanken an,

Tabelle 622–2

Fehler	Einfluß auf d_2 ∂d_2	∂d_2 bei			
		Metr	W	Tr	Sag
∂M	$\pm \partial M$	$\pm\, \partial M$	$\pm\, \partial M$	$\pm\, \partial M$	$\pm\, \partial M$
∂d_D	$\mp \left(1 + \dfrac{\cos\frac{1}{2}(\alpha_2 - \alpha_1)}{\sin\frac{1}{2}(\alpha_2 + \alpha_1)}\, \partial d_D \right)$	$\mp\, 3 \cdot \partial d_D$	$\mp\, 3{,}2 \cdot \partial d_D$	$\mp\, 4{,}9 \cdot \partial d_D$	$\mp\, 4{,}4 \cdot \partial d_D$
∂h	$\pm \dfrac{\cos\alpha_1 \cdot \cos\alpha_2}{\sin(\alpha_1 + \alpha_2)} \cdot \partial h$	$\pm\, 0{,}9 \cdot \partial h$	$\pm\, 1{,}0 \cdot \partial h$	$\pm\, 1{,}9 \cdot \partial h$	$\pm\, 1{,}6 \cdot \partial h$
$\partial\alpha_1 + \partial\alpha_2$	$\dfrac{0{,}1455}{\sin^2 \frac{1}{2}(\alpha_1 + \alpha_2)} [\cos\alpha_2 (d_D - d_0')\, \partial\alpha_1 + \cos\alpha_1 (d_D - d_0'')\, \partial\alpha_2]$	$\pm\, 0{,}5\, (d_D - d_0)$ $(\partial\alpha_1 + \partial\alpha_2)$	$\pm\, 0{,}6\, (d_D - d_0)$ $(\partial\alpha_1 + \partial x_2)$	$\pm\, 2{,}1\, (d_D - d_0)$ $(\partial\alpha_1 + \partial\alpha_2)$	$1{,}6\, (d_D - d_0')\, \partial x_1$ $+\, 1{,}8\, (d_D - d_0'')\, \partial\alpha_2$

von denen der eine uber, der andere unterhalb des Achsenschnittes liegt. Die Drahte stellen sich dadurch schrag zur achsensenkrechten Ebene ($\approx$ in Richtung der Steigung) und werden dabei etwas aus den Gewindegängen herausgedrangt. Für genaue Messungen muß dieser Fehler berucksichtigt werden. Das Zusatzglied A_1 für die Anlage berechnet sich nach folgenden Naherungsgleichungen:

symmetrisches Profil·

$$A_1 = - \frac{h^2 \cdot d_D \cdot \cos\alpha/2 \cdot \operatorname{ctg}\alpha/2}{2\pi^2 \cdot m^2 \left(1 - \dfrac{d_D \cdot \sin\alpha/2}{m} \right)}\, \mu,$$

unsymmetrisches Profil:

$$A_1 = - \frac{h^2 \cdot d_D \cdot \cos^2\alpha_1 \cdot \cos^2\alpha_2 \cdot \cos\frac{1}{2}(\alpha_2 - \alpha_1)}{m^2 \cdot \pi^2 \cdot \sin(\alpha_2 + \alpha_1) \cdot \cos\frac{1}{2}(\alpha_2 + \alpha_1)\left(1 - \dfrac{d_D \cdot \sin\frac{1}{2}(\alpha_1 + \alpha_2)\cos\frac{1}{2}(\alpha_2 - \alpha_1)}{m} \right)}\, \mu$$

(h, d_D und $m = M - d_D$ in mm).

Für Meßdrahte vom gunstigsten Durchmesser d_0 bzw. $d_0{}'$ wird bei symmetrischem Gewinde

$$A_1 = -\frac{h^3 \cdot \operatorname{ctg} \alpha/2}{4\pi^2 \cdot d_2 \left(d_2 + \dfrac{1}{2} h \cdot \operatorname{tg} \alpha/2\right)}\,\mu,$$

Sägengewinde nach DIN 514

$$A_1 = -\frac{0{,}076637 \cdot h^3}{(d_2 + 0{,}27153 \cdot h)\,(d_2 + 0{,}12154 \cdot h)}\,\mu.$$

Im ungunstigsten Falle erreicht A_1 folgende Werte:

	M 6	Tr 22 × 8	Tr (3gängig) 52 × 54	S 22 × 8
A_1	$3\,\mu$	$150\,\mu$	$1500\,\mu$	$200\,\mu$

Durch die Meßkraft werden die Meßdrahte abgeplattet. Abplattung der Drahte an den Meßflächen des Meßgerates so gering, daß sie zu vernachlässigen ist. An den Gewindeflanken (und das dadurch bedingte Hineinrutschen der Drahte in die Gewindegange) liegt das Zusatzglied für Abplattung A_2 u. U. in der Größenordnung der Lehrentoleranz und muß auf alle Falle berucksichtigt werden (s. Abschn. 141.52).

Fur 1 kg Meßkraft beträgt bei Metrischen Gewinden unter 2 mm Nenndurchmesser $A_2 \approx 6\cdots 7\,u$ und sinkt bei M 14 auf $3\,\mu$ und bei M 135 auf $1{,}5\,\mu$ ab. Bei Trapezgewinde 14 × 4 bzw. S 22 × 3 ist $A_2 \approx 5\,\mu$ und wird erst bei Tr 68 × 10 und S 125 × 6 $\approx 3\,\mu$.

Nach Vorstehendem sind am gemessenen Prufmaß M eine Reihe Korrektionen anzubringen, ehe der Flankendurchmesser rechnerisch erhalten wird, und die Rechnungen sind recht umstandlich. Deshalb hat man für die genormten Gewinde Prufmaßtabellen (Pampel, Zeiss) aufgestellt.

Damit die Dreidrahtmessung wirklich den d_2 liefert, durfen die Drahte die Flanken wie bei allen genormten eingangigen Gewinden nur an zwei — und nicht an mehr — Punkten beruhren. Andernfalls Krümmung der Drähte infolge der Meßkraft.

Bei symmetrischem Profil besteht erst bei funf- und mehrgangigen Gewinden die Gefahr, daß die Drähte an mehr als zwei Punkten anliegen. Ein- und zweigängige Sagengewinde nach DIN 513 erfullen ebenfalls die Grundvoraussetzung. Fur drei- und mehrgangige Gewinde mit unsymmetrischem Profil noch keine Untersuchungen durchgefuhrt.

Die Unsicherheit der Dreidrahtmethode kann man fur Gewinde mit symmetrischem Profil zu

$$f_g = \pm \left(2 + \frac{0{,}5}{\sin \alpha/2}\right)\mu$$

und fur Sagengewinde nach DIN 514 zu

$$f_g \approx \pm 5\,\mu$$

ansetzen.

622.4 Die optische Messung des Flankendurchmessers
622.41 Unmittelbare Messung auf dem UMM

Bei diesem Verfahren wird der zwischen Spitzen aufgenommene Prüfling oder das Beobachtungsmikroskop so verschoben, daß die Marke der Okularstrichplatte sich nacheinander mit zwei achsensenkrecht gegenuberliegenden Flanken deckt.

Die im Mikroskop sichtbaren Gewindeflanken liegen jedoch nicht im Axialschnitt, sondern etwas daruber bzw. darunter, so daß beträchtliche Fehler auftreten können. Um die Begrenzung des Axialschnittes sichtbar zu machen, wird Mikroskop um den Steigungswinkel des Pruflings geneigt. Die Auffassung der physiologischen Schattengrenze ist abhängig von der Öffnung des beleuchtenden Strahlenbündels. Für einen Blendendurchmesser von

$$D_B = 0{,}18 \cdot F \cdot \sqrt{\frac{\sin \alpha/2}{d_2}} \ mm \qquad (F = \text{Brennweite des Kondensors in mm})$$

wird dieser Fehler zwar theoretisch gleich Null, praktisch doch Fehler bis $\approx \pm 5\,\mu$. Ausreichende Abhilfe bringt nur das Anschieben von mit Markenstrichen versehenen Meßschneiden.

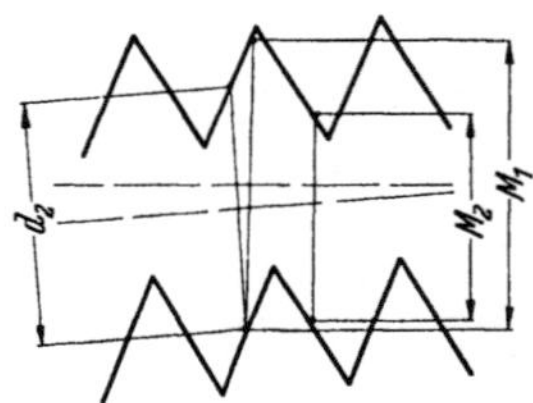

Abb. 62–8. Optische Messung des Flankendurchmessers

$$d_2 = \frac{1}{2}(M_1 + M_2).$$

Schieflage des Prüflings in waagerechter Ebene bewirkt bei alleiniger Messung des Abstandes zwischen zwei einander achsensenkrecht gegenuberliegenden Flanken Fehler 1. Ordnung (um kleinen Betrag fur Rechts- und Linksflanken verschieden). Beispielsweise bei einem Gewindelehrdorn M 52, dessen Achsensenkrechte in der Meßebene um nur 5′ von der Verschieberichtung abweicht, etwa 120 μ und bei Tr 50 × 3 bei gleicher Schieflage $\approx 260\,\mu$. Wird aus Messungen zwischen Rechts- und Linksflanken (Abb. 62–8) das Mittel gebildet, tritt nur ein Fehler 2. Ordnung auf, der bei Metrischen Gewinden $\approx \frac{1}{1700}$, bei W $\approx \frac{1}{1555}$ und bei Tr $\approx \frac{1}{890}$ des Fehlers der Einzelmessung ausmacht.

Damit eine Parallelverlagerung der Gewindeachse des Prüflings in der senkrechten Ebene einflußlos, muß — besonders bei kleineren Gewindedurchmessern — die richtige Höhe der durch die Schneiden verkörperten Meßebene sehr genau eingehalten werden. Die durch die Höhenversetzung der Achse verursachte Verlagerung der Meßstellen ist ohne Einfluß, da sich der Fehler bei Mittelbildung der Ergebnisse der Messungen zwischen Rechts- und Linksflanken heraushebt. Leider gilt das nicht für den Fehler, der durch eine Neigung des Prüflings in der senkrechten Ebene entsteht. Bei nicht zu großem Neigungswinkel ($\delta < 5'$) ist dieser Einfluß jedoch vernachlässigbar klein.

Im Gegensatz zur Steigungsmessung ist es bei Flankendurchmesserbestimmungen unbedingt notwendig, die benutzten Meßschneiden mit größter Sorgfalt zu messen, falls man geringstmögliche Unsicherheit anstrebt. Abstand des Striches von der Schneidenkante vom Hersteller auf $\pm 0{,}5\,\mu$ garantiert. Die Schneiden nutzen sich bei wiederholtem Anschieben ab. Bei höchsten Ansprüchen sind die Schneiden nach etwa je zehn Messungen nachzumessen.

Das unnötig, wenn hartmetallbestückte Meßschneiden benutzt werden, die nach 500maligem Anschieben keine Abnutzung aufwiesen.

Der Abstand der Strichmarke von der Schneidenkante wird mit Hilfe eines Stufendornes (s. Abb. 62–9) ermittelt, dessen Durchmesser möglichst genau bekannt ist. Die jeweils zu benutzende Stufenbreite des Dornes soll wegen der ungleichmäßigen Abnutzung der Schneiden etwa gleich der Länge der tatsächlichen Flankenanlage sein.

Der Abstand a des Striches von der Schneidenkante geht in der d_2-Richtung mit $\dfrac{a}{\sin \alpha/2}$ in die Messung ein. Benutzt man ein und denselben Okularstrich und ein Schneidenpaar zur Messung, so ist von dem Ergebnis der Betrag $\dfrac{a_1 + a_2}{\sin \alpha/2}$[1] abzuziehen (Abb. 62–10).

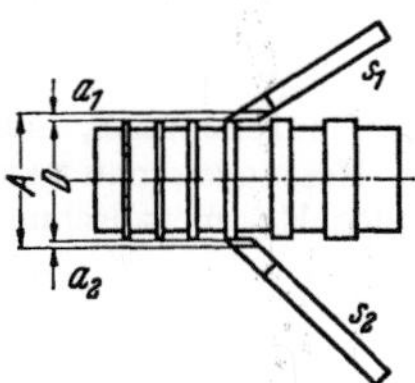

Abb. 62–9.
Messen des Schneidenstrichabstandes mittels Stufendorn (Schneidenfehler-Bestimmung).
$$a_1 + a_2 = A - D,$$
Fehler des Schneidenpaares
$$\delta a = a_1 + a_2 - 2a_{\text{Soll}}.$$

Im allgemeinen sind auf der Okularstrichplatte außer einem Mittelstrich noch weitere, zu diesem symmetrische Strichpaare angebracht, deren Abstand vom Mittelstrich dem Strichabstand der Meßschneiden (0,9 für größere, 0,3 mm für kleinere Gewinde) entsprechen soll. Einstellung erfolgt dann so, daß der Mittelstrich über der Flanke liegt. Selbstverständlich sind auch hier (für höhere Ansprüche) die Schneidenfehler zu berücksichtigen; d_2 ergibt sich dann aus

$$d_2 = \frac{1}{2}(M_1 + M_2) - \frac{\delta \alpha}{\sin \alpha/2}.[2] \qquad \delta a = \text{Fehler des Schneidenpaares.}$$

Können die Fehler der Schneiden sowie der Okularstrichabstände in Kauf genommen werden, so bietet die Benutzung der Okularstrichpaare

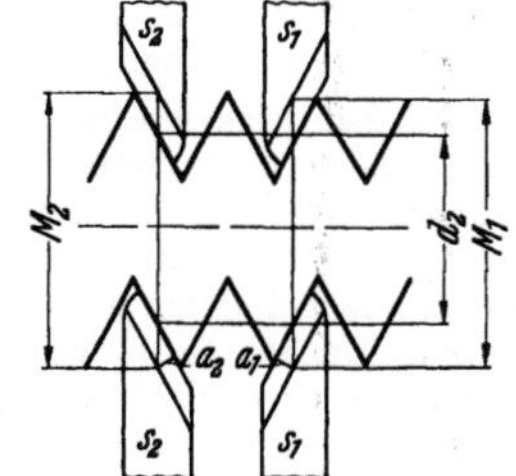

Abb. 62–10. Optische Flankendurchmesserbestimmung mittels Schneiden.

$$d_2 = \frac{1}{2}(M_1 + M_2) - \frac{a_1 + a_2}{\sin \alpha/2} \quad \text{(mit Okularmittelstrich gemessen)},$$

$$d_2 = \frac{1}{2}(M_1 + M_2) - \frac{\delta a}{\sin \alpha/2} \quad \text{(mit zum Mittelstrich parallel im scheinbaren}$$

Abstand a_{Soll} gelegenen Strichen gemessen).

[1]. Mit *Istwert* von $\alpha/2$ zu berechnen.

[2] Bei Messung von Gewindelehren kann hier mit dem theoretischen $\alpha/2$ gerechnet werden, falls die Schneidenfehler $< 3\,\mu$. Dann wird

	Metrisch	W	Tr
$d_2 =$	$\dfrac{1}{2}(M_1 + M_2)$ $-\,2\,(\delta\alpha_1 + \delta\alpha_2)$	$\dfrac{1}{2}(M_1 + M_2)$ $-\,2{,}1655\,(\delta\alpha_1 + \delta\alpha_2)$	$\dfrac{1}{2}(M_1 + M_2)$ $-\,3{,}8640\,(\delta\alpha_1 + \delta\alpha_2)$

den Vorteil, daß außer der Subtraktion der Maßstabablesungen keinerlei Rechnung vonnöten ist.

Die für die unmittelbare d_2-Messung nach dem Achsenschnittverfahren zu erwartende Meßunsicherheit ist durch die Formel gegeben

$$f_g = \pm \left(0{,}5 + \frac{1}{\sin \alpha/2} + \frac{d_2}{100} \right) \mu \quad (d_2 \text{ in mm}). \quad [1]$$

Dabei angenommen, daß die Schneiden nur nach einer größeren Anzahl von Messungen neu gemessen werden. Geschieht dies jedoch öfter oder werden Hartmetallschneiden verwendet. so kann man

$$f_g = \pm \left(0{,}5 + \frac{0{,}75}{\sin \alpha/2} + \frac{d_2}{100} \right) \mu \quad (d_2 \text{ in mm})$$

annehmen. Diese Formeln gelten für geschliffene Gewinde und labormäßiges Arbeiten. Für nichtgeschliffene Gewinde sowie industrielle Messungen muß man bei metrischem und W-Gewinde mit

$$f_g = \pm \left(0{,}5 + \frac{1}{\sin \alpha/2} + \frac{d_2}{50} \right) \mu$$

und für Trapezgewinde mit

$$f_g = \pm \left(0{,}5 + \frac{1}{\sin \alpha/2} + \frac{d_2}{25} \right) \mu$$

rechnen.

In diesen Formeln ist der Einfluß der Temperatur n i c h t berücksichtigt.

Bei Gewinden mit unsymmetrischem Profil ist der d_2 nur an einer Stelle — den Mitten der Flanken des scharf ausgeschnitten gedachten Profils — vorhanden. Deshalb ist die einfache unmittelbare Achsenschnittmessung von d_2 nicht ohne weiteres durchführbar. Die Meßergebnisse lassen sich aber rechnerisch auf den d_2 zurückführen. Umständlich und unsicher ($f_g \approx \pm 14 \mu$). Deshalb für unsymmetrische Gewinde ungeeignet.

622.42 Bestimmung von d_2 aus der Zahndicke auf dem UMM

Dieses Verfahren beruht darauf, daß bei einem Gewinde die Zahndicke eine Funktion von d_2, h und $\alpha/2$ ist. Sind also h und $\alpha/2$ bekannt, so ist aus der gemessenen Zahndicke der Flankendurchmesser zu berechnen.

Das Zahndickenverfahren wird (grundsätzlich) wie folgt durchgeführt: Nachdem an beide Seiten eines Zahnes Schneiden angeschoben sind, wird der achsenparallel ausgerichtete Mittelfaden der Okularstrichplatte ungefähr auf Flankenmitte und in dieser Meßhöhe der Schnittpunkt des Fadenkreuzes nacheinander auf die Marken der linken und rechten Schneide eingestellt. Danach Prüfling bzw. Mikroskop um einen bestimmten Betrag V verschoben (zweckmäßig um etwa den theoretischen Flankendurchmesser d_2) und das Verfahren an dem gegenüberliegenden Zahn wiederholt. Grundsätzlich auch mit Benutzung von Gewindelücken durchführbar.

Wegen entgegengesetzter Neigung der Flanken könnten die Okularstriche durch Drehen der Strichplatte mit den Marken der Schneiden zur Deckung gebracht werden; zusätzliche Fehlerquelle, die das obengenannte Vorgehen vermeidet.

---

[1] Vgl. die von Zeiss-Opton in Abschn. 243 angegebene Formel.

Zweckmäßig Zahndicken nicht nur an zwei gegenüberliegenden Zahnen, sondern an zwei benachbarten Zahnen z_1 und z_1' (in gleicher Meßhöhe) und nach Verschiebung um die Strecke V an dem gegenuberliegenden Zahn z_2 messen (Abb. 62–11). Dadurch werden sämtliche Fehler, durch Schiefstellung des Prüflings in waagerechter und senkrechter Ebene sowie falsche Höhenlage verursacht, bis auf Größen 2. Ordnung ausgeschaltet. Aus den gemessenen Zahndicken z_1, z'_1 und z_2 sowie der am Maßstab abzulesenden Verschiebung V errechnet sich d_2 für symmetrisches Profil aus

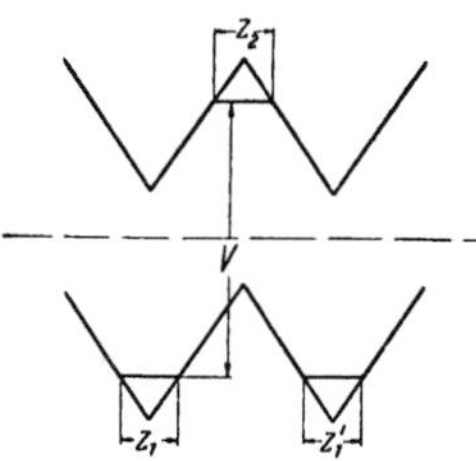

Abb. 62–11. Bestimmung des Flankendurchmessers aus der Zahndicke.

$$d_2 = V - \frac{1}{2}\left\{ h - \left[\frac{1}{2}\,(z_1 + z'_1) + z_2\right]\right\} \cdot \operatorname{ctg} \alpha/2.$$

Fur Sägengewinde gilt

$$d_2 = V - \left\{ h - \left[\frac{1}{2}\,(z_1 + z_1') + z_2\right]\right\} \frac{\cos \alpha_1 \cdot \cos \alpha_2}{\sin(\alpha_1 + \alpha_2)}$$
$$- \frac{(z_1 - z_1)\,(z_1 - z_2) \cdot \sin(\alpha_2 - \alpha_1)\,\cos \alpha_1 \cdot \cos \alpha_2}{h \cdot \sin^2(\alpha_1 + \alpha_2)}.$$

Das Korrekturglied (letzter Bruch) ist dem Produkt $(z_1' - z_1)\,(z_1 - z_2)$ proportional. $(z_1' - z_1)$ beträgt je nach der Schieflage des Prüflings nur wenige μ. Hält man nun auch $(z_1 - z_2)$ so klein wie möglich, so wird das Korrekturglied klein von der 2. Ordnung und kann vernachlässigt werden. Deshalb die Zahndicke an beiden Seiten des Pruflings in ungefahr gleichem Abstande von der Gewindeachse messen. Die Gleichung für Gewinde mit unsymmetrischem Profil nimmt dann die Form an:

$$d_2 = V - \left\{ h - \left[\frac{1}{2}\,(z_1 + z_1') + z_2\right]\right\} \frac{\cos \alpha_1 \cdot \cos \alpha_2}{\sin(\alpha_1 + \alpha_2)}.$$

Ähnlich dem günstigsten Durchmesser beim Dreidrahtverfahren gibt es bei der Zahndickenmessung eine gunstigste Zahndicke

$$2 \cdot z_0 = \frac{1}{2}\,(z_1 + z_1') + z_2 = h,$$

für die der Einfluß der Winkelfehler zu Null wird. Deshalb zweckmäßig die Verschiebung V des Mikroskopschlittens $\approx$ gleich dem Istflankendurchmesser zu wählen.

Die Größe h in den vorstehenden Formeln stellt die mittlere Steigung des Prüflings dar. Die Unsicherheit des Zahndickenverfahrens kann man mit

$$f_g = \pm \left(1{,}5 + \frac{1}{\sin \alpha/2} + \frac{V + 3z}{50}\right) \mu \quad (V \text{ und } z \text{ in mm})$$

annehmen. Gilt auch für unsymmetrisches Profil, falls an Stelle von $\alpha/2$ der größere Teilflankenwinkel α_2 gesetzt wird.

Das unmittelbare Achsenschnittverfahren ist dem Zahndickenverfahren für geschliffene Lehrdorne mit symmetrischem Profil immer vorzuziehen. Fur Bolzen (Schiefstellung der Gewindeachse im allgemeinen $>$ 5 min) ist bei Gewindegroßen über $\approx$ 40 mm das Zahndickenverfahren zu bevorzugen.

33 *

Für Sägengewinde stellt jedoch das **Zahndickenverfahren** die **einzige optische Methode** mit für Lehrenmessungen genügend geringer Unsicherheit dar.

Nachteil des Verfahrens: die Meßergebnisse liefern nicht ohne weiteres d_2, dieser ist erst über eine (logarithmische) Rechnung zu gewinnen. Deshalb ist es notwendig, diese Rechnungen auf einfache Additionen zurückzuführen. Schreibt man die Gleichung für symmetrische Gewinde in der Form

$$d_2 = V - \frac{1}{2}\, D \cdot \operatorname{ctg} \alpha/2 = V + K,$$

worin D das Glied $h - \left[\frac{1}{2}\,(z_1 + z_1') + z_2\right]$ bedeutet, so kann man die Werte für K in Abhängigkeit von der beobachteten Differenz D und von dem jeweiligen Istflankenwinkel in Tafeln zusammenstellen.

Bei Sägengewinde kommt man leider nicht mit einer Tafel aus, da

$$d_2 = V - \frac{D}{\operatorname{tg}\alpha_1 + \operatorname{tg}\alpha_2} \qquad\qquad D = \frac{h - \dfrac{1}{2}(z_1 + z_1') + z_2}{\operatorname{tg}\alpha_1 + \operatorname{tg}\alpha_2}$$

und somit von α_1 und α_2 abhängig ist; man erhält

$$d_2 = V + K_1 + K_2 + K_3,$$

worin für $\alpha_1 = 3°$ und $\alpha_2 = 30°$

$$K_1 = 1{,}5879 \cdot D\,\mu$$
$$K_2 = 0{,}7358 \cdot D \cdot \partial\alpha_1 \cdot 10^{-3}\,\mu \quad (D \text{ in mm, } \partial\alpha_1 \text{ und } \partial\alpha_2 \text{ in min})$$
$$K_3 = 0{,}9783 \cdot D \cdot \partial\alpha_2 \cdot 10^{-3}\,\mu$$

ist. Diese drei Korrektionswerte müssen in je einer Tafel zusammengestellt werden. Liegen die Winkelfehler innerhalb $\pm\,10'$, so sind die beiden Korrekturen K_2 und K_3 bis zu einer Differenz $D = \pm\,10\,\mu$ vernachlässigbar.

623 Messungen von Innengewinden

623.1 Allgemeines

Die Praxis verzichtete bisher im allgemeinen darauf, die Istmaße von Lehrringen zu bestimmen. Statt dessen begnügt man sich damit, den Lehrring einem Gegenlehrdorn anzupassen, der die für jenen vorgeschriebenen Abmessungen — innerhalb der Herstelltoleranz — besitzt. Da Ring und Dorn sich trotz der stets vorhandenen Steigungs- und Winkelfehler miteinander paaren lassen, wenn nur D_2 des Lehrringes entsprechend vergrößert ist, so gewährleistet diese Art der Prüfung keine genügende Beschränkung sowohl der genannten Fehler als auch derjenigen von D_2. Dieser ist zwar durch den Abnutzungsprüfdorn — der als verkürzter Dorn annähernd das Istmaß liefert — nach oben begrenzt, doch können im ungünstigsten Falle Steigungs- und Winkelfehler zusammen den gesamten Unterschied für den völlig abgenutzten und den neuen Lehrdorn aufbrauchen. Die Steigungs- und Winkelfehler können recht beträchtliche Werte annehmen. So wurden Abweichungen der Steigung bis zu $\approx 8\,\mu$ und der Teilflankenwinkel bis zu ≈ 40 min beobachtet. Von einer sachgemäßen Lehrung mit derart fehlerhaften Lehrringen kann dann keine Rede mehr sein.

623.2 Messung der Steigung

Die Steigung von Innengewinden kann — außer mit den mit Fuhlhebeln arbeitenden Steigungsprüfern (-vergleichern) — mit einer Innen-
gewinde-Steigungsmeßmaschine recht einfach und sehr genau gemessen
werden. Schema eines solchen Gerätes Abb. 62–12. Das mit einem Okularmikrometer bestückte Ablesemikroskop *1* sitzt in einem am Grundbett
befestigten Stander. Der schwimmend gelagerte Schlitten *2* trägt einen
Glasmaßstab *3* sowie einen in *4* drehbaren Hebel *5*, dessen Kugel *6* sich in
die einzelnen Gewindegänge des Prüflings *7* einlegt und jeweils die Lage des
Meßschlittens in bezug auf das Mikroskop festlegt. Prüfling ist mit schwenkbarer Anlageplatte *8* so auszurichten, daß seine Achse parallel zur Verschieberichtung.

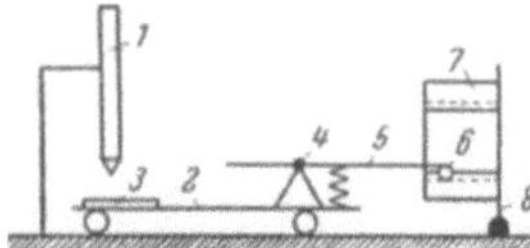

Abb. 62–12. Schema der Steigungsmeßmaschine.

1 Mikroskop	*5* Hebel
2 schwimmender Schlitten	*6* Tastkugel
3 Maßstab	*7* Prufling
4 Drehachse des Hebels	*8* Anlageplatte

Die Verwendung von Kugeln als Meßstucke bedingt einen Verzicht auf die Ermittlung der definitionsgemäßen Steigung, da der Abstand der Profilmittellinien bestimmt wird. Zur Beurteilung des Lehrrings wird dieser Wert jedoch stets genugen.

Die Unsicherheit der Steigungsmessung von Innengewinden jeglichen
Profils mit Hilfe der Steigungsmeßmaschine kann man zu

$$f_g = \pm \left(0{,}7 + \frac{15 \cdot h}{100} \right) \mu \qquad (h \text{ in mm})$$

ansetzen.

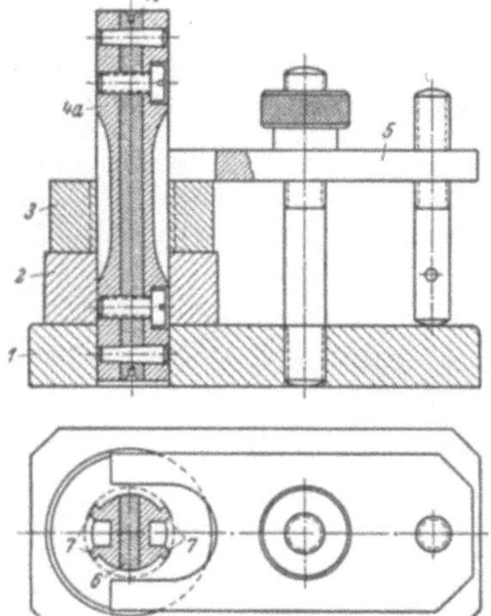

623.3 Messung der Teilflankenwinkel

Unmittelbare Teilflankenwin-
kelbestimmung bei Innengewinden
schwer möglich. Deshalb Umweg
uber einen Abdruck nötig. Als
Abdruckmasse am besten zahn-
ärztliches Kupferamalgam. Die
Winkel am Abguß entsprechen

Abb. 62–13. Abgußvorrichtung nach
Prof. Härtel für Kupferamalgamab-
drucke zur Messung v. Innengewinden.
1 Grundplatte
2 Zwischenring
3 Prüfling
4a genutete Außenteile des Abgußdornes
4b keilförmiges Innenteil des
Abgußdornes
5 Andruckplatte
6 Gießnuten
7 Gewindesegmente

praktisch vollständig den Originalwinkeln. Zum Abdrucken ist eine Vorrichtung nach Abb. 62–13 erforderlich. Diese besteht aus drei miteinander verschraubten und verstifteten Teilen, deren Paßflachen aufeinander geläppt sind. Das schwach keilförmige Mittelteil kann nach Lösen der Stifte leicht herausgezogen werden. Die beiden Außenteile sind genutet. Diese Vorrichtung wird in den leicht gefetteten Prüfling gebracht und auf geeignete Weise durch ein Klemmstativ festgelegt. Jetzt wird das durch Erhitzen und Kneten geschmeidig gemachte Kupferamalgam in die Nuten der Vorrichtung fest eingestopft. Nach 8 Stunden ist die Masse völlig erhärtet. Schrauben und Stifte der Vorrichtung werden gelöst und das keilförmige Mittelstück vorsichtig herausgezogen. Danach können die beiden die Abdrucke tragenden Segmente aus dem Innengewinde gelöst und die Vorrichtung wieder zusammengesetzt werden.

Die Messung der Teilflankenwinkel erfolgt in derselben Weise wie die von Außengewinden mit Hilfe des UMM.

Die Unsicherheit ist die gleiche wie dort.

623.4 Messung des Flankendurchmessers von Innengewinden

Der Flankendurchmesser von Innengewinden wird mit dem Waagerecht-Optimeter o. ä. mit geeigneten Meßbügeln (mit Kugeln ausgerüstet) gemessen.

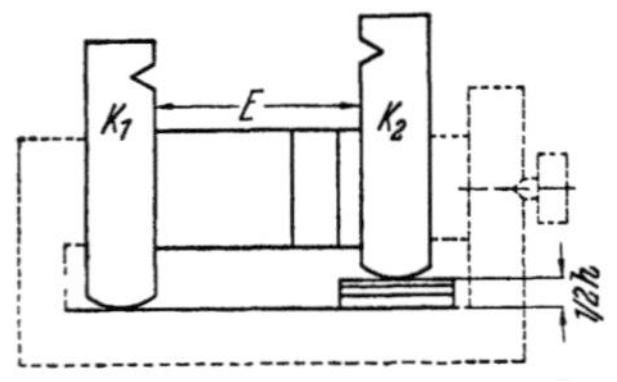

Abb. 62–14. Kimmen-Endmaßkombination als Normal für die Flankendurchmesserbestimmung von Innengewinden.
E = Endmaßkombination
K_1, K_2 = Kimmenstucke.

Wegen Formfehler der Kugeln nur Unterschiedsmessungen gegen ein entsprechendes Normal möglich. Dieses ist entweder eine Zusammenstellung von Kimmenstucken und Endmaßen, wie sie Abb. 62–14 zeigt, oder — für die Praxis meist ausreichend — sehr genau gemessene Gewindelehrringe.

Der Prüfling wird so auf den schwimmenden Tisch des Waagerechtoptimeters geklemmt, daß seine Achse horizontal und senkrecht zur Meßrichtung steht. Nicht mit Stirnfläche auflegen, da dann die Messung nicht zwangfrei erfolgen kann.

Der Flankendurchmesser berechnet sich nach der Formel

$$d_2 = E + f_i + (M - M_0) - \left(\frac{h^2}{8M} - \frac{h_0^2}{8M_0}\right) + d\left(\frac{1}{\sin \alpha/2} - \frac{1}{\sin \alpha_0/2}\right)$$

$$- \frac{1}{2} h \cdot \operatorname{ctg} \alpha/2 + A_1 + (A_2 - A_2').$$

Darin bedeuten:

E = Maß der Endmaßkombination (s. Abb. 62–14)
f_i = innere Kimmenkonstante (s. Abb. 62–15)
M_0 = Ablesung für Normal
M = Ablesung für Prüfling
d = Kugeldurchmesser
A_1 = Schiefstellungskorrektur
A_2 = Abplattungskorrektur für Prüfling
A_2' = Abplattungskorrektur für Normal
(Der Zeiger 0 kennzeichnet die Werte des Normals).

Das Glied $\left(\dfrac{h^2}{8\,M} - \dfrac{h_0^2}{8\,M_0}\right)$ kann in den meisten Fällen vernachlässigt werden.

Entsprechend dem günstigsten Drahtdurchmesser bei der Dreidrahtmethode gibt es hier einen günstigsten Wert für den Kugeldurchmesser, für den der Einfluß der Teilflankenwinkelfehler zu Null wird. Er berechnet sich wie in Abschn. 622.3.

Die innere Kimmenkonstante f_i ist unmittelbar nur schwierig zu messen. Man bestimmt deshalb f_a (Abb. 62–15) (mit UMM und Schneiden oder mit Fühlhebel und Drähten) und die Dicken k_1 und k_2 der Kimmenendmaße und berechnet f_i aus

$$f_i = K_1 + K_2 - f_a.$$

Die Meßunsicherheit des Verfahrens beträgt etwa $\pm\,4$ bis $\pm\,5\,\mu$. Zur Berechnung des Flankendurchmessers aus den Meßwerten werden Tabellen (ähnlich wie beim Zahndickenverfahren) benutzt.

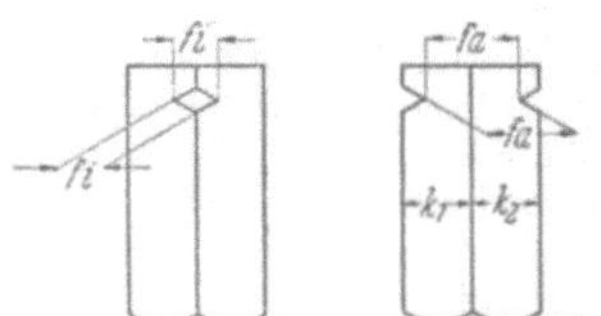

Abb. 62–15. Die Kimmenkonstanten
$f_i =$ innere $\Big\}$ Kimmenkonstante
$f_a =$ äußere
$k_1 =$ $\Big\}$ Dicken der Kimmenendmaße.
$k_2 =$

624 Die Messung des Anlageabstandes von Anlage- (identischen) Gewinden

Als Anlagegewinde wird ein solches bezeichnet, bei dem ein Punkt auf einer bestimmten Flanke einen vorgeschriebenen Abstand — Anlageabstand genannt — von einer festen achsensenkrechten Bezugsebene hat. Dieser Punkt (Meßpunkt) wird zweckmäßig im Abstand des halben Flankendurchmessers von der Gewindeachse gewählt, also an der Stelle, an der theoretisch die Zahnweite gleich der Lückenweite ist.

Da die Lage der Gewindeachse nicht mit der erforderlichen Genauigkeit festzustellen und die Bestimmung des Anlageabstandes grundsätzlich die

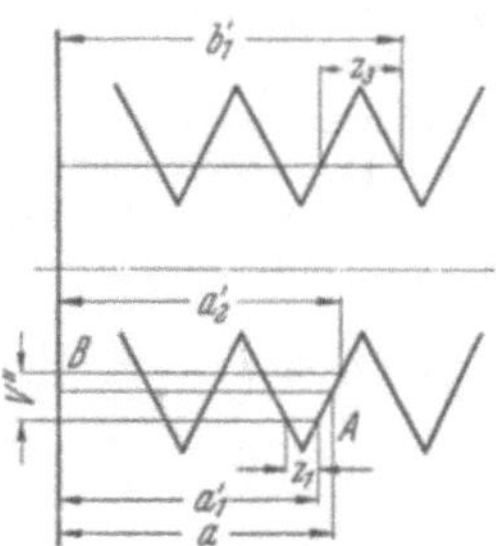

Abb. 62–16.
Optische Messung des Anlageabstandes eines Anlage-(identischen)Gewindes.

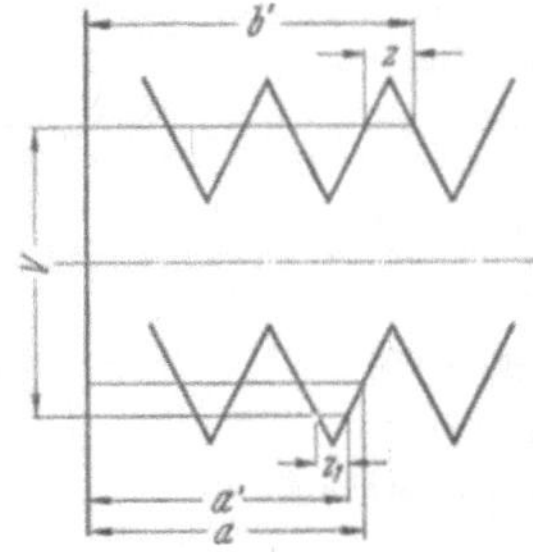

Abb. 62–17. Vereinfachte optische Messung des Anlageabstandes.

gleiche ist wie eine Zahndickenmessung, so läßt sich durch seine Messung auf beiden Seiten des Prüflings der Meßpunkt auf den durch die obige Definition geforderten Ort reduzieren.

Um die Einflüsse der Schiefstellung der Gewindeachse und der Neigung der Bezugsfläche gegen die Achsensenkrechte bis auf Größen 2. und höherer Ordnung auszuschalten, wird die etwas komplizierte Messung folgendermaßen durchgeführt: nach Anschieben der Schneiden an die beiden Flanken des betreffenden Zahnes und an die Bezugsfläche Messen des Abstandes a_1' und in gleicher Höhe danach der Zahndicke z_1 (Abb. 62–16). Jetzt Querschlitten des UMM um den Betrag V'' verschoben und der Abstand a_2' mit Schneiden ermittelt. Darauf wird das Mikroskop weiter verschoben, bis die Stelle erreicht ist, an der die Zahndicke z_3 ungefähr gleich z_1 ist. Hier wird dann der Abstand b_1' und die Zahndicke z_3 gemessen.

Die Bestimmungsgleichung für den Anlageabstand a lautet bei symmetrischem Profil:

$$a = \frac{1}{2}(a_1' + b_1' - z_3) + \frac{1}{4}(z_3 - z_1)(a_2' - a_1') \cdot \frac{\operatorname{ctg}\alpha/2}{V''}$$

und für Sägengewinde:

$$a = \frac{1}{2}\left[a_1' + b_1' - \frac{1}{2}(z_1 + z_3)\right]$$

$$- \frac{(z_3 - z_1)\sin 2\alpha_1 \cdot \cos(\alpha_2 - \alpha_1) + [h - (z_1 + z_3)]\sin(\alpha_2 - \alpha_1)}{4 \cdot \sin(\alpha_1 + \alpha_2)}$$

$$+ \frac{1}{2}\frac{(z_3 - z_1)\cos\alpha_1}{V'' \cdot \sin(\alpha_1 + \alpha_2)} \cdot$$

$$\cdot [a_2' \cdot \cos\alpha_1 \cdot \cos(\alpha_2 - \alpha_1) - a_1' \cdot \cos\alpha_2 - l \cdot \sin\alpha_1 \cdot \sin(\alpha_2 - \alpha_1)].$$

Die Bedeutung der einzelnen Größen ist aus Abb. 62–16 zu entnehmen. Zweckmäßig ist die Differenz $(z_3 - z_1)$ klein zu halten, also möglichst an den Stellen gleicher Zahndicke zu messen, während die Verschiebung V'' möglichst groß zu wählen ist.

Unsicherheit bei symmetrischen und unsymmetrischen Gewinden $\approx \pm 3\,\mu$ bei einer Meßlänge von $a \approx 50$ mm. Wegen Meßunsicherheit sollte der Abstand a so klein wie möglich festgelegt werden.

Weicht die Lage der Bezugsfläche (Stirnfläche) des Prüflings um nicht mehr als $\approx 5 \cdots 10$ min von der Achsensenkrechten ab — wovon man sich überzeugen muß — so kann man bei guten geschliffenen Anlagegewinden folgende Formeln anwenden (Abb. 62–17):

symmetrisches Profil:
$$a = \frac{1}{2}\left[a' + b' - \frac{1}{2}(z_1 + z_3)\right]$$

unsymmetrisches Profil:
$$a = \frac{1}{2}\left[a' + b' - \frac{1}{2}(z_1 + z_3)\right]$$

$$- \frac{1}{4}[h - (z_1 + z_3)]\frac{\sin(\alpha_2 - \alpha_1]}{\sin(\alpha_2 + \alpha_1)}.$$

625 Kegelige Gewinde

Lehrung: Das zur Zeit übliche Lehrungssystem für kegelige Gewinde baut sich auf Urlehren auf, von denen alle übrigen Vergleichs- und Arbeitslehren durch gegenseitige Paarung abgeleitet sind, deren Maß- und Formrichtigkeit somit recht fragwürdig ist.

Die Lehren für Außen- und Innengewinde werden sämtlich mit vollem Profil und voller Gewindelänge hergestellt und prüfen damit das Paarungsmaß. Istmaßkontrolle auf der Ausschußseite wird nicht durchgeführt. Für Lehrung nur vorgeschrieben, daß Arbeits-Gewinde-Lehrdorn bzw. -Lehrring von Hand oder Maschine auf den Prüfling aufgeschraubt wird, wobei die Lage der Stirnfläche oder eines Bundes gegenüber der Muffenstirnfläche bzw. dem Gewindeauslauf beim Rohr zu beachten ist.

Messung von kegeligen Außen- und Innengewinden s. Schrifttum.

Schrifttum

Berndt, G.: Die Gewinde, ihre Entwicklung, ihre Messung und ihre Toleranzen. Berlin 1925.

Berndt, G.: 1. Nachtrag dazu. Berlin 1926.

Berndt, G.: Zulässige Abweichungen der Steigung und der Teilflankenwinkel von ihren Sollwerten bei den Gewindepassungen. Z. Instrkde. Bd. 62 (1942) S. 220.

Berndt, G.: Ausgleich der Teilflankenwinkelfehler bei den Gewindepassungen. Z. angew. Physik Bd. 1 (1949) S. 265.

Berndt, G.: Zum Gebrauch der verstellbaren Gewinde-Rachenlehren. Fertigungstechnik. H. 7 (1944) S. 171.

Berndt, G.: Zur Messung der Steigung von Gewinden. Zeiss-Nachr. Bd. 9 (1935) S. 1.

Berndt, G.: Die Bestimmung des Flankendurchmessers von Gewinden mit symmetrischem Profil nach der Dreidrahtmethode. Z. Instrkde. Bd. 59 (1939) S. 439.

Berndt, G.: Die Bestimmung des Flankendurchmessers von Gewinden mit unsymmetrischem Profil nach der Dreidrahtmethode. Z. Instrkde. Bd. 60 (1940) S. 14.

Berndt, G.: Die Anlagekorrekturen bei der Bestimmung des Flankendurchmessers von symmetrischen Außen- und Innengewinden nach der Dreidrahtmethode oder mittels zweier Kugeln. Z. Instrkde. Bd. 60 (1940) S. 141, 177, 209, 237, 272.

Berndt, G.: Anlagekorrekturen bei der Bestimmung des Flankendurchmessers von Gewindelehren mittels dreier Drähte oder zweier Kugeln. Werkst.-Techn. Bd. 34 (1940) S. 277.

Berndt, G.: Die Messung von Innengewinden an Abgüssen. Werkzeugmaschine. Bd. 33 (1929) S. 157.

Berndt, G.: Die Messung konischer Gewinde. Neuß 1937.

Berndt, G., u. E. Bock: Ein neues Verfahren zur Messung von Innengewinden. Z. Instrkde. Bd. 50 (1930) S. 375, 407.

Berndt-Kubler: Bolzen- und Muttergewinde bei Meßschrauben. Feingerätetechn. Bd. 1 (1942) H. 2 u. 3.

Bochmann, H.: Die Abplattung von Stahlkugeln und Zylindern durch den Meßdruck. Diss. Dresden 1929.

Bochmann, H.: Meßfehler durch Abplattung beim Gewindemessen. Z. Instrkde. Bd. 49 (1929) S. 188.

Gunther, N., u. H. Zollner: Die Messung des Flankendurchmessers mehrgangiger Gewinde mit drei Drähten. Feinmech. u. Präz. Bd. 47 (1939) H. 9.

Gunther, N.: Die mikroskopische Abbildung von Zylindern und Gewinden. Z. Instrkde. Bd. 59 (1939) S. 315.

Herzigonja, J.: Die Genauigkeit der Gewinde-Rachenlehren. Z. Feinmech. u. Präz. Bd. 42 (1934) S. 129, 150.

Kübler, K.-H.: Beiträge zur Gewindemessung. Diss. Dresden 1944.

Leinweber, Gewinde, Springer-Verlag 1951.

Pampel, A.: Prüfmaßtabellen. 2. Aufl. Hamburg-Wandsbeck 1944.

Räntsch, K.: Die Optik in der Feinmeßtechnik. München 1949.

Schorsch, H.: Untersuchungen von Gewinde-Rachenlehren. Diss. Dresden 1935.

Tschirf, L.: Die mech. Messung von Innengewinden. Betr. Fertigung Bd. 4 (1950) S. 77.

63 Zahnräder

Grundlagen s. Abschn. 169.

Grundsätzliches über die Meßverfahren (vgl. DIN 3960): a) Bei Einzelfehlerprüfung werden die einzelnen Bestimmungsgrößen (Flankenform, Grundkreisdurchmesser, Eingriffswinkel, Teilung, Zahndicke, Rundlauffehler, Flankenrichtung; vgl. Abschn. 169.12) geprüft.

Der *Hersteller* will damit Fehler der Maschine (z. B. DIN 8642) oder des Werkzeugs, fehlerhafte Maschinen- oder Werkzeugeinstellung erkennen. Der *Abnehmer* macht Einzelfehlerprüfungen bei hochwertigen Rädern, Teil- und Meßgetrieben, bei kleinen Rädern der Feinwerktechnik in Ermangelung geeigneter Wälzgeräte.

b) Unter Sammelfehler versteht man die gleichzeitige Auswirkung von Form- und Lagefehlern der Zahnflanken. Er kann durch Walzen des Prüflings mit einem Gegenrad, das auch ein Lehrzahnrad oder eine Lehrzahnstange sein kann, gemessen werden. Vorteil: Kurze Prüfzeit (Abnahme von Serien). Dafür ist die Erkennung der Fehlerursachen nicht oder nicht so leicht möglich, weil die *Fehler mehrerer Bestimmungsgrößen* in die Messung eingehen.

631 Meßverfahren und -geräte für einzelne Bestimmungsgrößen

Das Stirnrad ist in seiner geometrischen Sollform festgelegt, wenn man die Zahnflankenform, den Abstand der gleichgerichteten Flanken (Rechtsflanken und Linksflanken je unter sich), den Lauf der Verzahnungsmitte zur Führungsachse und die Richtung der Zähne kennt. Dazu kommt als am Eingriff nicht direkt beteiligte Begrenzung noch der Zahnkopf- und Zahnfußkreis. Bestimmungsgrößen s. Abschn. 169.

631.1 Flankenform

631.11 Prüfung durch Projektion ist die einfachste, für beliebige Zahnflankenform möglich. Vergleich des Projektionsbildes mit auf dem Projektionsschirm in gleichem Maßstab aufgezeichneter Sollform mit Toleranzfeld (vgl. Abschn. 242), Abbildungsmaßstab bis 100 : 1, für kleine Uhrenteile noch höher.

Für *Durchlicht*-Projektion sind nur flache Prüflinge geeignet (Fein- und Uhrwerktechnik). Dicke Zahnräder und Schrägzahnräder lassen sich auf Flankenform nur im *Auflicht*verfahren prüfen. Bei großem Schrägungswinkel Zahnflanke jeweils auf *der* Stirnfläche prüfen, die mit der Zahnflanke einen stumpfen Winkel bildet (Grat). Die kleinen Toleranzen bei mittleren und kleinen Rädern erfordern einen Projektor mit großer Verzeichnungsfreiheit und großem Abbildungsmaßstab, der nach oben durch die Größe des abzubildenden Objektfeldes begrenzt wird.

631.12 Prüfen durch Abfahren der Zahnflanke

1. **Geräte mit festem Grundkreis:** Bei Geräten mit festem Grundkreis (z. B. Klingelnberg, Maag, Mahr) ist nach Abb. 63–1 der den Fühlhebel tragende Schlitten mit seiner genau geraden Linealkante gegen die mit dem Prüfling fest verbundene, auswechselbare Scheibe vom Grundkreisdurchmesser angefedert. Durch Schwenken um eine horizontale Achse läßt sich die Meßrichtung des Fuhlhebels senkrecht zu den Zahnflanken einstellen (gerad- und schrägverzahnte Stirnrader). Der Meßtaster hat kuglige oder ballig-zylindrische Meßfläche. Übersetzung des Fühlhebels 100 : 1 bis 500 : 1. Die Registriertrommel wird verhaltnismaßig zur Abwalzung des Lineals gedreht, der Flankenfehler senkrecht dazu aufgezeichnet.

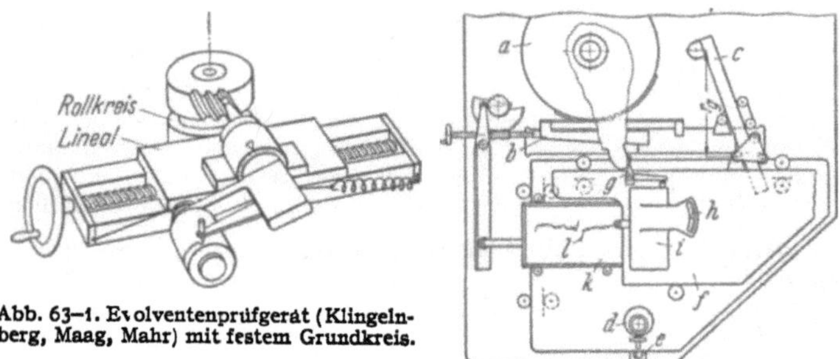

Abb. 63–1. Evolventenprüfgerat (Klingelnberg, Maag, Mahr) mit festem Grundkreis.

Abb. 63–2. Evolventenprüfgerät (Zeiss) mit einstellbarem Grundkreis. a Wälzkreis, b Wälzschlitten, c Steuerlineal, d Grundkreisschlitten mit Spiralmikroskop, e Glasmaßstab, f Meßschlitten, g Meßtaster, h Fuhlhebel, i elektr. Schreibwerk, k Schreibtisch, l Prufschaubild.

2. **Geräte mit veranderlichem Grundkreis:** Bei diesen Geräten (Zeiss, Mahr) kann innerhalb des Gerätebereichs jeder Grundkreis stufenlos eingestellt werden, Abb. 63–2. Der Walzkreis a wird über zwei Stahlbänder von dem Walzschlitten b angetrieben. Der Walzschlitten übertragt seine Bewegung auf ein Steuerlineal c, das so eingestellt wird, daß der Meßschlitten f im Abstand r_g (Grundkreishalbmesser) von der Drehachse seine Bewegung abnimmt. Der auf dem Meßschlitten befindliche Taster g bewegt sich gegenuber dem auf der Walzscheibenachse eingespannten Prufling auf der zum Grundkreishalbmesser r_g gehörenden Evolvente. Die Abweichung wird am Fühlhebel h angezeigt und durch ein elektrisch betätigtes Schreibwerk i aufgezeichnet. Übersetzung 1000 : 1 (Zeiss) oder 500 : 1 (Mahr).

Um bei kleinem Wälzweg und damit kleiner Diagrammlänge eine bessere Auswertung zu bekommen, kann beim Zeiss-Gerät durch Umschaltung dem Schreibtisch k noch eine dem Meßschlitten gegenläufige Bewegung erteilt werden. Der Wälzweg kann in einfachem Maßstab oder mit 1,5facher Vergrößerung auf die Abszisse des Prufschaubildes l ubertragen werden. Fur kleine Grundkreishalbmesser läßt sich noch ein von r_g abhängiges Streckungsverhältnis einschalten, das z. B. bei $r_g = 5$ mm den Wälzweg in 7,5facher Vergrößerung aufzeichnet. Durch eine weitere ungleichförmige Schreibschlittenbewegung kann der Fuhlhebelausschlag auch uber der vom Grundkreis aus gemessenen, abgewickelten Zahnflanke aufgetragen werden.

Beim Einstellen des Grundkreises wird der Meßschlitten f samt seiner Fuhrung radial zur Walzscheibenachse verstellt. Ablesung mit Glasmaßstab e und Spiralmikroskop d. Der Meßtaster ist zum Einstellen der Meßhöhe und zur Prüfung des achsparallelen Verlaufs der Zähne von Stirnrädern vertikal verstellbar. Umschaltung der Meßkraft für Rechts- und Linksflanken.

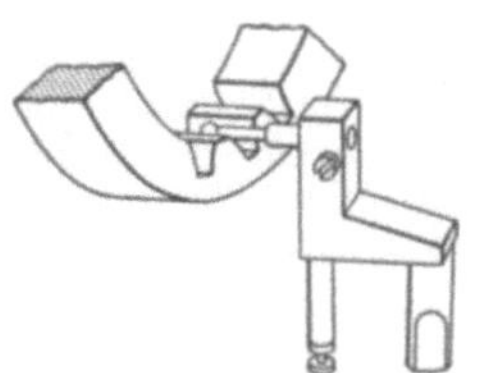

Abb. 63–3. Meßtaster fur Innenverzahnung.

Fur *Innenverzahnung* wird ein gekröpfter Taster nach Abb. 63–3 verwendet. Schrägverzahnte Stirnrader werden wie Geradzahnräder, also im achsensenkrechten Schnitt gepruft.

Zur Prufung der Geratejustierung werden dem Zeiss-Gerat besondere Rollkreise mit Walzlinealen und eine Vorrichtung zur Prufung der Nulleinstellung des Grundkreismaßstabes mitgegeben. Gerät, Rollkreis, Prufling mussen dieselbe Temperatur haben. Temperaturunterschied von $3°$ C zwischen Gerat und Rollkreis oder Gerat und Prufling gibt z. B. $5\,\mu$ Fehler des Grundkreisdurchmessers.

Meßungenauigkeit des Zeiss-Gerätes bei guter Oberflache der Zahnflanken bis $\pm\,5\,\mu$ für Grundkreishalbmesser. Die Abweichung von der Evolventenform (Flankenfehler) ist bestenfalls (gut justiertes Gerat) auf $\pm\,1\,\mu$ festzustellen. Mit kleinen Tastern lassen sich Rader bis $m = 0{,}7$ herab prufen.

631.13 Auswertung der Flankenprüfbilder.

Auswertung der Fehlerkurve, Abb. 63–4, innerhalb des Flankenprüfbereichs, das ist der Teil der Zahnflanke, der beim Eingriff in unbelastetem Zustand mit der Zahnflanke

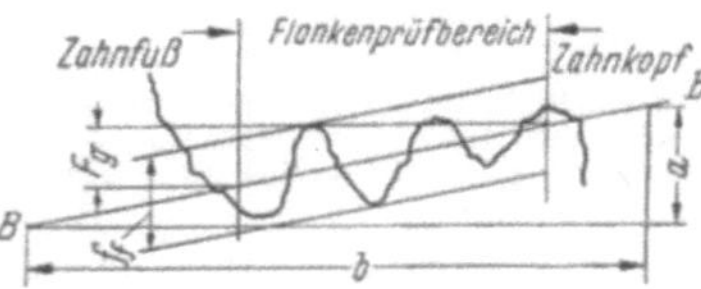

Abb. 63–4. Flankenformfehler, DIN 3960. *BB* ausgleichende Fehlergerade uber den Flankenprufbereich; f_f Flankenformfehler; F_g Fehleranstieg der ausgleichenden Fehlergeraden uber den Flankenprufbereich.

des Gegenrads zur Beruhrung kommt (vgl. DIN 3960). Er entspricht der Eingriffsstrecke von Rad und Gegenrad. Bei (gegenuber der Evolvente) zuruckliegender Flankeneintrittsform geht der Flankenprüfbereich nur bis zu deren Beginn. Sind die Abmessungen des Gegenrades nicht bekannt, wird die Eingriffsstrecke aus dem Eingriff des Pruflings mit der Zahnstange

(Bezugsprofil, DIN 867) bestimmt. Bei Stirnradern mit schrägen Zähnen sind die auf den Stirnschnitt bezogenen Größen einzusetzen.

Grundkreisfehler f_g ist der Unterschied zwischen Istmaß und Sollmaß des Grundkreisdurchmessers. Eine fehlerfreie Zahnflanke gibt bei der Aufzeichnung eine zum Walzweg parallele Gerade. Bei der Auswertung des Flankenprufbildes zieht man zur Fehlerkurve eine ausgleichende Gerade, aus deren Neigung der Grundkreisfehler f_g und der Eingriffswinkelfehler f_a zu berechnen ist. Der Abstand f_f der beiden durch den höchsten und den tiefsten Punkt gezogenen parallelen Geraden ist der *Flankenformfehler* f_f. Nach Abb. 63–4 errechnet sich der Grundkreisfehler f_g (wenn der Flankenformfehler $V_a$mal, der Walzweg $V_b$mal vergrößert aufgezeichnet wird) zu

$$f_g = d_g \text{ ist} - d_g \text{ soll} = d_g \text{ soll} \cdot \frac{a \cdot V_b}{b \cdot V_a} \cdot 1000\,\mu, \qquad (63\text{–}1)$$

Gl. gilt für Gerad- und Schrägzahnräder, wenn die Flankenformfehler in einer Ebene senkrecht zur Achse bestimmt werden. Bei Geräten, deren Fühlhebel bei Schrägzahnrädern senkrecht zur Zahnflanke eingestellt wird (Abb. 63–1), ist in Gl. (63–1) an Stelle von a der Wert $a' = a/\cos \beta_0$ zu setzen.

Eingriffswinkelfehler. Der Grundkreisfehler f_g kommt einem Eingriffswinkelfehler f_a gleich von

$$f_a = \alpha_{0\,\text{ist}} - \alpha_{0\,\text{soll}} = \frac{-3{,}44 \cdot f_g}{d_0 \cdot \sin \alpha_0} \quad \text{Winkelminuten,} \qquad (63\text{–}2)$$

$$(f_g \text{ in } \mu;\ d_0 \text{ in mm}).$$

$$\text{Für } \alpha_0 = 20° \text{ ist } f_a = \frac{-10 \cdot f_g}{d_0} \quad \text{Winkelminuten,} \qquad (63\text{–}3)$$

$$\text{für } \alpha_0 = 15° \text{ ist } f_a = \frac{-13{,}3 \cdot f_g}{d_0} \quad \text{Winkelminuten.} \qquad (60\text{–}4)$$

Für Schrägzahnräder gilt Gl. 63–2 im Stirnschnitt. Statt α_0 setze α_{0s}. Berechnung von α_{0s} aus α_{0n} und β_0 nach Abschn. 169.15, Beispiel.

Zur Ausschaltung des Unrundlaufs ist es notwendig, die Flankenprüfung an mindestens vier um 90° versetzten Flanken vorzunehmen und das Mittel zu bilden. Einfluß von f_g oder f_a auf die Eingriffsteilung s. Abschn. 631.21.

Um zu einem beliebigen Flankenpunkt den zugehörigen Punkt des Fehlerschaubildes zu ermitteln, zeichnet man sich bei vorgegebenem α_0 für $m = 1$ ein Schaubild

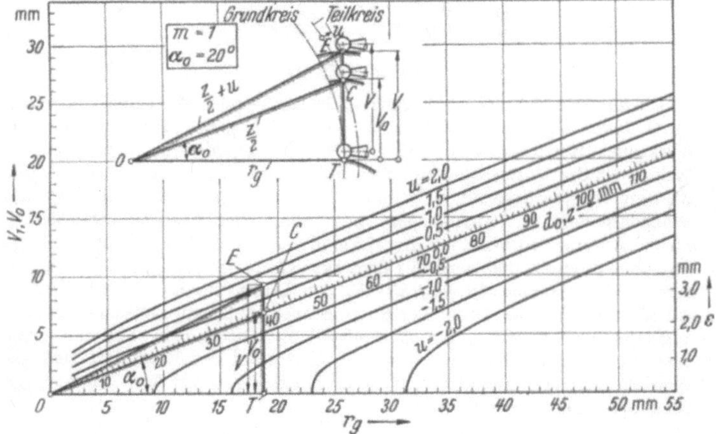

Abb. 63–5. Schaubild zur Bestimmung des Walzweges.

nach Abb. 63–5. Die Kurve wird punktweise konstruiert, indem man $OC = r_0 = \dfrac{z}{2}$ und den Wert u in $OE = r_0 + u$ vorgibt. Damit zeichnet man die Dreiecke OCT und OET und erhält die zum Teilkreisradius und zum beliebigen Radius $OE = \dfrac{z}{2} + u$

gehörenden Wälzstrecken $TC = v_0$ und $TE = v$. Es ist zweckmäßig, die Strecke OC statt nach $\frac{z}{2}$ nach z zu beziffern, weil diese Teilung zugleich für d_0 gilt.

Für beliebiges m sind alle Strecken mit m zu multiplizieren. Der Radius OE wird damit angesetzt zu $OE = \frac{m \cdot z}{2} + u \cdot m = r_0 + u \cdot m$ (63–5). Für den Kopfkreis der Normalverzahnung ist $u = + 1$; unterhalb des Teilkreises ist u negativ.

Auf der rechten Seite von Abb. 63–5 sind die mit dem Faktor $\frac{1}{\pi \cdot \cos \alpha_0}$ multiplizierten Skalenwerte aufgezeichnet. Mißt man in diesem Maßstab die Strecke EC über der Zähnezahl z_1, so erhält man den zu einem Rade 1 gehörenden Anteil ε_1 des Überdeckungsgrades ε (Abschn. 169.133). Für das Getriebe ist dann $\varepsilon = \varepsilon_1 + \varepsilon_2$. Die Werte ε sind unabhängig vom Modul m, dürfen also nicht mit m multipliziert werden.

Beispiel. Gegeben $\alpha_0 = 20°$; $m = 2$;
$$z_1 = 40; \quad z_2 = 60; \quad \text{Zahnkopfhöhe} = 1{,}0 \cdot m.$$
Die Eingriffsstrecke $G_1 G_2$ in Abb. 169–7 ergibt sich aus Abb. 63–5 zu
$$G_1 G_2 = CE_1 \cdot m + CE_2 \cdot m = 2{,}4 \cdot 2 + 2{,}5 \cdot 2 = 9{,}8 \text{ mm.}$$

$z_1 = 40$	$z_2 = 60$
$u = + 1$	$u = + 1$

Der Überdeckungsgrad ergibt sich zu
$$\varepsilon = \varepsilon_1 + \varepsilon_2 = 0{,}81 + 0{,}85 = 1{,}66.$$

Ist eine Kopfrundung von beispielsweise $\Delta r = 0{,}3$ mm vorhanden, so wird für die Endpunkte des Prüfbereichs (Abb. 63–4) $u = 1 - 0{,}3/2 = 0{,}85$. Damit wird der Prüfbereich

$$P_1 P_2 = CE_1 \cdot m + CE_2 \cdot m = 2{,}1 \cdot 2 + 2{,}2 \cdot 2 = \textbf{8,6 mm.}$$

$z_1 = 40$	$z_2 = 60$
$u = + 0{,}85$	$u = + 0{,}85$

631.2 Teilung

Ob man die Teilung als Eingriffs-, Teilkreis- oder Winkelteilung mißt, hängt davon ab, ob man die Fehler des Prüflings, der Maschine oder des Werkzeugs feststellen will. Der *Eingriffsteilungsfehler* f_e einer einzelnen Teilung ist der Unterschied zwischen ihrem Istmaß und dem Sollmaß, die Messung ist „bezugsfrei", d. h. unabhängig von der Außermittigkeit der Drehachse zum Mittelpunkt der Verzahnung. Der *Einzelteilungsfehler* f_t ist der Unterschied zwischen dem Istmaß einer einzelnen Teilkreisteilung und dem Sollmaß und wird auf dem zur Radachse mittigen Teilkreis gemessen. Der *Summenteilungsfehler* F_t der Teilkreisteilung ist der Unterschied zwischen dem Istmaß der Summe einer beliebigen Zahl aufeinanderfolgender zu bezeichnender Teilkreisteilungen und dem Sollmaß (vgl. Abschn. 169.122). Der *Teilungssprung* f_u (sowohl der Eingriffsteilung als auch der Teilkreisteilung) ist der Unterschied zweier am Rad aufeinanderfolgender Teilungen, DIN 3960.

631.21 Eingriffsteilung. Der Eingriffsteilungsfehler f_e zweier benachbarter Zähne kann von einer Ungleichmäßigkeit der Teilkreisteilung, von einer falschen Flankenform und von falschem Grundkreisdurchmesser herrühren.

Meßverfahren. Zwei zum selben Grundkreis gehörende Evolventen schneiden von den Grundkreistangenten gleiche Abschnitte t_e ab, Abb. 63–6.

Die Eingriffsteilung ist bei fehlerfreien Evolventen gleich der Grundkreisteilung und berechnet sich aus der Teilkreisteilung t_0 nach Gl. (169–6). Zwei
benachbarte Zahnpaare eines Evolventengetriebes
können nur dann zu gleicher Zeit im Eingriff sein,
wenn die beiden Istwerte der Eingriffsteilung gleich
sind. Die Eingriffsteilung ändert sich nicht bei einer
Profilverschiebung des Werkzeuges (Abschn. 169.14).

Mißt man bei einem mit mehrzähnigem Werkzeug (z.B.
Abwälzfräser) hergestellten Rad die Eingriffsteilung (Abb.
63–7), so erhält man damit nur eine Prüfung der Eingriffs-

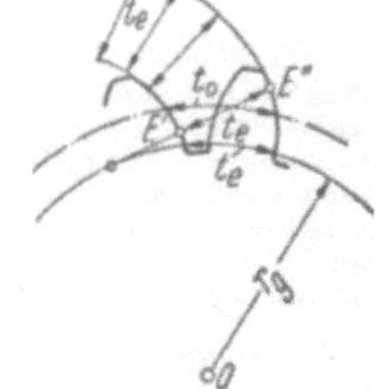

Abb. 63–6. Evolventen-Flanken.
t_e = Eingriffsteilung = Grundkreisteilung;
t_0 = Teilkreisteilung.

teilung des Werkzeugs, da dieses zu gleicher Zeit die beiden Punkte E' und E'' auf der
Eingriffslinie erzeugt, ihr Abstand $t_e = E'E''$ also vom Werkzeug abgenommen wird.
Daß so hergestellte Zahnflanken trotz fehlerfreien Werkzeugs und trotz des überall
gleichen Abstands gleichgerichteter Flanken
keine Evolventen zu sein brauchen (wenn z. B.
das Teilgetriebe der Maschine Fehler hat), zeigt
Abb. 63–7. Ein Winkelfehler im Teilgetriebe
zwischen Schnitt 1, in dem die Flankenstücke
bei den Punkten E_1' und E_1'' gebildet wurden,
und dem Schnitt 2 mit den Flankenpunkten
E_2' und E_2'' gibt eine falsche Lage der Flan-
kenpunkte E_2' und E_2''. Es liegen E_1' und E_2'
bzw. E_1'' und E_2'' nicht auf derselben Evolvente. Trotzdem ist bei fehlerfreiem Werkzeug
$E_1' E_1'' = E_2' E_2'' = t_e$.

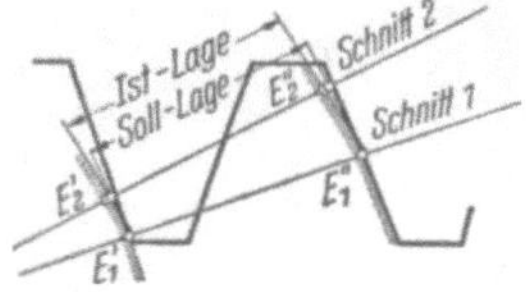

Abb. 63–7. Zahnflankenfehler
durch fehlerhaftes Wälzgetriebe.

Die Messung des Absolutwertes t_e durch Vergleich mit einem geeigneten
Normal (Abb. 63–8) ist an der Maag-Maschine zum Einstellen der Schleif-
scheibenköpfe (Eingriffswinkel α_0), an der Minerva-Maschine zum Einstellen
der Abzieheinrichtung not-
wendig. Prüfung an der
Maschine meist mit t_e-Hand-
gerät. — Der Mittelwert f_{em}
der gemessenen Eingriffsteilungsfehler f_e aller Links- oder
Rechtsflanken kann bei an-
nähernden Evolventenflanken
zur Berechnung des Grund-
kreisfehlers f_g (bzw. des Ein-
griffswinkelfehlers f_α) benutzt
werden.

Es ist $f_g = d_g\text{ist} - d_g\text{soll}$

$$= \frac{z \cdot f_{em}}{\pi},\qquad (63\text{–}6)$$

$$f_{\alpha m} \approx \frac{-3{,}44 \cdot f_{em}}{t_0 \cdot \sin \alpha_0} .^{[1]}\quad (63\text{–}7)$$

Bei *Schrägzahnrädern* wird
meistens die Eingriffsteilung t_{en}

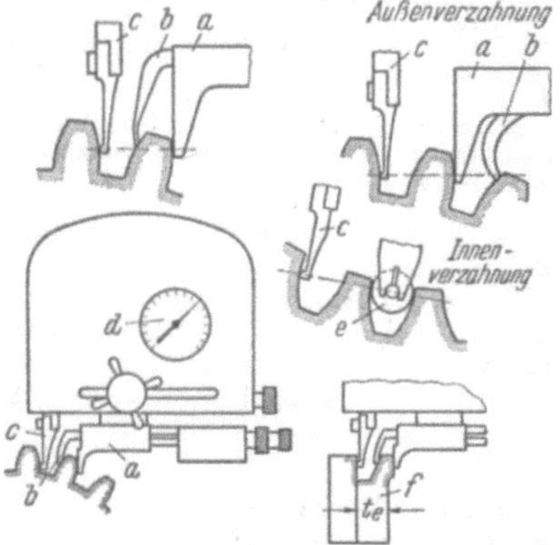

Abb. 63–8. t_e-Handgerät (Maag, Mahr). a fester
Taster; b einstellbarer Anschlag; c Meßtaster;
d Meßuhr; e runde Meßwalze als fester Taster bei
Innenverzahnung; f Normal zur Einstellung.

---

[1]) f_{em} in μ, t_0 in mm, $f_{\alpha m}$ in Winkelminuten.

im Normalschnitt, selten, wegen der schlechten Meßmöglichkeit, die Eingriffsteilung t_{es} im Stirnschnitt gemessen (Abschn. 169.15).

Meßgeräte für t_e:

Handgeräte (Maag, Mahr, Krupp), Abb. 63–8. Außenverzahnung: Das Gerät setzt sich zwischen dem verstell- und klemmbaren breiten Taster a und dem einstellbaren Anschlag b auf einem Zahn oder in einer Lücke auf, der Meßtaster c mißt die gegenuberliegende Flanke an. Unter Schwenken des Gerätes in der Zeichenebene wird der Umkehrpunkt an der Meßuhr d abgelesen. Es kann Gerad- und Schrägverzahnung gemessen werden. Bei Innenverzahnung wird als fester Taster eine runde Meßwalze, bei Innenschrägverzahnung muß eine Kugel verwendet werden. Nulleinstellung erfolgt mit endmaßartigen Normalen f auf den t_e-Sollwert.

Standgerät (Zeiss), Abb. 63–9. Das auf Dorn zwischen Spitzen aufgenommene Rad wird durch einen in eine Zahnlucke einfedernden Kugelraster a gegen Drehen gehalten. Die feste Meßschneide b des Meßwagens c legt sich durch Gewichtszug d an die eine, der bewegliche Meßtaster e an die benachbarte Flanke an. Ablesung der Meßschneidenbewegung gegeneinander an einem Fühlhebel $1000:1$. Parallele Schneiden (auf Unparallelität achten, namentlich infolge Verformung durch die Meßkraft). Vor dem Umschalten auf die nächste Teilung wird der Meßwagen zuruckgezogen, nach Betätigen eines Rasthebels fahrt er wieder in die Meßstellung. Zur Messung schrägverzahnter Räder wird die Radaufnahme geschwenkt, bis die Meßrichtung senkrecht zur Flankenlinie (Abschn. 169.11) ist. Meßwagen ist zur Prufung großer Räder an der Maschine abnehmbar. — Soll der Istwert der Eingriffsteilung bestimmt werden, wird der Fuhlhebel mit einer zwi-

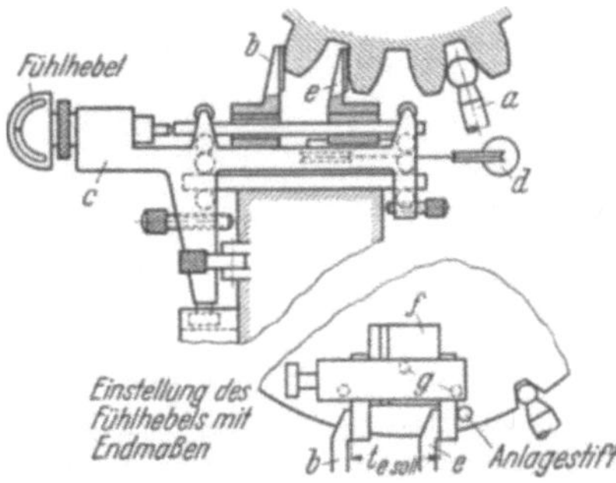

Abb. 63–9. t_e-Messung mit Standgerät (Zeiss). a Kugelraster; b Meßschneide fest mit Meßwagen c; c Meßwagen; d Gewichtszug; e bewegliche Meßschneide; f Endmaße mit Halter zur Einstellung des Fuhlhebels; g Kugeln.

schen den Spitzen aufgenommenen Vorrichtung mit Endmaßen auf Null gestellt. Der Endmaßhalter ist auf drei Kugeln beweglich und legt sich durch die Meßkraft an den Meßschneiden an.

Meßungenauigkeit bei guter Evolventenform und Oberflachenbeschaffenheit der Flanken: Unterschiedsmessung bis $\pm 1\,\mu$; unmittelbare Messung bis $\pm 2\,\mu$. Bei den Hangeraten: Unterschiedsmessung bis $\pm 1\,\mu$; unmittelbare Messung bis $\pm 3\,\mu$. Bei Handgeraten darauf achten, daß Nulleinstellung und Messung bei gleicher Neigung des Gerates vorgenommen werden, um die bei den Handgeraten teilweise vorhandene Neigungsempfindlichkeit auszuschalten.

631.22 Teilkreisteilung t_0. Es ist nicht notwendig, den Istwert von t_0 zu bestimmen, da der Mittelwert $= \pi \cdot m$ bekannt und fehlerfrei ist (Abschn. 169.122). Es genugt Messung der Ungleichförmigkeit von t_0. Bei mit einzahnigem Werkzeug hergestellten Radern kann statt der Ungleichförmigkeit von t_0 die von t_e gepruft werden. Die Meßwerte verhalten sich wie $1:\cos\alpha_0$; bei $\alpha_0 = 20°$ wie $1:0,96$.

Standgerät (Zeiss), Abb. 63–10a), vgl. Abb. 63–9: Für diese Messung werden Meßtaster mit Kugeln verwandt. Einstellung so, daß Berührung der Zahnflanken in der Nähe des Teilkreises erfolgt. (Der Mittelpunkt der Tastkugel mit Halbmesser r_k muß dann von der Drehachse den Abstand

$$r = \sqrt{r_0^2 + 2 \cdot r_0 \cdot r_k \cdot \sin \alpha_0 + r_k^2},\qquad (63\text{--}8)$$

haben.) — Für Schrägzahnräder und Kegelräder Messung im Normalschnitt. An der Maschine benutzt man nur die eigentliche Meßeinrichtung, bei Schrägstellen wird Übergewicht des Meßwagens durch Gegengewicht ausgeglichen.

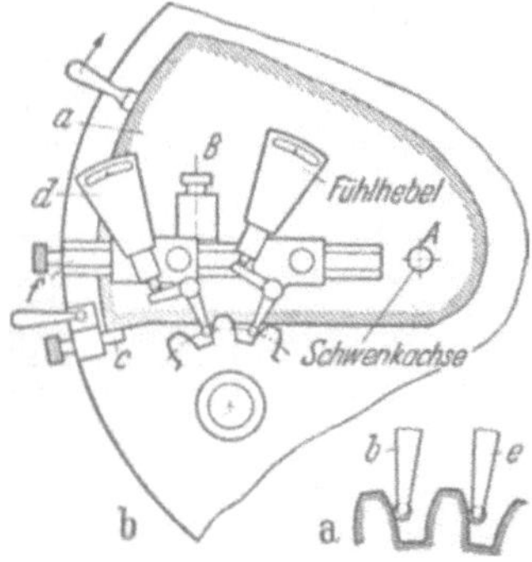

Abb. 63–11. Teilungsprüfgerät (Mahr):
a fester Taster; b Winkeltaster und Meßuhr; c Stutzen.

Abb. 63–10. Messung der Ungleichförmigkeit der Teilkreisteilung t_0: a) Standgerät (Zeiss), Abb. 63–9. b mit Meßwagen fester Kugeltaster; e beweglicher Kugeltaster. b) Standgerät (Klingelnberg): a Meßeinrichtung; c Anschlag; d Fühlhebel; f Meßbalken, kippbar um Achse B.

Standgerät (Klingelnberg), Abb. 63–10b: Die Meßeinrichtung a, drehbar um eine senkrechte Achse A, legt sich durch Gewichtszug gegen einen Anschlag c. Von den beiden Fühlhebeln (200 : 1, 500 : 1 oder 1000 : 1) dient der eine (d) als Nullzeiger, der bei jeder Messung durch Drehen des Prüflings auf Null eingestellt wird. Statt genauer Nulleinstellung kann man auch die Differenz der beiden Fühlhebelanzeigen bilden. Für Schrägzahnräder läßt sich der ganze Meßbalken f um eine waagerechte Achse B kippen.

Das *Teilungsprüfgerät (Mahr*, (Abb. 63–11) stützt sich auf dem Zahngrund oder Zahnkopf ab. Die Ungleichförmigkeit der Teilkreisteilung wird zwischen dem festen und dem auf eine Meßuhr wirkenden Winkeltaster (a und b) gemessen. Ein Rundlauffehler des Zahnkopfes oder -grundes geht mit in die Teilungsmessung ein. Zweckmäßig erfolgt die Messung in bestimmtem Abstand von der Achse wie in Abb. 63–10a und b und nicht durch Abstützen auf dem Zahnkopf, Abb. 63–11, wenn der Kopfkreis nicht mittig zum Teilkreis ist.

Auswertung, Beispiel. Für jede Teilung i wird die Fühlhebelablesung D_i bei Abb. 63–10a, bei Abb. 63–10b die Differenz der beiden Fühlhebelablesungen, also „Meßwert D_i" notiert. Der Mittelwert D_m der Meßwerte D_i ist die durch die Zähne-

zahl z geteilte algebraische Summe aller Meßwerte, oder $D_m = \dfrac{\sum\limits_{1}^{z} D_i}{z}$. $\qquad (63\text{--}9)$

Der Einzelteilungsfehler ist $D_i - D_m$. Die algebraische Fehlersumme aller $D_i - D_m$

von der Teilung 1 bis zur beliebigen Teilung i ist $S_i = \sum\limits_{1}^{i} (D_i - D_m)$. $\qquad (63\text{--}10)$

Der Summenteilungsfehler F_i ist der Unterschied des größten und des kleinsten S_i-Wertes, also $F_i = (S_i)_{max} - (S_i)_{min}$. $\qquad (63\text{--}11)$

Der Teilungssprung f_u ist die Differenz aufeinanderfolgender Meßwerte, oder $f_u = D_i - D_{i-1}$. $\qquad (63\text{--}12)$

Leinweber, Längenmeßtechnik

Beispiel:

Teilg. Nr.	Meßwert in μ	Einzelteilungsfehler = Meßwert—Mittelwert in μ	Fehlersumme in μ	Teilungssprung in μ
	D_i	$D_i - D_m$	$S_i = (D_i - D_m)$	$D_i - D_{i-1}$
1	+ 2	− 1	− 1	+ 4
2	+ 7	+ 4	+ 3	+ 2
3	+ 5	+ 2	+ 5	+ 1
4	+ 4	+ 1	+ 6	− 6
5	− 3	− 6	0	− 2
6	+ 1	− 2	− 2	+ 2
7	+ 5	+ 2	0	− 1

Summe: + 21 μ; Mittelwert der Meßwerte: $\dfrac{+\,21}{7} = +\,3\,\mu$.

Unmittelbares Messen des Summenteilungsfehlers, Schriftt. 63–[12]. Da bei der Addition der Einzelfehler auch deren Fehler sich algebraisch addieren, bestimmt man zweckmäßig die Fehlersumme unmittelbar durch Winkelmessung. Fehler von 1 μ auf einem Teilkreishalbmesser von 200 mm entspricht einem Winkelfehler von 1″ (1 Altsekunde). Die Winkel mussen bei großen Radern sehr genau gemessen werden.

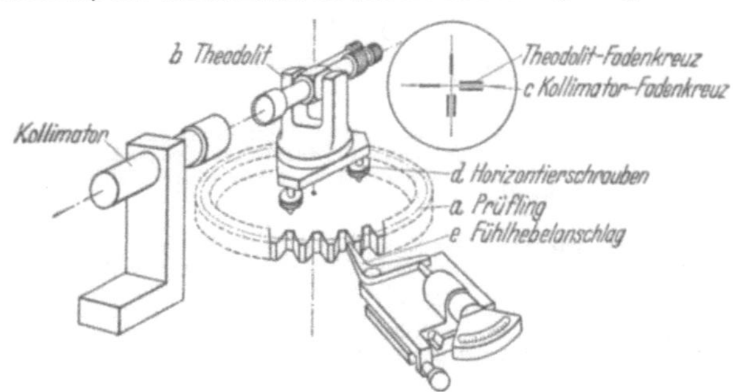

Abb. 63–12. Messen des Summenteilungsfehlers mit Theodolit und Kollimator (Zeiss): *a* Prufling; *b* Theodolit; *c* Strichmarke im Kollimator; *d* Horizontierschrauben; *e* Fuhlhebel-Anschlag.

Theodolit und Kollimator (Zeiss), Abb. 63–12. Auf das zu prüfende Zahnrad *a* wird der Theodolit *b* gesetzt. Die Strichmarke im Kollimator *c* bildet ein im Unendlichen liegendes Ziel. Dadurch Außermittigkeit von Theodolit- und Zahnradachse ohne Einfluß. Infolge Außermittigkeit von Verzahnungs- und Drehachse wird die (allein interessierende) wirksame Fehlersumme bestimmt. Mit den drei Horizontierschrauben *d* des Theodoliten wird dessen Stehachse parallel der Drehtischachse ausgerichtet, was man daran erkennt, daß beim Durchdrehen des Tisches (bei auf den Kollimator gerichtetem Theodolit) die Fernrohrzielmarke gegenuber der Kollimatormarke keine Hohenwinkelbewegungen ausfuhrt. Tisch- und Theodolitdrehachse auf mindestens 5′ parallel.

Bei der Messung von Zahnrädern oder Teilscheiben wird fur die Einstellung ein ausschwenkbarer Fuhlhebelanschlag *e* benutzt, der sich gegen eine Zahnflanke legt und durch Drehen des Tisches vor jeder Messung auf Null gestellt wird. Durch Drehen des Theodoliten allein werden Theodolit- und Kollimatorzielmarke zur Deckung gebracht. Ablesen des Winkels. Tisch weiterdrehen von Zahn zu Zahn oder uber eine bestimmte Zahl von Teilungen. Feinstellen, bis Fuhlhebel wieder auf Null. Anrichten des Kollimators mit dem Theodolit allein. Die Differenz der Kreisablesungen und der Sollwerte gibt die Teilungsfehler.

Die Meßunsicherheit einer einzelnen Messung ist etwa $\pm\,(0,01 \cdot r_0 + 1)\,\mu$, wenn r_0 in mm eingesetzt wird.

631.3 Zahndicke

631.31 Allgemeines, vgl. Schriftt. 63–[16]. Der Abstand der rechten von der linken Zahnflanke beeinflußt im Getriebe das Flankenspiel. Dieser Abstand kann direkt als Zahndicke oder Luckenweite (vgl. Geradzahnrad Abschn. 169.125 und 169.134, Schragzahnrad Abschn. 169.15) gepruft werden. Die uber mehrere (n) Zahne gemessene Zahnweite gibt die Summe von ($n - 1$) Teilungen $+ 1$ Zahndicke auf dem Grundkreis. Das Mittel aus den Messungen uber den ganzen Umfang liefert die mittlere Zahndicke. Bei spielfreien Getrieben, deren Achsen rückbar sind, muß die Zahndicke gleichmäßig sein, bei Getrieben mit festen Achsen muß auch das Istmaß in entsprechenden Toleranzen bleiben.

Das Zahndickenabmaß z. B. eines nach dem Walzverfahren gestoßenen Rades kann verursacht sein durch zu geringe Zustellung des Stoßrads, Rundlauffehler des Stoßrads oder Werkzeugdorns, Zahnluckenfehler und Teilungsfehler des Stoßrads oder fehlerhaftes Teilgetriebe. Das arithmetische Mittel aus dem Zahndickenabmaß uber alle Zähne ist das mittlere Zahndickenabmaß s_{om}.

Für die Einstellung der Maschine bevorzugt man bezugsfreie, von der Drehachse unabhangige Messungen (z. B. Messungen uber in gegenuberliegende Zahnlücken eingelegte Meßdorne oder Zahnweitenmessung. Sie ergeben aber nicht das wirksame Zahndickenabmaß, weil sie unabhängig von der Achse und damit vom Rundlauf sind. S. Tab. 63–1.

631.32 Meßverfahren und -geräte

631.321 Unmittelbare Messung. 1. *Standgerat.* Messung der Zahndicke (oder Luckenweite) grundsatzlich wie die von t_0, nur daß sich die beiden Meßstücke an die Flanken desselben Zahnes anlegen. — Bestimmung des Istmaßes durch Vergleich mit Endmaßen; s. Abb. 63–14. Die Endmaße E_r und E_t werden nach Gl. (63–13) bis (63–15), S. 535, so berechnet, daß die Tast-

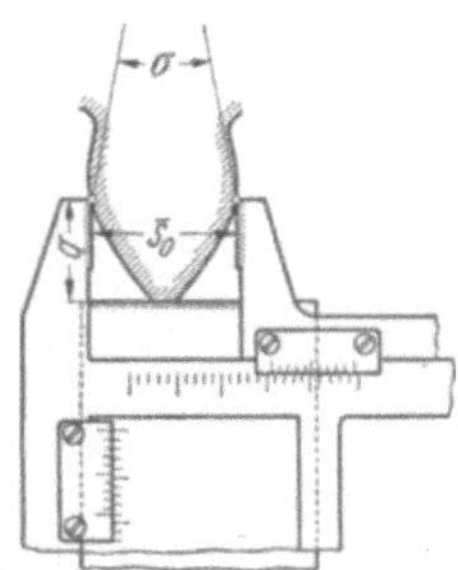

Abb. 63–13. Zahndickenmessung mit Zahnmeßschieblehre und optischer Zahnmeßschraublehre.

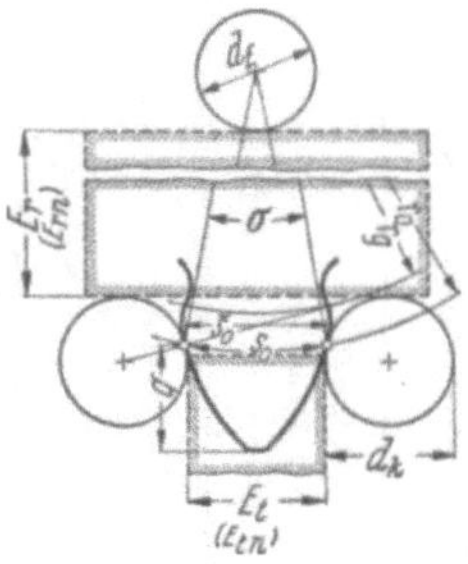

Abb. 63–14. Geometrie der Zahndickenmessung. $\bar{s}_0 =$ Zahndickensehne auf dem Teilkreis; $s_0 =$ Zahndickenbogen auf dem Teilkreis; E_r; $E_t =$ Endmaße; bei Schrägzahnrädern E_{rn} und E_{tn}; $d_k =$ Durchmesser des Raddorns.

Tabelle 63–1

Gunstigster Meßdorndurchmesser D_0:	Geradzahnräder	Schrägzahnräder
	$D_0 = \dfrac{\pi}{2}\, m \cdot \cos \alpha_0 = \dfrac{t_0}{2}$	$D_0 = \dfrac{\pi}{2}\, m_n \cdot \cos \alpha_{0n} = \dfrac{t_{0n}}{2}$
Außenverzahnung **A.) Messung mit Kimme:** 1. Mit gunstigstem Meßdorn D_0: $A_0 =$ Sollabstand Meßdornachse — Radachse $\delta A_0 = A_{0\,\text{Istwert}} - A_{0\,\text{Sollwert}}$ $\delta s,\ \delta s_n =$ Zahndickenabmaß	$A_0 = \dfrac{d_0}{2} + zm$ $\delta s = 2\,\delta A_0 \cdot \operatorname{tg} \alpha_0$ $\delta s = 0{,}54 \cdot \delta A_0$ fur $\alpha_0 = 15^\circ$ $\delta s = 0{,}73 \cdot \delta A_0$ fur $\alpha_0 = 20^\circ$	$A_0 = \dfrac{d_0}{2} + z \cdot m_n$ $\delta s_n = 2\,\delta A_0 \cdot \operatorname{tg} \alpha_{0n}$ $\delta s_n = 0{,}54 \cdot \delta A_0$ fur $\alpha_{0n} = 15^\circ$ $\delta s_n = 0{,}73 \cdot \delta A_0$ fur $\alpha_{0n} = 20^\circ$
2. Mit beliebigem Meßdorn D_1: $A_1 =$ Sollabstand Meßdornachse — Radachse $\delta A_1 = A_{1\,\text{Istwert}} - A_{1\,\text{Sollwert}}$	$A_1 = \dfrac{d_0}{2} + \dfrac{D_0 - D_1}{2 \sin \alpha_0} + zm$ [2] $\delta s = 2\,\delta A_1 \cdot \operatorname{tg} \alpha_0$ [1]	$A_1 = \dfrac{d_0}{2} + \dfrac{D_0 - D_1}{2 \sin \alpha_{0n}} + zm_n$ [2] $\delta s_n = 2\,\delta A_1 \cdot \operatorname{tg} \alpha_{0n}$ [1]
B.) Messung mit In die Zahnlücke eingelegtem Meßdorn (-Kugel): 1. Mit gunstigstem Meßdorn D_0: $A_0, A_1 =$ Sollabstand Meßdornachse — Radachse $\delta l,\ \delta l_n =$ Zahnluckenabmaß	a) Ohne Profilverschiebung: $A_0 = \dfrac{d_0}{2}$ $\delta l = -\,2\,\delta A_0 \cdot \operatorname{tg} \alpha_0$ b) Mit Profilverschiebung $+ zm$: $A_1 = \dfrac{d_0 \cdot \cos \alpha_0}{2 \cos \alpha_1}$, wo $\operatorname{ev} \alpha_1 = \operatorname{ev} \alpha_0 + \dfrac{2z \cdot \operatorname{tg} \alpha_0}{z}$ [2] $\delta l = -\,2\,\delta A_1 \cdot \dfrac{\sin \alpha_1}{\cos \alpha_0}$	a) Ohne Profilverschiebung: $A_0 = \dfrac{d_0}{2}$ $\delta l_n = -\,2\,\delta A_0 \cdot \operatorname{tg} \alpha_{0n}$ b) Mit Profilverschiebung $+ z \cdot m_n$: $A_1 = \dfrac{d_0 \cdot \cos \alpha_{0s}}{2 \cos \alpha_1}$, wo $\operatorname{ev} \alpha_1 = \operatorname{ev} \alpha_{0s} + \dfrac{2\,z \cdot \operatorname{tg} \alpha_{0n}}{z}$ [2] $\delta l_n = -\,2\,\delta A_1 \cdot \dfrac{\sin \alpha_1}{\cos \alpha_{0s}} \cdot \cos \beta_0$

[1] Werte für den Fehler δA von A gelten nur, wenn D_1 angenahert D_0.   [2] Profilverschiebungsfaktor z mit Vorzeichen einsetzen.

2. Mit beliebigem Meßdorn D_1:	$A_1 = \dfrac{d_0\cdot\cos\alpha_0}{2\cos\alpha_1}$, wo [1,2] $ev\,\alpha_1 = ev\,\alpha_0 + \dfrac{D_1}{d_0\cdot\cos\alpha_0} - \dfrac{\pi}{2z} + \dfrac{2x\cdot tg\,\alpha_0}{z}$ $\delta l = -\,2\,\delta A_1\cdot\dfrac{\sin\alpha_1}{\cos\alpha_0}$	$A_1 = \dfrac{d_0\cdot\cos\alpha_{0s}}{2\cos\alpha_1}$, wo [1,2] $ev\,\alpha_1 = ev\,\alpha_{0s} + \dfrac{D_1}{n\,l_n z\cdot\cos\alpha_{0n}} - \dfrac{\pi}{2z} + \dfrac{2x\cdot tg\,\alpha_{0n}}{z}$ $\delta l_n = -\,2\,\delta A_1\cdot\dfrac{\sin\alpha_1}{\cos\alpha_{0s}}\cdot\cos\beta_0$
C. Messung mit in gegenüberliegende Zahnlücken eingelegten Meßdornen (-Kugeln): **1. Mit gunstigstem Meßdorn D_0:** Rad mit gerader Zahnezahl: Index „g" Rad mit ungerader Zahnezahl: Index „u"	a) Ohne Profilverschiebung: $M_g = d_0 + D_0$ $M_u = d_0\cdot\cos\dfrac{90°}{z} + D_0$ $\delta l_g = -\,\delta M_g\cdot tg\,\alpha_0$ $\delta l_u = -\,\delta M_u\cdot\dfrac{tg\,\alpha_0}{\cos\dfrac{90°}{z}}$ b) Mit Profilverschiebung $+\,xm$: [2] $M_g = 2A_1 + D_0$ $M_u = 2A_1\cdot\cos\dfrac{90°}{z} + D_0$ $A_1 = \dfrac{d_0\cdot\cos\alpha_0}{2\cos\alpha_1}$, wo $ev\,\alpha_1 = ev\,\alpha_0 + \dfrac{2x\cdot tg\,\alpha_0}{z}$ $\delta l_g = -\,\delta M_g\cdot\dfrac{\sin\alpha_1}{\cos\alpha_0}$ $\delta l_u = -\,\delta M_u\cdot\dfrac{\sin\alpha_1}{\cos\alpha_0\cdot\cos\dfrac{90°}{z}}$	a) Ohne Profilverschiebung: $M_g = d_0 + D_0$ $M_u = d_0\cdot\cos\dfrac{90°}{z} + D_0$ $\delta l_g = -\,\delta M_g\cdot tg\,\alpha_{0s}\cdot\cos\beta_0$ $\delta l_u = -\,\delta M_u\cdot\dfrac{tg\,\alpha_{0s}}{\cos\dfrac{90°}{z}}\cdot\cos\beta_0$ b) Mit Profilverschiebung $+\,x\cdot m_n$: [2] $M_g = 2A_1 + D_0$ $M_u = 2A_1\cdot\cos\dfrac{90°}{z} + D_0$ $A_1 = \dfrac{d_0\cdot\cos\alpha_{0s}}{2\cos\alpha_1}$, wo $ev\,\alpha_1 = ev\,\alpha_{0s} + \dfrac{2x\cdot tg\,\alpha_{0n}}{z}$ $\delta l_g = -\,\delta M_g\cdot\dfrac{\sin\alpha_1}{\cos\alpha_{0s}}\cdot\cos\beta_0$ $\delta l_u = -\,\delta M_u\cdot\dfrac{\sin\alpha_1}{\cos\alpha_{0s}\cdot\cos\dfrac{90°}{z}}\cdot\cos\beta_0$

[1] Werte für den Fehler δA von A gelten nur, wenn D_1 angenähert D_0. [2] Profilverschiebungsfaktor x mit Vorzeichen einsetzen.

Tabelle 63-1 (Forts.)

	Geradzahnrader	Schragzahnräder
Günstigster Meßdorndurchmesser D_0:	$D_0 = \dfrac{\pi}{2}\, m \cdot \cos \alpha_0 = \dfrac{l_e}{2}$	$D_0 = \dfrac{\pi}{2}\, m_n \cdot \cos \alpha_{0n} = \dfrac{t_{en}}{2}$
2. Mit beliebigem Meßdorn D_1:	$M_g = 2A_1 + D_1$ [1,2] $M_u = 2A_1 \cdot \cos \dfrac{90°}{z} + D_1$ $A_1 = \dfrac{d_0 \cdot \cos \alpha_0}{2 \cos \alpha_1}$, wo $\operatorname{ev}\alpha_1 = \operatorname{ev}\alpha_0 + \dfrac{D_1}{d_0 \cdot \cos \alpha_0} - \dfrac{\pi}{2z} + \dfrac{2x \cdot \operatorname{tg}\alpha_0}{z}$ δl_g und δl_u wie unter C 1 b)	$M_g = 2A_1 + D_1$ [1,2] $M_u = 2A_1 \cdot \cos \dfrac{90°}{z} + D_1$ $A_1 = \dfrac{d_0 \cdot \cos \alpha_{0s}}{2 \cos \alpha_1}$, wo $\operatorname{ev}\alpha_1 = \operatorname{ev}\alpha_{0s} + \dfrac{D_1}{m_n z \cdot \cos \alpha_{0n}} - \dfrac{\pi}{2z} + \dfrac{2x \cdot \operatorname{tg}\alpha_{0n}}{z}$ δl_g und δl_u wie unter C 1 b)
D. Zahnweitenmessung: z' = Zahl der Zähne zwischen den Meßflachen $\operatorname{ev}\alpha = \operatorname{tg}\alpha - \alpha$. (Siehe Tafel) β_0 = Schragungswinkel im Teilkreis W_0 = Zahnweite fur $x = 0$ δW, (δW_n) = Abmaß der Zahnweite $\quad = W_{\text{Istwert}} - W_{\text{Sollwert}}$ δs, (δs_n) = Zahndickenabmaß δr = radiale Zustellung (positiv bei Zunahme des Abstandes von der Achse)	$z' = z \cdot \dfrac{\alpha_0°}{180°} + 0,5$ [3] z' auf ganze Zahl aufrunden, dann in folgende Gleichung einsetzen $W = m \cdot \cos \alpha_0\,[(z' - 0,5)\,\pi + z \cdot \operatorname{ev}\alpha_0]$ $\quad + 2\,xm \cdot \sin \alpha_0$ (Fur Tabellenrechnung: $W = W_0 + xm \cdot K_1$, wo $K_1 = 2 \sin \alpha_0$) $\delta s = \dfrac{\delta W}{\cos \alpha_0}$; $\quad \delta r = \dfrac{-\,\delta W}{2 \sin \alpha_0}$ $\delta r = -\,1{,}932 \cdot \delta W$ fur $\alpha_0 = 15°$ $\delta r = -\,1{,}462 \cdot \delta W$ fur $\alpha_0 = 20°$	$z' = \dfrac{z}{\cos^3 \beta_0} \cdot \dfrac{\alpha_0°}{180°} + 0,5$ [3] z' auf ganze Zahl aufrunden, dann in folgende Gleichung einsetzen $W_n = m_n \cdot \cos \alpha_{0n}\,[(z' - 0,5)\,\pi + z \cdot \operatorname{ev}\alpha_{0s}]$ $\quad + 2\,x \cdot m_n \cdot \sin \alpha_{0n}$ Hierin ist $\operatorname{tg}\alpha_{0s} = \dfrac{\operatorname{tg}\alpha_{0n}}{\cos \beta_0}$ Mindestbreite $b_{\min}$ des Rades: $b_{\min} = W_n \cdot \sin \beta_g \approx W_n \cdot \sin \beta_0$ $\delta s_n = \dfrac{\delta W_n}{\cos \alpha_{un}}$; $\quad \delta r = \dfrac{-\,\delta W_n}{2 \sin \alpha_{0n}}$ $\delta r = -\,1{,}932 \cdot \delta W_n$ fur $\alpha_{0n} = 15°$ $\delta r = -\,1{,}462 \cdot \delta W_n$ fur $\alpha_{0n} = 20°$

[1] Werte für den Fehler δA von A gelten nur, wenn D_1 angenahert D_0.   [2] Profilverschiebungsfaktor x mit Vorzeichen einsetzen.
[3] s. auch DIN 3960 (Okt. 1953).

Innenverzahnung	Gleichung für $D_0, A_0,$ δs wie unter A 1)
B_t) Messung mit in Zahnlücke eingelegtem Meß-dorn D_0:	Für beliebigen Durchmesser D_1 dürfen die Gleichungen nicht von A 2) ubernommen werden
C_t) Messung mit in gegenuberliegende Zahnlucken eingelegten Kugeln: Meßkugeln mit Durchmesser D_0:	$M_g = d_0 - D_0$ $M_u = d_0 \cdot \cos \dfrac{90°}{z} - D_0$ $\delta l_g = + \,\delta M_g \cdot \operatorname{tg} \alpha_0$ $\delta l_u = + \,\delta M_u \cdot \dfrac{\operatorname{tg}\alpha_0}{\cos \dfrac{90°}{z}}$

[1] Werte fur den Fehler δA von A gelten nur, wenn D_1 angenahert D_0.

kugeln vom Durchmesser d_k (durch Messung bestimmt) den Zahn im Teilkreis beruhren. Tangentialer Abstand der Tastkugeln mit Endmaß E_t auf Sollmaß eingestellt. Prufling eingesetzt, durch seitliches (tangentiales) Verschieben der Meßeinrichtung Umkehrpunkt der Fuhlhebelanzeige suchen.

$$\text{Es ist } E_r = r_0 \cdot \cos\frac{\overset{(-)}{\sigma}}{2} + \frac{d_k}{2} \cdot \sin\left(\alpha_0 - \frac{\overset{(+)}{\sigma}}{2}\right) - \frac{d_k + d_E}{2}, \quad (63\text{-}13)$$

$$E_t = \overset{-(+)}{s_0} - 2d_k \cdot \left[1 - \cos\left(\alpha_0 - \frac{\overset{(+)}{\sigma}}{2}\right)\right], \qquad (63\text{-}14)$$

$$\text{wo} \qquad \frac{\sigma}{2} = \frac{s_0}{d_0} = \frac{\pi}{2}\overset{(-)}{\underset{z}{}}\!2 \cdot\frac{i}{z}+ \frac{2 \cdot x \cdot \operatorname{tg}\alpha_0}{z}. \qquad (63\text{-}15)$$

Eingeklammerte Vorzeichen für Innenverzahnung.

$s_0 =$ Zahndicke als Teilkreisbogen.

$\bar{s}_0 =$ Zahndicke als Teilkreissehne, ergibt sich aus

$$\bar{s}_0 = d_0 \cdot \sin \frac{\sigma}{2}. \qquad (63\text{-}16).$$

2. Zahnmeßschieblehre und optische Zahnmeßschraublehre (Zeiss). Zur Messung an der Maschine werden zwei langs einer mm-Teilung senkrecht zueinander verschiebbare Schnabel benutzt (Wirkungsbild Abb. 63–13). Schieblehre stutzt sich auf den Zahnkopf auf; damit Fehler durch schlagenden Kopfkreis und solche durch die unvermeidliche Abrundung der Schnabelenden.

Es ist $q = m \overset{(-)}{+} \dfrac{d_0}{2}\left(1 - \cos\dfrac{\sigma}{2}\right)\overset{(-)}{+} x\cdot m.$ (63–17)

$$\dfrac{\sigma}{2} \text{ aus Gl. } 63\text{–}15.$$

Gl. 63–17 setzt Normverzahnung DIN 867 mit Zahnkopfhöhe $m \overset{(-)}{+} x\cdot m$ über dem Teilkreis voraus.

Zu 1. und 2. Bei *Schrägverzahnung* werden alle Werte auf den Normal-

schnitt bezogen. Für z ist die ideelle Zähnezahl $z_i = \dfrac{z}{\cos^3\beta_0}$, (63–18)

für d_0 der ideelle Durchmesser $d_i = m_n \cdot z_i$ zu setzen, (63–19)

Winkel $\dfrac{\sigma_n}{2}$ aus $\dfrac{\sigma_n}{2} = \dfrac{\pi}{2\,z_i} \overset{(-)}{+} \dfrac{2\cdot x\cdot \operatorname{tg}\alpha_{0n}}{z_i}.$ (63–20)

Dagegen ist das erste Glied $r_0 \cdot \cos\dfrac{\sigma}{2}$ der Gl. (63–13) durch $r_i \cdot \cos\dfrac{\sigma_n}{2}$ $-\,(r_i - r_0)$ zu ersetzen.

Vorzeichen. Profilverschiebungsfaktor x samt Vorzeichen (Abschn. 169.14) einsetzen. Eingeklammerte Vorzeichen gelten fur Innenverzahnung. Abmaß der Zahndicke $\overline{s_0}$ kann in praktischen Fallen dem von s_0 auf dem Teilkreis-bogen gleichgesetzt werden.

631.322 Mittelbare Messung der Zahndicke. A. Kimmenförmiges Meßstuck. Das Meßstuck (Abb. 63–15 und 63–16) ist ein Ausschnitt aus dem Bezugsprofil. Der Kimmenwinkel ist gleich dem doppelten Eingriffs-winkel.

Für geringe Ansprüche Zahndickenlehre oder Zahndickenmeßschraube, Abb. 63–15. Da diese vom Kopfkreis aus messen, ist *Voraussetzung, daß der*

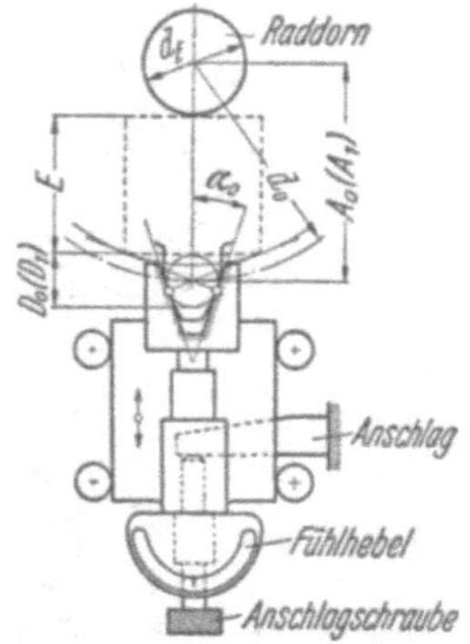

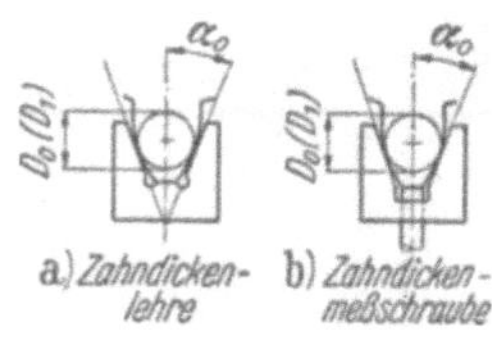

Abb. 63–15. Zahndickenmessung mit Zahn-dickenlehre (*a*) und Zahndickenmeß-schraube (*b*). D_0 bzw. D_1 = Meßdorn-durchmesser.

Abb. 63–16. Zahndickenmessung von der Achse aus, mit Kimme; vgl. Tab. 63–1, Ziff A). D_0 (D_1) = Meßdorndurchmesser; E = Endmaß zur Nulleinstellung des Fuhlhebels; d_R = Durch-messer des Raddorns.

Kopfkreis zur Verzahnung läuft. Wenn der *Kopfkreisdurchmesser* nicht in *engen Toleranzen* gehalten ist, muß sein Abmaß in der Messung berück-sichtigt werden. Nachprüfung der Meßstücke sinngemäß wie bei der folgen-den Meßmethode.

Für genaue Messungen muß von der Achse des Prüflings aus gemessen werden, Abb. 63–16.

Die Ausgangseinstellung der Kimme erfolgt mit einem in die Kimme eingelegten Meßdorn (Durchmesser D_0 bzw. D_1) mit Endmaß E auf einen in den Spitzen aufgenommenen Dorn (Durchmesser d_E). Die in Tab. 63–1, Ziff. A 1) und A 2) angegebenen Beziehungen sind so bestimmt, daß das Meßstück einen Zahn mit dem Nennmaß der Zahndicke berührt. Es ist zweckmäßig, den Durchmesser D_0 des Meßdorns so zu wählen, daß sein Mittelpunkt bei einem fehlerfreien Rad mit Zahndickenabmaß Null und Profilverschiebung Null auf dem Teilkreis liegt. Bei einer Profilverschiebung $x \cdot m$ liegt sein Mittelpunkt dann auf einem Kreis mit Radius $\frac{d_0}{2}^{(-)} + x \cdot m$. Die Gleichung für D_0 ist für Gerad- und Schrägverzahnung aus Tab. 63–1, Ziff. A 1) zu entnehmen. Zahlentafel Schriftt. 169–[10]. Muß ein vom Durchmesser D_0 abweichender Meßdorn mit Durchmesser D_1 genommen werden, so gelten die in Tab. 63–1, Ziff. A 2) angegebenen Beziehungen. Die Werte für den Fehler δA von A gelten nur, wenn D_1 angenähert D_0, da sonst der Winkel ungleich α_0.

Abkürzungen: A_0 = Sollwert des Abstandes Meßdornachse-Radachse für Durchmesser D_0; entsprechend gilt A_1 für D_1. Das mit vorgesetztem δ gekennzeichnete Abmaß einer Meßgröße ist der Unterschied des Istwertes dieser Meßgröße von ihrem Sollwert (z. B. $\delta A = A_{\text{Istwert}} - A_{\text{Sollwert}}$). Gang der Messung bei Durchmesser D_0:

Man berechnet A nach Ziff. A1) und daraus den Endmaßwert $E = A - \dfrac{D_0 + d_E}{2}$.

Bei eingesetztem Dorn d_E und Meßdorn D_0 wird der Fühlhebel mit kimmenförmigem Meßstück auf Null gestellt. Prüfling eingesetzt. Die Anzeige des Fühlhebels ist das Abmaß δA. Aus δA wird das Zahndickenabmaß berechnet. Beim Dorndurchmesser D_1 erfolgt die Rechnung nach Ziff. A.2).

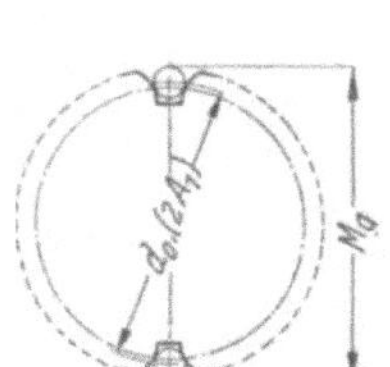
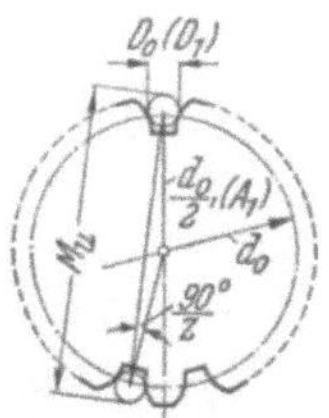
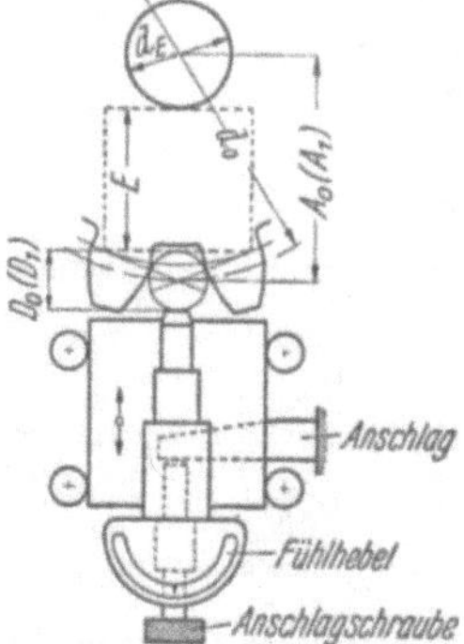

Abb. 63–18. Zahndickenmessung mit in gegenüberliegende Zahnlücken eingelegten Meßdornen; vgl. Tab. 63–1, Ziff. C 1); C 2). M_g und M_u = Maß über die Meßdorne bei gerader und ungerader Zähnezahl des Prüfrads; D_0 bzw. D_1 = Durchmesser der Meßdorne.

Abb. 63–17. Zahndickenmessung mit in die Zahnlücke eingelegtem Meßdorn; vgl. Tab. 63–1, Ziff. B 1); B 2); B_i). D_0 bzw. D_1 = Meßdorndurchmesser; d_E = Durchmesser des Raddorns; E = Endmaß; A_0 bzw. A_1 = Abstand der Raddornachse von der Achse des Meßdorns.

B. In Zahnlücke eingelegter Meßdorn (Kugel), Abb. 63–17: Gemessen wird der Abstand A des Meßdorns von der Achse. Aus dem Abmaß δA rechnet sich nach Tab. 63–1, Ziff. B) das Abmaß δl der Zahnlückenweite l_0. Der günstigste Meßdorndurchmesser D_0 bestimmt sich wie im vorigen Abschnitt A.

Je nach der verlangten Genauigkeit mißt man das Maß über Raddorn und Meßdorn direkt oder mit dem Fühlhebel, den man zu Beginn der Messung nach Abb. 63–17 mit Endmaß E und Raddorn (Durchmesser d_E) auf Null gestellt hat. Es ist $E = A_0$ $- \dfrac{D_0 + d_E}{2}$ bzw. $= A_1 - \dfrac{D_1 + d_E}{2}$. Man setzt das Rad ein und liest am Fühlhebel das Abmaß δA_0 bzw. δA_1 ab. Vorteil des günstigsten Meßdorns: Einfache, von z unabhängige Beziehungen für A und δl.

C. In gegenüberliegende Zahnlücken eingelegte Meßdorne (Kugeln), Außenverzahnung, Abb. 63–18.

Meßdorndurchmesser wie unter A) und B). Je nachdem, ob die Zähnezahl des Rades gerade oder ungerade ist, muß das Maß M_g oder M_u in die Rechnung eingesetzt werden.

C_i. In gegenüberliegende Zahnlücken eingelegte Meßdorne (Kugeln), Innenverzahnung, Abb. 63–19.

Die Meßwerte M_g und M_u wie unter C) für gerade oder ungerade Zähnezahl bestimmen, woraus sich das Zahnlückenabmaß δl_g oder δl_u nach Tafel 63–1 berechnet. Günstigster Meßdorndurchmesser wie unter A) und B). Die Messungen unter C) und C_i) sind unabhängig von der Radachse (sog. bezugsfreie Messungen).

D. Zahnweitenmessung, Wildhaber-Verfahren, Abb. 63–20 wegen ihrer bequemen Handhabung an der Maschine bevorzugt. Die Mes-

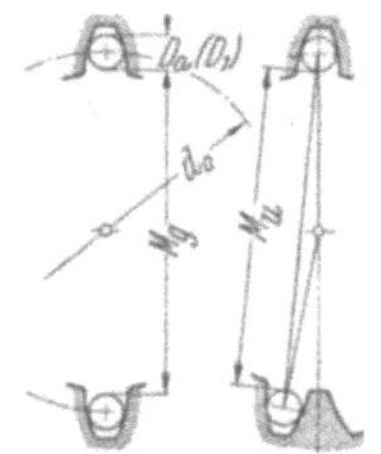

Abb. 63–19. Zahndickenmessung von innenverzahnten Stirnrädern mit in gegenüberliegenden Zahnlücken eingelegten Meßdornen; vgl. Tab. 63–1, Ziff. C_i). M_g und M_u = Maß zwischen den Meßdornen bei gerader und ungerader Zähnezahl.

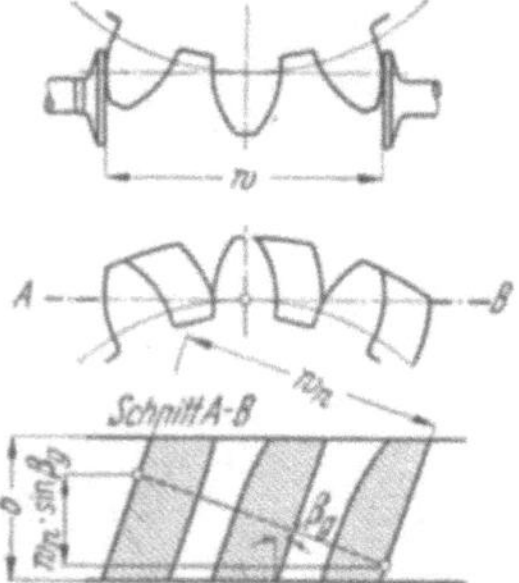

Abb. 63–20. Zahnweitenmessung, vgl. Tab. 63–1, Ziff. D). a) Geradverzahntes, b) schragverzahntes Stirnrad. W_n = Zahnweite bei Schragverzahnung; b = Mindestbreite des Rades = $W_n \cdot \sin \beta_g$.

sung erfolgt zwischen zwei parallelen Meßflächen an gegenläufigen Zahnflanken über mehrere Zähne. Dabei zu beachten, daß außer dem Zahndickenabmaß noch der Fehler der Zahnflanke und der Teilungsfehler in den Meßwert eingehen. Die Messung ist bezugsfrei.

Als Meßgerät benutzt man eine Schieblehre oder besser eine Zahnweitenschraublehre (Mahr, Zeiss) mit tellerförmigen Meßflächen oder bei großen Stückzahlen eine feste Lehre. Die Meßflächen müssen sehr gut parallel sein, dürfen sich durch die Meßkraft nicht verformen.

Die Zahl z' der zwischenliegenden Zähne wird zweckmäßig so gewählt, daß die Berührung in der Nähe des Teilkreises erfolgt. Gleichung für z' s. Tab. 63–1, Ziff. D). Vgl. auch DIN 3960 (Okt. 1953). Man wählt die nächste ganze Zahl und rechnet mit diesem Wert die Zahnweite W bzw. W_n.

Fur Stirnräder α_0 = 14,5°; 15° und 20° die Werte z' und W aus Schriftt. 169[5] entnehmen. In Tab. 63–1 ist fur profilverschobene Stirnräder noch ein Faktor $K_1 = 2 \cdot \sin \alpha_0$ angegeben, mit dem sich die Zahnweite W_x berechnet aus $W_x = W + x \cdot m \cdot K_1$, wo W der aus der Tab. entnommene Wert ohne Profilverschiebung und x der Profilverschiebungsfaktor ist (Abschn. 169.14). Nach Tab. 63–1 ist noch die zur Beseitigung des Zahnweitenabmaßes δW nötige radiale Zustellung δr der Maschine (z. B. beim Abwalzfräser) zu berechnen.

Fur Schrägzahnrader entnimmt man z' der Abb. 63–21, rundet auf die nächste ganze Zahl auf und rechnet weiter nach den in Tab. 63–1, Ziff. D) angegebe-

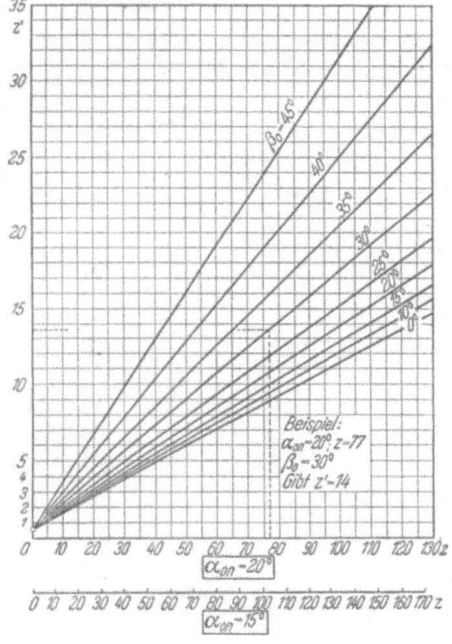

Abb. 63–21. Zahnweitenmessung von Schrägzahnradern. z' = Zahl der zwischen den Meßflächen liegenden Zahne.

nen Beziehungen. Vgl. auch DIN 3960 (Okt. 1953). Dazu verwendet man zweckmaßig die Zahlentafeln fur ev α Tab. 5 od. Schriftt. 169[5].

631.4 Rundlauffehler

Der Rundlauffehler f_r ist der radial zur Radachse gemessene Schlagfehler eines nacheinander in alle Zahnlücken eines Rades eingelegten Meßstückes, das die Zahnflanke in Teilkreisnahe beruhrt (DIN 3960). Mit f_r wird der größte innerhalb des Radumfangs auftretende Unterschied der Meßwerte bezeichnet. Der Rundlauffehler setzt sich zusammen aus etwa dem doppelten Betrag ($2 \cdot e$) der Außermittigkeit der Verzahnung, dazu der (meist uberwiegende) Einfluß der Schwankungen der Zahndicke bzw. der Luckenweite.

Die Messung des Rundlauffehlers erfolgt wie die in Abschn. 631.322 A und B beschriebene Messung der Zahnlücke, nur daß die Nulleinstellung des Fuhlhebels nicht nötig ist. Die Meßkörper sind Kugeln, zylindrische Rollen, keglig oder kimmenförmig; Messung des Rundlaufs durch Wälzgeräte (Abschn. 632.2).

631.5 Flankenrichtungsfehler

Flankenrichtungsfehler f_β gleich Abweichung der Flankenlinie (Abschn. 169.11 u. Abb. 63–22) von ihrer Sollrichtung auf dem Teilkreis. Bei Geradzahnradern ist die Sollrichtung der Flankenlinie durch die Mantellinie des Teilzylinders, bei Schrägzahnradern durch auf dem Teilzylinder mit dem Schrägungswinkel β_0 erzeugte Schraubenlinie gegeben (DIN 3960).

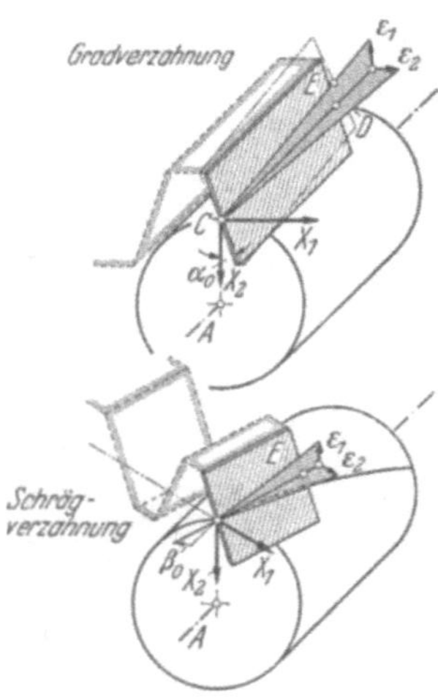

Abb. 63–22. Flankenrichtungsfehler. f_β = Flankenrichtungsfehler (μ auf 100 mm Radbreite); ε_1; ε_2 = Komponenten des Flankenrichtungsfehlers (Kippwinkel der Flanke E des Bezugsprofils).

631.51 Fehlergeometrie und -ursachen.

Fur die Richtung der Zahnflanken ist die Lage der Flanken des Bezugsprofils zur Achse des Zahnrads bei der Herstellung maßgebend. Die in Abb. 63–22 mit E bezeichnete Ebene des Bezugsprofils kann gegenuber ihrer Sollage in erster Linie um die Hochachse x_2 um den Fehlerwinkel ε_2 gedreht sein, meist veranlaßt durch falsche Maschineneinstellung. 'Dieser Fehler geht direkt in den Schragungswinkel ein. Falsch ausgerichtete Maschinenschlitten können eine zusätzliche Kippung der Ebene E um die x_1-Achse um den Fehlerwinkel ε_1 zur Folge haben. Die $+$-Richtungen gehen aus Abb. 63–22 hervor. Der Fehler f_β des Schragungswinkels β_0 berechnet sich bei der praktisch vorkommenden Größe der Fehler zu

$$f_\beta = f_{\beta 1} + f_{\beta 2} = {\textstyle\binom{-}{+}} \varepsilon_1 \cdot \mathrm{tg}\,\alpha_0 + \varepsilon_2 . \tag{63-21}$$

Fur $\alpha_0 = 20°$ ist:

$$f_\beta = {\textstyle\binom{-}{+}} 0{,}36 \cdot \varepsilon_1 + \varepsilon_2 . \tag{63-22}$$

Das $-$-Zeichen gilt fur die andere Flanke der Zahnstange. — Die Änderung des Eingriffswinkels α_0 durch ε_1 und ε_2 ist zu vernachlässigen. — Die beiden Fehler $f_{\beta 1}$ und $f_{\beta 2}$ sind periodisch über dem Umfang verteilt, wenn die Verzahnungsachse nicht parallel zur Radachse ist. Die Fehler der Rechts- und Linksflanken können unabhangig voneinander auftreten.

Der Einfluß des Kippfehlers ε_1 auf den Grundkreis der Zahnflanke hängt vom Verzahnungsverfahren ab. Bei der Herstellung mit Abwalzfraser, Stoßrad oder Zahnstangenwerkzeug bleibt der Grundkreisdurchmesser trotz sich änderndem Abstand des Werkzeuges von der Achse uber die Radbreite konstant. Dagegen geht beim Schleifen mit Formschleifscheibe der Abstandsfehler der Schleifscheibe von der Radachse direkt als linear uber die Radbreite zu- oder abnehmender Fehler des Grundkreisdurchmessers ein.

631.52 Meßverfahren.

Als einfacher Behelf dient das Tragbild zweier auf parallelen Dornen aufgenommenen, antuschierten Rader, das beim

Durchdrehen entsteht. Eines der Räder ist zweckmäßig ein Lehrzahnrad. Größe der Abweichungen bei diesem Verfahren nicht erkennbar.

a) Bei Geradzahnrädern kann die Parallelität der Zähne mit der Achse durch Abfahren mit einem Fuhlhebel gepruft werden, der auf einen genau parallel zur Achse ausgerichteten Schlitten gesetzt wird.

b) Bei dem **Zahnschrägemeßgerät der Firma Maag**, Abb. 63–23, legt sich eine unter dem Eingriffswinkel α_0 geneigte Fläche eines Tastzahns an die Zahnflanke an. Die Neigung des Tastzahns zur Achse ist der Schrä-

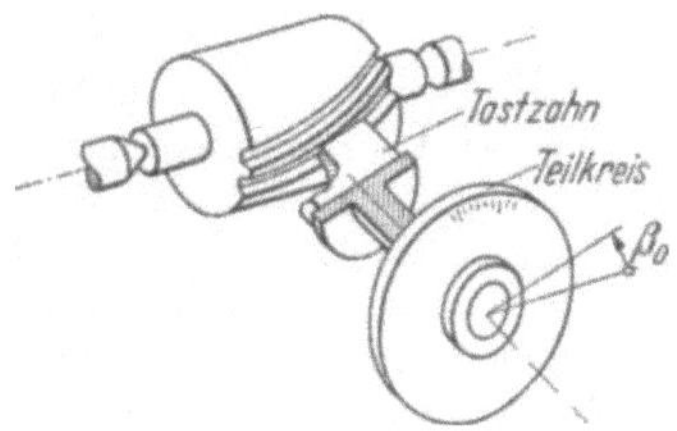

Abb. 63–23. Zahnschrägemeßgerät (Maag).

gungswinkel β_0, der an einem Glaskreis mittels Mikroskop abgelesen wird. Skalenwert des optischen Mikrometers des Mikroskops $2''$ (Altsek.). Die Berührung zwischen Tastzahn und Zahnflanke erfolgt längs der Tangente CD an den Grundzylinder (Abb. 169–14 und 63–24) unter dem Schrägungswinkel β_g. Die Länge der Berührungsgeraden und damit die Sicherheit der Anlage nimmt mit wachsendem β_0 ab.

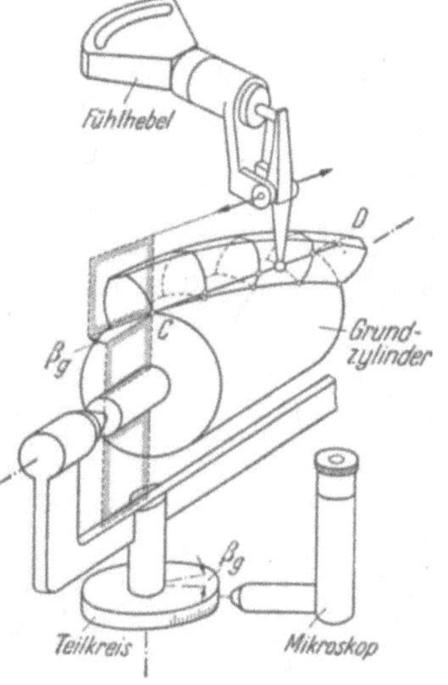

Abb. 63–24. Schraubenrad-Steigungsprüfgerät (ZF-Friedrichshf.).

Für große Räder baut die Firma Maag ein nach demselben Meßprinzip arbeitendes Gerat, das auf der Stirnseite des Pruflings aufgesetzt wird. Voraussetzung ist eine zur Radachse senkrechte Stirnfläche des Prüflings.

c) **Schraubenrad-Steigungsprüfgerät der ZF-Friedrichshafen**, Schriftt. 63[17]: Der Taster samt Fühlhebel $500 : 1$ (Abb. 63–24) wird entlang der Tangente CD an den Grundzylinder geführt. Mittels nicht angedeuteter Einstell- und Ablesemittel stellt man den Taster auf den Grundkreishalbmesser r_g ein. Die Zahnradachse wird um eine senkrechte Achse um den Winkel β_g geschwenkt, bis der Fühlhebel langs der Tangente möglichst geringen Ausschlag macht. Der Winkel β_g wird mit Spiralmikroskop an einem Kreis abgelesen (Skalenwert des Spiralmikroskops $1''$). Die Messung ist nicht vollkommen bezugsfrei, es geht der Grundkreisfehler, die Zahnform und Oberflächengute der Zahnflanke mit ein. Registrierung des Fuhlhebelausschlags.

d) Das Steigungsprufgerat (Krupp, Maag) (Abb.63–25) tastet die Zahnflanke auf einer Schraubenlinie von der Sollsteigung ab. Die Bewegung des Fuhlhebel und Querschlittens wird über ein einstellbares Sinus-Lineal auf einen dazu senkrechten Schlitten und mit Bändern auf einen mit dem Prüfling sich drehenden Walzzylinder übertragen. Die Winkeleinstellung des Sinus-Lineals (nur schematisch angedeutet) ist ein Maß fur die Steigung. — Das *Fellow*-Gerat hat statt des Sinus-Lineals zwei um 90° gekreuzte Lineale.

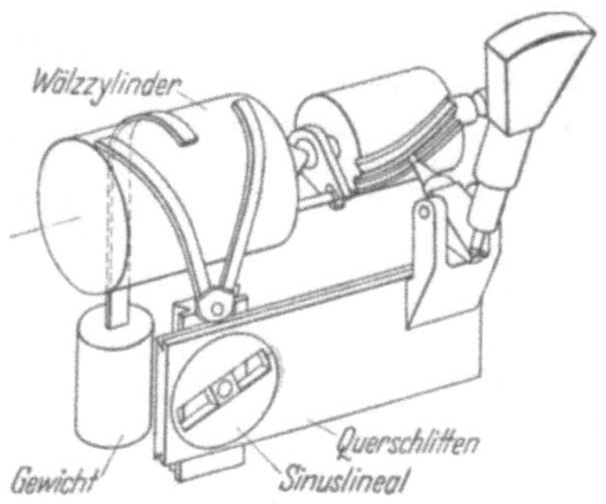

Abb. 63–25. Steigungsprufgerat (Krupp, Maag).

632 Meßverfahren und -geräte für mehrere Bestimmungsgrößen (Sammelfehler)

Übersicht. Vgl. Abschn. 63, Einleitung. Die Walzprüfung soll ein Urteil über das spatere Verhalten des Prüflings geben. Zweckmaßig wird das einzelne Getrieberad mit einem genauen Lehrzahnrad (gelegentlich Lehrzahnstange, Schriftt. 63 [13]) abgewalzt. Beim Wälzen des gesamten Getriebes lassen sich die Fehler des einzelnen Rades nicht erkennen. — Bei der Einflankenwälzprufung werden Prufling und Lehrzahnrad mit Spiel zum Eingriff gebracht und mit einem möglichst fehlerfreien Reibgetriebe verglichen. — Wegen des einfacheren Aufbaues und des Wegfalls der auswechselbaren Rollscheiben wird immer noch das Zweiflankenwälzgerat (Achsabstandsmessung bei Spiel Null) bevorzugt, wenn auch die Prufung in den meisten Fällen nicht dem Eingriff im Getriebe entspricht.

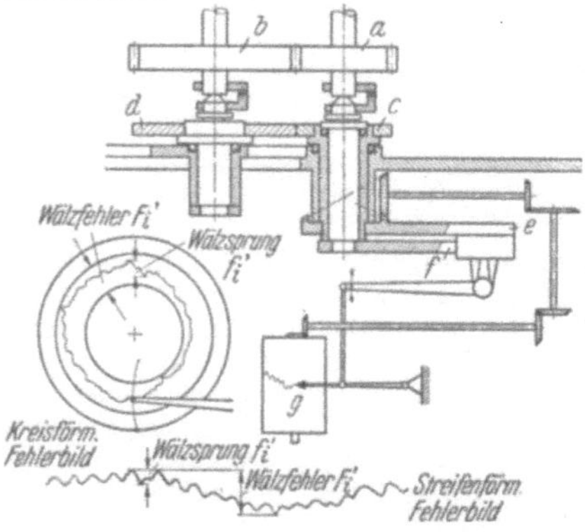

Abb. 63–26. Einflankenwälzprufgerat, Wirkungsbild. Flankenfehler des Pruflings *a* gibt Relativbewegung von Hebel *e* gegen *f*.

632.1 Einflankenwälzprüfung

Wirkungsbild, Abb. 63–26. Das aus Prufling *a* und Lehrzahnrad *b* bestehende Getriebe mit festem Achsabstand wird mit einem Reibgetriebe (auswechselbare Reibscheiben *c* und *d*) verglichen. Reibscheibendurchmesser angenähert gleich den Wälzdurchmessern von Prufling und Lehrzahnrad. Entweder sind Rechts- oder Linksflanken im Eingriff. Die Verzahnungsfehler der eingreifenden Flanke des Pruflings verursachen einen Drehwinkelunterschied zwischen Prufling und Reibscheibe c, der zwischen den Teilen e und f abgegriffen wird und, z. B. durch Hebel vergroßert, den Schreibstift g steuert. Fehlerbild streifen- oder kreisformig. Der Papiervorschub (Scheibendrehung) wird von der Drehung des Pruflings abgeleitet. Rundlauffehler der Verzahnung gibt im kreisformigen Fehlerbild eine außermittige Verlagerung, im streifenformigen eine Sinusform der Fehlerkurve. Kleine Übersetzungsfehler des Reibgetriebes geben nicht ganz geschlossene Fehlerkurve.

Der *Wälzfehler F_i'* ist bei streifenförmigen Fehlerbildern der Unterschied zwischen der größten und kleinsten Ordinate der Fehlerlinie (vgl. DIN 3960 u. 3961). *Wälzsprung f_i'* heißt der Unterschied eines benachbarten höchsten und tiefsten Punktes der Fehlerlinie je Teilung.

Einflankenwälzprüfgeräte mit stufenloser Übersetzungsänderung: Großes Saurer-Gerat, Omega-Gerat der ZF. Friedrichshafen, Mahr-Gerat sind bisher nur wenig im Gebrauch; Mahr-Gerät, Klingelnberg-Gerät mit auswechselbaren Reibscheiben; s. Schriftt. 63 [20].

632.2 Zweiflankenwälzprüfung

Prufling und Lehrzahnrad werden je auf einem Zapfen oder zwischen Spitzen aufgenommen und bei spielfreiem Eingriff der Achsabstand bestimmt. Spitzenaufnahme des Pruflings auf moglichst reibungsfrei schwimmendem Schlitten, Spitzenaufnahme für Lehrzahnrad geratefest. Schlitten angefedert. Getriebe wird langsam gedreht, dabei Änderung des Achsabstands vergrößert angezeigt oder aufgeschrieben. Drehung des kreisförmigen Fehlerbildes oder Papiertransport bei streifenformigem Fehlerbild von der Drehung des Pruflings abgenommen. (Parkson, Mahr, Maag, Fellow, Schoppe und Faeser.) — Beim Klingelnberg-Gerät, Abb. 63–10, läßt sich außermittig auf dem Schwenktisch eine zweite Spitzenaufnahme anbringen, Anschlag b durch Federzug ersetzt.

Der *Wälzfehler F_i''* ist bei streifenförmigen Fehlerbildern der Unterschied zwischen der größten und kleinsten Ordinate der Fehlerlinie. *Walzsprung f_i''* gleich Unterschied eines benachbarten höchsten und tiefsten Punktes der Fehlerlinie je Teilung.

632.3 Bestimmung des Ein- und Zweiflankenfehlerbildes aus den Einzelfehlern (Schrifttt. 63 [27] u. [22])

1. *Eingriffsbild.* Beim spiel- und fehlerfreien Getriebe wandern die Beruhrungspunkte der paarweise zum Eingriff kommenden Zahnflanken auf dem wirksamen Teil $G_{L_1}G_{L_2}$ und $G_{R_1}G_{R_2}$ der feststehenden Eingriffslinie, Abb. 63–27. Der Eingriff beginnt beim eingezeichneten Drehsinn fur die Linksflanken des Rades 2 am Zahnfuß, fur die des Rades 1 am Zahnkopf. Ablauf des Wälzvorgangs auf der durch C gehenden Wälzlinie der Zahnstange dargestellt. Die beiden Schnittpunktreihen $L^I, L^{II}\ldots$ und $R^I, R^{II}\ldots$ der Beruhrungstangenten mit der Walzlinie haben unter sich einen Abstand gleich der Wälzkreisteilung l_w. Beim Abwalzen zweier Zahnräder wandern diese Schnittpunkte gemeinsam uber die Walzlinie. Eingriffsdauer $\varepsilon = \varepsilon_1 + \varepsilon_2$.

2. *Flankenfehler.* Der Flankenfehler F_e des Pruflings wird nach Abb. 63–28 auf die Wälzlinie umgerechnet und mit F_w bezeichnet; es ist $F_w = \dfrac{F_e}{\cos \alpha_w}$, (63–23), wo α_w der Eingriffswinkel im Wälzkreis ist. In einem Fehlerbild trägt man nach Abb. 63–29 den Flankenfehler F_w innerhalb des Eingriffsbereichs $g_{L_1}g_{L_2}$ und $g_{R_1}g_{R_2}$ uber der Wälzlinie w fur Rechts- und Linksflanken getrennt auf; F_w positiv, wenn noch Werkstoff von der Flanke abgenommen werden mußte.

3. *Bestimmung der tragenden Flanke*: Die auf einem durchsichtigen Deckblatt (Abb. 63–29) aufgetragenen Punktreihen $L^I, L^{II}\ldots$ und $R^I, R^{II}\ldots$ (fehlerfreies Lehrzahnrad) fuhrt man entsprechend der Walzrichtung uber das Fehlerbild (Prufling). Beim *Einflankeneingriff* kommen nur die Links- oder Rechtsflanken zum Eingriff. Innerhalb des Eingriffsbereichs kommt jeweils die „am weitesten vorstehende" Flanke des Pruflings zur Anlage. Fehlerbild, Abb. 63–29, entspricht einem zu kleinen Grund-

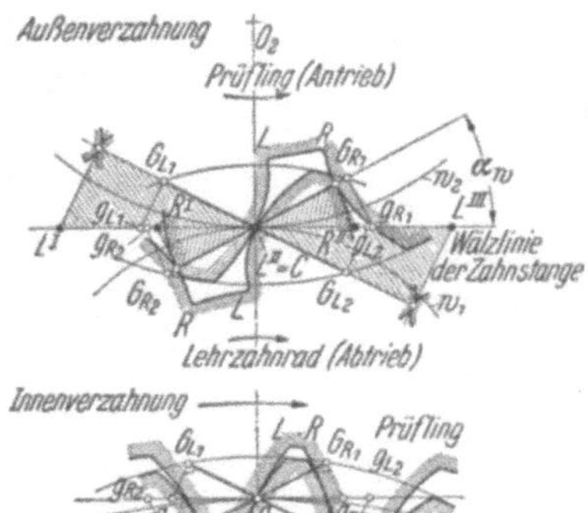

Abb. 63–28. F_e = Flankenfehler, senkrecht zur Flanke; F_w = Flankenfehler in Richtung der Wälzlinie gemessen.

Abb. 63–27. Verlauf des Eingriffs bei der Evolventenverzahnung. $G_{L_1}G_{R_1}$ = Kopfkreis des Rades 1 (Lehrzahnrad), $G_{L_2}G_{R_2}$ = Kopfkreis des Rades 2 (Prufling).

kreis der Links- und Rechtsflanken. Wälzfehler F_L' oder F_R'. Je nach Verlauf des Flankenfehlers F_w geht der Eingriff an ein anderes Flankenpaar uber, ehe das ursprungliche Flankenpaar die wirksame Eingriffsstrecke verlassen hat. — Beim *Zweiflankeneingriff* greifen innerhalb des Eingriffsbereichs die am „weitesten vorstehende" Rechts- und Linksflanke des Pruflings mit dem Lehrzahnrad ein. Setzt man die Wälzfehler $(F_w')_L$ und $(F_w')_R$ der jeweils tragenden Links- und Rechtsflanke zu dem Wälzfehler $F_w'' = (F_w')_L + (F_w')_R$, (63–24),

zusammen, so ist die Achsabstandsanderung $F'' = \dfrac{F_w''}{2 \cdot \text{tg } \alpha_w}$, (63–25).

Fur $\alpha_w = 20°$ ist $F'' = 1{,}37 \cdot F_w''$.

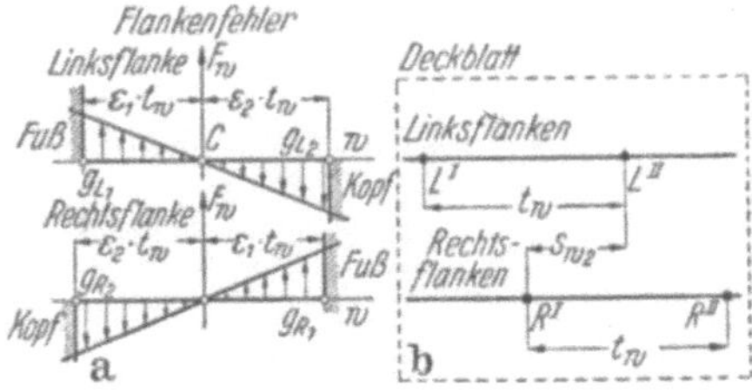

Abb. 63–29. a) Flankenfehler F_w bei zu kleinem Grundkreis der Links- und Rechtsflanken. b) Deckblatt. s_{w_2} = Zahndicke des Pruflings im Walzkreis.

Beispiel. Stirnrad; $\varepsilon_1 = \varepsilon_2$ angenommen.

Grundkreisfehler, Abb. 63–29 und –30: Einflankenwälzfehler F_w' fur $\varepsilon \geqq 1$ gleich. Beim Zweiflankenfehlerbild *Ausschlag* unabhängig von $\varepsilon \cdot$ Fehler*kurve* ändert sich mit ε. Bei $\varepsilon = 1{,}5$ springt der Fehlerausschlag von plus nach minus. Wälzprufgerat muß sehr empfindlich sein und kleine Umkehrspanne haben.

Ballige Zahnflanken, Abb. 63–31. F_w' gibt unabhängig von ε die Flankenform wieder. F_w'' ebenfalls unabhangig von ε; zeigt aber fälschlicherweise zwei Hochstwerte je Teilung mit halb so großen Ausschlagen.

Hohle Zahnflanken, Abb. 63–32: Dieselbe Flankenform gibt je nach Eingriffsdauer verschiedene Einflankenwalzfehler, nimmt von $\varepsilon = 1$ bis $\varepsilon = 2$ auf etwa vierfachen Wert zu. — Bei Zweiflankenwälzung werden fur $\varepsilon = 1$ nur die halben Fehler angezeigt, zwei Hochstwerte je Teilung. Fur $\varepsilon = 1{,}5 - 0$ (ε etwas kleiner als 1,5) hat

F''_w zwei nach minus gehende Fehlerspitzen, die bei $\varepsilon = 1,5 + 0$ nach plus umschlagen. F''_w stimmt bei hohler Balligkeit sehr schlecht mit F_w' uberein.

Außermittigkeit: Hat die Verzahnung einen Schlagfehler 2e zur Kornerachse, sind die F_w'-, F''_w- und F'''-Fehlerkurven Sinuslinien. Der doppelte Betrag der Außermittigkeit (2e) wird in wahrer Große in F_w' und F'' (nicht F_w'') wiedergegeben. Das Verhältnis $\dfrac{F''_w}{F_w'}$ (fur den Grundkreisfehler nach Abb 63–29 und –30 gleich 1) ist nach Gl. (63–25) gleich $2 \cdot \mathrm{tg}\,\alpha_w$, also fur $\alpha_w = 20°$ gleich 0,73.

Die Zweiflankenwalzprufung ist geeignet fur die Messung des Zahndickenabmaßes (Spiel; s. Abschn 169.134), der Außermittigkeit und des Rundlauffehlers. Bei hochwertigen Zahnradern laßt die Zweiflankenwalzprufung kein sicheres Urteil uber das spatere Verhalten des Pruflings im Getriebe zu. Die Zahnezahl des Lehrzahnrads soll, besonders bei $\varepsilon = 1,5$, nicht sehr von der des Gegenrads abweichen.

Anwendung auf Schrägzahnrader (Schriftt. 63 [27]). — Obige Ergebnisse gelten auch fur Gerad- und *Schragzahnkegelrader*, wenn man die Verzahnung durch Abwickeln des Erganzungskegels auf eine Stirnradverzahnung zuruckfuhrt. — Fur *belastete*, geradverzahnte Stirnrader kann die Formanderung durch Zahnbiegung, Schub und Hertzsche Abplattung nach Schriftt. 63 [4] berucksichtigt werden.

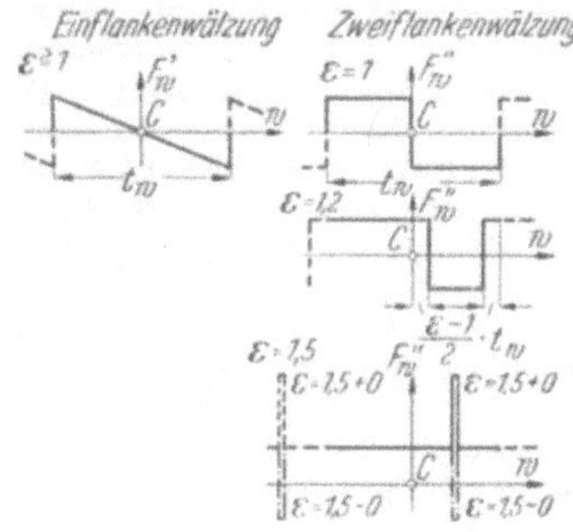

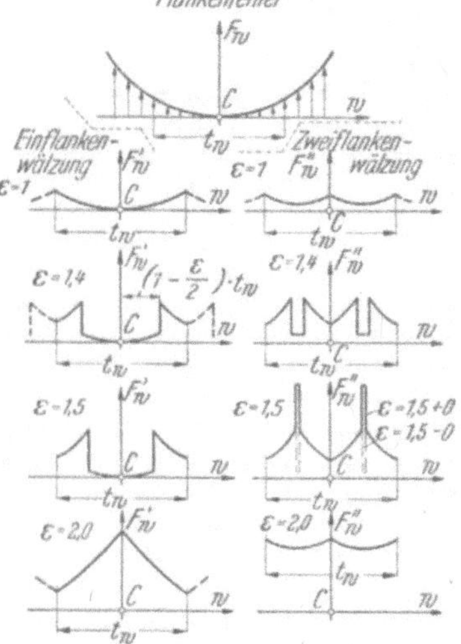

Abb. 63–30. Walzfehlerbilder fur Ein- und Zweiflankenwalzung bei einem Grundkreisfehler nach Abb. 63–29.
$\varepsilon = $ Eingriffsdauer, $t_w = $ Walzkreisteilung.

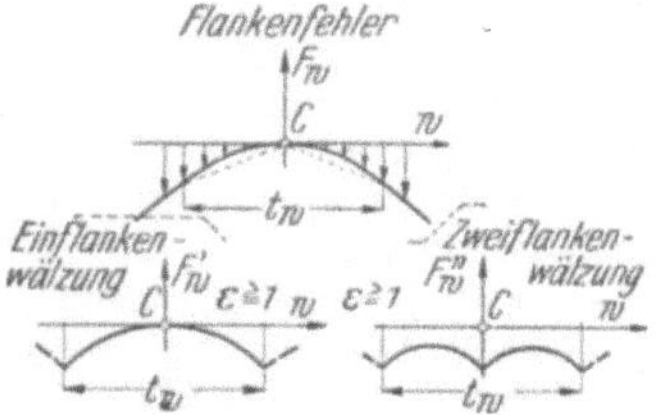

Abb. 63–31. Ballige Zahnflanke.
Flanken- und Walzfehlerbilder.

Abb. 63–32. Hohle Zahnflanke.
Flanken- und Walzfehlerbilder.

632.4 Rundlaufprüfung mittels Kugel- oder Zylinderkranz

An Stelle eines Lehrzahnrads wird bei Zweiflankenwalzgeraten auch ein Kugel- oder Zylinderkranz benutzt; Kugeln bei Schragzahnradern. Die Messung ist eine reine Rundlaufmessung. Das Abrolldiagramm ist eine Kurve mit soviel Ausschlagen, wie das Rad Zahne hat. Der durch die Höchstausschlage beim kreisf. Fehlerbild gelegte Kreis gibt in seinem Schlagfehler den Rundlauffehler des Pruflings an, unregelmaßige Ausschlage ruhren von Teilfehlern her.

632.5 Geräusch- und Laufprüfung

Zur Prüfung der Getriebe unter betriebsmäßigen Bedingungen werden sie auf einem Prüfstand bei Leerlauf und unter Last zum Laufen gebracht. Die Beurteilung geschieht durch einfaches Abhören oder durch Schallmessung. Bei Kegelradgetrieben wird auf dem Prüfstand unter Ändern der Einbaumaße der günstigste Zusammenlauf ermittelt. Schrifttt. 63 [3], [6], [7], [10], [11], [14].

633 Kegelräder
(Schrifttt. 63 [8], [9], [18]).

633.1 Fehlergrößen

1. *Einzelfehler.* Der Kegelwinkelfehler f_δ ist das Abmaß (Istmaß – Nennmaß) des zu dem vorgegebenen Eingriffswinkel α_0 gehörenden Walzkegelwinkels. Das Flankenprüfbild (vgl. Abb. 63–4 und Abschn. 631.13) zeigt ähnlich wie beim Stirnrad den beim Eingriff der Kegelradflanke mit einer Planradflanke entstehenden Walzfehler als Winkel oder Fehlerstrecke auf dem Ergänzungskegel an. — Der *Flankenformfehler* f_f ist der unregelmäßige Verlauf des Prüfbildes, die Schräglage F_δ das Maß für die Schräglage innerhalb des Prüfbereichs. — Der *Eingriffswinkelfehler* f_α ist der Unterschied zwischen Ist- und Nennmaß des Eingriffswinkels. — Einzelteilungsfehler f_t (Teilkreis), Summenteilungsfehler F_t, Teilungssprung f_u, Eingriffsteilungsfehler f_e, Zahndickenfehler f_s werden auf dem Ergänzungskegel gemessen und sind sonst wie beim Stirnrad definiert (Abschn. 631.2 und .3). — Der *Rundlauffehler* f_r (Zahnlückenschlag) ist die größte, senkrecht zum Teilkegel gemessene Lageänderung einer nacheinander in alle Zahnlücken eintauchenden Meßkugel, die die Zahnflanken in Teilkreisnähe berührt. Zweckmäßig wird in Nähe des inneren und äußeren Ergänzungskegels gemessen. — Der *Flankenrichtungsfehler* f_β ist die Abweichung des im Winkelmaß gemessenen Flankenlängsverlaufs von der Sollrichtung.

2. *Sammelfehler.* Der *Walzfehler* F_i' (F_i'') ist der bei der Ein- (Zwei-)Flankenwalzprüfung (Abschn. 632.2 und .3) bei streifenförmigen Fehlerbildern auftretende Unterschied zwischen der größten und kleinsten Ordinate der Fehlerlinie. — Der *Walzsprung* f_i' (f_i'') ist der größte Unterschied eines benachbarten höchsten und tiefsten Punktes der Fehlerlinie.

3. *Lagenfehler der Achsen.* Die beiden Achsen eines Kegelradgetriebes können infolge von Gehäusefehlern sich (windschief) kreuzen. Legt man durch die Achse 1 eine zur Achse 2 parallele Ebene E, so ist der Abstand der Achse 2 von E der Achsenschnittpunktsfehler f_A. — Die Fußpunkte des kürzesten Abstands der beiden Achsen sind um den *Spitzenverschiebungsfehler* f_{v1} und f_{v2} von den Teilkegelspitzen der Räder entfernt. — Projiziert man die Achse 2 auf die Ebene E, so bildet die Projektion der Achse 2 mit der Achse 1 den Winkel $\delta_A + f_{\delta_A}$, wo δ_A der Achswinkel und f_{δ_A} der *Achswinkelfehler* sind.

633.2 Meßverfahren und -geräte

Flankenform. Zur Zeit sind außer dem großen Gerät der Fa. Maag noch keine brauchbaren serienmäßigen Geräte vorhanden.

Teilung. Gleichmaßigkeit der Teilung (t_0 und t_e) laßt sich mit den fur Stirnrader angegebenen Geraten prufen, Abschn. 631.2. Bei den Standgeraten sind die Spitzenaufnahmen fur Kegelrader schwenkbar gemacht. — Teilungswinkelmessungen mit Theodolit und Kollimator wie bei Stirnradern.

Zahndicke. Messung auf dem Erganzungskegel mit Zahnmeßschieblehre oder optischer Zahnmeßschraublehre, Abschn. 631.321 2). Zahnweitenmessung als Sehne am Erganzungskegel s. Schriftt. 63[8] und [18].

Besonders wichtig ist es, die *Flankenrichtung* zu prufen. Geradflanken lassen sich durch Anlegen eines Lineals prufen, das in der Verzahnungsspitze kuglig angelenkt ist. Eine weitere Möglichkeit ist das Einlegen von an einem Ende spitz zugeschliffenen Prufkegeln oder -zylindern in gegenuberliegende Zahnlucken. Die Kegelspitzen mussen sich auf der Achse schneiden.

Fur die *Einflankenwalzprüfung* gibt es nur ein Gerät (Saurer), das mit Reibscheiben arbeitet. Die *Zweiflankenwalzprüfgerate* nehmen eines der beiden Kegelrader auf einem in Achsrichtung angefederten Schlitten auf oder schwenken eine Radaufnahme um die Verzahnungsspitze federnd an (Klingelnberg). Die letzte Lösung ist die bessere.

Wichtig fur Kegelradgetriebe aller Art ist die Geräusch- und Laufprüfung, Abschn. 632.5.

634 Meßverfahren und -geräte für Schneckengetriebe
(vgl. Abschn. 169.42)

634.1 Grundbegriffe für die Fehler

634.11 Einzelfehler. *Flankenformfehler:* Die fur schrägverzahnte Evolventen-Stirnräder entwickelten Flankenprufgeräte lassen sich nur zur Prufung der Evolventenschnecke und des von der Archimedischen Schnecke abgeleiteten Schneckenrads verwenden. Es ist deshalb zweckmäßig, bei Schneckengetrieben den Flankenformfehler als Gesamtfehler f_F zu definieren und ihn fur obige Sonderfalle nach Abschn. 169.22 in den unregelmäßigen Anteil f_f und den Grundkreisfehler F_g aufzuteilen. Der (gesamte) *Flankenformfehler* f_F ist die Abweichung der Ist- von der Sollflanke.

Der *Steigungsfehler* f_h ist der Unterschied der Ist- und Sollsteigung eines Schneckengangs (Abb. 63–33).

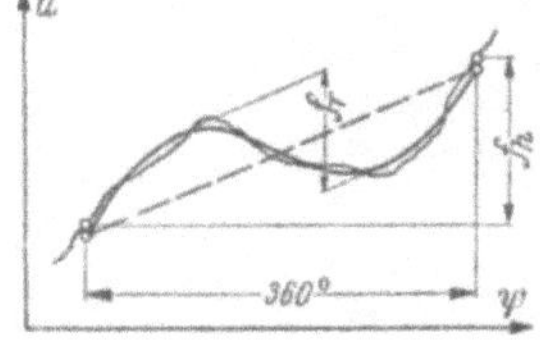

Abb. 63–33. Steigungsfehler f_h und Taumelfehler f_T der Schnecke. ψ = Drehwinkel; u = Fehler der Steigungsschraubenlinie.

Zur Definition des *Taumelfehlers* denkt man sich den Unterschied u der Ist- und Sollform der Steigungsschraubenlinie auf dem Teilzylinder parallel zur Achse gemessen und uber dem Drehwinkel ψ aufgetragen. Der uber einen Schneckengang sinusförmige Verlauf der Fehlerlinie $u(\psi)$ stellt den Anteil des Taumelfehlers f_T dar. Er ist gleich der doppelten Amplitude dieser ausgleichenden sin-Linie, Abb. 63–33.

Der Taumelfehler eines Schneckenganges kann von einem über eine Umdrehung der Schnecke periodischen Fehler des Achsialvorschubs bei der Herstellung kommen. Meistens entsteht der Taumelfehler einer Schnecke durch einen Winkelfehler der Schneckenbohrungsachse zur Verzahnungsachse. Er tritt dann immer zusammen mit einem nach beiden Endflächen der Schnecke linear ansteigenden, entgegengesetzten Rundlauffehler auf. Diesem Fehlerverlauf kann sich noch ein eigentlicher Rundlauffehler f_r überlagern.

634.12 Sammelfehler. Der *Ein- und Zweiflankenwälzfehler* F' und F'' ist (wie beim Stirn- und Kegelrad) bei streifenförmigen Fehlerbildern der Unterschied der größten und kleinsten Ordinate der Fehlerlinie. Der Walzsprung f_i' und f_i'' ist der Unterschied eines benachbarten höchsten und tiefsten Punkts der Fehlerlinie je Teilung.

634.13 Fehler einer Radpaarung. Die Lage der Schneckenachse zur Schneckenradachse wird wie beim Schraubenradgetriebe (Abb. 169–15) durch den Achsabstand a und durch den Kreuzungswinkel φ bestimmt. Der *Achsabstandsfehler* f_a ist der Unterschied zwischen Ist- und Sollmaß des kürzesten Abstands der beiden Achsen.

Der *Achsrichtungsfehler* f_φ ist der Unterschied zwischen Ist- und Sollmaß des Kreuzungswinkels von Schnecken- und Schneckenradachse. Eine Aufteilung von f_φ in Komponenten ist beim Schneckengetriebe ohne praktische Bedeutung.

634.2 Meßverfahren und -geräte

634.21 Schnecke. Die Schnecke ist festgelegt, wenn das Profil in einer Ebene und die Steigung gegeben sind. Die Bezugsebene des Profils wählt man möglichst so, daß die Profilflanken geradlinig sind.

Profil: *a) Evolventenschnecke*, Abb. 169–27 und –28. Prüfung im *Stirnschnitt* mit Evolventenprüfgerät (Abschn. 631.1). Bei kleinem Steigungswinkel muß die Meßrichtung des Feintasters angenähert senkrecht zur Zahnflanke einstellbar sein. — Prüfung langs der beiden Erzeugenden (G' und G'' in Abb. 169–28; Gerade $C\,D$ in Abb. 169–14): Bestimmung des Schrägungswinkels β_g im Grundkreis mit dem Schraubenradsteigungsprüfgerat (Abb. 63–24, Abschn. 631.52c). Es wird die Summe aus Steigungs- und Flankenformfehler gemessen. — Beim Walzfräserprüfgerät (Fette) ist der Feintaster auf einem geradgeführten Schlitten angebracht, dessen Richtung in einer Horizontalebene schwenkbar, dessen Höhenlage einstellbar ist. Der Feintaster wird zur Prüfung der beiden Flanken nacheinander in die Eingriffsebenen e' und e'' gebracht, Abb. 63–34 a.

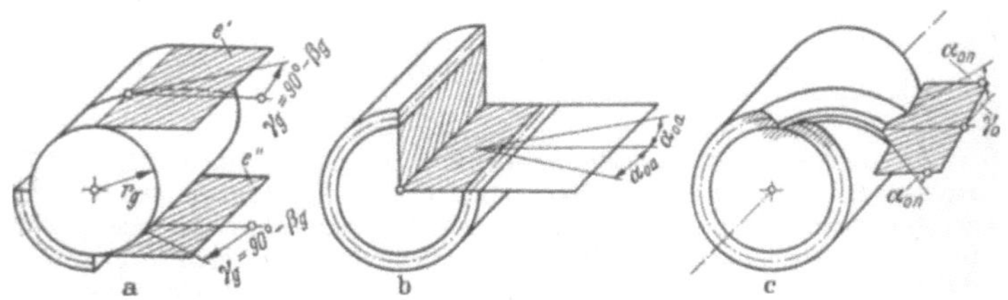

Abb. 63–34. Profilmessung der Schnecke
a) *Evolventenschnecke*. e', e'' = Eingriffsebenen, γ_g = Steigungswinkel; β_g = Schrägungswinkel im Grundzylinder.
b) *Archimedische Schnecke*. α_{0a} = Eingriffswinkel im Achsschnitt.
c) *Schnecke mit geradflankigem Normalschnitt*. α_{0n} = Eingriffswinkel im Normalschnitt; γ_0 = Steigungswinkel im Teilzylinder.

b) Archimedische Schnecke: Abfahren der Zahnflanke mittels Feintaster im Axialschnitt auf einer um die Winkel $\pm\,\alpha_{oa}$ zum Halbmesser geschwenkten Geraden, Abb. 63–34 b. — Optische Flankenwinkelmessung nach Abschn. 243 und 622.2 mit Universalmeßmikroskop, Werkzeugmikroskop oder Profilbildmikroskop.

c) Schnecke mit geradflankigem Normalschnitt (Abb. 169–28 b): Messung im Normalschnitt zum Schneckenzahn mit um die Winkel $\pm\,\alpha_{on}$ zum Halbmesser geneigtem Feintasterschlitten, Abb. 63–34 c.

d) Schnecken mit hohlen Flanken: Hohlflanken lassen sich vermessen, indem man den Schlitten in die Sehnenrichtung der Schneckenflanke stellt und den Fühlhebelausschlag in Abhangigkeit von der Schlittenverstellung bestimmt. Die Messung setzt Feintaster oder Meßuhr mit kleiner Umkehrspanne und bei tieferer Hohlform mit großem Meßbereich voraus. Ist die Zahnflanke ein Kreisbogen, läßt man nach Abb. 63–35 den Kugeltaster des Fühlhebels diese Kreisbogenbewegung ausfuhren (David Brown and Sons, Huddersfield). Der Abstand des Drehpunktes M von der Schneckenachse muß genau eingehalten werden. Bei Abweichung der Sollform vom Kreisbogen versieht man das Gerat mit einer Winkelteilung um M und mißt den Tasterausschlag in Abhangigkeit von diesem Winkel.

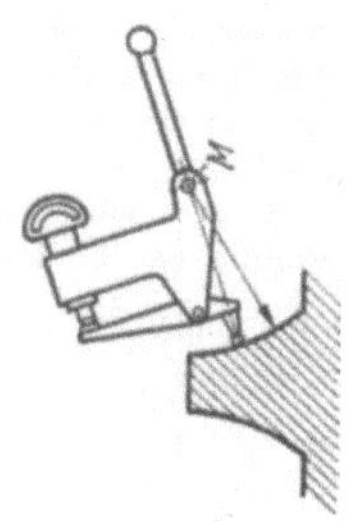

Abb. 63–35. Profilmessung der Schnecke mit Hohlflanken. Feintaster mit Drehung um M (David Brown and Sons).

Steigung: *a) Steigungswinkel der Evolventenschnecke im Teil- oder Grundzylinder*: Messung nach Abschn. 631.52 b und c. Schragungswinkel $\beta_g = 90° - \gamma_g$.

b) Steigungsschraubenlinie, schrittweise Messung: Ein auf dem Meßschlitten aufgesetzter Feintaster beruhrt die Zahnflanke. Nach Drehung des Pruflings um einen festen Winkelschritt und Verschieben des Feintasters um den zugehörigen Axialschritt (Endmaße, Maßstab) liest man am Feintaster den Fehler ab. — *Optische Messung* auf dem Universalmeßmikroskop Abschn. 243 mit winkelmaßig verstellbarem Spitzenbock ist bei steilgangigen Schnecken wegen der Spiegelung an der Oberflache nur mit Meßschneiden möglich.

c) Kontinuierliche Messung der Steigungsschraubenlinie nach Abschn. 631.52 d.

d) Messung der *Steigung h* (eines Schneckengangs) nach vorletzt. Abs. b mit Winkelschritt 360° (genauer, ausruckbarer Anschlag für die Drehung genügt) oder wie im folg. unter b mit dem Unterschiede, daß man bei mehrgangigen Schnecken in demselben Gang bleiben muß.

Teilung. *a) Eingriffsteilung t_e* der Evolventenschnecke Abschn. 631.21.

b) Achsteilung t_a wie oben unter b mit Winkelschritt 0° oder nach Abschn. 631.22.

Zahndicke. *a) Zahnmeßschiebelehre* Abschn. 631.321, setzt zur Verzahnung laufenden Kopfzylinder voraus.

b) *Flankendurchmesser* der Archimedischen Schnecke s. Gewindeprüfung Abschn. 622.3 und 622.4.

Rundlauf. Wie beim Stirnrad Abschn. 631.4 und 632.2.

634.22 Schneckenrad. Flankenform. Geräte für die Prüfung der Flankenform des Schneckenrads, das von einer Evolventenschnecke oder von einer Hohlschnecke abgeleitet ist, gibt es noch nicht. — Das mit einer Archimedischen Schnecke kammende Schneckenrad hat im Mittelschnitt Evolventen als Zahnflanken. Prüfung nach Abschn. 631.12.

Die ubrigen Bestimmungsgroßen lassen sich in unmittelbarer Umgebung des Mittelschnitts wie beim Schragzahnrad Abschn. 631 messen.

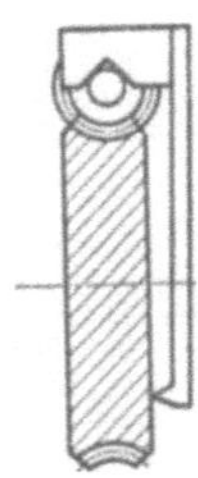

Abb. 63–36.
Prufung des
Kreuzungswinkels
eines Schnecken-
getriebes.

634.23 Sammelfehler von Schnecke und Schneckenrad. Fur die *Einflankenwalzprufung* von Schneckengetrieben gibt es noch keine Geräte. Mehrere der in Abschn. 632.2 beschriebenen Geräte haben Zusatzeinrichtungen zur *Zweiflankenwalzprufung* von Schneckengetrieben.

634.24 Fehler einer Radpaarung. *Achsabstandsmessung* mit Zweiflankenwalzgeräten Abschn. 632.2 mit Zusatzeinrichtung fur Schneckengetriebe.

Prüfung des Kreuzungswinkels auf Walzvorrichtungen nach dem Tragbild oder mit auf der Schneckenachse aufsitzendem, die Stirnseite des Schneckenradkranzes beruhrendem Lineal, Abb. 63–36. Diese Messung setzt beim Schneckenrad zur Achse laufende Stirnflachen des Radkranzes voraus.

Schrifttum

[1] Berndt, G.: Zahnradmessungen. Erfurt: Gebr. Richter 1925.

[2] Berndt, G.: Grundlagen fur die Messung von Stirnradern. Berlin: Springer 1938.

[3] Dietrich, G.: Reibungskrafte und Laufunruhe an Zahnradern. Dtsch. Kraftf.-Forschg. Bd. 39. VDI-Verlag 1939.

[4] Karas, F.: Elastische Formanderung und Lastverteilung beim Doppeleingriff gerader Stirnradzahne. VDI-Forschungsheft 406. Berlin· VDI-Verlag 1941.

[5] Wittmann, H.: Austauschbare Fertigung bei Stirnradgetrieben. Berlin: VDI-Verlag 1941.

[6] Harz, H.: Zusammenhang von Flanken-, Teilungs- und Zentrierungsgenauigkeit mit den Schwingungen und Gerauschen bei Getriebezahnradern. Dtsch. Kraftf.-Forschg., Zwischenbericht Nr. 101. Berlin: VDI-Verlag 1942.

[7] Harz, H.: Zahnradgeräusche. Kraftf.-Forschg. Berlin: VDI-Verlag 1942

[8] Apitz, G.: Geometrische Untersuchung von Kegelradern mit geraden Zahnen als Grundlage zur Entwicklung geeigneter Meßgerate. VDI-Forschungsheft 420. Berlin: VDI-Verlag 1943.

[9] Schilling, F.: Die Messung der Zahnluckenabmaße an Kegelradern mit geraden Zahnen. VDI-Forschungsheft 420. Berlin: VDI-Verlag 1943.

[10] Glaubitz, H.: Stand der Zahnradgerauschforschung. Dtsch. Kraftf.-Forschg. Berlin: VDI-Verlag 1944.

[11] Hofer, H.: Laufruhe von Zahnradern und ihre Abhangigkeit von Genauigkeit und Art der Verzahnung. Werkst.-Techn. u. Werksl. Bd 29 (1935) S. 1.

[12] Burger, K.: Zur Messung des Summenteilungsfehlers an Zahnradern und Teilscheiben. Werkst.-Techn. u. Werksl. Bd. 31 (1937) S. 406.

[13] Nieberding, O.: Das Prufen von Zahnrädern mit zahnstangenartigen Meß-körpern. Masch.-Bau/Betr. Bd. 16 (1937) S. 465.

[14] Soden, E., Graf v.: Messung des Verhaltens von Zahnrädern im Betrieb. Ber. uber die Tgg. „Prufen und Messen" d. VDI 1. 12. 1936. S. 181. Berlin: VDI-Verlag 1937.

[15] Vogel, W.: Neuartige kopfkreisfreie Zahndickenmessungen fur Schragzahnräder und Evolventenschnecken. Werkzgm. Bd. 31 (1937) S. 253.

[16] Burger, K.: Zur Praxis der Zahndicken- und Luckenweite-Meßverfahren für Evolventen-Stirnrader. Werkst.-Techn. u. Werkl. Bd. 32 (1938) S. 169.

[17] Lässker, F.: Messen des Zahnschrägewinkels an Stirnrädern mit Schräg-verzahnung. Z. VDI. Bd. 83 (1939) S. 133.

[18] Kluwe, P.: Prufen von Innenverzahnungen auf der Bearbeitungsmaschine. Masch.-Bau/Betr. Bd. 19 (1940) S 477.

[19] Burger, K.: Meisterräder als Normale fur die Abrollprufung. Werkst.-Techn. u. Werksl. (1940) S. 427.

[20] Burger, K.: Ein neues Einflanken-Abrollprüfgerat fur Zahnräder. Werkst.-Techn. u. Werksl. Bd. 36 (1942) S. 54.

[21] Jotzoff, A.: Zur Frage der Austauschbarkeit von Stirnradgetrieben mit Evol-ventenverzahnung. Z. VDI. Bd. 86 (1942) S. 487.

[22] Krauß, F.: Vereinheitlichung der Zahnradprufung nach dem Abrollverfahren. Werkst.-Techn./Betr. 1944, S. 243.

[23] Hiersig, H. M.: Prufen und Tolerieren bei der Fertigung von Getriebeschnecken. Werkst. u. Betr. Bd. 81 (1948) S. 242.

[24] Kienzle, O.. Ein System fur Verzahnpassungen. Werkst.-Techn. u. Masch. Bd. 39 (1949) S. 129.

[25] DIN 3960. Bestimmungsgrößen und Fehler an Stirnrädern.

[26] Budnick, A.: Der deutsche Normvorschlag fur Verzahnpassungen. Werkst.-Techn. u. Masch. Bd. 41 (1951) S. 251.

[27] Zieher, G.: Die Einzelfehler von Evolventen-Stirn- und Kegelradern im Fehler-schaubild der Ein- und Zweiflankenwälzprufung. Werkst.-Techn. u. Masch. Bd. 42 (1952) S. 242.

[28] Burger, K.: Geräte und Hilfsmittel fur die Fertigungsuberwachung (Werk-zeugmasch.-Ausstellung Hannover 1952). Werkst.-Techn. und Masch. 42 (1952) S. 516–525.

[29] Berndt, G.: Zahnradprufung mit dem Zweiflanken-Abrollgrat. Z. Instrkde. Bd. 64 (1944) S. 2.

Druckschriften: W. Fette, Hamburg-Altona; Hentzen u. Co., Remscheid; W. F. Klingelnberg Sohne, Remscheid; F. Krupp AG, Essen; Maag-Zahnrader-AG, Zurich; C. Mahr, Eßlingen; A. Saurer AG, Arbon; Schoppe u. Faeser GmbH., Minden; C. Zeiss, Jena.

64 Wälzlager

Die Maßgenauigkeit von Bohrung und Mantel kann mit den üblichen festen Lehren (Lehrdornen, Flachlehrdornen, Kugelendmaßen, Rachen-lehren) wegen der Verformung der verhaltnismaßig dünnen Ringe nicht einwandfrei gepruft werden. Das Einfuhren des vollen Lehrdornes ist schwierig. Deshalb sind die im folgenden beschriebenen Prufverfahren an-zuwenden.

Vor der Messung muß das Fett entfernt werden. Weil sich bei voll-kommen trockenen Lagern leicht Rost bildet, sollte fur das Auswaschen kein reines Benzin benutzt werden, sondern z. B. Waschbenzin mit etwas Öl oder saurefreies Petroleum. Nach dem Messen mussen die Lager sofort wieder eingeölt oder eingefettet werden.

641 Prüfverfahren für die Maß- und Formgenauigkeit

Vgl. DIN 620 (Aug. 1942)

641.1 Prüfung des Bohrungsdurchmessers (d)

Bei der Prüfung einer zylindrischen Fläche ist zu berücksichtigen, daß sie sowohl eine gewisse Unrundheit aufweisen kann als Folge des Verziehens des gehärteten Stahles beim Abschrecken und Schleifen, als auch eine mehr oder weniger große Kegeligkeit als Folge einer ungleichmäßigen Abnutzung der Schleifscheibe, einer Ungenauigkeit der Schleifmaschine und/oder des Spannfutters.

Es ist daher notwendig, mehrere Messungen durchzuführen, um sich ein genaues Bild von der Maß- und Formgenauigkeit der Bohrung machen zu können. Zu diesem Zweck führt man die Messung mit einem anzeigenden Zweipunkt-Meßgerät mit 1 μ Skalenwert aus, nachdem man den Nullpunkt des Fühlhebels nach Endmaßen oder Lehrring in zwei zur Zylinderachse senkrechten Ebenen eingestellt hat. Am besten verwendet man Zweipunkt-Meßgeräte mit federnder Stütze, um den größten Durchmesser rasch und sicher zu finden.

Die beiden Meßebenen sollen in einem geringen Abstand von der Rundungskante liegen, damit die Gewähr gegeben ist, daß man tatsächlich auf der Zylinderfläche mißt. In jeder der beiden Ebenen werden vier Messungen vorgenommen, deren Richtungen jeweils unter 45° zueinander stehen. Der Mittelwert aus den acht Meßergebnissen stellt dann das Istmaß dar, wenn der Ring genau rund wäre. Die Differenz der in jeder Ebene festgestellten beiden Mittelwerte läßt die Kegeligkeit der Bohrung erkennen, während der Unterschied zwischen größtem und kleinstem Durchmesser die Unrundheit angibt. Der Durchmesser (d) ist der arithmetische Mittelwert aller Messungen.

Beispiel für $d = 40$ mm
zulässige Abmaße 0 und $-0,012$
zulässiger größter Durchmesser: 40,003
zulässiger kleinster Durchmesser: 39,985

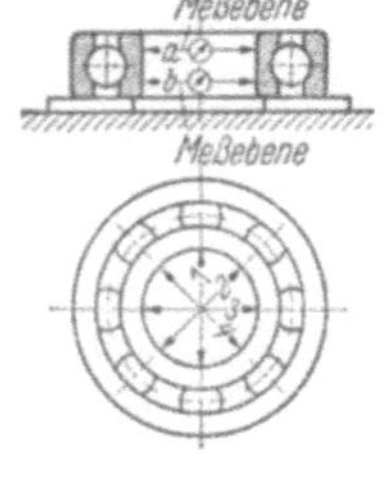

Abb. 64–1
Bohrungsdurchmesser

Maß in mm an der Meßstelle				
Maß in mm an der Meßstelle	a_1	40,005	b_1	40,002
	a_2	40,004	b_2	40,000
	a_3	40,004	b_3	40,000
	a_4	40,003	b_4	39,998
Mittelwert jeder Meßebene	a	40,004	b	40,000
Durchmesser d (Mittel) .	40,002 (unzulässig)			
Kegeligkeit	4 μ (zulässig)			
Kleinster gemessener Durchmesser	39,998 (zulässig)			
Größter gemessener Durchmesser	40,005 (unzulässig)			

641.2 Prüfung des Manteldurchmessers (D)

Der Mantel wird nach denselben Grundsätzen geprüft wie die Bohrung, indem man an vier am Ringumfang gleichmäßig verteilten Stellen Einzelmessungen in zwei Ebenen in geringem Abstand von der Rundungskante vornimmt. Der Außenring wird auf eine ebene Meßplatte gestellt. Zur Messung dient ein Fuhlhebelmeßgerat, dessen Nullpunkt nach Endmaßen oder Lehring eingestellt wird und dessen Skalenwert 1 μ betragt. Bei jeder Messung wird das Walzlager oder nur der Außenring langsam unter dem Meßstift durchgerollt und der höchste Zeigerausschlag festgestellt.

Beispiel fur $D = 90$ mm

zulassige Abmaße 0 und $-$ 0,015
zulässiger größter Durchmesser: 90,006
zulassiger kleinster Durchmesser: 89,979

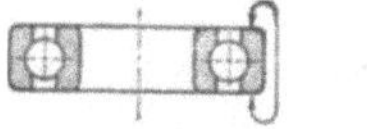

Abb. 64–2
Manteldurchmesser

Maß in mm an der Meßstelle	a_1	89,978	b_1	89,979
	a_2	89,979	b_2	89,986
	a_3	89,980	b_3	89,986
	a_4	89,983	b_4	89,993
Mittelwert jeder Meßebene	a	89,980	b	89,986
Durchmesser D (Mittel) .		89,983 (unzulassig)		
Kegeligkeit		6 μ (zulassig)		
Kleinster gemessener Durchmesser		89,978 (unzulassig)		
Großter gemessener Durchmesser		89,993 (zulassig)		

641.3 Prüfung der Breite (b) eines Rollbahnringes

Die Breite des Innen- oder Außenringes ist der Abstand der beiden Seitenflachen voneinander. Da die Toleranzwerte schon bei den kleinsten Lagern 100 μ betragen, kann die Kontrolle mit einer Meßschraube mit einem Skalenwert 10 μ ohne weiteres durchgefuhrt werden. Am Umfang des Ringes sind mehrere Messungen vorzunehmen. Bei allen Kegellagern und bei Schraglagern nach DIN 628 Bl. 2 gilt die Breitentoleranz nur fur den Innenring. Die Breite der Rollbahnringe darf aber nicht verwechselt werden mit der Breite des Lagers. Bei der Breite des Lagers ist namlich die Einwirkung des Axialspieles zu beachten.

Die Abweichungen von der Parallelitat der beiden Seitenflächen werden gesondert behandelt (s. Abschn. 642.2).

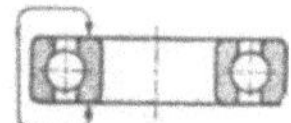

Abb. 64—3. Breite der Rollbahnringe

641.4 Prüfung des Kantenabstandes (r) der Rundung

Die Rundungen am Übergang der Seitenflachen zum Mantel bzw. zur Bohrung der Ringe werden mittels einer verstellbaren Hakenlehre geprüft. Der Spalt zwischen Lineal und Schenkel wird auf das zu prüfende Maß der

Rundung eingestellt. Dann wird das Lineal an eine Seitenfläche des Ringes gelegt und mit der Spitze des Schiebers die Lage des Überganges der Rundung in die Zylinderfläche verglichen, indem man rundherum fahrt. Eine große Genauigkeit ist von dieser Prüfungsart nicht zu erwarten, aber auch nicht erforderlich, da die Toleranz der Rundung je nach Lagerart und -reihe IT 10 bis IT 15 entspricht. Andererseits ist eine genaue Feststellung der Werte schwierig und die Breite der Rundung haufig schwankend, da sie nur gedreht ist und beim Schleifen der Zylinder- und Seitenflachen zum Teil abgetragen wird. Das Profil der Rundung ist also kein Viertelkreis. Der Kantenabstand ist daher festgelegt als der Abstand der Rundungskanten von der Seitenfläche.

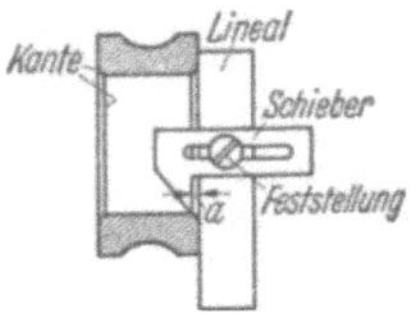

Abb. 64–4. Kantenabstand

642 Prüfverfahren für die Laufgenauigkeit
Vgl. DIN 620 (Aug. 1942)

Radialschlag und Axialschlag der einzelnen Rollbahnringe können bei gewissen Lagern, z. B. Rillenlagern, nicht unmittelbar gemessen werden. Bei der Messung des Radialschlages ist die dadurch bedingte Meßungenauigkeit gering. Bei der Messung des Axialschlages ergibt sich jedoch eine verhältnismaßig große Meßungenauigkeit. Bei der Bewertung der Meßergebnisse ist deshalb die Meßungenauigkeit der mittelbaren Messung zu beachten. Der Fehler des Dornes ist in Rechnung zu setzen.

Fur den Seitenschlag des Außenringes sind vorläufig keine Meßverfahren und keine Toleranzen festgelegt, da es bisher keine zuverlässige Meßmethode gibt.

642.1 Prüfung der Breitenschwankung (Up)

Im Gegensatz zu der Breite der Rollbahnringe darf die Schwankung des Abstandes der beiden Seitenflachen (die Unparallelitat) nur gering sein. Diese Formungenauigkeit der Ringe ist fur möglichst schlagfreien Lauf von Bedeutung. Wenn nämlich der Rollbahnring eines Ringlagers, dessen Seitenflachen unparallel sind, seitlich gegen einen Bund oder eine Hulse gespannt wird, so wird der Ring in eine schiefe Lage zum anderen Ring gedrückt. Die Folge davon ist ein Schwenken der Rollbahn in radialer und axialer Richtung.

Der zu prüfende Ring wird auf eine Dreipunktauflage gesetzt und durch ein Führungsstuck abgestützt (beim Außenring am besten ein außen angelegter Winkel, beim Innenring am besten zwei Fuhrungsbolzen). Die Spitze des Fühlhebelmeßgerätes wird zweckmaßig uber demjenigen Auflageklötzchen, das direkt bei der seitlichen Abstutzung liegt, angesetzt. Durch langsames Drehen kann man wahrend einer Umdrehung des Ringes durch die Grenzausschlage des Zeigers die Breitenschwankung beobachten. Es ist zweckmaßig, das Lager mit der Stempelseite auf die Dreipunktauflage zu setzen, damit das Meßhütchen nicht uber die Stempelung geht.

Für die Messung ist ein Fuhlhebelmeßgerat mit Skalenwert 1 μ zu verwenden.

Auch bei Scheibenlagern kann eine solche Messung vorgenommen werden, denn die Parallelität der Seitenflächen ist bei den Scheiben, welche seitlich festgespannt werden, für den schlagfreien Lauf ebenfalls von Bedeutung.

Abb. 64–5. Breitenschwankung.
a = Anlagestück.

642.2 Prüfung des Seitenschlages des Innenringes (Si)

Mit dieser Messung soll festgestellt werden, ob die Seitenflächen eines Innenringes senkrecht zur Bohrung liegen bzw. um wieviel sie von der rechtwinkligen Lage abweichen. Das Lager wird mit dem Innenring auf einen Dorn gesteckt, der auf 200 mm Länge 0,02 ··· 0,04 mm kegelig ist. Sein Rundlauffehler soll höchstens $2\,\mu$ betragen. Dabei ist es zweckmäßig, Ringe mit Bohrungen, welche kegelige Abweichungen von der Zylinderform aufweisen, mit der weiteren Seite auf das dickere Dornende zu schieben, da ein Verkanten vermieden werden muß, wenn Meßfehler ausgeschaltet werden sollen.

Zu diesem Zweck führt man den Innenring vorsichtig über den Bolzen und probiert, mit welcher Seite er sich weiter aufschieben läßt. Dann schiebt man den Ring fester auf den Dorn, wobei man möglichst zentrisch auf ihn drückt. Dann wird der Dorn waagerecht zwischen Spitzen aufgenommen. Gemessen wird mit einem Fühlhebelmeßgerät (Skalenwert $1\,\mu$), dessen Meßhütchen ungefähr in der Mitte der Höhe der nicht gestempelten Seitenfläche angesetzt wird. Durch Drehen des Dornes mit Innenring kann die Abweichung der Seitenfläche von der zur Bohrung senkrechten Lage ermittelt werden. Durch Kombination mit der vorhergegangenen Messung der Breitenschwankung ergibt sich die Abweichung der gestempelten Seite

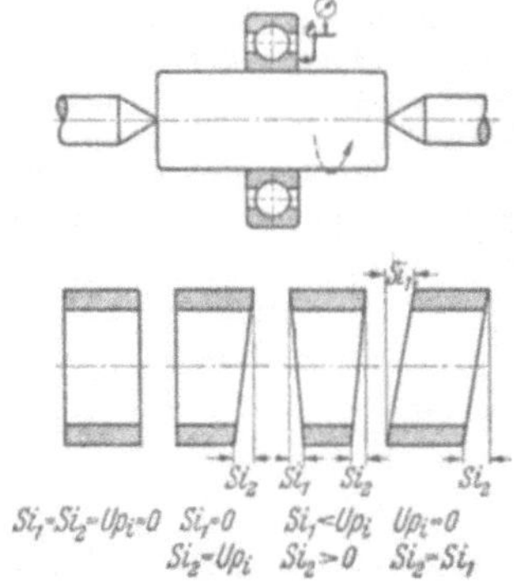

Abb. 64–6.
Seitenschlag des Innenringes.

gemäß den unteren vier Bildern, wobei allerdings zu berücksichtigen ist, daß Maximal- bzw. Minimalwerte beider Messungen nicht in einer Ebene zu liegen brauchen, sondern um einen beliebigen Winkel gegeneinander verdreht liegen können, so daß sich eine Vielzahl von Möglichkeiten ergeben kann.

642.3 Prüfung des Radialschlages der Rollbahn des Innenringes (Ri)

Es handelt sich dabei um die Messung der Schwankung der Ringdicke in der Mitte der Rollbahn des Innenringes. Diese Schwankung kann hervorgerufen sein durch nicht zentrische Lage der Rollbahn oder durch schräge Lage der Rollbahn zur Bohrung. Der Ring wird zur Messung wie in Abschn. 642.2 auf einen leicht kegeligen Dorn gesteckt und dieser in waagerechter Lage zwischen Spitzen gefaßt. Das Meßhutchen des Fühlhebelmeßgerates (Skalenwert 1 μ) wird in der Mitte der Innenring-Rollbahn angesetzt. Bei langsamem Drehen zeigt der Ausschlag des Meßgerates die Größe des Radialschlages an, allerdings einschließlich des Rundlauffehlers des Dornes, der, wenn erforderlich, bestimmt und rechnerisch berucksichtigt werden muß.

Eine solche Messung ist aber nur durchzufuhren, wenn der Innenring fur sich allein gepruft werden kann. Dies ist z. B. bei Außenbord-Ringzylinderlagern und Ringschraglagern der Reihe 173 sowie bei Ringschulterlagern möglich, bei denen der Innenring leicht herausgenommen werden kann. Bei Lagern, bei denen ein Freilegen des Innenringes ohne Zerstörung des Kafigs oder umstandliches Auseinandernehmen nicht möglich ist, muß die Messung in anderer Weise durchgefuhrt werden. Man setzt das Lager im zusammengebauten Zustand auf den Dorn, der wiederum horizontal zwischen Spitzen gelagert ist. Das Meßhutchen wird in der Mitte des Außenringmantels senkrecht uber der Dornachse aufgesetzt und der Außenring festgehalten, wahrend der Dorn langsam gedreht wird. Dabei wird der Gesamtausschlag des Meßgerates wahrend einer Umdrehung abgelesen, welcher dann als Radialschlag des Innenringes angenommen werden kann. Dabei muß berucksichtigt werden, daß der Rundlauffehler des Dornes und der Einfluß des Größenunterschiedes der Rollkörper mit einbegriffen sind. Da es sich hierbei nur um wenige μ handelt, kann dies vernachlassigt werden.

Bei Ring-Rillenlagern ist vor allem darauf zu achten, daß wahrend des Messens keine Langskrafte auf den Außenring ausgeübt werden, da sonst der Außenring angehoben wird. Bei Pendellagern und Tonnenlagern muß ein Schwenken der Außenringe durch an die Seitenflachen gelegte Lineale verhindert werden.

Bei Kegellagern und einreihigen Schraglagern ist dieses Verfahren nicht anwendbar, da der Außenring infolge der Schrage der Außenrollbahn seitlich wegrutschen wurde. Die Messung muß daher mit senkrechtem Dorn durchgefuhrt werden. Das Lager wird so auf eine Zentrierplatte gelegt, daß der größere Durchmesser der Außenrollbahn nach oben zeigt. Die

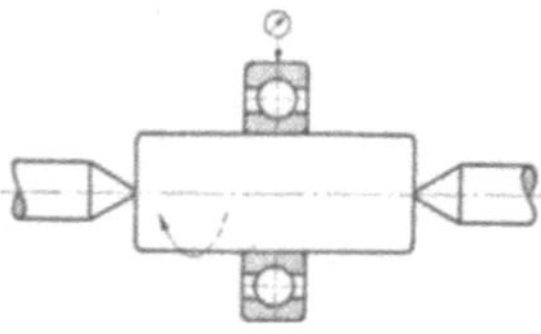

Abb. 64–7. Radialschlag des Innenringes eines Rillenlagers. Prufen am zusammengebauten Lager.

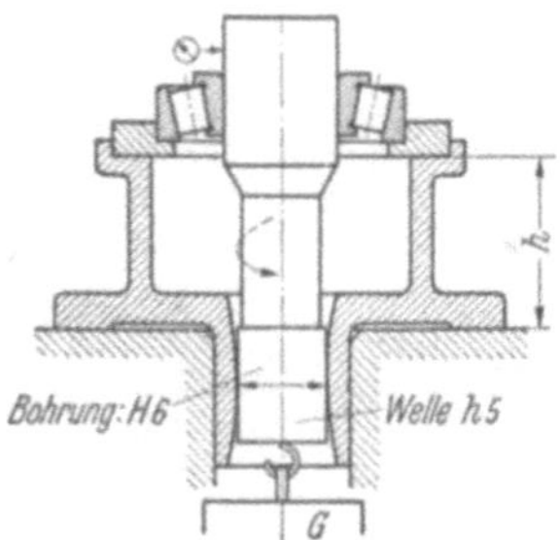

Abb. 64–8. Radialschlag des Innenringes eines Kegellagers.

| Bohrung des Lagers mm | | G kg | h mm |
uber	bis		$\approx$
—	30	4	200
30	50	8	200
50	80	12	250
80	—	15	300

Zentrierplatte liegt auf einem Gehausekörper, der unten eine Zentrierungsbohrung fur den verlängerten Dorn aufweist. Das Meßhutchen des Fuhlhebelmeßgerates wird soweit wie möglich oberhalb der größeren Innenringschulter am Dorn unmittelbar waagerecht angesetzt. Vor Durchführung der Messung muß besonders bei Kegellagern der Innenring mit Dorn nochmals in Umdrehung versetzt werden, damit die Rollkörper spielfrei an Rollbahnen und Bord zur Anlage kommen. Sonst sind Meßfehler nicht zu vermeiden. Diese spielfreie Anstellung des Lagers wird dadurch unterstützt, daß an den Dorn je nach Lagergröße Gewichte von 4...15 kg gehängt werden.

642.4 Prüfung des Radialschlages der Rollbahn des Außenringes (*Ra*)

Der Radialschlag der Rollbahn des Außenringes ist der Unterschied der Dicke des Außenringes, in der Mitte der Rollbahn gemessen, hervorgerufen durch außermittige Lage der Rollbahn zum Mantel oder durch nicht winkelrechte Lage der Rollbahn zum Mantel. Bei abziehbaren Außenringen von Innenbord-Zylinderlagern, Kegellagern oder Schulterlagern kann der Ring allein gepruft werden, indem er auf eine ebene horizontale oder leicht geneigte Platte gelegt wird; dabei wird er in seiner Lage durch zwei an der Platte befestigte Stutzkörper gehalten. Kegellager- und Schraglager-Außenringe werden mit der breiteren Seitenfläche, alle ubrigen Lageraußenringe mit der nicht gestempelten Seite auf die Platte gelegt. Das Meßhutchen des Fuhlhebelmeßgerates wird parallel zur Auflageplatte und unmittelbar bei einem der Stutzkörper angesetzt. Der Ring wird bei der Messung mindestens einmal herumgedreht. Ein Seitenschlag der Rollbahn, wenn also die Achsen der Rollbahn und des Mantels schief zueinander stehen, wird als Radialschlag mitgemessen. In allen Fallen, wo der Außenring nicht abgezogen werden kann, wird das ganze Lager auf einen Dorn gesteckt und zwischen Spitzen aufgenommen, s. Abschn. 642.3. Das Meßhutchen wird senkrecht uber der Achse in der Mitte des Mantels angesetzt, und der Außenring bei stillstehendem Dorn gedreht. Dabei wird zwar der Größenunterschied der Rollkörper, nicht aber, wie im Normblatt irrtümlich angegeben, der Rundlauffehler des Dornes mitgemessen. Der Außenring soll bei Ring-Rillenlagern mit und ohne Fullnut frei auf den Kugeln hangen und beim Drehen nicht axial verschoben werden.

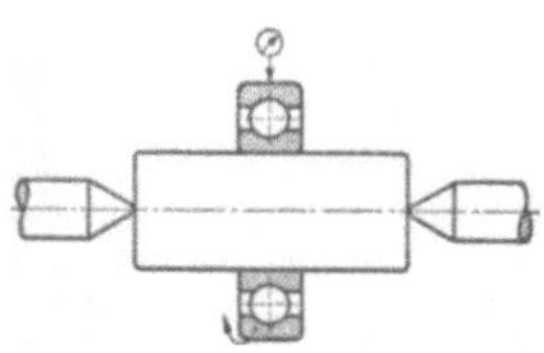

Abb. 64–9. Radialschlag des Außenringes eines Rillenlagers am zusammengebauten Lager.

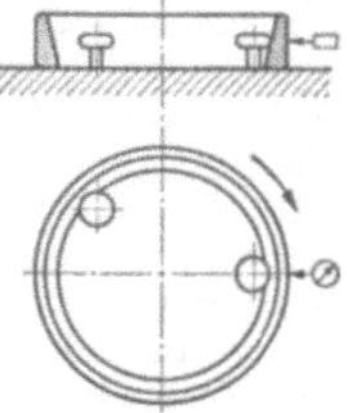

Abb. 64–10. Radialschlag der Rollbahn an einem Kegellager-Außenring.

Im Gegensatz zur Messung am Außenring allein wird daher der Axialschlag (Rillenseitenschlag) nicht mitgemessen. Bei Außenringen von Pendellagern und Tonnenlagern ist infolge der Kugelform der Außenrollbahn ein Rillenseitenschlag nicht vorhanden. Bei diesen Lagern muß aber durch seitlich angelegte Lineale der Ring in seiner Mittellage gehalten werden, um Meßfehler auszuschalten.

642.5 Prüfung des Axialschlages der Rollbahn des Innenringes (Ai) und Außenringes (Aa)

Unter Axialschlag der Rollbahn eines Ringes versteht man die gesamte, in axialer Richtung gemessene Schwankung der Rollbahn bei einer Umdrehung des betreffenden Ringes. Er ist hervorgerufen durch eine nicht genau lotrechte Lage der Rollbahn zur Achse der Zylinderfläche des Innen bzw. Außenringes. Der Axialschlag kann nur beim einzelnen Ring einigermaßen genau festgestellt werden, aber auch hierbei muß berücksichtigt werden, daß der Seitenschlag des Ringes mit in die Messung einbezogen wird, wenn die nicht gestempelte Seitenfläche als Ausgangsfläche für diese Messung benutzt wird. Wird aber ein Innenring auf einen Dorn gesteckt und der Tastbolzen des Fühlhebelmeßgerätes gegen eine Schulter oder einen Bord angesetzt, so erhält man ziemlich genaue Meßergebnisse. Bei nicht zerlegbaren Lagern (Ringrillenlagern) wird der Innenring auf einen Dorn gesteckt, der senkrecht zwischen Spitzen aufgenommen wird. Über den Außenring wird ein Belastungsring mit einer Schulter geschoben, damit der Einfluß der Lagerluft und die, wenn auch geringe, aber einseitige Belastung durch die Meßkraft des Gerätes möglichst beseitigt werden. Der Meßstift des Gerates soll, wenn moglich, direkt auf dem Außenring sitzen. Bei Schulterlager- und Schräglager-Außenringen muß die breitere Seite oben liegen. Der Tastbolzen darf aber nicht über die Stempelung gleiten. Ist nicht genügend Fläche neben der Stempelung vorhanden, so wird der Tastbolzen auf den Flansch des Belastungstragers gesetzt. Die Breite des Flansches darf dann höchstens um 5% der zulassigen Abweichung schwanken. Ein- und zweiseitige Ringrillenlager werden mit der nicht gestempelten Seite nach oben angeordnet.

Zur Messung des Axialschlages des *Innenringes* wird der Innenring mit Dorn langsam einmal gedreht, wahrend der Außenring mit Belastungsring festgehalten wird. Der Seitenschlag des Innenringes beeinflußt die Messung nicht. Dagegen wird der Seitenschlag des Außenringes mit einbezogen, wenn der Axialschlag des *Außenringes* gemessen wird, indem bei stillstehendem Dorn mit Innenring der Außenring einmal herumgedreht wird. Bei zerlegbaren Lagern kann der Axialschlag am freien Ring unmittelbar gemessen werden, wahrend der Rollbahnring mit Rollensatz nur am vollstandigen Lager, wie bei einem zerlegbaren, gemessen werden muß. Bei Pendellagern und Tonnenlagern ist eine derartige Methode nicht möglich, weil der Außenring infolge der kugeligen Außenrollbahn schwenken kann. Der Außenring kann keinen Axialschlag aufweisen, am Innenring muß er in ausgebautem Zustand unmittelbar gemessen werden. Alle Messungen des Axialschlages, welche bei zusammengebauten Lagern vorgenommen werden, geben keine zuverlassigen Werte.

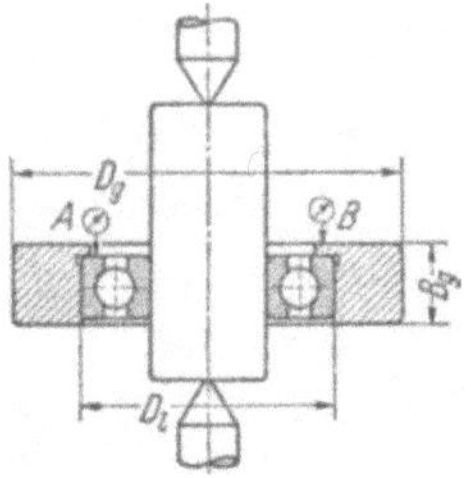

Abb.64–11. Axialschlag der
Rollbahn des Innen- und
Außenringes.

Belastungsring

| Durchmesser | | | Gewicht |
D_1 mm	Dg mm	Bg mm	kg $\approx$
bis 30	85	15	0,60
uber 30 bis 50	90	20	0,75
uber 50 bis 80	120	25	1,50
uber 80 bis 120	170	30	3,50
uber 120 bis 150	220	35	6,00
uber 150 bis 180	280	40	13,00

Die Bohrung D_1 der Sitzfläche soll nach ISA-Toleranzfeld H 6 bearbeitet werden.

642.6 Prüfung des Axialschlages der Rollbahn von Scheiben (As)

Der Axialschlag der Rollbahn einer Scheibe ist deren Dickenschwankung in der Mitte der Rollbahn. Die Scheiben werden horizontal auf drei Stützpunkte gelegt.

Wellenscheiben werden durch zwei Stutzbolzen innen seitlich gehalten, von denen einer unmittelbar neben einem Unterstutzungspunkt liegen soll. An dieser Stelle soll der Tastbolzen des Fuhlhebelmeßgerates in die Mitte der Rollbahn gesetzt werden.

Gehausescheiben werden außen seitlich durch einen Anschlagwinkel an zwei Punkten gehalten. Ein Beruhrungspunkt soll dicht bei einem der drei Unterstutzungspunkte liegen. Hier soll der Tastbolzen in der Mitte der Rollbahn angesetzt werden. In beiden Fallen zeigt der Ausschlag des Meßgerates bei einer Umdrehung des Ringes die Größe des Axialschlages an. Die Messung wird beeinflußt durch die außermittige Lage der Rollbahn zur Bohrung bzw. zum Mantel, und wenn der Ring durch Verziehen der Scheibe oval oder uneben geworden ist.

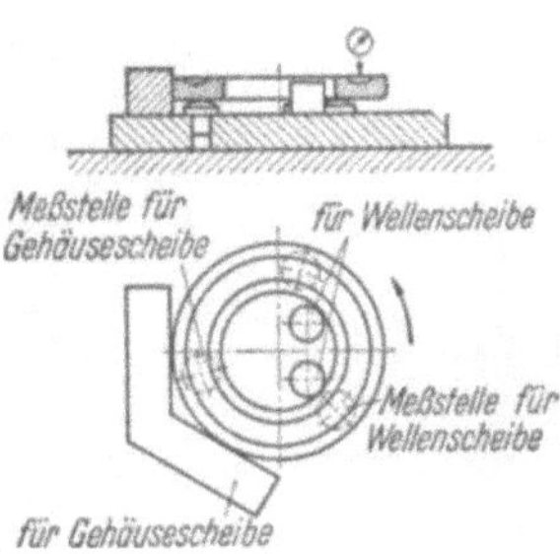

Abb. 64–12. Axialschlag der Rollbahn an Scheiben.

642.7 Allgemeine Angaben

Es sei nochmals darauf hingewiesen, daß Messungen der Laufgenauigkeit, welche an zusammengebauten Lagern vorgenommen werden, unsicher sind, sofern die Messung uber die Rollkörper und den Gegenring erfolgt. Diese Unsicherheit steigert sich, je höhere Anforderungen an die Laufgenauigkeit gestellt werden und je größer die vorgeschriebene Lagerluft ist.

Die Laufgenauigkeit eines eingebauten Lagers hangt in hohem Maße von der Genauigkeit der Einbauteile ab. Vor allem die Wellen mussen genau rund laufen, die seitlichen Anlageflachen möglichst genau rechtwinklig zur

Achse stehen, die Gehausebohrungen genau fluchten und Wellen-Gehause-bohrungen genau rund sein, wenn hochste Anforderungen erfullt werden sollen.

Bei Lagern, die hochste Forderungen an die Laufgenauigkeit erfullen sollen, wie sie in DIN 620 Bl. 1/2, Abschnitt Toleranzen fur Sonderfalle, festgelegt sind, können genaue Messungen *nur* an den einzelnen Ringen, nicht am ganzen Lager, durchgefuhrt werden.

643 Prüfverfahren für die Oberflächengenauigkeit

Da von der Oberflachenbeschaffenheit der Rollbahnen von Rollbahn-ringen und Rollkorpern nicht nur der gerauschschwache Lauf, sondern auch die Tragfahigkeit und Lebensdauer der Walzlager abhangt, gewinnen die Verfahren zur Beseitigung der beim Schleifen eventuell entstehenden „Wellen" und besseren Glattung der Rollbahnen bei den gesteigerten An-spruchen erhöhte Bedeutung. Zur Messung der Rauhigkeit werden u. a. folgende Verfahren angewandt (s. Abschn. 28):

das optische Zeiß-Interferenz-Verfahren,

das Schmaltz-Lichtschnitt-Meßverfahren (Lichtspaltprufung),

das Trentini- und ahnliche andere Taststiftmeßverfahren.

65 Keilwelle, Kerbverzahnung

651 Keilprofile (Keilwellen und Keilnaben)

651.1 Werkstücke

Anwendung. Leicht lösbare Verbindungen von Naben und Wellen, vor-wiegend in Getrieben an Fahrzeugen und Werkzeugmaschinen. Übertragen großer Drehmomente; oft soll die Verbindung unter Last verschoben werden. Fur die Berechnung der möglichen Kraftubertragung sind tragende Keil-höhe, Keillange und Anzahl der Keile zugrunde zu legen, wobei anzunehmen ist, daß nur höchstens 75% der Keile tragen.

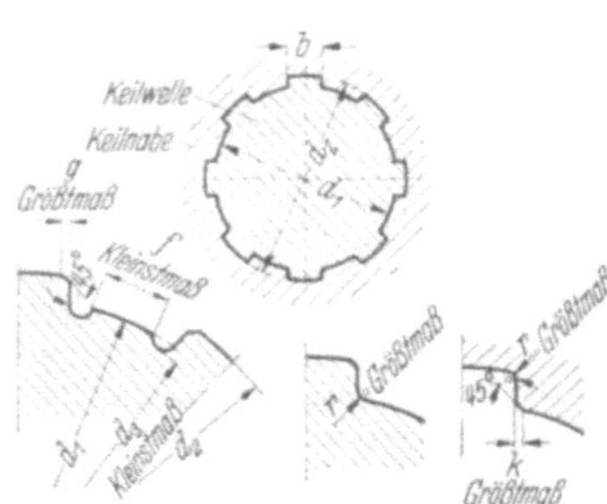

Abb. 651-1:
Keilprofil nach DIN 5462 bis 5464.

Profile und Fertigung. Keil-profile mit geraden Flanken nach DIN 5462 bis 5464 (Abb. 651–1). DIN 5461 gibt Übersicht. Es wer-den leichte, mittlere und schwere Belastungsreihe unterschieden. Anzahl der Keile richtet sich nach der Größe des Profils und der Bela·tungsreihe; 6, 8, 10, 16 und 20 Keile sind festgelegt. Fur Son-derzwecke im Werkzeugmaschi-nenbau werden Keilprofile nach DIN 5471 und 5472 verwendet mit vier oder sechs Keilen. Die Anzahl der Keile ist hier bei annähernd gleichem Durchmesser des Keilprofils kleiner als bei Profilen nach DIN 5462 bis 5464.

Keilwellen werden im Teilverfahren gefräst oder geschliffen oder im Wälzverfahren gefräst, Keilnaben fast nur geraumt. Für die Fertigung sind die Erläuterungen auf den genannten DIN-Blättern zu beachten.

Trapez-Keilprofile haben sich trotz ihrer Vorzüge gegenüber den Parallel-Keilprofilen nach DIN 5462 bis 5464 wohl wegen des Fehlens einer DIN-Norm noch nicht so eingeführt.

Toleranzen. Die Toleranzen für Keilprofile mit geraden Flanken sind in DIN 5465 festgelegt. Danach wird in der Hauptsache in „Welle verschiebbar in Nabe" (beweglich) und „Welle fest in Nabe" unterschieden und hierbei wieder in eine Zentrierung im Innendurchmesser und in den Flanken der Keile.

Folgende Toleranzfelder werden vorzugsweise verwendet:

Tabelle 651—1

		b		d_1 Nabe gehärtet und ungehärtet	d_2 Nabe gehärtet und ungehärtet
		Nabe ungehärtet	Nabe gehärtet		
Nabe		D 9	F 10	H 7	H 11
Welle beweglich	Innenzentrierung	h 8	e 8	f 7	a 11
	Flankenzentrierung			Spiel	a 11
Welle fest	Innenzentrierung	p 6	h 6	j 6	a 11
	Flankenzentrierung	u 6	k 6	Spiel	a 11

Beim Einbaufall „Welle beweglich" darf die Teilungstoleranz der Welle plus der Teilungstoleranz der Nabe nicht größer werden als das Kleinstspiel für Breite b zwischen Nabe und Welle, so daß auch bei ungünstiger Auswirkung der Teilungsfehler von Nabe und Welle kein Übermaß auftreten kann, Abb. 651–2. In Abhängigkeit von der Breite b ist daher die Teilungstoleranz gleich $\pm \frac{1}{2}$mal unteres Abmaß von D 9 (Kleinstspiel F 10/e 8 $\approx$ D 9/h 8). Diese Toleranz kann beim Räumen der Nabe und Walzfräsen der Welle gleichmäßig auf Nabe und Welle verteilt werden, so daß für die Nabe und Welle je folgende Toleranzen für die Teilung verbleiben (s. S. 566):

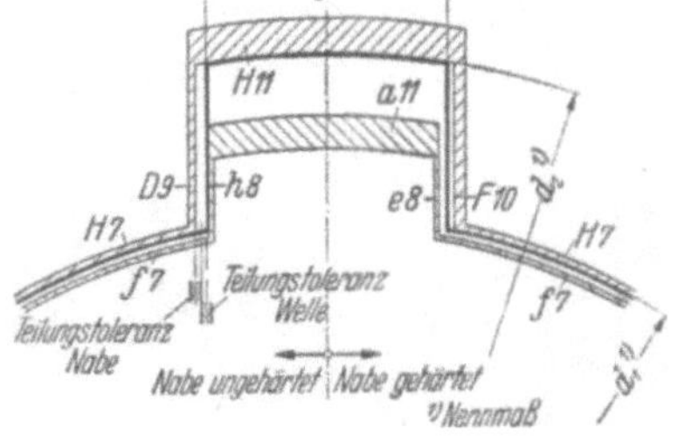

Abb. 651–2. Darstellung der Toleranzfelder für den Einbaufall „Welle beweglich" bei Innenzentrierung.

Lfd. Nr.	Gegenstand der Messung Vgl. Abb. 651–1	Meßmittel	Bild und Erläuterung	Meßanleitung
1	d_2	Grenzrachenlehre oder Meßschraube		Grenzprüfung
2	d_1	Grenzrachenlehre oder Meßschraube		Grenzprüfung In allen Zwischenräumen prüfen
3	b	Grenzrachenlehre oder Meßschraube		Grenzprüfung Alle Keile prüfen
4	g Größtmaß 45°	Maßstab		Größtmaßprüfung an Außenfläche d_2 und an den Keilflanken
5	f Kleinstmaß	Schieblehre	Prüfung nur bei Keilwellen für Innenzentrierung, die im Wälzverfahren hergestellt wurden	Kleinstmaßprüfung
6	d_2 Kleinstmaß	Schieblehre mit Messerschnäbeln		
7	r Größtmaß	Rundungslehre	Prüfung nur bei geräumten oder im Teilverfahren hergestellten Keilwellen	Größtmaßprüfung
8	Mittigkeit d_1 zu d_2 (nur bei Keilwellen für Innenzentrierung)	Meßstand mit zwei verstellbaren Reitstöcken 1 Fühlhebel I 1 Fühlhebel II mit Abhebevorrichtung 2 Stative		Prüfling zwischen Spitzen spielfrei aufnehmen. Fühlhebel I auf einem Keil am Durchmesser d_2 auf Null einstellen. Fühlhebel II mittels Endmaßen auf Höhe des Fühlhebels I (Zeigerstellung Null) minus $\dfrac{d_2 - d_1}{2}$ ebenfalls auf Null einstellen. Mit Fühlhebel I den Keil und mit Fühlhebel II eine benachbarte Lücke abtasten. Die Differenz der Abweichungen der Meßanzeigen beider Fühlhebel von Null darf die halbe Toleranz von d_2 nicht übersteigen. Jeden Keil mit links oder rechts benachbarter Lücke prüfen.

9a	Prüfen der Teilung	Teilkopf oder Einrichtung mit Rastenscheibe Fühlhebel mit Stativ	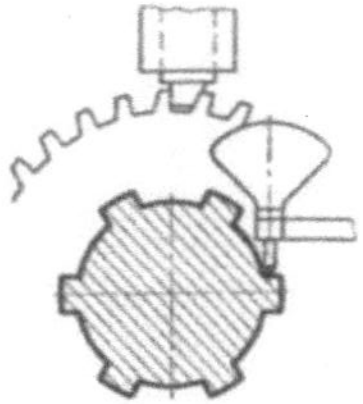	Prüfling am Teilkopf aufnehmen. Fühlhebel auf eine Flanke ansetzen, auf Null einstellen und herausschwenken, Prüfling um Teilung $= \dfrac{360°}{\text{Anzahl der Keile}}$ weiter drehen. Fühlhebel auf nächste Flanke ansetzen. Die Abweichung der Meßanzeige darf das Maß der Toleranz für die Teilung nicht überschreiten. Alle Flanken durchprüfen.
		— oder: —		
9b		2 Meßdrähte von Durchmesser $d_0 \approx \dfrac{d_0 - d_1}{2} + 1$ mm Parallelendmaße mit Halter und Außenmeßschnäbeln	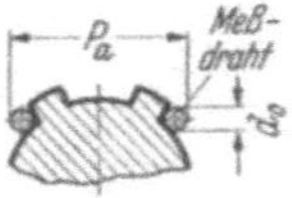	Beide Meßdrähte in die äußeren Ecken einlegen. Das Maß $P_a = \sin \alpha \,(d_1 + d_0) + d_0$ darf den Wert der Toleranz für die Teilung nicht überschreiten. $\alpha = \dfrac{180° \cdot z}{\text{Anzahl der Keile}} + \beta$ $z =$ Anzahl der zwischen den Meßdrähten liegenden Keillücken $\sin \beta = \dfrac{b + d_0}{d_1 + d_0}$ Jede Teilung prüfen.
10	Prüfen der Parallelität der Flanken zur Achse	Meßstand mit zwei verstellbaren Reitstöcken Fühlhebel mit Stativ Schwenkbarer Anschlag	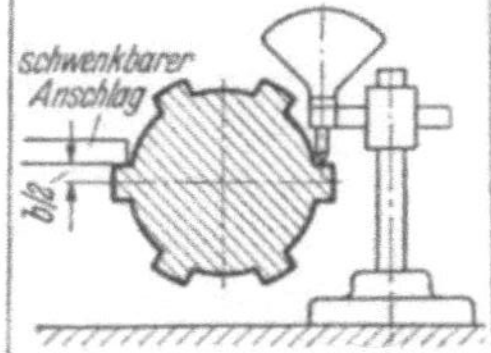	Prüfling zwischen Spitzen spielfrei aufnehmen. Anschlag auf Höhe $b/2$ einrichten. Keilwelle mit einer ihrer Keilflanken gegen den Anschlag drehen. Fühlhebel auf die obere Flanke des gegenüberliegenden Keils ansetzen und auf Null einstellen. Fühlhebel über die ganze Länge der Flanke entlangführen. Die Abweichung darf das Maß der zugelassenen Toleranz nicht überschreiten. Jede Flanke prüfen.

Abb. 651–3. Anleitung zum Messen der einzelnen Maße an der Keilwelle (Werkstuck).

Lfd. Nr.	Gegenstand der Messung Vgl. Abb. 651–1	Meßmittel	Bild und Erläuterung	Meßanleitung
1	d_2	Kugelendmaße für Gut und Ausschuß oder Innenmeßgerät		Grenzprüfung In allen Nuten prüfen
2	d_1	Grenzlehrdorn oder Innenmeßgerät		Grenzprüfung
3	b	Endmaße für Gut und Ausschuß		Grenzprüfung Alle Nuten prüfen
4	k Größtmaß 45°	Maßstab		Größtmaßprüfung an der Innenfläche der Bohrung d_1 und an den Nutenflanken
5	r Größtmaß	Rundungslehre		Größtmaßprüfung
6	Mittigkeit d_2 zu d_1 [1]	Meßstand für Aufnahme der Keilnabe 2 Fühlhebel mit Tasthebel und Stativ Parallelendmaße		Prüfling zentrisch aufnehmen. Fühlhebel I auf der Innenfläche von d_1 auf Null einstellen. Fühlhebel II mittels Endmaße auf Höhe des Fühlhebels I (Zeigerstellung Null) minus $\dfrac{d_2 - d_1}{2}$ ebenfalls auf Null einstellen. Mit Fühlhebel I ein Innenfeld der Bohrung d_1 und mit Fühlhebel II eine benachbarte Lücke abtasten. Die Differenz der Abweichungen der Meßanzeiger beider Fühlhebel von Null darf die halbe Toleranz von d_2 nicht übersteigen. Jede Lücke mit links oder rechts benachbartem Innenfeld prüfen.

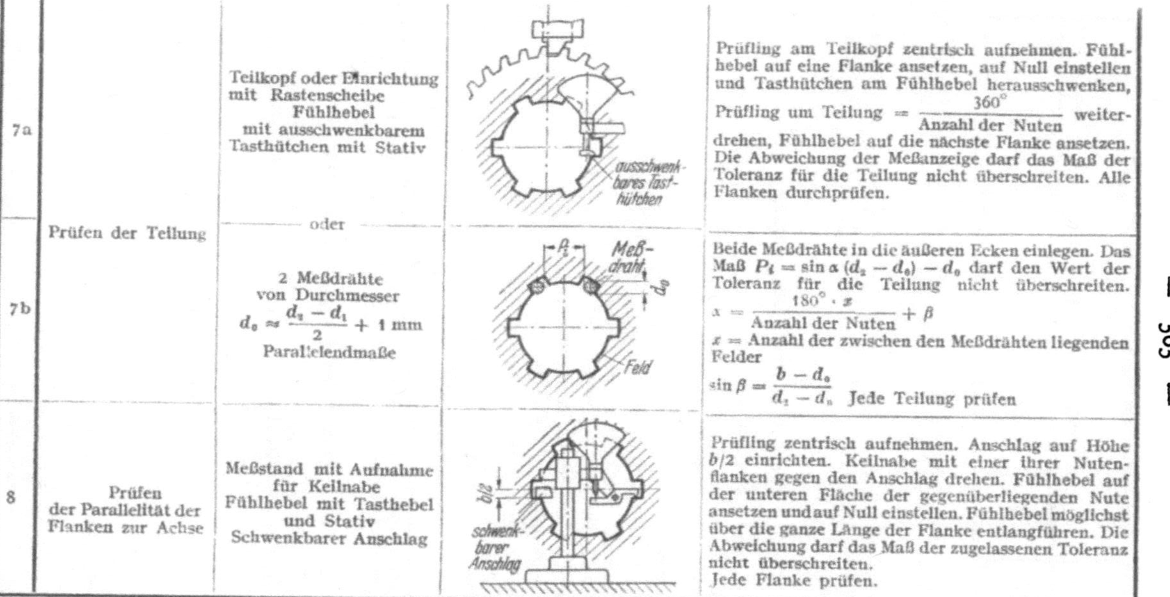

7a	Prüfen der Teilung	Teilkopf oder Einrichtung mit Rastenscheibe Fühlhebel mit ausschwenkbarem Tasthütchen mit Stativ	Prüfling am Teilkopf zentrisch aufnehmen. Fühlhebel auf eine Flanke ansetzen, auf Null einstellen und Tasthütchen am Fühlhebel herausschwenken, Prüfling um Teilung $= \dfrac{360^\circ}{\text{Anzahl der Nuten}}$ weiterdrehen, Fühlhebel auf die nächste Flanke ansetzen. Die Abweichung der Meßanzeige darf das Maß der Toleranz für die Teilung nicht überschreiten. Alle Flanken durchprüfen.
		oder	
7b		2 Meßdrähte von Durchmesser $d_0 \approx \dfrac{d_2 - d_1}{2} + 1 \text{ mm}$ Parallelendmaße	Beide Meßdrähte in die äußeren Ecken einlegen. Das Maß $P_t = \sin\alpha\,(d_2 - d_0) - d_0$ darf den Wert der Toleranz für die Teilung nicht überschreiten. $x = \dfrac{180^\circ \cdot z}{\text{Anzahl der Nuten}} + \beta$ $z =$ Anzahl der zwischen den Meßdrähten liegenden Felder $\sin\beta = \dfrac{b - d_0}{d_2 - d_0}$ Jede Teilung prüfen
8	Prüfen der Parallelität der Flanken zur Achse	Meßstand mit Aufnahme für Keilnabe Fühlhebel mit Tasthebel und Stativ Schwenkbarer Anschlag	Prüfling zentrisch aufnehmen. Anschlag auf Höhe $b/2$ einrichten. Keilnabe mit einer ihrer Nutenflanken gegen den Anschlag drehen. Fühlhebel auf der unteren Fläche der gegenüberliegenden Nute ansetzen und auf Null einstellen. Fühlhebel möglichst über die ganze Länge der Flanke entlangführen. Die Abweichung darf das Maß der zugelassenen Toleranz nicht überschreiten. Jede Flanke prüfen.

Abb. 651—4. Anleitung zum Messen der einzelnen Maße an der Keilnabe (Werkstuck).

---

[1]) Prüfung nur bei im Teilverfahren hergestellten Keilnaben. Bei geräumten Keilnaben kann eine Prüfung am Werkzeug vorgenommen werden.

	Breite b				
	1···3	uber 3···6	uber 6···10	uber 10···18	uber 18···30
Teilungs-toleranz	$\pm 10\,\mu$	$\pm 15\,\mu$	$\pm 20\,\mu$	$\pm 25\,\mu$	$\pm 32\,\mu$

Hierbei ist zu beachten, daß diese Teilungstoleranz auch uber mehrere Keile gilt, sich also nicht von Keil zu Keil addieren darf, da sonst die Austauschbarkeit gefahrdet ist.

Mit Rucksicht auf das anzustrebende gleichmaßige Tragen aller Keile sollte auch beim Einbaufall „Welle fest" die vorgenannte Teilungstoleranz nicht uberschritten werden.

651.2 Meß- und Prüfverfahren

Keilnaben und Keilwellen können gepruft werden:
1. durch Messen der einzelnen Maße am Werkstück,
2. durch besondere Keilprofillehren.

Das Messen der einzelnen Maße am Werkstück ist bei Einzelfertigung angebracht, aber auch dann, wenn festgestellt ist, daß Maschinen und Werkzeuge toleranzhaltige Stucke liefern und nur durch Stichproben die Maßhaltigkeit der gefertigten Keilprofile überwacht, also die Abnutzung der Werkzeuge und sonstige Störungen beobachtet werden sollen.

In der laufenden Fertigung sind die einfach und schnell anwendbaren *Keilprofillehren* vorzuziehen. Sie werden in der gleichen Weise angewendet wie z. B. die Grenzlehren bei Rundpassungen. Wenn sie nach dem Taylorschen Grundsatz, s. Abschn. 165.12, konstruiert sind, sichern sie die Austauschbarkeit der geprüften Keilprofile.

Der Aufwand fur die Herstellung der Keilprofillehren steht in keinem Verhaltnis zum Aufwand fur das Messen der einzelnen Maße am Keilprofilwerkstück, wenn laufend gemessen werden muß.

651.3 Messen der Keilprofilwerkstücke

Abb. 651–3 und –4, S. 562 ··· 565, geben eine Anleitung zum Messen der einzelnen Maße am Keilprofilwerkstuck. Welche Maße hiernach zu prüfen sind, ist von Fall zu Fall zu entscheiden.

651.4 Keilprofillehren

Über Baumaße der Keilprofillehren und Lehrenmaße (Herstelltoleranzen und zul. Abnutzung) sind Normen in Vorbereitung.

Die folgenden Ausfuhrungen beschranken sich daher nur auf das Wesentliche zur allgemeinen Unterrichtung.

Abb. 651–5.
Keilprofil-Gutlehrdorn.

Baumaße und Anwendung der Lehren. Tab. 651–2 und –3, S. 568/9, geben eine Zusammenstellung, wie bei der Prüfung der Keilprofile durch Lehren zu verfahren ist und welche Maße die einzelnen Lehren prüfen.

Keilprofil-Gutlehrdorne (Abb. 651–5) und Keilprofil-Gutlehrringe (Abb. 651–6) haben das volle Keilprofil der gutseitigen Keilnabe bzw. Keilwelle. Die Nutbreite des Gutlehrringes ist um die Teilungstoleranz größer, die Keilbreite des Gutlehrdornes kleiner gehalten, um die Teilungsfehler zu berücksichtigen (s. Abschn. 651.1, Toleranzen).

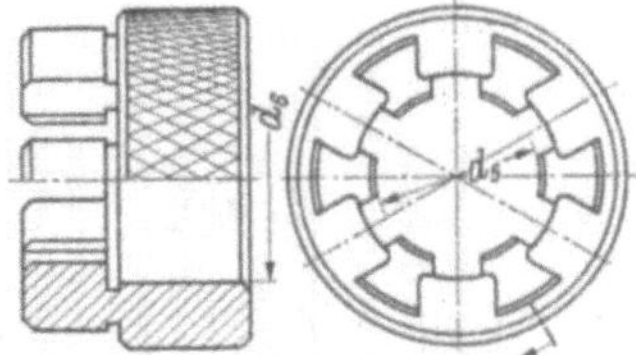

Abb. 651–6. Keilprofil-Gutlehrring.

Herstelltoleranzen und zul. Abnutzung. Das Herstelltoleranzfeld des Innendurchmessers d_3 bzw. d_5 der Keilprofil-Gutlehrdorne und -lehrringe ist nicht an das Werkstückgutmaß gelegt. Wegen der möglichen Außermittigkeit von d_1 zu d_2, und um mit dem Keilprofil-Gutlehrdorn oder dem Keilprofil-Gutlehrring allein feststellen zu können, ob infolge der Teilungsfehler Austauschbarkeit vorhanden ist, wird der

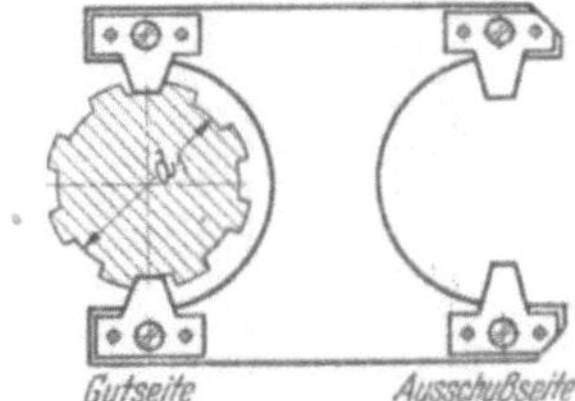

Abb. 651–7. Grenzrachenlehre zum Prüfen des Innendurchmessers d_1 der Keilwelle.
Diese Lehre wird auch getrennt als Gut- und Ausschußrachenlehre ausgeführt.

Innendurchmesser d_3 bzw. d_5 der Keilprofil-Gutlehren bei Profilen mit Innenzentrierung um das nach DIN 7162 zul. Abnutzungsfeld für die Grenzrachenlehre (Abb. 651–7) oder den glatten Grenzlehrdorn für die Innendurchmesser d_1 der Nabe außerhalb des Werkstücktoleranzfeldes gelegt.

Bei Profilen mit Flankenzentrierung wird der Innendurchmesser d_5 um das halbe Kleinstspiel zwischen Nabe und Welle im Durchmesser d_1 größer gemacht.

Das Herstelltoleranzfeld des Außendurchmessers d_4 für Keilprofil-Gutlehrdorne liegt zwischen Kleinstmaß der Nabe und Größtmaß der Welle im Durch-

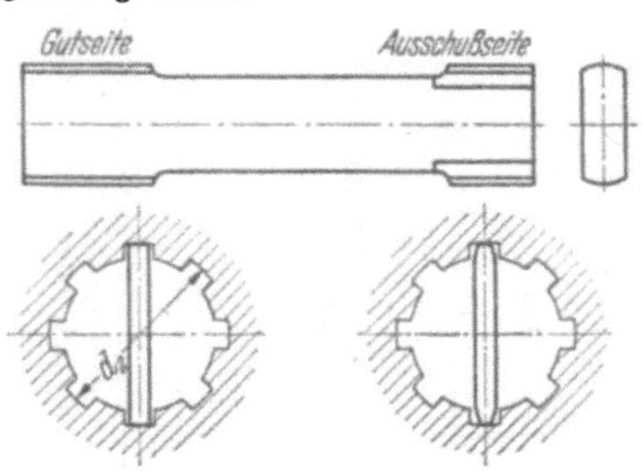

Abb. 651-8. Grenzflachlehre zum Prüfen des Außendurchmessers d_2 der Keilnabe.

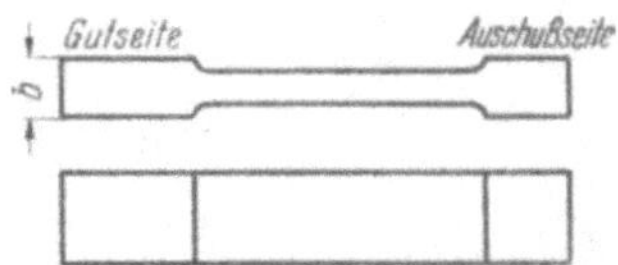

Abb. 651–9: Grenzflachlehre zum Prüfen der Keilnutenbreite b.

Tabelle 651-2 **Prüfen der Keilwellen durch Keilprofillehren**

Lfd. Nr	Gegenstand der Messung	Meßzeug		Meßanleitung (Anwendung der Lehren)
		Benennung	Baumaße	
1	d_2	Grenzrachenlehre oder Lehrringe	DIN 2230 u. 2231 oder DIN 2250 u. 2254	Grenzprüfung
2	d_1	Grenzrachenlehre	siehe Abb. 651—7	Grenzprüfung In allen Zwischenräumen prüfen
3	b	Grenzrachenlehre	DIN 2230 u. 2231 [1]	Grenzprüfung Alle Keile prüfen
4	Mittigkeit d_1 zu d_2 Teilung Mittigkeit der Keile zu d_1 Parallelität der Keilflanken zur Achse r Größtmaß Austauschbarkeit	Keilprofil-Gutlehrring	siehe Abb. 651—6	Lehre muß sich ohne Zwang über das Werkstück führen lassen
5	g Größtmaß $45°$	Maßstab	handelsüblich	Großtmaßprüfung an Außenfläche d_2 und an den Keilflanken
6	f Kleinstmaß [2]	Schieblehre	handelsüblich	Kleinstmaßprüfung

[1] Bei Keilwellen mit mehr als sechs Keilen kann auch eine Sonderausführung der Rachenlehre erforderlich sein.

[2] Nur bei Keilwellen für Innenzentrierung, die im Wälzverfahren hergestellt werden.

Tabelle 651-3 **Prüfen der Keilnaben durch Keilprofillehren**

Lfd. Nr.	Gegenstand der Messung	Meßzeug		Meßanleitung (Anwendung der Lehren)
		Benennung	Baumaße	
1	d_2	Grenzflachlehre	siehe Abb. 651—8	Grenzprufung In allen Nuten prüfen
2	d_1	Grenzlehrdorn	DIN 2245 bzw. 2246 und 2247	Grenzprufung
3	b	Grenzflachlehre (Stichmaß)	siehe Abb. 651—9	Grenzprufung Alle Nuten prufen
4	Mittigkeit d_2 zu d_1 Teilung Mittigkeit der Keile zu d_1 Parallelitat der Keilflanken zur Achse r Größtmaß Austauschbarkeit	Keilprofil-Gutlehrdorn	siehe Abb. 651—5	Lehre muß sich ohne Zwang in das Werkstuck fuhren lassen
5	k Größtmaß 45°	Maßstab	handelsublich	Großtmaßprufung an Innenflache d_1 und an den Nutenflanken

messer d_2. Das Herstelltoleranzfeld des Außendurchmessers d_6 für Keilprofil-Gutlehrringe liegt einseitig nach plus vom Größtmaß d_2 der Welle.

Die Teilungstoleranz und zul. Mittenabweichung (Mittigkeit) der Keilprofillehren werden in der gleichen Weise wie die der Werkstücke (Abb. 651-3 u. -4) gepruft.

Schrifttum

Dreyhaupt: Gerat zum Prufen von Keilwellen. Werkst.-Techn. 1940, H. 14, S 239.

Dreyhaupt: Die Trapezkeilverzahnung. Masch.-Betr. 1940, Nr. 6, S. 241.

Pfauter: Walzfrasen. Berlin: Springer 1933.

Scheibe: Hilfsbuch fur Vorrichtungskonstrukteure und Werkzeugmacher. 4. Aufl. Schmidt & Co. 1950.

Ulrich: Verdrehungsfestigkeit u, Verschleiß v, Keilwellen.Forsch.-Arbeiten f. d. Kraftfahrwes Vers.-Bericht 1935/38, Nr. 11.

652 Kerbverzahnungen

652.1 Werkstücke

Anwendung. Leicht lösbare Verbindungen von Naben und Wellen vorwiegend im Fahrzeug- und Getriebebau. Das Drehmoment wird gleichmäßig über den Umfang der Welle verteilt übertragen, Raumbedarf bei gleicher Beanspruchung der Werkstoffe daher geringer als bei Verbindungen mittels Paßfeder oder Keil. Kerbverzahnungen eignen sich nicht für Verbindungen, die unter Last verschoben werden, Belastungsrichtung soll möglichst nicht wechseln, sofern nicht die Nabe geschlitzt und mit Schraube auf die Welle geklemmt wird.

Zahnformen und Fertigung. Nach DIN 5481 Bl. 1 gibt es Kerbverzahnungen mit geradflankigen und solche mit evolventenförmigen Zähnen, und zwar:

Welle: 7×8 bis 55×60 mm gerade Flanken (Evolventenform jedoch zugelassen), 60×65 bis 120×125 mm Evolventenflanken (wie Abb. 652–1).
Nabe: 7×8 bis 120×125 mm gerade Flanken (Evolventenform zugelassen nach Vereinbarung zwischen Hersteller und Besteller).

Die Fertigung der *Kerbzahnwelle* mit geraden Flanken erfordert gewölbte Flanken am Walzfräser; für evolventenförmige Zahnflanken hat der Fräser gerade Flanken. Für alle Kerbzahnwellen mit Evolventenflanken ist nach DIN 5481 Bl. 1 nur ein Walzfräser vorgesehen.

Für die kleinen Kerbzahnwellen mit geraden Flanken ist vorgeschlagen worden, die Zahl der erforderlichen Fräser zu verringern, so daß mit wenigen Fräsern sämtliche Größen gefertigt werden können. Durch diese Vereinheitlichung würden aber die bisher genormten Profile nicht mit den vorgeschlagenen neuen austauschbar sein.

Die *Kerbzahnnabe* wird geräumt. Für das Raumwerkzeug sind gerade Flanken fertigungs- und meßtechnisch besser, deshalb haben alle genormten Nabenprofile gerade Flanken. Naben, die im Walzverfahren mittels Schneidrädern mit evolventenförmigen Flanken (gerades Bezugsprofil) hergestellt werden, haben gekrümmte Zahnflanken. Sie sind zugelassen, wenn dies zwischen Hersteller und Besteller besonders vereinbart ist (s. DIN 5481 Bl. 1).

Wird die Welle oder Nabe mit Evolventenflanken ausgeführt, so liegen die Wellen und Naben nur an Linien aneinander. Dies ist in gewissem Grade günstig, weil durch die unter Last auftretende Abplattung Teilungsfehler eher ausgeglichen und somit ein großer Teil der Flanken eher zur Übertragung des Drehmomentes mit herangezogen wird, als bei voller Anlage an den geraden Flanken. Andererseits ist natürlich bei Linienberührung der Flächendruck größer.

Toleranzen. Mit Rücksicht auf die Funktion und den leichten Zusammenbau hat sich für den als Anlagedurchmesser d_A[1]) bezeichneten Durch-

---

[1] Da der Teilkreis eine gedachte Bezugslinie ist und somit nicht toleriert werden kann, mußten Toleranzen für die Zahndicke im Teilkreisdurchmesser d_8 angegeben werden. Aus meßtechnischen Gründen wird aber eine Toleranz für den Anlagedurchmesser d_A angegeben, auf dem die Meßdrähte die Zahnflanken berühren. Dieser ist annähernd gleich dem Teilkreisdurchmesser d_8 und schneidet die Zähne etwa in der Mitte der Flanken.

messer (s. Abb. 652-1) eine Passung bewahrt, bei der das Kleinstspiel Null und das Größtspiel verhältnismäßig klein ist. Damit nur die Flanken anliegen, müssen die Spitzen der Zähne zwischen Nabe und Welle Spiel haben, so wie dies beim Gewinde mit metrischem Profil DIN 13 Bl. 15 durch die Toleranzfelder vorgesehen ist. Die Toleranzen für den Außendurchmesser der Wellen und den Innendurchmesser der Naben sind in DIN 5481 Bl. 1 so gewählt, daß im Grenzfalle genügend Tragtiefe verbleibt.

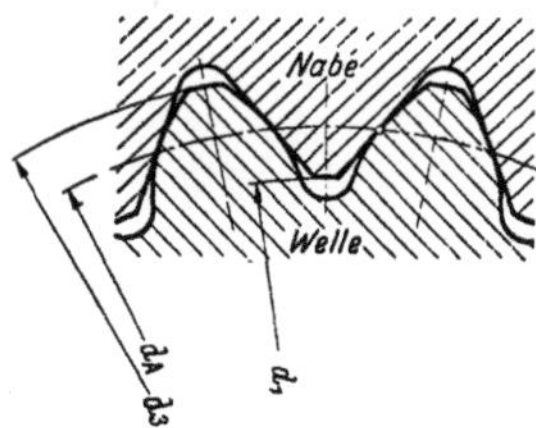

Abb. 652-1. Kerbverzahnungen nach DIN 5481 Blatt 1.

Zahnflanke der Nabe gerade
Zahnflanke der Welle evolventenförmig gekrümmt

d_1 = Innendurchmesser der Nabe
d_3 = Außendurchmesser der Welle

d_A = Anlagedurchmesser $= \dfrac{d_3 + d_1}{2}$ oder

= Teilkreisdurchmesser bei Kerbverzahnungen ohne Profilverschiebung.

Die Toleranzen für den Anlagedurchmesser, die in ihrer Auswirkung gleichbedeutend den Zahndickentoleranzen bei Zahnrädern sind, müssen die bei der Herstellung durch Walzfräsen, durch Formfräsen mit Teilkopf und durch Räumen auftretenden Flankenwinkel-, Flankenform- und Teilungsfehler enthalten. Sie sind somit vergleichbar mit den Toleranzen für den Flankendurchmesser beim Gewinde, die gleichzeitig auch die Teilflankenwinkelfehler und Steigungsfehler mit erfassen (s. Abschn. 168.4).

Nach DIN 5481 Bl. 1 ist für den Wellen-Außendurchmesser das Toleranzfeld a11 und für den Naben-Innendurchmesser A11 vorgesehen. Für die Anlagedurchmessertoleranzen der Wellen sind die Gütegrade „fein" und „grob" festgelegt. Die Toleranz „fein" kann bei der Fertigung mittels Formfräser im Teilverfahren nicht eingehalten werden, da hierbei der Einfluß der Teilungsfehler auf die Anlagedurchmessertoleranz größer ist als diese, d. h. die Kerbzahnwellen für Gütegrad fein müssen durch Walzfräsen hergestellt werden.

Nach DIN 5482 Bl. 1, das im Dezember 1950 erschienen ist, gibt es Zahnnabenprofile und Zahnwellenprofile mit Evolventenflanken in den Nennmaßen von 15 × 12 bis 100 × 94. Für die Fertigung sind sechs verschiedene Walzfräser mit geradem Bezugsprofil in DIN 5482 Bl. 2 festgelegt. DIN 5482 Bl. 3 enthält die Maße für das Prüfen der Werkstücke mittels Meßzylindern oder Maßeln. Hinsichtlich der Prüfung gelten im übrigen die folgenden Ausführungen für Kerbverzahnungen nach DIN 5481 sinngemäß. Lehren für Zahnnaben und Zahnwellen nach DIN 5482 sind noch nicht genormt.

652.2 Meß- und Prüfverfahren

Die Innendurchmesser der Wellen und die Außendurchmesser der Naben brauchen im allgemeinen nicht besonders geprüft zu werden, da sie auf die Funktion der Kerbverzahnung ohne Einfluß sind und sich zwangsläufig aus den Werkzeugen ergeben.

Die Anlagedurchmesser d_A der Kerbverzahnungen können geprüft werden:

1. mit Meßdrähten,
2. mit besonderen Kerbzahnlehren.

Prüfung mit Meßdrähten geschieht in der gleichen Weise wie bei Zahnrädern. Die Meßdrähte werden in die Zahnlücken gelegt, und die Maße über

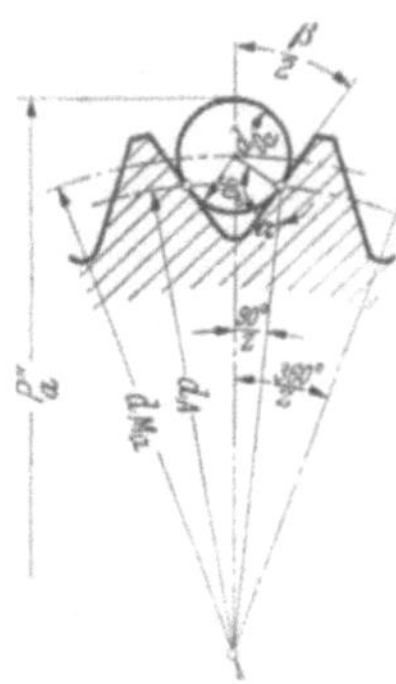

Abb. 652-2. Kerbzahnwelle mit geraden Zahnflanken und gerader Zähnezahl.

$P_a'' =$ Prüfmaß über zwei gegenüberliegende Meßdrähte d_{Da}, die die Zahnflanke im Anlagedurchmesser d_A berühren
$z =$ Zähnezahl
$\beta =$ Lückenwinkel.

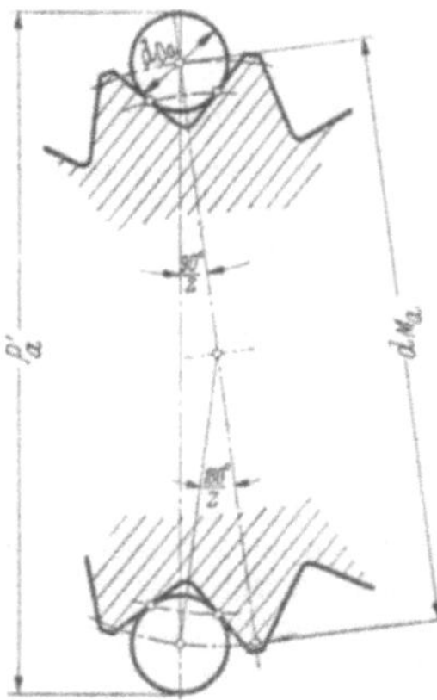

Abb. 652-3. Kerbzahnwelle mit geraden Zahnflanken und ungerader Zähnezahl.

$P_a' =$ Prüfmaß über zwei Meßdrähte
$z =$ Zähnezahl.

zwei gegenüberliegende Drähte gemessen, Abb. 652-2 und -3. Dieses Verfahren ist bei Einzelfertigung angebracht, und wenn festgestellt ist, daß Maschinen und Werkzeuge toleranzhaltige Stücke liefern und nur durch Stichproben die Maßhaltigkeit der gefertigten Kerbverzahnungen überwacht, also die Abnutzung der Werkzeuge und sonstige Störungen beobachtet werden sollen. Wie bei Zahnrädern wird nur die Summe der Fehler der beiden geprüften Lücken erfaßt, die sich ausgleichen können. Deshalb sind besonders in der laufenden Fertigung die einfach und schnell anwendbaren Kerbzahnlehren vorzuziehen. Sie sind in der gleichen Weise wie z. B. die Grenzlehren bei Rundpassungen anzuwenden. Sie sichern die Austauschbarkeit, wenn sie nach dem Taylorschen Grundsatz (Abschn. 165.12) konstruiert sind. Die Kerbzahn-Gutlehren enthalten die volle Form des theoretischen Kerbzahngegenprofils. Die Kerbzahn-Ausschußlehren haben verkürzte Zahnflanken; sie sichern, daß die Wellen nicht zu klein und die Naben nicht zu groß werden, damit bei Zusammenfügen kein zu großes Spiel auftritt.

Der Aufwand fur die Herstellung der Kerbzahnlehren steht in keinem Verhältnis zum Aufwand für das Messen der Werkstücke mit Drähten, wenn laufend gemessen werden muß.

652 3 Messen mit Drähten

Prüfmaße über Meßdrähte. Bei Kerbverzahnungen mit gerader Zahnezahl liegen die beiden Meßdrähte in gegenuberliegenden Zahnlucken, bei Kerbverzahnungen mit ungerader Zähnezahl liegt der zweite Draht in der dem gegenuberliegenden Zahn benachbarten Lücke (Abb. 652–3). Auch bei ungerader Zahnezahl sind wegen des einfacheren Meßvorganges vorteilhaft nur zwei Drähte zu verwenden. Das Maß uber die beiden Drahte ist an mehreren Stellen der Verzahnung zu messen und der Mittelwert zu bilden.

Die Maße uber Draht sind fur die Gut- und Ausschußseite nach den in Tab. 652–1 angegebenen Formeln zu errechnen. Sie gelten genau nur beim günstigsten Drahtdurchmesser und bei der Meßkraft Null. Alle Werkstücke, die innerhalb der für die Gut- und Ausschußseite errechneten Prufmaße über Draht liegen, sind als maßhaltig zu bezeichnen. Zu berucksichtigen sind jedoch die Meßfehler der verwendeten Meßzeuge, die Fehler durch den Prüfer usw., sie werden etwa innerhalb $\pm$ $^1/_2$ IT 8 liegen. Da an der Gutseite nur an einer Linie längs des Zahnes und nicht das gesamte Profil gleichzeitig gemessen wird, müssen zur Sicherstellung der Austauschbarkeit die vorhandenen Teilungs- und Teilflankenwinkelfehler berücksichtigt werden, d. h. das errechnete Prüfmaß fur die Kerbzahnwelle muß um den Einfluß dieser Fehler kleiner sein (beachte Abweichung A in Tab. 652–1.

Die Teilungsfehler der Welle können gemessen werden: Mit einem optischen Teilkopf oder einer Einrichtung mit Rastenscheibe und einem Fühlhebel, der ein ausschwenkbares, drehbares Meßhütchen hat oder mit dem Universal-Meßmikroskop.

Der Prüfling wird im optischen Teilkopf aufgenommen und der Fühlhebel in der Höhe $h = r \cdot \sin \beta/2$ über der waagrechten auf die Flanke aufgesetzt und auf Null eingestellt (Abb. 652–4), dann wird das Meßhutchen herausgeschwenkt und der Prüfling um den Teilungswinkel weitergedreht. Die Abweichung der Anzeige am Fühlhebel des neu angesetzten Meßhütchens gibt den tangentialen Teilungsfehler.

Der Teilflankenwinkelfehler wird am Meßmikroskop mit Universalstrichplatte oder mit dem Projektor festgestellt, sofern die Gestalt des Pruflings dies zulaßt.

Meßdrähte. Möglichst Meßdrähte mit gunstigstem Durchmesser (d_{Da}) verwenden, welche die Zahnflanken in der Mitte berühren (Anlagedurchmesser d_A), um den Einfluß des Flankenwinkelfehlers auf das Maß über Draht auszuschalten (vgl. Abschn. 622.3). Werden andere Meßdrahte verwendet, so ist das Maß uber Draht zu berichtigen. Es muß jedoch darauf geachtet werden, daß der Unterschied nicht zu groß ist, damit sich nicht ein ggf. vorliegender Flankenwinkelfehler bemerkbar macht.

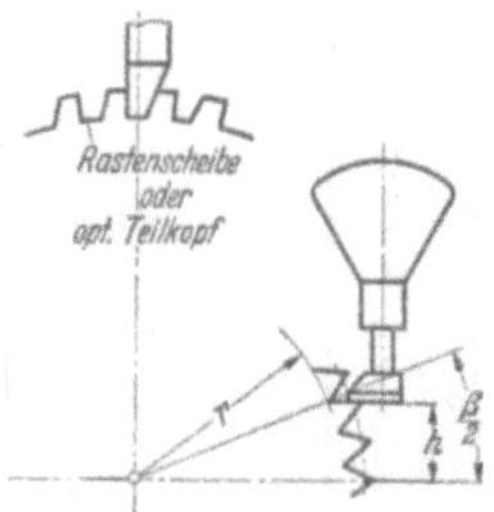

Abb. 652–4.
Prufen des Teilungsfehlers.

Berechnung. Bei Verzahnungen nach DIN 5481 Bl. 1 ist zu unterscheiden zwischen geradflankigen Zähnen mit gleichbleibendem Lückenwinkel 60°

Tabelle 652-1 **Formeln zur Errechnung der Prüfmaße über zwei Drähte und der günstigsten Meßdrahtdurchmesser**

	Form der Zahnflanke	Zahnezahl	Abb.-Nr.	Prufmaße uber 2 Drähte[1)	Gunstigster Meßdraht-durchmesser[1)	Nebenrechnungen
	gerade	gerade	652–2	$P_a'' = d_{Ma} + d_{Da} - A\,\dfrac{\sin\alpha}{\sin\beta/2}$ [2)	$d_{Da} = d_A\,\dfrac{\sin 90^\circ/z}{\cos\beta/2}$	$d_{Ma} = d_A\,\dfrac{\cos\alpha}{\cos\beta/2}$ $\alpha = \dfrac{\beta}{2} - \dfrac{90^\circ}{z}$
	gerade	ungerade	652–3	$P_a' = d_{Ma}\cdot\cos\dfrac{90^\circ}{z} + d_{Da} -$ $\qquad - A\,\dfrac{\sin\alpha}{\sin\beta/2}\cos\dfrac{90^\circ}{z}$ [2)		
Kerbzahn-wellen	Evolvente	gerade	652–5	$P_a'' = d_{Ma} + d_{Da} - A\,\dfrac{\sin\alpha}{\sin\beta/2}$ [2)	$d_{Da} = d_A\,\dfrac{\sin\varphi}{\cos\beta/2}$	$d_{Ma} = d_A\,\dfrac{\cos\alpha}{\cos\beta/2}$ $\beta/2 = \alpha + \varphi$ $\cos\alpha = \dfrac{d_s}{d_A}\cos\alpha_0$ $\widehat{\varphi} = \dfrac{\pi - 4z\,\mathrm{tg}\,\alpha_0}{2z} +$ $\qquad + \mathrm{ev}\,\alpha - \mathrm{ev}\,\alpha_0$ mit Profilverschiebung; ohne Profilverschiebung wird $\alpha = \alpha_0$ (Abb. 652–5) und $\mathrm{ev}\,\alpha = \mathrm{ev}\,\alpha_0$, also: $\widehat{\varphi} = \pi/2z;\ \varphi^\circ = 90^\circ/z$
	Evolvente	ungerade	652–3	$P_a' = d_{Ma}\cdot\cos\dfrac{90^\circ}{z} + d_{Da} -$ $\qquad - A\,\dfrac{\sin\alpha}{\sin\beta/2}\cos\dfrac{90^\circ}{z}$ [2)		
Kerbzahn-naben	gerade	gerade	652–7	$P_i'' = d_{Mi} - d_{Di} + A\,\dfrac{\sin\alpha}{\sin\gamma/2}$ [3)	$d_{Di} =$ $= d_A\,\dfrac{\sin\left(\dfrac{180^\circ}{z} - \varphi\right)}{\cos\gamma/2}$	$d_{Mi} = d_A\,\dfrac{\cos\alpha}{\cos\gamma/2}$ $\alpha = \beta/2 - \varphi$ $\varphi = 90^\circ/z$ fur Verzahnungen ohne Profilverschiebung
	gerade	ungerade	652–8	$P_i' = d_{Mi}\cdot\cos\dfrac{90^\circ}{z} - d_{Di} +$ $\qquad + A\,\dfrac{\sin\alpha}{\sin\gamma/2}\cos\dfrac{90^\circ}{z}$ [3)		

Anm. zu Tabelle 652–1

[1] Errechnete Werte fur Kerbverzahnungen nach DIN 5481 Bl. 1 s. Tab. 652–2.

[2] Die Werte fur die Abweichung A ergeben sich an der Gutseite aus den Teilungs- und Winkelfehlern, $A = A_t + A_w$, an der Ausschußseite aus der Toleranz fur den Anlagedurchmesser. Aus dem größten nach Abb. 652–4 gemessenen Teilungsfehler Δt errechnet sich A_t zu

$$A_t = \Delta t \,\frac{\cos\left(\alpha + \dfrac{\delta}{2}\right)}{\sin(\alpha + \delta)}, \quad \text{wobei } \delta = \frac{\Delta t}{d_A} \cdot \frac{180}{\pi} \text{ ist.}$$

Zu diesem A_t ist die Abweichung A_w aus dem größten festgestellten Fehler $\Delta\beta$ des halben Luckenwinkels zu addieren. Sie kann bei der Prufung des Winkelfehlers z. B. im Projektor, abgelesen oder wie folgt errechnet werden.

$$A_w = \frac{(d_3 - d_1)\,\sin\Delta\beta}{2\cos\beta/2 \cdot \sin(\alpha + \Delta\beta)}$$

da $\Delta\beta$ klein ist, kann auch mit $A_w = \dfrac{(d_3 - d_1)\,\Delta\beta}{2\cos\beta/2 \cdot \sin\alpha}$ geordnet werden.

Werden keine gunstigen Meßdrähte d_{Da}, sondern Meßdrahte vom Durchmesser D verwendet, so verringert oder vergroßert sich P' und P'' je nachdem, ob D kleiner oder größer ist als d_{Da}:

$$Pa'' \text{ um } (D - d_{Da}) \cdot \left(1 + \frac{1}{\sin\beta/2}\right) \qquad Pa' \text{ um } (D - d_{Da}) \cdot \left(1 + \frac{\cos\dfrac{90°}{z}}{\sin\beta/2}\right)$$

[3] Wenn die Teilungs- und Winkelfehler wie im allgemeinen beim Räumen der Nabe sehr klein sind, brauchen Abweichungen $A_t + A_w = A$ an der Gutseite im allgemeinen nicht berucksichtigt zu werden. Fur die Ausschußseite ist $A =$ Toleranz fur den Anlagedurchmesser.

Werden keine günstigsten Meßdrahte d_{Di}, sondern Meßdrähte vom Durchmesser D verwendet, so verringert oder vergroßert sich P_i' und P_i'', je nachdem, ob D kleiner oder größer ist als d_{Di}:

$$P_i'' \text{ um } (D - d_{Di}) \cdot \left(1 + \frac{1}{\sin\dfrac{\gamma}{2}}\right) \qquad P_i' \text{ um } (D - d_{Di}) \cdot \left(1 + \frac{\cos\dfrac{90°}{z}}{\sin\dfrac{\gamma}{2}}\right)$$

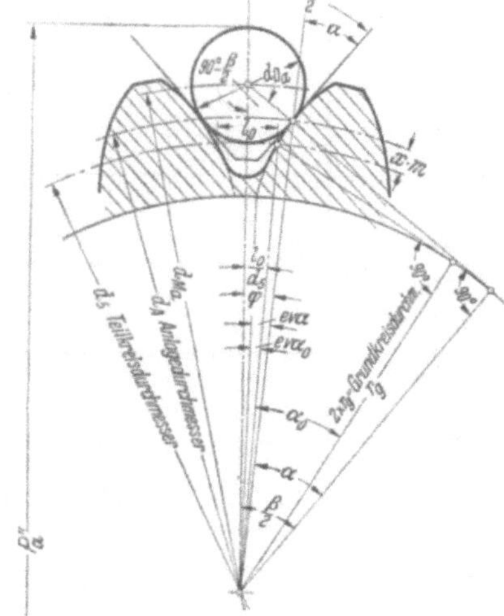

Abb. 652–5. Kerbzahnwelle mit evolventenformigen Zahnflanken und gerader Zähnezahl.

Pa'' = Prufmaß uber zwei Meßdrähte

β = Luckenwinkel

α_0 = halber Flankenwinkel des Bezugsprofils

 = Eingriffswinkel (nach DIN 5481 Bl. 1 = 27° 30′)

$ev\,\alpha$ = tg $\alpha - \alpha$ (Gleichung fur Evolventenwinkel s. Peters Kreis- u. Evolventenfunktion)

l_0 = Luckenweite am Teilkreisdurchmesser.

und evolventenformigen Zahnen mit geradlinigem Bezugsprofil. Der Lucken-winkel β bei Verzahnungen mit evolventenförmigen Zahnflanken wird für den Beruhrungspunkt des Meßdrahtes im Anlagedurchmesser d_A errechnet. Er ist gleichzeitig Zahnwinkel für den geradflankigen Zahn der Nabe, der folglich die Flanke der Kerbzahnwelle an der gleichen Stelle berührt (s. Abb. 652–5). Formeln fur die Berechnung der Prufmaße uber zwei Drähte und der gunstigen Meßdrahtdurchmesser s. Tab. 652–1. Errechnete Prüf-maße uber Drahte ohne Berucksichtigung der Abweichungen A (s. Tab. 652–1) und gunstigste Meßdrahte s. Tab. 652–2.

Tabelle 652-2 **Prüfmaße über zwei Drähte (ohne Berücksichtigung der Ab-weichungen „A") und günstigste Meßdrahtdurchmesser für Kerbver-zahnungen nach DIN 5481 Blatt 2**

Kerb-verzahnung nach DIN 5481 Bl. 1	Kerbzahnwelle		Kerbzahnnabe	
	Gunstigster Draht-durchmesser d_{Da}	Prufmaße P_a' und P_a''	Gunstigster Draht-durchmesser d_{Di}	Prufmaße P_i' und P_i''
7×8	0,486	8,217	0,459	6,846
8×10	0,583	9,860	0,551	8,215
10×12	0,665	11,982	0,630	10,098
12×14	0,760	14,107	0,722	11,949
15×17	0,907	17,341	0,862	14,763
17×20	1,016	19,982	0,968	17,089
20×24	1,173	23,736	1,118	20,391
26×30	1,451	30,119	1,384	25,965
30×34	1,612	34,387	1,540	29,778
36×40	1,862	40,724	1,783	35,426
40×44	2,004	44,970	1,919	39,226
45×50	2,209	50,735	2,117	44,398
50×55	2,380	56,030	2,284	49,193
55×60	2,483	61,184	2,386	54,042
60×65	2,851	66,783	2,651	58,588
65×70	2,707	71,466	2,610	63,684
70×75	2,699	76,444	2,679	68,529
75×80	2,722	81,438	2,743	73,364
80×85	2,644	86,279	2,659	78,539
85×90	2,654	91,319	2,705	83,447
90×95	2,695	96,382	2,721	88,378
95×100	2,744	101,596	2,585	93,798
100×105	2,791	106,743	2,590	98,820
105×110	2,870	111,924	2,567	103,875
110×115	2,582	116,107	2,713	108,385
115×120	2,644	121,302	2,704	113,455
120×125	2,738	126,540	2,664	118,571

Abb. 652–6. Profilverschiebung

$$x \cdot m = \text{Profilverschiebung} = \frac{d_A - d_s}{2}$$

m = Modul
t = Teilung
α_0 = halber Flankenwinkel des Bezugsprofils
    = Eingriffswinkel (nach DIN 5481 Bl. 1 = 27° 30′)
l_0 = Luckenweite am Teilkreisdurchmesser.

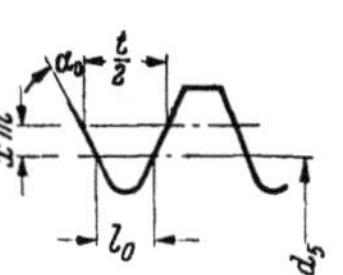

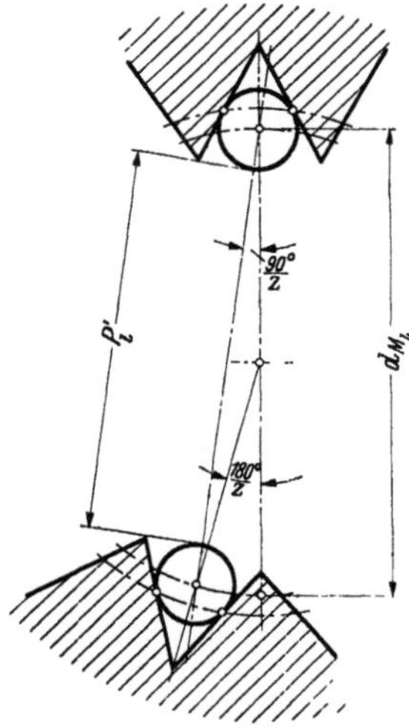

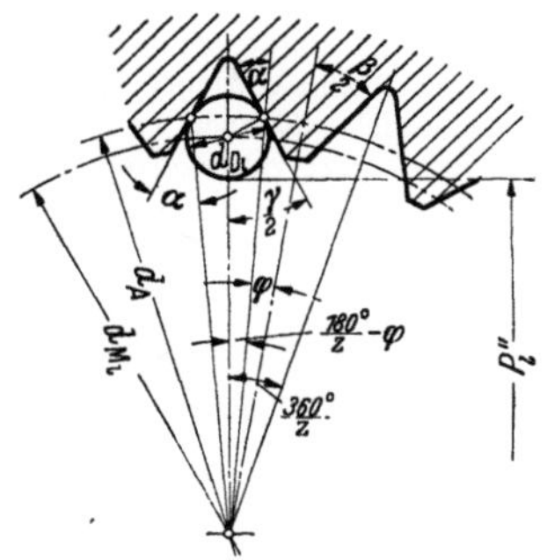

Abb. 652–7. Kerbzahnnabe mit geraden Zahnflanken und gerader Zahnezahl.
P_i'' = Prüfmaß uber zwei Meßdrahte d_{Di}, die die Zahnflanke im Anlagedurchmesser d_A beruhren
z = Zahnezahl
β = Luckenwinkel der Kerbzahnwelle
γ = Luckenwinkel der Kerbzahnnabe.

Abb. 652–8. Kerbzahnnabe mit geraden Zahneflanken und ungerader Zahnezahl.

P_i' = Prufmaß uber zwei Meßdrahte
z = Zahnezahl.

652.4 Kerbzahnlehren

Baumaße der Kerbzahnlehren und ihre Lehrenmaße (Herstelltoleranzen und zul. Abnutzung) s. DIN 2261 bis 2267 und DIN 5481 Bl. 2. Die folgenden Ausfuhrungen beschranken sich nur auf das Wesentliche zur allgemeinen Unterrichtung und die Anwendung der Lehren.

Abb. 652–9. Kerbzahn-Gut- und Ausschußlehrdorn.

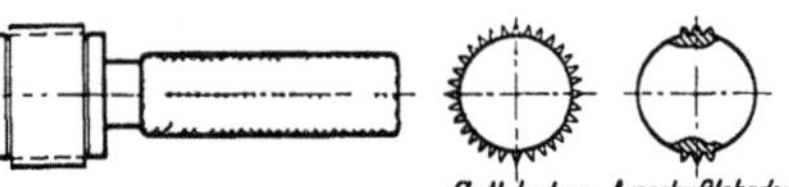

Baumaße der Kerbzahnlehren. Der Innendurchmesser d_1 und der Außendurchmesser d_3 werden mit handelsublichen oder genormten Lehrdornen, Lehrringen oder Rachenlehren (fur gerade Zahnezahl) wie fur Rundpassungen gepruft. Die Austauschbarkeit wird mit Kerbzahn-Gutlehrdornen und Kerbzahn-Gutlehrringen gelehrt, die Einhaltung der zul. Toleranzen fur den Anlagedurchmesser d_A mit Kerbzahn-Ausschußlehrdornen bzw. Kerbzahn-Ausschußrachenlehren gepruft.

Leinweber, Langenmeßtechnik   37

Kerbzahn-Gutlehrdorne haben die gleiche Zahnezahl und die gleiche volle Zahnform wie die Kerbzahnwellen. Kerbzahn-Ausschußlehrdorne haben drei oder vier gegenuberliegende Zahne mit verkurzten Flanken (Abb. 652–9), sie prufen somit nicht nur einen einzigen Durchmesser. Diese Abweichung vom Taylorschen Grundsatz (s. Abschn. 165.12) ist praktisch belanglos, weil doch nie alle Zahne tragen. Die Zahnflanken werden fur Kerbzahn-Gut- und Ausschußlehrdorne gerade ausgefuhrt, unabhangig davon, ob die Zahne der Welle evolventenformige Flanken haben.

Die Kerbzahn-Gutlehrringe werden aus einzelnen Zahnsegmenten mit möglichst vielen Zahnen zu einem Ring zusammengesetzt (Abb. 652–10). Die Zahne haben volles Profil mit geraden Zahnflanken. Gefertigt werden Kerbzahn-Gutlehrringe nach Gegenlehren, die volle Zahnezahl und volle, gerade Zahnflanken haben.

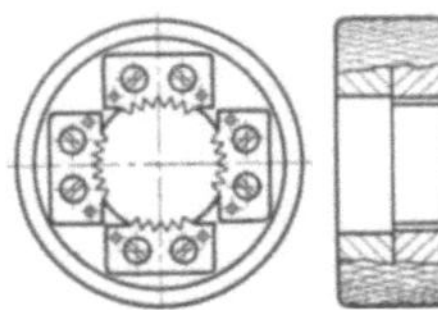

Abb. 652–10. Kerbzahn-Gutlehrring.

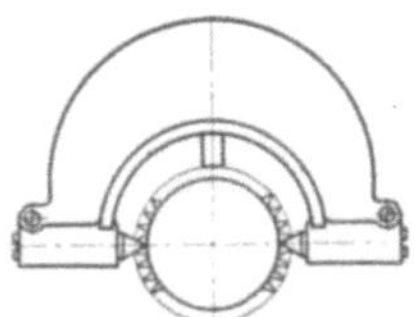

Abb. 652–11.
Kerbzahn-Ausschußrachenlehre

Die Kerbzahn-Ausschußrachenlehren haben Meßeinsatze mit verkurzten Flanken, die drehbar sein mussen, damit nicht beim schrägen Ansetzen und Uberfuhrung der Rachenlehre Fehlmessungen entstehen und die Lehre beschadigt wird (Abb. 652–11). Die Kerbzahn-Ausschußrachenlehren werden nach Gegenlehren mit vollen Flanken eingestellt.

Herstelltoleranzen und zul. Abnutzung. Das Herstelltoleranzfeld fur den Kerbzahn-Gutlehrdorn und den Kerbzahn-Gutlehrring im Anlagedurchmesser ist nach DIN 5481 Bl. 1 um die zul. Abnutzung in das Toleranzfeld des Werkstuckes gelegt, in der gleichen Weise wie bei den Lehren fur Rundpassungen (s. DIN 7162).

Die Anlagedurchmesser der Kerbzahnlehren werden ebenso wie die Werkstucke mit Meßdrahten gepruft (s. Abschn. 652 3).

Anwendung der Lehren. Die Kerbzahn-Gutlehrdorne und Kerbzahn-Gutlehrringe mussen sich ohne Zwang ein- oder uber das Werkstuck fuhren lassen. Die Kerbzahn-Ausschußlehrdorne und die Kerbzahn-Ausschußrachenlehren durfen das Werkstuck nur anschnabeln. Wegen der Vielzahl der Zahne ist bei der Ausschußprufung eine kleine Erleichterung zugelassen; wird mindestens an drei verschiedenen Stellen des Umfanges gepruft, so darf sich die Kerbzahn-Ausschußlehre einmal auf die halbe Lange der Verzahnung in die Nabe bzw. uber die Welle fuhren lassen.

Schrifttum

Pampel Die Kerbverzahnung Werkst -Techn u Werksl Dezember 1942

Sievritts: Lehren fur Kerbzahnnaben mit Kerbzahnwellen. Werkstattstechnik April 1953.

Zollner, H Prufung von Kerbverzahnungen mittels Drahten. Werkst -Techn. u Werksl November 1939

7 Sonderarbeitsgebiete

71 Messen während des Arbeitsganges

711 Grundsätzliche Möglichkeiten

1. *Unterbrochene Fertigung.* Zwischen zwei Arbeitsstufen wird die Maschine stillgesetzt und das Werkstuck gemessen. Kennzeichnend fur Einzelfertigung, Maschine läuft nur wahrend eines Bruchteils der gesamten Bearbeitungszeit, d. h. Verhaltnis $\dfrac{\text{Hauptzeit}}{\text{Stuckzeit}} = \dfrac{t_h}{t_{st}} < 1$.

2. *Programmgesteuerte Fertigung.* Maschine wird einmal eingerichtet, dann wird laufend gefertigt bis erneutes Einrichten nötig ist. Kennzeichnend fur Revolver- und Automatenfertigung (Programmsteuerung von Hand oder durch die Maschine). Gemessen wird an Stichproben oder der Werkzeugmaschine wird ein Prufautomat zum Aussondern des Ausschusses nachgeschaltet.

Das Verhältnis $t_h : t_{st} < 1$ wird verkleinert durch die Einrichtezeit, diese ist abhängig von Toleranzgröße und Werkzeugabnutzung. Noch gunstiger wird das Verhältnis durch

3. *Meßwertabhangige Bearbeitung.* Messen wahrend des Arbeitsganges. Nach Erreichen des vorgeschriebenen Toleranzfeldes wird die Zustellung der Werkzeugmaschine abgeschaltet, und zwar von Hand oder selbsttatig. Unterschied zu 1.: Meßzeit und Hauptzeit fallen zusammen, außerdem fallen Brems- und Anlaufzeit fort.

712 Einsatzmöglichkeit der meßwertabhängigen Bearbeitung

In der vorstehenden Reihenfolge 1···2···3 verlauft die geschichtliche Entwicklung der Fertigungsverfahren. Abb. 71–1 zeigt bei *Programmsteuerung* (2) die Streuung der Einzelwerte um einen Mittelwert und den „Gang" der Mittelwerte, dieser hervorgerufen z. B. durch Werkzeugabnutzung oder Temperaturanderung. Der Ausschußanteil zwischen den Zeitpunkten K und F wird um so großer, je großer das Verhältnis $KF : AF$, je steiler der Gang und je kleiner die Toleranz $T = A_0 - A_u$ ist. Der Verkleinerung der Zeit KF steht entgegen, daß Meßautomaten meist eine hohere Stundenleistung haben, als Fertigungsautomaten und folglich große Stuckzahlen zwischen zwei Beschickungen des Meßautomaten gespeichert werden. Deshalb sind regelmäßige Stichproben zur Überwachung des mittleren Istmaßes und des Streubereiches (s. Abschn. 134.2 u. 84) wirtschaftlicher.

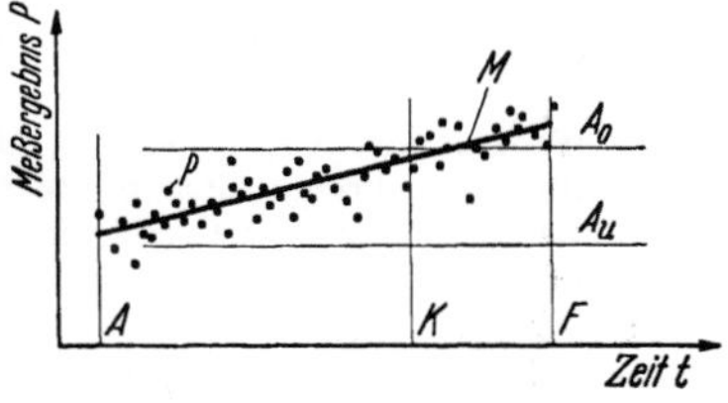

Abb. 71–1. Systematische und zufallige Abweichungen vom Sollwert. Die Meßergebnisse P streuen um einen Mittelwert M. Dieser wandert in der Zeit t von der unteren Toleranzgrenze A_u bis zur oberen A_0 und daruber hinaus. Wird durch die Kontrollmessung zur Zeit K eine Annaherung von M an A_0 festgestellt, so lauft die Fertigung inzwischen bis F: großer Ausschußanteil zwischen K und F.

Durch *Messen wahrend des Arbeitsganges* (3) werden die systematischen Fertigungsfehler („Gang") ausgeschaltet und die zufalligen von der fertigungsbedingten Streubreite auf diejenige der Meß- und Regelungenauigkeit vermindert. Meßwertabhangige Bearbeitung (3) *verkleinert* also die *Stuckzeit* und erlaubt die Einhaltung *kleinerer Toleranzen.*

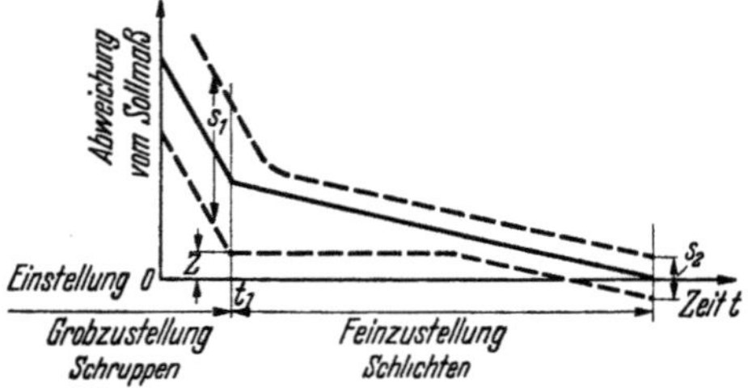

Abb. 71–2. Programmgesteuerte Zustellgeschwindigkeit. Bis zum Zeitpunkt t_1 wird geschruppt, große Streubreite s_1. Anschließend Schlichtzustellung, Streubreite nimmt wegen verringerter Schnittkraft auf s_2 ab. Im Schlichtbereich muß im Mittel mindestens $\dfrac{s_1 + s_2}{2}$ abgetragen werden, um auf das Einstellmaß (= 0) zu kommen.

Damit diese Vorteile voll wirksam werden, muß die Bearbeitung so geleitet werden, daß die Zustellung um so feinfuhliger wird, je mehr sich das Istmaß dem Toleranzfeld nahert. Denn je größer die Zustellung ist, desto größer ist auch die Streuung infolge Schnittkraftschwankung, Lagerspiel, Ungleichmaßigkeit der Harte und Spantiefe am Werkstuck, Schneidenabnutzung. Vergleich der Abb. 71–2 und 71–3 laßt den Zeitgewinn durch

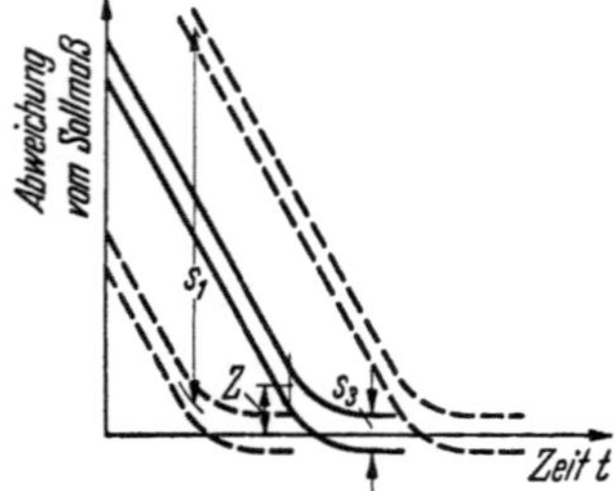

Abb. 71–3. Meßwertabhängig geregelter Vorschub. Unabhangig von der Lage im Streubereich s_1 fur Schruppen wird die Schlichtzustellung ausgelost, wenn das Einstellmaß bis auf die fur die Oberflachengute erforderliche Schlichtzugabe z erreicht ist. Die Streubreite des Istwertes des fertig bearbeiteten Werkstuckes s_3 ist dann gleich derjenigen fur das Messen. Im Schlichtbereich muß im Mittel der Betrag z abgetragen werden.

meßwertabhangige Steuerung gegenuber Programmsteuerung erkennen, außerdem ist $s_3 < s_2$.

Bei Programmsteuerung, s. Abb. 71–2, muß die ganze von der Grobbearbeitung herruhrende Streubreite s_1 nach dem Umschalten auf Feinzustellung mit einer Zustellgeschwindigkeit ausgeglichen werden, die die Einhaltung von s_2 = Toleranzfeld gewahrleistet. Bei Meßwertsteuerung, s. Abb. 71–3, wird das Schruppen (Grobzustellung) erst abgebrochen, wenn das Istmaß sich um den Betrag z dem Sollmaß genahert hat. (Meßunsicherheit fur Schruppen und Schlichten gleich groß.) Die Feinbearbeitung beschrankt sich auf die Schlichtzugabe z, die zum Erreichen der gewunschten Oberflachengute notig ist.

Mitunter ist Messen während der Bearbeitung schwierig oder unmöglich, z. B. beim Innenschleifen kleiner Bohrungen; auch dann bringt unterbrochene Fertigung (Abschn. 711, Fall 1) mit *meßwert*-gesteuerter Zustellgeschwindigkeit noch Zeitgewinn, wie Abb. 71–4 erkennen läßt. Der Grobvorschub wird bis kurz vor Erreichen des Sollmaßes, Abstand z, beibehalten.

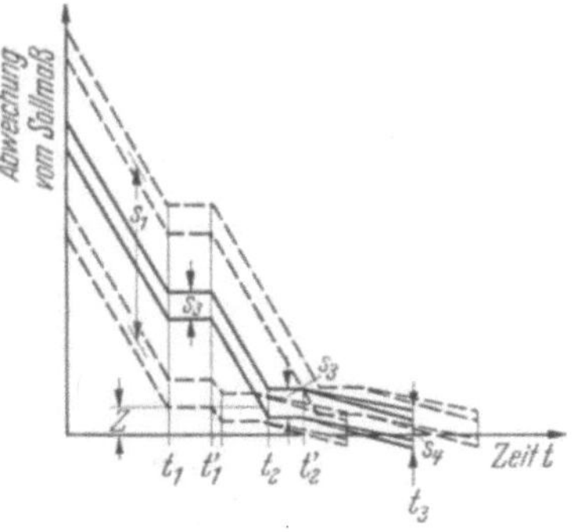

Abb. 71–4. Schruppzustellung wie bei Abb. 71–2 bis t_1 so, daß $s_1 + s_3$ noch außerhalb der Schlichtzugabe z liegt. Nach der Meßzeit $t_1 \cdots t_1'$ wird die weitere Dauer der Schruppzustellung meßwertabhangig so geregelt, daß für das Schlichten jeweils nur die Schlichtzugabe z sowie s_3 verbleiben. Abhangig von der zweiten Messung wird die Dauer der Schlichtzustellung so geregelt, daß der Istwert innerhalb s_3 gelangt.

713 Anwendungen

713.1 Schleifmaschinen

Anforderungen an das Meßgerat. Große Übersetzung, kleine Meßunsicherheit; Unempfindlichkeit gegen Erschutterungen, Kuhlmittel, Schleifstaub; leicht bedienbar. Bei selbsttatiger Regelung muß es zum Steuern der Maschine geeignet sein (s. Abschn. 25).

Gemessen wird entweder während der Bearbeitung oder zwischen den Zustellungen, aber am umlaufenden Werkstuck.

Grothkopp-Schleif-Meßvorrichtung. Messen ohne Anhalten der Maschine. Werkstucktoleranz bei Außenschliff $\pm 1,5\,\mu$, bei Innenschliff $\pm 2\,\mu$. Anbringung an der Schutzhaube der Schleifscheibe, wegklappbar. Ausfuhrungsformen: Mit Revolverkopf fur $2\cdots4$ Außenmessungen; fur Stirnflachen, Bohrungen, ebene Flachen, Rachenlehren. (Bei Rachenlehren wird auf Eigenmaß statt Arbeitsmaß gearbeitet, s. Abschn. 164.3; Unterschied beim Einstellen berucksichtigen.) Bei Außenmessung Dreipunktanlage an in Gleitschuhen eingebetteten Diamanten, auch fur genutete Wellen geeignet.

Um meßwertabhangig steuern zu können, muß der Meßwert umgeformt werden, meist in elektrische Großen, dementsprechend:

1. Kontaktfuhler,
2. hydraulische Fuhler,
3. induktive Fuhler,
4. Photozelle auf dem Umweg uber meßwertabhangig gesteuerten Lichtstrahl.

Abb. 71–5. Rundschleifmaschine Fortuna mit selbsttatiger Meß- und Steuereinrichtung. Kontaktfuhler „Finitor", Zweipunkt-Außenmessung, Tastschneiden mit Hartmetall.

Finitor-Kontaktfuhler mit selbsttatiger Meß- und Steuereinrichtung, Abb. 71–5. Der Meßkopf ist wasser- und staubdicht und wird durch Öldruck selbsttatig ein- und zum Werkstuckwechsel ausgefahren. Beim Erreichen des Vormaßes, zwischen 0 und $75\,\mu$ einstellbar, spricht die selbsttatige Steuerung an und vermindert die Zustellgeschwindigkeit auf die vorwahlbare Schlichtgeschwindigkeit. Nach dem Erreichen des Fertigmaßes wird die Maschine abgestellt, und Schleifscheibe und Meßkopf werden im Eilgang vom Werkstuck weggefahren. Erreichbare Toleranz etwa $\pm\,1\cdots\pm\,1,5\,\mu$, wobei $\approx\,^2/_3$ aller Werkstucke innerhalb $\pm\,0,2\,\mu$ liegen.

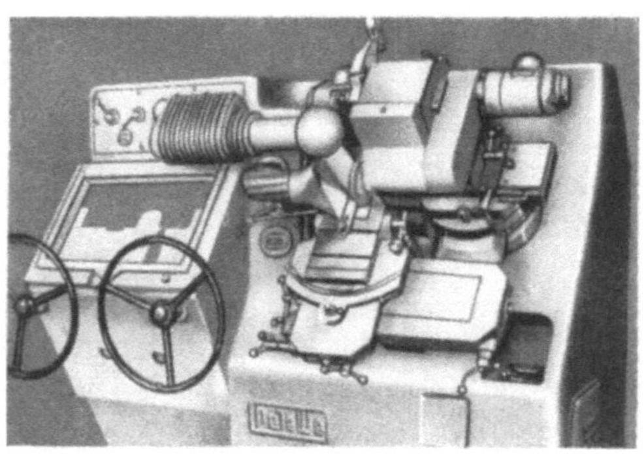

Abb. 71–6. Projektions-Schleifmaschine der Feinmaschinenbau-Prazisionstechnik GmbH., Wertheim.

Elektrisches Maßschleifgerat der *Maschinen- und Schleifmittelwerke* Offenbach: Meßuhr zur Maßanzeige, Kontaktfuhler zum Steuern.

Selbsttatige Innenschleifmaschine der *Maschinenfabrik Spandau*: Lichtstrom auf eine Photozelle wird durch eine Blende gesteuert, die durch Fuhlhebel betatigt wird. Keine Ruckwirkung auf den Meßbolzen, daher kleinere und gleichbleibende Meßkraft, kleinere Schaltungenauigkeit. Jedoch erheblicher elektrischer Mehraufwand.

Optische Profilschleifmaschinen. Das Werkstuck wird unmittelbar am Arbeitspunkt optisch abgetastet, und zwar:

1. vergrößert projiziert und mit der Schleifscheibe der auf dem Projektionsschirm vorgezeichneten Sollform nachgefahren, Abb. 71–6 und 71–7, oder

2. durch Mikroskop mit Fadenkreuz betrachtet. Durch Storchschnabel wird das Mikroskop nach einer vergroßerten Strichzeichnung Punkt fur Punkt verstellt und am Werkstuck jedesmal mit der Schleifscheibe bis zum Schnittpunkt des Fadenkreuzes herangefahren.

Optische Profilschleifmaschinen sind ebenso wie *Nachform-Frasmaschinen und -Drehbanke* keine Meßgeräte. Wegen der nahen Verwandtschaft der Fuhler mit Meßgeraten folgen hier doch einige Hinweise. Das Modell wird durch einen Fuhler abgetastet; Kontaktfuhler Bauart Keller, Muller & Montag; Heyligenstaedt, Heller. Der Finger des Kontaktfuhlers ist nach zwei Koordinaten beweglich und steuert entweder die Antriebsmotoren fur Vorschub und Zustellung oder die Magnetkupplungen. Bei Frasmaschinen wird das Modell zeilenweise abgetastet, die Form der Tastflache muß der Form des Werkzeuges entsprechen. Nachform-Ungenauigkeit bei Fräsmaschinen $\approx 0,5\cdots0,2$ mm. Der Fehler ruhrt her von der Schaltungenauigkeit und von der Umsteuerverzógerung, diese vom Trägheitsmoment der zu bewegenden und zu bremsenden Massen. Hydraulische Fuhler und Antriebe sind in dieser Beziehung zwar uberlegen. erfordern aber großeren Schaltweg zwischen „ein" und „aus". Sie können empfindlicher gemacht werden, wenn sich die Vorlauf- und

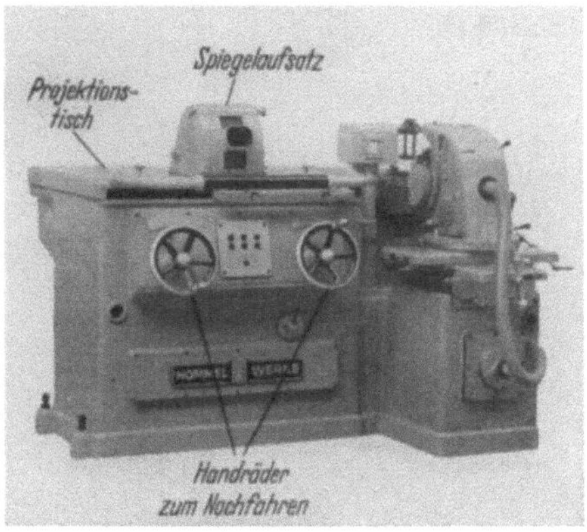

Abb. 71–7. Optische Profilschleifmaschine (Hommelwerke) Vergroßerung stufenlos einstellbar zwischen 10 1 und 50 . 1, Hebelubersetzung vom Projektionstisch auf das Werkstuck entsprechend mit Endmaßen einzustellen Bild der Schleifscheibe erscheint trotz der Hubbewegung stets scharf. Werkstuck-Aufspannflache 150×200 mm, Arbeitsbereich 38×45 (10 : 1) bis $7,6 \times 9$ (50 : 1). Schleifhohe bis 70 mm. Schragstellung quer bis $30°$, seitlich bis $10°$.

Rucklauf-Ventilstellungen etwas uberdecken, so daß in der Mittelstellung, am Sollwert, beide Kolbenseiten des Schlittenantriebskolbens beaufschlagt sind. Dann spricht die Steuerung auf jede kleinste Fuhlerauslenkung an. Bei Nachformdrehbanken stehen Kontaktfuhler und Werkzeugschlitten im Winkel von $60°$ zur Achse, um auch senkrechte Wellenabsatze nachformen zu können, die neuere Entwicklung bevorzugt elektrische Meß- und Steuermittel und hydraulische Antriebe der Werkzeugschlitten

713.2 Banddickenmessung

Anwendung bei Blechwalzwerken, Gummikalandern und Filmen zur selbsttatigen Regelung der Dicke des Erzeugnisses. Geregelt wird die Zustellung der Walzen oder bei Haspel-Walzwerken der Bandzug. Hersteller: AEG, Karajan, bei Patent- und Versuchsanstalt Vaduz lauft Entwicklung. Abb. 71–8 zeigt eine neuere Ausfuh-

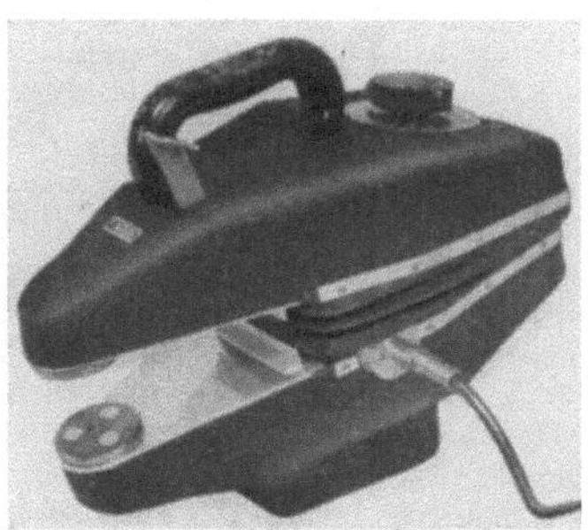

Abb. 71–8. Banddickenmesser mit Gleitflachen und induktivem Geber fur Blechwalzwerk AEG.

rung mit Gleitflachen statt Tastrollen, bestehend aus zwei schalenformigen
Meßhebeln mit Hartmetalltastflachen in Kugelgelenken, deren Mittel-
punkte ubereinander in den Tastflachen liegen. Der Sollwert wird mit
Meßschraube eingestellt und die Sollwertabweichung mit induktivem
Fühlhebel fernangezeigt. Die Aufhangung ist schwenkbar um eine Achse
durch den Schwerpunkt.

Weitere Banddickenmesser. Induktive Abtastung, bei der die abschirmende
Wirkung des zu messenden Bandes auf ein magnetisches Wechselfeld zum Messen der
Banddicke dient, s. Abschn. 25. Kapazitive Abtastung, besonders fur Gummi; das
Band bildet das Dielektrikum eines Kondensators, der durch feste Elektroden gebildet
wird und an einem elektrischen Wechselfeld liegt. Dickenanderung des Bandes bewirkt Kapazitätsanderung. Bei den Verfahren, induktiv und kapazitiv, sind Meßergebnisse von den magnetischen und elektrischen Eigenschaften des Prufgegenstandes
abhangig. Das Wirbelstromverfahren wurde benutzt von Karajan fur Messung der
Dicke von Aluminium- und anderen Folien (Folimeter), das kapazitive wird von
Siemens verwendet (Idometer). Banddickenmesser mit Rontgenstrahlen sowie
solche mit Elektronenstrahlen radioaktiver Praparate (General-Elektric-Comp.,
letztere: Friesecke und Hopfern) messen die Masse pro Flacheneinheit aus der
Absorption und sind temperaturunabhangig.

Schrifttum

Brown, P. J.: Starkemessungen an gewalzten Blechen und Bandern mittels Rontgenstrahlen. The Iron Age 1949, S. 101; Elektro-Anz. Bd. 1 (1950) S. 8.

Carlin, J. R.: Radioaktive Dickenmessung fur Bander. Electronics Bd. 22 (1949)
H. 10, S. 110/113.

Dürr, A. u. Wachter, O.: Hydraulische Antriebe: Hanser, Munchen.

Engel, F. V. A.: Messen und Regeln als eigenstandiges Fachgebiet der Technik.
Z. VDI. Bd. 91 (1949) S. 325 u. S. 497.

Heinze, P.: Selbsttatige Kopierfrasmaschine. Z. VDI Bd. 83 (1938) S. 714; Masch.-
Bau/Betr. Bd. 17 (1938) S. 279.

Hermann, P. K.: Selbsttatige Steuerung zur Ersparung von Meßarbeit in der Massenfertigung. Werkst.-Techn. u. Werksl. 1940 S. 202.

Holscher, W.: Selbsttatige Nachformdrehbank mit elektrischer Fuhlersteuerung.
Werkst. u. Betr. (1942) H. 2, S. 1—3.

Karajan, W.: Banddickenmesser. Radio-Amateur Bd. 16 Folge 6 sowie Jahrg.
193. Folge 11.

Reiber, E.: Außenrundschleifen nach dem Einstechverfahren — ein Weg zur Leistungssteigerung. Das Industrieblatt (1950) H. 7, S. 1—7. Stuttgart.

Schmid, W., u. F. Olk: Fuhlergesteuerte Maschinen. Essen: Girardet 1939.

Schmid, W., u. O. Kehrer: Fuhlergesteuerte Drehbanke. Werkst.-Techn. Bd. 33
(1939) S. 110.

Schmidt, H.: Regeltechnik. Z. VDI Bd. 85 (1941) S. 81.

Wittwer, E.: Rationalisierung beim Messen im Betrieb. Z VDI Bd. 86 (1942) S. 283.

de Ball: Blechdickenmeßgerate... AIM V 1124—4 u V 1124—5 von Okt. 53.
u. Dez. 53.

72 Messen an großen Stückzahlen

Zweck der Kontrolle s. Abschn. 811. Dementsprechend muß der Arbeits
gang „Prufen" als besondere Betriebsaufgabe rationell gestaltet werden.
Abgleich zwischen notwendiger *Gutesicherung* und *Wirtschaftlichkeit.* Außerdem ist zu beachten, ob das Werkstuck beim Prufen *nicht beschadigt oder
unbrauchbar* wird, z. B. bei manchen Festigkeitsprufungen. Die Prufkosten werden um so höher, je ·mehr Stucke gepruft werden mussen,
und im allgemeinen je kleiner die Meßunsicherheit (entsprechend Werkstuck-

toleranz) sein muß. Prufen *aller* Stucke (100%) nur notig, wenn *unbedingte Gutesicherung* nötig (funktionell sehr wichtige Maße, Gefahr fur Menschenleben), sonst genugen Stichproben, s. Abschn. 84 u. 134.

Grundsätzliche Möglichkeiten des Messens und Prüfens an großen Stuckzahlen:

Prufen von Hand. Je großer die Stuckzahl, um so mehr mussen *Prufgerate* und *Prufplatzanordnung* vervollkommnet werden im Hinblick auf: Kurze Prufzeit, kleine Meßunsicherheit, Verhuten des Überschlagens eines Prufganges. Dazu Zeitstudien erforderlich!

Halb- oder vollselbsttätiges Prufen.

721 Prüfen von Hand

Anzuwenden, wenn der Prüfgang nicht oder nur schwierig automatisiert werden kann, oder wenn mit Bezug auf die Stuckzahl Kosten und Leistung eines Automaten zu hoch sind. Fließarbeit beim Prufen (s. Abschn. 721.8) kann so eingerichtet sein, daß einzelne Prufgange von Hand, andere selbsttatig ausgefuhrt werden. *Forderung* von einem Prufplatz zum nachsten durch Band, Rutschen, Rollengange usw. wie bei Fertigung und Zusammenbau.

Griffe (nach Refa) beim Messen und Prufen:

Zufuhren	Bei Meßautomaten sind dies Teilaufgaben
in Meßstellung bringen	und oft einzelne Baugruppen; Auswerten
Messen	entspricht dem Weichenstellen, hinzu
Auswerten, Auswerfen	kommt der Antrieb des ganzen Automaten.

721.1 Vier grundsätzliche Prüfanordnungen an Prüfplätzen

Prufanordnung **1.** *Prufgerat und Prufling werden bewegt.* Übliche Prufweise, erfordert mit handelsublichen Lehren keine besonderen Aufwendungen am Prufplatz, Prufzeiten meist am größten, nur anzuwenden, wenn sich wegen der zu prufenden Stuckzahl die Anfertigung besonderer Prufmittel nicht lohnt.

Prufanordnung **2.** *Prufgerat ruht, Prufling wird bewegt.* Diese Anordnung ist wirtschaftlicher, sie erfordert kurzere Griffzeiten, weil beide Hande fur das Zufuhren und Ablegen (= Auswerfen, s. o.) der Pruflinge frei sind. Das dadurch mögliche Bedienen mit zwei Handen gestattet flussiges Arbeiten. Bei Stander-Prufgeraten (Stander mit Fuhlhebel oder Meßuhr) ist diese Anordnung ublich. Auch Lehren ublicher Bauart lassen sich in dieser Art verwenden, **wenn** sie in Haltevorrichtungen eingespannt oder auf Prufgrundplatten befestigt werden (Abb. 721–11).

Prufanordnung **3.** *Prufgerat wird bewegt, Prufling ruht.* Eignet sich fur Mengenprufungen besonders dann, wenn die Pruflinge in besonderen Aufnahmevorrichtungen (Zahlbretter) festgelegt sind oder auch durch Gestalt und Eigengewicht festliegen und das Prufgerät von Teil zu Teil gefuhrt wird. Sie ist auch gunstig fur den Aufbau von Fließtischen, wobei Gruppen von Pruflingen von Platz zu Platz weitergeleitet werden. Den Einfluß der Prufanordnung auf die Prufzeit bei gleichem Prufling zeigt Abb. 721–1.

Prufanordnung **4** *Prufgerat und Prufling ruhen*; Prufen während des Arbeitsganges (s. Abschn. 71). Meßwertabhangige Steuerung der Werkzeugmaschine.

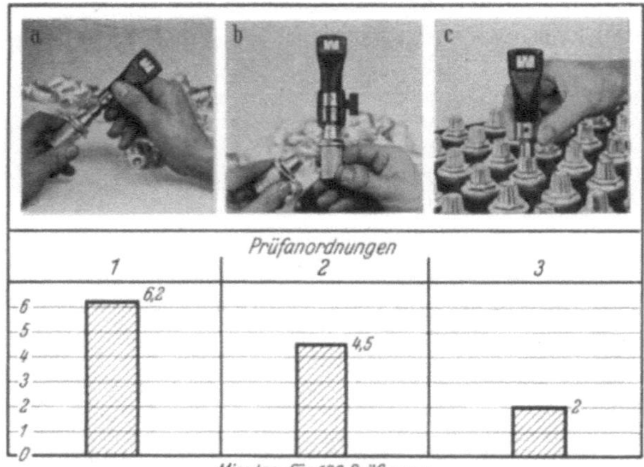

Abb. 721–1. Einfluß der Prufanordnung auf die Prufzeit. Mit dem gleichen Zeigergerat wird in allen drei Fallen die Tiefe einer Bohrung gepruft.

721.2 Mehrfach-Prüfplätze (Reihenlehren)

Mehrfach-Prufplatze zum Prufen von mehreren Maßen an einem Teil sind dann vorteilhaft, wenn sich die Unterteilung in Einzelprufplatze nicht lohnt und ohne große Kosten vorhandene Lehren und Prufgerate benutzt werden können. Nach Abb. 721–2 werden vier Grenzrachenlehren zum Prufen der Gesamtlange und dreier Durchmesser an einem Drehteil in einem Lehrenhalter gehalten (Prufanordnung 1).

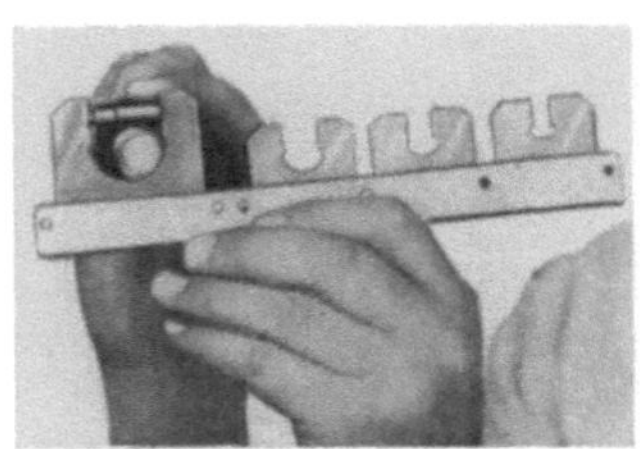

Abb. 721–2. Lehrenhalter mit vier Grenzrachenlehren.

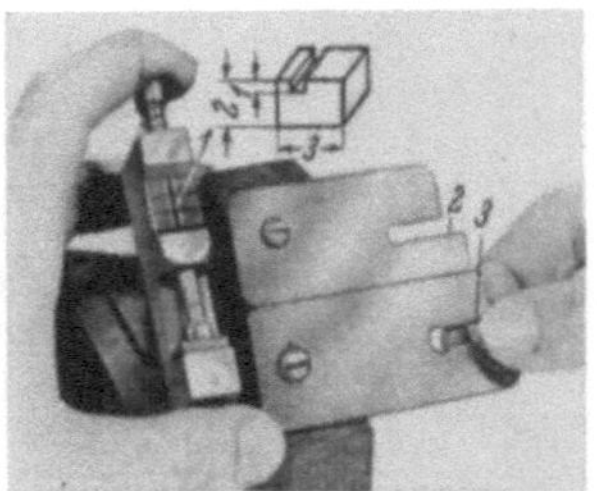

Abb. 721–3. Mehrfachprufplatz fur Nuttiefe und zwei Außenmaße.

Bei Mehrfach-Prufplatzen nach Prufanordnung 2 werden die Prufgerate fur alle Prufgange auf Grundplatte oder gemeinsamer Haltevorrichtung befestigt, Abb. 721–3.

Solche Prufplatze sind nach den gunstigen und kurzesten Griffbewegungen anzuordnen. Zum leichten Einfuhren und Ablesen ist oft schrage Anordnung der Prufgerate vorteilhaft. Sehr geeignet sind Grund- oder Prufplatten, wenn sie fur aufgeschraubte Lehren zum Ausrichten der Pruflinge oder z. B. bei Hohenlehren unmittelbar als Lehrenflache dienen, Abb. 721–4. Nur dann wird fur das Halten des Lehrensatzes Stahl verwendet, zum Anschrauben oder Festklemmen von Einzellehren eignet sich Hartholz oder Preßstoff.

Die fur die Gesamtprufung eines Pruflings aufgebauten Lehrensatze bilden eine Einheit und stehen bei Reihenfertigungen immer in der Lehrenausgabe zur Verfugung. Die Prufleistung wird bei den Einfach- oder Mehrfachprufplatzen dadurch erhoht, daß die Prufgerate doppelt angeordnet werden. Mit beiden Handen werden gleichzeitig in gleicher Reihenfolge dieselben Prufgange erledigt Sehr gut eignen sich dafur Rachenlehren und Lehrdorne, Abb 721–5

Abb. 721–4. Mehrfachprufplatz mit vier Rachenlehren fur Hohenmaße und drei Grenzrachenlehren.

Abb. 721–5. Mehrfachlehre fur Zundkerzen. Mit jeder Hand wird ein Werkstuck gepruft.

Abb 721–6. Schwenkbarer Lehrenhalter. Die acht Lehren sind in Zangen gespannt. Schwenken mit Sterngriff oder Fußsteuerung. Besonders fur sehr kleine Teile geeignet.

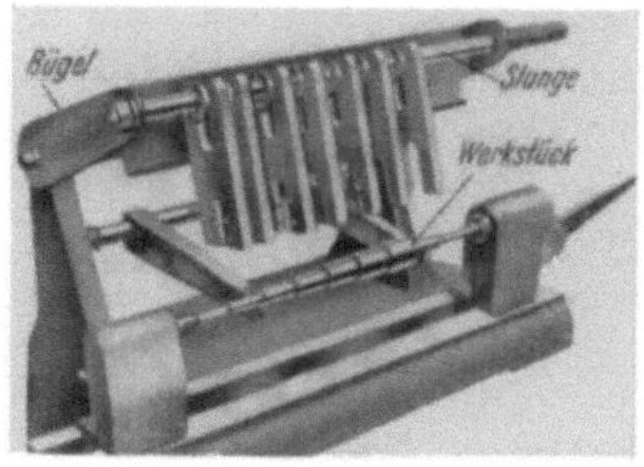

Abb. 721–7. Mechanischer Mehrmaßprufer. Sieben Rachenlehren sind an einer Stange verschieblich aufgehangt. Nach Einlegen des Werkstuckes wird Bugel abwarts bewegt. An der Stellung der oberen Enden der Rachenlehren ist das Prufergebnis mit einem Blick erkennbar.

Daruber hinaus entstehen fur den Aufbau solcher Mehrfach-Prufplatze allgemein verwendbare Aufnahmevorrichtungen, Abb. 721–6. Lehrdorne und Rachenlehren werden in Spannbuchsen in der günstigsten Reihenfolge gehalten. Der Drehkopf wird mit Sterngriff von Hand gedreht oder durch Fußsteuerung weitergeschaltet (Bauart Siemens).

Abb. 721–7 zeigt einen Mehrmaßprüfer für Außendurchmesser, Prüflinge zwischen Spitzen aufgenommen, für jeden zu prüfenden Durchmesser eine Grenzrachenlehre.

Die Prüfleistung beträgt 400···1200 Stück je Stunde, sie ist abhängig vom Gewicht und von der Form der Prüflinge. Die Prüfzeitersparnis wächst mit der Zahl der zu prüfenden Durchmesser. Da stets zugleich sämtliche Maße erfaßt werden, besteht keine Gefahr, daß eines überschlagen wird. Die Lehren gleiten mit ihrem Eigengewicht über die zu prüfenden Durchmesser; s. Definition des Maßes einer Rachenlehre, Abschn. 164.3. Da die Lehren leicht auswechselbar sind und sich das Gerät schnell auf andere Prüflinge umstellen läßt, ist es auch für kleine Prüfmengen wirtschaftlich.

721.3 Schnelles und sicheres Erfassen des Prüfergebnisses

Ebenso wichtig wie die Anordnung der Prüfgeräte zum Erreichen kürzester Bedienungszeit ist auch die Art der Ablesung, sie beeinflußt die sichere Bestimmung des Prüfergebnisses und die Prüfzeit.

Meßtrommeln wie bei Meßschrauben scheiden wegen des zu großen Zeitaufwandes beim Prüfen großer Mengen aus. Bei Werkstücktoleranzen $150\,\mu$ und mehr sind Toleranzmarkenstriche ohne Übersetzung anwendbar, Abb. 31–7. Für kleinere Toleranzen eignet sich z. B. die Lichtspaltlehre nach Abb. 721–8.

Die Übersetzungsmöglichkeiten zum schnellen und sicheren Erfassen des Prüfergebnisses sind die gleichen wie bei anzeigenden Meßgeräten: Hebel, Schraube, Zahnräder, optisch, elektrisch, pneumatisch. Dabei braucht beim Prüfen eine am handelsüblichen Fühlhebel vorhandene Skale nicht beachtet zu werden, sondern nur die Toleranzmarken. Bei Meßuhren hat man zu diesem Zweck farbige oder undurchsichtige Segmente auf der Skale befestigt, die nur das Toleranzfeld freilassen; dies wird dadurch deutlicher, als durch die üblichen Toleranzmarken, und kann außerdem von außen nicht verstellt werden; Halteschrauben und sonstige Verstellteile

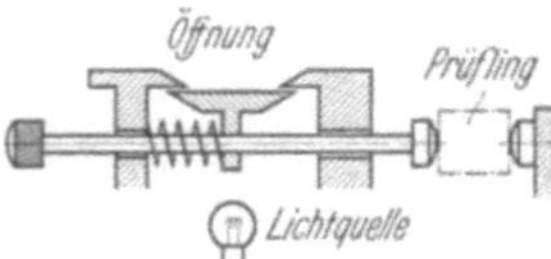

Abb. 721–8. Schema einer Tastbolzenlehre mit Lichtspaltprüfung. Wenn Prüfling „gut", ist Öffnung abgedeckt. Wenn „zu groß" oder „zu klein", erscheint rechts oder links ein Lichtspalt.

Abb 721–9. Mehrfach-Prüfvorrichtung mit fünf Meßuhren. Einstellehre eingelegt.

dementsprechend ebenfalls sichern. Soweit die Meßunsicherheit nicht zu groß ist, kann die Meßuhr als *Prüfgerät-Normteil* behandelt werden, das gilt auch für Fühlhebel. Bei Nichtbenutzung des damit ausgerüsteten Prüfgerätes kann die Meßuhr oder der Fühlhebel anderweitig benutzt werden, z. B. bei Abb 721–9.

Zweckmäßige *Beleuchtung* des Prüfplatzes ist sehr wichtig, Blendung an blanken Teilen muß vermieden werden, s. Abschn. 152. Anstrengung, Ermudung, Fehlablesungen werden vermindert, wenn das Ablesen auf die Beobachtung von Signalen zurückgefuhrt wird. *Farbsignale* entsprechend den Verkehrssignalen wahlen: rot = Ausschuß, grun = gut, gelb = noch nicht gut. Bei elektrischen Mehrfach-Prufgeraten kann durch Gesamtanzeige des Prufergebnisses Zeit gespart werden. Fur *blinde* Prufpersonen werden statt der optischen akustische Signale mit verschiedenen Klangfarben und Lautstarken benutzt. Werden mehrere Blinde nebeneinander beschaftigt, kann gegenseitige Störung

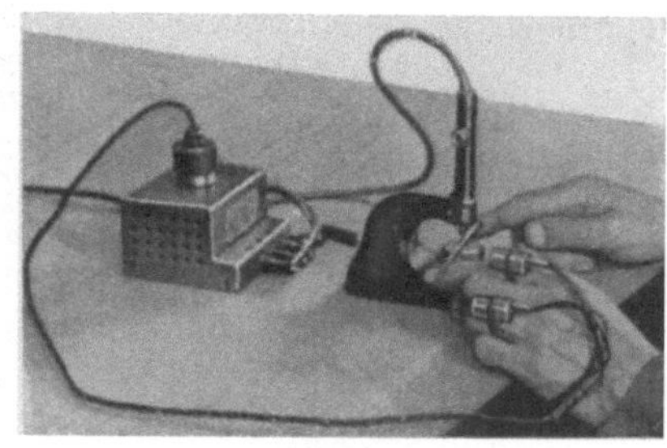

Abb. 721–10. Blinden-Prufplatz mit Elektrocompar „Zwerg" und Vibratoren zur Anzeige des Prufergebnisses.

durch Verwendung von Gefuhlssignalen vermieden werden, Abb. 721–10.

721.4 Gestaltung fester Lehren für Mengenprüfung

Beim Aufbau von Prufplatzen werden feste Lehren, Rachenlehren und Lehrdorne, sowie anzeigende Meßgerate benutzt. Zur Erhöhung der Wirtschaftlichkeit muß oft von den ublichen Formen abgewichen werden.

Der Taylorsche Grundsatz (Abschn. 165.12) darf nur vernachlässigt werden, wenn das Fertigungsverfahren erfahrungsgemaß Werkstucke mit vernachlassigbar kleinen Formabweichungen liefert. Andernfalls muß nach der Regel: „Gutseite volle Form, Ausschußseite punktweise" verfahren werden, d. h. die Gutseite erhalt besonders gestaltete Meßstucke.

Statt doppelmauliger *Grenzrachenlehren* benutzt man einmaulige mit hintereinander liegenden Gut- und Ausschußrachen, soweit es die Form des Pruflings gestattet, Abb. 31–15. Zum besseren Einfuhren des Pruflings wird der glatte Schenkel ver-

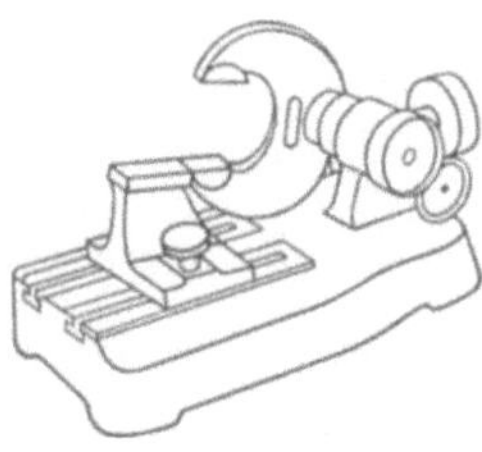

Abb. 721–11. Handelsubliche Grenzrachenlehre mit verlangertem Schenkel in Lehrenhalter.

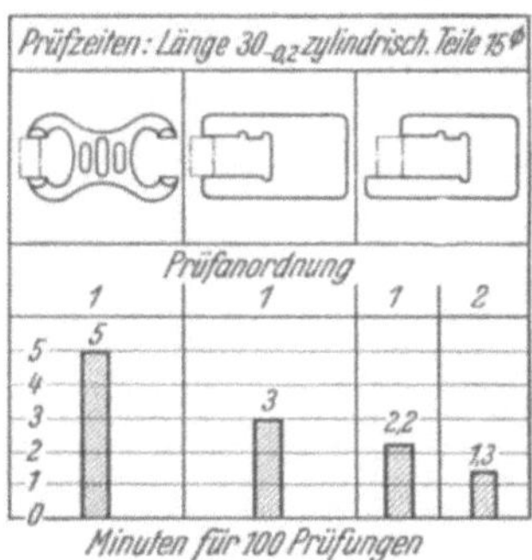

Abb. 721–12. Prufzeiten fur die Lange $30_{-0,2}$ eines zylindrischen Teiles.

langert, Abb. 721–11 u. 12. Sehr zeitsparend ist es, wenn man den so verlangerten glatten Schenkel mehrerer Gut- und Grenzrachenlehren zu einer Lehrenplatte vereinigt, auf der das Werkstuck nacheinander unter die Rachenlehre geschoben wird, wie in Abb. 721–4 links zu erkennen. Fur flache Teile kann die Rachen- zur *Bruckenlehre* umgestaltet werden. Beim Prufplatz nach Abb. 721–13 mit je einer Gut- und Ausschußbrucke wird zum Fordern die Schwerkraft benutzt.

Bei den beschriebenen Anordnungen ist die „Definition des Maßes einer Rachenlehre", Abschn 164 3, unbeachtet, deshalb beim Prufen der Lehre und bei der Unterweisung des Prufpersonals auf Meßkraft besonders achten. Dies gilt zum Teil auch fur die folgenden Ausfuhrungen.

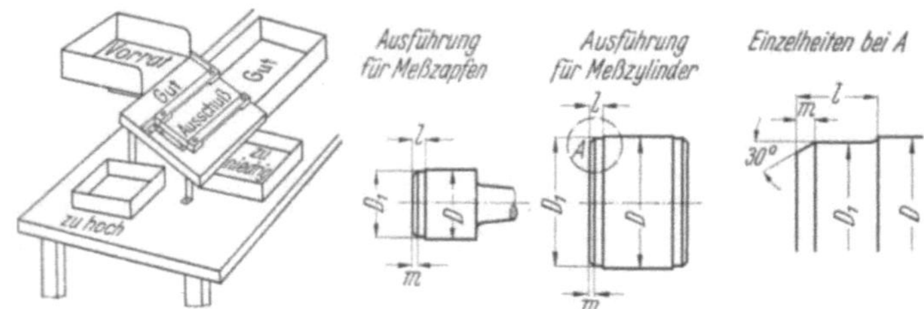

Abb. 721–13. Prufplatz mit Grenzbruckenlehre fur die Hohe flacher Teile.

Abb. 721–14 Einfuhransatz am Gutlehrdorn.

Lehrdorne versieht man ebenfalls mit hintereinanderliegenden Meß-flachen, soweit die Gestalt des Werkstuckes dies zulaßt (durchgehende Bohrung). Der *Einfuhransatz* erleichtert besonders bei kleinen Toleranzen das Einfuhren, ergibt kleinere Prufzeit und großere Prufsicherheit. Fur die Abmessungen des Einfuhransatzes werden folgende Werte empfohlen, Abb. 721–14.

Maße in mm

Nenndurchmesser	Einfuhransatz		
	D_1	l	m
uber 10 ··18	$D \begin{matrix} -0,016 \\ -0,034 \end{matrix}$	2	0,4
uber 18 ··30	$D \begin{matrix} -0,020 \\ -0,041 \end{matrix}$	2,5	0,5
uber 30 ···50	$D \begin{matrix} -0,025 \\ -0,05 \end{matrix}$	3	0,6
uber 50 ·· 80	$D \begin{matrix} -0,03 \\ -0,06 \end{matrix}$	3,5	0,7
uber 80 ··120	$D \begin{matrix} -0,036 \\ -0,071 \end{matrix}$	4	0,8

Die Abmaße von D_1 entsprechen dem ISA-Toleranzfeld f 7.

Ergebnisse von Zeitstudien zeigt Abb. 721–15. Auch der UV-Dorn ist geeignet, er hat zudem den Vorteil, zwei Gutseiten und dadurch langere Lebensdauer zu haben.

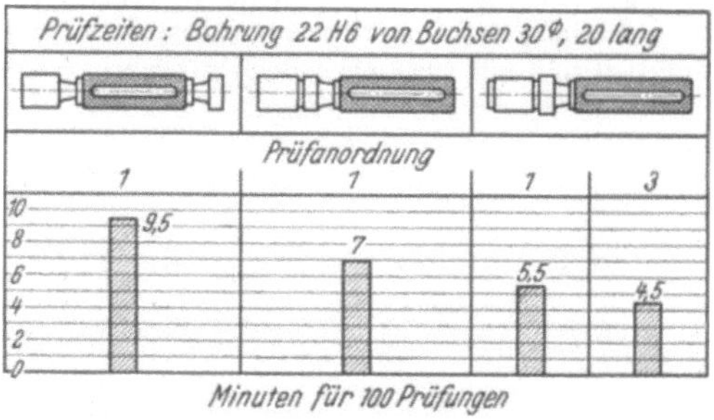

Abb. 721–15. Prufzeiten mit verschieden gestalteten Lehrdornen fur Bohrung 22 Ø H 6 an einem Teil 30 Ø, 20 lang.

Wenn das Prufgerat in der Hand gehalten werden muß, Prufanordnung 1 und 3, ist auf *geringes Gewicht* zu achten. Grenzlehrdorne uber 50 Ø sind fur die Mengenprufung ungeeignet, stattdessen sind getrennte Gut- und Ausschußlehren in Leichtbau, Flachdorne, Kugelendmaße oder anzeigende Prufgerate zu benutzen, sofern die Abweichungen der Werkstucke von der idealen Grobgestalt vernachlassigbar sind (Taylorscher Grundsatz, Abschn. 165.12). Die Tebolehre s. Abschn. 312.3 laßt sich wegen der Kugelgestalt der Gutseite leicht einfuhren, ist *grifftechnisch* gut durchgebildet, eignet sich aber nicht zum Prufen von Sacklöchern bis zum Grund.

721.5 Hilfsmittel der Rationalisierung

Eingehende Arbeits- und Zeitstudien fuhren dazu, den Arbeitsablauf des Prufganges durch geeignete Hilfsmittel zu erleichtern und zu beschleunigen. Zum Prufen großer Langentoleranzen eignet sich eine von unten beleuchtete *Mattscheibe* mit Markenstrichen fur die Grenzmaße. Die

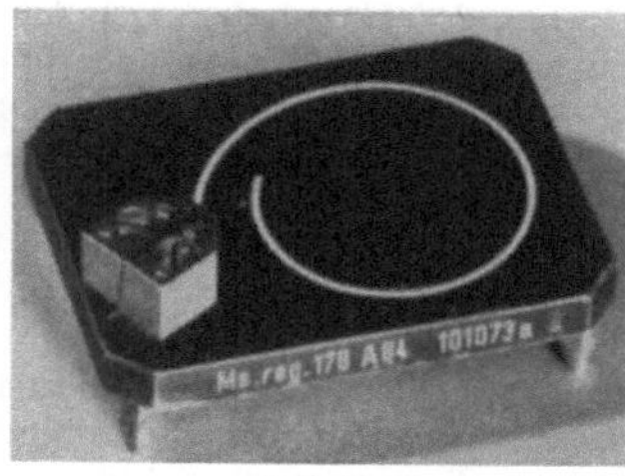

Abb. 721–16. Strichlehre zum Prufen einer Spiralfeder. Der weiße Strich ist um die Formtoleranz breiter als die Dicke der Feder.

Abb. 721–17. Lochstellungslehre. Mit Fußhebel werden die Stifte durch eine Abstreiferplatte nach unten gezogen; der Prufling kann dann frei abgenommen werden

Mattscheibe soll ebenso wie die Tischfläche nach vorn geneigt sein und mit dieser in einer Ebene liegen, damit die Prüflinge ungehindert zu- und abgeführt werden können. Für das Prüfen von Federn genügt oft das Auflegen auf eine *Strichlehre* (Abb. 721-16), Strichbreite = Federdicke + Formtoleranzfeld. Durchbruche und Umrißformen werden am wirtschaftlichsten vergrößert *projiziert* und mit einer Zeichnung verglichen, s. Abschn. 242.

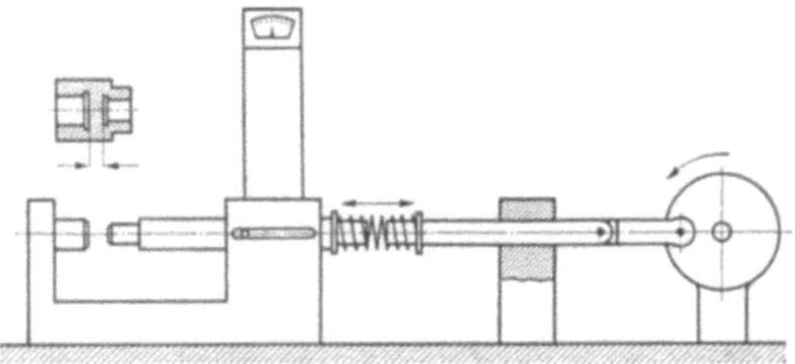

Abb. 721-18. Tiefenlehre mit mechanischem Antrieb durch Kurbel. Der Arbeitstakt kann durch Regeln des Motors geändert werden.

Fußbetätigung an Prüfgeräten führt zu bedeutender Arbeitserleichterung und Senkung der Prüfzeit, dadurch, daß Zweihandbedienung möglich wird.

Abb 721-19. Mehrfache Rundlaufprüfung. Anstellen der Meßuhr an vier Meßstellen nach der Schablone mit eckigen Ausschnitten. Schablone ist so bemessen, daß das an der Meßuhr eingestellte Toleranzfeld für alle vier Meßstellen gleich ist.

Abb. 721-17 zeigt dies am Beispiel einer Lochstellungslehre. Eine weitere Rationalisierungsmöglichkeit bietet der *motorische Antrieb* von Prüfgeräten. Gleichbleibende Meßkraft muß durch Schraubenfeder oder Gewicht erzeugt werden. Hubgeschwindigkeit vom Prüfenden einstellbar gemäß der möglichen Stückleistung, Abb. 721-18. *Elektromagnete* können z. B. zum Anheben des Meßbolzens benutzt werden; der Kontaktknopf für den Magnet wird so angeordnet, daß er beim Zuführen des Prüflings zwanglos mit dem Daumen, Handrücken oder Handballen betätigt werden kann. Dadurch werden beide Hände für das Zu- und Abführen der Prüflinge oder für andere Griffelemente frei.

721.6 Prüfvorrichtungen

Um komplizierte geometrische Formen zu prüfen, die mit üblichen Lehren und Prüfgeräten nicht geprüft werden können, und bei genügend großer Stückzahl lohnt sich die Anfertigung von Sonderprüfvorrichtungen, z. B. bei verwickelten Stanzteilen, bei denen es auf Abstände und Winkel ankommt. Die größte Meßzeitverkürzung wird mit diesen Sondervorrichtungen erzielt, wenn mit einer einzigen Aufnahme in dem Prüfgerät alle notwendigen Maße zugleich gepruft werden. Dazu eignen sich vorteilhaft Gerate mit Toleranzzeigern, Meßuhren oder Fuhlhebeln, Abb. 721–20. Der Prufling darf durch das Einspannen und die Meßkraft nicht elastisch verformt werden. Zur Erzielung kurzer Prufzeiten sind leichte Bedienbarkeit und

schnelles Erfassen des Prufergebnisses, besonders bei einer Vielzahl von Prufmaßen, ausschlaggebend. Bei den Prufvorrichtungen nach Abb. 721–20 wird auf eine besondere Einspannung verzichtet und der Prufling gegen eine Grundplatte gedruckt. Mit einem Blick werden alle Prufergebnisse uberblickt. Am leichtesten wird das Prufergebnis mit einer

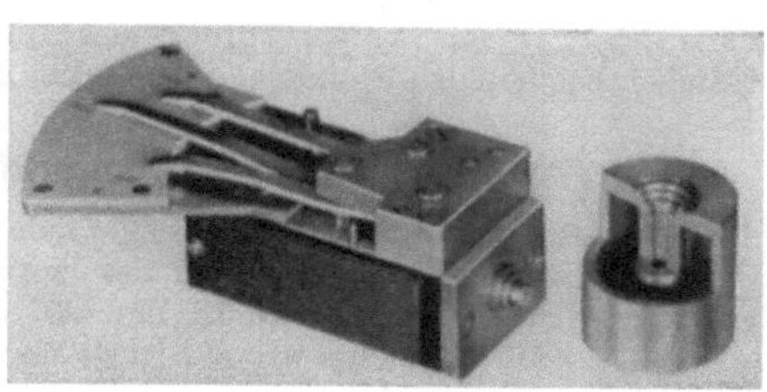

Abb. 721–20. Gleichzeitiges Prufen dreier Tiefenmaße an einem Drehteil. Rechts ein Prufling aufgeschnitten.

großen Zahl von Prufmaßen mittels *elektrischer* Kontaktfuhler erfaßt, Abb. 721–21. Wenn alle Prufmaße innerhalb der Toleranz liegen, wird durch das *Signal „Alles gut"* das Prufergebnis schnellstens erfaßbar, dies ergibt sehr hohe Prufleistung.

Das Verwenden genormter handelsublicher *Bauelemente* fur Prufvorrichtungen, die sich „zusammenbauen" lassen (Baukastensystem), ist eine dringende Forderung der Rationalisierung.

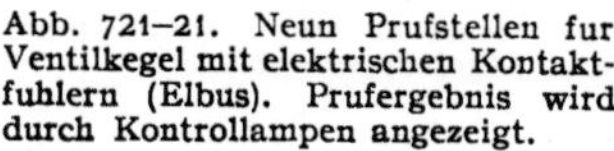

Abb. 721–21. Neun Prufstellen fur Ventilkegel mit elektrischen Kontaktfuhlern (Elbus). Prufergebnis wird durch Kontrollampen angezeigt.

Abb. 721–22. Prufvorrichtung fur kleine Lagerrollen mit einer Bedienungstaste fur das Zufuhren und drei Tasten fur das Sortieren der Pruflinge nach „gut", „zu groß", „zu klein".

Bei *kleinen Pruflingen* kann die Wirtschaftlichkeit erhöht werden, wenn die Prüfvorrichtung so ausgebildet wird, daß nach dem gefundenen Prufergebnis leicht sortiert werden kann. Fur das Prufen von kleinen Rollen, Abb. 721–22, werden fur das Zufuhren mit einer Arbeitstaste links die aus dem Behälter fallenden Teile in Prufstellung gebracht. Je nach Prufergebnis wird durch Drucken je einer Taste Gut, + oder −, der Prufling in den entsprechenden Behalter geleitet. Bei Federn und dunnen Hebeln ist es wirtschaftlich, mit der Prufvorrichtung nicht nur das Arbeitsergebnis festzustellen, sondern den Prufling in der gleichen Einspannung auch zu richten.

721.7 Gewindeprüfen

Das Prufen von Außen- und Innengewinde mit Gewindelehrdornen und Gewindelehrringen erfordert wegen des langen Schraubweges erhebliche Prufzeiten. Fur Außengewinde ist deshalb die Gewindegrenzrachenlehre in Tab. 31–4 ein Mittel, um wirtschaftlich Mengenprufungen vorzunehmen. Die Leistung wird erhöht, wenn nicht nach Prufanordnung 1 (Prüfgerät und Prufling werden bewegt), sondern nach Prufanordnung 2 (Prüfgerat ruht, Prufling wird bewegt) gearbeitet wird, wobei die Lehre im eingespannten Zustand Zweihandbedienung ermöglicht (Meßkraft, Aufbiegung beachten). Diese Lehrenform unterliegt einem sehr geringen Verschleiß (Abrollen der Gewindeprofile). Im Vergleich zu Gewindelehrringen betragt die Prufleistung das 10···14fache. Fur Gewinde mit kleiner Toleranz, die nach Toleranzgruppen ausgesucht werden (Auslesen), sind in der Sortierlehre eine Anzahl von Rollenpaaren nach dem kleinsten Durchmesser abfallend angeordnet. (Dabei ist der Taylorsche Grundsatz nicht beachtet.)

Fur das wirtschaftliche Prufen von Innengewinde sind neuartige Lehren entstanden. Auwi und Inwi von Mahr.

Durch Hilfsmittel zur Beschleunigung der Ein- und Ausschraubgeschwindigkeit laßt sich die Prufzeit bedeutend verringern. Die Handleier, ein- oder mehrspindelig, mit oder ohne Übersetzung, Abb. 721–23 (Bauart Siemens), ausgerustet zum Einspannen von Gewindemeßzapfen und Gewindelehrringen, ermöglicht schnelleres Prufen.

Abb. 721–23. Handleier zum Prufen von Innengewinden.

Abb. 721–24. Motorgetriebene Gewindeprufeinrichtung mit Reibscheiben. (Eine neuere Bauart enthält in geschlossenem Kasten Kegelkupplungen.)

Der Einwand, daß sich der Lehrenverschleiß durch dieses Hilfsmittel besonders erhoht, hat sich in der Praxis nicht bestatigt. Das auftretende Drehmoment wird von der linken Hand, die den Prufling halt, ebenso feinfuhlig geregelt wie beim Bedienen von Gewindelehren, die in der Hand gehalten werden. Eine Prufvorrichtung fur Gewinde, bei der das Drehmoment durch ein Gewicht konstant gehalten und die Gewindelehre durch einen Seilzug ein- bzw. aufgeschraubt wird, ist der Gewindeprufer Bauart Niederding, Abb. 721–25 Sp. 3. Gewindeprufvorrichtung mit motorischem Antrieb, Abb. 721–24.

Sehr wichtig für die Verschleißminderung bei der beschleunigten Bewegung der Gewindelehren ist die Schmutznut in Gewindelehrringen und Gewindelehrdornen.

Tabelle 721-1. **Erfahrungswerte über Lebensdauer von Gewindelehren**

Geleistete Prüfungen bis zum Erreichen d. Abnutzungsgrenze	Lehrenbezeichnung		Herstellungsart der Lehre	Prüfungsmethode
22000	Gutgewinde-Lehrdorn	M 10 × 1 links	gehartet	Motorisch angetriebene Prüfvorrichtung
50000	Gutgewinde-Lehrdorn		ungehartet, verchromt	„
50000	Ausschußgew.-Lehrdorn		gehartet	Handleier
30000	Gutgewinde-Lehrdorn	M 12 × 1 links	gehartet	Motorisch angetriebene Prüfvorrichtung
50000	Ausschußgew.-Lehrdorn		gehartet	Handleier
35000	Gutgewinde-Lehrdorn	M 25 × 1,5	gehartet und verchromt	Handleier
50000	Gutgewinde-Lehrdorn		gehartet mit Schmutznut	Handleier
32000	Gutgewinde-Lehrdorn	M 31 × 1,5	gehartet	Handleier
40000	Gutgewinde-Lehrdorn		gehartet mit Schmutznut	Handleier
70000	Ausschußgew.-Lehrdorn		gehartet	Handleier
33000	Gutgewinde-Lehrring		gehartet	Handleier
22000	Gutgewinde-Lehrring	M 50 × 3	gehartet	von Hand

Tab. 721–1 zeigt Werte aus der Praxis für den Verschleiß von Lehren. Mit Ausnahme des letzten Beispieles wurden in allen Fällen für die Bewegung

38*

der Lehren Handleiern und motorisch angetriebene Prüfvorrichtungen benutzt. Die Wirkung der Schmutznut wird in zwei Fallen deutlich.

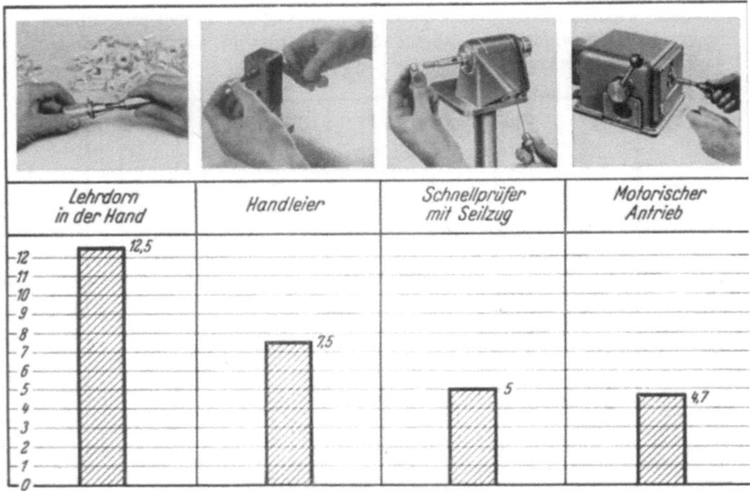

Abb. 721–25. Prüfzeiten für Muttergewinde M 10 × 1, 10 lang.

Für das Prüfen von Aluminiumteilen mit einem Gewinde M 10 × 1 ergeben sich bei vier verschiedenen Prüfarten die in Abb. 721–25 angegebenen Prüfzeiten.

721.8 Prüffließtisch

Sind für das Prüfen von Hand die Stuckzahlen so groß, daß zu ihrer Bewaltigung eine größere Zahl gleicher Prüfplätze notwendig sind, dann ergibt sich wie in der Massenfertigung die Möglichkeit, Pr uffließarbeit einzurichten. Das Prüfen von Teilen wird in einfachste Prüfgänge aufgelöst und nach einem festen Prüfplan und Pruftakt zu einem Pr uffließtisch vereinigt.

Einfachste Prufgange ergeben die größte Prufleistung. Sie erfordern geringste Einarbeitungszeit, die für einen Pruffließtisch beim Ausfall eines Prufers von großer Bedeutung ist. Die Prüfmittel sind sehr einfach und oft auch insgesamt billiger als z. B. Prufvorrichtungen, mit denen alle Maße geprüft werden. Hierbei ist das leichte Bedienen und das schnelle Erfassen des Prüfergebnisses sehr zu beachten, um die Anstrengung gering zu halten und größte Prufsicherheit zu gewahrleisten. Wie sich die Aufteilung in einfachste Prufgänge nach diesen Gesichtspunkten auswirkt, zeigt das Beispiel nach Abb. 721–26. An einem Drehteil sind u. a. zwei Lochtiefen L_1 und L_2 zu prüfen. Mit einer doppelseitigen Lehre mit Markenstrichpaaren werden unter erheblicher Anstrengung beim Bedienen und Ablesen und bedingter

Prüfsicherheit 100 Teile in 6 Minuten
geprüft. (Prüfanordnung 2.) Nach
dem Auflösen in zwei Prüfplätze und
beim Verwenden von zwei Einzellehren mit Zeigern ergeben sich kleinere Prüfzeit, geringere Anstrengung,
größere Prüfsicherheit. (Prüfanordnung 3, s. Abschn. 721.1.) Durch dieses
Aufteilen wurde für den Aufbau des
Prüftisches der notwendige Prüftakt
erzielt, um mit je zwei Prüfplätzen

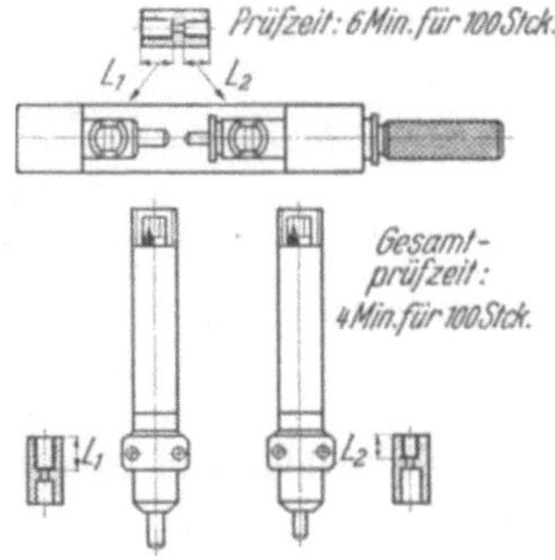

Abb. 721–26.
Verringerung der Prüfzeit durch
Aufteilung in einfachste Prüfgänge.

Platz Nr.	Prüfgerät	Prüfgerät
1	Gesamtlänge und Außendurchmess.	Grenzrachenlehre Gutlehrring
2	Oberfläche	—
3	Tiefe der großen Bohrung	Zeigerlehre
4	Durchmesser der großen Bohrung	Ausschuß-Lehrdorn
5	Tiefe der kleinen Bohrung	Zeigerlehre
6	Durchmesser der kleinen Bohrung	Ausschuß-Lehrdorn
7	Gewinde	Gut-Gew.-Lehrdorn mech. bewegt

Abb. 721–27. Planung eines Prüffließtisches mit sieben Prüfplätzen.

(4 Zeigerlehren) die Stundenleistung von 3000 Stück
pro Std. zu erreichen. Die
Prüflinge werden in Auf-
nahmebrettern zu je 100
Stück von Platz zu Platz
weitergeleitet. Abb. 721
–27 zeigt den Prüfplan für
das gleiche Werkstück.

Nicht immer gestattet
die Form der Prüflinge
das Anwenden von Zahl-

Abb. 721–28.

bzw. Fließbrettern auf dem Prüftisch. Dann genugt auch das Weiterleiten der Pruflinge in Behaltern. Um den gewunschten Pruftakt zu erreichen, sind die Lehren bzw. Lehrensatze doppelt fur das gleichzeitige rechts- und linkshandige Prufen vorzusehen, wodurch eine etwa 50%ige Prufzeit-verkurzung an diesen Prufgangen erzielt wird. Beim Aufbau dieser Pruf-platze ist besonderer Wert auf bequemes Zu- und Abfuhren der Pruflinge bei geringster Griffbewegung gelegt worden. Durch Schraglage der Vorrats-behalter wird laufendes Zufließen in beide Prufhande erreicht, Abb. 721–28.

Schrifttum s. hinter Abschn. 722.

722 Halb- und vollselbsttätige Prüfeinrichtungen

Anwendung, wenn Prufen aller Stücke unumgänglich, oder Stichproben so groß und zahlreich, daß Prufautomat wirtschaftlich, s. Einl. zu Abschn. 72. Meist nur bei Teilen, die maschinell in Meßstellung gebracht werden können: Kugeln, Zylinder, Kegel, Napfe, Ringe, Scheiben, Schrauben.

Bauelemente s. Abschn. 721: Griffe.

Schwierigste Baugruppe meist: in Meß-stellung bringen. Dabei lassen sich Erfahrun-gen aus dem Bau von Fertigungs-Vollauto-maten benutzen

Die hochste Entwicklung ergab sich bei Prufmaschinen fur Infanteriemunition, spater

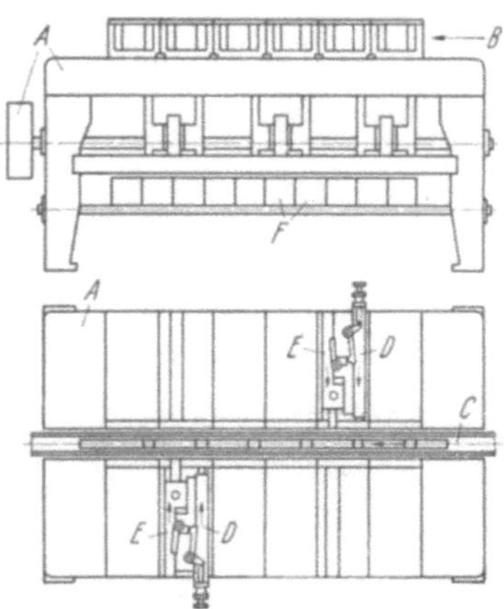

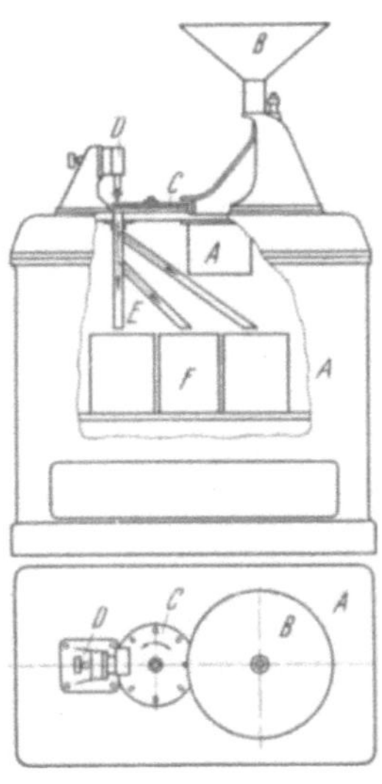

Abb. 722–1 und 722–2 Aufbau selbsttatiger Prufmaschinen.

A Antrieb und Maschinenkorper	*D* Messen
B Zufuhren	*E* Auswerfen
C In Meßstellung bringen	*F* Sortierbehalter

auch fur Flakmunition, weil dabei 100% gepruft werden mußten und sehr große Stuckzahlen vorkamen. Viele der nachstehend beschriebenen Einrichtungen und Ver-fahren sind solchen Maschinen entnommen

722.1 Aufbau der Prüfmaschinen

Den grundsätzlichen Aufbau von Prufmaschinen zeigen Abb. 722–1 und –2. Demnach bestehen sie grundsatzlich immer aus den gleichen Baugruppen, die nur nach Prüfaufgabe und Form des Prüflings anders gestaltet werden.

Antrieb meist durch Elektromotor. Fur die einzelnen Bewegungen kommen in Betracht: Zahnräder, Kurbelschleifen, Kurven-, Daumenscheiben, Hebel, Gestánge, Elektromagnete, Riemengetriebe, Einzelmotore.

722.2 Zuführen, Fördern

Die *Zuführeinrichtung* fördert die Pruflinge einzeln der oder den Meßstellen zu und bringt sie in die Meßstellung. Grundsätzliche Moglichkeiten:

1. Selbsttátige Zuführeinrichtung. Die Pruflinge werden in einen Trichter geschuttet und von dort aus mechanisch gerichtet und je nach Gestalt durch Schlauch, Greifer (mechanisch, pneumatisch), Schieber der Meßstelle zugefuhrt. Eignet sich nur für einfache Teile, die mechanisch ausgerichtet werden können oder dessen nicht bedurfen, wie Kugeln.

2. Magazinzuführung, wenn mechanisches Ausrichten schwierig. Teile werden von Hand ausgerichtet und in ein einsetzbares Magazin oder auf eine Auflagefläche gebracht und von dort aus mechanisch einzeln der Meßstelle zugeleitet. Die Maschine kann die fur gut befundenen Stucke wiederum in ein Magazin fullen, das herausnehmbar und zum Einsetzen in eine folgende Prufmaschine geeignet ist.

3. Handzuführung. Teile, die sich weder für selbsttatiges Ausrichten, noch fur Magazinaufnahme eignen, werden einzeln entweder der Meßstelle unmittelbar oder einer Fördereinrichtung zu dieser hin von Hand zugeführt.

Merkmale des Prüflings, die zum selbsttatigen Gleichrichten ausgenutzt werden können, s. Tab. 722–1.

Grunde, die selbsttátiges Gleichrichten verbieten, s. Tab. 722–2.

Teilarbeitsgänge des Zuführens:

Entnehmen aus dem Aufgabebehälter.
Gleichrichten, soweit notig.
Stapeln in Magazin (nicht immer).
Abteilen, z. B. Trennschieber, um die Pruflinge einzeln der Meßstelle zuzufuhren.
Zufuhren zur Meßstelle.

Entnahme- und Gleichrichteinrichtungen (ausgeführte Konstruktionen) s. Tab. 722–3 und Abb. 722–3 bis –7.

Tabelle 722–1. **Kennzeichnende Merkmale des Prüflings.**

Form
  Abmessungen
  Verhältnis der Außen- und Innenabmessungen
Gewicht
  Schwerpunktlage
Werkstoff
Oberflächenbeschaffenheit.

Tabelle 722-2. **Gründe für das Einlegen der Prüflinge von Hand (halbselbsttätige Prüfmaschinen):**

1. Kleine Stückzahl.
2. Empfindlichkeit gegen Oberflachenbeschadigung und bleibende Verformung.
3. Große Abmessungen oder Gewicht.
4. Aufwand zum Gleichrichten der Teile zu groß.
5. Teile verhaken ineinander oder klemmen leicht in der Zufuhrung.
6. Explosionsempfindlichkeit.

Tabelle 722-3. **Zuführ- und Gleichrichteinrichtungen**

Zufuhrungsmerkmal Gestalt	Vorgang des Zufuhrens und Gleichrichtens	Leistung der Maschine Stuck/h[1] Fruhere Herstellerfirma
Außenform Kugel	Im Aufgabebehálter, dessen Achse zur Senkrechten geneigt ist, kreist eine Förderscheibe mit Mitnehmeroffnungen am Umfang. Wenn eine Mitnehmeroffnung uber die Ausfallöffnung kommt, fallt eine Kugel auf die Meßbahn oder gelangt in Bereich eines Greifers oder Schiebers	3000 Fritz Werner 9300 Junkers
Zylinder (Rolle, Nadel)	Im Aufgabebehalter an der tiefsten Stelle. Backen nach Abb. 722–3a kreisender Finger fuhrt die Pruflinge senkrecht gerichtet dem Zufuhrrohr zu Stoßelrohr mit 4 Flugeln nach Abb. 722–3b Hubstempel mit geneigter oberer Fläche geht auf und ab und fördert die Pruflinge gerichtet auf Zufuhrrinne Förderscheibe, ähnlich wie bei Kugel, nach Abb. 722–3c	3000 Keilpart 2000 VKF 3600 Bauer & Schaurte 1650 Junkers 5000 Bauer & Schaurte
Ring. Buchse	Kreisender Kegel und Mitnehmer nach Abb. 722–3d Mitnehmerscheibe mit Aussparungen am Umfang, deren jede zwei Pruflinge aufnehmen kann. An einer bestimmten Stelle fördert ein Schieber den unten liegenden Prufling in die Ausfalloffnung zur Zufuhrschiene	3500 Junkers 15000 Fritz Werner
Schraube mit Bund U-formiger Blechstreifen	Hubstempel und Draht nach Abb. 722–4a Forderscheibe schafft Pruflinge in rechteckigen Kanal. Gleichrichten nach Abb. 722–4b	1000 Junkers 1200 Fritz Werner

[1] Die Leistung der Zufuhr- und Gleichrichteinrichtung ist meist großer als die Arbeitsleistung der *Maschine*.

Tabelle 722–3 (Forts.)

Zuführungsmerkmal Gestalt	Vorgang des Zuführens und Gleichrichtens	Leistung der Maschine Stück/h Frühere Herstellerfirma
Außenform und Schwerkraft Keglige Ronde Druckschraube	Förderscheibe, Stößel und Gleichricht- einrichtung nach Abb. 722–5a Kreisend schwingende Drehplatte fördert die Prüflinge in ein Abfallrohr, Gleichrichten nach Abb. 722–5b	15000 Fritz Werner 2000 Bosch
Kopfschraube oder kegelige Teile Drehteile mit ein- seitigem Bund	Ein um eine waagerechte Achse kreisendes Flügelrad schaufelt die Prüflinge auf eine Zuführrinne nach Abb. 722–5c, wo sie durch Schwerkraft gleichgerichtet werden. Schöpfer geht im Aufgabebehälter auf und ab. Gleichrichtung nach Abb. 722–5d	3600 Bauer & Schaurte 2000 Bosch
Innenform napfförmige Körper	Schöpfrad und Sternrad nach Abb. 722–6a Kegeliger Förderteller und entgegengesetzt kreisender Außenring mit Zellen und Fang- stiften nach Abb. 722–6b	2500 DWM, Polte 2500 Polte
Innenform und Schwerkraft einseitig geschlos- senes Rohr Rohr, mit einseitig liegender Wand	Fördereinrichtung bringt die Prüflinge zwischen zwei federnde Stifte. Dort Gleich- richten nach Abb. 722–6c	2100 DWM Fritz Werner
Schwerpunktlage napf- und hülsen- förmige Körper	Prüflinge werden von Mitnehmerscheibe auf eine Kurve gefördert, dort Gleichrichten nach Abb. 722–7a Schöpfrad, Förderriemen, Einlaufmuschel nach Abb. 722–7b Förderscheibe, Schieber, Wendeeinrich- tung nach Abb. 722–7c	4800 Fritz Werner 5000 DWM 3000, 17000 Fritz Werner
Magnetismus mit unmagnetisch. Stoff gefüllte Hülse	Förderband bringt den Prüfling zwischen zwei Magnetpole. Gleichrichten nach Abb. 722–7d	(nicht bekannt) DWM

Fördereinrichtungen zeigt schematisch Abb. 722–8. Daneben besteht die Möglichkeit der Schwerkraftförderung wie bei Abb. 721–12 sowie Bewegen durch Elektromagnet.

Für die Art der Fördereinrichtung ist die *Anordnung der Prüfgänge* bestimmend; die Möglichkeiten zeigt schematisch Abb. 722–9.

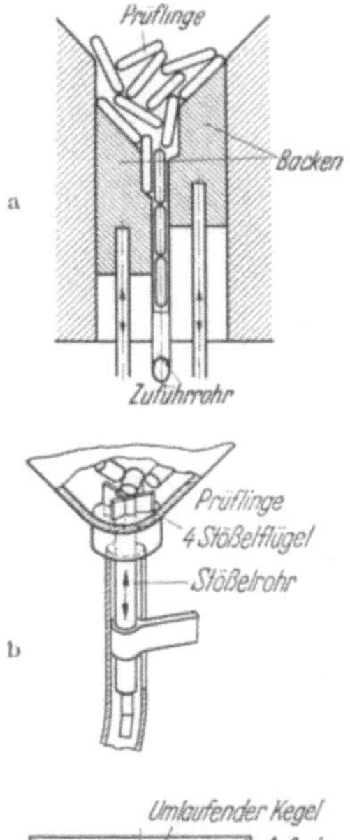

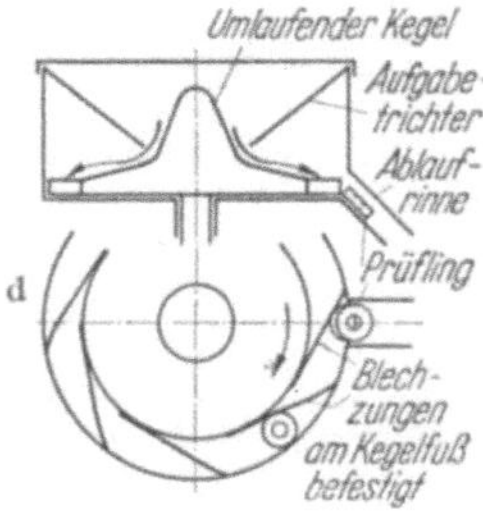

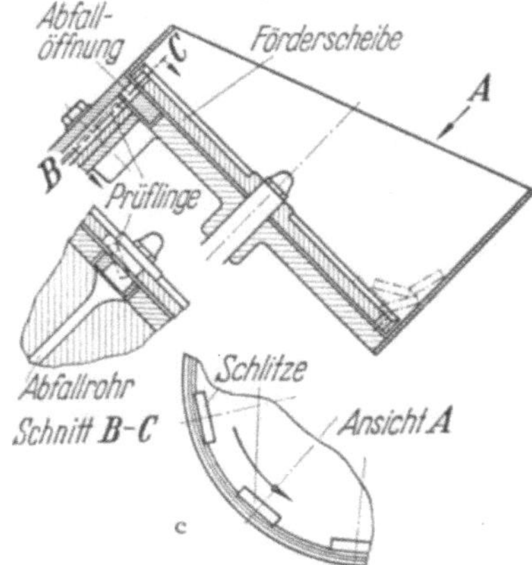

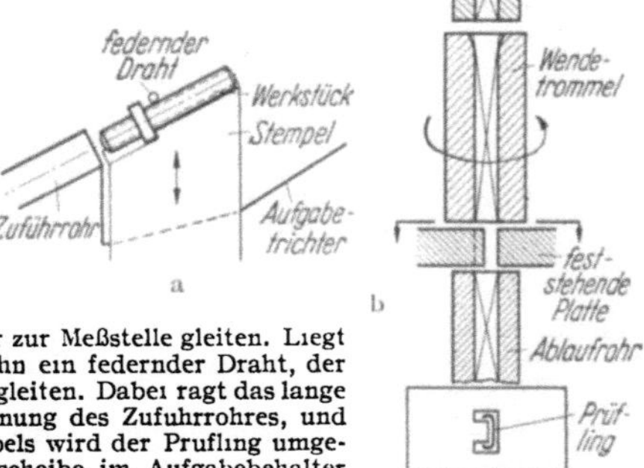

Abb. 722–3. Zufuhr- und Gleichrichteinrichtungen fur selbsttatige Prufmaschinen.

a) An der tiefsten Stelle des Aufgabetrichters bewegen sich gegenlaufig zwei Backen auf- und abwarts. Die Backen bilden im unteren Teil einen rohrformigen Durchlaß, durch den die Pruflinge in das Zufuhrrohr zur Meßstelle gelangen. b) An der tiefsten Stelle des Aufgabetrichters bewegt sich ein Stoßelrohr mit vier seitlichen Flugeln auf- und abwärts. Durch das Stoßelrohr gelangen die Pruflinge gerichtet in das Zufuhrrohr zur Meßstelle. c) Im schrägliegenden Aufgabetrichter kreist eine Forderscheibe mit rechteckigen Schlitzen, welche die Pruflinge einzeln zur Abfalloffnung fordert. Von dort fallen sie gerichtet ins Zufuhrrohr zur Meßstelle. d) Auf dem im Aufgabetrichter umlaufenden Kegel gleiten die Pruflinge (Gummiringe) gerichtet nach außen und werden durch Blechzungen zur Ablaufrinne gefordert.

Abb. 722–4. Gleichrichteinrichtungen. a) Fur Stiftschrauben mit Bund. An der tiefsten Stelle des Aufgabebehalters bewegt sich ein muldenformiger Stempel mit Aussparung auf und ab Kommt ein Prufling wie gezeichnet in die Mulde zu liegen, so kann er durch

Schwerkraft in das Zufuhrrohr zur Meßstelle gleiten. Liegt er anders herum, so hindert ihn ein federnder Draht, der ihn am Bund festhalt, am Abgleiten. Dabei ragt das lange Gewindeende etwas in die Öffnung des Zufuhrrohres, und beim Abwartsgehen des Stempels wird der Prufling umgedreht. b) Durch eine Forderscheibe im Aufgabebehalter werden die Prüflinge der Gleichrichteinrichtung zugeführt. Richtig liegende, wie unten gezeichnet, fallen glatt durch. Falsch liegende stoßen auf die feststehende Platte. Die Wendetrommel dreht sich bei jedem Arbeitstakt der Maschine um 180°, dadurch wird der falsch liegende Prüfling gewendet und kann durch den Durchbruch der feststehenden Platte fallen.

Abb. 722–5. Gleichrichteinrichtungen. a) Die noch nicht gleichgerichteten kegeligen Ronden werden durch einen Stößel einzeln der Gleichrichteinrichtung zugeführt, die geneigt liegt. Da ein Kegel stets auf einer Kreisbahn rollt, gleiten die Prüflinge je nach ihrer Lage an der rechten oder linken Wand entlang, bis sie gleichgerichtet zur Ausfallöffnung gelangen. b) Die am einen Ende dünneren Prüflinge fallen durch ein gekrümmtes Rohr. Fallen sie dabei mit dem dünneren Ende voran (links), so werden sie in einem Loch gefangen und gekippt. Die mit dem dickeren Ende voran fallenden (rechts) kippen in

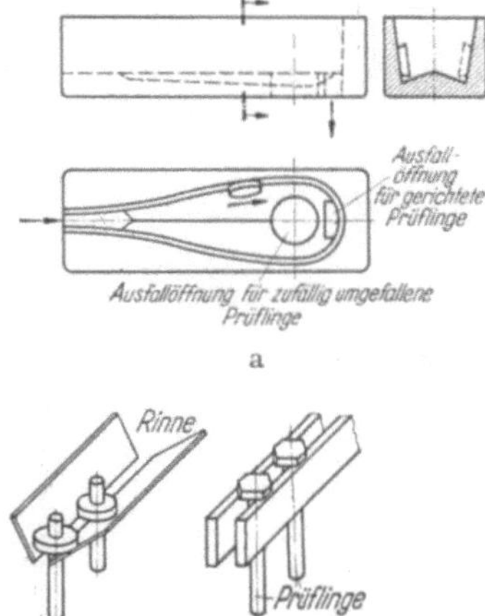

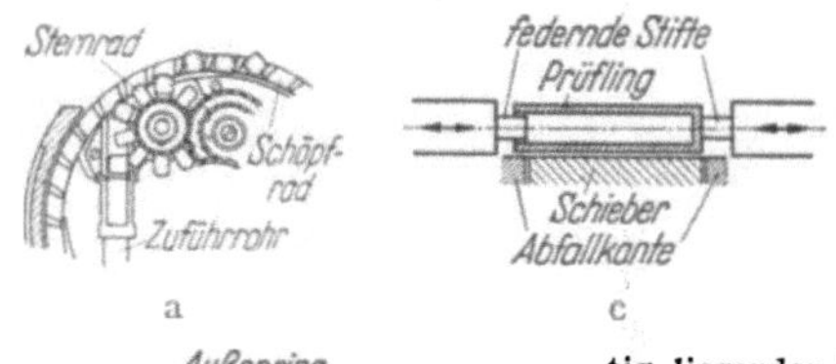

umgekehrter Richtung. c) Die Prüflinge werden durch ein Flügelrad auf eine Keilrinne gefördert; infolge ihrer Schwerpunktlage kippen sie in dieser so, daß das lange Ende nach unten hängt. d) Aus zwei Schienen gebildete Schöpfrinne fährt periodisch von unten nach oben durch den Vorratsbehälter. Von dem Schöpfer rutschen sie durch Schwerkraft gleichgerichtet in ein Zwischenmagazin, von dem sie einzeln durch einen Druckstempel der Meßstelle zugeleitet werden.

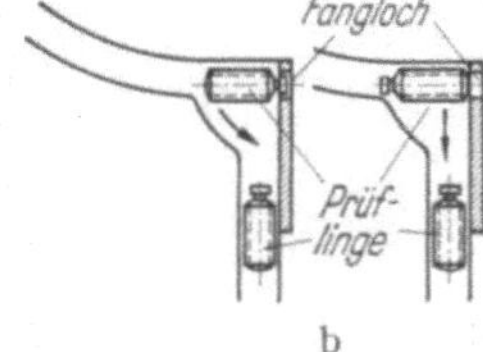

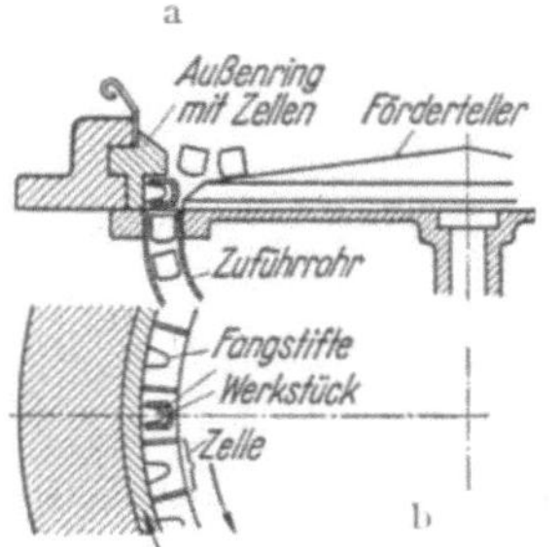

Abb. 722–6. Gleichrichteinrichtungen für napf- und hülsenförmige Prüflinge. a) Das Schöpfrad schöpft die Prüflinge in beliebiger Lage aus dem Aufgabebehälter. Aus den Taschen des Schöpfrades stülpt sich ein Sternrad, das mit gleicher Umfangsgeschwindigkeit läuft, die richtig liegenden Prüflinge auf seine Sterne und fördert sie in das Zufuhrrohr zur Meßstelle. Die falsch liegenden werden vom Sternrad in den Vorratsbehälter zurückgestoßen. b) Der kegelige Förderteller dreht sich entgegengesetzt zum Außenring, der mit Zellen und Fangstiften für die Prüflinge versehen ist. Die Prüflinge, die sich bei den gegenläufigen Drehbewegungen auf die Fangstifte gestülpt haben, fallen ausgerichtet in das Zufuhrrohr zur Meßstelle. c) Ein Schieber fördert jeden Prüfling in die gezeichnete Lage. Dann werden federnde Stifte von beiden Seiten auf den Prüfling zu bewegt. Derjenige Stift, der auf den Boden des Prüflings trifft, schiebt ihn ein wenig zur Seite,

so daß nach Wegziehen des Schiebers jeder Prüfling mit dem Boden nach unten in das Zufuhrrohr zur Meßstelle fällt.

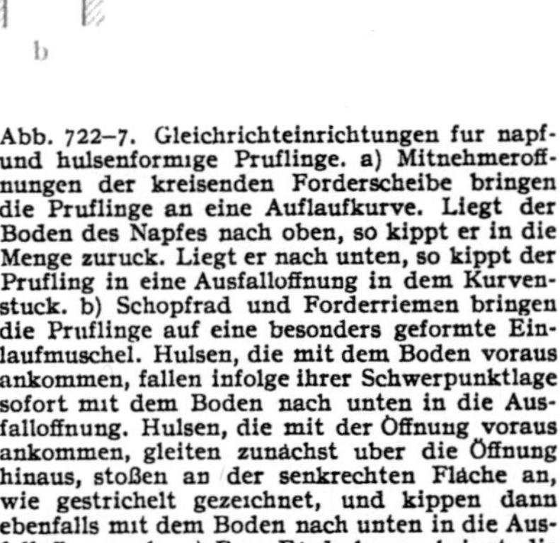

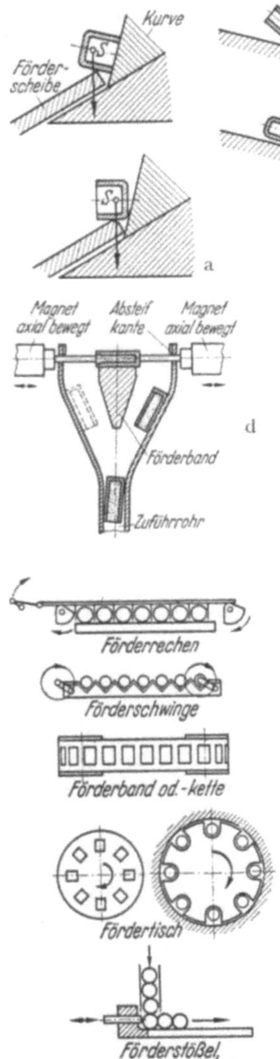

Abb. 722–7. Gleichrichteinrichtungen für napf- und hülsenförmige Prüflinge. a) Mitnehmeröffnungen der kreisenden Förderscheibe bringen die Prüflinge an eine Auflaufkurve. Liegt der Boden des Napfes nach oben, so kippt er in die Menge zurück. Liegt er nach unten, so kippt der Prüfling in eine Ausfallöffnung in dem Kurvenstück. b) Schöpfrad und Förderriemen bringen die Prüflinge auf eine besonders geformte Einlaufmuschel. Hülsen, die mit dem Boden voraus ankommen, fallen infolge ihrer Schwerpunktlage sofort mit dem Boden nach unten in die Ausfallöffnung. Hülsen, die mit der Öffnung voraus ankommen, gleiten zunächst über die Öffnung hinaus, stoßen an der senkrechten Fläche an, wie gestrichelt gezeichnet, und kippen dann ebenfalls mit dem Boden nach unten in die Ausfallöffnung ab. c) Eine Förderkurve bringt die Hülsen in die gezeichnete Lage. Gleichgültig, ob dabei der Boden rechts oder links vom Wendestift liegt, kippt jeder Prüfling mit dem Boden voraus nach unten ab. d) Von einem Förderband wird die gefüllte Eisenkapsel zwischen zwei Magnetpole gebracht. Die Magnetpole werden auf die Kapsel zu bewegt bis in die gezeichnete Stellung. Beim Rückgang der Magnete wird die Kapsel von demjenigen Pol mitgenommen, der den Boden der Kapsel berührt. Sie wird an der Abstreifkante abgestreift und fällt mit der Öffnung voraus in das Zufuhrrohr zur Meßstelle.

Abb. 722–8. Fördereinrichtungen an selbsttätigen Prüfmaschinen.

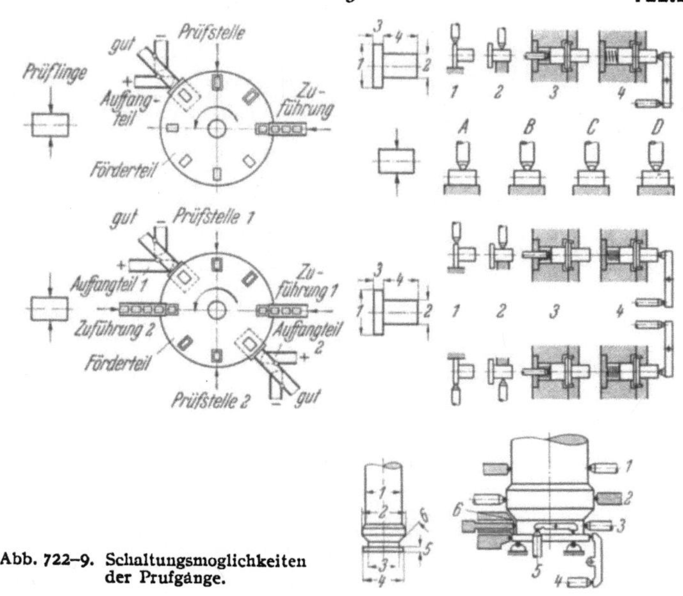

Abb. 722–9. Schaltungsmoglichkeiten
der Prufgange.

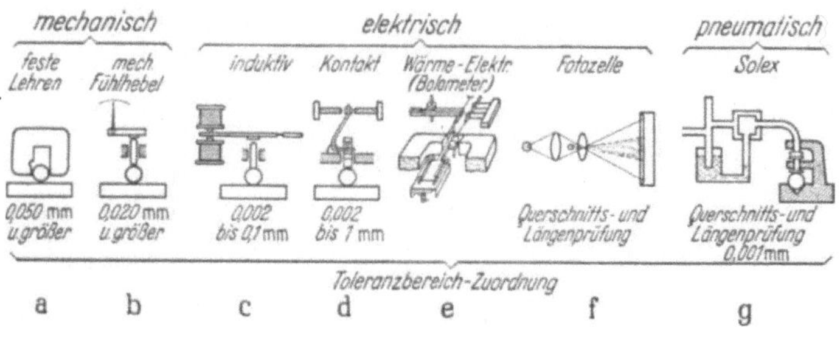

Abb. 722–10. Prufverfahren.

Forderung von einer Maschine zur andern, wenn mehrere Maschinen hintereinander geschaltet sind, durch Band-, Becher-, Kettenförderer und Rutschen. Wenn die
erste Maschine die Pruflinge gerichtet oder in Magazinen ausstößt, kann bei der folgenden das Ausrichten gespart werden. Mit der selbsttätigen Prufung kann die *Sichtprufung* auf Oberflächenfehler und vollständige Bearbeitung (Gewinde, Schlitze bei
Schrauben) verbunden werden; meist beim Einlegen (bei Halbautomaten), auf besonderem Aussuchband oder im Magazin, selten innerhalb der Prufgange der Maschine eingegliedert. Es sind auch besondere *Maschinen nur zum Ausrichten* fur
die Sichtprufung gebaut worden, z. B. fur Schrauben.

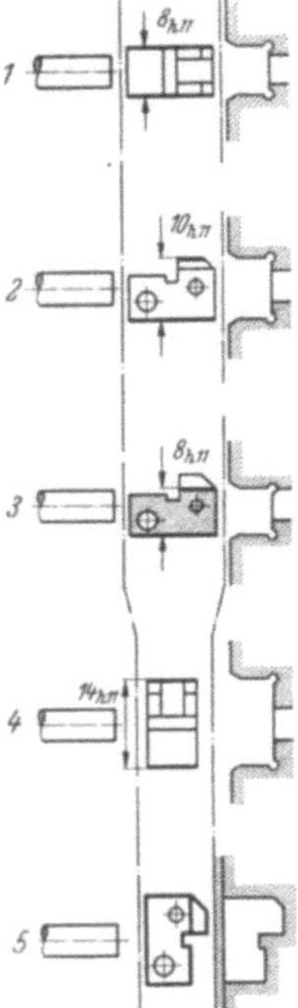

Abb. 722–11. Beispiel für Prüfung mit festen Lehren (weitere fünf Prüfgänge sind nicht dargestellt). Zwischen den Prüfstellen wird das Werkstück mehrmals gewendet. Die Meßzeuge werden durch einen federnden Stößel über den Prüfling geschoben (Gutlehrung); ist dies nicht möglich, weil Prüfmaß überschritten, so wird ein elektrischer Kontakt geschlossen, der die Ableiteinrichtung steuert und die Förderung des Prüflings in den Ausschußbehälter („zu groß") bewirkt. Jede Prüfstation stellt eine Baugruppe für sich dar. Die Baugruppen unterscheiden sich nur durch wenige Sonderteile (Meßrachen) und können beliebig in einer Prüfmaschine zusammengestellt werden (Rheinmetall).

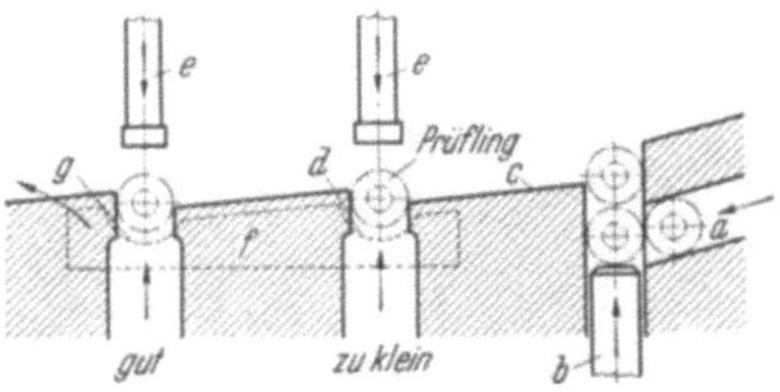

Abb. 722–12. Prüfen des Durchmessers zylindrischer Teile. a = Zufuhrkanal (Schwerkraftförderung), b = Hubstößel, c = Rollbahn, d = rechteckige Öffnung mit Kleinstmaß, e = federnde Stößel. f = Fördereinrichtung, g = Öffnung mit Großtmaß. Zu kleine Teile fallen durch d in den Ausschußkasten, die andern werden mittels f nach g gefördert, toleranzhaltige Teile fallen dann durch g, der Rest = zu dick wird nach links in den Auffangkasten „Nacharbeit" gefördert. Leistung: 2000 Stück/Std. (Junkers).

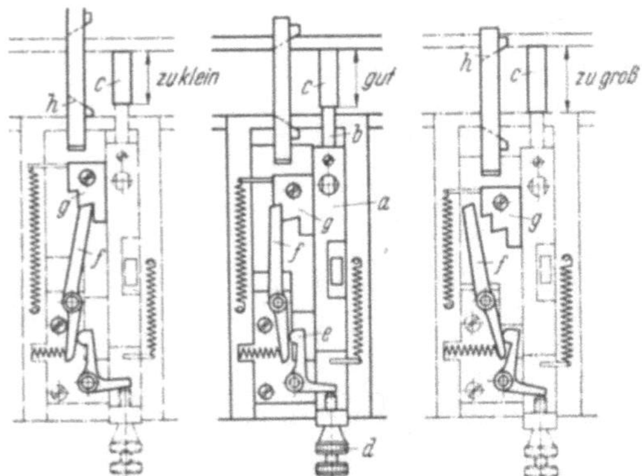

Abb. 722–13. Beispiel für mechanische Prüfung auf beide Toleranzgrenzen in einem Prüfgang. Der Prüfschlitten a schiebt mit seinem Taststift b den Prüfling c gegen eine feste Fläche. Je nach dessen Länge und der Einstellung der Stellschraube d stellt sich der Winkelhebel e ein, der auf den Sperrhebel f einwirkt. Je nach dessen Stellung stößt das federnd bewegte Rastenstück g mit einer der Rasten auf f und hindert dessen Weiterbewegung. Dadurch wird im Falle „zu klein" das Werkstück nach einer Seite (im Bild nach oben) durch die Schräge h abgelenkt; im Falle „gut" wird es durchgelassen, „zu groß" wird nach unten in den Behälter abgelenkt. An Stelle der Schrägen h werden auch Absperrschieber für Durchfallöffnungen benutzt (Polte.)

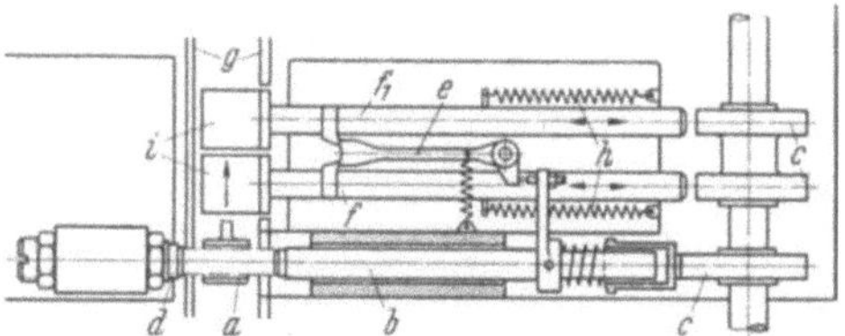

Abb. 722–14. Längenprüfung in einem Prüfgang. a = Transportgabel mit Prüfling (strichpunktiert), b = federnder Stoßel, durch Exzenter c bewegt, d = fester Meßamboß, e = Sperrhebel, in Mittellage („gut") gezeichnet, die beiden Abfallschieber f, f_1 werden von e festgehalten, Ausfallöffnungen bleiben geschlossen, Prüfling wird auf Gleitbahn g weitergefördert. Wenn Prüfling zu groß oder zu klein, geht f_1 bzw. f unter Wirkung der Federn h zurück, Ausfallöffnung i öffnet sich, Prüfling fällt in Behälter „zu groß" bzw. „zu klein". Leistung: 1500 Stück/Std. (DWM).

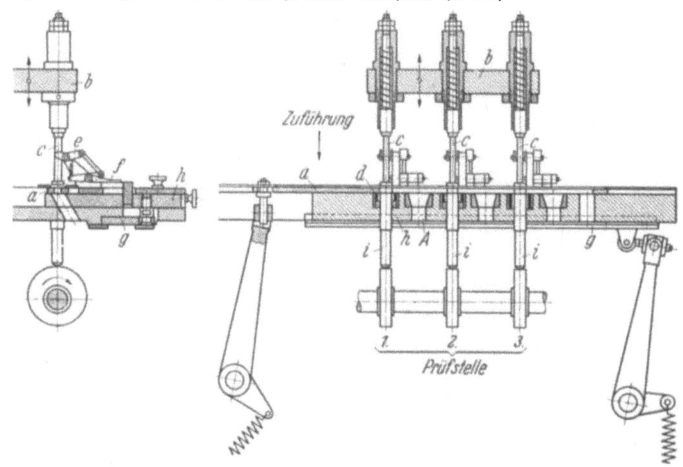

Abb. 722–15. Prüfgerät für Außendurchmesser und Dicke von Ringen. a = Förderschiene, fördert Prüfling an die erste Prüfstelle. Dann geht Platte b mit federndem Prüfstempel c abwärts und drückt den Ring in die Buchse d; c drückt mit einem Bund auf den gabelförmigen Prüfhebel e. Geht der Prüfling nicht in die Buchse d, weil zu groß, so bleibt e in seiner Stellung, der durch Kurvenschiene g gesteuerte Abfallschieber h bleibt an der Raste f des Prüfhebels hängen, Abfallschieber h bleibt offen stehen, bis Stempel i den Prüfling wieder aus d herausgehoben und Förderschiene ihn über die nun offenstehende Abfallöffnung A gebracht hat. Dasselbe wiederholt sich bei den folgenden Prüfstellen mit anderen Meßstücken. Leistung: 3000 Stück/Std. (DWM).

Abb. 722–16. Auslesemaschine für zylindrische Rollen 2···20 Ø, bis 24 lang. Raum zwischen Prüftisch und Tastlineal ist keilförmig. Schieber ist mit Impulsgeber verbunden; Anzahl der Impulse bis zum Schließen des elektrischen Kontaktes ist maßgebend für die Weichenstellung im Auswurfkanal. Kleinste einstellbare Teiltoleranz (Sortiergruppentoleranz): 1 μ. Unsicherheit: 0,2 μ. Leistung: 4000 Stück/Std. (Censor).

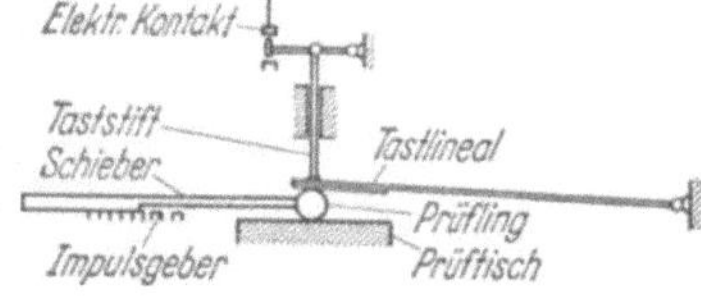

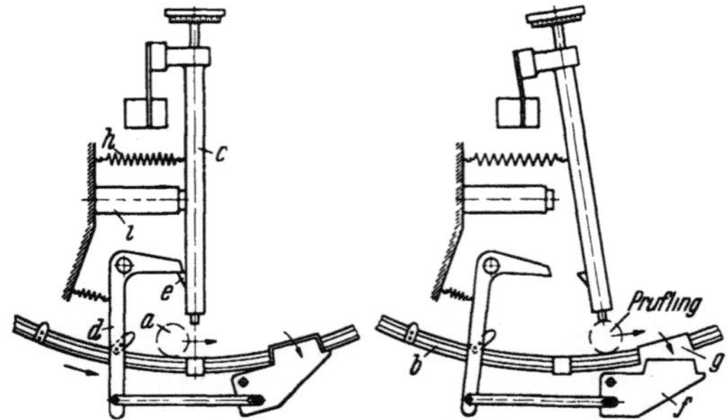

Abb. 722–17. Auslesemaschine fur zylindrische Rollen 3···14 Ø. Pruflinge *a* werden durch Revolverteller an der Schiene *b* entlang unter *mehreren* Pendeln *c* entlang gefuhrt, von denen nur eines gezeichnet ist. Die Abstande der Pendel von *b* sind gemaß der Sortiertoleranz gestuft. Dasjenige Pendel, dessen Abstand kleiner ist als der Durchmesser des Pruflings, wird mitgenommen, wie rechts gezeichnet; dadurch rastet Hebel *d* von der Nase *e* ab, schwenkt die Klappe *f* von der Ausfallöffnung *g* fort, durch die der Prufling in den betreffenden Behalter fällt. Meßpendel wird durch Feder *h* zuruckgezogen bis zum Anschlag *i*, Hebel *d* wird durch einen am Drehteller sitzenden Bolzen wieder zum Einrasten an *e* gebracht. Leistung: 2000 Stuck/Std. (VKF).

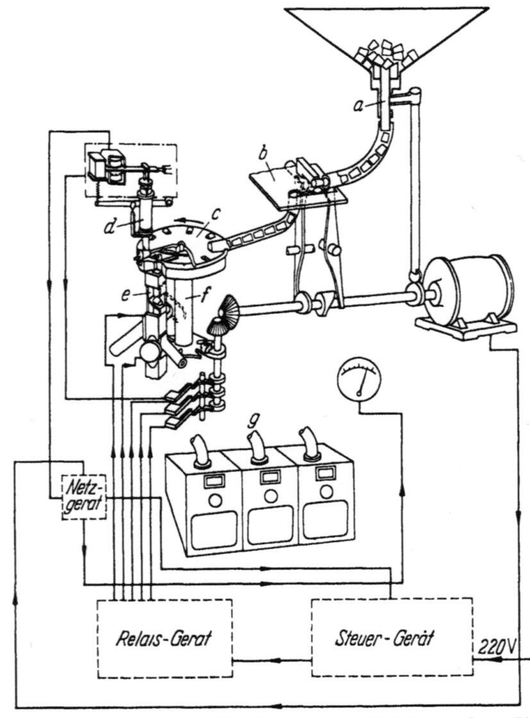

Abb. 722–18. Auslesemaschine fur Kegelrollen. *a* = Zufuhrung, *b* = Einrichtung.

zum Gleichrichten der Pruflinge, c = Drehteller, d = Eltas-Fuhlhebel. Nach dem Abtasten schaltet c weiter und Prufling fällt in den Kanal e, der so viele Weichen f und Ableitrohre zu den Behältern g aufweist, wie Sortierbereiche vorgesehen sind. Kleinste Sortiertoleranz 2 μ. Leistung: 3600 Stuck/Std. (Bauer & Schaurte — AEG)

722.3 Prüfen, Auslesen

In Abb. 722–10 sind die Möglichkeiten, den Meßwert zu erfassen, schematisch zusammengestellt. Abb. 722–11 bis –18 geben schematische Darstellungen bisher ausgefuhrter Prufmaschinen.

Zum *Einstellen* und regelmäßigen Prufen während des Betriebes sind vier Einstellehren nötig, deren Herstelltoleranzfelder Abb. 722–19 zeigt. Die Lehren werden in regelmäßigen Zeitabständen mit den Pruflingen durch die Maschine geschickt und mussen dann in den richtigen Auffangbehältern erscheinen.

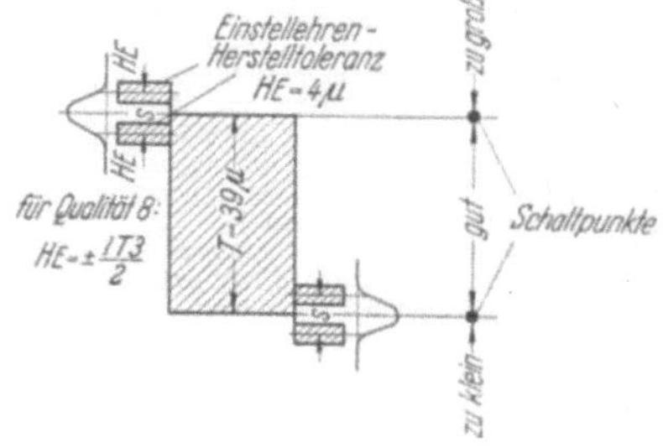

Abb. 722–19. Lage und Größe der Herstelltoleranzen der Einstellehren.
Zweckmäßig $S = 2 \cdot H_E$.

722.4 Besondere Prüfaufgaben

Der *Querschnitt* einer oder mehrerer *kleiner Bohrungen* kann pneumatisch nach dem Solexverfahren geprüft werden, indem das Werkstück an die Stelle der Ausströmdüse gebracht wird, Abschn. 26. Beim Benutzen von Quecksilber als Manometerflussigkeit können an den Stellen des Manometerrohres, die den Tole-

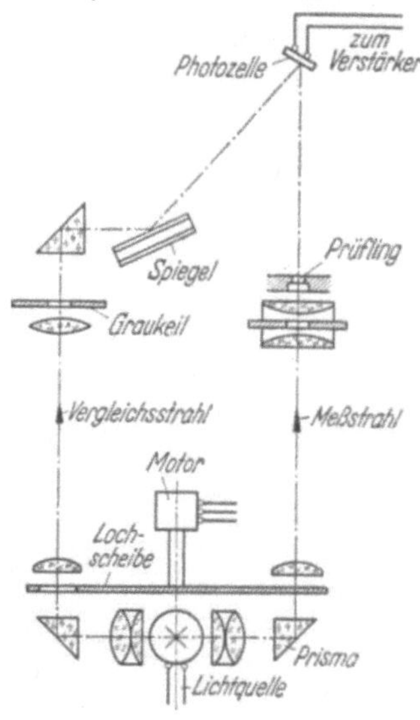

Abb. 722–20. Lichtelektrische Prufung kleiner Bohrungsquerschnitte. Von einer Lichtquelle gehen zwei Strahlenbundel aus: Der Meßstrahl geht uber Linsen und ein Umlenkprisma durch die Pruflingsbohrung zur Photozelle. Der Vergleichsstrahl kann durch Graukeil geregelt werden. In beiden Strahlengängen liegt eine umlaufende Lochblende. Geht durch das Pruflingsloch ebensoviel Licht wie durch den Graukeil, so gelangt gleichförmiges Licht auf die Photozelle. In allen anderen Fällen entsteht Wechsellicht, somit in der Photozelle Wechselspannung, die verstärkt und durch Elektronenrelais zum Steuern der Ableiteinrichtung (Weichen) benutzt wird, so daß Werkstucke mit zu großer oder zu kleiner Bohrung in den Ausschußbehälter ausgeworfen werden. Bei Störungen setzt sich die Maschine von selbst still. Leistung. 15000 Stuck/Std. (Werner).

Leinweber, Längenmeßtechnik

ranzgrenzen entsprechen, Kontakte angebracht werden, welche die Ableiteinrichtung der Prüfmaschine steuern. Bei einer anderen Maschine strömt eine bestimmte Zeit lang Luft von bestimmtem Druck durch die zu prüfende Bohrung. Die Luft hebt eine in Öl schwimmende

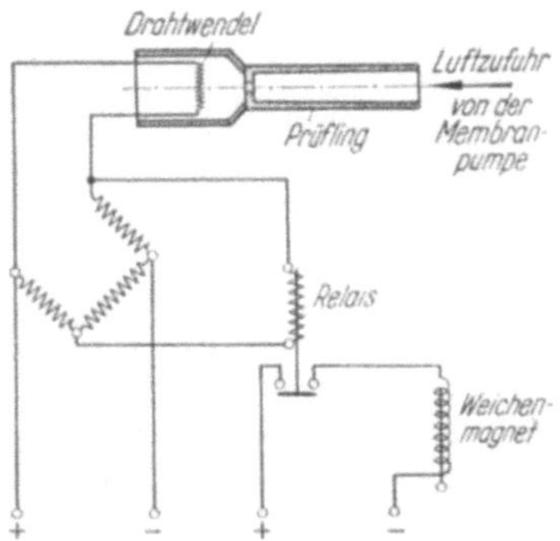

Abb. 722–21. Querschnittsprüfung nach dem Bolometerverfahren. Die Drahtwendel wird elektrisch geheizt. Ein mit Wechselstrom beschickter Elektromagnet erregt eine Membran, diese erzeugt einen Luftstrom, der durch die Prüflingsbohrung geschickt und auf die Drahtwendel geleitet wird. Dadurch wird diese, abhängig vom Bohrungsquerschnitt gekühlt, ihr Widerstand ändert sich, die Änderung wird in einer Brückenschaltung zum Steuern der Weichen ausgenutzt.

Glocke entsprechend der durchgeströmten Luftmenge. Die Glocke löst an bestimmten, den Toleranzgrenzen entsprechenden Stellen Rastenhebel aus, die zum Steuern der Ableiteinrichtung dienen. Beide Verfahren sind wieder verlassen worden.

Lichtelektrische und *bolometrische* Prüfung von Bohrungen zeigen Abb. 722–20 und –21.

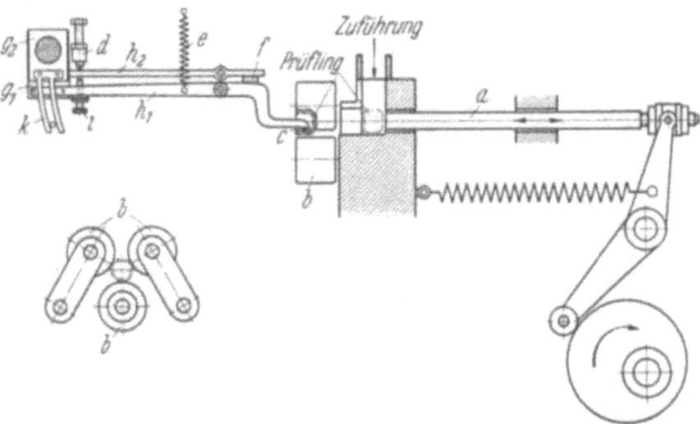

Abb. 722–22. Prüfen eines napfförmigen Prüflings auf Gleichmäßigkeit der Wanddicke. Der Förderstempel a schiebt den Prüfling zwischen drei Transportrollen b, von denen die untere mit feststehender Achse sich dreht, die oberen beiden in Lenkern gelagert sind. Während dieses Vorganges ist Meßpunkt c durch den kurvengesteuerten Hebel d angehoben, außerdem sind die Hebel h_1, h_2 durch den Keil f gegeneinander verriegelt. Nach dem Einlegen wird d gehoben und f herausgezogen, c senkt sich infolge Wirkung der Feder e auf die Innenwandung. Die Hebel h_1, h_2 tragen an ihren langen Enden je eine Gitterblende g_1, g_2. Stellschraube i ist so eingestellt, daß die Strichgitter sich in der Nullstellung überdecken, so daß kein Licht hindurch auf eine Photozelle fällt. Ist die Wanddicke ungleichmäßig, so bewegt sich Hebel h_1, während c durch b gedreht wird; h_2 wird durch die Bremse k festgehalten; die auf die Photozelle fallende Lichtmenge schwankt, die erzeugten Spannungsschwankungen werden verstärkt und zum Steuern der Weichen ausgenutzt. Die Maschine prüft sich selbsttätig vor jedem Prüfgang und schaltet bei Störungen ab. Leistung: 2500 Stück/Std. (DWM).

Fur die *Wanddickenprufung* napfförmiger Teile ist eine Maschine entwickelt worden, deren Wesen Abb. 722–22 veranschaulicht.

Bei der *Gewindeprüfung* nach Abb. 722–23 wurden zwei Meßstellen vorgesehen, um soweit wie mit Meßrollen möglich nach dem Taylorschen Grundsatz zu prüfen.

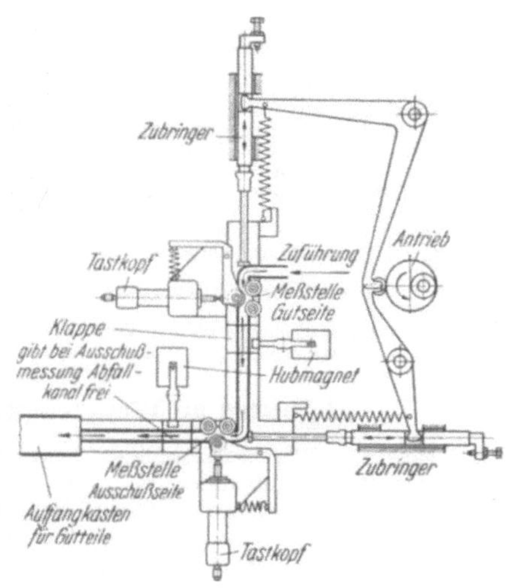

Abb. 722–23. Prufmaschine fur Gewindeteile mit Bund. Je eine Prufstelle fur Gut und Ausschuß, Gutseite mit vollem Profil, Ausschußseite mit verkurzten Flanken und ein bzw. zwei Rillen. An jeder Prufstelle zwei feste und eine bewegliche Rolle, die auf Kontakttastkopf einwirkt (Bauer & Schaurte).

722.5 Ableiteinrichtungen

Abb. 722–24 gibt eine Übersicht uber die Möglichkeiten der Weichenstellung. Anwendungsbeispiele bringen auch schon die vorhergehenden Abbildungen.

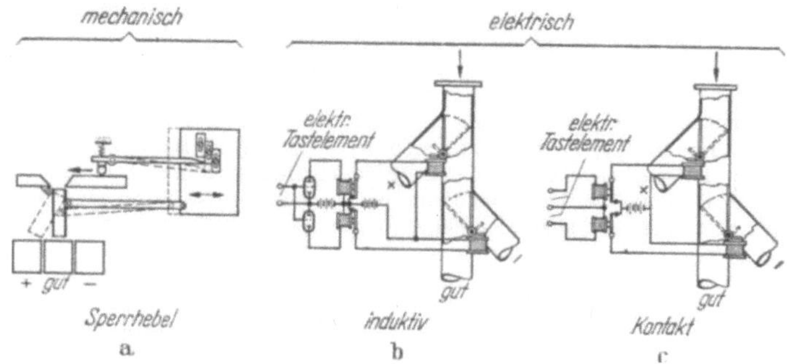

Abb. 722–24. Arten von Ableiteinrichtungen.

Schrifttum

Ehrler: Rachenlehre mit Einfuhransatz. Werkst.-Techn. u. Werksl. Bd. 37/22 (Juli 1943) H. 7.
Gaudich: Prufen während der Fertigung Werkst.-Techn. u. Werksl. Bd. 37/22 (Juli 1943) H. 7.

39 *

Hermann. Messen und Prufen großer Stuckzahlen. Grundlagen und Anwendungs-
    beispiele. Werkst.-Techn. Bd. 42 (1952) H. 3, S. 96.
Kaufmann: Richtzeiten bei Prufarbeiten. Werkst.-Techn. u. Werksl. Bd. 37/22
    (November/Dezember 1943) H. 11/12.
Kniehahn· Rationalisierung durch Betriebsuberwachung, Messen und Prufen in der
    Massenfertigung. Masch.-Bau/Betr. Bd. 18 (1939) S. 219.
Kordt: Wirtschaftliche Gewindeprufung in der Mengenfertigung. Werkst.-Techn.
    u. Werksl. Bd. 34 (1940) H. 15, S. 245.
Kordt u. Schreiner: Schnellprufgeräte mit elektrischer Lichtanzeige. Werkst.-Techn.
    u. Werksl. Bd. 36 (1942) H. 23/24, S. 486.
Moser: Das Messen von Kolbenbolzendurchmessern. Werkst.-Techn. u. Werksl
    Bd. 36 (Dezember 1942) H. 23/24.
Sommer: Maßnahmen zur Verringerung des Lehrenverschleißes Werkst -Techn.
    u. Werksl. Bd. 36 (1942) H. 9/10.
Wittwer: Einfuhransatz an Lehrdornen. Masch.-Bau/Betr. Bd. 21 (Dezember 1942)
    H. 12.
Wittwer: Wirtschaftliche Fertigungsuberwachung. Masch.-Bau/Betr. Bd. 20 (Mai
    1941) H. 5.
Wittwer: Wirtschaftliches Prufen in der Reihen- und Massenfertigung. Werkst -
    Techn. u. Werksl. Bd. 33 (1939) H. 8, S 209.

73 Messen an Werkzeugmaschinen

Das Messen an Werkzeugmaschinen dient zur Prufung ihrer geometrischen Genauigkeitseigenschaften; es hat besondere Bedeutung bei der Abnahmeprufung. Die Messungen erstrecken sich im wesentlichen auf das Zusammenwirken der einzelnen Teile der Maschine im zusammengebauten Zustand, sie sind nach Bedarf durch Prufung einzelner Teile zu erganzen. Im allgemeinen werden an der unbelasteten Maschine Form-, Lage- und Bewegungsfehler gemessen, soweit sie von unmittelbarem Einfluß auf das Arbeitsergebnis sind. In besonderen Fallen werden zusatzliche Messungen unter Belastung durchgefuhrt, insbesondere interessiert hierbei die Verformung des Gestells unter einer Kraft.

Die Messungen sollen die Verhaltnisse in dem Warmezustand der Maschine wiedergeben, den sie etwa im Betrieb hat. Sie werden deshalb nach einem beispielsweise einstundigen Leerlauf der Maschine durchgefuhrt.

Wichtig ist es, genaue Bezugsflachen am zu prufenden Element zu definieren. Wo diese nicht eindeutig oder schwer zu bestimmen sind, werden Hilfselemente hoher Genauigkeit als Bezugsflachen eingesetzt, z. B. Meßdorne an Spindelkopfen. Benutzt man bewegliche Teile als Bezugsstucke, so mussen die moglichen Bewegungsfehler ausgeschaltet werden, z. B. indem man eine Spindel so lange verdreht, bis die Meßuhr das Mittel zwischen den Extremwerten des Rundlauffehlers anzeigt, s. Abb. 73-4 u. -5.

731 Messungen im unbelasteten Zustand

Es wird die Form und die Lage von einzelnen Elementen hinsichtlich Winkel und Entfernung (Abstand) zueinander sowie der Ablauf von Bewegungen uberpruft.

731.1 Formfehler

S. a. Abschn. 165.1, 51, 52, 53.

Diese Messungen beziehen sich in erster Linie auf Abweichungen von der ebenen bzw. geraden Form bei langen schmalen Teilen und auf Abweichungen von der Zylinderform. Ebenheitsfehler treten z. B. an Spannflächen des Aufspanntisches auf, Geradlinigkeitsfehler z. B. an den Führungsbahnen von Bettschlitten. Beide Fehler überprüft man meist mit einer Wasserwaage

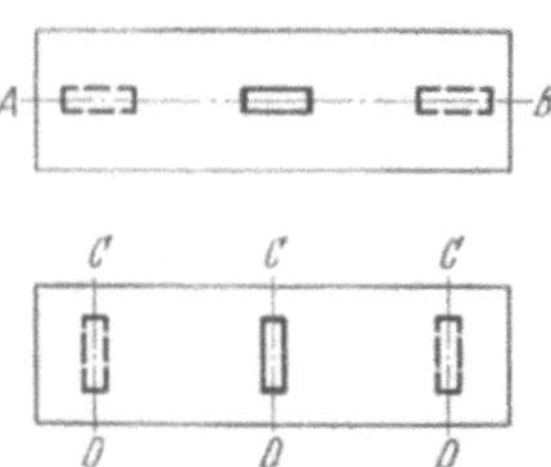

Abb. 73–1. Prüfen des Aufspanntisches einer Waagerecht-Fräsmaschine mittels Wasserwaage. Meßgeräte: Wasserwaage, 200–300 mm lang, Skalenwert 0,03 bis 0,06 mm/m. Meßanleitung: Aufspanntisch in Langs- und Querrichtung in Mittelstellung. Wasserwaage entsprechend Bild längs (Richtung AB) und quer (Richtung CD) in der Mitte und an beiden Enden des Aufspanntisches auf die Aufspannfläche legen (nach DIN 8615).

(Abb. 73–1) oder mit einem Lineal (Abb. 73–2 u. 3). Nicht waagerecht liegende Führungsbahnen sowie Prismenführungen werden unter Verwendung einer entsprechend ausgebildeten Zwischenlage (Prismenpaare, Meßbrücke) ebenfalls mit der Wasserwaage auf Geradheit geprüft. Die erreichbare Genauigkeit hängt von der benutzten Wasserwaage ab. Je nach deren Skalenwert entspricht ein Teilstrich einer Abweichung von der Geraden 0,01 bis 0,4 mm auf 1 m.

Rundführungen sind über ihre ganze Länge auf gleichen Durchmesser und auf Rundheit zu prüfen; ihre Geradheit ermittelt man durch Aufsetzen eines Lineals unter Verwendung

Abb. 73–2. Optisches Lineal-Meßgerät zur Geradheitsmessung mit einer optischen Bezugslinie. (Aus Burger: Werkstatt-Technik und Maschinenbau [Messebericht], Heft 12/1952).

Abb. 73–3. Ebenheitsprüfung der Aufspannfläche eines Bohrwerktisches mit Lineal und Meßuhr. Meßgeräte: Meßuhr, Fuß des Ständers 200 bis 300 mm lang; Lineal, Länge der Größe des Aufspanntisches entsprechend. Meßanleitung: Lineal in den beiden Diagonalrichtungen auf den Tisch legen. Meßuhr auf dem Tisch: Taststift am Lineal. Meßuhr längs Lineal verschieben, dabei Anzeige ablesen (nach DIN 8620)[1].

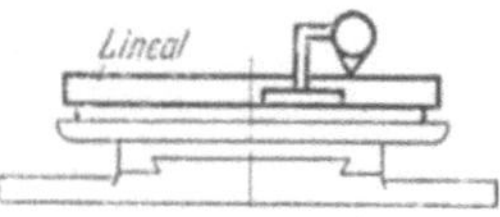

---

[1] In den DIN-Normen über die Prüfung von Werkzeugmaschinen ist für viele Prüfungen die Meßuhr vorgeschrieben, obwohl sie nach den Ausführungen in Abschn. 234 für die verhältnismäßig kleinen zulässigen Abweichungen ungeeignet ist. Die Meßverfahren wurden hier normgemäß wiedergegeben, da es in DIN 8601 heißt: „Um willkürliche Auslegungen zu vermeiden, sind in den Abnahmebedingungen für jede Messung neben den Fehlergrenzen auch das Meßverfahren und die notwendigen Meßgeräte genau festgelegt. Die Abnahmeprüfung ist mit den vorgeschriebenen Meßgeräten an Hand der Meßanleitung durchzuführen."

gleicher Prismenpaare und mißt den Abstand zwischen Welle und Lineal an mehreren Punkten.

Flache Führungsbahnen werden durch ein Tuschierlineal auf Ebenheit geprüft, wobei auch der Traganteil der Fläche durch Bestimmen der tragenden Punkte je Flächeneinheit überprüft wird. Die erreichbare Genauigkeit ist abhängig von der Ebenheit des Tuschierlineals, deren zulässige Abweichung bei Qualität I $\pm \left(5 + \dfrac{L\ \mathrm{mm}}{200} \right) \mu$, bei Qualität II das Doppelte, bei Qualität III das Vierfache beträgt.

Lange Führungsbahnen, deren Ebenheit mittels Tuschierlineal nicht mehr kontrollierbar ist, mißt man mit einem gespannten Stahldraht, der durch ein Mikroskop mit Strichplatte, das an einem auf der Führungsbahn beweglichen Schieber angebracht ist, anvisiert wird. Das Durchhangen des gespannten Drahtes ist dabei in Rechnung zu stellen; besser ist die Prüfung mit optischem Lineal nach Abb. 73-2. Auch mittels Richtfernrohr und Zielmarke kann die Geradheit langer Führungsbahnen geprüft werden (s. Abschn. 47).

731.2 Lagefehler

S. a. Abschn. 54.

Lagefehler können durch falsche Abstände oder falsche Winkel (oder beide miteinander) der Bestimmungsstücke entstehen, z. B. bezüglich der einzelnen Flächen an Werkzeugmaschinen.

Die entfernungsmäßigen Lagefehler eines einzelnen Bezugsstückes spielen im allgemeinen bei Werkzeugmaschinen keine Rolle, dagegen aber häufig die Entfernungen zweier Stücke von einer gemeinsamen Bezugsebene (z. B. Hohengleichheit der Achsen von Schleifspindelstock und Werkstückspindelstock über dem Tisch in einer Innenrundschleifmaschine (Abb. 73-4). Bisweilen ist der Entfernungsvergleich der beiden Endlagen eines verschiebbaren Elementes gegenüber einem Bezugsstück wesentlich (z. B. die Höhenlage der Schleifspindel über dem Tisch in den äußersten Stellungen des Schleiftisches). Beide Fehler werden mit Meßuhren gemessen (Abb. 73-5), die auf der Bezugsfläche aufgesetzt werden und dann das zu messende Element antasten.

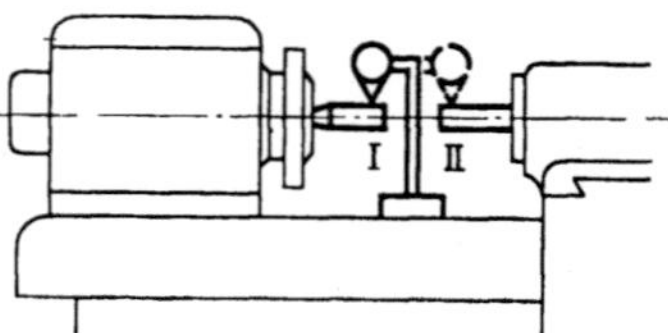

Abb. 73-4. Prüfung der Höhengleichheit von Werkstückspindelstock und Schleifspindelstock über dem Tisch bei einer Innenrundschleifmaschine. Meßgeräte: Meßdorn I mit kegeligem Aufnahmeschaft und zylindrischem 100 mm langem Meßteil; Meßdorn II mit zylindrischem, 100 mm langem Meßteil, Aufnahmeschaft zur Lagerung der Schleifspindel passend, Durchmesser der Meßdorne I und II gleich nach IT 2, Meßuhr. Meßanleitung: Meßdorn I im Innenkegel der Werkstückspindel, Meßdorn II in der Lagerung der Schleifspindel. Meßdorne in die Mittelstellung des Rundlauffehlers bringen. Meßuhr auf dem Tisch. Taststift oben an den freien Enden der Meßdorne I und II; jeweils Anzeige der Meßuhr ablesen. Zu messen ist bei festgeklemmtem Schleifspindelstock bzw. Werkstückspindelstock (nach DIN 8631)[1].

---

[1] s. Fußnote S. 613.

Abb. 73–5. Prufen der Hohenlage der Schleifspindel uber dem Tisch in den außersten Stellungen des Schleifschlittens bei einer Außenrund-
schleifmaschine. Meßgerate: Meßdorn mit
zylindrischem, 100 mm langem Meßteil, Meßuhr. Meßanleitung: Schleifschlitten in hinterster
Stellung. Meßdorn an der Schleifspindel befestigt; Meßdorn in die Mittelstellung des
Rundlauffehlers bringen. Meßuhr auf Obertisch
bzw. Meßbrucke bei Maschinen mit schrägem
Obertisch. Taststift oben am Meßdorn, Anzeige
der Meßuhr ablesen. Schleifschlitten um Anstellange verschieben und Messung
wiederholen (nachDIN 8630)[1].

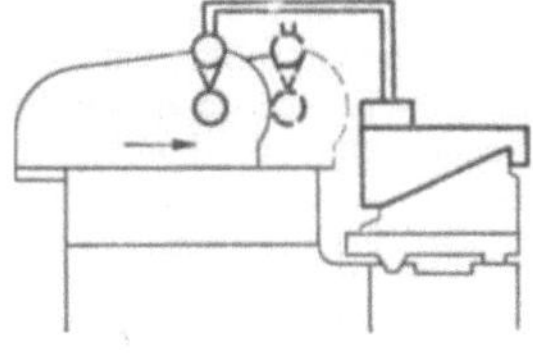

Bei den Winkelfehlern ist meist die Parallelitat oder die Rechtwinkligkeit
zweier Flachen zu messen. Die Parallelitat zweier Flachen wird mit Stichmaßen, Endmaßen, am besten mit Meßuhr
geprüft (Abb. 73–6 und 7). Die Meßuhr,
auf der Bezugsflache entlang gefuhrt,
zeigt nicht nur die Abweichung der Parallelitat, sondern auch Fehler der Ebenheit an. Die Umkehrspanne der Meßuhr
ist dabei zu beachten.

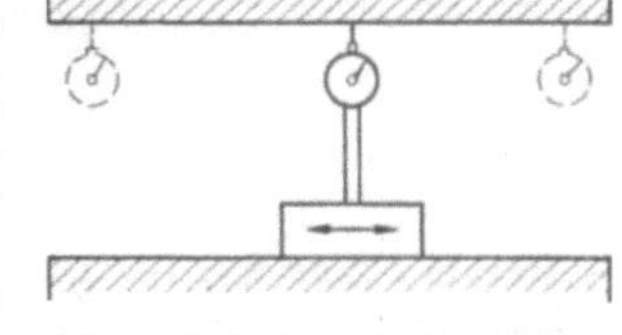

Abb. 73–6. Prufung der Parallelität
zweier ebener Flachen mittels Meßuhr[1]

Haufig pruft man nur die Parallelitat
einer „Geraden" (d. h. der Achse von
langen schmalen oder dunnen Elementen
wie Spindeln, Fuhrungsleisten) zu einer
Flache (z. B. Parallelitat der Aufspann-
flache des Aufspanntisches einer Frasmaschine zur Frasspindel) oder
zweier „Geraden" zueinander (Abb. 73–8).

Abb. 73–7. Prufen der Parallelität der
Aufspannfläche des Tisches zum Bett
bei einem Waagerecht-Bohrwerk. Meßgeräte: Meßuhr, Lineal, Länge der
Große des Aufspanntisches entsprechend. Meßanleitung: Lineal auf dem
Tisch. Meßuhr auf der Bettfuhrung;
Taststift am Lineal. Messung an allen
4 Tischecken, jeweils in den Tisch-
stellungen 0°, 90°, 180° und 270°. Die
Zeigerstellung der Meßuhr darf fur die
einzelnen Teilmessungen nicht geandert
werden (nach DIN 8620)[1].

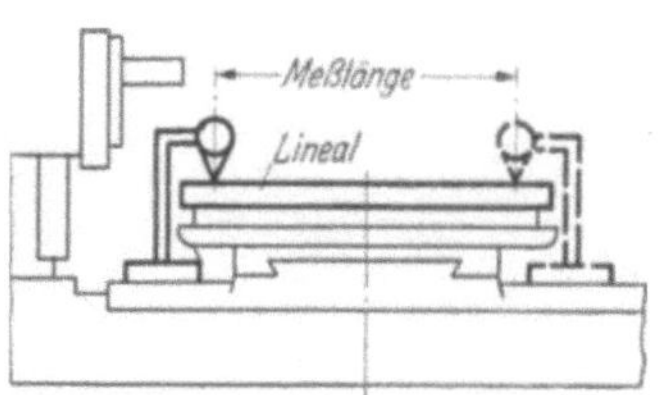

Die Winkellage von Flachen oder Geraden zueinander,
z. B. prismatische oder V-förmige Bettfuhrungen, kontrolliert man mit entsprechenden Winkeln (Lichtspalt),
nachdem zuvor jede Fläche einzeln auf Geradheit und
Ebenheit gepruft wurde. Zwei unter beliebigem Winkel
zueinander stehende Ebenen oder eine zylindrische
Führungsbahn geben bereits eine lineare Fuhrung, die
als Ausgang fur die Messung weiterer Flächen dient.
Abb. 73–9 und 10 zeigen Meßvorrichtungen, die, vom
V-Prisma ausgehend, die Parallelitat der zugeordneten
Flachen prufen.

Abb. 73–8.
Prufung der Par-
allelität zweier
Rundfuhrungen

---

[1] s. Fußnote S. 613.

Zum Prüfen von Führungsbahnen, die winklig oder senkrecht zu einer Bezugsfläche stehen, bedient man sich eines genauen Anschlagwinkels, den man, um Zahlenwerte zu erhalten, mit einer Meßuhr, die auf der zu prüfenden Fläche geführt wird, abtastet. Ein Beispiel ist die Prüfung der Rechtwinkligkeit der Führungsnut des Aufspanntisches zur Frässpindel an einer Fräsmaschine.

Soll die Lage einer Bohrung in bezug auf eine zur Bohrung

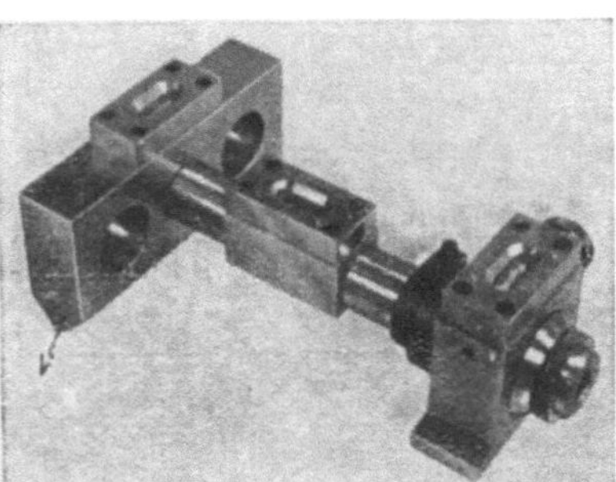

Abb. 73–9. Prüfvorrichtung mit Wasserwaage für die Führungsbahn einer Schleifmaschine. Der linke Teil der Vorrichtung wird in die V-Nut-Führung eingesetzt, der rechte Teil wird auf die zu prüfende Flachführung aufgesetzt. Mit Hilfe der drei Wasserwaagen werden sowohl Parallelitäts- wie Geradheitsfehler festgestellt.

senkrechte Fläche oder Gerade geprüft werden, so ist ein Meßdorn drehbar einzusetzen und gegebenenfalls axial abzustützen; dies ist einfach, wenn die Bohrung in einer drehbaren Spindel, z. B. Bohrspindel sitzt. Eine angeklemmte Meßuhr zeigt beim Drehen um 360° die Schräglage der Bohrung an (Abb. 73–11); die Schräge ergibt sich aus dem größten Zeigerausschlag und der Meßarmlänge.

Eine wichtige Meßaufgabe stellt die Fluchtung dar. Darunter versteht man, daß Achsen oder ebene Flächen in einer gemeinsamen Geraden bzw. Ebene liegen; ihre Lagenfehler setzen sich aus Versatz und Schräge (Entfernungs- und Winkelfehler) zusammen. Diese Fehler werden bei der Fluchtungsprüfung erfaßt. Um z. B. das Fluchten einer Bohrung zu einer zylindrischen Führung zu prüfen, ist ein Meßdorn erforderlich, der genau passend so in die Bohrung eingeführt wird, daß seine Achse eine Verlängerung der Bohrungsachse darstellt. Mit einer in der zylindr. Führung eingespannten und um deren Achse schwenkbaren Meßuhr wird der Meßdorn in zwei zueinander

Abb. 73–10. Prüfvorrichtung mit Meßuhren für die Führungsbahn einer Drehbank. Der linke Teil der Vorrichtung wird auf die V-Leistenführung aufgesetzt; die Meßuhren des rechten Teiles tasten die Flächen der zu prüfenden Führung an [1].

[1] s. Fußnote S 613

senkrechten Ebenen abgetastet (Abb. 73–12). Gute Dienste leistet hierbei ein Haftmagnet. Bei längeren Dornen ist deren Durchbiegung durch Eigengewicht zu berücksichtigen; Hohldorne sind hierfür günstiger als volle. Abb. 73–13

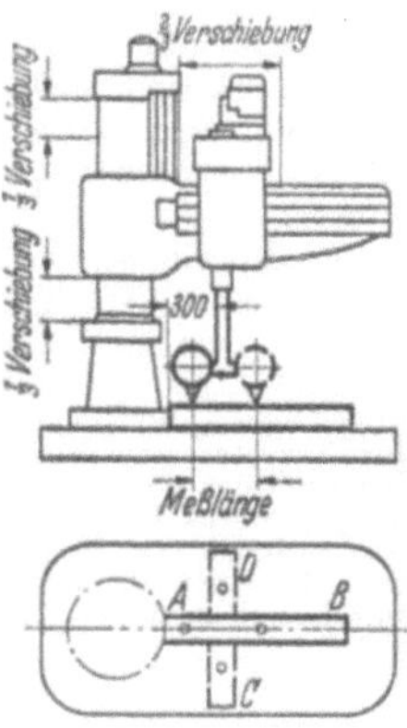

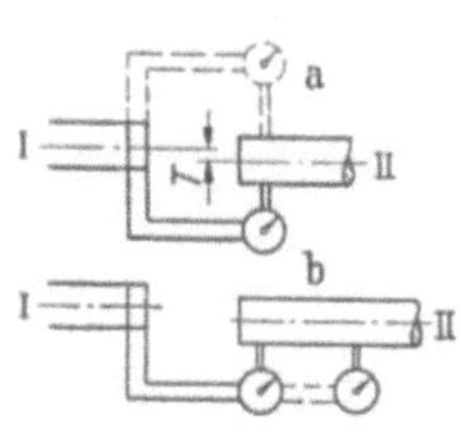

Abb. 73–13. Prüfgerät mit Morsekegel zur Fluchtungsprüfung von Bohrungen.

Abb. 73–11. Prüfung der Rechtwinkligkeit der Bohrspindel einer Schwenkbohrmaschine zur Grundplatte. Meßgeräte: Lineal, 1 m lang, Meßuhr und Umschlagarm 250 mm lang. Meßanleitung: Ausleger auf $^1/_3$ Höhenverschiebung, Bohrspindel 300 mm vom Säulenflansch entfernt, Umschlagarm und Meßuhr in der Bohrspindel. Lineal auf Grundplatte in Stellung AB und CD. Taststift bei A bzw. C auf Lineal setzen. Umschlag: Bohrspindel um 180° drehen, Taststift bei B bzw. D Anzeige der Meßuhr vor und nach dem Umschlag ablesen (nach DIN 8625) [1].

Abb. 73–12. Prüfung der Fluchtung zweier Achsen. Die Prüfung erfolgt durch Umschlag eines an der einen Achse befestigten Fühlhebels, während der Meßbolzen an dem die andere Achse verkörpernden Meßdorn anliegt. Das Meßgerät zeigt dabei den doppelten Wert der vorhandenen Fluchtungsabweichung an (Abb. 73–12a)
Soll die Achse II über eine bestimmte Länge innerhalb der Fluchtungstoleranz liegen, so ist die Umschlagprüfung mit dem an der Achse I befestigten Meßgerät an beiden Enden der Prüflänge der Achse II vorzunehmen, wodurch die Fluchtungsprüfung zu einer räumlichen Parallelitätsprüfung erweitert wird (Abb. 73–12b).
Beim Schwenken um Achse I geht deren Rundlauffehler sowie die Unrundheit von Spindel II in das Meßergebnis ein. Bei Bedarf sind diese beiden Fehler gesondert zu bestimmen und abzuziehen.

zeigt ein Prüfgerät mit Morsekegel, das in die Spindel eingesetzt wird.

Um das Fluchten von Spindeln auf größere Entfernung, z. B. an einem Bohrwerk zu prüfen, leistet ein in die Spindel eingesetztes Richtfernrohr zusammen mit der im Gegenhalter angebrachten Zielmarke gute Dienste.

731.3 Bewegungsfehler

Neben den bisher besprochenen Prüfungen, welche nur die Genauigkeit einer Werkzeugmaschine „in Ruhe" kennzeichnen, spielt der richtige Ablauf

---

[1] s. Fußnote S. 613.

der Bewegungen der einzelnen Teile fur die Arbeitsgenauigkeit eine große Rolle. Dabei wird im allgemeinen nur uberpruft, ob die Bewegung in der richtigen Weise verlauft, d. h. ob bei geradlinigen Bewegungen keine Richtungsabweichungen auftreten und ob bei drehenden Bewegungen keine zusatzlichen Langs- und Querbewegungen stattfinden.

Die Überprufung der Richtung einer Bewegung (Geradlauffehler) wird meist auf eine Parallelitatsmessung zuruckgefuhrt, indem man mit einer Meßuhr[1] eine in Richtung der Bewegung liegende Bezugsflache des bewegten Teiles bzw. ein entsprechend eingesetztes Hilfselement antastet, z. B. bei der Prufung der Rechtwinkligkeit der Stößelbewegung zur Tischflache bei einer Exzenterpresse (Abb. 73–14).

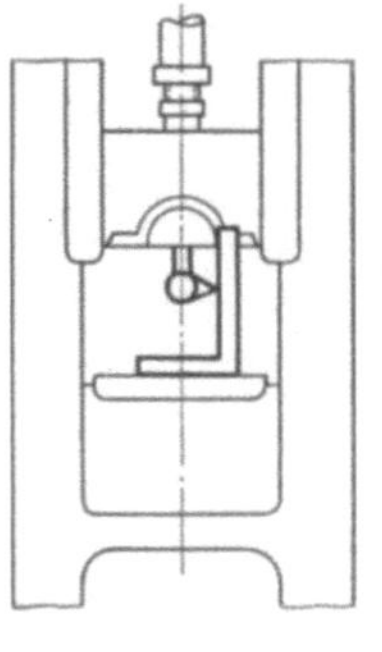

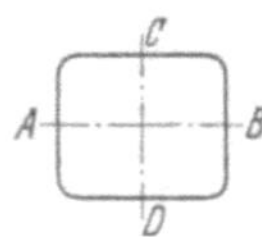

Abb. 73–14. Prufung der Rechtwinkligkeit der Stoßelbewegung zur Tischflache bei einer Exzenterpresse. Meßgerat: Meßuhr, Winkel, Meßschenkel der Große des Hubes entsprechend. Meßanleitung: Großten Stoßelhub einstellen. Winkel auf dem Tisch; Meßuhr am Stoßel befestigen, Taststift am Winkel. Maschine in Gang setzen, Anzeigen der Meßuhr wahrend eines Hubes ablesen (nach DIN 8651)[1].

Bei drehenden Bewegungen uberpruft man die der Drehbewegung uberlagerte Querbewegung des Drehelementes (Rundlauffehler), die z. B. bei der Hauptspindel den Abstand zwischen Werkzeug und Werkstuck andert und somit die Arbeitsgenauigkeit stark beeinflußt. Ferner ist haufig eine uberlagerte Langs- (Axial-) bewegung des Drehelementes zu uberprufen. Die Axialbewegung des Drehelementes als Ganzes, z. B. einer Leitspindel, wird durch Prufung auf „Axialruhe" uberwacht (Abb. 73–15), wahrend die

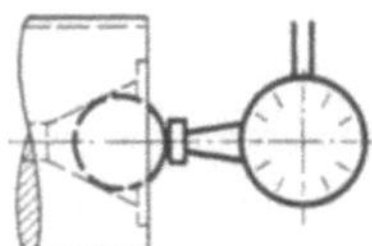

Abb. 73–15. Prufung der Axialruhe einer Leitspindel einer Werkzeugmacher-Drehbank. Meßgerät: Meßuhr, Kugel. Meßanleitung: Kugel in der Körnersenkung der Leitspindel, Anstellen der Meßuhr an die Kugel, Leitspindel mit eingerucktem Mutterschloß in beiden Richtungen ziehen lassen; dabei Anzeige der Meßuhr ablesen (nach DIN 8605)[1].

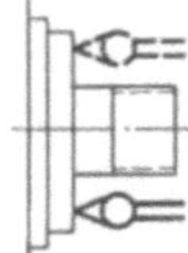

Abb. 73–16. Stirnlaufprufung beim Anlagebund einer Werkzeugmacher-Drehbank. Meßgerät: Meßuhr. Meßanleitung: Anstellen der Meßuhr an die Stirnfläche des Anlagebundes der Arbeitsspindel; Arbeitsspindel unter axialer, zum Spindelkasten gerichteter Belastung drehen; dabei Anzeige der Meßuhr ablesen. Messung an zwei gegenuberliegenden Stellen (nach DIN 8605)[1].

Prufung auf „Stirnlauffehler", die an einem außermittig gelegenen Punkt einer Stirnflache vorgenommen wird, gleichzeitig die Stirnlauffehler der Stirnfläche gegenuber dem Drehelement mit erfaßt (die z. B. durch Schragstellung der Stirnflache hervorgerufen werden) (Abb. 73–16).

---

[1] s. Fußnote S. 613.

Die größenmäßige Richtigkeit einer Bewegung, d. h. ob bestimmten
Wegen des die Bewegung erzeugenden Elementes jeweils die zugehörigen des
bewegten Elementes entsprechen, prüft man seltener; für diese Prüfung

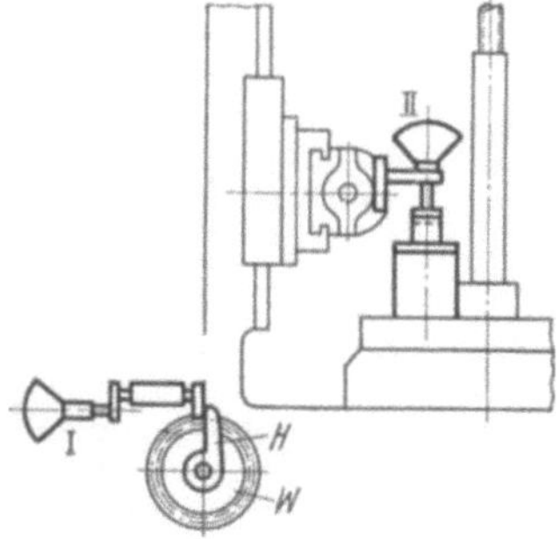

Abb. 73–17. Genauigkeitsprüfung des
Senkrechtvorschubes des Frässchlittens
einer Wälzfräsmaschine. Meßgerät: 2 Fühlhebel, mindestens 500 : 1, Endmaße
DIN 861, Genauigkeitsgrad I. Meßanleitung: Auf den Wechselradbolzen des
Vorschubgetriebes W wird ein ausschwenkbarer Anschlag H und ein Fühlhebel I
angebracht, am Frässchlitten wird ein
Fühlhebel II angebracht. Jetzt wird gemessen, um wieviel sich bei einer vollen
Umdrehung der Vorschubspindel (mit
Fühlhebel I überwacht) der Frässchlitten
bewegt (mit Fühlhebel II und Endmaßen
gemessen). Das Sollmaß, aus Vorschub-
spindelsteigung und Übersetzung errechnet, wird mit dem gemessenen Istmaß
verglichen (nach DIN 8643)[1].

reicht die Genauigkeit einer Meßuhr nicht aus, man benutzt deshalb Fühlhebel und Endmaße, wobei das Sollmaß des bewegten Teiles aus den Wegen
der Bewegung erzeugenden Elemente berechnet wird. Das Istmaß wird im
bewegten Element gemessen. Beide Bewegungen — bewegtes Teil und Bewegung erzeugendes Teil — werden mit Fühlhebeln gemessen (z. B. die
Prüfung des Vorschubwegs an Walzfräsmaschinen (Abb. 73–17) oder die
Prüfung der Teilgenauigkeit von Teileinrichtungen auf Teilfräsmaschinen.

732 Verformungsmessungen

Die elastische Verformung unter den Arbeitskräften beeinträchtigt die
Arbeit einer Maschine und darf gewisse Grenzen nicht überschreiten; das ist

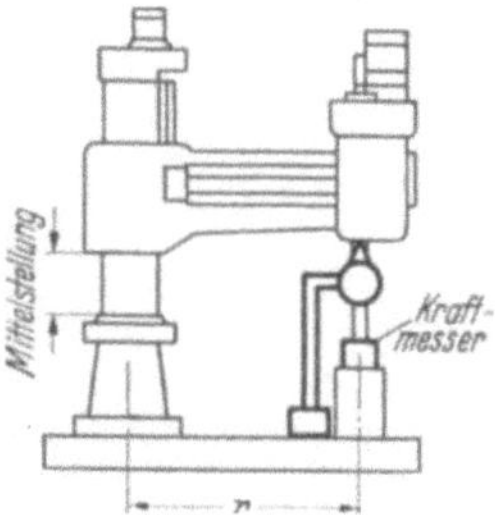

Abb. 73–18. Aufbäumung des Auslegers einer
Schwenkbohrmaschine unter einer vereinbarten
Kraft (im Stillstand). Meßgerät: Meßuhr, Kraftmesser. Meßanleitung: Ausleger in Mittelstellung;
Bohrschlitten in äußerster Stellung (= ganze Verschiebung r). Kraftmesser zwischen Grundplatte
(Tisch) und Bohrspindel. Meßuhr mit Stativ auf
Grundplatte (Tisch); Taststift nahe der Bohrspindel an einer bearbeiteten Stelle, die dem Vorschub nicht unterliegt. Vorschub von Hand betätigen bis zur Anzeige der vereinbarten Kraft;
dann Anzeige der Meßuhr ablesen (nach DIN 8625)[1].

z. B. wichtig bei Ständerbohrmaschinen und Pressen. Man mißt die Aufbäumung einer Bohrmaschine als Abstandsänderung zweier Bezugsflächen,
z. B. zwischen Spindelstock und Tisch bei einer Bohrmaschine, wobei man
das zu messende Teil unter Einschaltung eines Kraftmessers in den Kraft-
fluß mit einer bestimmten Kraft verformt (Abb. 73–18).

---

[1] s. Fußnote S. 613.

Auch die Laufgenauigkeit von Arbeitsspindeln unter Belastung ist fur die Arbeitsgenauigkeit der Werkzeugmaschine wichtig. Nach *Tornebohm*[1] wird sie gemaß Abb. 73–19 gemessen.

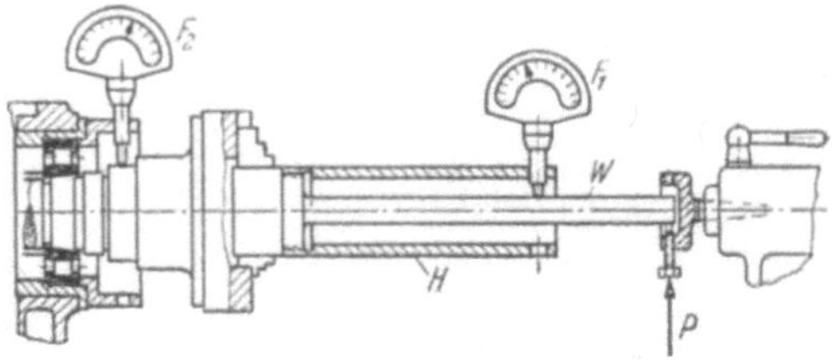

Abb. 73–19. Steifigkeitsmessung an einem Spindellager (nach Tornebohm).

In einer Hulse H ist ein Wellenstuck W aus Federstahl angebracht, das mittels eines Dreibackenfutters an der Spindel befestigt wird. Mit einer am Reitstock befestigten Vorrichtung wird die Last P aufgebracht, die aus der elastischen Durchbiegung der Welle W gegenuber der unbelasteten Hulse H — mit Fuhlhebel F_1 gemessen — berechnet wird. Am Fuhlhebel F_2 wird die Federung in der Spindellagerung gemessen; wenn die Last stillsteht und die Spindel gedreht wird, zeigt Fuhlhebel F_2 den Rundlauffehler der Spindel bzw. des Walzlagerinnenrings an. Wenn die Spindel stillsteht und die Richtung der Belastung geandert wird, zeigt der Fuhlhebel F_2 die Rundheitsfehler von Walzlageraußenring bzw. Gehausebohrung an; bei dieser Prufung mussen beide Fuhlhebel nach jeder Ablesung in die der jeweiligen Belastungsrichtung entsprechende Winkellage gebracht werden.

733 Prüfung einzelner Elemente

Zusatzlich zu diesen Messungen kann es erforderlich sein, einzelne Elemente, z. B. Gewindespindeln (Leitspindeln), Zahnrader, Lager auf ihre geometrische Genauigkeit zu uberprufen (Maß, Form, Oberflache, gegebenenfalls noch Lage einzelner Flachen zueinander). Die Verfahren sind im einzelnen in den entsprechenden Abschnitten beschrieben.

74 Messen in der Feinwerktechnik

Die Besonderheiten des Messens in der Feinwerktechnik sind folgender Art:

1. organisatorisch, vor allem wegen der großen Stuckzahlen;

2. wirtschaftlich, vor allem wegen des Mißverhaltnisses zwischen Meßaufwand und Stuckwert;

3. meßtechnisch-konstruktiv, wegen der Art der Einzelteile, namlich:

a) Kleinheit, b) Form, c) Empfindlichkeit gegen Beschadigung, d) Biegsamkeit, Elastizitat, e) Genauigkeit, f) Sonderwerkstoffe, g) Bearbeitungsverfahren.

Dagegen treten im Vergleich zum Maschinenbau an Bedeutung zuruck:

1. Das Förderwesen insofern, als die Werkstucke leicht sind.

---

[1] *Tornebohm, H.:* Prufung der Laufgenauigkeit von Arbeitsspindeln unter Belastung. Werkstattstechnik und Werksleiter 30 (1936) S 41/44.

Viele Teile sind gegen Beschadigungen beim Transport empfindlich und erfordern deswegen besondere Maßnahmen, z. B. Triebwerksteile mit dunnen Zapfen, dunne Spiral- und Schraubenfedern, dunne Blechteile und Drahte. Hilfsmittel: Zahlbretter mit geeigneten Aufnahmen fur die Werkstucke; Behalter mit kleinen Fachern; nach der Fertigung nicht mehr umpacken, Abmessungen der Behalter den Fachern im Teile-lager anpassen.

2. Die **Temperatur** braucht ebenfalls weniger beachtet zu werden. Bei Stahl z. B. bewirkt eine Temperaturanderung von $10°$ C auf 1 mm nur eine Langenanderung von $0,1\,\mu$. Die Temperatur darf jedoch insofern nicht vernachlassigt werden, als ungleichmaßige Erwarmung von Meßanordnungen, Standern usw. betrachtliche Meß-fehler zur Folge haben konnen.

741 Organisation und Wirtschaftlichkeit

Die in der feinmechanischen Fertigung meist vorkommenden großen Stuckzahlen geben zu folgenden Maßnahmen Anlaß:

1. Stichprobenweise Prufung und Anwendung mathematisch-statistischer Verfahren zur Auswertung der Prufergebnisse (s. Abschn. 134 und 84).

2. Genaue Zeitkalkulation der Meßgange, weil die Teile billig sind: deshalb durfen auch die Kosten fur Messen und Prufen nicht unverhaltnismaßig hoch werden. Die Messung ist aber wegen der Kleinheit oft schwieriger als bei großen Teilen (s. Abschn. 72).

3. Sorgfaltige Gestaltung der Meßzeuge und des Meßplatzes, um kurze Meßzeiten und trotzdem kleine Meßunsicherheiten zu erreichen.

4. Forderung auf besonders konstruierten Zahlbrettern, um den Transport ohne Beschadigung zu erleichtern und den Meßgang zu beschleunigen, und damit die Teile nicht erst in die Hand genommen werden mussen. Außerdem wird dadurch das Umwenden zum Messen am andern Ende des Pruflings beschleunigt, indem ein anderes Zahlbrett darauf gelegt und dann das Ganze umgewendet wird. Ferner wird eine einfache Stuckzahlkontrolle ermöglicht.

5. Mehrfachlehren zur Beschleunigung des Prufens und um die Gefahr zu vermindern, daß einzelne Prufgange uberschlagen oder vergessen werden.

6. Meßautomaten fur solche Maße, die bei *allen* Teilen gepruft werden mussen, weil die Einhaltung der Toleranzen fur die Funktion besonders wichtig ist (s. Abschn. 722).

Abb. 74–1. Universalmeßplatte, eingerichtet fur Umfangsschlagprufung zwischen Spitzen. Zu der Meßplatte gehoren: Setzstocke mit Spitzen und Prismen, Meßuhr-stander, einstellbares Fuhrungslineal.

Es gibt jedoch auch zahlreiche Zweige der Feinwerktechnik, bei denen die Stuckzahlen nicht so groß, die Gerate aber sehr verwickelt sind und die Anzahl der *verschiedenen* Teile sehr groß ist. Dies erfordert hinsichtlich des Messens die Beachtung folgender Gesichtspunkte:

1. Genau ausgearbeitetes Meßprogramm, damit alle Teile rechtzeitig die Revision durchlaufen und zum Zusammenbau gelangen.

2. Haufige Umstellung der Meßpersonen auf andere Meßaufgaben oder Ausfuhrung verschiedenartiger Meßaufgaben am gleichen Teil. Daher vielseitigere Schulung der Meßpersonen.

3. Vielseitig verwendbare und leicht und schnell umstellbare Meßgerate, z. B. Universalmeßstative (Abb. 74–1), anzeigende Meßgerate (mit verstellbaren Toleranzmarken) an Stelle von Lehren, schnell verstellbare Meßgerate, Baukastenprinzip bei Sonderlehren, s. Abschn. 315.5.

In der Feinwerktechnik werden die Meßgänge auch haufig zwischen die Fertigungsgange geschaltet.

742 Toleranzen

Toleranzen und Passungen fur Nennmaße unter 1,6 sind bisher nicht genormt. Die Toleranzen betragen oft erhebliche Prozentsatze des Nennmaßes, nach einem Normvorschlag z. B. 12% bei 0,3 Ø h 11.

Meist wird das Passungssystem Einheitswelle benutzt (s. Abschn. 163.2), da man viel gezogenen Stahl verwendet, z. B. auch fur eingesetzte Lagerzapfen, oder nur aus Fertigungsgrunden: Zangenspannung.

Arbeitsgenauigkeit guter Drehautomaten 15···20 μ.

Auch in der spanlosen Formung werden an einzelnen Stellen der Werkstucke sehr kleine Toleranzen erreicht, z. B. bei Spritz- und Druckguß (durch Nachpragen bis 10 μ), bei gestanzten und nachgeschabten Platinen fur Bohrungsabstande bis herunter zu etwa 20 μ.

Kleine Toleranzen sind z. B. notig, um richtigen Eingriff der gegen Achsabstandsfehler empfindlicheren, aber aus anderen Grunden unentbehrlichen Zykloidenverzahnung zu erreichen, ebenso bei den Hemmungsteilen von Uhren (Ankerrad, Ankergabel, Unruh) und ahnlichen Trieb- und Schaltwerken, um richtige Eingriffe der Teile zu sichern.

Kleine Toleranzen sind ferner notig bei Preßpassungen, die in der Feinwerktechnik sehr viel benutzt werden. Wahrend im Maschinenbau grobe Längspreßpassungen moglich sind, besteht bei kleinen Teilen die Gefahr des Ausknickens beim Fugen. Deshalb sind kleinere Toleranzen notig, um die Einpreßkrafte bei Größtubermaß klein zu halten. Daher mussen solche Teile auch einwandfrei gemessen werden. Aus dem gleichen Grunde werden unter Spannung verbundene Teile haufig gerandelt oder geriefelt, um die ubertragbaren Krafte zu vergroßern.

Die *Fertigungsschwierigkeiten*, die im Maschinenbau etwa nach der dritten Wurzel des Nennmaßes verlaufen (vgl. ISA-System, Abschn. 162.6), werden bei kleinen Nennmaßen, etwa von 1 mm an abwarts wieder größer, so daß in diesem Bereich auch verhaltnismaßig großere Toleranzen berechtigt sind.

Bei *Einzelfertigung* oder kleinen Baureihen können und mussen durch besondere Fertigungsverfahren an bestimmten Stellen oft ungewöhnliche Genauigkeiten erreicht werden.

In der Feinwerktechnik werden einige vom Maschinenbau abweichende *Fertigungsverfahren* benutzt:

Für Wellen: Rollieren mit Rollierfeile oder Hartmetallscheibe, die an einem Schwenkhebel mit Anschlag gelagert ist, für Durchmesser von $0,1 \cdots 2,5$; das Werkstuck liegt in einer Brosche. Je nach Vorbearbeitung können Toleranzen von $2 \cdots 5\,\mu$ eingehalten werden.

Für Bohrungen: *Räumen* mit einfach herzustellenden Raumnadeln bis herunter zu etwa 2 mm $\varnothing$, erreichbare Toleranzen: $1 \cdots 2\,\mu$.

Glättahlen mit polierten Kugelabschnitten. Erreichbare Toleranz: etwa $1\,\mu$.

Kugeln = Durchdrucken kalibrierter Stahlkugeln, im Ergebnis der gleiche Vorgang wie bei Glattahlen. Erreichbare Toleranz: $1\,\mu$.

Spiralbohrer gibt es bis herunter zu 0,2 mm $\varnothing$, darunter werden Spitzbohrer benutzt.

743 Meßverfahren und Meßmittel

Die Kleinheit feinmechanischer Teile verursacht bei der Konstruktion und Fertigung der Meßzeuge erhöhte Schwierigkeiten.

743.1 Wellen

Zum Messen und Prüfen von Wellen werden benutzt:

Grenzrachenlehren, im Gesenk geschmiedete Rohlinge oder Blechausfuhrung bis herunter zu Nennmaßen von etwa 0,8 mm.

Lehrringe, und zwar sowohl für die Gut- wie für die Ausschußseite.

Dies widerspricht dem Taylorschen Grundsatz (s. Abschn. 165.12) und kann aus folgendem Grunde zu Fehlmessungen fuhren: Dunne Wellenzapfen werden infolge der Zerspanungskrafte am freien Ende etwas dicker als am Wellenabsatz; ein Ausschußlehrring laßt sich nicht uberfuhren und das Teil wird für brauchbar gehalten, obwohl die Toleranz vielleicht nur am außersten Ende innegehalten ist.

Fur die Bedürfnisse der Uhrenindustrie sind „Lochplatten" im Handel, die Bohrungen in Stufen von $2\,\mu$ enthalten. Diese Meßbohrungen sind entweder in die Stahlplatte eingearbeitet oder als besondere Stahlbuchsen eingesetzt oder in gefaßten Lochsteinen enthalten.

Meßuhren oder *Fuhlhebel* mit Stander. Einstellung nach Endmaßen.

Bei Werkstuckmaßen unter 1 mm wird der Feinbereich (0,1 mm) der Meßuhr uberschritten, innerhalb dessen eine kleinere Meßunsicherheit erreicht werden kann, wenn man nicht Endmaße unter 1 mm benutzen will. Bei Fuhlhebeln reicht meist der Anzeigebereich hierfur gar nicht aus. Diese Schwierigkeit wird dadurch umgangen, daß man bei der Prufung der Werkstucke ein Endmaß auf den Meßtisch unterlegt und die Meßuhr oder den Fuhlhebel nach einer Endmaßzusammenstellung einstellt, die um das Werkstuck-Nennmaß größer ist als das unterzulegende Endmaß.

Elektrische Meßgerate, Eltas-Gerat, Mahr-Siemens-Gerat, Elbus-Kopf, werden in der Feinwerktechnik viel benutzt.

Meßschrauben werden zwar viel benutzt, uben aber eine zu große Meßkraft auf das Werkstuck aus, so daß dünne Wellen, Zapfen und Drahte sogar bleibend verformt werden können. Dies gilt auch fur manche anderen Meßzeuge und einige Fuhlhebel. Wenn die Elastizitatsgrenze *nicht* uberschritten wird, kann der Abplattungsfehler dadurch angenahert ausgeschieden werden, daß die Meßschraube nach einem Meßdraht von annahernd dem gleichen Durchmesser (und gleichen Elastizitatseigenschaften) eingestellt wird wie das Werkstuck, also nicht nach der Nullstellung oder nach Endmaßen.

Die Meßunsicherheit bei der Meßschraube kann betrachtlich verringert werden, wenn man die Meßschraube nicht beim Messen „zuschraubt", sondern auf ein Naherungsmaß einstellt und den Prufling oder Einstelldraht zwischen den Meßflachen hindurchrollt. Dabei sind Unterschiede von 1···2 μ noch deutlich fuhlbar. Durch stufenweises Verstellen der Meßspindel um kleine Betrage kann so das Istmaß genauer bestimmt werden. (Die gleiche Beobachtung kann bei den „Grenzmaß-Prufdornen" gemacht werden, welche die Firma Reinecker zum Prufen von Rachenlehren fertigte Der Durchmesser betragt $\approx$ 5 mm in Stufen von 1 μ, bei großeren Rachenlehren werden Endmaße an die eine Meßflache angesprengt; ergibt nicht das „Arbeitsmaß" der Rachenlehre.)
Besonderer Vorteil obigen Verfahrens. kleine Meßkraft. Nachteil: langere Meßzeit.

Die Meßunsicherheit kann durch Benutzung nur des Feinbereiches bei vielen anzeigenden Meßzeugen vermindert werden. Auch eine Meßschraube hat innerhalb eines kleinen Bereiches geringere Fehler, weil die fortschreitenden Steigungsfehler der Meßspindel nicht zur Wirkung kommen. Durch die standige Benutzung an stets der gleichen Stelle wird aber die Meßspindel ungleichmaßig abgenutzt.

Bei großer Übung und Sorgfalt können bei kleinen Nennmaßen folgende Meßunsicherheiten innegehalten werden.

Messen und Prufen mit:
Rachenlehren: 1 μ,
Lehrringen und Lochlehren: 2···2,5 μ (so groß wegen der Herstellungsschwierigkeit und groben Stufung, die durch Sortieren erreicht wird).
Meßuhr: 3 μ = mittlerer Wert fur Feinbereich von 0,1 mm und Genauigkeitsgrad I (Größtwert 5 μ).
Fuhlhebel, Skalenwert 1 μ: je nach Bauart 0,1···0,2 μ (Optimeter) bis 1 μ.
Meßschraube: 3 μ, bei sehr guten $\approx$ 2 μ, bei Vergleich mit Endmaßen 1···2 μ. Die Meßschraube mit Meßkraftanzeiger (1,5 μ) hat immer noch eine zu große Meßkraft ($\approx$ 1 kg).

743.2 Bohrungen

Fur Bohrungen bis etwa 1,6 mm $\varnothing$ werden benutzt:

Prufdorne in Stufen von 2 oder 5 μ. Herstelltoleranz etwa 1 μ. Hohe Anschaffungskosten fur einen ganzen Satz.

Grenzlehrdorne bis herunter zu 0,08 mm $\varnothing$. Mögliche Herstelltoleranz etwa 0,7···1 μ.

Kegelige Nadel (Dusennadel). Nachteile: Infolge Kantenrundung am Werkstuck ungenaues Meßergebnis, große Meßkraft; schwer kontrollierbare Abnutzung; bei „olivierten" Lochsteinen wird nicht der engste Durch-

messer gemessen. Die Fehler durch Kantenrundung, Olivierung und Meßkraft (Abplattung) betragen bei Kegelverhaltnis $\approx 1 : 70$ bis zu $10\,\mu$. Wird
trotz der Nachteile viel benutzt.

Optische Messung mittels *Werkstattmikroskop* mit Strichkreuz und Koordinatenmeßtisch oder mit Okularstrichplatte mit Kreisen. Die Meßunsicherheit betragt mehrere μ, vor allem wegen der Schwierigkeit, die
Bohrungs*wand* genau anzuvisieren.

Optische Messung mit *Projektor* oder *Mikroprojektor*. Messung mit
Koordinatentisch oder nach Aufriß (Toleranzfeld). Meßunsicherheit mehrere
μ. Perflektometer und Askania-Gerat von Lehmann-Krug s. Abschn. 243
u. 245.

743.3 Gewinde

Fur Gewinde unterhalb M 1,4 oder M 1 werden noch vielfach nur Normallehren benutzt oder, was praktisch dasselbe ist, nur Gutlehrdorne und
-ringe.

Fur Bolzengewinde (Nor-
mallehrringe), Gutlehrringe, Aus-
schußlehrringe.

Gewinderollenlehren, fest ein-
gestellt oder mit anzeigendem
Meßgerat verbunden, wie in
Abb. 74–2.

Abweichende Lage der Flankendurchmessertoleranz ist oft mit Rucksicht auf nachtraglich aufzubringende
galvanische Überzuge oder auf Phosphatschicht notig. Erfahrungswert fur
die Dicke *einer* Phosphatschicht bei
Gewinde $\approx 5 \cdots 6\,\mu$; dieser Wert hangt
jedoch von vielen Einzelumständen
beim Phosphatieren ab.

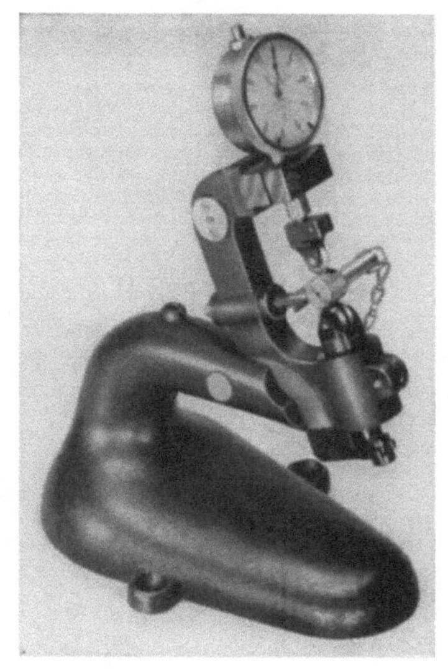

Abb. 74–2. Schraubenprufgerat. Untere Rolle mit zwei Kammen, obere
mit einem Kamm und mit Meßuhr verbunden, welche die Abweichung des
Werkstuckes von der Einstellehre anzeigt. Steigungsfehler werden nicht
erfaßt, fur Gutprufung erhalten die
Rollen mehr Gange. Anzeigebereich
$1,7 \cdots 25$ mm $\varnothing$.

Fur Muttergewinde (Normallehrdorne), Gutlehrdorne, Ausschußlehrdorne.

Ausschuß-Gewindelehren konnen bei kleiner Steigung praktisch nicht mit verkurzten Flanken ausgefuhrt werden. Sie sollten aber zum mindesten nur wenige
Gange haben, um insoweit dem Taylorschen Satz (s. Abschn. 165 12) zu entsprechen.

743.4 Andere Werkstücke

Bei Zahnradern wird meist nur das *Werkzeug* gepruft, und zwar meist
mit Projektor durch Vergleichen mit einem moglichst genauen Aufriß,

seltener mit Mikroskop durch punktweises Ausmessen der Schneidkante. Auf die Prufung der Werkstucke wird entweder ganz verzichtet oder an Stichproben das Abrollen mit einem Lehrzahnrad (oder dem Gegenrad) auf dem Kleinprojektor gepruft. Fur größere Werkstucke und geringe Anspruche kann auch der Lichtkasten mit Mattscheibe ohne Vergrößerung benutzt werden.

Abb. 74–3 Messen einer Kurvenscheibe durch Vergleich mit Musterkurve Das Gerat mit der Meßuhr ist auf der Platte frei verschiebbar, der untere Tastbolzen ist feststehend, er wird an die Musterkurve angesetzt; der obere ist beweglich und wirkt auf die Meßuhr, die den Unterschied zwischen den beiden Kurven anzeigt. Prufung an mehreren Stellen des Umfanges Nullstellung der Meßuhr mit rechtem Winkel. Ahnliche Gerate sind auch mit Ausschlagen versehen worden, um die beiden Taststifte stets an bestimmten Stellen des Werkstuckes und der Musterkurve anzusetzen.

Auch Lagerspitzen fur Meßinstrumente werden meist mittels Projektor oder Mikroskop gepruft. Fur die Messung der Spitzenrundung kann eine Okular-Revolver-Strichplatte benutzt werden.

Bei verwickelt geformten Teilen wird, ebenso wie bei Zahnradern, oft nur das Werkzeug oder die ersten Werkstucke behelfsmaßig gepruft. Laufende Kontrolle durch Stichproben. Ein vielseitig verwendbares Gerat zum Prufen von Kurvenstucken (Werkstucke) zeigt Abb. 74-3.

Dunnwandige und leicht verbiegbare Werkstucke erfordern Sondermaßnahmen. Haufig dient die Lehre gleichzeitig als Richtvorrichtung wie in Abb. 74-4 und 721-16.

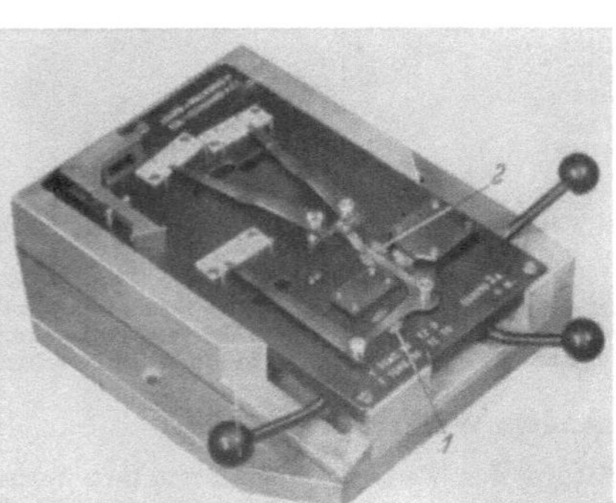

Abb 74–4. Lehre zum Messen und Richten eines Hebels. Dieser wird an drei Stellen mit Meßhebeln gepruft und die Ergebnisse auf den weißen Skalenflachen angezeigt. Der rechte Kugelgriff dient zum Festspannen des Werkstuckes, die beiden andern zum Richten an den Stellen 1 und 2

743.5 Allgemeine Richtlinien und weitere Konstruktionsbeispiele

Meßdruck möglichst klein halten. Zu diesem Zweck:

1. das Werkstuck moglichst mit ebenen oder der Form angepaßten Meßflachen antasten, nicht mit kugeligen.

Eine Schwierigkeit beim Messen kleiner Wellen mit kugeliger Meßflache besteht auch darin, den hochsten Punkt zu finden, also einen Durchmesser und nicht eine Sehne zu messen.

2. Meßzeuge mit kleiner Meßkraft benutzen.

3. Meßkraftlose Verfahren bevorzugen, z. B. pneumatische und optische.

Pneumatisch werden auch kleine Bohrungen, Dusen usw unmittelbar gemessen (s. Abschn. 26 u 722). Fur richtige Meßergebnisse ist dabei gleichmaßige Oberflächengute der Werkstucke untereinander, Gratfreiheit und gleichmaßige Kantenrundung Voraussetzung. Wegen dieser Schwierigkeit ist das Verfahren nur mit Vorsicht zu benutzen. Bolometrische Verfahren s. Abschn. 25.

Bei kleinem Meßdruck nutzen sich die Meßzeuge weniger schnell ab und infolge des kleineren Abnutzungsfeldes wird die Nenntoleranz weniger

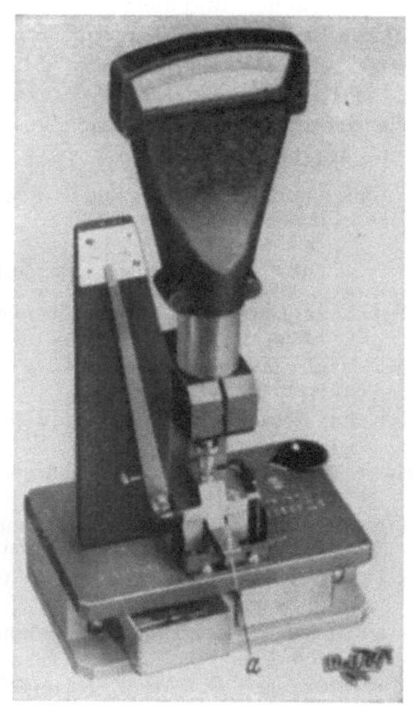

Abb. 74—5. Prufen des Durchmessers und der Lange kleiner Stifte. Der Stift wird in das Prisma des Schiebers *a* gelegt, dieser entgegen einer Feder hineingedruckt und so in Meßstellung gebracht. Je nach Meßergebnis wird der Stift mit Pinzette in das linke oder rechte Kastchen geschoben.

eingeengt (größere Fertigungstoleranz) oder uberschritten.

Wegen der Kleinheit der Teile, die bei laufender, fließender Prufung

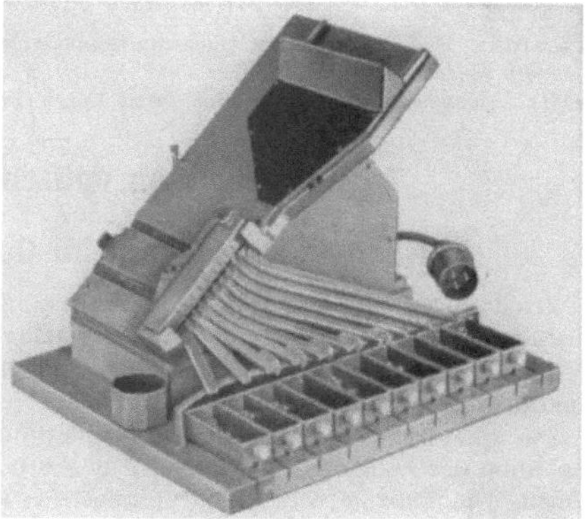

Abb. 74—6. Ausleseeinrichtung fur Ringe bestimmter Dicke (Drehkondensatoren). Die Werkstucke werden oben in den Trichter geschuttet. Zufuhren und Auswerfen in die Sortierkasten selbsttatig Messen mit unparallelen Linealen; der Ring wird an der Stelle ausgeworfen, wo er hangen bleibt.

dem Meßgerät von Hand zugeführt werden, wird dieses *feststehend* angeordnet, Rachenlehren in Haltern befestigt. Eine einfache Lehre mit mechanischer Zufuhrung und Sortierhilfe zeigt Abb. 74–5. Dabei werden zwei Maße gleichzeitig geprüft.

Zahlreiche Meßstellen sind in der Lehre der Abb. 721–6 vereinigt. Mit der Lehre nach Abb. 721–20 werden drei Tiefenmaße gleichzeitig geprüft.

Um flüssige Bewegungen bei der Ausführung der einzelnen Griffelemente zu ermöglichen und die Zeit für ein Griffelement einzusparen, werden Sonderlehren häufig mit *Fußantrieb* für das Spannen, Schalten oder Auswerfen versehen. *Elektromagnetische* Abhebung des Taststiftes s. Abschn. 721.5.

Bei besonders kleinen Toleranzen wird von der Möglichkeit des *Auslesens* (Sortierens) Gebrauch gemacht (s. Abschn. 163.7). Eine solche Ausleseeinrichtung zeigt Abb. 74–6.

Alle Abbildungen des Abschnittes 74 sind Werkphotos der Firma Siemens & Halske, Berlin-Siemensstadt.

Schrifttum

Butscher· Optisches Gerat für farbige Profilmessung mit maßstablich vergrößerten Zeichnungen. Werkst.-Techn. Bd. 36 (1942) H. 15/16, S. 308.

Diettrich: Messen und Prüfen in der Feinwerktechnik. Anz. f. Maschinenwes. 1940, Nr. 9, S. 64.

Janzen: Neuzeitliche Meßgeräte in der Feinmechanik. Feinm. u. Praz. 1940, H. 17, S. 191.

Kage Verbindende Arbeitsverfahren in der feinmechanischen Fertigung. Masch.-Bau 1937, H. 11/12, S. 299.

Kienzle: Genauigkeitsfragen bei feinmechanischen und maschinenbaulichen Verzahnwerkzeugen für Stirnräder. Werkst.-Techn. 1941, H. 15, S. 258.

Kienzle: Mengenprüfung kleinster Gewindeteile. Werkz.-Masch. Bd. 46 (1942), H. 23, S. 654.

Kienzle Mengenprüfung in der Feinmechanik (kurze Notiz). Werkst.-Techn. 1939, H. 7, S. 199.

Obeltshauser· Die Arbeitsgenauigkeit von Automaten. Diss. Braunschweig 1926 u. Masch.-Bau 1928, S. 527.

Ockenden· Jewel Inspection Microscope (Mikroskop zur Untersuchung von Edelsteinen). (Kleine Krummungshalbmesser.) Journ. Sci. Instr. Bd. 16 (1939) S. 228

Schmidt: Meßverfahren für Querschnittsschwankungen dünner Drähte. Z. VDI Bd. 81 (1937) Nr. 30, S. 895.

Zeller. Mengenfertigung von Kleinstuhren Masch.-Bau Bd 18 (1939) H 13/14, S 327.

75 Messungen an optischen Teilen

751 Zeichnungsangaben für Optikwerkstücke

Zeichnungen und Fertigungsunterlagen sind nach DIN 3140 (Entwurf), Ausführung von Optikzeichnungen, aufzustellen.

Art und Behandlung der Oberflächen der Optikwerkstücke werden durch Sinnbilder oder Wortangaben gekennzeichnet (s. Tab. 75–1).

Die zulässigen Fehler werden bezeichnet durch 1. Kennziffer zur Kennzeichnung der Fehlerart, 2. Maßzahl zur Festlegung der zulässigen Fehlergrößen. Die Maßzahl wird durch Schrägstrich von der Kennziffer getrennt.

Tabelle 75–1

5/....	Zulässige Unsauberkeiten in Stufen		
4/....	Zulässiger Zentrierfehler in mm		
3/....	Zulässiger Paßfehler		
2/....	Zulässige Schlieren in Stufen		
1/....	Zulässige Blasen in Stufen		
⧫⧫⧫	poliert, fein	▭	durchlässigverspiegelt
⧫⧫	poliert, mittel	▭	vorderflächenverspiegelt
⧫	poliert, grob	▭	rückflächenverspiegelt
∨∨∨	geschliffen, fein	⊗	reflexionsgemindert
∨∨	geschliffen, mittel	∪	blank, durchsichtig
∨	geschliffen, grob	ohne Sinnbild	roh

752 Werkstoffehler

752.1 Blasen 1/...

Zu den Blasen werden auch die sog. Knoten gerechnet, d. s. scharf begrenzte
punktförmige und von Schlieren freie Ungleichmäßigkeiten des Werkstoffes, deren
Ausdehnung im allgemeinen nicht uber die Größe von Blasen hinausgeht.

Toleranzen.

Die Blasentoleranz bezieht sich im allgemeinen auf den gesamten Glasraum eines
optischen Bauteiles, sie kann jedoch auch fur verschiedene und dann besonders gekennzeichnete Bereiche des Glasraumes (sog. Prufbereiche) in unterschiedlicher Große
gegeben werden.

Anzahl und Größe der zulassigen Blasen *oder* Knoten werden durch einen
Faktor und eine Stufenzahl bezeichnet. Der *Faktor* gibt an, wie oft eine
Blase der angegebenen Größe vor-
kommen darf und die *Stufenzahl* ist
ein Maß für die größte Ausdehnung
jeder einzelnen der zugelassenen Blasen. Die Größe der Blasen ist nach
den Normzahlen der R 5-Reihe gestuft,
d. h. es werden nur die Zahlen der Tab.
75–2 verwendet. Größere Blasen als
durch die Stufenzahl gekennzeichnet
dürfen nicht auftreten.

Blasen der höchstzulässigen Größe
dürfen im Prüfbereich nur so oft vorkommen, als es der Faktor vor der

Tabelle 75–2

Blasenstufenzahlen Durchmesser in mm			
0,0010	0,010	0,10	1,0
0,0016	0,016	0,16	1,6
0,0025	0,025	0,25	2,5
0,0040	0,040	0,40	4,0
0,0063	0,063	0,63	

Stufenzahl angibt. Eine große Blase kann durch eine Mehrzahl kleinerer Blasen gemäß Tab. 75–3 ersetzt werden.

Tabelle 75–3

Blasen-stufenzahl	Anzahl der zugelassenen Blasen und Unsauberkeiten				
	oder	oder	oder	oder	
	Faktor × 2,5	Faktor × 6,3	Faktor × 16	Faktor × 40	Faktor × 100
Ø in mm	Ø in mm	Ø in mm	Ø in mm	Ø in mm	Ø in mm
0,010	—	—	—	—	—
0,016	0,010	—	—	—	—
0,025	0,016	0,010	—	—	—
0,040	0,025	0,016	0,010	—	—
0,063	0,040	0,025	0,016	0,010	—
0,10	0,063	0,040	0,025	0,016	0,010
0,16	0,10	0,063	0,040	0,025	0,016
0,25	0,16	0,10	0,063	0,040	0,025
0,40	0,25	0,16	0,10	0,063	0,040
0,63	0,40	0,25.	0,16	0,10	0,063
1,0	0,63	0,40	0,25	0,16	0,10
1,6	1,0	0,63	0,40	0,25	0,16
2,5	1,6	1,0	0,63	0,40	0,25
4,0	2,5	1,6	1,0	0,63	0,40
6,3	4,0	2,5	1,6 .	1,0	0,63
10	6,3	4,0	2,5	1,6	1,0

Beispiel. 1/3 · 0,63. Die Toleranz mit der Kennziffer 1 bezieht sich auf die Blasigkeit des Glases. Die Stufenzahl 0,63 bestimmt den Durchmesser der einzelnen zulässigen Blase zu maximal 0,63 mm. Der Faktor 3mal sagt aus, daß drei Blasen dieser Maximalgröße vorkommen durfen.

Statt einer Blase vom Durchmesser 0,63 mm darf entsprechend der Tab. 3 stets auch eine größere Anzahl entsprechend kleinerer Blasen vorkommen. Statt 3 · 0,63 ist also auch 7,5 · 0,40 oder 19 · 0,25 usw. zulässig.

Es kann auch nur ein Teil der Gesamttoleranz durch eine entsprechende Zahl kleinerer Blasen ausgenutzt werden, z. B. ist bei der Toleranzangabe 3 · 0,63 auch folgende Aufgliederung zulässig: 1 · 0,63 + 2 · 0,40 + 7 · 0,25.

752.2 Schlieren 2/...

Begriff. Unter Schlieren werden sichtbare Glasfehler verstanden, welche auf Unregelmäßigkeiten im Brechungsvermögen des Glases beruhen. Ihrer Form nach werden unterschieden:

Faserschlieren	(kurz, dunn)	
Fadenschlieren	(lang, scharf)	} stören das Bild im allgemeinen nicht
Knotenschlieren	(knollenförmig)	
Bandschlieren	(lang, breit)	stören das Bild

Toleranzen.

Die Schlierentoleranz bezieht sich im allgemeinen auf den gesamten Glasraum eines optischen Bauteiles, sie kann jedoch auch fur verschiedene und dann besonders gekennzeichnete Bereiche des Glasraumes (sog. Prufbereiche) in unterschiedlicher Größe gegeben werden.

Anzahl und Art der zulässigen Schlieren werden durch eine Schlierenstufenziffer bezeichnet. Ihre Bedeutung ergibt sich aus Tab. 75–4.

Tabelle 75–4

Stufe	Zulässige Schlieren	Prufung
1	Keine	im Dunkelfeld
2	Keine	im Hellfeld
3	Einzelne Faserschlieren und eine Fadenschliere	im Hellfeld
4	Einzelne Faserschlieren und bis zu drei Fadenschlieren	im Hellfeld
5	Beliebig viele Faserschlieren, bis zu drei Fadenschlieren und eine Knotenschliere	im Hellfeld
6	Beliebige Schlieren in beliebiger Anzahl	im Hellfeld

Wenn Hellfeld vorgeschrieben ist, durfen die Schlieren nicht erst im Dunkelfeld gesucht werden, da man diese dann im Hellfeld immer wieder zu finden trachtet, während bei Prufung nur im Hellfeld das Auge niemals auf eine Schliere gelenkt wird, die im Hellfeld nicht zu sehen ist.

Beispiel. 2/3. Dabei ist 2/ die Schlierenkennziffer. Die Schlierenstufenziffer 3 bedeutet, daß bei Prüfung im Hellfeld einzelne Faserschlieren (kurz, dunn) und eine Fadenschliere (lang, scharf) zugelassen sind.

753 Werkstattfehler

753.1 Paßfehler 3/...

Begriff. Der Paßfehler gibt die zulassigen Abweichungen von der idealen Form der optisch wirksamen Flächen an. Er wird in zweierlei Weise ausgedrückt, je nachdem, ob interferentiell mit Probeglas gepruft werden soll oder nicht:

Mit Probeglas: als Toleranz werden Anzahl und Form der Interferenzstreifen angegeben, die auf der zu prüfenden Gesamtfläche zugelassen werden.

Ohne Probeglas: Toleranz wird bei gekrümmten Flächen als zulässige Radiendifferenz in mm angegeben, bei ebenen Flächen als kleinster zulässiger Krümmungsradius in m.

Das anzuwendende Prüfverfahren folgt also unmittelbar aus der Art der gegebenen Toleranzvorschrift.

753.11 Prüfung mit Probeglas

Die Anzahl der zulässigen Streifenbreiten wird durch eine Zahl angegeben. Für die zulässige Form der Streifen wird hinter der Zahl der zulässigen Streifenbreiten in Klammer ein Kennwert oder Kurzzeichen für die Paßfehlerart angefügt. Die Kennwerte und Kurzzeichen sind:

(0) Rundpaßfehler,
(Zahl) Ovalpaßfehler und Sattelpaßfehler,
(ur) Grobpaßfehler (ur = unregelmäßig).

Eine Streifenbreite ist der Mittenabstand zweier gleichfarbiger Interferenzstreifen. Als einheitliches Prüfverfahren gilt die Zählung der *roten* Streifen bzw. der Streifen bei Rotfilterlicht.

Bei *Paßfehlerangaben* gilt die Zahl der Streifenbreiten *für den Halbmesser* des Kreises, den die Schar der Interferenzringe ausfüllt.

Um bei allen vorkommenden Paßfehlern, besonders wenn die Interferenzerscheinung unsymmetrisch liegt, die *ganze* Fläche zu beurteilen, zählt man die Anzahl der Streifenbreiten immer auf dem Durchmesser und dividiert durch 2, um mit der Zeichnungsangabe zu vergleichen.

Abb. 75–1. Rundpaßfehler. Beispiel: 3/4 (0). Die Toleranz bedeutet: 4 Streifenbreiten sind auf dem Halbmesser zulässig, d. h. 8 Streifenbreiten auf dem Durchmesser.
Unterschied der Streifenbreiten in zueinander senkrechten Richtungen nicht zulässig, d. h. die Fläche muß regelmäßig poliert sein.

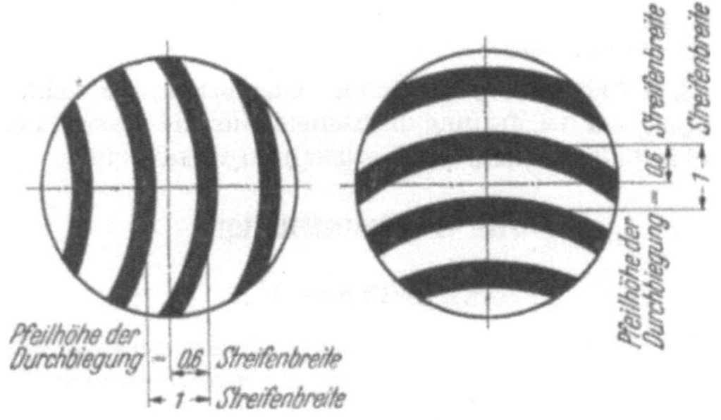

Abb. 75–2. Beispiel: 3/0,6 (0). Dies bedeutet: Paßfehler $\leq$ 0,6 Streifenbreiten; offene Interferenzstreifen sind zulässig, bei denen die Pfeilhöhe der Durchbiegung des mittleren Streifens nicht größer ist als der vorgeschriebene Bruchteil (im Beispiel 0,6) der Streifenbreite. Prüfung ist in zwei zueinander senkrechten Richtungen vorzunehmen.

Rundpaßfehler s. Abb. 75–1 und –2.

Oval- und Sattelpaßfehler. Weicht bei einer Toleranzangabe der Klammerwert von Null (0) ab, so darf der Streifenverlauf oval- oder sattelförmig sein, s. Abb. 75–3 und –4.

Grobpaßfehler s. Abb. 75–5.

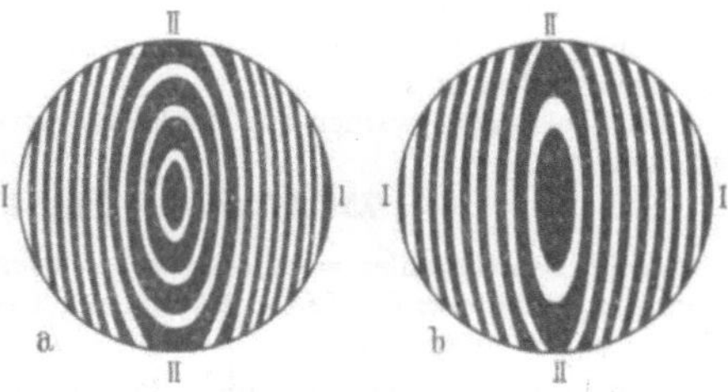

Abb. 75–3. Beispiel: 3/10 (7). Die Toleranzangabe hat folgende Bedeutung: Ist der Streifenverlauf *oval*, so darf in der einen Richtung, die die größte Zahl von Streifen enthält, die Streifenbreitenzahl nicht größer sein als der Wert vor der Klammer (im Beispiel 10); in der dazu senkrechten Richtung darf eine bis zum Klammerwert (7) geringere Zahl von (10 — 7) = 3 Streifenbreiten vorhanden sein. (Auf dem Durchmesser also 20 und 6.) Diese Differenz gilt immer gegenüber der *wirklich vorhandenen* Streifenbreitenzahl der ersten Richtung. Sind in der Richtung I nur 8 Streifenbreiten vorhanden, dann darf in der Richtung II keine geringere Zahl als 8 — 7 = 1 Streifenbreite auftreten, auf dem Durchmesser also 16 und 2, Abb. b.

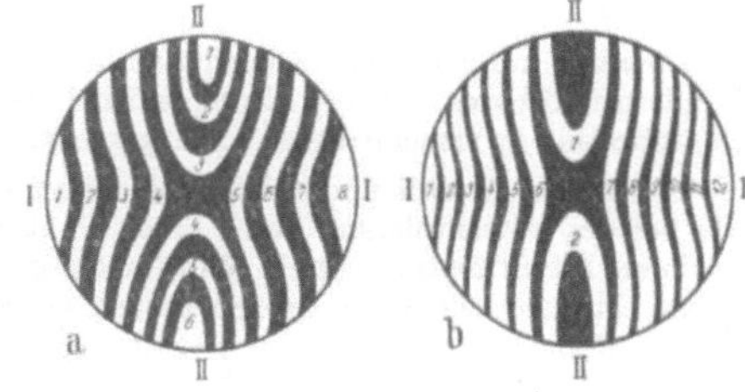

Abb. 75–4. Beispiel 3/10 (7). Streifenverlauf *sattelformig*. Zahlenwert „10" vor der Klammer ist ohne Bedeutung, nur der *Wert in der Klammer ist wichtig:* Der Mittelwert der über die *Durchmesser* in den Richtungen I und II gezählten Streifenbreiten darf nicht größer sein als der Klammerwert. a) Zahl der Streifenbreiten in Richtung I:

$\dfrac{8}{2} = 4$; Zahl der Streifenbreiten in Richtung II: $\dfrac{6}{2} = 3$; Mittelwert: $4 + 3 = 7$.

b) Zahl der Streifenbreiten in Richtung I: $\dfrac{12}{2} = 6$; Zahl der Streifenbreiten in Richtung II: $\dfrac{2}{2} = 1$; Mittelwert: $6 + 1 = 7$.

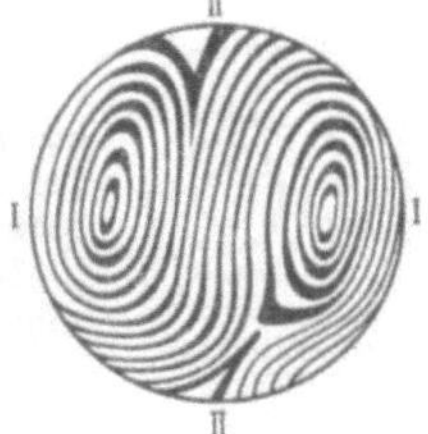

Abb. 75–5. Grobpaßfehler. Beispiel: 3/15 (ur). (ur) bedeutet Grobpaßfehler. Es sind 15 Streifenbreiten auf dem Halbmesser, d. h. 30 Streifenbreiten auf dem Durchmesser erlaubt, und zwar darf die ungünstigste, durch die Mitte laufende gerade Linie hochstens 30 Streifen beruhren. — Bei dieser Vorschrift durfen kleinere Paßfehler selbstverstandlich vorkommen; nur in Richtung der größten Streifenzahl darf die Zahl $2 \times 15 = 30$ Streifenbreiten nicht uberschritten werden.

753.12 Ohne Probeglas

Ohne Probeglas wird im allgemeinen nur bei geringen Anforderungen geprüft. Der zulässige Paßfehler wird dann durch die Abweichung gekennzeichnet, die für die Krümmung der Fläche zulässig ist.

Bei *gekrümmten* Flächen wird unmittelbar die zulässige Halbmesser-differenz in Millimetern (mm) angegeben.

Beispiel. 3/± 0,25 mm. Der Halbmesser darf um ± 0,25 mm von seinem Nennwert abweichen.

Bei ebenen Flächen wird der kleinste zulässige Krümmungshalb-messer in m angegeben.

Beispiel. 3/± 25 m. Der Krummungsradius der Fläche darf ± 25 m oder mehr betragen.

Diese Toleranzen werden am Werk*zeug* geprüft, am Werk*stück* im allgemeinen nicht.

753.2 Zentrierfehler 4/...

Begriff. Zentrierfehler = zulässige *Versetzung* der optischen Achse zur Achse der *Außenform* der Linse, die von der Fassung aufgenommen wird. Er wird in mm ausgedruckt.

Toleranzen. Zahlenwert für die zulässige Versetzung in mm. Prüfung s. Abschn. 754.7.

Beispiel. 4/0,05. Die größte zulässige Achsenversetzung beträgt 0,05 mm.

753.3 Unsauberkeiten 5/...

Begriff. Unsauberkeiten sind Punkte, Aussprunge, Kratzer und Haar-risse, die sich auf den Außenflächen innerhalb der Prüfbereiche oder an den Rändern und Fasen befinden. Entsprechend werden die Toleranzen für die Unsauberkeit in verschiedener Form gegeben.

Toleranzen. Anzahl und Größe der zulässigen Unsauberkeiten werden wie bei der Blasentoleranz durch einen Faktor und eine Stufenzahl bezeichnet. Die Stufenzahl ist ein Maß für die größte Ausdehnung jeder einzelnen Unsauberkeit. Diese Größen werden wiederum nach den Normzahlen der R 5-Reihe gestuft. Sämtliche Unsauberkeiten sind jedoch nicht nur rund, sondern auch in anderer Form mit der ungefahr gleichen Flachen-größe zulässig.

753.31 Toleranzangaben für Prüfbereiche im Bildfeldraum
(Strichplatten, Kollektivlinsen, Prismen.)

Der Prüfbereich wird in Zonen eingeteilt, s. Abb. 75–6.

In der Klammer der Kennzahl stehen so viele Werte aus der Tab. 75-2, wie Zonen gebildet sind. Ein Faktor vor der Klammer gibt an, wie oft diese Unsauberkeiten auftreten durfen.

Beispiel. 5/2 × (0,04 + 0,10 + 0,25). Drei Stufen-zahlen bedeuten drei Zonen des Prüfbereiches. Zonen-breite $b = \dfrac{r}{3}$, zwei Unsauberkeiten je Zone sind zulässig.

Abb. 75–6.
Zoneneinteilung des Bildfeld-raumes.

753.32 Toleranzangaben für Prüfbereiche außerhalb des Bildfeldraumes
(Objektive, Okulare, Prismen.)

Die zulässigen Unsauberkeiten können sich an jeder Stelle der zu prüfenden Flache befinden. Die angegebene Größtunsauberkeit kann nach

Tab. 75–3 in kleinere Unsauberkeiten aufgeteilt werden. An Stelle einer Unsauberkeitsstufenzahl, die *nicht in Klammern steht,* darf eine in der Tabelle rechts davon liegende kleinere Unsauberkeitszahl so oft auftreten, wie sich durch Malnehmen der im Kopf der Tab. angegebenen Zahl mit dem Faktor der Toleranzangabe ergibt.

Beispiel. 5/3 · 0,63. 5 ist die Unsauberkeitskennziffer. 3mal gibt den Faktor der zulässigen Unsauberkeiten. Die Unsauberkeitsstufenzahl 0,63 gestattet nach Tab. 75–3 und dem Faktor 3mal:

$$
\begin{array}{rcll}
3 \cdot 1 & = & 3 \text{ Unsauberkeiten von } & 0{,}63 \text{ mm } \varnothing \\
\text{oder } 3 \cdot 2{,}5 & = & 8 \quad\text{,,} \qquad\qquad\text{,,} & 0{,}40 \text{ mm } \varnothing \\
\text{,, } \quad 3 \cdot 6{,}3 & = & 19 \quad\text{,,} \qquad\qquad\text{,,} & 0{,}25 \text{ mm } \varnothing \text{ usw.}
\end{array}
$$

753.33 Toleranzangaben für Ränder und Fasen außerhalb der Prüfbereiche
(Linsen, Prismen, Abschlußgläser usw.)

Sind *außerhalb* der Prüfbereiche beliebig viele Unsauberkeiten (z. B. Aussprünge) an Rändern und Fasen zulässig, so erfolgt *keine* Unsauberkeitskennzeichnung der Rand- und Fasenbeschaffenheit.

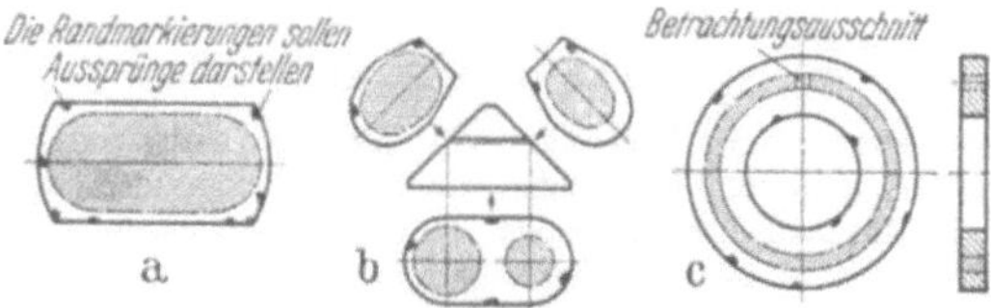

Abb. 75–7. Toleranzangabe für Ränder und Fasen außerhalb der Prüfbereiche. Beispiel: 5/8 × 2,5. 5 = Unsauberkeitskennziffer. 8 × gibt den Faktor der zulässigen Unsauberkeiten. Unsauberkeitsstufenzahl 2,5 und Faktor 8 × erlauben nach Tab. 75–3:

$$
\begin{array}{rcll}
8 \times 1 & = & 8 \text{ Unsauberkeiten von } & 2{,}5 \text{ mm } \varnothing \\
8 \times 2{,}5 & = & 20 \quad\text{,,} \qquad\qquad\text{,,} & 1{,}6 \text{ mm } \varnothing \\
8 \times 6{,}3 & = & 50 \quad\text{,,} \qquad\qquad\text{,,} & 1{,}0 \text{ mm } \varnothing \text{ usw.}
\end{array}
$$

a Schiebelinse, b Prisma, c Teilkreis.

In die Prüfbereiche hineinragende Aussprünge werden durch die Unsauberkeitsangaben für die Prüfbereiche erfaßt, s. Beispiele zu Abschn. 753.31 und 753.32.

Verursachen die Aussprünge sichtbare *Störungen* durch Reflexe oder mechanische Schwierigkeiten beim Fassen oder Abdichten, dann ist die zulässige Unsauberkeit durch eine *Kennzahl* festzulegen. Für diese Sonderfälle besteht die Kennzahl aus der Kennziffer 5/, aus einem Faktor und aus einer Unsauberkeitsstufenzahl der Tab. 75–3.

Der Faktor der Unsauberkeitsstufenzahl gibt an, wievielmal die zugelassene größte Unsauberkeit an einem Rand oder einer Fase vorkommen darf; die zulässigen Unsauberkeiten sollen sich aber möglichst gleichmäßig über den Rand oder die Fase verteilen, also nicht gehäuft auftreten.

Die zugelassene Größtunsauberkeitsfläche einer Stufenzahl kann auf die flächengleiche Summe kleinerer Unsauberkeiten entsprechend Tab. 75–3 verteilt werden.

754 Meß- und Prüfverfahren an optischen Werkstücken

Die folgenden Meß- und Prüfverfahren sind so ausgewahlt, daß sie möglichst wenig optische Hilfsmittel erfordern.

754.1 Glasdicken und Luftabstände

Bei einem optischen System werden die Scheiteldicken der Einzelglieder und die Luftabstande mit den an mechanischen Teilen üblichen . Meßverfahren ausgemessen: Schieblehre, Bügelmeßschraube, Sphärometer, Tiefentaster, Meßuhr mit Vergleich gegen Endmaß. Zu beachten ist bei allen Messungen, daß die Glasoberflächen leicht verletzbar sind und deshalb Meßbacken und Meßstifte am besten aus Bein o. a. gefertigt werden.

754.2 Brechzahl

Selten an fertigen Teilen zu messen. Wenn eine Planfläche vorhanden ist, kann diese auf das Meßprisma eines Refraktometers aufgelegt werden. An großeren Linsen lassen sich häufig kleine Planflächen anschleifen, die dann eine ebensolche Messung gestatten. Wenn dies nicht moglich ist, mussen die Linsen in eine Flussigkeit mit gleicher Brechzahl eingebettet und dann die Brechzahl der Flussigkeit bestimmt werden, s Schrifft.

754.3 Halbmesser

Mit Sphärometer. Rohe Messungen mit dem sog. Brillenglasspharometer, Abb. 75–8. Fur genauere Messungen dienen Spharometer, bei denen die Auflageflache durch drei Spitzen oder durch Ringe gebildet wird, s. Abb. 75–9. Gemessen wird stets die Pfeilhöhe p.

Abgelesen wird bei einfachen Spharometern (mit drei Spitzen) an der Schraube, mit der der

Abb. 75–8. Das Brillenglasspharometer wird mit zwei festen Stiften auf die zu prufende Fläche aufgesetzt, hierbei wird der Taststift S je nach Krummung der Fläche verschieden tief eingeschoben. Er bewegt den Zeiger, der den zugehorigen Dioptriewert anzeigt. Die Umrechnung auf Krummungshalbmesser in mm erfolgt unter der Annahme, daß die Dioptrieangaben sich auf gewohnliches Brillenrohglas mit der Brechzahl $n_D = 1,523$ beziehen, nach der Formel

$$r = \frac{1000\,(1,523-1)}{\text{Dptr}} = \frac{523}{\text{Dptr}} \qquad (75\text{--}1)$$

(Die Brechkraft eines Brillenglases ist die Differenz der an beiden Flächen gemessenen Dioptriewerte.)

Taststift bewegt wird, bei Ringspharometern, Abb. 75–9, meist an Strichmaßstab mit Mikroskop. Der Halbmesser ist dann fur Spharometer mit drei festen Spitzen, wenn diese Spitzen die Ecken eines gleichseitigen Dreiecks mit der Basislange l sind, und der Taststift im Mittelpunkte dieses Dreiecks sitzt

$$r = \frac{1}{6}\frac{l^2}{p} + \frac{1}{2}\,p \qquad (75\text{--}2)$$

Beim Ringspharometer gilt, wenn der wirksame Ringdurchmesser $2R$ ist (bei konvexen Flächen gilt der kleinere $2R_1$, bei konkaven Flachen der größere Durchmesser $2R_2$)

$$r = \frac{1}{2}\left(\frac{R^2}{p} + p\right) \qquad (75\text{-}3)$$

Mittels Interferenz.

Grundl. s. Abschn. 142.51. Anwendung s. Abb. 75-10.

Probeglas. Im allgemeinen wird dieses Verfahren nicht zur Messung, sondern nur zur Prufung von Halbmessern (s. Abschn. 753.11) verwandt.

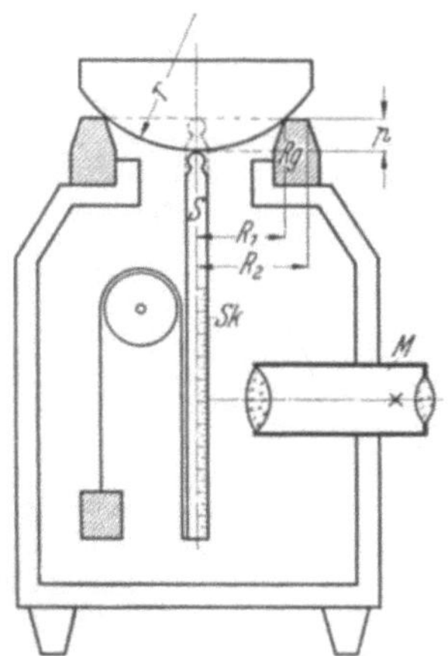

Abb. 75-9. Ringspharometer. Messung des Halbmessers r durch Bestimmung der Pfeilhohe p mittels des Taststiftes S, der einmal den Scheitel der Kugelfläche, die hier auf R_1 aufliegt, ein anderes Mal eine auf dem Ring Rg aufgelegte Planplatte beruhrt. Seine Verschiebung wird mit dem Mikroskop M auf der Skale Sk abgelesen, r nach Gl. 75-3.

Man stellt dazu an dicken, zylindrischen Glasklötzen polierte Flächen mit dem Sollhalbmesser der zu prufenden Flache, aber mit entgegengesetzter Krummung her. Die Halbmesser dieser Flachen werden meist mit dem Spharometer ausgemessen und solange nachgearbeitet, bis sie dem gewunschten Wert möglichst genau entsprechen. Legt man nun die zu prufende Flache (schmutzfrei!) auf die Flache dieses sog. Probeglases und stellt fest, wie viele Interferenzstreifen auf der ganzen Linsenflache des Pruflings auftreten und wie diese Streifen geformt sind, dann hat man ein Maß fur die Abweichungen vom Sollwert. Nach diesem Verfahren werden die meisten Linsen während der Fertigung laufend gepruft.

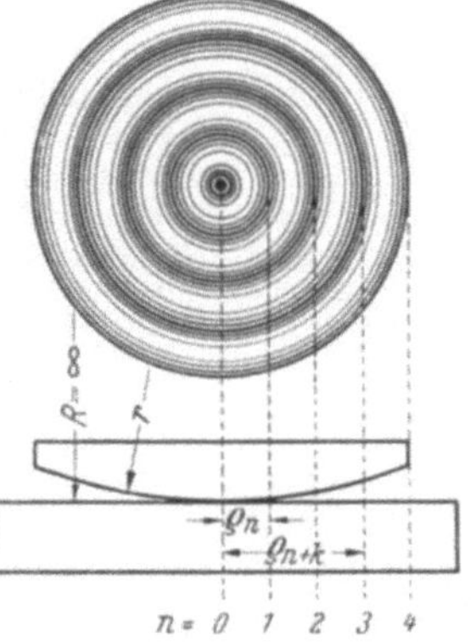

Abb. 75-10. Interferenzen. Legt man eine Linse mit dem unbekannten (großen) konvexen Halbmesser r auf eine Planflache $(R = \infty)$, dann sieht man im reflektierten, monochromatischen Licht der Wellenlange λ um die Beruhrungsstelle der beiden Flachen herum helle und dunkle Ringe: Interferenzen gleicher Dicke. Der Halbmesser des n-ten Ringes von der Beruhrungsstelle aus sei ϱ_n, der des $(n+k)$-ten Ringes ϱ_{n+k}, dann ist, auch fur $R \neq \infty$.

$$r = \frac{1}{\dfrac{1}{R} + \dfrac{k \cdot \lambda}{\varrho_{n+k}^2 + \varrho_n^2}} \qquad (75\text{-}4)$$

Dabei ist R *positiv* einzusetzen, wenn sein Krummungsmittelpunkt auf der Seite des *gesuchten* Halbmessers liegt; *negativ*, wenn auf der Seite des *bekannten* Halbmessers.

754.4 Schnittweite

Unter Schnittweite versteht man die Entfernung eines Punktes auf der optischen Achse, in dem ein Strahl die Achse schneidet, von einem Linsenscheitel, s. Abschn. 142.41. Von meßtechnischem Interesse sind in der Hauptsache die Schnittweiten von (Abb. 75–11) zusammengehörigem Bildpunkt und Objektpunkt (s'_0 und s_0) und die Schnittweiten der Brennpunkte von den zugehörigen Linsenscheiteln. Die Messungen der Schnittweiten sind einfache Längenmessungen, sobald die Achsenpunkte mechanisch (z. B. durch einen Bildschirm) markiert sind.

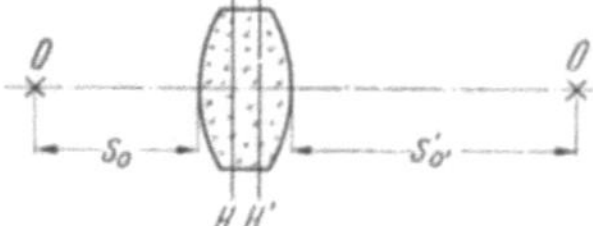

Abb. 75–11 Schnittweite s_0 des Objektpunktes O bezogen auf den objektseitigen Linsenscheitel, Schnittweite s'_0 des Bildpunktes O' bezogen auf den bildseitigen Linsenscheitel. H und H' = Hauptebenen.

Der Brennpunkt eines optischen Systems ist nach Abschn. 142.41 der Bildpunkt eines unendlich entfernten Gegenstandes (z. B. Stern oder Marke eines Kollimators). Für Messungen beschränkter Genauigkeit genügt es im allgemeinen einen genügend weit entfernten Gegenstand zu projizieren. Aus Gl. (142–12): $\bar{z} \cdot z' = f'^2$ folgt, daß die Abweichung der Bildebene von der Brennebene für $z = 1000\,f'$ nur 0,1 % der Brennweite beträgt. Für Linsen großer Brennweite stellt man einen im Unendlichen liegenden Hilfspunkt durch einen Kollimator her, Abb. 142–46 und 75–12. Aus Gründen der Meßgenauigkeit soll die Brennweite des Kollimators größer sein als die der zu messenden Linse.

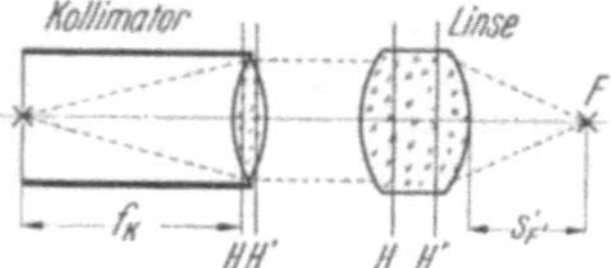

Abb. 75–12. Die Schnittweite s'_F, des Brennpunktes F' wird mit Hilfe eines auf Unendlich eingestellten Kollimators bestimmt. Im Kollimator befindet sich in Brennweitenentfernung f_k von der Hauptebene H des Kollimators eine Marke, die in F' der zu prüfenden Linse abgebildet und dort auf einer Mattscheibe aufgefangen werden kann.

Ein Sondergerät zum Messen der Schnittweite bzw. dem Kehrwert der Schnittweite, dem sogenannten Scheitelbrechwert, ist der Scheitelbrechwertmesser nach Henker, ein in der Brillenoptik benutztes Gerät, Abb. 75–13. Mit ihm wird der Abstand des augenseitigen Brennpunktes vom hinteren Linsenscheitel gemessen und direkt als Kehrwert in Dioptrien abgelesen.

Abb. 75–13. Scheitelbrechwertmesser nach Henker, bestehend aus Kollimator mit Marke M, die um meßbare Beträge (Skale) aus dem vorderen Brennpunkt $\bar{F}$ des Kollimatorobjektivs K verschoben werden kann. Sie wird in ihrer Nullstellung nach Un-

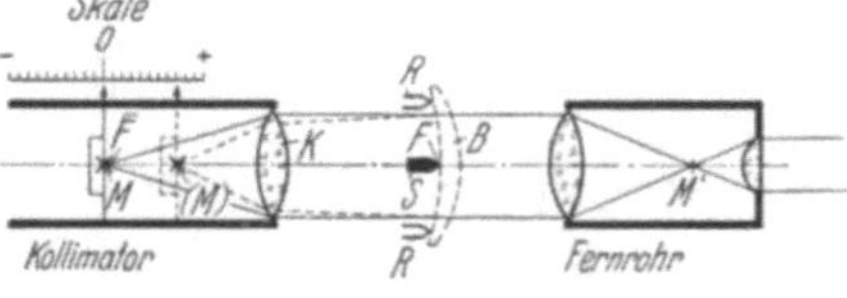

endlich und mit dem Objektiv des Fernrohres nach M' abgebildet. Legt man dann auf den federnden Ring R ein Brillenglas B auf und drückt es auf den im Brennpunkt F' des Kollimatorobjektives K befindlichen Stift S, dann muß die Marke von M nach (M) verschoben werden, um wieder in M' scharf zu erscheinen. An der Skale kann dann der Scheitelbrechwert des Brillenglases in Dptr. abgelesen werden.

754.5 Brennweite

Messung der Brennweite f bei Kenntnis des Hauptpunktabstandes $\overline{HH'}$ oder bei seiner Vernachlassigung, Abb. 75–14. (Zweites Gaußsches oder Besselsches Verfahren.)

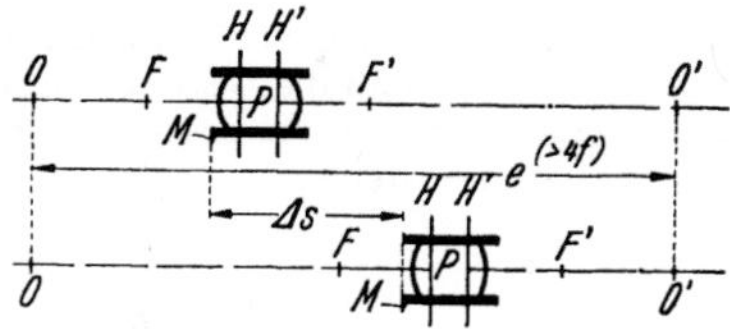

Abb. 75–14. Brennweitenmessung nach Gauß-Bessel. Der Prüfling P, ein positives Linsensystem, befindet sich zwischen einem leuchtenden oder beleuchteten Objekt O und einer Bildwand O', die mehr als vier Brennweiten des Prüflings von O entfernt ist. Die Entfernung $\overline{OO'} = e$ wird bestimmt. Dann wird der Prüfling so weit nach O hin verschoben, daß in O' ein vergrößertes, scharfes Bild von O entsteht. Diese Stellung des Prüflings wird (z. B. durch den Ort eines Fassungsrandes M) markiert und der Prüfling so weit nach O' hin verschoben, daß jetzt in O' ein verkleinertes Bild von O scharf erscheint. Die Länge der Verschiebung des Prüflings Δs wird ebenfalls bestimmt. Ist der Hauptpunktabstand ΔH des Prüflings bekannt, z. B. bei Prüfung eines gerechneten Objektivs, so ist seine Brennweite genau zu berechnen nach

$$f = \frac{(e - \overline{HH'})^2 - (\Delta s)^2}{4\,(e - \overline{HH'})} \qquad (75\text{–}5)$$

Für die meisten Fälle genügt es, den Hauptpunktabstand zu vernachlässigen, also

$$f = \frac{e^2 - (\Delta s)^2}{4\,e} \qquad (75\text{–}6)$$

Messung der Brennweite f, der Schnittweiten der Brennpunkte s_F und $s'_{F'}$ und des Hauptpunktabstandes $\overline{HH'}$, Abb. 75–15. (Erstes Gaußsches Verfahren.)

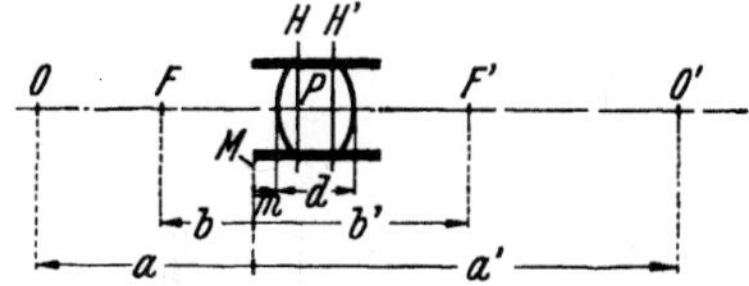

Abb. 75–15. Brennweitenmessung nach Gauß. Formel $\bar{z} \cdot z' = f'^2$ wird dreifach angewandt. Am Prüfling P wird irgendeine Stelle (z. B. ein Linsenscheitel, ein Fassungsrand oder eine Kante des Reiters, der den Prüfling trägt) als Meßmarke M verwendet und alle Längen von hier aus positiv gezählt. Man bildet das Objekt O nacheinander in drei verschiedene Ebenen O' (O_1', O_2', O_3') ab, d. h. man bringt die Marke M des Prüflings P in drei verschiedene Abstände a_1, a_2, a_3 von O, die ausgemessen und zu denen durch Verschieben von O' (Bildwand) die zugehörigen Bildorte gesucht werden, deren Entfernungen a_1', a_2', a_3' von M ebenfalls gemessen werden. Dann ist

$$f^2 = \frac{(a_2 - a_1)\,(a_3 - a_1)\,(a_3 - a_2)\,(a_1' - a_2')\,(a_1' - a_3')\,(a_2' - a_3')}{[(a_3 - a_1)\,(a_1' - a_2') - (a_2 - a_1)\,(a_1' - a_3')]^2} \qquad (75\text{–}7)$$

$$b = a_1 - \frac{(a_2 - a_1)\,(a_3 - a_1)\,(a_2' - a_3')}{(a_3 - a_1)\,(a_1' - a_2') - (a_2 - a_1)\,(a_1' - a_3')} \qquad (75\text{–}8)$$

$$b' = a_1' - \frac{(a_1' - a_2')\,(a_1' - a_3')\,(a_3 - a_2)}{(a_1 - a_1)\,(a_1' - a_2') - (a_2 - a_1)\,(a_1' - a_3')} \qquad (75\text{–}9)$$

Bezeichnet man mit m die Entfernung des O zugekehrten Linsenscheitels von der Marke M und mit d die Scheiteldicke des Systems, so ist:

$$s_F = b + m \qquad (75\text{–}10)$$

$$s'_{F'} = b' - (d + m) \qquad (75\text{-}11)$$

$$\overline{HH'} = b + b' - 2f \qquad (75\text{-}12)$$

Negative Systeme liefern keine auffangbaren Bilder, wie sie für vorstehende Verfahren nötig sind. Die Brennweiten lassen sich bestimmen, wenn man sie zunächst mit einem stärkeren positiven System dicht zusammensetzt, so daß die Gesamtbrennweite positiv ist. Ist die Brennweite des Gesamtsystems f, die des positiven Systems f_p, so ist die Brennweite des negativen Systems.

$$\frac{1}{f_n} = \frac{1}{f} - \frac{1}{f_p} \qquad (75\text{-}13)$$

754.6 Winkel

Schnell werden Winkel mit Anlegewinkelmesser (Abb. 24-28, -29 und 237-1) gemessen, deren Schenkel möglichst genau (Lichtspalt) an die zwei den Winkel bildenden Flächen des Werkstückes angelegt werden. Genauere Messungen mit Reflexionsgoniometer oder Spektrometer. Die zu messenden Flächen werden nacheinander als Spiegel benutzt und eine im Unendlichen liegende Marke wird in das auf Unendlich eingestellte Beobachtungsfernrohr gespiegelt, Abb. 75-16. Statt Kollimator und Fernrohr kann ein einziges Autokollimationsfernrohr, Abb. 75-17, benutzt werden. Die erreichbare Genauigkeit hängt sehr von der Güte der Goniometer ab und geht bis zu 3″.

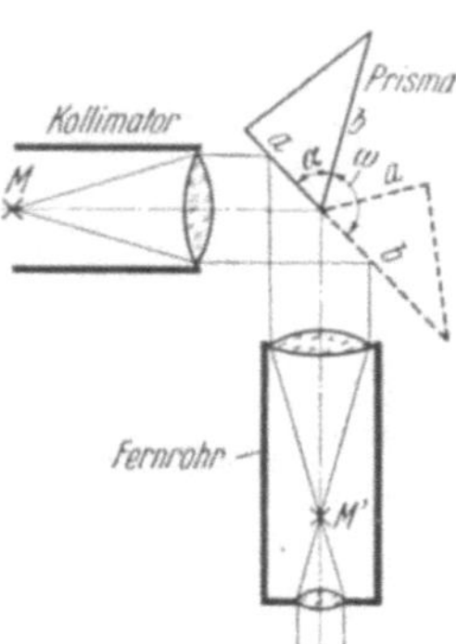

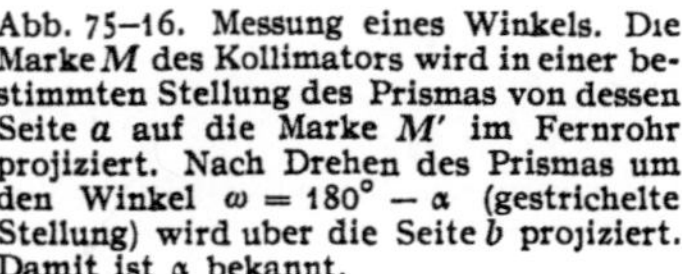

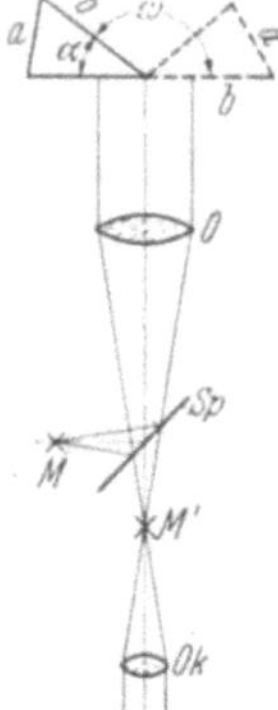

Abb. 75-16. Messung eines Winkels. Die Marke M des Kollimators wird in einer bestimmten Stellung des Prismas von dessen Seite a auf die Marke M' im Fernrohr projiziert. Nach Drehen des Prismas um den Winkel $\omega = 180° - \alpha$ (gestrichelte Stellung) wird über die Seite b projiziert. Damit ist α bekannt.

Abb. 75-17. Winkelmessung mit Reflexionsgoniometer und Autokollimationsfernrohr. Gemessen wird grundsätzlich wie in Abb. 75-16, nur wird die Marke M über einen teildurchlässigen Spiegel Sp eingespiegelt und mit demselben Objektiv O projiziert, mit dem sie beobachtet wird.

Zur Prüfung großer Serien verwendet man Lehren und Gerate mit Meßuhren oder Fuhlhebeln. In Abb. 75–18 ist z. B. die Ausmessung des 45°-Winkels eines gleichschenkligen 90°-Prismas gezeigt.

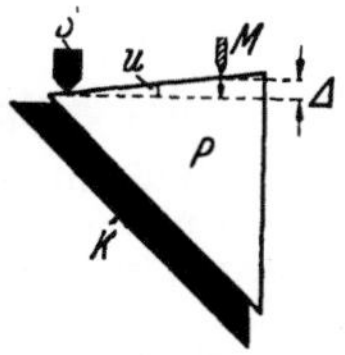

Abb. 75–18. Winkelmessung am Prisma. Die Hypotenuse des Prismas P wird fest an die Kante K angelegt und das Prisma soweit verschoben, daß eine Kathete den Stift S beruhrt. In M wird Meßuhr oder Fuhlhebel angesetzt und die Hohendifferenz $\varDelta$ der Kathete des Pruflings gegenuber der eines Musterprismas gemessen. Es ist

$$\operatorname{tg} u = \frac{\varDelta}{\overline{SM}}$$

Geeignete Wahl der Lange $\overline{SM}$ ermoglicht bequeme Umrechnung der Langendifferenz auf die Fehlerwinkel. Bei $\overline{SM} = 34{,}4$ mm entspricht einer Langendifferenz $\varDelta$ von 0,01 mm ein Fehlerwinkel von 1′.

754.7 Zentrierfehler

Begriff s. Abschn. 753.2. Um den Zentrierfehler zu bestimmen, befestigt man die zu untersuchende Linse so auf einer drehbaren mechanischen Achse, daß ihre optische Achse mit der Drehachse ubereinstimmt. Das erreicht man dadurch, daß man die Spiegelbilder irgendeines Gegenstandes (Fensterkreuz, Lampe) auf den beiden Linsenflachen beobachtet (Lupe!) und die Linse solange gegenuber der Drehachse verschiebt, bis die beiden Spiegelbilder sich nicht mehr bewegen, wenn die Linse gedreht wird. Dann setzt man auf den Rand der Linse den Meßbolzen einer Meßuhr oder eines Fuhlhebels auf und bestimmt seinen größten und kleinsten Ausschlag bei einmaliger Umdrehung der Linse. Die Halfte dieses Unterschiedes ist der Zentrierfehler.

Schrifttum

Czapski-Eppenstein: Grundz. Theorie opt. Instr. (3) Leipzig 1924.
Keßler, H.: Hdb. Physik Bd. 18, 1927.
Kohlrausch: Prakt. Physik Bd. 1 (19) Leipzig 1951.

8 Organisation des Meßwesens

81 Allgemeine organisatorische Maßnahmen
(s. a. Abschn. 4)

811 Aufgaben und Eingliederung des Meßwesens

Die Maßkontrolle ist ein Teil des gesamten Kontrollwesens im Fabrikbetrieb und wird dementsprechend in dieses eingegliedert. Die Kontrolle wiederum ist eine Ergänzung der Fertigung und dient zur Überwachung der Personen, Fertigungsmittel und Erzeugnisse, so daß diese brauchbar sind und Verluste und Schaden vermieden werden. Organisatorisch ist die Kontrolle in vielen Betrieben von der Fertigungsleitung getrennt, wie in Abb. 81–1 veranschaulicht. Dies hat den Vorteil, daß die Kontrolle weniger

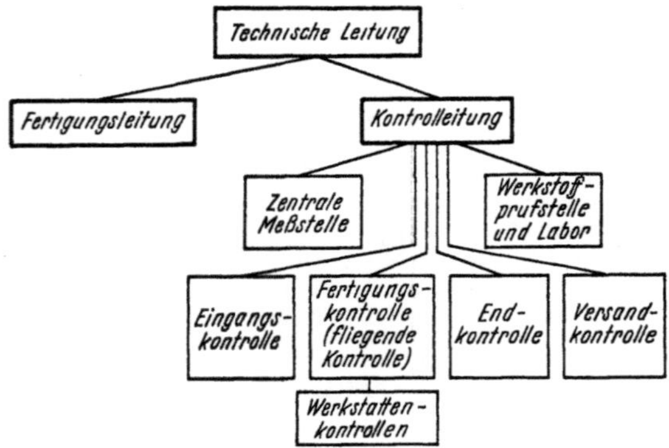

Abb. 81–1. Organisation des Kontrollwesens.

Einflüssen aus den Fertigungswerkstätten ausgesetzt ist; es sind Voraussetzungen dafür geschaffen, daß sie weniger nachsichtig, aber auch sachlich richtiger und zuverlässiger arbeitet. Wird die Kontrolle aber der Fertigungsleitung mit unterstellt, so sollte sie unmittelbar unter dieser stehen, damit sie sich genügend durchsetzen kann.

Zweck und Aufgabe der Kontrolle und insbesondere der Maßkontrolle:
positiv:
    Verbesserung der Fertigungsverfahren,
    Gütesteigerung der Erzeugnisse,
    Benutzung wirtschaftlicher Fertigungsverfahren (bei gleicher Güte),
    psychische Einflüsse auf die Belegschaft;
negativ:
    Aussondern unbrauchbarer Teile (Ausschuß oder Nacharbeit), so daß sie nicht weiter bearbeitet werden und dadurch nutzlos Fertigungs-, Förderkosten und Maschinenbelastung verursachen, nicht zum Zusammenbau gelangen und dort entweder Störungen des Arbeitsablaufes

verursachen oder unbrauchbare oder minderwertige Erzeugnisse zur
Folge haben,

vor Verlassen der Fabrik bemerkt ⎫ Kosten für Zerlegen und In-
nach Verlassen der Fabrik bemerkt ⎬ standsetzen vermeiden
(Beanstandungen der Kundschaft) ⎭

Verhütung des Entstehens unbrauchbarer Teile.

Gliederung der Maßkontrolle:

1. Eingangskontrolle.

2. Lagerkontrolle, soweit Beschadigung oder nachträgliche Maßanderungen, z. B. durch Hárteverzug zu befürchten sind.

3a. Kontrolle während der Bearbeitung.

Diese wird meist vom Arbeiter selbst ausgeführt. Erste Ausfallstücke werden zweckmäßig von einem Prüfer kontrolliert. Auch die laufende Prüfung unterliegt insoweit den Aufgaben des Kontrollwesens, als der Arbeiter zu richtigem Messen angeleitet werden muß. Dazu trägt bei:

3b. fliegende Kontrolle wahrend der Bearbeitung oder unmittelbar nachher durch Organe der Kontrolleitung.

Ein Prüfer oder eine Prüfkolonne ist mit trag- oder fahrbarer Ausrüstung für alle vorkommenden Maß- und Güteprüfungen ausgerüstet und wandert nach einem festen Plan von einem Arbeitsplatz zum andern. Außerdem hat diese fliegende Prüfkolonne dort zur Verfügung zu stehen, wo bei Fertigungsschwierigkeiten irgend etwas gemessen werden muß.

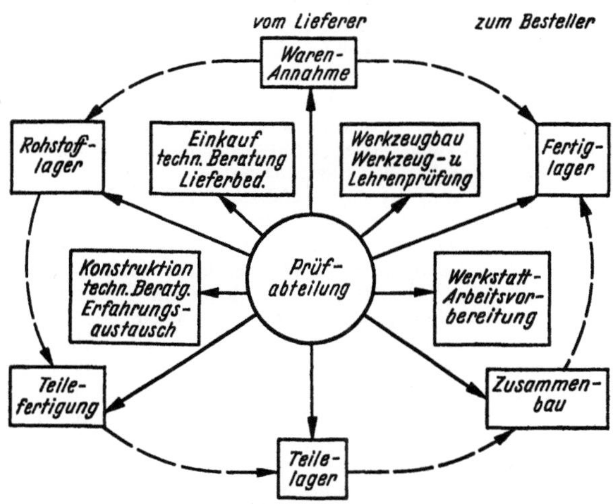

Abb. 81–2. Wirkungskreis der Prufabteilung.

4. Kontrolle nach der Bearbeitung, und zwar:

a) nach jedem Arbeitsgang oder nach einer zusammengehörigen Reihe von Arbeitsgängen,

b) nach Fertigstellung des Teiles.

41*

Diese „Revision" ist meist mit anderen Kontrolltätigkeiten verbunden: Stückzahl, Stoffeigenschaften, Oberflächengüte, Risse, Lunker, Oberflächenveredelung.

Werden die Halbfabrikate oder fertigen Einzelteile auf ein Zwischenlager genommen, so läßt sich die **L a g e r - E i n g a n g s - K o n t r o l l e** mit der Revision vereinigen.

5. Endkontrolle der fertig zusammengebauten Erzeugnisse oder Baugruppen.

Sie erstreckt sich nur insoweit auf Maße, als beim Zusammenbau neue Paßmaße entstehen, z. B. durch reiben, justieren, einstellen, nacharbeiten, aufpressen.

6. Ausgangskontrolle.

Sie betrifft nur selten Maße.

Den Wirkungskreis der Kontrolle oder Prüfabteilung läßt Abb. 81–2 erkennen. Er kann, was Erfahrungsaustausch angeht, nicht weit genug gespannt werden.

812 Vorbereitung

Erste Voraussetzung für eine zweckmäßige und wirtschaftliche Maßprüfung ist eine **m e ß g e r e c h t e K o n s t r u k t i o n.** Darunter versteht man eine derartige Gestaltung der Einzelteile und eine Maßeintragung, daß alle erforderlichen Messungen meßtechnisch einwandfrei ausgeführt werden können. Nach Möglichkeit sollen auch einfache, genormte und handelsübliche Meßzeuge angewendet werden können. Daher sollten Neuentwürfe von Erzeugnissen auch von der Lehren-Konstruktionsabteilung begutachtet werden. Enge Kopplung des Konstruktionsbüros mit der Arbeitsvorbereitung und dem Lehrenbüro ist erforderlich, um Erfahrungsaustausch herbeizuführen. Die meßtechnisch richtige Konstruktion steht manchmal im Widerspruch zu fertigungs- oder funktionstechnischen Anforderungen; dann muß der richtige Mittelweg gesucht werden.

Weitere Voraussetzung ist die sorgfältige Aufstellung genauer **P r ü f - a n w e i s u n g e n.** Diese werden entweder vom Konstruktionsbüro bearbeitet oder von diesem nur entworfen und vom Arbeitsvorbereitungsbüro ausgearbeitet. Man benutzt dazu zweckmäßig besondere Vordrucke, wie Abb. 81–3 als Beispiel zeigt. Auf die Rückseite kann ein Vordruck gebracht werden, der zur Berichterstattung über die Prüfergebnisse dient. Diese Berichte sind für das Konstruktionsbüro eine wertvolle Unterlage für Neukonstruktionen (zu kleine Toleranzen, schwierige Arbeitsgänge).

Diese Prüfanweisungen erlangen besondere Bedeutung, wenn Teile auswärts gefertigt werden. Sie müssen der Bestellung beigefügt werden. In ihnen lassen sich viele technische Einzelheiten ausdrücken, die in der Werkstattzeichnung nicht enthalten sind.

Neben den besonderen Prüfanweisungen empfehlen sich solche allgemeiner Art, z. B. für Grenzprüfung, Gewindeprüfung, Zahnradprüfung (auch Oberflächengüte, Werkstoffeigenschaften, Anstriche usw.).

Da erfahrungsgemäß trotz ausführlicher Anleitungen und Anweisungen Zweifels- und Streitfälle unvermeidlich sind, haben einige Betriebe sogenannte „Klärungsbeamte" eingesetzt, die Entscheidungsbefugnis haben. Diese müssen enge Fühlung mit dem Konstruktionsbüro haben.

<table>
<tr><td colspan="2"></td><td>Datum</td><td>Name</td><td colspan="2" rowspan="4" style="text-align:center">Prüfanweisung
für Druckrollenachse</td><td>Prüfanweisung Nr.
Lg 151–12</td></tr>
<tr><td colspan="2">entworfen</td><td>12. 10. 53</td><td>Ri.</td><td rowspan="3">Zeichnungs-Nr.
Lg 15–186</td></tr>
<tr><td colspan="2">geprüft</td><td>21. 11. 53</td><td>Schu.</td></tr>
<tr><td colspan="2">genehmigt</td><td>1. 12. 53</td><td>Leh.</td></tr>
<tr><td colspan="4">Änderungszustand der Zeichnung</td><td colspan="2"></td><td></td></tr>
<tr><td>a</td><td>b</td><td>c</td><td>d   e   f   g   h   i</td><td colspan="2"></td><td></td></tr>
</table>

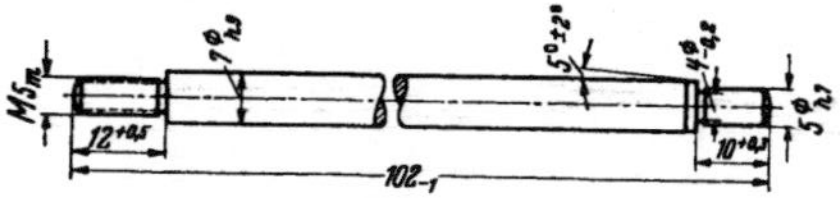

Meßgang Nr.	Zeichnungsmaß	Meßzeug	Meßanleitung	Prüfzahl %	Skizze
1	102_{-1} $12^{+0,5}$	Schieblehre 150 mm Tiefenmesser	Gesamtlänge und Gewindeansatzlänge messen	2	
2	M 5 m	Gew.-Grenzrollen-lehre mit Halter	Gewindegrenzprüfung nach Prüfanweisung 11 Gewindesichtprüfung nach Prüfanweisung 12	2 100	
3	$10^{+0,3}$ $4_{-0,2}$	Schieblehre 120 mm Meßschnabel	Ansatzlänge, Schleif- und Gewindeeinstich messen	5	
4	$5° \pm 2°$	Universal-winkelmesser	Fase prüfen	2	
5	5 h 7 7 h 9	Lehre Nr. 79 Lehre Nr. 171	Grenzprüfung nach Prüfanweisung 1, dabei auf glatte Oberfläche achten	100 100	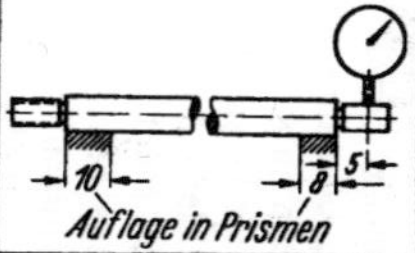
6	Rund-lauf	2 Meßprismen Meßuhr mit Ständer	Nach Skizze Rundlauf prüfen. Zulässiger Gesamtausschlag des Zeigers 30 μ	100	
			Teile fetten, in Pappbehältern zu je 500 Stück an Zwischenlager 3 liefern		

Über je 10000 Stück ist ein Prüfbericht (Vordr. Prb. 2) an KtSt zu geben.

Abb. 81–3. Beispiel einer Prüfanweisung [1]

---

[1] Nach **Wegener**, Revision der Teilefertigung (umgearbeitet).

Neben den schriftlichen Anweisungen ist Anlernen und mündliches Unterweisen der Prüfpersonen durch Sachkundige unerläßlich. Dies gilt auch in besonderem Maße für die Arbeiter, welche die Bearbeitung vorzunehmen haben, weil bei ihnen das Messen nicht Haupttätigkeit und hauptsächlicher Gegenstand der Berufsausbildung ist und weil hier das Entstehen von Fehlern und Ausschuß in erster Linie verhindert werden kann. Das Anlernen trägt auch sehr zur Schonung und sachgemäßen Behandlung der Meßzeuge bei.

In einigen Werkstätten wurden mit Erfolg hochwertige und charakterlich einwandfreie Arbeitskrafte zu „Selbstprufern" ernannt. Dies stellt einen besonderen Vertrauensbeweis und einen Ansporn für die ganze Belegschaft dar. Der Selbstprüfer ist für die maßliche Richtigkeit und Güte der von ihm bearbeiteten Teile selbst verantwortlich und seine Arbeit wird im allgemeinen nicht weiter kontrolliert.

Zur Kostenersparnis durch Werksnormung von Meßzeugen und Meßzeugteilen vgl. Abschn. 31.

Die Planung und Vorbereitung der Meßgänge ist ein wesentlicher Teil der Aufgabe des Arbeitsvorbereitungsburos. In den Arbeitsplänen mussen Prüfgänge, die zwischen den Arbeitsgangen liegen, sowie die Endkontrolle aufgefuhrt sein. Dies gilt in erhöhtem Maße fur die Planung einer Fließfertigung.

Dabei muß untersucht werden, ob es wirtschaftlicher ist, nach jedem Arbeitsgang zu prufen oder erst jeweils nach einer zusammenhangenden Reihe von solchen. Im ersten Fall wird vermieden, daß an Werkstücken, die bereits Ausschuß sind, weitere Arbeitsgänge ausgefuhrt werden. Dafür ist jedoch ein größerer Aufwand an Meßzeugen, Arbeitsplatz und Personal nötig. Denn beim Prüfen nach mehreren Bearbeitungen können in einer Lehre oder an einem Meßplatz mehrere Meßgange vereinigt werden; außerdem wird an Zeit (Griffe: aufnehmen, einfuhren, entnehmen, weglegen) und an Förderkosten gespart.

Um die Kontrolle positiv wirksam werden zu lassen (s. Abschn. 811), müssen die Ergebnisse der Prüfung schriftlich festgehalten und sorgfältig ausgewertet werden, z. B. geprüfte Menge, Ausschußzahl, Grund der Beanstandung, Abhilfe zur Verminderung der Zurückweisungen. Hierzu sind Vordrucke empfehlenswert.

Über die Auswertung von Fehlermeldungen s. Abschn. 84.

Gestaltung des Arbeitsplatzes und sachgemäße Ablegeplatze für Meßzeuge s. Abschn. 72.

Verringerung der Zahl der Prüfungen durch Stichproben und wirtschaftliche Stichprobengröße s. Abschn. 84.

813 Umfang der Maßprüfung

Die Eingangs- und Lagerkontrolle hat den Zweck festzustellen, ob die Rohteile, Halbzeuge, zugelieferten Teile und Gruppen für die reibungslose Fertigung und für die Herstellung eines brauchbaren Erzeugnisses geeignet sind. Sie erstreckt sich also z. B. auf die Prufung, ob an einem Gußteil keine zu großen Versetzungen von Kernen oder Ansteckaugen vorgekommen sind, so daß überall genügend Wanddicke vorhanden ist. Bei gezogenen oder gewalzten Halbzeugen sind neben den Maßabweichungen oft auch die Formabweichungen von entscheidender Bedeutung. Eine Vierkantstange, die auf dem Magnettisch gespannt werden soll, darf keine balligen Flächen haben, weil sie sonst nicht sicher gespannt wird. Wenn das Profil dünnwandig ist und folglich durch die Magnetkraft verspannt werden kann, darf die Spannfläche auch nicht hohl sein. Die Rechtwinkligkeit kann wichtig sein. Auch beim Spannen in Patronen können Formabweichungen Schwierigkeiten verursachen.

Die Eingangsprüfung muß sich auch auf Fertigungsmittel, also Maschinen, Werkzeuge, Vorrichtungen, Lehren beziehen. Für die Prüfung von Werkzeugmaschinen siehe DIN 8601 bis 8646. Bei Werkzeugen sind die für die Fertigung wichtigen Maße, Durchmesser, Längen, Winkel, bestimmte Baumaße wie Anschnitt, Spannuten und die Anschlußmaße zu prüfen, z. B. Werkzeugkegel; bei allgemeinen Meßzeugen, wie Meßuhren, Fühlhebel, werden die Eigenschaften nach Abschn. 113 und die Einspannstellen geprüft. Die Anzeigefehler solcher Meßzeuge sollten ebenfalls stets vor Ingebrauchnahme geprüft werden.

Lehren sollten auch geprüft werden, wenn ein zuverlässiger Lieferer die Gewähr für die Einhaltung der Maße zu bieten scheint.

Über die zur Prüfung auszuwählenden Maße am Geräteteil s. Abschnitt 311.2.

814 Ausgabe und Überwachung der Meßzeuge

Meßzeuge werden, ebenso wie Werkzeuge, in kleinen Betrieben an zentraler, günstig gelegener Stelle aufbewahrt und ausgegeben, in großen wird für jede Werksabteilung eine solche Ausgabe eingerichtet. Es muß dafür gesorgt werden, daß:

1. der Arbeiter die Meßzeuge in einwandfreiem Zustand empfängt. Jedes vom Betrieb zurückgegebene Meßzeug muß vor der nächsten Ausgabe in bezug auf maßliche Richtigkeit und allgemeine Brauchbarkeit geprüft werden. Der Umfang dieser Prüfung muß schriftlich festgelegt sein.

2. Beschädigungen müssen bei der Rückgabe festgestellt werden. Deshalb ist die Ausgabe gegen Blechmarken nachteilig; besser sind Anforderungsscheine, die von der Arbeitsvorbereitung ausgefertigt werden und von denen eine Durchschrift auch nach Rückgabe des Meßzeuges in der Ausgabe verbleibt, so daß der Benutzer nachträglich festgestellt werden kann.

Es ist zweckmäßig, von jedem beschafften oder selbst gefertigten Meßzeug eine Karteikarte anzulegen (s. Abb. 81–4). Man kann auch gleichartige Meßzeuge, die mehrfach vorhanden sind, auf einem entsprechend gestalteten Vordruck zusammenfassen. An Hand dieser Karte werden alle Meßzeuge in bestimmten Zeitabständen zwangsläufig eingezogen und besonders geprüft (Feinmeßraum s. Abschn. 83).

Wenn nicht jede einzelne Ausgabe zur Benutzung auf der Karteikarte vermerkt wird, muß auf andere Weise verhindert werden, daß beim zwangläufigen Einziehen auch diejenigen Meßzeuge geprüft werden, die in der Zwischenzeit gar nicht benutzt wurden. Zu diesem Zweck hat man sie an bestimmten Stellen mit Papierstreifen überklebt, die beim Gebrauch entfernt werden müssen, oder mit Fett bestimmter Farbe eingeschmiert

Die Länge der Einzugsfrist richtet sich nach der Empfindlichkeit gegen Beschädigung oder Verstellung und der Abnutzung des Meßzeuges; bei

Verwendet bei:	Prufkarte fur Meßzeug			Inventar-Nr.	
Typ:				Zeichnungs-Nr.	
Teil:	Gegenstand:			Prufungsfrist:	
Angefertigt / Beschafft	mit Auftrag-Nr.		Firma: / Werkstatt	Lagereingang / Tag.	
Standort:					
nächster Pruftermin:					
	Gepruft.			Ausgegeben:	
Zahl der gemessenen Werkstucke	Prufbefund	Tag	Name	Tag	an Kontr.-Nr.	Name

ZM (Zentrale Meßstelle) hat die Meßzeuge gemaß der festgesetzten Prufungsfrist vom Betrieb einzuziehen
Die Prufkarten fur Meßzeuge, die jedesmal zu prufen sind, wenn sie vom Betrieb an WzA (Werkzeug-ausgabe) zuruckgegeben werden, sind durch einen schragen roten Strich zu kennzeichnen. In diesem Falle rechnet die Prufungsfrist jeweils von der letzten Prufung an.
Nach Eintragung des Befundes sind die Meßzeuge mit dem Doppel der Prufkarte an WzA (Standort) zuruckzuliefern.

Abb. 81—4. Prufkarte fur Meßzeug

Gewindelehrdornen wird sie verhaltnismaßig kurz zu setzen sein. Ebenso ist die Möglichkeit der absichtlichen oder fahrlassigen Verstellung beim Gebrauch in Betracht zu ziehen, wie z. B. bei nichtplombierten Gewinderollenlehren.

Durch diese Maßnahmen wird verhindert, daß in der Wersktatt längere Zeit Meßzeuge benutzt werden, die nicht mehr maßhaltig oder beschädigt sind. Kommt ein Meßzeug innerhalb der festgesetzten Frist von selbst zurück, so wird nach erfolgter Prufung ein neuer Termin festgelegt.

In die Karteikarte werden alle Prüfergebnisse mit Tag und Namen eingetragen, so daß ein vollstandiger Lebenslauf des Betriebsmittels entsteht. Dadurch erhält man ein sachliches Urteil uber die Gute verschiedenartiger Meßgerate und erkennt rechtzeitig, wann Neuanschaffungen veranlaßt werden mussen.

Grundsätzlich werden neue Lehren an den Arbeitsplatz gegeben, solche die gebraucht sind, aber noch nicht die Abnutzungsgrenze erreicht haben, in die Revision. Denn durch die Abnutzung auf der Gutseite wird die Lehre „toleranter", das Fertigungstoleranzfeld wird größer, und durch die vorstehende Maßnahme werden Meinungsverschiedenheiten infolge der Meßunsicherheit vermieden.

Die im Abschn. 811 erwähnten fliegenden Prufer oder Prufkolonnen prüfen in einigen Betrieben auch die an den Arbeitsplatzen benutzten Lehren, soweit dies mit einem wandernden Prufstand moglich ist.

Bei der laufenden und regelmaßigen Prufung der Meßzeuge sind auch die Formabweichungen der Meßflächen zu beachten, die durch Abnutzung entstehen: Abweichungen von der Ebenheit und Zylindrizitat. Dies gilt besonders fur nachstellbare Lehren.

Meßzeuge, die laufend an einem bestimmten Arbeitsplatz gebraucht werden, und allgemeine Meßzeuge, wie Schieblehren und Meßschrauben, werden vorteilhaft gegen Leihquittung fur dauernd ausgegeben. In einer Lehrenwerkstatt hatte z. B. jeder Lehrenbauer an seinem Arbeitsplatz ein Werkstattmikroskop stehen. Auch diese Meßmittel mussen laufend überwacht und regelmaßig geprüft werden.

815 Meßmittel

Die Meßzeuge der Werkstatt werden von den in der zentralen Meßstelle aufbewahrten Urmaßen abgeleitet. Dieses sind Parallelendmaße und Strichurmaße. Sie bilden die Grundlage des Langenmaßsystems des Werkes und die Voraussetzung für Austauschbarkeit innerhalb des Werkes und in bezug auf fremde Zulieferungen.

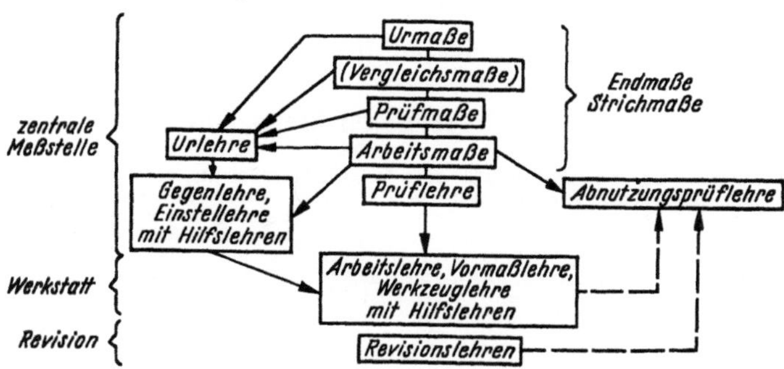

Abb. 81–5. Aufbau des Langenmaßsystems.

Um diese Urmaße zu schonen und ihre Genauigkeit nicht durch standigen Gebrauch zu beeintrachtigen, werden die Arbeitsmaße (Endmaße und Strichmaße) nicht unmittelbar mit ihnen verglichen, sondern Prüfmaße und gegebenenfalls auch noch Vergleichsmaße.dazwischengeschaltet. Von den Arbeitsmaßen werden Urlehren und Prüflehren, z. B. Meßscheiben, Zylinderendmaße, Kugelendmaße, abgeleitet. Zu den Prüflehren gehören auch die Abnutzungsprufer.

Den vollständigen Aufbau des Längenmaßsystems einer großen Fabrık zeigt Abb. 81–5. In kleineren Betrieben können Zwischenstufen fortgelassen werden.

Je weiter man in dem Schema nach oben geht, desto genauer werden die Meßmittel und desto genauer mussen auch die Pruf- und Vergleichsverfahren sein, damıt in den unteren Stufen hınreichende Genauigkeit gewährleistet ist. Wenn man nicht selbst uber Einrichtungen zum Prüfen von Urmaßen verfugt, wie Interferenzkomparator und Strichmaßkomparator, mussen die Urmaße von Zeit zu Zeit von einer amtlichen Stelle nachgeprüft werden.

Schrifttum

Aumann: Die Prufabteilung in der feinmechanischen Industrie. Masch.-Bau 1934, H. 21/22, S. 583.

Dalchau: Organisch eingegliedertes Messen und Prufen. Masch.-Bau Bd. 19 (1940) H. 2, S. 55.

Hodam: Überwachung der Lehren und Meßgeräte. Werkst.-Techn./Betr. Bd. 37/22, H. 11/12, S. 417.

Leinweber: Toleranzen und Lehren. 5. Aufl. Berlin/Heidelberg/Göttingen: Springer 1948.

Marcus: Wirtschaftliche Werkzeugbewirtschaftung. Masch.-Bau Bd. 22 (1943) H. 1, S. 25.

Mengenprüfung in der Feinmechanik. Werkst.-Techn. 1939, H. 7, S. 199.

Stein: Erziehung zur Selbstverantwortung im Betrieb. Werkst.-Techn. Bd. 31 (1937) H. 13, S. 289.

Törnebohm: Meßverfahren und Meßtechnik in der modernen mechanischen Werkstattindustrie. Ingenieur, Haag Bd. 54 (1939) Nr. 36, S. W 113. Schweiz. Arch. Bd. 5 (1939) Nr. 11, S. 309.

Wegener: Revision der Teilefertigung. Werkst.-Techn. 1939, H. 22, S. 520.

Wittwer: Wirtschaftliche Fertigungsuberwachung. Wege der Rationalisierung beim Messen und Prufen. Masch.-Bau 1941, H. 5, S. 205.

82 Auswahl geeigneter Meßpersonen

Es gibt ausgezeichnete Spezial- oder Universalinstrumente, mit denen im allgemeinen auch solche Personen brauchbare Messungen ausfuhren können, die keine größeren Erfahrungen besitzen, sondern sich lediglich nach genugend ausfuhrlichen Gebrauchsanweisungen richten, die dem Instrument beigegeben sind. Das verleitet häufig dazu, daß gewisse Erfordernisse der Personalauswahl ubersehen werden; sie sind indes nach *physischen, psychischen* und *fachlichen* Gesichtspunkten auszuwählen. Einige allgemeine Bemerkungen sind daher notwendig, um Richtlinien fur die Auswahl geeigneter Meßpersonen zu geben.

Physische Eignung: Am wichtigsten ist guter *Gesichtssinn,* da es sich meist um das Ablesen von Skalen oder um die optische Einstellung von Marken auf Objekte oder der Helligkeit von Meßfeldern handelt. Die Meßperson muß dazu unbedingt sehtuchtig sein oder gemacht werden. Refraktionsanomalien des Auges sind durch eine Brille auszugleichen. Mäßige Kurzsichtigkeit oder Übersichtigkeit ist nicht allzu schlımm, da sie durch die

Scharfstellung der optischen Teile bis zu einem gewissen Grade überbrückbar ist, so daß auch ohne Brille gearbeitet werden könnte. Eine Brille ist aber unbedingt notwendig, wenn die Augen astigmatische Fehler haben. Das richtige astigmatische Korrektionsbrillenglas *muß* beim Messen getragen werden, und es muß richtig sein sowohl hinsichtlich der Brechkraftdifferenz wie auch hinsichtlich der Achsenstellung des Zylinders. Darauf wird viel zu wenig geachtet. Ungenügende Feinkorrektion des Astigmatismus setzt die Sehtüchtigkeit merklich herab. Bei Meßgeräten für binokularen Gebrauch muß das Sehvermögen auf beiden Augen weitgehend gleich gut sein; auf keinen Fall soll eine größere Verschiedenheit der Refraktion beider Augen vorliegen, da sie mit gewöhnlichen Brillengläsern nicht genügend ausgeglichen werden kann. Ältere Personen, die im täglichen Leben mit so viel Nutzen eine Zweistärkenbrille tragen, sollten beim Beobachten durch optische Vorrichtungen ihr Zweistarkenglas gegen eine gewöhnliche Brille austauschen, da die Trennlinie des Zweistarkenglases oft hinderlich ist. Auch der *Lichtsinn* muß ausreichend sein. Die Meßperson muß in der Lage sein, sich Helligkeitsunterschieden gut anzupassen, da Störungen des Adaptationsvermögens erheblich behindern können. Sehr unangenehm können die sog. „fliegenden Mücken" in den Augenmedien sein, wenn man mit kleiner Austrittspupille arbeitet.

Zu der physischen Eignung gehören weiterhin die *ruhige Hand* und ein ausgeprägter Tastsinn. Nervöse Personen können meist nicht mit der gewünschten Sicherheit einstellen, da sie mehr oder weniger zittern und es ihnen häufig an Konzentrationsvermögen mangelt. Menschen mit Schweißhänden sind für den Umgang mit Lehren und für den Lehrenbau ungeeignet.

Psychisch: Wille zur *Selbstkritik* muß vorhanden sein, ruhiges, ausgeglichenes Temperament, geistige Regsamkeit, gute Auffassungsgabe, Ordnungsliebe, Beharrlichkeit, Konzentrationsfahigkeit, Lerneifer, Anpassungsfähigkeit. Eine gewisse Reife ist Vorbedingung.

Vorzugsweise Frauen eignen sich erfahrungsgemäß gut, wenn eintönige Meßreihen zu bewältigen sind, die einen ziemlich gleichmäßigen Verlauf nehmen, während Männer besser am Platz sind, wo wechselnde Anforderungen gestellt werden. Ungeeignet sind Personen, die zu vorschnellen Schlußfolgerungen neigen und sich leicht ablenken lassen, meist eine Folge mangelnder persönlicher Erfahrung bei der Kritik. Zielgebundene psychotechnische Eignungsprüfungen bei der Auswahl geeigneter Personen sind besonders in dieser Hinsicht ratsam.

Fachlich braucht die Eignung der Meßperson durchaus nicht immer spezialisiert zu sein. Fachliche Eignung kann bereits vorliegen, wenn die Meßperson allgemeinen Ansprüchen genügt, wie hinsichtlich des Umganges mit der Zahl, Zehntelschätzung, Überlegung, Schriftgewandtheit, technischen Geschicks.

Die Schwierigkeit einer Messung liegt vornehmlich in der richtigen Kritik und Deutung der Messung, eine Schwierigkeit, die sich meist in einer Über- oder Unterschätzung der Meßunsicherheit äußert. Deshalb muß die verantwortlich tätige Meßperson fähig sein, sich von der Leistungsfähigkeit und der Fehlermöglichkeit der benutzten Geräte kritisch zu überzeugen, d. h. die Genauigkeit des Ergebnisses den Grundlagen und dem

Zweck nach richtig zu beurteilen. Das nämliche gilt auch von der Behandlung der Zahl. Die Übung im Berücksichtigen der beherrschbaren *Fehler* (s. Abschn. 112.1) ist eine wesentliche Bedingung für genaues und trotzdem bequemes Messen. Die Meßperson muß den Einfluß der Fehler auf das Ergebnis richtig abschätzen können. Schriftgewandtheit ist zur Führung der *Meßprotokolle* erforderlich, für die zweckmäßig ein Schema angelegt wird, um nichts zu vergessen (Temperaturen, Ort, Zeit, Meßgerat, Prüfer) und in die notfalls Bemerkungen über das „Gewicht" einer Messung einzutragen sind. Neben gewissen theoretischen Kenntnissen gehört *technische Geschicklichkeit* zur richtigen Behandlung der Geräte, besonders, wenn justiert werden muß, oder wenn Meßfehler durch sinnreiche Gruppierung der Messungen nach Möglichkeit auszuschalten sind.

83 Feinmeßraum

831 Allgemeines

Ein besonderer Feinmeßraum oder eine zentrale Meßstelle ist für mittlere und große Betriebe vorteilhaft, und zwar um so mehr, je genauer gefertigt werden muß und je schwierigere Messungen in der Fertigung vorkommen. Wenn Lehren im eigenen Betrieb hergestellt oder in größerer Anzahl benutzt werden, ist eine solche Einrichtung unentbehrlich. Auch für kleinere Betriebe ist ein besonders abgeteilter und zweckentsprechend eingerichteter Raum empfehlenswert, wenn häufiger Feinmessungen vorgenommen werden mussen. Die Messungen können dann unter günstigen Umweltbedingungen einwandfreier durchgeführt werden als in den Werkstatträumen.

Der Feinmeßraum oder die zentrale Meßstelle soll in meßtechnischer Hinsicht die höchste Instanz der Fabrik sein. Die hier getroffenen Entscheidungen mussen bindend sein und unter allen Umständen durchgesetzt werden. Die Arbeitsweise dieser Stelle ist von entscheidender Bedeutung für:

1. die Güte der Erzeugnisse,
2. die Wirtschaftlichkeit der Fertigung.

Denn genaues Messen bei der Fertigung verhindert einerseits eine beachtliche Überschreitung der Maßtoleranzen und somit eine Verschlechterung der Erzeugnisse, wobei vorausgesetzt ist, daß die Größe der Toleranzen richtig gewählt ist. Richtiges Messen vermeidet aber auch eine Unterschreitung oder Einengung der Maßtoleranzen und damit eine Verteuerung der Fertigung (s. Abb. 83–1.)

Abb. 83–1. Durch die Ungenauigkeit der Messungen kann es vorkommen: 1. daß Werkstücke mit erheblich größeren Abweichungen als vorgeschrieben noch für gut befunden werden; 2. daß Werkstücke beanstandet werden, bei denen die vorgeschriebene Toleranz in Wirklichkeit noch gar nicht ausgenutzt ist.

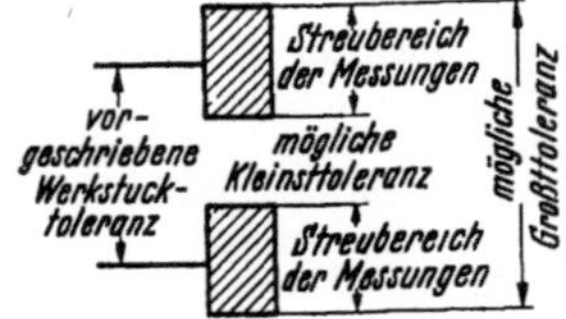

Voraussetzungen für richtiges Arbeiten der zentralen Meßstelle sind:
1. In der Meßstelle sollen die besterfahrenen Meßfachleute tätig sein. Neben der fachlichen Eignung sind an die hier beschäftigten Personen be-

sondere Anforderungen zu stellen in bezug auf: Genauigkeit, Zuverlassigkeit, Wahrheitsliebe, Sorgfalt, Geduld, Punktlichkeit, Ordnungsliebe,
Sauberkeit (s. a. Abschn. 82).

2. Zweckmaßige räumliche Anordnung und bauliche Ausfuhrung.

3. Zweckentsprechende Ausstattung mit den erforderlichen Meßmitteln.

4. Richtige organisatorische Eingliederung.

Die zentrale Meßstelle kann in bezug auf das Meßwesen erzieherisch
auf die ganze Belegschaft wirken. Außerdem kann sie zielbewußt zur Aus-
bildungsstätte im Messen ausgestaltet werden fur Revisoren, Facharbeiter
und Meßpersonen.

Anordnung, Einrichtung und Ausstattung sind sehr von den Aufgaben
abhangig, welche die Meßstelle erfullen soll. Diese können betreffen:

1. nur Werkstucke aus Stahl und Gußeisen,

2. Werkstücke aus Stahl, Eisen und Nichteisenmetallen,

3. Lehren, Meßgerate und Werkzeuge: Eingangsprüfung vor Benutzung,
laufende Überwachung,

4. Meßlaboratorium fur Entwicklungsarbeiten meßtechnischer und
fabrikatorischer Art,

5. Endmaße.

In der vorstehenden Aufzahlung schließt jede folgende Stufe die vorhergehenden mit ein; in der gegebenen Reihenfolge muß die Einrichtung immer
vollkommener werden. Am häufigsten kommen die Aufgabengebiete 2···3
und 2···4 vor. Außer von den Aufgaben hangt die erforderliche Einrichtung
von den Toleranzen und der Art der gefertigten Werkstucke ab.

In vielen Fabriken werden im Feinmeßraum nur Lehren, Meßgeräte
und formbestimmende Werkzeuge (Gewindeschneidzeuge, Formfraser,
Formstähle, Schnitte usw.) gemessen; nur einzelne, besonders schwierig zu
messende Werkstucke und Ausfallmuster oder nur Streitfalle werden an die
zentrale Meßstelle gegeben; Versuchsmuster dann, wenn noch keine Lehren
vorhanden sind oder besondere Erprobungen vorgenommen werden sollen.
Werkstucke aus der laufenden Fertigung werden meist außerhalb der
Meßstelle oder aber in einem von dieser abgetrennten Raum gemessen.
Diese Werkstück-Prufstelle ist auch oft organisatorisch von der Revision
getrennt.

Wenn nur Stahl- oder Eisenteile gemessen werden sollen (auch Lehren),
kommt es zwar nicht allzu genau auf die genaue Einhaltung der Bezugstemperatur von 20° C (DIN 102) an, denn Abweichungen hiervon bewirken nur insoweit Maßunterschiede, als die Warmeausdehnungszahlen der
benutzten Eisenwerkstoffe verschieden groß sind. Diese Unterschiede sind
nur bei unlegierten Stählen vernachlässigbar klein (10%).

Ausnahme z. B.: Messen von Endmaßen mit Ultraoptimeter oder Interferenzkomparator. Ein Endmaß von 100 mm Lange wird bei 10% Unterschied der Warmedehnung und 3° C Temperaturdifferenz um 0,35 μ falsch gemessen. Nach DIN 861
ist aber die Herstellgenauigkeit fur Genauigkeitsgrad I schon $\pm$ 0,7 μ.

Wichtig ist aber in jedem Falle gleichbleibende Temperatur. Denn
die verschieden großen Werkstücke und Meßgeräte folgen einer Temperaturanderung verschieden schnell. Vgl. hierzu Abschn. 141.

832 Lage und Bauweise

Zentrale Lage ist erwunscht, um lange Wege zu vermeiden und enge Zusammenarbeit mit allen Werkstatten und Buros zu begunstigen. Das Lehrenlager wird räumlich der Meßstelle angegliedert, um die Lehren bequem laufend überwachen zu können.

Wichtiger als die Lage ist möglichste Erschütterungsfreiheit, um so mehr, je feinere Messungen vorgenommen werden sollen. Deshalb soll der Meßraum möglichst weitab von Schmiede, Stanz- und Walzwerksbetrieben und schweren Werkzeugmaschinen angelegt oder durch besondere Fundamente abgeschirmt werden. Dies erfordert aber hohe Kosten. Wenn Erschütterungen nicht durch geeignete Lage oder Abschirmung hinreichend vermieden werden können, setzt man die einzelnen Meßgeräte, auch schwere Platten und Arbeitstische, auf Schwammgummi, Zellstoffwatte, Contidämpfer oder Korkunterlagen. Ein Meßraum fur höhere Ansprüche soll möglichst nicht in den oberen Stockwerken eines Werkstattgebäudes mit großen Maschinen untergebracht werden oder gar nur durch Glaswände oder Drahtgitter von den Fertigungsstätten abgeteilt sein.

Bei der Festlegung der örtlichen Lage und Bauweise ist auch zu beachten, daß der Meßraum nicht Staub, Dampfen und anderen chemischen Einwirkungen ausgesetzt ist.

Im Hinblick auf die Einhaltung einer gleichbleibenden Temperatur oder der Bezugstemperatur von 20° C ist zu beachten:

1. Warmeschutz gegen den Fußboden; Holz- oder Linoleumbelag, der möglichst nach unten warmeisoliert sein soll, also nicht unmittelbar auf Zement verlegt. (Holz, Linoleum und ahnliche Stoffe sind auch deshalb gunstig, weil zu Boden fallende Teile nicht so leicht beschadigt werden.)

2. Warmeschutz gegen die Außenluft und angrenzende Räume: Doppelwande oder warmeisolierte Wande und Decken, Doppeltüren mit mindestens 1 m Abstand, so daß sie wirklich eine Schleuse sind, und Doppelfenster.

3. Fenster nur nach Norden, um Temperaturschwankungen durch Sonneneinstrahlung und hohe Temperaturen im Sommer zu vermeiden. (Außerdem wird dadurch eine gleichbleibendere Beleuchtungsstärke erzielt.)

4. Möglichst gleichmaßig durchheizen, auch nachts und sonntags. Dies erfordert oft besondere bauliche Vorkehrungen für die Warmeversorgung.

5. Gleichbleibende, maßige Luftumwalzung durch Schraubenlüfter, um Temperaturschichtungen zu vermeiden. Möglichst keine Heizkörper im Raum. Lampen mit geringer Warmeentwicklung, hoch angebracht.

6. In Sonderfällen Bewetterung, s. Abschn. 833.

Für Projektoren wird vorteilhaft ein dunkler Raum abgeteilt. Wenn photographische Arbeiten ausgefuhrt werden sollen, wird eine Dunkelkammer mit Lichtschleuse und entsprechender Einrichtung (Wasseranschluß, Lüftung, Beleuchtung) vorgesehen.

833 Temperaturregelung, Bewetterung

Folgende Stufen sind zu unterscheiden:

1. Annähernd gleichmäßige Beheizung, Regeln von Hand oder selbsttätig, Luftumwälzung durch Schraubenlüfter an der Decke.

2. Wie unter 1, mit elektrischer Zusatzheizung, durch Thermostat gesteuert.

3. Indirekte Beheizung durch Wärmeaustauscher und Lüfter mit Entstaubung der zugeführten Luft.

4. Selbsttätige Temperaturregelung, Heizung und Kühlung.

5. Bewetterungsanlage mit genauer Regelung der Temperatur (20 $\pm$ 0,5° C), Luftfeuchte (58%) und Entstaubung der zugeführten Luft. Derartige Anlagen werden von Spezialfirmen geliefert und eingebaut.

Eine Klimaanlage ist unerläßlich, wenn Endmaße geprüft und ähnliche Feinmessungen ausgeführt werden sollen, und zwar um so dringlicher, je größer die Meßlängen sind. Um Kosten zu sparen, kann die Temperaturregelung oder Bewetterung auch nur für bestimmte Abteilungen der Feinmeßstelle vorgesehen werden.

In einem Raum mit gleichbleibender Temperatur ist auch die Arbeitsleistung der darin beschäftigten Personen größer.

834 Einrichtungsmittel

Für reichlich Ablegeplatz für Prüfgegenstände und fur Aufbewahrungsraum für Meßzeuge (verglaste Schranke und Schranke mit Schüben) ist zu sorgen. Rachenlehren, Meßscheiben, Meßdrähte usw. werden am besten in entsprechend gearbeiteten Schubfachern aufbewahrt, in denen sie vor Staub geschützt sind. Auf übersichtliche Anordnung, reichlich Platz und Erweiterungsmöglichkeit achten. Ein Beispiel für die Einrichtung eines Meßraumes zeigt Abb. 83–2.

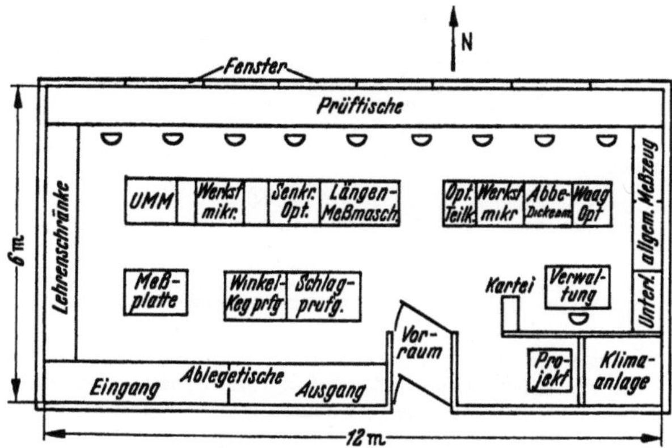

Abb. 83–2. Beispiel fur die Einrichtung der zentralen Meßstelle einer mittleren Maschinenfabrik. Aufgaben: vorwiegend Lehren und Werkzeuge.

Beleuchtung am besten halbindirekt, Tageslichtlampen. Lichtstärke am Arbeitsplatz mindestens 300 Lux, bei Einzelplatzbeleuchtung und für besonders feine Arbeiten bis 3000 Lux. Anstrich der Wände matt hellgrün, Decken weiß mit hellgrüner Tönung.

Für feinste Beobachtungen mittels optischer Geräte ist grünes Licht vorteilhaft, das mit Filtergläsern im Strahlengang erzeugt wird. Dabei ist das Unterscheidungsvermögen des menschlichen Auges größer.

Neben der Allgemeinbeleuchtung mussen reichlich Steckdosen vorhanden sein. Viele Meßgerate erfordern eine niedere Spannung; fur diese kann man besondere Steckdosen anderer Konstruktion einbauen, so daß Verwechseln ausgeschlossen ist. Die Netzspannung wird an zentraler Stelle herabgesetzt und am Arbeitsplatz wird an Platz und Übersichtlichkeit gewonnen, wenn die kleinen Umspanner und die vielen Leitungsschnüre nicht nötig sind.

Bequeme Sitzgelegenheiten mit federnder Ruckenstutze verhindern vorzeitige Ermudung und steigern die Arbeitsleistung.

Nachstehend eine Aufstellung der Meßgerate, die uberhaupt in Betracht kommen. Die Auswahl ist je nach den Genauigkeitsansprüchen, den zu stellenden Aufgaben und der Größe der Werkstucke zu treffen.

1. **Maße**: Endmaßsatze verschiedener Genauigkeit; Endmaßzubehor, Meßschnabel, Halter, Verbinder, Fußplatten; Meßscheiben, Prufdorne, Meßdrahte; Planglasplatten, planparallele Glasprufmaße.

2. **Platten**: Große gußeiserne Ablegeplatten; Meßplatten verschiedener Größe, Stahlplanplatten, Rippentische, Aufspannplatten.

3. **Allgemeine Meßgerate**: Lineale, Haarlineale, Kantenlineale, Winkel verschiedener Größe, Haar- und Kantenwinkel; Parallelstucke und Auflageprismen (paarweise); Feinschliffmaße; Schieblehren, Meßschrauben verschiedener Größe, Fuhlhebelmeßschrauben; Meßuhren, Fuhlhebel (Feintaster), kleine Fuhluhr; Meßstander verschiedener Große und Bauart; elektrische Fuhlhebel, pneumatische Meßgerate; Bohrungsmeßgerate; Universalwinkelmesser; Spitzenbock fur Schlagprufung; Langenmeßmaschine; Kegelprufgerat, Sinuslineale; Lichtkasten mit Mattscheibe; Oberflächenpruf- und Vergleichsgerate nach Schmaltz, Forster, Mechau; Oberflachen-Vergleichsmikroskop; Mikrointerferenzmikroskope; Harteprufer nach Vickers und Rockwell, Ruckprallharteprufer; Mikroharteprufer; Feder-Kraftmesser.

4. **Optische Meßgerate**: Senkrecht-Optimeter, Waagerecht-Optimeter mit Innenmeßeinrichtung, optischer Langenmesser (Abbe); kleines und großes Werkstattmeßmikroskop, Universalmeßmikroskop, Koordinatenmeßgerat, Profilmeßstand, optische Lehren-Bohr- und -Meßgerate, Langenmeßmaschine; optischer Teilkopf, optischer Rundtisch; großer und kleiner Projektor, Winkelteilungsprufer.

5. **Sondereinrichtungen**: Einrichtung fur Gewindeprufung nach dem Dreidrahtverfahren; Zahnradprufgerate, Zahnweitenschraublehren, Evolventenprufer, Ein- und Zweiflanken-Abrollgerate, Kegelrad-Prufgerate; Meßuhrprufgerate; Nockenwellenprufgerate; Fernrohr mit Kollimator, Fluchtungsmeßgerat, Theodolit mit Kollimator; Rohrwandsehrohr.

6. **Fur Endmaßprufung**: Ultra-Optimeter, Interferenzkomparator.

7. **Allgemeine Ausrustung**: Reinigungs- und Rostschutzmittel; Isolierhandschuhe (Asbest), Warmeschutzgriffe und -klammern; Vordrucke fur Meßprotokolle und Prufberichte, Karteien fur Erfahrungswerte; Logarithmische und trigonometrische Tafeln mit verschiedener Stellenzahl, Fachliteratur.

An der Gute der Einrichtungsgegenstande sollte nicht gespart werden, denn sie ist von entscheidendem Einfluß auf die Arbeits- und Wirkungsfahigkeit der Meßstelle. Andererseits sollten nur solche Instrumente beschafft werden, die wirklich häufiger gebraucht werden. Denn Meßgerate erfordern zum Teil erhebliche Kapitalanlagen. Erfahrene Meßleute können aber auch manche Sonderaufgaben behelfsmaßig lösen, wenn ein guter Grundstock an hochwertigen allgemeinen Meßmitteln vorhanden ist.

835 Organisation

Die zentrale Meßstelle wird am besten der Kontrolleitung oder der Werkstattenleitung unmittelbar unterstellt. Organisatorische und vor allem raumliche Vereinigung mit der Werksrevision ist nur bei kleinen Betrieben und geringer Erzeugungsmenge zu empfehlen.

Die anfallenden Arbeiten werden am besten auf bestimmte Personen oder Arbeitsgruppen aufgeteilt, z. B. für Rachenlehren, Lehrdorne und -ringe, Gewindelehren, Meßschrauben, Meßuhren und Innenmeßgeräte, Sonderlehren, Werkzeuge, Werkstücke, Vorrichtungen.

Die Erprobungsstelle für Vorrichtungen, Werkzeuge und Sondermaschinen wird zweckmäßig räumlich angrenzend angeordnet.

Die Lehren- und Vorrichtungswerkstatt soll organisatorisch von der Meßstelle getrennt sein, im Organisationsschema neben oder besser unterhalb der zentralen Meßstelle.

Bei größerer Kontrolltätigkeit werden meist mehrere örtliche Revisions- oder Inspektionsstellen eingerichtet. Dadurch wird der Einfluß des Meßwesens auf die Fertigung unmittelbarer und es werden lange Wege zu den Werkstätten vermieden; andererseits werden die örtlichen Revisoren dann von der zentralen Meßstelle weniger beeinflußt. Außerdem werden bei Dezentralisierung oft größere Anschaffungen von Meßgeräten erforderlich.

Über das regelmäßige, zwangläufige Einziehen aller Meßgeräte und deren laufende Prüfung nach Benutzung s. Abschn. 814.

Schrifttum

Aumann: Die Prüfabteilung in der feinmechanischen Industrie. Masch.-Bau 1934, H. 21/22, S. 583.

Holecek: Der temperaturgleiche Meßraum der Technischen Hochschule in Wien. Werkst.-Techn. 1939, H. 20, S. 481.

Juttner: Der Feinmeßraum und seine Stellung im Betrieb. Masch.-Bau Bd. 21 (1942) H. 9, S. 389.

Kienzle: Prüfen und Messen im Betrieb. Rundschau deutscher Technik 1938, Nr. 10, S. 1.

Leinweber: Lehrenprüfung und Lehrenüberwachung. Feinmech. u. Präz. 1937, H. 21, S. 297.

Leinweber: Handhabung von Lehren. Feinmech. u. Präz. 1938, H. 2, S. 15.

Leinweber: Messen in der Werkstatt. Werkstattkniffe, Folge 8. München: Hanser-Verlag 1949.

Schorsch: Über die Ausgestaltung von Meßräumen. Werkst.-Techn. 1936, H. 20.

84 Anwendung der mathematischen Statistik

Begriffe, Formeln und Grundlagen der Hilfsmittel s. Abschn. 134. Zusammenstellung der Formelzeichen s. Abschn. 849.

Die Benutzung mathematisch-statistischer Verfahren im Fabrikbetrieb bezweckt:

1. *gesteigerte Wirksamkeit* der Kontrollen bei Fertigung und Endprüfung; dadurch erhöhte Wirtschaftlichkeit der Kontrolle;

2. gleichmäßigere und bessere *Güte* der Erzeugnisse;

3. Beurteilung und Verbesserung der *Fertigungsverfahren* und *-einrichtungen*.

Dies Ziel wird erreicht durch:

1. *Geregeltes Erfassen* von Zahlen, so daß sie statistisch auswertbar sind;

2. *Auswertung* durch a) übersichtliche Darstellung des Zahlenmaterials, b) Kennzahlen für Zahlenmengen;

3. *Vergleichen* der Darstellungen und Kennzahlen; dadurch Sammeln und Vergleichen von Betriebserfahrungen.

4. *Planen von Versuchen* zur Entscheidung betriebswichtiger Fragen nach statistischen Methoden derart, daß mit möglichst wenig Beobachtungen möglichst allgemeingultige Rückschlusse gezogen werden können.

Bisherige Anwendungsgebiete: Staatsfuhrung, Bevölkerungs-, Wirtschafts- und Erzeugungsstatistik, Konjunkturforschung, Verkehrs- und Versicherungswesen, medizinische Forschung und Heilkunde, Biologie, Genetik, Landwirtschaft, Wasserwirtschaft, Lebensmittelprufung, Textilfertigung, physikalische Forschung, Chemie, Geologie, Meteorologie, Astronomie;
im Fabrikbetrieb: Stoffgewinnung und Aufbereitung, Zeitstudien, Fertigungskontrolle; Unfallbeurteilung, Absatzentwicklung, Schwachstellenermittlung.
Grundlagen. Kombinatorik, Variationsstatistik, Wahrscheinlichkeits- und Fehlertheorie, Kollektivmaßlehre, Großzahlforschung, Stichprobenforschung.

841 Anwendung. Einführung

Anwendbar sind mathematisch-statistische Verfahren bei jeder Art von Gewinnung, Erzeugung, Veredelung, Umformung, Bearbeitung, Zusammenbau, Forschung, sobald sich der gleiche oder ein ahnlicher Vorgang wiederholt vollzieht. Besondere wirtschaftliche Vorteile bringen sie bei der laufenden Erzeugung gleichartiger Stoffe oder Gegenstande. Auch bei Einzelfertigung kommen viele Teile vor, die in gleicher Ausfuhrung in größerer Anzahl gebraucht werden: Schrauben, Stifte, Gewinde, Passungen, Werkstoffe.

Sorgfaltige Planung ist Voraussetzung für Wirtschaftlichkeit. Eine Frage, die vorher nicht gestellt und deren Lösung nicht bedacht wurde, kann meist nachher nicht beantwortet werden, nachdem das Betriebsgeschehen abgelaufen und die Ermittlungen abgeschlossen sind. Man soll sich aber auch im Anfang nicht zu vielerlei Aufgaben stellen und durch den Versuch, sie zu lösen, die Fertigung beunruhigen und die Kontrolle zur Störungsursache machen. Die mathematisch-statistischen Verfahren sind, richtig angewendet, so empfindlich, daß sie eine Störung schon anzeigen, wenn sie erst im Entstehen und noch nicht schädlich geworden ist.

Besondere Aufmerksamkeit muß der *Übersichtlichkeit und Leichtverständlichkeit* der gewonnenen Unterlagen gewidmet werden. Nach dem Entschluß, *welches* der nachstehend beschriebenen Verfahren geeignet erscheint, ist ein *Schema* fur Ermittlung und Auswertung auszuarbeiten. Ein Übermaß an Vordrucken und sonstigen organisatorischen Maßnahmen soll man vermeiden, besonders im Anfang. Die Einfuhrung soll sich vielmehr zwanglos in das Betriebsgeschehen einfügen und erst einmal vorhandene Einrichtungen benutzen, soweit sie für den Zweck brauchbar sind. Im Ergebnis soll die Einfuhrung nach einer gewissen Zeit möglichst zur Herabsetzung der Kontroll- und Erhebungstatigkeit fuhren, im Sinne echter Rationalisierung.

Mit der Einfuhrung und Durchfuhrung wird zweckmäßig eine geeignete Persónlichkeit beauftragt, die zunächst Gelegenheit haben muß, sich die nötigen Anfangskenntnisse anzueignen. Der mit der Einführung beauftragte Ingenieur muß die Verfahren und technischen Einrichtungen der Werkstätten genau kennen und technisches Feingefuhl besitzen. Er wird in Aussprachen mit der Betriebsleitung gleich zu Anfang eine Fülle ungeklärter Fragen erkennen, so daß er genötigt sein wird, für statistische Verfahren ungeeignete Probleme auszuscheiden. Im Anfang nimmt er die Erhebungen und die Auswertung selbst vor, um Erfahrungen zu sammeln.

Später können ihm für mechanische und Rechenarbeiten Hilfskrafte beigegeben werden. Bei der Planung ist zu erwägen, wie die Auswerteergebnisse der Betriebsleitung am schnellsten und in der umfassendsten und kürzesten, übersichtlichsten Form zugänglich gemacht werden können.

Organisatorisch gehört die mathematische Statistik zum Kontrollwesen und wird mit diesem am besten der technischen Direktion unmittelbar unterstellt.

Die Einführung soll bewirken, daß die Kontrolle ihren negativen Charakter — Versäumnisse aufdecken, Störungen verhindern — verliert und positiv wirkt: Beherrschung des Fertigungsgeschehens, Verbesserung der Verfahren, Einrichtungen und Erzeugnisse, höchste Wirtschaftlichkeit.

Die Möglichkeiten mathematisch-statistischer Gütekontrollen sind sehr vielseitig. Im folgenden werden die Verfahren nacheinander beschrieben und kurz beurteilt. Die Wahl muß nach den besonderen Verhaltnissen getroffen werden.

842 Beurteilung einzelner Stichproben

842.1 Direkter Schluß

Die Wahrscheinlichkeit p fur den Eintritt eines Ereignisses sei gegeben durch Erfahrung, Festsetzung eines Soll oder Vermutung (Hypothese). Es soll beurteilt werden, ob eine beobachtete Abweichung hiervon innerhalb der natürlichen Streuung liegt oder außergewöhnlich ist. Bei großem Umfang der Stichprobe ($npq \gg 10$) werden Gln. (134–35) und (134–36) benutzt.

Beispiel. In Lieferungen bestimmter Kugellager befanden sich bisher durchschnittlich 20% Lager, die mehr als $7\,\mu$ Lagerluft hatten. In einer Lieferung von 1000 Stück werden 25% solcher Lager gefunden. Ist die Vermutung berechtigt, daß Lager mit kleinerer Luft aussortiert wurden?

Nach Gl. (134–36) ist mit $p = 0,2$ und $q = 1 - p = 0,8$; mit $npq = 160$ ist Gaußnäherung statthaft:

$$\sigma = \sqrt{\frac{0,2 \cdot 0,8}{1000}} = 0,0127.$$

Dieser Wert muß mit einem Faktor multipliziert werden, der je nach der gewünschten Sicherheit der Aussage aus Taf. 25 zu wahlen ist. Für eine Überschreitungswahrscheinlichkeit (Sp. 4) von 0,2% nach beiden Seiten, also 0,1% nach jeder Seite, findet man $K = 3,09$.

$$3,09 \cdot \sigma = 3,09 \cdot 0,0127 = 0,0391 = 3,91\%.$$

Die obere Grenze ergibt sich somit zu rd. 23,9%. Die beobachtete Abweichung liegt noch um mehr als 1% höher. Demnach erscheint die Vermutung berechtigt, daß aussortiert wurde oder die Fertigungsweise sich änderte.

Ein Prozentsatz von 23,9% dürfte entsprechend der gewählten Überschreitungswahrscheinlichkeit von 0,1% nach jeder Seite bei einer sehr großen Zahl von Lieferungen durchschnittlich erst unter 1000 Fällen einmal auftreten.

Obige Gleichungen sind für $np\,(1-p) < 10$ nicht sehr genau. Man benutzt daher zweckmäßig allgemein die auch bei kleinerem npq anwendbaren Transformationen.

Schnellste Rechnung: erwartet $np' = 200$ Stuck, damit obere, zufällig einmal in 40 bis etwas über 100 Serien zu erwartende Grenze nach Gl. (134–52) $(\sqrt{200} + 1)^2$ bis $(\sqrt{200} + 1{,}3)^2$, d. h. 229 bis 236 Stuck. Gefunden 250 Stück, die Vermutung, daß sich die Fertigungsweise geandert hat oder daß aussortiert wurde, ist berechtigt.

Abschätzen der Urteilsicherheit dieser Vermutung: Erwartet $p' = 20\% = 0{,}2$, n. Gl. (134–47); $\varphi' = \arcsin\sqrt{0{,}2} = 26{,}58°$ auf Rechenschieber. Gefunden $p = 0{,}25$; $\varphi = \arcsin\sqrt{0{,}25} = 30{,}0°$. Differenz der Winkel $3{,}42°$. Streuung $\sigma_\varphi = \sqrt{820{,}7/n}\ (\varphi°) = 0{,}907$; $K_{(\varphi'-\varphi)} = 3{,}42/0{,}907 = 3{,}77$.

Vierstellig gerechneter Wert wird $K = 3{,}79_4$. Aus der Gaußintegraltafel folgt die Urteilsicherheit von rund $99{,}99_2\%$, also eine an Gewißheit grenzende Vermutung.

842.2 Rückschluß

Eine Haufigkeit von h Stuck oder eine anteilige Häufigkeit h/n sei durch Beobachtung an einer Stichprobe gegeben. Gefragt wird, in welchen Grenzen bei gleichmaßigem Weiterlaufen der Fertigung die Haufigkeit zu erwarten ist. Diese Frage kann auch so ausgedrückt werden, daß bei Beobachtung der Werte einer Stichprobe aus einer großen — hier noch nicht vorliegenden, sondern erst im Lauf der Zeit anfallenden — Menge auf die Zusammensetzung der Gesamtmenge geschlossen werden soll.

Die formale Umkehrung der Gl. (134–35) und (134–36) ergibt einen Rückschluß, der einen oft vernachlassigten Fehler enthalt. Die Streuung $\sigma_h = \sqrt{npq}$ gilt fur das wahre in der Verteilung vorliegende p. In korrekter Umkehrung mußte der vermutete Bereich np_0 bis np_1 Stuck bzw. p_0 bis p_1 Anteil so bestimmt werden, daß fur ein beobachtetes p und ein gewahltes K, z. B. $K = 3$, wird:

$$np_0 + 3\sqrt{np_0q_0} \leq np \leq np_1 - 3\sqrt{np_1q_1}.$$

Die Rechnung $np \pm K\sqrt{npq}$ bzw. $p \pm K\sqrt{pq/n}$ vermeidet zwar die kompliziertere Rechnung, stellt aber durch Gleichsetzen von $\sqrt{npq}$, $\sqrt{np_0q_0}$ und $\sqrt{np_1q_1}$ nur eine Annaherung dar, so daß die Wahrscheinlichkeitswerte aus der Gaußtafel selbst bei einem mehrere hundert uberschreitenden n irrefuhren können.

Man vermeidet diese Unsicherheit durch Übergang auf eine Transformation, bei der die Streuung in erster Naherung nur von n, nicht aber von p abhangig wird: Wurzeltransformation und arcsin-Transformation s. Abschn. 134–43.

Beispiel. Unter 500 Stuck sind 17 minderwertige festgestellt worden. In welchen Grenzen darf der Ausschuß bei gleichartiger Fertigung erwartet werden?

Man erhält für 99% Urteilsicherheit mit $K/2 = 1{,}3$ (einseitige Überschreitung $\approx 0{,}5\%$; K der Tafel $2{,}6$) die Grenzen

$$(\sqrt{17} + 1{,}3)^2 = 29{,}5, \text{ d. h. 29 oder 30 Stuck unter 500,}$$

$$(\sqrt{17} - 1{,}3)^2 = 7 \text{ Stuck unter 500.}$$

Die genaue Binomialrechnung ergibt die 99% Vertrauensgrenzen von 8 bis 29 Stuck, d. h. 7 und 30 Stuck als unwahrscheinlich.

Die Rechnung mit Gleichung 134–35 ergibt $\sigma = \sqrt{500 \cdot 0,034 \cdot 0,966} =$
$= 4,05 \approx 4$ und mit $K = 3$ die Grenzen $f = 17 \pm 3 \times 4$ oder 5 bis 29 Stuck.
Der Vergleich mit den exakten Grenzen zeigt, daß die Annahme einer durchschnittlichen Überschreitungswahrscheinlichkeit von 0,135% für die obere
Grenze, die sich fur $K = 3$ aus der Gaußtabelle ergabe, selbst bei der Stuckzahl von 500 Stück schlecht angenahert wird.

Beispiel. Unter $n = 20$ Stück sind 2 Stück Ausschuß gefunden. In welchen
Grenzen ist der Ausschuß bei Fortsetzung der Fertigung unter gleichen Bedingungen höchstens zu erwarten, wenn 95% Urteilssicherheit gefordert
werden?

Lösung: $(\sqrt{2} + 1)^2 = 5,82$ Stuck unter 20 Stuck $= 29,2\%$. Mit 10%
gefundenem Ausschuß liegt man an der ublichen Grenze der Poissonnäherung,
korrekte Rechnung gibt 31,7%.

Als Näherung bleibt die Formel für weit kleinere Stuckzahlen brauchbar:

2 Stuck unter n gefunden, Grenzausschuß in %:

n	Naherung	Korrekte Rechnung mit Binomialverteilung
8	73 %	65,1%
10	58,2%	55,6%
15	38,9%	40,5%

Fur großes n macht sich die Umkehrung des Gedankenganges auch hier
schwach bemerkbar: genauer ware wegen $(\sqrt{m} - 1)^2 - 1$ zu schließen:
obere Grenze $(\sqrt{2} + 1)^2 + 1$, untere Grenze $(\sqrt{2} - 1)$ und zu 2 noch die
Anscombesche Korrektion 0,375 zu nehmen:

n	Naherung	Korrekte Rechnung
200	3,7%	3,6%

$3,7 = [(\sqrt{2,375} + 0,98)^2 + 1]/200$, wahrend $(\sqrt{2} + 1)^2/200 = 2,9\%$.

842.3 Streubereich des Mittelwertes

Der Streubereich von Mittelwerten gehorcht immer angenahert der
Gaußverteilung.

Ist der wahre Mittelwert $\bar{x}'$ und die wahre Streuung σ der Verteilung
bekannt, so werden die Vertrauensgrenzen, in denen e, z. B. $e = 95\%$ der
Mittelwerte $\bar{x}$ von zufalligen Stichproben erwartet werden, n. Gl. (134–57)

$$\text{Grenzen} = \bar{x}' \pm K \cdot \sigma/\sqrt{n} \tag{84–1}$$

wobei K immer nach der Normalverteilung einzusetzen ist, also fur 95%
$K = 1,960$. Dieselbe Gleichung gilt, wenn die wahren Werte $\bar{x}'$ und σ nicht
bekannt sind, aber entweder aus technischen Erwagungen gefordert oder
aus einer größeren Zahl N ($n \ll N$) von Werten zu $\bar{x}$ und s geschatzt werden.
Diese Gleichung liegt den Kontrollkarten zugrunde, die angloamerikanischen
Normen geben Faktoren A an, die die Grenzen als $\bar{x}' \pm A \cdot \sigma$ bestimmen,
wobei $A = K/\sqrt{n}$ ist. Mit Ersatz der Schatzung des σ durch andere Maße,
wie den Bereich w oder den Mittelwert der Standardabweichung kleiner
Proben, erhält man ähnliche Gleichungen $\bar{x}' \pm A' \bar{w}$ usw., deren Koeffizienten sich aus $\bar{w} = d_n \cdot \sigma$ ableiten lassen.

Ist in einer einzelnen Stichprobe ein Mittel $\bar{x}$ und eine Abweichung
$s = \sqrt{S(x - \bar{x})^2/(n - 1)}$ beobachtet, so wird der Mutungsbereich für den

wahren Mittelwert $\bar{x}'$ mit einer bestimmten Urteilswahrscheinlichkeit, z. B. 95%, gegeben durch die Gleichung

$$\text{Grenzen} = \bar{x} \pm t \cdot s/\sqrt{n} \qquad (84\text{–}2)$$

wobei t aus der Studentverteilung mit $n-1$ Freiheitsgraden zu nehmen ist, Taf. 32. Für sehr großes n wird diese Gleichung formal gleich der ersten $\bar{x} \pm K\sigma/\sqrt{n}$. Sie ergibt aber immer eine fiduziare Wahrscheinlichkeit und keine wahrscheinliche Lage: $\bar{x}'$ hat eine feste Lage, nur die Richtigkeit der Behauptung, $\bar{x}'$ liege innerhalb bestimmter Grenzen, hat eine bestimmte Wahrscheinlichkeit für den Fall, daß man immer eine durch Gl. (84–2) bestimmte Methode zur Errechnung der Grenzen benutzt.

W a r n u n g : Manchmal findet man einen Wert c tabelliert, der den Mutungsbereich als $\bar{x} \pm c \cdot s''$ angibt. Bei derartigen Tabellen ist Aufmerksamkeit geboten. Oft ist $c = t/\sqrt{n-1}$ tabelliert. In diesem Fall muß für das Streumaß s'' auch für kleinstes n die Quadratsumme durch n und nicht durch Freiheitsgrade dividiert werden: die Fehler gleichen sich dann aus, da:

$$\frac{t \cdot s}{\sqrt{n}} = \frac{t}{\sqrt{n}} \cdot \frac{\sqrt{S(x-\bar{x})^2}}{\sqrt{n-1}} \equiv \frac{t}{\sqrt{n-1}} \cdot \frac{\sqrt{Sx-\bar{x}^2}}{\sqrt{n}} = c\,s''$$

Sollen dann aber auch Vertrauensgrenzen für die Streuung s'' bestimmt werden, so müssen alle Grenzen je nach der Fragestellung entweder mit $\sqrt{n/(n-1)}$ oder mit $\sqrt{(n-1)/n}$ multipliziert werden. Erfahrungsgemäß werden hierbei leicht Fehler gemacht, so daß dieser Weg nicht zu empfehlen ist: praktisch reicht für den Ausdruck $t \cdot s/\sqrt{n}$ immer die Rechenschiebergenauigkeit aus, so daß die Rechnung mit einer Einstellung auf dem Schieber erledigt wird.

Für die Errechnung des Streubereiches von Mittelwerten $\bar{x}$ von Stichproben von n Stück aus Verteilungen mit bekanntem oder geschätztem $\bar{x}'$ und σ dürfen die Koeffizienten c nicht benutzt werden.

Beispiel. Aus einer Fertigungsreihe wurden 5 Glühlampen wahllos herausgegriffen und ihre Brenndauer X bestimmt. Die gefundenen Werte sind in Tab. 84–1 aufgeführt.

Tabelle 84–1. **Brenndauer der Glühlampen**

Versuch Nr.	Brenndauer Stunden X	Rechenwert $(X-1000)/100$ x	Quadrat x^2
1	1200	2,00	(4,0000)
2	1380	3,80	(14,4400)
3	1160	1,60	(2,5600)
4	870	−1,30	(1,6900)
$n = 5$	1255	2,55	(6,5025)

Summen: $Sx = 8{,}65 \qquad Sx^2 = 29{,}1925$

$$C' = \frac{(Sx)^2}{n} \qquad\qquad \bar{x} = 1{,}730 \qquad -C' = 14{,}9645$$

$$S(x-\bar{x})^2 = 14{,}2280$$

$$C' = \frac{(8{,}65)^2}{5} = 14{,}9645 \qquad\qquad s_x = \sqrt{\frac{S(x-\bar{x})^2}{n-1}} = 1{,}886$$

nach Abschnitt 134–22 Ziffer 2

Mittel $\overline{X} = 1000 + 100\,\overline{x} = 1173{,}0$ Stunden

Standardabweichung $s_X = 100\,s_x =$ rund 189 Stunden.

Bemerkung: Die eingeklammerten Quadratwerte werden bei Maschinenrechnung nicht einzeln bestimmt.

Gefragt wird: 1. Innerhalb welcher Grenzen kann die mittlere Brenndauer des Loses angenommen werden?

2. Welche Grenzen werden von der Grundspanne voraussichtlich nicht überschritten werden?

1. Zunächst werden (Tab. 84–1) Mittelwert und Standardabweichung der Stichprobe bestimmt.

Die Grenzen, in denen der Mittelwert des Loses erwartet wird, ergeben sich aus:

$$\text{Grenzen} = \overline{x} \pm ts/\sqrt{n}$$

Aus Taf. 32 erhält man für $f = n - 1 = 4$ Freiheitsgrade:

$$\text{Urteilssicherheit } 0{,}9 \qquad t = 2{,}132$$
$$\text{Urteilssicherheit } 0{,}999 \quad t = 8{,}61$$

Damit ergeben sich für den Mutungsbereich des Mittelwertes die Grenzen

$$1173 \pm 2{,}132 \cdot 189/\sqrt{5} \quad \text{bzw.} \quad 1173 \pm 8{,}61 \cdot 189/\sqrt{5}$$

oder rund 993 Stdn. bis 1353 Stdn. bzw. für 99,9% Urteilssicherheit 447 Stdn. bis 1899 Stdn. Die weiten Grenzen zeigen die Unmöglichkeit, technisch brauchbare Rückschlüsse aus kleinen Proben zu ziehen, wenn hohe Urteilssicherheit erforderlich ist.

Die errechneten Unsicherheitsgebiete für das Mittel des Loses gelten mit großer Annäherung für beliebige Form der wahren Verteilung, da die Mittelwerte von 5 Proben sich in ihrer Verteilungsform fast immer gut der Normalverteilung anpassen.

2. Zur Beantwortung der zweiten Frage: welche Grenzen von der T90-Spanne der einzelnen Lampen wahrscheinlich nicht überschritten werden durften, muß man hingegen aus Erfahrung unterstellen, daß die Verteilung der Brenndauern der einzelnen Lampen ungefähr dem Gaußgesetz folgt. Mit der Nichtkenntnis einer derartigen Voraussetzung hat die Rechnung nur einen sehr geringen technischen Aussagewert.

Man erhält aus Taf. 33 ein K_{T90} von (für $n = 5$ Stück)·

$$1{,}58 \cdot 1{,}645 = 2{,}60 \text{ für } 75\% \text{ Urteilsicherheit}$$
$$2{,}14 \cdot 1{,}645 = 3{,}52 \text{ für } 90\% \qquad \text{,,}$$
$$4{,}03 \cdot 1{,}645 = 6{,}61 \text{ für } 99\% \qquad \text{,,}$$

Durch Multiplikation mit $s = 188{,}6$ ergeben sich die Unsicherheitsgebiete um den Mittelwert $\overline{X} = 1173$ Stdn. mit ± 491, ± 659 und ± 1250 Stdn. Das letzte Unsicherheitsgebiet ergibt bereits eine negative untere Grenze von $1173 - 1250 = -77$ Stdn., die technisch unmöglich ist. Für eine Beurteilung auf Grund kleiner Stichproben muß eine große Urteilsunsicherheit in Kauf genommen werden, wenn die statistischen Unsicherheitsgrenzen Wirklichkeitssinn haben sollen.

Technisch sinnvolle Rückschlüsse auf die Grundspanne erfordern die Größenordnung von mindestens 10 bis 40 Werten.

Alle derartigen Berechnungen sind aber nur berechtigt, wenn die Stichprobe eine echte Zufallsprobe darstellt und wenn die zusätzlich gemachten Voraussetzungen, wie das Vorliegen einer angenäherten Normalverteilung beim Berechnen von Toleranzgrenzen, wenigstens in grober Näherung berechtigt sind.

Das Aufschreiben der Werte in der Form der Tab. 84–1 mit einem leicht rechenbaren Rechenwert x hat den Vorteil, daß aufeinanderfolgende Stichproben verschiedener Fertigungsserien sowohl in Sx wie in Sx^2 und in Summe $S(x - \overline{x})^2$ sofort addiert werden können.

Die Beurteilung der Fertigung ist damit mit einem Geringstmaß an Arbeit sowohl subjektiv durch Vergleich der Werte

$$s_e = \sqrt{SS(x - \overline{x})^2/Sf}$$
$$s_T = \sqrt{S(x - \overline{\overline{x}})^2/[(Sn) - 1]}$$

als auch objektiv über das F-Verhältnis und den korrigierten χ^2-Test auf $\ln s^2$ möglich, vgl. Schriftt. 20. Zu großes F deutet ebenso wie subjektiv zu groß erachtete Unterschiede in den Mittelwerten auf ungleichmäßigen Werkstoff für die verschiedenen Lieferungen oder auf unterschiedliche Maschineneinstellung. Zu großes χ^2 deutet ebenso wie subjektiv zu groß erachtete Unterschiede zwischen den Streumassen s der einzelnen Serien auf ungleichmäßigen Werkstoff innerhalb einer Serie oder auf Unzuverlassigkeit (Reparaturbedurftigkeit) der Maschinen hin.

Können Mittelwerte und Streumaße s der verschiedenen im Laufe der Zeit angefallenen Serien als einheitlich angesehen werden, so gibt die Rechnung mit s_c oder s_T und dem Gesamtmittel $\bar{\bar{x}}$ wesentlich bessere und engere Mutungsbereiche fur das wahre Mittel und die voraussichtliche Grundspanne, als sie auf Grund nur jeweils einer Serie erhalten werden konnen.

Ist nur eine einzelne Serie auszuwerten und stehen keine Rechenmaschinen zur Verfugung, so wahlt man den Rechenwert $x = \dfrac{X - X_0}{a}$ mit X_0 in Nahe des Probenmittels der untersuchten Serie.

843 Kontrollkarten

843.1 Allgemeines

In den Vereinigten Staaten und in Großbritannien werden zur Fertigungsuberwachung oft sog. Control Charts, deutsch Kontrolldiagramme, Kontrollstreifen oder auch Kontrollkarten, benutzt.

Sie beruhen auf der Erkenntnis, daß Kennziffern, die auf einer Anzahl von Beobachtungen beruhen, ein zuverlassigeres Urteil uber die Gute einer Fertigung ermöglichen als es auf Grund der einzelnen, nicht zusammengefaßten Werte erfolgen kann.

Aus der Fertigung werden — zufallig oder in bestimmten Abstanden hintereinander — n Stuck entnommen, sofort gepruft und uber die Gute der Fertigung sofort, daß heißt noch wahrend des Laufens der Fertigung, geurteilt. Oft reicht $n = 4$ oder 5 aus.

Ist auf Grund der aus diesen n Werten errechneten Kennziffern eine große Wahrscheinlichkeit vorhanden, daß die zugehörige rechnerische allgemeine Verteilung Kennwerte außerhalb des gewunschten Gebietes (z. B. Toleranz) aufweist, so wird sofort z. B. die Stellung des Werkzeuges korrigiert und so ein in der weiteren Fertigung auftretender Ausschuß vermieden, oft bevor das erste Ausschußstuck überhaupt gefertigt ist.

Zur ubersichtlichen Darstellung werden die errechneten Werte in ein Diagramm, die Kontrollkarte, eingezeichnet. Als waagerechte Achse wird die laufende Nummer der Stichprobe, als senkrechte Achse die gerechnete statistische Kennziffer gewahlt: die Vertrauensbereiche (selten Mutungsbereiche), die der gewunschten Lage entsprechen, werden als horizontale Linien eingezeichnet.

Kontrolldiagramme können fur sämtliche im Abschnitt 134 angegebenen statistischen Kenngrößen aufgestellt werden. Besonders üblich sind:

Mittelwert oder Summe der gemessenen Werte $\bar{x}$ oder $S\,x$, Zahl oder Prozentsatz gefundenen *Ausschusses* np oder p, gefundene *reduzierte Standardabweichung*, z. B. $(\bar{x} - \bar{x}')/s$ (sogenannte stabilisierte Diagramme); *Standardabweichung* s; *Bereich* w gleich Differenz zwischen kleinstem und größtem gefundenen Wert.

Die Einführung der Kontrolldiagramme geht mit Arbeiten von *Shewart* (Schrift. [60]) und von *Pearson* auf den Anfang der dreißiger Jahre zurück. Zu dieser Zeit war der Gebrauch des Divisors Freiheitsgrade in der Berechnung der Standardabweichung wenig verbreitet, meist wurde auch bei kleinen Zahlen, entsprechend dem Gebrauch in der volkswirtschaftlichen Statistik bei sehr großen Zahlen, einfach durch die Anzahl der Beobachtungen dividiert.

Die Kontroll'kartenmethodik wurde nun in die amerikanischen und englischen Normen aufgenommen. Die Normen haben leider nicht die Division durch $(n - 1)$ vorgeschrieben, sondern die damals ubliche Division mit n bestehen lassen und dafur fur die in der Norm angefuhrten Zahlenumfange die Koeffizienten in den Tabellen so geandert, daß trotz der fur die Benutzung der statistischen Verteilungstafeln falschen Definition der Standardabweichung in den Normvorschriften

$$s'' = \sqrt{S\,(x - \bar{x})^2\,/\,n} \quad \left(\text{statt}\ \ s = \sqrt{S\,(x - \bar{x})^2\,/\,(n - 1)}\right) \ \ \text{mit den geanderten}$$

Koeffizienten ein zahlenmaßig richtiges Ergebnis erhalten wird.

Unter den amerikanischen und englischen Verhaltnissen, in denen die Kontrollkarten eingelaufen sind, sind die Normen schwer zu andern. In Betrieben, in denen exakte statistische Beurteilungen vorgenommen werden, fuhrt ein Nebeneinander von Division durch n und durch $(n - 1)$ aber laufend zu Verwechslungen. Die Übernahme der angloamerikanischen Normen wird noch durch einen weiteren Punkt erschwert: die Abkurzungen entsprechen sich nicht, widersprechen sich sogar; so bedeutet z. B. das s der britischen Norm das σ der amerikanischen, das σ der britischen aber das σ' der amerikanischen usw. (vgl. S. 718).

Fur deutsche Verhaltnisse ist man im allgemeinen nicht gezwungen, an der alten ungunstigen Definition der angloamerikanischen Normen fur die Streuung kleben zu bleiben: Bei Einfuhren von Kontrollkarten unter Wahrung der Streuungsdefinition auf Freiheitsgrade hat man den Vorteil [1]:

1. Die Koeffizienten fur Stichprobengroßen oder Urteilsrisiken, die in der Norm nicht angegeben sind, können ohne Rechnung aus den Tafeln der statistischen Grundverteilungen entnommen werden, insbesondere kann die ubliche T90-Spanne berucksichtigt werden.

2. Samtliche in der Werkstatt beobachteten Werte und dort ermittelten Kenngroßen können ohne Korrektionen auch fur weitergehende Auswertung in Entwicklungs- und Forschungsstellen benutzt werden.

In manchen Fallen kommt noch fur die Werkstatt eine Rechenerleichterung hinzu: Fur die viel benutzte Funferprobe wird $1/\sqrt{5 - 1} = 0,5$, so daß fur die Streuungserrechnung Wurzeltafeln ohne große Zusatzrechnungen benutzt werden konnen und gleichzeitig die bequeme Errechnung des Mittels aus zwei folgenden Proben durch einfache Kommaverschiebung der $SSx = Sx_1 + Sx_2$ gewahrt bleibt.

Abgesehen von den Bezeichnungen weisen die englischen und amerikanischen Normen noch einen wesentlichen Unterschied auf. Die englischen Normen benutzen ein Vertrauensbereich, der einer zweiseitigen Urteilssicherheit von 95% entspricht, d. h. die T95-Spanne, als „Warngrenzen", deren gelegentliche Überschreitung (nach jeder Richtung durchschnittlich einmal unter 40 Proben) in Kauf genommen wird, und „Entscheidungsgrenzen" oder „Alarmgrenzen", die einem Vertrauensbereich von 99,8%, der T99,8-Spanne, also in jeder Richtung durchschnittlich eine Probe von 1000 zufallig außerhalb erwartet, entsprechen. Die amerikanischen Normen benutzen die 3σ-Grenzen: Mit Ausnahme der Beurteilung von Mittelwerten entsprechen diese Grenzen aber nicht der Gaußwahrscheinlichkeit von 99,73%, sondern sind ursprunglich nur als *Tschebyscheff*sche Grenzen mit der praktisch immer vorliegenden *Camp-Meidell*-Einschrankung definiert. Eine Nachrechnung der Normen mit den exakten Verteilungen zeigt, daß ein Überschreiten der *Camp-Meidell*-Grenzen in einseitiger Auffassung nur in einem Fall (Poissonprufung mit wesentlich weniger als einem erwarteten Stuck) auftritt und daß die genauer errechnete Urteilssicherheit in den praktisch meist verwendeten Bereichen in der Größenordnung von 99 bis 99,5% liegt.

Dieser grundlegende Unterschied der Auffassung ist zu beachten, da in europaischer Nachkriegsliteratur den amerikanischen 3σ-Grenzen in durch den Abschluß von der Weltliteratur bedingter Unkenntnis der Entstehung oft die Bedeutung von 3σ-Gaußgrenzen ganz allgemein unterschoben wird.

Bei Benutzen der Naherungsformeln an exakte Verteilungen reicht daher oft ein $K \approx 2,6$ statt 3 aus, um eine der Scharfe der amerikanischen Charts entsprechende Kontrolle sicherzustellen. Grundsatzlich können Kontrollkarten auf jede beliebige Spanne, also auch die in Deutschland ubliche Grundspanne T90, ausgerichtet werden.

In der Praxis liegen nun die exakten mathematischen Verteilungen nie vor, die Koeffizienten stellen die Werte fur ideale Annaherungen dar. Grenzen, die z. B. gebrochenen Stuckzahlen entsprechen, mussen doch auf die nachste ganze Zahl abgerundet werden.

---

[1] Die gleiche Tendenz macht sich auch in USA bemerkbar: in dem neuen Werk Bowker-Goode, Sampling Inspection by Variables, New York 1952, sind die Kontrollkarten auf s und nicht mehr s'' aufgebaut.

Es ist daher moglich, das gesamte Kontrollkartenwesen auf einige wenige Formeln zu reduzieren, die dem Ingenieur, der die Grundlagen der statistischen Beurteilung kennt, oder dem Meister, der Kontrollkarten einmal verwendete, gestatten, neue Falle sofort mit einem Rechenschieber der Darmstadt- oder Studiotype zu beurteilen. Diese Naherungen sind nachstehend zusammengestellt.

Die Tafeln 37 und 38 geben die Koeffizienten, die den angloamerikanischen Normen entsprechen, unter Berichtigung auf die hier einheitlich verwendete Definition der Standardabweichung als $s = \sqrt{S\,(x - \bar{x})^2/(n - 1)}$.

Für die wenigen Falle, in denen auf Grund bereits nach den angloamerikanischen alten Normen eingefuhrte statistische Fertigungskontrolle ein Beibehalten der Rechnung mit $s'' = \sqrt{S\,(x - \bar{x})^2/n}$ zweckmaßig erscheinen sollte, sind die Umrechnungen im folgenden angegeben, die fur die uberwiegende Mehrzahl der praktischen Anwendung ausreichen.

Übersicht über die den Kontrollgrößen zugrunde liegenden Formeln

Gezahlte Größen

1. Beobachtet i Stuck unter n. Mutungsbereich fur das wahre Mittel $(\sqrt{i} \pm 1)^2$ bis $(\sqrt{i} \pm 1{,}3)^2$.

2. Erwartet $m = np'$ Stuck, Vertrauensgrenzen fur i Stuck unter n $(\sqrt{m} - 1)^2 - 1$ bis $(\sqrt{m} + 1)^2$; fur weitere Grenzen in der Klammer 1 durch 1,3 ersetzen.

3. Los von N Stuck ist durch Stichprobe zu prufen, ohne daß p bekannt ist: mindestens prufen $n_1 = 7\sqrt[8]{N}$ bis $10\sqrt[8]{N}$; sofern Ausschuß unter n gefunden wurde, insgesamt prufen: $n = n_1 + n_2 = 7\sqrt[8]{N}$.

4. Schatzen eines Ausschußprozentsatzes fur Aufstellen von Kontrollkarten nach 2.: $p' \approx \bar{p} = Si/Sn$, wobei die Summe der gefundenen Ausschußstucke Si mindestens 10 betragen muß.

5. Amerikanische 3σ-Grenze. $n\bar{p} \pm 3\sqrt{n\bar{p}\,(1 - \bar{p})}$.

Gemessene Größen

1. Warngrenzen und Alarmgrenzen fur den Vertrauensbereich des Mittels $\bar{x}$ von Stichproben von je n Stuck (n meist 4 oder 5):
$x' \pm K \cdot \sigma/\sqrt{n}$ mit $K = 1{,}96\cdots3{,}29$ meist 2 und 3.

2. Schatzen von σ am besten uber Rechnen der Standardabweichung s, oft reicht die ungenauere Schatzung uber den Mittelwert des Bereiches $\bar{w}$ von mindestens 10 bis 20 Vierer- oder Funferproben aus:

$$\sigma \approx \bar{w}/2{,}06 \text{ bei } n = 4;$$

$$\sigma \approx \bar{w}/2{,}33 \text{ bei } n = 5.$$

3. Mutungsgrenzen fur das unbekannte Mittel $\bar{x}'$ bei bekanntem $\bar{x}$ und
$s = \sqrt{S\,(x - \bar{x})^2/(n - 1)}$

$$\bar{x} \pm t \cdot s/\sqrt{n}$$

wobei t angenahert $[2 + 3/(n - 1{,}5)]$ bis $[3 + 10/(n - 2{,}5)]$ genommen wird. (Genauer t aus Student-Verteilung, s. Taf. 32.)

4. Uberwachung der Streuung durch Rechnen der Standardabweichung und Taf. 34 oder $\sigma(1 \pm 3/\sqrt{2\,(n - 1)})$; einfacher und ungenauer durch Bereichsuberwachung w nach Bereichsverteilung oder angenahert $w_{max} < 4 + (n + 2)/8$ bei $n \leq 16$.

Stabilisierte Diagramme

1. Stabilisierung auf Unabhangigkeit von $p' < \approx 0{,}1$.
Ordinaten $= 2\sqrt{\text{beobachtete Stucke}} + b = 2\sqrt{i} + b$ cm. Gaußnaherung mit Standardabweichung gleich 1 cm bei $b = 0{,}375$. (Zweckmaßigstes Werkstattdiagramm fur $n = \text{constans}$.)

2. Stabilisierung auf verschiedenes n:

Kontrollwert $= 0{,}5\ K_{\text{Gauß}} \approx \sqrt{p'\,(n+1-i)} - \sqrt{i\,(1-p')}$,
sofern beobachtetes i von Null verschieden ist.

Allgemein: p durch $\varphi° = \arcsin\sqrt{p} = \arcsin\sqrt{i/(n+1)}$ ersetzen und setzen:

Kontrollwert $= \dfrac{\varphi° - (\varphi')°}{\sqrt{821/n}}$ angenähert nach Gaußverteilung beurteilbar.

3. Gemessene Größen:

3.1 Mittelwertdiagramm durch stabilisiertes Diagramm:

$$t = \frac{\bar{x} - \bar{x}'}{s}\sqrt{n}\ \text{ mit Grenzen aus } t\text{-Verteilung}$$

oder

$$K = \frac{\bar{x} - \bar{x}'}{\sigma}\sqrt{n}\ \text{ mit Grenzen aus Gaußverteilung ersetzen.}$$

3.2 Streuungsdiagramm: bei unbekanntem σ Standardabweichung s ersetzen durch Varianz s^2. Diagramm aufstellen für

$$y = \ln(s^2)\,.$$

Die 3σ-Spanne von y ist dann von σ fast unabhängig und $= \pm 3\sqrt{2/(n-1)}$ $= \sqrt{18/(n-1)}$; die Grundspanne für $n > 10$ roh genähert $\sqrt{6/(n-1)}$.

843.2 Statistische Grundlage der verschiedenen Kontrollkarten

843.21 Qualitative Prüfung

Grundlage für eine theoretisch korrekte Kontrollkarte auf *Ausschußanteil* oder *Ausschußstück* ist die hypergeometrische Verteilung. Diese ist für den praktischen Gebrauch numerisch zu umständlich, sie wird daher angenähert:

1. durch die amerikanischen Normen und die gleichlautende britische Norm BS 1008 als binomiale Verteilung. Als Kontrollgrenzen werden die $3\,\sigma$-Grenzen in Camp Meidell — korrekter sogar Tschebyscheff-Auffassung ohne Zuordnung eines bestimmten Urteilsrisikos genommen: $np' \pm 3\sqrt{np'q'}$. Die Näherung gilt für beliebiges p';

2. durch die britischen Normen BS 600 R und BS 1313 als Poissonverteilung. Diese Näherung gilt nur für $p' \le 0{,}05\cdots 0{,}1$. BS 600 gibt die T 95- und die T 99,8-Spanne der Poissonverteilung, BS 1313 den oberen 99,5 % Punkt der Poissonsummenverteilung als Kontrollgrenzen;

3. nachstehend sind Näherungen gegeben, die gestatten, die Spannen der binomialen und der Poissonverteilung angenähert über das Gaußintegral bereits bei kleinen Stückzahlen zu finden. Für beliebiges p' gilt: Grenzen von $\varphi° = \arcsin\sqrt{p}$ werden $\varphi \pm K\sqrt{821/n}\ (\varphi°)$, wobei K die Normalabweichung der Gaußverteilung, d. h. 1,645 für die T 90-Grundspanne, 1,960 für die T 95-Spanne und 3,09 für die T 99,8-Spanne bedeutet.

Eine vor allem in Nähe der oberen 5 bis 1 % Grenze noch bessere Näherung gibt $K \approx 2\,[\sqrt{p\,(n+1-d)} - \sqrt{d\,(1-p)}]$. Aus dieser für beliebiges p und $d \neq 0$ gültigen Näherung ist die Poissonnäherung $d = (\sqrt{np} \pm 0{,}5\,K)^2$, die für p bis etwa $0{,}1\cdots 0{,}2$ gilt, abgeleitet. Technisch brauchbar wird damit die T 95-Spanne mit $(\sqrt{np} \pm 1)^2$ genähert.

843.22 Quantitative Prüfung

Mittelwerte. Die Kontrollgrenzen fur Mittelwerte unterliegen immer angenahert dem Gaußgesetz und werden $\mu \pm K \cdot \sigma'/\sqrt{n}$. Die wahren Werte von μ und σ' sind meist unbekannt: die einzelnen Normen unterscheiden sich nur durch die verschiedene Art der Schätzung.

1. *Amerikanische Norm*: Für μ wird entweder ein theoretischer Wert $\bar{x}'$ vorgegeben, oder das Gesamtmittel x aus einer Reihe von Untersuchungen genommen.

Wenn σ' aus anderen Gründen vorgegeben ist, so können A-Werte der Norm genommen werden, die die 3 σ-Grenzen — hier mit der Gaußwahrscheinlichkeit — geben, da $A = 3/\sqrt{n}$ ist, werden die Grenzen $\bar{x}' \pm A\,\sigma'$. Diese Formel gilt für beliebige Verteilungsform der x-Werte mit um so besserer Annaherung an die Gaußverteilung, je höher n ist, und je besser die Ursprungsform der Gaußverteilung folgt. Die Naherung ist fur eine einseitige Dreiecks- oder eine Rechtecksverteilung bereits bei $n = 4$ gut, fur eine U-förmige, praktisch nie in der Kontrolle vorkommende Form bei $n = 10$ brauchbar, so daß sich im allgemeinen hier eine Untersuchung der Verteilungsform erubrigt.

Der Wert σ' kann auch aus dem Mittelwert der Standardabweichung kleiner Proben geschátzt werden: $\sigma' \approx s''/c$. Die Norm definiert die Standardabweichung als mittlere quadratische Abweichung $s'' = \sqrt{S(x - \bar{x})^2/n}$, diese Definition gibt systematisch falsche Schätzwerte. Der Fehler wird fur Gaußverteilung beseitigt durch passende Wahl des c. Die Norm gibt als A_1 eine Tabelle der Faktoren $3/c\sqrt{n}$, die mit $\bar{x}' \pm A_1 \bar{s}''$ bei Gaußverteilung — nicht etwa allgemein — die gleichen Grenzen liefert wie $x' \pm A\,\sigma$, das praktisch verteilungsunabhangig ist.

Der Wert σ' kann weiter geschätzt werden aus dem Bereich $w = x_{\text{max}} - x_{\text{min}}$ innerhalb von n Werten. Ebenfalls nur fur Gaußverteilung wird $\bar{w} = d \cdot \sigma'$. Die Norm gibt als A_2 die Koeffizienten $3/d\sqrt{n}$, die fur Gaußverteilung die identischen Kontrollgrenzen $x' \pm A_2\bar{w}$ ergeben.

2. *Die englische Norm* unterscheidet sich fur die Mittelwertsgrenzen nur durch die Wahl der T95 Spanne $\bar{x}' \pm 1{,}96\,\sigma'/\sqrt{n}$ und der T99,8-Spanne $\bar{x}' \pm 3{,}09\,\sigma'/\sqrt{n}$. Sie gibt Tabellen von A-Werten, die gleich $1{,}96/\sqrt{n}$ bzw. $3{,}09/\sqrt{n}$ sind.

Fur die Schatzung von σ' wird korrekt als beste Schatzung angegeben $s_e = \sqrt{SS(x - \bar{x})^2/(N - k)}$ was fur die Anwendungsgebiete der Norm identisch mit der hier benutzten Definition $\sqrt{S(x - \bar{x})^2/f}$ ist. Bei Benutzen der A-Werte gelten die Kontrollgrenzen fur beliebige Verteilungsform.

Nur bei Gaußverteilung kann die Abweichung σ' auch geschatzt werden aus dem Bereich. Entsprechend der amerikanischen Norm werden Koeffizienten A' definiert als $1{,}96/d\sqrt{n}$ bzw. $3{,}09'/d\sqrt{n}$ gegeben, die bei Gaußverteilung die identischen Grenzen wie oben ergeben.

Koeffizienten, die dem A_1 der amerikanischen Norm entsprechen, müssen als A/c an Hand einer Tabelle der Werte c (englische Normbezeichnung b_n) von Fall zu Fall gerechnet werden.

In diesem Buch ist für die Standardabweichung der Probe die Definition mit Bezug auf Freiheitsgrade gewählt; damit wird $c_f \approx 1 - 1/4f$, und es können mit Rechenschieber beliebige Spannen für A- und A_1-Werte ohne Tabelle gerechnet werden.

Die Werte für Benutzen des Bereiches ergeben sich für beliebige Spannen ebenfalls auf dem Schieber als $K/d_n\sqrt{n}$.

Streuung. Korrekt müßten die Kontrolldiagramme auf Beurteilung der Varianz s^2 bzw. σ^2 aufgebaut werden. Die Zufallsvarianz der Varianz wird für beliebige Form der Verteilung:

$$\sigma_{\sigma^2}^2 = \frac{2k_2'^2}{n-1} + \frac{k_4'}{n}.$$

Auf ihr können allgemeingültige $3\,\sigma$-Grenzen aufgebaut werden. In der Formel stellt

k_2' den zweiten Kumulanten der Verteilung dar, sein bestes Schatzmaß ist die hier benutzte Definition der Varianz

$$s^2 = S(x - \overline{x})^2/(n - 1)$$

k_4' den vierten Kumulanten der Verteilung, sein bestes Schatzmaß

$$k_4 = \frac{n}{(n-1)(n-2)(n-3)}\left\{(n+1)\,S\,(x-\overline{x})^4 - 3\,\frac{n-1}{n}\,[S\,(x-\overline{x})^2]^2\right\}$$

erfordert eine große Anzahl einheitlicher Messungen.

Nun wird theoretisch für die

Gaußverteilung	k_4'	$= 0$
Binomverteilung	k_4'	$= npq\,(1-6pq)$
Poissonverteilung	k_4'	$= np = m.$

Sämtliche üblichen Kontrolldiagramme setzen $k_4'/n \approx 0$ und unterscheiden sich nur in der Art der Festsetzung der Überschreitungswahrscheinlichkeit. Sie prüfen weiter auf die Standardabweichung statt auf die Varianz: für diese können Diagramme nur mit der angegebenen Vernachlässigung von k_4' aufgestellt werden.

1. Die amerikanische Norm pruft auf Grenzen von s''. Die Schwankungsbreite $\pm\,3\,\sigma/\sqrt{2n}$, die gegeben wird, gilt allgemein, wenn k_4'/n vernachlassigt werden darf.

Die Errechnung der Mittellinie des Kontrolldiagrammes als $c_2 \cdot \sigma'$ setzt hingegen Gaußverteilung voraus. Die Grenzen werden $c_2 \cdot \sigma' \pm 3\sigma'/\sqrt{2n} = \sigma'(c_2 \pm 3/\sqrt{2n}) = B \cdot \sigma'$. Der Tabellenwert B_1 gibt die untere, der Tabellenwert B_2 die obere Grenze an. Dividiert man diese B-Werte durch c, so kann man die Grenzen unmittelbar aus dem beobachteten Mittelwert $\overline{s''}$ von s'' rechnen $B_3\overline{s''}$ und $B_4\overline{s''}$. Noch stärker als für die B_1- und B_2-Werte ist Gaußverteilung Voraussetzung, ohne daß genaue Überschreitungswahrscheinlichkeiten gegeben werden können.

2. Die britische Norm zieht aus dieser Notwendigkeit der Voraussetzung der Gaußverteilung die Konsequenz und gibt die $T\,95$- und die $T\,99{,}8$-Spannen der Streuungsverteilung an. Da sie an der Definition s'' festhalt, muß die χ^2/f-Verteilung für diese systematische Verfalschung korrigiert werden, und es ergeben sich die B-Koeffizienten als $\sqrt{\chi^2/f} \cdot \sqrt{(n-1)/n}$.

3. In diesem Buch ist die als Schatzmaß bessere Definition der Standardabweichung s mit Bezug auf Freiheitsgrade benutzt worden, so daß sich die Grenzen für beliebige Spannen als $\sigma' \sqrt{\chi^2/f}$ ergeben: die T95-und die T99,8-Spanne ergeben die gleiche Bewertung wie die britische Norm. Die Koeffizienten gelten aber für beliebiges f also auch z. B. für f in $\sqrt{SS(x-\bar{x})^2/(N-k)}$, während die Koeffizienten der britischen Norm nur für den Sonderfall $f = n - 1$ gelten und somit nicht allgemein in Umkehrung zur Bestimmung von Mutungsgrenzen benutzt werden dürfen.

Mit der Definition auf Freiheitsgrade werden die 3 σ-Grenzen mit großer Naherung allgemein $\sigma'(1 \pm 3/\sqrt{2f})$, sie können für Gaußverteilung in $c_f \sigma' \pm 3\sigma'/\sqrt{2f}$ zu einer der amerikanischen Norm entsprechenden Kontrolle verbessert werden.

Die folgende Tabelle zeigt die wesentlich schnellere Naherung an $c = 1$

n	Norm c_2 für s''	c_f für s
2	0,564	0,798
6	0,869	0,951
16	0,952	0,983
30	0,975	0,992

Bereich. Benutzen des Bereiches zur Streuungsschatzung bedingt immer eine Annahme uber die Form der Verteilung. Die Normen berücksichtigen nur den Fall einer angenommenen Gaußverteilung.

Die amerikanische Norm gibt die 3 σ-Grenzen der Bereichsverteilung ohne Angabe einer Überschreitungswahrscheinlichkeit. Sie liegt an der oberen Kontrollgrenze bei etwa 0,5%.

Die englische Norm gibt die T95- und die T99,8-Spannen. Beide Normen geben D-*Werte*, die die Grenzen als Vielfache von σ' geben (amerikanisch D_1 und D_2) und D' bzw. D_3 und D_4 Werte, die die Grenzen als Vielfaches von $\bar{w}$ geben. Die Tabellen sind durch die Beziehung $w/d_n = \sigma'$ ineinander überführbar.

Hier sind nur die Tabellen für Errechnung aus σ' gegeben, die Grenzwerte aus $\bar{w}$ ohne Errechnen von σ' ergeben sich aus dem Tafelwert D zu $D\bar{w}/d_n$. In der amerikanischen Norm heißt d_n immer d_2, ohne daß die Anzahl der Werte angezeigt wird.

Variationskoeffizient und Entfernungskoeffizient. Die britische Norm BS 600R gibt noch Kontrollgrenzen C für den Variationskoeffizienten $V'' = s''/\bar{x}$. Sie können nach der Norm für einen theoretischen Koeffizienten $V' = \sigma'/\mu$ ersetzt werden durch die B-Werte, sofern V' kleiner als 0,2 ist.

Allgemeiner erhält man die 3σ-Kontrollgrenzen für die hier benutzte Definition der Standardabweichung aus:

$$\text{Grenzen von } V = \frac{s}{\bar{x}} \quad \text{sind} \quad V' \pm \frac{3V'}{\sqrt{2f}} \sqrt{1 + 2(V')^2}$$

Für genauere Auswertung logarithmiert man mit naturlichen Logarithmen und hat in $\ln(V) = \ln(s) - \ln(\bar{x})$ im Falle einer Normalverteilung zwei unabhängige additive Variabeln, von denen die erste in erster Näherung auf Unabhängigkeit von der unbekannten Varianz σ^2 der Verteilung stabilisiert ist.

Als Entfernungskoeffizient von einer Grenze L ist definiert

$$U = (\bar{X} - L)/s''$$

Genaue Rechnung müßte auf Grund der nicht zentralen t-Verteilung mit Verwenden von s und Berichtigen auf s'' erfolgen. Sofern die Tafeln der britischen Norm nicht zur Verfügung stehen, können in erster Naherung die fiduziären Mutungsbereiche der t-Verteilung

$$t = (\overline{X} - L)\,\sqrt{n}/s$$

zur Kontrolle herangezogen werden. Technologisch gleichartige Prüfung kann auch uber die Toleranzgrenzen vorgenommen werden. Kontrollkarten auf Variationskoeffizienten und Entfernungskoeffizienten werden selten benutzt.

843.23 weitere Diagramme

Stabilisierte Diagramme

Das Stabilisieren von Diagrammen zwecks größerer Übersichtlichkeit bei veränderlichen Parametern n, p usw. ist eine Nachkriegsentwicklung und in den Normen noch nicht berücksichtigt.

Eingeschränkte Prüftoleranzen

Sind nur kurz in der BS 1313 angegeben: Benutzen der g 25- und g 75-Punkte auf Grund einer Analyse im Wahrscheinlichkeitsnetz kann manchmal erhebliche Prüfeinsparungen gegenuber der Norm geben.

843.3 Wahl des Kontrollkartensystems

Man wählt Kontrolle nach den $3\,\sigma$-Grenzen, wenn eine ungefahre Kontrolle ausreicht, Kontrolle nach Warn- und Alarmgenzen, wenn ein — manchmal unnötiges — Korrigieren auch kleiner Abweichungen bei kritischen Fertigungen als wesentlich erachtet wird.

Eine innere Kontrollgrenze entsprechend der T90- oder sogar der T80-Spanne ist sinnvoll, wenn diese Grenze weniger für die Sofortentscheidungen in der Werkstatt dienen soll, sondern wenn später auf Grund der herausfallenden Punkte weitere Untersuchungen zwecks Änderung der Fertigungsbedingungen angesetzt werden sollen.

An sich ist es für die Kontrollkarte gleichgültig, ob man eine Rechnung der Standardabweichung mit Division durch Zahl der Beobachtungen oder mit Division durch Zahl der Freiheitsgrade benutzt. Sofern Kontrollkarten nach den angloamerikanischen Normen eingefuhrt sind und andere statistische Bewertungen nicht vorgesehen werden, hat die Wahl der Division durch n keine Nachteile.

Werden genauere statistische Erfassungen vorgenommen und sollen die Bewertungen auch mit Zahlen vorgenommen werden, für die keine Koeffizienten in den Normen angegeben sind, so bringt die Verwendung der besseren Schátzdefinition der Standardabweichung in bezug auf Freiheitsgrade den Vorteil, daß alle Erweiterungen unmittelbar aus den üblichen statistischen Tafeln abgelesen werden können.

Für die Werkstattanwendung ergibt sich der weitere Vorteil einer Rechenvereinfachung im Fall der Fünferproben, allgemein der Vorteil, daß die Kenntnis einiger weniger Formeln für die Ausdehnung der Bewertung ausreicht. Bei Neueinführung von Kontrollkarten ist daher das Zugrundelegen von Freiheitsgraden zu empfehlen.

In allen Fällen ist auf eins zu achten: Sowohl die englischen und die amerikanischen Normen wie die verschiedenen statistischen Tafeln und Handbücher haben keine einheitliche Kurzungsweise, insbesondere konnen die Buchstaben σ und s grundverschiedene Großen bedeuten.

Die beiden ausfuhrlichsten Tafeln von *Fisher-Yates* und von *Hald* entsprechen der hier gegebenen Definition von $s = \sqrt{S\,(x - \bar{x})^2/f}$, die Freiheitsgrade f sind aber bei *Fisher-Yates* mit n bezeichnet. Die Probengroße n heißt bei *Fisher-Yates* n', bei *Hald* wie hier n.

Anmerkung: Das Einfuhren exakter Wahrscheinlichkeitsgrenzen verleitet den Ungeübten dazu, die mit beliebiger Genauigkeit anzugebenden Grenzen als exakt 95%, 99,73% usw. aufzufassen.

Abgesehen davon, daß die exakten Werte und die genaue Form einer Verteilung selten genau genug bestimmt werden konnen, stellt jedes mathematische Gesetz eine Naherung dar.

Werden unter 40 Stuck durchschnittlich genau 10,0% oder 4 Stuck Ausschuß erwartet, so ergeben die verschiedenen gebrauchlichen Naherungen fur die Summenpunkte:

$i = d$	Poisson	Binom	Stabilisiertes Diagramm	$np' + K\sqrt{np'}$
6	.7851	.7937	.838	.841
7	.8893	.9005	.915	.933
8	.9489	.9581	.958	.977
9	.9786	.9845	.980	.994
10	.9919	.9949	.9913	.9973
11	.9972	.9985	.9963	.9998

Die Unterschiede erscheinen zunachst betrachtlich: will man aber einen Unterschied zwischen .99 und .995 experimentell mit einiger Sicherheit erfassen, so sind mehrere tausend Stichproben aus vollig gleichartiger Fertigung erforderlich: eine uber größenordnungsmaßig hunderttausend Stuck in ihren Bedingungen konstante Fertigung stellt aber einen reinen Wunschtraum dar.

Technisch richtig ist, da das vereinzelte Auftreten auch ganz seltener Ereignisse nie ausgeschlossen ist, fur die Entscheidung drei Unsicherheitsgebiete anzunehmen:

1. Es besteht wenig Ursache, die gemachte Hypothese anzuzweifeln: Fur dieses Gebiet werden im allgemeinen die T80- bis T95-Spannen gewahlt.

2. Eine Entscheidung kann schwer gefallt werden, korrekt müßten weitere Beobachtungen abgewartet werden, Aufmerksamkeit ist geboten: dieses Gebiet liegt zwischen 1. und 3.

3. Es besteht wenig Ursache, die Richtigkeit der gemachten Hypothese anzuerkennen. Fur dieses Gebiet werden im allgemeinen die Werte der außerhalb der T95- bis T99,9-Spanne liegenden Gebiete benutzt,

Die Dreiteilung mit T95 (fur 1.) und T99,8 (fur 3.) liegt der englischen Kontrollkartennorm zugrunde, die amerikanische Norm unterdruckt das zweite Gebiet und wahlt eine in ihrer Wahrscheinlichkeit nicht genau fixierte Grenze zwischen etwa T98 und T99,7 zur Entscheidung nach Punkt 1 oder 3.

Zum Einfuhren des Kontrollkartensystems hat man, sofern dies nicht schon durch die Betriebsorganisation bereits geschieht, nur notig, die Erzeugung in Unterserien zu unterteilen, die zweckmaßig — nicht unbedingt erforderlich — etwa gleich groß sind, und diese Untergruppen laufend vollstandig oder durch Stichproben zu uberwachen. Die gemessenen Werte werden notiert und die daraus ermittelten Koeffizienten in die Kontrollkarten eingetragen.

Den wirklichen Nutzen bringt das Kontrollkartensystem, wenn die Überwachung unmittelbar wahrend der Fertigung erfolgt, so daß erforderliche Maschinenregelungen vorgenommen werden können, bevor eine zu geringem Ausschuß führende Werkzeuglage uberhaupt Ausschuß hervorgerufen hat.

Dies ist nur möglich, wenn die Beurteilung möglich ist, ohne daß in der Stichprobe Ausschuß gefunden wurde: Am wirtschaftlichsten sind daher Kontrollkarten auf *messende* Überwachung, die Mehrkosten für Feintaster haben sich gegenüber den geringeren Anschaffungskosten für Grenzlehren bei kritischen Fertigungen erfahrungsgemaß in einigen Monaten vollständig amortisiert.

Mit Lehren ist das Steuern der Werkzeugeinstellung, ohne daß Ausschuß vorliegt, nur durch die Methode der eingeschränkten Prüftoleranzen (nicht Fertigungstoleranzen!) möglich, die große Erfahrung und sorgfältige Lehrenüberwachung erfordert.

Rein qualitatives Prufen kommt mehr fur die Loskontrolle in der Abnahmeprüfung in Frage. Wird hier quantitativ gemessen, so ist, da hier die Reihenfolge der Fertigung selten bekannt ist, oft die in Deutschland ubliche Auswertung durch Auftragen der Werte im Wahrscheinlichkeitspapier der Verwendung der Kontrollkarten an Aussageschärfe uberlegen.

843.4 Kontrollkarten für Ausschußzahlen und Prozentsätze

Übersicht und Formeln s. Abschn. 134–42 u. 43 und Tafeln 37 u. 39.

843.41 Diagramm für einzelne Proben

Beispiel. Zwischen Hersteller und Kaufer sei vereinbart, daß bei laufender Lieferung von Zeitrelais eine bestimmte Auslösezeit nur bei durchschnittlich 0,2% der Relais überschritten werden darf. Dieses Soll wird durch Stichproben von 1000 Stuck gepruft, in denen also durchschnittlich $np' = 1000$ mal $0{,}002 = 2$ Stück mit größerer Auslösezeit zugelassen werden. Der Hersteller will diese Forderung durch Kontrollkarten überwachen, der Kunde sie mit Kontrollkarten prufen. Die Kontrollkarten sind zu entwerfen.

Die in einer einzelnen Probe von $n = 1000$ Stück zulässigen Grenzen werden nach der amerikanischen Norm $np' \pm 3\sqrt{np'} = 2 \pm 3\sqrt{2} = 0$ bis $6{,}24$ Stück. Aus der allgemeinen Naherungsformel erhält man $(\sqrt{2} - 1)^2 - 1 = 0$ und $(\sqrt{2} + 1)^2 = 5{,}8$ fur die ungefahre 95%-Spanne und $(\sqrt{2} + 1{,}3)^2 = 7{,}4$ für die obere angeicherte 99,5%-Grenze.

Benutzen von Tafeln gibt die Warngrenze von 5,6 und die Alarmgrenze von 7,8 Stuck.

Für die Beobachtungen muß immer auf ganze Stuck abgerundet werden. Man zeichnet ein Diagramm mit den Werten

Mittellinie = Erwartete Stuckzahl = 2
Grenzen   innere 6 Stuck
          äußere 8 Stück oder auch
          einzige Grenze 7 Stuck,

in das die laufenden Beobachtungen eingetragen werden.

Dieses Diagramm, Abb. 84–1, zeigt, daß das gewünschte Ziel noch nicht erreicht ist, die Punkte schwanken stärker, als dies bei einem wirklichen Ausschußsatz von 0,2 % in der Gesamtfertigung zufallig zu erwarten ist.

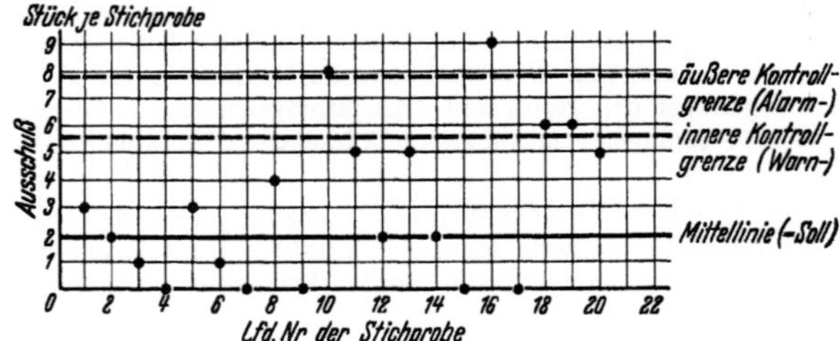

Abb. 84–1. Kontrollkarte fur Ausschußanzahl. „Soll" = 2 Stück je Probe von 1000 Stuck ist gegeben. Dieses ist nicht eingehalten, denn Probe 10 und 16 liegen außerhalb der äußeren Kontrollgrenze, so daß Anlaß besteht, die Fertigung zu prüfen. Die Proben 18, 19 und 20 zeigen außerdem an, daß Verschlechterung eingetreten ist.

Unter den 20 Stichproben sind 62 Stück Ausschuß gefunden, d. h. 62/20000 = 0,0031 relativer Ausschußanteil. Hieraus ergibt sich ein Mutungsbereich fur den Gesamtausschuß, wenn man einheitliche Fertigung uber den Zeitraum annimmt, mit

$$(\sqrt{62} \pm 1)^2 = 47 \text{ bis } 79 \text{ Stück unter } 20000 \text{ oder } 0,23 \text{ bis } 0,39\%.$$

Zur Verbesserung der Fertigung muß die Gleichmäßigkeit beurteilt werden. Ein angenommener einheitlicher Ausschußsatz von 0,31 % gibt in der Stichprobe von 1000 Stück 3,1 Stück. Die Auftretwahrscheinlichkeit für Null, 1, 2 ... Stuck in der Probe bei $m = 3,1$ durchschnittlich ergibt sich aus der Poissonverteilung. Mit reiner Rechenschieberrechnung (Darmstadt oder Studiotyp) erhält man

Stück	Erwartet mit Wahrscheinlichkeit		= Theoretisch Stuck unter 20	Beobachtet in 20 Serien
0	$P_0 = e^{-3,1}$	$= 0,0450$	$20 P_0 = 0,9$	5
1	$P_1 = 3,1 P_0/1$	$= 0,1395$	$20 P = 2,8$	2
2	$P_2 = 3,1 P_1/2$	$= 0,216$	4,3	3
3	$P_3 = 3,1 P_2/3$	$= 0,223$	4,5	2
4	$P_4 = 3,1 P_3/4$	$= 0,173$	3,4	1
5	usf.	$= 0,107$	2,1	3
6		$= 0,0555$	1,1	2
7		$= 0,0245$	0,5	0
8		$= 0,009$	0,2	1
	Summe	$= 0,9925$		
(9 und großer		$= 0,0075)$	$0 +$	1

Fur genaue Rechnung der letzten Werte mußte mit dem vielstelligen Wert von exp $(-3,1)$ in die Rechenmaschine gegangen und alle P-Werte auf mindestens sechs Stellen gerechnet werden.

Der Vergleich zwischen den theoretisch erwarteten und den beobachteten Werten zeigt auch dem Unerfahrenen das Bild, das der erfahrene Auswerter ohne Rechnung ableitet:

Die Fertigung ist ungleichmäßig. Fur einen mittleren Ausschuß von 3,1 % findet man eine zu große Anzahl zu gute und eine zu große Anzahl zu schlechte Lose.

Dieses Urteil ist wesentlich fur das Einleiten der betrieblichen Verbesserungsmaßnahmen. Man untersucht die Entstehungsbedingungen der guten Lose und der schlechten Lose auf Unterschiede: verschiedene Schichten, Maschinen usw., um so die technischen Abhilfemaßnahmen einzuleiten, die allgemein zu dem Erfolg fuhren, der zeitweise schon verwirklicht ist.

Hatte das Kontrolldiagramm ebenfalls auf 0,31% Ausschuß gefuhrt, hätte sich die Verteilung der Proben aber genugend genau der Poissonverteilung angepaßt, so ware das Urteil über die Abhilfemaßnahmen wesentlich anders:

Die gesamte augenblickliche Fertigungsmethodik entspricht einem mittleren Ausschuß von 0,31%, die Schwankungen um diesen Ausschußsatz ubersteigen nicht die zufallig zu erwartenden Grenzen. Es ist daher nicht anzunehmen, daß zwischen den auf Grund der Stichprobenprufung als gut und den als schlecht anzusehenden Losen grundsatzliche Unterschiede bestehen: Um den Ausschuß auf die vereinbarte Große von 0,2% zu senken, sind grundlegende Verbesserungen im Fertigungsprozeß erforderlich, fur deren Finden der Vergleich zwischen guten und schlechten Losen keinen Hinweis zu geben braucht.

Eine Ausschußsenkung durch Kontrollkarten ist immer Ingenieuraufgabe; die Kontrollkarte kann mit dem Fieberthermometer verglichen werden, das auch nur anzeigt, daß die Korpertemperatur nicht in Ordnung ist: Die Abhilfsmaßnahmen ergeben sich durch richtige Auslegung der Anzeige und eventuell erforderliche zusatzliche Untersuchungen sowohl im technischen Fall der Kontrollkarte wie im Vergleichsfall des Fieberthermometers. Ebensowenig wie der Besitz eines Thermometers vor Krankheit schutzt, ebensowenig verhindert die Kontrollkarte in sich bereits das Entstehen von Ausschuß.

843.42 Weitere Kontrollkarten für Stückzahlen: Summendiagramm

Eine Prüfung mit einer erwarteten Stückzahl von $np' = 2$ ist unempfindlich. Zweckmaßig prüft man laufend und summiert die aufeinanderfolgenden gefundenen Ausschußzahlen. Man tragt im Diagramm die durchschnittliche Ausschußzahl als Gerade vom Nullpunkt zu der $k = 20$ten Probe mit $20 \cdot 2 = 40$ Stück erwartet auf Abb. 84–2 und fortlaufend die Summe der gefundenen Ausschußzahlen ein.

Wird der durchschnittliche Ausschußsatz gewahrt, so schwanken die Beobachtungen um die theoretische Gerade. Eine grobe Naherung zu-

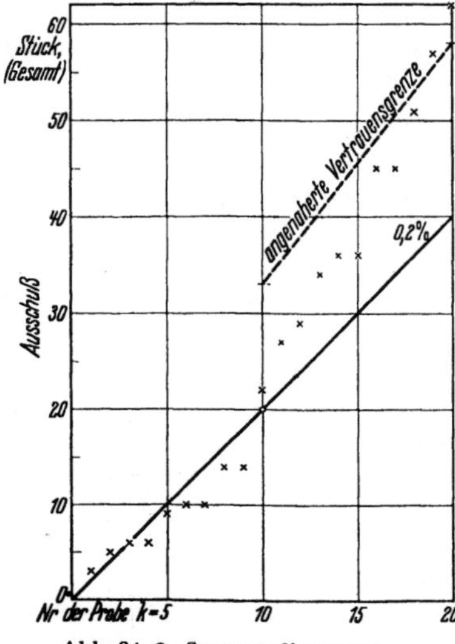

Abb. 84–2. Summendiagramm.

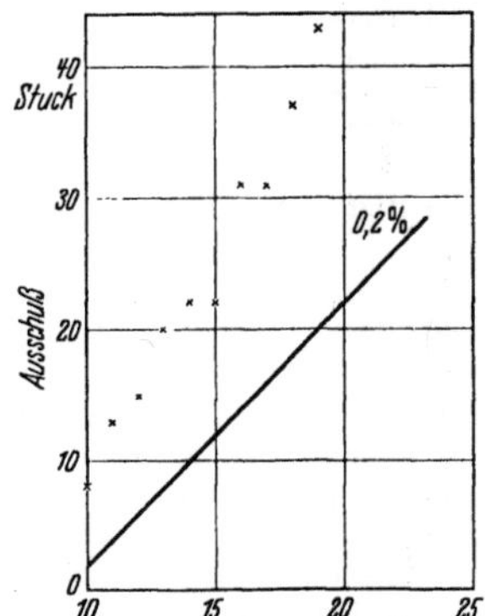

Abb. 84–3. Summendiagramm fur Probe 10 bis 19 von Abb. 84–2: Erste herausfallende Probe bewirkt starke Nullpunktverschiebung der Reihe der beobachteten Werte.

43 *

lässiger Grenzen erhält man, wenn man z. B. für die **zehnte** und die **zwanzigste** Probe berechnet

$$(\sqrt{10 \cdot 2} + 1{,}3)^2 \text{ und } (\sqrt{20 \cdot 2} + 1{,}3)^2, \text{ d. h. 33 und 58 Stuck.}$$

Das Diagramm zeigt, daß die beobachtete Linie von der zehnten Probe an fortlaufend steiler wird und eine allgemeine Verschlechterung eingetreten ist.

Folgeprufung. Korrekte Beurteilung der Fertigungsentwicklung erfolgt durch die Waldsche Folgeprüfung mit Festlegen eines zweiten Ausschußsatzes, der als so schlecht erachtet wird, daß in die Fertigung eingegriffen werden soll.

Angenommen: $p_1 = 0{,}4\%$ entsprechend durchschnittlich $np = 4$ Stuck in der Serie sei so schlecht, daß nur 0,05 derartiger Lose abgenommen werden sollen, $p = 0{,}2\%$ oder durchschnittlich zwei Stück sei nur so weit ausreichend, daß ein unberechtigtes Zurückweisen jeder zwanzigsten gerade noch entsprechenden Gute in Kauf genommen wird.

Man findet die Prufzahl $\pm \dfrac{2{,}944}{\ln (4/2)} + \dfrac{4-2}{\ln (4/2)} k$ oder $\pm 4{,}25 + 2{,}88\,k$

mit zwei Studio-Rechenschiebereinstellungen (Formeln s. Abschn. 134,93).

Die Prüfung ergibt

Probe Nummer	$k =$	1	2	3	4	5	6	7	8
Annahmezahl	$a =$	—	1,5	4,4	7,3	10,2	13	15,9	18,8
Ruckweisezahl	$r =$	7,1	10,0	12,9	15,8	18,7	21,5	24,4	27,3
Beobachtet		3	5	6	6	Fertigung in Ordnung			

Man beginnt mit der funften Probe von neuem, da in $k = 4$ das gefundene $6 < 7{,}3$ ist.

Neue Stichprobennummer	$k =$	1	2	3	
Laufende Probenummer		5	6	7	
Annahmezahl	$a =$	—	1,5	4,4	
Beobachtet		3	4	4	Fertigung in Ordnung, da weniger als a beobachtet

Neuer Beginn:

Probenummer		8	9	10	11	
Ruckweisezahl	$r =$	7,1	10,0	12,9	15,8	
Beobachtet		4	4	12	17	d. h. mehr als r beobachtet

Fertigung hat im Bereich der Proben 8 bis 11 wahrscheinlich mehr als 0,2% Ausschuß.

Neuer Beginn:

	$k =$	1	2	3	4	5	6	7	8
Probe		12	13	14	15	16	17	18	19
Ruckweisezahl		7,1	10,0	12,9	15,8	18,7	21,5	24,4	27,3
Beobachtet		2	7	9	9	18	18	24	30

Fertigung nicht in Ordnung.

Die Folgeprüfung kann ebenfalls auf Diagrammform gebracht werden, Abb. 84—4: Im Falle der Poissonprufung erhalt man sehr schräge platzraubende Diagramme, die man durch Schragkoordinaten oder Abzug einer passenden, mit der Probenzahl k multiplizierten Zahl auf geringeren Raum bei schlechterer Anschaulichkeit bringen kann. Völlige Automatisierung der Prufung ist möglich (Franz. Patent 611993, 1951).

Vorteile und Nachteile der Verfahren

Kontrolldiagramm auf einzelne Proben nach Abb. 84—1. Empfindlich gegen plötzliches starkes Abfallen der Qualitat (Stichprobe

Nr. 10), Beurteilung langsam abfallender Qualitat schwer, verlangt große Erfahrung.

Summierungsdiagramm: Umgekehrte Empfindlichkeit wie Einzeldiagramm. Subjektive Beurteilbarkeit gut, objektive Rechnung kompliziert. Hauptnachteil ist, daß das Diagramm sehr von der Folge der Werte abhängt: Eine gute Fertigung am Anfang verschleiert die Verschlechterung; Abb. 84—3 zeigt das Bild, wenn mit der zehnten Probe begonnen wird. Daher nicht zu viele Proben addieren.

Folgeprüfung. Vorteil: Gibt die Abweichung gegen zwei Grenzen an und läßt die Prufung statt der willkurlichen Wahl von k zu summierenden Proben entsprechend dem Prufergebnis wieder von neuem beginnen. Nachteil: Festlegen der zweckmaßigen Grenzen erfordert sehr große Pruferfahrung.

Abb. 84—4. Kontrollkarte fur Folgeprufung.

Rein grafisches Verfahren n. Abschn. 843—43. Vorteil: Gibt ohne jede Rechnung in der Werkstatt sofort auswertbare Diagramme. Nachteil: Spezielles Diagrammpapier nicht handelsublich, muß selbst gezeichnet und durch Lichtpaus- oder Ormigverfahren vervielfaltigt werden.

843.43 Rein grafisches Verfahren für Ausschußzahlen

Die Anscombesche Transformation gestattet, sofern die durchschnittlich erwartete Stuckzahl uber etwa einem halben Stuck liegt, die ganze Rechnung der Vertrauensgrenzen in die Koordinatenwahl des Diagrammstreifens zu legen. Man teilt die waagerechte Achse gleichmäßig nach Nummern der (gleich großen) Stichproben, die Ordinatenachse von einer Grundlinie aus in $2 \cdot \sqrt{\text{Stuck} + 0{,}375}$ cm $\equiv \sqrt{4i + 1{,}5}$ cm $(0, 1, 2, \ldots$ Stuck Ausschuß). Damit werden die Vertrauensgrenzen um jeden beliebigen Mittelwert mit großer Naherung

$$95\%\text{-Grenze} = \pm 2 \text{ cm}$$
$$99{,}0\%\text{-} \quad \text{„} \quad = \pm 2{,}6 \text{ cm}$$
$$99{,}8\%\text{-} \quad \text{„} \quad = \quad 3{,}1 \text{ cm}$$

wobei die Zahlen die innerhalb der Grenzen erwarteten Anteile angeben, also einseitige Überschreitungswahrscheinlichkeit 2,5%, 0,5% und 0,1%.

Das Diagramm hat den Vorteil, daß man mit ihm ohne jede Kenntnis des erwarteten durchschnittlichen Ausschusses beginnen kann, und daß die Gleichmäßigkeit der Fertigung von der zweiten Probe an beurteilbar wird. Aus der Bereichsverteilung folgt, daß bei gleichmaßiger, nur zufällig schwankender Gute der Mittelwert der Differenzen zweier aufeinanderfolgender Ordinaten 1,2 cm nicht übersteigen soll und daß die größte Einzeldifferenz zweier aufeinanderfolgender Ordinaten nicht größer werden darf als 3 bis 4 cm (Irrtumswahrscheinlichkeit 3% bis 0,5%). Ein Unterschied von 5 cm zweier aufeinanderfolgender Punkte ist größenordnungsmäßig bei gleichbleibender Fertigungsgüte einmal auf 2000 aufgezeichnete Punkte zufallig zu erwarten.

Tafel 39 gibt die zum Aufzeichnen benötigten Wurzelwerte mit für Teilmaschine ausreichender Genauigkeit, für schnelles Zeichnen reicht der Rechenschieber. Abb. 84–5 gibt die Werte von Abb. 84–2 in einem derartigen Diagramm.

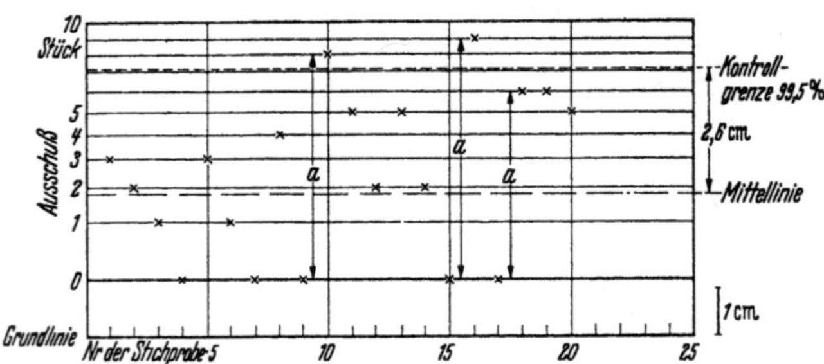

Abb. 84–5. Stabilisiertes Diagramm $2\sqrt{i + 0{,}375}$ cm. Sprunge „a" geben auch ohne Kenntnis der Mittellinie sofort Hinweis auf uneinheitliche Fertigung.

Dieses auf „Unabhangigkeit vom wahren Ausschußsatz stabilisierte" Diagramm ist die zweckmaßigste, in den angloamerikanischen Normen allerdings nicht gegebene Aufzeichnungsart, wenn die beobachteten Ausschußzahlen unter etwa 15 bis 25 Stück je Stichprobe bleiben und die Stichprobengröße n konstant gehalten werden kann. Irgendwelche Rechnungen sind nicht erforderlich.

843.44 Stabilisierte Prozentdiagramme

Ist der Ausschußsatz p' vorgegeben, sind aber die zu prufenden Serien sehr unterschiedlich, so werden die Kontrolldiagramme sehr unübersichtlich, Abb. 84–6, da sich für jedes n andere Grenzen ergeben, gleichgültig ob man diese nach der Formel der amerikanischen Norm

$$\text{Grenzen von } p \text{ beobachtet} = p' \pm 3\sqrt{p'(1 - p')/n}$$

oder nach der exakten Binomverteilung bzw. der arcsin-Näherung berechnet.

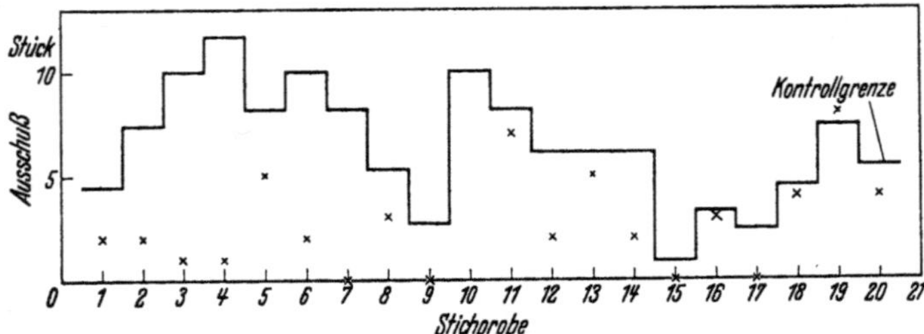

Abb. 84–6. Kontrollkarte $np \pm 3\sqrt{np}$ (amerikanische Norm) mit wechselndem Umfang der Stichproben.

Man erhält leicht vergleichbare Diagramme, die von n unabhängig werden, mit Benutzen des Rechenschiebers durch die *Mosteller-Tukey*-Näherung

$$\text{Kontrollwert} \gtrsim 0{,}5\, K_{\text{Gauß}} = [\sqrt{p'\,(n + 1 - i)} - \sqrt{i\,(1 - p')}],$$

worin i die unter n beobachteten Stück Ausschuß bedeuten.

Die Warngrenze des Kontrollwertes wird -1 bis $+1$, die Vertrauensgrenze $-1{,}5$ bis $+1{,}5$ mit Überschreitungswahrscheinlichkeiten von einseitig rund 2,5 und — schlechter genähert — rund 0,1 %.

Diese Form des Diagrammes ist die zweckmäßigste Überwachung des Ausschußanteiles in fortlaufender Fertigung, in der die Anzahl der gefertigten oder der geprüften Stücke stark schwankt.

Das Diagramm ist auf „Unabhängigkeit von n" angenähert stabilisiert.

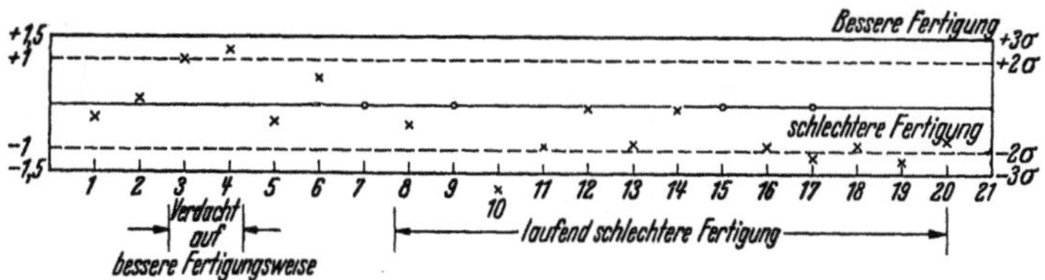

Abb. 84–7. Stabilisiertes Diagramm. $\sqrt{p'\,(n + 1 - i)} - \sqrt{i\,(1 - p')}$.

Abb. 84–6 zeigt die Unübersichtlichkeit eines nach B S 1008 errechneten Diagrammes im Vergleich zum stabilisierten, Abb. 84–7, Tab. 84–2 den Rechengang. Wenn p' kleiner als etwa $0{,}05 \cdots 0{,}1$ ist, kann $(1 - p)$ ohne beachtlichen Fehler durch 1 ersetzt werden, solange i unter etwa 10 bleibt.

Beträgt die Stückzahl in den einzelnen Serien über 100, so kann die Rechnung weiter vereinfacht werden: man rechnet die erwartete Stückzahl np' und bestimmt den Kontrollwert $\sqrt{np} - \sqrt{i}$.

Die ersten Werte der Tabelle lauten dann:

n	np'	i	$\sqrt{np'} - \sqrt{i}$	
600	1,2	2	0,319	
1300	2,6	2	0,198	usw.

Abgesehen von der größeren Übersichtlichkeit ist das stabilisierte Diagramm auch genauer:

Für die 19. Probe wird nach der Normvorschrift die 3σ-Grenze von 0,56 % mit beobachteten 0,62 % überschritten, nach dem stabilisierten Diagramm nur die $2{,}44\sigma$-Grenze ($2 \times 1{,}220$) erreicht.

Ablesen in einem Poissondiagramm ergibt

für	$d = 7$	$\Sigma P_i = 98{,}3\,\%$
beobachtet ist:	$d = 8$	$\Sigma P_i = 99{,}48\,\%$;
es wird für	$d = 9$	$\Sigma P_i = 99{,}85\,\%$,

d. h. die einseitige 0,135 %-Gaußgrenze ist bei $d = 9$ noch nicht erreicht, obwohl die Normformel hierfür $d = 8$ als ausreichend erachten läßt.

Aus Kontrollwert erhält man für $d = 8$ die Zahl 99,27 % statt 99,48.

Für die vierte Probe zeigt das stabilisierte Diagramm an, daß die Warngrenze nach der zu guten Seite überschritten ist, Kontrolle nach Norm gibt keinen Hinweis auf die vielleicht bessere Qualität. Der Vergleich mit der Poissonrechnung gibt

Poissonwahrscheinlichkeit für ein oder mehr Stück   99,33 %

aus Näherung mit $K = 2{,}47$ erhält man   99,32 %.

Tabelle 84–2. Stabilisiertes Diagramm im Vergleich zu Kontrollkarte nach BS 1008, Tafel 4, für $p' = 0,0020$

Los Nr.	Umfang n Stück	Ausschuß i Stück	Normkontrollgrenze $np + 3\sqrt{np}$ Stück	Stabilisierte Kontrolle $\sqrt{p'(n+1-i)} - \sqrt{i(1-p')}$	$i = 0$ $\alpha = e^{-n\,0,002}$
1	600	2	4,4	— 0,3197 ≈ 0,32	
2	1300	2	7,3	+ 0,20	
3	2000	1	10,0	+ 1,00[1]	
4	2500	1	11,7	+ 1,24[1]	
5	1550	5	8,2	— 0,48	
6	2000	2	10,0	+ 0,58	
7	1550	0	8,2	—　[1]	0,045
8	780	3	5,3	— 0,48	
9	260	0	2,7	—	0,59
10	2000	15	10,0	— 1,88[2]	
11	1550	7	8,2	— 0,94	
12	950	2	6,2	— 0,04 ≈ 0	
13	950	5	6,2	— 0,86	
14	950	2	6,2	— 0,04	
15	35	0	0,9	—	0,93
16	330	3	3,1	— 0,92	
17	200	0	2,3	—	0,67
18	600	4	4,4	— 0,91	
19	1300	8	7,3	— 1,22[2]	
20	780	4	5,3	— 0,76	

[1] an der Warngrenze: 2,5% bzw. bei 5% liegende schwache Hinweise auf bessere Fertigung, werden bei Kontrolle nach BS 1008 nicht angezeigt.

Genauere Rechnung für Los 4: $P_{c \leq 1} = e^{-5} + \dfrac{5}{1}e^{-5} = 0,039$. (nach Gl. 134–39 u. 134–48)

[2] Der Unterschied zwischen Los 10 und 19 geht bei Prüfung auf 3 σ verloren: beide übersteigen 3 σ-Grenze, aber
No 10 übersteigt 3 σ-Gaußwahrscheinlichkeit,
No 19 erreicht 3 σ-Gaußwahrscheinlichkeit nicht und überschreitet nur *Camp-Meidell*-Grenze!

843.45 Binominales Wahrscheinlichkeitspapier

Steht binomiales Wahrscheinlichkeitspapier zur Verfügung, so kann auf jede Rechnung verzichtet werden: Man trägt in der x-Achse die Anzahl der guten und in der y-Achse die Anzahl der schlechten Stücke ein. Gezeichnet wird die dem angenommenen Sollausschuß entsprechende Gerade $p' = 0,2\%$ und zu ihr im Abstand von 10 und 15 mm die Parallelen, die die Warngrenzen und die Alarmgrenzen geben.

Übersteigt n etwa 600 und bleibt der gefundene Ausschuß unter etwa 10 Stück, so kann man, um Platz zu sparen, die Abszissenwerte durch 10 dividieren: Korrekt muß man dann aber eigentlich die Parallelen in 10 und 15 mm Abstand auf der Ordinatenachse und nicht in lotrechtem Abstand zur p'-Geraden zeichnen.

Werte von Null gefundenem Stück fallen aus den Grenzen unberechtigt heraus, da hier die einfache Wurzelnäherung nicht mehr gilt: Ist eine senkrechte 7 mm lange Korrektionslinie in den zulässigen Grenzen, so ist es leichtsinnig, eine wirkliche Verbesserung als wahrscheinlich echt anzunehmen. Abb. 84–8 zeigt die Darstellung im Binompapier.

Auf Millimeterpapier wird gezeichnet Ordinate und Abszisse gleich $10 \cdot \overline{\sqrt{\text{Stück}}}$ mm.

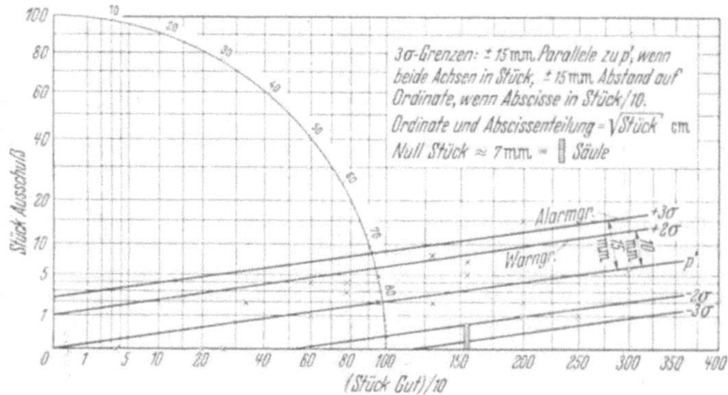

Abb. 84–8. Binominales Wahrscheinlichkeitspapier.

843.46 Stabilisierte Diagramme bei unbekanntem p'

Die Stabilisierung bei unbekanntem p' und konstanter Seriengröße n erfolgt am schnellsten über den Diagrammstreifen mit Ordinate $= 20 \cdot \sqrt{1+b}$ mm (s. Abschn. 843–43). Bei veränderlichem n rechnet man den Kontrollwert laufend auf die gesamten beobachteten Stücke. Da man dann aber an den gleichen Werten eine Mehrfachentscheidung durchführt, entspricht der Kontrollwert nicht mehr der Gaußverteilung, er schwankt etwa von der Bereichsverteilung für zwei Serien bis zur Gaußverteilung für unendlich viele Serien. Die 3σ-Grenze mit Kontrollwert 1,5 hat damit eine von $\approx 3,4\%$ auf $0,135\%$ allmählich abnehmende Überschreitungswahrscheinlichkeit.

Das Beispiel Tab. 84–3 zeigt den Anfang einer Tabelle der britischen Norm B S 1008. Nach der Normvorschrift wird aus 31 Losen der durchschnittliche Ausschuß gerechnet, für diesen werden nachträglich die 3σ-Grenzen bestimmt, und es wird festgestellt, daß innerhalb der 31 Lose Unterschiede, die auf eine schlechtere Fertigung deuten, nicht zu finden sind.

Wenn man aber zusätzlich fragt: deuten sich Wege an, die auf eine mögliche Verbesserung der Fertigung hinweisen, so prüft man besser fortlaufend auch ohne Kenntnis des durchschnittlichen Ausschusses, da dann ein Nachfassen nach den Bedingungen, die zu dem geringeren Ausschuß führten, im Betrieb leichter möglich ist.

Tabelle 84-3. **Fortlaufende Kontrolle bei unbekanntem p'**

Los j	Umfang n_j Stuck	Summe Umfang $S_j n_j$ Stuck	Ausschuß		Kontrollwert C_j $\sqrt{i_j} - \sqrt{n_j\, S_{j-1}(i)/S_{j-1}\,(n_j)}$
			i_j Stuck	$S\,i_j$ Stuck	
1	580	580	9	9	—
2	550	1130	7	16	$\sqrt{7} - \sqrt{550\cdot 9/580} = -0{,}26$
3	580	1710	3	19	$\sqrt{3} - \sqrt{580\cdot 16/1130} = -1{,}13$[1]
4	640	2350	9	28	$\sqrt{9} - \sqrt{640\cdot 19/1710} = +0{,}34$
5	760	3110	11	39	$\sqrt{11} - \sqrt{760\cdot 28/2350} = +0{,}30$
					usf.

[1] Der Wert — 1,13 gibt einen leichten Verdacht auf bessere Fertigungsweise.

Die Durchführung nach der *Mosteller-Tukey*-Naherung, s. Abschn. 134.43, die aus der Tabelle ersichtlich ist, erfordert je Los zwei Additionen, zwei Rechenschiebereinstellungen und eine Subtraktion, kann also auch im Betrieb durchgefuhrt werden. Bezuglich Übereinstimmung des Urteils mit anderen Auswertverfahren vgl. Schriftt. 42.

Anmerkung: Verfugt das Prufpersonal uber etwas Erfahrung in der subjektiven Beurteilung von Kontrollstreifen, so kann auf die Errechnung des Kontrollwertes verzichtet werden.

Man rechnet nur die erwartete Stuckzahl np' bzw. bei unbekanntem p' den Wert np_{j-1} aus, markiert sie auf dem in $20\sqrt{i + 0{,}375}$ mm geteilten Kontrollstreifen durch einen Kreis, die beobachtete Stuckzahl wird durch ein Kreuz bezeichnet und beide Punkte durch einen kraftigen senkrechten Strich verbunden.

Grenzen und Gang der Striche geben bei etwas Erfahrung ein Bild etwa schwankender Fertigungsgute, das nur durch erheblich umstandlichere Rechnungen gewonnen werden kann.

843.47 Stichprobengröße n groß im Vergleich zur Losgröße N

Samtliche Kontrollkartennormen nehmen an, daß die Stichprobengröße n im Vergleich zur Losgröße N klein ist. Sie sind praktisch bis zu $n = 0{,}2 N \cdots 0{,}4 N$ ohne weitere Korrekturen anwendbar.

Umfaßt die Stichprobe einen größeren Teil des Loses, so erhalt man eine bessere Naherung, wenn man die Zufallsvarianz mit $(N - n)/(N - 1)$ multipliziert.

Es ergibt sich damit zum Beispiel·

$$\text{Grenze } np \qquad np' \pm 3\sqrt{np'\,(1 - p')}\cdot \sqrt{\frac{N - n}{N - 1}}$$

$$\text{bzw.} \qquad np' \pm 3\sqrt{np'}\,\sqrt{\frac{N - n}{N - 1}}, \quad \text{wenn } p' \text{ klein.}$$

Ist N sehr groß, so kann $N - 1 = N$ gesetzt werden, und man erhalt für die Reduktion der Standardabweichung die folgende Tabelle:

$$n = 0{,}1 \quad 0{,}2 \quad 0{,}3 \quad 0{,}4 \quad 0{,}5 \quad 0{,}6 \quad 0{,}7 \quad 0{,}8 \quad 0{,}9 \quad 1{,}0 \cdot N$$
$$\sqrt{(N - n)/N} = .949 \quad .894 \quad .837 \quad .775 \quad .707 \quad .632 \quad .548 \quad .447 \quad .316 \quad .000$$

843.48 Verbesserung der Empfindlichkeit von qualitativen Kontrollkarten

Kontrollkarten für Stückzahlen oder Ausschußprozente sind von der Form der Verteilung der Meßwerte unabhängig, aber nicht sehr empfindlich.

Bei Grenzlehrenprüfung kann die Empfindlichkeit etwas verbessert werden, wenn man die Teile, die zu groß, und die, die zu klein sind, getrennt in zwei Karten erfaßt, die man in eine Karte mit gemeinsamer Mittellinie vereinen kann. Die Unabhängigkeit von der Verteilungsform bleibt gewahrt.

843.49 Kontrollkarten mit eingeschränkten Toleranzen

Eine wesentliche Erhöhung der Empfindlichkeit erhält man, wenn man die Prüftoleranz für die Entscheidung für die Fertigungsgüte — nicht für die Beurteilung der Einzelstucke! — gegenüber der Zeichnungstoleranz einschränkt. Für eine auf Grund einer Einzelprobe gut beurteilbare Prüfmethodik soll die erwartete Ausschußzahl in der Stichprobe mindestens 1,7 bis 4 Stück durchschnittlich betragen. Dies bedingt bei Fertigungen mit niedrigem Ausschuß hohen Stichprobenumfang von mehreren hundert Stück, so daß eine sofortige Entscheidung schwer wird.

Schrankt man die Toleranz für die Entscheidung ein, so fallen außerhalb der eingeschränkten Prüftoleranz mehr Stück an, und eine Verschiebung der Mittelwertlage macht sich schneller bemerkbar. Die Prufung erfolgt dann auf zentrale Lage der Fertigung, nicht aber auf Herausfallen eines Einzelstückes. Eine derartige Kontrolle durch Prüfen kann nahe an die Empfindlichkeit der Kontrolle mit Messen herankommen, ist aber von der Form der Verteilung der geprüften Werte abhängig. Die größte Empfindlichkeit auf Verschieben des Mittelwertes erhalt man allgemein, wenn man die eingeschränkten Toleranzen gleich den Meßwerten der 25 und 75% Punkte der Summenverteilung bei der *Daeves-Beckel*schen Darstellung im Wahrscheinlichkeitsnetz wahlt. Die empfindlichste Prufung auf Veranderungen der Streuung erhält man, wenn man die eingeschrankten Toleranzen bei Gaußverteilung gleich den 7 und 93% Punkten wahlt.

In der Praxis verzichtet man meist auf genaue Erfassung nach den Richtlinien und wählt einen Kompromiß. Die britische Norm B S 1313 gibt die Vorschrift, bei vorgeschriebener Toleranz T die Kontrollgrenzen $0,2\,T$ von den Zeichnungsgrenzen entfernt zu wahlen und zu nehmen:

$n =$ Stichprobengröße	15	20	25
Ausschußzahl	6	7	8

Nachteil des Verfahrens ist die große Grenzlehrenabnutzung. Es ist zweckmäßig vor allem bei Verwendung von Meßköpfen, bei denen es in einem Arbeitsgang Überprüfen der zentralen Lage der Fertigung, Sortieren der Stücke in drei Größengruppen und Heraussortieren der zu großen und zu kleinen Stücke gestattet. Die mit Endmassen mindestens einmal in einer Schicht zu kontrollierenden Einstellungen werden in diesem Fall zweckmäßig auf Grund einer Beurteilung des Einzelfalles mit Untersuchung der Meßwerte bestimmt. Günstig ist, für die Probe eine ungerade Zahl 5, 7, 9 oder 11 zu nehmen und die Grenzen so zu wählen, daß durchschnittlich 2 oder 4 Stücke außerhalb der inneren Sortiergrenzen bleiben.

Vorteil des Verfahrens: billige vollstandige Prufung von Serienteilen mit gleichzeitiger Verbesserung der Gleichmäßigkeit der eingebauten Teile bei voller Wahrung der Austauschbarkeit oder wahlweise billige und recht sichere Stichprobenprüfung. Prüfung kann durch angelerntes Personal oder halbautomatisch erfolgen.

Nachteil: Einrichten verlangt große Erfahrung.

843.5 Kontrollkarten für Mittelwert

Für Merkmalswerte, die gemessen werden, kann man Kontrollkarten anlegen für Mittelwerte, Streuung, Streubreite = Bereich und fur den Median. Unter Verlust der Anschaulichkeit spart man in der Werkstatt wesentliche Arbeit und vermeidet Rechenfehler, wenn man die Mittelwertsprüfung durch Prufung der Summen der Meßergebnisse ersetzt.

Die gunstigste Wahl ist dann, die Summe von $n = 5$ vorzuschreiben, diese nur zahlenmäßig uberprufen zu lassen und je zwei aufeinanderfolgende Summen zusammenzufassen und ihren Mittelwert, der sich durch einfache Kommaverschiebung ergibt ($2n = 10$), im Diagramm aufzuzeichnen.

Mit einer derartigen Doppelprufung macht man aber unter 10 Stück 3 Entscheidungen: „erste 5 Werte“, „zweite 5 Werte“, „beide Proben zusammengefaßt“. Fur die Errechnung der Vertrauenswerte eines so beurteilten Mittels von 10 Werten mussen die Gaußkoeffizienten daher berichtigt werden. Die genaue Errechnung ist kompliziert, Tafeln liegen nicht vor, zweckmäßig nimmt man für den Mittelwert der 10 Stuck nur die 3σ-Grenzen, denen eine etwas oberhalb 99,5% liegende Urteilssicherheit zuzuordnen ist.

Für die Errechnung der Kontrollkarten benötigt wird das „wahre Mittel“ und die „wahre Streuung“ der Verteilung. Diese können

1. aus vorhergehenden ahnlichen Untersuchungen ungefahr bekannt sein.

2. Es kann eine Zeichnungsvorschrift, aber noch keine Erfahrung vorliegen. In diesem Falle nimmt man versuchsweise zunächst Schatzwerte, die mit der Vorschrift eine brauchbare Fertigung ergaben, und korrigiert, wenn etwa 100 Stuck gemessen sind, auf Grund der Erfahrungen.

Brauchbare Schätzwerte sind

Mittel $\bar{x}' =$ Mitte der vorgeschriebenen Toleranz T,

Streuung $\sigma' = T/6$, wenn kleine Serien bis zu etwa 100 Stuck vorgesehen sind,

$\qquad$ $T/7$ bis $T/8$ bei Massenfertigung, vor allem, wenn die Einrichtung der Maschinen auch bei einer gewissen Werkzeugabnutzung noch nicht korrigiert werden soll.

3. Es liegt weder Erfahrung noch eine Vorschrift vor. In diesem Fall beginnt man mit dem Diagramm, ohne zunächst Grenzen zu berechnen, und fangt versuchsweise mit dem Bestimmen von Grenzen an, wenn die Meßergebnisse von 40 bis 50 Stuck vorliegen.

Unter der Bedingung 2 kann ein Kontrolldiagramm somit auch ohne jede Voruntersuchung sofort eingefuhrt werden: Die Entscheidung bei Überschreiten der Grenzen ist dann aber: entweder stimmt die zentrale Lage des Mittelwertes nicht, oder aber die Annahme uber die Streuung ist falsch. In diesen Fallen ist daher immer anfangs gleichzeitig ein Diagramm fur Mittelwert und eines fur Streuung anzufertigen. Wenn auf Grund der Kenntnis des Fertigungsganges angenommen werden kann, daß eine Gaußverteilung vorliegt, so kann das Streuungsdiagramm durch ein Diagramm des Bereiches, das wesentlich weniger Arbeit macht, ersetzt werden.

Ist die Form der Verteilung unbekannt, so ist das Streuungsdiagramm mit den 3 σ-Grenzen praktisch immer richtig, wenn diese Grenzen in der *Tschebyscheff*schen Unsicherheit aufgefaßt werden. Die Überschreitungswahrscheinlichkeiten auf Grund der $\sqrt{\chi^2/f}$-Verteilung setzen angenaherte Gaußverteilung der Gesamtheit voraus.

843.51 Wahl der Stichprobengröße

Die beiden zweckmaßigsten Zahlen fur die Stichprobengröße sind in der Praxis 4 und 5.

Man schreibt $n = 4$ vor, wenn die Kontrollkarten mit einem Minimum an Arbeit eingefuhrt werden sollen und insbesondere dann, wenn bei kleineren Serien auf genaue Auswertung verzichtet wird, die Karte aber zur Überwachung der zentralen Lage der Werkzeugeinstellung dienen soll.

In diesem Fall wird oft auf Errechnen der Streuung verzichtet. Man legt — an sich nur durch Betriebserfahrung gerechtfertigt — willkurlich fest, daß Zeichnungsvorschrift T und Ausfuhrmöglichkeit sich entsprechen und gibt die Kontrollgrenzen um die Mitte x' der Toleranz $(x_{max} + x_{min})/2$ an mit

$$\bar{x} \text{ Warngrenzen} \quad x' \pm T/6,$$
$$\bar{x} \text{ Alarmgrenzen} \quad x' \pm T/4.$$

Man bestimmt in jeder Probe den Bereich w; ist der Mittelwert $\bar{w}$ des Bereiches von zehn oder mehr Proben kleiner als $T/3$, so kann das Verfahren ohne weitere Untersuchungen beibehalten werden.

2. Man schreibt $n = 5$ vor, wenn mit Erfullung der Zeichnungsvorschrift Schwierigkeiten zu erwarten sind, oder wenn zur Beurteilung der Fertigung genauere Untersuchungen vorgesehen sind. Ebenso ist $n = 5$ angebracht, um in der Großserienfertigung die Rechenarbeit in der Werkstatt auf ein Mindestmaß zu verringern. In diesem Fall wird fur die Überwachung der Fünferproben die Überwachung mit der Summe der Meßwerte

$$\text{Grenzen von } S\,x = 5\,x' \pm K \cdot \sigma \cdot \sqrt{5}$$

mit $K = 1{,}96$ oder 2 fur die Warngrenze und $K = 3$ oder 3,09 fur die Alarmgrenze vorgeschrieben. Fur x wird von der Arbeitsvorbereitung die Ableseeinheit des Meßgerates als Abmaß von einem passend gewahlten Nullwert vorgeschrieben. Je zwei folgende Fünferproben ergeben eine Zehnerprobe, fur die nur die Alarmgrenze mit $K = 3$ bis 3,3 vorgeschrieben wird.

In das Diagramm werden nur die Mittelwerte der je zwei Funferproben eingezeichnet: der Mittelwert ergibt sich durch Kommaverschiebung.

In der Werkstatt sind somit fur zehn Werte nur drei Additionen durchzuführen. Die Auswertung auf Maschinengenauigkeit erfolgt durch Rechnen von s nach dem Verfahren der Zehnergruppen ebenfalls ohne Divisionen nur durch Addition und Subtraktion der Werte aus einer Quadrattafel: es reicht immer aus, nur $s_e = \sqrt{SS(x - \bar{x})^2/9k}$ aus k Zehnergruppen zu bestimmen.

Zu beachten ist, daß jede Werkzeugneueinstellung notiert werden muß und keine Zehnermittelung über eine Neueinstellung vorgenommen werden darf, sondern daß mit neuer Gruppierung von je zwei Fünfergruppen nach der Werkzeugnachstellung begonnen werden muß.

Wahl von Stichprobengrößen über 5 mit der Zusatzprufung der Addition zweier folgender Summen ist nur in Ausnahmefällen angebracht. Sie kann dann erforderlich werden, wenn in einer Serienfertigung die Werkzeugeinstellung sehr krıtisch wird, die Zeichnungsvorschrift zum Beispiel nur 5,5 bis 6,5 s_e beträgt: korrekte Bestimmung von n erfolgt dann über Rechnen des Fehlers zweiter Art, vgl. Schrıftt. 48.

843.6 Kontrollkarten für gemessene Werte

Beispiel[1]. Für eine Fertigung ist vorgeschrieben 6,10 ··· 6,40 mm, also Toleranz $T = 6,40 - 6,10 = 0,30$ mm. Die Ablesung erfolgt auf 0,01 mm, die Fertigung wird als nicht kritisch erachtet, Erfahrung lıegt aber noch nicht vor.

Gewahlt wird für die Stichprobe $n = 4$. Die Mittellinie $\bar{x}'$ ist bei $(6,10 + 6,40)/2 = 6.25$ mm zu zeichnen.

Geschätzt wird die Standardabweichung σ' als $T/6 = 0,30/6 = 0,05$.

Die Warngrenzen werden $\bar{x}' \pm 2\sigma'/\sqrt{n} = 6,25 \pm 2 \cdot 0,05/\sqrt{4}$
$$= 6,20 \cdots 6,30,$$

was sich für $n = 4$ unmittelbar auch als $\bar{x}' \pm T/6$ ergibt.

Die Warngrenzen werden $\bar{x}' \pm 3\sigma'/\sqrt{n}$ oder fur $n = 4$ auch
$$x \pm T/4$$
$$6,25 \pm 0,075 \text{ d. h. } 6,175 \cdots 6,325.$$

Obwohl nur auf 0.01 mm genau gemessen wırd, brauchen sie nicht abgerundet zu werden, da der Mittelwert von vier Werten eine höhere Stellenzahl als die Einzelwerte hat.

Um die Rechenarbeit zu erleichtern, werden die Meßergebnisse mit 0,01 mm als Einheit als Abmaß zu 6,00 mm geschrieben, d. h. statt 6,23 mm wird $x = 23$ notıert.

Die Werkstatt erhalt ein vorbereitetes Blatt, in das fortlaufend je vier Meßergebnisse eingetragen werden. Gerechnet wird

1. ihre Summe Sx

2. der Mittelwert $\bar{x}$

3. der Bereich w, d. h. die Differenz zwischen großtem und kleinstem in jeder Gruppe gefundenen Wert.

Die Tabelle 84–4 zeigt die Meßergebnisse. Zu beachten ist, daß jede Änderung der Werkzeugeinstellung oder Werkzeugwechsel bei Arbeiten, bei denen das Werkzeug an sich in Stellung bleibt (Revolver, Automaten usw.) angegeben werden muß und keine Vierergruppen uber einen Werkzeugwechsel genommen werden.

Zweckmäßig ist, vorzuschreıben, daß Einzelwerte außerhalb der Zeichnungsvorschrift und Mittelwerte außerhalb der Warngrenzen eingekreist werden.

Nach Vorliegen von etwa 10 bis 20 Viererproben wird der Mittelwert $\bar{w}$ der gefundenen Bereiche bestimmt. Es ergibt sich
$$\bar{w} = 170/14 = 0,1214 \text{ mm } (12,14 \text{ Einheiten von } 0,01 \text{ mm}).$$

Aus ihm erhalt man das Schätzmaß für die Streuung

$\sigma' \approx 0,1214/2,06 = 0,0596$ mm mit dem Koeffizienten $d = 2,06$ der Bereichsverteilung.

Da der gefundene Bereich 0,1214 mm größer als $T/3 = 0,10$ mm ist, muß damit gerechnet werden, daß ausschußfreie Fertigung nicht moglich ist; eine genauere Untersuchung ist vorzunehmen.

Anmerkung: Wenn die untersuchten Stucke die gesamte Fertigung darstellen, sind keine weiteren Maßnahmen erforderlich. Pruft man, was bei Kontrolle mit Kontrollkarten oft zulässig ist, die Fertigung nur stichprobenweise (≈ 5 bis $\approx 40\%$),

---

[1] Werte nach der britischen Norm BS 600R, die als Vergleich die Auswertung mit $n = 8$ und s'' gıbt.

Tabelle 84–4. Aufzeichnungen für Kontrollkarte für gemessene Werte

Kontrollkarte für Teil Nr.   005   Maschine Nr.   1078
Maß $6,25 \pm 0,15$ bedient von   0012
Arbeitsgang   13   Datum   00. 0. 52

Soll: 6,10···6,40 mm   Warngrenzen 6,20···6,30   Alarmgrenzen: 6,175···6,325
$n = 4$ Werkzeugnachstellung durch W bezeichnet!

Maßeintragung x in 0,01 mm von $x_0 = 6,00$ mm

Probe-wert	1	2	3	4	5	6	7	8	9	10	11	12	13	14
1	23	29	29	27	19	20	24	19	20	17	31	19	19	14
2	23	27	21	14	25	25	20	28	20	21	29	33	27	26
3	20	28	17	24	18	22	19	!08!	21	13	19	26	16	30
4	26	11	27	29	27	19	23	34	32	19	23	27	21	19
Summe	92	95	94	94	89	86	86	89	93	70	102	105	83	89

$SS\,x = 1267$

Mittel $\bar{x}$ / Bereich w	1	2	3	4	5	6	7	8	9	10	11	12	13	14
Mittel $\bar{x}$	23	$23^3/_4$	$23^2/_4$	$23^2/_4$	$22^1/_4$	$21^2/_4$	$21^2/_4$	$22^1/_4$	$23^1/_4$	$!17^2/_4!$	$25^2/_4$	$26^1/_4$	$20^3/_4$	$22^1/_4$
Bereich w	06	18	12	15	09	06	05	26	12	08	12	14	11	16

$$d_4 = 2,06 \qquad \begin{aligned} \bar{x}' &= 25 \\ \sigma' &= 5 \end{aligned}$$

$$\sum_{1}^{k=14} = 170 \qquad \bar{\bar{x}} = 26,4$$

$$\bar{w} = 12,14 \qquad \sigma \approx \frac{\bar{w}}{d_4} = 5,96$$

so hält man die zwischen den einzelnen Stichproben gefertigten, nicht geprüften Stücke bis zur nächsten Stichprobe getrennt und prüft sie insgesamt nach, wenn entweder ein Einzelwert außerhalb der Zeichnungstoleranz oder der Mittelwert auf oder außerhalb der Alarmgrenzen liegt.

Liegt der Mittelwert außerhalb der Warngrenzen, aber innerhalb der Alarmgrenzen, so empfiehlt sich mindestens Nachprüfung durch eine weitere Viererprobe. Liegt diese wieder in Nähe der gleichen Warngrenze, so sind alle Stücke zu prüfen und gegebenenfalls das Werkzeug nachzustellen.

Bei nicht kritischen Fertigungen wird oft auf die Warngrenzen verzichtet.

Beispiel. Für die Fertigung des vorigen Beispieles sei nur das Mittelmaß 6,25 mm vorgegeben, die Zeichnungstoleranz sei entsprechend den Fertigungsmöglichkeiten festzulegen.

Gewählt wird in diesem Fall $n = 5$ mit Zusammenfassung je zweier Fünfer zu einer Zehnerprobe. Benutzt seien die gleichen Zahlen wie in Tab. 84–4. Man erhält Tab. 84–5.

Zur Berechnung der Standardabweichung wird in jeder Zehnerprobe ein passender Wert x_0 in Nähe des Mittels angenommen, die hier in Kleindruck danebengesetzten Abweichungen von x_0 (bei Probe 1 dazugeschrieben) quadriert und addiert. Von der Summe der Quadrate wird jeweils $10(x - x_0)^2$ abgezogen.

Mit einem Addierbehelf der Addiatorart wird nur $S(\bar{x} - x)^2$ geschrieben.

Im allgemeinen reicht der eine Schätzwert für σ':

$$\sigma' \approx s_e = \sqrt{SS(x - \bar{x})^2/(N - k)} \text{ für } k \text{ gleich große Proben mit zusammen}$$
$N = n \cdot k$ Werten

aus und führt auf $s_e = 0,0556$ mm.

Die einfachere Rechnung mit dem Mittel der Bereiche w_5 und w_{10} der Fünfer- und Zehnerproben ergibt 0,053 und 0,060 mm.

Mit dem gefundenen Wert $s_e = 0,0556$ werden die Kontrollgrenzen für die Fünfersummen zu $S_5 x = 5x' \pm K \cdot s_e \cdot \sqrt{5}$ errechnet, wobei K entsprechend den Warngrenzen mit 1,96 oder 2 und den Alarmgrenzen mit 3 oder 3,09 gewählt werden kann. Für nur eine (mittlere) Grenze hat sich auch $K = 2,5$ entsprechend der T98,8-Spanne bewährt.

Man erhält für die Grenzen der Fünfersummen 100···150 und für das Zehnermittel die 3 σ-Grenzen 6,20···6,30.

Die Meßergebnisse liegen innerhalb dieser Grenzen. Ohne weitere Untersuchungen kann daher für die Zeichnungstoleranz eine Mindestspanne von 6 bis 7 s_e, d. h. 0,336 bis 0,388 mm gefordert werden. Diese muß auf eine technisch sinnvolle Zahl abgerundet werden. Da für ausschußfreie Fertigung auch bei Vernachlässigung des Einflusses der Werkzeugabnutzung immer ein gewisser Spielraum für die Einstellung der zentralen Lage vorgesehen werden muß, wird man als Mindestforderung der Werkstatt die Toleranz 6,05 bis 6,45 mm festlegen und nachprüfen, ob diese vom Konstrukteur zugestanden werden kann.

Bei dieser Nachprüfung ist zu berücksichtigen, daß das Einhalten der Toleranz über Kontrollkarten überwacht wird: sie wird also von der Werkstatt nur für wenige Stücke in Anspruch genommen werden. Bei der gezeigten Errechnungsart kann man in grober Näherung damit rechnen, daß etwa 90% aller Stücke in der halben Toleranzbreite, also innerhalb 6,15 bis 6,35 mm liegen werden.

Soll laufend auch die Streuung überwacht werden, so legt man entweder die Grenzen für den Bereich w in den Fünferproben oder die Grenzen für die Standardabweichung fest. Auch hier ist die Wahl der Überschreitungswahrscheinlichkeit beliebig. Mit Annahme einer Gaußverteilung der Meßwerte werden die Koeffizienten der Bereichsverteilung, Tafel 31, und die der $\sqrt{x^2/f}$-Verteilung, Tafel 34, benutzt. Ohne Tafeln rechnet man:

Grenze des Bereiches w in den Fünferproben:
$s_e(4 + [n + 2]/8) = 5,56 \cdot 4,88 = 27$ Meßeinheiten
Grenzen der Standardabweichung s in den Zehnerproben:
$s_e(1 + 3/\sqrt{2(n - 1)}) = 0,0556(1 + 3/\sqrt{18}) = 0,095$ mm
oder 9,5 Meßeinheiten von 0,01 mm.

Das unmittelbare Aufeinanderfolgen der Werte 8 und 34 in der vierten Zehnerprobe ist als *seltenes Ereignis* zu werten; die gefundenen Grenzen deuten auf keine unzulässigen Abweichungen, so daß sie den weiteren Kontrollen zugrunde gelegt werden können.

Tabelle 84–5. Beurteilung mittels Fünfersummen
Abmaße von 6,00 mm in hundertstel mm

Probe	1	$|x-x_0|$	2	3	4	5	6	Bereiche Probe	w_5	w_{10}
x_1	23	0	17	20	08	31	16	1a	9	
x_2	23	0	27	25	34	29	21	1b	18	17
x_3	20	3	27	22	20	19	14	2a	13	
x_4	26	3	14	19	20	23	26	2b	11	15
x_5	29	6	24	24	21	19	30	3a	6	
								3b	9	09
$\overset{5}{\underset{1}{}}\,Sx$	121		109	110	103	121	107	4a	26	
								4b	19	26
x_6	27	4	29	20	32	33	19	5a	12	
x_7	28	5	19	19	17	26		5b	14	14
x_8	11	12	25	23	21	27		6a	16	
x_9	29	6	18	18	13	19		6b	—	
x_{10}	21	2	27	28	19	27		Summe	153	81
$\overset{10}{\underset{6}{}}\,Sx$	116		118	109	102	132		$\sigma' \approx \dfrac{Sw_5}{k\cdot 2,33}$		$\approx \dfrac{Sw_{10}}{k'\cdot 3,08}$
$\overset{10}{\underset{1}{}}\,\overline{x}$	23,7		22,7	21,9	20,5	25,3		$\sigma' \approx \dfrac{153}{11\cdot 2,33}$		$\approx \dfrac{81}{5\cdot 3,08}$
$S(x-\overline{x})^2$	274,1		246,1	84,9	542,5	236,1		$\sigma' \approx 0,060$		$\approx 0,053$

$$\left[\begin{array}{ll} x_0 & 23 \\ S(x-x_0)^2 & 279 \\ -10(\overline{x}-x_0)^2 & 4,9 \\ = S(x-\overline{x})^2 & 274,1 \\ s^2 = \dfrac{S(x-\overline{x})^2}{9} & 30,45 \end{array}\right]$$

$$\text{Rechenschieber } s = \sqrt{\frac{S(x-\overline{x})^2}{9}} \quad \text{oder}$$

$$\text{Tabellen: } s = \frac{1}{3}\sqrt{S(x-\overline{x})^2}$$

Anmerkung: 1. Mit Addierbehelf werden die Werte $|x-x_0|$ und die in Klammern gesetzten Werte nicht geschrieben, sondern sofort
$$0^2 + 0^2 + 3^2 + 3^2 + 6^2 + 4^2 + 5^2 + 12^2 + 6^2 + 2^2 - 10\cdot(0,7)^2,$$
d. h. $0 + 0 + 9 + 9 + 36 + 16 + 25 + 144 + 36 + 4 - 4,9$
in das Gerät gegeben.
x_0 kann beliebig gewählt werden, z. B.
Probe 1 $x_0 = 23$
Probe 2 $x_0 = 22$
Probe 5 $x_0 = 25$
so daß sich reine Kopfrechnung ergibt.
2. Nach Werkzeugnachstellung oder -wechsel abbrechen!

3. Rechnung von $\sigma' \approx s_6 = \sqrt{\dfrac{SS(x-\overline{x})^2}{50-5}} = \sqrt{\dfrac{1383,7}{45}}$
$\sigma' \approx 0,0556$ (beste Schätzmethode)
Schätzung über Bereich zur späteren Kontrolle.

Fünfersummen [2,5 σ-Grenze] $S_5x = 5\cdot 25 \pm 2,5\cdot 0,0556\sqrt{5} = 100\cdots 150$ wird nur zahlenmäßig geprüft,

Zehnermittel $\overline{x}_{10}$: Mittellinie 6,25, d. h. 25;

3 σ-Grenzen $x_{10} = 6,25 \pm 3\cdot 0,0556/\sqrt{10} = 6,25 \pm 0,0528 \approx 6,20\cdots 6,30$; Zeichnungstoleranz $6,05\cdots 6,45$.

Bereich w von Zehner Proben: Mittellinie $[3,08] \cdot s_e = 3,08 \cdot 0,0556 = 0,171$.
Obere Grenze $s_e \left(4 + \dfrac{10 + 2}{8} \right) = 5,5 \cdot 0,0556 = 0,31$ reicht zur laufenden Überwachung aus.

Wenn auf Streuung scharfer gepruft werden soll, am besten $S(x - \overline{x})^2$ und s rechnen. Wenn Arbeit gespart werden soll, Bereich w der Funferproben nehmen.

Bereich w von Funfer-Proben: Mittellinie $= [2,33] \cdot 0,0556 = 0,13$; Warngrenze $T95 = 0,0556 [0,85 \cdots 4,20] = 0,04_{75} \cdots 0,24 (0,234)$; Alarmgrenze $T99,8 = 0,0556 [0,37 \cdots 5,48] = 0,02_{06} \cdots 0,30_4$ (Zahlen in [] aus Taf. 31 entnommen).

Bereichsgrenzen werden zweckmaßig auf die nachstmogliche, nach außenliegende Zahl abgerundet. Hier nur Hundertstel mm als Einheit moglich, also $4 \cdots 24$ und $2 \cdots 31$ als Linien, deren Erreichen als Warnung oder als Alarm gewertet wird.

843.7 Kontrollkarten für die Standardabweichung s

Die Standardabweichung wird besonders uberwacht, wenn es entweder darauf ankommt, in sehr kleinen Toleranzen zu fertigen, oder wenn Wert darauf gelegt wird, die Maschinenabnutzung uber langere Zeit zu beobachten. Mit fortschreitender Abnutzung des Werkzeuges und der Werkzeugmaschine hat im allgemeinen die Standardabweichung eine Tendenz zur Vergroßerung. Der Vergleich von Kontrollkarten mit neuem Werkzeug oder auf neuer Maschine mit spater gewonnenen Werten erlaubt daher mit einiger Betriebserfahrung objektive Maßstabe fur die Notwendigkeit einer Werkzeugerneuerung oder einer Maschinenuberholung zu finden. Die wirksamste Kontrolle ist die auf die Standardabweichung. Bei Benutzen der Zehnergruppierung halt sich der Mehrrechenaufwand infolge des Einsparens der Divisionen auch in tragbarem Rahmen.

Beurteilt werden können nur beobachtete Werte. Will man eine schärfere Beurteilung, als sie die 3σ-Grenzen der amerikanischen Norm oder des obigen Beispieles ergeben, erhalten, so benutzt man entweder die T 95- und T 99,8-Spannen der $\sqrt{\chi^2/f}$-Verteilung, die genau den Warn- und Alarmgrenzen der britischen Norm entsprechen, oder aber man legt fur die Sofortentscheidung nur die T 99,8-Spanne oder die 3σ-Grenze fest, benutzt aber fur die vergleichende Bewertung der Punkte die T 80-, allenfalls die T 90-Spanne. Oberhalb dieser Grenzen wird jeder zehnte bzw. jeder zwanzigste Punkt durchschnittlich erwartet: einzelnen Überschreitungen wird in der Beurteilung kein Gewicht beigemessen, hingegen ein Sichhaufen der Überschreitungen, das oft schon zu beobachten ist, ohne daß die Alarmgrenze uberschritten wird, als Hinweis zum technischen Eingreifen genommen.

Beispiel. Fur die Zahlenwerte des letzten Beispiels erhält man die
$$T80\text{-Spanne} = (0,681 \cdots 1,277) \cdot s_e$$
$$T90\text{-Spanne} = (0,608 \cdots 1,37) \cdot s_e$$
$$T95\text{-Spanne} = (0,548 \cdots 1,45) \cdot s_e$$
$$T99,8\text{-Spanne} = (0,358 \cdots 1,76) \cdot s_e$$
fur $n = 10$ und $f = 9$ aus der $\sqrt{\chi^2/f}$-Verteilung, Taf. 34, wenn man $s_e \approx \sigma'$ setzt. Da die Standardabweichung in kleinen Proben sehr stark schwanken kann, ohne daß daraus auf eine Änderung in σ' gescblossen werden darf, und da weiter in der Werkstatt selten genau genug gemessen wird, als daß nicht weitere Überschreitungen, die durch die Rechenabrundung bedingt sind, zugelassen werden mussen, empfiehlt es sich, Beurteilungen der Genauigkeit der Fertigung auf mindestens jeweils 8 bis 10 Werten in den Stichproben aufzubauen:
$$n = 4 \quad T99,8\text{-Spanne} = (0,09 \cdots 2,33) \cdot \sigma'$$
$$n = 5 \quad T99,8\text{-Spanne} = (0,15 \cdots 2,15) \cdot \sigma'$$
$$n = 8 \quad T99,8\text{-Spanne} = (0,29 \cdots 1,86) \cdot \sigma'.$$

Soll von der Entscheidung eine kostspielige Maschinenüberholung abhängig gemacht werden, so legt man der Entscheidung mindestens 50 Werte zugrunde. Für 49 Freiheitsgrade wird die

$$T99\text{-Spanne} = (0{,}746 \cdots 1{,}264) \cdot \sigma' \text{ und die}$$
$$T99{,}8\text{-Spanne} = (0{,}70 \cdots 1{,}32) \cdot \sigma'.$$

Abb. 84–9 zeigt Beispiele der Beurteilung der Überschreitung der T80-Spannen.

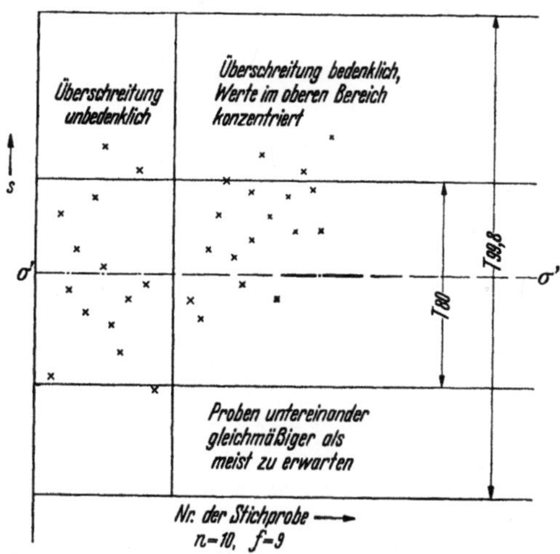

Abb. 84–9. Kontrollkarte für Standardabweichung. Beispiel zur Beurteilung der Überschreitung von Toleranzspannen.

843.8 Kontrollkarten mit Mutungsgrenzen

Nach den angloamerikanischen Normen werden die Kontrollkarten mit Vertrauensgrenzen auch benutzt, um dann, wenn kein Standard vorgegeben ist, nachträglich festzustellen, ob die Fertigung oder die Lieferungen über einen vergangenen Zeitraum als einheitlich angesehen werden können.

Im allgemeinen sind für derartige Fragestellungen die Kontrollkarten nach den Normen genaueren statistischen Methoden — Varianzanalyse, Bartletts Test auf Gleichförmigkeit von Varianzen usw. — erheblich unterlegen, s. Schriftt. 20, 21. Mit praktisch gleichem Arbeitsaufwand wie mit den Kontrollkarten auf Vertrauensgrenzen erhält man aber oft wesentlich bessere Aufschlüsse durch Kontrollstreifen auf *Mutungsgrenzen*, die den Vorteil haben, oft bereits beim Auftreten fraglicher Lose die notwendigen Hinweise zu geben, so daß das Suchen nach Verbesserungswegen viel betriebsnäher wird.

Man benutzt

1. zur Überwachung des Ganges der Mittelwerte den Mutungsbereich von $\bar{x}'$: $\bar{x} \pm ts/\sqrt{n}$ mit t aus Tafel der t-Verteilung (Taf. 32) für die

T90- bis T99,8-Spanne. Ohne Tafel kann auch die 3σ-Grenze der t-Verteilung (sie hat *nicht* die Gaußwahrscheinlichkeit T99,73!) herangezogen werden:

$$\bar{x} \pm 3\sigma/\sqrt{n-3}, \text{ sofern } n \gg 10 \text{ ist};$$

2. von σ: Da σ unbekannt ist, muß entweder im Vergleich von nur zwei gefundenen Werten s_1 und s_2 die F-Verteilung herangezogen werden, oder aber man benutzt — ebenfalls ohne Gaußwahrscheinlichkeit — die 3σ-Grenze der auf Unabhängigkeit vom unbekannten σ^2 stabilisierten Varianz s^2 statt der Standardabweichung s.

Setzt man $y = \ln(s^2)$, so wird die Varianz von y in erster Näherung vom unbekannten σ^2 unabhängig und gleich

$$\sigma_y^2 = 2/(n-1),$$

die 3σ-Grenze also als Mutungsbereich von σ^2

$$\ln(s^2) \pm 3\sqrt{2/(n-1)}.$$

Zur Anwendung ist eine Tafel der naturlichen Logarithmen bequem, ein guter loglog-Rechenschieber reicht ebenfalls aus.

Beispiel. In der britischen Norm BS 1008 findet man als Tafel 5 die Tab. 84–6.

Es wird eine mittlere Losgröße von $\bar{n} = 55$ berechnet und in nicht näher angegebener Weise eine gewogene Varianz von 12,1716. Die 3σ-Grenzen werden um das gewogene Mittel 53,80 angegeben. Es wird gefolgert, daß Los 1 zu hohes, die Lose 3 und 8 zu niedriges Mittel aufweisen, und daß die Streuung in dem dritten und neunten Los erfreulich niedrig liegt.

Tabelle 84–6. Werte der Norm BS 1008, Tabelle 5,
für das Errechnen von Vertrauensgrenzen $\bar{x} \pm 3\sigma\sqrt{n}$ nach Los 10

Los	Umfang n	Mittel $\bar{x}$	(Abweichung) s''	(Varianz) $(s'')^2$
1	50	55,7	4,35	18,9925
2	50	54,6	4,03	16,2409
3	100	52,6	2,43	5,9049
4	25	55,0	3,56	12,6736
5	25	53,4	3,10	9,6100
6	50	55,2	3,30	10,8900
7	100	53,3	4,18	17,4724
8	50	52,3	4,30	18,4900
9	50	53,7	2,09	4,3681
10	50	54,4	2,67	7,1289
gewogenes Mittel 53,80; gewogene Varianz $(s'')^2 = 12,1761$				

Dieses Urteil wird erhalten, *nachdem* alle 10 Lose gefertigt sind und analysiert sind.

Trägt man statt der Varianz in der Tabelle die Summe der Abweichungsquadrate in jedem Los auf, so erhalt man Tab. 84–7, in die als nächste Spalte noch der natürliche Logarithmus von $s^2 = S(x-\bar{x})^2/(n-1)$ mit Rechenschiebergenauigkeit eingetragen ist.

Tabelle 84–7. Gleiche Werte für Errechnen von Mutungsgrenzen mit Beurteilung ab Los 2 mit $s^2 = S\,(x - \bar{x})^2/(n - 1)$

Los	Umfang n	Summe Werte $S\,x$	Summe Abweichungsquadrate $S\,(x - \bar{x})^2$	$y = \ln s^2$	$\dfrac{\sqrt{3}\,\sigma_y}{\approx \text{T}90}$	$3\,\sigma_y$	$\bar{x}$	s
1	50	2785	946,125	2,961	0,350	0,605	55,7	4,40
2	50	2730	817,045	2,806	0,350	0,605	54,6	4,07
3	100	5260	590,490	1,786	0,246	0,426	52,6	2,45
4	25	1375	316,840	2,580	0,50	0,865	55,0	3,64
5	25	1335	240,250	2,303	0,50	0,865	53,4	3,17
6	50	2760	544,500	2,407	0,350	0,605	55,2	3,34
7	100	5330	1747,240	2,764	0,246	0,426	53,3	4,20
8	50	2615	924,500	2,937	0,350	0,605	52,3	4,34
9	50	2685	218,405	1,495	0,350	0,605	53,7	2,11
10	50	2720	356,445	1,894	0,350	0,605	54,4	2,70
Summe	550	29595	6696,840					

$\bar{\bar{x}} = 29595/550 = 53,80 \ldots$ $(s_c = \sqrt{6696,84/(550 - 10)}$ unzulässig nach Mutungsgrenzen)

Tabelle 84–8. Mutungsgrenzen

	Mittelwert		Streuung über $y = \ln s^2$ und $\sigma_y = \sqrt{\dfrac{2}{n - 1}}$		
Los	T99 $\bar{x} \pm t \cdot s/\sqrt{n}$	$3\,\sigma_t$ $\bar{x} \pm 3s/\sqrt{n-3}$	$\approx \text{T}90$ $y \pm 1,71\,\sigma_y$	$3\,\sigma_y$ $y \pm 3\,\sigma_y$	Gruppierung
1	54,01 — 57,39	53,75 — 57,65	2,61 — 3,31	2,36 — 3,57	0
2	53,06 — 56,14	52,80 — 56,40	2,46 — 3,16	2,20 — 3,41	0
3	51,95 — 53,25[1]	51,85 — 53,35	1,54 — 2,03[1]	1,36 — 2,21	+
4	52,96 — 51,04	52,67 — 57,33	2,08 — 3,09	1,72 — 3,44	0
5	51,62 — 55,18	51,37 — 55,43	1,81 — 2,88	1,44 — 3,17	×
6	53,93 — 56,47	53,72 — 56,68	2,06 — 2,76	1,80 — 3,01	×
7	52,19 — 54,41	52,02 — 54,58	2,52 — 3,02	2,34 — 3,19	0
8	50,65 — 53,95[2]	50,38 — 54,22	2,56 — 3,29	2,33 — 3,54	0
9	52,90 — 54,50	52,77 — 54,63	1,15 — 1,84	0,89 — 2,10	+
10	53,29 — 55,32	53,10 — 55,50	1,64 — 2,33	1,38 — 2,59	(+ ×)

[1] Das Herausfallen von Los 3 wird beim Auftreten erkannt.

[2] Unterschied gegen 1 und eventuell 6 wird erkannt: im übrigen entspricht das Los noch den anderen Mittelwerten.

Diagramme werden fortlaufend Los fur Los gezeichnet, Abb. 84–10.

Man erhält die T99- oder die $3\,\sigma$-Mutungsbereiche des Mittelwertes nach der obigen Formel und ebenso die $3\,\sigma$-Mutungsbereiche der unbekannten Varianz.

Tab. 84–8 und Abb. 84–10 zeigt, daß:

1. mit Auftreten des Loses 3 noch vor dem Los 4 erkannt wird, daß die Mittelwerte von Los 1 und 3 weder auf der $3\,\sigma$- noch auf der T99-Basis zusammenpassen: Los 1 und 3 werden in ihren Entstehungsbedingungen

unmittelbar nach Los 3 und nicht, wie mit der angloamerikanischen Kontrollkarte, nach Los 10 untersucht.

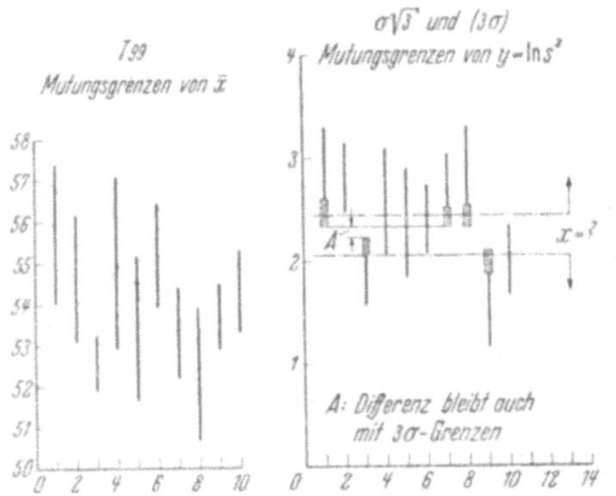

Abb. 84–10. Diagramme zu Tab. 84–8.

2. Los 9 fallt auf der Basis der T99-Spanne ebenso wie bei Beurteilung gemäß der amerikanischen Kontrollkarte heraus, auf der Basis der 3σ-Spanne liegt es unmittelbar an der Grenze.

3. Das günstige Herausfallen des Loses 3 in der Streuung macht sich ebenfalls beim Auftreten bemerkbar.

Die gesamten Werte zeigen aber, daß die Lose bezüglich ihrer Streuung zu drei Gruppen gehören, die durch die Zeichen $+ \times 0$ angegeben sind: die Zugehörigkeit zu den Gruppen wird im Augenblick des Entstehens erkannt, und die Grunde fur das Schwanken können sofort untersucht werden.

Sofern ein Auswerter nicht über sehr große Erfahrung verfügt, wird er die deutliche Trennung in drei Gruppen — und nicht nur, wie es die Norm angibt, das Herausfallen von Los 3 und 9 als beste Gruppe — kaum aus der angloamerikanischen Vertrauensgrenzenkarte nachtraglich ablesen können.

Die Mutungsgrenzen unterrichten weiter bereits bei ihrem Entstehen, daß die Grundlagen fur das spatere Einrichten einer Kontrollkarte nach den amerikanischen Normen uberhaupt noch nicht vorliegen: die Normen rechnen mit einem einheitlichen σ fur die zu errechnenden Grenzen, das nach den Mutungsgrenzen nicht vorliegt. Rechnet man die Irrtumswahrscheinlichkeit uber den Bartlett-Test aus, so kommt man auf eine jenseits aller ublichen Tafeln liegende gegen 0,0005 verschwindend kleine Kennzeichnungsschwelle, d. h. eine Kontrollkarte nach der Norm ist mit mehr als 99,95 % Sicherheit in ihren Grundlagen falsch.

Da die gesamte Mehrarbeit im Ablesen eines naturlichen Logarithmus je Los besteht, durfte auch weiterhin eine Karte auf Mutungsbereiche vorteilhafter sein.

Waren die Lieferungen bezuglich der Streuung als einheitlich anzusprechen gewesen, so gibt der Wert

$$\sigma \approx s_e = \sqrt{SS(x - \bar{x})^2 / S(n-1)} = \sqrt{\frac{6696,8}{540}} = 3,52$$

sofort das Schatzmaß, um fur weitere Lieferungen die ublichen Kontrollstreifen auf der Basis der 3σ-Grenzen oder der T95- und T99,8-Spannen aufzustellen, dieses Maß gilt auch dann, wenn einige Mittelwerte $\bar{x}$ aus den Grenzen herausfielen.

In diesem Umschaltenkönnen auf die nur von den Werten *eines* Loses abhängige Darstellung von Mutungsbereichen, die auch korrekt bleibt, wenn die Lieferungen untereinander nur in nicht voraussehbaren Gruppierungen vergleichbar sind, oder auf die nur auf Abweichungen von einer einheitlichen Gruppierung ausgerichteten üblichen Kontrolldiagramme auf Vertrauensgrenzen, liegt der wesentliche Vorteil, wenn man auch in der Werkstatt die Standardabweichung auf der Basis $(n - 1)$ vorschreibt.

Behält man in der Werkstatt die englisch-amerikanischen Vorschriften mit Division durch n statt $n - 1$ bei, so ist man gezwungen, alle genaueren Abschatzungen erst durch Multiplikation mit $\sqrt{n/(n - 1)}$ oder bei anderer Fragestellung mit $\sqrt{(n - 1)/n}$ auf das richtige Maß zu bringen, was abgesehen von der verdoppelten Rechnungsarbeit erfahrungsgemaß leicht zu Irrtumern im Koeffizienten Anlaß gibt.

844 Risiko

844.1 Bestimmen der zulässigen Ausschußzahl bei Stichprobenprüfung in der Annahmekontrolle

Fur die Kontrolle von Fremdlieferungen ist es üblich, ein Kundenrisiko α von 0,1 fur die schlechteste Qualitat, die man ausnahmsweise noch zulassen will, festzulegen.

Um ohne Tafeln einen passenden Prufplan aufzustellen, legt man zunächst diese Qualität p_1 fest, wahlt dann eine Probengröße so, daß np_1 mindestens 2 wird, und bestimmt die in der Probe höchstzulässige Ausschußzahl aus

$$(\sqrt{np_1} - 0{,}6)^2 - 1.$$

Beispiel. Lieferungen mit $p_1 = 0{,}08$ oder 8% Ausschuß sollen nur mit Risiko 0,1 abgenommen werden. Gewahlt Stichprobe von 50 Stück, womit $np_1 = 4$ wird. $(\sqrt{4} - 0{,}6)^2 - 1 = 1{,}96. - 1 = 0{,}96$ Stück.

Abrunden auf nachste ganze Zahl ist erforderlich, bei Zulassen von höchstens 1 Stück Ausschuß in der Stichprobe kann damit gerechnet werden, daß die Forderung erfullt ist.

Vergleich mit einer Poissontafel zeigt, daß bei $np' = 4{,}0$ Stichproben mit 0 und 1 Stück Ausschuß 9,16% aller Stichproben umfassen, für Kundenrisiko 0,1 ergibt sich eine Stichprobengröße von 49 statt 50 Stück, also eine Abweichung ohne Belang.

Der Prüfplan zeigt deutlich die Scharfe eines Kundenrisikos von 0,1, das dem Ungeübten sehr hoch erscheint. Mit der Rückweisezahl 2 Stuck ergibt sich für Kontrolle mit Kontrollkarten für den Lieferanten nach Taf. 30 eine Erwartungszahl von np_0 bis höchstens 0,1. Er muß also seine Fertigung auf höchstens 0,2% durchschnittlichem Ausschuß halten, wenn er vermeiden will, daß ihm mehr als durchschnittlich jedes zweihundertste Los als der Prüfung nicht entsprechend zurückgesandt wird.

Die indifferente Qualität liegt in diesem Fall bei knapp 1,7 Stück (Näherung: Rückweisezahl minus $0{,}3 = 2 - 0{,}3 = 1{,}7$) oder bei 3,4%. (Genauere Rechnung gibt 49,3% statt 50% der Lose, die mit diesem Ausschuß zurückgewiesen werden.)

Will man die Unsicherheit des großen Übergangsgebietes zwischen $0{,}2 \cdots 3{,}4 \cdots 8\%$ Ausschuß vermeiden, so gibt es kein anderes Mittel, als die Stichprobengröße wesentlich zu erhöhen. Wählt man eine zehnmal so große Proben $= 500$ und läßt $p_1 = 0{,}08$, so könnte der Hersteller mit durchschnittlich 5,2% Ausschuß arbeiten, da man 40 Stück Ausschuß in der Stichprobe zulassen würde und 40 Stück die obere Kontrollgrenze von durchschnittlich 26 Stück bedeuten.

Hält man an der Forderung, daß der Hersteller mit durchschnittlich 0,2% Ausschuß arbeiten muß, fest, so ist seine obere Kontrollgrenze beispielsweise $(\sqrt{1} + 1,2)^2 = 5$ Stuck, die zufällig in der Größenordnung von 0,5% uberschritten werden durfen. Mit einem Abnehmerrisiko von 0,1 entspricht dies der Bedingung, daß Lose mit etwa 1,85% Ausschuß selten abgenommen werden: $(\sqrt{500 \cdot 0,0185} - 0,6)^2 - 1 = 5$. Das Unsicherheitsgebiet der Stichprobenprüfung ist von 0,2…8% auf 0,2…1,8% verringert.

844.2 Risiko bei Stichprobenprüfung auf Ausschuß

Stichprobenprüfung, bei der auf das Auftreten von Ausschuß gepruft wird, bedingt nach Abschn. 844.1 immer erheblichen Prüfumfang, wenn nicht ziemlich große Unsicherheitsgebiete zwischen sicherer Annahme und wahrscheinlicher Zuruckweisung in Kauf genommen werden sollen.

Die durchschnittlich zu prüfende Zahl von Stucken läßt sich zwar durch Mehrfachprüfung und durch Übergang auf die Waldsche Folgeprufung herabsetzen, s. Abschn. 134.93. Die schärfstmögliche Stichprobenprüfung ist aber immer, eine ausschußfreie Stichprobe zu verlangen und bei Auftreten nur eines Ausschußstückes das Los zuruckzuweisen bzw. luckenlos zu prüfen. Fur diese — wirtschaftlich selten beste — Forderung ergibt sich aus der Poissonverteilung für ein Kundenrisiko α die zugeordnete Qualität $p_1 = -(1/n)\ln\alpha$, d. h. für das übliche Kundenrisiko von 0,1 die Qualität $p_1 = 2,30/n$.

Soll p_1 daher auf die Größenordnung von unter 1% gebracht werden, so sind immer mehrere hundert Stück zu prufen. Fur den Hersteller, der ein Risiko von größenordnungsmäßig 0,5 bis 1% zulassen will, daß er keine Lieferungen zurückerhalt, bedeutet die Forderung des Kunden, daß die durchschnittliche Stückzahl in der Stichprobe dann unter 0,005 bis 0,01 Stuck gehalten werden müßte. Derartige Forderungen können mit Stichprobenprüfung nur ganz selten erfullt werden, meist ist lückenlose Kontrolle nötig.

Die schärfste Prüfung, die dem Verfasser begegnete, war eine Stichprobenprüfung als Funktionsprüfung mit $n = 600$ und geforderter Ausschußfreiheit: sie entspricht rechnerisch noch einem Ausschuß p_1 von rund 0,4% für das Kundenrisiko von 0,1, die rechnerische Gute, auf die der Hersteller hinarbeiten müßte, wenn er keine Anstande haben will, ware 0,0008% Ausschuß. Derartige Zahlen haben nur noch Vergleichswert, aber selbst bei Monatsprogrammen von 100000 Stück noch keinen unmittelbaren Wirklichkeitssinn.

Auf das Risiko des Kunden die 3σ-Grenze anzusetzen, ist selten sinnvoll: entweder muß man dann für p_1 so hohe Ausschußzahlen zulassen, daß die Grenze wenig praktischen Wirklichkeitssinn hat, oder aber man kommt auf so hohe Stückzahlen, daß man an die lückenlose Prüfung herankommt.

Wenn sie durchführbar ist, ist in derartigen Fallen statt der qualitativen Prüfung auf Ausschußfreiheit besser eine messende Prüfung mit Beurteilung der ganzen Verteilungskurve vorzusehen.

845 Häufigkeitsdarstellungen

845.1 Arten und Gewinnung

Arten der Darstellung auf gewöhnlichem Millimeter- oder kariertem
Papier: Abb. 84–11. Verbinden der Punkte durch eine Kurve ist nur bei
Kurvenuntersuchungen zu empfehlen. Durch Willkür oder subjektive
Meinung entsteht dabei leicht ein falsches Bild über die Art der Verteilung.

Auftragen der Merkmalswerte im *logarithmischen Maßstab* s. Abschn.
855.3, *Sondernetze* s. Abschn. 855.4 und 855.5.

Gewinnung. 1. Aus der Urliste, z. B. Tab. 134–1; durch Ordnen der
Merkmalswerte (= Meßergebnisse) nach der Größe steigend erhält man die
primäre Verteilungstafel, Tab. 134–2; Festsetzen der Klassengröße gemäß

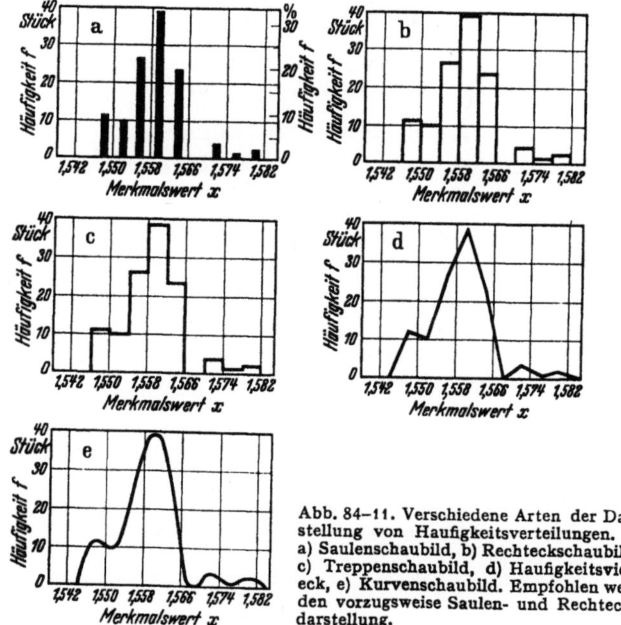

Abb. 84–11. Verschiedene Arten der Darstellung von Häufigkeitsverteilungen.
a) Säulenschaubild, b) Rechteckschaubild,
c) Treppenschaubild, d) Häufigkeitsvieleck, e) Kurvenschaubild. Empfohlen werden vorzugsweise Säulen- und Rechteck-
darstellung.

Abschn. 854.3 und Zählen der Merkmalswerte in jeder Klasse ergibt die
reduzierte Verteilungstafel, Tab. 134–3. Diese wird in rechtwinkligen Koordinaten dargestellt.

2. Durch unmittelbares Eintragen in ein vorbereitetes Schaubild nach
Abb. 134–2 und 84–12, in das auf Grund früherer Beobachtungen bereits
eine Verteilungskurve eingezeichnet sein *kann.*

Nachteil. Reihenfolge geht verloren. Teilweise Abhilfe durch Benutzen von
Farbstiften oder verschiedenartigen Zeichen zum Ausfüllen der Quadrate. Wird die
zeitliche Reihenfolge der Farben oder Zeichen festgehalten, so läßt sich der Eintritt

einer Storung nachtraglich feststellen. Mit Eintragen von Zahlen fur die Stichproben-nummer erhalt man das „lot plot"-Diagramm, vgl. Abschn. 134–2.

3. Aus einer Kontrollkarte für Einzelbeobachtungen. In jeder laufenden Nummer einer Kontrollkarte werden etwa 6…10 Meßergebnisse als Punkte eingezeichnet. Übertragen auf ein Häufig-keitsbild: Diagrammblatt um 90° gedreht an die Karte anlegen, so daß Merkmals-

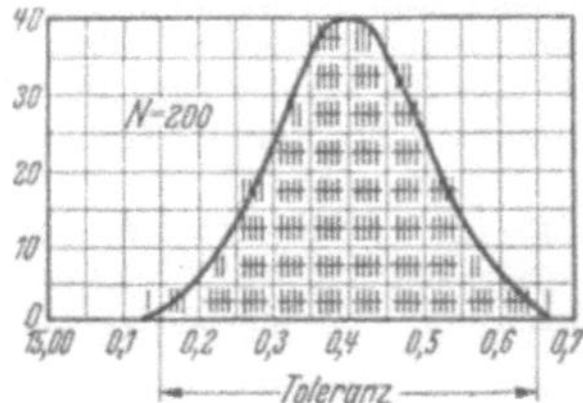

Abb. 84–12. Gewinnen des Häufigkeitsbildes während der Kontrolle. Die Quadrate werden laufend so ausgefullt, daß in jedes fünf Be-obachtungen fallen, die in der betreffenden Klasse gemacht werden. Die eingezeichnete Gaußkurve (Vordruck) läßt Abweichungen sofort erkennen.

werte ubereinstimmen und ubertragen. (Die Kontrollkarte erhält *keine* Grenzlinien, oder es wird die Mediankarte benutzt.)

845.2 Behandlung der Zahlenwerte

Beim Aufschreiben oder Aufzeichnen von Meßergebnissen nicht gleich runden. Man soll aber auch nicht mehr Zahlenstellen angeben, als der Meßunsicherheit entspricht. Hat ein Meßverfahren z. B. $5…10\,\mu$ Meß-unsicherheit, so schreibt man in der dritten Stelle hinter dem Komma höchstens 5 oder 0, die man zweckmäßig klein schreibt, z. B. $1,32_5$.

Werden Beobachtungswerte in Rechengängen benutzt, z. B. für M und σ, rundet man erst das *Ergebnis*. Gerundete *Mittelwerte* moglichst auf eine Stelle mehr als Beobachtungswerte, *Streuungen* dreiziffrig angeben (= zahlende, aufeinanderfolgende Stellen (z. B. $\sigma = 41,3$; $0,0705$).

Rundungsregeln s. Abschn. 131.11.

Rechenoperationen mit Zahlen verschiedener Stellenzahl: Beim *Rechnen* eine bis zwei Ziffern mehr berucksichtigen, als die größte Zahl hat, *nach* dem Rechnen auf gleiche Stellenzahl runden wie grobste Zahl. Ab-gekürztes Rechnen s. Abschn. 131.2.

Unsicherheiten, Streuungen, verburgte Grenzen durch $\pm$ anzugeben, ge-nügt nicht; es muß hinzugefügt werden, welche Art der Streuung gemeint ist. Man schreibe also z. B. $M = 75$, $\sigma = \pm 5$, nicht aber $M = 75 \pm 5$; im Zweifelsfall unterscheiden: σ_x un d $\sigma_{\bar{x}}$. *Ausnahme:* Maßtoleranzen.

845.3 Klassengröße und Klassengrenzen

Je kleiner die Klassenzahl innerhalb des Streubereiches ist, desto regel-mäßiger *erscheint* die Verteilung und desto mehr wichtige Einzelheiten werden verwischt.

Klassenzahl: möglichst nicht weniger als 13…20. Richtlinie, wenn N kleiner als 250, etwa 10; ist N kleiner als 25, hat Verteilungsbild meist wenig Wert.

Klassengröße nicht kleiner als vermutliche *Meßunsicherheit* des be-nutzten Instrumentes und Verfahrens. Klassengröße fur die gleiche Ver-teilung *für alle Klassen gleich groß*, sonst wird Rechnung umstandlich.

Klassengrenzen möglichst so legen, daß sie nicht *auf*, sondern *zwischen* abgelesene Merkmalswerte fallen, damit eindeutig ist, in welche Klasse die Ablesungen gehören. Dadurch entstehende vielstellige Zahlen für Klassengrenzen und Klassenmitten umgeht man durch Einführen von *Klassenordnungszahlen a* bei Rechenoperationen, s. Erläut. zu Gl. (134–7). Bei Angabe von Klassengrenzen sind diese stets eingeschlossen; die Grenze der benachbarten Klasse darf nicht gleich groß angegeben werden, also nicht: 15,0···15,5; 15,5···16,0 usw., sondern 15,0···15,45, 15,5···15,95 usw., wenn die Meßunsicherheit 0,05 ware; oder man schreibt 15,0 bis unter 15,5 usw. *Klassenmitte* bei Berechnungen auf *eine* Stelle *mehr* angeben, also fur vorstehende Klassen: 15,22; 15,72. Korrekt hangt Klassenmitte von Meßunsicherheit ab.

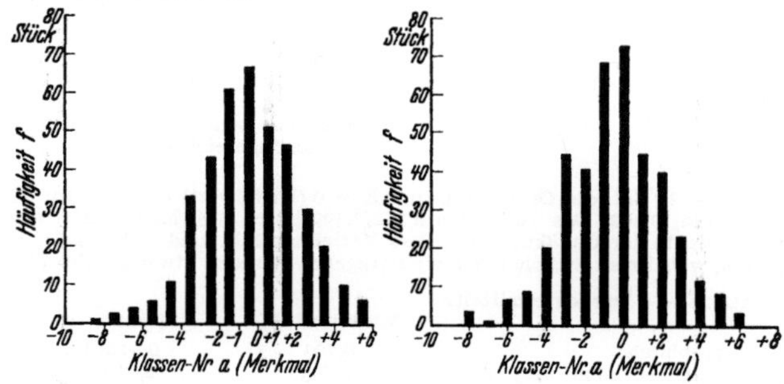

Abb. 84–13. Einfluß der Lage der Klassengrenzen (Reduktionslage). Die *gleiche* Verteilung ist zweimal in verschiedenen Reduktionslagen aufgezeichnet.

Verschieben der Klassengrenzen ergibt bei der gleichen Gesamtheit oft ganz verschiedene Häufigkeitsbilder, s. Abb. 85–13. Im allgemeinen kann dasjenige für die Beurteilung benutzt werden, das die wenigsten Unregelmaßigkeiten zeigt. Die Lage der Klassengrenzen nennt man *Reduktionslage*. Große Unterschiede bei verschiedenen Reduktionslagen weisen oft auf ungenügende Meßgenauigkeit oder nachlässiges Ablesen oder Bevorzugen bestimmter Endziffern beim Schatzen hin.

Zählt man die Häufigkeiten in mehreren Reduktionslagen zusammen und zeichnet sie auf, so glättet sich dadurch das Häufigkeitsbild, weil man gleitend zwei- oder dreimal soviel Merkmalswerte mittelt, als in den einzelnen Klassen beobachtet wurden.

846 Beurteilen von Häufigkeitsverteilungen

Hauptaufgaben: 1. *Ermitteln* der dem Fertigungsverfahren und der beobachteten Merkmalseigenschaft eigentümlichen Gesetzmäßigkeit im *Anlauf* der Fertigung. Da die Gaußsche oder Normalverteilung oder aus mehreren zusammengesetzte Mischverteilungen am häufigsten sind, prüft man zuerst, ob die beobachtete mit einer einfachen oder Mischverteilung annähernd übereinstimmt.

2. *Überwachen* der während *der Fertigung* anfallenden Verteilungen auf beachtliche Abweichungen, und zwar a) der Kurvenform, b) ihrer Lage zum vorgeschriebenen Mittelwert oder Grenzwerten.

846.1 Graphischer Vergleich mit der Gaußkurve

Die aus Beobachtungen gefundene Verteilung wird am besten als
Häufigkeitsvieleck, Treppenkurve oder Balken, aufgetragen. Eine Gaußkurve soll man nicht als vermittelnde Linie nach Gefühl hineinzeichnen,
sondern M und σ graphisch oder rechnerisch (Abschn. 134.2) bestimmen.

Graphische Bestimmung von M und s: Man zieht an die Verteilungskurve in den
geschätzten Wendepunkten Tangenten, die spiegelbildlich gleichviel geneigt sein
sollen. Der Schnittpunkt dieser Tan-
genten gibt den ungefähren Mittelwert M. Der Abstand ihrer Schnittpunkte mit der Merkmalsachse ist $4 \cdot s$,
s. Abb. 84–14. Begründung s. Ab-
schn. 134–41.

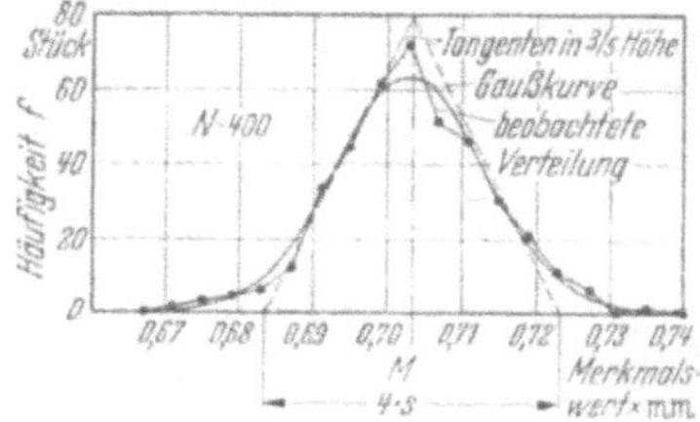

Abb. 84–14. Angenäherte graphische
Ermittlung von Mittelwert M und
Streuung s aus dem Häufigkeitsvieleck. Die sich ergebende Gaußkurve
ist hineingezeichnet.

Nach Taf. 21 ist die Ordinate y für $K = 0$ (Mittelwert) 0,39894, für $K = 1$
(Wendepunkte) 0,242. Das Verhältnis 0,242/0,399 ist rd. 3/5. Man schätzt also die
Maximalordinate der Gaußkurve aus dem Verteilungsbild und zieht in 3/5 davon
Tangenten, wobei man zwischen den eingetragenen Punkten etwas ausgleicht.

In Abb. 84–14 wurden ermittelt:

	Mittelwert M	Streuung s
graphisch:	0,703	0,01013
berechnet zum Vergleich.	0,7033	0,01014

Mit den graphisch oder rechnerisch ermittelten Werten von M und s
wird mit Taf. 21 od. 22 die Kurve punktweise in das Schaubild eingezeichnet.

Tabelle 84–9. **Bestimmung von Punkten der Gaußkurve. Rechenschema**

Man setzt $K = 3$; $2{,}5$; 2 usw. und rechnet in Merkmalswerte um, also $M - 3s$;
$M - 2{,}5 s$; $M - 2s$ usw. Das ist in Sp. 1 geschehen. Zu den K-Werten liest man in
Taf. 1 y ab, Sp. 2. In Sp. 3 ist y mit $\dfrac{k}{s} N$ multipliziert, dabei ist $k =$ Klassengröße in Merkmalseinheiten, $N =$ Umfang der Gesamtheit. $\dfrac{k}{s} N = \dfrac{0{,}004}{0{,}01014} \, 400 = 157.$
Diese Zahlen, Sp. 3, sind die Ordinaten zu den in Sp. 1 berechneten Abszissen.

1	2	3
Abszissen	y	Ordinaten
$M - 3 s \;\; = 0{,}7033 - 0{,}0305 = 0{,}6728$	0,0044	0,7
$M - 2{,}5 s = 0{,}7033 - 0{,}0254 = 0{,}6779$	0,0175	2,8
$M - 2 s \;\; = 0{,}7033 - 0{,}0203 = 0{,}6830$	0,0540	8,5
und so fort bis		
$M + 3 s \;\; = 0{,}7033 + 0{,}0305 = 0{,}7338$	0,0044	0,7

Ist bei der beobachteten Verteilung die Häufigkeit in Stück schon in anteilige
oder prozentuale umgerechnet, so werden die y-Werte mit ks malgenommen, für
Prozente mit $ks \cdot 100$.

Anderes Verfahren. Freihändige Kurve durch die Punkte des Verteilungsbildes
ziehen. In verschiedenen Höhen Waagerechte ziehen und darauf die Mitten zwischen
den Schnittpunkten mit der Kurve einzeichnen. Durch diese Mitten eine ausgleichende

Senkrechte ziehen. Sie gibt den ungefähren Mittelwert, wenn Gaußverteilung vorliegt. In der Höhe von 3/5 der Maximalordinate findet man den Abstand zwischen Schnittpunkten $= 2 \cdot s$. Daraus s berechnen und Kurve mittels Taf. 21 od. 22 einzeichnen.

Verfahren bei ungleichen Klassengrößen (kommt vor bei Aufzeichnen mit verzerrtem Merkmalsmaßstab): In gleichen Abständen Senkrechte ziehen; Ordinatenwerte ablesen, genauer: Flächen unter der Kurve zwischen den Senkrechten planimetrieren; dann weiter nach Abschn. 855.2, .4 oder .5.

Oder Summenkurve im Wahrscheinlichkeitsnetz zeichnen, s. Abschn. 846.4, ausgleichen und in gleich breiten Klassen rückübertragen.

846.2 Vergleich mit Wahrscheinlichkeiten

Die Gaußsche oder eine andere Gesetzmäßigkeit gibt durch die Flächenstücke zwischen den Klassengrenzen *Wahrscheinlichkeiten* fur die anteilige Häufigkeit innerhalb der Klassen, also zu erwartende theoretische Werte.

Die beobachteten Werte werden mit den theoretischen verglichen. Der Grad der Übereinstimmung

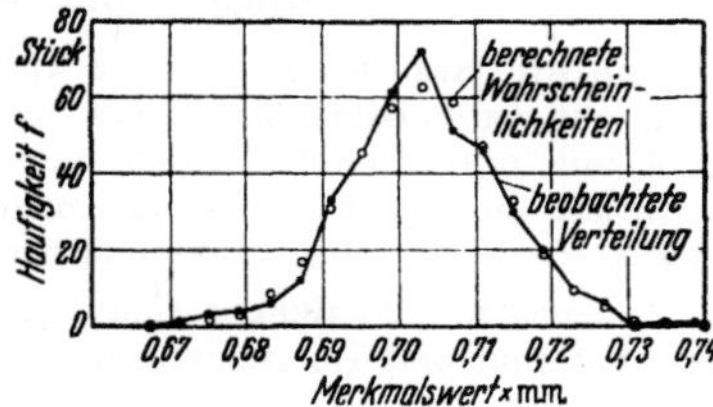

Abb. 84–15. Vergleich einer durch Beobachtung gewonnenen Verteilung mit berechneten Wahrscheinlichkeiten. Der Berechnung liegen zugrunde: 1. Mittelwert M. 2. Streuung σ, 3. Annahme, es liege Gaußverteilung vor.

Tabelle 84–10. **Vergleich beobachteter Werte mit Wahrscheinlichkeiten nach Gauß. Rechenschema**

1	2	3	4	5	6	7
Klassengrenzen			Flächen		Wahrscheinlichkeit und Häufigkeit	
x	$x - M$	K	$F(K)$	$\Delta F(K)$	h_s	h
0,669	$-$ 0,0343	$-$ 3,37	0,4996			
0,673	$-$ 0,0303	$-$ 2,98	0,4986	0,0010	0,40	1
0,677	$-$ 0,0263	$-$ 2,59	0,4952	0,0034	1,36	3
0,681	$-$ 0,0223	$-$ 2,19	0,4858	0,0094	3,76	4
		und so fort bis				
0,737	$+$ 0,0337	$+$ 3.27	0,4995			
0,741	$+$ 0,0377	$+$ 3,71	0,4999	0,0004	0,16	0

Rechnungsgang: Sp. 1 $=$ Klassengrenzen
Sp. 2: Abstände vom Mittelwert (Nullpunkt der Gaußkurve) in Merkmalseinheiten
Sp. 3: Umrechnung in K-Werte, also Einheit s

$$K = \frac{x - M}{s} = \frac{x - 0,7033}{0,01014}$$

Sp. 4: Ablesungen aus Taf. 2
Sp. 5: Differenzen von Sp. 4 $=$ Wahrscheinlichkeiten fur die anteilige Häufigkeit innerhalb der durch die Klassengrenzen gebildeten Klasse
Sp. 6. Werte von Spalte 5 multipliziert mit $N = 400$, Ergebnis: wahrscheinliche Häufigkeiten
Sp. 7: beobachtete Häufigkeiten; diese sind mit den wahrscheinlichen zu vergleichen und deshalb nebeneinander geschrieben.

ist sehr vom Umfang N und der Klassenzahl der Beobachtungsreihe abhangig. Je größer diese sind, desto glatter wird die Kurve und desto besser wird die Übereinstimmung, sofern die Verteilung dem *vermuteten* Gesetz folgt.

Für die *Gaußkurve* bestimmt man mittels Taf. 23 od. 24 für den Bereich jeder Klasse die Wahrscheinlichkeiten, rechnet in Häufigkeiten um und vergleicht mit den beobachteten.

Beispiel. In Tab. 84–10 sind in Sp. 1 die Klassengrenzen, in Sp. 7 die beobachteten Haufigkeiten zwischen diesen eingetragen. Sp. 6 gibt die *berechneten* Werte der Gaußkurve zum Vergleich. Die beobachteten und berechneten Werte sind in Abb. 84–15 eingezeichnet.

846.3 Schiefe Verteilungen

Schiefe, also unsymmetrische Verteilungen kann man versuchsweise
1. mit der Poissonschen Kurve vergleichen,
2. mit logarithmischen Abszissenmaßstab auftragen,
3. auf Zusammensetzung aus mehreren Teilkollektiven mit Normalcharakter oder Poissoncharakter prufen, s. Abschn. 85.6.

Poissonsche Verteilungen sind haufig, wenn Merkmalswerte einseitig begrenzt sind und Überschreitungen *gezahlt* werden, z. B. bei Ausschußziffern: Grenze bei 0. Sie kommen ferner vor bei Leitungsbelegungen im Nachrichtenwesen (Grenze bei 0 oder Grenze: alle Leitungen besetzt).

Der Mittelwert M_p fallt nicht mit dem haufigsten Wert zusammen. Wegen der einfachen Beziehung Gl. (134–40) sind die Kennwerte der Kurve leicht zu bestimmen.

Beispiel. Gegeben ist eine beobachtete Verteilung gemaß Tab. 84–11, Sp. 1 und 2. Wie Abb. 85–16 zeigt, ist die Verteilung schief. Sie ist auf Übereinstimmung mit der Poissonschen Verteilung graphisch zu prüfen.

Die in Tab. 84–11 berechneten Kurvenpunkte sind in Abb. 84–16a als kleine Kreise eingezeichnet. Es zeigt sich grafisch leidliche Übereinstimmung; die Vermutung, es liege eine Poissonsche Verteilung vor, erscheint zunachst nicht unberechtigt.

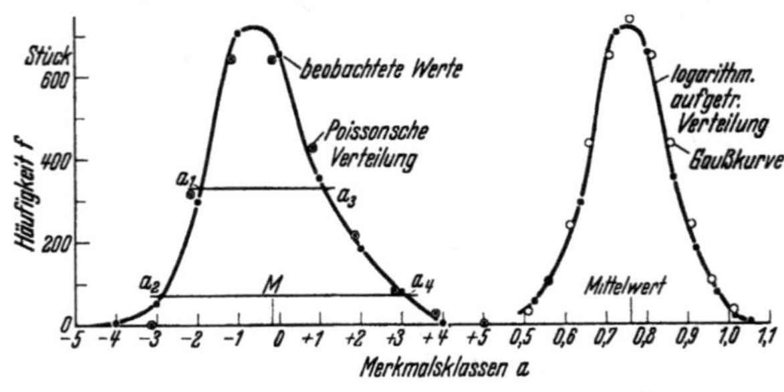

Abb. 84–16. Schiefe Verteilung, a verglichen mit einzelnen Punkten der Poisson-Kurve; b logarithmisch aufgezeichnet.

Prüft man naher nach, so findet man aber:
Merkmalsklassen $(-5, -4, -3)$ erwartet: Null,
beobachtet: 64 Stück.

Der Unterschied übersteigt bei weitem jede zulässige Grenze $((\sqrt{64} - 7)^2 - 1$ entspräche der $14\,\sigma$-Grenze!), das Anpassen einer einfachen Poissonkurve erscheint unstatthaft.

Daß es unwahrscheinlich ist, eine Poissonverteilung einpassen zu können, sieht man hier im übrigen ohne Rechnung:

Der Mittelwert der Poissonverteilung ist m, die Varianz σ^2 ebenfalls m; die Poissonverteilung stellt die Grenze der Binomverteilung mit $1 - p = q \rightarrow 1$ dar, die das Mittel np und die Varianz npq zeigt: das heißt für Poisson- und Binomverteilung muß die Varianz kleiner oder gleich dem Mittel werden und darf höchstens durch Zufallseinflusse in der Stichprobe geringfügig größer werden.

Ist sie wie im Zahlenbeispiel erheblich größer, so ergibt sich als Binomentwicklung die sogenannte negative Binomialverteilung, für die die Wahrscheinlichkeit, genau i Stuck zu finden, gegeben ist durch

$$P_i = \binom{i + k - 1}{k - 1} p^k \, q^i \text{ mit } \bar{x}' = kq/p \quad \text{und} \quad \sigma^2 = kq/p^2.$$

Sie wird in der Technik selten benutzt: An sich kann sie aus der Überlagerung mehrerer Poissonverteilungen erklart werden, und rechnerisch kann eine Trennung in Teilkollektive ähnlich dem grafischem Verfahren bei normalverteilten Mischkollektiven (Abschn. 847) vorgenommen werden. Näheres s. Schriftt. 22.

Um zu prufen, ob eine beobachtete schiefe Verteilung eine Gaußkurve ergibt, wenn sie *logarithmisch* aufgetragen wird, zieht man im Kurvenschaubild (Abb. 84-16) zwei waagerechte Gerade. Deren Höhe wählt man so, daß sie die Verteilungskurve möglichst in der Nähe von beobachteten Punkten schneiden, um Fehler infolge des freihandigen Ziehens der Kurve auszuschalten. Die Schnittpunkte sind mit a_1, a_2, a_3, a_4 bezeichnet. Auf dei Merkmalsachse sollen die *Logarithmen* der Merkmalswerte x oder der Klassenordnungszahlen a benutzt werden. Zu diesen ist ein konstanter Wert x_0 zu addieren, der so bestimmt wird, daß der jetzt *verschiedene* Abszissenabstand $a_1 - a_2$ und $a_3 - a_4$ *gleich groß* wird. Dadurch verschwindet die Schiefe wenigstens in diesem Bereich. Die Bestimmungsgleichung für x_0 lautet:

$$\lg (x_0 + a_1) - \lg (x_0 + a_2) = \lg (x_0 + a_4) - \lg (x_0 + a_3)$$

$$x_0 = \frac{a_2 \cdot a_4 - a_1 \cdot a_3}{a_1 - a_2 + a_3 - a_4}. \tag{84-1}$$

Beispiel. Die im letzten Beispiel gegebene Verteilung ist logarithmisch aufzuzeichnen und mit der Gaußkurve zu vergleichen.

Die aus dem Verteilungsbild (Abb. 84-16) abgelesenen Werte sind:

$$
\begin{aligned}
a_1 &= -1{,}9_5 \quad &&\text{Aus diesen Werten erhält man nach} \\
a_2 &= -2{,}9 \quad &&\text{Gl. (84-1):} \\
a_3 &= +1{,}1 \quad &&x_0 = 6{,}36 \\
a_4 &= +3{,}1_5 &&
\end{aligned}
$$

Dieser Wert ist in Tab. 84-11, Sp. 9, zu den a-Werten der Sp. 1 addiert. Sp. 10 gibt die Logarithmen dieser Zahlen und damit die Abszissen; die

Tabelle 84–11. **Vergleich einer beobachteten Verteilung mit der Poissonkurve. Umrechnung auf logarithmische Merkmalsteilung (Sp. 8 u. 9)**

1	2	3	4	5	6	7	8	9	10
Merkmals-klasse	Haufigkeit					Wahrscheinl fur $a + M$ lt. Tafel 30	Erwartete Haufigkeit		
a	h Stuck	$a \cdot h$	$a^2 \cdot h$	$a^3 \cdot h$	$a + M$	y	$y \cdot N$	$x_0 + a$	$\log (x_0 + a)$
− 5	1	− 5	25	− 125	− 5,182	0	0	1,36	0,134
− 4	8	− 32	128	− 512	− 4,182	0	0	2,36	0,373
− 3	55	− 165	495	− 1485	− 3,182	0	0	3,36	0,526
− 2	297	− 594	1188	− 2376	− 2,182	0,135	319	4,36	0,639
− 1	708	− 708	708	− 708	− 1,182	0,271	641	5,36	0,729
0	654		0	± 0	− 0,182	0,271	641	6,36	0,803
+ 1	353	+ 353	353	+ 353	+ 0,818	0,181	429	7,36	0,867
+ 2	183	+ 366	732	+ 1464	+ 1,818	0,090	213	8,36	0,922
+ 3	80	+ 240	720	+ 2160	+ 2,818	0,036	85	9,36	0,971
+ 4	21	+ 84	336	+ 1344	+ 3,818	0,012	28	10,36	1,015
+ 5	5	+ 25	125	− 625	+ 4,818	0,003	7	11,36	1,055
+ 6	1	+ 6	36	− 216	+ 5,818	0 001	2	12,36	1,092
Summen:	2366 = n	− 430 = Sx	+ 4846 = Sx^2	+ 956 = Sx^3					

$$\bar{x} = M = \frac{-430}{2366} = -0,182$$

$$Sx^2 = 4846$$
$$- (Sx)^2/n = 78,15$$
$$(= Sx - \bar{x})^2 = 4767,85$$
$$s^2 = 2,016$$

Rechnungsgang: Spalte 1 und 2 gegebene Werte. Summe Spalte 2 gibt Gesamtanzahl n.

Spalte 3: Summe der Werte ist gleich Sx, der Mittelwert damit $\bar{x} = Sx/n$.

Spalte 4: Summe der Werte ist Sx^2, die Summe der Abweichungsquadrate ergibt sich damit als $S(x - \bar{x})^2 = Sx^2 - (Sx)^2/n$ aus den Spalten 2, 3 und 4.

Spalte 5: Summe der Spalte gibt Sx^3 und kann fur genaues Einpassen der lognormalen Verteilung oder Rechnungen mit drittem Kumulanten benutzt werden. Bei weniger genauen Analysen ist diese Spalte nicht erforderlich.
Schatzen des Mittelwertes der Poissonverteilung. Man hat zwei Schatzwerte: das beobachtete Mittel und die beobachtete Varianz (bei Rechnen mit Spalte 4a noch einen dritten Schatzwert uber den dritten Kumulanten), vgl. Schriftt. 21.

Forts. s. S. 705

Da die Merkmalsklassen hier willkürlich angenommen erscheinen, wird gewählt Mittelwert m' geschätzt gleich s^2. Dieser Wert ist hier zufällig 2, so daß für weitere Rechnung Taf. 30 unmittelbar benutzt werden kann.

Spalte 6: Zunächst müssen die Abszissenwerte auf das Mittel korrigiert werden. Zu jedem Wert a der Spalte 1 wird algebraisch der Wert $\bar{x} = -0{,}182$ addiert. Für den dem geschätzten Mittel $m' = 2$ entsprechenden Punkt $X = 2$ erhält man den Abszissenwert 0,182, der Punkt zu $X = 1$ in Tafel 7 wird $-1{,}182$. Spalte 6 gibt also die Abszissen der zu zeichnenden Poissonskurve.

Spalte 7: Aus Taf. 30 werden die Wahrscheinlichkeiten entsprechend der in Spalte 6 festgestellten Zuordnung eingetragen.

Spalte 8: Durch Multiplizieren mit $n = 2366$ erhält man aus Spalte 7 die erwarteten Häufigkeiten. Diese sind die zu den Werten der Sp. 6 gehörenden Ordinaten. Der Vergleich zwischen Erwartung und Beobachtung in den ersten drei Gruppen: erwartet 0 beobachtet 64 zeigt, daß Anpassen einer Poissonkurve unstatthaft erscheint.

Spalte 9 und 10 siehe Text.

Ordinaten sind in Sp. 2 enthalten. Aufzeichnen dieser Punkte in Abb. 84–16b ergibt eine symmetrische Kurve, die der Gaußschen ähnlich ist. Zum Vergleich sind einige Punkte derselben eingezeichnet. Die Verteilung kann also zunächst als logarithmische Normalverteilung aufgefaßt werden. Entscheidung darüber siehe später.

Trägt man die so gewonnene Kurve als Summenhäufigkeitskurve im logarithmischen Wahrscheinlichkeitsnetz [Abschn. 846 und 134–5] auf, so sieht man, daß nur oberhalb des 15%-Punktes eine befriedigende Annäherung an eine Gerade erreicht wird (Abb. 84–17).

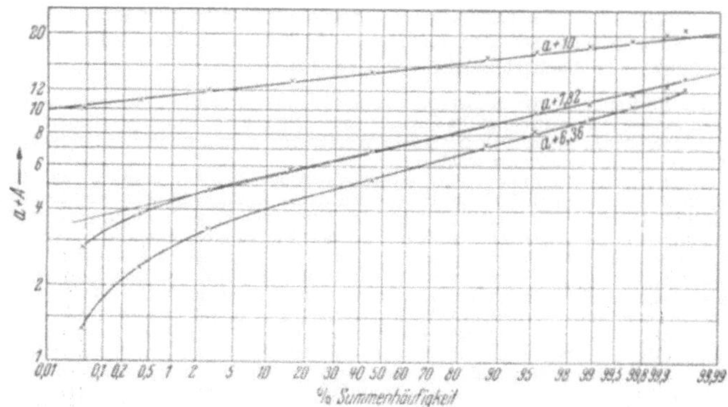

Abb. 84–17. Verteilungskurve im logarithmischen Wahrscheinlichkeitsnetz.

Der einfache Rechengang gleicht nur auf zwei willkürlich gewählte Punkte aus. Besser ist es, sich die Rechenarbeit zu machen und auf alle Punkte auszugleichen. Dazu setzt man in die Tabelle noch eine weitere Reihe $a^3 \cdot f$ (Sp. 5) und rechnet die Summe der Kuben der Abweichungen gegen das Mittel aus:

$$S(x - \bar{x})^3 = S x^3 - \frac{3}{n} S x^2 \, S x + \frac{2}{n^2} (S x)^3$$

mit $\quad S x^3 = S a^3 \cdot f \quad S x^2 = S a^2 \cdot f \quad$ und $\quad S x = S a f.$

Hier $S(x - \bar{x})^3 = 3569{,}7.$

Man erhält das normalisierte Schiefemaß

$$g_1 = \frac{nS(x - \overline{x})^3}{(n-1)(n-2)s^3} \quad \text{hier} \quad g_1 = 0{,}52_1.$$

Aus ihm kann leicht festgestellt werden, ob arithmetisch normale Verteilung statthaft erscheint. Seine Zufallsvarianz wird

$$\sigma_{g1}^2 = \frac{6n(n-1)}{(n-2)(n+1)(n+3)} \approx \frac{6}{n+3}$$

Als Kurzformel gilt, daß arithmetische Gaußverteilung selten vorliegt, wenn g_1 größer als $5/\sqrt{n}$, hier also größer als 0,104 ist.

Um die Konstante in $\lg(x + A)$ zu bestimmen, löst man die kubische Gleichung

$$y^3 + 3y - g_1 = 0.$$

Die reelle Wurzel y_0 findet man auf dem Rietz- und Darmstadt-Rechenschieber unmittelbar, wenn man schreibt

$$y^2 + 3 = g_1/y$$

und die Übereinstimmung der beiden Seiten auf der Reziprok- und der Quadratskala abliest. Mit der leicht möglichen Verbesserung durch Nachrechnen mittels Kubustafel oder über die Newtonformel erhält man $y_0 = -0{,}17391$. Die Konstante A ergibt sich dann als

$$A = \overline{x} - s/y_0 = +7{,}818.$$

Auftragen im logarithmischen Wahrscheinlichkeitspapier mit $(a + 7{,}82)$ ergibt eine Gerade, von der wesentliche Abweichungen erst unterhalb des 1%-Punktes beobachtet werden (Abb. 84–17).

Zur Bestimmung der Konstanten in $lg(x + A)$ ist oft ein empirisches Verfahren nützlich: Man zeichnet die Summenprozentkurve im Wahrscheinlichkeitsnetz mit verschiedenen willkürlich gewählten Werten von A und nimmt denjenigen, der die beste Gerade zu ergeben scheint.

Da die einzelnen Punkte aber unterschiedliches Gewicht besitzen, das beim subjektiven Schätzen nicht bewertet werden kann, ergibt sich meist ein ziemlicher Unsicherheitsbereich, und sehr oft wird ein Wert, der nur geringfügig größere Abweichungen in der Mitte, aber geringere an den Enden gibt, fälschlich bevorzugt: Abb. 84–17 zeigt, daß dies im Beispiel z. B. mit $A = 10$ meistens geschehen wurde.

Statt über die kleinsten Quadrate auszugleichen, wird manchmal vorgezogen die sogenannte χ^2-Minimummethode anzusetzen, die vor allem für kleine Zahlen gewisse theoretische Vorteile hat. Rechnungsgang s. z. B. Schriftt. 51 u. 52.

Für die vorliegende Verteilung erscheint eine zu weit getriebene Anpassung unzweckmäßig. Die Standardabweichung ist 1,4 Klassenbreiten a, die Klassenbreite a somit 0,7 Standardabweichungen. Für einwandfreie Formbewertung soll die Klassenbreite aber nicht größer als etwa 0,1···0,25 Standardabweichungen werden.

Industriell wird für genaue Auswertung logarithmisch normaler Verteilungen, die bei Analysengehalten sowie bei Kornverteilungen vorherrschend, für Wachstumsvorgange unter bestimmten Bedingungen auch theoretisch korrekt sind, die Zeichengenauigkeit der Summenkurve sehr weit getrieben: maßbestandige Zeichenflache wie Kodatrace und Einpunkten der Punkte mit Graviernadel und Koordinatenschreiber auf 0,01 mm. Derart hoch getriebene Genauigkeit spart vor allem bei der χ^2-miniummethode manchmal erhebliche numerische Rechenarbeit.

Eine rein empirische, auch für Mischverteilungen anwendbare Form der Auswertung ist weiter durch die Weibullsche statistische Verteilung

$$P(x) = 1 - e^{-\left(\frac{x-a}{b}\right)^c}$$

in ähnlicher Form möglich, auf sie ist zurückzugehen, wenn wie beispielsweise für die Lebensdauer bei Dauerfestigkeitsuntersuchungen theoretisch ableitbar ist, daß eine Gaußverteilung nicht vorliegen kann. S. Schriftt. 57.

Es ist darauf hinzuweisen, daß Mischverteilungen bei gewissen Verhältnissen der relativen Größe und des Abstandes der Teilkollektive sowohl eine arithmetische wie vor allem eine log-normale Verteilung im Wahrscheinlichkeitspapier vortäuschen können (vgl. Schriftt. 55).

In solchen Fällen kann es nutzlich sein, die Gaußsche Glockenkurve auf eine Hyperbel zu transformieren, da dann die Asymptoten Hilfspunkte für die Mittelwertsbestimmung ergeben.

Formelmäßiges Anpassen ist mit den Kuben statt über log-normale Verteilung auch über die Edgeworthreihen möglich, Tabellen für diese in amerikanischen Arbeiten ofters zu findende Anpassung finden sich z. B. in Schriftt. 60.

Allgemeines Anpassen einer gefundenen Verteilung an ein mathematisches Gesetz kann allgemein über die Pearsonsche Differentialgleichung erfolgen, die die Quadrate, Kuben und die vierten Potenzen der Abweichungen vom Mittelwert benutzt, Rechnungsgang findet sich zusammengestellt beispielsweise in Schriftt. 61.

846.4 Wahrscheinlichkeitsnetz und Häufigkeitspapier mit Wahrscheinlichkeitsskala

Grundlagen s. Abschn. 134–5.

Die Summenverteilung entsteht, wenn man die Klassenhäufigkeiten von Klasse zu Klasse schrittweise aufsummiert, so daß am Ende der Zahlenreihe N steht. Die einzelne Zahl dieser Zahlenreihe, der Summenverteilung wird *Summenhäufigkeit* Σh genannt und gibt an, wieviel Werte insgesamt unterhalb der zugehörigen oberen Merkmalsgrenze g^* dieser Klasse beobachtet wurden.

Die Prozentsummenverteilung entsteht in gleicher Weise, wenn man statt der Häufigkeit in Stück die prozentualen Häufigkeiten aufsummiert. Zur numerischen Rechnung ist dann, da sich die Rechenabrundungen in den einzelnen Klassen summieren, sehr weit getriebene Genauigkeit der Rechnung der prozentualen Häufigkeit in jeder Klasse erforderlich.

Besser ist es daher, die Prozentsummenverteilung auf Grund der Summenverteilung zu rechnen. Will man die beobachteten Werte mit dem Gaußgesetz vergleichen, so ist zu beachten, daß der Summenprozentpunkt 100% der Gaußverteilung im Unendlichen liegt.

Man rechnet daher entweder die Scores (vgl. Abschn. 134.91) oder einfacher für eine Serie von n-Messungen

Summenprozentpunkt $g = $ Summe Stück$/(n + 1) \cdot 100$ (%).

Beispiel. Für die in Abschn. 846.2 benutzte Verteilung ist die Summenverteilung in Abb. 84–18 auf gewöhnlichem Koordinatenpapier, in

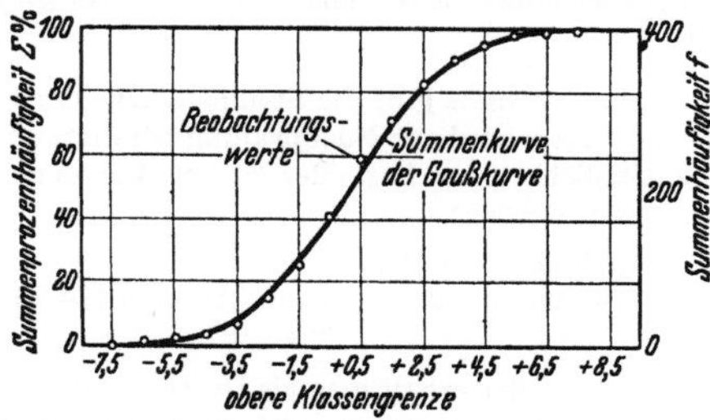

Abb. 84–18. Summenkurve der Gaußkurve in linearen Koordinaten. Beobachtungswerte sind als kleine Kreise eingezeichnet.

Tabelle 84–12. **Berechnung der Summenhäufigkeit und Summenprozenthäufigkeit**

1	2	3	4	5	6
Klassen-Nr.	Obere Klassengrenze	Beobachtete Häufigkeit	Prozent-häufigkeit	Summen-häufigkeit	Korrigierte Summen-prozent-häufigkeit
a	g	h	%	Sh	%
-8	$-7,5$	1	0,25	1	0,249
-7	$-6,5$	3	0,75	4	0,998
-6	$-5,5$	4	1,00	8	1,995
-5	$-4,5$	6	1,50	14	3,49
		und so fort bis			
$+8$	$+8,5$	1	0,25	$N=400$	99,751

Abb. 84–19 im Wahrscheinlichkeitsnetz gezeichnet. Das Rechenschema gibt Tab. 84–12. Die korrigierte Summenhäufigkeit ergibt sich als $Sh/(N+1)$.

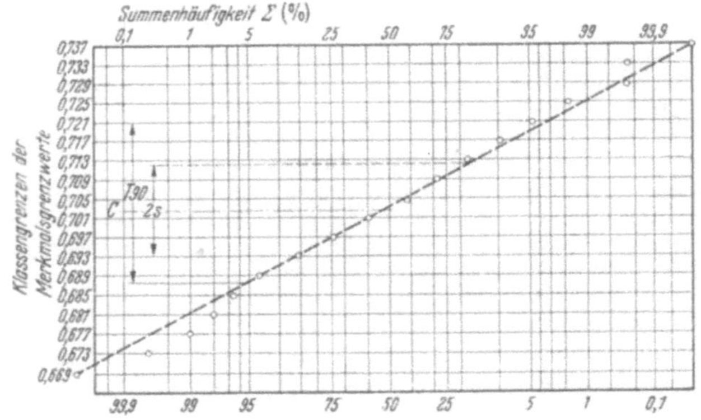

Abb. 84–19. Wahrscheinlichkeitsnetz. Summenkurve (ausgezogen) und Beobachtungswerte (kleine Kreise).

Im Wahrscheinlichkeitsnetz gibt die Summenkurve der Gaußverteilung eine schräge Gerade. Dies wird zur Nachprüfung benutzt, ob eine beobachtete Verteilung Gaußcharakter hat oder nicht. Aus der Kurve können unmittelbar abgelesen werden:

Zentralwert C (Abschn. 134.21),
Grundspanne T 90 und andere Spannen (Abschn. 134.22),
Streuung s.

Die letzten beiden Größen erhält man als Unterschied der zu bestimmten Abszissen gehörenden Merkmalswerte, und zwar für Grundspanne T 90: Ablesung bei 5 und 95%: 0,033; s: bei 15,866 oder 84,134% gegen 50% 0,020.

Infolge der Maßstabverzerrung erscheinen an den Enden der Skale kleine Abweichungen von der Gaußkurve übertrieben groß, sie brauchen nicht beachtet zu werden.

Im Häufigkeitspapier nimmt die Gaußkurve parabelähnliche Gestalt jedoch mit mehr gestreckten Enden an, s. Abschn. 846.7.

846.5 Gaußnetze

Zum Aufzeichnen einer Verteilung im Gaußnetz I werden die beobachteten Häufigkeiten in Prozente der Maximalhäufigkeit umgerechnet, diese also = 100% gesetzt. Bei Gaußverteilung ergibt sich eine schräge Gerade. Um eine ausmittelnde Gerade durch die Punkte zu ziehen, benutzt man ein durchsichtiges Lineal.

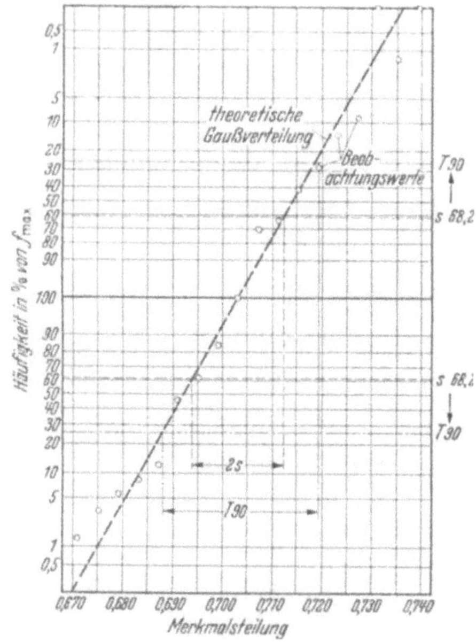

Abb. 84–2o. Gaußnetz I. Genaue Gaußverteilung wird zur schrägen geraden Linie.

Beispiel in Abb. 84–20. Die Punkte gelten für die gleiche beobachtete Verteilung, die in Abschn. 846.4 benutzt wurde.

Zum Aufzeichnen im Gaußnetz II werden die Merkmalswerte in K-Werte umgerechnet; dabei dient also die berechnete Streuung s als Einheit. Beispiel für den Rechnungsgang s. Tab. 84–10, Sp. 1...3. Eine genaue Gaußkurve wird zum gleichschenkligen Dreieck. Abb. 84–21 zeigt die bisher benutzte Verteilung. Dies Netz ist empfindlich gegen Ungenauigkeiten beim Schätzen von μ und σ. Durch größere Fehler wird die Kurve stark verzerrt.

Im Wahrscheinlichkeitsnetz und den beiden Gaußnetzen kann der Gauß-charakter einer Verteilung mit dem Lineal geprüft werden.

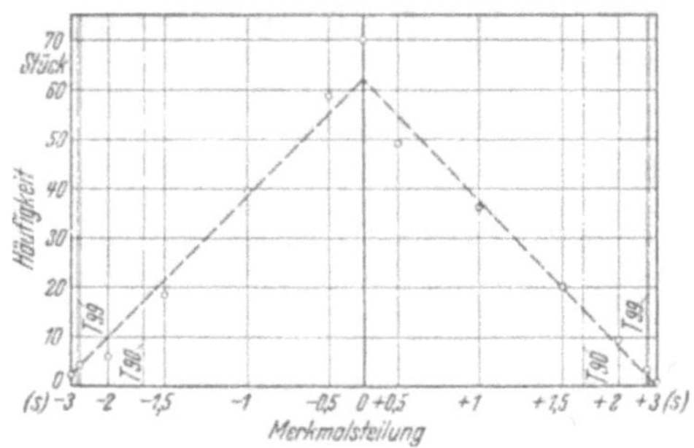

Abb. 84–21. Gaußnetz II. Genaue Gaußverteilung wird zum gleichschenkligen Dreieck.

847 Zerlegen von Verteilungen

Koordinatenpapiere mit Sonderteilung, wie im Abschn. 845 besprochen, können benutzt werden, um Mischkollektive in ihre Teilkollektive zu zerlegen.

847.1 Wahrscheinlichkeitsnetz und Häufigkeitspapier

Erhält man im Wahrscheinlichkeitsnetz keine annähernd gerade Linie, wie in Abb. 84–22, so liegt ein Mischkollektiv oder eine nicht normale Verteilungsform vor. Durch Aufzeichnen im Häufigkeitspapier (Abb. 84–23) und freihändiges Einzeichnen parabelähnlicher Kurven zerlegt man die Gesamtheit in mehrere für sich einheitliche Teilgesamtheiten. Dabei geht man im Wahrscheinlichkeitsnetz vom längsten geraden Ende der Kurve oder

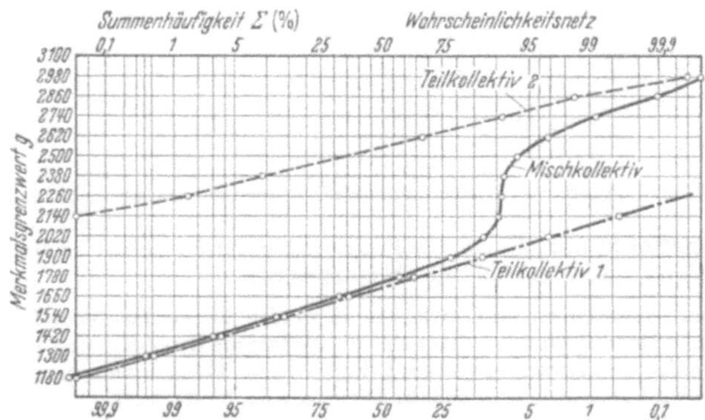

Abb. 84–22. Wahrscheinlichkeitsnetz. Mischkollektiv in seine zwei Teilkollektive zerlegt.

im Häufigkeitspapier vom entsprechenden Ast der Kurve aus. Das so gefundene Teilkollektiv wird vom beobachteten subtrahiert und der Rest wieder im Wahrscheinlichkeitsnetz auf Gaußcharakter kontrolliert. Oft muß man einige Male probieren, bis man die richtige Aufteilung gefunden hat, besonders wenn man wenig Erfahrung und Übung darin hat. Zu beachten ist, daß Teilkollektive immer durch mindestens 4 Punkte belegt sein müssen, wenn die Annahme der Trennung nicht völlig willkürlich sein soll.

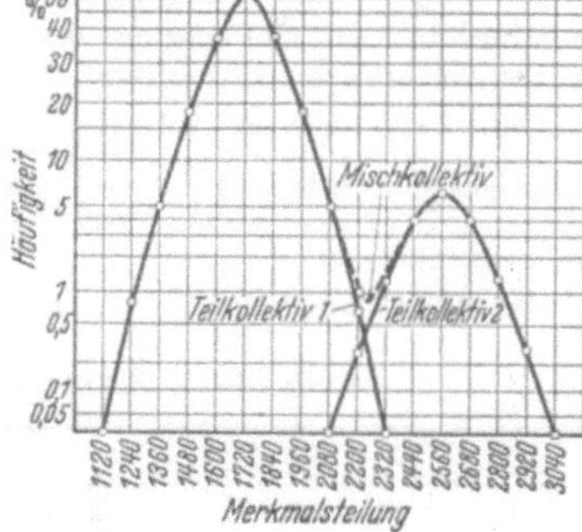

Abb. 84–23. Häufigkeitspapier mit Wahrscheinlichkeitsskala. Mischkollektiv in seine zwei Teilkollektive zerlegt. Für rechnerische Trennung siehe Schrift. 23.

847.2 Gaußnetz I

Eine gemischte Gesamtheit kann im Gaußnetz I in ähnlicher Weise zerlegt werden, wie vorstehend beschrieben, indem man an den längsten geraden Ast eine Tangente zu zeichnen versucht.

Das Gaußnetz II eignet sich nur zur empfindlichen Kontrolle von Verteilungen auf Gaußcharakter.

848 Objektive Beurteilung

Bei vorstehenden Verfahren wird die Übereinstimmung mit der vermuteten Gesetzmäßigkeit subjektiv beurteilt. Dies erfordert viel Erfahrung. Überdies ist die Größe der noch als „beachtlich" anzusprechenden Abweichungen sehr vom Umfang N der Gesamtheit abhängig. Bei kleinem Umfang sind große Abweichungen nicht ungewöhnlich. Um die Urteilskraft durch objektive Verfahren zu stützen, gibt es zwei verschiedene Verfahren.

1. Die Zulässigkeit der Abweichung *einzelner*, besonders herausfallender Punkte vom Erwartungswert kann nach Abschn. 842.1 geprüft werden. Dabei setzt man meist als Zulässigkeitsgrenze 3σ.

2. Für ganze Kurvenzüge wird die χ^2-Methode benutzt. Grundlagen s. Abschn. 134.7.

Beispiel s. Tab. 84–9; Beobachtungswerte wie in Tab. 84–6. Der Wert für χ^2 wird mit dem aus Taf. 15 abzulesenden verglichen, der den zulässigen oberen Grenzwert darstellt.

Zur Berechnung über die χ^2-Verteilung sollen in jeder Gruppe mindestens 5 bis 10 Werte erwartet werden, die äußersten Klassen an den Enden sind daher zu einer Sammelgruppe zusammenzufassen.

Es bleiben $k = 13$ Gruppen. In den Werten wurden drei Größen fixiert: Mittelwert Streuung und Anzahl der Klassen. Man behält somit $f = k - 3 = 10$ Freiheitsgrade.

Der Erwartungswert von χ^2 ist gleich der Anzahl der Freiheitsgrade, also 10, gefunden wurde 6,58, so daß die Abweichung ohne weiteres als unbeachtlich hinzustellen ist.

Ist der gefundene Wert größer als die Zahl der Freiheitsgrade, so stellt man aus einer χ^2-Tafel oder aus der $\sqrt{\chi^2/f}$-Tafel fest, ob die gewählte Beachtlichkeitsgrenze überschritten ist.

Ohne Tafel kann als grobe Näherung benutzt werden:

zulässiges χ^2 höchstens $\left(\sqrt{f} + \dfrac{K}{\sqrt{2}}\right)^2$ mit $K = 2\cdots 3$ entsprechend der Gauß-wahrscheinlichkeit.

Der Median der χ^2-Verteilung wird durch $f - 0{,}65$ brauchbar angenähert.

Tabelle 84–13. **Rechenschema für χ^2-Verfahren**

1	2	3	4	5
Klassen-Nr. a	Beobachtete Häufigkeit h	Berechnete Häufigkeit h_t	$h - h_t$	$\dfrac{(h - h_t)^2}{h_t}$
-8 -7 -6	$\left.\begin{array}{c}1\\3\\4\end{array}\right\} 8$	$\left.\begin{array}{c}0{,}40\\1{,}36\\3{,}76\end{array}\right\} = 5{,}52$	$+ 2{,}48$	$1{,}110$
-5	6	$8{,}68$	$- 2{,}68$	$0{,}629$
-4	12	$16{,}76$	$- 4{,}76$	$1{,}353$
		und so fort bis		
$+6$ $+7$ $+8$ $+9$	$\left.\begin{array}{c}6\\0\\1\\0\end{array}\right\} 7$	$\left.\begin{array}{c}4{,}32\\1{,}48\\0{,}48\\0{,}16\end{array}\right\} = 6{,}44$	$+ 0{,}56$	$0{,}049$
			Summe $\chi^2 = 6{,}585$	

849 Nutzanwendungen

In diesem Abschnitt werden einige Hinweise auf die wirtschaftliche Bedeutung mathematisch-statistischer Verfahren und Anregungen für die richtige Benutzung gegeben.

849.1 Wirtschaftliche Stichprobengröße

Wenn an Stichproben nur „geprüft", also unbrauchbare Stücke ausgeschieden werden, so gilt für den Umfang n der Stichprobe die Gleichung, die sich aus den theoretischen Grundlagen ableiten läßt:

$$n = 3 \cdot \sqrt[3]{\frac{N^2 \cdot P}{\left(100\,\dfrac{k_{pb}}{k_a} - P\right)^2}} \cdot \qquad (84\text{--}2)$$

Wenn n danach bemessen wird, sind die Gesamtkosten ein Minimum, das Verfahren also am wirtschaftlichsten. Es bedeuten:

n = Umfang (Stuckzahl) der Stichprobe,
N = Umfang (Stuckzahl) der Gesamtmenge,
P = Prozentsatz der Ausschußstucke, die in den Stichproben durchschnittlich gefunden wurden,
k_{pb} = bewegliche Kosten fur das Prufen eines Stuckes, also Gesamtkosten fur Prufen eines Stuckes minus feste, stuckzahlunabhangige Kosten,
k_a = Kosten, die ein Stuck verursacht, wenn es in der Gesamtmenge verbleibt, durch weitere Bearbeitung, Transport, Lagerung, Zusammenbau, Endprufung.

Die Formel ist nur hinreichend genau, wenn n kleiner als $A4N$ und größer als $\approx$ 100 Stuck, Anzahl der Ausschußstucke etwa 1 bis 6.
Das so errechnete n kann grob gerundet werden.

Allgemein wird man anfangs den Stichprobenumfang etwas größer wahlen, bis die Fertigung „beherrscht" wird.

Entnommen wird im allgemeinen möglichst regellos, d. h. so, daß Schwankungen im Fertigungsvorgang erkennbar werden, also z. B. nicht immer nur bei Beginn einer neuen Schicht, einer neuen Werkstoffstange usw. *Regelmaßig* ist aber insofern zu entnehmen, als der Fertigungsprozeß *laufend* uberwacht werden soll. „Nach besonderen Gesichtspunkten" wird nur entnommen, wenn bestimmte Storungsquellen gesucht werden. Gesichtspunkte hierfur: z. B. bestimmte Maschinen, Arbeiter, Meßgerate, Stellen im Gluhofen, Rohstoffchargen, Verarbeitungstemperaturen, Tageszeiten usw.

849.2 Toleranzen

Bereitet eine bestimmte Toleranz in der Fertigung besondere Schwierigkeiten und entsteht viel Ausschuß, so kann man wie folgt vorgehen.

Wird bisher mit Grenzlehren gepruft oder werden sonstwie die Über- oder Unterschreitungen festgestellt, so fuhrt man Kontrollkarten fur „noch nicht gut" und „Ausschuß" ein. Beide können zu einer Doppelkarte vereinigt werden. Sie laßt außer der Zahl der Toleranzuberschreitungen auch deren zeitliche Schwankungen erkennen. Zeigt die Karte fur „noch nicht gut" viel weniger Werte als fur „Ausschuß", so ist dafur zu sorgen, daß die Zahl der Zuruckweisungen auf beiden Seiten gleich groß wird.

Zweckmaßiger ist Übergang auf messende Kontrolle.

Was die Verschiebung bewirkt, erkennt man, wenn man zur Veranschaulichung annimmt, die Verteilung folge dem Gaußgesetz. In Abb. 84-24 ist oben eine Gaußkurve so uber das Toleranzfeld gezeichnet, daß 0,5% *noch nicht gut* und 5% *Ausschuß* vorhanden sind (mit Hilfe der Tafeln 21 u. 22 gezeichnet). Darunter ist die gleiche Kurve gezeichnet, nur so verschoben, daß auf jeder Seite *gleich große* Flachenstucke durch die Toleranz abgeschnitten werden. Ergebnis: Statt insgesamt bisher

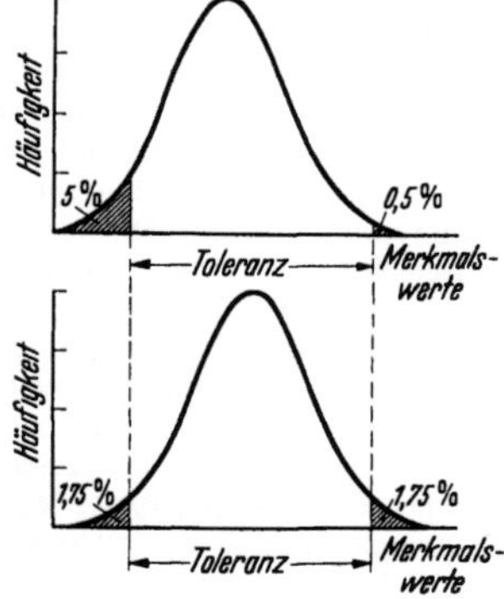

Abb. 84–24. Verminderung der Zuruckweisungen durch Verschieben des Verteilungsberges. Toleranz und Streuung sind bei beiden Verteilungen gleich groß. Oben 5,5% Zuruckweisungen, unten 3,5%.

45 a

5,5% Zuruckweisungen jetzt nur noch 2 · 1,75 = 3,5%! Dies ist gelungen, ohne die Kurve schmaler, also die Streuung kleiner zu machen. Wenn dies außerdem noch um 10% möglich wàre, wurde dadurch die Zahl der Zurückweisungen auf 2% zuruckgehen. Wenngleich solche Berechnungen nur auf Annahmen beruhen, so ändert sich doch das Ergebnis nicht wesentlich, auch wenn die Haufigkeitsverteilung erheblich von der einfachen Gaußschen abwiche.

Die Zahl der Zuruckweisungen an beiden Toleranzgrenzen laßt aber auch darauf schließen, ob die Größe des Toleranzfeldes *im richtigen Verhaltnis* zur Streuung steht, die dem Fertigungsverfahren eigentumlich ist. Kann die Streuung mit Hilfe der Kontrollverfahren nicht verkleinert werden und bleibt der Ausschuß zu groß, so mussen andere Fertigungsverfahren gesucht werden. Zeigt aber das Haufigkeitsbild im Gegenteil eine verhaltnismaßig sehr kleine Streuung, so ist das Fertigungsverfahren fur die gegebene Toleranz *zu genau*: Man wahlt ein gröberes, billigeres.

Nach Sammeln von zahlenmaßigen Erfahrungen uber die zweckmaßige Größe von Toleranzen bei bestimmten Fertigungsverfahren sowie der Kosten können dem Konstrukteur wertvolle Unterlagen daruber zur Verfugung gestellt werden.

849.3 Liefervereinbarungen

Abmachungen können auf folgende verschiedene Arten getroffen werden:

1. Bestimmte Guteeigenschaften mussen unbedingt eingehalten werden.

2. Bei der Prüfung nach einem festgelegten Schema darf eine festgelegte Anzahl der gepruften Gegenstande bestimmte Eigenschaftswerte uber- oder unterschreiten. Dabei wird die ganze Lieferung oft in *Lose* oder *Raten* eingeteilt, an diesen werden Stichproben entnommen, und Nichteinhalten der Bedingungen hat Zuruckweisung der ganzen Rate zur Folge. Manchmal wird bei Nichtgenügen der ersten Stichprobe eine weitere entnommen und gepruft.

Am besten werden Mittelwerte und Streuungen von Stichproben vereinbart. Es gibt bisher Abmachungen derart: „90% aller gepruften Stabe mussen einen Durchmesser zwischen 19,9 und 20 mm haben"; dazu kommen Einzelheiten uber Losgroße und Prufverfahren. Solche Abkommen können zu Ruckschlagen fuhren, wenn die statistischen Kennzahlen der Fertigung nicht bekannt sind. Umgekehrt kann es vorkommen, daß bei Kenntnis dieser weit besseren Bedingungen eingegangen werden könnten und dadurch die Wettbewerbsfahigkeit des Unternehmens gesteigert wird.

Das Risiko kann bei mathematisch-statistisch richtig begrundeten Liefervereinbarungen berechnet werden.

Beispiel. Fur eine Lieferung ist vereinbart, daß aus jeder Rate zu 10000 Stuck 500 Stuck geprüft werden; werden in einer Rate mehr als zehn Ausschußstucke gefunden, so wird die Lieferung zuruckgewiesen. Frage: Wie groß ist die Wahrscheinlichkeit der Zuruckweisung, wenn der Hersteller weiß, daß er durchschnittlich 1% Ausschuß hat?

Ein durchschnittlicher Ausschuß von 1% entspricht 5 Stuck in der Stichprobe. In Taf. 30, Spalte $M_p = 5$ addiert man alle Wahrscheinlichkeiten fur Ausschußzahlen von mehr als 10 (= Vereinbarung). Man erhalt 0,013. Dies ist die Wahrscheinlichkeit fur Zuruckweisungen, namlich 0,013 = 1:77.

Wäre Zurückweisung schon bei mehr als 8 Stück Ausschuß vereinbart worden, so hätte man die Wahrscheinlichkeit 0,067 = 1 : 15, d. h. durchschnittlich jede 15. Lieferung ginge zurück.

Aus einer vielstelligeren Poissontafel liest man unmittelbar statt 0,013 den Wert 0,0137 und statt 0,067 den Wert 0,0681 ab.

Ohne Tafeln rechnet man

$$K = 2 \left[\sqrt{p\,(n + 1 - d)} - \sqrt{d\,(1 - p)} \right]$$

und findet mit dem Rechenschieber für $d = 11$ oder mehr, was dem höchstzulässigen $c = 10$ entspricht:

$$K = 2 \left[\sqrt{0,01\,(501 - 11)} - \sqrt{0,99 \cdot 11} \right] = 2,18$$

und für $d = 9$ entsprechend dem $c = 8$

$$K = 2 \left[\sqrt{0,01\,(501 - 9)} - \sqrt{0,99 \cdot 9} \right] = 1,53.$$

Aus einer Gaußtabelle ergibt sich die Überschreitungswahrscheinlichkeit zu 0,0146 bzw. 0,063.

Die Unterschiede 0,063···0,067···0,068 sind ohne jede praktische Bedeutung: Der durchschnittliche Ausschuß von 1 % liegt nie genau auf 0,0100. Aus der Näherungsformel findet man, daß für einen Ausschuß von 0,011, also 1,1 % statt 1 %, der Anteil der bei $c = 8$ zurückgewiesenen Lieferungen von 6,3 auf 9,3 % steigen würde.

849.4 Versuchspläne

Die Aufteilung der Abweichungsquadrate nach Freiheitsgraden kann zweckmäßig dazu benutzt werden, innerhalb eines Versuches gleichzeitig eine größere Anzahl von Einflußgroßen zu untersuchen.

Auf dieses umfangreiche Gebiet der statistischen Versuchsplanung kann hier nur hingewiesen werden; es ergeben sich gegenüber der üblichen Planung nach dem Grundsatz: „alle Großen bis auf eine konstant lassen" ganz wesentliche, oft über 80 % gehende Einsparungen an Versuchskosten, wenn die Versuche nach dem Grundsatz „alle Großen nach einem vorgesehenen Plan gleichzeitig so andern, daß die einzelnen Einflusse getrennt errechnet werden konnen" geplant werden.

Innerhalb der deutschen Literatur ist dieses Gebiet unter dem Namen Streuungszerlegung nur in den einfachsten Formen behandelt, ausfuhrliche Zusammenstellungen der Moglichkeiten finden sich in der amerikanischen Literatur, s. Schrifft.

849.5 Automatisieren statistischer Auswertungen.

Bei genügendem Arbeitsanfall können zahlreiche statistische Arbeiten ganz- oder halbautomatisch erledigt werden.

In den Vereinigten Staaten ist der GEC Automatic Quality Recorder entwickelt worden, der elektrisch die Kontrolle nach der amerikanischen Normformel $np' + 3\sqrt{np'}$ verwirklicht. Das sich aus dieser Formel ergebende gleitende Urteilsrisiko wird durch willkürliche Festlegung eines höchsten Serienumfanges, nach dessen Erreichen das Gerat auf Null gestellt wird, in technisch brauchbarem Rahmen gehalten (Schrifttum 62). Automatische Gerate nach der *Wald*schen Folgeprüfung, die diesen Nachteil vermeiden (Abschnitt 134.93) sind nicht in den Handel gekommen.

Gleichfalls nicht handelsgangig geworden sind verschiedene Gerate, die zur automatischen Aufzeichnung von Haufigkeitskurven in feiner Unterteilung in Frankreich und in Deutschland vorgeschlagen wurden (vgl. Schrifttum 63 und 64). In Deutschland handelsublich sind von *Ferrari* entwickelte Gerate zur halb- oder vollautomatischen Registrierung und Auswertung von Betriebsvorgangen. Der ebenfalls von *Ferrari* in den Handel gebrachte Statitest, Abb. 84–25, besteht aus einer Anzahl von Zahlwerken, die den Klassen einer Haufigkeitsverteilung zugeordnet werden. Bei Erreichen von jeweils insgesamt 100 Werten wird ein Signal ausgelöst, so daß vergleichbare Kurven in prozentualen Haufigkeiten ohne weitere Rechenarbeit unmittelbar auf Grund der abgelesenen Werte gezeichnet werden konnen. Schrifttum 65.

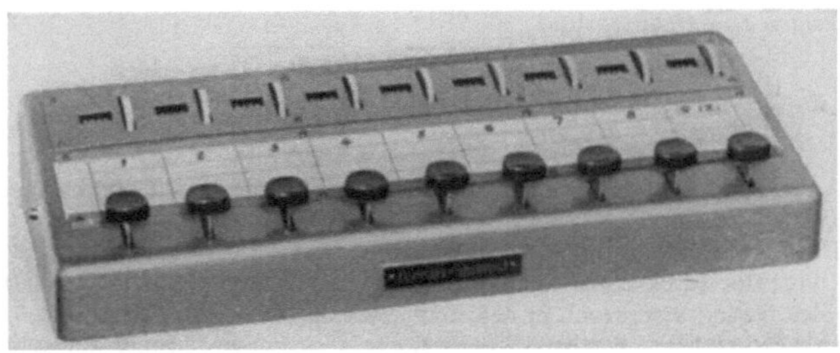

Abb. 84–25. Statitest (Ferrari). Automatisches Zahlgerat fur statistische Auswertungen. Das Bild zeigt den Statitest von Ferrari, Berlin Frohnau. Jedes Zahlwerk geht bis 9999. Ein ahnliches in Einzelgruppen von Zahlwerken aufgebautes Gerat ist der Vary Tally von Veeder Root, Hartford Conn.

In den Vereinigten Staaten ist die Automatisierung fur die rechnerische Auswertung sehr weit getrieben worden: von den Meßinstrumenten werden unmittelbar Lochkarten gestanzt, ebenso wird Stanzen von Lochkarten uber Fernschreibleitungen vorgenommen. Die weitere Auswertung erfolgt dann auf den ublichen Lochkartenmaschinen, bei den modernsten kann die Folge der Rechenoperationen ebenfalls automatisch verwirklicht werden (Schrifttum 66). Der ubliche IBM-Tabulator kann im ubrigen so geschaltet werden, daß er unmittelbar die Summenkurve der untersuchten Verteilung zeichnet.

Formelzeichen der Abschnitte 134 und 84

a $\quad$ = Ordnungszahlen der Klassen

$C'' = g'_{50}$ = Zentralwert

C'' $\quad$ = Korrektur $C' = (Sx)^2/n$ bei Berechnen der Standardabweichung

f $\quad$ = Anzahl der Freiheitsgrade = Anzahl der Werte minus Anzahl der aus ihnen berechneten Kenngrößen

I_x $\quad$ = Indexwert. Verhaltnis einer Spanne T_p zur Grundspanne T90

k $\quad$ = Klassengroße, Anzahl von Gruppen

g $\quad$ = Summenprozentpunkt, g, Schiefemaß

$h_1\,h_2\cdots h_N$ = beobachtete Haufigkeit

M $\quad$ = arithmetisches Mittel, Mittelwert (allgemein)

$\bar{x}\ \bar{X}$ $\quad$ = Mittel von $x = Sx/n$ bzw. $X = SX/n$

$\bar{\bar{x}}$ $\quad$ = Mittel von Mittelwerten

m $\quad$ = Mittel der Poissonverteilung, Anzahl von Gruppen

μ $\quad$ = Mittel einer theoretischen Verteilung

$\bar{x}'\ \bar{X}'$ = theoretisch geforderter Mittelwert von x

N = Umfang (Stuckzahl) einer Gesamtheit

n = Umfang einer Teilgesamtheit (Stichprobe)

ι = Anzahl der Ausschuß-Stucke (beobachtet)

c = ,,c oder weniger" Ausschußstucke

d = ,,d oder mehr" Ausschußstucke

d_n = Rechenfaktor der Bereichsverteilung $\sigma' \approx \overline{\overline{w}}/d_n$

$(p)\ P$ = Wahrscheinlichkeiten

p = Prozentsatz-Ausschuß

$\bar{p}$ = Mittelwert des Ausschusses

p' = theoretisch angenommener Ausschuß

q = Komplement zu p, d. h $q = 1 - p$

s = beobachtete auf Freiheitsgrade berichtigte Standardabweichung

$$s = \sqrt{S\,(x - \bar{x})^2 / f}$$

s'' = mittlere quadratische Abweichung $s'' = \sqrt{S\,(x - \bar{x})^2 / n}$

σ = Standardabweichung in einem Los mit $N \approx N - 1$

σ' = theoretisch geforderte Standardabweichung

$s_x\ s_{\bar{x}}\ \sigma_x\ \sigma_p\ \sigma_s$ usw. = Standardabweichungen von $x\ \bar{x}\ p\ s$ usw.

$T_\varepsilon = T_p$ Spanne, in der $p\%$ aller Werte einer Verteilung liegen

T_{90} = Grundspanne, umfaßt 90% aller Werte, so daß 5% unterhalb, 5% oberhalb der Grenzen liegen

$K = (x - \mu)/\sigma'$ normierte Abweichung eines Wertes x vom wahren Mittel μ und mit Benutzen der wahren Streuung σ' fur Gaußverteilung. Es gilt:

$$\alpha = \frac{1}{\sqrt{2\pi}} \int_{+K}^{\infty} e^{-x^2/2}\,dx \qquad \gamma = \frac{1}{\sqrt{2\pi}} \int_{-\infty}^{K} e^{-x^2/2}\,dx \qquad \varepsilon = \frac{1}{\sqrt{2\pi}} \int_{-K}^{+K} e^{-x^2/2}\,dx$$

$t = (x - \bar{x})/s$ normierte Abweichung eines Wertes vom beobachteten Mittel

$t = (\bar{x} - \bar{\bar{x}})/s_{\bar{x}}$ unter Benutzen der beobachteten Standardabweichung = Kenngroße der Student-Verteilung

w = Bereich = Differenz zwischen großtem und kleinstem unter n-Werten gefundenen x

$i,\ x,\ X$ = Merkmalswerte: X beobachteter, x zur Rechnung benutzter Wert

$\varphi,\ y$ = transformierte Merkmalswerte

$\Sigma,\ S$ = Summenzeichen

χ^2 = Kenngroße der Pearsonschen χ^2-Verteilung. Beurteilungsmaß fur die Summe der Abweichungsquadrate zwischen Beobachtung und Erwartung dividiert durch Erwartung

$e = 2{,}18281828\ldots$ Basis der naturlichen Logarithmen

$\pi = 3{,}1415927\ldots$

Unterschiede in gebräuchlichen Kurzzeichen

Die Abkurzungen fur statistische Kennzahlen sind nicht genormt: fast jeder Verfasser hat sein eigenes System.

Die Gegenuberstellung auf S. 718 gibt die wesentlichen Unterschiede zwischen der englischen Norm BS 600R, der englischen Norm BS 1008, die gleichlautend mit der ADES Z1.1 und Z1.2 ist, und den hier gewahlten Bezeichnungen.

Koeffizient	BS 600 R	Z 1 1/1.2	hier
Mittelwert einer Probe	$\bar{x}$	$\overline{X}$	$\overline{\overline{x}}$
,, eines Loses	$\overline{X}$	$\overline{\overline{x}}$	$\bar{x}$
,, gefordert	X'	$\bar{x}'$	$\bar{x}'$, μ, m'
Anzahl von Gruppen	k	m	k
Beobachteter Ausschuß Stück	m	np	ι, $\overline{np}$
Mittlerer Ausschuß Stück	$\overline{m}'$	$\overline{np}$	$\overline{np}$, $\overline{m}$
Theoretische Ausschußzahl	$\overline{m}$	np'	np'; m'
Bereich	w	R	w
Bereichskoeffizient	d_n	d_2	d_n

$$\text{Mittl. Abweichung in Probe} = \sqrt{\frac{S(x-\bar{x})^2}{n}} \qquad s \qquad \sigma \qquad s''$$

$$\text{Standardabweichung} = \sqrt{\frac{S(x-\bar{x})^2}{v}} \qquad - \qquad - \qquad s$$

$$\text{,,} \qquad \text{theor. in Los} \qquad \sigma \qquad \sigma' \qquad \begin{matrix}\sigma \text{ beobachtet}\\ \sigma' \text{ theoretisch}\end{matrix}$$

Koeffizient für kleines n

$$\text{BS 600 R.} \qquad \sigma \approx b_n^{-1} \sqrt{\frac{S(x-\bar{x})^2}{n}} \qquad n > 25 \quad b_n \approx 1$$

$$\text{Z 1.1/1 2} \qquad \sigma' \approx c_2^{-1} \sqrt{\frac{S(x-\bar{x})^2}{n}} \qquad n > 25 : c_2 \approx 1$$

$$\text{hier} \qquad \sigma' \approx c_f^{-1} \sqrt{\frac{S(x-\bar{x})^2}{f}} \qquad n > 4 \quad c_f = 1 - \frac{1}{4f}{}^2$$

---

[1] Die Bezeichnungen der englischen und amerikanischen Norm widersprechen sich teilweise, die englische macht keinen Unterschied zwischen beobachtetem Serienmittel $\overline{\overline{x}}$ und gefordertem theoretischen Mittel $\bar{x}' = m' = \mu$.

[2] Genau wird

$$c'_f = \sqrt{\frac{2}{f}\,\frac{\left(\dfrac{f-1}{2}\right)!}{\left(\dfrac{f-2}{2}\right)!}} \approx \sqrt{\frac{f}{f+0,5}} - \varepsilon \approx 1 - \frac{1}{4f} + \varepsilon,$$

wobei

$$-0,5! = \sqrt{\pi} = 1,77245$$
$$+0,5! = 0,5 \cdot \sqrt{\pi} = 0,88623$$
$$1,5! = 1,5 \cdot 0,5 \cdot \sqrt{\pi} = 1,32934$$
$$2,5! = 2,5 \cdot (1,5!) \text{ usw. ist.}$$

Der Unterschied gegen die Näherungsformel ist praktisch bereits bei $f = 3$ belanglos: er entspräche einer Meßgenauigkeit von $\approx 0,05\,\sigma$ bei einer Toleranz von $60\,\mu$.

Das Mittel aus den beiden Näherungsformeln $c_f \approx 1 - \dfrac{1}{4f} \approx \sqrt{\dfrac{f-0,5}{f}}$ hat bei $f = 9$ nur noch $0,00012$ .. Fehler.

Schrifttum zu Abschn. 134 u. 84

Tafelwerke

[1] Hald, A.: Statistical Tables and Formulas. New York 1952.
Sehr vollständige Tafelsammlung für technische Beurteilungen mit Ausnahme von Regressionsrechnung und Versuchsansatz.

[2] Fisher, R. A., u. F. Yates: Statistical Tables for Biological, Agricultural and Medical Research. London-Edinburgh, 1953.

Eines der vollstandigsten Tafelwerke, mit Einschluß von Regression, Korrelation und Versuchsansatz. Gegenuber Hald fehlt die Bereichsverteilung und die Formelsammlung, dafur zahlreiche weitere Tafeln.

[3] Graf, U., u. H. J. Henning: Formeln und Tabellen der mathematischen Statistik. Berlin 1953.
Wesentlich weniger umfangreich als die obigen Werke.

[4] Koller: Graphische Tafeln zur Beurteilung statistischer Zahlen. Dresden 1943.
Nomogramme der ublichen statistischen Verteilungen, im wesentlichen auf den 3σ-Grenzen aufgebaut, wahrend die vorerwahnten Tafeln die T-Spannen bzw. Summenprozentpunkte geben.

[5] Tables of the Binomial Probability Distribution, National Bureau of Standards, Washington 1950 (Tafel AMS 6).
Tafeln der Binomverteilungen $n = 2\cdots(1)\cdots49$ fur $p = 0,01\cdots(0,01)\cdots0,50$.

[6] Romig, Harry G.: 50 to 100 Binomial Tables. New York 1953.
Erweiterung obiger Tafeln fur $n = 50\cdots(5)\cdots100$.

[7] Molina· Poisson Exponential Binomial Limit. New York 1942.
Vollstandigste Tafel der Poissonverteilung.

[8] Freeman u. Mitarbeiter: Sampling Inspection. New York 1948.
Sammlung von Operationscharakteristiken von Prufplanen.

[9] Dodge, H. F., u. H. G. Romig: Sampling Inspection Tables. New York 1944.
Sammlung von Einfach- und Doppelprufplanen fur 0,1-Kundenrisiko.

[10] Tables to facilitate sequential t-Tests. National Bureau of Standards, Tafel AMS 7, Washington 1951.
Tafeln fur Folgeprufung auf Students t-Wert.

Zahlentafeln

[11] Barlow's Tables of Squares, Cubes, Square Roots, Cube Roots and Reciprocals. London 1947.

Bis 12500 gehende Sammlung der Werte x^{-1}, x^2, x^3, $\sqrt{x}$, $\sqrt{10x}$, $\sqrt[3]{x}$; bis 1000 oder 100 gehende weitere Tafeln wie $1/\sqrt{x}$, Vierte Potenzen, hohere Potenzen usw.)

[12] Dubbel: Taschenbuch fur den Maschinenbau. 11. Aufl. Berlin/Gottingen/Heidelberg: Springer 1953.

[13] Gauß: Logarithmische und Trigonometrische Tafeln. (Quadrattafeln.) Stuttgart: Wittwer.

[14] Klingelnberg: Technisches Hilfsbuch. 13. Aufl. Berlin/Gottingen/Heidelberg: Springer 1953.

[15] Klotzsch: Zahlentafeln fur numerisches Rechnen. Koln: Bachem 1946.

[16] Rantsch: Genauigkeit von Messung und Meßgerat. Munchen: Hanser 1950.

Lehrbücher

[17] Rietz-Baur: Handbuch der mathematischen Statistik. Leipzig. Teubner 1930.

[18] Czuber-Burkhardt: Die statistischen Forschungsmethoden. 3. Aufl. Wien: L. W. Seidel & Sohn 1938.

> *Aeltere deutsche Werke, die auf Grund ihres Erscheinungsjahres auf die wahrend des und nach dem Kriege entwickelten Methoden nicht eingehen konnen.*

[19] Graf, U., u. H. J. Henning: Statistische Methoden bei textilen Untersuchungen. Berlin 1952.
Zwar auf Sonderfragen der Textiltechnik zugeschnittenes, die moderne Entwicklung aber bis zum einfachen Versuchsansatz berucksichtigendes Werk. Bei Anwendung Aufmerksamkeit: Fast ganzlich wird mit Einschluß von $s = c\sigma'$ auf Freiheitsgrade definiert, nur die Tabellen der angloamerikanischen Normen sind unter kurzem Hinweis auf den Unterschied auf der alten Definition s'' aufgebaut!

[20] Snedecor, G. W.: Statistical Methods Applied to Experiments in Agriculture and Biology. Ames IOWA, U.S.A. 1946.

Eines der besten, ohne hohere Mathematik verstandliches, bis einschließlich partieller Regression und Versuchsplanung gehendes Werk, in dem lediglich Folgeprufung und Kontrollkarten fehlen.

[21] Fisher, R. A.: Statistical Methods for Research Workers London-Edinburgh. Zahlreiche Auflagen seit 1925.
Das klassische Lehrbuch, statt der F-Verteilung wird $z = 0,5 \ln F$ benutzt.

[22] David, F. N.: Probability Theory for Statistical Methods. Cambridge (G. B.) 1949.
Einfache Einfuhrung in die Theorie, berucksichtigt insbesondere auch multinomale und negativ binomiale Verteilungen.

Statistische Versuchsplanung

[23] Rao, C. R.: Advanced Statistical Methods in Biometric Research. New York 1952.
Geschlossene Zusammenstellung genauerer Methoden und Transformationen, berucksichtigt insbesondere die Methode der Scores. Gute statistische und mathematische Schulung erforderlich.

[24] Fisher, R. A.: The Design of Experiments. London-Edinburgh, 1. Auflage 1935, 5. Auflage 1949.
Grundlegende, leicht faßlich geschriebene Einfuhrung in die Logik moderner Versuchsplanung.

[25] Brownlee, K. A.: Industrial Experimentation. London 1949.
Ohne Mathematik fur den Ingenieur geschriebene Einfuhrung.

[26] Cochran, W. G., u. G. M. Cox· Experimental Designs. New York 1950.
Handbuch fur praktisches Arbeiten mit einer großen Zahl moglicher Versuchsanordnungen.

[27] Kempthorne, O · The Design and Analysis of Experiments. New York 1952.
Handbuch praktischer Plane und Einfuhrung in die Theorie bis zum Fehler zweiter Art. Lesen setzt Kenntnis der Matrizenrechnung voraus.

[28] Mann, H. B.: Analysis and Design of Experiments. New York 1949.
Geschlossene Einfuhrung in die gesamte Theorie mit Einschluß des Fehlers zweiter Art. Lesen erfordert sehr gute mathematische Kenntnisse.

Einzelgebiete

Deutsche Arbeiten

[29] Daeves: Praktische Großzahlforschung. Berlin: VDI-Verl 1933

[30] Daeves-Beckel. Großzahlforschung und Haufigkeitsanalyse. Berlin. Verlag Chemie 1948.

[31] Daeves-Beckel: Gesetzmaßigkeiten der Wirtschaft und ihre Darstellung Stahl u. Eisen Bd. 66/67 (1947) H. 7/8, S. 112.

[32] Franke: Leistungssteigerung in Betrieben durch Großzahlforschung. Z. VDI 83 Bd. (1939) Nr. 44, S. 1179.

[33] Kuttner: Über Stichprobenforschung in der Versuchsstatistik. Metallwirtschaft Bd. 13 (1944) H. 11/12, S. 159.

[34] Kuttner: Wahrscheinlichkeitsrechnung in Technik und Wirtschaft. Technik Bd. 3 (1948) Nr. 2, S. 83.

[35] Leinweber: Statistik bei der Maßprufung. Werkst.-Techn. Bd. 37 (1943) S 8.

[36] Leinweber: Passungen und Großzahlforschung. Werkst. u. Betr. Bd 80 (1947) H. 7, S. 161.

[37] Leinweber: Die wirtschaftliche Stichprobengroße. Werkst. u. Betr. Bd. 82 (1949) H. 11, S 411.

[38] Leinweber: Selbsttatiges Erfassen und Ordnen betrieblicher Zahl- und Meßergebnisse mit Ferrari-Geraten. Werkst.-Techn. u. Masch.-Bau Bd. 40 (1950) H. 5, S. 169.

[39] Leinweber: Mathematisch-statistische Verfahren im Fabrikbetrieb, Grundlagen und Anwendung. Beuth-Vertrieb 1951.

[40] Lubberger: Wahrscheinlichkeiten und Schwankungen. Berlin· Springer 1937.

[*41*] R o s s o w: Wahrscheinlichkeitsrechnung in Technik und Wirtschaft IV. Technik Bd. 7, Heft 10 (1952) S. 606/612.

[*42*] R o s s o w: Anwendung statistischer Verfahren fur die Guteuberwachung und Werkstoffentwicklung. Stahl u. Eisen 1951, Bd. 71, S. 649/664 (Bericht Werkstoffausschuß E 1221).

[*43*] R o s s o w: Bemerkungen zur Anwendung statistischer Methoden in der Technik. Mittbl. Math. Statistik Jahrg. 2 (1950), 105/126, 191/223.

[*44*] R o s s o w: Statistik und Warmebehandlung. Hartereitechnische Mitteilungen vol. 5 (1952) S. 259/283.

Ausländische Arbeiten

[*45*] B. S. 600 R: 1942 Quality Control Charts. The application of Statistical Methods to Industrial Standardisation and Quality Control. British Standards Institution, Inc. by Royal Charter, London. By B. P. Dudding, W. J. Jennet.

46] B. S. 1008: 1942 Guide for Quality Control and Control Chart Method of Analysing Data. British Standards Institution.

[*47*] B. S. 1313: 1947 British Standard for Fraction-Defective Charts for Quality Control. British Standards Institution.

[*48*] C a v é, R.: Etudes critiques des methodes modernes de contrôle. Microtecnic Lausanne (1952) Bd. VI, S. 79.

[*49*] E z e k i e l: Methods of Correlation Analysis, New York 1941.

[*50*] L e v i, F.: Graphical Solutions of Statistical Problems. The Engineer 18.10. 46 und 25. 10. 46.

[*51*] K o t t l e r: The Goodness of Fit and the Distribution of Particle Sizes. Jnl. Franklin Institute Bd. 250, Nr. 4, Okt. 1950, Nr. 5, Nov. 1950; Bd. 251, Nr. 5, Mai 1951 und Nr. 6, Juni 1951.

[*52*] K o t t l e r: The Logarithmo Normal Distribution of Particle Sizes: Homogeneity and Heterogeneity. Journal of Physical Chemistry Bd. 56 (1952) S. 442/448.

[*53*] M o s t e l l e r - T u k e y: The Uses and Usefulness of Binomial Probability Paper. J. of the Am. Statist. Ass. June 1949, Bd. 44, S. 174/212.

[*54*] R i s s i k: Statistical Control of Quality. Aircraft Engineering reprints 1943.

[*55*] R o s s o w: Statistical Analysis of Experimental Data. Aircraft Engineering Bd. 21, Dezember 1949, S. 378/381.

[*56*] W a l d: Sequential Tests of Statistical Hypotheses. Ann. Math. Stat. Bd. XVI, No 2 June 1945. Vgl. auch AMP Report 30.2 R, 7 Teile, 1945/46, Statistical Research Group of the Columbia University.

[*57*] W e i b u l l, A.: Statistical Distribution Function of Wide Applicability. Journal Applied Mechanics September 1951, S. 293/297; vgl. auch Acta Polytechnica Stockholm 49, Mech. Eng. Series Bd. 1, No 9 und Meyersberg in Arch. Eisenhuttenwesen Bd. 22 (1951) Heft 11/12, S. 377/386.

[*58*] W i e n e r: Extrapolation, Interpolation and Smoothing of Stationary Time Series. New York 1950

[*59*] Statistical Research Group, ed. Ch. Eisenhart et alii Selected Statistical Techniques. New York 1947.

[*60*] W. A. Shewart, Economic Control of Quality of Manufactured Product, New York 1931.

[*61*] M. A. Bricas, Le Système des Courbes de Pearson et le Schema d'Urne de Polya. Athen 1949.

[*62*] Factory Management and Maintenance vol. 110, No. 1 (1952) S. 128/130.

[*63*] N i c o l a u, M. P.: Enregistrement automatique des courbes de frequence. Trav. Mem. Soc. Franc. Mec. tome 1 (1939) p. 78.

[*64*] K i e n z l e, O. in: Rationalisierung durch Großzahlforschung. ed. K. Daeves, Dusseldorf 1952.

[*65*] F e r r a r i, F.: ZVDI vol 94 (1952) No. 4, S. 101/107 und No. 10, S. 272/279. Refa Nachrichten Nr. 1/1953.

[*66*] C a s e y, R. S., u. J. W. P e r r y: Punched Cards, New York 1951.

[*67*] R e m p e l, K.: Zur Einführung der technischen Statistik in Industriebetriebe Werkst.-Techn. u. Masch.-Bau, Bd. 43 (1953) H. 11. S. 510.

85 Wirtschaftlichkeit

851 Vergleich von Meßgeräten bei gegebener Stückzahl

Alle Werkstucke sind zu verwerfen oder soweit möglich nachzuarbeiten, die beim Prufen als außerhalb der Toleranzgrenzen liegend *befunden* wurden. Dieser *Befund* stimmt nicht genau mit den Nenntoleranzgrenzen uberein wegen der Meßunsicherheit, bei Lehren außerdem wegen abweichender Lage des Herstelltoleranzfeldes und Abnutzung, s. Abschn. 164. Liegt das genaue Istmaß bei einem Werkstuck außerhalb der Nenntoleranzgrenzen, der Befund aber innerhalb, so wird das Stück zu Unrecht als gut bezeichnet. Im umgekehrten Fall wird es zu Unrecht verworfen. Um zu vermeiden, daß ein Stuck trotz tatsächlicher Überschreitung einer der Toleranzgrenzen noch als gut bezeichnet wird, sei nachstehend der Meßunsicherheitsbereich ganz innerhalb des Toleranzfeldes gelegt, entsprechend dem ISA-Grundsatz,

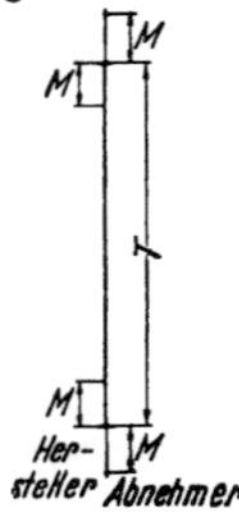

daß der *Hersteller* die Meßunsicherheit vom Nenntoleranzfeld *abziehen* soll (während der Abnehmer sie zuschlagen soll), s. Abb. 85–1. Diesem Grundsatz liegt die Annahme zugrunde, daß bei Überschreitung des Nenntoleranzfeldes das Werkstuck wirklich fur den Verwendungszweck unbrauchbar ist, sowie das Bedürfnis, Überschneiden der Meßunsicherheitsbereiche von Hersteller und Abnehmer zu vermeiden.

Abb. 85–1. Lage der Meßunsicherheitsbereiche M zum Werkstucktoleranzfeld T nach ISA-Grundsatz.

Meßunsicherheitsbereich M sei der Maßbereich, innerhalb dessen bei wiederholtem Messen derselben Abmessung ein hoher Prozentsatz (z. B. 90 oder 99,73 %, entspr. $\pm 3\sigma$) der Meßergebnisse liegt. Die Art der Haufigkeitsverteilung wird im Folgenden als mit der Gaußschen oder Normalverteilung ubereinstimmend angenommen, was für die zufälligen Fehler (s. Abschn. 112.2) sehr wahrscheinlich ist, fur die beherrschbaren (s. Abschn. 112.1), aber nicht eliminierten Fehler im großen Durchschnitt ebenfalls zu erwarten ist.

Infolge des innerhalb des Toleranzfeldes T gelegten Meßunsicherheitsbereiches M werden eine Anzahl Werkstücke ungerechtfertigt zuruckgewiesen, und zwar um so mehr, je größer M ist. Die Nacharbeit oder Neu-

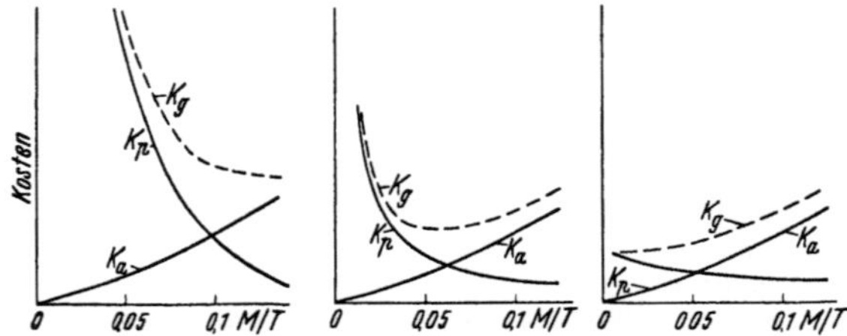

Abb. 85–2. Mögliche Verläufe der Ausschußkosten K_a, der Prufkosten K_p und deren Summe, der Gesamtkosten K_g, aufgezeichnet als Funktion des Verhältnisses M/T.

fertigung *eines* solchen Werkstückes erfordere die Kosten k_a, einschl. Gemeinkosten. *Alle* n_a fälschlich zurückgewiesenen Stucke erfordern die „*Ausschußkosten*" $K_a = n_a \cdot k_a$, die mit größer werdendem M bzw. Verhältnis M/T, anwachsen, s. Abb. 85–2.

Die *Prüfkosten* K_p für den ganzen Prüfauftrag werden im allgemeinen mit größer werdendem M (oder M/T) absinken, s. Abb. 85–2. Sie setzen sich zusammen aus Lohn für den Prufer, Abschreibung, Verzinsung, Verwaltung, Instandsetzung und sonstigen Gemeinkosten, als Anteil der Lebensdauer des Meßgerätes auf den Prufauftrag bezogen. (Sollte ein Kostenvergleich ergeben, daß ein *genaueres* Meßgerät *geringere* Prüfkosten erfordert, so bedarf es keiner Wirtschaftlichkeitsberechnung: Das genauere und billigere Gerät ist dann in jedem Falle wirtschaftlicher.)

Die Gesamtkosten $K_g = K_a + K_p$ können die in Abb. 85–2 dargestellten Verläufe zeigen. Um beim Vergleich zweier Meßgerate fur eine bestimmte Prüfaufgabe das wirtschaftlichste zu bestimmen, berechnet man:

$$D = 2 k_a N \frac{2 T c_M}{M} y\,(c_M) \left\{ 0{,}5 - F\left[c_T \left(1 - 2\frac{M}{T}\right)\right]\right\} - T \frac{K_{p1} - K_{p2}}{M_2 - M_1} \quad (85\text{–}1)$$

k_a = Kosten, die fur die Fertigung eines Teiles bis zum Prüfgang aufgelaufen sind, einschließlich Gemeinkosten bzw. Kosten für Nacharbeit

N = gesamte zu prüfende Stuckzahl

T = Toleranzfeld in μ

$c_M = M/2 s_M =$ Verhältnis des halben Meßunsicherheitsbereiches zur Streuung. Erläuterung: Ist die Streuung der Meßergebnisse s_M, nach Abschn. 134.22 berechnet, und setzt man $c_M = 3$, so liegen nach Taf. 25 99,73% aller Meßergebnisse innerhalb $\pm 3 s_M$; der Meßunsicherheitsbereich ist also $6 s_M$. Bei $\pm 2 s_M$ sind es 95,45 %; M ist $4 s_M$ groß. c_M ist also eine Wertziffer fur die Zuverlässigkeit einer Katalogangabe, s. nachst. Beispiel. Liegen eigene Meßergebnisse über die Streuung s_M vor, setzt man $c_M = 3$ und $M = 6 s_M$. Damit vergleichbare Werte entstehen, muß c_M fur die zu vergleichenden Meßgeräte gleich gemacht werden, die Angaben mussen „abgestimmt" werden

$M = \dfrac{M_1 + M_2}{2} =$ Mittelwert der „abgestimmten" Meßunsicherheiten der beiden Meßgeräte M_1 und M_2 in μ

$y\,(c_M) =$ Ordinate der Gaußfunktion, fur den Zahlenwert c_M aus Taf. 21 entnommen

$F\,(K) =$ Gaußintegral zu dem in der Klammer stehenden Zahlenwert, aus Taf. 23 zu entnehmen

$c_T = \dfrac{T}{2 s_T} =$ Verhältnis des halben Toleranzfeldes zur Streuung s_T der Werkstucke.

Erläuterung: Zunächst ist angenommen, daß die Häufigkeitsverteilung der Werkstucke über das Toleranzfeld eine Gaußsche ist. Man geht vom Ausschußprozentsatz (auf beiden Seiten des Toleranzfeldes!) aus und findet aus Taf. 25 z. B. für beiderseits 1% Ausschuß $c_T = 2{,}326$. Haben Messungen ergeben oder liegt Grund zur Annahme vor, daß die Verteilung keine einfache Gaußsche ist, s. u.

$K_{p1} =$ gesamte Prüfkosten für alle Werkstucke in DM } beim *genaueren* Meß-
M_1 = Meßunsicherheitsbereich   } gerät (Zeiger 1)

$K_{p2} =$ gesamte Prüfkosten für alle N Werkstucke in DM } beim *ungenaueren* Meß-
M_2 = Meßunsicherheitsbereich   } gerät (Zeiger 2)

In Gl. 85–1 ist D die Differenz der Differentialquotienten (Neigungstangenten) der Kurven K_a und K_p der Abb. 85–2, d. h. die Neigung der Kurve K_g an der betr. Stelle. Dabei ist das benutzte Kurvenstück von K_p durch eine Sehne ersetzt.

Erhält man D positiv, so ist das genauere Gerät wirtschaftlicher, $D = 0$, so sind beide gleich wirtschaftlich; die Kostenkurve hat dort gerade ihr Minimum, D negativ, so ist das ungenauere Gerät mit den geringeren Prüfkosten wirtschaftlicher.

Zahlenbeispiel. Gegeben seien folgende Zahlenwerte

$N = 10^6$ $k_a = 0,40$ DM $T = 20\,\mu$ $c_T = 2,326$, entsprechend beiderseits 1% Ausschuß laut Tafel 25.

Meßgerät 1 (genauer)   Meßgerät 2 (ungenauer)

K_p 5250 DM ·   4750 DM

M $0,2\,\mu$ $1\,\mu$ = ungewisse Katalogangabe, daher c_M
                            vorsichtshalber kleiner angenommen:

c_M 3   2

Abstimmen. Der angezweifelte Wert $M_2 = 1\,\mu$ bei Meßgerät 2 wird mit c_{M1}/c_{M2} malgenommen, $1 \cdot \frac{3}{2} = 1,5$. Dadurch wird c_{M2} ebenfalls = 3, und die Angaben für beide Meßgeräte sind vergleichbar geworden. Diese Werte, namlich $M_2 = 1,5$ und $c_M = 3$ werden in die Formel eingesetzt. Der Mittelwert M aus M_1 und M_2 ergibt sich zu $M = \dfrac{1,5 + 0,2}{2} = 0,85\,\mu$. *Man erhält:*

$$D = 2 \cdot 0,4 \cdot 10^6 \cdot \frac{2 \cdot 20 \cdot 3}{0,85} \cdot 0,00446 \left\{ 0,5 - F\left[2,323 \left(1 - 2\,\frac{0,85}{20} \right) \right] \right\}$$

$$- 20\,\frac{5250 - 4750}{1,5 - 0,2}.$$

Der Wert 0,00443 ist für $x = c_M = 3$ aus Taf. 22 entnommen. Die Klammer hinter F ergibt den Wert 2,128; diese Zahl sucht man in der Skala K der Taf. 23 und liest dazu $F(K) = 0,4832$ ab. Die weitere Zahlenrechnung ergibt $D = 8840 - 7690 = 750 > 1$, *also ist Meßgerät 1 wirtschaftlicher.*

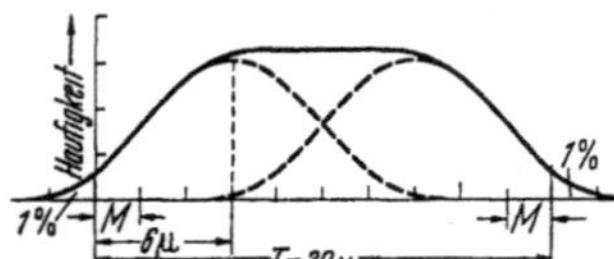

Abb. 85–3. Häufigkeitsverteilung mit breitem Rücken, die durch stetige Veränderung des Mittelwertes entstanden oder auch aus zwei gleichen Verteilungen mit verschiedenen Mittelwerten zusammengesetzt sein kann, wie gestrichelt angedeutet.

Gl. 85-1 beruht auf zwei Annahmen: Gaußverteilung über dem Meßunsicherheitsbereich M und über dem Toleranzfeld T. Für M ist die Annahme berechtigt bei Fühlhebeln, die regelmäßig nach einem Normal eingestellt werden, nicht bei Lehren wegen der stetig verlaufenden Abnutzung. Tritt beim Werkstück eine Verteilung nach Abb. 85–3 auf, so denkt man sich die Verteilung aus einer Anzahl zueinander verschobener Gaußkurven zusammengesetzt, in der Abb. sind es 2. Der Mittelwert der ersten liegt bei etwa $6\,\mu$. Bei 1% Ausschuß war $c_T = 2,326$ gefunden. Diese Zahl multipliziere man mit $6/\dfrac{T}{2} = 6/10$ und erhält c_T'. Diesen Wert setzt man an Stelle c_T in Gl. 85-1 ein und dividiert den ersten Summanden der Gl. durch die Anzahl der gleich großen Teilkollektive, hier 2. Die so gefundene Zahl ist größer als bei einheitlicher Normalverteilung.

Die durch die Wahl des wirtschaftlicheren Meßgerätes erzielte Ersparnis berechnet man aus

$$E = \frac{D\,(M_2 - M_1)}{T} \tag{85-2}$$

852 Wirtschaftliche Stückzahl

In Abschn. 851 ist der Wirtschaftlichkeitsvergleich zweier Meßgeräte *für eine gegebene Anzahl von Messungen* durchgeführt. Allgemein ist nach Schriftt. Nr. 1 für zwei Meßgerate 1 und 2, von denen 1 teurer ist als 2, die Anzahl s der jährlich zu prüfenden Werkstücke, oberhalb welcher das Gerät 1 wirtschaftlicher ist,

$$s = \frac{C_{11} + C_{21} - (C_{12} + C_{22})}{C_{32} - C_{31}}. \qquad (85\text{--}3)$$

Der zweite Zeiger bezeichnet das Meßgerät, z. B. C_{11} bedeutet Konstante C_1 für Gerät 1.

$C_1 = a + \tfrac{1}{2}p\,(I_u + a)$ $\qquad a = \dfrac{I_u}{n_0} =$ jährlicher Abschreibungsbetrag

$C_2 =$ jährliche Kosten für Verwaltung und Überwachung des Meßgerätes

$p =$ mittlerer Zinfuß in %/100
$I_u =$ Ursprungswert = Anschaffungskosten + anteilige Kosten für Meßhilfsmittel (z. B. Endmaße) sowie Sondereinrichtungen + Inbetriebsetzungskosten (z. B. für Aufstellung und elektr. Anschluß)

$C_3 = \dfrac{i \cdot h}{c} + \dfrac{h \cdot l \cdot t}{60} + \varDelta k$

$n_0 =$ Anzahl der Abschreibungsjahre
$i\; =$ Instandhaltungskosten für c Messungen
$h\; =$ Anzahl der an einem Werkstück durchzuführenden Messungen
$c\; =$ Anzahl der Messungen, für die der Betrag i an Instandhaltungskosten aufzuwenden ist
$l\; =$ mittlerer Stundenlohn für die Meßperson
$t\; =$ Zeit, die bei einer gleichmäßigen Verteilung der Benutzungsdauer einschließlich der Verlustzeit auf eine Messung entfällt.

$\varDelta k =$ Erhöhung der Fertigungskosten k_T für ein Stück infolge der Meßungenauigkeit M. Erläuterung: Nach Abb. 85–1 wird infolge der Meßungenauigkeit M die von der Werkstatt ausnutzbare Toleranz T auf $T - 2M$ eingeengt. Dadurch werden die Fertigungskosten um $\varDelta k$ höher, als bei Ausnutzung der vollen Toleranz T. Unter der (nicht genau zutreffenden) Annahme, daß die Funktion $k = f(T)$ eine gleichseitige Hyperbel ist, erhält man

$$\varDelta k = \frac{2\,k_T \cdot M}{T - 2M}, \qquad (85\text{--}4)$$

wobei k_T die Fertigungskosten für ein Stück bei Ausnutzung der vollen Toleranz T bzw.

$$\varDelta k = \frac{2\,k\,M}{T}, \qquad (85\text{--}5)$$

wobei k die Fertigungskosten bei eingeengter Toleranz sind.

Ist $n_{01} > n_{02}$ oder kann die errechnete Werkstückzahl nicht verwirklicht werden, so kann man errechnen, nach wieviel Jahren das Gerät mit den höheren jährlichen festen Kosten wirtschaftlicher wird als das andere, d. h. nach welcher Zeit sich die Kostenlinien schneiden. Die Anzahl der Jahre ist

$$n = \frac{n_{01}\,C_{11} - n_{02}\,C_{12}}{C_{22} - C_{21} + s\,(C_{32} - C_{31})}. \qquad (85\text{--}6)$$

$s =$ Anzahl der jährlich zu messenden Werkstücke, übrige Formelzeichen wie oben.

Ist das so errechnete n größer als die voraussichtliche Lebensdauer eines der Geräte, so fällt damit die Entscheidung ohne weiteres zugunsten des anderen aus.

Schrifttum

[1] M u l l e r , K. Th. R.: Untersuchung der Wirtschaftlichkeit von Geraten fur technische Langenmessungen. Diss. Dresden 1934.

[2] L e ı n w e b e r: Wirtschaftlichkeit von Meßgeräten. Werkstattstechn. u. Maschinenbau 41 (1951) H. 10, S. 396.

9 Tafeln

Tafel 1. Zahlenverbindungen mit π

	z	$\lg z$	$\dfrac{1}{z}$	$\lg \dfrac{1}{z}$
π	3,141593	0,497150	0,318310	0,502850–1
$2\,\pi$	6,283185	0,798180	0,159155	0,201820–1
$3\,\pi$	9,424778	0,974271	0,106103	0,025729–1
$4\,\pi$	12,566371	1,099210	0,079577	0,900790–2
$5\,\pi$	15,707963	1,196120	0,063662	0,803880–2
$\dfrac{\pi}{2}$	1,570796	0,196120	0,636620	0,803880–1
$\dfrac{\pi}{3}$	1,047198	0,020029	0,954930	0,979971–1
$\dfrac{\pi}{4}$	0,785398	0,895090–1	1,273240	0,104910
$\dfrac{\pi}{5}$	0,628319	0,798180–1	1,591549	0,201820
$\dfrac{\pi}{6}$	0,523599	0,718999–1	1,909859	0,281001
$\dfrac{\pi}{9}$	0,349066	0,542907–1	2,864789	0,457093
$\dfrac{\pi}{18}$	0,174533	0,241877–1	5,729578	0,758123
$\dfrac{2}{3}\,\pi$	2,094395	0,321059	0,477464	0,678941–1
$\dfrac{4}{3}\,\pi$	4,188790	0,622089	0,238732	0,377911–1
$\dfrac{3}{2}\,\pi$	4,712390	0,673241	0,212207	0,326759–1
$\dfrac{3}{4}\,\pi$	2,356195	0,372211	0,424413	0,627789–1
π^2	9,869604	0,994300	0,101321	0,005700–1
$4\,\pi^2$	39,478418	1,596360	0,025330	0,403640–2
$\dfrac{\pi^2}{4}$	2,467401	0,392240	0,405285	0,607760–1
π^3	31,006277	1,491450	0,0322515	0,508550–2
$\sqrt{\pi}$	1,772454	0,248575	0,564190	0,751425–1
$2\sqrt{\pi}$	3,544908	0,549605	0,282095	0,450395–1
$\dfrac{\sqrt{\pi}}{2}$	0,886227	0,947545–1	1,128379	0,052455
$\sqrt{2\,\pi}$	2,506628	0,399090	0,398942	0,600910–1
$\sqrt{\dfrac{\pi}{2}}$	1,253314	0,098060	0,797885	0,901940–1

Tafel 1. Zahlenverbindungen mit π (Forts.)

	z	$\lg z$	$\dfrac{1}{z}$	$\lg \dfrac{1}{z}$
$\sqrt{\dfrac{\pi}{3}}$	1,023327	0,010014	0,977205	0,989986—1
$\sqrt{\dfrac{\pi}{6}}$	0,723601	0,859499—1	1,381977	0,140501
$\sqrt[3]{\pi}$	1,464592	0,165717	0,682784	0,834283—1
$\sqrt[3]{\pi^2}$	2,145029	0,331433	0,466194	0,668567—1
$\sqrt[3]{\dfrac{\pi}{6}}$	0,805996	0,906333—1	1,240701	0,093667
$\sqrt[3]{\dfrac{3}{4\pi}}$	0,620350	0,792637—1	1,611992	0,207363

Tafel 3.

Umrechnung von Altgrad, -Minuten und -Sekunden in Bogenmaß (Radiant)
(Länge der Kreisbogen für den Radius 1)

Grad	Radiant	Grad	Radiant	Grad	Radiant	Grad	Radiant
1	0,017453	26	0,453786	51	0,890118	76	1,326450
2	0,034907	27	0,471239	52	0,907571	77	1,343904
3	0,052360	28	0,488692	53	0,925025	78	1,361357
4	0,069813	29	0,506145	54	0,942478	79	1,378810
5	0,087266	30	0,523599	55	0,959931	80	1,396263
6	0,104720	31	0,541052	56	0,977384	81	1,413717
7	0,122173	32	0,558505	57	0,994838	82	1,431170
8	0,139626	33	0,575959	58	1,012291	83	1,448623
9	0,157080	34	0,593412	59	1,029744	84	1,466077
10	0,174533	35	0,610865	60	1,047198	85	1,483530
11	0,191986	36	0,628319	61	1,064651	86	1,500983
12	0,209440	37	0,645772	62	1,082104	87	1,518436
13	0,226893	38	0,663225	63	1,099557	88	1,535890
14	0,244346	39	0,680678	64	1,117011	89	1,553343
15	0,261799	40	0,698132	65	1,134464	90	1,570796
16	0,279253	41	0,715585	66	1,151917	91	1,588250
17	0,296706	42	0,733038	67	1,169371	92	1,605703
18	0,314159	43	0,750492	68	1,186824	93	1,623156
19	0,331613	44	0,767945	69	1,204277	94	1,640609
20	0,349066	45	0,785398	70	1,221730	95	1,658063
21	0,366519	46	0,802851	71	1,239184	96	1,675516
22	0,383972	47	0,820305	72	1,256637	97	1,692969
23	0,401426	48	0,837758	73	1,274090	98	1,710423
24	0,418879	49	0,855211	74	1,291544	99	1,727876
25	0,436332	50	0,872665	75	1,308997	100	1,745329

Tafel 3. Umrechnung von Altgrad in Radiant (Forts.)

Grad	Radiant	Grad	Radiant	Grad	Radiant	Grad	Radiant
101	1,762783	151	2,635447	201	3,508112	251	4,380776
102	1,780236	152	2,652900	202	3,525565	252	4,398230
103	1,797689	153	2,670354	203	3,543018	253	4,415683
104	1,815142	154	2,687807	204	3,560472	254	4,433136
105	1,832596	155	2,705260	205	3,577925	255	4,450590
106	1,850049	156	2,722714	206	3,595378	256	4,468043
107	1,867502	157	2,740167	207	3,612832	257	4,485496
108	1,884956	158	2,757620	208	3,630285	258	4,502949
109	1,902409	159	2,775074	209	3,647738	259	4,520403
110	1,919862	160	2,792527	210	3,665191	260	4,537856
111	1,937315	161	2,809980	211	3,682645	261	4,555309
112	1,954769	162	2,827433	212	3,700098	262	4,572763
113	1,972222	163	2,844887	213	3,717551	263	4,590216
114	1,989675	164	2,862340	214	3,735005	264	4,607669
115	2,007129	165	2,879793	215	3,752458	265	4,625123
116	2,024582	166	2,897247	216	3,769911	266	4,642576
117	2,042035	167	2,914700	217	3,787364	267	4,660029
118	2,059489	168	2,932153	218	3,804818	268	4,677482
119	2,076942	169	2,949606	219	3,822271	269	4,694936
120	2,094395	170	2,967060	220	3,839724	270	4,712389
121	2,111848	171	2,984513	221	3,857178	271	4,729342
122	2,129302	172	3,001966	222	3,874631	272	4,747296
123	2,146755	173	3,019420	223	3,892084	273	4,764749
124	2,164208	174	3,036873	224	3,909538	274	4,782202
125	2,181662	175	3,054326	225	3,926991	275	4,799655
126	2,199115	176	3,071779	226	3,944444	276	4,817109
127	2,216568	177	3,089233	227	3,961897	277	4,834562
128	2,234021	178	3,106686	228	3,979351	178	4,852015
129	2,251475	179	3,124139	229	3,996804	179	4,869469
130	2,268928	180	3,141593	230	4,014257	280	4,886922
131	2,286381	181	3,159046	231	4,031711	281	4,904375
132	2,303835	182	3,176499	232	4,049164	282	4,921828
133	2,321288	183	3,193953	233	4,066617	283	4,939282
134	2,338741	184	3,211406	234	4,084070	284	4,956735
135	2,356194	185	3,228859	235	4,101524	285	4,974188
136	2,373648	186	3,246312	236	4,118977	286	4,991642
137	2,391101	187	3,263766	237	4,136430	287	5,009095
138	2,408554	188	3,281219	238	4,153884	288	5,026548
139	2,426008	189	3,298672	239	4,171337	289	5,044002
140	2,443461	190	3,316126	240	4,188790	290	5,061455
141	2,460914	191	3,333579	241	4,206243	291	5,078908
142	2,478368	192	3,351032	242	4,223697	292	5,096361
143	2,495821	193	3,368485	243	4,241150	293	5,113815
144	2,513274	194	3,385939	244	4,258603	294	5,131268
145	2,530727	195	3,403392	245	4,276057	295	5,148721
146	2,548181	196	3,420845	246	4,293510	296	5,166175
147	2,565634	197	3,438299	247	4,310963	297	5,183628
148	2,583087	198	3,455752	248	4,328417	298	5,201081
148	2,600541	199	3,473205	249	4,345870	299	5,218534
150	2,617994	200	3,490659	250	4,363323	300	5,235988

Tafel 3. Umrechnung von Altgrad in Radiant (Forts.)

Grad	Radiant	Grad	Radiant	Grad	Radiant	Grad	Radiant
301	5,253441	316	5,515240	331	5,777040	346	6,038839
302	5,270894	317	5,532694	332	5,794493	347	6,056293
303	5,288348	318	5,550147	333	5,811946	348	6,073746
304	5,305801	319	5,567600	334	5,829400	349	6,091199
305	5,323254	320	5,585054	335	5,846853	350	6,108652
306	5,340708	321	5,602507	336	5,864306	351	6,126106
307	5,358161	322	5,619960	337	5,881760	352	6,143559
308	5,375614	323	5,637413	388	5,899213	353	6,161012
309	5,393067	324	5,654867	339	5,916666	354	6,178466
310	5,410521	325	5,672320	340	5,934119	355	6,195919
311	5,427974	326	5,689773	341	5,951573	356	6,213372
312	5,445427	327	5,707227	342	5,969026	357	6,230825
313	5,462881	328	5,724680	343	5,986479	358	6,248279
314	5,480334	329	5,742133	344	6,003933	359	6,265732
315	5,497787	330	5,759587	345	6,021386	360	6,283185

Tafel 3. Umrechnung von Altminuten und -Sekunden in Radiant (Forts.)

Minuten				Sekunden			
′	Radiant	′	Radiant	″	Radiant	″	Radiant
1	0,000291	31	0,009018	1	0,000005	31	0,000150
2	0,000582	32	0,009308	2	0,000010	32	0,000155
3	0,000873	33	0,009599	3	0,000015	33	0,000160
4	0,001164	34	0,009890	4	0,000019	34	0,000165
5	0,001454	35	0,010181	5	0,000024	35	0,000170
6	0,001745	36	0,010472	6	0,000029	36	0,000175
7	0,002036	37	0,010763	7	0,000034	37	0,000179
8	0,002327	38	0,011054	8	0,000039	38	0,000184
9	0,002618	39	0,011345	9	0,000044	39	0,000189
10	0,002909	40	0,011636	10	0,000048	40	0,000194
11	0,003200	41	0,011926	11	0,000053	41	0,000199
12	0,003491	42	0,012217	12	0,000058	42	0,000204
13	0,003782	43	0,012508	13	0,000063	43	0,000208
14	0,004072	44	0,012799	14	0,000068	44	0,000213
15	0,004363	45	0,013090	15	0,000073	45	0,000218
16	0,004654	46	0,013381	16	0,000078	46	0,000223
17	0,004945	47	0,013672	17	0,000082	47	0,000228
18	0,005236	48	0,013963	18	0,000087	48	0,000233
19	0,005527	49	0,014254	19	0,000092	49	0,000238
20	0,005818	50	0,014544	20	0,000097	50	0,000242
21	0,006109	51	0,014835	21	0,000102	51	0,000247
22	0,006400	52	0,015126	22	0,000107	52	0,000252
23	0,006690	53	0,015417	23	0,000112	53	0,000257
24	0,006981	54	0,015708	24	0,000116	54	0,000262
25	0,007272	55	0,015999	25	0,000121	55	0,000267
26	0,007563	56	0,016290	26	0,000126	56	0,000271
27	0,007854	57	0,016581	27	0,000131	57	0,000276
28	0,008145	58	0,016872	28	0,000136	58	0,000281
29	0,008436	59	0,017162	29	0,000141	59	0,000286
30	0,008727	60	0,017453	30	0,000145	60	0,000291

Tafel 2. Einheiten von Bogenmaß und Gradmaß und deren Logarithmen.
(S. a. Abschn. 122.)

z			$\lg z$	$\dfrac{1}{z}$				$\lg \dfrac{1}{z}$
$1\ \mathrm{rad} = \varrho^{\circ}$	$= \dfrac{180^{\circ}}{\pi}$	$= 57^{\circ}\,17'\,44{,}81''$						
		$= 57{,}295\,780^{\circ}$	$1{,}758\,123$	$\mathrm{arc}\ 1^{\circ} = \dfrac{1^{\circ}}{\varrho^{\circ}}$	$= \dfrac{\pi}{180}$	$= 1{,}745\,329\,25 \cdot 10^{-2}$		$8{,}241\,877{-}10$
$1\ \mathrm{rad} = \varrho'$	$= \dfrac{10\,800}{\pi}$	$= 3\,437{,}746\,8'$	$3{,}536\,274$	$\mathrm{arc}\ 1' = \dfrac{1'}{\varrho'}$	$= \dfrac{\pi}{10\,800}$	$= 2{,}908\,882\,09 \cdot 10^{-4}$		$6{,}463\,726{-}10$
$1\ \mathrm{rad} = \varrho''$	$= \dfrac{648\,000}{\pi}$	$= 206\,264{,}806''$	$5{,}314\,425$	$\mathrm{arc}\ 1'' = \dfrac{1''}{\varrho''}$	$= \dfrac{\pi}{648000}$	$= 4{,}848\,1368 \cdot 10^{-6}$		$4{,}685\,575{-}10$
$1\ \mathrm{rad} = \varrho^{g}$	$= \dfrac{200^{g}}{\pi}$	$= 63{,}661\,977^{g}$	$1{,}803\,880$	$\mathrm{arc}\ 1^{g} = \dfrac{1^{g}}{\varrho^{g}}$	$= \dfrac{\pi}{200}$	$= 1{,}570\,796\,33 \cdot 10^{--}$		$8{,}196\,120{-}10$
$1\ \mathrm{rad} = \varrho^{c}$	$= \dfrac{20\,000^{c}}{\pi}$	$= 6\,366{,}197\,7^{c}$	$3{,}803\,880$	$\mathrm{arc}\ 1^{c} = \dfrac{1^{c}}{\varrho^{c}}$	$= \dfrac{\pi}{20\,000}$	$= 1{,}570\,796\,33 \cdot 10^{-4}$		$6{,}196\,120{-}10$
$1\ \mathrm{rad} = \varrho^{cc}$	$= \dfrac{2\,000\,000}{\pi}$	$= 636\,619{,}77^{cc}$	$5{,}803\,880$	$\mathrm{arc}\ 1^{cc} = \dfrac{1^{cc}}{\varrho^{cc}}$	$= \dfrac{\pi}{2\,000\,000}$	$= 1{,}570\,796\,33 \cdot 10^{-8}$		$4{,}196\,120{-}10$
$1\ \mathrm{rad} = \varrho^{st}$	$= \dfrac{16^{st}}{\pi}$	$= 5{,}092\,958^{st}$	$0{,}706\,970$	$\mathrm{arc}\ 1^{st} = \dfrac{1^{st}}{\varrho^{st}}$	$= \dfrac{\pi}{16}$	$= 1{,}963\,495 \cdot 10^{-1}$		$9{,}293\,030{-}10$
$1\ \mathrm{rad} = \varrho^{-}$	$= \dfrac{3200^{-}}{\pi}$	$= 1018{,}591^{-}$	$3{,}008\,000$	$\mathrm{arc}\ 1^{-} = \dfrac{1^{-}}{\varrho^{-}}$	$= \dfrac{\pi}{3200}$	$= 9{,}817\,477 \cdot 10^{-4}$		$6{,}992\,000{-}10$
						$\approx 0{,}001$		

Anmerkung: Teilung der Windrose in 32 Striche (st), $1^{st} = 11^{\circ}15'$.
Teilung des Kreisumfangs in 6400 Striche ($^{-}$), Bogenlänge des Winkels 1^{-} im Kreis mit Radius 1000 ist $0{,}982 \approx 1$.

Tafel 4. Einige trigonometrische Zahlen und deren Logarithmen

z	$\lg z$	$\dfrac{1}{z}$	$\lg \dfrac{1}{z}$
sin 1° = 1,745 241 · 10⁻²	8,241 855		
tg 1° = 1,745 506 · 10⁻²	8,241 921		
sin 1′ ≈ tg 1′ = 2,908 882 · 10⁻⁴	6,463 726		
sin 15° = cos 75° = 0,258 819	9,412 996	cosec 15° = sec 75° = 3,863 70	0,587 004
sin 20° = cos 70° = 0,342 020	9,534 052	cosec 20° = sec 70° = 2,923 80	0,465 948
sin 25° = cos 65° = 0,422 618	9,625 948	cosec 25° = sec 65° = 2,366 20	0,374 052
sin 30° = cos 60° = 0,500 000	9,698 970	cosec 30° = sec 60° = 2,000 00	0,301 030
sin 45° = cos 45° = 0,707 107	9,849 485	cosec 45° = sec 45° = 1,414 21	0,150 515
cos 15° = sin 75° = 0,965 926	9,984 944	sec 15° = cosec 75° = 1,035 28	0,015 056
cos 20° = sin 70° = 0,939 693	9,972 986	sec 20° = cosec 70° = 1,064 18	0,027 014
cos 25° = sin 65° = 0,906 308	9,957 276	sec 25° = cosec 65° = 1,103 38	0,042 724
cos 30° = sin 60° = 0,866 025	9,937 531	sec 30° = cosec 60° = 1,154 70	0,062 469
tg 15° = ctg 75° = 0,267 949	9,428 052	ctg 15° = tg 75° = 3,732 05	0,571 948
tg 20° = ctg 70° = 0,363 970	9,561 066	ctg 20° = tg 70° = 2,747 48	0,438 934
tg 25° = ctg 65° = 0,466 308	9,668 673	ctg 25° = tg 65° = 2,144 51	0,331 327
tg 30° = ctg 60° = 0,577 350	9,761 439	ctg 30° = tg 60° = 1,732 05	0,238 561
ev 15° = arc 21,14′ = 0,006 150	7,788 861	162,607	2,211 139
ev 20° = arc 51,24′ = 0,014 904	8,173 315	67,094	1,826 685
ev 25° = arc 1°43,0′ = 0,029 975	8,476 764	33,361	1,523 235

Abbildung zu Tafel 5.

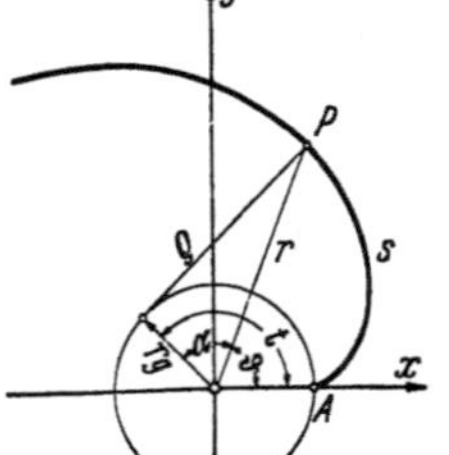

Kreisevolvente und Evolventenfunktion. Die Kreisevolvente entsteht durch Abwickeln eines gespannten Fadens oder Abwälzen eines Lineals von einem Kreis.

Parameterdarstellung der Evolventengleichung in:

Polarkoordinaten (r, ϑ) rechtwinkl. Koordinaten (x, y)

$$r = r_g/\cos \alpha \qquad\qquad x = r_g (\cos t + t \cdot \sin t)$$
$$\text{arc } \vartheta = \text{ev } \alpha \qquad\qquad y = r_g (\sin t - t \cdot \cos t)$$

mit Parameter α · · · · · · · · · mit Parameter t

Die in der Abbildung eingetragenen Größen sind Grundkreishalbmesser r_g, Mittelpunktsabstand r, abgewickelter Grundkreisbogen $\varrho = r_g \cdot \text{tg } \alpha$, Flankenlänge $s = \overset{\frown}{AP}$, Polarwinkel ϑ, Pressungswinkel α, Wälzwinkel t. Die Evolventenfunktion von α wird durch das Bogenmaß von ϑ dargestellt:

$$\text{ev } \alpha = \text{tg } \alpha - \text{arc } \alpha = \text{arc } \vartheta$$

Tafel 5. Evolventenfunktion $\operatorname{ev}\alpha = \operatorname{tg}\alpha - \operatorname{arc}\alpha$ von $\alpha = 10°$ bis $35°$, von $5'$ zu $5'$

α	0'	5'	10'	15'	20'	25'	30'	35'	40'	45'	50'	55'	60'	Differenz von	bis	Änderung
10°	0,001794	001840	001886	001933	001981	002030	002079	002130	002181	002233	002286	002340	002394	46	54'	8
11°	0,002394	002449	002506	002563	002621	002680	002739	002800	002862	002924	002988	003052	003117	55	65	10
12°	0,003117	003183	003250	003318	003388	003458	003528	003600	003673	003747	003822	003898	003975	66	77	11
13°	0,003975	004053	004132	004213	004294	004376	004459	004544	004629	004716	004803	004892	004982	78	90	12
14°	0,004982	005073	005165	005258	005353	005448	005545	005643	005742	005842	005943	006046	006150	91	104	13
15°	0,006150	006255	006361	006469	006577	006687	006798	006911	007025	007140	007256	007374	007493	105	119	14
16°	0,007493	007613	007735	007857	007982	008107	008234	008362	008492	008623	008756	008889	009025	120	136	16
17°	0,009025	009161	009299	009439	009580	009722	009866	010012	010158	010307	010456	010608	010760	136	152	16
18°	0,010760	010915	011071	011228	011387	011547	011709	011873	012038	012205	012373	012543	012715	155	172	17
19°	0,012715	012888	013063	013240	013418	013598	013779	013963	014148	014334	014522	014713	014904	173	191	18
20°	0,014904	015098	015293	015490	015689	015890	016092	016296	016502	016710	016920	017132	017345	194	213	19
21°	0,017345	017560	017777	017996	018217	018440	018665	018891	019120	019350	019583	019817	020054	215	237	22
22°	0,020054	020292	020533	020775	021019	021266	021514	021765	022018	022272	022529	022788	023049	238	261	23
23°	0,023049	023312	023577	023845	024114	024386	024660	024936	025214	025495	025778	026062	026350	263	288	25
24°	0,026350	026639	026931	027225	027521	027820	028121	028424	028729	029037	029348	029660	029975	289	315	26
25°	0,029975	030293	030613	030935	031260	031587	031916	032249	032583	032920	033260	033602	033947	318	345	27
26°	0,033947	034294	034644	034996	035352	035709	036069	036432	036798	037166	037537	037910	038286	347	376	29
27°	0,038286	038666	039047	039432	039819	040209	040602	040997	041395	041797	042201	042607	043017	380	410	30
28°	0,043017	043430	043845	044264	044685	045110	045537	045967	046400	046837	047276	047718	048164	413	446	33
29°	0,048164	048612	049063	049518	049976	050437	050901	051368	051838	052312	052788	053268	053751	448	483	35
30°	0,053751	054238	054728	055221	055717	056217	056720	057226	057736	058249	058765	059285	059809	487	524	37
31°	0,059809	060335	060866	061400	061937	062478	063022	063570	064122	064677	065236	065798	066364	527	566	39
32°	0,066364	066934	067507	068084	068665	069250	069838	070430	071026	071626	072230	072838	073449	570	611	41
33°	0,073449	074064	074684	075307	075934	076565	077200	077839	078483	079130	079781	080437	081097	615	660	45
34°	0,081097	081760	082428	083100	083777	084457	085142	085832	086525	087223	087925	088631	089342	665	711	46

Beispiele: Gegeben $\alpha = 21° 52{,}8'$; gesucht $\operatorname{ev}\alpha = 0{,}019583 + \dfrac{2{,}8'}{5'}\, 0{,}000234 = 0{,}019714$ $\quad(234 = 19817 - 19583;$
$2{,}8' = 52{,}8' - 50')$.

Gegeben $\operatorname{ev}\alpha = 0{,}021835$; gesucht $\alpha = 22° 35' + 5' \cdot \dfrac{70}{253} = 22° 36{,}4'$ $\quad(70 = 21835 - 21765;$
$253 = 22018 - 21765)$.

Dazu gehörende Abbildung s. S. 732.

Tafel 6. **Stoffeigenschaften**

Stoff	Wichte γ g/cm³	E-Modul E kg/mm²	Poisson-zahl m	Wärmedehnung $a \cdot 10^6/$ grad	a/a Stahl	Spez. Wärme c
Aluminium . .	2,69	7300···7400	0,34	24	2,1	0,21
Aluminium-legierungen .	2,75··2,87	6000	—	20···26	1,7···2,3	0 22
Blei . . .	11,34	1700···2000	0,45	29	2,5	0,03
Bronze	8,7···8,9	8000···14000	—	17···19	1,5···1,7	0,09
Chrom	6,9	16400	0,3	8	0,7	0,1
Glas	2,6	7000	0,2	3···11	0,3···0,9	0,08··0,23
Gußeisen . .	7,1···7,4	6400···10000	0,26	10	0,9	0,08··0,11
Holz parallel zur Faser	0,3···1,1	1000	—	3···9	0,3···0,8	0,27
Invar	8,7	—	—	1···2	0,09··0,17	0,13
Iridium	22,4	52000···53000	—	6,6	0,6	0,03
Kupfer	8,93	12000	0,35	14···18	1,2···1,6	0,09
Magnesium . .	1,74	2900···4200	—	26	2,3	0,25
Magnesiumleg.	—	—	—	24···27	2,1···2,3	0,25
Messing	8,3	10300	0,35	18···19	1,6···1,7	0,09
Neusilber . . .	8,5	11000	0,37	18	1,6	0,09
Nickel	8,8	20000	0,3	13	1,1	0,11
Platın. . . .	21,4	16000···17000	0,215	9	0,8	0,03
90 Pt + 10 Ir	21,6	9000	—	9	0,8	—
Preßstoffe . . .	—	—	—	37···60	3,2···5,2	—
Quarz parallel zur Achse	2,1···2,8	10000	—	8	0,7	0,19
Quarz senkrecht zur Achse	2,1···2,65	8000	—	14	1,2	0,19
Quarzglas . . .	2,20	6000	0,2	0,4···0,6	0,03	0,18
Silber	10,50	8000	0,38	19···20	1,7	0,06
Stahl	7,7	20000···22600	0,27	11,5	1,0	0,10··0,12
Sinter-Hartmetall	—	—	—	10···17	0,9···1,5	0,10··0,12
Zink	7,14	10000···13000	0,2···0,3	30	2,6	0,09
Zinn	7,28	5400	0,33	23···27	2,0···2,4	0,05

Tafel 7. **Lichtwellenlängen in $\overset{\circ}{A}E$.**

Cd 20° C, 760 mm Hg, Wasserdampfdruck 7 mm Hg und 0,03 Vol.% CO_2 (Barell & Sears 1939; Proc. Roy. Soc. 1946A 186, S. 152).

6438,5023 Rot	4799,9350 Blau
5085,8472 Grun	4678,1733 Blau

He 20° C, 760 mm Hg, Wasserdampfdruck 10 mm Hg (Sc. Pap. Bur. Stand. 1916 bis 1918, S. 159).

6678,184 Rot	4921,955 Grunblau
5875,649 Gelb	4713,168 Blau
5015,702 Grun	4471,501 Violett

Hg 15° C, 760 mm Hg, trockene Luft (Kohlrausch, Prakt. Physik 1950).

5790,657 Gelb	4916,036 Grunblau
5769,596 Gelb	4358,343 Violett
5460,724 Grun	

Kr 20° C, 760 mm Hg, Wasserdampfdruck 10 mm Hg (PTR-Tatigkeitsbericht 1926, Zeitschr. f. Instr. Kunde Bd. 47 (1927) S. 226).

6456,3241 Rot	5649,5924 Gelbgrun
5870,9463 Gelb	4502,3790 Violett

Tl (Thallium) 15° C, 760 mm Hg, trockene Luft (*Kohlrausch:* Prakt. Physik 1950).
5350,46 Grun

Tafel 8. **Normungszahlen** (nach DIN 323)

Ordnungs-nummern fur die Normungs-zahlen von 1 bis 10	Genau-werte	Ab-weichung der Haupt-werte %	Hauptwerte				Rundwerte nur für Reihe R 20, R 10, R 5
			Grundreihe				
			R 40	R 20	R 10	R 5	
1	2	3	4	5	6	7	8
0	1,0000	0	1,00	1,00	1,00	1,00	
1	1,0593	+ 0,07	1,06				
2	1,1220	— 0,18	1,12	1,12			1,1 ; 11 ; 110
3	1,1885	— 0,71	1,18				
4	1,2589	— 0,71	1,25	1,25	1,25		1,2 ; 12
5	1,3335	— 1,01	1,32				
6	1,4125	— 0,88	1,40	1,40			
7	1,4962	+ 0,25	1,50				
8	1,5849	+ 0,95	1,60	1,60	1,60	1,60	
9	1,6788	+ 1,26	1,70				
10	1,7783	+ 1,22	1,80	1,80			
11	1,8836	+ 0,87	1,90				
12	1,9953	+ 0,24	2,00	2,00	2,00		
13	2,1135	+ 0,31	2,12				

Tafel 8. Normungszahlen (Forts.)

Ordnungs-nummern fur die Normungs-zahlen von 1 bis 10	Genau-werte	Ab-weichung der Haupt-werte %	Hauptwerte				Rundwerte nur für Reihe R 20, R 10, R 5
			Grundreihe				
			R 40	R 20	R 10	R 5	
1	2	3	4	5	6	7	8
14	2,2387	+ 0,06	2,24	2,24			2,2; 22; 220
15	2,3714	— 0,48	2,36				
16	2,5119	— 0,47	2,50	2,50	2,50	2,50	
17	2,6607	— 0,40	2,65				
18	2,8184	— 0,65	2,80	2,80			
19	2,9854	+ 0,49	3,00				
20	3,1623	— 0,39	3,15	3,15	3,15		3; 32
21	3,3497	+ 0,01	3,35				
22	3,5481	+ 0,05	3,55	3,55			3,5; 36
23	3,7584	— 0,22	3,75				
24	3,9811	+ 0,47	4,00	4,00	4,00	4,00	
25	4,2170	+ 0,78	4,25				
26	4,4668	+ 0,74	4,50	4,50			
27	4,7315	+ 0,39	4,75				
28	5,0119	— 0,24	5,00	5,00	5,00		
29	5,3088	— 0,17	5,30				
30	5,6234	— 0,42	5,60	5,60			5,5
31	5,9566	+ 0,73	6,00				
32	6,3096	— 0,15	6,30	6,30	6,30	6,30	6
33	6,6834	+ 0,25	6,70				
34	7,0795	+ 0,29	7,10	7,10			7, 70
35	7,4989	+ 0,01	7,50				
36	7,9433	+ 0,71	8,00	8,00	8,00		
37	8,4140	+ 1,02	8,50				
38	8,9125	+ 0,98	9,00	9,00			
39	9,4406	+ 0,63	9,50				
40	10,0000	0	10,00	10,00	10,00	10,00	

Tafel 9. **Normmaße** (Millimeter) nach DIN 3, Blatt 1

0,1	1	10	100
			105
	1,1	11	110
			115
0,12	1,2	12	120
			125
		13	130
			135
	1,4	14	140
			145
	1,5	15	150
			155
0,16	1,6	16	160
			165
		17	170
			175
	1,8	18	180
			185
		19	190
			195
0,2	2	20	200
		21	210
	2,2	22	220
		23	230
		24	240
0,25	2,5	25	250
		26	260
			270
	2,8	28	280
			290
0,3	3	30	300
			310
			315
	3,2	32	320
			330
		34 ·	340
	3,5	35	350
			355
		36	360

0,4	4	40	400
			370
			375
		38	380
			390
0,4	4	40	400
			410
		42	420
			430
		44	440
	4,5	45	450
		46	460
			470
		48	480
			490
0,5	5	50	500
		52	520
		53	530
	5,5	55	550
		56	560
		58	580
0,6	6	60	600
		62	
		63	630
		65	650
		67	670
		68	
	7	70	700
		71	710
		72	
		75	750
		78	
0,8	8	80	800
		82	
		85	850
		88	
	9	90	900
		92	
		95	950
		98	

Tafel 11. **Zulässige Abweichungen**

Länge des Endmaßes	Zulässige Abweichungen in μ					
	Genauigkeitsgrad 0			Genauigkeitsgrad I		
	Mitten-maß[1])	Größte Abweichung des Maßes an beliebiger Stelle der Meßfläche gegenuber ihrem Mittenmaß	Schiefe	Mitten-maß[1])	Größte Abweichung des Maßes an beliebiger Stelle der Meßfläche gegenüber ihrem Mittenmaß	Schiefe
l mm	Δm ±	f ±	S ±	Δm ±	f ±	S ±
0,1	—	—	—	0,2	0,16	60
0,5	0,10	0,1	50	0,2	0,16	60
10	0,12	0,1	50	0,25	0,16	60
20	0,14	0,1	50	0,3	0,16	60
30	0,16	0,1	50	0,35	0,16	60
40	0,18	0,1	50	0,4	0,17	65
50	0,20	0,1	50	0,45	0,17	65
60	0,22	0,1	55	0,5	0,17	65
70	0,24	0,1	55	0,55	0,17	65
80	0,26	0,11	55	0,6	0,18	70
90	0,28	0,11	55	0,65	0,18	70
100	0,3	0,11	55	0,7	0,18	70
150	0,4	0,12	60	0,95	0,19	75
200	0,5	0,12	65	1,2	0,21	85
300	0,7	0,14	75	1,7	0,23	95
400	0,9	0,15	85	2,2	0,26	110
500	1,1	0,17	95	2,7	0,28	125
600	1,3	0,18	100	3,2	0,31	135
700	1,5	0,19	110	3,7	0,33	150
800	1,7	0,21	120	4,2	0,36	160
900	1,9	0,22	130	4,7	0,38	175
1000	2,1	0,24	140	5,2	0,41	190
1500	3,1	0,31	185	7,7	0,5	255
2000	4,1	0,38	230	10,2	0,65	320
3000	6,1	0,5	320	15,2	0,9	450
4000	8,1	0,65	410	20,2	1,1	580

der Parallelendmaße (aus Entwurf DIN 861 April 1953)

(1 μ = 1/1000 mm)

Genauigkeitsgrad II			Genauigkeitsgrad III		
Mitten-maß[1]	Größte Abweichung des Maßes an beliebiger Stelle der Meßfläche gegenüber ihrem Mittenmaß	Schiefe	Mitten-maß[1]	Größte Abweichung des Maßes an beliebiger Stelle der Meßfläche gegenüber ihrem Mittenmaß	Schiefe
Δm ±	f ±	S ±	Δm ±	f ±	S ±
0,5	0,25	80	1,0	0,5	90
0,5	0,25	80	1,0	0,5	90
0,6	0,25	80	1,2	0,5	90
0,7	0,25	80	1,4	0,5	95
0,8	0,26	85	1,6	0,5	95
0,9	0,26	85	1,8	0,5	100
1,0	0,27	85	2,0	0,5	100
1,1	0,27	90	2,2	0,5	105
1,2	0,28	90	2,4	0,55	105
1,3	0,28	90	2,6	0,55	110
1,4	0,29	95	2,8	0,55	110
1,5	0,29	95	3	0,55	115
2,0	0,31	105	4	0,6	125
2,5	0,34	115	5	0,65	140
3,5	0,38	130	7	0,7	165
4,5	0,43	150	9	0,8	190
5,5	0,47	170	11	0,9	215
6,5	0,5	185	13	0,95	240
7,5	0,55	205	15	1	265
8,5	0,6	220	17	1,1	290
9,5	0,65	240	19	1,2	315
10,5	0,7	260	21	1,3	340
15,5	0,9	350	31	1,7	465
20,5	1,1	440	41	2,1	590
30,5	1,6	620	61	2,9	840
40,5	2	800	81	3,7	1090

Für Endmaße mit Zwischenlängen gelten die Werte der nächstkleineren Stufe.

[1]) Die zusässigen Abweichungen von Mittenmaßen sind durch die folgenden Richtstrahlen gegeben:

Genauigkeitsgrad 0: $\quad \Delta m = \pm \left(0{,}1\,\mu + \dfrac{\text{Sollänge}}{500000} \right)$

Genauigkeitsgrad I: $\quad \Delta m = \pm \left(0{,}2\,\mu + \dfrac{\text{Sollänge}}{200000} \right)$

Genauigkeitsgrad II: $\quad \Delta m = \pm \left(0{,}5\,\mu + \dfrac{\text{Sollänge}}{100000} \right)$

Genauigkeitsgrad III: $\quad \Delta m = \pm \left(1\,\mu + \dfrac{\text{Sollänge}}{50000} \right)$

Tafel 12. **Endmaßsätze** (Auszug aus DIN 2260)

1,1 *Normalsatz* (*N-Satz*)

Maß-bildungs-reihe	Blöcke		Stufung von Block zu Block
	Anzahl	Größe	
1	9	1,001 bis 1,009	0,001
2	9	1,01 bis 1,09	0,01
3	9	1,1 bis 1,9	0,1
4	9	1 bis 9	1
5	9	10 bis 90	10

Zusammenstellungen

Satz-bezeichnung	Kleinste Unter-stufung	Normaler Meßbereich[1])	Zahl der Blöcke im Maß höchstens	Im Satz enthaltene Maß-bildungs-reihen des N-Satzes	Anzahl der im Satz vor-handenen Blöcke
N	0,001	3 bis 102,999	5	1 bis 5	45
Na	0,01	2 bis 101,99	4	2 bis 5	36
Nb	0,1	1 bis 100,9	3	3 bis 5	27
Nc	1	0 bis 99	2	4 und 5	18
Nd	10	0 bis 90	1	5	9
Ne	0,001	1,001 bis 1,009	1	1	9

1,2 *Sondersatz* (*S-Satz*)

Maß-bildungs-reihe	Blöcke		Stufung von Block zu Block
	Anzahl	Größe	
1	9	1,001 bis 1,009	0,001
2	49	1,01 bis 1,49	0,01
3	19	0,5 bis 9,5	0,5
4	9	10 bis 90	10

Zusammenstellungen

Satz-bezeichnung	Kleinste Unter-stufung	Normaler Meßbereich[1])	Zahl der Blöcke im Maß höchstens	Im Satz enthaltene Maß-bildungs-reihen des S-Satzes	Anzahl der im Satz vor-handenen Blöcke
S	0,001	2 bis 101,999	4	1 bis 4	86
Sa	0,01	1 bis 100,99	3	2 bis 4	77

[1]) Der Normale Meßbereich ist der Bereich, innerhalb dessen die feinste Unter-stufung des Satzes unter Einhaltung der angegebenen Höchstzahl der Blöcke im Maß und bei Verwendung nur eines Blockes je Maßbildungsreihe ununterbrochen durch-fuhrbar ist.

Tafel 13. ISA-Passungen: Grundtoleranzen (nach DIN 7151, erweitert)

Werte in $\mu = {}^1/_{1000}$ mm. Bezeichnung der Grundtoleranzenreihe von ISA-Qualität 4: ISA-Toleranzenreihe 4, abgekurzt: IT 4

Quali-tat	Grund-tole-ranzen-reihe	Nennmaßbereich mm													Tole-ranzen in i
		1 bis 3	uber 3 bis 6	uber 6 bis 10	uber 10 bis 18	uber 18 bis 30	uber 30 bis 50	uber 50 bis 80	uber 80 bis 120	uber 120 bis 180	uber 180 bis 250	uber 250 bis 315	uber 315 bis 400	uber 400 bis 500	
1	IT 1	1,5	1,5	1,5	1,5	1,5	2	2	3	4	5	6	7	8	—
2	IT 2	2	2	2	2	2	3	3	4	5	7	8	9	10	—
3	IT 3	3	3	3	3	4	4	5	6	8	10	12	13	15	—
4	IT 4	4	4	4	5	6	7	8	10	12	14	16	18	20	—
5	IT 5	5	5	6	8	9	11	13	15	18	20	23	25	27	≈ 7
6	IT 6	7	8	9	11	13	16	19	22	25	29	32	36	40	10
7	IT 7	9	12	15	18	21	25	30	35	40	46	52	57	63	16
8	IT 8	14	18	22	27	33	39	46	54	63	72	81	89	97	25
9	IT 9	25	30	36	43	52	62	74	87	100	115	130	140	155	40
10	IT 10	40	48	58	70	84	100	120	140	160	185	210	230	250	64
11	IT 11	60	75	90	110	130	160	190	220	250	290	320	360	400	100
12	IT 12	90	120	150	180	210	250	300	350	400	460	520	570	630	160
13	IT 13	140	180	220	270	330	390	460	540	630	720	810	890	970	250
14	IT 14	250	300	360	430	520	620	740	870	1000	1150	1300	1400	1550	400
15	IT 15	400	480	580	700	840	1000	1200	1400	1600	1850	2100	2300	2500	640
16	IT 16	600	750	900	1100	1300	1600	1900	2200	2500	2900	3200	3600	4000	1000
17	IT 17	900	1200	1500	1800	2100	2500	3000	3500	4000	4600	5200	5700	6300	1600
18	IT 18	1400	1800	2200	2700	3300	3900	4600	5400	6300	7200	8100	8900	9700	2500

Tafel 14. **ISA-Passungen: Passungsauswahl, allgemein** Toleranzfelder, Nennabmaße, Erlauterungen (nach DIN 7157, Bl. 1)

Nennmaße in $\mu = {}^1/_{1000}$ mm

Nennmaßbereich mm	x8/u8¹)	r6	n6				h9					H7			F8		D10		
(Reihe 2)		(Reihe 1)	(Reihe 1)			h6	(Reihe 1)			f7		(Reihe 1)	H8		(Reihe 1)	E9	(Reihe 1)	C11	
(Reihe 3)				k6	j6			h11	g6		d9			H11					A11
über 1,6	+ 36	+ 19	+ 13	—	+ 6	0	0	0	− 3	− 7	− 20	+ 9	+ 14	+ 60	+ 21	+ 39	+ 60	+ 120	+ 330
bis 3	+ 22	+ 12	+ 6		− 1	− 7	− 25	− 60	− 10	− 16	− 45	0	0	0	+ 7	+ 14	+ 20	+ 60	+ 270
über 3	+ 46	+ 23	+ 16	—	+ 7	0	0	0	− 4	− 10	− 30	+ 12	+ 18	+ 75	+ 28	+ 50	+ 78	+ 145	+ 345
bis 6	+ 28	+ 15	+ 8		− 1	− 8	− 30	− 75	− 12	− 22	− 60	0	0	0	+ 10	+ 20	+ 30	+ 70	+ 270
über 6	+ 56	+ 28	+ 19	+ 10	+ 7	0	0	0	− 5	− 13	− 40	+ 15	+ 22	+ 90	+ 35	+ 61	+ 98	+ 170	+ 370
bis 10	+ 34	+ 19	+ 10	+ 1	− 2	− 9	− 36	− 90	− 14	− 28	− 76	0	0	0	+ 13	+ 25	+ 40	+ 80	+ 280
über 10	+ 67	+ 34	+ 23	+ 12	+ 8	0	0	0	− 6	− 16	− 50	+ 18	+ 27	+ 110	+ 43	+ 75	+ 120	+ 205	+ 400
bis 14	+ 40	+ 23	+ 12	+ 1	− 3	− 11	− 43	− 110	− 17	− 34	− 93	0	0	0	+ 16	+ 32	+ 50	+ 95	+ 290
über 14	+ 72																		
bis 18	+ 45																		
über 18	+ 87	+ 41	+ 28	+ 15	+ 9	0	0	0	− 7	− 20	− 65	+ 21	+ 33	+ 130	+ 53	+ 92	+ 149	+ 240	+ 430
bis 24	+ 54	+ 26	+ 15	+ 2	− 4	− 13	− 52	− 130	− 20	− 41	− 117	0	0	0	+ 20	+ 40	+ 65	+ 110	+ 300
über 24	+ 81																		
bis 30	+ 48																		

<table>
<tr>
<td>Nennmaßbereich mm</td>
<td></td><td></td><td></td><td></td><td></td><td></td><td></td><td></td><td></td><td></td><td></td><td></td><td></td><td></td><td></td><td></td><td></td><td></td>
</tr>
<tr>
<td>über 30 bis 40</td>
<td>+99 / +60</td>
<td rowspan="2">+50 / +34</td>
<td rowspan="2">+33 / +17</td>
<td rowspan="2">+18 / +2</td>
<td rowspan="2">+11 / −5</td>
<td rowspan="2">0 / −16</td>
<td rowspan="2">0 / −62</td>
<td rowspan="2">0 / −160</td>
<td rowspan="2">−9 / −25</td>
<td rowspan="2">−25 / −50</td>
<td rowspan="2">−80 / −142</td>
<td rowspan="2">+25 / 0</td>
<td rowspan="2">+39 / 0</td>
<td rowspan="2">+160 / 0</td>
<td rowspan="2">+64 / +25</td>
<td rowspan="2">+112 / +50</td>
<td rowspan="2">+180 / +80</td>
<td>+280 / +120</td>
<td>+470 / +310</td>
</tr>
<tr>
<td>über 40 bis 50</td>
<td>+109 / +70</td>
<td>+290 / +130</td>
<td>+480 / +320</td>
</tr>
<tr>
<td>über 50 bis 65</td>
<td>+133 / +87</td>
<td>+60 / +41</td>
<td rowspan="2">+39 / +20</td>
<td rowspan="2">+21 / +2</td>
<td rowspan="2">+12 / −7</td>
<td rowspan="2">0 / −19</td>
<td rowspan="2">0 / −74</td>
<td rowspan="2">0 / −190</td>
<td rowspan="2">−10 / −29</td>
<td rowspan="2">−30 / −60</td>
<td rowspan="2">−100 / −174</td>
<td rowspan="2">+30 / 0</td>
<td rowspan="2">+46 / 0</td>
<td rowspan="2">+190 / 0</td>
<td rowspan="2">+76 / +30</td>
<td rowspan="2">+134 / +60</td>
<td rowspan="2">+220 / +100</td>
<td>+330 / +140</td>
<td>+530 / +340</td>
</tr>
<tr>
<td>über 65 bis 80</td>
<td>+148 / +102</td>
<td>+62 / +43</td>
<td>+340 / +150</td>
<td>+550 / +360</td>
</tr>
<tr>
<td>über 80 bis 100</td>
<td>+178 / +124</td>
<td>+73 / +51</td>
<td rowspan="2">+45 / +23</td>
<td rowspan="2">+25 / +3</td>
<td rowspan="2">+13 / −9</td>
<td rowspan="2">0 / −22</td>
<td rowspan="2">0 / −87</td>
<td rowspan="2">0 / −220</td>
<td rowspan="2">−12 / −34</td>
<td rowspan="2">−36 / −71</td>
<td rowspan="2">−120 / −207</td>
<td rowspan="2">+35 / 0</td>
<td rowspan="2">+54 / 0</td>
<td rowspan="2">+220 / 0</td>
<td rowspan="2">+90 / +36</td>
<td rowspan="2">+159 / 72</td>
<td rowspan="2">+260 / +120</td>
<td>+390 / +170</td>
<td>+600 / +380</td>
</tr>
<tr>
<td>über 100 bis 120</td>
<td>+198 / +144</td>
<td>+76 / +54</td>
<td>+400 / +180</td>
<td>+630 / +410</td>
</tr>
<tr>
<td>über 120 bis 140</td>
<td>+233 / +170</td>
<td>+88 / +63</td>
<td rowspan="3">+52 / +27</td>
<td rowspan="3">+28 / +3</td>
<td rowspan="3">+14 / −11</td>
<td rowspan="3">0 / −25</td>
<td rowspan="3">0 / −100</td>
<td rowspan="3">0 / −250</td>
<td rowspan="3">−14 / −39</td>
<td rowspan="3">−43 / −83</td>
<td rowspan="3">−145 / −245</td>
<td rowspan="3">+40 / 0</td>
<td rowspan="3">+63 / 0</td>
<td rowspan="3">+250 / 0</td>
<td rowspan="3">+106 / +43</td>
<td rowspan="3">+185 / +85</td>
<td rowspan="3">+305 / +145</td>
<td>+450 / +200</td>
<td>+710 / +460</td>
</tr>
<tr>
<td>über 140 bis 160</td>
<td>+253 / +190</td>
<td>+90 / +65</td>
<td>+460 / +210</td>
<td>+770 / +520</td>
</tr>
<tr>
<td>über 160 bis 180</td>
<td>+273 / +210</td>
<td>+93 / +68</td>
<td>+480 / +230</td>
<td>+830 / +580</td>
</tr>
<tr>
<td>über 180 bis 200</td>
<td>+308 / +236</td>
<td>+106 / +77</td>
<td rowspan="3">+60 / +31</td>
<td rowspan="3">+33 / +4</td>
<td rowspan="3">+16 / −13</td>
<td rowspan="3">0 / −29</td>
<td rowspan="3">0 / −115</td>
<td rowspan="3">0 / −290</td>
<td rowspan="3">−15 / −44</td>
<td rowspan="3">−50 / −96</td>
<td rowspan="3">−170 / −285</td>
<td rowspan="3">+46 / 0</td>
<td rowspan="3">+72 / 0</td>
<td rowspan="3">+290 / 0</td>
<td rowspan="3">+122 / +50</td>
<td rowspan="3">+215 / +100</td>
<td rowspan="3">+355 / +170</td>
<td>+530 / +240</td>
<td>+950 / +660</td>
</tr>
<tr>
<td>über 200 bis 225</td>
<td>+330 / +258</td>
<td>+109 / +80</td>
<td>+550 / +260</td>
<td>+1030 / +740</td>
</tr>
<tr>
<td>über 225 bis 250</td>
<td>+356 / +284</td>
<td>+113 / +84</td>
<td>+570 / +280</td>
<td>+1110 / +820</td>
</tr>
<tr>
<td>über 250 bis 280</td>
<td>+396 / +315</td>
<td>+126 / +94</td>
<td rowspan="2">+66 / +34</td>
<td rowspan="2">+36 / +4</td>
<td rowspan="2">+16 / −16</td>
<td rowspan="2">0 / −32</td>
<td rowspan="2">0 / −130</td>
<td rowspan="2">0 / −320</td>
<td rowspan="2">−17 / −49</td>
<td rowspan="2">−56 / −108</td>
<td rowspan="2">−190 / −320</td>
<td rowspan="2">+52 / 0</td>
<td rowspan="2">+81 / 0</td>
<td rowspan="2">+320 / 0</td>
<td rowspan="2">+137 / +56</td>
<td rowspan="2">+240 / +110</td>
<td rowspan="2">+400 / +190</td>
<td>+620 / +300</td>
<td>+1240 / +920</td>
</tr>
<tr>
<td>über 280 bis 315</td>
<td>+431 / +350</td>
<td>+130 / +98</td>
<td>+650 / +330</td>
<td>+1370 / +1050</td>
</tr>
<tr>
<td>über 315 bis 355</td>
<td>+479 / +390</td>
<td>+144 / +108</td>
<td rowspan="2">+73 / +37</td>
<td rowspan="2">+40 / +4</td>
<td rowspan="2">+18 / −18</td>
<td rowspan="2">0 / −36</td>
<td rowspan="2">0 / −140</td>
<td rowspan="2">0 / −360</td>
<td rowspan="2">−18 / −54</td>
<td rowspan="2">−62 / −119</td>
<td rowspan="2">−210 / −350</td>
<td rowspan="2">+57 / 0</td>
<td rowspan="2">+89 / 0</td>
<td rowspan="2">+360 / 0</td>
<td rowspan="2">+151 / +62</td>
<td rowspan="2">+265 / +125</td>
<td rowspan="2">+440 / +210</td>
<td>+720 / +360</td>
<td>+1560 / +1200</td>
</tr>
<tr>
<td>über 355 bis 400</td>
<td>+524 / +435</td>
<td>+150 / +114</td>
<td>+760 / +400</td>
<td>+1710 / +1350</td>
</tr>
<tr>
<td>über 400 bis 450</td>
<td>+587 / +490</td>
<td>+166 / +126</td>
<td rowspan="2">+80 / +40</td>
<td rowspan="2">+45 / +5</td>
<td rowspan="2">+20 / −20</td>
<td rowspan="2">0 / −40</td>
<td rowspan="2">0 / −155</td>
<td rowspan="2">0 / −400</td>
<td rowspan="2">−20 / −60</td>
<td rowspan="2">−68 / −131</td>
<td rowspan="2">−230 / −385</td>
<td rowspan="2">+63 / 0</td>
<td rowspan="2">+97 / 0</td>
<td rowspan="2">+400 / 0</td>
<td rowspan="2">+165 / +68</td>
<td rowspan="2">+290 / +135</td>
<td rowspan="2">+480 / +230</td>
<td>+840 / +440</td>
<td>+1900 / +1500</td>
</tr>
<tr>
<td>über 450 bis 500</td>
<td>+637 / +540</td>
<td>+172 / +132</td>
<td>+880 / +480</td>
<td>+2050 / +1650</td>
</tr>
</table>

¹) Bis Nennmaß 24 mm: x8. Toleranzfeld u8 ist erst über 24 mm Nennmaß festgelegt.

Tafel 15. **ISA-Passungen: Passungsauswahl, allgemein** Paßtoleranzen (nach DIN 7157, Bl. 2)

Spiele und Übermaße in $\mu = {}^{1}/_{1000}$ mm

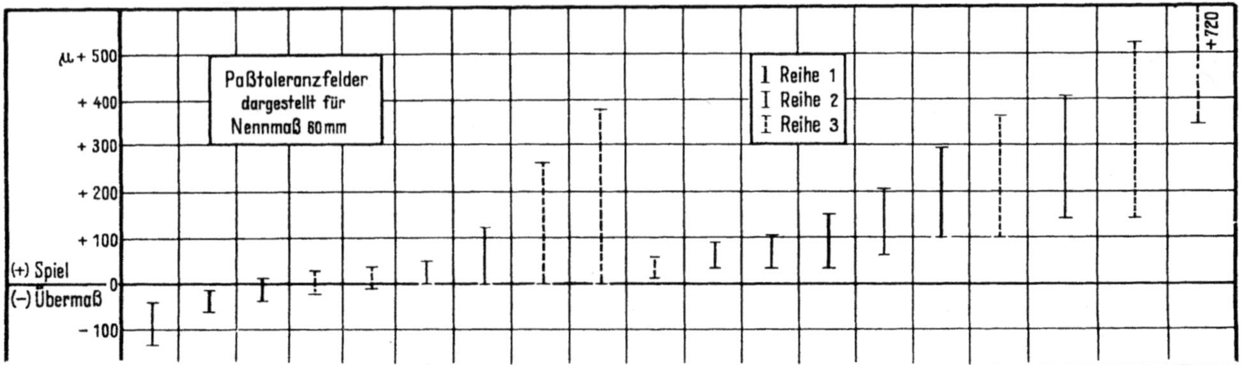

μ + 500 · + 400 · + 300 · + 200 · + 100 · 0 · − 100

(+) Spiel   (−) Übermaß   +720

Paßtoleranzfelder dargestellt für Nennmaß 60 mm

I Reihe 1   I Reihe 2   I Reihe 3

Passung	H8 / x8(u8¹)	H7 / r6	H7 / n6	H7 / k6	H7 / j6	H7 / h6	H8 / h9	H11 / h9	H11 / h11
über 1,6 bis 3	− 8 / − 36	− 3 / − 19	+ 3 / − 13	—	+ 10 / − 6	+ 16 / 0	+ 39 / 0	+ 85 / 0	+ 120 / 0
über 3 bis 6	− 10 / − 46	− 3 / − 23	+ 4 / − 16	—	+ 13 / − 7	+ 20 / 0	+ 48 / 0	+ 105 / 0	+ 150 / 0
über 6 bis 10	− 12 / − 56	− 4 / − 28	+ 5 / − 19	+ 14 / − 10	+ 17 / − 7	+ 24 / 0	+ 58 / 0	+ 126 / 0	+ 180 / 0
über 10 bis 14	− 13 / − 67	− 5 / − 34	+ 6 / − 23	+ 17 / − 12	+ 21 / − 8	+ 29 / 0	+ 70 / 0	+ 153 / 0	+ 220 / 0
über 14 bis 18	− 18 / − 72								
über 18 bis 24	− 21 / − 87	− 7 / − 41	+ 6 / − 28	+ 19 / − 15	+ 25 / − 9	+ 34 / + 0	+ 85 / 0	+ 182 / 0	+ 260 / 0
über 24 bis 30	− 15 / − 81								

Passung	H7 / g6	H7 / f7	H8 / f7	F8 / h9	E9 / h9	D10 / h9	H11 / d9	C11 / h9	C11 / h11	A11 / h11
über 1,6 bis 3	+ 19 / + 3	+ 25 / + 7	+ 30 / + 7	+ 46 / + 7	+ 64 / + 14	+ 85 / + 20	+ 105 / + 20	+ 145 / + 60	+ 180 / + 60	+ 390 / + 270
über 3 bis 6	+ 24 / + 4	+ 34 / + 10	+ 40 / + 10	+ 58 / + 10	+ 80 / + 20	+ 108 / + 30	+ 135 / + 30	+ 175 / + 70	+ 220 / + 70	+ 420 / + 270
über 6 bis 10	+ 29 / + 5	+ 43 / + 13	+ 50 / + 13	+ 71 / + 13	+ 97 / + 25	+ 134 / + 40	+ 166 / + 40	+ 206 / + 80	+ 260 / + 80	+ 460 / + 280
über 10 bis 14	+ 35 / + 6	+ 52 / + 16	+ 61 / + 16	+ 86 / + 16	+ 118 / + 32	+ 163 / + 50	+ 203 / + 50	+ 248 / + 95	+ 315 / + 95	+ 510 / + 290
über 14 bis 18										
über 18 bis 24	+ 41 / 7	+ 62 / + 20	+ 74 / + 20	+ 105 / + 20	+ 144 / + 40	+ 201 / + 65	+ 247 / + 65	+ 292 / + 110	+ 370 / + 110	+ 560 / + 200
über 24 bis 30										

Nennmaßbereich mm

<table>
<tr>
<td rowspan="2">Nennmaßbereich mm</td>
<td>− 21
− 99</td>
<td rowspan="2">− 9
− 50</td>
<td rowspan="2">+ 8
− 33</td>
<td rowspan="2">+ 23
− 18</td>
<td rowspan="2">+ 30
− 11</td>
<td rowspan="2">+ 41
0</td>
<td rowspan="2">+ 101
0</td>
<td rowspan="2">+ 222
0</td>
<td rowspan="2">+ 320
0</td>
<td rowspan="2">+ 50
+ 9</td>
<td rowspan="2">+ 75
+ 25</td>
<td rowspan="2">+ 89
+ 25</td>
<td rowspan="2">+ 126
+ 25</td>
<td rowspan="2">+ 174
+ 50</td>
<td rowspan="2">+ 242
+ 80</td>
<td rowspan="2">+ 302
+ 80</td>
<td>+ 342
+ 120</td>
<td>+ 440
+ 120</td>
<td>+ 630
+ 310</td>
</tr>
<tr>
<td>über 30 bis 40</td>
</tr>
<tr>
<td>über 40 bis 50</td>
<td>− 31
−109</td>
<td>+ 352
+ 130</td>
<td>+ 450
+ 130</td>
<td>+ 640
+ 320</td>
</tr>
<tr>
<td>über 50 bis 65</td>
<td>− 41
−133</td>
<td>− 11
− 60</td>
<td rowspan="2">+ 10
−39</td>
<td rowspan="2">+ 28
−21</td>
<td rowspan="2">+ 37
−12</td>
<td rowspan="2">+ 49
0</td>
<td rowspan="2">+ 120
0</td>
<td rowspan="2">+ 264
0</td>
<td rowspan="2">+ 380
0</td>
<td rowspan="2">+ 59
+ 10</td>
<td rowspan="2">+ 90
+ 30</td>
<td rowspan="2">+ 106
+ 30</td>
<td rowspan="2">+ 150
+ 30</td>
<td rowspan="2">+ 208
+ 60</td>
<td rowspan="2">+ 294
+ 100</td>
<td rowspan="2">+ 364
+ 100</td>
<td>+ 404
+ 140</td>
<td>+ 520
+ 140</td>
<td>+ 720
+ 340</td>
</tr>
<tr>
<td>über 65 bis 80</td>
<td>− 56
−148</td>
<td>− 13
− 62</td>
<td>+ 414
+ 150</td>
<td>+ 530
+ 150</td>
<td>+ 740
+ 360</td>
</tr>
<tr>
<td>über 80 bis 100</td>
<td>− 70
−178</td>
<td>− 16
− 73</td>
<td rowspan="2">+ 12
−45</td>
<td rowspan="2">+ 32
−25</td>
<td rowspan="2">+ 44
−13</td>
<td rowspan="2">+ 57
0</td>
<td rowspan="2">+ 141
0</td>
<td rowspan="2">+ 307
0</td>
<td rowspan="2">+ 440
0</td>
<td rowspan="2">+ 69
+ 12</td>
<td rowspan="2">+ 106
+ 36</td>
<td rowspan="2">+ 125
+ 36</td>
<td rowspan="2">+ 177
+ 36</td>
<td rowspan="2">+ 246
+ 72</td>
<td rowspan="2">+ 347
+ 120</td>
<td rowspan="2">+ 427
+ 120</td>
<td>+ 477
+ 170</td>
<td>+ 610
+ 170</td>
<td>+ 820
+ 380</td>
</tr>
<tr>
<td>über 100 bis 120</td>
<td>− 90
−198</td>
<td>− 19
− 76</td>
<td>+ 487
+ 180</td>
<td>+ 620
+ 180</td>
<td>+ 850
+ 410</td>
</tr>
<tr>
<td>über 120 bis 140</td>
<td>−107
−233</td>
<td>− 23
− 88</td>
<td rowspan="3">+ 13
−52</td>
<td rowspan="3">+ 37
−28</td>
<td rowspan="3">+ 51
−14</td>
<td rowspan="3">+ 65
0</td>
<td rowspan="3">+ 163
0</td>
<td rowspan="3">+ 350
0</td>
<td rowspan="3">+ 500
0</td>
<td rowspan="3">+ 79
+ 14</td>
<td rowspan="3">+ 123
+ 43</td>
<td rowspan="3">+ 146
+ 43</td>
<td rowspan="3">+ 206
+ 43</td>
<td rowspan="3">+ 285
+ 85</td>
<td rowspan="3">+ 405
+ 145</td>
<td rowspan="3">+ 495
+ 145</td>
<td>+ 550
+ 200</td>
<td>+ 700
+ 200</td>
<td>+ 960
+ 460</td>
</tr>
<tr>
<td>über 140 bis 160</td>
<td>−127
−253</td>
<td>− 25
− 90</td>
<td>+ 560
+ 210</td>
<td>+ 710
+ 210</td>
<td>+ 1020
+ 520</td>
</tr>
<tr>
<td>über 160 bis 180</td>
<td>−147
−273</td>
<td>− 28
− 93</td>
<td>+ 580
+ 230</td>
<td>+ 730
+ 230</td>
<td>+ 1080
+ 580</td>
</tr>
<tr>
<td>über 180 bis 200</td>
<td>−164
−308</td>
<td>− 31
−106</td>
<td rowspan="3">+ 15
−60</td>
<td rowspan="3">+ 42
−33</td>
<td rowspan="3">+ 59
−16</td>
<td rowspan="3">+ 75
0</td>
<td rowspan="3">+ 187
0</td>
<td rowspan="3">+ 405
0</td>
<td rowspan="3">+ 580
0</td>
<td rowspan="3">+ 90
+ 15</td>
<td rowspan="3">+ 142
+ 50</td>
<td rowspan="3">+ 168
+ 50</td>
<td rowspan="3">+ 237
+ 50</td>
<td rowspan="3">+ 330
+ 100</td>
<td rowspan="3">+ 470
+ 170</td>
<td rowspan="3">+ 575
+ 170</td>
<td>+ 645
+ 240</td>
<td>+ 820
+ 240</td>
<td>+ 1240
+ 660</td>
</tr>
<tr>
<td>über 200 bis 225</td>
<td>−186
−330</td>
<td>− 34
−109</td>
<td>+ 665
+ 260</td>
<td>+ 840
+ 260</td>
<td>+ 1320
+ 740</td>
</tr>
<tr>
<td>über 225 bis 250</td>
<td>−212
−356</td>
<td>− 38
−113</td>
<td>+ 685
+ 280</td>
<td>+ 860
+ 280</td>
<td>+ 1400
+ 820</td>
</tr>
<tr>
<td>über 250 bis 280</td>
<td>−234
−396</td>
<td>− 42
−126</td>
<td rowspan="2">+ 18
−66</td>
<td rowspan="2">+ 48
−36</td>
<td rowspan="2">+ 68
−16</td>
<td rowspan="2">+ 84
0</td>
<td rowspan="2">+ 211
0</td>
<td rowspan="2">+ 450
0</td>
<td rowspan="2">+ 640
0</td>
<td rowspan="2">+ 101
+ 17</td>
<td rowspan="2">+ 160
+ 56</td>
<td rowspan="2">+ 189
+ 56</td>
<td rowspan="2">+ 267
+ 56</td>
<td rowspan="2">+ 370
+ 110</td>
<td rowspan="2">+ 530
+ 190</td>
<td rowspan="2">+ 640
+ 190</td>
<td>+ 750
+ 300</td>
<td>+ 940
+ 300</td>
<td>+ 1560
+ 920</td>
</tr>
<tr>
<td>über 280 bis 315</td>
<td>−269
−431</td>
<td>− 46
−130</td>
<td>+ 780
+ 330</td>
<td>+ 970
+ 330</td>
<td>+ 1690
+ 1050</td>
</tr>
<tr>
<td>über 315 bis 355</td>
<td>−301
−479</td>
<td>− 51
−144</td>
<td rowspan="2">+ 20
−73</td>
<td rowspan="2">+ 53
−40</td>
<td rowspan="2">+ 75
−18</td>
<td rowspan="2">+ 93
0</td>
<td rowspan="2">+ 229
0</td>
<td rowspan="2">+ 500
0</td>
<td rowspan="2">+ 720
0</td>
<td rowspan="2">+ 111
+ 18</td>
<td rowspan="2">+ 176
+ 62</td>
<td rowspan="2">+ 208
+ 62</td>
<td rowspan="2">+ 291
+ 62</td>
<td rowspan="2">+ 405
+ 125</td>
<td rowspan="2">+ 580
+ 210</td>
<td rowspan="2">+ 710
+ 210</td>
<td>+ 860
+ 360</td>
<td>+ 1080
+ 360</td>
<td>+ 1920
+ 1200</td>
</tr>
<tr>
<td>über 355 bis 400</td>
<td>−346
−524</td>
<td>− 57
−150</td>
<td>+ 900
+ 400</td>
<td>+ 1120
+ 400</td>
<td>+ 2070
+ 1350</td>
</tr>
<tr>
<td>über 400 bis 450</td>
<td>−393
−587</td>
<td>− 63
−166</td>
<td rowspan="2">+ 23
−80</td>
<td rowspan="2">+ 58
−45</td>
<td rowspan="2">+ 83
−20</td>
<td rowspan="2">+ 103
0</td>
<td rowspan="2">+ 252
0</td>
<td rowspan="2">+ 555
0</td>
<td rowspan="2">+ 800
0</td>
<td rowspan="2">+ 123
+ 20</td>
<td rowspan="2">+ 194
+ 68</td>
<td rowspan="2">+ 228
+ 68</td>
<td rowspan="2">+ 320
+ 68</td>
<td rowspan="2">+ 445
+ 135</td>
<td rowspan="2">+ 635
+ 230</td>
<td rowspan="2">+ 785
+ 230</td>
<td>+ 995
+ 440</td>
<td>+ 1240
+ 440</td>
<td>+ 2300
+ 1500</td>
</tr>
<tr>
<td>über 450 bis 500</td>
<td>−443
−637</td>
<td>− 69
−172</td>
<td>+ 1035
+ 480</td>
<td>+ 1280
+ 480</td>
<td>+ 2450
+ 1650</td>
</tr>
</table>

¹) Bis Nennmaß 24 mm: $\frac{H\,8}{x\,8}$, über 24 mm Nennmaß $\frac{H\,8}{u\,8}$. Toleranzfelder, Nennmaße, Erläuterungen siehe DIN 7157, Blatt 1.

Erklärung zu Tafel 14 und 15.

Bl. 1 dieser Norm enthält — unterteilt in eine Grund- und zwei Ergänzungsreihen — die Toleranzfelder fur 8 Bohrungen und 11 Wellen = 88 mögliche Kombinationen. Davon 19 ausgewählt in Bl. 2. Durch einheitliche Passungswahl wird die Verschieden-artigkeit der Werk- und Spannzeuge sowie Lehren stark eingeschränkt. Dadurch Fertigung wirtschaftlicher. Deshalb nur in Fällen, wo Passungen nach DIN 7157 tatsächliche Nachteile fur Fertigung oder Funktion mit sich bringen, die auch durch Umkonstruktion nicht zu beseitigen, andere Passungen vorsehen.

Im wesentlichen Verbundsystem mit Preß- und Übergangspassungen aus EB und Spielpassungen aus EW. Dazu aus EBdie Spielpassungen mit Wellen g6, f7 und d9 für Werkzeugmaschinenbau (EW bringt hier keinen Vorteil, da aus Konstruktionsgrunden im allgemeinen keine glatten Wellen). Eine besondere Passungsauswahl fur Walzlagereinbau enthält DIN 7158 (Entwurf) (Toleranzen und Laufeigenschaften von Walzlager s. DIN 620), die mit Rucksicht auf gunstigste Ausnutzung und hohe Lebensdauer der Lager aufgestellt wurde.

Tafel 16. Zulässige Vergrößerung der Grundtoleranzen infolge Abnutzung der Gutseite der Arbeitslehren

(Überschreitung der oberen Abmaße bei Außenmaßen [Wellen] um y_1
und Unterschreitung der unteren Abmaße bei Innenmaßen [Bohrungen] um y)

Lehren fur	Quali-tat	Nennmaßbereich mm												
		1 bis 3	uber 3 bis 6	uber 6 bis 10	uber 10 bis 18	uber 18 bis 30	uber 30 bis. 50	uber 50 bis 80	uber 80 bis 120	uber 120 bis 180	uber 180 bis 250	uber 250 bis 315	uber 315 bis 400	uber 400 bis 500
		y_1												
Außenmaße (Wellen)	5	1	1	1	1,5	2	2	2	3	3	3	3	4	4
	6	1,5	1,5	1,5	2	3	3	3	4	4	5	6	6	7
	7	1,5	1,5	1,5	2	3	3	3	4	4	6	7	8	9
	8	3	3	3	4	4	5	5	6	6	7	9	9	11
		y												
Innenmaße (Bohrungen)	6	1	1	1	1,5	1,5	2	2	3	3	4	5	6	7
	7	1,5	1,5	1,5	2	3	3	3	4	4	6	7	8	9
	8	3	3	3	4	4	5	5	6	6	7	9	9	11

Tafel 17. **Kegel** (nach DIN 254)

Kegel 1 : k	Kegel-winkel α	Einstellwinkel an der Bearbeitungsmaschine $\alpha/2$	Beispiele für die Anwendung			Werkzeuge und Lehren zur Herstellung der Kegel
			Maschinenbau	Werkzeugbau	Schrauben, Niete	
1 : 0,289	120°	60°	Schutzsenkung für Zentrierbohrungen		Rohe Senkschrauben mit Vierkantansatz	Spitzsenker DIN 347
1 : 0,350	110°	55°			Linsensenkholzschrauben	
1 : 0,500	90°	45°	Ventilkegel, Bunde an Kolbenstangen	Körnerspitzen an der Spitze	20 mm Linsensenkschrauben bzw. Senkschrauben bis $^3/_4''$ Senkholzschrauben, Rohe Senkschrauben mit Nase oder Vierkantansatz, Senkniete	Spitzsenker DIN 335
1 : 0,652	75°	37° 30′			Senkniete und Linsensenkniete von 10 bis 16 mm Durchmesser	
1 : 0,866	60°·	30°	Dichtungskegel für leichte Rohrverschraubungen, V-Nuten, Zentrierbohrungen	Körnerspitzen an der Spitze	Senkschrauben von 22 bis 27 mm oder von $^7/_8''$ bis 1″ Senkniete und Linsensenkniete von 19 bis 25 mm Durchmesser	Spitzsenker DIN 334
1 : 1,207	45°	22° 30′			Senkniete und Linsensenkniete von 28 bis 43 mm Durchmesser	
1 : 1,50	36° 52′ 12″	18° 26′ 6″	Dichtungskegel für schwere Rohrverschraubungen			

Kegel 1 : k	Kegelwinkel α	Einstellwinkel an der Bearbeitungsmaschine $\alpha/2$	Beispiele fur die Anwendung			Werkzeuge und Lehren zur Herstellung der Kegel
			Maschinenbau	Werkzeugbau	Schrauben, Niete.	
1 : 1,866	30°	15°			Rohe Kegelsenkschrauben	Senker DIN 348
1 : 3	18° 55′ 29″	9° 27′ 45″	Nur im Schiffsmaschinenbau zur Befestigung der Kolbeustange im Kolben und Kreuzkopf			
1 : 3,429 (3,5 : 12)	16° 35′ 40″	8° 17′ 50″		Frasdornkegel bzw. Frásspindelnase nach amerikanischer Bauart (ISA-Empfehlung)		
1 : 4,072	14°	7°	Werkzeugmaschinenbau Spindelflansche			
1 : 5	11° 25′ 16″	5° 42′ 38″	Spurzapfen, Reibungskupplungen, leicht abnehmbare Maschinenteile bei Beanspruchung quer zur Achse und auf Drehung			Lehre DIN Kr 3035
1 : 6	9° 31′ 38″	4° 45′ 49″	Dichtungskegel fur Hahne, Kreuzkopfzapfen fur Lokomotiven			
1 : 10	5° 43′ 30″	2° 51′ 45″	Kupplungsbolzen, nachstellbare Lagerbuchsen, Maschinenteile bei Beanspruchung quer zur Achse, auf Drehung und langs der Achse			
1 : 12	4° 46′ 19″	5° 23′ 10″	Walzlager			
1 : 15	3° 49′ 6″	1° 54′ 33″	Kolbenstangen fur Lokomotiven, Propellernaben fur Schiffe			

1 : 16	3° 34′ 48″	1° 47′ 24″	Fittingsanschlüsse mit Whitworth-Rohrgewinde				
1 : 20	2° 51′ 52″	1° 25′ 56″		Schäfte von Werkzeugen und Aufnahmekegel der Werkzeugmaschinenspindeln			Reibahlen DIN 205 Lehren DIN 234 DIN 235 DIN 325
Morsekegel 0 1 : 19,212	2° 58′ 54″	1° 29′ 27″		Schäfte von Werkzeugen und Aufnahmekegel der Werkzeugmaschinenspindeln			Reibahlen DIN 204 Lehren DIN 229 DIN 230 DIN 324
Morsekegel 1 1 : 20,047	2° 51′ 26″	1° 25′ 43″					
Morsekegel 2 1 : 20,020	2° 51′ 40″	1° 25′ 50″					
Morsekegel 3 1 : 19,922	2° 52′ 32″	1° 26′ 16″					
Morsekegel 4 1 : 19,254	2° 58′ 30″	1° 29′ 15″					
Morsekegel 5 1 : 19,002	3° 0′ 52″	1° 30′ 26″					
Morsekegel 6 1 : 19,180	2° 59′ 12″	1° 29′ 36″					
1 : 30	1° 54′ 34″	57′ 17″		Bohrungen der Aufsteckreibahlen und Aufstecksenker			
1 : 50	1° 8′ 45″	34′ 23″	Kegelstifte				Reibahlen DIN 9

Die **fettgedruckten** Kegel sind zu bevorzugen   Einige Winkelwerte sind gegenüber DIN 254 berichtigt

Tafel 18. **Gewinde.** Abgekürzte Bezeichnungen (nach DIN 202)

A. Für eingängige Rechtsgewinde[1]

Art des eingängigen Rechtsgewindes	Zeichen vor der Maßzahl	Maßangabe	Beispiel	Für Gewinde nach DIN
Whitworth-Gewinde	—	Gewindeaußendurchmesser in Zoll	2″	11
Whitworth-Feingewinde	W	Gewindeaußendurchmesser in mm mal Steigung in Zoll	W 84 × $^1/_6$″	239 und 240
Whitworth-Rohrgewinde	R	Nennweite des Rohres in Zoll	R 4″	259
Metrisches Gewinde	M	Gewindeaußendurchmesser in mm	M 60	13 Bl. 1
Metrisches Feingewinde	M	Gewindeaußendurchmesser in mm mal Steigung in mm	M 105 × 4	244 bis 247 516 bis 521
Trapezgewinde	Tr	Gewindeaußendurchmesser in mm mal Steigung in mm	Tr 48 × 8	103, 378 und 379
Rundgewinde	Rd	Gewindeaußendurchmesser in mm mal Steigung in Zoll	Rd 40 × $^1/_6$″	405
Sägengewinde	S	Gewindeaußendurchmesser in mm mal Steigung in mm	S 70 × 10	513, 514 und 515
Edison-Gewinde	E	Nenndurchmesser in mm	E 27	40400
Stahlpanzerrohr-Gewinde	Pg	Nennweite des Rohres in mm	Pg 21	40430
Gewinde für Schutzgläser, Porzellan- und Gußkappen	Glasg	Gewindeaußendurchmesser (des Bolzens) in mm	Glasg 99	40450
Schlauchventil-Gewinde	Vg	Gewindeaußendurchmesser in mm	Vg 12	74701
Futterrohr-Gewinde	FuG	Rohraußendurchmesser in Zoll	FuG 8 $^5/_8$″	4933

B. Für Links- und mehrgängige Gewinde[1]

Bezeichnung des Zusatzes für	Abkürzung	Zeichenort	Beispiel	Für Gew.	Gültig für
Gas- und dampfdicht	dicht	hinter der Gewinde-bezeichnung	M 20 dicht	—	Metrisches,- Whitworth- un Whitworth-Rol gewinde
			2″ dicht		
			R 4″ dicht		
Linksgewinde[2]	links		W 104 × $^1/_6$″ links	W	Whitworth-, Metrisches, Trapez-, Rund- und Sägengewinde
			M 60 links	M	
			R 4″ links	R	
			Tr 48 × 8 links	Tr	

Tafel 18 (Forts.)

Bezeichnung des Zusatzes für	Abkürzung	Zeichenort	Beispiel	Für Gew.	Gültig für
Mehrgängiges Gewinde rechts	(. .[3]) gäng) [4]	hinter der Gewinde-be-zeichnung	2″ (2 gäng)	—	Whitworth-, Metrisches, Trapes-, Rund- und Sägengewinde
Mehrgängiges Gewinde rechts	(. .[3]) gäng) [4]	hinter der Gewinde-be-zeichnung	Tr 48 × 16 (2 gäng)	Tr	Whitworth-, Metrisches, Trapes-, Rund- und Sägengewinde
Mehrgängiges Gewinde links	links (. .[3]) gäng) [4]	hinter der Gewinde-be-zeichnung	2″ links (2 gäng)	—	Whitworth-, Metrisches, Trapes-, Rund- und Sägengewinde
Mehrgängiges Gewinde links	links (. .[3]) gäng) [4]	hinter der Gewinde-be-zeichnung	Tr 48 × 16 links (2 gäng)	Tr	Whitworth-, Metrisches, Trapes-, Rund- und Sägengewinde

[1] Nicht aufgenommen sind Bezeichnungen für Sondergewinde und solche Gewinde, an die bestimmte Anforderungen gestellt werden. In diesen Fällen ist die Maßangabe stets in Verbindung mit der Normblattnummer anzugeben.

[2] Bei Teilen, die mit Rechts- u n d mit Linksgewinde versehen sind, z. B. Spannschlössern, Eisenbahn-Kupplungsspindeln, ist auch hinter der Gewindebezeichnung des Rechtsgewindes das Wort „rechts" zu setzen.

[3] Die Gangzahl ist von Fall zu Fall einzusetzen.

[4] Hat das n-gängige Gewinde mit der Steigung H (Steigung H gleich Axialverschiebung bei 1 Umdrehung) dasselbe Profil wie das eingängige Gewinde mit der Steigung $h = \frac{H}{n}$ ($\frac{H}{n}$ gleich Abstand zweier benachbarter gleichgerichteter Flanken wird als Teilung des n-gängigen Gewindes bezeichnet), so lautet die Gewindebezeichnung grundsätzlich: $Tr\, d \times H$ (n gäng).

Tafel 10. **Rundungshalbmesser** (aus DIN 250)

Maße in mm

Vorzugs-reihe	nach DIN 323	Neben-reihe	nach DIN 323	Vorzugs-reihe	nach DIN 323	Neben-reihe	nach DIN 323
0,2		0,2				18	
				20		20	
		0,3				22	
0,4		0,4		25		25	
		0,5				28	
0,6		0,6		32		32	
		0,8				36	
1		1		40		40	
		1,2				45	
1,6		1,6		50	R_a 10	50	R_a 20
		2				56	
2,5	R_a 5	2,5	R_a 10	63		63	
		3				70	
4		4		80		80	
		5				90	
6		6		100		100	
		8				110	
10		10		125		125	
		12				140	
16		16		160		160	
						180	
				200		200	

Tafel 19. **Gewinde mit metrischem Profil.** Auswahlreihen nach DIN 13, Blatt 12 — Maße in mm —.

Reihe 1

Bezeich-nung	Stei-gung	Kern-durch-messer	Kern-quer-schnitt mm²
M 0,3	0,075	0,202	0,03
M 0,4	0,1	0,270	0,06
M 0,5	0,125	0,338	0,09
M 0,6	0,15	0,406	0,13
M 0,8	0,2	0,540	0,23
M 1	0,25	0,676	0,36
M 1,2	0,25	0,876	0,60
M 1,4	0,3	1,010	0,80
M 1,7	0,35	1,246	1,22
M 2	0,4	1,480	1,72
M 2,3	0,4	1,780	2,49
M 2,6	0,45	2,016	3,19
M 3	0,5	2,350	4,34
M 3,5	0,6	2,720	5,81
M 4	0,7	3,090	7,50
M 5	0,8	3,960	12,3
M 6	1	4,700	17,3

Reihe 2

Bezeich-nung	Kern-durch-messer	Kern-quer-schnitt mm²
M 18 × 2	15,402	186
M 20 × 2	17,402	238
M 22 × 2	19,402	296
M 24 × 2	21,402	360
M 27 × 2	24,402	468
M 30 × 2	27,402	590
M 33 × 2	30,402	726
M 36 × 3	32,102	809,4
M 39 × 3	35,102	967,7
M 42 × 3	38,102	1140
M 45 × 3	41,102	1327
M 48 × 3	44,102	1528
M 52 × 3	48,102	1817

Reihe 3

Bezeich-nung	Kern-durch-messer	Kern-quer-schnitt mm²
M 12 × 1	10,700	89,9
M 36 × 2	33,402	876
M 39 × 2	36,402	1041
M 42 × 2	39,402	1219
M 45 × 2	42,402	1412
M 48 × 2	45,402	1619
M 52 × 2	49,402	1917
M 56 × 2	53,402	2240
M 58 × 2	55,402	2411
M 60 × 2	57,402	2588
M 64 × 2	61,402	2961
M 68 × 2	65,402	3359

Reihe 4

Bezeich-nung	Kern-durch-messer	Kern-quer-schnitt mm²
M 2 × 0,25	1,676	2,21
M 2,3 × 0,25	1,976	3,07
M 2,6 × 0,35	2,146	3,62
M 3 × 0,35	2,546	5,09
M 4 × 0,5	3,350	8,81
M 5 × 0,5	4,350	14,9
M 6 × 0,5	5,350	22,5
M 8 × 1	6,700	35,3
M 10 × 1	8,700	59,4
M 12 × 1,5	10,052	79,4
M 14 × 1,5	12,052	114
M 16 × 1,5	14,052	155
M 18 × 1,5	16,052	202
M 20 × 1,5	18,052	256
M 22 × 1,5	20,052	316
M 24 × 1,5	22,052	382
M 26 × 1,5	24,052	454

M 8	1,25	6,376	31,9
M 10	1,5	8,052	50,9
M 12	1,75	9,726	74,3
M 14	2	11,402	102
M 16	2	13,402	141
M 18	2,5	14,752	171
M 20	2,5	16,752	220
M 22	2,5	18,752	276
M 24	3	20,102	317
M 27	3	23,102	419
M 30	3,5	25,454	509
M 33	3,5	28,454	636
M 36	4	30,804	745
M 39	4	33,804	897
M 42	4,5	36,154	1027
M 45	4,5	39,154	1204
M 48	5	41,504	1353

M 56 × 4	50,804	2027
M 60 × 4	54,804	2359
M 64 × 4	58,804	2716
M 68 × 4	62,804	3098
M 72 × 4	66,804	3505
M 76 × 4	70,804	3937
M 80 × 4	74,804	4395
M 85 × 4	79,804	5002
M 90 × 4	84,804	5648
M 95 × 4	89,804	6334
M 100 × 4	94,804	7059
M 105 × 4	99,804	7823
M 110 × 4	104,804	8627
M 115 × 4	109,804	9469
M 120 × 4	114,804	10352
M 125 × 4	119,804	11273
M 130 × 6	122,206	11729
M 140 × 6	132,206	13728
bis		
M 300 × 6	292,206	67061

M 72 × 2	69,402	3783
M 76 × 2	73,402	4232
M 80 × 2	77,402	4705
M 85 × 2	82,402	5333
M 90 × 2	87,402	6000
M 95 × 2	92,402	6706
M 100 × 2	97,402	7451
M 105 × 2	102,402	8236
M 110 × 2	107,402	9060
M 115 × 2	112,402	9923
M 120 × 2	117,402	10825
M 125 × 2	122,402	11767
M 130 × 3	126,102	12489
M 140 × 3	136,102	14549
bis		
M 300 × 3	296,102	68861

M 27 × 1,5	25,052	493
M 28 × 1,5	26,052	533
M 30 × 1,5	28,052	618
M 32 × 1,5	30,052	709
M 33 × 1,5	31,052	757
M 35 × 1,5	33,052	858
M 36 × 1,5	34,052	911
M 38 × 1,5	36,052	1021
M 39 × 1,5	37,052	1078
M 40 × 1,5	38,052	1137
M 42 × 1,5	40,052	1260
M 45 × 1,5	43,052	1456
M 48 × 1,5	46,052	1666
M 50 × 1,5	48,052	1813
M 52 × 1,5	50,052	1968
M 55 × 1,5	53,052	2211
M 58 × 1,5	56,052	2468
M 60 × 1,5	58,052	2647
M 62 × 1,5	60,052	2832
M 65 × 1,5	63,052	3122
M 68 × 1,5	66,052	3427
M 70 × 1,5	68,052	3637
M 72 × 1,5	70,052	3854
M 75 × 1,5	73,052	4191

Fettgedruckte Durchmesser gegenuber den magergedruckten bevorzugen.

Reihe 1

Steigung h	Gewinde-tiefe t_1
0,075	0,049
0,1	0,065
0,125	0,081
0,15	0,097
0,2	0,130
0,25	0,162
0,3	0,195
0,35	0,227
0,4	0,260
0,45	0,292
0,5	0,325
0,6	0,390
0,7	0,455
0,8	0,520
1	0,650
1,25	0,812
1,5	0,974
1,75	1,137
2	1,299
2,5	1,624
3	1,949
3,5	2,273
4	2,598
4,5	2,923
5	3,248

Reihe 2

Steigung h	Gewinde-tiefe t_1
2	1,299
3	1,949
4	2,598
6	3,897

Reihe 3

Steigung h	Gewinde-tiefe t_1
1	0,650
2	1,299
3	1,949

Reihe 4

Steigung h	Gewinde-tiefe t_1
0,25	0,162
0,35	0,227
0,5	0,325
1	0,650
1,5	0,974

Erläuterungen

Die Gewinde sind eine Auswahl aus den genormten Metrischen Gewinden und Metrischen Feingewinden zu dem Zweck, die Anzahl an Werkzeugen und Meßzeugen auf ein Mindestmaß einzuschränken. Sie sind als gleichwertige Reihen aufgeführt, ohne daß durch die Benummerung der Reihen eine Bevorzugung gegeben ist. Reihe 1 enthält das Metrische Gewinde, während die Reihen 2, 3 und 4 Metrische Feingewinde enthalten, wobei jede Reihe feinere Steigungen enthält als die vorhergehende (Ausnahme M 12 × 1 Reihe 3).

Es wird empfohlen, folgende Gewinde vorzugsweise anzuwenden:

Fur Gewinde grober Steigung die Gewinde der Reihe 1.

Fur Gewinde mittlerer Steigung die Gewinde der Reihe 1 bis M 16, daruber die der Reihe 2.

Fur Gewinde feiner Steigung die Gewinde der Reihe 4 bis M 52 × 1,5, daruber die der Reihe 3 ab M 56 × 2.

In Reihe 4 gilt im Gewindedurchmesserbereich 24 bis 42 mm

entweder die Stufung 24 26 28 30 32 35 38 40 42

oder   24   27   30   33 36 39   42

Tafel 20. Gewinde mit metrischem Profil

Toleranzen für Bolzengewinde-Außendurchmesser, Toleranzen fur Muttergewinde-Kerndurchmesser, empfohlene Toleranzen fur Flankendurchmesser (nach DIN 13, Blatt 15). Werte in $\mu = 1/1000$ mm.

Die Toleranzen für Bolzengewinde-Kerndurchmesser T_{k_1} sind eine S-Reihe größer als die Toleranzen fur den Flankendurchmesser (siehe DIN 13 Blatt 14, Tafel 1); ihre Prufung wird nur vorgenommen, wenn diese besonders vorgeschrieben ist. Das untere Abmaß fur Muttergewinde-Außendurchmesser ist Null, das obere Abmaß ist freigestellt.

Steigung h	Gewinde-Nenndurchmesser		Größte Einschraublänge (Länge des Muttergewind.)	VL (Vorzugslehrenlänge)	Bolzengew.-Außendurchmesser	Muttergewinde-Kerndurchmesser d_1			Flankendurchmesser d_2 fur Bolzengewinde (—) fur Muttergewinde (+)					
	Metrisches Gewinde	Metrisches Feingewinde				Abmaß		Toleranz	fein (f)		mittel (m)		grob (g)	
					d	unteres	oberes		Toleranz	S-Reihe	Toleranz	S-Reihe	Toleranz	S-Reihe
mm	mm	mm	mm	mm	$T_a\,(-)$	$A_u\,(+)$	$A_o\,(+)$	T_k	T_f		T_f		T_f	
0,075	0,3	—	1,6	1,25	22	4	32	28	20	5	—	—	—	—
0,1	0,4	—	1,6	1,25	28	4	40	36	25	6	—	—	—	—
0,125	0,5	—	1,6	1,25	36	5	50	45	32	7	—	—	—	—
0,15	0,6	—	2	1,6	40	6	56	50	40	8	—	—	—	—
0,175	0,7	—	2	1,6	45	7	63	56	40	8	—	—	—	—
0,2	0,8	—	2	1,6	50	8	71	63	40	8	—	—	—	—
	—	1 bis 1,7	2,5	2	50	8	71	63	45	7	—	—	—	—
	—	2 bis 5,5	3	2,5	53	8	75	67	50	6	—	—	—	—
	—	6 bis 10	4	3	56	9	80	71	56	5	—	—	—	—
0,225	0,9	—	2,5	2	56	9	80	71	45	7	—	—	—	—
	1 1,2	—	2,5	2	63	10	90	80	45	7	56	8	—	—
0,25	—	1,3 bis 1,7	3	2,5	63	10	90	80	45	7	—	—	—	—
	—	2 bis 5,5	4	3	67	10	95	85	50	6	—	—	—	—
	—	6 bis 10	5	4	71	10	100	90	71	6	—	—	—	—
0,3	1,4	—	3	2,5	71	10	100	90	45	7	71	9	—	—
	1,7	—	3	2,5	71	10	100	90	45	7	71	9	—	—
	—	2 bis 5,5	4	3	75	11	106	95	50	6	—	—	—	—
0,35	—	6 bis 11	5	4	80	12	112	100	71	6	—	—	—	—
	—	11,5 bis 24	6,5	5	85	12	118	105	80	5	—	—	—	—
	—	25 bis 33	8	6,5	85	12	118	106	80	5	—	—	—	—
	—	34 bis 40	8	6,5	90	13	125	112	90	4	—	—	—	—
	—	42 bis 50	10	8	90	13	125	112	90	4	—	—	—	—
0,4	2 2,3	—	4	3	100	15	140	125	50	6	80	8	—	—
0,45	2,6	—	4	3	112	20	160	140	50	6	80	8	—	—

Tafel 20 (Forts.)

Steigung h	Gewinde-Nenndurchmesser		Größte Einschranblange (Lange des Muttergewind.)	VL (Vorzugslehrenlange)	Bolzengew.-Außendurchmesser d	Muttergewinde-Kerndurchmesser d_1			Flankendurchmesser d_2 fur Bolzengewinde (−) fur Muttergewinde (+)					
	Metrisches Gewinde	Metrisches Feingewind				Abmaß		Toleranz	fein (f)		mittel (m) .		grob (g)	
						unteres	oberes		Toleranz	S-Reihe	Toleranz	S-Reihe	Toleranz	S-Reihe
mm	mm	mm	mm	mm	$T_a(-)$	$A_u(+)$	$A_o(+)$	T_k	T_f		T_f		T_f	
0,5	3	—	4	3	120	20	170	150	50	6	80	8	—	—
	—	3,5 bis 5,5	5	4	120	20	170	150	63	7	100	9	—	—
	—	6 bis 11	6,5	5	125	20	180	160	71	6	112	8	—	—
	—	11,5 bis 24	8	6,5	132	20	190	170	80	5	125	7	—	—
	—	25 bis 33	10	8	132	20	190	170	80	5	125	7	—	—
	—	34 bis 40	10	8	140	20	200	180	90	4	140	6	—	—
	—	42 bis 50	12,5	10	140	20	200	180	112	5	140	6	—	—
0,6	3,5	—	5	4	140	20	200	180	63	7	100	9	—	—
0,7	4	—	5	4	150	22	212	190	63	7	100	9	—	—
0,75	—	5 und 5,5	6,5	5	150	22	212	190	63	7	100	9	—	—
	—	6 bis 11	8	6,5	160	24	224	200	71	6	112	8	—	—
	—	11,5 bis 24	10	8	170	24	236	212	80	5	125	7	—	—
	—	25 bis 33	12,5	10	170	24	236	212	100	6	160	8	—	—
	—	34 bis 40	12,5	10	180	26	250	224	112	5	180	7	—	—
	—	42 bis 80	16	12,5	180	26	250	224	112	5	180	7	—	—
0,8	5	—	6,5	5	180	26	250	224	63	7	100	9	160	11
1	6 7	—	8	6,5	224	35	315	280	71	6	112	8	180	10
	—	7,5 bis 11	10	8	224	35	315	280	71	6	112	8	180	10
	—	11,5 bis 24	12,5	10	236	35	335	300	100	6	160	8	200	9
	—	25 bis 33	16	12,5	236	35	335	300	100	6	160	8	200	9
	—	34 bis 40	16	12,5	250	40	355	315	112	5	180	7	224	8
	—	42 bis 50	18	14	250	40	355	315	112	5	180	7	224	8
	—	52 bis 80	20	16	250	40	355	315	112	5	180	7	224	8
1,25	8 9	—	10	8	250	40	355	315	71	6	112	8	180	10
	10 11	—	12,5	10	280	45	400	355	90	7	140	9	224	11
1,5	—	11,5 bis 18	16	12,5	300	50	425	375	100	6	160	8	250	10
	—	19 bis 24	18	14	300	50	425	375	100	6	160	8	250	10
	—	25 bis 33	20	16	300	50	425	375	100	6	160	8	250	10
	—	34 bis 40	20	16	315	50	450	400	112	5	180	7	280	9
	—	42 bis 50	22	18	315	50	450	400	112	5	180	7	280	9
	—	52 bis 70	25	20	315	50	450	400	112	5	180	7	280	9
	—	72 bis 80	28	22	315	50	450	400	140	6	224	8	280	9

Steigung	d	Bereich												
1,5	—	82 bis 100	28	22	335	50	475	425	160	5	250	7	315	8
	—	102 bis 140	32	25	335	50	475	425	160	5	250	7	315	8
	—	142 bis 200	36	28	335	50	475	425	160	5	250	7	315	8
	—	202 bis 500¹	—	—	355	50	500	450	—	—	—	—	—	—
1,75	12	—	16	12,5	400	50	500	450	100	6	160	8	250	10
2	14 16	17 und 18	20	16	475	55	530	475	100	6	160	8	250	10
	—	19 bis 24	22	18	475	55	530	475	100	6	160	8	250	10
	—	25 bis 33	25	20	475	55	530	475	100	6	160	8	250	10
	—	34 bis 50	28	22	500	60	560	500	140	6	224	8	355	10
	—	52 bis 70	32	25	500	60	560	500	140	6	224	8	355	10
	—	72 bis 80	36	28	500	60	560	500	140	6	224	8	355	10
	—	82 bis 100	36	28	530	70	600	530	160	5	250	7	400	9
	—	102 bis 140	40	32	530	70	600	530	160	5	250	7	400	9
	—	142 bis 200	45	36	530	70	600	530	160	5	250	7	400	9
	—	202 bis 500¹	—	—	560	70	630	560	—	—	—	—	—	—
2,5	18 20 22	—	25	20	560	70	630	560	100	6	160	8	250	10
3	24 27	28 bis 33	32	25	600	70	670	600	125	7	200	9	315	11
	—	34 bis 50	36	28	630	80	710	630	140	6	224	8	355	10
	—	52 bis 70	40	32	630	80	710	630	140	6	224	8	355	10
	—	72 bis 80	45	36	630	80	710	630	140	6	224	8	355	10
	—	82 bis 100	45	36	670	80	750	670	160	5	250	7	400	9
	—	102 bis 140	50	40	670	80	750	670	160	5	250	7	400	9
	—	142 bis 200	56	45	670	80	750	670	160	5	250	7	400	9
	—	202 bis 500¹	—	—	710	90	800	710	—	—	—	—	—	—
3,5	30 33	—	32	25	710	90	800	710	125	7	200	9	315	11
4	36 39	40 bis 50	40	32	800	100	900	800	140	6	224	8	355	10
	—	52 bis 70	45	36	800	100	900	800	140	6	224	8	355	10
	—	72 bis 80	50	40	800	100	900	800	140	6	224	8	355	10
	—	82 bis 100	50	40	850	100	950	850	160	5	250	7	400	9
	—	102 bis 140	56	45	850	100	950	850	160	5	250	7	400	9
	—	142 bis 200	63	50	850	100	950	850	160	5	250	7	400	9
	—	202 bis 500¹	—	—	900	100	1000	900	—	—	—	—	—	—
4,5	42 45	—	40	32	900	100	1000	900	140	6	224	8	355	10
5	48 52	—	50	40	900	100	1000	900	140	6	224	8	355	10
5,5	56 60	—	50	40	950	110	1060	950	140	6	224	8	355	10
6	64 68	72 bis 80	63	50	1000	120	1120	1000	140	6	224	8	355	10
	—	82 bis 100	63	50	1060	120	1180	1060	160	5	250	7	400	9
	—	102 bis 140	70	56	1060	120	1180	1060	200	6	315	8	500	10
	—	142 bis 200	80	63	1060	120	1180	1060	200	6	315	8	500	10
	—	202 bis 500¹	—	—	1120	130	1250	1120	—	—	—	—	—	—

¹ Für Gewinde über 200 mm Gewinde-Nenndurchmesser sind die Flankendurchmesser-Toleranzen (S-Reihen) nach der jeweiligen Einschraublänge von Fall zu Fall aus DIN 13 Blatt 14 Tafel 2 zu entnehmen, die Lehrenlängen sind nach Tafel 4 festzulegen.

Tafel 21. Ordinaten der Gaußkurve

Zahlentafel s Taf. 22.

Linke Skalen K: Merkmalswerte mit σ (= Streuung) als Einheit; waagerechte Achse des Koordinatensystems.

Rechte Skalen y: Ordinaten der Gaußkurve; senkrechte Achse des Koordinatensystems.

Wird nach den hier gegebenen Werten eine Gaußkurve auf gewöhnlichem Millimeterpapier aufgezeichnet, so wird die Flache zwischen Kurve und K-Achse = 1 (= 100%).

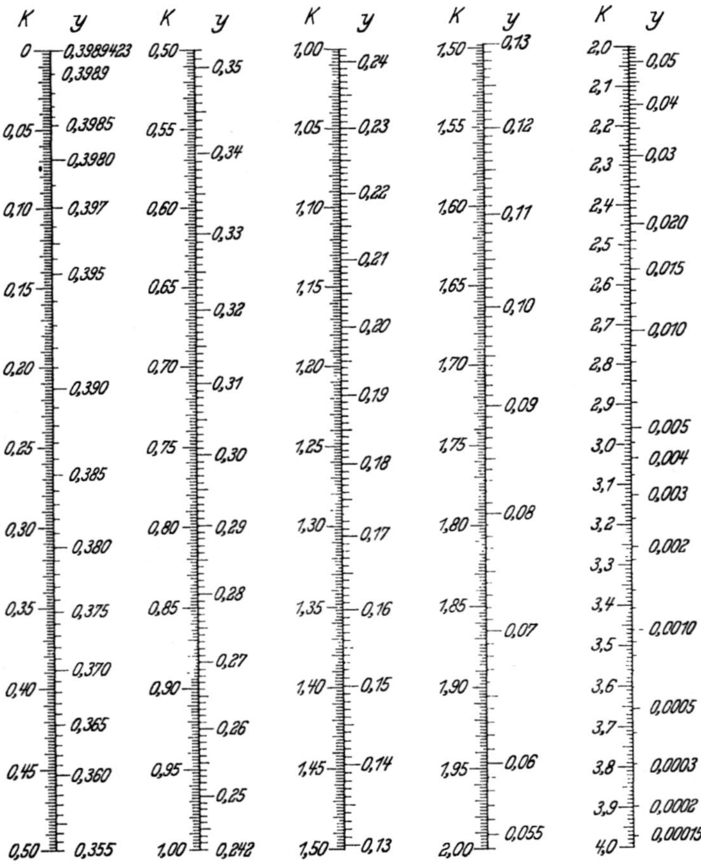

Tafel 22. **Gauß-Verteilung**

Leitertafel s. Taf. 21.

$$y = \frac{1}{\sqrt{2\pi}}\, e^{-x^2/2}$$

$$Y = \int_{-\infty}^{-K} y\,dx \equiv \int_{K}^{+\infty} y\,dx$$

x	0.		1.		2.		3.	
	y	Y	y	Y	y	Y	y	Y
,00	.3989	.5000	.2420	.15866	.0540	.02275	.00443	.001350
,05	.3984	.4801	.2299	.14686	.0488	.02018	.00381	.001144
,10	.3970	.4602	.2179	.13567	.0440	.01786	.00327	.000968
,15	.3945	.4404	.2059	.12507	.0395	.01578	.00279	.000816
,20	.3910	.4207	.1942	.11507	.0355	.01390	.00238	.000687
,25	.3867	.4013	.1826	.10565	.0317	.01222	.00203	.000577
,30	.3814	.3821	.1714	.09680	.0283	.01072	.00172	.000483
,35	.3752	.3632	.1604	.08851	.0252	.00939	.00146	.000404
,40	.3683	.3446	.1497	.08076	.0224	.00820	.00123	.000337
,45	.3605	.3264	.1394	.07353	.0198	.00714	.00104	.000280
,50	.3521	.3085	.1295	.06681	.0175	.00621	.00087	.000233
,55	.3429	.2912	.1200	.06057	.0154	.00539	.00073	.000193
,60	.3332	.2743	.1109	.05480	.0136	.00466	.00061	.000159
,65	.3230	.2578	.1023	.04947	.0119	.00402	.00051	.000131
,70	.3123	.2420	.0940	.04457	.0104	.00347	.00042	.000108
,75	.3011	.2266	.0863	.04006	.0091	.00298	.00035	.000088
,80	.2897	.2119	.0790	.03593	.0079	.00256	.00029	.000072
,85	.2780	.1977	.0721	.03216	.0069	.00219	.00024	.000059
,90	.2661	.1841	.0656	.02872	.0060	.00187	.00020	.000048
,95	.2541	.1711	.0596	.02559	.0051	.00159	.00016	.000039
1,00	.2420	.1587	.0540	.02275	.0044	.00135	.00013	.000032

Bemerkungen:

1. . 50 ist zu lesen 0,50.

2. Interpolation in Y: $Y_{K\pm h} = Y_K \mp hy\left(1 \pm \dfrac{h\cdot K}{2}\right) \approx Y_K \mp h\cdot y.$

Beispiel: $X = 0{,}52$ $Y_{(0{,}50+0{,}02)} = 0{,}3085 - (0{,}02)(0{,}352) = 0{,}3015.$

3. Ausdehnung der Tafel: $Y \approx \dfrac{y}{K}\left(1 - \dfrac{1}{K^2} + \dfrac{3}{K^4}\right)$

$$-\ln y = 0{,}91\ 893\ 8533 + 0{,}5\, x^2.$$

Beispiel: $K = 4$

$$Y \approx \frac{0{,}000\,1338}{4}\left(1 - \frac{1}{16} + \frac{3}{256}\right)$$

$$\approx 0{,}0000318 \quad \text{statt} \quad 0{,}00003167$$

Tafel 23. **Flächenstücke der Gaußkurve**

Zahlentafel s Taf. 24

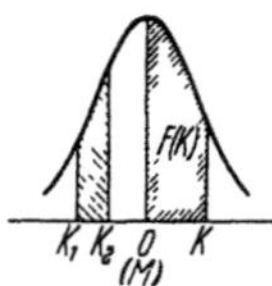

Linke Skalen K: Merkmalswerte mit σ (= Streuung) als Einheit; waagerechte Achse des Koordinatensystems.

Rechte Skalen $F(K)$: Inhalt des Flächenstuckes, das begrenzt wird durch: die Gaußkurve, die K-Achse, die Ordinate $K = 0$ (Mittelwert) und die Ordinate zu K (s. Abb.).

Um ein Flächenstuck zwischen den Ordinaten K_1 und K_2 zu finden (Abb. linke schraffierte Flache), sucht man die zu K_1 und K_2 gehorigen $F(K)$-Werte und subtrahiert sie voneinander. Diese Flachenwerte entsprechen Wahrscheinlichkeiten fur das Anfallen von Merkmalswerten im Bereich zwischen K_1 und K_2.

K	$F(K)$
0	0
	0,01
0,05	0,02
	0,03
0,10	0,04
	0,05
0,15	0,06
	0,07
0,20	0,08
	0,09
0,25	0,10
	0,11
0,30	0,12
	0,13
0,35	0,14
	0,15
0,40	0,16
	0,17
0,45	0,18
0,50	0,19

K	$F(K)$
0,50	0,19
	0,20
0,55	0,21
	0,22
0,60	0,23
0,65	0,24
	0,25
0,70	0,26
	0,27
0,75	0,28
0,80	0,29
	0,30
0,85	0,31
0,90	0,32
0,95	0,33
1,00	0,34

K	$F(K)$
1,00	0,34
	0,35
1,05	
	0,36
1,10	0,37
1,15	0,38
1,20	
	0,39
1,25	0,40
1,30	
	0,41
1,35	
1,40	0,42
1,45	
	0,43
1,50	

K	$F(K)$
1,50	
	0,435
1,55	0,440
1,60	0,445
1,65	0,450
1,70	0,455
1,75	0,460
1,80	0,465
1,85	
	0,470
1,90	
1,95	0,475
2,00	0,477

K	$F(K)$
2,0	0,477
	0,480
2,1	
2,2	
2,3	0,490
2,4	
2,5	
2,6	0,495
2,7	
2,8	
2,9	0,498
3,0	
3,1	0,4990
3,2	
3,3	0,4995
3,4	
3,5	
3,6	
3,7	0,49990
3,8	
3,9	0,49995
4,0	0,49997

Tafel 24. **Integralwerte der Gauß-Verteilung**

Leitertafel s. Taf. 23

Tafelwert gibt fur die Prozentpunkte $100\,\gamma$ und Promillepunkte $1000\,\gamma$ die

$$\text{Normalabweichung } K = \frac{x - \bar{x}'}{\sigma} \quad \text{nach} \qquad \gamma = \frac{1}{\sqrt{2\pi}} \int_{-\infty}^{-K} e^{-0,5\,x^2} d\,x \quad \gamma \leq 0,5 \qquad \gamma = \frac{1}{\sqrt{2\pi}} \int_{-\infty}^{+K} e^{-0,5\,x^2} d\,x \quad \gamma \geq 0,5$$

+%	0	1	2	3	4	5	6	7	8	9	10	
50	0,000	0,025	0,050	0,075	0,100	0,126	0,151	0,176	0,202	0,228	0,253	40
60	0,253	0,279	0,305	0,332	0,358	0,385	0,412	0,440	0,468	0,496	0,524	30
70	0,524	0,553	0,583	0,613	0,643	0,674	0,706	0,739	0,772	0,806	0,842	20
80	0,842	0,878	0,915	0,954	0,994	1,036	1,080	1,126	1,175	1,227	1,282	10
90	1,282	1,341	1,405	1,476	1,555	1,645	1,751	1,881	2,054	2,326	∞	0
	9	8	7	6	5	4	3	2	1	0	$^0/_0-$	

$+^0/_{00}$	0	1	2	3	4	5	6	7	8	9	10	
90	1,282	1,287	1,293	1,299	1,305	1,311	1,317	1,323	1,329	1,335	1,341	9
91	1,341	1,347	1,353	1,359	1,366	1,372	1,379	1,385	1,392	1,398	1,405	8
92	1,405	1,412	1,419	1,426	1,433	1,440	1,447	1,454	1,461	1,468	1,476	7
93	1,476	1,483	1,491	1,499	1,506	1,514	1,522	1,530	1,538	1,546	1,555	6
94	1,555	1,563	1,572	1,580	1,589	1,598	1,607	1,616	1,626	1,635	1,645	5
95	1,645	1,655	1,665	1,675	1,685	1,695	1,706	1,717	1,728	1,739	1,751	4
96	1,751	1,762	1,774	1,787	1,799	1,812	1,825	1,838	1,852	1,866	1,881	3
97	1,881	1,896	1,911	1,927	1,943	1,960	1,977	1,995	2,014	2,034	2,054	2
98	2,054	2,075	2,097	2,120	2,144	2,170	2,197	2,226	2,257	2,290	2,326	1
99	2,326	2,366	2,409	2,457	2,512	2,576	2,652	2,748	2,878	3,090	∞	0
	9	8	7	6	5	4	3	2	1	0	$^0/_{00}-$	

Seltene Werte:

$\gamma\%$	K
.9995	3,29
.9999	3,72
.99995	3,89
.99999	4,26
.999995	4,42
.999999	4,75
.9999995	4,89

Beispiel:

$\gamma\%$	K
62	$+\,0,305$
17	$-\,0,954$
97,5	$+\,1,960$
6,1	$-\,1,546$

Tafel 25. Einige wichtige und häufig benutzte Merkmalswerte (Einheit σ) und zugehörige Wahrscheinlichkeiten in % für Gaußverteilung
(Vgl. Skizze zu Tafel 23)

1	2	3	4
Zwischen: $K_1 =$ (Einheit: σ)	und: $K_2 =$	liegt folgender Prozentsatz von der ganzen Verteilung: %	*außerhalb* dieses Bereiches liegt folgender Prozentsatz: %
0	1	34,134	
0	2	47,725	
0	3	49,865	
0	4	49,9968	
— 1	+ 1	68,268	31,732
— 2	+ 2	95,450	4,550
— 3	+ 3	99,730	0,270
— 4	+ 4	99,9937	0,0063
— 0,6745	+ 0,6745	50	50
— 1,645	+ 1,645	90	10
— 1,960	+ 1,960	95	5
— 2,326	+ 2,326	98	2
— 2,576	+ 2,576	99	1
— 2,81	+ 2,81	99,5	0,5
— 3,09	+ 3,09	99,8	0,2
— 3,29	+ 3,29	99,9	0,1
— 3,48	+ 3,48	99,95	0,05

Tafel 26. Indexwerte für Gaußverteilung

1	2	3
Indexwert Kurzzeichen	Bedeutung	Größe bei Gaußverteilung Ip
I 50	T 50 : T 90	0,41
I 98	T 98 : T 90	1,41
I 99	T 99 : T 90	1,56
I 99,5	T 99,5 : T 90	1,71
I 99,8	T 99,8 : T 90	1,88.
I 99,9	T 99,9 : T 90	2,00

Der Indexwert Ip ergibt sich durch Division der Wahrscheinlichkeiten für Tp und T 90 (Sp. 2).

Indexwerte dienen zur Prüfung, ob eine einheitliche, ungemischte Gaußverteilung vorliegt.

Tafel 27. **Relative Ordinaten der Gaußverteilung**

Der Tafelwert „Ordinate $^0/_0$" gibt die Ordinate der Glockenkurve der Gaußverteilung in Abhangigkeit von Argument $\hat{x} = \pm K$ als Prozent der Höchstordinate bei $\hat{x} = O$.

$$\text{Ordinate } ^0/_0 = 100 \cdot e^{-\hat{x}^2/2}$$

Er stellt gleichzeitig den Integralwert der bivariaten Gaußverteilung

$(X - \overline{X'})/\sigma_x = x$ und $(Y - \overline{Y'})/\sigma_y = y$ dar, wenn gesetzt wird

$$\hat{x} = \sqrt{x^2 + y^2}$$

Die hier nicht näher behandelte bivariate Gaussverteilung zweier unabhängiger Argumente x und y tritt auch fur einfache Serien dann auf, wenn ein Wert einseitig begrenzt ist, wie z. B. die Verteilung von Unrundheiten (Exzentrizitat) von Wellen in der mechanischen Fertigung.

Der Tafelwert „$\varepsilon^0/_0$" gibt die T-Spanne $\varepsilon = \int\limits_{-K}^{+K} y\,dx$

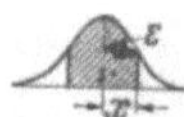

$\hat{x}$	Ordi-nate %	ε %	$\hat{x}$	Ordi-nate %	ε %	$\hat{x}$	Ordi-nate %	ε %	$\hat{x}$	Ordi-nate %	ε %
0,0	100,00	0,00	1,0	60,65	68,27	2,0	13,53	95,45	3,0	1,11	99,73
0,1	99,50	7,97	1,1	54,61	72,87	2,1	11,03	96,43	3,1	0,82	99,81
0,2	98,02	15,85	1,2	48,68	76,99	2,2	8,89	97,22	3,2	0,60	99,86
0,3	95,60	23,58	1,3	42,96	80,64	2,3	7,10	97,86	3,3	0,43	99,90
0,4	92,31	31,08	1,4	37,53	83,85	2,4	5,61	98,36	3,4	0,31	99,93
0,5	88,25	38,29	1,5	32,47	86,64	2,5	4,39	98,76	3,5	0,22	99,953
0,6	83,53	45,15	1,6	27,80	89,04	2,6	3,40	99,07	4,0	0,03	99,994
0,7	78,27	51,61	1,7	23,58	91,09	2,7	2,61	99,31	4,5	0,00+	99,999+
0,8	72,62	57,63	1,8	19,79	92,82	2,8	1,98	99,49	5,0		100,000−
0,9	66,69	63,19	1,9	16,45	94,26	2,9	1,49	99,63			

Tafel 29. **Fakultäten.** $x!$; $\log(x!)$; $\log\dfrac{1}{x!}$

1	2	3	4
x	$x! = 1 \cdot 2 \cdot 3 \cdots x$	$\log(x!)$	$\log\dfrac{1}{x!}$
0	1	0,000 000 0	0,000 000 0
1	1	0,000 000 0	0,000 000 0
2	2	0,301 030 0	9,698 970 0 − 10
3	6	0,778 151 0	9,221 848 7 − 10
4	24	1,380 211 2	8,619 788 8 − 10
5	120	2,079 181 2	7,920 818 8 − 10
6	720	2,857 332 5	7,142 667 5 − 10
7	5 040	3,702 430 5	6,297 569 5 − 10
8	40 320	4,605 520 5	5,394 479 5 − 10
9	362 880	5,559 763 0	4,440 237 0 − 10
10	3 628 800	6,559 763 0	3,440 237 0 − 10
11	39 916 800	7,601 155 7	2,398 844 3 − 10
12	479 001 600	8,680 337 0	1,319 663 0 − 10
13	6 227 020 800	9,794 280 3	0,205 719 7 − 10
14	87 178 291 200	10,940 408 4	9,059 591 6 − 20
15	1 307 674 368 000	12,116 499 6	7,883 500 4 − 20
16	20 922 789 888 000	13,320 619 6	6,679 380 4 − 20
17	355 687 428 096 000	14,551 068 5	5,448 931 5 − 20
18	6 402 373 705 728 000	15,806 341 0	4,193 659 0 − 20
19	121 645 100 408 832 000	17,085 094 6	2,914 905 4 − 20
20	2 432 902 008 176 640 000	18,386 124 7	1,613 875 3 − 20

Anmerkungen s. S. 764 unten.

Tafel 28. **Exponentialfunktion**

x	e^x	e^{-x}
.00	1	1
.01	1,01005 0167	.99004 98337
.02	1,02020 1340	.98019 86733
.03	1,03045 4534	.97044 55335
.04	1,04081 0774	.96078 94392
.05	1,05127 1096	.95122 94245
.06	1,06183 6547	.94176 45336
.07	1,07250 8181	.93239 38199
.08	1,08328 7068	.92311 63464
.09	1,09417 4284	.91393 11853
.10	1,10517 0918	.90483 74180
.11	1,11627 8070	.89583 41353
.12	1,12749 6852	.88692 04367
.13	1,13882 8383	.87809 54309
.14	1,15027 3799	.86935 82354
.15	1,16183 4243	.86070 79764
.16	1,17351 0871	.85214 37890
.17	1,18530 4851	.84366 48166
.18	1,19721 7363	.83527 02114
.19	1,20924 9598	.82695 91339
.20	1,22140 2758	.81873 07531
.21	1,23367 8060	.81058 42460
.22	1,24607 6731	.80251 87980
.23	1,25860 0010	.79453 36025
.24	1,27124 9150	.78662 78611
.25	1,28402 5417	.77880 07831
.26	1,29693 0087	.77105 15858
.27	1,30996 4451	.76337 94943
.28	1,32312 9812	.75578 37415
.29	1,33642 7488	.74826 35676
.30	1,34985 8808	.74081 82207
.31	1,36342 5114	.73344 69562
.32	1,37712 7764	.72614 90371
.33	1,39096 8128	.71892 37334
.34	1,40494 7591	.71177 03228
.35	1,41906 7549	.70468 80897
.36	1,43332 9415	.69767 63261
.37	1,44773 4615	.69073 43306
.38	1,46228 4589	.68386 14092
.39	1,47698 0794	.67705 68745
.40	1,49182 4698	.67032 00460
.41	1,50681 7785	.66365 02501
.42	1,52196 1556	.65704 68198
.43	1,53725 7524	.65050 90947
.44	1,55270 7219	.64403 64211
.45	1,56831 2185	.63762 81516
.46	1,58407 3985	.63128 36455
.47	1,59999 4193	.62500 22683
.48	1,61607 4402	.61878 33918
.49	1,63231 6220	.61262 63942
.50	1,64872 1271	.60653 06597

x	e^x	e^{-x}
.0001	1,00010 0005	.99990 00050
.0002	1,00020 0020	99980 00200
.0003	1,00030 0045	.99970 00450
.0004	1,00040 0080	.99960 00800
.0005	1,00050 0125	.99950 01250
.001	1,00100 0500	.99900 04998
.002	1,00200 2001	99800 19987
.003	1,00300 4505	.99700 44955
.004	1,00400 8011	.99600 79893
.005	1,00501 2521	.99501 24792
0,5	1,64872 1271	.60653 06597
1,0	2,71828 1828	.36787 94412
1,5	4,48168 9070	.22313 01601
2,0	7,38905 6099	.13533 52832
3	20,08553 6923	.04978 706837
4	54,59815 0033	.01831 563889
5	148,41315 9103	.00673 7946999
6	403,42879 3493	00247 8752177
7	1096,63315 8428	.00091 18819656
8	2980,95798 7042	.00033 54626279
9	8103,08392 7575	00012 34098041
10	22026,46579 4807	00004 539992976

e^x	x
1	0
2	0,69314 71806
3	1,09861 22887
4	1,38629 43611
5	1,60943 79124
6	1,79175 94692
7	1,94591 01491
8	2,07944 15417
9	2,19722 45773
10	2,30258 50930
10^2	4,60517 01860
10^3	6,90775 52790
10^4	9,21034 03720
10^5	11,51292 54650
10^6	13,81551 05580
10^7	16,11809 56510
10^8	18,42068 07440
10^9	20,72326 58369

Anmerkungen zu Tafel 29.

Anm. 1. $0,5! = 0,5 \cdot \sqrt{\pi}$

$1,5! = 1,5 \cdot 0,5 \cdot \sqrt{\pi}$

$\sqrt{\pi} = 1,77245.$

Anm. 2. Für großes x

$$\ln(x!) \approx (x + 0,5) \ln x - x + \ln\sqrt{2\pi} + \frac{1}{12x}$$

$\ln = \log$ nat.

Tafel 30. **Poissonsche Verteilung**

(s. Abschn. 134.43 und 846,3)

Anzahl der Ausschuß-stucke x	Mittelwert M														
	0,1	0,2	0,4	0,6	0,8	1,0	1,5	2,0	2,5	3,0	4,0	5,0	6,0	7,0	8,0
	Wahrscheinlichkeiten y für x														
	0,·	0,·	0,·	0,·	0,·	0,·	0,·	0,·	0,·	0,·	0,·	0,·	0,·	0,·	0,·
0	905	819	670	549	449	368	223	135	082	050	018	007	002	001	
1	090	164	268	329	360	368	335	271	205	149	073	034	015	006	003
2	005	016	054	099	144	184	251	271	256	224	147	084	045	022	011
3		001	007	020	038	061	126	181	214	224	195	140	089	052	028
4			001	003	008	015	047	090	134	168	195	176	134	091	057
5					001	003	014	036	067	101	156	176	161	128	092
6						001	003	012	028	050	104	146	161	149	122
7							001	003	010	022	060	105	138	149	140
8								001	003	008	030	065	103	130	140
9									001	003	013	036	069	101	124
10										001	005	018	041	071	099
11											002	008	023	045	072
12											001	003	011	027	048
13												001	005	014	030
14												} 001	002	007	017
15													001	004	009
16														002	005
17														} 001	002
18															001

Die Zahlen jeder Spalte geben die Wahrscheinlichkeiten bei gegebenem Mittelwert M (0,1; 0,2 ... 8,0) Genauwerte fur andere Großen von M sind mit Hilfe der Tafeln 28 und 29 nach Gl. (134–39 bzw. -41) zu berechnen.

Die Tafel gibt also auch die zu erwartenden Ausschußziffern in Stichprobenreihen, wenn der Durchschnittswert M bekannt ist.

Da der Durchschnittswert einer Fertigung selten genauer als auf 10% bekannt ist, reicht diese Tafel für die meisten Zwecke aus.

Beispiel: Bisherige durchschnittliche Ausschußziffer (berechnet nach Gl. (134–1): $M = 1$ Stuck je Stichprobe.

Dann sind unter sehr vielen Stichproben zu erwarten:

Anteil		Prozentsatz	
kein Ausschußstück	in 0,368	= 36,8%	der Stichproben
1 Ausschußstuck	in 0,368	= 36,8%	der Stichproben
2 Ausschußstücke	in 0,184	= 18,4%	der Stichproben
3 Ausschußstucke	in 0,061	= 6,1%	der Stichproben

usw.

Beachtliche Abweichungen hiervon sind ein Zeichen von Uneinheitlichkeit = Störung der Gleichmäßigkeit der Fertigung.

Tafel 31. **Bereichsverteilung**

$d_n \cdot \sigma = \overline{w}$ $D \cdot \sigma =$ Summenhäufigkeitspunkt von w

n	d_n	σ_w	T 90		T 95		T 99,8		ob. 3σ Grenze
			$D_{.05}$	$D_{.95}$	$D_{.025}$	$D_{.975}$	$D_{.001}$	$D_{.999}$	$D_{+3\sigma}$
2	1,128	0,853	0,09	2,77	0,04	3,17	0,00	4,65	3,686
3	1,693	0,888	0,43	3,31	0,30	3,68	0,06	5,06	4,358
4	2,059	0,880	0,76	3,63	0,59	3,98	0,20	5,31	4,698
5	2,326	0,864	1,03	3,86	0,85	4,20	0,37	5,48	4,918
6	2,534	0,848	1,25	4,03	1,06	4,36	0,54	5,62	5,078
7	2,704	0,833	1,44	4,17	1,25	4,49	0,69	5,73	5,203
8	2,847	0,820	1,60	4,29	1,41	4,61	0,83	5,82	5,307
9	2,970	0,808	1,74	4,39	1,55	4,70	0,96	5,90	5,394
10	3,078	0,797	1,86	4,47	1,67	4,79	1,08	5,97	5,469
15	3,472	0,755	2,32	4,80	2,14	5,09	1,56	6,23	5,737
16	3,532	0,749	2,39	4,85	2,21	5,14	1,63	6,28	

Näherung für n bis 16: $w_{max} \approx 4 + (n + 2)/8$.

Näherung für n ab 10: $\overline{w} \approx 2 \cdot K_{p\ \text{Gauss}}$, $p = 0,625/(n + 1)$

$$p = \frac{1}{\sqrt{2\,x}} \int\limits_{K}^{\infty} e^{-0,5\,x^2}\, dx$$

n	20	30	50	100	200	500	Stück
d_n	3,73	4,09	4,50	5,02	5,5	6,1	mal σ
$D_{.95}$	5,01	5,30	5,64	6,08	6,4	6,9	mal σ

Vertrauensgrenzen für die T_p Spanne der Streuung σ auf Grund von Bereichsrechnung mit K_p Gauß (T 90: $K_p = 1,645$)

$$\text{Mutungsgrenzen von } \sigma \approx \frac{\overline{w}/d_n}{1 \pm K_p\, \sigma_w/d_n \sqrt{k}}$$

wenn $\overline{w}$ aus Sw/k mit $4 \leqq n \leqq 10\ (\cdots 16)$ bestimmt wurde.

Definition: Bereich $w = x_{max} - x_{min}$ unter n

$$\sigma_x^2 = \lim_{N \to \infty}\ S\,(x - \mu)^2/N$$

Grundspanne von $w = \sigma_x \cdot D_{.05}$ bis $\sigma_x \cdot D_{.95}$.

Schätzwert von $\sigma_x = \overline{w}/d_n$.

Quellen: E. S. Pearson, Biometrika 32 (1942) 301ff., BS 1008.

Tafel 32. **Students *t*-Verteilung**

Tafel 32 ist auszugsweise aus der Tafel 3 von R. A. Fisher und F. Yates: Statistical Tables for Biological, Agricultural and Medical Research, Verlag von Oliver and Boyd Ltd, Edinburgh und London, mit freundlicher Genehmigung der Verfasser und des Verlages entnommen worden.

Interpolation: Harmonisch in Freiheitsgraden. Mit $120/f$ geben die letzten Tafelwerte praktisch lineare Interpolation.

Beispiel: t (T 99,9%) für 50 Freiheitsgrade.
$$120/50 = 2,4$$
$$t = 3,460 + (0,4)\,(3,551 - 3,460) = 3,496$$

Anmerkung: In der ausführlicheren Tafel von Fisher-Yates heißen die Freiheitsgrade n statt f und dürfen nicht mit der Probengröße, die bei Fisher-Yates n' heißt, verwechselt werden.

f	T_{90} $\alpha = 0,05$	T_{95} $\alpha = 0,025$	T_{99} $\alpha = 0,005$	T_{999} $\alpha = 0,0005$	$120/f$
1	6,314	12,71	63,7	637	
2	2,920	4,303	9,925	31,598	
3	2,353	3,182	5,841	12,924	
4	2,132	2,776	4,604	8,610	
5	2,015	2,571	4,032	6,869	
6	1,943	2,447	3,707	5,959	
7	1,895	2,365	3,499	5,408	
8	1,860	2,306	3,355	5,041	
9	1,833	2,262	3,250	4,781	
10	1,812	2,228	3,169	4,587	
11	1,796	2,201	3,106	4,437	
12	1,782	2,179	3,055	4,318	
13	1,771	2,160	3,012	4,221	
14	1,761	2,145	2,977	4,140	
15	1,753	2,131	2,947	4,073	
16	1,746	2,120	2,921	4,015	
17	1,740	2,110	2,898	3,965	
18	1,734	2,101	2,878	3,922	
19	1,729	2,093	2,861	3,883	
20	1,725	2,086	2,845	3,850	
21	1,721	2,080	2,831	3,819	
22	1,717	2,074	2,819	3,792	
23	1,714	2,069	2,807	3,767	
24	1,711	2,064	2,797	3,745	
25	1,708	2,060	2,787	3,725	
26	1,706	2,056	2,779	3,707	
27	1,703	2,052	2,771	3,690	
28	1,701	2,048	2,763	3,674	
29	1,699	2,045	2,756	3,659	120/f
30	1,697	2,042	2,750	3,646	4
40	1,684	2,021	2,704	3,551	3
60	1,671	2,000	2,660	3,460	2
120	1,658	1,980	2,617	3,373	1
∞	1,645	1,960	2,576	2,291	0

Tafel 33. **Koeffizienten zur Bestimmung der Toleranzgrenzen**

Grenzen $= x \pm K'_P K_p s$

Wert von K_p

Stuck n	Urteilsicherheit P		
	0,75	0,90	0,99
(2)	3,9	9,8	99
(4)	1,76	2,55	5,75
5	1,58	2,14•	4,03
6	1,48	1,90	3,25
8	1,36	1,67	2,53
10	1,30	1,54	2,18
15	1,21	1,39	1,79
20	1,17	1,31	1,62
25	1,14	1,26	1,52
30	1,13	1,23	1,45
50	1,09	1,17	1,31
100	1,06	1,11	1,20
500	1,02	1,04	1,08

Werte von K_p

Spanne	T 90	T 95	T 99	T 99,8	T 99,9
K_p	1,645	1,960	2,576	3,090	3,29

Tafel 35. **Obere Grenzwerte für χ^2 (3 · σ-Grenze)**
(Anwendung siehe Abschn. 134,6)

f	χ^2	f	χ^2	f	χ^2	f	χ^2	f	χ^2
—	—	10	26,90	20	42,08	30	56,06	40	69,40
1	9,00	11	28,51	21	43,52	31	57,41	41	70,70
2	11,83	12	30,10	22	44,95	32	58,75	42	72,00
3	14,16	13	31,66	23	46,37	33	60,09	43	73,30
4	16,25	14	33,19	24	47,77	34	61,44	44	74,60
5	18,20	15	34,71	25	49,17	35	62,79	45	75,89
6	20,06	16	36,22	26	50,56	36	64,13	46	77,19
7	21,85	17	37,71	27	51,95	37	65,46	47	78,47
8	23,58	18	39,18	28	53,33	38	66,78	48	79,76
9	25,26	19	40,64	29	54,70	39	68,09	49	81,05

Tafel 34. $\sqrt{\chi^2/f}$. Grenzen von $s = \sigma'\sqrt{\chi^2/f}$ (s. Abschn. 134.442)

$\sqrt{\chi^2/f}$	T 90		T 95		T 99		T 99,8		$1 \pm \dfrac{3}{\sqrt{2f}}$		$\bar{s}=c_f'\sigma'$
f	von	bis	von	bis	von	bis	von	bis	—	+	c_f'
1	.062	1,960	.032	2,241	.000	2,807	.000	3,291	0	3,121	.7979
2	.227	1,731	.159	1,921	.071	2,302	.032	2,628	0	2,500	.8862
3	.342	1,614	.268	1,765	.155	2,069	.090	3,329	0	2,225	.9213
4	.422	1,540	.348	1,669	.228	1,927	.151	2,149	0	2,061	.9403
5	.479	1,488	.408	1,602	.287	1,830	.205	2,026	.051	1,949	.9513
6	.522	1,449	.454	1,552	.336	1,758	.252	1,935	.134	1,866	$1 - \dfrac{1}{4f}$
7	.556	1,418	.491	1,512	.376	1,702	.292	1,864	.198	1,802	
8	.584	1,392	.522	1,481	.410	1,657	.327	1,807	.250	1,750	
9	.608	1,371	.548	1,431	.439	1,619	.358	1,760	293	1,707	
14	.685	1,301	.634	1,366	.540	1,496	.466	1,606	.433	1,567	
19	.730	1,260	.685	1,315	.602	1,425	.533	1,519	.513	1,487	
24	.760	1,232	.719	1,281	.642	1,378	.580	1,460	.567	1,433	
29	.781	1,211	.744	1,256	.673	1,343	.615	1,418	.606	1,394	
34	.798	1,196	.763	1,236	.697	1,317	.643	1,385	.636	1,364	
39	.812	1,183	.779	1,221	.716	1,296	.665	1,359	.660	1,340	
49	.832	1,164	.803	1,197	.746	1,264	.700	1,320	.697	1,303	
59	.847	1,149	.820	1,180	.768	1,240	.725	1,291	.724	1,276	
69	.859	1,138	.833	1,166	.785	1,222	.745	1,269	.745	1,255	
79	.868	1,129	.844	1,155	.799	1,210	.761	1,251	.761	1,239	
89	.876	1,122	.853	1,147	.810	1,195	.774	1,236	.775	1,225	
99	.882	1,106	.861	1,139	.820	1,185	.786	1,224	.787	1,213	
200	.917	1,082	.902	1,098	.872	1,130	.848	1,157	.851	1,149	
500	.948	1,052	.938	1,062	.919	1,082	.903	1,099	.905	1,095	
2000	.963	1,037	.956	1,044	.943	1,058	.931	1,070	.933	1,067	
5000	.984	1,016	.980	1,020	.974	1,026	.969	1,031	.970	1,030	

Bemerkung: 1: .062 ist zu lesen 0,062.

2. Die Mutungsgrenzen fur σ' bei beobachtetem $s = \sqrt{S\,(x - \bar{x})^2/f}$ werden:

$$s/\sqrt{\chi^2/f} \leq \sigma \leq s/\sqrt{\chi^2/f}.$$

3. Die Vertrauensgrenzen fur s bei vorgeschriebenem σ werden:

$$\sigma \cdot \sqrt{\chi^2/f} \leq s \leq \sigma\sqrt{\chi^2/f}.$$

T 95 und T 99,8 ergeben mit BS 600 identische Beurteilung.

4. Bei einfachen Serien $f = n - 1$.

Tafel 36. $\sqrt{F} = e^z = s_1/s_2$

f_2	$f_1 = 1$	2	3	4	5	6	8	12	24	∞
1	6,314	7,05	7,32	7,47	7,57	7,63	7,71	7,79	7,87	7,96
	25,45	28,3	29,4	30,0	30,4	30,6	30,9	31,3	31,6	31,9
	127	141	147	150	152	153	155	156	158	160
2	2,920	3,00	3,03	3,04	3,05	3,05	3,06	3,07	3,07	3,08
	6,205	6,24	6,26	6,27	6,27	6,27	6,28	6,28	6,28	6,28
	14,1	14,1	14,1	14,1	14,1	14,1	14,1	14,1	14,1	14,1
3	2,353	2,33	2,32	2,31	2,30	2,30	2,29	2,28	2,28	2,27
	4,176	4,00	3,93	3,89	3,86	3,84	3,81	3,79	3,76	3,73
	7,45	7,06	6,89	6,80	6,74	6,70	6,64	6,59	6,53	6,47
4	2,132	2,08	2,05	2,03	2,01	2,00	1,99	1,97	1,96	1,94
	3,495	3,26	3,16	3,10	3,06	3,03	3,00	2,96	2,92	2,87
	5,60	5,13	4,93	4,81	4,74	4,69	4,62	4,55	4,48	4,40
5	2,015	1,94	1,90	1,88	1,86	1,84	1,83	1,81	1,79	1,76
	3,163	2,90	2,79	2,72	2,67	2,64	2,60	2,55	2,51	2,45
	4,77	4,28	4,07	3,94	3,87	3,81	3,74	3,66	3,57	3,48
6	1,943	1,86	1,81	1,78	1,76	1,75	1,73	1,70	1,68	1,65
	2,969	2,69	2,57	2,50	2,45	2,41	2,37	2,32	2,26	2,20
	4,32	3,81	3,59	3,47	3,39	3,33	3,25	3,17	3,08	2,98
8	1,860	1,76	1,71	1,68	1,65	1,63	1,61	1,58	1,55	1,51
	2,752	2,46	2,33	2,25	2,19	2,16	2,11	2,04	1,99	1,92
	3,83	3,32	3,10	2,97	2,88	2,82	2,74	2,65	2,55	2,44
12	1,782	1,68	1,61	1,57	1,55	1,53	1,50	1,47	1,43	1,38
	2,560	2,26	2,12	2,03	1,97	1,93	1,87	1,81	1,74	1,65
	3,43	2,92	2,69	2,55	2,46	2,40	2,31	2,21	2,11	1,98
24	1,711	1,59	1,53	1,48	1,45	1,43	1,39	1,35	1,30	1,24
	2,391	2,08	1,93	1,84	1,78	1,73	1,67	1,59	1,51	1,39
	3,09	2,58	2,35	2,21	2,12	2,05	1,96	1,85	1,72	1,56
∞	1,645	1,52	1,44	1,39	1,36	1,33	1,29	1,24	1,17	1
	2,241	1,92	1,77	1,67	1,60	1,55	1,48	1,39	1,28	1
	2,81	2,30	2,07	1,93	1,83	1,76	1,66	1,54	1,38	1

Tafel der $\sqrt{F}$-Verteilung:

Der Tafelwert gibt $\sqrt{F} = s_1/s_2$, die oberste Reihe gibt den 90%-Punkt, die mittlere Reihe den 97,5%-Punkt und die untere Reihe den 99,5%-Punkt der Summenverteilung.

Zum Eingehen in die Tafel ist immer s_1 mit f_1 Freiheitsgraden der größeren Standardabweichung zuzuordnen.

Werden zwei unabhängige Standardabweichungen miteinander verglichen, so liegt die Zuordnung in ihrer Größe nicht fest: die Tafelwerte entsprechen in diesem Falle zweiseitiger Wahrscheinlichkeitsauffassung, also den T80-, T95- und T99-Spannen.

Interpolation: in Wahrscheinlichkeiten grafisch auf Wahrscheinlichkeitsnetz oder auch rechnerisch logarithmisch,
in Freiheitsgraden harmonisch, d. h. in $1/f$. Mit $24/f$ sind die letzten Tafelwerte linear interpolierbar.

Die unteren Prozentpunkte 0,005; 0,025; und 0,10 werden durch Vertauschen der Indices 1 und 2 als Reziprokwert erhalten.

Tafel 37. **Bestimmung der Kontrollgrenzen bei Prüfung**

Formeln: *Prozente*: Grenzen $p' \pm 3\sqrt{p'(1-p')/n}$
Stabilisierung: $\varphi' \pm 3\sigma_{\varphi'}$

$$\text{mit } \varphi = \arcsin\sqrt{p} \text{ und } \sigma_{\varphi} = \sqrt{821/n} \text{ (°)}.$$

Stück: Grenzen $np' \pm 3\sqrt{np'(1-p')}$
oder Poissonverteilung, s. Tafelwert, sofern $p' < 0,1$
Stabilisierung: für ''d oder mehr Stück:

$$K_{\text{Gauss}} \approx 2\left[\sqrt{p'(n+1-d)} - \sqrt{d(1-p')}\right].$$

Wenn $p' < 0,1 \cdots 0,2$:

$$d \approx (\sqrt{np'} \pm 0,5\, K)^2$$

Die Tafel gibt die ganzzahlige Kontrollgrenze d Stück derart, daß für den zugehörigen np'-Wert die Wahrscheinlichkeit, eine Zufallsstichprobe mit d oder mehr Stück zu ziehen, 0,5 % beträgt (Oberer 99,5 %-Punkt der Poissonverteilung). Dieser Punkt entspricht der BS 1313.

Die dritte Spalte α gibt den Prozentanteil an ausschußfreien Stichproben, die bei Gültigkeit von np' zufällig zu erwarten sind.

d	np'	$\alpha\%$	d	np'	$\alpha\%$
1	0,005	99,5	11	4,32	1,33
2	0,10	99,0	12	4,94	0,72
3	0,33	71,9	13	5,58	0,38
4	0,67	51,2	14	6,23	0,20
5	1,08	34,0	15	6,89	0,10
6	1,53	21,7	16	7,57	0,052
7	2,04	13,0	17	8,25	0,026
8	2,57	7,7	18	8,94	0,013
9	3,13	4,4	19	9,64	0,007
10	3,72	2,4	20	10,35	0,003

Oberflächliche Prüfung: np' unter 1,08
Übliche Prüfung: np' bis 4,32
Scharfe Prüfung: np' über 4,32 wählen.

Anteil an ausschußfreien Stichproben

$\alpha\%$	wenn np'	$\alpha\%$	wenn np'
50	0,693	5	2,996
33,33	1,099	2,5	3,699
25	1,386	1	4,605
20	1,609	0,5	5,298
10	2,303	0,1	6,908
		0,05	7,601

Tafel 38. Errechnung von Kontrollkarten bei Messung

Grenzen	Mittelwert		Standardabweichung		Bereich			
Definition	$\bar{x} = Sx/n$		$s = \sqrt{S\,(x - \bar{x})^2 / f}$		$w = \text{Max} - \text{Min}$			
Formel	$\bar{x}' \pm K\sigma'/\sqrt{n}$		$\sigma' \cdot \sqrt{\overline{x^2}/f}$		$\sigma' \cdot d_n$			
Prozent-spannen	K siehe Gaußintegral		siehe Tafel von $\sqrt{\overline{x^2}/f}$		d_n siehe Tafel der Bereichsverteilung			
3σ-Grenzen	$\bar{x}' \pm A\sigma'$		$\sigma' \pm 3\sigma_s = \sigma'\left[1 \pm \dfrac{3}{\sqrt{2f}}\right]$		$\overline{w} + 3\sigma_W \equiv \sigma' \cdot d_{+3\sigma}$			
			$1 - \dfrac{3}{\sqrt{2f}} \equiv$ $2 - \left(1 + \dfrac{3}{\sqrt{2f}}\right)$					

n	$1/\sqrt{n}$	$1{\cdot}96/\sqrt{n}$	$3/\sqrt{n}$	$3{,}09/\sqrt{n}$	d_n	$d_{+3\sigma}$	$c_f{}^1$	$\left(1 + \dfrac{3}{\sqrt{2f}}\right)$
2	0,70711	1,386	2,121	2,185	1,128	3,69	0,797	3,12
3	0,57735	1,132	1,732	1,784	1,693	4,36	0,885	2,50
4	0,50000	0,980	1,500	1,545	2,059	4,70	0,922	2,22
5	0,44721	0,876	1,342	1,382	2,326	4,92	0,941	2,06
6	0,40825	0,800	1,225	1,262	2,534	5,08	0,951	1,95
7	0,37796	0,741	1,134	1,168	2,704	5,20	0,959	1,87
8	0,35353	0,693	1,061	1,092	2,847	5,31	0,966	1,80
9	0,33333	0,653	1,000	1,030	2,970	5,39	0,969	1,75
10	0,31623	0,620	0,949	0,977	3,078	5,47	0,973	1,71
11	0,30151	0,591	0,905	0,932	3,17	5,53	0,975	1,67
12	0,28868	0,566	0,866	0,892	3,26	5,59	0,977	1,64
13	0,27735	0,544	0,832	0,857	3,34	5,65	0,979	1,61
14	0,26726	0,524	0,802	0,826	3,41	5,69	0,981	1,59
15	0,25820	0,506	0,775	0,798	3,47	5,74	0,982	1,57
16	0,25000	0,490	0,750	0,773	3,53	5,78	0,984	1,55
17	0,24254	0,475	0,728	0,750	3,59	5,82	0,985	1,53
18	0,23570	0,462	0,707	0,728	3,64	5,85	0,985	1,51
19	0,22942	0,450	0,688	0,709	3,69	5,89	0,986	1,50
20	0,22361	0,438	0,671	0,691	3,74	5,92	0,986	1,49
Entspricht	$T \approx 68$	$T\,95$	$T\,99{,}73$	$T\,99{,}8$	Gauß	Camp-Meidell	Gauß	Camp-Meidell
Amerikanisch	–	–	A	–	d_2	D_2	$c_2 \cdot \sqrt{\dfrac{n}{n-1}}$	$(3\sigma\text{-Grenze})$
Britisch	–	$A_{0{\cdot}025}$	–	$A_{0{\cdot}001}$	d_n	–	$b_n \cdot \sqrt{\dfrac{n}{n-1}}$	–

---

^{1} mit $f = n - 1$.

Schätzung von σ'

$$\sigma' \approx \sqrt{\Sigma_1^k \left(\Sigma_1^n (x - \bar{x}_n)^2 / (\Sigma (n_k - 1)\right)}, \quad \text{wenn } n_k = \text{konstant } \Sigma (n_k - 1) = N - k = f;$$

oder $\sigma' \approx \bar{s}/c_f$ mit $f = n - 1$

oder $\sigma' \approx \bar{w}/d_n$

Die erste Methode ist die genaueste, die letzte die ungenaueste Schätzung.

Tafel 39. **Tafel zum Zeichnen des stabilisierten Kontrolldiagramms**

Der Tafelwert gibt die Entfernung in cm von der Grundlinie: y_i fur i beobachtete Stück und y_m fur im Mittel erwartete m Stuck. Fur Rechnungen ist auf Millimeter zu runden, die genaueren Tafelwerte dienen nur zur Einstellung auf Teilmaschinen.

1. Fur gefundene Stück i

i	y_i	i	y_i	i	y_i	
0	1,225 −	10	6,442	20	9,028	
1	2,345 +	11	6,745 −	21	9,247	
2	3,082	12	7,036	22	9,460	
3	3,674	13	7,314	23	9,670	Formel:
4	4,183	14	7,583	24	9,874	
5	4,637	15	7,842	25	10,075 −	$y_i = \sqrt{4i + 1,5}$ cm
6	5,050 −	16	8,093	26	10,271	$\sigma (y_i) \approx 1$ cm
7	5,431	17	8,337	27	10,464	
8	5,788	18	8,573	28	10,654	
9	6,124	19	8,803	29	10,840	
				30	11,023	

2. Für erwartete Mittelwerte m

(m)	(y_m)	m	y_m	m	y_m	m	y_m
		1,0	2,126	2,0	2,916	5,0	4,528
		1,1	2,218	2,2	3,050	5,5	4,743
		1,2	2,306	2,4	3,179	6,0	4,950
		1,3	2,390	2,6	3,302	6,5	5,148
0,4	1,489	1,4	2,472	2,8	3,421	7,0	5,339
0,5	1,606	1,5	2,552	3,0	3,536	7,5	5,523
0,6	1,719	1,6	2,629	3,2	3,647	8,0	5,761
0,7	1,828	1,7	2,703	3,4	3,755	8,5	5,874
0,8	1,932	1,8	2,776	3,6	3,860	9,0	6,042
0,9	2,031	1,9	2,847	3,8	3,963	9,5	6,205
1,0	2,126	2,0	2,916	4,0	4,062	10,0	6,364
				4,2	4,160		
				4,4	4,255		
				4,6	4,348		
				4,8	4,439		
				5,0	4,528		

Formel:

$$y_m = \sqrt{4m + 1,5} - E$$

$$E = (1 - 1/8\,m)/4 \sqrt{m}$$

Mathematische Grundlage: Anscombe's Transformation $x = \sqrt{i + b}$ einer Poissonvariablen i mit $b = 0,375$ und $y = 2x$ ergibt $\sigma_y^2 = 1 + 1/16$ m² + ... da $E(\sqrt{i + b}) = \sqrt{m + b} - 1/8\sqrt{m} + (24b - 7)/128m\sqrt{m} + ...$ und $\sigma^2(\sqrt{i+b}) = 0,25 [1 + (3 - 8b)/8m + (32b^2 - 52b + 17)/32m^2 + ...]$ ist.

Schriftt. z. B. **23**.

Taschenbuch der Längenmeßtechnik

für Konstruktion / Werkstatt / Meßraum
und Kontrolle

In Gemeinschaft mit

Dr. phil. G. Berndt   und   Dr.-Ing. O. Kienzle
Professor an der   Professor an der
Techn. Hochschule Dresden   Techn. Hochschule Hannover

herausgegeben von

Dr.-Ing. Paul Leinweber

Berlin

Mit 790 Abbildungen
und 39 Zahlentafeln im Anhang

Springer-Verlag Berlin Heidelberg GmbH
1954

© 1954 Springer-Verlag Berlin Heidelberg
Ursprünglich erschienen bei Springer-Verlag OHG. Berlin - Gottingen - Heidelberg 1954
Softcover reprint of the hardcover 1st edition 1954

ISBN 978-3-642-94634-9   ISBN 978-3-642-94633-2 (eBook)
DOI 10.1007/978-3-642-94633-2

Vorwort

Nur durch Beherrschung der Längenmeßtechnik können der Maschinenbau, die Metallindustrie und die gesamte Feinmechanik die Genauigkeit ihrer Erzeugnisse erreichen. Das einzelne Teil ist in seinen Maßen während der Fertigung zu überwachen, oder vor dem Einbau zu prüfen. Die Gebote des Austauschbaus und seiner Wirtschaftlichkeit werden nur erfüllt, wenn man die Einhaltung der Toleranzen und Abmaße für die Passungen von Zylindern, Kegeln, ebenflächigen Körpern, Gewinden, Verzahnungen u. a. m. mit Hilfe geeigneter Meßzeuge gewährleistet. Die Normung von Einzelteilen steht und fällt mit ihrer Austauschbarkeit; daher stehen die Passungen und die Lehren in der vordersten Linie der industriellen Normen.

Meßzeuge nützen aber nur, wenn sie richtig gebraucht und die geeigneten Maßnahmen zur Auswertung der Meßergebnisse getroffen werden.

Diesem großen Gebiet, mit dem sich täglich Tausende von Fertigungsingenieuren, Konstrukteuren, Prüfern, Werkmeistern und hervorragenden Facharbeitern befassen, ist dieses Taschenbuch gewidmet. Es gibt Winke für Konstruktion, Einsatz, Instandhaltung von Längenmeßzeugen aller Art und übermittelt Erfahrungen in den verschiedenen Zweigen des neuzeitlichen Prüfwesens, wie Passungssysteme, Maßberechnungen, mathematische Statistik, Normung, Prüforganisation und dergleichen mehr.

Das Taschenbuch berücksichtigt die Entwicklung bis in die jüngste Zeit, und zwar, soweit nötig, auch die ausländische. Die einschlägigen Forschungsergebnisse sind eingearbeitet. Überall sind die bestehenden DIN-Normen zugrunde gelegt; viele davon sind auszugsweise wiedergegeben. Die verschiedenen physikalischen Methoden zur Sichtbarmachung von Meßergebnissen sind eingehend behandelt, seien sie mechanischer, optischer oder elektrischer Natur.

Die Verfasser und die Herausgeber waren bemüht, den Stoff kurz zusammengefaßt, übersichtlich und leichtverständlich darzustellen und durch einfache Skizzen zu erläutern. Soweit angängig, wurden auch marktgängige Meßgeräte und deren wichtigste Daten und Eigenschaften wiedergegeben. Das Taschenbuch ist das Ergebnis einer Gemeinschaftsarbeit erfahrener und namhafter Fachleute, die zusammen mit den Herausgebern nur den Wunsch haben, mit ihm den Fachgenossen den erwarteten Rat und die gesuchte Hilfe zu gewähren.

Ferner sind wir den Herren Professor Sir Ronald A. Fisher, Cambridge, und Dr. Frank Yates, Rothamsted, sowie dem Verlag Oliver and Boyd Ltd., Edinburgh, für die Erlaubnis zum Nachdruck der Tafel der t-Verteilung, Tafel Nr. 32, aus dem Buch ,,Statistical Tables for Biological, Agricultaral, and Medical Research'' zu besonderem Dank verpflichtet.

Dem Springer-Verlag danken wir für den Entschluß zu diesem Unternehmen sowie für die sorgfältige Ausstattung des Taschenbuches.

Im April 1954 **Die Herausgeber**

Als Verfasser wirkten mit:

Albrecht, Arthur, Oberingenieur, Siemens-Schuckert-Werke, Berlin. *Fertigung von Lehren, Behandlung, Pflege und Überwachung von Meßzeugen.*

Becker, Helmut, Oberingenieur, Ernst Leitz G.m.b.H., Wetzlar. *Optische Winkelmesser, Strichteilungen.*

Berndt, Georg, Professor Dr. phil., TH Dresden. *Begriffe, Einheiten.*

Claussen, C. Hein, Dr., Ernst Leitz G.m.b.H., Wetzlar. *Messen und Prüfen an optischen Teilen.*

Flügge, Johannes, Dr., Zeiss-Winkel, Göttingen. *Auswahl geeigneter Meßpersonen.*

Henssler, Alfred, Dipl.-Ing., Stuttgart-Degerloch. *Elektrische Meßgeräte.*

Hermann, Peter Konrad, Dr.-Ing., AEG, Berlin-Reinickendorf. *Messen während des Arbeitsganges.*

Horn, Wilhelm, Ingenieur und Berufsschuldirektor, Berlin-Friedenau. *Gestaltung von Lehren.*

Hultzsch, Erasmus, Dr. rer. nat., VEB Optik Carl Zeiss Jena, Jena. *Mathematik.*

Ickert, Joh., Dr.-Ing., Nürnberg. *Werkzeugmaschinen.*

Jürgensmeyer, Wilhelm, Dipl.-Ing., Schweinfurt. *Messen von Kugeln, Wälzlager.*

Kienzle, Otto, Professor Dr.-Ing., TH Hannover. *Normungszahlen, Zahnradtoleranzen, Maßpreßlehren.*

Kübler, Karl-Heinz, Dr.-Ing., TH Dresden. *Austauschbau, Meßuhren, Fühlhebel, Gewindemessen.*

Leinweber, Paul, Dr.-Ing., Berlin-Hermsdorf. *Mathematische Statistik, Mechanik und Wärme, Austauschbau, Messen großer Stückzahlen, Feinwerktechnik, Organisation, Wirtschaftlichkeit.*

Middeler, Paul, Obering., Hahn & Kolb, Stuttgart. *Werkzeugmaschinen.*

Räntsch, Kurt, Dr.-Ing., Carl Zeiss, Oberkochen. *Optik, Physiologie, Optische Meßgeräte, Messungen an optischen Teilen.*

Rossow, E., Professor Dr.-Ing., Technische Universität, Berlin. *Mathematische Statistik.*

Schmidt, Hans, Dr.-Ing., Hommelwerke, Mannheim. *Maße und Meßgeräte für allg. Zwecke, Komparatoren und Meßmaschinen, Einfache Meßaufgaben, Formen.*

Sievritts, Alfons, Oberingenieur, Deutscher Normenausschuß, Berlin. *Gewindetoleranzen, Keilwellen, Kerbverzahnungen.*

Summerer, Dipl.-Ing., Berlin-Charlottenburg. *Beleuchtung mit künstlichem und Tageslicht.*

von Weingraber, Herbert, Dr.-Ing., PTB, Braunschweig. *Feingestalt, Pneumatische Meßgeräte, Oberflächenprüfung.*

Wittwer, Erwin, Oberingenieur, Siemens-Schuckert-Werke, Berlin. *Messen von Hand.*

Zieher, G., Dr.-Ing., Carl Zeiss, Oberkochen. *Verzahnungen, Messen von Zahnrädern.*

Inhaltsverzeichnis

1 Grundlagen

9 Tafeln

1 Grundlagen

11 Begriffe

111 Messen, Lehren, Prüfen

111.1 Messen

M e s s e n ist: Vergleichen einer Größe (der Meßgröße) mit einer anderen als E i n h e i t dienenden gleicher Art. Ergebnis einer (Ist-) Messung ist das Maß[1] = Produkt aus M a ß z a h l (die angibt, wie oft die Einheit in der Meßgröße enthalten ist) und der Einheit.

Beispiel. Länge einer Seite dieses Buches: $L = 175,0$ mm $= 6,890''$.

Die o der letzten Dezimalen soll andeuten, daß $^1/_{10}$ mm und $^1/_{1000}''$ noch ermittelt sind, z. B. geschätzt. 175 bedeutet, daß nur auf $^1/_1$ mm gemessen ist.

Zahlenangaben sollen nur bis zu der Stelle erfolgen, die etwa der Größe der Meßfehler entspricht.

Häufig wird nicht eine Länge L unmittelbar bestimmt, sondern der Unterschied $\varDelta = L - N$, wobei N die (bekannte) Länge eines Normals ist.

Dementsprechend unterscheidet man u n m i t t e l b a r e Messungen und U n t e r s c h i e d s messungen.

Die Bezeichnungen Absolut- und Vergleichsmessungen sind zu vermeiden, da eine absolute, d. h. völlig fehlerfreie Messung unmöglich und auch sie ein Vergleichen ist.
Bei geometrisch nicht einfachen Körpern (Gewinden, Zahnrädern) kann die gesuchte Größe x häufig nicht mit der Einheit oder dem Normal unmittelbar verglichen werden. Man mißt dann bestimmte Größen $y_1, y_2, \ldots$ des Prüflings und erhält x aus: $x = f(y_1, y_2, \ldots)$, wobei der mathematische Zusammenhang aus den geometrischen Beziehungen folgt (z. B. Dreidrahtverfahren zur Bestimmung des Flankendurchmessers; s. Abschn. 622.3).

111.2 Lehren

Das Sollmaß kann bei der Fertigung nie vollkommen erreicht werden, etwaige Übereinstimmung wird nur durch Unvollkommenheit der Meßmittel und Sinnesorgane vorgetäuscht. Übertriebene Annäherung an das Sollmaß ist höchst unwirtschaftlich und meist unnötig. Erfahrungsgemäß beeinträchtigen gewisse Abweichungen davon das einwandfreie Arbeiten und die Gebrauchsdauer nicht. Die Größe der zuzulassenden Abweichungen ist durch den Verwendungszweck bedingt. Beim Austauschbau schreibt man deshalb nicht ein Sollmaß vor, sondern gibt zwei G r e n z m a ß e an.
Begriffe s. Abschn. 162 u. 164.

111.21 Maßlehrung. Ob das Istmaß zwischen Größt- und Kleinstmaß liegt, kann man feststellen 1. durch Bestimmen des Istmaßes; 2. wirtschaftlicher durch Lehrung, d. h. durch Vergleich mit 2 geeigneten Normalen oder Lehren, welche die Grenzmaße verkörpern. Beide Lehren können zu einem Stück vereinigt sein, wie bei Abb. 11–1. Liegt das Istmaß I zwischen L_g und L_k, so ist der Meßgegenstand (Prüfling) „gut". Ist das Istmaß I kleiner als das Kleinstmaß L_k, so ist der Prüfling „Ausschuß"; ist $I > L_g$,

---

[1] Der Begriff „Maß" wird in doppeltem Sinne gebraucht 1. Zahlenangabe einer Meßgröße; 2. Verkörperung eines bestimmten Maßes (Endmaß).

so kann er meist durch Nacharbeit brauchbar gemacht werden (fur den Benutzer bedeutet er aber oft auch „Ausschuß"). Bei Bohrungen liegen die Verhältnisse umgekehrt.

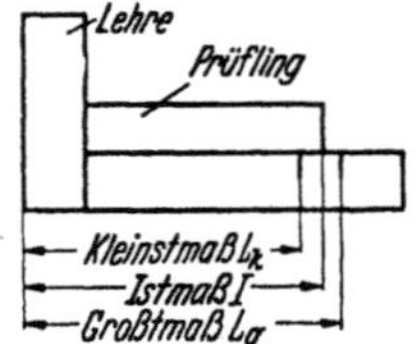

Abb. 11–1. Grenzlehre fur eine Länge. Der Prufling ist gut, wenn seine Länge zwischen Kleinst- und Größtmaß liegt.

Gutseite einer Maßlehre: die Seite, bei deren Überschreitung das Maß des Prüflings noch durch Nacharbeiten toleranzhaltig gemacht werden kann.

Ausschußseite einer Maßlehre: die Seite, bei deren Überschreitung dies nicht möglich ist.

Maßlehren. Feststellen, ob das Istmaß eines Prüflings zwischen zwei vorgeschriebenen Grenzen liegt.

Manchmal genügt auch Lehrung nur auf Größtmaß oder auf Kleinstmaß.

111.22 Paarungslehrung. Werkstücke weichen stets mehr oder minder von der ideal-geometrischen Form ab (s. Abschn. 165.11). Damit sich beim Paaren z. B. von Welle und Bohrung mindestens das gewünschte Kleinstspiel oder höchstens das Größtübermaß ergibt, genügt Maßlehrung nicht. Beim Paarungslehren muß deshalb für die Gutseite ein möglichst formvollkommenes Gegenstück (Lehrring für Wellen, Lehrdorn für Bohrungen) vom zulässigen Größtmaß für Innenstücke (Wellen) bzw. Kleinstmaß fur Außenstucke (Bohrungen) benutzt werden, dessen Lange = Paßfugenlänge ist.

Paarungsdurchmesser s. Abschn. 165.12.

Lehren der Gutseite auf Paarungsmöglichkeit + Maßlehrung der Ausschußseite entspricht dem Taylorschen Grundsatz, vgl. Abschn. 165.12.

Maßlehrung auf der Gutseite (z. B. durch Rachenlehre) gewährleistet nur die Austauschbarkeit, wenn die Werkstucke vorher auf Formfehler z. B. Geradheit geprüft und, falls nötig, gerichtet sind.

Abweichungen davon sind nötig bei dünnwandigen Werkstücken (und bei Sacklöchern). Jene werden durch Kugelendmaß oder Rachenlehre elastisch verformt, und man erhalt ein falsches Ergebnis. Deshalb benutzt man für solche Teile auch auf der Ausschußseite Lehrdorn und Lehrring, was zulässig ist, da sich die Prüflinge ihnen anschmiegen.

111.3 Messen, Lehren, Prüfen

Ergebnis einer Messung ist stets eine Maßzahl. Beim Lehren soll festgestellt werden, ob 1 oder 2 Grenz*maße* nicht über- oder unterschritten sind. Deshalb kann man die Begriffe Istmessen und Lehren unter dem Oberbegriff „Messen" zusammenfassen.

Prüfen ist Feststellen, ob bestimmte Vorschriften erfullt sind oder nicht. Dies kann sich auf Maße (Toleranzen) beziehen (Messen, Lehren) oder auf nicht durch eine Zahl zu erfassende Eigenschaften (Prüfen im engeren Sinne), z. B. Freisein von Oberflächenbeschädigungen, Vorhandensein von Anstrich, Farbton. Urteil: ja oder nein. Beim Lehren heißt es zwar auch: Gut oder Ausschuß, dem Urteil liegt aber ein zahlenmäßiger Vergleich zugrunde. Deshalb bezeichnet man alle zahlenmäßigen Vergleiche besser als Messen oder Lehren.

111.4 Auslesen (Sortieren)

Einteilen in Größenklassen, die sich aneinander anschließen, auf Grund von Istmessungen, Maß- oder Paarungslehrungen (s. Abschn. 163.7).

111.5 Eichen, Beglaubigen

Als *geeicht* dürfen nur Meßmittel bezeichnet werden, die von einer Eich-behörde geprüft und gestempelt sind. Die Prufung erstreckt sich darauf, ob die allgemeinen Vorschriften der Eichordnung erfüllt und die Toleranzen oder Fehlergrenzen eingehalten sind. Sie besteht somit aus einer (eigent-lichen) Prüfung und einer Istmessung oder Maßlehrung.

Beglaubigen ist eine eichbehördliche Prufung (wie beim Eichen) be-stimmter Meßmittel, die nicht eichpflichtig sind.

112 Fehler

Jeder Gegenstand ist mit Fehlern behaftet, also auch die Verkörperung eines Maßes (Strichmaß, Endmaß, Lehre, Normal), jedes Meßgerät und jeder Meßvorgang. Die dargestellten oder angezeigten Meßgrößen und die Ergeb-nisse von Messungen weichen stets um gewisse Beträge von den richtigen Werten ab. Für das Vorzeichen des Fehlers gilt:

$$\text{Fehler = Falsch minus Richtig oder auch}$$
$$\text{Fehler = Istwert I minus Sollwert.}$$

Der Fehler ist also positiv, wenn ein Maß oder Meßergebnis zu groß ist oder ein Meßgerät zu groß anzeigt; negativ, wenn Maß, Meßergebnis oder Anzeige zu klein ist. Man erhält somit die richtige Größe durch Subtraktion des Fehlers von der Anzeige des Gerates oder dem Meßergebnis bzw. durch Addition des Fehlers zu der Angabe auf einem Maß (dabei Vorzeichen be-achten). Soll aber ein Meßgerat auf einen richtigeren Wert eingestellt werden, so ist der Fehler algebraisch zu addieren.

Beispiel. Eine Meßschraube zeige bei Kontrolle mit Endmaß 20 mm (dessen Fehler $< 1\,\mu$) 19,997 mm an, dann ist der Fehler an dieser Stelle $f = -3\,\mu$. Liest man beim Messen eines Prüflings 19,995 ab, so ist dessen Maß $L = 19,995\,\text{mm} - (-3\,\mu) = 19,998\,\text{mm}$. Soll dagegen die Meß-schraube auf 20,004 mm fest eingestellt werden, so muß dies auf 20,004 $+ (-3\,\mu) = 20,001\,\text{mm}$ geschehen. Hat ein Endmaß mit der Aufschrift 100 mm einen Fehler von $-0,5\,\mu$, so ist seine Länge: $100\,\text{mm} + (-0,5\,\mu) = 99,9995\,\text{mm}$.

Die betreffenden Maße müssen immer nahe dem des Vergleichsnormals (Endmaß) liegen, weil die Fehler an den verschiedenen Stellen der Skale andere Größen haben.

Relativer (bezogener) Fehler: $\quad f = \dfrac{I - S}{S}\,.$

Prozentischer Fehler: $\quad f\% = \dfrac{I - S}{S}\cdot 100\%\,.$

Berichtigung (Korrektion): = negativer Fehler. Moglichst vermeiden, um Ver-wechslung der Vorzeichen auszuschließen.

Berührungsfehler. Unterschied der Durchmesser eines Außenteils (Bohrung, Innengewinde) und eines von Hand mit ihm zu paarenden Außenteils (Welle, Außengewinde) vor der Fügung; rührt von ihren elastischen Verformungen her, meist negativ.

Anlagefehler. Unterschied der Istmaße eines Außenteils und eines mit ihm gerade zu paarenden Innenteils *anderer Form.*

Beispiel. Lehren eines Gewindebolzens mit Grenzrollenlehre, die umlaufende Rillen als Meßfläche hat.

Der Anlagefehler fällt für die Praxis hinreichend heraus, wenn die Lehre nach einer Gegenlehre eingestellt wird. deren geometrische Gestalt der des (idealen) Prüflings entspricht.

112.1 Beherrschbare Fehler

Zu unterscheiden sind beherrschbare und zufällige Fehler. Beide sind ihrem Einfluß nach wesentlich verschieden.

Beherrschbare Fehler haben unter gegebenen Umständen gleichbleibende Größe; sie können deshalb **grundsätzlich** bestimmt und durch Rechnung berücksichtigt werden.

Ursachen können sein:

Meßzeug. Teilungsfehler bei Skalen; falsche Größe und Formabweichungen bei körperlichen Normalen; fehlerhafte Ausführung bei anzeigenden Meßgeräten, z. B. falsches Hebelarmverhältnis; falsche Steigung bei Meßschrauben; bei Meßuhren: Teilungsfehler, Flankenformfehler, Unrundlauf oder ungerade Führung der Zahnräder oder Zahnstange; bei Komparatoren: Verletzung des Abbeschen Grundsatzes, ungerade Führung (s. Abschn. 141), schlechte Ausführung, z. B. der Meßflächen, oder Abnutzung, dadurch zu starke Reibung, Klemmen oder toter Gang (Umkehrspanne s. Abschn. 113.5).

Messung. Anlagefehler (s. Abschn. 112); Abplattung, elastische Verformung, Kippen, Durchbiegen von Meßständern des Prüflings oder Normals durch Meßkraft und Eigengewicht (s. Abschn. 141), Einfluß abhängiger Größen, die bei der Messung mit eingehen (Abschn. 111.1) bei nicht einfachen geometrischen Formen, wie Gewinden und Zahnrädern; der Umwelt, besonders der Temperatur, wenn Prüfling und Einstellnormal nicht gleiche und nicht Bezugstemperatur haben (s. Abschn. 141).

Fortschreitende Fehler. Die verhältnisgleich der Meßlänge oder der Zahl der Intervalle wachsenden Fehler; sie kommen vor bei Strichteilungen, Meßschrauben, Zahnstangen.

Örtliche oder unregelmäßige Fehler. Die außerdem für die einzelnen Intervallbegrenzungen vorhandenen Fehler, die an den einzelnen Meßstellen verschieden groß sind.

Beide überlagern sich; der Gesamtfehler an einer bestimmten Stelle ist gleich der algebraischen Summe aus fortschreitendem und örtlichem Fehler. Bei technischen Maßen wird stets diese Summe angegeben, d. i. der Unterschied zwischen Istwert und Sollwert.

Die Differenz der Fehler zweier aufeinanderfolgender Intervalle (Striche, Zähne, Gewindegänge) ist der **Teilungssprung.**

Die größte algebraische Summe der Fehler zwischen zwei beliebigen Intervallen ist der **Summenfehler** (s. Abschn. 168 u. 169).

Periodische Fehler. Die in gleichen Abständen immer wieder kehrenden Fehler.

Sie verlaufen oft sinusförmig. Ursachen z. B. bei der Meßschraube: nicht senkrechte Lage beider Meßflächen zur Achse (besser vielfach: statt der einen Meßfläche eine Kugel in der Schraubenachse). Bei Gewinden (Leitspindel, Meßschraube): Schlag der Wechselräder beim Gewindeschneiden oder -schleifen, abgewickelte Schraubenlinie ist keine Gerade.

Die beherrschbaren Fehler können zwar grundsätzlich bestimmt und durch Rechnung berucksichtigt werden, doch ist dies außer im Meßraum meist zu umstandlich. Deshalb mussen z. B. Meßflachen und Fuhrungen so sorgfaltig ausgefuhrt sein, daß die dadurch verursachten Fehler vernachlassigt werden können.

Wo dies nicht moglich ist, bestimmt man deshalb den (möglichst) kleinen Unterschied des Pruflings gegen das Normal (Einstellehre) gleicher Form, Oberflachengute, Werkstoff und mit gleicher Meßkraft.

Im Feinmeßraum mussen die beherrschbaren Fehler ermittelt und berucksichtigt werden, besonders fur die Vergleichsnormalen. Auch diese Bestimmung ist mit (aber nur noch kleinen und deshalb fur die Praxis vernachlassigbaren) Fehlern behaftet.

Bei Nichtberucksichtigung der beherrschbaren Fehler ist das Meßergebnis um ihren Betrag unrichtig. Sie können auch durch noch so haufige Wiederholung nicht ausgeschaltet werden und sind nur zu erkennen, wenn die Messung mit anderen Geraten und Verfahren wiederholt wird.

112.2 Zufällige Fehler

Wenn mit dem gleichen Gerat unmittelbar hintereinander derselbe Prufling mehrmals gemessen wird, weichen die Ergebnisse etwas voneinander ab, sie **streuen**.

Ursachen der Streuung:
Schwanken der Reibung im Meßgerat; um so großer, je weniger sorgfaltig Ausfuhrung und Behandlung sind (nicht schlagartig beanspruchen!), dadurch Anderung der Meßkraft, Verlagern von Zapfen im Lager, von Ölschichten usw.
Veranderung der Lage von Prufling, Normal, Stativteilen usw.
Schwankungen der Umweltbedingungen, vor allem der Temperatur, da Prufling und Normal jenen Anderungen verschieden schnell folgen (s. Abschn. 141); bei elektrischen Geraten Schwanken von Spannung und Frequenz.
Schwankungen der personlichen Auffassung des Beobachters, z. B. fur die Schwerlinie einer Marke; beim Zehntelschatzen. Sie hangen ab von Übung, Sorgfalt, Disposition (Ermudung) des Beobachters; Ausfuhrung der Teilung (Verhaltnis von Strichdicke zu -lange und zur Skalenteilgroße, Sauberkeit der Striche, Kontrast zum Untergrund) und von der Beleuchtung (genugend hell, nicht blendend, senkrechter Lichtauffall).
Um die Streuung des Gerates moglichst allein zu erfassen, muß ein gewissenhafter und geubter Beobachter mehrmals rasch hintereinander messen. Die verschiedenen Ursachen konnen nicht getrennt werden.

Durch Wiederholung der Messungen und Bilden des Mittelwertes nach Formeln 134–1 oder 134–6 kann man die zufalligen Fehler wesentlich herabdrucken (die beherrschbaren nicht!).

Als Maßzahl fur die Gute des Gerätes und der Meßergebnisse eignet sich der Streubereich (größte Abweichung gegen Mittelwert) schlecht (Abschn. 134.22), weil er von Zufalligkeiten abhangt. Besser ist der mittlere Fehler m der einzelnen Beobachtung oder, zahlenmaßig fast dasselbe, die mittlere quadratische Streuung, kurz mittlere Streuung σ genannt:

$$\sigma = \sqrt{\frac{\Sigma(\delta_i)^2}{N}}$$

$$m = \sigma\sqrt{\frac{N}{N-1}} \approx \left(1 + \frac{1}{2N}\right) \cdot \sigma.$$

δ_i die Differenz von i-ter Beobachtung und Mittelwert (= Durchschnitt) der Meßergebnisse.

. Die Zahl N der Beobachtungen soll möglichst nicht kleiner als $N = 10$ sein, sonst ist die Berechnung von σ oder m sinnlos. Nur 0,27% der Meßergebnisse sind zu erwarten, die mehr als $\pm 3 \cdot \sigma$ vom Mittelwert abweichen, 4,6% mehr als $\pm 2 \cdot \sigma$, 32% mehr als $\pm 1 \cdot \sigma$, s. a. Tafel 25.

Da N unter der Wurzel steht und $\Sigma(\delta_i)^2$ etwa proportional N wächst, ist es wirtschaftlicher, wenige Beobachtungen sorgfältig, als viele oberflächlich anzustellen.

Gelegentlich gibt man auch die Streuung σ_M der Mittelwerte nach Gl. 134—56 an. Dies gibt ein falsches Bild, denn die Einzelmessung kann um $\sigma_M \cdot \sqrt{N}$ in 68% von Fällen vom richtigen Wert abweichen. Voraussetzung für die Richtigkeit der vorstehenden Zahlen und der Tafel 25 ist, daß N groß ist (ferner müssen die beherrschbaren Fehler berücksichtigt sein). Daher kommt die Bestimmung des mittleren Fehlers oder der mittleren Streuung nur in Betracht, um die Eigenschaften eines Meßgerätes zu ermitteln. Bei Messungen im Feinmeßraum, bei denen besondere Genauigkeit gefordert wird, genügen je nach den Anforderungen 3 bis 10 Messungen und Berechnung des Mittelwertes.

Durch die zufälligen Fehler wird das Ergebnis unsicher, durch die beherrschbaren unrichtig; beides faßt man mitunter mit dem Wort Ungenauigkeit zusammen. Dies sollte vermieden werden, weil zweideutig.

Erst recht sollte man das Wort „Genauigkeit" vermeiden, denn eine große Genauigkeit bedeutet einen kleinen Fehler. Besser ist Meßunsicherheit.

Ist in einem behördlichen Prüfzeugnis ein Wert angegeben, der mit einer vereinbarten Grenze zusammenfällt, so gilt das Stück noch als richtig; dabei bleibt eine etwa vermerkte Meßunsicherheit unbeachtet.

Von der Streuung der Meßergebnisse sind zu unterscheiden:

Streuung der Meßgröße. Beispiel: Ein Holzmaßstab ändert seine Länge durch Feuchteschwankungen.

Streuung der Prüflinge. Rührt her von den Unterschieden der Maße einer Reihe gefertigter Prüflinge, auch wenn die Toleranzen eingehalten sind. Diese Streuung gibt ein Maß für die Gleichmäßigkeit der Fertigung.

Infolge der beherrschbaren und der zufälligen Fehler liefert eine Beobachtung oder auch eine Beobachtungsreihe nie den richtigen oder wahren Wert: **Ablesen ist nicht Messen!**

113 Angaben für Meßgeräte

113.1 Arten der Meßmittel

Meßmittel oder Meßzeuge sind Geräte, die zum Messen gebraucht werden. Lehrenarten s. Abschn. 312.1.

Einteilung: Maße und Lehren, Visiergeräte, Meßgeräte, Indikatoren, Meßeinrichtungen.

Maße verkörpern bestimmte Größen durch Abstand von Marken (Strichmaße), Abstand von Flächen (Endmaße, Lehren), Winkel (Normalwinkel, Winkelendmaße). Zusammengesetzte Größen aus mehreren Längen und Winkeln: Formen, s. Abschn. 22 u. 61.

Visiergeräte sind (meist optische) Meßmittel, bei denen eine Ziel- oder Visierlinie (die gedachte Verbindung zweier Punkte) auf eine Marke oder eine Körperkante gerichtet wird, um Abstände ohne mechanische Berührung zu messen. (S. Abschn. 142 u. 24.)

Beispiele. Mikroskop oder Fernrohr mit Strichplatte; Projektor mit Marken auf dem Auffangschirm.

Optische Geräte ohne solche Marken oder Strichplatten sind keine Meß-, sondern Hilfsmittel; sie dienen nur dem Beobachten unter Vergrößerung.

Anzeigende Meßgerate sind Meßzeuge, bei denen wahrend der Messung von Hand oder selbsttätig eine Marke langs einer Skale (oder bei feststehender Marke die Skale) verschoben wird. Die Marke kann sein: körperlicher oder Lichtzeiger, Nonius, Körperkante, bezeichnete Stelle eines Schauloches. Ein Meßgerat besteht grundsätzlich aus Meßwerk, Zeiger und Skale, die auch auf Toleranzmarken beschränkt sein kann. Meßgerate sind immer anzeigende (einschließlich der schreibenden und zählenden).

Indikator dient zum Einstellen oder Anzeigen einer gleichbleibenden Größe, z. B. der Meßkraft bei Meßschrauben und Meßmaschinen (s. Abschn. 272).

Meßgeräte mit eingebautem Normal, z. B. Strichmaßstab bei der Schieblehre, Gewinde bei der Meßschraube, Zahnstange bei der Meßuhr, dienen meist zum unmittelbaren Messen.

Meßgerate ohne eingebautes Normal dienen zu Unterschiedsmessungen, wozu sie selbstverständlich eine Skale besitzen müssen.

Lehren enthalten keine Teile, die sich wahrend des Messens bewegen; legt man die beweglichen Teile eines Meßgerates fest, so wird es zur Lehre; Beispiel: festgestellte Schieblehre oder Meßschraube.

Bei der Benennung der Meßgeräte besteht große Verwirrung: Eine Schieblehre ist keine Lehre; statt Schraublehre wird in diesem Buch schon Meßschraube gesagt. Man könnte z. B. sagen: Schiebmesser, Schraubmesser. Die „Meßuhr" ist kein Zeitmesser, sondern ein Längen-Meßgerät. (Nach den Festlegungen des Ausschusses für Einheiten und Formelgrößen AEF sind nur Zeitmeßgeräte als Uhren zu bezeichnen.) Ebenso fehlt ein kennzeichnender Name fur Fuhlhebel; das Wort „Feintaster" erfullt diese Aufgabe auch nicht; besser vielleicht „Feinzeiger".

Meßeinrichtungen sind Zusammensetzungen aus Meßgeräten, Visiergeraten, Maßen und Hilfsmitteln.

Beispiele. Elektrischer Fuhlhebel mit mechanischem Meßwerk, Ständer, Strommesser, elektrischem Zubehor. Meßmikroskop mit Kreuztisch und Meßschrauben. Meßmaschine mit Strichmaßstab, Meßmikroskop und Meßkraftanzeiger.

Meßhilfsmittel: Ständer zum Halten von Meßgeräten und Prüflingen, dafur auch Tisch oder Amboß.

113.2 Anforderungen an Meßmittel

Um für eine bestimmte Meßaufgabe das geeignete Meßzeug wahlen zu können, muß man vor allem wissen, welche Toleranz für die Meßgröße zugelassen ist. Der Größtfehler der Messung soll i. a. $^1/_5$ (wenn möglich $^1/_{10}$) der Toleranz nicht überschreiten. Dies läßt sich nicht immer durchführen, z. B. bei Gewinden und Zahnrädern.

Zahlenbeispiel. Bei einer Werkstucktoleranz von 5μ sollte demnach die Herstellungstoleranz (einschl. der Abnutzung) der zu ihrer Kontrolle benötigten Lehren nicht mehr als $\pm 1\mu$ betragen. Legt man sie symmetrisch zur Ausschußseite und soll durch die Abnutzung die Gutseite auch um nicht mehr als 1μ uberschritten werden, so wird man das Sollmaß der neuen Gutseitenlehre, um eine genugende Gebrauchsdauer zu erhalten, um etwa 1μ in das Toleranzfeld hineinrücken (s. Abschn. 164.4). Beim Zusammentreffen der äußersten Fälle (die aber praktisch nie eintreten) kann dann das nominelle Toleranzfeld von 5μ um $2+1$, also auf 2μ verkleinert und um $1+1$, also auf 7μ vergrößert werden. Die zum Messen der Lehren benutzten Endmaße durfen dann keine größeren Fehler als $0,2\mu$ haben und sind selbst auf mindestens $\pm 0,04\mu$ zu messen.

Das Meßgerät muß so gewählt werden, daß auf eine Größe abgelesen werden kann (unter Schätzung der $^1/_{10}$ Skt; s. Abschn. 151), die kleiner ist als zugelassene Unrichtigkeit + dreifache Unsicherheit. In die Messung geht aber noch eine Reihe anderer Fehler ein, s. Abschn. 112. Mit der Schieblehre kann man kein Endmaß messen! Um das geeignete Gerat zu wahlen, sind die in Abschn. 113.3 bis 113.9 aufgefuhrten Größen zu beachten.

113.3 Skalenwert und Empfindlichkeit

Skalenwert (Skw). Änderung der Meßgröße, die einer Änderung der Anzeige um 1 Skalenteil (Abkurzung Skt) entspricht.

Beispiel. Schieblehre: meist Skw 1 mm (Nonius gestattet nur genauere Ablesung der Bruchteile); Meßschraube meist Skw $10\,\mu$, d. h. 1 Skt $\triangleq$ $10\,\mu$ ($\triangleq$ bedeutet „entspricht"). Kleiner Skalenwert ermöglicht unter sonst gleichen Umstanden genauere Ablesung.

Der Skalenwert kann an den einzelnen Stellen der Skale verschieden sein. Bei technischen Meßgeraten macht man, um dies zu vermeiden, die Teilung ungleichmaßig, so daß der Skalenwert konstant bleibt. Beispiele: Fuhlhebel mit nicht linearer Übersetzung, Weicheisen-Strommesser.

Anzeige. Die an der Skale abgelesene Meßgröße, das Produkt aus der Anzahl der angezeigten Skalenteile vom Nullpunkt aus und dem Skalenwert.

Empfindlichkeit. Verhaltnis des Ausschlages in mm zu der ihn bewirkenden Änderung der Meßgroße. Am Gerat mit größerer Empfindlichkeit kann feiner abgelesen werden. Eignet sich zum Vergleichen verschiedener Gerate, unabhangig von der Ausfuhrung der Skale.

Beispiel. Bei einer Meßschraube mit Skm $10\,\mu$ und der Skalenteilgröße 0,635 mm, ist die Empfindlichkeit 0,635/0,01 = 63,5 (dimensionslose Verhaltniszahl bei Langenmessungen).

Bei Langenmeßzeugen ist die Empfindlichkeit gleich der Übersetzung

$$= \frac{\text{Teilstrichabstand}}{\text{Skalenwert}}$$ (Zahler und Nenner in gleicher Einheit).

Beispiel. Fuhlhebel mit Skalenteilgroßen 0,75 mm, Skw $1\,\mu$; Übersetzung = Empfindlichkeit = 0,75/0,001 = 750:1.
Bei einer Übersetzung steht die großere Zahl im Zahler, bei Untersetzung im Nenner. Im vorstehenden Beispiel darf man somit nicht sagen: Übersetzung 1:750!

Bei Geraten mit mehreren umschaltbaren Übersetzungen ist der Skalenwert fur jede einzeln anzugeben.

Der Skalenwert kann bei einem gegebenen Gerat durch feinere Unterteilung der Skalen verkleinert werden, die Empfindlichkeit aber nicht!

Die Ungenauigkeit der Ablesung hangt wesentlich von der Skalenteilgröße ab, die dazu etwa 0,75 bis 2,5 mm betragen soll, um gute Schatzung der $^1/_{10}$ Skt zu ermöglichen. Bei einer Skalenteilgröße von z. B. 0,5 mm ist die Beobachtung sehr ermudend und selbst Schatzung auf nur $^1/_5$ Skt nicht mehr möglich.

Bei feiner Teilung kann die Skalenteilgroße durch fest eingebaute Optik vergroßert werden. Zeigerspitze und Teilung mussen dazu entsprechend fein sein. Als Skt-Große gilt dann der scheinbare Strichabstand = wirklicher Strichabstand mal Lupenvergroßerung (250/Brennweite). Ebenso wirkt das Okular des Fernrohres oder Mikroskopes auf die eingebaute Strichplatte.

113.4 Anzeige- und Meßbereich

Anzeigebereich. Bereich der Meßgrößen, die an der Skale abgelesen werden können.

Beispiele. Meßschraube meist 25 mm; Meßuhr 3 oder 5 oder 10 mm. Der Anzeigebereich braucht nicht immer bei 0 zu beginnen. Bei Meßschrauben z. B. „von 75 bis 100 mm".

Ein großer Anzeigebereich erfordert zwar weniger Vergleichsnormale und ermöglicht unmittelbare oder Unterschiedsmessungen in größerem Bereich, was aber in der Regel nur mit größeren Fehlern erkauft wird.

Meßbereich ist der Teil des Anzeigebereiches, in dem der (bezogene) Fehler unter einer bestimmten Größe bleibt.

Beispiele. Eine Meßuhr habe beim Teil-Meßbereich 0,1 mm einen Fehler von $5\,\mu$, im ganzen Anzeigebereich (Gesamt-Meßbereich) einen solchen von $15\,\mu$ (Genauigkeitsgrad I nach DIN-Entwurf).

Bei den weitaus meisten Längenmeßgeräten fallen Anzeigen- und Meßbereich zusammen.

Bei pneumatischen Meßgeräten ist der Skalenwert nur im mittleren Teil der Skale konstant und genügend klein.

Ist bei einem Gerät Amboß oder Auflagetisch verstellbar, so besitzt es einen Verstellbereich. Summe aus Verstell- und Anzeigebereich ergibt den gesamten Verwendungsbereich. Bei Fühlhebeln bezieht sich der Verstellbereich nicht auf das Meßgerät, sondern auf den Ständer.

113.5 Fehler, Streuung, Umkehrspanne

Skalenwert, Skt-Größe, Anzeige-, Meß- und Verstellbereich bedingen die Benutzungsbereiche. Zur Kennzeichnung der Güte eines Meßgerätes werden noch gebraucht: Fehler, Streuung, Umkehrspanne, Gestalt- und Lagefehler der Meßflächen, Meßkraft.

Beherrschbare Fehler sind bedingt durch Ausführung und Sorgfalt der Justierung, Streuung durch die Bearbeitungsgüte, weil davon Reibung und ihre Schwankungen abhängen. Bei guten Geräten sollten die beherrschbaren und die zufälligen Fehler nicht größer sein als die Schätzungsmöglichkeit. Dies läßt sich aber nicht immer verwirklichen. Im Feinmeßraum können beherrschbare Fehler durch Rechnung berücksichtigt, zufällige durch Wiederholung und Mittelbildung verkleinert werden, in Werkstatt und Revision nicht.

Umkehrspanne. Mißt man einmal im Sinne zunehmender, das andere Mal im Sinne abnehmender Meßgrößen mit demselben Gerät, so erhält man verschiedene Mittelwerte der Beobachtungsreihen (diese sind nötig, um die Streuung genügend klein zu halten). Ursache ist die Reibung, die sich entweder zur Meßkraft addiert oder subtrahiert, so daß sich die wirksamen Meßkräfte um die doppelte Reibung unterscheiden; ferner etwa vorhandene Spiele. Dadurch erhält man verschiedene Lagen und Formänderungen im Meßwerk und an Normalen und Prüflingen. Dazu kommt toter Gang bei Schrauben und Zahnrädern. Dieser kann ausgeschaltet werden, wenn man für Anlage stets an der gleichen Flanke sorgt.

Beispiel. Die Umkehrspanne einer guten Meßuhr darf bis $2\,\mu$ betragen. Beim Prüfen von Unrundlauf wird zu wenig angezeigt, wenn der Meßbolzen dauernd auf dem Prüfling ruht.

Abhilfe: Meßbolzen vor jeder Ablesung anlüften und langsam wieder aufsetzen; dann hat er stets den gleichen Bewegungssinn.

Ermittlung: Je 1o Messungen im steigenden und im fallenden Sinne. Die Differenz der Mittelwerte der beiden Meßreihen gibt die Umkehrspanne. Messung erfolgt durch Verdrehen eines auf das Meßgerät einwirkenden, gut geführten Exzenters.

113.6 Meßflächen

Abweichung von Ebenheit und senkrechter Lage, auch Unparallelität.

Beispiele. Fühlhebel mit ebener Meßfläche, Schieblehre, Meßschraube. Bei dieser Unparallelität bei verschiedenen Drehlagen prüfen.

Bei Meßeinrichtungen: Ungeradheit von Führungen. Angabe der Gestaltfehler erfolgt meist durch einen (sicher eingehaltenen) Größtwert.

113.7 Meßkraft

Von Größe und Verlauf der Meßkraft hängen die (Meßfehler verursachenden) Verformungen von Meßgerät, Normal, Prüfling und Hilfseinrichtungen ab (s. Abschn. 141.5). Die Meßkraft soll nicht zu groß sein, um bleibende Verformungen zu vermeiden; nicht zu klein, damit Schmutz, Öl- oder Fettschichten beiseite geschoben oder durchgedrückt werden.

113.8 Kennzeichnung der Meßgeräte

Zum vollständigen Kennzeichnen eines Meßgerätes gehören: Skalenwert, Skalenteilgröße, Anzeige-, Meß-, Verstellbereich, beherrschbare Fehler, Streuung, Umkehrspanne, Unebenheit und Lage der Meßflächen zur Achse und zueinander, Ungeradheit der Führungen, Meßkraft und deren Verlauf.

Bei Maßen und Lehren genügt Angabe der Fehler einschließlich Formabweichungen.

Streuung, Einfluß der Formfehler und der Meßkraftschwankung können zu einer Gesamtstreuung zusammengefaßt werden. Sie gibt ein Maß für die Unsicherheit, die allein vom Gerät herrührt. Darin sind auch Unterschiede zwischen gleichartigen Geräten derselben Firma eingeschlossen, nicht aber beherrschbare Fehler und Umkehrspanne, da diese berücksichtigt werden können.

Nicht einschließen sollte man Fehler des Normals, des Prüflings und der Umwelt, da die sehr verschieden sein können.

Um Streuungsmaße beurteilen und vergleichen zu können, muß angegeben werden, ob die mittlere quadratische Streuung σ oder 3σ oder eine andere Größe gemeint ist.

Mit diesen Angaben kann bei gegebener Werkstücktoleranz die Wirtschaftlichkeit eines Meßzeuges beurteilt werden, s. Abschn. 85.

Schrifttum

DIN 1319: Grundbegriffe der Meßtechnik.
Berndt: Begriffe und Benennungen in der Meßtechnik. Werkzeugmasch. Bd. 45 (1941) S. 227, 307, 363.
Berndt: Die Kontrolle der Rundpassungsteile. Maschinenmarkt Bd. 49 (1944) Nr. 12, S. 4.

12 Einheiten

Grundlegende Voraussetzungen für die Durchfuhrung des Austauschbaus sind gesetzlich oder durch Norm festgelegte Einheiten für Längen und Winkel, ferner genaue Bestimmungen der zahlenmäßigen Verhältnisse verschiedener Einheiten gleicher Art, z. B. Millimeter und Zoll.

121 Längeneinheiten
121.1 Das Meter

121.11 Urmeter. In Deutschland und den meisten Ländern ist die gesetzliche Einheit der Länge das Meter. Es ist definiert als der Abstand der Achsen der beiden mittleren Striche auf dem im Internationalen Maß- und Gewichtsbüro in Paris aufbewahrten Urmeter bei $0°$, das durch die erste Generalkonferenz fur Maß und Gewicht 1889 als Prototyp erklart wurde, bei normalem Luftdruck und Auflage auf 2 Rollen von mindestens 1 cm Durchmesser, die symmetrisch im gegenseitigen Abstande von 571 mm auf einer **waagerechten** Ebene liegen.

Ursprunglich sollte 1 m der 10^{-7} te Teil des durch die Pariser Sternwarte gehenden Erdmeridianquadranten sein; das Urmeter ist aber um etwa $^1/_5$ mm zu kurz ausgefallen.

Es ist ein 1020 mm langer Stab aus einer Legierung von 90% Platin und 10% Iridium, von X-förmigem Querschnitt mit ≈ 3 mm Metalldicke, der in einem Quadrat von 20 mm Kantenlänge enthalten ist; die Teilungsebene liegt in der neutralen Schicht; auf dieser sind nahe den Enden die beiden Maßstriche und zwei sie symmetrisch einschließende Hilfsstriche sowie zwei Längsstriche zur Einschließung der Strichmitten gezogen. Der Einfluß der ublichen Schwankungen des Luftdrucks ist zu vernachlässigen; uber den Einfluß von Temperatur und Auflage s. Abschn. 141.

Als **deutsches Urmaß** gilt der mit dem internationalen Meter-Urmaß verglichene Maßstab aus Platin-Iridium, den die Generalkonferenz fur Maß und Gewicht dem Deutschen Reich als nationales Urmaß überwiesen hat, unter Berücksichtigung seines Fehlers von $-1,5\,\mu$. An dieses werden uber die Gebrauchs- und Eichnormalen alle Längenmaße angeschlossen.

121.12 Einteilung und Vielfache des Meters. Teile des Meters sind:
1 Meter (m) = 10 Dezimeter (dm) = 100 Zentimeter (cm) = 1000 Millimeter (mm) = 10^6 Mikron (μ, My) = 10^9 Nanometer (nm, Millimy, mμ).
Vielfache:
1 Kilometer (km) = 1000 m.
In der Fertigungstechnik werden bei ublichen Langen als Einheit das Millimeter: 1 mm $= {}^1/_{1000}$ m, fur kleine und kleinste Unterschiede (Toleranzen) das My: 1$\mu = {}^1/_{1000}$ mm bzw. das Millimy: 1 m$\mu = {}^1/_{1000}\,\mu = 10^{-6}$ mm (Nanometer: nm) benutzt; in der Wissenschaft daneben fur Wellenlängen die Ångströmeinheit: 1 ÅE $= 10^{-8}$ cm $= {}^1/_{10}$ mμ.

121.13 Natürliche Längeneinheit. Wegen nicht ausreichender Sauberkeit der Maßstriche ist die Unsicherheit der durch das Prototyp verkörperten Länge etwa $0,2\,\mu$. Außerdem besteht wie bei jedem aus einem Kristallhaufwerk gebildeten Körper die Gefahr einer Änderung; ferner können durch äußere Einflüsse Verformungen und damit Maßänderungen bewirkt werden. Aus diesen Gründen ist man bestrebt, die willkürliche Einheit Meter durch eine natürliche, d. h. in der Natur vorkommende, konstante Größe zu ersetzen. Nach dem heutigen Stande unserer Kenntnis ist eine solche die

Wellenlänge λ einfach gebauter Spektrallinien unter bestimmten, festgelegten Bedingungen, vor allem der roten Linie des Cadmium.

Nach DIN 7180 gilt gegenwärtig für die Definition der Länge metrischer Industriemaße, gemäß Beschluß der 7. Generalkonferenz für Maß und Gewicht (1927),

$$\lambda_{Cd\,r} = 0,6438\,4696\,\mu,$$

wobei $\lambda_{Cd\,r}$ die Wellenlänge der roten Linie des Cadmium in trockener Luft bei 760 mm Barometerstand, 15° des Wasserstoffthermometers und einem Gehalt von 0,03 % CO_2, Schwerebeschleunigung $g = 9,80665$ m/sec². Daraus folgt:

$$1\,m = 1\,553\,164,13 \cdot \lambda_{Cd\,r}.$$

Auf diese natürliche Einheit gehen alle technischen Messungen zurück; Endmaße, ebenso die genauesten Strichmaße, können unmittelbar in Wellenlängen gemessen werden.

Obige Bedingungen sind 1937 noch wie folgt ergänzt: Lampe mit Innenelektroden, geheizt auf etwa 300°, betrieben mit Gleich- oder Wechselstrom industrieller Frequenz; die Lampe soll bei 300° C Luft von 0,7···1 mm Quecksilbersäule enthalten, der Querschnitt etwaiger Verengungen (Kapillaren) darf nicht unter 2 mm², die Stromdichte nicht über 7 mA/mm² betragen.

Technische Längenmessungen sind dadurch unabhängig von dem Urmeter und jeder körperlichen Ureinheit. Für die Durchführung bedarf es aber selbstverständlich Verkörperungen der Einheit, ihrer Vielfachen und Bruchteile: End- und Strichmaße.

121.14 Die Bezugstemperatur des Meter-Prototyps, d. h. die Temperatur, bei der es die Sollänge 1 m darstellt, ist die des unter normalem Luftdruck schmelzenden Eises (0°C). Wegen ihrer unterschiedlichen Ausdehnungskoeffizienten haben aber bei 0° übereinstimmende Gegenstände aus verschiedenen Stoffen (auch aus verschieden zusammengesetzten oder behandelten Stählen) bei der Gebrauchstemperatur voneinander abweichende Größen. In der Fertigung kann man nicht bei 0° messen; aus den angegebenen Gründen würden aber die bei irgendeiner anderen Temperatur als gleich befundenen Teile bei 0° wiederum Maßunterschiede aufweisen. Deshalb ist in DIN 102 festgelegt, daß die Bezugstemperatur der Meßzeuge[1] und Werkstücke 20° betragen soll, und zwar in Graden der internationalen Temperaturskale.

In dieser wird die Temperatur t bestimmt durch den Widerstand R_t eines Platinthermometers mit Hilfe der Formel $R_t = R_0(1 + A \cdot t + B \cdot t^2)$, wobei die Konstanten R_0, A und B durch Beobachtungen beim Schmelzpunkt des Eises sowie den Siedepunkten des Wassers und des Schwefels bei normalem Luftdruck bestimmt werden. Für die technischen Messungen bei Raumtemperatur kann die internationale gleich der Celsiusskale angesehen werden.

Die Festsetzung besagt, daß ein technisches Maß von 1 m bei 20° genau so lang ist wie das Prototyp bei 0°. Bei $t = 20°$, $b = 760$ mm Hg und einer Luftfeuchte von 58 %, entsprechend einem Dampfdruck von 10 mm, gilt:

$$\lambda'_{Cd\,r} = 0,6438\,5033\,\mu,$$
$$1\,m = 1\,553\,156,00 \cdot \lambda'_{Cd\,r}.$$

Der Bezugstemperatur 20° haben sich alle Staaten angeschlossen, auch die angelsächsischen. In Deutschland gilt sie auch für die der Eich- oder Beglaubigungspflicht unterliegenden Längenmaße.

---

[1] In DIN 102 heißt es noch: Meßwerkzeuge; Meßmittel sind aber keine Werkzeuge!

121.2 Yard und Zoll

121.21 Englische Längeneinheiten. In England, Irland, Kanada und Indien ist die gesetzliche Einheit das Imperial Standard Yard. Es ist definiert als der Abstand der mittleren Striche auf den beiden Goldpflocken in einem Bronzestab von $1'' \times 1''$ Querschnitt, der im Board of Trade in Westminster, London, aufbewahrt wird und auf 8 aquidistanten Rollen aufliegt, auf die die Last durch Hebel gleichmäßig verteilt wird, bei 62° F, der mittleren Jahrestemperatur von England ($62° F = 16^2/_3° C$). Die beiden Goldpflöcke sind so weit eingelassen, daß ihre Teilungsflache in der neutralen Schicht liegt. Auch das Yard ist eine willkurliche Einheit. Es wird eingeteilt:

1 yard = 3′ (Fuß, foot) = 36″ (Zoll, inch) = 360‴ (Linien, line).
Vielfache sind:
1 fathom = 2 yard, 1 rood (pole, perch) = 5,5 yard, 1 chain = 22 yard,
1 furlong = 220 yard, 1 statute mile = 1760 yard, 1 nautic mile = 2026 $^2/_3$ yard.

In der Technik wird als Einheit vorwiegend der Zoll gebraucht, der durch fortgesetzte Halbierung: $^1/_2$, $^1/_4$, $^1/_8$, $^1/_{16}$, $^1/_{32}$, $^1/_{64}$, $^1/_{128}$ unterteilt wird; daneben findet die dezimale Einteilung steigende Anwendung. Als kleinere Einheiten werden der milinch = 10^{-3} Zoll und der microinch = 10^{-6} Zoll benutzt.

Nach dem letzten (gesetzlich anerkannten) Vergleich von Meter und yard ist:

1 englisches yard = 0,9143984 m, 1 m = 1,093615 englische yard
bzw. 1 englischer Zoll = 25,399956 mm, 1 mm = 0,039370 englische Zoll
    = 39,370 englische milinches.

Daraus ergibt sich:

1 englisches yard = 1 420 210,80 λ_{Cdr} = 1 420 203,36 λ'_{Cdi},
1 englischer Zoll = 39 450,30 λ_{Cdr} = 39 450,09 λ_{Cdr}.

121.22 Amerikanische Längeneinheiten. In den Vereinigten Staaten ist das yard definiert durch die gesetzliche Bestimmung:

1 amerikanisches yard = $\dfrac{3600}{3937}$ m = 0,914402 m, 1 m = 1,093611 amerikanische yard;

1 amerikanischer Zoll = 25,400051 mm, 1 mm = 0,039370 amerikanische Zoll
    = 39,37 amerikanische milinches;
folglich:
1 amerikanisches yard = 1 420 216,12 λ_{Cdr} = 1 420 208,69 λ'_{Cdr},
1 amerikanischer Zoll = 39 450,45 λ_{Cdr} = 39 450,24 λ'_{Cdr}.

121.23 Meter und yard, Millimeter und Zoll. Soweit es sich nicht um Messungen allerhöchster Genauigkeit handelt, wird nach der englischen Norm Nr. 350–1930, der amerikanischen Norm B 48.1, 1933 und DIN 4890, Bl. 1 von 1935 gerechnet:

1 englischer Zoll = 1 amerikanischer Zoll = 25,400 mm,
damit   1 yard = 0,914400 m, 1 m = 1,093613$_3$ yard,
             1 mm = 0,039370 Zoll = 39,370 milinches;
             1 yard = 1 420 213,28 λ_{Cdr} = 1 420 205,85 λ'_{Cdr},
             1″ = 39 450,37 λ_{Cdr} = 39 450,16 λ'_{Cdr};
             1 milinch = 25,4 μ, 1 microinch = 25,4 mμ,
             1 μ = 0,039370 milinches, 1 mμ = 0,039370 microinches.

In den Zollandern ist das metrische Maßsystem auch zugelassen.

122 Winkel

122.1 Einheiten

Nach DIN 1315 gibt es folgende Einheiten für Winkel:
Der Altgrad (1°) = $^1/_{90}$ des rechten Winkels (1 L, sprich: ein Rechter),
der Neugrad oder 1 gon (1 g) = $^1/_{100}$ des rechten Winkels,
der Radiant (1 rad) = $\dfrac{1}{\pi/2}$ des rechten Winkels.

In Radiant ist ein Winkel gegeben durch das Verhältnis der Längen des um seinen Scheitel mit dem Halbmesser r geschlagenen Kreisbogens zu r oder auch durch die Länge des um seinen Scheitel mit dem Halbmesser 1 geschlagenen Kreisbogens; damit ist die Messung des Winkels auf die zweier Längen zurückgeführt.

Deshalb und weil ein rechter Winkel jederzeit zu konstruieren ist, bedarf die Winkeleinheit zu ihrer Definition keines körperlichen Normals; wohl aber sind für den praktischen Gebrauch Verkörperungen der Winkeleinheiten und ihrer Vielfachen (z. B. von 1 L) erforderlich.

122.2 Einteilung der Winkeleinheiten

1 Altgrad = 1° = 60′ (Minuten) = 3600″ (Sekunden), 1′ = 60″; daneben ist auch dezimale Einteilung des Altgrades in Gebrauch:
0,1° = 6′ = 360″, 0,01° = 0,6′ = 36″, 0,1′ = 6″.
1 Neugrad (gon) = 1 g = 100c (Neuminuten) = 10000cc (Neusekunden), 1c = 100cc.
Der Radiant wird dezimal unterteilt.

122.3 Beziehungen zwischen den Winkeleinheiten

	Altgrad	Neugrad	Radiant	Rechter
1°	1,000000	1,111111	0,01745329	0,0111111
1 g	0,900000	1,000000	0,01570796	0,0100000
1 rad	57,29577951	63,6619766	1,000000	0,6366198
1 L	90	100	1,570796	1,000000

	Minuten	Neuminuten	Sekunden	Neusekunden
1°	60	111,111	3600	11111,11
1 g	54	100,000	3240	10000,00
1 rad	3437,746771	6366,198	206264,806	636619,8
1 L	5400	10^4	324000	10^6

	Altgrad	Neugrad	Radiant	Minuten	Neuminuten	Sekunden	Neusekunden
1′	0,016667	0,018519	$2{,}908882 \cdot 10^{-4}$	1,000000	1,851851	60	185,1851
1c	0,009000	0,010000	$1{,}570796 \cdot 10^{-4}$	0,540000	1,000000	32,400	100

	Altgrad	Neugrad	Radiant	Minuten	Neuminuten	Sekunden	Neusekunden
1″	0,000278	0,000309	$4{,}848137 \cdot 10^{-6}$	0,016667	0,030864	1,000000	3,086420
1cc	$9 \cdot 10^{-5}$	$1 \cdot 10^{-4}$	$1{,}570796 \cdot 10^{-6}$	0,005400	0,010000	0,324000	1,000000

Siehe auch Taf. 2 u. 3.

Größere Winkel werden in der Technik in Altgrad und seinen Unterteilen (Minuten und Sekunden) angegeben, während auf anderen Gebieten seine dezimale Unterteilung und der Neugrad in steigendem Maße benutzt werden.

122.4. Kleine Winkel

(z. B. ungewollte Abweichungen von $1^{\llcorner}$, der Waagerechten oder der Senkrechten) werden angegeben in $^1/_{1000}$ rad (Länge des Kreisbogens in mm bei einem Halbmesser von 1 m). Dabei kann man auch den Kreisbogen durch die Tangente ersetzen, da bei kleinen Winkeln δ mit genügender Genauigkeit $\sin\delta \approx \operatorname{tg}\delta \approx \delta$ (rad) ist. Es gilt:

$$10^{-3}\,\text{rad} = 1\,\text{mm}/1\,\text{m} = 3{,}438' = 206{,}265''$$
$$= 6{,}366^{\text{c}} = 636{,}620^{\text{cc}}.$$
$$1' = 0{,}2909\,\text{mm}/1\,\text{m}^1, \qquad 1^{\text{c}} = 0{,}1571\,\text{mm}/1\,\text{m}$$
$$1'' = 4{,}848\,\mu/1\,\text{m}^1, \qquad 1^{\text{cc}} = 1{,}571\,\mu/1\,\text{m}.$$

122.5 Kegel

(s. Abb. 12–1) werden nach DIN 254 angegeben durch: die Länge k, auf die sich der Durchmesser um 1 mm ändert, bezeichnet als **Kegel 1 : k**. Dies ist gleich dem Verhältnis der Durchmesseränderung auf die Länge L, der Verjungung

$$V = \frac{D-d}{L} = \frac{1}{k}.$$

Aus Abb. 12–1 folgt:

$$\operatorname{tg}\frac{\alpha}{2} = \frac{1}{2}\cdot\frac{D-d}{L} = \frac{1}{2k} = \frac{V}{2};$$

(aus Abschn. 132.13).

$$\operatorname{tg}\alpha = \frac{L\cdot(D-d)}{L^2 - \tfrac{1}{4}(D-d)^2} = \frac{k}{k^2-\tfrac{1}{4}} = \frac{V}{1-\tfrac{1}{4}V^2};$$

$$k \quad = \frac{1}{2\cdot\operatorname{tg}\dfrac{\alpha}{2}} = \frac{1}{2\operatorname{tg}\alpha}\left(\sqrt{1+\operatorname{tg}^2\alpha}+1\right),$$

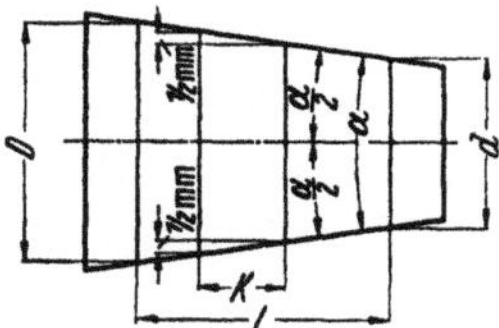

Abb. 12–1. Kegel 1 : k, Verjungung $(D-d)/L$, Kegelwinkel α. D und d Durchmesser, L Länge; k Länge, fur die $D-d=1$.

$$V \quad = 2\cdot\operatorname{tg}\frac{\alpha}{2} = \frac{2}{\operatorname{tg}\alpha}\left(\sqrt{1+\operatorname{tg}^2\alpha}-1\right).$$

$\operatorname{tg}\alpha$ ist das Neigungsverhältnis.

Bei kleinem V oder entsprechend großem k und kleinem α wird nach Abschn. 131.5:

$$\operatorname{tg}\alpha = \frac{1}{k}\left(1+\frac{1}{4\cdot k^2}\right) = V\left(1+\frac{1}{4}V^2\right)$$

$$= 2\cdot\operatorname{tg}\frac{\alpha}{2} + 2\cdot\operatorname{tg}^3\frac{\alpha}{2} \quad \text{(Näherungsformel)}.$$

Beispiel. Metrischer Kegel:

$$k = 20, \quad 1/k = V = {}^1/_{20}, \quad \operatorname{tg}\frac{\alpha}{2} = {}^1/_{40} = 0{,}025, \quad \frac{\alpha}{2} = 1°\,25'\,55/5'',$$

---

[1] Fur überschlägige Rechnungen merke: $1' \approx 3\cdot10^{-4}$; $1'' \approx 5\cdot10^{-6}$.

$$\alpha = 2°\,51'\,51'', \quad \mathrm{tg}\,\alpha = 0{,}05003 = 2 \cdot \mathrm{tg}\,\frac{2}{\alpha} + 3 \cdot 10^{-5},$$

die Differenz $\Delta = \mathrm{tg}\,\alpha - 2 \cdot \mathrm{tg}\,\dfrac{\alpha}{2}$ betragt also nur 0,06%. Berücksichtigt man das 2. Glied der Näherungsformel, so wird $\Delta = \mathrm{tg}\,\alpha - 2$

$$\left(\mathrm{tg}\,\frac{\alpha}{2} + \mathrm{tg}^3\,\frac{\alpha}{2}\right) = 0{,}0001\,\%.$$

122.6 Raumwinkel

In der Meßtechnik vor allem bei Strahlungsmessungen gebraucht, s. Abschn. 152.

Um einen punktförmigen Strahler denke man sich eine Kugel mit dem Halbmesser r beschrieben. Dann ist nach Abb. 12–2:

$$\text{Raumwinkel } w = \frac{\text{Größe der betrachteten Flache auf der Kugel}}{\text{Quadrat des Kugelhalbmessers}} = \frac{F}{r^2}.$$

Wahlt man den Kugelhalbmesser $= 1$, so wird $w = $ Große der betrachteten Flache auf der Kugel mit dem Halbmesser $r = 1$.

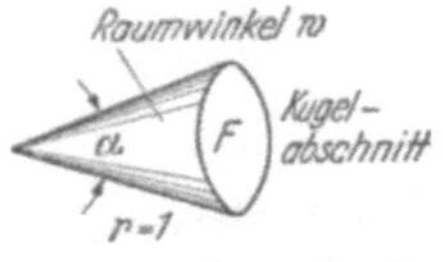

Abb. 12–2. Raumwinkel w. F von ihm auf der Oberflache der Kugel mit dem Halbmesser r ausgeschnittene Flache, α Öffnungswinkel d. Strahlungskegels.

Durch Division mit r^2 wird w dimensionslos, und der Raumwinkel wird sinnentsprechend ebenso gemessen wie der ebene Winkel $= \dfrac{\text{Bogenlange}}{\text{Halbmesser}}$ oder Bogenlange am Kreis mit dem Halbmesser $r = 1$.

Da die Oberfläche der Kugel $0 = 4\pi r^2$ ist, so ist der volle Raumwinkel $= 4\pi$ (gleichmaßige Strahlung nach allen Richtungen). Gemaß der Formel fur die Oberfläche des Kugelabschnittes ergibt sich fur einen Strahlungskegel mit Kreisquerschnitt

$$w = 2\pi\left(1 - \cos\frac{\alpha}{2}\right),$$

wobei α der Öffnungswinkel des Strahlungskegels ist. Fur $w = 1$ wird $\alpha_1 = 65°\,32'$; zur Einheit des Raumwinkels gehort also α als Öffnungswinkel.

Raumwinkel w	Öffnungswinkel α	
$4\pi = 12{,}5664$	360	(Vollkugel)
$2\pi = 6{,}2832$	180	(Halbkugel)
$\pi = 3{,}1416$	120°	(Viertelkugel)
1	65° 32'	

Schrifttum

Berndt: Grundlagen und Gerate technischer Längenmessungen. 2. Aufl. Berlin: Springer 1929.

Pampel, A.: Umrechnungstabellen von Maßen und Gewichten zwischen englisch-amerikanischem und metrischem Maßsystem. Hamburg: Br. Sachse 1947.

Schmidt, E.: Naturwissenschaften Bd. 34 (1947) S. 62.

Maß und Gewichtsgesetz vom 13. 12. 1935 in der Fassung vom 18. 5. 1936. Reichsgesetzblatt 1935, I, S. 1499 und 1936, I, S. 452.

DIN 7180. Definitionen fur die Maße nicht anzeigender Meßmittel.

DIN 102. Bezugstemperatur der Meßwerkzeuge und Werkstucke

Traveaux et Mémoires 18 (1930).

DIN 4890. Zoll-Millimeter.

DIN 1315. Winkeleinheiten, Winkelteilungen.

DIN 254. Kegel.

13 Mathematik

131 Arithmetik und Algebra

Teilgebiete, die in vielen Taschenbuchern enthalten sind, wurden fortgelassen, und zwar. Hauptnenner, s. Schrifttum [*12*]; Potenzen, Wurzeln, Logarithmen [*7, 12, 17, 29*]; Gleichungen [*7, 17, 29*]; Differentialquotienten u Potenzreihen [*7, 12, 17, 18, 19, 20, 24, 26, 29, 30, 36*].

131.1 Zahlen

Eine *Zahl* gibt entweder eine *Vorschrift* in einer Zeichnung, Lieferbedingung, Betriebsanweisung, oder ein *Meßergebnis* oder eine *Naturkonstante* oder einen *Erfahrungswert* oder das *Ergebnis einer Rechnung* mit solchen Zahlen.

Jede solche Zahl ist ungenau, folglich ist es sinnlos, mehr Zahlenstellen anzugeben, als erfaßt sind. Nur *Stuckzahlen*, *Zahnezahlen* und *Ordnungszahlen* sind genau, sofern sie das Ergebnis einer fehlerfreien Zahlung darstellen.

Auch eine Zahl als Vorschrift ist nicht mathematisch genau aufzufassen. Ist keine Toleranz angegeben, so gelten ubliche Abweichungen als zulässig. Ist z. B. fur eine Meßfläche die Härte $R_c = 62$ vorgeschrieben und beträgt die Unsicherheit des Prufverfahrens 1 Rockwell-Einheit, so wird meist auch 61 und 63 zugelassen. Richtiger ist, wenn der Hersteller den Betrag der Meßunsicherheit zum Betrag des vorgeschriebenen Wertes addiert, da eine Mindestforderung vorliegt. Toleranzgrenzen (s. Abschnitt 162 u. 164) jedoch sind als mathematisch genaue Vorschriften aufzufassen.

In der Wissenschaft ist es ublich, soviel *Stellen* einer Zahl anzugeben, wie erfaßt oder verburgt richtig sind. Schreibt man 27,000 mm, so druckt man dadurch aus, daß auf μ gemessen wurde und die Abweichung nicht mehr als $\pm 0,5\mu$ beträgt. Dieses Verfahren ist fur die Technik unbrauchbar, weil die Ungenauigkeit nicht immer um Zehnerpotenzen springt Um Zweifel auszuschließen, gibt man deshalb Toleranzen an. Bei Meß- oder Rechenergebnissen gibt man die *Unsicherheit* als $\pm$-Wert an, muß aber vereinbaren, ob damit die mittlere Streuung σ oder das Dreifache davon oder ein anderes Streuungsmaß gemeint ist (s. Abschn. 112 2 und 134.22).

Relativer (bezogener) Fehler s. Abschn. 112.

Stellenzahl ist die Anzahl der einen Wert angebenden Ziffern einer Zahl; eine solche *Ziffer* kann auch 0 sein, wenn links von dieser 0 noch mindestens eine von 0 verschiedene Ziffer steht.

Zahl der Dezimalstellen ist die Anzahl der Ziffern hinter dem Komma.

Beispiele. 24,170 hat 5 Stellen und 3 Dezimalstellen. 0,00108 hat 3 Stellen und 5 Dezimalstellen.

131.11 Rundungsregeln. Für das Runden von Zahlenwerten gelten gemäß DIN 1333 folgende Regeln:

Endziffer	*Vorhergehende Ziffer*	
0 ··· 4	bleibt ungeändert	(Abrunden)
genau 5	{ bleibt, wenn gerade, ungeändert { wird, wenn ungerade, um 1 erhöht	(Abrunden) (Aufrunden)
6 ··· 9	wird um 1 erhoht	(Aufrunden)

Ist die Endziffer 5 nicht genau, sondern selbst durch Rundung entstanden, so ist aufzurunden bzw. abzurunden, wenn die 5 durch Abrundung bzw. Aufrundung entstanden ist.

Bei Befolgen dieser Regeln gleichen sich die Fehler, die durch das Runden entstehen, bei großen Zahlenmengen aus.

131.12 Zahlenrechnen. Rechnet man mit ungenauen Zahlen, so ist auch das R e c h e n e r g e b n i s entsprechend ungenau oder unsicher. Die Ungenauigkeit des Ergebnisses kann nie kleiner sein als die der Zahlen, aus denen es errechnet ist. Maßgebend ist die Zahl mit der kleinsten *Stellenzahl*.

Beispiele. 3,7/2,8 = 1,3; mehr Stellen anzugeben ist sinnlos, weil die Dezimalstellen 7 und 8 durch Runden entstanden sein können. $17,38 \cdot 5,1$ = 89 und nicht 88,638, weil 5,1 auch nur zwei Stellen hat.

Besondere Beachtung verlangt der Fall, daß eine Zahl als Unterschied zweier nahezu gleich großer Zahlen erhalten wird.

Beispiel. $1,234 - 1,232 = 0,002$ ist um $\pm \dfrac{0,0005}{0,002} = \pm 25\%$ unsicher, wenn die Zahlen um eine halbe Einheit der letzten Ziffer unsicher sind.

Deshalb muß man vor jeder Zahlenrechnung prüfen, mit wieviel Stellen sie sinnvoll durchzuführen ist. Dabei ist die Unsicherheit der gegebenen Zahlen ausschlaggebend. Diese Überlegung ist oft schwieriger als die Rechnung selbst, aber nötig, um nicht kostspielige Messungen durch zu ungenaue Rechnung ungenügend auszuwerten oder falsche Vorstellungen über die Genauigkeit eines Ergebnisses zu erwecken.

Um die durch Zahlenrechnen zu erlangenden Werte bequem, schnell und richtig zu finden, benutzt man vereinfachte Rechenverfahren (s. Abschn. 131.2), außerdem Tafeln, Reihenentwicklungen, Näherungsformeln, Rechenschieber und Rechenmaschine. Wichtig sind Rechenkontrollen. Mindestens prüfe man durch Überschlagen, ob das gefundene Ergebnis überhaupt möglich ist, sowie die Größenordnung (Zehnerpotenz).

131.2 Rechenvorteile bei den Grundrechnungsarten

131.21 Zuzählen und Abziehen. Eine Zahl, mit der sich schlecht rechnen läßt, zerlegt man in eine Summe oder Differenz von zwei Zahlen, von denen die eine ohne Rest durch 10 teilbar, die andere möglichst klein ist.

Beispiele. $97 + 61 = 100 - 3 + 60 + 1 = 160 - 3 + 1 = 158$
$115 - 47 = 115 - (50 - 3) = 115 - 50 + 3 = 65 + 3 = 68.$

131.22 Malnehmen. Da die Reihenfolge der Faktoren gleichgültig ist, faßt man einzelne Faktoren geschickt zusammen.

Beispiel. $0,5 \cdot 3,75 \cdot 20 = 0,5 \cdot 20 \cdot 3,75 = 10 \cdot 3,75 = 37,5.$

Sind die Faktoren Dezimalbrüche, so führt man die Multiplikation ohne Berücksichtigung des Kommas aus und ermittelt dessen Stellung durch Überschlagen.

Beispiel. Aufgabe: $7,8 \cdot 0,43$. Lösung: $78 \cdot 43 = (80 - 2) \cdot 43 =$ $= (80 \cdot 43) - (2 \cdot 43) = 3440 - 86 = 3354.$ Durch Überschlagen: $7,8 \cdot 0,43$ $\approx 8 \cdot 0,4 = 3,2.$ Somit Ergebnis 3,4.

Beim Malnehmen zweier zweistelliger Zahlen ist das *Ferrolsche Rechenverfahren* bequem, bei dem man die Zahlen untereinander schreibt und dann Einer mit Einern, Einer mit Zehnern, Zehner mit Zehnern multipliziert.

Beispiel. Man rechnet $8 \cdot 3 = 24$; geschrieben 4, gemerkt 2. Dann
$\quad\;\;$ 78 $\quad\quad 8 \cdot 4 = 32$, plus die gemerkte 2 gibt 34, plus $3 \cdot 7 = 21$,
$\quad\;\;$ 43 $\quad\quad$ gibt 55; geschrieben 5, gemerkt 5. Dann $7 \cdot 4 = 28$, plus
$\quad$ $\overline{3354}$ $\quad\;$ die gemerkte 5 gibt 33, geschrieben 33. Ergebnis 3354.

Hat man Faktoren mit mehr als zwei Stellen miteinander zu multiplizieren, so wähle man stets den *Faktor mit der geringeren Stellenzahl zum Multiplikator* (hinterer Faktor), um möglichst wenig Teilprodukte bilden und addieren zu mussen (vorderer Faktor heißt Multiplikand).

Beispiel. Nicht 26,4 · 3,1416, sondern: 3,1416 · 26,4

792	62832
264	188496
1056	125664
264	82,93824
1584	
82,93824	

Meist genügt bei technischen Rechnungen die **abgekurzte Multiplikation**, die viel Mühe erspart. Sie ist besonders dann anzuwenden, wenn beide Faktoren (oder auch nur einer) Zahlen beschrankter Genauigkeit sind. Wenn im Produkt 3,1416·26,4 die letzte Zahl einen auf drei Stellen genauen Meßwert darstellt, darf das Rechenergebnis auch nur auf drei Stellen genau ausgerechnet werden, also bis 82,9. Die folgenden Stellen sind nicht nur überflüssig, sondern falsch. Beim abgekurzten Malnehmen rechnet man eine Stelle mehr aus als verlangt, um Rundungsfehler zu berucksichtigen.

Beispiel. 3,1416 · 26,4 ist vor Ausfuhrung der abgekurzten Multiplikation zu vereinfachen in

3,14̶6̶ · 26,4   Es wird nur die Multiplikation mit der ersten Ziffer des
6 284   Multiplikators (2) genau (unverkurzt) durchgefuhrt; beim
1 885   Malnehmen mit der nachsten Ziffer (6) des Multiplikators
  126   vernachlassigt man die letzte Ziffer (2) des Multiplikanden
————   (sie wird ausgestrichen), bei der nachsten Ziffer (4) des
82,95   Multiplikators vernachlassigt man die vorletzte Ziffer (4)

des Multiplikanden und berücksichtigt lediglich den Aufrundungseinfluß der vernachlassigten (gestrichenen) Ziffern auf die jeweils letzte Stelle. Im Beispiel:

$3142 \cdot 2 = 6284$

$314̶ \cdot 6 = 1885$ (6 · 2 = 12; berucksichtigt wird die 1)

$31̶4̶ \cdot 4 = 126$ (4 · 4 = 16; berucksichtigt wird 2 wegen Aufrundung).

Die vernachlassigten Stellen des Multiplikanden werden durchstrichen, die dadurch in den *Teilprodukten* vernachlässigten Stellen kann man durch Punkte ersetzen, vor allem, wenn man gewohnt ist, die *Kommastellung* durch Abzahlen der Stellen bis zum Komma zu bestimmen. Zweckmaßig ist es indessen auch hier, die Kommastellung durch eine Überschlagsrechnung zu finden. Im Beispiel: 3 · 26 = 78, auf drei Stellen genaues Ergebnis somit 82,9. Die 5 in der vierten Stelle hat keinen aufrundenden Einfluß, da im Multiplikanden die vierte Stelle 2 durch Aufrundung entstanden ist (die unverkurzte Multiplikation liefert 82,93824).

131.23 Teilen. Abgekürztes Teilen wird angewandt, wenn der Divisor (hintere Zahl) mehrstellig ist. Der Reihe nach vernachlässigt man die letzte Ziffer des Divisors, dann die vorletzte usw. Nur ihr aufrundender Einfluß auf die letzte Stelle der Teilprodukte wird berucksichtigt.

Beispiel. 76,48 : 3,492 = 21,90(3)
$$\begin{array}{r} 69\ 84 \\ \hline 6\ 64 \\ 3\ 49 \\ \hline 3\ 15 \\ 3\ 14 \\ \hline 1 \end{array}$$

Im einzelnen wird folgendermaßen gerechnet:

76,48 : 3,492 = 2   liefert erstes *Teilprodukt* 6984.
69 84

6 64 : 3,49$\not2$ = 1   liefert zweites Teilprodukt 349, da die gestri-
3 49   chene 2 unberucksichtigt bleibt.

3 15 : 3,4$\not9$ = 9   Liefert drittes Teilprodukt 314, da 9mal die ge-
3 14   strichene 9 den Aufrundungsbetrag 8 ergibt.

1 : 3,$\not4$ = 0   Liefert viertes Teilprodukt 0.
0

10 : 3,$\not4$ = 3   Diese nicht mehr genaue Stelle wird nur er-
21,903   rechnet, um ihren Aufrundungseinfluß auf die
vorletzte Stelle (0) zu erkennen.

Auf vier Stellen genaues Ergebnis somit 21,90.

131.24 Näherungsrechnungen mit Bruchen lassen sich oft leicht durchführen bei Verwandlung der Bruche in P r o z e n t e. Prozente (bzw. Promille)
sind Hundertstel (bzw. Tausendstel), also Bruche mit dem Nenner 100
(bzw. 1000). Es bedeutet $a\% = a/100$ und $a^0/_{00} = a/1000$. Solche Bruche
lassen sich unmittelbar als Dezimalzahlen schreiben.

Beispiel. $\dfrac{2}{3} = 0{,}6666\ldots = \dfrac{66{,}66\ldots}{100} = 66{,}66\ldots\% \approx 66{,}7\%.$

Zuzahlen und Abziehen von echten Bruchen oder von Bruchen und ganzen Zahlen laßt sich nach Verwandlung der Bruche in Dezimalzahlen leicht
ausfuhren.

Beispiel. $\dfrac{7}{8} - \dfrac{2}{3} \approx 0{,}875 - 0{,}667 = 0{,}208.$

Hohere Rechnungsarten, Potenzen, Wurzeln, Logarithmen s. [7, *12*, *17*,
29].

131.3 Gleichungen

Gleichungen 1. und 2. Grades mit einer Unbekannten, voll bestimmte
Systeme solcher Gleichungen mit mehreren Unbekannten s. [*7. 17. 29*].

131.31 Unterbestimmte Gleichungssysteme. Sind weniger Gleichungen
gegeben als Unbekannte vorhanden sind, so ist das *Gleichungssystem* unter-
bestimmt und hat unendlich viele, z. T. willkurliche Losungen. Eine eindeutige Losung ist aber moglich, wenn fur eine oder mehrere Unbekannte
Neben- oder *Zusatzbedingungen* bestehen. Diese brauchen nicht als Gleichungen gegeben zu sein, sondern etwa in Form von Ungleichungen oder
Satzen.

Für ein *System von zwei Gleichungen mit drei Unbekannten und zwei Zusatzbedingungen* soll hier das rechnerische Problem der *unmittelbaren Messung von Endmaßen mit Interferenz* mit dem Zeiß-Interferenzkomparator behandelt werden (s. Abschn. 248):

Ein zu prüfendes Endmaß hat die Dicke $e = d + c$, wobei e sein Istwert, d sein Sollwert und c der zu bestimmende Fehler ist (s. Abschn. 112 u. 222). Durch zwei Interferenzmessungen läßt sich c bestimmen; folgendes System ist zu lösen:

$$\left.\begin{aligned} c &= (m_1 + \delta_1)\,\frac{\lambda_1}{2} \ \ (1.\ \text{Messung}) \\[2mm] c &= (m_2 + \delta_2)\,\frac{\lambda_2}{2} \ \ (2.\ \text{Messung}) \end{aligned}\right\} \qquad (131-1)$$

Hierbei sind durch Beobachtung gegeben, also bekannt, die Wellenlangen λ_1 und λ_2 der zu den beiden Messungen verwendeten Spektrallinien, ferner δ_1 und δ_2, die sogenannten *Bruchteile der Maßdifferenz* $e - d = c$ (Differenzbruchteile, s. Abb. 24–30).

Es ist nämlich $\delta_1 = \varepsilon_1 - \varepsilon_1'$ und $\delta_2 = \varepsilon_2 - \varepsilon_2'$. Dabei sind ε_1 und ε_2 die sog. *Istbruchteile*, d. h. die fur λ_1 und λ_2 *am Endmaß* e *beobachteten* Verschiebungen des Systems der Interferenzstreifen auf der Endmaßfläche gegenuber dem Streifensystem auf der Grundplatte, und zwar in Bruchteilen des beobachteten Streifenabstandes. ε_1' und ε_2' sind die sog. *Sollbruchteile*, d. h. die fur λ_1 und λ_2 *fur das Sollmaß* d *des Endmaßes berechneten* (einer Tabelle entnehmbaren) Verschiebungen der beiden genannten Streifensysteme, ebenfalls in Bruchteilen des Streifenabstandes.

Unbekannt sind der Fehler c und die Anzahlen m_1 und m_2 der Interferenzstreifen, also insgesamt drei Unbekannte, wofur nur die beiden Gleichungen (1) zur Verfugung stehen. Fur die Unbekannten bestehen nun aber noch folgende Zusatzbedingungen:

1. Aus einer Vormessung mit einem anderen Gerat (Meßschraube, Optimeter) ist c naherungsweise bekannt; es liegt zwischen den Grenzen c' und c'' ($c' - c''$ in der Praxis $= 2 \cdots 3\,\mu$).

2. m_1 und m_2 sind *ganze* Zahlen zufolge ihrer Definition als Streifenanzahlen.

3. m_1 und m_2 besitzen kleine (ganzzahlige) Werte (zur Lösung nicht benutzt, nur zur Erleichterung der Ausrechnung).

Diese Zusatzbedingungen ermöglichen die Lösung auf einem einfachen aus Rechnen und Probieren zusammengesetzten Wege: Aus (1) folgt

$$(m_1 + \delta_1)\,\frac{\lambda_1}{\lambda_2} = (m_2 + \delta_2). \qquad (131-2)$$

Um diese 3 Gleichungen zu erfullen, also m_1, m_2 und c zu gewinnen, ermittelt man zunachst zwei (ganzzahlige) Grenzwerte m_1' und m_1'' fur m_1, die den in der Vormessung erhaltenen Grenzwerten c' und c'' fur c (Zusatzbedingung 1) entsprechen: Aus (1) folgt $m_1 = \dfrac{2}{\lambda_1}\,c - \delta_1$, also

$$m_1' \approx \frac{2}{\lambda_1}\,c' \quad \text{und} \quad m_1'' \approx \frac{2}{\lambda_1}\,c'', \qquad (131-3)$$

wobei δ_1 vernachlässigt ist.

Das ist meist zulässig, da es sich hier nur darum handelt, *ganzzahlige* Grenzwerte fur m_1' und m_1'' zu finden (Bedingung 2), also die den Größen $\dfrac{2}{\lambda_1}\,c'$ und $\dfrac{2}{\lambda_1}\,c''$ nachstgelegenen ganzen Zahlen. Ist eine dieser Größen so klein, daß man δ_1 nicht dagegen vernachlässigen darf, so nimmt man sicherheitshalber die den Größen

$$\left|\frac{2}{\lambda_1}c'\right| + 1 \quad \text{bzw.} \quad \left|\frac{2}{\lambda_1}c''\right| + 1 \quad \text{nachstgelegenen ganzen Zahlen.}$$

Das gesuchte m_1 ist nun einer der in der Folge

$$m_i = m_1'', \ m_1''+1, \ m_1''+2, \ \ldots \ m_1'-2, \ m_1'-1, \ m_1'$$

auftretenden Werte. Um zu entscheiden, welcher der richtige ist, bildet man mit Hilfe des gegebenen δ_1 die Folge $m_i + \delta_1$ und daraus durch Multiplikation mit $\dfrac{\lambda_1}{\lambda_2}$ gemäß (2) die Folge $m_k + \delta_k$. (Zeiger i für 1. Messung, Zeiger k für 2. Messung.)

Diese Multiplikation kann einfach mit dem Rechenschieber durchgeführt werden, denn die Folge $(m_i + \delta_1)$ enthält nur zwei- bis dreistellige (allerhöchstens vierstellige) Zahlen, weil m_1 und somit auch m_1' und m_1' kleine Zahlen sind (Bedingung 3).

In der berechneten Folge $m_k + \delta_k$ findet man den richtigen (gesuchten) Wert m_2 als denjenigen, für welchen das gegebene δ_2 am angenähertsten mit dem berechneten δ_k der Folge übereinstimmt. Damit ist zugleich auch das richtige (gesuchte) m_1 gefunden, und man hat nach (1) zwei Möglichkeiten, c zu berechnen, und kann daraus das Mittel bilden. Dabei sind für δ_2 und δ_1 die aus Beobachtungs- und Tabellenwert berechneten Werte der *Differenzbruchteile* zu setzen.

Beispiel. Für ein Endmaß vom Sollwert $d = 1,40000$ mm soll der Fehler c bestimmt werden. Die Vormessung ergab, daß der Istwert e höchstens um $\pm 1\,\mu$ von d abweicht. Die Näherungswerte c' und c'' für c sind also $\pm 1\,\mu$. Die Beobachtung der Interferenzstreifen am Komparator erfolgte bei den beiden Wellenlängen $\lambda_1 = 0,6678\,\mu$ und $\lambda_2 = 0,5876\,\mu$ (so daß

$$f = \frac{\lambda_1}{\lambda_2} = 1,137) \quad \text{und ergab:}$$

	bei λ_1		bei λ_2	
die *Istbruchteile*	$\varepsilon_1 = 0,28$ (bzw. 1,28)		$\varepsilon_2 = 0,85$	
die *Sollbruchteile*	$\varepsilon_1' = 0,76$		$\varepsilon_2' = 0,43$	(aus dem Gerät bei-
daraus $\delta = \varepsilon - \varepsilon'$	$\delta_1 = 0,52$		$\delta_2 = 0,42$	gegebener Tabelle)

Die Grenzwerte m_1' und m_1'' berechnen sich aus den Grenzen $\pm 1\,\mu$ für c nach (3) zu $\pm \dfrac{2}{\lambda_1} \cdot 1 = \pm 2{,}998$, also sehr nahe ± 3. Das gesuchte m_1 liegt also innerhalb der Folge $m_i = -3, \ -2, \ -1, \ 0, \ +1, \ +2, \ +3$, Hieraus ist zunächst die Folge $m_i + (\delta_1 = 0{,}52)$ und daraus durch Multiplikation mit $f = 1{,}137$ nach (2) die Folge $m_k + \delta_k$ zu bilden, wobei die negativen Werte dieser Folge als halbpositive Zahlen (d. h. als Differenz eines positiven Dezimalbruches und einer ganzen Zahl) geschrieben sind, um für die Bruchteile δ_k stets positive Zahlen zu haben. Im einzelnen ergibt sich also:

$$
\begin{array}{ll}
m_i + 0{,}52 = (m_i + \delta_1) \qquad & (m_k + \delta_k) = m_k + \delta_k \\
-3 + 0{,}52 = -2{,}48 & -2{,}82 = -3 + 0{,}18 \\
-2 + 0{,}52 = -1{,}48 & -1{,}68 = -2 + 0{,}32 \\
-1 + 0{,}52 = -0{,}48 & -0{,}55 = -1 + 0{,}45 \\[4pt]
0 + 0{,}52 = +0{,}52 & +0{,}59 = 0 + 0{,}59 \\
+1 + 0{,}52 = +1{,}52 & +1{,}73 = +1 + 0{,}73 \\
+2 + 0{,}52 = +2{,}52 & +2{,}87 = +2 + 0{,}87 \\
\end{array}
$$

In der Folge $m_k + \delta_k$ stimmt der Wert $\delta_k = 0{,}45$ am angenähertsten mit dem gegebenen Wert $\delta_2 = 0{,}42$ überein, so daß der gesuchte m_k-Wert die bei 0,45 stehende ganze Zahl ist, also $m_2 = -1$. In der Folge $m_1 + 0{,}52$ findet man in der gleichen Zeile die gesuchte ganze Zahl $m_1 = -1$. Mit m_1 und m_2 gewinnt man schließlich nach (1) auf doppelte Art den gesuchten Fehler

$$\left.\begin{aligned} c &= (-1 + 0{,}52) \cdot \frac{0{,}668}{2} = -0{,}48 \cdot 0{,}334 = -0{,}16\,\mu \\ \text{und } c &= (-1 + 0{,}42) \cdot \frac{0{,}588}{2} = -0{,}58 \cdot 0{,}294 = -0{,}17\,\mu \end{aligned}\right\} \approx \underline{-0{,}16\,\mu}$$

Der Istwert des geprüften Endmaßes beträgt also
$$e = d + c = 1{,}40000 - 0{,}00016 = 1{,}39984 \text{ mm}.$$

131.32 Näherungsverfahren. Auch zum Auflösen *kubischer Gleichungen* und mancher Gleichungen höheren Grades sind strenge Lösungsverfahren bekannt, aber verwickelt. Einzelne Wurzeln findet man angenähert durch Probieren oder graphische Darstellung. Genügt die Genauigkeit nicht, so kann sie durch Annäherungsverfahren erhöht werden.

Lautet die zu lösende Gleichung $f(x) = 0$, so geht man beim Aufsuchen von Näherungslösungen häufig von der Funktion $y = f(x)$ aus.

131.321 Näherungswerte durch Probieren. Wird $y = f(x)$, also die linke Seite der aufzulösenden Gleichung, für $x = x_1$ negativ und für $x = x_2$ positiv, so liegt eine ungerade Anzahl von Wurzeln, also mindestens *eine* zwischen x_1 und x_2.

Beispiel. Die linke Seite der kubischen Gleichung $x^3 + x^2 - 5{,}7\,x - 3 = 0$ wird für $x_1 = -3$ negativ, für $x_2 = +3$ positiv. Zwischen x_1 und x_2 liegen die drei Wurzeln, die sich als Nullstellen der Funktion $f(x) = x^3 + x^2 - 5{,}7\,x - 3$ ergeben (Abb. 131–1).

131.322 Näherungswerte durch Zeichnen. Ist $f(x) = 0$ die aufzulösende Gleichung, so berechnet man die Koordinaten einiger Punkte und zeichnet die Kurve $y = f(x)$. Die Abszissen der Kurvenschnittpunkte mit der x-Achse sind die Wurzeln der Gleichung.

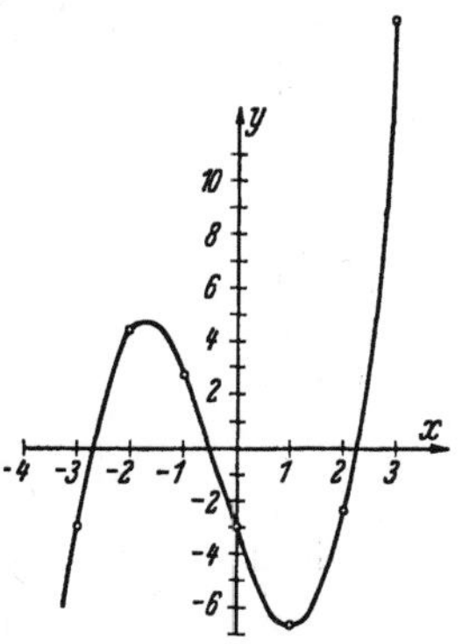
Abb. 131—1.
Graphische Darstellung
der Funktion der Gleichung
$y = x^3 + x^2 - 5{,}7\,x - 3$

x	x^3	x^2	$-5{,}7\,x$	$f(x) = y$
-3	-27	$+9$	$+17{,}1$	$-3{,}0$
-2	-8	$+4$	$+11{,}4$	$+4{,}4$
-1	-1	$+1$	$+5{,}7$	$+2{,}7$
0	0	0	0	$-3{,}0$
1	1	1	$-5{,}7$	$-6{,}7$
2	8	4	$-11{,}4$	$-2{,}4$
3	27	9	$-17{,}1$	$+15{,}9$

Voriges Beispiel. Die gemäß der nebenstehenden tabellarischen Auswertung gezeichnete Kurve (Abb. 131–1)
$$y = x^3 + x^2 - 5{,}7\,x - 3 = 0$$

ergibt drei Schnittpunkte mit der x-Achse, deren Abszissen sich aus der Zeichnung ablesen lassen zu

$$-2,7; \quad -0,5; \quad +2,2.$$

Oft ist es bequemer, der aufzulösenden Gleichung die Form $f_1(x) = f_2(x)$ zu geben und die beiden Kurven $y = f_1(x)$ und $y = f_2(x)$ zu zeichnen. Die Abszissen der gegenseitigen Schnittpunkte sind die gesuchten Wurzeln.

Beispiel. $f(x) = x^2 - x - 4 = 0$ läßt sich umformen in $x^2 = x + 4$, womit die Form $f_1(x) = f_2(x)$ gewonnen ist. Hier ist $f_1(x) = x^2$ eine Parabel, $f_2(x) = x + 4$ eine Gerade. Beide Kurven lassen sich leicht zeichnen.

131.323 Rechnerische Annäherungen. Bei der Regula falsi wird an Stelle des Schnittpunktes der Kurve mit der x-Achse der der Sehne zweier in der Nähe liegender Kurvenpunkte gesetzt: Ist x_1 ein *Naherungswert* einer Wurzel von $f(x) = 0$, so sucht man zunächst einen zweiten Naherungswert x_2, der so beschaffen sein muß, daß $f(x_2)$ das entgegengesetzte Vorzeichen von $f(x_1)$ hat. Daraus berechnet man die Verbesserung

$$\delta_1 = -f(x_1)\frac{x_2 - x_1}{f(x_2) - f(x_1)},$$

die man an x_1 anbringen muß, um den gesuchten Naherungswert x_3 zu erhalten, der besser als x_1 und x_2 ist, also $x_3 = x_1 + \delta_1$. Ist der Naherungswert x_3 noch nicht genau genug, so berechnet man eine neue Annaherung x_4, indem man in die vorstehende Formel x_3 anstelle x_2 oder x_1 einsetzt.

Beispiel. Die *transzendente Gleichung* $x^x = 100$ wird umgeformt in

$$f(x) = x \cdot \lg x - 2 = 0.$$

Ausrechnung:

x	$f(x)$
1	-2
2	$-1,4$
$x_1 = 3$	$-0,5687$
$x_2 = 4$	$+0,4084$

Durch Probieren findet man, daß das Vorzeichen von $f(x)$ wechselt beim Übergang von $x = 3$ zu $x = 4$. Diese beiden Werte nimmt man daher zweckmäßigerweise für x_1 bzw. x_2. Nach den Formeln erhalt man

$$f(x_2) - f(x_1) = +0,9771 \qquad \delta_1 = +0,57\frac{4-3}{0,98} = 0,58$$

$$x_3 = x_1 + \delta_1 = 3 + 0,58 = 3,58.$$

Um eine weitere Annaherung zu ermitteln, berechnet man $f(x_3) = 3,58 \cdot \lg 3,58 - 2 = -0,01711$.

Da $f(x_3)$ das entgegengesetzte Vorzeichen von $f(x_2)$ hat, sind x_3 und x_2 für erneute Anwendung der *regula falsi* geeignete Werte. An Stelle x_1 tritt jetzt x_3:

$$\delta_2 = -f(x_3)\frac{x_2 - x_3}{f(x_2) - f(x_3)} = +0,0171 \cdot \frac{4 - 3.58}{0,408 + 0,017} = 0,0169$$

$x_4 = x_3 + \delta_2 = 3\,58 + 0,017 = 3,597$. Das Verfahren läßt sich in derselben Weise fortsetzen. Die bis auf 5 Stellen genaue Lösung ist 3,5973.

Newtonsches Verfahren. An Stelle des Schnittpunktes der Kurve mit der x-Achse wird der der Tangente eines in der Nähe liegenden Kurvenpunktes gesetzt. Hat man durch Probieren oder Zeichnen gefunden, daß x_1 ein Naherungswert für eine Wurzel der Gleichung $f(x) = 0$ ist, so erhalt man x_2 als besseren Näherungswert als x_1 durch Berechnung der Verbesserung

$$\delta_1 = -\frac{f(x_1)}{f'(x_1)},$$

wenn $f'(x_1)$ die erste Ableitung (s. Abschn. 131.41) der gegebenen Funktion $f(x)$ bedeutet, in welche für x der Näherungswert x_1 eingesetzt ist. Somit wird $x_2 = x_1 + \delta_1$. Durch Wiederholen des Verfahrens kann das Ergebnis verbessert werden, indem man eine zweite Verbesserung δ_2 berechnet durch Einsetzen von x_2 an Stelle x_1.

Also

$$\delta_2 = -\frac{f(x_2)}{f'(x_2)} \quad \text{und} \quad x_3 = x_2 + \delta_2.$$

Beispiel. Für $f(x) = x \cdot \lg x - 2$ wird $f'(x) = \lg x + \lg e$
$$= \lg x + 0{,}4343.$$

Als 1. Näherungswert sei ermittelt (s. voriges Beispiel) $x_1 = 3$

2. Näherung:
$$f(x_1) = x_1 \cdot \lg x_1 - 2 = -0{,}5687$$
$$f'(x_1) = \lg x_1 + 0{,}4343 = 0{,}9114$$
$$\delta_1 = -\frac{f(x_1)}{f'(x_1)} = +0{,}624; \quad x_2 = x_1 + \delta_1 = 3{,}624$$

3. Näherung:
$$f(x_2) = x_2 \cdot \lg x_2 - 2 = +0{,}0265$$
$$f'(x_2) = \lg x_2 + 0{,}4343 = 0{,}9935$$
$$\delta_2 = -\frac{f(x_2)}{f'(x_2)} = -0{,}0268; \quad x_3 = x_2 + \delta_2 = 3{,}599$$

4. Näherung:
$$f(x_3) = x_3 \cdot \lg x_3 - 2 = +0{,}00169$$
$$f'(x_3) = \lg x_3 + 0{,}4343 = 0{,}9905$$
$$\delta_3 = -\frac{f(x_3)}{f'(x_3)} = -0{,}00171; \quad x_4 = x_3 + \delta_3 = 3{,}597 \text{ usw.}$$

Iterationsverfahren. Dieses Verfahren des wiederholten Einsetzens ist anwendbar, wenn

1. die zu lösende Gleichung auf die Form $x = g(x)$ gebracht werden kann,
2. ein Näherungswert x_1 bekannt ist,
3. mindestens für x_1 und alle folgenden (gesuchten) Näherungswerte x_2, x_3, ... die Bedingung $|g'(x)| < 1$ gilt.

Ist x_1 ein durch Probieren oder durch Zeichnen ermittelter Näherungswert, so ist $x_2 = g(x_1)$ ein besserer. Durch Fortsetzung des Verfahrens (Iteration) kommt man der Lösung beliebig nahe.

Beispiel. $3 \cdot x - \cos x = 0$ läßt sich auf die Form bringen

$x = \dfrac{1}{3} \cos x = g(x)$. Daraus folgt $g'(x) = -\dfrac{1}{3} \sin x$. Sogar für jedes

beliebige x ist hier $|g'(x)| = \dfrac{1}{3} \sin x < 1$, also das Verfahren anwendbar,

sobald ein erster Näherungswert bekannt ist. Dieser sei

$$x_1 = 0{,}3 \approx 17° \, 10'; \text{ daraus folgt}$$
$$x_2 = \frac{1}{3} \cos 17° \, 10' = 0{,}3185 \approx 18° \, 15'; \text{ daraus folgt}$$

$$x_3 = \frac{1}{3} \cos 18^\circ\,15' = 0{,}3166 \approx 18^\circ\,08';\ \text{daraus folgt}$$

$$x_4 = \frac{1}{3} \cos 18^\circ\,08' = 0{,}31678 \approx 18^\circ\,09';\ \text{daraus folgt}$$

$$x_5 = \frac{1}{3} \cos 18^\circ\,09' = 0{,}31675 \approx 18^\circ\,08'\,54''\ \text{usw.}$$

(Zum Vergleich $x = 0{,}316751$ ist die auf 6 Stellen genaue Lösung der vorgelegten Gleichung.)

131.4 Differentialquotienten und unendliche Potenzreihen

In der Differentialrechnung wie in der Fehlerrechnung kommen Größen vor, die im Vergleich zu anderen klein sind.

131.41 Differentialquotient. Erklärung und Darstellung. Ist $y = f(x)$ eine Funktion der Veränderlichen (Variablen) x, so ist der Differentialquotient $\frac{dy}{dx}$ der Grenzwert, dem der Differenzenquotient $\frac{\Delta y}{\Delta x}$ zustrebt, wenn die Differenzen Δx und damit auch Δy gegen null streben:

$$\frac{dy}{dx} = \lim_{\Delta x \to 0} \frac{\Delta y}{\Delta x} = \lim_{\Delta x \to 0} \frac{f(x + \Delta x) - f(x)}{\Delta x}.$$

Stellt man $y = f(x)$ in einem rechtwinkligen Koordinatensystem als Kurve dar (s. Abb. 131–2), so ist der Differenzenquotient $\frac{\Delta y}{\Delta x}$ die Neigung der Sehne $P P_1$ zur x-Achse. Rückt P_1 immer näher an P, so gehen Δx und Δy in die Differentiale dx und dy über und die Kurvensehne $P P_1$ in die Kurventangente im Punkte P. Der Differenzenquotient $\frac{\Delta y}{\Delta x}$ wird zum Differentialquotient $\frac{dy}{dx}$. Damit geht die Neigung

$$\operatorname{tg} \alpha_1 = \frac{\Delta y}{\Delta x}\ \text{der Kurvensehne } P P_1 \text{ in}$$

die Neigung $\operatorname{tg} \alpha = \frac{dy}{dx}$ der Tangente im Kurvenpunkte P über.

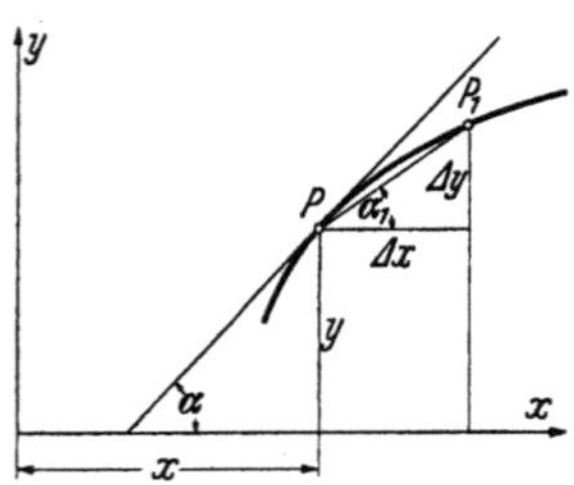
Abb. 131–2. Der Differenzenquotient $\frac{\Delta y}{\Delta x}$ geht in den Differentialquotienten $\frac{dy}{dx}$ über, wenn P_1 näher und näher an P heranrückt.

Wie zu jedem Kurvenpunkte P eine Tangente mit anderer Neigung gehört, so ist auch der Differentialquotient wieder eine Funktion von x, die man in Anlehnung an die Schreibweise $y = f(x)$ als $y' = f'(x)$ schreibt. Schreibweisen für den Differentialquotienten oder die *erste Ableitung* der Funktion $f(x)$ nach x:

$$y' = f'(x) = \frac{dy}{dx} = \frac{df(x)}{dx} = \frac{d}{dx}\,f(x).$$

Das Differential dy ist der Grenzwert, dem die Differenz Δy zustrebt, wenn Δx gegen 0 strebt:

$$dy = \lim_{\Delta x \to 0} \Delta y = \lim_{\Delta x \to 0} \frac{\Delta y}{\Delta x} \cdot \Delta x = f'(x) \cdot dx.$$

Auch aus der vorigen Gleichung gewinnt man durch Auflösen das Differential:

$$dy = df(x) = f'(x) \cdot dx.$$

Aus der 1. Ableitung findet man durch nochmaliges Differenzieren die 2. Ableitung y'', daraus ebenso die 3. Ableitung y''' usw.:

$$y'' = f''(x) = \frac{dy'}{dx} = \frac{df'(x)}{dx} = \frac{d}{dx}\frac{df(x)}{dx} = \frac{d^2 f(x)}{(dx)^2} = \frac{d^2 y}{dx^2}$$

$$y''' = f'''(x) = \frac{dy''}{dx} = \frac{df''(x)}{dx} = \frac{d}{dx}\frac{d^2 f(x)}{(dx)^2} = \frac{d^3 f(x)}{(dx)^3} = \frac{d^3 y}{dx^3}.$$

Die haufig gebrauchten Differentialquotienten der elementaren Funktionen sowie die üblichen Differenziationsregeln sind in so vielen Taschenbüchern, Lehrbüchern und Formelsammlungen übersichtlich zusammengestellt, daß von einer Aufzählung hier abgesehen werden kann, s. Schriftt. [7, *12, 17, 18, 19, 20, 24, 26, 28, 29, 34, 35*].

131.42 Partielle Differenziation. Betrachtet man in einer von zwei Veranderlichen x und y abhängigen Funktion $z = f(x,y)$ zunächst nur die eine der Variablen, etwa x, als veränderlich, die andere als konstant, so heißt die Ableitung der Funktion z nach dieser Variablen x die partielle Ableitung der Funktion z nach x. Man schreibt sie $\dfrac{\partial z}{\partial x}$ oder $f_x(x,y)$. Entsprechend schreibt man die partielle Ableitung der Funktion x nach y als $\dfrac{\partial z}{\partial y}$ oder $f_y(x,y)$.

Die Änderung dz, welche z erfährt, wenn die beiden Variablen x und y zugleich sich um die voneinander unabhängigen Differentiale dx und dy andern, heißt das totale Differential von $f(x,y)$. Es ist

$$dz = \frac{\partial z}{\partial x} dx + \frac{\partial z}{\partial y} dy = f_x(x,y) \cdot dx + f_y(x,y) \cdot dy.$$

Entsprechend wird das totale Differential dz einer Funktion $z = f(u,v,w,\ldots)$ von mehr als zwei Variablen

$$dz = \frac{\partial f}{\partial u} du + \frac{\partial f}{\partial v} dv + \frac{\partial f}{\partial w} dw + \cdots$$

Die rechts stehenden Summanden heißen partielle Differentiale der Funktion z, und es gilt der Satz, daß das totale Differential einer Funktion von mehreren unabhängigen Variablen gleich der Summe der partiellen Differentiale ist.

Aus der ersten Gleichung fur dz errechnet sich für $z = 0$ der Differentialquotient einer unentwickelten oder impliziten Funktion $f(x,y) = 0$ zu

$$\frac{dy}{dx} = -\frac{\partial f}{\partial x} : \frac{\partial f}{\partial y} = -\frac{f_x(x,y)}{f_y(x,y)}.$$

Beispiel. $f(x, y) = y \cdot \sin y + x^2 - x \cdot \operatorname{tg} x = 0$ ergibt zunächst

$$f_x = 2x - \operatorname{tg} x - \frac{x}{\cos^2 x} \text{ und } f_y = \sin y + y \cdot \cos y, \text{ also}$$

$$y' = -\frac{f_x}{f_y} = -\left(2x - \operatorname{tg} x - \frac{x}{\cos^2 x}\right) : (\sin y + y \cdot \cos y).$$

131.43. Taylorsche und Mac Laurinsche Reihe. Eine Funktion $y = f(x)$ zwischen den zwei Veranderlichen x und y, die im Bereich $x = x_0$ bis $x = x_0 + h$ samt ihren Ableitungen eindeutig, endlich und stetig ist, laßt sich durch die sog. Taylorsche Reihe:

$$f(x) = f(x_0 + h) = f(x_0) + \frac{h}{1!} f'(x_0) + \frac{h^2}{2!} f''(x_0) + \frac{h^3}{3!} f'''(x_0) + \cdots$$

ausdrucken, die die Entwicklung von $f(x)$ in eine Potenzreihe darstellt. Dabei ist x_0 ein bestimmter endlicher Wert der Veranderlichen x, also ein Punkt der x-Achse, h eine endliche neue Variable, $f'(x_0)$, $f''(x_0)$, ... sind die Werte, welche die Differentialquotienten $f'(x)$, $f''(x)$, ... der gegebenen Funktion $f(x)$ annehmen, wenn in ihnen $x = x_0$ gesetzt wird. Die Taylorsche Reihe stellt, wenn sie konvergiert, d. h. wenn die Summe *aller* Glieder einen endlichen Wert hat, die Entwicklung der Funktion $f(x)$ von der Stelle x_0 aus an der Stelle $x_0 + h$ dar. Die Konvergenz ist im Einzelfalle besonders zu prufen.

Die folgende nach S t i r l i n g oder (zu Unrecht) nach M a c l a u r i n benannte Reihe erhalt man als Sonderfall der Taylorschen Reihe, indem man in ihr $x_0 = 0$ setzt und die Größe h mit x bezeichnet. Die sich ergebende Reihe stellt die Entwicklung einer gegebenen Funktion $f(x)$ an der Stelle x vom Koordinatenursprung (Stelle $x = 0$) aus dar:

$$f(x) = f(0) + \frac{x}{1!} f'(0) + \frac{x^2}{2!} f''(0) + \frac{x^3}{3!} f'''(0) + \cdots$$

Auch ihre Konvergenz ist in jedem Einzelfalle besonders zu untersuchen.

Mit Hilfe der Mac Laurinschen Entwicklung lassen sich viele algebraische und nichtalgebraische Ausdrucke in unendliche Reihen entwickeln, die in vielen Formelsammlungen, s. [7, 17, 19, 29, 30, 36], zu finden sind. Sind die Reihen konvergent, und beschrankt man sich auf eine endliche, meist kleine Gliederanzahl, so erhalt man die im folgenden gegebenen, für die Meßtechnik wichtigen Naherungsformeln.

131.5 Näherungsformeln

Sind δ und ε klein gegen 1 oder gegen a, so gelten die folgenden Naherungsformeln, und zwar in *dritter Annaherung*, weil sie mindestens bis zu den dritten Potenzen der kleinen Größen entwickelt sind. Oft genügt auch die *zweite Naherung*, die noch die zweiten Potenzen berucksichtigt. Bei der der *ersten Naherung* werden nur die Glieder bis zur ersten Potenz noch berücksichtigt.

131.51 Formeln mit nur einer kleinen Größe. Bei den folgenden Naherungsformeln kann δ positiv oder negativ sein.

Vielfach ist noch die Grenze angefugt, unterhalb welcher der ,,Absolutwert" von δ (ohne Berücksichtigung des Vorzeichens von δ), geschrieben $|\delta|$, gesprochen ,,Betrag von δ'', bleiben muß, wenn der bei Verwendung nur der Glieder bis einschließlich δ^1 (1. Näherung) begangene Fehler seinem Betrag nach kleiner als 0,001 bleiben soll.

$$(1 + \delta)^{\pm n} \approx 1 \pm n\delta + \frac{n(n \mp 1)}{2}\delta^2 \pm \frac{n(n \mp 1)(n \mp 2)}{6}\delta^3$$

$$(1 + \delta)^2 = 1 + 2\delta + \delta^2 \qquad\qquad |\delta| < 0{,}032$$

$$(1 + \delta)^3 = 1 + 3\delta + 3\delta^2 + \delta^3 \qquad\qquad < 0{,}018$$

$$(1 + \delta)^4 \approx 1 + 4\delta + 6\delta^2 + 4\delta^3 \qquad\qquad < 0{,}013$$

$$\frac{1}{1 + \delta} \approx 1 - \delta + \delta^2 - \delta^3 \qquad\qquad < 0{,}032$$

$$\frac{1}{(1 + \delta)^2} \approx 1 - 2\delta + 3\delta^2 - 4\delta^3 \qquad\qquad < 0{,}018$$

$$\frac{1}{(1 + \delta)^3} \approx 1 - 3\delta + 6\delta^2 - 10\delta^3 \qquad\qquad < 0{,}013$$

$$\frac{1}{(1 + \delta)^4} \approx 1 - 4\delta + 10\delta^2 - 20\delta^3 \qquad\qquad < 0{,}010$$

$$\sqrt{1 + \delta} \approx 1 + \frac{1}{2}\delta - \frac{1}{8}\delta^2 + \frac{1}{16}\delta^3 \qquad\qquad < 0{,}089$$

$$\frac{1}{\sqrt{1 + \delta}} \approx 1 - \frac{1}{2}\delta + \frac{3}{8}\delta^2 - \frac{5}{16}\delta^3 \qquad\qquad < 0{,}052$$

$$\sqrt{(1 + \delta)^3} \approx 1 + \frac{3}{2}\delta + \frac{3}{8}\delta^2 - \frac{1}{16}\delta^3 \qquad\qquad |\delta| < 0{,}052$$

$$\frac{1}{\sqrt{(1 + \delta)^3}} \approx 1 - \frac{3}{2}\delta + \frac{15}{8}\delta^2 - \frac{35}{16}\delta^3 \qquad\qquad < 0{,}023$$

$$\sqrt{a^2 + \delta} \approx a + \frac{\delta}{2a} - \frac{\delta^2}{8a^3}$$

$$\sqrt[3]{a^3 + \delta} \approx a + \frac{\delta}{3a^2} - \frac{\delta^2}{9a^5}$$

$$\sqrt[3]{1 + \delta} \approx 1 + \frac{1}{3}\delta - \frac{1}{9}\delta^2 + \frac{5}{81}\delta^3 \qquad\qquad < 0{,}095$$

$$\frac{1}{\sqrt[3]{1 + \delta}} \approx 1 - \frac{1}{3}\delta + \frac{2}{9}\delta^2 - \frac{14}{81}\delta^3 \qquad\qquad < 0{,}067$$

$$\sqrt[3]{(1 + \delta)^2} \approx 1 + \frac{2}{3}\delta - \frac{1}{9}\delta^2 + \frac{4}{81}\delta^3 \qquad\qquad < 0{,}095$$

$$\frac{1}{\sqrt[3]{(1 + \delta)^2}} \approx 1 - \frac{2}{3}\delta + \frac{5}{9}\delta^2 - \frac{40}{81}\delta^3 \qquad\qquad < 0{,}042$$

$$\sqrt{a+b} = \sqrt{a}\,\sqrt{1+\frac{b}{a}} \approx \sqrt{a}\left(1+\frac{b}{2a}\right) = \sqrt{a} + \frac{b}{2\sqrt{a}} \quad \text{wenn } b \ll a$$

($b \ll a$ heißt: b klein gegen a; damit wird a groß gegen b, geschrieben $a \gg b$). Auf Grund dieser Formel kann die Quadratwurzel aus einer speziellen Zahl naherungsweise leicht errechnet werden, indem man sie in zwei Summanden zerlegt, von denen der eine die nächstgelegene Quadratzahl und der andere der positive oder negative Rest ist.

Genaue Rechnung

Beispiel. $\sqrt{65,6} = \sqrt{64+1,6} = 8 + \dfrac{1,6}{16} = 8,10$ ergibt 8,0994

$$\sqrt{1,92} = \sqrt{1,96-0,04} = 1,4 - \frac{0,04}{2,8} = 1,386 \qquad 1,38564$$

$$\frac{1+\delta}{1-\delta} \approx 1 + 2\delta + 2\delta^2 + 2\delta^3 \qquad\qquad |\delta| < 0,022$$

$$\left(\frac{1+\delta}{1-\delta}\right)^2 \approx 1 + 4\delta + 8\delta^2 + 12\delta^3 \qquad\qquad < 0,011$$

$$\left(\frac{1+\delta}{1-\delta}\right)^3 \approx 1 + 6\delta + 18\delta^2 + 38\delta^3 \qquad\qquad < 0,007$$

$$\sqrt{\frac{1+\delta}{1-\delta}} \approx 1 + \delta + \frac{1}{2}\delta^2 + \frac{1}{2}\delta^3 \qquad\qquad < 0,045$$

$$\sqrt[3]{\frac{1+\delta}{1-\delta}} \approx 1 + \frac{2}{3}\delta + \frac{2}{9}\delta^2 + \frac{22}{81}\delta^3 \qquad\qquad < 0,067$$

$$b^{\alpha+\delta} \approx b^\alpha \left[1 + \delta \ln b + \frac{\delta^2}{2}(\ln b)^2 + \frac{\delta^3}{6}(\ln b)^3\right]$$

$$e^{\alpha+\delta} \approx e^\alpha \left(1 + \delta + \frac{\delta^2}{2} + \frac{\delta^3}{6}\right) \qquad\qquad |\delta| < 0,045$$

$$e^\delta \approx 1 + \delta + \frac{\delta^2}{2} + \frac{\delta^3}{6} \qquad\qquad 0,045$$

$$e^{+\frac{1}{1+\delta}} \approx e\left(1 - \delta + \frac{3}{2}\delta^2 - \frac{13}{6}\delta^3\right) \qquad\qquad 0,026$$

$$e^{-\frac{1}{1+\delta}} \approx \frac{1}{e}\left(1 + \delta - \frac{1}{2}\delta^2 + \frac{1}{6}\delta^3\right) \qquad\qquad 0,045$$

$$e^{+\frac{1+\delta}{1-\delta}} \approx e\left(1 + 2\delta + 4\delta^2 + \frac{22}{3}\delta^3\right) \qquad\qquad 0,016$$

$$e^{-\frac{1+\delta}{1-\delta}} \approx \frac{1}{e}\left(1 - 2\delta + \frac{2}{3}\delta^3\right) \qquad\qquad 0,039$$

$$\lg(a+\delta) = 0{,}43429 \ln(a+\delta) \approx \lg a + \frac{0{,}43429}{a}\,\delta\left(1 - \frac{\delta}{2a} + \frac{\delta^2}{3a^2}\right)$$

$$\lg(1+\delta) \approx 0{,}43429\,\delta - 0{,}21715\,\delta^2 + 0{,}14476\,\delta^3 \qquad |\delta| < 0{,}068$$

$$\ln(a+\delta) \approx \ln a + \frac{\delta}{a} - \frac{1}{2}\frac{\delta^2}{a^2} + \frac{1}{3}\frac{\delta^3}{a^3} - \frac{1}{4}\frac{\delta^4}{a^4}$$

$$\ln(1+\delta) \approx \delta - \frac{\delta^2}{2} + \frac{\delta^3}{3} - \frac{\delta^4}{4} \qquad |\delta| < 0{,}045$$

$$\ln\frac{1}{1+\delta} \approx -\delta + \frac{\delta^2}{2} - \frac{\delta^3}{3} + \frac{\delta^4}{4} \qquad < 0{,}045$$

$$\ln\frac{1+\delta}{1-\delta} \approx 2\delta + \frac{2}{3}\delta^3 + \frac{2}{5}\delta^5 \qquad < 0{,}114$$

131.52 Kreis- und Arkusfunktionen. In den folgenden Reihenentwicklungen ist δ im Bogenmaß einzusetzen, d. h. $\delta = 0{,}01745\,(\delta^\circ)$, wenn (δ°) der Zahlenwert des im Gradmaß gegebenen Winkels ist (genauer aber umständlicher ist die Schreibweise $\mathrm{arc}\,\delta$ anstelle δ).

$|\delta| \ll 1$ bedeutet demnach, daß $|\delta^\circ|$ klein gegen $57{,}3^\circ$ sein muß, (s. Abschn. 122). Der für $|\delta|$ angegebene Größtwert gilt, wenn nur die unterstrichenen Glieder der Potenzreihen verwendet werden.

$$\sin \delta \approx \underline{\delta} - \frac{1}{6}\delta^3 = \underline{0{,}01745\,(\delta^\circ)} - 0{,}0000009\,(\delta^\circ)^3 \qquad |\delta| < 0{,}182\ (= 10{,}4^\circ)$$

$$\frac{1}{\sin \delta} = \operatorname{cosec} \delta \approx \frac{1}{\delta} + \frac{1}{6}\delta + \frac{7}{360}\delta^3 \qquad < 0{,}006\ (= 0{,}344^\circ)$$

$$\cos \delta \approx \underline{1 - \frac{1}{2}\delta^2} + \frac{1}{24}\delta^4 \qquad < 0{,}394\ (= 22{,}6^\circ)$$

$$\frac{1}{\cos \delta} = \sec \delta \approx \underline{1 + \frac{1}{2}\delta^2} + \frac{5}{24}\delta^4 \qquad < 0{,}263\ (= 15{,}3^\circ)$$

$$\operatorname{tg} \delta \approx \underline{\delta} + \frac{1}{3}\delta^3 = \underline{0{,}01745\,(\delta^\circ)} + 0{,}0000018\,(\delta^\circ)^3 \qquad < 0{,}144\ (= 8{,}25^\circ)$$

$$\operatorname{ctg} \delta \approx \underline{\frac{1}{\delta}} - \frac{1}{3}\delta - \frac{1}{45}\delta^3 \qquad < 0{,}003\ (= 0{,}172^\circ)$$

$$\operatorname{arc\,sin} \delta \approx \underline{\delta} + \frac{1}{6}\delta^3 + \frac{3}{40}\delta^5 \qquad < 0{,}182\ (= 10{,}4^\circ)$$

$$\operatorname{arc\,tg} \delta \approx \underline{\delta} - \frac{1}{3}\delta^3 + \frac{1}{5}\delta^5 \qquad < 0{,}144\ (= 8{,}25^\circ)$$

$$\operatorname{arc\,cos} \delta \approx \underline{\frac{\pi}{2} - \delta} - \frac{1}{6}\delta^3 - \frac{3}{40}\delta^5 \qquad < 0{,}182\ (= 10.4^\circ)$$

$$\operatorname{arc\,ctg} \delta \approx \underline{\frac{\pi}{2} - \delta} + \frac{1}{3}\delta^3 - \frac{1}{5}\delta^5 \qquad < 0{,}144\ (= 8{,}25^\circ)$$

$$\sin(a + \delta) \approx (\sin a) \cdot \left(1 + \delta \operatorname{ctg} a - \frac{1}{2}\delta^2 - \frac{1}{6}\delta^4 \operatorname{ctg} a\right)$$

$$\frac{1}{\sin(a + \delta)} \approx \frac{1}{\sin a}\left[1 - \delta \operatorname{ctg} a + \left(\frac{1}{2} + \operatorname{ctg}^2 a\right)\delta^2 - \delta^3 \operatorname{ctg} a\left(\operatorname{ctg}^2 a + \frac{5}{6}\right)\right]$$

$$\cos(a + \delta) \approx (\cos a) \cdot \left(1 - \delta \operatorname{tg} a - \frac{1}{2}\delta^2 + \frac{1}{6}\delta^3 \operatorname{tg} a\right)$$

$$\frac{1}{\cos(a + \delta)} \approx \frac{1}{\cos a}\left[1 + \delta \operatorname{tg} a + \left(\frac{1}{2} + \operatorname{tg}^2 a\right)\delta^2 + \delta^3 \operatorname{tg} a\left(\operatorname{tg}^2 a + \frac{5}{6}\right)\right]$$

$$\operatorname{tg}(a + \delta) \approx (\operatorname{tg} a) \cdot \left[1 + \frac{2\delta}{\sin 2a} + \frac{\delta^2}{\cos^2 a} + \frac{2\delta^2}{\sin 2a}\left(\frac{1}{3} + \operatorname{tg}^2 a\right)\right]$$

$$\operatorname{ctg}(a + \delta) \approx (\operatorname{ctg} a) \cdot \left[1 - \frac{2\delta}{\sin 2a} + \frac{\delta^2}{\sin^2 a} - \frac{2\delta^3}{\sin 2a}\left(\frac{1}{3} + \operatorname{ctg}^2 a\right)\right]$$

$$\operatorname{ev}(a + \delta) \approx \operatorname{ev} a + \delta \operatorname{tg}^2 a\left[1 + \frac{2\delta}{\sin 2a} + \frac{\delta^2}{\sin^2 a}\left(\frac{1}{3} + \operatorname{tg}^2 a\right)\right]$$

wobei $\operatorname{ev} a = \operatorname{tg} a - \hat{a}$ die Evolventenfunktion bedeutet (s. Taf. 5).

131.53 Zwei und mehr kleine Größen

$$(a + \delta_1)(b + \delta_2) = ab\left(1 + \frac{\delta_1}{a} + \frac{\delta_2}{b} + \frac{\delta_1 \delta_2}{ab}\right)$$

$$(1 + \delta_1)(1 + \delta_2)(1 + \delta_3) = 1 + \delta_1 + \delta_2 + \delta_3 + \delta_1\delta_2 + \delta_1\delta_3 + \delta_2\delta_3 + \delta_1\delta_2\delta_3$$

$$\frac{a + \delta}{b + \varepsilon} \approx \frac{a}{b}\left(1 + \frac{\delta}{a} - \frac{\varepsilon}{b} - \frac{\delta\varepsilon}{ab} + \frac{\varepsilon^2}{b^2} + \frac{\delta\varepsilon^2}{ab^2} - \frac{\varepsilon^3}{b^3}\right)$$

$$\frac{1 + \delta}{1 + \varepsilon} \approx 1 + \delta - \varepsilon - \delta\varepsilon + \varepsilon^2 + \delta\varepsilon^2 - \varepsilon^3$$

$$\left(\frac{1 + \delta}{1 + \varepsilon}\right)^2 \approx 1 + 2(\delta - \varepsilon) + \delta^2 - 4\delta\varepsilon + 3\varepsilon^2 - 2(\delta^2\varepsilon + 2\varepsilon^2 - 3\delta\varepsilon^2)$$

$$\left(\frac{1 + \delta}{1 + \varepsilon}\right)^3 \approx 1 + 3(\delta - \varepsilon) + 3(\delta^2 - 3\delta\varepsilon + 2\varepsilon^2) + \delta^3 - 10\varepsilon^3 - 9\delta\varepsilon(\delta - 2\varepsilon)$$

$$\sqrt{\frac{1 + \delta}{1 + \varepsilon}} \approx 1 + \frac{\delta - \varepsilon}{2} - \frac{\delta^2 + 2\delta\varepsilon - 3\varepsilon^2}{8} + \frac{\delta^3 + \delta\varepsilon(\delta + 3\varepsilon) - 5\varepsilon^3}{16}$$

$$\sqrt[3]{\frac{1 + \delta}{1 + \varepsilon}} \approx 1 + \frac{\delta - \varepsilon}{3} - \frac{\delta^2 + \delta\varepsilon - 2\varepsilon^2}{9} + \frac{\delta\varepsilon(\delta + 2\varepsilon)}{27} + \frac{5\delta^3 - 14\varepsilon^3}{81}$$

$$e^{+\frac{1 + \delta}{1 + \varepsilon}} \approx e\left[1 + \delta - \varepsilon - 2\delta\varepsilon + \frac{\delta^2 + 3\varepsilon^2}{2} - \frac{\delta\varepsilon}{2}(3\delta - 7\varepsilon) + \frac{\delta^3 - 13\varepsilon^3}{6}\right]$$

$$e^{-\frac{1 + \delta}{1 + \varepsilon}} \approx \frac{1}{e}\left[1 - \delta + \varepsilon + \frac{\delta^2 - \varepsilon^2}{2} - \frac{\delta\varepsilon}{2}(\delta - \varepsilon) - \frac{\delta^3 - \varepsilon^3}{6}\right]$$

$$\ln \frac{a+\delta}{b+\varepsilon} \approx \ln \frac{a}{b} + \frac{\delta}{a} - \frac{\varepsilon}{b} - \frac{1}{2}\left(\frac{\delta^2}{a^2} - \frac{\varepsilon^2}{b^2}\right) + \frac{1}{3}\left(\frac{\delta^3}{a^3} - \frac{\varepsilon^3}{b^3}\right)$$

$$\ln \frac{1+\delta}{1+\varepsilon} \approx \delta - \varepsilon - \frac{1}{2}(\delta^2 - \varepsilon^2) + \frac{1}{3}(\delta^3 - \varepsilon^3).$$

Die meisten der folgenden Formeln sind nur bis zu den quadratischen Gliedern der kleinen Größen entwickelt.

$$(1 + \delta_1 + \delta_2)(1 + \delta_3 + \delta_4) \approx 1 + \delta_1 + \delta_2 + \delta_3 + \delta_4 + (\delta_1 + \delta_2)(\delta_3 + \delta_4)$$

$$\frac{(1 + \delta_1)(1 + \delta_2)}{(1 + \varepsilon_1)(1 + \varepsilon_2)} \approx 1 + \delta_1 + \delta_2 - \varepsilon_1 - \varepsilon_2 + \delta_1\delta_2 + \varepsilon_1\varepsilon_2 - (\delta_1 + \delta_2)(\varepsilon_1 + \varepsilon_2) + \varepsilon_1^2 + \varepsilon_2^2$$

$$\sqrt{\frac{(1 + \delta_1)(1 + \delta_2)}{(1 + \varepsilon_1)(1 + \varepsilon_2)}} \approx 1 + \frac{\delta_1 + \delta_2 - \varepsilon_1 - \varepsilon_2}{2} + \frac{\delta_1\delta_2 + \varepsilon_1\varepsilon_2 - (\delta_1 + \delta_2)(\varepsilon_1 + \varepsilon_2)}{4} - \frac{\delta_1^2 + \delta_2^2 - 3(\varepsilon_1^2 + \varepsilon_2^2)}{8}$$

$$e^{\frac{(1 + \delta_1)(1 + \delta_2)}{(1 + \varepsilon_1)(1 + \varepsilon_2)}} \approx e\left[1 + \delta_1 + \delta_2 - \varepsilon_1 - \varepsilon_2 + 2(\delta_1\delta_2 + \varepsilon_1\varepsilon_2) - 2(\delta_1 + \delta_2)(\varepsilon_1 + \varepsilon_2) + \frac{1}{2}(\delta_1^2 + \delta_2^2) + \frac{3}{2}(\varepsilon_1^2 + \varepsilon_2^2)\right]$$

$$(1 + \delta_1 + \delta_2 + \delta_3)^2 = 1 + 2(\delta_1 + \delta_2 + \delta_3) + \delta_1^2 + \delta_2^2 + \delta_3^2 + 2(\delta_1\delta_2 + \delta_1\delta_3 + \delta_2\delta_3)$$

$$(1 + \delta_1 + \delta_2 + \delta_3)^3 \approx 1 + 3(\delta_1 + \delta_2 + \delta_3) + 3(\delta_1^2 + \delta_2^2 + \delta_3^2) + 6(\delta_1\delta_2 + \delta_1\delta_3 + \delta_2\delta_3)$$

$$(1 + \delta_1 + \delta_2 + \delta_3)^4 \approx 1 + 4(\delta_1 + \delta_2 + \delta_3) + 6(\delta_1^2 + \delta_2^2 + \delta_3^2) + 12(\delta_1\delta_2 + \delta_1\delta_3 + \delta_2\delta_3)$$

$$\frac{1}{1 + \delta_1 + \delta_2 + \delta_3} \approx 1 - (\delta_1 + \delta_2 + \delta_3) + \delta_1^2 + \delta_2^2 + \delta_3^2 + 2(\delta_1\delta_2 + \delta_1\delta_3 + \delta_2\delta_3)$$

$$\frac{1}{(1 + \delta_1 + \delta_2 + \delta_3)^2} \approx 1 - 2(\delta_1 + \delta_2 + \delta_3) + 3(\delta_1^2 + \delta_2^2 + \delta_3^2) + 6(\delta_1\delta_2 + \delta_1\delta_3 + \delta_2\delta_3)$$

$$\frac{1}{(1 + \delta_1 + \delta_2 + \delta_3)^3} \approx 1 - 3(\delta_1 + \delta_2 + \delta_3) + 6(\delta_1^2 + \delta_2^2 + \delta_3^2) + 12(\delta_1\delta_2 + \delta_1\delta_3 + \delta_2\delta_3)$$

$$\frac{1}{(1 + \delta_1 + \delta_2 + \delta_3)^4} \approx 1 - 4(\delta_1 + \delta_2 + \delta_3) + 10(\delta_1^2 + \delta_2^2 + \delta_3^2) + 20(\delta_1\delta_2 + \delta_1\delta_3 + \delta_2\delta_3)$$

$$\sqrt{1 + \delta_1 + \delta_2 + \delta_3} \approx 1 + \frac{\delta_1 + \delta_2 + \delta_3}{2} - \frac{\delta_1\delta_2 + \delta_1\delta_3 + \delta_2\delta_3}{4}$$
$$- \frac{\delta_1^2 + \delta_2^2 + \delta_3^2}{8}$$

$$\frac{1}{\sqrt{1 + \delta_1 + \delta_2 + \delta_3}} \approx 1 - \frac{\delta_1 + \delta_2 + \delta_3}{2} + \frac{3(\delta_1\delta_2 + \delta_1\delta_3 + \delta_2\delta_3)}{4}$$
$$+ \frac{3(\delta_1^2 + \delta_2^2 + \delta_3^2)}{8}$$

$$\sqrt{(1 + \delta_1 + \delta_2 + \delta_3)^3} \approx 1 + \frac{3(\delta_1 + \delta_2 + \delta_3)}{2} + \frac{3(\delta_1\delta_2 + \delta_1\delta_3 + \delta_2\delta_3)}{4}$$
$$+ \frac{3(\delta_1^2 + \delta_2^2 + \delta_3^2)}{8}$$

$$\frac{1}{\sqrt{(1 + \delta_1 + \delta_2 + \delta_3)^3}} \approx 1 - \frac{3(\delta_1 + \delta_2 + \delta_3)}{2} + \frac{15(\delta_1\delta_2 + \delta_1\delta_3 + \delta_2\delta_3)}{4}$$
$$+ \frac{15(\delta_1^2 + \delta_2^2 + \delta_3^2)}{8}$$

$$\sqrt[3]{1 + \delta_1 + \delta_2 + \delta_3} \approx 1 + \frac{\delta_1 + \delta_2 + \delta_3}{3} - \frac{2(\delta_1\delta_2 + \delta_1\delta_3 + \delta_2\delta_3)}{9}$$
$$- \frac{\delta_1^2 + \delta_2^2 + \delta_3^2}{9}$$

$$\frac{1}{\sqrt[3]{1 + \delta_1 + \delta_2 + \delta_3}} \approx 1 - \frac{\delta_1 + \delta_2 + \delta_3}{3} + \frac{4(\delta_1\delta_2 + \delta_1\delta_3 + \delta_2\delta_3)}{9}$$
$$+ \frac{2(\delta_1^2 + \delta_2^2 + \delta_3^2)}{9}$$

$$\sqrt[3]{(1 + \delta_1 + \delta_2 + \delta_3)^2} \approx 1 + \frac{2(\delta_1 + \delta_2 + \delta_3)}{3} - \frac{2(\delta_1\delta_2 + \delta_1\delta_3 + \delta_2\delta_3)}{9}$$
$$- \frac{\delta_1^2 + \delta_2^2 + \delta_3^2}{9}$$

$$\frac{1}{\sqrt[3]{(1 + \delta_1 + \delta_2 + \delta_3)^2}} \approx 1 - \frac{2(\delta_1 + \delta_2 + \delta_3)}{3} + \frac{10(\delta_1\delta_2 + \delta_1\delta_3 + \delta_2\delta_3)}{9}$$
$$+ \frac{5(\delta_1^2 + \delta_2^2 + \delta_3^2)}{9}$$

$$(1 + \delta_1 + \delta_2 + \delta_3)(1 + \varepsilon_1 + \varepsilon_2 + \varepsilon_3) = 1 + \delta_1 + \delta_2 + \delta_3 + \varepsilon_1 + \varepsilon_2 + \varepsilon_3$$
$$+ (\delta_1 + \delta_2 + \delta_3)(\varepsilon_1 + \varepsilon_2 + \varepsilon_3)$$

$$\frac{1 + \delta_1 + \delta_2 + \delta_3}{1 + \varepsilon_1 + \varepsilon_2 + \varepsilon_3} \approx 1 + \delta_1 + \delta_2 + \delta_3 - \varepsilon_1 - \varepsilon_2 - \varepsilon_3 + \varepsilon_1^2 + \varepsilon_2^2 + \varepsilon_3^2$$
$$- (\delta_1 + \delta_2 + \delta_3)(\varepsilon_1 + \varepsilon_2 + \varepsilon_3)$$

132 Trigonometrie

132.1 Kreisfunktionen

132.11 Erklärung und Darstellung. Im *rechtwinkligen* Dreieck, Abb. 132–1, ist die Größe des Winkels α durch das Verhältnis je zweier Seiten bestimmt. Man kann 6 solcher Verhältnisse bilden, die bezeichnet werden mit:

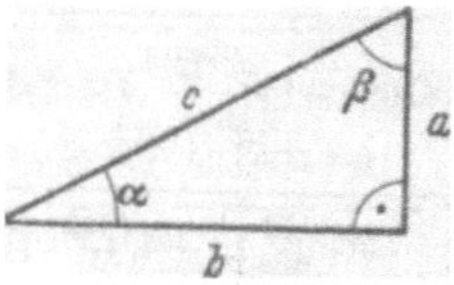

$$\sin \alpha = \frac{a}{c} \text{ (Sinus)} \qquad \operatorname{tg} \alpha = \frac{a}{b} \text{ (Tangens)}$$

$$\sec \alpha = \frac{c}{b} \text{ (Sekans)} = \frac{1}{\cos \alpha}$$

$$\cos \alpha = \frac{b}{c} \text{ (Cosinus)} \quad \operatorname{ctg} \alpha = \frac{b}{a} \text{ (Cotangens)}$$

$$\operatorname{cosec} \alpha = \frac{c}{a} \text{ (Cosekans)} = \frac{1}{\sin \alpha}$$

Abb. 132—1. Erklärung der Winkelfunktionen am rechtwinkligen Dreieck.

Sekans und Cosekans werden in Deutschland wenig benutzt.

Cosinus ist entstanden aus **complementi sinus**, dem Sinus des Komplementwinkels β, ebenso ctg und cosec. Komplementwinkel ist der Ergänzungswinkel zu $1^{\mathsf{L}} = 90°$, also $\beta° = 90° - \alpha°$.

Man bezeichnet $y = \sin \alpha$, $y = \cos \alpha$ usw. als Kreisfunktionen, Winkelfunktionen, goniometrische oder trigonometrische Funktionen. Zahlenwerte und deren Logarithmen findet man in Tabellen für α von 0 bis 90° s. Schriftt.).

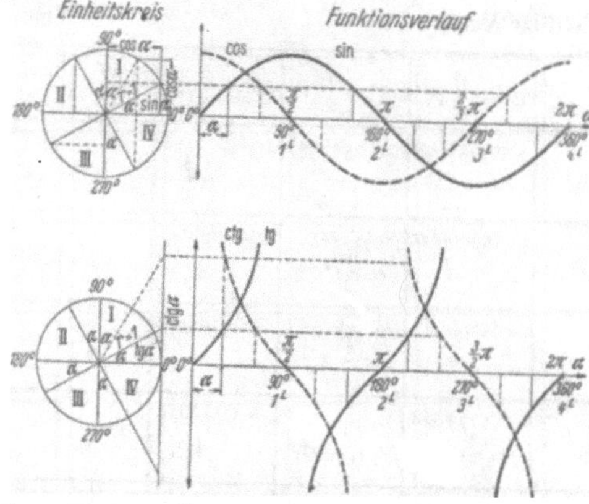

Abb. 132–2. Sinus-, Kosinus-, Tangens- und Cotangensfunktion am Einheitskreis und Verlauf der Funktionen. Sinus und Tangens sind ausgezogen, Cosinus und Cotangens gestrichelt gezeichnet. Am Einheitskreis wie am Funktionsverlauf kann man aus dem eingezeichneten Beispiel ablesen:

$$\text{oben: } \sin \alpha = \cos (90 - \alpha) = -\cos (90 + \alpha) = \sin (180 - \alpha)$$
$$= -\sin (180 + \alpha) \text{ usw.}$$
$$\text{unten: } \operatorname{tg} \alpha = \operatorname{ctg} (90 - \alpha) = -\operatorname{ctg} (90 + \alpha) = -\operatorname{tg} (180 - \alpha)$$
$$= \operatorname{tg} (180 + \alpha) \text{ usw.}$$

Dasselbe steht in folgender Tabelle.

Bei kleinen Winkeln α entwickelt man oft mit Vorteil die Kreisfunktionen in Potenzreihen (s. Abschn. 131.52).

Kreisfunktionen stumpfer und uberstumpfer Winkel kann man durch solche spitzer Winkel α ausdrücken. Dazu dient die Darstellung am Kreis mit dem Halbmesser $r = 1$, *Einheitskreis* (Abb. 132–2), und folgende Tabelle.

Quadrant bei oberem Vorzeichen / unterem / des gegebenen Winkels	I / IV	II / I	III / II	IV / III	I / IV
Gegebener Winkel laßt sich ausdrucken als (α = spitzer Winkel):	$\pm\,\alpha$	$90°\pm\alpha$	$180°\pm\alpha$	$270°\pm\alpha$	$360°\pm\alpha$
Dann ist sein Sinus =	$\pm\sin\alpha$	$+\cos\alpha$	$\mp\sin\alpha$	$-\cos\alpha$	$\pm\sin\alpha$
Cosinus =	$+\cos\alpha$	$\mp\sin\alpha$	$-\cos\alpha$	$\pm\sin\alpha$	$+\cos\alpha$
Tangens =	$\pm\operatorname{tg}\alpha$	$\mp\operatorname{ctg}\alpha$	$\pm\operatorname{tg}\alpha$	$\mp\operatorname{ctg}\alpha$	$\pm\operatorname{tg}\alpha$
Cotangens =	$\pm\operatorname{ctg}\alpha$	$\mp\operatorname{tg}\alpha$	$\pm\operatorname{ctg}\alpha$	$\mp\operatorname{tg}\alpha$	$\pm\operatorname{ctg}\alpha$

Entweder nur obere oder nur untere Vorzeichen beachten.

Beispiel. Gesucht $\operatorname{tg} 267°$
$$\operatorname{tg}(270-3)° = +\operatorname{ctg} 3°$$
$$\operatorname{tg}(180+87)° = +\operatorname{tg} 87°$$

132.12 Wichtige Werte

$\alpha =$	$0°$ / $0^L = 4^L$	$30° = \frac{1}{3}\,1^L$	$45° = \frac{1}{2}\,1^L$	$60° = \frac{2}{3}\,1^L$	$90°$ / 1^L	$180°$ / 2^L	$270°$ / 3^L
arc $\alpha =$	0	$+0{,}523599 = \frac{\pi}{6}$	$+0{,}785398 = \frac{\pi}{4}$	$+1{,}047198 = \frac{\pi}{3}$	$+\frac{\pi}{2}$	$+\pi$	$+\frac{3}{2}\pi$
sin $\alpha =$	0	$+0{,}500000 = \frac{1}{2}$	$+0{,}707107 = \frac{1}{2}\sqrt{2}$	$+0{,}866025 = \frac{1}{2}\sqrt{3}$	$+1$	0	-1
cos $\alpha =$	$+1$	$+0{,}866025 = \frac{1}{2}\sqrt{3}$	$+0{,}707107 = \frac{1}{2}\sqrt{2}$	$+0{,}500000 = \frac{1}{2}$	0	-1	0
tg $\alpha =$	0	$+0{,}577350 = \frac{1}{3}\sqrt{3}$	$+1{,}000000$	$+1{,}732051 = \sqrt{3}$	$\pm\infty$	0	$\pm\infty$
ctg $\alpha =$	$\mp\infty$	$+1{,}732051 = \sqrt{3}$	$+1{,}000000$	$+0{,}577350 = \frac{1}{3}\sqrt{3}$	0	$\mp\infty$	0

S. a. Taf. 4.

In der folgenden Tabelle ist der gegebene Winkel ausgedrückt als ein ganzzahliges Vielfaches von 45° plus oder minus einem spitzen Winkel $\alpha < 45°$.

Quadrant	I	II	III	IV
Gegebener Winkel läßt sich ausdrucken als	$45° \pm \alpha$	$135° \pm \alpha$	$225° \pm \alpha$	$315° \pm \alpha$
dann ist sein				
Sinus	$= + \cos(45 \mp \alpha)$	$+ \sin(45 \mp \alpha)$	$- \sin(45 \pm \alpha)$	$- \sin(45 \mp \alpha)$
Cosinus	$= + \sin(45 \mp \alpha)$	$- \cos(45 \mp \alpha)$	$- \cos(45 \pm \alpha)$	$+ \cos(45 \mp \alpha)$
Tangens	$= + \operatorname{ctg}(45 \mp \alpha)$	$- \operatorname{tg}(45 \mp \alpha)$	$+ \operatorname{tg}(45 \pm \alpha)$	$- \operatorname{tg}(45 \mp \alpha)$
Cotangens	$= + \operatorname{tg}(45 \mp \alpha)$	$- \operatorname{ctg}(45 \mp \alpha)$	$+ \operatorname{ctg}(45 \pm \alpha)$	$- \operatorname{ctg}(45 \mp \alpha)$

132.13 Umformung der Funktionen eines Winkels.

Grundbeziehungen:

$$\sin^2 \alpha + \cos^2 \alpha = 1, \qquad \operatorname{tg} \alpha = \frac{\sin \alpha}{\cos \alpha}, \qquad \operatorname{ctg} \alpha = \frac{\cos \alpha}{\sin \alpha} = \frac{1}{\operatorname{tg} \alpha}$$

$$\operatorname{tg} \alpha \cdot \operatorname{ctg} \alpha = 1, \qquad 1 + \operatorname{tg}^2 \alpha = \frac{1}{\cos^2 \alpha}, \qquad 1 + \operatorname{ctg}^2 \alpha = \frac{1}{\sin^2 \alpha}$$

$$\sec \alpha = \frac{1}{\cos \alpha}, \qquad \operatorname{cosec} \alpha = \frac{1}{\sin \alpha}, \qquad \sec^2 \alpha - \operatorname{tg}^2 \alpha = \operatorname{cosec}^2 \alpha - \operatorname{ctg}^2 \alpha = 1$$

Den Grundbeziehungen ähnliche Beziehungen:

$$\cos^2 \alpha - \sin^2 \alpha = \cos 2\alpha \qquad \cos \alpha \cdot \sin \alpha = \frac{1}{2} \sin 2\alpha$$

$$\cos \alpha \pm \sin \alpha = \sqrt{1 \pm \sin 2\alpha} = \sqrt{2} \cdot \sin(45° \pm \alpha) = \sqrt{2} \cos(45° \mp \alpha)$$

$$a \cos \alpha + b \sin \alpha = \sqrt{a^2 + b^2} \cdot \sin\left(\alpha + \operatorname{arc tg} \frac{a}{b}\right)$$

$$\operatorname{ctg} \alpha + \operatorname{tg} \alpha = \frac{2}{\sin 2a} \qquad \operatorname{ctg} \alpha - \operatorname{tg} \alpha = 2 \operatorname{ctg} 2\alpha$$

Aus den Grundbeziehungen folgt nachstehende Tabelle, mit deren Hilfe man eine Winkelfunktion durch eine andere ausdrücken kann, s. auch Abb. 132–3.

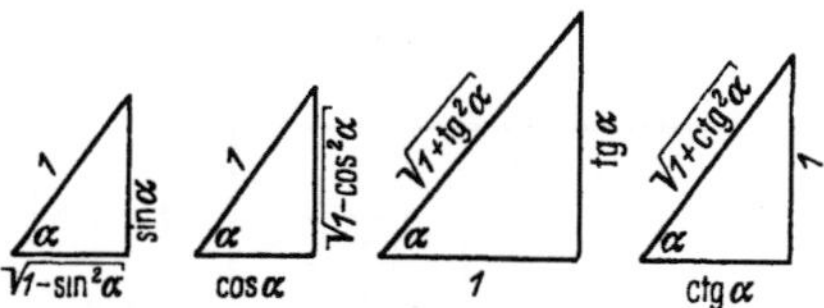

Abb. 132—3. Rechtwinklige Dreiecke, bei denen jeweils eine Seite = 1 gesetzt ist. Damit lassen sich die Winkelfunktionen wechselweise durcheinander ausdrucken.

$\sin\alpha =$	Sinus	Cosinus	Tangens	Cotangens
$\sin\alpha =$	$\sin\alpha$ $\boxed{2\sin\frac{\alpha}{2}\cdot\cos\frac{\alpha}{2}}$ $\dfrac{\sqrt{1+\sin 2\alpha}-\sqrt{1-\sin 2\alpha}}{2}$	$\sqrt{1-\cos^2\alpha}$ $\sqrt{\dfrac{1-\cos 2\alpha}{2}}$	$\dfrac{\mathrm{tg}\,\alpha}{\sqrt{1+\mathrm{tg}^2\alpha}}$ $\boxed{\dfrac{2}{\mathrm{tg}\,\frac{\alpha}{2}+\mathrm{ctg}\,\frac{\alpha}{2}}}$ $\dfrac{2\,\mathrm{tg}\,\frac{\alpha}{2}}{1+\mathrm{tg}^2\frac{\alpha}{2}}$	$\dfrac{1}{\sqrt{1+\mathrm{ctg}^2\alpha}}$ $\dfrac{2\,\mathrm{ctg}\,\frac{\alpha}{2}}{1+\mathrm{ctg}^2\frac{\alpha}{2}}$
$\cos\alpha =$	$\sqrt{1-\sin^2\alpha}$ $1-2\sin^2\frac{\alpha}{2}$ $\boxed{\cos^2\frac{\alpha}{2}-\sin^2\frac{\alpha}{2}}$ $\dfrac{\sqrt{1+\sin 2\alpha}+\sqrt{1-\sin 2\alpha}}{2}$	$\cos\alpha$ $2\cos^2\frac{\alpha}{2}-1$ $\sqrt{\dfrac{1+\cos 2\alpha}{2}}$	$\dfrac{1}{\sqrt{1+\mathrm{tg}^2\alpha}}$ $\dfrac{1-\mathrm{tg}^2\frac{\alpha}{2}}{1+\mathrm{tg}^2\frac{\alpha}{2}}$	$\dfrac{\mathrm{ctg}\,\alpha}{\sqrt{1+\mathrm{ctg}^2\alpha}}$ $\dfrac{\mathrm{ctg}^2\frac{\alpha}{2}-1}{\mathrm{ctg}^2\frac{\alpha}{2}+1}$
$\mathrm{tg}\,\alpha =$	$\dfrac{\sin\alpha}{\sqrt{1-\sin^2\alpha}}$ $\boxed{\dfrac{\sin 2\alpha}{1+\cos 2\alpha}=\dfrac{1-\cos 2\alpha}{\sin 2\alpha}}$	$\dfrac{\sqrt{1-\cos^2\alpha}}{\cos\alpha}$ $\sqrt{\dfrac{1-\cos 2\alpha}{1+\cos 2\alpha}}$	$\mathrm{tg}\,\alpha$ $\boxed{\dfrac{2}{\mathrm{ctg}\,\frac{\alpha}{2}-\mathrm{tg}\,\frac{\alpha}{2}}}$ $\dfrac{2\,\mathrm{tg}\,\frac{\alpha}{2}}{1-\mathrm{tg}^2\frac{\alpha}{2}}$	$\dfrac{1}{\mathrm{ctg}\,\alpha}$ $\dfrac{2\,\mathrm{ctg}\,\frac{\alpha}{2}}{\mathrm{ctg}^2\frac{\alpha}{2}-1}$
$\mathrm{ctg}\,\alpha =$	$\dfrac{\sqrt{1-\sin^2\alpha}}{\sin\alpha}$ $\boxed{\dfrac{\sin 2\alpha}{1-\cos 2\alpha}=\dfrac{1+\cos 2\alpha}{\sin 2\alpha}}$	$\dfrac{\cos\alpha}{\sqrt{1-\cos^2\alpha}}$ $\sqrt{\dfrac{1+\cos 2\alpha}{1-\cos 2\alpha}}$	$\dfrac{1}{\mathrm{tg}\,\alpha}$ $\boxed{\dfrac{\mathrm{ctg}\,\frac{\alpha}{2}-\mathrm{tg}\,\frac{\alpha}{2}}{2}}$ $\dfrac{1-\mathrm{tg}^2\frac{\alpha}{2}}{2\,\mathrm{tg}\,\frac{\alpha}{2}}$	$\mathrm{ctg}\,\alpha$ $\dfrac{\mathrm{ctg}^2\frac{\alpha}{2}-1}{2\,\mathrm{ctg}\,\frac{\alpha}{2}}$

132.14 Funktionen zweier Winkel

I. $\sin(\alpha \pm \beta) = \sin\alpha \cdot \cos\beta \pm \cos\alpha \cdot \sin\beta = \cos\alpha \cdot \cos\beta \cdot (\mathrm{tg}\,\alpha \pm \mathrm{tg}\,\beta)$

$\cos(\alpha \pm \beta) = \cos\alpha \cdot \cos\beta \mp \sin\alpha \cdot \sin\beta = \cos\alpha \cdot \cos\beta \cdot (1 \mp \mathrm{tg}\,\alpha\,\mathrm{tg}\,\beta)$

$$\mathrm{tg}(\alpha \pm \beta) = \frac{\mathrm{tg}\,\alpha \pm \mathrm{tg}\,\beta}{1 \mp \mathrm{tg}\,\alpha \cdot \mathrm{tg}\,\beta} = \frac{\sin 2\alpha \pm \sin 2\beta}{\cos 2\alpha + \cos 2\beta} = \frac{\cos 2\beta - \cos 2\alpha}{\sin 2\alpha \mp \sin 2\beta}$$

$$\mathrm{ctg}(\alpha \pm \beta) = \frac{\mathrm{ctg}\,\alpha \cdot \mathrm{ctg}\,\beta \mp 1}{\mathrm{ctg}\,\beta \pm \mathrm{ctg}\,\alpha} = \frac{\cos 2\alpha + \cos 2\beta}{\sin 2\alpha \pm \sin 2\beta} = \frac{\sin 2\alpha \mp \sin 2\beta}{\cos 2\beta - \cos 2\alpha}$$

$\sin(\alpha + \beta) \cdot \sin(\alpha - \beta) = \sin^2\alpha - \sin^2\beta = \cos^2\beta - \cos^2\alpha$

$\cos(\alpha + \beta) \cdot \cos(\alpha - \beta) = \cos^2\alpha - \sin^2\beta = \cos^2\beta - \sin^2\alpha$

$$\sin(\alpha \pm \beta) \cdot \cos(\alpha \pm \beta) = \frac{1}{2} \cdot \sin(2\alpha \pm 2\beta)$$

$$\sin(\alpha \pm \beta) \cdot \cos(\alpha \mp \beta) = \frac{1}{2}(\sin 2\alpha \pm \sin 2\beta)$$

$$\mathrm{tg}(\alpha + \beta) \cdot \mathrm{tg}(\alpha - \beta) = \frac{\cos 2\beta - \cos 2\alpha}{\cos 2\beta + \cos 2\alpha} = \frac{\sin^2\alpha - \sin^2\beta}{\cos^2\alpha - \sin^2\beta}$$

$$\frac{\mathrm{tg}(\alpha + \beta)}{\mathrm{tg}(\alpha - \beta)} = \frac{\sin 2\alpha + \sin 2\beta}{\sin 2\alpha - \sin 2\beta}$$

II. $\sin\alpha + \sin\beta = 2\sin\dfrac{\alpha + \beta}{2} \cdot \cos\dfrac{\alpha - \beta}{2}$

$\sin\alpha - \sin\beta = 2\cos\dfrac{\alpha + \beta}{2} \cdot \sin\dfrac{\alpha - \beta}{2}$

$\cos\alpha + \cos\beta = 2\cos\dfrac{\alpha + \beta}{2} \cdot \cos\dfrac{\alpha - \beta}{2} = 2\left(\cos^2\dfrac{\alpha}{2} - \sin^2\dfrac{\beta}{2}\right)$

$$= 2\left(\cos^2\dfrac{\beta}{2} - \sin^2\dfrac{\alpha}{2}\right)$$

$\cos\alpha - \cos\beta = -2\sin\dfrac{\alpha + \beta}{2} \cdot \sin\dfrac{\alpha - \beta}{2} = 2\left(\cos^2\dfrac{\alpha}{2} - \cos^2\dfrac{\beta}{2}\right)$

$$= 2\left(\sin^2\dfrac{\beta}{2} - \sin^2\dfrac{\alpha}{2}\right)$$

$\sin\alpha + \cos\beta = 2\sin\left(90° + \dfrac{\alpha - \beta}{2}\right) \cdot \cos\left(90° - \dfrac{\alpha + \beta}{2}\right)$

$\sin\alpha - \cos\beta = -2\cos\left(90° + \dfrac{\alpha - \beta}{2}\right) \cdot \sin\left(90° - \dfrac{\alpha + \beta}{2}\right)$

$\dfrac{\sin\alpha + \sin\beta}{\sin\alpha - \sin\beta} = \mathrm{tg}\dfrac{\alpha + \beta}{2} \cdot \mathrm{ctg}\dfrac{\alpha - \beta}{2};\qquad \dfrac{\cos\alpha + \cos\beta}{\cos\alpha - \cos\beta}$

$$= -\,\mathrm{ctg}\dfrac{\alpha + \beta}{2} \cdot \mathrm{ctg}\dfrac{\alpha - \beta}{2}$$

$\dfrac{\sin\alpha \pm \sin\beta}{\cos\alpha + \cos\beta} = \mathrm{tg}\dfrac{\alpha \pm \beta}{2}\qquad\qquad \dfrac{\sin\alpha \pm \sin\beta}{\cos\alpha - \cos\beta} = -\,\mathrm{ctg}\dfrac{\alpha \mp \beta}{2}$

$$\operatorname{tg}\alpha \pm \operatorname{tg}\beta = \frac{\sin(\alpha \pm \beta)}{\cos\alpha \cdot \cos\beta} \qquad \operatorname{ctg}\alpha \pm \operatorname{ctg}\beta = \pm\frac{\sin(\alpha \pm \beta)}{\sin\alpha \cdot \sin\beta}$$

$$\frac{\operatorname{tg}\alpha + \operatorname{tg}\beta}{\operatorname{tg}\alpha - \operatorname{tg}\beta} = -\frac{\operatorname{ctg}\alpha + \operatorname{ctg}\beta}{\operatorname{ctg}\alpha - \operatorname{ctg}\beta} = \frac{\sin(\alpha+\beta)}{\sin(\alpha-\beta)}$$

$$\operatorname{tg}\alpha \pm \operatorname{ctg}\beta = \pm\frac{\cos(\alpha \mp \beta)}{\cos\alpha \cdot \sin\beta} \qquad \frac{\operatorname{tg}\alpha + \operatorname{ctg}\beta}{\operatorname{tg}\alpha - \operatorname{ctg}\beta} = -\frac{\cos(\alpha-\beta)}{\cos(\alpha+\beta)}$$

III. $2 \cdot \sin\alpha \cdot \sin\beta = \cos(\alpha-\beta) - \cos(\alpha+\beta)$

$2 \cdot \cos\alpha \cdot \cos\beta = \cos(\alpha-\beta) + \cos(\alpha+\beta)$

$2 \cdot \sin\alpha \cdot \cos\beta = \sin(\alpha+\beta) + \sin(\alpha-\beta)$

$$\operatorname{tg}\alpha \cdot \operatorname{tg}\beta = \frac{\operatorname{tg}\alpha + \operatorname{tg}\beta}{\operatorname{ctg}\alpha + \operatorname{ctg}\beta} = -\frac{\operatorname{tg}\alpha - \operatorname{tg}\beta}{\operatorname{ctg}\alpha - \operatorname{ctg}\beta} = \frac{\cos(\alpha-\beta) - \cos(\alpha+\beta)}{\cos(\alpha-\beta) + \cos(\alpha+\beta)}$$

$$\operatorname{ctg}\alpha \cdot \operatorname{ctg}\beta = \frac{\operatorname{ctg}\alpha + \operatorname{ctg}\beta}{\operatorname{tg}\alpha + \operatorname{tg}\beta} = -\frac{\operatorname{ctg}\alpha - \operatorname{ctg}\beta}{\operatorname{tg}\alpha - \operatorname{tg}\beta} = \frac{\cos(\alpha-\beta) + \cos(\alpha+\beta)}{\cos(\alpha-\beta) - \cos(\alpha+\beta)}$$

$$\operatorname{ctg}\alpha \cdot \operatorname{tg}\beta = \frac{\operatorname{ctg}\alpha + \operatorname{tg}\beta}{\operatorname{tg}\alpha + \operatorname{ctg}\beta} = -\frac{\operatorname{ctg}\alpha - \operatorname{tg}\beta}{\operatorname{tg}\alpha - \operatorname{ctg}\beta} = \frac{\sin(\alpha+\beta) - \sin(\alpha-\beta)}{\sin(\alpha+\beta) + \sin(\alpha-\beta)}$$

IV. $\sin^2\alpha + \sin^2\beta = 1 - \cos(\alpha+\beta) \cdot \cos(\alpha-\beta)$

$\cos^2\alpha + \cos^2\beta = 1 + \cos(\alpha+\beta) \cdot \cos(\alpha-\beta)$

$\cos^2\alpha + \sin^2\beta = 1 - \sin(\alpha+\beta) \cdot \sin(\alpha-\beta)$

$\sin^2\alpha - \sin^2\beta = \sin(\alpha+\beta) \cdot \sin(\alpha-\beta) = \cos^2\beta - \cos^2\alpha$

$\cos^2\alpha - \cos^2\beta = -\sin(\alpha+\beta) \cdot \sin(\alpha-\beta) = \sin^2\beta - \sin^2\alpha$

$\cos^2\alpha - \sin^2\beta = \cos(\alpha+\beta) \cdot \cos(\alpha-\beta) = \cos^2\beta - \sin^2\alpha$

$$\operatorname{tg}^2\alpha - \operatorname{tg}^2\beta = \frac{\sin(\alpha+\beta) \cdot \sin(\alpha-\beta)}{\cos^2\alpha \cdot \cos^2\beta}$$

$$\operatorname{ctg}^2\alpha - \operatorname{ctg}^2\beta = -\frac{\sin(\alpha+\beta) \cdot \sin(\alpha-\beta)}{\sin^2\alpha \cdot \sin^2\beta}$$

$$\operatorname{ctg}^2\alpha - \operatorname{tg}^2\beta = \frac{\cos(\alpha+\beta) \cdot \cos(\alpha-\beta)}{\sin^2\alpha \cdot \cos^2\beta}$$

132.15 Funktionen der Vielfachen und Teile eines Winkels

Zum Umwandeln einer Winkelfunktion von 2α in eine solche von 1α dienen folgende Beziehungen. Setzt man darin β statt 2α und $\frac{\beta}{2}$ statt α, so kann man auch eine Funktion des ganzen Winkels durch eine andere des halben Winkels ausdrucken.

Sinus

$$\sin 2\alpha = 2\sin\alpha \cdot \cos\alpha = 2\sin\alpha \sqrt{1 - \sin^2\alpha}$$

$$\cos 2\alpha = \cos^2\alpha - \sin^2\alpha = 1 - 2\sin^2\alpha$$

$$\operatorname{tg}2\alpha = \frac{2}{\operatorname{ctg}\alpha - \operatorname{tg}\alpha} = \frac{2\sin\alpha \sqrt{1 - \sin^2\alpha}}{1 - 2\sin^2\alpha}$$

$$\operatorname{ctg}2\alpha = \frac{\operatorname{ctg}\alpha - \operatorname{tg}\alpha}{2} = \frac{1 - 2\sin^2\alpha}{2\sin\alpha \sqrt{1 - \sin^2\alpha}}$$

	Cosinus	Tangens	Cotangens

$$\sin 2\alpha = 2\cos\alpha\sqrt{1-\cos^2\alpha} = \frac{2\,\mathrm{tg}\,\alpha}{1+\mathrm{tg}^2\alpha} = \frac{2\,\mathrm{ctg}\,\alpha}{1+\mathrm{ctg}^2\alpha}$$

$$\cos 2\alpha = 2\cos^2\alpha - 1 = \frac{1-\mathrm{tg}^2\alpha}{1+\mathrm{tg}^2\alpha} = \frac{\mathrm{ctg}^2\alpha-1}{\mathrm{ctg}^2\alpha+1}$$

$$\mathrm{tg}\,2\alpha = \frac{2\cos\alpha\sqrt{1-\cos^2\alpha}}{2\cos^2\alpha-1} = \frac{2\,\mathrm{tg}\,\alpha}{1-\mathrm{tg}^2\alpha} = \frac{2\,\mathrm{ctg}\,\alpha}{\mathrm{ctg}^2\alpha-1}$$

$$\mathrm{ctg}\,2\alpha = \frac{2\cos^2\alpha-1}{2\cos\alpha\sqrt{1-\cos^2\alpha}} = \frac{1-\mathrm{tg}^2\alpha}{2\,\mathrm{tg}\,\alpha} = \frac{\mathrm{ctg}^2\alpha-1}{2\,\mathrm{ctg}\,\alpha}$$

Reziproke Werte:

$$\frac{1}{\sin 2\alpha} = \mathrm{tg}\,\alpha + \mathrm{ctg}\,2\alpha = \mathrm{ctg}\,\alpha - \mathrm{ctg}\,2\alpha = \frac{\mathrm{tg}\,\alpha + \mathrm{ctg}\,\alpha}{2} = \frac{1+\mathrm{tg}^2\alpha}{2\,\mathrm{tg}\,\alpha}$$

$$\frac{1}{\cos 2\alpha} = \mathrm{tg}\,\alpha\,\mathrm{tg}\,2\alpha + 1 = \mathrm{ctg}\,\alpha\,\mathrm{tg}\,2\alpha - 1 = \frac{1+\mathrm{tg}^2\alpha}{1-\mathrm{tg}^2\alpha}$$

Summen und Differenzen solcher Funktionen:

$$\sin 2\alpha \pm \cos 2\alpha = \cos^2\alpha\,[2\,\mathrm{tg}\,\alpha \pm (1-\mathrm{tg}^2\alpha)]$$

$$\sin 2\alpha + \mathrm{tg}\,2\alpha = \frac{4\,\mathrm{tg}\,\alpha}{1-\mathrm{tg}^4\alpha} \qquad \sin 2\alpha - \mathrm{tg}\,2\alpha = -\frac{4\,\mathrm{tg}^3\alpha}{1-\mathrm{tg}^4\alpha}$$

$$\sin 2\alpha \pm \mathrm{ctg}\,2\alpha = \frac{4\,\mathrm{tg}^2\alpha \pm (1-\mathrm{tg}^4\alpha)}{2\,\mathrm{tg}\,\alpha\,(1+\mathrm{tg}^2\alpha)}$$

$$\cos 2\alpha \pm \mathrm{tg}\,2\alpha = \frac{(1 \pm \mathrm{tg}\,\alpha + \mathrm{tg}^2\alpha)^2 - 5\,\mathrm{tg}^2\alpha}{1-\mathrm{tg}^4\alpha}$$

$$\cos 2\alpha \pm \mathrm{ctg}\,2\alpha = \frac{1-\mathrm{tg}^2\alpha}{1+\mathrm{tg}^2\alpha} \cdot \frac{2\,\mathrm{tg}\,\alpha \pm (1+\mathrm{tg}^2\alpha)}{2\,\mathrm{tg}\,\alpha}$$

$$\mathrm{tg}\,2\alpha \pm \mathrm{ctg}\,2\alpha = \frac{4\,\mathrm{tg}^2\alpha \pm (1-\mathrm{tg}^2\alpha)^2}{2\,\mathrm{tg}\,\alpha\,(1-\mathrm{tg}^2\alpha)}$$

Umwandlungen von Funktionen des Mehrfachen eines Winkels in solche des einfachen:

$$\sin 3\alpha = \begin{cases} 3\sin\alpha - 4\sin^3\alpha \\ \sin\alpha \cdot (4\cos^2\alpha - 1) \end{cases} \qquad \cos 3\alpha = \begin{cases} 4\cos^3\alpha - 3\cos\alpha \\ \cos\alpha \cdot (1 - 4\sin^2\alpha) \end{cases}$$

$$\mathrm{tg}\,3\alpha = \frac{3\,\mathrm{tg}\,\alpha - \mathrm{tg}^3\alpha}{1-3\,\mathrm{tg}^2\alpha} \qquad\qquad \mathrm{ctg}\,3\alpha = \frac{\mathrm{ctg}^3\alpha - 3\,\mathrm{ctg}\,\alpha}{3\,\mathrm{ctg}^2\alpha - 1}$$

$$\sin 4\alpha = 4\sin\alpha\cos\alpha\,(\cos^2\alpha - \sin^2\alpha) \qquad \cos 4\alpha = 1 - 8\sin^2\alpha\cos^2\alpha$$

$$\sin(n\alpha) = \binom{n}{1}\sin\alpha\cos^{n-1}\alpha - \binom{n}{3}\sin^3\alpha\cos^{n-3}\alpha + \binom{n}{5}\sin^5\alpha\cos^{n-5}\alpha - + \cdots$$

$$\cos(n\alpha) = \cos^n\alpha - \binom{n}{2}\sin^2\alpha\cos^{n-2}\alpha + \binom{n}{4}\sin^4\alpha\cos^{n-4}\alpha - + \cdots$$

Die durch das Symbol $\binom{n}{p}$ — gesprochen „n über p" — abgekürzt geschriebenen Faktoren heißen Binomialkoeffizienten. Ihr Bildungsgesetz ist

$$\binom{n}{p} = \frac{n \cdot (n-1) \cdot (n-2) \cdots (n-p+2) \cdot (n-p+1) \cdot (n-p)}{1 \cdot 2 \cdot 3 \cdots (p-2) \cdot (p-1) \cdot p},$$

so daß im Zähler und Nenner des Bruches gleich viele, nämlich p, Faktoren stehen. Für $p = 1; 2; 3$ ergibt sich

$$\binom{n}{1} = n; \quad \binom{n}{2} = \frac{n\,(n-1)}{2}; \quad \binom{n}{3} = \frac{n\,(n-1)\,(n-2)}{6}$$

Die Funktion eines halben Winkels $\frac{\alpha}{2}$ kann man durch eine andere des ganzen ausdrücken. In den folgenden Formeln kann man auch β statt $\frac{\alpha}{2}$ und 2β statt α setzen.

$$\sin\frac{\alpha}{2} = \sqrt{\frac{1-\cos\alpha}{2}} = \frac{\sqrt{1+\sin\alpha} - \sqrt{1-\sin\alpha}}{2} \qquad \sin^2\frac{\alpha}{2} = \frac{1-\cos\alpha}{2}$$

$$\cos\frac{\alpha}{2} = \sqrt{\frac{1+\cos\alpha}{2}} = \frac{\sqrt{1+\sin\alpha} + \sqrt{1-\sin\alpha}}{2} \qquad \cos^2\frac{\alpha}{2} = \frac{1+\cos\alpha}{2}$$

$$\operatorname{tg}\frac{\alpha}{2} = \frac{\sin\alpha}{1+\cos\alpha} = \frac{1-\cos\alpha}{\sin\alpha} = \sqrt{\frac{1-\cos\alpha}{1+\cos\alpha}} = \operatorname{ctg}\frac{\alpha}{2} - 2\operatorname{ctg}\alpha$$

$$\operatorname{ctg}\frac{\alpha}{2} = \frac{\sin\alpha}{1-\cos\alpha} = \frac{1+\cos\alpha}{\sin\alpha} = \sqrt{\frac{1+\cos\alpha}{1-\cos\alpha}} = \operatorname{tg}\frac{\alpha}{2} + 2\operatorname{ctg}\alpha$$

$$\cos\frac{\alpha}{2} \pm \sin\frac{\alpha}{2} = \sqrt{1 \pm \sin\alpha} = \sqrt{2}\cdot\sin\left(45° \pm \frac{\alpha}{2}\right) = \sqrt{2}\cdot\cos\left(45° \mp \frac{\alpha}{2}\right)$$

$$\operatorname{tg}\frac{\alpha}{2} + \operatorname{ctg}\frac{\alpha}{2} = \frac{2}{\sin\alpha} \qquad\qquad \operatorname{tg}\frac{\alpha}{2} - \operatorname{ctg}\frac{\alpha}{2} = -2\operatorname{ctg}\alpha$$

132.16 Umformung von Winkelfunktionen mit 1 zusammengesetzt

$$1 \pm \sin\alpha = \left(\sin\frac{\alpha}{2} \pm \cos\frac{\alpha}{2}\right)^2 = 2\sin^2\left(45° \pm \frac{\alpha}{2}\right) = 2\cos^2\left(45° \mp \frac{\alpha}{2}\right)$$

$$1 + \cos\alpha = 2\cos^2\frac{\alpha}{2} = \operatorname{ctg}\frac{\alpha}{2}\cdot\sin\alpha; \quad 1 - \cos\alpha = 2\sin^2\frac{\alpha}{2} = \operatorname{tg}\frac{\alpha}{2}\cdot\sin\alpha$$

$$1 \pm \operatorname{tg}\alpha = \frac{\sin(45° \pm \alpha)}{\cos\alpha}\sqrt{2} = \frac{\sqrt{1 \pm \sin 2\alpha}}{\cos\alpha}$$

$$1 \pm \operatorname{ctg}\alpha = \pm\frac{\sin(45° \pm \alpha)}{\sin\alpha}\sqrt{2} = \frac{\sqrt{1 \pm \sin 2\alpha}}{\sin\alpha}$$

$$\frac{1 + \operatorname{tg}\alpha}{1 - \operatorname{tg}\alpha} = \operatorname{tg}(45° + \alpha) = \operatorname{ctg}(45° - \alpha)$$

$$= \frac{\cos 2\alpha}{1 - \sin 2\alpha} = \frac{1 + \sin 2\alpha}{\cos 2\alpha} = \sqrt{\frac{1 + \sin 2\alpha}{1 - \sin 2\alpha}} = -\frac{1 + \operatorname{ctg}\alpha}{1 - \operatorname{ctg}\alpha}$$

$$\frac{1 \pm \sin\alpha}{\sin\alpha} = \operatorname{tg}\left(45° \pm \frac{\alpha}{2}\right)\operatorname{ctg}\alpha; \quad \frac{1+\cos\alpha}{\sin\alpha} = \operatorname{ctg}\frac{\alpha}{2}; \quad \frac{1-\cos\alpha}{\sin\alpha} = \operatorname{tg}\frac{\alpha}{2}$$

$$\frac{1 \pm \sin\alpha}{\cos\alpha} = \operatorname{tg}\left(45° \pm \frac{\alpha}{2}\right); \quad \frac{1+\cos\alpha}{\cos\alpha} = \operatorname{ctg}\frac{\alpha}{2}\operatorname{tg}\alpha; \quad \frac{1-\cos\alpha}{\cos\alpha} = \operatorname{tg}\frac{\alpha}{2}\operatorname{tg}\alpha$$

$$\frac{1+\sin\alpha}{1-\sin\alpha} = \operatorname{tg}^2\left(45° + \frac{\alpha}{2}\right) \qquad\qquad \frac{1+\cos\alpha}{1-\cos\alpha} = \operatorname{ctg}^2\frac{\alpha}{2}$$

$$\frac{1 \pm \sin\alpha}{1+\cos\alpha} = \operatorname{tg}\left(45° \pm \frac{\alpha}{2}\right) \cdot \operatorname{tg}\frac{\alpha}{2} \cdot \operatorname{ctg}\alpha$$

$$\frac{1 \pm \sin\alpha}{1-\cos\alpha} = \operatorname{tg}\left(45° \pm \frac{\alpha}{2}\right) \cdot \operatorname{ctg}\frac{\alpha}{2} \cdot \operatorname{ctg}\alpha$$

$$1 + \operatorname{tg}^2\alpha = \frac{1}{\cos^2\alpha} \qquad\qquad 1 + \operatorname{ctg}^2\alpha = \frac{1}{\sin^2\alpha}$$

$$1 - \operatorname{tg}^2\alpha = \frac{\cos 2\alpha}{\cos^2\alpha} = 2\operatorname{tg}\alpha \cdot \operatorname{ctg}2\alpha$$

$$1 - \operatorname{ctg}^2\alpha = -\frac{\cos 2\alpha}{\sin^2\alpha} = -2\operatorname{ctg}\alpha \cdot \operatorname{ctg}2\alpha$$

$$\frac{1+\operatorname{tg}^2\alpha}{1-\operatorname{tg}^2\alpha} = \frac{1}{\cos 2\alpha} \qquad\qquad \frac{1+\operatorname{ctg}^2\alpha}{1-\operatorname{ctg}^2\alpha} = -\frac{1}{\cos 2\alpha}$$

$$1 + \sin^2\alpha = \frac{3 - \cos 2\alpha}{2} = 2 - \cos^2\alpha$$

$$1 + \cos^2\alpha = \frac{3 + \cos 2\alpha}{2} = 2 - \sin^2\alpha$$

$$\sqrt{1 + \cos\alpha} = \sqrt{2} \cdot \cos\frac{\alpha}{2} \qquad\qquad \sqrt{1 - \cos\alpha} = \sqrt{2} \cdot \sin\frac{\alpha}{2}$$

$$\sqrt{1 \pm \sin\alpha} = \sqrt{2} \cdot \sin\left(45° \pm \frac{\alpha}{2}\right) = \cos\frac{\alpha}{2} \pm \sin\frac{\alpha}{2}$$

132.17 Winkelfunktionen eines Produktes

$$\sin u\,v = \begin{cases} \sin u + 2\cos\dfrac{u(v+1)}{2} \cdot \sin\dfrac{u(v-1)}{2} \\[2ex] \cos u - 2\cos\dfrac{1^L + u(v-1)}{2} \cdot \sin\dfrac{1^L - u(v+1)}{2} \end{cases}$$

$$\cos u\,v = \begin{cases} \sin u + 2\cos\dfrac{1^L - u(v-1)}{2} \cdot \sin\dfrac{1^L - u(v+1)}{2} \\[2ex] \cos u - 2\sin\dfrac{u(v+1)}{2} \cdot \sin\dfrac{u(v-1)}{2} \end{cases}$$

$$\operatorname{tg} u\,v = \begin{cases} \operatorname{tg} u + \dfrac{2\sin u(v-1)}{\cos u(v-1) + \cos u(v+1)} \\[3ex] \operatorname{ctg} u + \dfrac{2\cos u(v+1)}{\sin u(v+1) - \sin u(v-1)} \end{cases}$$

$$ctg\, u\, v = \begin{cases} tg\, u + \dfrac{2\cos u\,(v+1)}{\sin u\,(v+1) + \sin u\,(v-1)} \\[2ex] ctg\, u - \dfrac{2\sin u\,(v-1)}{\cos u\,(v-1) - \cos u\,(v+1)} \end{cases}$$

132.18 Potenzen von Sinus und Cosinus

$$2\sin^2\alpha = 1 - \cos 2\alpha \qquad\qquad 1 + \sin^2\alpha = \tfrac{1}{2}(3 - \cos 2\alpha)$$

$$2\cos^2\alpha = 1 + \cos 2\alpha \qquad\qquad 1 + \cos^2\alpha = \tfrac{1}{2}(3 + \cos 2\alpha)$$

$$4\sin^3\alpha = 3\sin\alpha - \sin 3\alpha$$

$$4\cos^3\alpha = 3\cos\alpha + \cos 3\alpha$$

$$8\sin^4\alpha = 3 - 4\cos 2\alpha + \cos 4\alpha$$

$$8\cos^4\alpha = 3 + 4\cos 2\alpha + \cos 4\alpha$$

$$16\sin^5\alpha = 10\sin\alpha - 5\sin 3\alpha + \sin 5\alpha$$

$$16\cos^5\alpha = 10\cos\alpha + 5\cos 3\alpha + \cos 5\alpha$$

$$32\sin^6\alpha = 10 - 15\cos 2\alpha + 6\cos 4\alpha - \cos 6\alpha$$

$$32\cos^6\alpha = 10 + 15\cos 2\alpha + 6\cos 4\alpha + \cos 6\alpha$$

$$2^{2n-1}(\sin\alpha)^{2n} = \tfrac{1}{2}\binom{2n}{n} - \binom{2n}{n-1}\cos 2\alpha + \binom{2n}{n-2}\cos 4\alpha - + \cdots$$

$$2^{2n-1}(\cos\alpha)^{2n} = \tfrac{1}{2}\binom{2n}{n} + \binom{2n}{n-1}\cos 2\alpha + \binom{2n}{n-2}\cos 4\alpha + \cdots$$

$$2^{2n}(\sin\alpha)^{2n+1} = \binom{2n+1}{n}\sin\alpha - \binom{2n+1}{n-1}\sin 3\alpha + \binom{2n+1}{n-2}\sin 5\alpha - + \cdots$$

$$2^{2n}(\cos\alpha)^{2n+1} = \binom{2n+1}{n}\cos\alpha + \binom{2n+1}{n-1}\cos 3\alpha + \binom{2n+1}{n-2}\cos 5\alpha + \cdots$$

132.2 Arcusfunktionen

132.21 Erklärung. Lost man die Kreisfunktionen $x = \sin y$, $x = \cos y$ usw. nach dem Winkel y, dem Argument der Kreisfunktion, auf, so erhalt man deren Umkehrfunktionen $y = \arc\sin x$, $y = \arc\cos x$ usw. Man nennt diese Umkehrfunktionen der Kreisfunktionen Arcusfunktionen oder zyklometrische Funktionen und schrieb fruher ausfuhrlicher: $y = \arc(\sin = x)$, $y = \arc(\cos = x)$ usw. Die Funktion $y = \arc\sin x$ ist definiert als der in Radianten (Bogenmaß s. Abschn. 122) gemessene Winkel, dessen Sinus den Wert x hat. Man nennt y den Arcussinus von x und schreibt arc sin fur die Umkehrung der Operation Sinus.

Bei kleinem Argument x entwickelt man oft mit Vorteil die Arcusfunktionen in Potenzreihen (s. Abschn. 131.52).

132.22 Umformungen. Den meisten der in Abschn. 132.13 bis 132.18 für die Kreisfunktionen aufgestellten Umformungen entsprechen Umformungen der Arcusfunktionen.

$$\arccos u = \arccos \sqrt{1-u^2} = \operatorname{arc\,tg} \frac{u}{\sqrt{1-u^2}} = \operatorname{arc\,ctg} \frac{\sqrt{1-u^2}}{u}$$
$$= \frac{\pi}{2} - \arccos u$$

$$\arccos u = \arcsin \sqrt{1-u^2} = \operatorname{arc\,tg} \frac{\sqrt{1-u^2}}{u} = \operatorname{arc\,ctg} \frac{u}{\sqrt{1-u^2}}$$
$$= \frac{\pi}{2} - \arcsin u$$

$$\operatorname{arc\,tg} u = \arcsin \frac{u}{\sqrt{1+u^2}} = \arccos \frac{1}{\sqrt{1+u^2}} = \operatorname{arc\,ctg} \frac{1}{u}$$
$$= \frac{\pi}{2} - \operatorname{arc\,ctg} u$$

$$\operatorname{arc\,ctg} u = \arcsin \frac{1}{\sqrt{1+u^2}} = \arccos \frac{u}{\sqrt{1+u^2}} = \operatorname{arc\,tg} \frac{1}{u}$$
$$= \frac{\pi}{2} - \operatorname{arc\,tg} u$$

$$2\arcsin u = \arcsin 2u\sqrt{1-u^2} = \arccos(1-2u^2) = \operatorname{arc\,tg} \frac{2u\sqrt{1-u^2}}{1-2u^2}$$
$$= \operatorname{arc\,ctg} \frac{1-2u^2}{2u\sqrt{1-u^2}}$$

$$2\arccos u = \arcsin 2u\sqrt{1-u^2} = \arccos(2u^2-1) = \operatorname{arc\,tg} \frac{2u\sqrt{1-u^2}}{2u^2-1}$$
$$= \operatorname{arc\,ctg} \frac{2u^2-1}{2u\sqrt{1-u^2}}$$

$$2\operatorname{arc\,tg} u = \arcsin \frac{2u}{1+u^2} = \arccos \frac{1-u^2}{1+u^2} = \operatorname{arc\,tg} \frac{2u}{1-u^2}$$
$$= \operatorname{arc\,ctg} \frac{1-u^2}{2u}$$

$$2\operatorname{arc\,ctg} u = \arcsin \frac{2u}{1+u^2} = \arccos \frac{u^2-1}{u^2+1} = \operatorname{arc\,tg} \frac{2u}{u^2-1}$$
$$= \operatorname{arc\,ctg} \frac{u^2-1}{2u}$$

$$\arcsin(-u) = -\arcsin u, \qquad \arccos(-u) = \pi - \arccos u$$
$$\operatorname{arc\,tg}(-u) = -\operatorname{arc\,tg} u, \qquad \operatorname{arc\,ctg}(-u) = \pi - \operatorname{arc\,ctg} u$$
$$\arcsin u \pm \arcsin v = \arcsin\left(u\sqrt{1-v^2} \pm v\sqrt{1-u^2}\right)$$
$$= \arccos\left(\sqrt{(1-u^2)(1-v^2)} \mp u\cdot v\right)$$

$$\arccos u \pm \arccos v = \arcsin \left(v \sqrt{1 - u^2} \pm u \sqrt{1 - v^2}\right)$$
$$= \arccos \left(u \cdot v \mp \sqrt{(1 - u^2)(1 - v^2)}\right)$$
$$\arcsin u \pm \arccos v = \arcsin \left(u \cdot v \pm \sqrt{(1 - u^2)(1 - v^2)}\right)$$
$$= \arccos \left(u \sqrt{1 - v^2} \mp v \sqrt{1 - u^2}\right)$$
$$\operatorname{arc tg} u \pm \operatorname{arc tg} v = \operatorname{arc tg} \frac{u \pm v}{1 \mp u \cdot v}$$
$$\operatorname{arc ctg} u \pm \operatorname{arc ctg} v = \operatorname{arc ctg} \frac{u \cdot v \mp 1}{v \pm u}$$
$$\operatorname{arc tg}(u \pm v) = \operatorname{arc tg} u \pm \operatorname{arc tg} \frac{v}{1 \pm uv + u^2}$$

132.3 Dreiecksberechnung

132.31 Winkelbeziehungen. Im ebenen schiefwinkligen Dreieck mit den Winkeln α, β, γ bestehen, weil $\alpha + \beta + \gamma = 180°$, zwischen den trigonometrischen Funktionen dieser Winkel folgende Beziehungen:

$$\sin \alpha + \sin \beta + \sin \gamma = 4 \cdot \cos \frac{\alpha}{2} \cos \frac{\beta}{2} \cos \frac{\gamma}{2}.$$

$$\cos \alpha + \cos \beta + \cos \gamma = 4 \cdot \sin \frac{\alpha}{2} \sin \frac{\beta}{2} \sin \frac{\gamma}{2} + 1$$

$$\sin \alpha + \sin \beta - \sin \gamma = 4 \cdot \sin \frac{\alpha}{2} \sin \frac{\beta}{2} \cos \frac{\gamma}{2}$$

$$\cos \alpha + \cos \beta - \cos \gamma = 4 \cdot \cos \frac{\alpha}{2} \cos \frac{\beta}{2} \sin \frac{\gamma}{2} - 1$$

$$\sin^2 \alpha + \sin^2 \beta + \sin^2 \gamma = 2 \cdot (\cos \alpha \cdot \cos \beta \cdot \cos \gamma + 1)$$
$$\sin^2 \alpha + \sin^2 \beta - \sin^2 \gamma = 2 \cdot \sin \alpha \cdot \sin \beta \cdot \cos \gamma$$
$$\operatorname{tg} \alpha + \operatorname{tg} \beta + \operatorname{tg} \gamma = \operatorname{tg} \alpha \cdot \operatorname{tg} \beta \cdot \operatorname{tg} \gamma$$
$$\operatorname{ctg} \frac{\alpha}{2} + \operatorname{ctg} \frac{\beta}{2} + \operatorname{ctg} \frac{\gamma}{2} = \operatorname{ctg} \frac{\alpha}{2} \cdot \operatorname{ctg} \frac{\beta}{2} \cdot \operatorname{ctg} \frac{\gamma}{2}$$

132.32 Wichtige Formeln. In Abb. 132–4 sind a, b, c die Seiten des Dreiecks; α, β, γ die den Seiten gegenüberliegenden Winkel, $s = \frac{1}{2} \cdot (a + b + c)$

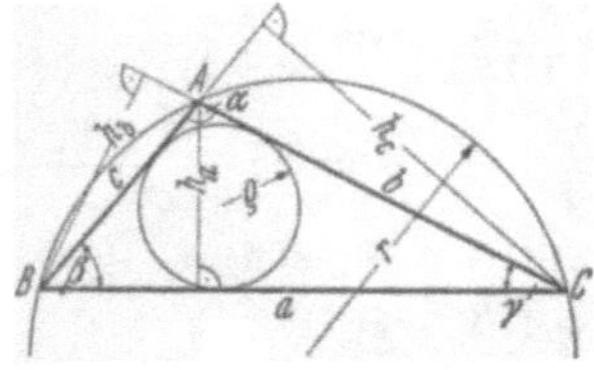

Abb. 132–4. Bezeichnung der zur Dreiecksberechnung erforderlichen Stücke am schiefwinkligen Dreieck.

der halbe Dreiecksumfang, h_a, h_b, h_c die Höhen auf den Seiten a bzw. b bzw. c; r der Halbmesser des umbeschriebenen, ϱ der Halbmesser des einbeschriebenen Kreises; I der Dreiecksinhalt.

$$\frac{a}{\sin \alpha} = \frac{b}{\sin \beta} = \frac{c}{\sin \gamma} = 2 \cdot r$$

Sinussatz

$$\left.\begin{array}{l} a = 2\,r\cdot\sin\alpha \\ b = 2\,r\cdot\sin\beta \\ c = 2\,r\ \sin\gamma \end{array}\right\} \text{Sehnenformel} \qquad \left.\begin{array}{l} a\cdot\sin\beta = b\cdot\sin\alpha = h_c \\ b\cdot\sin\gamma = c\cdot\sin\beta = h_a \\ c\cdot\sin\alpha = a\cdot\sin\gamma = h_b \end{array}\right\} \text{Höhenformel}$$

$$\left.\begin{array}{l} a = b\cdot\cos\gamma + c\cdot\cos\beta \\ b = c\cdot\cos\alpha + a\cdot\cos\gamma \\ c = a\cdot\cos\beta + b\cdot\cos\alpha \end{array}\right\} \text{Projektionssatz}$$

$$\left.\begin{array}{l} a^2 = b^2 + c^2 - 2\cdot b\cdot c\cdot\cos\alpha \\[2mm] \qquad \cos\alpha = \dfrac{b^2 + c^2 - a^2}{2\cdot b\cdot c} \end{array}\right\} \text{Cosinussatz für Seite } a$$

Folgerungen aus dem Cosinussatz:

$$\left\{\begin{array}{l} a^2 = (b + c)^2 - 4\cdot b\cdot c\cdot\cos^2\dfrac{\alpha}{2} \\[4mm] a = (b + c)\sqrt{1 - \left(\dfrac{2\sqrt{b\cdot c}}{b + c}\cos\dfrac{\alpha}{2}\right)^2} = (b + c)\cdot\cos\varphi \end{array}\right.$$

$$\text{wo } \sin\varphi = \frac{2\sqrt{b\cdot c}}{b + c}\cos\frac{\alpha}{2}$$

$$\left\{\begin{array}{l} a^2 = (b - c)^2 + 4\cdot b\cdot c\cdot\sin^2\dfrac{\alpha}{2} \\[4mm] a = (b - c)\sqrt{1 + \left(\dfrac{2\sqrt{b\cdot c}}{b - c}\sin\dfrac{\alpha}{2}\right)^2} = \dfrac{b - c}{\cos\varphi} \end{array}\right. \qquad \text{wo } \operatorname{tg}\varphi = \frac{2\sqrt{b\cdot c}}{b - c}\sin\frac{\alpha}{2}$$

$$\frac{a + b}{a - b} = \frac{\operatorname{tg}\dfrac{\alpha + \beta}{2}}{\operatorname{tg}\dfrac{\alpha - \beta}{2}} \quad \text{Nepers Tangentensatz}$$

$$\frac{a + b}{c} = \frac{\cos\dfrac{\alpha - \beta}{2}}{\cos\dfrac{\alpha + \beta}{2}} = \frac{\cos\dfrac{\alpha - \beta}{2}}{\sin\dfrac{\gamma}{2}} \qquad\qquad \frac{a - b}{c} = \frac{\sin\dfrac{\alpha - \beta}{2}}{\sin\dfrac{\alpha + \beta}{2}} = \frac{\sin\dfrac{\alpha - \beta}{2}}{\cos\dfrac{\gamma}{2}}$$

Mollweidesche Formeln

$$\left.\begin{array}{l} \operatorname{tg}\alpha = \dfrac{a\cdot\sin\gamma}{b - a\cdot\cos\gamma} = \dfrac{a\cdot\sin\beta}{c - a\cdot\cos\beta} \\[4mm] \operatorname{tg}\beta = \dfrac{b\cdot\sin\alpha}{c - b\cdot\cos\alpha} = \dfrac{b\cdot\sin\gamma}{a - b\cdot\cos\gamma} \\[4mm] \operatorname{tg}\gamma = \dfrac{c\cdot\sin\beta}{a - c\cdot\cos\beta} = \dfrac{c\cdot\sin\alpha}{b - c\cdot\cos\alpha} \end{array}\right\} \text{entwickelte Tangentenformel}$$

$$\left.\begin{array}{l} \sin\dfrac{\alpha}{2} = \sqrt{\dfrac{(s - b)(s - c)}{b\cdot c}}\,; \quad \cos\dfrac{\alpha}{2} = \sqrt{\dfrac{s\cdot(s - a)}{b\cdot c}} \\[4mm] \operatorname{tg}\dfrac{\alpha}{2} = \sqrt{\dfrac{(s - b)(s - c)}{s\cdot(s - a)}} = \dfrac{\varrho}{s - a}\,; \quad \operatorname{tg}\dfrac{\beta}{2} = \dfrac{\varrho}{s - b} \end{array}\right\} \text{Halbwinkelsätze}$$

$$\varrho = 4 \cdot r \cdot \sin\frac{\alpha}{2} \cdot \sin\frac{\beta}{2} \cdot \sin\frac{\gamma}{2} = \frac{a \cdot b \cdot c}{4 \cdot r \cdot s} = \sqrt{\frac{(s-a)(s-b)(s-c)}{s}}$$

$$I = s \cdot \varrho = \sqrt{s(s-a)(s-b)(s-c)} \qquad \text{Heronische Formel}$$

$$I = 2 \cdot r^2 \cdot \sin\alpha \cdot \sin\beta \cdot \sin\gamma = \frac{a \cdot b \cdot c}{r}.$$

$$2 \cdot I = a \cdot b \cdot \sin\gamma = b \cdot c \cdot \sin\alpha = c \cdot a \cdot \sin\beta$$

Im Cosinussatz, Tangentensatz, den Mollweideschen Formeln und den Halbwinkelsätzen erhält man entsprechende Ausdrucke fur die nicht angeschriebenen Stucke aus den angeschriebenen durch zyklische Vertauschung, d. h. durch Ersatz von a durch b, b durch c, c durch a, α durch β, β durch γ, γ durch α.

133 Fehlerrechnung

Da alle Meßwerte grundsätzlich mit Meßfehlern behaftet sind, kann das Ziel allen Messens nur die Ermittlung moglichst zuverlassiger Meßergebnisse sein, die dem wahren Wert möglichst nahe kommen, also mit moglichst kleinen Fehlern behaftet sind. Notwendiger Bestandteil jeder Messung ist also eine kritische Stellungnahme zu den Meßwerten hinsichtlich ihrer Ungenauigkeit. Die Verwirklichung dieses Zieles wird angenahert erreicht, wenn die maßgeblichen Fehlereinflusse erkannt und daraus Maßnahmen zu ihrer Verringerung abgeleitet werden. Diese Kenntnis vermittelt die Fehlerrechnung.

Die Fehlerrechnung (Fehlertheorie) befaßt sich mit den *Fehlerursachen* und den durch diese hervorgerufenen *Meßfehlern*. Soweit sie sich mit den beherrschbaren Meßfehlern (s. Abschn. 112.1) befaßt, ermöglicht sie einerseits die Berechnung der Unrichtigkeit eines Meßwertes, andererseits die Konstruktion genauer Meßgerate sowie die Anwendung genauer Meßverfahren. Soweit sich die Fehlerrechnung mit den zufalligen Fehlern (s. Abschn. 112.2) befaßt, zeigt sie, wie aus vielen Messungen einer Meßgröße deren wahrscheinlichster Wert, bei einer Meßreihe das arithmetische Mittel (Durchschnitt) der Einzelmessungen, als Ersatz fur den unerreichbaren wahren Wert gewonnen werden kann. Im Zusammenhang damit leitet sie die *Unsicherheit* des Meßergebnisses ab, d. h. ein Maß fur dessen Zuverlassigkeit. Damit ist die geforderte kritische Stellungnahme zu den Meßwerten durchfuhrbar.

133.1 Gesuchte Größe als Meßgröße

Wird die *gesuchte Große* selbst gemessen (Durchmesser einer Welle, Tiefe einer Nut), so ist sie *Meßgroße* (s. Abschn. 111.1).

Bei *unmittelbarer Messung* wird die Meßgröße L selbst gemessen, bei *Unterschiedsmessung* wird unmittelbar der Unterschied Δ der Meßgroße gegen ein geeignetes Normal N gemessen, so daß $L = N + \Delta$ wird.

Man kann allerdings hier auch Δ als Meßgröße auffassen, aus der mit Hilfe vorstehender Addition L errechenbar ist, indessen soll dieser einfachste Fall einer Rechnung nicht in Abschn. 133.3 eingereiht werden.

Der gemessene Wert der Meßgröße heißt *Meßwert*. Er ist im allgemein die Differenz von End- und Anfangsanzeige. Bei unmittelbaren Messungen mit bzw. ohne Nulleinstellung ist der Meßwert die am Meß-

gerät abgelesene (oder registrierte) Anzeige bezw. die Differenz von End-
und Anfangsanzeige. Bei Unterschiedsmessungen ist der Meßwert die
Differenz der für Prüfling und Normal abgelesenen Anzeigen. Auch die
Differenz der arithmetischen Mittel zweier zur Bestimmung der End- und
der Anfangsanzeige durchgeführten Meßreihen (Meßreihenmittel für Anfangsanzeige bei unmittelbaren Messungen meist nahe null) ist ein Meßwert (vgl. DIN 1319). Genauer wäre die Bezeichnung Durchschnitts-
meßwert).

Der *wahre Wert* der Meßgröße kann weder durch Messung, sei diese noch
so genau, noch durch Rechnung ermittelt werden. Der Meßwert stellt immer
nur einen „Rohwert" der Meßgröße dar, eine Annäherung an ihren wahren
Wert, weil jeder Meßwert grundsätzlich mit beherrschbaren (systematischen)
und zufälligen (Beobachtungs-) Fehlern behaftet ist.

Das *Meßergebnis* darf keine bekannten beherrschbaren Fehler mehr enthalten, sondern nur eine von den zufälligen und den unbekannten beherrschbaren Fehlern herrührende *Unsicherheit*. Das Meßergebnis soll innerhalb der
angegebenen Unsicherheitsgrenzen stets richtig sein, so daß für diese am
besten eine höchste $\pm$ Grenze U gewählt wird. U ist die *größte zu erwartende
Unsicherheit* der Messung, d. h. die größte, gerade noch zu erwartende Abweichung des wahren Wertes von dem ermittelten.

Der *Meßwert* — bei einer Meßreihe der Mittelwert M (bzw. die Differenz
zweier Mittel) — ist also mit Hilfe der *bekannten beherrschbaren* Fehler zu
berichtigen. Deren Summe ist die zu berechnende und daher *bekannte Unrichtigkeit* F des Meßwertes, die sich aus den einzelnen bekannten beherrschbaren Fehlern, den bekannten Einzelunrichtigkeiten $f_1, f_2, \ldots$ (nach dem
linearen Fehlerfortpflanzungsgesetz, vgl. 133.3) zusammensetzt.

So ist z. B. in F der für das Meßgerät ermittelte oder gegebene Gerätefehler f_1,
der errechenbare Temperatureinfluß f_2, der errechenbare durch die Meßkraft verursachte Meßfehler f_3, der gegebene oder ermittelte Fehler f_4 der benutzten Normale
usw. enthalten.

Mit F wird der am Meßgerät gewonnene Meßwert A bzw. M berichtigt
in den *berichtigten Meßwert*

$$A' = A - F \quad \text{bzw.} \quad M' = M - F$$
(Einzelmessung)   (Meßreihe)

Dabei ist $-F$ die *Berichtigung* des Meßwertes.

Die Gleichung $A' = A - F$ gilt nur für *Messungen*. Für *Maße* (Strichmaße, Endmaße) heißt die entsprechende Gleichung $A' = A + F$, wobei A' den Istwert, A den
Sollwert (Strichmaßbezifferung, Endmaßaufschrift), F wie oben den Fehler darstellt.

Die Unsicherheit $\pm U$ setzt sich (nach dem quadratischen Fehlerfortpflanzungsgesetz, vgl. 133.42) aus mehreren Komponenten zusammen:

a) aus der *größten zu erwartenden Unsicherheit des Meßwertes*, d. h. aus der
   dreifachen Streuung $3\sigma_M$ des Meßreihenmittelwertes M, wenn eine Meßreihe vorliegt, bzw. aus dem *praktischen Größtfehler* 3σ *einer Einzelmessung*,
   wenn nur eine oder einige wenige Einzelmessungen ausgeführt werden
   (vgl. 133.422). Ist die Streuung σ (s. Abschn. 134.22) des betreffenden
   Meßgerätes nicht bekannt, so kann an ihrer Stelle ersatzweise die vom
   Hersteller für den Gerätetyp angegebene Streuung σ_G verwendet werden.

Da die drei genannten Streuungen Anzeigenstreuungen sind, und der Meßwert allgemein als Differenz zweier Anzeigen (End- und Anfangsanzeige, bezw. Anzeige für Prüfling und für Normal) ermittelt wird, so gehen die Streuungen doppelt in die Unsicherheit U ein (vgl. 133.422).

Wurde der Meßwert um alle maßgeblichen bekannten beherrschbaren Fehler f_1, f_2, ... (Summe $= F$) in der oben angegebenen Weise berichtigt, so treten zu a) noch

b) die größten zu erwartenden *Unsicherheiten*, mit denen die einzelnen bekannten beherrschbaren Fehler f_1, f_2, ... behaftet sind.

So ist z. B der beherrschbare Gerätefehler f_1 $(=f_G')$ nie genau bekannt, sondern immer mit einer Unsicherheit behaftet — Der *Temperatureinfluß* (vgl 133.2 u. 141 6), d h. der durch die Abweichung von $20°$ hervorgerufene, berechenbare, also bekannte beherrschbare Fehler f_2 kann nur bis auf eine gewisse Unsicherheit errechnet werden — Der durch die *Meßkraft* hervorgerufene beherrschbare Fehler f_3 ist mit einer Unsicherheit behaftet, weil die Meßkraft nie genau bekannt ist, noch weniger ihre kleinsten Schwankungen. — Der beherrschbare Fehler f_4 des verwendeten Normals ist oft nur innerhalb einer beträchtlichen Unsicherheit bekannt.
Diese Unsicherheiten sind i. a. kleine Größen 2. Ordnung.

Die *größte zu erwartende Unsicherheit* U des *Meßergebnisses* E bestimmt die im Ergebnis

$$E_E = A' \pm U \qquad \text{bzw.} \qquad E_M = M' \pm U$$
$$\text{(Einzelmessung)} \qquad\qquad \text{(Meßreihe)}$$

anzugebende Stellenzahl, indem die letzte Stelle von A' bzw. D', die anzugeben noch Sinn hat, festgelegt wird. Während alle Stellen mit Ausnahme der letzten Stelle genau und verbürgbar sind, ist diese bereits um $\pm U$ unsicher (vgl. 131.1).

Das Meßergebnis besteht also aus dem berichtigten Meßwert und der größten zu erwartenden Unsicherheit des berichtigten Meßwertes (nicht des Meßergebnisses, wie oft abkürzungsweise aber ungenau gesagt wird)
Weniger empfehlenswert ist die vielfach gewählte Ergebnisform, in der an Stelle U die Streuung, also die im Mittel zu erwartende Unsicherheit, angegeben wird. In diesem Falle wäre E_M durch $E_M = M' \pm \sigma_M$ zu ersetzen.

Kann die Berichtigung des Meßwertes nicht oder nur teilweise durchgeführt werden, weil keiner oder nur einige der bekannten beherrschbaren Fehler f_1, f_2, ... gegeben sind, so treten an die Stelle der nicht gegebenen Fehler f die betreffenden *möglichen* (Einzel-) *Unrichtigkeiten*, also unbekannte beherrschbare Fehler (Fehlertoleranzen), die wegen ihres unbekannten Vorzeichens $(\pm)$ in die zu erwartende Unsicherheit des Meßergebnisses eingehen. In diesem Falle der nicht bekannten beherrschbaren Fehler setzt sich U zusammen:

a) wie früher aus dem *praktischen Größtfehler* $3\sigma_G$ einer Einzelmessung bzw. aus der *dreifachen Streuung* $3\sigma_M$ des Meßreihenmittelwertes M beim Vorliegen einer Meßreihe;

b) aus der *größten zu erwartenden Unrichtigkeit des Meßverfahrens*. Diese setzt sich (nach dem quadratischen Fehlerfortpflanzungsgesetz) zusammen aus den *möglichen Einzelunrichtigkeiten* für alle nicht gegebenen beherrschbaren Fehler. In Frage kommen:

α) die mögliche Geräteunrichtigkeit f_G, die vom Gerätehersteller für den Gerätetyp angegeben wird (vom Hersteller zugelassener Geräte-Größtfehler, meist angegeben in der Kurzform „Beherrschbare Fehler höchsten $\pm ... \mu$");

β) die möglichen Meßkrafteinflüsse und Schwerkrafteinflüsse auf den Prüfling und das Normal (der Meßkrafteinfluß auf das Gerät ist bereits in f_G berücksichtigt);

γ) die möglichen Unrichtigkeiten (Herstellungstoleranzen) der verwendeten Normale;

δ) der mögliche (von Fall zu Fall verschiedene) Temperatureinfluß auf Prüfling und Normal bzw. auf Prüfling und Gerät.

Bei diesem Einfluß sind die Voraussetzungen anzugeben, unter denen er zustande kommt, also die für Prüfling und Normal vorausgesetzten, also zugelassenen Abweichungen ihrer Temperatur von 20° und ihrer Ausdehnungszahlen voneinander, ferner die Ausdehnungszahl des Normals und ihre zugelassene Schwankung.

Oft sind die genannten Einzelunrichtigkeiten α) bis δ) (oder ein Teil von ihnen) selbst aus mehreren Anteilen (Einzeleinflüssen) zusammengesetzte Größen. Dann genügt es, anstelle der *möglichen* die *größten zu erwartenden* Einzelunrichtigkeiten α) bis δ) zur größten zu erwartenden Unrichtigkeit des Meßverfahrens zusammenzusetzen.

Ist die vom Hersteller für den Gerätetyp angegebene Geräteunrichtigkeit f_G bereits mit $3\sigma_G$ bzw. $3\sigma_M$ zur *größten zu erwartenden Geräteungenauigkeit F_G* (vgl. 133.422) vereinigt, so braucht diese nur noch quadratisch mit den übrigen möglichen bzw. größten zu erwartenden Unrichtigkeiten vereinigt zu werden, um U zu erhalten.

Diese Zusammenfassung ist die *größte zu erwartende Ungenauigkeit F_Γ des Meßverfahrens* und unterscheidet sich nur noch wenig, vielfach praktisch gar nicht mehr von der Unsicherheit U des Meßergebnisses.

Grundsätzlich muß U noch etwas größer als F_V sein, weil in U außer dem Temperatureinfluß δ) noch andere Außenwelteinflüsse eingehen, die indessen gegenüber dem Temperatureinfluß meist vernachlässigbar klein sind.

Eine größte zu erwartende Unsicherheit U des Meßergebnisses läßt sich also auch dann angeben, wenn keine bekannten beherrschbaren Fehler oder nur einige von ihnen gegeben sind.

Ergibt sich später die Möglichkeit, bisher *unbekannte beherrschbare* Fehler zahlenmäßig zu erfassen (z B Verwendung einer Fehlertabelle für einen Maßstab), so wird durch diese Fehlerberücksichtigung die berechnete *Unrichtigkeit F des Meßwertes* geändert und die *Unsicherheit U des Meßergebnisses* um einen entsprechenden Betrag geringer.

133.2 Berücksichtigung beherrschbarer Fehler

Die bekannte Unrichtigkeit des Meßwertes ist die algebraische Summe aller in Frage kommenden bekannten beherrschbaren Fehlereinflüsse. Diese lassen sich nach 4 Ursachengruppen einteilen:

a) *Meßmittel*: Gerätefehler und Fehler der benutzten Normale bei Unterschiedsmessungen.

Beide Fehlerarten sind meist in Fehlertabellen oder Fehlerdiagrammen angegeben.

b) *Meßkraft und Schwerkraft*: Verformungen der Meßeinrichtung, des Prüflings und Normals bei deren Auflage, Einspannung und Berührung durch die Meßorgane.

Viele dieser Verformungen, vor allem die Hookesche Zusammendrückung und die Hertzsche Abplattung und die Durchbiegung lassen sich aus der Größe der Meßkraft bzw. der Schwerkraft (Gewicht) berechnen (vgl. 141.5).

Die Verformungen des Meßgerätes, also ein Teil der Verformungen der Meßeinrichtung, sind im Gerätefehler meist mit enthalten.

c) *Beobachter*:

Der Beobachterfehler sollte als „persönliche Konstante" bei Wechsel des Beobachters während der Messung berücksichtigt werden, was indessen selten durchfuhrbar ist, so daß er in die Unsicherheit der Meßwerte mit eingeht.

d) *Umwelt* (vor allem Temperatur, (s. Abschn. 141.6), Luftdruck, Feuchtigkeitsgehalt der Luft.

Diese sind außer dem Temperatureinfluß nur selten erfaßbar, so daß sie wie der Beobachtereinfluß in die Unsicherheit der Meßwerte eingehen, das gilt auch fur die Einflusse von Erschutterung, Beleuchtung, Staubgehalt der Luft und — bei elektrischen Meßgeraten — von Spannungsschwankungen, Frequenzschwankungen, tremden Feldern und Temperaturschwankungen von Nebengeraten (Verstärker).

133.3 Fehlereinfluß bei Formelrechnungen

Kann die gesuchte Größe x nicht selbst gemessen werden, sondern muß sie aus einer oder mehreren Meßgrößen errechnet werden, so ist x ein Rechenergebnis, das im allgemeinen Falle, d. h. bei mehrfacher Abhängigkeit, mit den Meßgrößen $y_1, y_2, \ldots$ durch die Abhängigkeitsbeziehung

$$x = f(y_1, y_2, \ldots)$$

verbunden ist, die aus geometrischen und physikalischen Beziehungen am Prufling und an der Meßanordnung abzuleiten ist.

Sind die Meßgrößen mit den beherrschbaren Fehlern $\Delta y_1, \Delta y_2, \ldots$ behaftet, so entsteht an x ein beherrschbarer Fehler Δx. Dieser *Fehlereinfluß Δx auf ein Rechenergebnis* läßt sich, da die Fehler $\Delta y_1, \Delta y_{,2} \ldots$ klein gegen $y_1, y_2, \ldots$ sind und somit naherungsweise als Differentiale aufgefaßt werden können, durch partielles Differenzieren (s. 131.42) aus der Abhängigkeitsbeziehung errechnen zu

$$\Delta x = \frac{\partial f}{\partial y_1} \cdot \Delta y_1 + \frac{\partial f}{\partial y_2} \cdot \Delta y_2 + \cdots$$

Die durch die beherrschbaren Meßfehler $\Delta y_1, \Delta y_2, \ldots$, die ein bestimmtes Vorzeichen besitzen, am Ergebnis x hervorgerufenen Partial- oder Einzelfehler $\frac{\partial f}{\partial y_1} \cdot \Delta y_1$; $\frac{\partial f}{\partial y_2} \cdot \Delta y_2$; $\ldots$ setzen sich additiv (unter Berücksichtigung ihrer Vorzeichen) zum Gesamt- oder Endfehler Δx zusammen. Die Gleichung stellt die Fortpflanzung beherrschbarer Fehler auf ein Rechenergebnis dar und kann *Fehlerfortpflanzungsgesetz fur beherrschbare Fehler* genannt werden.

133.31 Beispiel. Bei der *Dreidrahtmethode* (s. 622.3) zur Bestimmung des Flankendurchmessers d_2 wird das Maß über die Drahte (das sogenannte Prufmaß P) gemessen, das außer von d_2 noch von der Steigung h, dem Teilflankenwinkel $\frac{\alpha}{2}$ und dem mittleren Durchmesser D der drei verwendeten Meßdrähte abhängt. Bei symmetrischem Gewindeprofil gilt

$$d_2 = P - D\left(1 + \frac{1}{\sin \alpha/2}\right) + \frac{h}{2}\, \mathrm{ctg}\, \alpha/2 - C + A_K.$$

Die durch die Schieflage der Meßdrahte bedingte Anlagenkorrektur C und die durch die Meßkraft K bedingte Abplattungskorrektur A_k (beide ebenfalls Funktionen von h, α, D) sind so klein gegen die Summe P_0 der drei ersten Gleichungsglieder, daß sie bei Errechnung des Fehlereinflusses unberücksichtigt bleiben können. Der Fehlereinfluß Δd_2, errechnet sich aus den Fehlern $\Delta P, \Delta D, \Delta h, \Delta \alpha$ zu

$$\Delta d_2 = \Delta P - \left(1 + \frac{1}{\sin \alpha/2}\right)\Delta D + \frac{1}{2}(\operatorname{ctg} \alpha/2)\cdot \Delta h$$

$$+ \frac{\operatorname{ctg} \alpha/2}{2 \sin \alpha/2}(D - D_0)\cdot \Delta \alpha,$$

wobei die Abkürzung $D_0 = \dfrac{h}{2 \cos \alpha/2}$ den sogenannten gunstigsten Meß-

drahtdurchmesser bezeichnet und $\Delta \alpha$ in *rad* (im Bogenmaß) einzusetzen ist.

Bei einem genormten Gewinde sind die Sollwerte von d, h, α bekannt, ebenso meistens der Sollwert von D. Bei Benutzung von Prufmaßtabellen (Pampel, Zeiss) ist außerdem fur die meisten genormten Gewinde der fur $K = 0$ gultige Sollwert von P fur das Sollgewinde gegeben.

Bei Anwendung der Dreidrahtmethode sind am Istgewinde ΔP aus der folgenden Gleichung und durch zusätzliche Messungen die Fehler $\Delta D, \Delta h, \Delta \alpha$ der Istwerte von D, h, α gegen ihre (genormten) Sollwerte zu ermitteln, so daß aus der voranstehenden Gleichung der Fehler Δd_2 des Istwertes von d_2 gegen seinen (genormten) Sollwert errechnet werden kann. Dabei ist

$$\Delta P = P_k + A_k - P,$$

wobei P_k das bei Meßkraft K gemessene (und um die bei dieser Messung auftretenden beherrschbaren Meßfehler berichtigte) Prufmaß bedeutet und P den genannten Prufmaßtabellen entnommen werden kann. Diese enthalten auch die fur $K = 1$ kg

maßgebliche Abplattungskorrektur A_1, aus der $A_k = A_1 \sqrt[3]{K^2}$ folgt.

Fur metrisches Gewinde ($\alpha = 60°$) gilt

$$\Delta d_2 = \Delta P - 3 \cdot \Delta D + 0{,}866 \cdot \Delta h + (D\sqrt{3} - h)\cdot \Delta \alpha.$$

Zahlenbeispiel. Fur ein mit (Soll-)Meßdrahten $D = 4$ mm zu prufendes Gewinde M 64 (DIN 13) mit Steigung $h = 6$ mm entnimmt man der Tabelle die Sollwerte $d_2 = 60{,}103$ mm, $P = 66{,}910$ mm und $A_1 = 2\,\mu$. Wurde mit einer Meßschraube ($K = 1$ kg) das (berichtigte) Prufmaß $P_K = 66{,}901$ mm gemessen, so ist $\Delta P = 66{,}901 + 0{,}002 - 66{,}910 = -0{,}007$ mm. Sind durch zusätzliche Messungen der Istwerte $h = 5{,}998$ mm; $\alpha = 60° 12'$; $D = 3{,}9997$ mm die Fehler $\Delta h = -2\,\mu$; $\Delta \alpha = +12' = +3{,}5 \cdot 10^{-3}$; $\Delta D = -0{,}3\,\mu$ festgestellt worden, so folgt $\Delta d_2 = -7\,\mu - 3\cdot(-0{,}3\,\mu) + 0{,}866\cdot(-2\,\mu) + (4\sqrt{3} - 6)\,\text{mm}\cdot 3{,}5\cdot 10^{-3} = -4{,}6\,\mu$ und damit $d_{2\,Ist} = 60{,}103 + \Delta d_2 = 60{,}098$ mm.

133.32 Sonderfälle der Fehlerfortpflanzung.
Folgende besondere Formen der Abhängigkeitsbeziehung des Rechenergebnisses x ergeben einfache Ausdrucke fur den Endfehler Δx (Fehlereinfluß):

a) algebraische Summe $\qquad x = y_1 + y_2 + \cdots$
Endfehler $\qquad\qquad\quad\ \Delta x = \Delta y_1 + \Delta y_2 + \cdots$

Bei Addition (Subtraktion) fehlerhafter Größen addieren (subtrahieren) sich unmittelbar deren beherrschbare Fehler.

Beispiel. Messung einer Länge mittels mit Fehlern behaftetem Maßstab (Beobachtungen an beiden Enden).

b) linearer Ausdruck $\qquad x = a y_1 + b y_2 + \cdots$
Endfehler $\qquad\qquad\quad\ \Delta x = a \cdot \Delta y_1 + b \cdot \Delta y_2 + \cdots$

c) allgemeines Produkt

$$x = y_1^{n_1} \cdot y_2^{n_2} \cdot y_3^{n_3} \cdots$$

relativer Endfehler

$$\frac{\Delta x}{x} = n_1 \frac{\Delta y_1}{y_1} + n_2 \frac{\Delta y_2}{y_2} + \cdots$$

d) gewöhnliches Produkt

$$x = y_1 \cdot y_2 \cdot y_3 \cdots$$

relativer Endfehler

$$\frac{\Delta x}{x} = \frac{\Delta y_1}{y_1} + \frac{\Delta y_2}{y_2} + \cdots$$

Bei Multiplikation fehlerhafter Größen addieren sich deren relative Fehler

e) Quotient zweier Produkte

$$x = \frac{y_1 \cdot y_2 \cdot y_3 \cdots}{y_a \cdot y_b \cdot y_c \cdots}$$

relativer Endfehler

$$\frac{\Delta x}{x} = \frac{\Delta y_1}{y_1} + \frac{\Delta y_2}{y_2} + \cdots - \frac{\Delta y_a}{y_a} - \frac{\Delta y_b}{y_b} - \cdots$$

f) gewöhnlicher Quotient

$$x = \frac{y_1}{y_2}$$

relativer Endfehler

$$\frac{\Delta x}{x} = \frac{\Delta y_1}{y_1} - \frac{\Delta y_2}{y_2}$$

Bei Division fehlerhafter Größen subtrahieren sich deren relative Fehler.

133.321 Beispiel. Bei der Einstellung eines Winkels α mit dem Sinus-lineal wird α aus der Gleichung

$$\sin\alpha = \frac{H - h}{L}\left(= \frac{y_1}{y_2}\right)$$

bestimmt, wenn L die Lange des Sinuslineals, H und h die beiden Höhen über der Tischebene bedeuten. Bestimmten Soll-Langen H_0, h_0, L_0 entspricht ein bestimmter Sollwinkel α_0. Werden die Soll-Langen nicht eingehalten, so weicht der eingestellte Istwinkel um den Fehler $\Delta\alpha$ von α_0 ab. Dieser Fehler kann durch logarithmisches Differenzieren berechnet werden:

$$\frac{d(\sin\alpha)}{\sin\alpha} = \frac{dH - dh}{H - h} - \frac{dL}{L}.$$

Faßt man die Differentiale dH, dh, dL als die (kleinen) Fehler auf, mit denen die gemessenen Istwerte der Größen H, h, L gegenuber ihren Sollwerten H_0, h_0, L_0 behaftet sind, so stehen auf der rechten Seite der Gleichung relative Fehler. Die linke Seite ist $d\alpha \cdot \operatorname{ctg}\alpha$. Damit folgt der durch die Fehler $\Delta H, \Delta h, \Delta L$ hervorgerufene Winkelfehler $\Delta\alpha$ (im Bogenmaß) zu

$$\Delta\alpha = \left[\frac{\Delta H - \Delta h}{H_0 - h_0} - \frac{\Delta L}{L_0}\right] \cdot \operatorname{tg}\alpha_0,$$

wobei α_0 mit Hilfe der ersten Gleichung aus den Soll-Längen folgt.

133.4 Ausgleichsrechnung (Berücksichtigung zufälliger Fehler)

Die Unsicherheit des Meßergebnisses (s. Abschn. 133.1) entsteht aus dem Zusammenwirken aller in Frage kommenden zufalligen Fehler (s. Abschn. 12) sowie der unbekannten beherrschbaren Fehler, also Fehler, die mit dem $\pm$-Zeichen behaftet sind. Der Teil der Fehlerrechnung, der sich mit Fehlern unbestimmten Vorzeichens befaßt, zu denen auch Toleranzen und vom Hersteller fur seine Meßmittel bis zu einem Höchstbetrag zugelassene Fehler gehören, ist die Ausgleichsrechnung. Ihr Ziel ist das Ausgleichen solcher Fehler und damit ein weitgehendes Ausschalten ihres Einflusses auf das Meßergebnis.

133.41 Aufgabe und Verfahren.

Wird die gesuchte Größe selbst gemessen, so hat die Ausgleichsrechnung die Aufgabe, die bei wiederholten gleich sorgfaltigen Messungen desselben Pruflings (durch denselben geubten und zuverlassigen Beobachter, am selben Meßgerat, bei konstanten Umweltbedingungen) auftretenden Unterschiede der Meßwerte so auszuwerten, daß ein möglichst fehlerfreies Ergebnis entsteht, fur dessen Unsicherheit bestimmte Grenzen anzugeben sind. Der Meßreihenmittelwert M (Gl. 134–1) und seine Streuung σ_M (Gl. 134–56) sind die Lösung dieser Aufgabe.

Ist die gesuchte Größe ein Rechenergebnis, wobei im allgemeinen Fall mehrere Unbekannte mit den Meßgrößen durch Gleichungen verbunden sind, und sind mehr Meßwerte als Meßgrößen vorhanden, so hat die Ausgleichsrechnung die Aufgabe, aus den Meßwerten die besten Werte der Unbekannten abzuleiten, d. h. die den wahren Werten am nachsten kommenden Werte. Zu den besten Werten sind Unsicherheitsgrenzen anzugeben, innerhalb welcher die wahren Werte der Unbekannten liegen.

Der beste (auch wahrscheinlichste, günstigste, vorteilhafteste, plausible) Wert einer Unbekannten ist derjenige, fur den die Summe der Quadrate der den Meßwerten anhaftenden zufalligen Fehler ein Kleinstwert ist. Dieses Ausgleichsprinzip heißt darum (nach Gauß) **Methode der kleinsten Quadrate** (besser ware „Methode der kleinsten Quadratsumme").

So erfullt z B. der Mittelwert (Durchschnitt) $M = \dfrac{1}{n}(A_1 + A_2 + \cdots + A_n)$ einer Meßreihe aus n Einzelmessungen $A_1, A_2, \ldots A_n$ das Ausgleichsprinzip.

Das Ziel der Ausgleichsrechnung, möglichste Verringerung des Einflusses der zufalligen Fehler, laßt sich durch Haufung der Messungen erreichen. Wird die gesuchte Größe selbst gemessen, so laßt sich durch Bildung der Streuung des Mittelwertes $\sigma_M = \dfrac{\sigma}{\sqrt{n}}$ der Einfluß der zufalligen Fehler durch Steigerung der Beobachtungsanzahl n verringern. Eine beliebig weitgehende Verringerung ist jedoch praktisch nicht erreichbar.

Will man eine aus n Messungen gewonnene Unsicherheit σ_M auf $\dfrac{1}{10}\,\sigma_M$ verringern, so sind dazu $100 \cdot n$ Messungen erforderlich, also bei $n = 10$ bereits 1000 Messungen.

Darum ist *eine geringe Zahl zuverlässiger Messungen wirtschaftlicher als viele oberflachliche.*

133.42 Fehlerfortpflanzung.

Ist wie in Abschn. 133.3 die gesuchte Große $x = f(y_1, y_2, \ldots)$ ein Rechenergebnis der Meßgroßen $y_1, y_2, \ldots$, und sind diese mit Fehlern unbestimmten Vorzeichens $\delta y_1, \delta y_2, \ldots$ behaftet, so wird der

Fehlereinfluß δx auf x nur dann nach dem linearen Fehlerfortpflanzungsgesetz (s. Abschn. 133.3)

$$|\delta x| = \left|\frac{\partial f}{\partial y_1} \cdot \delta y_1\right| + \left|\frac{\partial f}{\partial y_2} \cdot \delta y_2\right| + \cdots$$

berechnet, wenn aus den Größtfehlern δy_1, δy_2, ... der *größtmögliche Fehler*
δx ermittelt werden soll. Dieser rechnerische Größtfehler hat jedoch wenig
Bedeutung für die Praxis, die statt dessen den *größten zu erwartenden Fehler*
benötigt, der um so kleiner als ersterer ist, je größer die Anzahl der Fehler δy
ist.

Bei Berechnung des größten zu erwartenden Fehlers aus nur zwei Größtfehlern
δy_1 und δy_2 kann sicherheitshalber das lineare Fehlerfortpflanzungsgesetz angewandt
werden.

Beispiel. Größtmöglicher Fehler δx einer aus den beiden Endmaßen
$y_1 = 50$ mm und $y_2 = 8$ mm gebildeten *Endmaßkombination* $x = y_1 + y_2$
$= 58$ mm. Nach DIN 861/I ist für jedes Endmaß der Fehler $\delta y = \pm (0{,}2$

$+ \dfrac{y}{200})$ in μ mit y in mm zugelassen, also $\delta y_1 = \pm 0{,}45\ \mu$, $\delta y_2 = \pm 0{,}24\ \mu$.
Hieraus folgt $\quad |\delta x| = |\delta y_1| + |\delta y_2|$, also $\delta x = \pm 0{,}69\ \mu$.

Bei Berechnung des größten zu erwartenden Fehlers aus mehr als nur
2 Größtfehlern δy würde das lineare Fehlerfortpflanzungsgesetz zu große
Betrage liefern, denn höchstwahrscheinlich werden weder alle vorhandenen
Meßgrößenfehler dasselbe Vorzeichen haben noch die größtmöglichen Betrage der Fehler voll ausgenutzt sein, so daß sich die im Ergebnis δx zu-
sammentretenden Fehler teilweise aufheben. Dieser Tatsache wird das
(quadratisch aufgebaute) *Fehlerfortpflanzungsgesetz für zufällige Fehler*
gerecht:

$$\delta x = \pm \sqrt{\left(\frac{\partial f}{\partial y_1} \cdot \delta y_1\right)^2 + \left(\frac{\partial f}{\partial y_2} \cdot \delta y_2\right)^2 + \cdots},$$

meist (wenn auch zu Unrecht) *Gaußsches Fehlerfortpflanzungsgesetz* genannt.

Sind die δy Größtfehler, aus denen ein größter zu erwartender Fehler
errechnet werden soll, so soll die Anzahl p der δy größer als 2 sein (andernfalls mit dem linearen Gesetz rechnen, s. oben), sind die δy mittlere Fehler
(Streuungen, Unsicherheiten), aus denen mittlere zu erwartende Fehler errechnet werden sollen, so gilt das quadratische Gesetz auch für $p = 2$.

Will man das etwas umstandliche Ausrechnen der Wurzel vermeiden,
so kann man als Faustformel die linear aufgebaute Naherungsformel benutzen:

$$\delta x = \pm \left(\frac{1}{2} \cdots \frac{2}{3}\right) \cdot \left[\left|\frac{\partial f}{\partial y_1} \cdot \delta y_1\right| + \left|\frac{\partial f}{\partial y_2} \cdot \delta y_2\right| + \cdots\right].$$

Bei beiden Formeln ist grundsätzlich zu beachten, daß δx vom gleichen
Charakter wie δy_1, δy_2, ... ist, d. h.: Sind letztere Größtfehler bzw. mittlere
Fehler, so ist auch δx ein größter zu erwartender bzw. ein mittlerer zu er-
wartender Fehler.

133.421 Beispiel. Größter zu erwartender Fehler einer *Endmaßkombination* x aus 5 Endmaßen vom Genauigkeitsgrad DIN 861/I (s. voriges Beispiel), also $x = y_1 + y_2 + \cdots + y_5$

y		δy	$(\delta y)^2$
$y_1 =$	50 mm	$0{,}450\,\mu$	$0{,}2025\,\mu^2$
$y_2 =$	4	0,220	0,0484
$y_3 =$	1,3	0,206	0,0424
$y_4 =$	1,04	0,205	0,0420
$y_5 =$	1,007	0,205	0,0420
$x =$	57,347	1,286	0,3773

Nach der genauen Formel: $\delta x = \pm \sqrt{0{,}3773} = \pm\, 0{,}614\,\mu$. Nach der Näherungsformel: $\delta x \approx \pm \left(\dfrac{1}{2} \cdots \dfrac{2}{3}\right) \cdot 1{,}286 = \pm\,(0{,}64 \cdots 0{,}86)\,\mu$. Maß der Endmaßkombination also $x = (57{,}3470 \pm 0{,}0006)$ mm.

133.422 Bei der Berechnung der *größten für eine Einzelmessung zu erwartenden Ungenauigkeit* F_G eines Gerätetyps (kurz Geräteungenauigkeit genannt) muß die mögliche (oft genügt die größte zu erwartende) Geräteunrichtigkeit f_G (unbekannter beherrschbarer Fehler, vom Hersteller zugelassener größter Gerätefehler) nach dem quadratischen Fehlerfortpflanzungsgesetz mit dem Dreifachen der (ebenfalls vom Hersteller angegebenen) Gerätestreuung σ_G vereinigt werden (s. auch Abschn. 131.1 u. 113.5).

Sicherheitshalber rechnet man oft linear, was aber nicht nötig ist, wenn f_G selbst aus mehreren Komponenten besteht. — Neben den von allen Geräteherstellern zu fordernden zahlenmäßigen Angaben von f_G und σ_G als Mindestangaben ist die Angabe von F_G wünschenswert.

3σ (ersatzweise $3\sigma_G$) ist der durch das Streuen der Anzeigen verursachte *praktische Größtfehler* einer bei unveränderlichen Meßbedingungen abgelesenen Einzelanzeige und damit deren *größte zu erwartende Unsicherheit*. In der für den Gerätetyp vom Hersteller angegebenen Streuung σ_G sind die Schwankungen der einzelnen zu einem Typ gehörenden Geräte berücksichtigt. F_G ist der für eine Einzelmessung maßgebliche Gesamtfehler des Gerätes, der ein Größtfehler ist, weil er aus den Größtfehlern f_G und $3\sigma_G$ berechnet wird.

Da eine Einzelmessung allgemein im Ablesen von zwei unterschiedlichen Anzeigen, je einer für die Endpunkte der Meßstrecke, besteht (bei Geräten mit Nulleinstellung ersetzt diese die eine der beiden Anzeigen), so geht der Fehler $3\,\sigma_G$ doppelt in die Ungenauigkeit F_G ein, während der Fehler f_G sich immer auf die durch zwei unterschiedliche Anzeigen gekennzeichnete Einzelmessung bezieht, also nur einfach in F_G eingeht:

$$F_G = \pm \sqrt{f_G^2 + 2 \cdot (3\,\sigma_G)^2}.$$

Wird jede der beiden Anzeigen aus einer n-gliedrigen Meßreihe bestimmt, so tritt in voranstehender Formel σ_M an die Stelle von σ_G. Die größte bei Durchführung von Meßreihen zu erwartende Ungenauigkeit F_{GM} eines Gerätetyps ist kleiner als F_G, weil die aus den Meßreihen bestimmte Streuung σ meist kleiner als σ_G und $\sigma_M = \sigma/\sqrt{n}$ stets wesentlich kleiner als σ_G ist:

$$F_{GM} = \pm \sqrt{f_G{}^2 + 2\,(3\sigma_M)^2}.$$

133.423 Beispiel. Das Zeiß-Optimeter, ein optischer Fühlhebel mit 1000facher Übersetzung ($= 80$fache mechanische mal 12,5fache Okularvergrößerung) dient vorwiegend Unterschiedsmessungen: Längen bis 0,2 mm lassen sich durch Ausnutzung des Meßbereiches $\pm 100\,\mu$ auch unmittelbar messen.

Die für den Gerätetyp angebbare mögliche Unrichtigkeit $f_G = \pm 0,15\,\mu$ gilt für den Unterschied zweier voneinander verschiedener Anzeigen und ist ein erst bei Verwendung des ganzen Anzeigebereiches ausgenutzter Größtfehler. — Infolge der für den Gerätetyp angegebenen Streuung $\sigma_G = \pm 0,05\,\mu$ beträgt die größte zu erwartende Unsicherheit einer einzelnen (praktisch auch 2 bis 3) mit Schätzung der Zehntel-Skalenteile abgelesenen Anzeige $3\sigma_G = \pm 0,15\,\mu$.

Die für den Gerätetyp größte zu erwartende Ungenauigkeit des Gerätes bei Ausführung je einer Ablesung (oder nur 2 bis 3) der beiden voneinander verschiedenen Anzeigen beträgt

$$F_G = \sqrt{f_G{}^2 + 2\,(3\sigma_G)^2} = \sqrt{0,15^2 + 2 \cdot 0,15^2} = \pm 0,26\,\mu.$$

133.424 Die *größte zu erwartende Ungenauigkeit F_V eines Meßverfahrens* (durchgeführt an einer Meßeinrichtung, die als wesentlichsten Teil ein Gerät eines bestimmten Gerätetyps, auf den das Meßverfahren bezogen werden kann, enthält), ist — wenn die Meß- und die Schwerkrafteinflüsse auf Prüfling und Normal außer Betracht bleiben können — die quadratische Vereinigung von F_G mit dem größten zu erwartenden Temperatureinfluß K' und — im Falle einer Unterschiedsmessung — der größten zu erwartenden Unrichtigkeit δN des benutzten Normals N:

$$F_V = \sqrt{F_G{}^2 + K'^2 + (\delta N)^2}.$$

Hierbei ist vorausgesetzt, daß für den Unterschied Prüfling minus Normal der ganze Anzeigebereich in Anspruch genommen wird (in f_G und damit auch in F_G berücksichtigt), daß nur je eine Anzeige (auch 2 bis 3) für Prüfling und Normal abgelesen wird (in σ_G und damit auch in F_G berücksichtigt), daß die Temperaturen sowie Ausdehnungszahlen von Prüfling und Normal nur innerhalb ziemlich weiter Grenzen bekannt sind, daß die Istwerte der als Normal benutzten Endmaße nicht berücksichtigt sind. Werden sie berücksichtigt, und auch bei unmittelbaren Messungen, so fällt das letzte Glied in voranstehender Formel weg.

133.425 Beispiel. Werden bei Längenmessungen mit dem Optimeter (vgl. Abschn. 133.423) folgende Bedingungen eingehalten:

1. Abweichung der Prüflingstemperatur von 20° C um $\delta t_P = \pm 2°$ C.
2. Temperaturunterschied zwischen Prüfling und Normal $t_P - t_N = \pm 0,5°$,
3. Verwendung von Endmaßen nach DIN 861/1 mit $\alpha_N = (11,5 \pm 1,5) \cdot 10^{-6}$, von denen nicht mehr als 5 Einzelmaße zu einer Kombination verwendet werden.
4. Unterschied der Ausdehnungszahlen von Prüfling und Normal $\alpha_P - \alpha_N = \pm 3,5 \cdot 10^{-6}$ (so daß sich die Messungen mindestens auf alle Prüflinge mit Ausdehnungszahlen $(9,5 \ldots 13,5) \cdot 10^{-6}$ erstrecken),

so beträgt der *größte zu erwartende Temperatureinfluß* K' nach einer zum beherrschbaren Temperatureinfluß K (vgl. Abschn. 141.6) analogen, aber quadratisch aufgebauten Formel:

$$K' = \dot{L}_N \sqrt{(\alpha_P - \alpha)^2 \cdot (\delta t_P)^2 + \alpha^2{}_N \cdot (t_P - t_N)^2},$$

wobei $L_N = L$ einen gerundeten Wert für die Länge des Normals (auch des Prüflings) bezeichnet. Mit den Zahlenwerten ergibt sich

$$K' = L \cdot 10^{-6} \sqrt{(3,5 \cdot 2)^2 + (11,5 \, _{(\pm)} \, 1,5)^2 \cdot 0,5^2} = \pm \frac{0,954 \cdot L}{100}$$

in μ mit L in mm.

Für die *größte zu erwartende Unrichtigkeit* δN einer aus 5 Endmaßen (DIN 861/I) bestehenden Kombination L läßt sich die Formel ableiten

$$\delta N = \sqrt{0,20 + 0,2\,\frac{L}{100} + 0,25\left(\frac{L}{100}\right)^2}.$$

Die für die Meßeinrichtung Optimeterrohrtyp mit Ständer und Tisch maßgebliche *große zu erwartende Ungenauigkeit* F_V *einer Unterschieds-messung* (als Einzelmessung) ist

$$F_V = \sqrt{F_G^2 + K'^2 + (\delta N)^2} = 0,517 \sqrt{1 + 0,75\,\frac{L}{100} + 4,34\left(\frac{L}{100}\right)^2}.$$

Da der Einstellbereich der Meßeinrichtung 180 mm beträgt, kann $\dfrac{L}{100}$ den Höchstwert 1,8 erreichen. Für diesen und erst recht für alle kleineren Werte von $\dfrac{L}{100}$ ist die voranstehende Wurzel kleiner als der lineare Ausdruck $1 + \dfrac{1,7\,L}{100}$, der damit zur Vereinfachung benutzt werden kann:

$$\underline{F_V = \pm\, 0,517\left(1 + \frac{1,7\,L}{100}\right) \approx \pm\left(0,5 + \frac{L}{100}\right)}\ \text{in } \mu \text{ mit } L \text{ in mm.}$$

Für Berechnung der *größten zu erwartenden Ungenauigkeit* F_V *einer unmittelbaren Messung* (als Einzelmessung) fällt bei der Vereinigung der Fehlereinflüsse das Glied δN fort, weil kein selbststandiges Normal (Endmaße) benutzt wird, sondern nur die Skale des Optimeters (im Gerät fest eingebautes Normal), also

$$F_V' = \sqrt{F_G^2 + K'^2} = \sqrt{0,26^2 + \left(\frac{0,954\,L}{100}\right)^2}.$$

Da die Meßlänge L bei unmittelbaren Messungen nicht größer als der Anzeigebereich 0,2 mm sein kann, verschwindet K'^2 praktisch vollkommen gegenüber F_G^2. Damit ist praktisch $F_V' = F_G = \pm\, 0,26\,\mu$, also gleich der *größten zu erwartenden Ungenauigkeit des Gerätes* (vgl. Abschn. 133.423), die somit als F_V' gemessen werden kann.

Nur selten wird der Benutzer von dem angegebenen Wert F_V bzw. F_V' Gebrauch machen müssen, denn erstens beansprucht der Unterschied zwischen Prüfling und Normal bei Unterschiedsmessungen oft nur einen kleinen Teil des Anzeigebereiches, so daß der zur Rechnung benutzte Fehler f_G nicht ausgenutzt wird, zweitens können ausgewertete Endmaße benutzt werden, und drittens kann (zum mindesten im Meßraum) anstelle einer Einzelmessung leicht eine Meßreihe durchgeführt werden.

133.43 Ausgleich vermittelnder Beobachtungen.
Meßgrößen, die mit gesuchten Größen durch Gleichungen in rechnerischem Zusammenhang stehen, heißen in der Ausgleichsrechnung vermittelnde Beobachtungen. In Abschn. 133.3 ist die Meßgröße durch nur eine Gleichung mit der gesuchten Größe x verbunden, wobei die Gleichung nach der Unbekannten x aufgelöst ist. Im allgemeinen Fall sind jedoch mehrere Meßgrößen mit mehreren gesuchten Größen durch mehrere Gleichungen verbunden. Ein Problem der Ausgleichsrechnung liegt dann vor, wenn überschüssige Beobachtungen (Meßwerte) vorhanden sind, d. h. wenn mehr Beobachtungen vorliegen als zur rechnerischen Bestimmung der Unbekannten erforderlich sind.

Infolge der zufälligen Meßfehler, mit denen die Meßwerte nach ihrer Berichtigung noch behaftet sind, treten bei Berechnung der Unbekannten aus sämtlichen Meßwerten Widersprüche auf, deren weitgehende Beseitigung das Ziel der vorzunehmenden Ausgleichung ist. Da eine restlose Beseitigung nicht erreichbar ist, verbleiben stets gewisse Widersprüche, die sich als Fehler ausdrucken lassen. Nach der Methode der kleinsten Quadrate lassen sich für die Unbekannten gewisse beste (günstigste) Werte berechnen (s. Abschn. 133.41), für die die Summe der Quadrate jener Fehler ein Kleinstwert ist.

133.431 Eine häufig vorkommende Aufgabe ist die Bestimmung der günstigsten Werte der beiden Konstanten eines linearen Zusammenhanges bei Vorliegen einer Reihe überschüssiger Paare von Meßwerten. Besteht zwischen den Veränderlichen L und t die lineare Beziehung

$$L = A + B \cdot t,$$

so sind die besten Werte der gesuchten Konstanten A und B zu bestimmen, wenn eine Anzahl Meßwertepaare t_i, L_i (i größer als 2) vorliegt.

Graphisch gesehen, handelt es sich um die Aufgabe, durch die durch die Koordinaten t_i, L_i gegebene Punktreihe, die Meßwerte, eine ausgleichende Gerade zu legen. Nach Gauß ist die beste Gerade diejenige, für die die Summe der Quadrate der Unterschiede zwischen Gerade und Punktreihe ein Kleinstwert ist.

Um bei der Ausrechnung der Unbekannten mit möglichst wenigstelligen Zahlen rechnen zu müssen, ist es zweckmäßig, die Ausgangsgleichung zuerst durch Einführung von Näherungswerten für die Unbekannten umzuformen, also zu setzen

$$A = A_0 + x \quad \text{und} \quad B = B_0 + y.$$

Die Näherungswerte A_0, B_0 können entweder graphisch oder rechnerisch aus zwei beliebigen Wertepaaren t_i, L_i gewonnen werden. Dann sind die gesuchten Verbesserungen x, y die neuen Unbekannten, die klein gegen A_0, B_0 sind, so daß ihre Berechnung auf eine bis zwei Stellen meist ausreicht.

Mit Hilfe von A_0 und B_0 erhält man die umgeformte Ausgangsgleichung

$$x + y \cdot t - l = 0$$

mit den Abkürzungen

$$l = L - K \quad \text{und} \quad K = A_0 + B_0 t.$$

l und t können jetzt als die vermittelnden Beobachtungen, also als ein Meßwertepaar, aufgefaßt werden.

Liegen mehr als 2, allgemein i-Paare zusammengehöriger Meßwerte l_i, t_i vor, so können die zu ermittelnden besten oder günstigsten Werte der Konstanten x und y nicht allen i-Paaren zugleich restlos genügen, weil die Meßwerte l_i, t_i mit zufälligen Meßfehlern behaftet sind. Die rechte Seite der umgeformten Ausgangsgleichung wird infolgedessen nicht null, sondern v, wobei v_i den Fehler darstellt, der dadurch entsteht, daß bei

Berechnung von x, y aus überschüssigen, nicht fehlerfreien Beobachtungen Widersprüche auftreten müssen. Für jedes Meßwertpaar l_i, t_i gilt somit eine *Fehlergleichung*

$$x + y \cdot t_i - l_i = v_i.$$

Unter Anwendung der Methode der kleinsten Quadrate muß die Summe Σ aller v_i^2 ein Kleinstwert sein. Aus dieser Forderung lassen sich x und y berechnen.

Hierbei ist die Verwendung der Gaußschen Bezeichnung [ ] für die Rechenvorschrift „Summe aller", d. h. $\Sigma v_i^2 = [v^2]$, zweckmäßig, wobei das Mitführen des Zeigers i überflüssig ist, da sich die Summierung auf alle v_i^2 erstreckt, deren Anzahl n beträgt.

Aus $x^2 + y^2 l_i^2 + l_i^2 + 2xy l_i - 2x l_i - 2y l_i l_i = v_i^2$ folgt durch Summierung

$$\sum v_i^2 = n x^2 + y^2 [t^2] + [l^2] + 2xy [t] - 2x [l] - 2y [t \cdot l] = [v^2].$$

Da Σ ein Kleinstwert sein soll, müssen die partiellen Differentialquotienten (vgl. 131.42) $\dfrac{\partial \Sigma}{\partial x}$ und $\dfrac{\partial \Sigma}{\partial y}$ gleich null gesetzt werden. Damit ergeben sich die sogenannten *Normalgleichungen*:

$$x \cdot n + y [t] - [l] = 0 \quad \text{und} \quad x [t] + y \cdot [t^2] - [t \cdot l] = 0,$$

die sich nach x und y auflösen lassen:

$$x = \frac{[l] \cdot [t^2] - [t \cdot l] \cdot [t]}{n \cdot [t^2] - [t]^2}, \quad y = \frac{n \cdot [t \cdot l] - [l] \cdot [t]}{n \cdot [t^2] - [t]^2}.$$

Beide Unbekannte sind, weil die Meßwertpaare nicht fehlerfrei sind, mit einer bestimmten Unsicherheit behaftet; x bzw. y haben die mittleren Fehler (vgl. 134.44)

$$m_x = \frac{m}{\sqrt{p_x}} \quad \text{bzw.} \quad m_y = \frac{m}{\sqrt{p_y}},$$

wobei folgende Hilfsgrößen einzusetzen sind:

$$p_x = \frac{n [t^2] - [t]^2}{[t^2]} \quad \text{bzw.} \quad p_y = \frac{n \cdot [t^2] - [t]^2}{n};$$

$$m = \sqrt{\frac{[v^2]}{n - 2}}; \quad [v^2] = [l^2] - [l] \cdot x - [t \cdot l] \cdot y$$

133.432 Beispiel. *Länge eines Metermaßstabes in Abhängigkeit von der Temperatur*: Der Vergleich des Maßstabes mit einem Normalmeter bei 4 Temperaturen t_i' ergab die Istlänge L_i'. Nach diesen Beobachtungen kann allgemein die Maßstabsistlänge L' in Abhängigkeit von der veränderlichen Temperatur t' dargestellt werden durch die Gleichung

$$L' = A' + B' \cdot t',$$

in der die Konstanten A' und B' und ihre mittleren Fehler, d. h. ihre im Mittel zu erwartenden Unsicherheiten, zu bestimmen sind.

Die Lösung erfolgt am besten in Form einer Tabelle (s. Tab. 133–1), die in Sp. 1 und 2 die Beobachtungen enthält.

Um nur mit Zahlen rechnen zu müssen, die von gleicher Größenordnung sind und möglichst nahe an 1 liegen, verwandelt man die Längen nach Ab-

Tabelle 133—1. **Rechnungen zum Zahlenbeispiel.**

1	2	3	4	5	6	7	8	9
t_i'	L_i'	t_i	L_i	K_i	l_i	$t_i l_i$	t_i^2	l_i^2
Grad	mm	10^1 Grd.	10^{-2} mm					
20	1000,22	-2	22	22	0	0	4	0
40	1000,65	0	65	64	1	0	0	1
50	1000,90	1	90	85	5	5	1	25
60	1001,05	2	105	106	-1	-2	4	1
	Summe.	1			5	3	9	27

zug von 1000 mm in Hundertstel Millimeter (Sp. 4), die Temperaturen nach Abzug von 40° in Zehnergrade (Sp. 3). Man setzt also

$$L = 100 \cdot (L' - 1000) \qquad \text{d. h. } L' = 1000 + \frac{L}{100}$$

und

$$t = \frac{t' - 40}{10} \qquad \text{d. h. } t' = 10 \cdot t + 40.$$

Die Aufgabe lautet jetzt, in der Gleichung

$$1000 + \frac{L}{100} = A' + B' \cdot (10\,t + 40)$$

oder in $L = 100 \cdot (A' + 40 \cdot B' - 1000) + 1000 \cdot B' \cdot t = A + B \cdot t$ die unbekannten Konstanten

$$A = 100 \cdot (A' + 40 \cdot B' - 1000) \quad \text{und} \quad B = 1000 \cdot B'$$

zu berechnen, aus denen schließlich

$$A' = \frac{A - 4 \cdot B}{100} + 1000 \quad \text{und} \quad B' = \frac{B}{1000}$$

berechnet werden können.

Zunächst ergeben sich aus der ersten und letzten Beobachtung die Näherungswerte $A_0' = 999{,}80$ mm und $B_0' = 0{,}021$, mit Hilfe der Formeln für A und B also $A_0 = 64$ und $B_0 = 21$.

Aus ihnen lassen sich die zunächst gesuchten Konstanten A und B der Gleichung $L = A + B \cdot t$ mit den im vorigen Abschnitt aufgestellten Formeln unmittelbar berechnen:

Aus A_0 und B_0 folgen in Sp. 5 und 6 die Hilfsgrößen

$$K_i = A_0 + B_0 \cdot t_i = 64 + 21 \cdot t_i \quad \text{und} \quad l_i = L_i - K_i.$$

Nun lassen sich in den folgenden Tabellenspalten die Größen $t_i l_i$, t_i^2, l_i^2 berechnen, deren Summen zur Berechnung der Verbesserungen x, y der Näherungswerte A_0, B_0 gebraucht werden:

$$x = \frac{5 \cdot 9 - 3 \cdot 1}{4 \cdot 9 - 1} = 1{,}2 \quad \text{und} \quad y = \frac{4 \cdot 3 - 5 \cdot 1}{4 \cdot 9 - 1} = 0{,}2.$$

Mit ihnen folgen die Konstanten $A = A_0 + x = 65{,}2$ und $B = B_0 + y = 21{,}2.$

Mit den Hilfsgrößen

$$[v^2] = 27 - 5 \cdot 1{,}2 - 3 \cdot 0{,}2 = 20{,}4 \qquad m = \sqrt{\frac{20{,}4}{4-2}} = \pm 3{,}2$$

$$p_x = \frac{4 \cdot 9 - 1}{9} = 3{,}89 \qquad p_y = \frac{4 \cdot 9 - 1}{4} = 8{,}75$$

ergeben sich die mittleren Fehler m_x von x (und auch A) bzw. m_y von y (und auch B):

$$m_x = \frac{m}{\sqrt{p_x}} = \pm 1{,}62 \quad \text{bzw.} \quad m_y = \frac{m}{\sqrt{p_y}} = \pm 1{,}08.$$

Aus $A = 65{,}2 \pm 1{,}62$ und $B = 21{,}2 \pm 1{,}08$ lassen sich schließlich errechnen:

$$A' = \frac{(A \pm m_x) - 4\,(B \pm m_y)}{100} + 1000 = 999{,}804 \pm 0{,}046$$

$$B' = \frac{B \pm m_y}{1000} = 0{,}0212 \pm 0{,}0011,$$

wobei in der ersten Gleichung $\dfrac{m_x}{100}$ und $\dfrac{4\,m_y}{100}$ quadratisch zu vereinigen sind zu

$$\frac{1}{100} \sqrt{1{,}62^2 + 4{,}32^2} = \pm 0{,}046.$$

Das Ergebnis der Konstantenberechnung ist also

$$L' = A' + B' \cdot t' = [(999{,}80 \pm 0{,}05) + (0{,}021 \pm 0{,}001) \cdot t'] \text{ in mm.}$$

Beim Gebrauch dieser Formel für die Istlänge L' des Metermaßstabes bei der Temperatur t' (in Grad) ist noch zu beachten, daß eine (im Mittel zu erwartende) Meßunsicherheit δt in der Bestimmung von t' eine Unsicherheit $\delta L = 0{,}02 \cdot \delta t$ der Länge L' bewirkt, die indessen so klein ist, daß sie erst bei $\delta t = \pm 0{,}5°$ den Wert $\pm 0{,}01$ mm erreicht. Da die Unsicherheit der Konstanten $999{,}80$ schon $\pm 0{,}05$ beträgt, ist eine genauere Kenntnis der Meßtemperatur t' als bis auf $\pm 0{,}2°$ überflüssig.

δt kann mit den beiden in der Formel für L' auftretenden mittleren Fehlern quadratisch vereinigt werden. Näherungsweise kann auch die mit $0{,}6$ multiplizierte algebraische Summe gesetzt werden, also

$$0{,}6\,(0{,}05 + 0{,}001 \cdot t' + 0{,}02 \cdot \delta t) = 0{,}03\,(1 + 0{,}02 \cdot t' + 0{,}4 \cdot \delta t).$$

Damit wird L' in mm:

$$L' = 999{,}80 + 0{,}021 \cdot t' \pm 0{,}03\,(1 + 0{,}02 \cdot t' + 0{,}4 \cdot \delta t),$$

wobei das $\pm$-Glied die gesamte im Mittel zu erwartende Unsicherheit der Länge L' darstellt, dessen 3-faches die größte zu erwartende Unsicherheit von L' ist.

Schrifttum zu 131, 132, 133

[1] August, F. F.: Vollständige logarithmische und trigonometrische Tafeln. 44. Aufl. Berlin: de Gruyter 1921 (Vierstellige Tafeln)

[2] Baule, B.: Die Mathematik des Naturforschers und Ingenieurs. Bd. I: Differential- und Integralrechnung, 8 Aufl 1953 und Bd. II: Ausgleichs- und Näherungsrechnung, 4. Aufl. Leipzig: Verlag Hirzel 1952.

[3] Bremiker, C.: Logarithmisch-trigonometrische Tafeln mit sechs Dezimalen, neu bearbeitet von Th. Albrecht, 21. Aufl. Stuttgart: K. Wittwer 1943.

[4] Crantz, P.: Ebene Trigonometrie zum Selbstunterricht (Sammlung: Aus Natur und Geisteswelt, Bd. 431). 3. Aufl. Ieipzig: Teubner 1919.

[5] Deckert, A.: Analytische Geometrie. Sammlung Lehrbücher der Feinwerktechnik, herausgegeben von K. Gehlhoff. Leipzig: Winter 1941.

[6] DIN 1301: Einheiten (Kurzzeichen); DIN 1302: Mathematische Zeichen; DIN 1304: Formelzeichen; DIN 1313: Schreibweise physikalischer Gleichungen; DIN 1315: Winkeleinheiten, Winkelteilungen; DIN 1319: Grundbegriffe der Meßtechnik; DIN 1333: Rundung und Kurzung von Zahlen. Ausschuß fur Einheiten und Formelgrößen (AEF) im Deutschen Normenausschuß (DNA). Berlin: Beuth-Vertrieb.

[7] Dubbel, H.: Taschenbuch fur den Maschinenbau. 11. Aufl. Bd. 1. Berlin/Gottingen/Heidelberg: Springer 1953.

[8] Emde, F.: Tafeln elementarer Funktionen. 2. Aufl. Leipzig: Teubner 1948

[9] Fischer, P.: Arithmetik (Sammlung Göschen). . Aufl. Berlin: de Gruyter 1948.

[10] Gauß, F. G.: Vierstellige vollständige logarithmische und trigonometrische Tafeln. 46. bis 55. Aufl. Stuttgart: K. Wittwer 1946.

[11] Gauß, F. G.: Funfstellige vollständige logarithmische und trigonometrische Tafeln. 261. bis 270. Aufl. Stuttgart: K. Wittwer 1935.

[12] Happach, V.: Technisches Rechnen I (Sammlung Werkstattbuch, H 52). 4. Aufl. Berlin: Springer 1948.

13] Happach, V.: Ausgleichsrechnung (Teubners mathematische Leitfáden, Bd. 18). Leipzig: Teubner 1950.

[14] Hegemann, E.: Ausgleichsrechnung (Aus Natur und Geisteswelt, Bd. 609). Leipzig: Teubner 1919.

[15] Herz, N.: Wahrscheinlichkeits- und Ausgleichsrechnung (Sammlung Schubert, Bd. 19). Leipzig: Göschen 1900.

[16] Hessenberg, G.: Ebene und sphärische Trigonometrie (Sammlung Göschen). 4. Aufl. Berlin: de Gruyter 1940.

[17] „Hütte" des Ingenieurs Taschenbuch. Bd. I. 27. Aufl. Berlin: Ernst u. Sohn 1948

[18] Joos, G. u. Th. Kaluza: Höhere Mathematik fur den Praktiker. 5. Aufl. Leipzig: Barth 1951.

[19] Junker, F.· Höhere Analysis. 1. Teil: Differentialrechnung (Sammlung Göschen). 3. Aufl. Berlin: de Gruyter 1925.

[20] Kiepert, D.: Grundriß der Differential- und Integralrechnung. 1. Teil. 10. Aufl. Hannover: Helwing 1905.

[21] Klingelnberg Technisches Hilfsbuch. 13. Aufl. Herausgegeben von W. Krumme u. R. Reindl. Berlin/Göttingen/Heidelberg: Springer 1953.

[22] Klotzsch, Chr.: Zahlentafeln fur numerisches Rechnen. Köln: Bachem 1946.

[23] Kohlrausch, F.: Praktische Physik. Bd. 1. 19. Aufl. Leipzig: Teubner 1953.

[24] Lindow, M.: 1. Differentialrechnung. 2. Integralrechnung (Teubners math.-physikal. Leitfáden). Neuauflagen in Vorbereitung. Leipzig: Teubner 1953.

[25] Mader, K.: Handb. der Physik. Bd. III. Kapitel 13 (Ausgleichsrechnung). Herausgegeben von Geiger-Scheel. Berlin: Springer 1928.

[26] Mangold, H. u. K. Knopp: Einfuhrung in die höhere Mathematik. 9. Aufl. Leipzig: Hirzel 1950.

[27] Peters, J.: Sechsstellige Werte der Kreis- und Evolventenfunktionen von Hundertstel zu Hundertstel des Grades nebst einigen Hilfstafeln fur die Zahnradtechnik. 2. Aufl. Bonn: Dummler 1951.

[28] Rántsch, K.: Genauigkeit von Messung und Meßgerát (Sammlung Technisches Messen in Einzeldarstellungen). Herausgegeben von K. Burger. Munchen: Hanser 1950.

[29] Ringleb, F.: Mathematische Formelsammlung (Sammlung Göschen). 5. Aufl. Berlin: de Gruyter 1949.

[30] Rothe, R.: Höhere Mathematik (Teubners mathematische Leitfáden). Teil I und II. 12. und 9. Aufl. Leipzig: Teubner 1953.

[31] **Runge**, C. u. H. König: Vorlesungen über numerisches Rechnen. Berlin: Springer 1924.
[32] **Schlömilch**, O.: Fünfstellige logarithmische und trigonometrische Tafeln. 40. bis 43. Aufl. Braunschweig: Vieweg u. Sohn 1945.
[33] **Vega**, G.: Logarithmisch-trigonometrisches Handbuch. 85. Aufl. Berlin: Weidmann 1914. (Siebenstellige Tafeln.)
[34] **Weitbrecht**, W.: Ausgleichungsrechnung nach der Methode der kleinsten Quadrate (Sammlung Göschen). 2. Aufl. Berlin: de Gruyter. 1919 u. 1920.
[35] **Willers**, F A.: Elementarmathematik, Vorkurs zur höheren Mathematik. 4. Aufl. Dresden: Steinkopf 1952.
[36] **Witting**, W.: Differentialrechnung (Sammlung Göschen). 3. Aufl. Berlin: de Gruyter 1944.
[37] **Zurmühl**, R.: Praktische Mathematik für Ingenieure und Physiker Berlin, Göttingen, Heidelberg: Springer 1953.

134 Mathematische Statistik

Anwendung mit Beispielen s. Abschn. 84.

Zusammenstellung der Formelzeichen s. hinter Abschn. 849.

134.1 Häufigkeitsverteilungen, Grundbegriffe

Gegenstände mathematisch-statistischer Untersuchungen sind *in gewissen Mengen* vorkommende, gleichartige Gegenstände, Lebewesen, Erscheinungen oder Zeiträume, die für sich abgrenzbar sind (Individuen) und mindestens eine gemeinsame Eigenschaft besitzen, die entweder

a) in Einheiten meßbar (quantitativ), oder

b) angebbar, aber selbst nicht ohne weiteres zahlenmäßig ausdrückbar ist (qualitativ).

Beispiele zu a). Längen- und Winkelmaße, Festigkeit, Dehnung, Härte, Bearbeitbarkeit, Verschleiß, Legierungsanteile, Temperatur, Schmelzpunkt, Temperaturbeständigkeit, Leitfähigkeit, Durchschlagsicherheit, Korrosion, Gangfehler, Wirkungsgrad, Lebensdauer, Klirrfaktor, Lichtstärke, Reflexion, Drehzahl, Bearbeitungszeit auf verschiedenen Werkzeugmaschinen und bei verschiedenen Personen.

Beispiele zu b). Gut oder Ausschuß, einwandfreies Funktionieren, Zerstörungszustand eines Anstriches nach bestimmter Prüfung.

Eigenschaften, die nicht zahlenmäßig meßbar sind (b), kann man durch die *Anzahl* der vorkommenden Fälle erfassen und mit der Gesamt-Stückzahl vergleichen. Manche Eigenschaften, die nicht meßbar sind, lassen sich durch Urteile in Zahlen fassen, z. B. 1 = viel, 2 = wenig, 3 = gar nicht; 1 = gut, 2 = genügend, 3 = ungenügend.

Oft lassen sich qualitative Urteile auch in Rangordnung angeben die Stücke, z. B. Korrosionsproben werden nach sehr gut bis sehr schlecht angeordnet. Der Rang i ist gleich der Ordnungszahl der n geordneten Stücke. Er kann durch „scores" (134.91) in eine quantitative Größe, mit der weitergerechnet werden kann, überführt (transformiert) werden.

Eine Gesamtheit (Kollektiv) umfaßt eine bestimmte Menge gleichartiger Gegenstände im vorstehenden Sinne zum Zwecke der Untersuchung der Verteilung einer oder mehrerer Eigenschaften. Im engeren Sinne ist Gesamtheit die Menge, die hinsichtlich bestimmter Eigenschaftsmerkmale zusammengefaßt ist. Statt der Eigenschaftswerte einer Anzahl einzelner

Gegenstande konnen auch Mittelwerte gleichgroßer Gruppen solcher Gegenstande oder Haufigkeiten, Streuungen, Kurven statistisch behandelt werden.

Beispiele. Gegenstände: 100 geschliffene Bolzen täglich, Abmaße $-{}^{0}_{0,05}$ mm.

Eigenschaften. Freisein von Harterissen, Rost.

Mittelwerte. Tagesdurchschnitte von Meßergebnissen, 300 Arbeitstage lang aufgezeichnet.

Haufigkeiten. Ausschußzahlen je Fertigungsreihe, fur 100 Fertigungsreihen aufgeschrieben.

Streuungen. Streuung des Durchmessers, auf eine Tagesfertigung bezogen, 300 Arbeitstage lang aufgeschrieben.

Kurven. Oberflachenprofile an 100 Stucken, mit Abtastgerät aufgenommen, oder Lichtschnitte.

Glieder einer Gesamtheit sind die einzelnen Beobachtungs-, Meß- oder Rechenergebnisse.

Beispiel. Jede Zahl in Spalte 2 von Tab. 134–1.

Einheitlich ist eine Gesamtheit, deren Glieder unter praktisch gleichartigen Bedingungen entstanden sind.

Beispiele. *Einheitlich* ist meist eine Reihe von Bolzen, die auf der gleichen Maschine bei nahezu gleicher Kuhlmitteltemperatur vom gleichen Arbeiter geschliffen wurden, ohne daß besondere Störungen auftraten.

Uneinheitlich oder *gemischt*. Tagesfertigung von Bolzen, die auf mehreren Maschinen bearbeitet wurden, deren Fertigungsungenauigkeit verschieden ist.

Die Tatsache, daß eine Gesamtheit einheitlich ist oder nicht, läßt sich mit Sicherheit oft nicht aus den Umstanden der Entstehung feststellen, sondern erst nachtraglich durch mathematisch-statistische Verfahren. Daraus ergibt sich die Moglichkeit, Fertigungsmangel aufzudecken.

Teilgesamtheit (Partial- oder Teilkollektiv) ist ein einheitlich zusammengesetzter Bestandteil einer gemischten Gesamtheit. Zerlegen in Teilgesamtheiten ist mit mathematisch-statistischen Verfahren möglich (Abschn. 84).

Ein Mischkollektiv enthält zwei oder mehr in sich einheitliche Teilkollektive.

Als Stichprobe wird aus einer größeren Gesamtheit eine bestimmte Menge herausgegriffen, und zwar wahllos oder nach bestimmten Gesichtspunkten oder Regeln. Die Stichprobe darf als *echt* oder *reprasentativ* angesehen werden, wenn sie so entnommen wurde, daß sie sich uber die Gesamtheit möglichst gleichmaßig verteilt. Man darf dann annehmen, daß sie die gleichen statistischen Eigenschaften hat wie die Gesamtheit, der sie entstammt. Die Wahrscheinlichkeit, daß diese statistischen Eigenschaften ubereinstimmen, wachst mit Großerwerden der Stichprobe.

Eine reprasentative *Stichprobe* braucht folglich nicht einheitlich zu sein. Eine einheitliche Teilgesamtheit ist nur reprasentativ, wenn die Gesamtheit einheitlich ist.

Beispiele fur Entnahme nach bestimmten Gesichtspunkten: Auseinanderhalten einer Fertigungsreihe von Schrauben nach Werkstoffchargen. Nachtragliches Trennen nach Hartegraden und getrenntes Prufen der Abmessungen.

Umfang einer Gesamtheit (N) oder einer Stichprobe (n) ist die Anzahl der einer Untersuchung unterworfenen Glieder.

Merkmal ist diejenige Eigenschaft, die untersucht werden soll und zu diesem Zweck an jedem Glied der Gesamtheit gemessen oder sonstwie angegeben wurde.

Beispiele. Durchmesser von Bohrungen in mm. Anzahl der Ausschußteile unter 100 gepruften Werkstücken. Oberflache beim Kaltwalzen ist gut, genugend oder ungenugend.

Klasse ist der Größenbereich eines Merkmals, in dem die innerhalb dieses Bereiches fallenden Glieder einer Gesamtheit gezahlt werden. Bei meßbaren Merkmalen ist die kleinstmögliche Klassengroße k durch die Meßunsicherheit gegeben.

Beispiel. Bei den Messungen zu Abb. 134–1 und Tab. 134–1 bis –3 war die Meßunsicherheit etwa $2\,\mu$, die Klassengröße ist $k = 4\,\mu$ gewahlt.

Tab. 134–1. Urliste
Die Meßergebnisse an den Bohrungen von 116 Rotorlagern sind in der Reihenfolge aufgeschrieben, wie sie gefunden wurden.

1	2
Messung lfd. Nr.	Meßergebnis x mm
1	1,566
2	1,562
3	1,562
4	1,560
5	1,558
.	.
.	.
.	.
116	1,552

Tab. 134–2 Primäre Verteilungstafel
Meßergebnisse nach der Große geordnet.

Meßergebnis x mm
1,546
1,546
1,547
1,547
1,548
1,548
1,548
1,548
1,548
.
.
.
1,578
1,580

Tab. 134–3 Reduzierte Verteilungstafel
Meßergebnisse in gleich großen Klassen zusammengefaßt und Häufigkeit in jeder Klasse gezählt, in der Spalte 4 in Prozente von der Gesamtmenge ($N = 116$) umgerechnet.

1	2	3	4
Klassenbereich mm		beobachtete Haufigkeit	
von	bis unter	h Stuck	h %
1,542	1,546	0	0
1,546	1,550	11	9,5
1,550	1,554	10	8,6
1,554	1,558	26	22,4
1,558	1,562	39	33,6
1,562	1,566	23	19,9
1,566	1,570	0	0
1,570	1,574	4	3,4
1,574	1,578	1	0,9
1,578	1,582	2	1,7

$$N = 116 \qquad 100,0$$

Haufigkeit (h) ist die Anzahl von Gliedern, deren Merkmalswert innerhalb einer bestimmten Klasse von Merkmalswerten fallt. Man spricht auch von *Klassenhaufigkeit*. Im Schrifttum wird oft statt h auch f verwendet.

Anteilige Haufigkeit $\left(\dfrac{h}{N}\right)$ ist das Verhältnis der Haufigkeit h fur eine Klasse zum Umfang N der untersuchten Gesamtheit.

Prozentuale Häufigkeit ($h\%$) ist die anteilige Häufigkeit in Hundert-
teilen ausgedrückt, also mit 100 malgenommen.

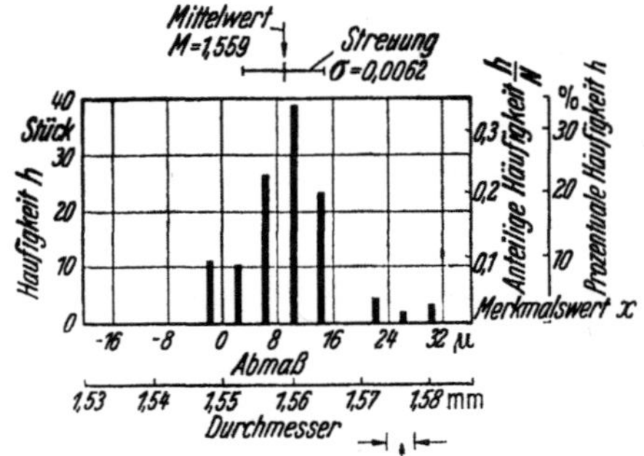

Abb. 134–1. Häufigkeitsbild.
Kollektivgegenstand: Rotorlager.
Umfang der Gesamtheit: N = 116 Stück.
Glieder der Gesamtheit: Meßergebnisse an Bohrungen von Rotorlagern mit dem
Zeichnungsmaß 1,55 + 0,02.
Merkmal (waagerechte Teilungen): Durchmesser der Bohrung
a) Abmaße vom Nennmaß in μ, obere Teilung,
b) gemessene Maße in mm, untere Teilung.
Klassengröße: $k = 4\,\mu$.
Häufigkeiten: dargestellt durch senkrechte Säulen in jeder Klassenmitte
linke Teilung: Häufigkeit in Stück,
rechte Teilungen: anteilige und prozentuale Häufigkeit
Mittelwert: M = 1,559.
Streuung: σ = 0,0062 mm = 6,2 μ.

Beispiele in Tab. 134–3 und Abb. 134–1.

Verteilung oder Häufigkeitsverteilung ist die Zahlenreihe in Form
einer Liste, Tabelle oder graphischen Darstellung, die angibt, welche
Häufigkeit in jeder Klasse vorgefunden wurde. Die Häufigkeitsverteilung
wird aus der Urliste gewonnen. Diese enthält die Merkmalswerte in der
Reihenfolge wie sie abgelesen wurden (Tab. 134–1). Ordnet man diese
Zahlen steigend oder fallend nach ihrer Größe, so entsteht daraus die pri-
mare Verteilungstafel, Tab. 134–2. Teilt man den gesamten Merkmalsbereich in gleichgroße Klassen ein und zahlt die auf jede Klasse entfallenden
Häufigkeiten, so erhält man die reduzierte Verteilungstafel, Tab.
134–3. Wird diese in irgendeiner Form graphisch dargestellt, so erhält man
das Häufigkeitsbild oder Häufigkeitsschaubild, Abb. 134–1. Siehe
Abschn. 845.

Die Wahl der Klassengröße k und der Klassengrenzen (Reduktionslage) ist nicht
gleichgultig, sondern von ihr hängt der Wert des Ergebnisses einer statistischen
Untersuchung sehr ab; darüber siehe Abschn. 845.3.

Wesentlich ist eindeutige Klassenbezeichnung: „größer als a bis einschließlich b"
oder „a bis kleiner als b", nicht aber „a bis b".

Zweckmäßig ist, die Meßunsicherheit gleichzeitig mit anzugeben

20 —		20 bis 24
25 —	bedeutet	25 bis 29
30 —		30 bis 34

hingegen

20,0 —		20,0 bis 24,9
25,0 —	bedeutet	25,0 bis 29,9
30,0 —		30,0 bis 34,9 usw.

Für genaue Auswertungen soll die Klassenbreite k möglichst nicht über 0,2 s ($s =$ Standardabweichung s. 134.22) betragen. Wird k größer als 0,5 s, so sind genaue Rückschlüsse schwierig.

Faustregel bei betrieblichen Untersuchungen: Für genaue Auswertungen k zwischen einem Zwanzigstel und einem Vierzigstel der Toleranz wählen. Für übersichtliche Darstellung von Häufigkeitsbildern reicht oft k gleich einem Zehntel der Toleranz aus. Häufigkeitsbilder mit nur fünf bis sieben belegten Klassen geben nur grobe Übersichten.

134.2 Kennzahlen von Häufigkeitsverteilungen

Den tiefsten Einblick in eine Gesamtheit könnte die *Urliste* geben, wenn sie nicht so unübersichtlich wäre. Sind die Gegenstände vor dem Ermitteln ihrer Merkmalswerte nicht gemischt worden, sondern enthält die Urliste die Reihenfolge, wie sie aus der Fertigung kamen, so kann ein Zeitpunkt oder ein Stück festgestellt werden, bei dem erstmalig eine Abweichung auftrat. Dies ist bei allen durch Auswerten der Urliste gewonnenen statistischen Unterlagen, also bei der primären und reduzierten Verteilungstafel und den Häufigkeitsbildern, nicht mehr möglich. Die Urliste sollte deswegen möglichst aufbewahrt werden, um aus ihr festzustellen, ob Störungen zeitlich gebunden sind, die beim Auswerten aufgedeckt werden.

Wenn auf Kenntnis der vollständigen Urliste verzichtet werden kann, kann man die Arbeit des Aufschreibens der Werte sparen. Man gibt Tabellen, in die die erwarteten Häufigkeitsklassen eingetragen sind. Die Beobachtungen werden durch Striche in Fünfergruppen oder auch durch Zahlen eingetragen. Unterteilung in jeweils 50 oder 100 Werte ergibt gegebenenfalls sofort Hinweise auf Verschiebung der Eigenschaften der untersuchten Verteilung in Abhängigkeit von der Zeit. Vgl. Abb. 134–2 u. –3.

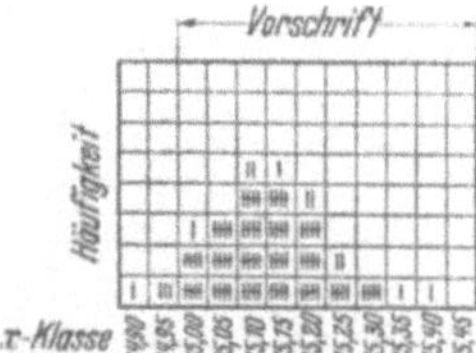

Abb. 134–2.
Häufigkeitsbild in Fünfergruppen m Strichen. Z. B. zu empfehlen für schnelle Beurteilung in der Eingangskontrolle von Losen mit $n > 100$ geprüften Stück. Urteil hier: Toleranzbreite gewahrt, Mittelwert verschoben.

Chronologisches Häufigkeitsbild. Man kann die Möglichkeit eine Urliste zu gewinnen und die Schnelligkeit des Aufzeichnens im Häufigkeitsbild in manchen Fällen kombinieren. Vorgegeben werden in diesem Fall Diagramme mit auf Grund der Erfahrung gewählten Merkmalsklassen, in denen für jeden Einzelwert ein Karo vorgesehen ist. Eingetragen wird in das Karo die laufende Nummer des Beobachtungswertes.

Ein Verschieben der Merkmalslage, z.B. des Durchmessers durch Werkzeugabnutzung macht sich dann durch Häufung niedriger Zahlen auf der einen und Häufung hoher Zahlen auf der anderen Seite bemerkbar.

Übersichtlicher wird ein derartiges Diagramm, wenn die Beobachtungswerte in Gruppen von 5 oder 10 Stück zusammengefaßt werden und in jedes Karo nur die Gruppennummer geschrieben wird (Lot-plot-Diagramm). Abb. 134–4 gibt ein

Beispiel fur diese in der Werkstatt leicht durchzufuhrende Aufzeichnungsmethode, die man vor allem dann wahlt, wenn eine spatere genauere Auswertung als moglich, aber nicht als sicher angesehen werden muß.

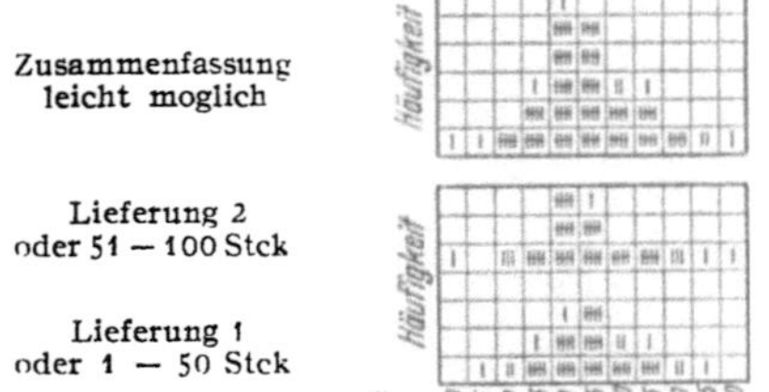

Zusammenfassung leicht moglich

Lieferung 2 oder 51 — 100 Stck

Lieferung 1 oder 1 — 50 Stck

Abb. 134–3.
Gesamtbild: leicht schief oder uneinheitlich.

Haufigkeitsbild in Gruppen nach Lieferungen oder nach je 50 Stck

Urteil hier: nur unwesentliche Unterschiede.

Haufigkeitsdiagramme in Berichten. Sind Berichte auf der Schreibmaschine in einigen Exemplaren zu schreiben, so ist das mehrfache Zeichnen von Diagrammen oder das getrennte Vervielfaltigen als Lichtpause oft lastig. In diesem Fall empfiehlt

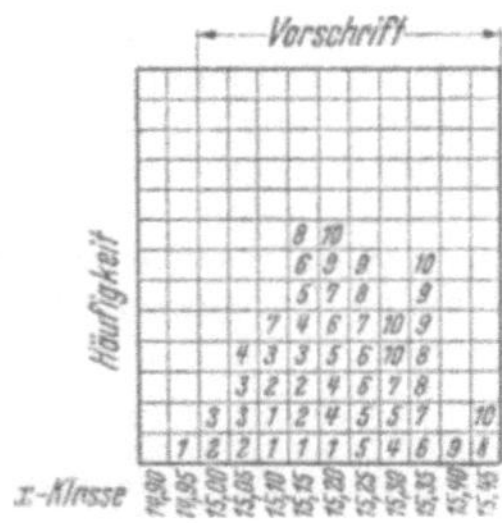

Abb 134–4.
Haufigkeitsbild m. Festhalten d. Reihenfolge.
Hier in Gruppen von je 5 aufeinanderfolgenden, in Abstanden entnommenen Stuck. (Lot-plot.)
Gruppen 1, 2, ... 10.
Die Verschiebung der Ziffern zeigt den Einfluß der Werkzeugabnutzung.
Zu empfehlen fur
$$n < 100,$$
besonders in Kontrolle laufender Fertigung bei der die Reihenfolge der Fertigung mindestens in Gruppen gewahrt bleibt

sich, die Achsen um 90^0 zu drehen. Mit dem I als Bezugslinie konnen die Diagramme dann unmittelbar geschrieben werden. Durch Wahl verschiedener beliebiger Zeichen konnen die Fünfer- und Zehnerintervalle markiert werden und auch zwei Diagramme unmittelbar vergleichbar auf die gleiche Merkmalteilung bezogen werden.

Beispiel.

Klasse	Haufigkeit	Stuck	Summe	Klasse	
22 --	I	0	0	22 —	
23 --	I*	1	1	23 —	
24 -	I***	3	1	24 --	
25 --	I****x**	7	11	25 —	usw.

Haufigkeitsbilder sind ubersichtlich. Aber sie enthalten noch so viele Zahleneinzelheiten, daß ein Vergleich z. B. einer Reihe von Haufigkeitsbildern schwierig ist. Deshalb versucht man, Verteilungen durch *statistische Kennzahlen* auszudrucken, deren Größe fur den Vergleich mehrerer Verteilungen untereinander benutzt werden kann.

Die Wissenschaft hat eine große Anzahl solcher Kennzahlen vorgeschlagen. Hier sind nur die wichtigsten und fur die Werkstatt brauchbaren behandelt, weitere siehe Schrifttum.

134.21 Mittelwerte. Der Mittelwert M oder das arithmetische Mittel wird berechnet, indem man die Merkmalswerte aller Glieder der

Gesamtheit zusammenzählt und die Summe durch die Anzahl der Glieder ($= N =$ Umfang) teilt. Bezeichnet man die einzelnen Merkmalswerte der Urliste mit $x_1, x_2, \ldots x_N$, so ist der Mittelwert

$$M = \frac{x_1 + x_2 + x_3 + \cdots x_N}{N} = \frac{\Sigma x_N}{N} \qquad (134\text{—}1)$$

Das Zeichen Σ bedeutet und wird gesprochen „Summe aller . ". Genauer muß im Zähler geschrieben werden:

$$\sum_{N=1}^{N} x_N$$

gesprochen: Summe aller x_N von Index $N = 1$ bis N

In Schreibmaschinentexten, neuerdings auch im Druck, wird das griechische Σ durch S ersetzt: $\Sigma x = S x$, $\Sigma x^2 = S x x$ usw.

Statt mit M wird die Mittelwertsbildung oft durch einen Querstrich bezeichnet (lies x quer)

$$\bar{x} = S x / N; \qquad (134\text{–}2)$$

das Mittel mehrerer Mittel durch einen Doppelquerstrich (lies x doppelquer). Es berechnet sich nach

$$x = \Sigma (\Sigma x) / \Sigma N = S S x / S n; \qquad (134\text{–}3)$$

nur wenn k Serien alle die gleiche Größe haben, gilt

$$\bar{\bar{x}} = S \bar{x} / k \qquad (134\text{–}4)$$

Mittelwerte werden technisch auf eine bis zwei Dezimalen mehr als die Beobachtungen gerundet, für viele statistische Rechnungen müssen sie so genau angegeben werden, daß die Differenz

$$(N \bar{x} - S x) \qquad (134\text{–}5)$$

vernachlässigbar klein gegen die Meßunsicherheit wird.

1. Verfahren.

Beispiel. Die Summe der in Tab. 134–1 angedeuteten $N = 116$ Merkmalswerte ist 180,808, also $M = 180{,}808 : 116 = 1{,}55869 \approx 1{,}559$ mm.

2. Verfahren.

Das Zusammenzählen großer Zahlenmengen kostet Zeit und birgt die Gefahr von Rechenfehlern. Etwas schneller rechnet man M aus der primären Verteilungstafel aus, wenn man die Merkmalswerte mit ihrer Häufigkeit malnimmt:

$$M = \frac{\Sigma x_m \cdot h_m}{N} \quad (m = \text{Anzahl der verschiedenen vorkommenden}$$

$$\text{Merkmalswerte}) \qquad (134\text{–}6)$$

Diese Formel gilt auch für die Berechnung aus der *reduzierten Verteilungstafel*, wie in Spalte 1···3 der Tab. 134–4 gezeigt. Dabei ist m die Anzahl der Klassen und als $x_1, x_2 \cdots x_m$ werden die Klassenmitten eingesetzt. Dies ergibt eine kleine Ungenauigkeit im Rechenergebnis von M, wie der Vergleich des Genauwertes (1,558 97) mit dem obigen (1,558 69) zeigt. Denn innerhalb jeder Klasse braucht der Mittelwert der Merkmalswerte durchaus nicht in der Klassenmitte zu liegen. Wie im Beispiel ist jedoch der Fehler meist vernachlässigbar klein.

3. Verfahren.

Noch kleinere Zahlen, die sich oft im Kopf rechnen lassen, erhält man durch „Coden". Man ersetzt den beobachteten Wert X durch einen Wert

$$x = \frac{X - A}{B} \qquad (134\text{–}7)$$

und rechne das Mittel von x aus. Das Mittel von X wird dann

$$\overline{X} = A + B\bar{x}. \qquad (134\text{–}8)$$

Besonders bequem ist dieses Verfahren bei der Berechnung von in Haufigkeitsverteilungen vorliegenden Serien. Fur Maschinenrechnung bezeichnet man, um negative Zahlen zu vermeiden, die kleinste Klasse mit $x = 0$, die folgende mit $x = 1$ usw. Fur Rechnung ohne Behelfsmittel, bei denen das Vorzeichen leichter berucksichtigt werden kann, bezeichnet man eine etwa in der Mitte liegende Klasse mit 0 und die benachbarten mit -1, -2 usw. nach der einen und mit $+1$, $+2$ usw. nach der anderen Seite hin.

Die Zahlenbeispiele zur Rechnung des Mittelwertes sind in den Tabellen zur Berechnung der Streuung gegeben, da sich die Streuungsrechnung meist durch Antugen einer einzigen Spalte an die Berechnung des Mittelwertes durchfuhren laßt.

Das Verfahren, die Klassen mit Ordnungszahlen zu bezeichnen, ist besonders zur gleichzeitigen Errechnung der Streuung geeignet, es ist zugleich mit der Streuungsberechnung in Tab. 134–5 erklart. Es ist im allgemeinen das bequemste Rechenverfahren.

4. Verfahren, kumulierende Addition. Durch kumulierende Addition der Werte in der Haufigkeitsspalte erhalt man, wenn die Klassen fortlaufend beziffert werden, durch reine Additionen die Summenhaufigkeiten für das Auftragen der Haufigkeitskurve, den Mittelwert und die Streuung Erklärungsbeispiel in Tab. 134–5 bei der Streuungserrechnung. Wird die Summenhaufigkeit nicht benötigt, so gibt Rechnung mit Klasse Null in der Mitte kleinere Zahlen.

Dieses Verfahren ist das bequemste, wenn schreibende Addiermaschinen zur Verfugung steben: Es wird fortlaufend Zahl, Plustaste und Zwischensummierungstaste gedruckt. Nacl Durchlaufen der ganzen Werte werden die rotgedruckten Ergebnisse des ersten Streifens in gleicher Weise verarbeitet: mehrfache Wiederholung erlaubt uber die Summen der Quadrate hinaus die Summen der Kuben usw. nur durch Additionen zu finden.

Graphische Ermittlung des Mittelwertes:

1. Bei in Diagrammform vorliegenden Punkten, Reduktionszirkel auf ein passendes $n = 2, 3 \ldots$ bis etwa 6 stellen, die Werte auf der großen Seite fortlaufend im Zirkel addieren und mit der kleinen Seite die Lange $\bar{x}$ von der Bezugslinie aus auftragen. Bezugslinie kann beliebig liegen, zweckmäßig durch zentralen Punkt.

Die so gewonnenen Teilmittelwerte von je z. B. n Proben erneut in gleicher Weise ermitteln. Verfahren zweckmaßig zur Auswertung nicht zu großer, z. B. durch Diagrammschreiber erhaltenen Punktfolgen.

2. Schnellere Bestimmung durch Ersatz des Mittelwertes durch graphisch ausgeglichenen Zentralwert, s. Abschn. 846.4.

Der Zentralwert (C) ist derjenige Merkmalswert, der dem mittleren Glied einer Gesamtheit in der primären Verteilungstafel zukommt. Ist die Anzahl der Glieder gerade, so ist der Zentralwert unbestimmt und wird genahert gleich dem arithmetischen Mittel aus den beiden in der Mitte der Zahlenreihe stehenden Merkmalswerten genommen.

Beispiel. In der Tab. 134–2, die hier unvollstandig wiedergegeben ist, lauten die beiden mittleren Werte 1,559, also ist $C = (1{,}559 + 1{,}559)/2 = 1{,}559$.

134.22 Streuungsmaße

Die einfachste Art, die Streuung der Werte zu bezeichnen, ist die Angabe des Streubereiches, kurz Bereiches, oder der Variationsbreite w (in amerikanischen Normen mit R bezeichnet). Der Bereich gibt die Grenzen an, in denen die N beobachteten Werte liegen, im Beispiel Tab. 134–2, S. 67, also mit größtem Beobachtungswert 1,580 und kleinstem Wert 1,546:

$$w = 1{,}580 - 1{,}546 = 0{,}034 \text{ mm}.$$

Er hangt stark vom untersuchten Umfang ab, wird aber trotz seiner Unzuverlassigkeit in einzelnen Proben bei der Kontrolle in der Werkstatt viel benutzt. siehe Bereichsverteilung S. 80ff.

Beobachtete Grundspanne T 90 ist derjenige Merkmalsbereich, innerhalb dessen vom Zentralwert C aus nach oben und unten je 45%, zusammen also 90% aller Merkmalswerte liegen. Er wird gefunden, indem man in der primären Verteilungstafel unten und oben je 5% der Beobachtungen abzahlt und aussondert. Die Differenz der so gefundenen Grenzen gibt die Grundspanne T 90. Bequemer wird sie gefunden nach Auftragen der Verteilung im Wahrscheinlichkeitsnetz, s. Abschn. 846.4.

Beispiel. In Tab. 134–2, S. 67, ist $N = 116$ Stuck; 5% davon = 6 Stuck. Der 7. Wert von oben ist 1,548, der 7. von unten ist 1,570. Die Differenz $1{,}570 - 1{,}548 = 0{,}022$ ist die beobachtete Grundspanne T 90. Dies Ergebnis andert sich wahrscheinlich nicht sehr, wenn N kleiner oder größer ware, sofern die Gesamtheit nicht sehr uneinheitlich ist.

Entsprechend der Grundspanne T 90 kann man andere Spannen Tp ermitteln, z. B. die Spanne T 98, innerhalb deren 98% aller Merkmalswerte, symmetrisch zu C, liegen. Diese Streuungsmaße haben geringere Bedeutung, weil sie ebenso wie der Streubereich w in dessen Nähe ermittelt werden müssen, wo die seltenen Beobachtungswerte auftreten. Infolgedessen geben sie auch eine unzuverlassigere Kennzahl für die Eigenheiten der Verteilung als die Grundspanne T 90.

Die Grundspanne T 90 ist bei Gaußverteilung (Abschn. 134.41) gleich einem Merkmalsbereich von $\pm\, 1{,}645 \cdot \sigma$.

Graphische Extrapolation zur Bestimmung der Grundspanne bei $N < 100$ durch Auftragen im Wahrscheinlichkeitsnetz, s. Abschn. 846.4.

Von Sonderfallen abgesehen, ist das sicherste Maß zur Kennzeichnung der Streuung die sogenannte mittlere quadratische Abweichung, im folgenden Standardabweichung oder Streuung genannt.

Die Standardabweichung s ist gleich der Wurzel aus der Summe der Quadrate aller Differenzen zwischen Beobachtungen und Mittelwert, dividiert durch einen passenden Divisor f, der gleich der Anzahl der Freiheitsgrade ist. Das Quadrat der Standardabweichung heißt Varianz:

$$s^2 = S\,(x - \bar{x})^2/f = \Sigma\,(x - M)^2/f \qquad (134\text{–}9)$$

$$\text{Standardabweichung: } s = +\sqrt{s^2} \qquad (134\text{–}10)$$

Die Bildung eines Mittels von Standardabweichungen darf korrekt nur über die Quadrate vorgenommen werden, für k Serien mit den Freiheitsgraden $f_1, f_2, \ldots f_3, f_k$ erhält man als bestes Mittel:

$$\bar{s}_e = \sqrt{\frac{SS(x - \bar{x}_i)^2}{Sf_i}} = \sqrt{\frac{\Sigma_1^k(\Sigma_{1i}^n(x - \bar{x}_i)^2}{\Sigma^k f_i}} \qquad (134\text{-}11)$$

Dieser Wert unterscheidet sich manchmal erheblich vom einfachen Mittel $\bar{s} = Ss/k$.

Begriff der Freiheitsgrade: Die Anzahl der Freiheitsgrade f ist gleich der Summe der Zahl der Beobachtungen, vermindert um die Zahl der vor der Varianzerrechnung aus ihnen bestimmten Kennzahlen. Hat man z. B. drei Werte $x_1 = 4$, $x_2 = 5$, $x_3 = 6$, so liegt ihr Mittel $\bar{x} = 5$ fest. Ersetzt man zwei Werte durch *beliebige* andere, z. B. $x_1' = 0$ und $x_2' = 20$, so ist damit der dritte Wert x_3', der zum gleichen Mittel von 5 führt, gegeben:

$$x_3' = 3 \cdot 5 - 0 - 20 = -5.$$

Nur zwei Werte sind also frei wählbar. Man sagt: Die drei Werte haben zwei Freiheitsgrade.

Eine einfache Serie von n Werten hat also um ihr eigenes Mittel $f = n - 1$ Freiheitsgrade.

Berechnen wir eine mittlere quadratische Abweichung einer Serie von einem Wert μ, den wir aus anderen Erwägungen *unabhängig* von den Beobachtungen bestimmt haben, so könnten wir alle n Werte durch beliebige andere ersetzen, ohne daß unser vorgegebener Wert μ dadurch geändert wurde: unser System hatte n Freiheitsgrade, wir erhalten eine mittlere quadratische Abweichung aus

$$\sigma = \sqrt{S(x - \mu)^2/n} \qquad (134\text{-}12)$$

statt wie bei Bezug auf den eigenen Mittelwert

$$s = \sqrt{S(x - \bar{x})^2/(n - 1)} \qquad (134\text{-}13)$$

Berechnung von Varianz und Standardabweichung.

Für die zahlenmäßige Berechnung bestehen folgende Verfahren (graphische Bestimmung s. Abschn. 846).

1. Man berechnet für jede Beobachtung die Differenz gegen den Mittelwert, quadriert diese und erhält die Summe $S(x - \bar{x})^2$ durch Summieren der Quadrate.

Dieses Verfahren ist nur bei kleinem Umfang und runder Zahl für den Mittelwert zu empfehlen. Es ist langsam, hat aber den Vorteil, daß geringe Fehler in der Berechnung der Quadrate (Rechenschiebergebrauch) sich wenig störend auswirken.

2. Man benutzt die mathematische Beziehung

$$S(x - \bar{x})^2 = Sx^2 - (Sx)^2/N.$$

Moderne Rechenmaschinen der Monroe- und Madasbauart geben mit nur einmaligem Eintippen der Werte x selbsttätig in den beiden Resultatwerken Sx und Sx^2, die Rechengeschwindigkeit liegt in der Größenordnung von 7 bis 10 und mehr Werten je Minute.

Der Vorteil dieser schnellsten Methode ist, eine sehr einfache Rechenkontrolle zu gestatten: als Kontrolle wird durchgetippt $S(x + 1)^2$. Dann muß sein:

$$S(x + 1)^2 = Sx^2 + 2Sx + N. \qquad (134\text{-}14)$$

Der Nachteil ist, daß das Ergebnis sich als Differenz zweier großer Zahlen ergibt. Der Ersatz von $(Sx)^2/n$ durch $\bar{x}Sx$ setzt daher oft ungewöhnlich hohe Stellenzahl in $\bar{x}$ voraus, wenn das Ergebnis nicht falsch werden soll. Da kein Zwischenwert geschrieben wird, spielt die hohe Stellenzahl bei Rechenmaschinenbenutzung keine Rolle. Zahlenbeispiel s. Tab. 134–4, S. 79.

3. Um bei nicht ausreichenden maschinellen Recheneinrichtungen auf kleine Zahlen zu kommen, „codet" man die Werte und ersetzt die Beobachtungen X durch einen Wert $x = X - A$. Da sich die Konstante heraussubtrahiert, ist

$$S(x - \bar{x})^2 = S(X - \overline{X})^2 \tag{134–15}$$

und wird nach 2 berechnet.

Weitergehendes Coden ist $x = (X - A)/B$. Dann wird

$$B^2 S(x - \bar{x})^2 = S(X - \overline{X})^2. \tag{134–16}$$

Zahlenbeispiel s. Tab. 134–4, S. 79.

Vorteil ist, daß die Rechnung oft auf Quadrattafelanwendung und einfache Additionen, für die billige Rechenbehelfe handelsgängig sind, zurückgeführt wird, Nachteil die Irrtumsmöglichkeit beim Coden.

4. Methode des „Digiting", das heißt der fortlaufenden kumulierenden Addition der nach Größe geordneten Werte. Die Methode ist für Werte x beliebiger Stellenzahl anwendbar, sie ist die wirtschaftlichste bei Arbeiten mit Lochkarten und großem Beobachtungsumfang. Beschreibung z. B. in M. Ezekiel, Methods of Correlation Research, New York 1941. Sie ist die allgemeinere Methode der weiter unten gegebenen Kurzmethode der kumulierenden Addition bei Häufigkeitsverteilungen. Zahlenbeispiel s. Tab. 136–5, S. 80.

Alle vier genannten Methoden sind bei Freiheit von Rechenfehlern exakt, die zahlenmäßige Berechnung der Varianz ist aber ohne Rechenmaschine oft zu langwierig.

5. Liegen die Werte in der Ordnung für ein Häufigkeitsschaubild vor, so kann diese Zusammenfassung benutzt werden, um die Varianz mit meist tragbarer Unsicherheit zu errechnen.

Die Klassen werden mit beliebigem, zweckmäßig in der Mitte der Verteilung liegendem Ursprung 0 fortlaufend beziffert: 0, 1, 2 … bzw. … − 2, − 1, 0, + 1, + 2 … Bezeichnet man die Nummer der Klasse mit i und ihre Häufigkeit mit h_i, so erhält man mit Meßeinheit gleich einer Klassenbreite die gecodete Varianz s_{Cd}^2.

Die durch die Zusammenfassung bedingte Unsicherheit beträgt $\pm \, ^1/_{12}$. Korrekt ist nur diese Angabe einer Unsicherheitsspanne, bei Ansetzen von Prüfungen auf Güte der Übereinstimmung darf auch keine Korrektur benutzt werden. In der Mehrzahl technischer Verteilungen erhält man erfahrungsgemäß die bessere Schätzung, wenn man das Minuszeichen nimmt (Sheppardsche Korrektur).

Aus der Varianz der gecodeten Werte in Klassen erhält man entsprechend 3 die Standardabweichung für die gemessene Größe mit der Klassenbreite k:

$$s_x = k \, s_{\text{Klasseneinheiten}}. \tag{134–17}$$

Zahlenbeispiel s. Tab. 134–6, S. 81.

Statt zu multiplizieren, kann man auch fortlaufend addieren und die Quadratsumme aus den Spaltensummen erhalten. Diese Vereinfachung des Digiting ist aus den im Zahlenbeispiel 134–5 gegebenen Werten verständlich. Zweckmäßig ist diese Methode, wenn bei großem Zahlenumfang zwar Additions-, aber keine Vierspeziesrechenmaschinen zur Verfügung stehen. Bei Verwendung von nichtdruckenden Maschinen, deren Ergebnis sofort abgelesen werden kann, brauchen die Zwischenwerte nicht geschrieben zu werden: man splittet die Maschine, im einfachsten Fall einen Taschenaddiator und liest nur die mit einem Stern versehenen Werte ab. Die Kumulierung geschieht so, daß jeweils der links im Schauloch erscheinende Wert sofort auch rechts in die Maschine gegeben wird.

6. Schnellste Bestimmung der Standardabweichung bei ungeordneten Werten und Verwenden von Rechenbehelfen gibt folgendes Verfahren, das leicht allerdings nur auf durch 10 teilbares N angesetzt werden kann.

Man unterteilt die Werte in Gruppen von je 10 Werten. Diese werden addiert, das Ergebnis aber um eine Dezimale verschoben hingeschrieben, so daß es gleich das Mittel der 10 Werte darstellt. Die nächst tiefere runde Zahl wird als Arbeitswert x_0 benutzt, die Differenzen der Werte gegen diese Zahl im Kopf gerechnet und aus einer Quadrattafel unmittelbar die Quadrate in eine Addiermaschine -- die kleinen Taschenaddierbehelfe genügen -- gegeben. Von der Summe der Quadrate, die nicht geschrieben zu werden braucht, wird das zehnfache Quadrat von $(\bar{x} - x_0)$ abgezogen.

Die Summe der Abweichungsquadrate von k Zehnergruppen gibt einen Schätzwert der Standardabweichung mit $9k$ Freiheitsgraden:

$$\sigma \approx s_e = \sqrt{SS\,(x - \bar{x})^2 / 9\,k}. \tag{134--18}$$

Will man die gesamte Streuung um den Gesamtmittelwert $\bar{\bar{x}} = SS\,x/N$ bestimmen, so rechnet man die Abweichungsquadrate der Mittelwerte $S\,(\bar{x} - \bar{\bar{x}})^2$, was bei $N = 100$ in gleicher Weise geht und findet

$$S\,(x - \bar{\bar{x}})^2 = SS\,(x - \bar{x})^2 + 10\,S\,(\bar{x} - \bar{\bar{x}})^2. \tag{134--19}$$

Geübte Rechner schlagen mit einer Addiermaschine der Comptometerbauart die Geschwindigkeit vollautomatischer Maschinen mit Verfahren 1, mit einem Taschenaddiator kann die Rechnung in der anderthalbfachen bis doppelten Zeit der automatischen Maschinenrechnung durchgeführt werden, sofern N in ganzen Zehnervielfachen gewählt werden kann.

Beispiel. Gefunden auf Druck und Temperatur korrigierte C-Gehalte bei wiederholter Analyse der gleichen Späne [Abrundung auf die technischen 2 Dezimalen *nach* Streuungsrechnung!]:

$C\,\%$	$\lvert x - x_0 \rvert$	
, 3267	. 67	Geschrieben wird nur
, 3184	. 16	$\bar{x} = .\,32261$
, 3137	. 63	$S\,(x - \bar{x})^2 = 2{,}63729$
, 3204	. 04	Einheit (Punkte $C = 0{,}01\,\%)^2$
, 3249	. 49	
, 3209	. 09	
, 3266	. 66	
, 3314	1. 14	
, 3170	. 30	
, 3261	. 61	
$\bar{x} = ,\,32261$		
$x_0 = ,\,3200$		

In die Maschine werden aus der Quadrattafel unmittelbar gegeben: $.67^2$, $.16^2$ usw. und zum Schluß $10\,(.261)^2 = .68121$ abgezogen. Negative Differenzen liest man unmittelbar als Komplement ab: alle Ziffern bis auf die letzte von Null verschiedene auf 9 ergänzen, die letzte gültige auf Null.

Rechengenauigkeit. Werden aus Beobachtungen technologische Kennwerte errechnet, so muß deren Errechnung so genau durchgefuhrt werden, daß der Abrundungsfehler der Rechnung vernachlassigbar bleibt.

Beispiel: Die Kohlenstoffwerte des vorstehenden Beispiels zur Varianzrechnung wurden auf 0,005% genau abgelesen und mit vierstelligem Faktor auf Normaltemperatur und -druck korrigiert.

Die technologische Angabe erfolgt immer auf nur zwei Dezimalen: die auf *zwei* Dezimalen *gerundeten* Werte ergeben eine Varianz von 4,1/9. Diese ist großer als die Varianz der *nicht* korrigierten Werte (. 340 . 335 . 330 . 345 . 340 . 330 . 345 . 345 . 335 . 335) von 3,50/9. Selbst *drei*stellige Angabe kann im angefuhrten Beispiel noch eine Rechenunsicherheit von fast 5% liefern.

Fuhrt man die statistische Rechnung an der auf zwei Dezimalen gerundeten technologischen Angabe durch, so beurteilt man nicht die Genauigkeit der chemischen Analysenmethode, sondern die Genauigkeit der Überlagerung von Analysenfehler und elementarer Rechenungenauigkeit!

Fur vierstellige Genauigkeit mit ublichem Rechenschieber benutzt man Komplementrechnung:

$$0,340 \cdot 0,9608 = 0,340 - 0,340 \cdot 0,0392 = 0,340 - 0,0133,$$

wobei 0,0392 unmittelbar als Komplement zu 0,9608

d. h.   0392

Erganzung zu   9990

auf dem Schieber eingestellt wird, und ebenso der vierstellige korrigierte Wert 0,3267 sofort hingeschrieben wird.

Als rohen Anhalt fur die erforderliche Rechengenauigkeit kann man nehmen: zwei Stellen mehr als der Genauigkeit der Beobachtung entspricht: im Beispiel Ablesung auf 5 Einheiten der dritten Stelle, also Rechnung auf 5 Einheiten der fünften Stelle, wenn man wirklich sicher gehen will, daß man die Methode und nicht das Zusammenspiel von Methode und unzureichender Rechentechnik beurteilen will.

An der Zweckmaßigkeit, die Werte nach der Rechnung auf die technologisch vertretbare Genauigkeit zu runden, andern diese Erwagungen naturlich nichts, die Rundung soll nur *nachtraglich* und nicht *vor* der Auswertung erfolgen.

Die hohe Empfindlichkeit statistischer Methoden geht bei Nichtbeachten dieses Punktes verloren: es war in einer Gemeinschaftsuntersuchung moglich, Harteunterschiede von Eichplatten von weniger als 1% bei einer Rohmeßgenauigkeit von schlechter als 10% herauszuschalen: erforderlich war Rechnung auf zehntel Vickerseinheiten, wahrend die technologische Angabe auf volle Vielfache von 5 Einheiten ausreichend ist.

Sollen statistische Untersuchungen auf Prazisionsbestimmungen: Festlegen von Eichwerten von Standardproben, Vergleich verschiedener Fertigungs- und Untersuchungsverfahren usw. angesetzt werden, so vermeidet man daher nach Moglicnkeit die Errechnung der Standardabweichung aus der klassenweisen zusammengefaßten Haufigkeitskurve, sondern rechnet sie in Gruppen aus der Urliste.

Der Mehraufwand fur das Rechnen in Zehnergruppen liegt fur 100 Werte in der Größenordnung von 20 Minuten: die erhohte Aussagegenauigkeit erlaubt anderseits manchmal ein Herabsetzen des Beobachtungsumfanges fur gleiche Aussageschärfe um 5 bis 20 und mehr Prozent, so daß der Gesamtaufwand fur die Untersuchung trotz der anscheinend umstandlichen Quadratrechnung sogar geringer werden kann.

Bedeutung der Standardabweichung. Die grundsatzliche Bedeutung der Standardabweichung liegt in der Tschebyscheffschen Ungleichung: Gleichgültig, welche Form eine Verteilung hat, innerhalb eines Bereiches von $\bar{x} \pm Ts$ liegt immer mindestens der relative Anteil $\varepsilon = 1 - 1/T^2$ aller Beobachtungen ($T > 1$). Innerhalb von $\bar{x} \pm 3s$ oder auch $M \pm 3\sigma$ liegt also mindestens der Anteil 8/9 oder 88,88 ... % aller der Berechnung von s bzw. σ zugrunde liegenden Werte.

Fur fast alle technisch vorkommenden Verteilungen konnen diese Tschebyscheff-Grenzen weiter eingeschrankt werden durch die Camp-Meidell-Grenzen: nach diesen sind innerhalb $\bar{x} \pm T s$ bei der uberwiegenden Mehrzahl aller vorkommenden Verteilungstypen mindestens zu erwarten $\varepsilon = 1 - \dfrac{1}{2,25\, T^2}$. Fur $T = 3$, die sogenannte 3-Sigmagrenze ergibt sich damit, daß mindestens rund 94,5 % innerhalb obiger Grenzen zu erwarten sind.

Innerhalb eines Gebietes von $\bar{x} \pm s$ liegen bei technischen Verteilungen und die Großenordnung von etwa 40 Stuck ubersteigendem Beobachtungsumfang etwa $^2/_3$ aller Beobachtungen, die Grenzen $^1/_2$ und $^3/_4$ werden nur selten uberschritten. Bei der Gauß-Verteilung liegen in diesem Bereich genau 68,863 ... % der beobachteten Werte. Angabe obigen funfstelligen Wertes erfordert, um sinnvoll zu sein, mindestens 100 000 Beobachtungswerte: fur technische Aufgaben reichen meist drei- bis vierstellige Angaben aus.

Das Gaußgesetz ist ein sehr haufig verwendetes theoretisches Verteilungsgesetz. Eine Verteilung, die diesem Gesetz gehorcht, heißt eine Normalverteilung. Bei ihr liegen innerhalb $M \pm 3\sigma$ genau 99,730 ... % aller Beobachtungen, d. h. rund 369 von 370 Werten.

Oft wird diese Prozentangabe, die nur fur die Gauß-Verteilung gultig ist, auch auf andere Verteilungen unberechtigt ubertragen: wesentliche Mißverstandnisse im Vergleich der Anwendung der amerikanischen Kontrollkartennormen fur Streumaße (Camp-Meidell-Auffassung) sind durch dieses in Deutschland ubliche Auffassen der 3-Sigmagrenze als Gauß-Wahrscheinlichkeit in die Literatur gekommen.

A n m e r k u n g. Die statistischen Methoden wurden zunachst fur Falle entwickelt, in denen sehr viele Beobachtungen zur Verfugung standen. Dann wird $N \approx N - 1$ und es braucht auf den Unterschied zwischen Beobachtungszahl und Freiheitsgraden nicht geachtet zu werden.

Die deutsche Norm DIN 1319 geht daher auf diesen Unterschied nicht ein und rechnet immer mit $N \cdot$ die Ergebnisse setzen großes, zweckmaßig weit uber 30 bis 120 Stuck liegendes, aus gleichartiger Verteilung entnommenes N voraus.

Die britische Norm BS 600 R — 1942 schließt sich außerlich der deutschen Norm an und schreibt Dividieren durch N vor: in Wahrheit sind aber ihre Koeffizienten bestimmt unter Wahrung der Freiheitsgrade und durch Einfuhren des Faktors N/f auf die altgebrauchliche, ohne Korrektion ungenaue, Form korrekt gebracht worden.

Da samtliche Tafelwerke der Statistik auf Freiheitsgraden aufgebaut sind, empfiehlt sich grundsatzlich mit ihnen zu rechnen, um Fehler bei Zusammenfassungen und bei dem oft notwendigen Arbeiten mit kleinem N zu vermeiden, also Standardabweichung

$$s = \sqrt{S\,(x - \bar{x})^2/(N - 1)} \qquad (134{-}20)$$

Der Buchstabe σ wird im folgenden fur eine Standardabweichung dann benutzt, wenn entweder der Unterschied zwischen N und $N - 1$ vollig unerheblich wird oder aber wenn ein Sollwert σ vorgegeben wird und die Beobachtungen dazu dienen, zu prufen, ob die Stichprobe wahrscheinlich einer Gesamtheit mit dem vorgegebenen Sollwert entnommen wurde.

In der Literatur wird statt f oft ν geschrieben, in diesem Buch ist h = Haufigkeit, f = Freiheitsgrad.

W a r n u n g : Abgesehen von der Uneinheitlichkeit der Definition und von Uneinheitlichkeiten in der Bezeichnung (englische Norm s = amerikanische Norm σ usw.) ist im Deutschen der Ausdruck Streuung sehr vieldeutig. Er bezeichnet in der Technik:
oft einfach ein Streuen oder auch den „Bereich", der statistisch die Variationsbreite w ist;
nach DIN 1319 die Standardabweichung σ;
in der mathematischen Statistik die Varianz s^2 oder σ^2.

Zahlenbeispiele

Tabelle 134–4. Mittelwert- und Streuungsrechnung

1. und 2. Verfahren   Differenzenbildung oder Quadrate

Wert mm X_m	Haufigkeit h_m Stuck	$X_m \cdot h_m$	$X_m^2 \cdot h_m$	$(X - \overline{X})^2 \cdot h$ in $(\mu)^2$
1,544	0	0	0	0
1,548	11	17,028	26,359344	1 3 3 1
1,552	10	15,520	24,087040	4 9 0
1,556	26	.	.	2 3 4
1,560	39	.	.	3 9
1,564	23	.	.	5 7 5
1,568	0	.	.	0
1,572	4	.	.	6 7 6
1,576	1	.	.	2 8 9
1,580	2	.	.	8 8 2
Summen:	116	180,840	281,927840	4 5 1 6
	N	$SX \cdot h$	$SX^2 \cdot h$	$S\,(X - \overline{X})^2$

Mittelwert $\overline{X} = SX \cdot h/N = 180{,}840/116 = 1{,}55897 = 1{,}5590$ mm

Korrektionsglied $C' = (SX)^2/N = 180{,}840^2/116 = 281{,}9233241$

$S\,(X - \overline{X})^2 = SX^2 - C' = 281{,}927840 - 281{,}9233241 = 0{,}00451586$

Streuung $s = \sqrt{\dfrac{0{,}00451586}{116 - 1}}$ mm oder $\sqrt{\dfrac{4516}{115}}$ $\mu = 0{,}006266$ mm

Verfahren nur bei vollautomatischer Maschinenrechnung brauchbar, bei der die Summen ohne Kenntnis der durch Punkte angedeuteten Werte abgelesen werden. Anwendbar auf geordnete und auf ungeordnete Werte.

3. Verfahren Coden $X - 1{,}544 = x$

x μ	h	$x \cdot h$	$x^2 \cdot h$
0	0	0	0
4	11	44	176
8	10	80	640
12	26	312	3744
16	39	624	9200
20	23	460	
24	0	0	
28	4	112	3136
32	1	32	1024
36	2	72	2592
Summen:	116	1736	30496
	N	Sx	Sx^2

$\overline{x} = 1736/116 = 14{,}97\,\mu$

$\overline{X} = 1{,}544 + 0{,}01497 = 1{,}55897$ mm

Korrektionsglied $C' = (Sx)^2/N$

$\qquad\qquad C' = 25980{,}14$

$\quad S\,(x - \overline{x})^2 = Sx^2 - C'$

$\quad S\,(\overline{x} - x)^2 = 0{,}00451586$ (mm)^2

weiter wie 2.

Zweckmäßiges Maschinenrechenverfahren, nur 1736 und 30496 werden abgelesen; besser $x = X - 1{,}500$ setzen. Brauchbar für Rechnen mit Quadrattafeln für ungeordnete Werte X.

Tabelle 134–5. **Berechnung der Standardabweichung**

4. Verfahren. Kumulierende Addition; zweckmäßig Werte fallend ordnen.

X	h	(x)	Sh	Kumulierung
1,580	2	9	2	2
1,576	1	8	3 = 2 + 1	5 = 2 + 3
1,572	4	7	7 = 3 + 4	12 = 5 + 7
1,568	0	6	7 = 7 + 0	19 = 12 + 7
1,564	23	5	30 = 7 + 23	49 = 19 + 30
1,560	39	4	69	118
1,556	26	3	65	213
1,552	10	2	105	318
1,548	11	1	116**	434***
Summen	116**	(0)	434***	1170
			Sx	$S_c x^2$

Code $x = 0$ $X = 1,544$ mm

Codeeinheit $4\,\mu = 1$ C.-E.

$\bar{x} = 434/116 = 3,7414$ Codeeinheiten

$\overline{X} = 1,544 + 0,004 \cdot 3,7414 = 1,558966$ mm

Streuung
$$S(x - \bar{x})^2 = 2\,S_c\,x^2 - Sx - \frac{(Sx^2)}{N}$$

$$S(x - \bar{x})^2 = 2 \cdot 1170 - 434 - 1623,7586$$

$$S(x - \bar{x})^2 = 282,24$$

$$s_x = \sqrt{\frac{282,24}{115}} = 1,566 \text{ C.-E. von je } 4\,\mu$$

$$s_X = 4\,s_x = 0,00626 \text{ mm in gleicher Rechenschieberstellung.}$$

Zweckmäßigstes Verfahren für Benutzen von Addiermaschinen. Mit einem Taschenaddiator wird nur 434 und $Sx^2 = 1170 + 1170 - 434 = 1906$ geschrieben.

Kontrolle bei Listenrechnung: Werte ** und *** müssen gleich sein, sonst Rechenfehler.

Nur auf geordnete Werte anwendbar.

Bereichsverteilung. Der wesentliche Vorteil der Rechnung der quadratischen Streuung ist, daß aus ihr Schlußfolgerungen gezogen werden können, die von der oft unbekannten genauen Form der Verteilung wenig oder gar nicht abhangen. Ihr Nachteil ist der Rechenaufwand, zumal wenn, wie oft, keine automatischen Rechenmaschinen zur Verfugung stehen.

Der Ersatz der Standardabweichung durch lineare Streumasse bedingt zusatzliche Annahmen über die Form der Verteilung. Nahert sich die Form der Verteilung der Normalverteilung, so kann der Bereich, das heißt die Differenz zwischen größtem und kleinstem beobachteten Wert

$$w = x_{max} - x_{min}$$

Tabelle 134–6. Berechnung der Standardabweichung

5. Verfahren.

	Coden auf Klassenzahl: positive Werte				Coden auf Klassenzahl: Verteilungsmitte = Null.		
X_m	h	x	$x \cdot h$	$x^2 \cdot h$	x	$x \cdot h$	$x \cdot xh$
1,544	0	0	0	0	-4	0	0
1,548	11	1	11	11	-3	-33	99
1,552	10	2	20	40	-2	-22	40
1,556	26	3	78	234	-1	-26	26
1,560	39	4	156	624	0	0	0
1,564	23	5	115	575	$+1$	$+23$	23
1,568	0	6	0	0	$+2$	$+0$	0
1,572	4	7	28	196	$+3$	$+12$	36
1,576	1	8	8	64	$+4$	$+4$	16
1,580	2	9	18	162	$+5$	$+10$	50
	116		$\overline{434}$	$\overline{1906}$		$\overline{-30}$	$\overline{+290}$

$$C' = -1623,76$$
$$S(x - \bar{x})^2 = 282,24$$

$$C' - 7,7586$$
$$S(x - \bar{x})^2 = 282,2414$$

Weiter siehe Tab. 134–5.

Zweckmäßigste Maschinenrechnung bei geordneten Werten, wenn Maschine ohne negative kumulierende Multiplikation.

$$C' = \frac{(434)^2}{116}$$

Weiter siehe Tab. 134–5.

Zweckmäßigste Rechnung mit behelfsmäßigen Mitteln oder Kopfrechnen.

Nur bei geordneten Werten anwendbar.

$$\bar{x} = -\frac{30}{116} = -0,258_5$$

Codeeinheiten

$$\overline{X} = 1560 - 4 \cdot 0,258_5$$
$$= 1,55897 \text{ mm.}$$

zur Schätzung der Standardabweichung σ der Grundgesamtheit herangezogen werden.

Bei dieser Rechnung werden nur zwei der N vorliegenden Werte benutzt: die Rechnung wird damit um so unsicherer, je großer N ist.

Für $N = 2$ ist es gleichgültig, ob man w oder s rechnet: in der korrekten Definition auf Freiheitsgrade für die Standardabweichung muß immer werden $w = s_2 \sqrt{2} = 1,4142 \, s_2$. Dies gilt für beliebige Verteilungen, nur für die Normalverteilung gilt, daß im Mittel zu erwarten ist $s_2 = \sigma \sqrt{2/\pi}$ und damit $\bar{w}_2 = 2\sigma/\sqrt{\pi} \approx 1,13 \, \sigma$, wobei σ die Standardabweichung der Gesamtheit darstellt.

Werden aus einer beliebigen Verteilung eine Anzahl k von Stichproben genommen, so fällt der erste Wert jeder Stichprobe durchschnittlich auf einen Punkt von etwa $g' = 0,625/(n + 1)$ der Summenverteilungskurve (s. Beisp. auf S. 82).

Bei einer symmetrischen Verteilung ist der oberste Punkt durchschnittlich gleich weit vom Mittelwert entfernt wie der unterste Punkt. In einzelnen Stichproben wird man hiervon erhebliche Abweichungen beobachten, der Durchschnittswert $\bar{w}$ zahlreicher Stichproben kann aber auf Grund der gegebenen Beziehung zur Abschätzung der Streuung σ der Grundverteilung dienen.

Man benutzt zur Abschätzung von σ meist Proben von n zwischen 4 und 8, selten bis 10 oder 12. Abschätzen auf Grund von Proben mit je nur zwei Werten ist schnell, erfordert aber, um sinnvoll zu sein, hohe Meßgenauigkeit der Einzelwerte, die in der Werkstatt selten verwirklicht wird (Großenordnung von etwa $^1/_{30}$ der vorgeschriebenen Toleranz).

Beispiel. Wie groß ist der durchschnittliche Bereich von Serien von je 49 Stuck, die aus einer dem Gauß-Gesetz gehorchenden Verteilung entnommen sind?
Man erhalt fur den ersten Wert von 49 $g' = 0,625/(49 + 1) = 0,0125 = 1,25\%$. Aus der Tafel der Gauß-Verteilung (Taf. 23 u. 24) erhalt man fur den Abstand dieses Punktes vom wahren, unbekannt bleibenden Mittel $2,24_1 \sigma$. (Der Näherungswert ist hier bereits auf zwei Dezimalen exakt.) Der durchschnittliche Bereich von Serien von 49 Stuck ist das doppelte, da die Gauß-Verteilung symmetrisch ist und der oberste Punkt durchschnittlich genau so weit wie der unterste entfernt liegt, also $\overline{w} = 4,48$ oder rund $4,5 \sigma$. Die Rechnung erklart, warum im Kleinserienbau oft ausschußlose Fertigung auf Maschinen moglich ist, deren naturliche Streuung von 6σ oberhalb der Zeichnungsvorschrift liegt: durchschnittlich wird bei einer Seriengroße von 50 Stuck nur drei Viertel der ublichen $\pm 3 \sigma$-Streubreite der Gauß-Verteilung in Anspruch genommen

Streuung des Bereiches. In einer Einzelprobe werden gegenuber dem errechneten Mittelwert oft erhebliche Abweichungen gefunden. Die Verteilungsform von w ist auch bei aus Gauß-Verteilung entnommenen Proben unsymmetrisch. Die Grenzen $\overline{w} \pm 3\sigma_w$, die die amerikanische Quality Controlnorm angibt, entsprechen daher nicht einer bestimmten Wahrscheinlichkeit. Die fur Gauß-Verteilung sich ergebenden Punkte der Summenkurve der Bereichsverteilung sind zusammen mit den Drei Sigmagrenzen in Taf. 31 gegeben. Als Faustformel reicht fur $n < 16$ aus: Einzelwerte von w größer als $(4 + (n + 2)/8) \cdot \sigma$ sind sehr unwahrscheinlich, Irrtumsrisiko ist $1 : 200$ oder kleiner.

Gegenuber der theoretischen Verteilung zu kleine Bereichswerte werden vor allem fur n unter 5 infolge mangelnder Meßgenauigkeit öfter als theoretisch zulassig gefunden.

Taf. 31 gibt weiter einige Grenzwerte fur die Verteilung des Bereiches aus großen Stichproben: für die obere Grenze wird der Wert von 7σ bei vorliegender Gauß-Verteilung schnell uberschritten: will man also in der Massenfertigung uber lange Zeit wirklich ausschußlos arbeiten, so muß man im Gegensatz zum Kleinserienbau uber die ublichen 3σ hinausgehen und mindestens 3,5, wenn nicht sogar bis knapp $\pm 4\sigma$ auch ohne Berucksichtigung einer Mittelwertverschiebung durch Werkzeugabnutzung vorsehen.

Beispiel. Aus einer Automatenfertigung sind 20 Stichproben von je $n = 5$ Stuck genommen und an jeder Probe die Streubreite $w =$ großtes minus kleinstes gefundenes Maß bestimmt. Als Mittelwert ergab sich $0,0164$ mm $= \overline{w}$. Welche Zeichnungstoleranz kann auf der Maschine voraussichtlich eingehalten werden? Man erhalt $\sigma = \overline{w}/d_5 = 0,0164/2,326 = 0,00695$ und mit der gleichen Rechenschiebereinstellung die Grenzen von $7 \sigma = 0,0486$ oder von $6 \sigma = 0,0417$ mm. Man wird annehmen konnen, daß eine Toleranzspanne von 42 bis 50 μ voraussichtlich ohne wesentlichen Ausschuß gehalten werden kann, sofern die Werkzeugabnutzung vernachlassigbar bleibt.
Wird eine Werkzeugabnutzung von 15 μ ohne Nachstellen gefordert, so erhoht sich der Durchmesser der Teile um das doppelte, also um 30 μ, und es mussen 72 bis 80 μ Zeichnungstoleranz fur storungsfreie Fertigung gefordert werden.
Diese Rechnung setzt weiter voraus, daß die Einstellung auf das erste Sollmittel einwandfrei erfolgen kann: auf vielen Maschinen sind infolge der unzureichenden Meßeinrichtungen feinere Einstellungen als auf 0,01 oder sogar 0,02 mm schwer zu verwirklichen: fur storungsfreie Massenfertigung ergibt sich dann eine gewunschte Zeichnungstoleranz von rund 100 μ.
Automaten richtet man an sich nicht fur kleine Serien von 50 Stuck ein, nur zum Vergleich der Großenordnungen sei die Rechnung fur diese Seriengroße unter An-

nahme vernachlassigbarer Werkzeugabnutzung und idealer Meßmoglichkeit fur die Kontrolle der Werkzeuglage durchgefuhrt: die im vorigen Beispiel errechnete Zahl von durchschnittlich 4,5 σ fur 50 Stuck zeigt, daß bei einer Toleranz von $5\,\sigma = 35\,\mu$ nur gelegentliche kleine Storungen zu erwarten sind.

Diese Verhaltnisse muß man sich bei jedem Ubergang von einer Versuchs- oder Vorserienfertigung auf wirtschaftliche Massenfertigung klar machen: Erreichen der Genauigkeit der Kleinserie in der Massenfertigung bedingt, daß die Streuung der verwendeten Maschinen geringer sein muß und daß der Werkzeugabnutzung und Einstellung besonderes Augenmerk geschenkt werden muß

134.3 Wahrscheinlichkeit

Wahrscheinlichkeit p oder P fur das Eintreffen eines bestimmten Ereignisses ist definiert als der Grenzwert der relativen Haufigkeit seines Auftretens, die sich experimentell bei sehr haufiger Wiederholung einer Prufung unter gleichen Bedingungen ergeben wurde.

Eine andere, nicht immer anwendbare Definition ist das Verhaltnis der dem Ereignis gunstigen zu den insgesamt möglichen Fallen.

Haufigkeit stutzt sich auf Beobachtungen, Messungen oder Zahlungen; Wahrscheinlichkeit ist ein mathematischer Begriff, der auch unter Benutzen der Grenzen „Unendlich" Gultigkeit hat. Es gilt stets: $0 \leqq P \leqq 1$. Eine Wahrscheinlichkeit von 0 entspricht technisch — aber nicht mathematisch exakt — der Unmöglichkeit, eine von 1 technisch — ebenfalls nicht korrekt — der Gewißheit eines Auftretens. Statt $P = 1$ setzt man oft $P = 100\%$, statt $P = 0,1$ ebenso $P = 10\%$: in Formeln ist immer das absolute Maß 0,1 usw. einzusetzen.

Das Komplement zur Wahrscheinlichkeit heißt die Gegenwahrscheinlichkeit q, also $q = 1 - p$.

Beispiel. Unter 1000 Werkstucken befinden sich 50 Stuck Ausschuß. Der Ausschußsatz ist $p' = 0,05$ oder 5%. Die Wahrscheinlichkeit, daß ein einzelnes herausgegriffenes Stuck Ausschuß ist, ist ebenfalls $P = 0,05$. Aus dem Los werden wahllos Stichproben von je 20 Stuck herausgegriffen. Durchschnittlich erwartet man in jeder Stichprobe $np' = 20 \cdot 0,05 = 1$ Stuck Ausschuß.

In einer einzelnen Stichprobe findet man aber in Wirklichkeit bald Null, bald 1, bald 2, 3, 4, ganz selten vielleicht auch einmal 5 oder 6 Stuck Ausschuß. Die tatsachlichen Beobachtungen ergeben in den Stichproben mithin die Schatzwerte 0, 5, 10, ... 30% Ausschuß: lediglich der Durchschnittswert von vielen (k)-Proben gibt mit $n\overline{p} = $ Summe Ausschuß/20 k ungefähr die erwartete Stuckzahl 1. Diese Durchschnittssumme kann eine gebrochene Stuckzahl ergeben, die nicht abgerundet werden darf. Zum Beispiel in 10 Serien von je 20 Stuck insgesamt 21 Stuck Ausschuß gefunden, also $n\overline{p} = 21/200 = 1,05$ Stuck.

Entweder-Oder-Wahrscheinlichkeit ist die Wahrscheinlichkeit fur das Eintreffen mehrerer einander ausschließender Ereignisse. Sie ist:

$$P_s = P_1 + P_2. \qquad (134\text{–}21)$$

Beispiel. Unter 1000 Bolzen seien 30 festgestellt worden, die nach der Toleranzvorschrift zu dick, und 50, die zu dunn sind. Die Wahrscheinlichkeit, beim wahllosen Herausgreifen einen Bolzen zu finden, der zu dick *oder* zu dunn ist, beträgt

$$P_s = \frac{30}{1000} + \frac{50}{1000} = 0,03 + 0,05 = 0,08.$$

Sowohl-als-auch-Wahrscheinlichkeit ist die Wahrscheinlichkeit für das Zusammentreffen mehrerer voneinander unabhangiger Ereignisse. Sie ist

$$P_z = P_1 \cdot P_2. \qquad (134\text{–}22)$$

Beispiel. Bei einer Schraubenfertigung seien Gewinde und Schlitz im Kopf auf verschiedenen Maschinen hergestellt. Man findet unter 10000 Schrauben 300, bei denen das Gewinde durch zufällig auftretende Fehler Ausschuß ist, und 100 bei denen zufällig durch Versagen des Mechanismus kein Schlitz gefertigt wurde.

Die Wahrscheinlichkeit, daß an einer Schraube gleichzeitig Gewinde Ausschuß ist und kein Schlitz vorgefunden wird, ist demnach $0,03 \cdot 0,01 = 0,0003$. Man erwartet also in einer derartigen Fertigung durchschnittlich drei derartige Schrauben zu finden.

Zusammengesetzte Wahrscheinlichkeit. Die zusammengesetzte Wahrscheinlichkeit wird

$$P_g = P_1 + P_2 - P_1 P_2. \tag{134-23}$$

Beispiel. Der zu erwartende durchschnittliche Ausschuß im vorigen Beispiel wird gegeben durch die gesamte zusammengesetzte Wahrscheinlichkeit

$$P_g = 0,0300 + 0,0100 - 0,0003 = 0,0397.$$

Man erwartet in obiger Fertigung mithin $N P_g = 10000 \cdot 0,0397$ oder 397 Stück Ausschuß.

Sind P_1 und P_2 klein, so kann das Produkt $P_1 P_2$ meist vernachlässigt werden.

134.4 Verteilungsgesetze

Alle Häufigkeitsverteilungen streben mit größer werdenden N immer mehr einer bestimmten Gesetzmäßigkeit zu. Sie ist in den Entstehungsursachen der Gegenstandsreihe begründet und ändert sich nicht, solange die Ursachen gleichbleiben.

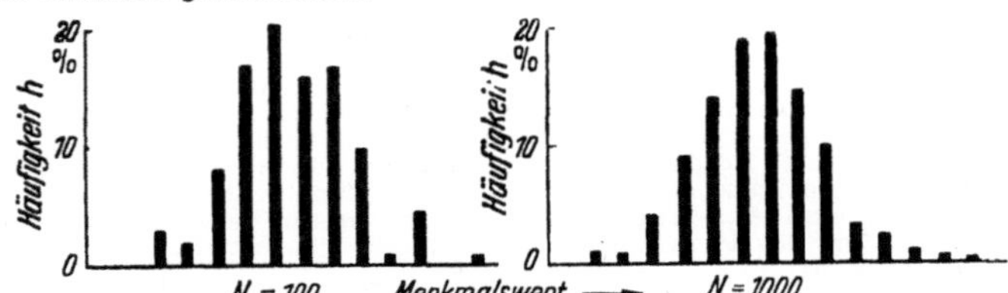

Abb. 134-5 Abhängigkeit der Verteilung vom Umfang der Gesamtheit

Beispiel. In Abb. 134-5 sind zwei Verteilungen nebeneinander gestellt, die das gleiche Erzeugnis unter gleichbleibenden Fertigungsbedingungen betreffen, aber verschiedenen Umfang haben. Bei größerem N wird der Verlauf glatter, die Grundzüge sind offensichtlich gleich.

134.41 Normal- oder Gauß-Verteilung

Wir bezeichnen ein Merkmal als normalverteilt, wenn die Verteilungskurve dem Gesetz gehorcht, daß der Logarithmus der Ordinaten proportional zum Quadrat des Abszissenabstandes von einem passend gewählten Nullwert M abnimmt

$$\lg y = A - B (x - M)^2. \tag{134-24}$$

Die Verteilung wird somit geradlinig, wenn zum Aufzeichnen ein Papier genommen wird, das in der Ordinatenachse logarithmisch und in der Abszissenachse beginnend bei $M =$ Ursprung nach $\sqrt{x}$ geteilt ist. Der Nachteil dieser Darstellweise, auf der das Gauß-Netz 2 beruht, ist die sehr große Empfindlichkeit gegen falsche Wahl von M.

Praktisch sind in der obigen Gleichung drei Größen A, B und M unbekannt. Aus reinen Zweckmäßigkeitsgründen der Rechenannehmlichkeit geht man für den Logarithmus auf die Basis e der natürlichen Logarithmen

$e = 2{,}71828\ldots$ uber und setzt $B = 0{,}5$ und $A = \lg nat \dfrac{1}{\sqrt{2\pi}})$. Man erhalt

dann fur $M = 0$ die einfache Rechengleichung

$$- \ln y = \ln (1/y) = 0{,}5\,x^2 + 0{,}9189385 \qquad (134\text{–}25)$$

oder nach Beseitigen der Logarithmen

$$y = \frac{1}{\sqrt{2\pi}}\,e^{-x^2/2} = 0.3989 \exp\left(-0{,}5\,x^2\right) \qquad (134\text{–}26)$$

Diese Form stellt die Gauss-Laplace-Normalform der Verteilung dar: sie kann und ist auch auf andere Formen gebracht worden, bei Tabellenbenutzung daher auf Normalisierungsform achten!

Obige Form hat einen praktischen Vorteil: wenn die Beobachtungen X sind, so mussen sie zur Rechnung auf eine Form $x = (X - m')/\sigma'$ gebracht werden, wobei die Konstanten m' und σ' fast immer unbekannt sind. Die durchschnittlich bestmöglichen Schatzwerte dieser unbekannten Konstanten auf Grund von n Beobachtungen sind nun $m' \approx \overline{X}$ und $\sigma' \approx s$ mit Bezug auf Freiheitsgrade $f = n - 1$.

Die Rechnung auf Mittelwert und Standardabweichung gibt daher gleichzeitig auch die bestmögliche Beurteilung im Vergleich zu einer Normalverteilung.

Die Form der Gaußschen Normalverteilung wird in der Praxis unter folgenden Bedingungen angenähert:

1. Es herrscht das Bestreben vor, einen bestimmten Wert, nämlich m', zu erreichen.

2. Auf den Ausfall des Gegenstandes sind vielerlei Einflusse oder Ursachen gleicher Größenordnung wirksam, die alle in gleicher Weise sowohl eine Vergrößerung als auch eine Verkleinerung des Merkmalswertes bewirken können und sich addieren. *Ergebnis:* Die Kurve fallt vom Maximum nach beiden Seiten spiegelbildlich ab.

3. Sehr große Abweichungen vom Mittelwert (mathematisch: unendlich) sind nach beiden Seiten gleich denkbar, wenn auch sehr unwahrscheinlich. *Ergebnis:* Die beiden Kurvenäste nahern sich asymptotisch der Merkmalsachse.

Ob diese Voraussetzungen im Einzelfall wirklich vorliegen, kann nicht verstandesmäßig beurteilt werden, sondern nur durch Nachprüfen einer Verteilung, die aus Beobachtungen gewonnen ist.

Die charakteristische Gestalt zeigt Abb. 134–6 für verschieden große Streuungen bei gleichem Umfang N. Beim Mittelwert M liegt der Nullpunkt der x-Achse. Bei den Abszissenpunkten $x = +1\sigma$ und $x = -1\sigma$ hat die Kurve Wendepunkte, die Krümmung geht von *erhaben* in *hohl* über.

Zieht man in diesen Wendepunkten Tangenten an die Kurve, so schneiden diese die Abszisse bei $x = +2\sigma$ und $x = -2\sigma$ (vgl. Abb. 84–14). Die Wendepunkte haben die Ordinate 0,242, für den Mittelwert M, $x = 0$, ist $y = 0,398\,942\,3 \approx 0,399$.

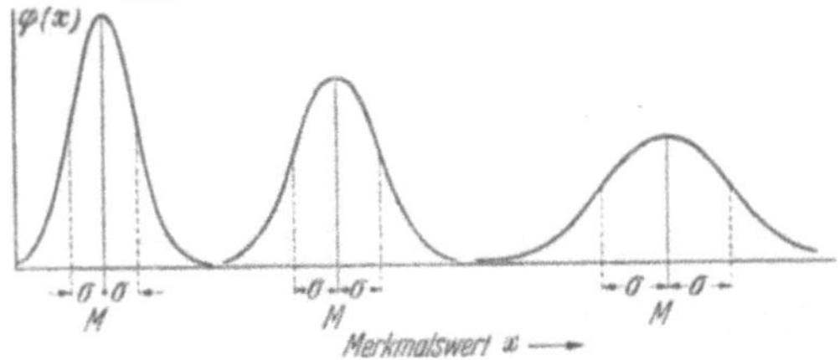

Abb. 134–6. Gaußsche Verteilungskurven mit verschiedener Streuung. Der Flächeninhalt zwischen Kurve und x-Achse entspricht dem Umfang der Gesamtheit und ist bei allen drei Kurven gleich.

Die Ordinaten jeder mathematischen Häufigkeitskurve dienen nur zum Aufzeichnen der Kurve, sie haben *nicht* die Bedeutung von Wahrscheinlichkeiten: die Wahrscheinlichkeit, einen bestimmten Merkmalswert genau zu erhalten, wird unangebbar klein.

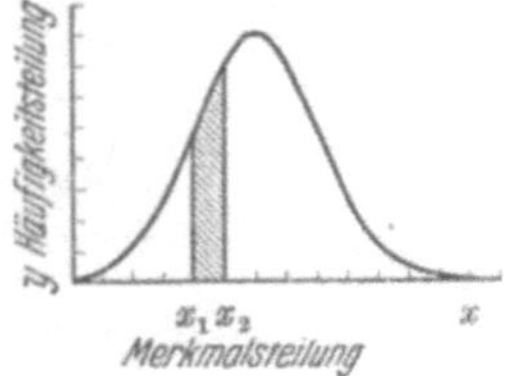

Abb. 134–7. Das schraffierte Flächenstück unter der Gauß-Kurve zwischen den Merkmalswerten x_1 und x_2 gibt die *Wahrscheinlichkeit* für das Auftreten von Merkmalswerten zwischen x_1 und x_2 an. Diese Wahrscheinlichkeit ist:

$$p = \frac{\text{schraffierte Fläche}}{\text{gesamte Fläche unter der Kurve}}.$$

Wählt man den Maßstab für die Ordinaten so, daß die Fläche unter der gesamten Kurve gleich eins wird, so gibt das Flächenstück zwischen zwei Merkmalswerten die Wahrscheinlichkeit an, daß Beobachtungen innerhalb dieses Merkmalswertes auftreten. Mathematisch korrekt schreibt man die Gaußverteilung daher entweder

$$f(x)\,dx = (2\pi)^{-0,5}\, e^{-0,5\,x^2}\,dx \tag{134–27}$$

oder

$$F(x) = \frac{1}{\sqrt{2\pi}} \int e^{-0,5\,x^2}\,dx \quad \text{mit} \tag{134–28}$$

$$\int_{-\infty}^{+\infty} f(x)\,dx = 1.$$

Taf. 21 bis 27 geben die Werte von $f(x)$ und $F(x)$ in der sogenannten reduzierten Form: Man rechnet aus den Beobachtungen

$$x = (X - \overline{X})/s$$

und erhält unter der Voraussetzung, daß die Beobachtungszahl so hoch war, daß $\overline{X}$ als Schätzung des unbekannten wahren Mittels $\overline{X}'$ der Verteilung und s als Schatzung der unbekannten wahren quadratischen Abweichung σ genommen werden darf, die Wahrscheinlichkeit aus der Tabelle.

Die notwendige Mindestzahl von Beobachtungen liegt praktisch zwischen etwa 25 und 100.

Taf. 25 u. 27 geben die Prozentwahrscheinlichkeiten fur einige Merkmalsbereiche an. An sich reichen die beiden Tafeln zur Bewertung einer beobachteten Verteilung aus: aus den Werten fur die Grundspanne und andere Spannen werden Verhältniswerte, die sogenannten Indexwerte I_p gebildet, die zur schnellen Prüfung, ob eine beobachtete Haufigkeitsverteilung als Gauß-Verteilung aufgefaßt werden darf, benutzt werden können Tafel 26.

134.42 Hypergeometrische und binomiale Verteilung

Eine Verteilung von N Stück enthalte I Stuck Ausschuß. Aus ihr wird eine Stichprobe zufallig entnommen, unter den n herausgenommenen Stück werden i Stück Ausschuß gefunden. Gefragt wird nach der Wahrscheinlichkeit P in der Probe $i = 0$, oder $i = 1, 2 \ldots n$ Stuck Ausschuß zu finden.

Aus den Regeln uber zusammengesetzte Wahrscheinlichkeit 134.3 Gleichung 134–23 folgt unmittelbar fur die Wahrscheinlichkeit P_0, keinen Ausschuß zu finden:

$$P_0 = \left(1 - \frac{I}{N}\right)\left(1 - \frac{I}{N-1}\right)\left(1 - \frac{I}{N-2}\right) \cdots \left(1 - \frac{I}{N-n+1}\right) \tag{134–29}$$

Die Wahrscheinlichkeit i Stuck zu finden, ergibt sich allgemein aus der hypergeometrischen Verteilung

$$P_i = \binom{N-I}{n-i}\binom{I}{i} \Big/ \binom{N}{n} \quad \text{wobei} \quad \binom{a}{b} = \frac{a!}{b!\,(a-b!)}$$

$$\text{und} \quad a! = 1 \cdot 2 \cdot 3 \cdot 4 \cdot 5 \cdots a \tag{134–30}$$

Rechnen mit diesen Formeln ist langwierig und nur bei kleinem N mit Hilfe von Tafeln der Binomialkoeffizienten $\binom{a}{b}$ zweckmaßig.

Ist der Umfang der Gesamtheit N groß gegen den der Stichprobe (theoretisch unendlich, praktisch das Drei- bis Zehnfache), so wird gut genähert

$$P_i = \binom{n}{i} p^i q^{n-i} \tag{134–31}$$

Diese Verteilung, die sich durch Ausmultiplizieren des Binoms $(p + q)^n$ ergibt, heißt die binomiale Verteilung.

Anmerkung. Eine oft wesentlich bessere Naherung gibt

$$P_i = \binom{I}{i}\left(1 - \frac{n}{N}\right)^{I-i}\left(\frac{n}{N}\right)^i \quad \text{oder auch identisch} \tag{134–32}$$

$$P_i = \binom{I}{i}\left(1 - \frac{np'}{I}\right)^{I-i}\left(\frac{np'}{I}\right)^i, \quad \text{da} \tag{134–33}$$

$$\frac{np'}{I} \equiv \frac{n}{N} \quad \text{ist}$$

Ist in einer Stichprobe von n kein Ausschuß gefunden, so wird der größte im Los mit einer Wahrscheinlichkeit von P erwartete Ausschuß p gegeben durch

$$p \approx 1 - P^{1/n}. \tag{134-34}$$

Bestimmung auf loglog-Rechenschieber, Naherung durch $np = -\log \operatorname{nat} P$ uber Tafel der naturlichen Logarithmen mit Basis $e = 2{,}71828\ldots$ oder Rechenschieber.

Der Mittelwert der binomialen Verteilung ist np, die Streuung

$$\sigma = \sqrt{npq}, \tag{134-35}$$

wenn auf Stuck gerechnet wird. Wird auf relative Anteile gerechnet, so wird der Mittelwert p und die Streuung

$$\sigma = \sqrt{p\,q/n}. \tag{134-36}$$

Innerhalb von $p' \pm K\sigma$ liegt streng nur ein aus der Tschebyscheff-Ungleichung errechenbarer Anteil, für $npq > 1$ durfen die Camp-Meidell-Grenzen, fur npq großer als 10 bis 30 die Gauß-Grenzen als Naherung benutzt werden.

Eine bessere Naherung an die Gauß-Verteilung ergibt die Mosteller-Tukeysche Transformation oder die Fishersche arc sin-Transformation (siehe Poisson-Verteilung 134-43).

134.43 Poissonsche Verteilung

Die binomiale Verteilung gilt in einer Stichprobe von n Stuck, die aus einem n gegenuber sehr großem Los von N Stuck, in dem ein Ausschuß von $p' = J/N$ Stuck vorliegt, zufallig gezogen wird. Die Wahrscheinlichkeit, eine Stichprobe mit Null Stuck Ausschuß zu finden ist $P_0 = q^n$, die Wahrscheinlichkeit, eine Probe mit einem Stuck Ausschuß zu finden, wird

$$P_1 = npq^{n-1}; \tag{134-37}$$

die Wahrscheinlichkeit, eine Probe mit i Stuck Ausschuß zu finden,

$$P_i = \frac{n!}{i!\,(n-i)!}\, p^i\, q^{n-i} \tag{134-38}$$

Sehr haufig ist der Ausschußanteil p sehr klein, also $q = 1 - p \approx 1$, dann werden obige Ausdrucke angenahert durch das *Poisson-Gesetz*

$$P_i = \frac{m^i}{i!}\, e^{-m}, \text{ wobei } m \cdot np' \tag{134-39}$$

Aus dieser allgemeinen Formel folgt eine einfache Rechnung.

$$P_0 = e^{-m}; \quad P_1 = \frac{m}{1}\, P_0; \quad P_2 = \frac{m}{2}\, P_1; \quad P_3 = \frac{m}{3}\, P_2 \text{ und so fort}$$

Die Poisson-Verteilung beginnt also immer bei Null. Ihr Mittelwert ist $m = np'$, ihre mittlere quadratische Abweichung

$$\sigma = \sqrt{np'} = \sqrt{m} \tag{134-40}$$

d. h. durch den Mittelwert bestimmt.

Für logarithmische Rechnung benutzt man mit $y = P_i$

$$\ln y = i \ln m - m - \ln(i!) \tag{134-41}$$

oder

$$\log y = i \log m - 0{,}434294\, m - \log(i!) \tag{134-42}$$

Zahlenwerte dazu Taf. 28 und 29, Taf. 30 gibt Werte von y für verschiedene m und i.

Infolge der Schiefe der Verteilung fallen häufigster Wert, Zentralwert und Mittelwert nicht zusammen; angenähert wird Zentralwert $\approx$ Mittelwert $- 0{,}3$.

Wird nur die Summe von Poisson-Wahrscheinlichkeiten $\Sigma P_i = p$ benötigt, so brauchen die Einzelwahrscheinlichkeiten nicht gerechnet zu werden. Die Summe ergibt sich unmittelbar aus der χ^2-Verteilung durch die Gleichung für gerades f:

$$P = \int_{\chi^2}^{\infty} df = e^{-\chi^2/2}\left[1 + \left(\frac{1}{2}\chi^2\right) + \frac{1}{2!}\left(\frac{\chi^2}{2}\right)^2 + \frac{1}{3!}\left(\frac{\chi^2}{2}\right)^3 + \right.$$
$$\left. + \frac{1}{\frac{n-2}{2}!}\left(\frac{\chi^2}{2}\right)^{\frac{n-2}{2}}\right] \tag{134-43}$$

$$\text{mit } df = \frac{1}{\frac{n-2}{2}!}\left(\frac{\chi^2}{2}\right)^{\frac{n-2}{2}} e^{-\frac{\chi^2}{2}} d\left(\frac{\chi^2}{2}\right).$$

Beispiel s. Abschn. 143.6. Die Verteilung hört, da n gegen N verschwindend klein sein soll, mathematisch bei unendlich auf. Liegt m nahe bei Null, so wird sie stark schief, für großes m nähert sich ihre Form der der Gauß-Verteilung, von der sie sich aber dadurch unterscheidet, daß ihre Streuung σ gleich der Wurzel aus dem Mittelwert ist, während sie bei der Gauß-Verteilung vom Mittelwert unabhängig ist. Abb. 134–8 gibt einige Poisson-Kurven.

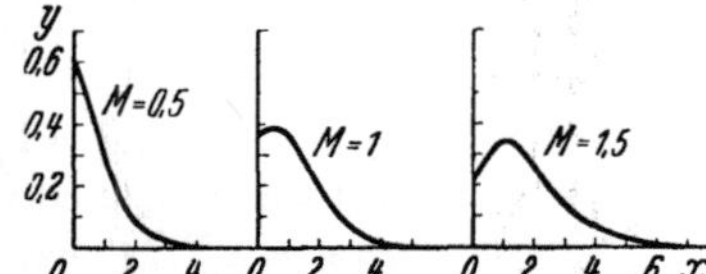

Abb. 134–8. Poissonsche Verteilungs-kurven m. verschiedenen Mittelwerten. Tafeln zum Berechnen im Anhang.

Transformationen. Die Annäherung an die Gauß-Verteilung beginnt bei etwa $m = 10$ bis 100 brauchbar zu werden und ist nach der Seite der großen Werte besser als nach der Seite Null. Sie kann durch eine Transformation wesentlich verbessert werden. Ersetzt man die beobachtete Stückzahl i durch $y = \sqrt{i + b}$, so wird die quadratische Abweichung der neuen Variablen y fast konstant, gleichgültig wie groß der Mittelwert m der Poisson-Verteilung ist.

Es wird für

$$\left.\begin{array}{lll} b = 0 & y = \sqrt{i} & \sigma = 0{,}5\sqrt{1 + \dfrac{3}{8m} + \cdot} \\[2ex] b = 0{,}25 & y = \sqrt{i + 0{,}25} & \sigma = 0{,}5\sqrt{1 + \dfrac{1}{8m} + \cdots} \\[2ex] b = 0{,}375 & y = \sqrt{i + 0{,}375} & \sigma = 0{,}5\cdot\sqrt{1 + \dfrac{1}{16\,m^2} +} \end{array}\right\} \tag{134-44}$$

Die theoretischen Mittelwerte werden

$$b = 0 \qquad \bar{y}' = \sqrt{m} - \frac{1}{8\sqrt{m}} - \frac{7}{128\sqrt{m}} + \cdots$$

$$b = 0{,}25 \quad \bar{y}' = \sqrt{m + 0{,}25} - \frac{1}{8\sqrt{m}} - \frac{1}{128\, m\sqrt{m}} \approx \frac{1}{\sqrt{m}}$$

$$b = 0{,}375 \quad \bar{y}' = \sqrt{m + 0{,}375} - \frac{1}{8\sqrt{m}} + \frac{1}{64\, m\sqrt{m}}$$

$$(134\text{–}45)$$

Man wählt also, wenn man Stichproben, die verschiedenes i zeigen, miteinander vergleichen will, zweckmäßig $b = 0{,}375$ (Anscombesche Transformation, Varianz $\sigma^2 \approx$ konstant, da das Glied $0{,}25/16\, m^2$ mit wachsendem m schnell gegen Null geht); wenn man möglichst genau gleiche Mittel für $\bar{y}^2$ und i haben will $b = 0{,}25$ und schließlich, wenn man schnell mit Tafeln rechnen will $b = 0$.

Die in englischen Arbeiten zu findende empirische Wahl von $b = 0{,}5$ für i kleiner als 10 ist unzweckmäßig, es wird

$$\sigma\sqrt{i + 0{,}5} = 0{,}5\sqrt{1 - 1/8m + \cdots}$$

$$\text{und } \bar{y}' = \sqrt{m + 0{,}5} - 1/8\sqrt{m} + 5/128\, m\sqrt{m} + \cdots \qquad (134\text{–}46)$$

Eine ähnliche Transformation kann man auch für die Binomialverteilung ableiten: die Streuung der Binomialverteilung $\sigma = \sqrt{pq/n}$ hängt von p und von n ab. Ersetzt man p durch einen Winkel φ gemäß

$$\varphi = \arcsin\sqrt{p},$$

so wird die Streuung von φ von p fast unabhängig und angenähert

$$\sigma_\varphi = 0{,}5/\sqrt{n}\ \text{rad} = \sqrt{820{,}7/n}\ \text{Altgrad} \qquad (134\text{–}47)$$

Darmstadt-Rechenschieber geben sofort unter $p = 1$ bis 100% auf der Quadratteilung abgelesen den Winkel φ auf der Sinusteilung.

Die Wahrscheinlichkeit eine Stichprobe mit „c oder weniger“ Stück Ausschuß zu finden wird

$$P_{(\leq c)} = \Sigma_0^c\, P_i; \qquad (134\text{–}48)$$

die Wahrscheinlichkeit eine mit „d oder mehr“ Ausschuß zu finden, wird

$$P_{(\geq d)} = \Sigma_d^\infty\, P_i \quad \text{bzw. } \Sigma_d^n\, P_i \qquad (134\text{–}49)$$

Obige Transformationen erlauben, die Binom- und Poisson-Verteilung bereits bei sehr kleinen Stückzahlen von etwa 10 Stück an brauchbar durch eine Tafel der Gauß-Verteilung anzunähern.

Man erhält die Wahrscheinlichkeit, d oder mehr Stück zu finden, am einfachsten unter K in der Tafel der Gauß-Verteilung, wenn man setzt

$$K = 2\left[\sqrt{p\,(n + 1 - d)} - \sqrt{d\,(1 - p)}\right]. \qquad (134\text{–}50)$$

Aus dieser Mosteller-Tukeyschen Näherung, die aus der arc sin-Formel folgt, ergibt sich für die Poisson-Verteilung:

Sind i-Werte beobachtet, so wird der Mutungsbereich für den unbekannten Mittelwert m' in erster Annäherung

$$m' \text{ innerhalb } (\sqrt{i} \pm 0{,}5\, K)^2, \qquad (134\text{–}51)$$

wobei $0{,}5\, K$ mit $1 \cdots 1{,}3$ entsprechend etwa $1/40$ bis $1/100$ Urteilsrisiko zu nehmen ist.

Sollen die Vertrauensgrenzen für die Zahl i Stück Ausschuß, die bei Gültigkeit eines mittleren Ausschusses $m = np$ in einer Stichprobe von

n Stuck geduldet werden sollen, bestimmt werden, so setzt man zweckmaßig

untere Grenze $c = (\sqrt{m} - 0,5\,K)^2 - 1$ (negative Werte = Null)

obere Grenze $d = (\sqrt{m} + 0,5\,K)^2.$ (134–52)

Im allgemeinen ergeben sich gebrochene Zahlen: die nachstkleinere
ganze Zahl für c und die nachstgroßere ganze Zahl fur d stellt das beobachtete i dar, das als verdächtig anzusehen ist.

Zweckmaßige Wahl: Warngrenze $0,5\,K = 1$ (134–53)
                     Alarmgrenze $0,5\,K = 1,3 \cdots 1,5$

Sind in zwei gleich großen Stichproben i und j Stuck Ausschuß gefunden
worden, und fragt man, ob der Unterschied in den Beobachtungen zufallig
erklart werden kann, oder ob eine Veranderung der Fertigungsgute als sehr
wahrscheinlich erachtet werden muß, so folgt die einfache Vorschrift

$$(\sqrt{i} - \sqrt{j})^2 = \bar{w}_i = d_n \cdot \sigma = 1,13/2 = 0,56 \qquad (134\text{–}54)$$

als Erwartungswert fur die bei gleichbleibender Fertigungsgute durchschnittlich zu erwartende Differenz des Ausschusses in zwei zufallig entnommenen Proben.

Als obere Grenzen erhalt man fur $(\sqrt{i} - \sqrt{j})^2$ die Werte
     1,39 fur etwa 95%
     1,82 fur etwa 99% und
     2,33 fur etwa 99,9% einseitiger Urteilssicherheit (Tafel der Be-
     reichsverteilung mit $\sigma = 0,5$.)

Die Formeln gelten mit $i \neq 0$ im Bereich der Poisson-Verteilung mit Ausschußsatz von unter etwa $10 \cdots 20\%$ und gegenuber dem Losumfang
kleiner Stichprobe (n ab etwa $8 \cdots 10$, Los mindestens $N = 3n$ bis $5n$)
unabhängig vom unbekannt bleibenden wahren Mittel p' des Ausschusses
im Los.

Beispiel. Auf Grund fruherer Erfahrung werden in einer Fertigung 3% durchschnittlicher Ausschuß erwartet. Mit welchem Hochstausschuß ist in zufalligen
Serien von je 50 Stück zu rechnen? Nach Gl (134-52) u. (134-53) ist:

$$d = (\sqrt{0,03 \cdot 50} + 1)^2 = (\sqrt{1,5} + 1)^2 = 5$$

Mehr als 5 Stück werden durchschnittlich nur in etwa einer Serie von 40 derartigen Serien $\left(\dfrac{1}{0,5} = 2 \approx K\right)$ erwartet.

Beispiel. Eine Fertigung zeigte 12 Stuck Ausschuß auf 100 Stuck. Nach
Uberholung der Werkzeugmaschine wurden in 100 Stuck 7 Stuck Ausschuß beobachtet. Ist die Verbesserung echt oder konnte sie auch zufallsmaßig erklart werden?

$$(\sqrt{12} - \sqrt{7})^2 = 0,818 \qquad \text{Nach Gl. (134–54)}$$

Der Wert ist kleiner als obige Grenzwerte, zur sicheren Entscheidung mussen die
Ergebnisse weiterer Fertigung abgewartet werden, die Verbesserung kann — muß
aber nicht! — auch zufallig sein.

Beispiel. In gleicher Weise wurden in zwei Serien von je n Stuck (die Zahl ist
unwesentlich, wenn n nur groß gegen i und in beiden Serien gleich ist!) 9 und nach
Uberholung 1 Stück Ausschuß gefunden.

$(\sqrt{9} - \sqrt{1})^2 = 4$. Die Verbesserung ist mit sehr hoher Wahrscheinlichkeit
als echt anzusehen.

Beispiel. Unter 75 Stuck, die aus einem Los von 500 Stuck entnommen wurden, wurden 2 Ausschußstucke gefunden. In welchen Grenzen durfte der Ausschuß im Los liegen? Nach Gl. (134-52) ist.

Obere Grenze $(\sqrt{2} + 1)^2 = 5,8$ Stuck unter 75

Untere Grenze $(\sqrt{2} - 1)^2 - 1 = 0$, da negative Zahlen unmoglich sind.

Unter den restlichen $500 - 75 = 425$ Stuck sind selten mehr als $5,8 \cdot 425/75 = 33$ Stuck Ausschuß zu erwarten. Ausschußfreiheit ist aber auch nicht ausgeschlossen.

Das Beispiel zeigt die wahren Unsicherheitsgebiete auf Grund von qualitativer Ausschußprüfung an Stichproben.

Der kleinste Ausschußprozentsatz ist 2 Stuck auf $500 = 0,4\,\%$. Mit ihm wurden in der Probe durchschnittlich 0,3 Stuck unter 75 erwartet werden. Die genauere Rechnung nach der Poisson-Formel ohne Naherung gibt ·

0 Stuck Ausschuß in 74

0 oder 1 Stuck Ausschuß in 96

0, 1 oder 2 Stuck Ausschuß in 99,6 von

100 derartigen Stichproben zu erwarten.

Der größte Ausschußsatz ist 35 Stuck in 500 oder $7\,\%$. In der Stichprobe erwartet werden $0,07 \cdot 75 = 5,25$ Stuck. Die Poisson-Formel zeigt, daß rund $3,3\%$ aller Proben von 75 Stuck 0 oder 1 Stuck Ausschuß und rund 10% bis 2 Stuck Ausschuß aufweisen wurden.

NB. Wenn man die Herausnahme der 75 Stuck nicht berucksichtigt, was mathematisch der Poisson-Annahme entspricht, so erhalt man mit 5,8 Stuck in der Stichprobe erwarteten Stuck $2,06\%$ Wahrscheinlichkeit, eine bessere Probe mit nur 0 oder 1 Stuck Ausschuß zu finden: die Gauß-Naherung uber die Transformation ergibt mit $K = 2$ stattdessen $2,27\%$: der Fehler der Naherung ist technisch also schon bei $i = 2$ gefundenen Stuck vernachlassigbar.

Da immer auf ganze Stuck abgerundet werden muß, reicht fur die Rechengenauigkeit ein Taschenrechenschieber aus. Wenn bei großen Zahlen der Ausdruck $\sqrt{i} - \sqrt{j}$ nicht genau abgelesen werden kann, benutzt man die Identitat

$$\sqrt{i} - \sqrt{j} \equiv (i - j)/(\sqrt{i} + \sqrt{j}) \qquad (134\text{-}55)$$

Beispiel: $\sqrt{573} - \sqrt{562} = (573 - 562)/(24 + 23,8) = 0,230$ mit Taschenschieber (8stellige Wurzeln geben 0,230879).

134.44 Streuung der statistischen Kennzahlen

134.441 Mittelwert. Entnimmt man aus einer Gesamtheit mit sehr großem Umfang N, der *ein beliebiges Verteilungsgesetz* zugrunde liegt, m Stichproben mit gleichem Umfang n und berechnet für jede Stichprobe den Mittelwert M, so strebt die Verteilung der m Mittelwerte M der Gauß-Kurve zu. Diese Behauptung trifft nur dann nicht zu, wenn die Merkmalswerte x und folglich auch M sich zeitlich *fortlaufend* andern, also einen „Gang" oder Trend zeigen und die Stichproben in gleichen Zeitabstanden entnommen werden. Sind aber die Stichproben *echt*, d. h. statistisch regellos entnommen, so gilt die Behauptung auch fur sehr schiefe oder Mischverteilung.

Diese Tatsache erlaubt, aus verhältnismaßig kleinen Stichproben auf den Bereich zu schließen, innerhalb dessen M für die Gesamtheit erwartet werden darf. Die Streuung $\sigma_{\bar{x}}$ der Mittelwerte einer Anzahl m von Stichproben mit je dem Umfang n ist:

$$\sigma_M = \sigma_{\bar{x}} = \frac{\sigma_x}{\sqrt{n}} \qquad (134\text{-}56)$$

Beispiel. In Tab. 134–5 und –6 ist für eine Beobachtungsreihe $M = 1,559$ und $\sigma = 0,0062$ errechnet. Diese Gesamtheit von $N = 116$ Stück sei jetzt einmal als Stichprobe aus einer viel größeren Gesamtheit aufgefaßt. Man berechnet nach Gl. (134–56): $\sigma_{\bar{x}} = 0,0062/\sqrt{116} = 0,00058$. Nach Taf. 25 liegen 90% aller Werte zwischen $+$ und $- K = 1,645 \cdot \sigma$.

Aus $\sigma_{\bar{x}}$ ergibt sich dann ein sogenannter Mutungsbereich

$$1,559 \pm 1,645 \cdot 0,00058 = 1,559 \pm 0,00095$$

oder die Grenzen 1,55995 bis 1,55805, abgerundet 1,560 bis 1,558 mm.

Die Wahrscheinlichkeit von 90%, die dem Koeffizienten $K = 1,645$ in $\bar{\bar{x}} \pm K\sigma/\sqrt{n}$ zugeordnet ist, hat hier eine andere logische Bedeutung als sie der Definition „Günstig dividiert durch möglich" entspricht.

Die Lage des unbekannten Mittelwertes ist fest, sie hat keine Wahrscheinlichkeit, der wahre Mittelwert liegt entweder in dem angegebenen Mutungsbereich oder außerhalb. Das, was eine Wahrscheinlichkeit hat, ist die Richtigkeit unserer Behauptung: das Mittel liegt im *Mutungsbereich*. Die Wahrscheinlichkeit von 90% bedeutet, daß wir dann, wenn wir tagaus tagein nach obiger Vorschrift Mutungsbereiche angeben würden, und jedesmal durch vollständige Untersuchung der Verteilung das wahre Mittel bestimmen würden, in 90% aller Fälle mit unserer Behauptung recht behalten und daß in 10% aller Fälle der wahre Mittelwert außerhalb der angegebenen Grenzen gefunden wird. Man bezeichnet daher zur Unterscheidung von einfachen Wahrscheinlichkeiten die angeführte Art von Wahrscheinlichkeiten auch als *fiduziare* Wahrscheinlichkeiten oder man spricht von 90% Urteilssicherheit beziehungsweise 10% Urteilsrisiko.

In Übertragung der 3σ-Grenzen auf derartige fiduziare Wahrscheinlichkeiten gibt man auch Mutungsbereiche von Mittelwert $\pm$ 3mal quadratische Abweichung an. Für diese kann keine der Tschebyscheff-Formel entsprechende exakte Angabe von Grenzen der fiduziaren Wahrscheinlichkeit angegeben werden. In der Mehrzahl der technisch benutzten 3σ-Formeln liegt die Urteilssicherheit in der Größenordnung von etwa 99%.

Die Urteilssicherheit ist vom Auswerter frei wählbar. Die zweckmäßige Größe hängt von den Folgen einer Fehlentscheidung ab. Sind diese Folgen unerheblich, z. B. unnötiges, aber nicht falsches Nachregeln eines Ofens, so reichen oft Werte zwischen 75 und 90% aus. Werte von 90 und 95% werden dann gewählt, wenn das Auftreten eines abweichenden Ereignisses technisch nicht erwartet wird, z.B. sehr hoher Ausschuß in einer an sich einwandfreien Fertigung.

Die üblichen Grenzen für Erstentscheidungen sind 95 und 97,5%, selten 99% Soll eine Fehlentscheidung möglichst ausgeschlossen werden, so wird 99,5 bis 99,95% gewählt, noch höhere Werte kommen nur dann vor, wenn Menschenleben auf dem Spiel stehen, wie z. B. bei Untersuchung von Giftwirkung von Medikamenten usw.

Das obige Zahlenbeispiel ergäbe für eine Urteilssicherheit von 99% aus Taf. 25 den Faktor 2,576 und die Grenzen 1,5605 und 1,5575 mm.

Mittel von Stichproben aus bekannter Verteilung. In der Praxis verfügt man manchmal über eine Schätzung des wahren Mittels $\bar{x}'$ und der wahren Streuung σ. Beispielsweise sind aus einer fortlaufenden gleichmäßigen Fertigung bereits 10 oder mehr Stichproben mit zusammen über 50 bis 100 Stück entnommen worden. Man fragt nun, in welchen Grenzen der Mittelwert von weiteren Stichproben von je n Stück zu erwarten ist. In diesem Falle gilt immer mit bei n ab etwa 4 guter Näherung die Gauß-Verteilung. Man erhält die Grenzen, in dem $100\,\varepsilon\%$ der Stichprobenmittel zu erwarten sind aus

$$\bar{x}' \pm \frac{K_\varepsilon \cdot \sigma}{\sqrt{n}} \quad \text{mit} \quad \varepsilon = \frac{1}{\sqrt{2\pi}} \int_{-K_\varepsilon}^{+K_\varepsilon} e^{-x^2/2}\, dx \qquad (134\text{–}57)$$

Diese Grenzen stellen keinen Mutungsbereich dar: der Mittelwert einer noch zu ziehenden Probe hat eine unbestimmte Lage. In diesem Fall erwartet man, wenn man den Faktor 1,96, der der Wahrscheinlichkeit von 95% entspricht, wählt, daß durchschnittlich 19 von 20 Proben einen Mittelwert innerhalb des Bereiches, 5% einen außerhalb des Bereiches aufweisen werden. Von 40 Proben wird durchschnittlich eine oberhalb und durchschnittlich eine den Mittelwert unterhalb der angegebenen Grenzen aufweisen. Man spricht daher auch von einer einseitigen Überschreitungswahrscheinlichkeit von 2,5% oder einer doppelseitigen von 5%.

Ein Urteilsrisiko tritt erst dann auf, wenn wir auf Grund eines außerhalb des gerechneten Bereiches gefundenen Mittelwertes schließen, daß diese Probe nicht aus einer Verteilung mit den angenommenen Werten des Mittels $\bar{x}'$ und der Streuung σ stammt.

Es ist wesentlich, sich die logischen Unterschiede der formal in den Formeln bei großem n gleichen Berechnung von Verteilungen von Proben und von Mutungsbereichen klar zu machen, zumal viele elementare statistische Lehrbücher auf die einfache Erweiterung der Gauß-Verteilung durch die Studentsche t-Verteilung nicht eingehen.

Der Wert σ bedeutet weiter hier die wahre Streuung der Gesamtheit, aus der die Proben entnommen sind. Diese ist an sich meist unbekannt, sie wird geschätzt aus

$$s_e = \sqrt{\frac{SS\,(x - \bar{x})^2}{Sf}} \approx \sigma \tag{134-58}$$

Sind die Proben wirklich zufällig entnommen, so gibt die totale Streuung s_T um das Gesamtmittel $\bar{\bar{x}}$

$$s_T = \sqrt{\frac{S\,(x - \bar{\bar{x}})^2}{S\,(n) - 1}} \tag{134-59}$$

einen nur durch Zufälligkeiten der Probennahme abweichenden Wert. Sind die Werte in gleichen oder auch ungleichen Abständen oder fortlaufend aus einer sich stetig ändernden Verteilung (mit Trend) entnommen, so stellt s_e ein Maß für die Streuung um den jeweiligen Mittelwert des Trends, s_T einen für die Gesamtmenge dar.

Student'sche t-Verteilung. Der Faktor K der Gauß-Verteilung gibt den Mutungsbereich des Mittelwertes an, wenn die wahre Streuung σ der Verteilung und das wahre Mittel μ zugrunde gelegt wurde.

Diese sind bei vielen praktischen Untersuchungen unbekannt, man kennt nur die gemessenen Schätzwerte $\bar{x}$ und s bzw. $\bar{\bar{x}}$ und s_T. Liegen diesen Werten mehr als etwa 30 bis 100 Freiheitsgrade zugrunde, so ist der Fehler praktisch unerheblich. Bei kleinerem Umfang ist der Faktor K der Gauß-Verteilung durch den Faktor t der Studentschen Verteilung zu ersetzen, der in Abhängigkeit von den Freiheitsgraden f tabelliert ist. Einige Werte siehe Taf. 32, Faustformel ist:

$$
\begin{array}{lll}
\text{statt} \quad K = 1,6 & \text{nehmen} \quad t = 1,6 + 2/f & (134\text{-}60) \\
\qquad\quad K = 2 & \qquad\qquad t = 2\ \ + 3/(f - 0,5) & \\
\qquad\quad K = 2,5 & \qquad\qquad t = 2,5 + 6/(f - 1) & \\
\qquad\quad K = 3 & \qquad\qquad t = 3\ \ + 10/(f - 1,5) &
\end{array}
$$

Die Mutungsgrenzen fur das unbekannte Mittel μ der Verteilung aus der eine zufallige Stichprobe von n Stuck mit Mittel $\bar{x} = S\,x/n$ und Standardabweichung $s = \sqrt{S\,(x - \bar{x})^2/(n - 1)}$ bekannt ist, werden also

$$\bar{x} - \frac{t \cdot s}{\sqrt{n}} \leq \mu \leq \bar{x} + \frac{t \cdot s}{\sqrt{n}} \tag{134-61}$$

wobei t entsprechend der geforderten Urteilssicherheit aus einer Tabelle der t-Verteilung bei $f = n - 1$ Freiheitsgraden abgelesen wird.

Toleranzgrenzen. Eine Stichprobe von n Stuck hat einen Mittelwert $\bar{x}$, z. B. 105 kg/mm² Festigkeit und eine Standardabweichung s, z. B. 2,5 kg/mm² ergeben. Gefragt sei, in welchen Grenzen 100 $p\%$ z. B. die Grundspanne $T\,90$ des Loses, aus dem die Stichprobe gezogen ist, liegen durfte. Diese Frage soll mit einer Irrtumswahrscheinlichkeit $1 - P$ bzw. einer Urteilssicherheit P beantwortet werden.

Zunachst einmal ist selbstverstandlich, daß wir uns mit der Behauptung die Grundspanne liegt innerhalb 100 bis 110 kg/mm² bei Nachprufung öfters irren werden als mit der vorsichtigeren Aussage, sie durfte zwischen 90 und 120 kg/mm² liegen. Wir können aber auch die Grenzen, in denen die 99%-Spanne liegen durfte, angeben: wenn wir hierfur 90 bis 120 annehmen, so irren wir uns haufiger, als wenn wir die gleichen Grenzen von 90 bis 120 kg/mm² der Grundspanne $T\,90$ zusprechen.

Allgemein können wir Grenzen $\bar{x} \pm K_T\,s$ bestimmen und den Toleranzgrenzenkoeffizienten K_T in sehr weiten Grenzen beliebig zwischen 100 $p\%$ der Stucke, die mindestens innerhalb der Grenzen liegen sollen und der Urteilssicherheit P, mit der wir dieses Urteil aussprechen, aufteilen.

Genaue Tabellen bis $n = 1000$ findet man Schriftt. [59]. Sie gelten nur fur den Fall, daß die Grundverteilung dem Gauß-Gesetz gehorcht. Da dies nur angenahert der Fall sein kann, genügt meist zur Berechnung eine einfache Näherung: man teilt den Koeffizienten K_T in ein Produkt aus K'_P, das nur von der Urteilssicherheit P abhangt und aus K_p, das der Standardabweichung der Gauß-Verteilung entspricht, auf.

Die gesuchten Grenzen werden damit $\bar{x} + K'_P K_p\,s$. $\qquad$ (134-62)
Taf. 33 gibt ausgesuchte Werte von K'_P fur $P = 0{,}75$; $P = 0{,}90$ und $P = 0{,}99$.

Fur das Beispiel erhalten wir mit $n = 10$

Urteilssicherheit $\quad P = 0{,}75$; $\quad T\,90$-Spanne: $\quad 105 \pm 1{,}30 \cdot 1{,}645 \cdot 2{,}5$
$\qquad\qquad\qquad\qquad\qquad\qquad\qquad\quad = 105 \pm 5{,}32 = 99{,}7$ bis 110,3 kg/mm²

$\qquad\qquad\qquad\qquad\qquad\qquad T\,99$-Spanne: $105 \pm 1{,}30 \cdot 2{,}576 \cdot 2{,}5$
$\qquad\qquad\qquad\qquad\qquad\qquad\qquad\quad = 105 \pm 8{,}37 = 96{,}6$ bis 113,4 kg/mm²

Urteilssicherheit $\quad P = 0{,}99$ $\quad T\,90$-Spanne: $\quad 105 \pm 2{,}18 \cdot 1{,}645 \cdot 2{,}5$
$\qquad\qquad\qquad\qquad\qquad\qquad\qquad\quad = 105 \pm 8{,}97 = 96$ bis 114 kg/mm²

$\qquad\qquad\qquad\qquad\qquad\qquad T\,99$-Spanne: $105 \pm 2{,}18 \cdot 2{,}576 \cdot 2{,}5$
$\qquad\qquad\qquad\qquad\qquad\qquad\qquad\quad = 105 \pm 14{,}05 = 91$ bis 119 kg/mm²

Die Angabe, daß in $\bar{x} \pm 3\,s$ bei großem n 99,73% der Beobachtungen für Normalverteilung liegen werden, besitzt nur bei $n = \infty$ eine Aussagegewißheit, aber keine Wahrscheinlichkeit $> 0{,}5$ fur die Richtigkeit dieser Behauptung kann fur noch so große endliche Stuckzahlen angegeben werden.

Nachrechnen ergibt fur die 3 s-Grenzen unter Abrundung

„In $\bar{x} \pm 3\,s$ enthalten"

Freiheitsgrade	Spanne $T\%$	mit Urteilswahrscheinlichkeit $P\%$
6	90	90
10	95	90
13	90	99
23	95	99
50	99	90
150	99	99

Auch bei Gauß-Verteilung umschließt somit die beobachtete 3 s-Spanne bei 50 bis 150 Werten nur die T 99-Spanne mit einiger Sicherheit.

Will man Grenzen fur 99,9% (T 99.9-Spanne) angeben, so muß bei 35 bis 100 Werten ($\bar{x} \pm 4s$), bei $> 10 \ldots < 35$ Werten sogar ($\bar{x} \pm 5s$) gewahlt werden, wenn die Urteilssicherheit im Rahmen von 90 bis 99% liegen soll.

Diese Grenzen geben zugleich eine Antwort auf das sogenannte *Ausreißerproblem:* Soll eine von den ubrigen sehr stark abweichende Beobachtung bei der Errechnung von Mittelwert und Streuung als offensichtlicher Beobachtungsfehler oder als durch andere Einflusse bedingter Wert nicht berucksichtigt werden? Man rechnet in solchen Fallen Mittel und Streuung *ohne* den verdachtigen Wert und fugt den Ausreißer zu den ubrigen dazu, wenn er in den Toleranzgrenzen liegt, wobei Toleranzspanne und Urteilssicherheit willkurlich wählbar sind.

Faustregel: 1 Alles, was außerhalb $\left[\bar{x} \pm \left(3,3 + \dfrac{20}{n}\right) \cdot s\right]$ liegt, als vernachlassigbaren Ausreißer betrachten (außerhalb T 99 bis T 99,5).

2. Alles, was außerhalb $[\bar{x} \pm (2 + 8/n) \cdot s]$ liegt, als außerhalb der Grundspanne T 90 liegend ansehen, sofern n mindestens 8 betragt. Die Urteilssicherheit liegt dann zwischen $\approx$ 90 und 99%, die erst bei $n > 90$ überschritten werden.

Auffassen der Grenzen $\bar{x} \pm 2s$ als angenaherte T 95-Spanne ist erst bei sehr großem n berechtigt ($n = 1500$ fur 90% und $n = 2500$ fur 95% Urteilssicherheit)

134.442 Streuung der Streuung.

Entnimmt man einer Gesamtheit, die annahernd *Gaußcharakter* hat, m Stichproben mit gleichem Umfang n und berechnet fur jede Stichprobe die Streuung s, so zeigen bei kleinem n die m Streuungen s eine schiefe Verteilung; dies ruhrt daher, daß s einseitig begrenzt ist: es kann nicht kleiner als 0 werden.

Das mathematische Gesetz dieser Verteilung lautet

$$\frac{s^2}{\sigma^2} = \frac{\chi^2}{f} \quad \text{(sprich chi quadrat)} \tag{134--63}$$

wobei σ^2 die wahre Varianz der Gesamtverteilung, aus der die Stichprobe entnommen ist, darstellt. Taf. 34 gibt fur kleine Werte und die Grundspanne T 90 sowie die Spannen T 95, T 99, T 99,8 unmittelbar den Ausdruck $\sqrt{\chi^2/f}$.

Beispiel: Gefunden mit $n = 10$ Werten ein $s = 2$ kg/mm². In welchen Grenzen wird σ liegen? Aus Tafel fur $f = 10 - 1 = 9$ Freiheitsgrade.

Fur Urteilswahrscheinlichkeit 90%:

$$\sqrt{\chi^2/f} \quad T\,90:\; 0{,}608 \cdots 1{,}371$$

$$\frac{2}{1{,}371} \leq \sigma \leq \frac{2}{0{,}608} \quad \text{oder} \quad 1{,}46 < \sigma < 3{,}29 \text{ kg/mm}^2.$$

Bei großem n wird die Verteilung allmählich symmetrisch und strebt zur Gaußschen Normalverteilung. Dann wird das durch obige Gleichung exakter angegebene Unsicherheitsgebiet angenähert

$$\text{Grenzen von } s \approx \sigma \pm \frac{K\sigma}{\sqrt{2f}} = \sigma\left(1 \pm \frac{K}{\sqrt{2f}}\right) \qquad (134\text{--}64)$$

Die Taf. 34 gibt zugleich mit den Grenzen $T\,90$, $T\,95$, $T\,99$ und $T\,99{,}8$ der $\sqrt{\chi^2/f}$ Verteilung die Koeffizienten für die 3-Sigmagrenzen $\sigma \pm 3\sigma/\sqrt{2f} = \sigma\,(1 \pm 3/\sqrt{2f})$. Man sieht, daß von einer Annäherung an die Gauß-Verteilung eigentlich erst oberhalb von 500 bis 1000 Freiheitsgraden gesprochen werden kann.

Die Tafel zeigt weiter, daß die Asymmetrie für $T\,90$ und $T\,99{,}8$ je nach den Freiheitsgraden in verschiedener Richtung geht: aus diesem Grund sind alle Näherungsformeln nur in bestimmten Tafelgebieten gut brauchbar und die beiden Formeln

$$\sqrt{\chi^2/f} \approx \sqrt{\frac{f+0{,}5}{f}} \pm \frac{K}{\sqrt{2f}} \quad \text{oder} \quad \sqrt{\chi^2/f} \approx \sqrt{\frac{f-0{,}5}{f}} \pm \frac{K}{\sqrt{2f}}$$

sind je nach dem Tafelgebiet besser. Ohne Tafeln ist daher am einfachsten die 2,5- oder die 3-Sigmagrenze zu nehmen, ihr aber nur die allgemeine Bezeichnung „selten zu erwarten", nicht aber eine exakte Irrtumswahrscheinlichkeit zuzusprechen.

Technisch sinnvolle Unsicherheitsgrenzen von σ erhält man nur auf Grund einer genügenden Anzahl von Freiheitsgraden. Wird $s = 1$ an einer Probe von zwei Werten beobachtet, so wird der 95% Mutungsbereich für σ 1/0,032 bis 1/2,241, selbst bei bester Meßgenauigkeit, d. h. rund 0,45 bis 31, hatte also keinen praktischen Wert. Faustformel ist, für die Schätzung von σ mindestens 10 bis 20, besser 40 bis 100 Freiheitsgrade zu fordern.

Ist die Zahl der für die Schätzung zur Verfügung stehenden Freiheitsgrade sehr groß, so fallen die $T\,90$- bis $T\,99{,}8$-Grenzen immer näher zusammen: der beobachtete Wert kann praktisch als der genaue Wert angesehen werden, da sich die Voraussetzungen genauer Gauß-Verteilung für so großen Beobachtungsumfang selten als wirklich zutreffend erweisen werden und der durch die Abweichungen von der theoretischen Verteilung bedingte Fehler in die gleiche Größenordnung wie die statistische Unsicherheit kommt.

A n m e r k u n g. In der technischen Praxis verfügt man oft nicht über eine genügende Zahl von Werten, um das unbekannte σ genügend genau zu schätzen. Bei Vorliegen einer Schätzung s_1 mit f_1 Freiheitsgraden gilt für eine zweite aus gleicher normaler Verteilung entnommene Probe mit f_2 Freiheitsgraden:

$$s_1^2/s_2^2 = F \qquad (134\text{--}65)$$

Die Funktion F findet sich in Abhängigkeit von den Freiheitsgraden und der Wahrscheinlichkeit tabelliert, z. B. in den Statistical Tables von Fisher-Yates, s. Taf. 38. Bei je mehr als drei Freiheitsgraden kann man sie annähern durch die Gauß-Verteilung, wenn die Summen der Abweichungsquadrate herangezogen werden. Es wird:

$$K \approx 2\left[\sqrt{\frac{S\,(x-\bar{x}_1)^2}{S\,(x-\bar{x}_1)^2 + S\,(x-\bar{x}_2)^2} \cdot \frac{f_2}{2}} - \sqrt{\left(1 - \frac{S\,(x-\bar{x}_1)^2}{S\,(x-\bar{x}_1)^2 + S\,(x-\bar{x}_2)^2}\right) \cdot \frac{f_1}{2}}\right] \qquad (134\text{--}66)$$

Grundsätzlich muß bei den F Tafeln der Index 1 der größeren Streuung zugeordnet werden.

$K = 1{,}65$ entspricht dem 95%-Punkt der F Verteilung.

134.5 Hilfsmittel

Hilfsmittel für mathematisch-statistische Arbeiten sind:
1. Zahlentafeln der Quadrate und Quadratwurzeln (s. Tafelwerke am Schluß von Abschn. 84);
2. Besondere Zahlentafeln und Leitertafeln aus der mathematischen Statistik (siehe Anhang, Taf. 21 bis 39);

3. automatische Geräte (s. Abschn. 849.5);
4. Rechenmaschinen zum Zusammenzählen, Malnehmen, Quadrieren;
5. Kontrollkarten (s. Abschn. 843);
6. Diagrammpapier mit linearer (Millimeterpapier) und logarithmischer Teilung;
7. Koordinatenpapiere mit Sonderteilung für mathematisch-statistische Zwecke:

<table>
<tr><td>a) Wahrscheinlichkeitsnetz,</td><td rowspan="3">Hersteller:
Schleicher & Schull,
Einbeck b. Hannover</td></tr>
<tr><td>b) Häufigkeitspapier mit Wahrscheinlichkeitsskala,</td></tr>
<tr><td>c) Gauß-Netz I,</td></tr>
</table>

   d) Gauß-Netz II,
   e) Umrechnungsnetze für Gaußnetz I und II.

Graphische Hilfsmittel

Zur schnellen Auswertung und zur übersichtlichen Darstellung von Verteilungen werden graphische Hilfsmittel benutzt.

Ansetzen des χ^2-Testes auf graphische Auswertungen ist nicht ganz korrekt: graphische Auswertung dient dazu, schnell ein Urteil fallen zu können, ist aber ungeeignet exakte Signifikanzgrenzen anzugeben.

134.51 Wahrscheinlichkeitsnetz (WN)

Das Wahrscheinlichkeitsnetz, das zuerst von Henri angegeben wurde und in USA durch Allen Hazen, in Deutschland durch Daeves und Beckel für technische Untersuchungen eingeführt wurde, führt die S-förmig gebogene Summenkurve (Ogive) der Häufigkeiten einer Gauß-Verteilung in eine Gerade über.

Die Achse der Summenprozente ist mit den Summenprozent g von 0,02 bis 99,98 % beziffert. Man erhält die Teilung durch Auftragen einer Strecke $a = Kc$, gerechnet vom mit 50 % beschrifteten Punkt g_{50}, wobei c ein passender Maßstabfaktor, meist zwischen 30 und 50 mm und K den Tafelwert der Gauß-Verteilung für die Summenhäufigkeit darstellt.

Meist sind zwei gegenläufige Skalen

$$g = \frac{1}{\sqrt{2\pi}} \int_{-\infty}^{K} e^{-0,5 x^2} dx \quad \text{und} \quad g = (100 - g)\% = \int_{K}^{\infty} f(x)\, dx$$

angebracht.

Die zweite Achse ist gleichmäßig (arithmetisches WN) oder logarithmisch geteilt.

Bei Verwendung zwei Fälle unterscheiden:

1. Man macht z. B. zur Beurteilung eines Insektenvertilgungsmittels Versuche mit verschiedenen Konzentrationen x der versprühten Lösung und stellt fest:

mit Konzentration x_1 $p_1\%$ von n Insekten getötet

mit Konzentration x_2 $p_2\%$ von n weiteren Insekten getötet usw.

Dann ist x eine unabhängige Veränderliche und wird mathematisch als horizontale Achse genommen. Vorherrschender Fall in der Biologie (Probitanalyse), beim Ausgleichen nach der Methode der kleinsten Quadrate muß $S(p - \hat{p})^2$ mit $\hat{p}$ gleich Schätzwert ein Minimum werden.

2. Man nimmt n Bolzen aus einem Los und mißt deren Durchmesser y. Dann liegen die Prozentpunkte g bereits vor Ausführung der Messung fest und sind unabhängige Veränderliche, gehören also auf die horizontale Achse und y ist die abhängige Variable. International daher beide Formen von WN-Papier handelsüblich. Liegt nur ein Papier vor, so muß auf das in einem Fall notwendige Vertauschen der Achsen gegenüber üblicher Darstellung geachtet werden.

Der Fall, daß die Prozentpunkte unabhängige Veränderliche sind, überwiegt bei technischen Untersuchungen (bei Methode kleinster Quadrate muß $S(y - \hat{y})^2$ minimisiert werden!). Der 100 %-Punkt einer Gauß-Verteilung entspricht dem letzten

Punkt von unendlich vielen, kann also auf dem Papier nicht gezeichnet werden. Ausgleich fur die endliche Stuckzahl erfolgt durch Rechnen

$$g \text{ des } i\text{ten Punktes} = i/(n+1)$$

Andere Ausgleichsmethoden sind $g = (i - 0{,}5)/n$ (empirisch, weniger genau, aber bei runden Zahlen oft bequemer) oder Ausgleich uber „scores" fur die Tafeln veroffentlicht sind (s. Abschn. 134.91).

V o r t e i l d e r WN - D a r s t e l l u n g : Kleine Ungenauigkeiten in der Haufigkeitskurve durch schlechte Wahl der Klassengrenzen und durch geringe zufallige Fehler gleichen sich aus.

N a c h t e i l : Eine zufallige, sehr große Abweichung in einer der ersten Klassen pflanzt sich durch die ganze Kurve fort: die Punkte sind voneinander abhangig, so daß rechnerischer Ausgleich uber kleinste Quadrate schwierig oder falsch wird und durch Methode des kleinsten χ^2 ersetzt werden muß.

A n m e r k u n g . F u n f p u n k t s c h a t z u n g : Die beste Schatzung des Mittels auf Grund eines Einzelwertes stellt der Zentralwert, die beste Schatzung auf Grund von zwei Werten das Mittel zwischen den beiden je 25% der Verteilung ausschließenden Werten, also zwischen dem g_{25} und g_{75} Punkt dar. Die beste Schatzung der Streuung erhalt man aus dem Abstand des 7%- und des 93%-Punktes: Abweichungen zwischen dem 5- und 10%-Punkt haben nur geringe Bedeutung, so daß man zur Streuungsschatzung auch benutzen kann: $\sigma \approx$ beobachtete Grundspanne dividiert durch 3,3.

134.52 Häufigkeitspapier mit Wahrscheinlichkeitsskala

Das Aufzeichnen einer Gaußschen Glockenkurve ergibt in diesem Papier ein Strecken der Enden zur Geraden. Dieses Geradlinigwerden ist angenähert. Die Skala fur die Haufigkeiten ist empirisch und entspricht der unteren Halfte der Skala des Wahrscheinlichkeitsnetzes. Die beste Gerade an den Enden erhalt man, wenn man den Maßstab fur die Haufigkeiten so wahlt, daß das Maximum der Glockenkurve in Nahe des 50-%Punktes kommt. Kann ersetzt werden durch Einzeichnen der Glockenkurve in den unteren Teil der Darstellung nach 134.51.

Beispiel zur Maßstabwahl: Beobachtete Haufigkeit in der haufigsten Klasse 90 Stuck. Alle beobachteten Stuckzahlen je Klasse durch 2 dividieren und beziffern 45% = 90 Stuck ... 1% = 2 Stuck, 0,5% = 1 Stuck.

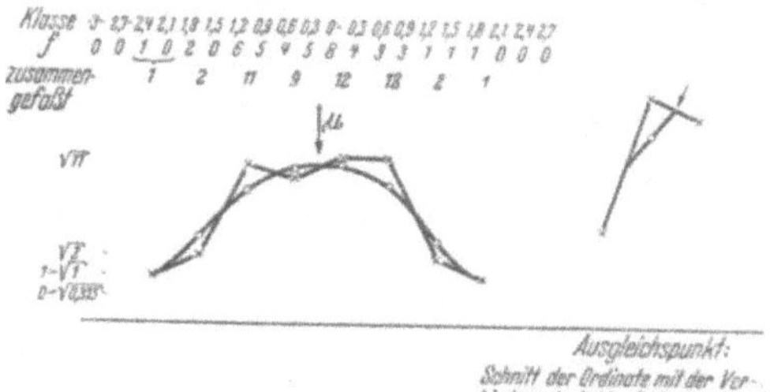

Abb. 134–9. Haufigkeitsbild mit Ordinate gleich Wurzel aus Stückzahl.

Die Werte sind 50 Zufallsziehungen aus einer Normalverteilung in Klassen von 0,6 σ zusammengefaßt.

Die Kreuze geben die Beobachtungen. Die Kreise geben die ausgeglichenen Kurvenpunkte. Die 2σ-Grenze fur jeden Ordinatenpunkt ist ± 10 mm: nur Zufallsabweichungen gegen Ausgleich.

Zweckmäßigste Ergänzung zu Auswertungen nach 134.51.

Nachteil: Durch die Verzerrung des Maßstabes erhalten unbeachtliche Abweichungen bei kleinen Stückzahlen übermäßige Bedeutung.

Abhilfe: Auswerten der Summenverteilung in arcsin-Papier. Auswerten der Glockenkurve in Papier mit Wurzelteilung für die Ordinate, d. h. Benutzen der Transformationen der Binom- und Poisson-Verteilung.

Korrekte Angabe der Klassenmitte erfordert Kenntnis der Meßungenauigkeit. Fallt die Meßungenauigkeit und die Klassenangabe zusammen: 15; 16; 17 so ist Klassenmitte gleich Klassenbezeichnung und die obere Klassengrenze um die halbe Meßungenauigkeit verschoben: 15,5; 16,5 usw.

Beträgt die Meßungenauigkeit 15,0; 15,2; 15,4 usw. und wird in 15 bis unter 16, 16 bis unter 17 usw. zusammengefaßt, so bedeutet der Meßwert 15,0 einen wirklichen Wert zwischen 14,9 und 15,1 usw. Die korrekte Klassengrenze ist 15,9, die Klassenmitte 15,40.

Wurde auf 15,00; 15,05; 15,10 usw. gemessen, so erhält man die Klassenmitte 15,475 und die Klassengrenze 15,975 usw.

Bei Unkenntnis der Meßungenauigkeit nimmt man die arithmetische Klassenmitte: „15,0 bis unter 15,5": Klassenmitte 15,25.

Beim Ausgleichen von Klassenbelegungen kann man statt der arithmetischen Mittel auch graphisch im Netz mit Wurzelteilung der Ordinate ausgleichen, siehe Abb. 134.9.

Der Ausgleich entspricht einem rechnerischen Ausgleich mit $(h_1 + 2h_2 + h_3)/4$ unter Bereinigung von der unterschiedlichen Zufallsvarianz.

134.53 Gauß-Netz I und II

Die senkrechte Achse der Haufigkeit wird so geteilt, daß entweder I die gesamte Glockenkurve zu einer Geraden wird (Vorschlag Lorenz), oder II die Glockenkurve zu einem gleichschenkligen Dreieck verformt wird (Vorschlag Leinweber). Gauß-Netze I und II.

Im Gauß-Netz I folgt die Teilung der Beziehung

$$a = c\,(100 \mp 53{,}64915 \sqrt{2 - \lg y}) \qquad (134\text{--}67)$$

gerechnet von der Mitte aus.

Das Gauß-Netz II entspricht der Darstellung mit logarithmischer Teilung für die Haufigkeiten und Wurzelteilung für die Merkmalswerte, ist aus diesem aber so verzerrt, daß die Haufigkeitsteilung gleichmäßig wird.

Vorteil aller drei Darstellungsarten: Sehr große Empfindlichkeit in der Beurteilung einer Verteilung, da die gegenseitige Abhangigkeit der Punkte in der Summenverteilung fortfallt.

Nachteil: Die Haufigkeiten mussen für das Netz I auf größte Haufigkeit $= 100\%$ umgerechnet werden. Fur logarithmische / Wurzelteilung oder für das gleichwertige Gauß-Netz II mussen die beobachteten Merkmale an sich in

$$x = (X - m')/\sigma$$

umgerechnet werden.

Das wahre Mittel m' und die wahre Streuung σ der Verteilung sind aber unbekannt, so daß geschatzt werden muß

$$x \approx (X - \overline{X})/s$$

mit den beobachteten Mittelwert $\overline{X}$ und der beobachteten Streuung s. Geringe Zufallsabweichungen von $\overline{X} - m'$ und von $\sigma - s$, die unvermeidlich sind, konnen infolge der hohen Empfindlichkeit des Verfahrens das Ziehen der Geraden bereits unmoglich machen, obwohl die Abweichungen der Stichprobe gegen eine wahre Gauß-Verteilung im Rahmen der untersuchten Stückzahl unbeachtlich sind.

134.54 Binomiales Wahrscheinlichkeitsnetz

Zum Vergleich von Beobachtungen qualitativer Merkmale (z. B. Prozente oder Ausschußzahlen) benutzt man das binomiale Wahrscheinlichkeitspapier. Beide Achsen sind nach x bzw. $y = c \cdot \sqrt{\text{Stuck}}$ geteilt, wobei $c = 10$ mm gewahlt wird. Aufgetragen wird in einer Richtung „Anzahl gute" in der anderen Richtung „Anzahl Ausschußstücke". Der Radius zum aufgetragenen Punkt hat dann die Lange $c\sqrt{n}$ und fur alle $p\%$ Ausschuß = konstant den gleichen Winkel mit der Abszisse. Aus der arcsin und der Wurzeltransformation folgt, daß Kreise mit $r = 5$ mm um jeden Punkt auf dem Papier gleichen Mutungsbereichen entsprechen: der 95-%Bereich entspricht einem Kreis von 10 mm Radius. Verbesserungen durch Korrektionen sind möglich. Anwendung s. 843.45.

134.55 Logitnetz

Chemische und thermodynamische Reaktionen (isotherme Umwandlung von Stahl) ergeben oft Prozentgehalte in Abhängigkeit von der Zeit. Sie können angenahert auf dem **WN** Papier nach Abschn. 134.51 ausgewertet werden. Das gleiche gilt für Auswertung von Wirtschaftsvorgängen, wie z. B. der Absatzentwicklung eines Erzeugnisses. Eine Verbesserung kann bei diesen Auswertungen manchmal durch Übergang zur — für manche Reaktionen auch theoretisch ableitbaren — Logitauswertung erfolgen.

Die Teilung der x-Achse erfolgt gleichmäßig oder logarithmisch, die Teilung der Ordinate erfolgt in logit l

$$l = \ln\left(\frac{p}{1-p}\right)$$

Aufgetragen wird $a = c \cdot l = c_0$ (log (p/q) vom 50%-Punkt aus mit c zwischen etwa 30 und 50 mm, oder c_0 zwischen 70 und 125 mm.

Bei Beobachtungszahlen unter etwa 100 ergeben arc sin-Netz, Wahrscheinlichkeitsnetz und Logitnetz im Rahmen der Beobachtungen nur wenig abweichende Werte: die Unterschiede machen sich nur in der Extrapolation deutlich bemerkbar. Die beste Wahl ist für jeden technischen Vorgang Erfahrungssache. Da das Wahrscheinlichkeitsnetz zwischen den Werten der beiden anderen Netze extrapoliert, wird es bei unbekannter Gesetzmäßigkeit bevorzugt gewahlt.

134.6 Beurteilung von Häufigkeitsverteilungen nach dem χ^2-Verfahren

Fur eine *beobachtete* Häufigkeitsverteilung mit den Klassenhäufigkeiten $h_1, h_2, \ldots, h_m$ soll geprüft werden, ob die Annahme berechtigt ist, daß diese Verteilung einer bestimmten Gesetzmaßigkeit folge, z. B. Gauß oder Poisson. Die Häufigkeiten, die nach dem betreffenden Gesetz *zu erwarten* gewesen wären, seien mit $h_{w1}, h_{w2}, \ldots, h_{wm}$ bezeichnet. Man berechnet

$$\chi^2 = \Sigma \frac{(h_m - h_{wm})^2}{h_{wm}}. \tag{134-68}$$

Ist der so berechnete Wert fur χ^2 (sprich chi quadrat) kleiner als der Tafelwert der Taf. 35, so kann eine hinreichende Übereinstimmung angenommen werden. Um in die Tafel zu gehen, wählt man zunächst die

Urteilssicherheit: für übliche technische Entscheidungen wählt man oft 95 oder 97,5%, für weitere Grenzen 3 Sigma oder 99 bis 99,9%.

Sodann bestimmt man die Freiheitsgrade:

Bei einer Poisson-Verteilung ist der Mittelwert und die Klassenzahl m festgelegt (die Streuung ist gleich der Wurzel aus dem Mittelwert und somit nicht besonders bestimmt!), die Zahl der Freiheitsgrade ist $f = m - 2$.

Bei einer arithmetischen Gauß-Verteilung sind Mittelwert, Streuung und Klassenzahl aus den Beobachtungen bestimmt: mithin $f = m - 3$.

Für eine logarithmische Gauß-Verteilung mit Argument log (x — Konstante) ist zusätzlich die Konstante bestimmt, also $f = m - 4$ usw.

Voraussetzung für die Anwendbarkeit des Verfahrens ist, daß der Wert h_{wm} in keiner Klasse unter 5, möglichst auch nicht unter 10 liegt. Um dies zu vermeiden, darf man mehrere Klassen nebeneinander zu einer zusammenfassen; dadurch vermindert sich die beim Benutzen der Taf. 35 anzusetzende Klassenzahl entsprechend. Beispiele s. Abschn. 848.

Zum Prüfen zweier beobachteter Häufigkeitsverteilungen auf hinreichende Übereinstimmung gibt folgende Gleichung eine einfachere Berechnung:

$$\chi^2 = \frac{1}{n_A \cdot n_B} \sum \left[\frac{(h_A \cdot n_B - h_B \cdot n_A)^2}{h_A + h_B} \right]. \qquad (134\text{-}69)$$

Darin bedeuten h_A und h_B die beobachteten Anzahlen in entsprechenden Klassen der Reihen A und B. n_A und n_B sind die Umfänge der Reihen A und B.

Für die Zahlenrechnung müssen die Werte mit sehr großer Genauigkeit bestimmt werden: fünfstellige Rechnung gibt oft knapp dreistelliges χ^2!

Bei Prüfung von Binomverteilungen ist darauf zu achten, daß beide Glieder genommen werden müssen.

Beispiel. Erwartet $p' = 0,2$; gefunden 30 unter 90. Erwartungswert unter 90 ist $0,2 \cdot 90 = 18$. Die Differenz dagegen ist $30 - 18 = 12$. Damit wird

$$\chi^2 = \frac{12^2}{18} + \frac{12^2}{90 - 18} = 10 \text{ mit } f = 2 - 1 = \text{einem Freiheitsgrad.}$$

Der Wert von 10 ist nach der Tafel mit fast 99,9 $^0/_0$ kennzeichnend.

Die χ^2-Methode ist nur bei großen Zahlen exakt, die Rechnung nach der Mosteller-Tukey-Formel $K = 2 \left[\sqrt{p(n + 1 - d)} - \sqrt{d(1 - p)} \right]$ liegt bei kleinen Zahlen meist näher an den nach exakten Methoden gerechneten Wahrscheinlichkeiten.

Anmerkung. Alle Vergleiche zwischen zwei Kennziffern, die auf der Normalverteilung beruhen, können je nach Rechenbequemlichkeit beliebig mit der Normalverteilung, der Bereichsverteilung oder der χ^2-Verteilung durchgeführt werden.

Für $n = 2$, d. h. $f = 1$ ergibt sich:

Bereichsverteilung: Summenpunkt $g = \sqrt{2} \cdot K \left(\frac{100 - q\%}{2} \right)$ zum Beispiel 95% Punkt = obere Grundspannengrenze

$$D._{95} = K_{(2,5\%)} \sqrt{2} = 1,96 \cdot \sqrt{2} = 2,77$$

χ^2-Verteilung

$$\chi_g^2 = \left[K \frac{100 - g\%}{2} \right]^2$$

zum Beispiel obere Grenze der T 99-Spanne = 99,5%-Punkt

$$\chi^2_{(g = 99,5\%)} = [K_{(0,25\%)}]^2 = (2,807)^2 = 7,88$$

Bei der Studentschen t-Verteilung erhält man für $f = 1$:

$t = \mathrm{cotg}\,[1{,}8\,(100 - g\%)]°$, z. B. T 90 Spanne, oberer Punkt $g = 95\%$

$$t = \mathrm{cotg}\,(1{,}8 \cdot 5)° = \mathrm{cotg}\,9° = 6{,}31$$

Fur $f = 2$ wird die χ^2-Verteilung im übrigen identisch mit $\chi_g^2 = -\,2\ln\,(1 - g)$, z. B. obere Grenze der T 80-Spanne (ist der 90%-Punkt oder $g = 0{,}9$)

$$\chi^2 = -\,2\ln\,(1 - 0{,}9) = -\,2 \cdot (-2{,}30) = 4{,}60_{518}$$

Aus dieser letzten Gleichung folgt eine einfache Methode, um zu prufen, ob mehrere durch unabhängige Prufungen gefundene, nicht kennzeichnende Wahrscheinlichkeiten von P_1, P_2 usw. zusammen eine zu hohe zusammengesetzte Wahrscheinlichkeit ergeben.

Man addiert die naturlichen Logarithmen der P_i, multipliziert die Summe mit 2 und findet die gesamte Überschreitungswahrscheinlichkeit der k Werte $P_1 \cdots P_k$ in der χ^2-Tafel unter $f = 2k$ Freiheitsgraden.

Wegen der Kumulierung von Abrundungsfehlern darf das Verfahren nur auf korrekt bestimmte P-Werte angewendet werden.

Rechnen von Vertrauensgrenzen der Poisson-Verteilung mit χ^2.

Beispiel. Unter $n = 200$ Stück wurden 4 Stück Ausschuß gefunden. Wie groß ist die mit 90% Urteilsicherheit anzugebende Spanne fur den Ausschußsatz bei Fortfuhrung gleichartiger Fertigung?

Die Urteilssicherheit von 90% bedeutet, daß 5% der Wiederholungen gleichartiger Urteile einen tieferen und 5% einen hoheren Ausschußsatz geben durfen. Es sind also die 5 und 95% Punkte der χ^2-Verteilung zu nehmen.

Eine von 20 Proben darf dann ≤ 4 Stuck, also 0, 1, 2, 3 oder 4 Stück aufweisen, das sind 5 Glieder. Das χ^2 fur $2 \cdot 5 = 10$ Freiheitsgrade, das in 5% aller Falle uberschritten wird, ist 18,31. Der obere Bereich ist die Halfte, also 9,15 Stuck im Mittel unter 200 oder $4{,}07\%$ Ausschuß, der voraussichtlich nicht uberschritten wird.

Fur die andere Grenze sollen die Moglichkeiten 0, 1, 2 oder 3 Stuck Ausschuß in der Stichprobe 95% aller Werte umfassen. Dies sind 4 Glieder, das χ^2 fur $2 \cdot 4 = 8$ Freiheitsgrade, das mit 5% Wahrscheinlichkeit unterschritten wird, ist 2,73. Der mittlere Ausschußsatz ist die Halfte des χ^2-Wertes, also 1,37 Stuck unter 200 oder $0{,}68\%$ Ausschuß.

Zum Vergleich seien die Grenzen mit den Naherungsformeln gerechnet:

$$(\sqrt{4} \pm 1)^2$$

gibt 1 bis 9 Stuck, die genauere Anscombesche Transformation gibt

$$(\sqrt{4{,}375} \pm 0{,}98)^2$$

d. h. 1,23 bis 9,4 Stuck statt des genaueren Wertes von 1,37 bis 9,15. Bei der Willkurlichkeit, mit der die Urteilsicherheit von 95% gewahlt werden muß, reicht die Genauigkeit der Naherungsformel in fast allen technischen Fallen aus.

134.7 Vergleich zweier und mehr Serien

Die Varianz der Summe oder der Differenz zweier unabhangiger Serien mit σ_1^2 und σ_2^2 wird

$$\sigma^2 = \sigma_1^2 + \sigma_2^2. \tag{134-70}$$

Daraus ergibt sich die einfache Prüfung, ob zwischen den Mittelwerten zweier beobachteter Serien wahrscheinlich eine echte Differenz besteht mit

$$t = \frac{\overline{x}_1 - \overline{x}_2}{\sqrt{S\,(x_1 - \overline{x})^2 + S\,(x_2 - \overline{x}_2)^2}}\,\sqrt{\frac{f \cdot n_1 \cdot n_2}{n_1 + n_2}} \tag{134-71}$$

und $f = n_1 + n_2 - 2$ Freiheitsgrade aus der t-Verteilung.

Sind die beiden Serien korreliert mit Korrelationskoeffizient r', so wird die Varianz der Differenzen $x_1 - x_2$

$$\sigma^2 = \sigma_1^2 + \sigma_2^2 - 2r'\sigma_1\sigma_2. \tag{134-72}$$

Hieraus folgt als bessere Prufung auf die Echtheit einer beobachteten mittleren Differenz

$$t = \frac{S(x_1 - x_2)}{\sqrt{n} \cdot \sqrt{S(x_1 - x_2)^2}} \cdot \sqrt{f} \qquad (134\text{--}73)$$

mit $f = n - 1$ Freiheitsgraden, worin n die Anzahl der Paare darstellt.

Nach dieser zweiten Formel darf nur gerechnet werden, wenn die Paare x_1 und x_2 einander sachlich zugeordnet sind, z. B. x_1 eine Messung eines bestimmten Zylinders vor einem Dauerversuch und x_2 die Messung am gleichen Zylinder und gleicher Stelle nach dem Dauerversuche darstellt. Die Differenz $x_1 - x_2$ ist dann der gemessene Verschleiß an einer bestimmten Stelle. In diesem Fall ist $n = n_1 = n_2$.

Nach der ersten Formel muß gerechnet werden, wenn die einzelnen Werte einander nicht streng paarweise zugeordnet sind, z. B. man mißt die Durchmesser von 100 neuen Autozylindern und 100 (es konnen die gleichen oder verschiedene der gleichen Type sein!) Autozylindern nach 10 000 km Betrieb, ohne daß die Motor- und Zylindernummern notiert werden. Ein etwaiges Ordnen der beiden Serien, in denen n_1 und n_2 im übrigen nicht gleich zu sein brauchen, würde zu falschen Schlüssen fuhren.

Für große n geht die Studentsche t-Verteilung in die Gauß-Verteilung uber: die obige erste Prufung wird dann identisch mit der Prüfung nach der Bereichsverteilung mit $n = 2$, sofern die Umfänge beider Serien gleich sind. Die Bereichsverteilung erlaubt daher eine einfache Ausdehnung auf den Vergleich von inehr als zwei Serien gleichen Umfanges: man rechnet den Schätzwert

$$s_e = \sqrt{\frac{SS(x - \bar{x})^2}{Sf}} \qquad (134\text{--}74)$$

und prüft, ob die größte Differenz der Mittelwerte der k Serien von je n Stuck kleiner als der zulassige größte Bereich

$$\bar{x}_{\max} - \bar{x}_{\min} = w_{\max} = d_k \cdot \sigma_{\bar{x}} = d_k s_e / \sqrt{n} \qquad (134\text{--}75)$$

wird, wobei d_k aus der Tafel der Bereichsverteilung mit $k = n$ der Tafel entnommen wird, s. Taf. 31.

Diese Prufung ist brauchbar, wenn die Summe der Freiheitsgrade $Sf = k(n - 1)$ in die Größenordnung von 30 bis 50 kommt.

Setzt man $s_D = \sqrt{\dfrac{S(x_1 - \bar{x}_1)^2 + S(x_2 - \bar{x}_2)^2}{f_1 + f_2}}$, so kann die Prufung auf die Beurteilung beliebiger statistischer Kennzahlen ausgedehnt werden, deren Verteilung angenähert der Normalverteilung entspricht. Man erhalt also:

Prufung zweier Regressionskoeffizienten b_1 und b_2

$$t = \frac{b_1 - b_2}{\sqrt{S(y_1 - \hat{y}_1)^2 + S(y_2 - \hat{y}_2)^2}} \cdot \frac{\sqrt{f}}{\sqrt{1/S(x_1 - \bar{x}_1)^2 + 1/S(x_2 - \bar{x}_2)^2}}$$
$$\text{mit } f = n_1 + n_2 - 4 \qquad (134\text{--}76)$$

Prufung zweier beobachteter Korrelationskoeffizienten

$$K \approx \frac{z_1 - z_2}{\sqrt{\dfrac{1}{n_1 - 3} + \dfrac{1}{n_2 - 3}}} \quad \text{mit } z = \mathfrak{Ar}\,\mathfrak{Tg}\,r \qquad (134\text{--}77)$$

Prüfung zweier beobachteter Prozentzahlen p_1 und p_2 bei n_1 und n_2 Stück

$$K \approx \frac{\varphi_1{}^\circ - \varphi_2{}^\circ}{\sqrt{\dfrac{820,7}{n_1} + \dfrac{820,7}{n_2}}} \quad \text{mit } \varphi = \arcsin \sqrt{p}\,(^\circ) \qquad (134\text{-}78)$$

(die unmittelbare Verwendung von $\sigma = \sqrt{pq/n}$ erfordert sehr hohes n).

Prüfung zweier in Serien verschiedenen Umfanges beobachteter Ausschußzahlen i_1 und i_2 ist mit $p_1 = i_1/n_1$ und $p_2 = i_2/n_2$ oder auch $p = i/(n+1)$ auf die Beurteilung der Differenz zweier Prozente $p_1 - p_2$ zuruckzufuhren.

Prüfung zweier in Serien gleichen Umfanges beobachteter Ausschußzahlen am einfachsten uber Bereichsverteilung

$$(\sqrt{i_1} - \sqrt{i_2})^2 = d/2 \qquad (134\text{-}79)$$

mit d fur $n = 2$ der Taf. 31.

Prufung der größten Differenz von in k Serien gleichen Umfanges beobachteten Ausschußzahlen in gleicher Weise

$$(\sqrt{i_\mathrm{max}} - \sqrt{i_\mathrm{min}})^2 = 0,5\, d_k \qquad (134\text{-}80)$$

mit $n = k$ in Tafel der Bereichsverteilung.

134.8 Regression und Korrelation

Wenn man auf einem Automaten Bolzen dreht, so zeigen n_1 kurz hintereinander gefertigte Bolzen einen Mittelwert y im Durchmesser und eine Streuung s. Im Laufe der Fertigung nutzt sich das Werkzeug ab, der Durchmesser von n_2 später gefertigten Bolzen ist größer als der vorige, ohne daß sich die Streuung wesentlich zu ändern braucht: vgl. Abb. 134-10.

Man spricht in diesem Fall von einer *Regression* des Durchmessers in Abhängigkeit von der gefertigten Stuckzahl. Das Gesetz dieser Regression ist an sich unbekannt, die einfachste Annaherung an ein unbekanntes Ge-

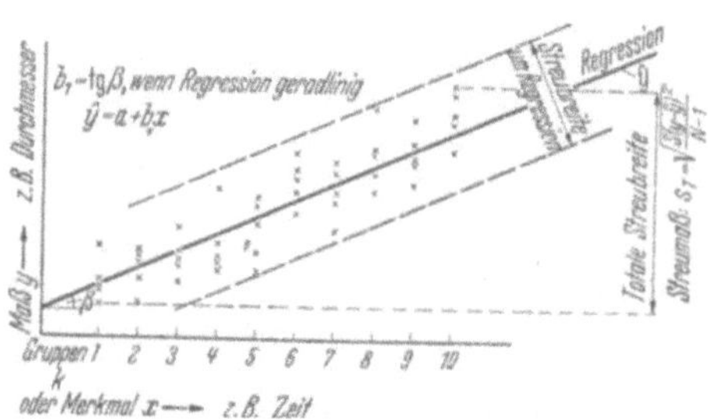

Abb. 134-10.

Die Streuung um die Regression wird geschatzt aus $\sqrt{S(y - \hat{y})^2 / (N-2)}$ (Gruppenzusammenfassung x nicht erforderlich).

Bei fortlaufender zu 5 bis 20% durch Funfergruppen ($n = 5$) kontrollierter Fertigung genügt oft das einfache Maß $s_e = \sqrt{\dfrac{S\,S(y - \hat{y})^2}{k(n-1)}}$.

setz $\hat{y} = f(x)$ ist die Gerade $\hat{y} = a + bx$. Der Wert $\hat{y}$ stellt hierin den Schätzwert von y in Abhängigkeit von dem gemessenen Wert x (im Beispiel $x =$ laufende Stücknummer) dar. Die Streuung der beobachteten Werte um die Regressionsfunktion ist allgemein gegeben durch

$$s = \sqrt{S(y - \hat{y})^2/f}. \qquad (134{-}81)$$

Im Falle einer linearen Regression sind aus den Werten zwei Konstante a und b zu bestimmen, somit wird $f = n - 2$.

Für die numerische Bestimmung benutzt man entweder in grober Annäherung eine graphische Darstellung, in die man die Schätzgerade nach Augenmaß einzeichnet oder man schreibt

$$(\hat{y} - \overline{y}) = b(x - \overline{x}) \text{ und findet } b \text{ aus}$$

$$b = \frac{S(x - \overline{x})(y - \overline{y})}{S(x - \overline{x})^2}$$

und durch Ausmultiplizieren

$$\hat{y} = a + bx.$$

Ebenso wie bei der Errechnung der Standardabweichung ist es nicht erforderlich, die Differenzen zwischen Mittelwert und Beobachtungswerten einzeln zu rechnen. Es gilt

$$S(x - \overline{x})(y - \overline{y}) \equiv Sxy - (Sx)(Sy)/n. \qquad (134{-}82)$$

Man sieht, daß die übliche Rechenformel der Standardabweichung nur einen Sonderfall der Regressionsrechnung mit $x = y$ darstellt.

Automatische Rechenmaschinen von 18 bis 20 Stellen geben, wenn links zweistellige y, rechts zweistellige x auf die Tastatur gegeben werden, in den beiden Resultatwerken ohne Rechnen der Einzelergebnisse sofort

Sy^2	$2Sxy$	Sx^2
Sy	0000	$Sx,$

so daß die Rechnung mit Berücksichtigung z. B. der Werkzeugabnutzung als lineare Annäherung nur wenig mehr Arbeit als die einfache Streuungsrechnung macht.

In manchen Fällen kann man nicht wissen, ob eine gefundene Abhängigkeit zwischen zwei Variabeln echt ist, oder auch durch die Zufälligkeiten der auf kleine Zahlen beschränkten Beobachtungen zurückgeführt werden kann. Man findet ein Maß für die Urteilssicherheit, daß das gefundene b sich von einem theoretischen b' z. B. $b' = 0$ unterscheidet aus der Studentschen t-Verteilung:

$$t = \frac{b - b'}{\sqrt{S(y - \hat{y})^2}} \cdot \sqrt{f \, S(x - \overline{x})^2},$$

$$f = n - 2 \text{ und} \qquad (134{-}83)$$

wobei
$$\begin{cases} S(y - \hat{y})^2 \equiv \\ \quad \equiv S(y - \overline{y})^2 - \dfrac{[S(x - \overline{x})(y - \overline{y})]^2}{S(x - \overline{x})^2}. \\ \text{oder direkt aus den } y - \hat{y} \text{ gerechnet wird.} \end{cases}$$

Regression im obigen engeren Sinne stellt die Schätzung einer Zufallsvariabeln y in Abhängigkeit von einer genau gemessenen zweiten Variabeln x (laufende Stücknummer, Zeit, Temperatur usw.) dar.

Wenn man an einer Anzahl von Stahlproben ähnlicher Vorbehandlung die Festigkeit X_1 und die Dehnung X_2 mißt, so stellen beide Variabeln X_1 und X_2 Zufallsvariabeln dar: Man kann nicht voraussagen, welche gleich y und welche gleich x gesetzt werden sollen.

Man erhält daher zwei verschiedene Schätzgleichungen der Regression

$$\hat{X}_1 = a_1 + b_1 X_2$$
$$\hat{X}_2 = a_2 + b_2 X_1 \qquad \text{wobei allgemein } b_1 \neq b_2$$

Sie werden auf ein gemeinsames Maß durch den Korrelationskoeffizienten r, der gleich dem geometrischen Mittel der beiden Richtungskoeffizienten b_1 und b_2 ist, gebracht

$$r = \sqrt{b_1 b_2} = \frac{S\,(X_1 - \overline{X}_1)\,(X_2 - \overline{X}_2)}{\sqrt{S\,(X_1 - \overline{X}_1)^2 \, S\,(X_2 - \overline{X}_2)^2}}. \qquad (134\text{--}84)$$

Ob das gefundene r beachtlich ist, oder durch Zufälligkeiten erklärt werden kann, findet man ebenfalls aus der t-Verteilung Students:

$$t = \frac{r\sqrt{f}}{\sqrt{1 - r^2}} \quad \text{mit } f = n - 2 \text{ Freiheitsgraden, wobei } n \text{ die}$$

Anzahl der Paare X_1, X_2 darstellt.

Infolge der Schiefe der Verteilung von r in allen Fällen, in denen das wahre r' bei Ausdehnung auf eine große Zahl von Versuchen von Null abweicht, muß zum Vergleich mit einem von Null abweichenden r' eine Transformation vorgenommen werden. Man setzt

$$z = \text{Ar Tg } r = \frac{1}{2}\ln\frac{1 + r}{1 - r} \approx 1{,}15 \overset{10}{\log}\frac{1 + r}{1 - r} \quad \text{und} \quad z' = \text{Ar Tg } r'$$

und erhält das Vertrauensmaß für die Größe von z aus der Gauß-Verteilung:

$$K \approx \frac{z - \dfrac{r'}{2\,(n - 1)} - z'}{\sigma_z} \quad \text{mit} \quad \sigma_z = \sqrt{\frac{1}{n - 3}}.$$

Warnung. Formal numerisch kann man die gleiche Rechnung auf r auch für den Fall der reinen Regression (Abhängigkeit des y von genau gemessener Variablen x) durchführen, in diesem Fall sind aber die Vertrauensgrenzen von r sinnlos geworden, da die mathematische Voraussetzung zweier Zufallsvariabeln nicht mehr gilt. Weiter gibt der Korrelationskoeffizient nur ein Maß für die Verknüpfung der betrachteten Variabeln ohne daß der Einfluß weiterer Variabeln berücksichtigt ist. Wenn wir gleichzeitig eine Werkzeugabnutzung, die auf Vergrößerung des Maßes, und eine starke Temperaturänderung, die auf Verkleinerung des Maßes hinzielt, wirken lassen, so kann die Regression in Stücknummer für Werkzeugabnutzung scheinbar Null werden. Wirkt die Temperaturänderung in umgekehrtem Sinn, so wird eine unerhebliche Werkzeugabnutzung scheinbar überragend. Beurteilung von Regressionen und Korrelation darf daher nur unter Kenntnis der gesamten Entstehungsgeschichte der Werte vorgenommen werden. Sie kann dann unter Umständen erheblich kompliziertere Rechnungen: partielle und multiple Regression und Korrelation erfordern, die meist sehr langwierig werden. Rechenverfahren z. B. in Schrifttt. [*20, 21* u. *49*].

134.9 Weitere Verfahren
134.91 Scores

Um eine qualitativ bestimmte Rangordnung in quantitative Merkmale überzuführen, denkt man sich den Rang ersetzt durch den mittleren Wert eines unbekannt bleibenden Merkmales, der sich bei Normalverteilung ergabe. Da das Merkmal nicht näher bestimmt ist, gibt man ihm das Mittel Null und die Varianz 1. Der sich in vielen Versuchen ergebende mittlere Wert für den i-ten nach der Größe qualitativ geordneten Wert heißt der Score. Man findet ihn bis $n = 50$ tabelliert z. B. in den Tafeln von Fisher Yates, s. Schrifttt. [2]. In Ermanglung der Tafeln rechnet man ihn angenähert nach folgender Methode.

Man ersetzt $i = 1$ durch $i' = 1 - 0,375 = 0,625$ und den Median $j = \dfrac{n + 1}{2}$ oder einen unmittelbar unter ihm liegenden Wert durch $i' = j - 0 = j$. Die Korrektur, die an i anzubringen ist, teilt man linear von $i = 1$ bis $i = j$ auf.

Sodann bestimmt man $p' = i'/(n + 1)$ und findet den Score als die zu p' gehörige Normalabweichung K aus einer Tafel des Gauß-Integrales (Taf. 24).

Andere geschlossenere Näherung: $p' = \left[(i - 0,5) + \dfrac{n + 1 - 2i}{8 (n - 1)} \right] / n.$

Beispiel. Gegeben $n = 11$ nach der Starke der Korrosion geordnete Korrosionsproben, für die der Kupfergehalt bekannt ist. Gezeichnet werden soll ein Diagramm der Abhangigkeit der Starke der Korrosion vom Kupfergehalt.

Man findet den Maßstab, um die Starke der Korrosion bei Annahme einer Normalverteilung zu kennzeichnen nach folgender Tabelle:

i	i'	$p' = $ $i'/(11 + 1)$	$K \approx$ Score	Score exakt
1	$1 - 0,375 = 0,625$	0,052	− 1,626	− 1,59
2	$2 - 0,300 = 1,700$	0,1427	− 1,068	− 1,06
3	$3 - 0,225 = 2,775$	0,2318	− 0,733	− 0,73
4	$4 - 0,150 = 3,850$	0,3220	− 0,462	− 0,46
5	$5 - 0,075 = 4,925$	0,4108	− 0,225	− 0,22
6	$6 - 0,000 = 6$	0,5000	0	0
7			+ 0,225	
8			+ 0,462	
			usw.	

Zum Vergleich sind die Tafelwerte aus Fisher Yates in der letzten Spalte angegeben.

Das Verfahren wird auch für quantitativ gemessene Merkmale benutzt, wenn die Genauigkeit der Einzelwerte, weniger aber ihre Rangfolge angezweifelt wird (schwierige chemische Analyse, z. B. nur Bestimmung der Schwärzung auf einer Spektrographenplatte, ohne daß Eichproben vorliegen) oder wenn das zu wahlende Merkmal nicht festliegt [z. B. Auswertung in % Dehnung, in log (Dehnung) oder ın log (1 + Dehnung) bei Dauerstandversuchen].

Die Methode des Scores ist die genaueste Methode, um n Punkte auf dem Wahrscheinlichkeitsnetz zu zeichnen: praktisch reicht aber $p' = i/(n + 1)$ statt $p' = P_{(score)}$ hier immer aus.

Fur das Zeichnen eines Diagrammes muß der Kupfergehalt auf einen vergleichbaren Maßstab gebracht werden. Entweder bestimmt man auch nur die Rangfolge des Kupfergehaltes und zeıchnet das Diagramm (Score Korrosion) $= f$ (Score Kupfer) oder man rechnet den Kupfergehalt in Normalabweichungen

$$t = \frac{x - \bar{x}}{s}$$

um und zeichnet das Diagramm Score Korrosion $= f$ (t Kupfer). Die zweite Methode ist vorzuziehen, wenn die Kupfergehalte korrekt bestimmt wurden.

134.92 Irrtum zweiter Art, Operationscharakteristik

Angenommen, man teılt ein Los von 1000 Stuck, das ein Stuck Ausschuß enthalt, in zehn Stichproben von je 100 Stuck auf und prüft nur eine Stichprobe mit der Maßgabe, das Los sei zuruckzuweisen, wenn in der Stichprobe Ausschuß gefunden wird. Eine unter unseren 10 Gruppen muß das Ausschußstuck enthalten: 10% Wahrscheinlichkeit, diese zufallig zu nehmen und das Los zuruckzuweisen. Diese Zuruckweisung ist sachlich völlig unberechtigt, denn bei Nachprufung ist das Los einwandfrei, da das einzige Ausschußstuck bei der Stichprobe entfernt wurde.

Angenommen, es wird ein zweites Los vorgelegt, das 9 Ausschußstucke unter 1000 enthalte und in gleicher Weise aufgeteilt. Eine Stichprobe zum mindesten muß ausschußfrei sein, es können aber auch mehrere ausschußfrei sein, wenn andere dafur zwei oder mehr Stuck Ausschuß enthalten. Man hat also eine 10% ubersteigende Wahrscheinlichkeıt, eine ausschußfreie Stichprobe zu ziehen und das Los als einwandfrei abzunehmen, obwohl die nicht geprüften Stücke noch 9 Stück Ausschuß enthalten.

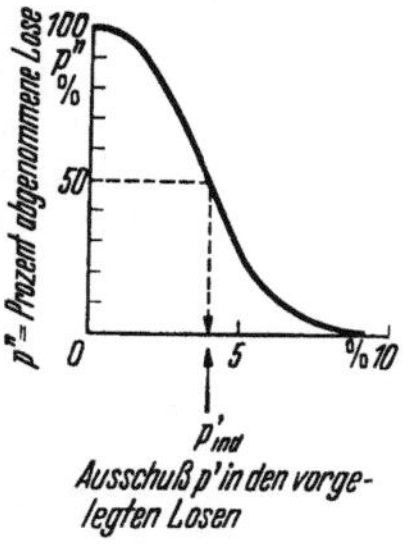

Das erste Risiko, eıne an sich ausreichende Qualitat als unberechtigt zuruckzuweisen, nennt man das *Lieferantenrisiko*, das zweite Risiko, eine schlechte Lieferung auf Grund der Stichprobe als einwandfrei abzunehmen, das *Kundenrisiko*.

Abb. 134—11.
Operationscharakteristik.
Ausschuß p' in den vorgelegten Losen.

Jede Prufung durch Stichproben weist diese beiden · Risiken auf, die korrekt nach der hypergeometrıschen Verteilung und angenahert nach der bınominalen oder der Poisson-Verteilung in Abhángigkeit von dem wahren Ausschußsatz p' des Loses, das vorgelegt wird, errechnet werden können. In graphischer Darstellung erhalten wir ein Schaubild, Abb. 134—11, das als Abszisse den Ausschußsatz im vorgelegten Los und als Ordinate den Anteil p'' von Losen darstellt, die abgenommen wurden, wenn standig mit gleichem p' vorgelegt wird. Dieses Diagramm heißt die Operationscharakteristik.

Die Operationscharakteristik zeigt nun eine Wirkung der Stichprobenprufung, die oft ubersehen wird. Zunachst sei angenommen, die vorgelegte Fertigung habe keinen Ausschuß: alle Lose werden abgenommen. Wird jetzt eine weitere Fertigung mit sehr großem Ausschuß vorgelegt, so werden, sagen wir bei 50% Ausschuß mehr als 99,99999% aller Lose, d. h. praktisch alle zurückgewiesen. Besteht die Zuruckweisung in vollstandiger Prufung und Aussortieren der Ausschußstucke, so hat die herausgehende Fertigung auch Null Ausschuß (Freiheit von Pruffehlern sei vorausgesetzt). Man halt also das zunachst widersinnig erscheinende Ergebnis, daß ausgesprochen schlechte vorgelegte Fertigung zu einer ausschußfreien Qualitat nach der Stichprobenprufung fuhrt.

Nimmt man jetzt einen mittleren Fall: z. B. werden standig Lose mit p' indifferent vorgelegt, von denen im Durchschnitt auf Grund des Prufplanes 50% abgenommen und 50% zuruckgewiesen, d. h. aussortiert werden. Die kontrollierte Menge enthalt den gesamten Ausschuß aus den 50% abgenommenen Losen und die Gutstucke aus den 50% aussortierten, die durchschnittlich herausgehende Qualitat, der entweder Null oder p' indifferent aufweisenden Lose ist somit

$$p_A = 0,5\ (p'\ \text{indifferent})/[0,5 + 0,5\ (1 - p'_{\text{ind}})].$$

Rechnet man in dieser Weise Punkt fur Punkt, so erhalt man eine Kurve der durchschnittlich herausgehenden Qualitat (amerikanisch AOQ), die ein Maximum bei einem bestimmten p' zeigt. Dieses Maximum von p'' heißt die Grenzqualitat (amerikanisch $AOQL$ = average outgoing quality limit). Operationscharakteristik, zwei fur Kunden- und Lieferantenrisiko gewählte Punkte und Grenzqualitat sind Kennzeichen fur die Scharfe eines Prüfplanes: sie können im Gegensatz zur wirtschaftlichen Festlegung einer Stichprobengröße ohne jede Annahme uber die mittlere Fertigungsqualitat $\bar{p}$ gewahlt werden. Genaues Errechnen der Kurven ist zwar elementar, aber zeitraubend, es sind daher Atlanten derartiger Kurven fur verschiedene Prufvorschriften veröffentlicht worden, die eine schnelle Wahl gestatten (s. Schrifft. [8]).

Die Kosten eines Prufplanes setzen sich aus den Kosten fur die Stichprobenprufung an jedem Los und den Kosten fur die luckenlose Prufung der nach dem Plan zurückgewiesenen Lose zusammen. Der Anteil der Zurückweisungen hängt von der vorgelegten mittleren Fertigungsgute $\bar{p}$ ab. Legt man einen Punkt der Operationscharakteristik, z. B. ein Kundenrisiko 0,1 fest, so stellt der p''-Wert bei $p' = \bar{p}$ ein Maß fur den Anteil an Rückweise-(Aussortier-)Kosten dar. Diese können dann durch passende Auswahl unter möglichen Prufplanen zu einem Minimum gemacht werden. Diese Gedankengange liegen der Auswahl der Prufplane in einem zweiten Tabellenwerk, den Tafeln von Dodge Romig zugrunde, s. Schrifft. [9].

Für Serienfertigung empfiehlt es sich, sich in eines der beiden Tafelwerke einzuarbeiten: Freemann hat Vorteile fur Abnahmeprufung von Fremdfertigung, vor allem durch mehrere Zweigwerke des gleichen Konzerns, Dodge Romig hat Vorteile fur Überwachung im eigenen Betrieb.

Auf größenordnungsmäßig die gleichen Prüfumfänge wie die Freemannschen Tabellen, führt eine Faustformel:

Man prüft zunächst $n_1 = 7 \cdot \sqrt[3]{N}$ Stück, sind diese ausschußfrei, so wird das Los abgenommen.

Wird Ausschuß gefunden, so werden insgesamt $n = n_1 + n_2 = 7\sqrt{N}$ Stück geprüft, wobei N die Stückzahl im vorgelegten Los bedeutet.

Über Ablehnung und Annahme wird auf Grund der Mutungsgrenzen $(\sqrt{i} \pm 1)^2$ bei i unter n Stück gefundenen Ausschußstücken auf Grund der technischen Bedingungen entschieden.

Man kann mit diesem Prüfplan, der keine genaue Grenzqualität hat, die Größenordnung von besser als 2 bis 3% leicht halten. Der Prüfumfang ist bei unter 2% Ausschuß liegender mittlerer Fertigungsgüte aber im allgemeinen etwas höher als er der Prüfung nach den Dodge-Romig-Tabellen entspricht.

134.93 Mehrfach- und Folgeprüfung

Der obige Prüfplan stellt bereits eine Mehrfachprüfung dar: man macht zunächst eine Prüfung mit n_1 Stücken, ist diese einwandfrei, so wird das Los abgenommen, ist sie ausgesprochen schlecht, so wird ohne weitere Prüfung zurückgewiesen. Zur Entscheidung der zweifelhaften Fälle wird eine zweite Probe von n_2 Stück genommen und sodann auf Grund der $n = n_1 + n_2$ Stücke entschieden. Das Verfahren kann man beliebig fortsetzen und jedesmal die Wahl zwischen Annahme, Weiterprüfen oder Rückweisen offen lassen.

Die Größe der n_1, n_2, n_3 usw. ist dabei in das Belieben des Prüfleiters gestellt. Wählt dieser $n = 1$, d. h. wird nach jedem Stück entschieden „Weiterprüfen" oder „Beendigung durch Annahme bzw. Rückweisung", so erhält man die Folgeprüfung. Sie stellt mathematisch das Minimum der durchschnittlich zu prüfenden Stücke dar, wenn die Schärfe der Prüfung durch ein Kunden- und ein Lieferantenrisiko vorgegeben wird. Ihre während des Krieges geheimgehaltene Theorie ist von A. Wald entwickelt worden. Sie kann in gleicher Weise auf Prozentsätze, auf Stückzahlen (Poisson), auf Mittelwerte aus Gauß-Verteilungen, auf Streuwerte, auf das Studentsche t, auf Serienvergleich usw. angesetzt werden.

Dem Vorteil des durchschnittlichen Geringstaufwandes steht der Nachteil gegenüber, daß die zu prüfende Zahl nicht von vornherein festliegt und daß daher die Betriebsorganisation der Probenentnahme schwieriger werden kann, und der Nachteil, daß das richtige Festlegen von Grenzen für Kunden- und Lieferantenrisiko sehr große Erfahrung erfordert.

Für die Durchführung einer Folgeprüfung werden grundsätzlich zwei Grenzen angenommen. Beispielsweise wird angenommen, Lose mit einem wahren Ausschuß p_0 seien so gut, daß sie bevorzugt angenommen werden sollen. Die Wahrscheinlichkeit, sie auf Grund der Stichprobenprüfung zurückzuweisen, soll nicht größer als α sein.

Lose mit einem höheren Ausschußsatz p_1 werden als so schlecht erachtet, daß sie zurückgewiesen werden sollen. Die Wahrscheinlichkeit, sie auf Grund der Stichprobenprüfung anzunehmen, soll nicht größer als β sein.

Will man diese Bedingungen mit einer einzelnen Stichprobe erfüllen, so muß man mindestens nehmen

$$n \geq \approx \frac{1}{4}\left(\frac{|K_\alpha| + |K_\beta|}{\arcsin\sqrt{p_1} - \arcsin\sqrt{p_0}}\right)^2 \approx \frac{1}{4}\left(\frac{|K_\alpha| + |K_\beta|}{\sqrt{p_1} - \sqrt{p_0}}\right)^2 , \qquad (134\text{–}86)$$

wobei K_α und K_β die den Wahrscheinlichkeiten α und β zugeordneten Abweichungen der Gauß-Verteilung (also z. B. 1,96 fur $\alpha = \beta = 2,5\%$) darstellen.

Fur die Folgeprüfung wird Stück für Stück entnommen, und die Anzahl der Ausschußstücke bis zum i-ten geprüften Stück zusammengezählt. Wenn diese Summe kleiner oder gleich einer vorher in Abhängigkeit von der Anzahl der geprüften Stücke gerechnete Annahmeziffer a wird, so wird das Los angenommen, wird sie größer als eine Rückweiseziffer r, so wird das Los zurückgewiesen.

Der große Vorteil der von Wald entwickelten Folgeprufung ist, daß sie auf rein lineare Gleichungen fuhrt:

$$a \leq h_0 + ib$$
$$r \geq h_1 + ib, \text{ also zwei Parallelen.}$$

Die Formeln fur die Bestimmung der drei Konstanten h_0, h_1 und b sind in Tab. 134–7 fur die drei einfachsten Falle zusammengestellt.

Tab. 134–7. **Konstanten der Folgeprüfung** $a_i \leq h_0 + i \cdot b \quad r_i \geq h_1 + i \cdot b$

Art	h_0	h_1	b
$p_0,\ \alpha$ $p_1,\ \beta$	$\ln B / \ln \dfrac{p_1 q_0}{p_0 q_1}$	$\ln A / \ln \dfrac{p_1 q_0}{p_0 q_1}$	$\ln \dfrac{q_0}{q_1} / \ln \dfrac{p_1 q_0}{p_0 q_1}$
$m_0\ \alpha$ $m_1\ \beta$	$\ln B / \ln (m_1/m_0)$	$\ln A / \ln (m_1/m_0)$	$(m_1 - m_0)/\ln (m_1/m_0)$
$\bar{x} < x_0\ \alpha$ $\bar{x} > x_1\ \beta$	$\dfrac{\sigma^2}{x_1 - x_0} \cdot \ln B$	$\dfrac{\sigma^2}{x_1 - x_0} \ln A$	$\dfrac{x_0 + x_1}{2}$

Anm.: 1. p in absolutem Maß [$10\% \equiv 0,10$], $q = 1 - p$
2. $A = (1 - \beta)/\alpha$ $\qquad$ $B = \beta/(1 - \alpha)$.

Die Tabelle berücksichtigt:

1. Den oben erklärten Fall, daß auf zwei Prozentsatze gepruft werden soll.

2. Die Folgeprüfung einer Poisson-Verteilung, bei der gefordert wird, daß Einheiten mit m_0 Stück Ausschuß nur mit Wahrscheinlichkeit α zurückgewiesen und solche mit m_1 Ausschuß nur mit Wahrscheinlichkeit β angenommen werden sollen. Voraussetzung für die Anwendung der Folgeprufung in diesem Fall — z. B. Stück Ausschuß in Losen von je N Stuck, ist, daß die mögliche Anzahl von Fehlern, die voneinander unabhangig sein müssen, mindestens das acht- bis zehnfache des durchschnittlichen Ausschuß und weiter größer als 6 sein muß.

3. Folgeprüfung auf Mittelwert. In diesem Fall ist als Prüfmerkmal die Summe der Werte zu nehmen. Geprüft wird in diesem Fall auf die Aufgabe, Lose mit $\bar{x} < x_0$, die als nicht ausreichend angesehen werden, mit α anzunehmen und Lose mit $x > x_1$, die als ausreichend angesehen werden, mit Wahrscheinlichkeit β nicht etwa als unzureichend zurückzuweisen.

Vorausgesetzt ist Gauß-Verteilung, bei der die Streuung aus vorhergehenden Untersuchungen geschatzt werden kann. An sich ist diese Voraussetzung nicht erforderlich: man kann in gleicher Weise auch eine Folgeprufung nachdem Studentschen t-Verhaltnis, also nur unter Verwenden der beobachteten Werte durchfuhren. Die Formeln zur Errechnung von h werden dann aber kompliziert, ausfuhrliche Tafeln sind vom Bureau of Standards veroffentlicht (Schrifttum 10).

Fur die Errechnung der Konstanten können nur bei der Prufung auf Prozente Logarithmen beliebiger Basis benutzt werden, in allen anderen Fallen ist Verwenden der naturlichen Logarithmen auf Basis $e = 2{,}718\ldots$ erforderlich. Fur das Errechnen der Grenzlinien reicht sehr oft dcr Darmstadt- oder Studiorechenschieber aus. Fur die Errechnung der Operationscharakteristik der Folgeprufung sind vielstellige (8 bis 12) Logarithmen erforderlich, Annaherung ist durch Benutzen des Wahrscheinlichkeitsnetzes möglich (s. Schriftt. [43].

Tab. 134–8. Übliche Werte von ln A und ln B

α	β	ln A	$-$ ln B
0,01	0,01	4,59512	4,59512
0,05	0,05	2,94444	2,94444
0,01	0,05	4,55388	2,98568
0,01	0,10	4,49981	2,29253
0,05	0,10	2,89037	2,25129
0,10	0,01	2,29253	4,49981
d. h. Vertauschen von $\alpha = 0{,}01$ β 0,10			

Tab. 134–8 gibt die Werte von ln A und ln B fur praktisch benutzte Kombinationen: für den ublichen Kontrollgebrauch reicht aus, bei symmetrischen Grenzen die beiden Werte 3 oder 4,5, fur in der Annahmekontrolle oft benutzte unsymmetrische Grenzen mit Risiken 0,01/0,10 die Grenzen 2,3 und 4,5 zu nehmen.

In der praktischen Anwendung ist die Hauptschwierigkeit die zweckmäßige Wahl der beiden Grenzen fur p_0 und p_1 usw., die viel Erfahrung verlangt.

Anwendungsbeispiele siehe 843.42.

Zusammenstellung der Formelzeichen s. hinter Abschn. 84.

Schrifttum s. hinter Abschn. 84.

135 Normungszahlen

135.1 Größenreihen

Größenreihen in der Technik treten für die verschiedensten Größenarten auf. In der Meßtechnik kommen folgende in Betracht: Langenmaße, Flachenmaße, Ungenauigkeiten, Toleranzen, Kräfte u. a. Die Reihen der entsprechenden Zahlenwerte sind nach zahlreichen Beobachtungen meistens geometrische Reihen. Diese gehen z. T. auf das Weber-Fechnersche Gesetz zurück, das hinsichtlich physiologischer Empfindungen lautet:

Wenn die Empfindungsstärken sich um gleichviel, d. h. im Sinne einer arithmetischen Reihe, andern sollen, so müssen die Reize nach einer geometrischen Reihe geandert werden.

Gegenstandsreihen, deren Größen eine geometrische Folge bilden, werden als schön und harmonisch empfunden.

135.2 Genormte Reihen

Zur Vereinheitlichung der geometrischen Zahlenreihen ist die sogenannte dezimalgeometrische Reihe der Normungszahlen in DIN 323 entwickelt worden. Unsere gewohnten Zehnerpotenzen 1, 10, 100, ... bilden bereits eine geometrische Reihe. Durch die Unterteilung einer Zehnerpotenz in 10 *geometrisch* gestufte Zahlenwerte entsteht die sogenannte Zehnerreihe der Normungszahlen mit dem Stufensprung

$$\sqrt[10]{10} = 1{,}25 .$$

Diese Reihe wird die Zehnerreihe R 10 genannt[1]. Schaltet man zwischen jedes Glied der Zehnerreihe den geometrischen Mittelwert als weiteres Glied ein, so entsteht die Reihe R 20 mit 20 Gliedern in der Dekade. Ihr Stufensprung ist

$$\sqrt[20]{10} = 1{,}12$$

Durch weiteres Einschieben des geometrischen Mittels zwischen je 2 Glieder der Reihe R 20 erhalten wir die Normungszahlenreihe R 40 mit 40 Gliedern in der Dekade und dem Stufensprung

$$\sqrt[40]{10} = 1{,}06 .$$

Für Fälle, wo die Reihe R 10 zu fein gestuft ist, erhält man, wenn man die Reihe mit 1 beginnt und jedes zweite Glied wegläßt, die Reihe R 5 mit 5 Gliedern in einer Dekade und dem Stufensprung

$$\sqrt[5]{10} = 1{,}6 .$$

Die Normungszahlen sind in Taf. 8 gemäß DIN 323 zusammengestellt. Spalte 1 zeigt ihre Ordnungsnummern, Spalte 2 die auf 5 Stellen genauen Werte, Spalte 4 bis 7 die zum Gebrauch auf 3 bzw. 2 Stellen gerundeten Werte, Spalte 3 ihre Abweichungen von den Genauwerten. Mit den Ordnungszahlen kann wie mit Logarithmen gerechnet werden. Wir finden z. B.

---

[1] Der Buchstabe R soll an den Entdecker der Normungszahlen, den französischen Obersten R e n a r d , erinnern.

das Produkt von 1,8 (Ordnungszahl 10) und 3,15 (Ordnungszahl 20) gleich der Zahl, die zur Ordnungszahl 10 + 20 = 30 gehört, nämlich 5,6.

Die Reihen R 5, R 10, R 20 und R 40 werden Grundreihen genannt. Von diesen Grundreihen hat jeweils die gröber gestufte den Vorrang vor der feiner gestuften Reihe. Nach Über- oder Unterschreitung einer Zehnerpotenz (0,1 – 1 – 10 – 100 ...) wiederholen sich bei den Grundreihen die Zahlenwerte mit versetztem Komma. Lassen wir in einer Grundreihe (außer R 5) jedes zweite Glied fort, so entsteht daraus, solange die Zehnerpotenzen in der Reihe stehenbleiben, die nächst gröbere Grundreihe. Gehen jedoch die Zehnerpotenzen beim Wegstreichen jedes zweiten Gliedes verloren, entsteht eine Reihe, die zwar den Stufensprung der nächst gröberen Reihe hat, aber nicht deren Zahlenwert enthält.

So entsteht z. B. aus der Reihe

| R 10 | 1 | 1,25 | 1,6 | 2 | 2,5 | 3,15 | 4 | 5 |

durch Wegstreichen von

| | 1 | | 1,6 | | 2,5 | | 4 | |

die abgeleitete Reihe

| | | 1,25 | | 2 | | 3,15 | | 5 |

Man schreibt für sie das Kurzzeichen R 10/2, wobei die 10 darauf hinweist, daß die Reihe nur Glieder der Zehnerreihe enthält, während die 2 unter dem Bruchstrich anzeigt, daß sie nur halb so viel Zahlen enthält. In gleicher Weise werden

aus der Reihe R 20 die Reihe R 20/2
aus der Reihe R 40 die Reihe R 40/2

abgeleitet.

Abgeleitete Reihen lassen sich auch dadurch bilden, daß man in einer Grundreihe eine beliebige Anzahl von Gliedern überspringt. Verbreitet sind die Grundreihen aus jedem 3., 6. und 12. Glied. Diese Reihen sind erst dann eindeutig, wenn mindestens ein Glied der Reihe angegeben ist, da es zu ihrer Bildung jeweils mehrere Möglichkeiten gibt, und zwar soviel, wie die Zahl unter dem Bruchstrich ausdrückt.

Soll z. B. aus jeder dritten Zahl der Reihe R 20 eine neue Reihe abgeleitet werden, so gibt es drei Möglichkeiten. Die Bezeichnung R 20/3 wäre somit nicht mehr eindeutig. Die 3 Reihen sind

R 20/3 (1 ...)
R 20/3 (1,12 ...)
R 20/3 (1,25 ...)

Für die Anwendung der Normungszahlen haben die abgeleiteten Reihen, die den Wert 1 enthalten, den Vorzug vor den anderen. Tab. 135–1 gibt einen Überblick über die wichtigsten Normungszahlenreihen, die für die verschiedensten Zwecke zur Verfugung stehen. Die Fortsetzung der Reihen ergibt sich von selbst.

Man beachte, daß die Zahl 2 in vielen Reihen vorkommt. Dies geht darauf zurück, daß $\sqrt[3]{2} \approx \sqrt[10]{10}$ (≈ 1,25) ist; daher ist die abgeleitete Reihe R 10/3 eine Verdoppelungsreihe.

Tabelle 135–1. Abgeleitete Normungszahlreihen

Reihe	R 40	R 20	$R\frac{40}{3}$	R 10	$R\frac{40}{5}$	$R\frac{20}{3}$	R 5	$R\frac{20}{5}$	$R\frac{10}{3}$	$R\frac{5}{2}$
Stufensprung	1,06	1,12	1,18	1,25	1,32	1,40	1,60	1,80	2,00	2,50
	1,00	1,00	1,00	1,00	1,00	1,00	1,00	1,00	1,00	1,00
	1,06									
	1,12	1,12								
	1,18		1,18							
	1,25	1,25		1,25						
	1,32				1,32					
	1,40	1,40	1,40			$1,\overline{4}0$				
	1,50									
	1,60	1,60		1,60			1,60			
	1,70		1,70							
	1,80	1,80			1,80			1,80		
	1,90									
	2,00	2,00	2,00	2,00		2,00			2,00	
	2,12									
	2,24	2,24								
	2,36		2,36		2,36					
	2,50	2,50		2,50			2,50			2,50

135,3 Nützliche Eigenschaften

In einer geometrischen Reihe ist jedes Glied das gleiche Vielfache des vorhergehenden. Ist es das φ fache und ist das Anfangsglied A, so lautet die Reihe:

$$A, \quad \varphi A, \quad \varphi^2 A, \quad \varphi^3 A, \quad \ldots\ldots$$

Wenn φ einer der obengenannten Stufensprunge ist, so ist die Reihe eine Normungszahlenreihe. Ist etwa A die Seite eines Rechtecks und B seine andere Seite und besteht fur B ebenfalls eine geometrische Reihe·

$$B, \quad \eta B, \quad \eta^2 B, \quad \eta^3 B, \quad \ldots$$

so sind die Rechteckflachen ausgedruckt durch

$$AB, \quad \varphi\eta \cdot AB, \quad \varphi^2\eta^2 \cdot AB, \quad \ldots\ldots$$

Die Rechteckflachen haben also den Stufensprung „$\varphi\cdot\eta$". Wenn wir somit paarweise die Glieder zweier geometrischer Reihen miteinander vervielfaltigen, so entsteht wieder eine geometrische Reihe, deren Stufensprung gleich dem Produkt der Stufensprunge der ursprunglichen Reihen ist.

Sind die Größen Normungszahlen, so lassen sie sich als ganzzahlige Potenz von $q = \sqrt[40]{10}$ ausdrucken. Lautet eine Normungszahl q^m, eine zweite q^n, so ist ihr Produkt q^{m+n}. Da m und n voraussetzungsgemaß ganze Zahlen sind, so geht daraus hervor, daß die Produkte von Normungszahlen wieder Normungszahlen sind. Das Gleiche gilt, wenn man Normungszahlen durcheinander teilt oder wenn man sie mit ganzen Zahlen potenziert, denn

$$(q^n)^2 = q^{2n}.$$

Dadurch wird das Rechnen mit Normungszahlen außerordentlich erleichtert, denn bei allen denkbaren Vervielfaltigungen, Teilungen und Potenzierungen, an denen nur Normungszahlen beteiligt sind, wird das Ergebnis einer der 40 Werte der Spalte 4 von Tafel 8 sein.

Haufig kommt man mit der Reihe R 20 aus, dann beherrscht man ganze Rechnungsgebiete mit nur 20 Zahlen.

Beispiel. Schleifscheiben-Drehzahlen. Wir stufen die Durchmesser nach R 20 und die Drehzahlen nach R 20. Die Umfangsgeschwindigkeit ist dann

$$U = \pi \cdot D \cdot n.$$

Da $\pi \approx 3{,}15$, also eine Zahl der Reihe R 20 ist, sind nach der Regel, daß Produkte von Normungszahlen wieder Normungszahlen ergeben, auch die Umfangsgeschwindigkeiten Normungszahlen der Reihe R 20.

Beim Rechnen mit Normungszahlen ist folgendes zu beachten: man schreibt die H a u p t werte, gedacht sind dabei aber stets die G e n a u werte, mit anderen Worten, man kurzt die Schreibweise, z. B.

$$\sqrt[40]{10^{12}} \cdot \sqrt[40]{10^{26}} \qquad \text{oder} \qquad 1{,}9953 \cdot 4{,}4668 = 8{,}9125$$

durch die Schreibweise $\qquad\qquad\qquad 2 \qquad \cdot 4{,}5 \quad = 9$

Auf diese Weise kommt die eigenartige Beziehung zustande:

$$8 \cdot 8 = 63,$$

weil sie für die Beziehung

$$\sqrt[10]{10^9} \cdot \sqrt[10]{10^9} = \sqrt[10]{10^{18}} = 10 \cdot \sqrt[10]{10^8} = 7{,}9433^2 = 63{,}096$$

steht. Man beachte, daß kein Hauptwert einer Normungszahl von ihrem Genauwert um mehr als 1,26% abweicht (Spalte 3 in Taf. 8). Diese Ungenauigkeit bleibt unter der, mit der technische Werte im allgemeinen bekannt sind.

135.4 Abwandlungen

135.41 Anwendung der Normzahlen. Soweit wie möglich sind die Hauptwerte der Normungszahlen, wie sie in DIN 323 (Tafel 8) stehen, anzuwenden. Fur manche Zwecke der Technik sind Werte wie 3,15 und andere indes unbequem. Fur diese Falle ist eine zusatzliche Rundung vorgesehen (Spalte 8, Taf. 8). Insbesondere gelten diese Rundungen fur die bekannte Norm DIN 3 „Baumaße“, ebenso fur DIN 250 „Halbmesser“ (Taf. 9 u. 10).

Solche und andere Rundungen sind technisch sinnvoll anzuwenden, d. h. so, daß einerseits die Stufung der geometrischen Reihe möglichst angenahert eingehalten wird und andererseits die Zahlen ihren besonderen Anwendungsbedingungen entsprechen. Ist die Bedingung z. B., daß die Zahlen gerade sein mussen, so wandelt man etwa die Reihe

10 *12,5* 16 20 *25* *31,5* 40 50 *63* 80 100

ab in die Reihe

10 *12* 16 20 *26* *32* 40 50 *64* 80 100

Handelt es sich darum, eine Zehnerstufe in 3 geometrische Stufen zu unterteilen, so würde die Reihe theoretisch lauten:

1 2,1544 4,6416 10 .....

Diese Werte gerundet führen zu der Reihe

Ra 3   1   2   5   10   20   50   100 .....

die im Meßwesen, z. B. bei Gewichten, wichtig ist.

135.42 Die gruppengeometrische Reihe. Gruppengeometrische Reihen sind Reihen steigender Größen, die aus gleichgroßen Gruppen bestehen, derart, daß jeder Wert einer Gruppe das gleiche Vielfache des entsprechenden Wertes der vorhergehenden Gruppe ist. Die gruppengeometrischen Reihen werden vornehmlich auf ganze Zahlen angewendet. Zweckmäßig werden die Gruppen untereinander geschrieben, dadurch wird die Eigenart der Reihe leicht ubersehbar.

Man schreibt abgekürzt (Zahlenbeispiel):

$$\text{Rgg} \quad \begin{vmatrix} 3 & 4 & 5 \\ 6 & \cdots & \cdots \end{vmatrix} \quad \text{fur} \quad \begin{matrix} 3 & 4 & 5 \\ 6 & 8 & 10 \\ 12 & 16 & 20 \end{matrix} \text{ usw.}$$

Wenn γ der Gruppensprung ist, lautet die allgemeine Form der gruppengeometrischen Reihe:

$$\begin{matrix} a & b & c & \cdots \\ a\gamma & b\gamma & c\gamma & \cdots \\ a\gamma^2 & b\gamma^2 & c\gamma^2 & \cdots \end{matrix}$$

135.5 Anwendung im Meßwesen

135.51 Längenmaße. Dadurch daß die Normungszahlen die Grundlage für viele Reihen von Durchmessern, Langen, Halbmessern, Lagerabstanden usw. bilden, tauchen sie als Nennmaße der Lehren auf.

135.52 Außenmaße. Damit werden sie auch für die Außenmaße von Meßzeugen selbst angewendet. Z. B. könnte man Schieblehren nach folgender Reihe stufen:

250   315   ´400   500   630   800   1000 mm

Die oberen Durchmesserbereiche von Kugelendmaßen nach DIN 7164 lauten:

über   140   160   180   200   225   250   280
bis   160   180   200   225   250   280   315

135.53 Zusammensetzung von Meßzeugen f. versch. Bereiche. Wenn Meßzeuge fur verschiedene Bereiche aus einigen wenigen Elementen zusammengesetzt werden sollen, dann ist folgendes additive Gesetz anzuwenden, wenn die Zahl der Elemente denkbar klein sein soll:

Aus der Zahlenreihe   1   2   4   8   16 .....

lassen sich durch Addition alle ganzen Zahlen bilden[1]:

$3 = 1 + 2$ $5 = 4 + 1$ $6 = 4 + 2$ $7 = 4 + 2 + 1$ usf.

Dasselbe gilt für ganzzahlige Vielfache dieser Reihe. So kann man die Verlangerungen von Innen-Meßschrauben mit 25 mm Anzeigebereich wie folgt stufen (25 faches der Zahlenreihe):

25   50   100   200   400 mm.

---

[1] Wenn es auf die geringste Anzahl von Einzelgrößen ankommt, ist diese Reihe zu empfehlen; ausfuhrliche Erorterung der Stufung von zusammenzusetzenden Elementen s. Schriftt. [2].

Wünscht man eine Innenmeßschraube für 675···700 mm zusammenzustellen, so wählt man zur Grundschraube mit dem Anzeigebereich 100 bis 125 eine Verlängerungssumme von 575 mm und setzt diese aus den Elementen

$$400 + 100 + 50 + 25$$

zusammen.

135.54 Anzeigebereiche von anzeigenden Geräten. Bei elektrischen Meßgeräten, die ja heute auch für Längenmessungen benutzt werden, kann der Anzeigebereich umgeschaltet werden. Die Vielfachen wählt man als Normungszahlen:

$$^1/_5 \quad ^1/_2 \quad 2 \quad 5 \quad 10 \ldots\ldots$$

so daß ein Gerät, dessen Anzeigebereich eine Normungszahl darstellt (z. B. Meßbereich 50), auf Meßbereiche umgestellt wird, die wiederum Normungszahlen sind.

135.55 Vergrößerungen und Verkleinerungen. Hierunter fallen die Übersetzungen von anzeigenden Längenmeßgeräten. Die Hauptwerte der Vergrößerungen sind 10 beim einfachen Fühlhebel, 100 bei der Meßuhr, 1000 beim Feinmesser. Wenn unbedingt Zwischenwerte erforderlich sind, folgt man der Reihe Ra 3, z. B. mit Werten wie 500 oder 2000.

Bei Geräten mit optischen Vergrößerungen sollten ebenfalls die Werte der Reihe Ra 3 angewendet werden. Das ist von unmittelbarer Bedeutung, wenn es sich z. B. bei Projektionsgeräten darum handelt, Werkstückformen mit aufgezeichneten Umrissen zu vergleichen, denn damit sind deren Vergrößerungsmaßstäbe festgelegt.

135.56 ISA-Toleranzen. Da die Abstufung von Toleranzqualitäten auch einer geometrischen Reihe entspricht, werden dafür die Normungszahlen angewandt. Von der Grundqualität 6 der ISA-Toleranzen ausgehend, in der

$$IT6 = 10\,i \; (i = \text{Toleranzeinheit} = 0{,}45 \sqrt[3]{D} + 0{,}001 \cdot D, \; i \text{ in } \mu, \; D \text{ in mm})$$

ist, hat jede folgende Qualität eine 1,6mal größere Toleranz, also

$$IT7 = 16\,i, \quad IT8 = 25\,i \quad \text{usw.}$$

135.57 Genauigkeiten von Meßgeräten. In Fortführung des in 135.56 ausgeführten Gedankens sind auch die Genauigkeiten von Libellen geometrisch gestuft.

So sind nach DIN 877 die Genauigkeitsstufen:
1 Skalenteilausschlag ist gleich

bei Empfindlichkeitsgrad

I.	a)	0,05 bis 0,1	mm/m
	b)	0,15 „ 0,2	mm/m
II.		0,3 „ 0,4	mm/m
III.		0,6 „ 0,8	mm/m
IV.		1,2 „ 1,6	mm/m

Schrifttum

[1] **Berg:** Angewandte Normzahl, Berlin, Beuthe-Vertrieb, 1949.

[2] **Kienzle:** Normungszahlen. Schriftenreihe wiss. Normung. Berlin / Göttingen / Heidelberg, Springer 1950.

14 Geometrische und physikalische Grundlagen

141 Geometrische, mechanische und thermische Einflüsse auf das Meßergebnis

141.1 Fehlerordnungszahl

Läßt sich der Zusammenhang zwischen dem Fehler einer Meßgröße und der Fehlerursache durch eine Funktion ausdrucken, die in eine verhaltnismäßig rasch konvergierende Potenzreihe zu entwickeln ist, so gibt der *kleinste Exponent* in dieser die *Ordnung des Fehlers* an. Hohere Potenzen treten stets auf und können weggelassen werden, wenn φ so klein, daß $\varphi^{n+1} \ll \varphi^{n}$.

Wenn φ größere Werte annehmen kann, wie z. B. wenn bei Hebelubertragungen Bogen durch Gerade ersetzt werden, mussen auch die hoheren Potenzen von φ berucksichtigt werden.

Meist erhalt man beim Aufstellen der Fehlerfunktion $f = F(\varphi)$ nicht unmittelbar eine Potenzfunktion, z. B. $f = a \cdot \varphi$ oder $f = a + b \cdot \varphi^2$, wobei φ die den Fehler f des Meßergebnisses verursachende Große ist, a und $b =$ Konstante. Die Ordnungszahl des Fehlers wird dann bestimmt, indem man die gefundene Funktion nach Abschn. 131.43 durch eine unendliche Potenzreihe ausdruckt. Beispiele (s. a. Abschn. 141.2 und 3):

1. Fur den Fehler ergebe sich $f = a \cdot \operatorname{tg} \varphi$, wobei mit φ der kleine Winkel bezeichnet sei, um den ein Teil der Meßanordnung von seiner richtigen Lage abweicht. Ersetzt man nun $\operatorname{tg} \varphi$ durch eine unendliche Potenzreihe, so erhalt man fur die Fehlergleichung:

$$f = a \left(\widehat{\varphi} + \frac{1}{3} \widehat{\varphi^3} + \frac{2}{15} \widehat{\varphi^5} + \frac{17}{315} \widehat{\varphi^7} + \text{ usw.} \right),$$

dabci ist $\widehat{\varphi}$, wie durch den Bogen angedeutet, im Bogenmaß, d. h. in *rad* einzusetzen, s. Abschn. 122. Wenn $\varphi \ll 1$ (spr. φ klein gegen eins), konnen die 3. und hoheren Potenzen gegenuber der 1. vernachlassigt werden. Man erhalt also in erster Naherung

$$f \approx a \cdot \widehat{\varphi}.$$

Die den Fehler verursachende Große φ erscheint somit mit dem Exponenten 1 in der Fehlerfunktion, und man sagt dann: *Der durch φ bewirkte Fehler ist klein von der 1. Ordnung.*

Bei hoheren Genauigkeitsanspruchen oder wenn φ nicht genugend klein gegen 1, mussen auch hohere Potenzen berucksichtigt werden. Der Fehler bleibt aber klein von der 1. Ordnung.

2. Fur den Fehler ergebe sich $f = a (\cos \varphi - 1)$. Es ergibt sich naherungsweise:

$$f \approx a \left(1 - \frac{1}{2} \widehat{\varphi^2} - 1 \right) \approx - a \frac{\widehat{\varphi^2}}{2}.$$

Der durch die kleine Abweichung eines Teiles der Meßanordnung von der richtigen Lage um den Winkel $\widehat{\varphi}$, im Bogenmaß ausgedruckt, verursachte Fehler f ist somit *klein von der 2. Ordnung*, und zwar negativ, d. h. das Meßergebnis ist kleiner als der richtige Wert. Die Fehlerursache φ braucht kein Winkel zu sein.

Die Ordnungszahl darf nur auf Fehlereinflusse (φ) bezogen werden, die im *Zuhler* auftreten. Steht φ in der 1. oder einer höheren Potenz im *Nenner*, so ist z. B. $\frac{1}{\varphi} \gg 1$

(groß gegen eins), weil die Abweichung φ stets klein sein soll. Erst recht ist $\frac{1}{\varphi^2} \gg 1$

Man kann dann nur feststellen, daß der Fehler *größer als von der 1. Ordnung* ist

Bei *gekrummten* Pruflingen, Stativteilen, Fuhrungsbahnen wird oft die Krummungslinie in der Rechnung naherungsweise durch einen Kreisbogen mit dem Halbmesser R ausgedruckt. Dies ist zulassig, da R sehr groß sein soll. Dann erscheint in

Fehlergleichungen oft R im *Nenner*. Trotzdem liegt dann, wenn R in der 1. Potenz vorkommt, ein Fehler 1. Ordnung vor, denn R steht dann fur seinen Kehrwert, das Krümmungsmaß. Bei einem Kippwinkel $\widehat{\varphi} = \dfrac{L}{R}$ (L = Bogenlange, R = Halbmesser) tritt dann an Stelle von φ^n die Große $\dfrac{L^n}{R^n}$ die, da $R \gg L$ und damit $1/R \ll L$ klein von der n-ten Ordnung ist.

Fehleruntersuchung ist die Bestimmung der funktionellen Abhangigkeit des Meßergebnisses von den verschiedenen Einflussen, die einen Fehler bewirken können. *Sie gehört zu jeder exakten Messung!* Zumindest muß man sich über die Ordnungszahl der Fehlereinflusse Klarheit verschaffen, damit man nicht an Stellen mit geringem Einfluß große Sorgfalt anwendet, die wegen stärkerer, aber nicht berücksichtigter anderer Einflusse nutzlos ist. Siehe Abschn. 133. Die Abschn. 141.2 bis 141.6 enthalten zahlreiche der Praxis entnommene ausgerechnete Beispiele fur Fehlereinflüsse.

141.2 Komparatorprinzip

Nach dem von Ernst Abbe (Mitbegründer der Zeiß-Werke) 1893 aufgestellten Grundsatz *sollen Prufling und Normal in der Meßrichtung fluchtend angeordnet sein.* Dieser Grundsatz wird auch *Komparatorprinzip* genannt. Allgemein kann man sagen: *Vermeide möglichst Fehler 1. Ordnung!* Zur Erläuterung s. Abb. 141–1 bis 141–6, weitere Beispiele s. Abschn. 141.3. Die Visierlinien sind hier auf je eine Marke von P und N eingestellt.

Die Anordnung nach Abb. 141–1 sollte wegen des Fehlers 1. Ordnung grundsätzlich vermieden oder S so klein wie möglich gemacht werden. Sie findet sich aber haufig in der Technik:

Meßgerat	Visierlinien		Fuhrung	Bemerkung
Höhenreißer mit Teilung	Anreißspitze	Marke (Nonius) zum Ablesen an der Teilung	Stange mit Teilung	2
Schieblehre	verschobener Schnabel			
Leitspindeldreh-bank	Gewindestahl	Schloßmutter	Bett	1
Kathetometer	Achse des verschobenen Fernrohres	Marke (Nonius)	Saule mit Teilung	2

[1] Normal $\triangleq$ Leitspindel, Prüfling $\triangleq$ zu schneidendem Gewinde.
[2] Fehler 1. Ordnung wird vermieden, wenn nicht an der Saulenteilung, sondern an einem parallel zum Prufling aufgestellten Maßstab abgelesen wird. Dann Anordnung nach Abb. 141–6 (Quervergleicher).

Der Fehler wird = 0, wenn $S = 0$ gemacht werden kann, z. B. wenn die Teilungen unmittelbar aufeinander (z. B. durchsichtiger Maßstab auf Zeichnung) oder aneinander gelegt werden können. Das ist z. B. beim *Rechenstab* nur bei aneinanderstoßenden Teilungen der Fall; beim Übergang von der Grund- auf die Quadratteilung mittels des Laufers bewirken aber Führungsfehler des Laufers *Fehler 1. Ordnung.*

Parallaxe ist ein *Fehler 1. Ordnung*. Sie tritt auf, wenn die Zeigerstellung auf einer Skale nicht *senkrecht* zur Skalenebene abgelesen wird. Abb. 141–2.

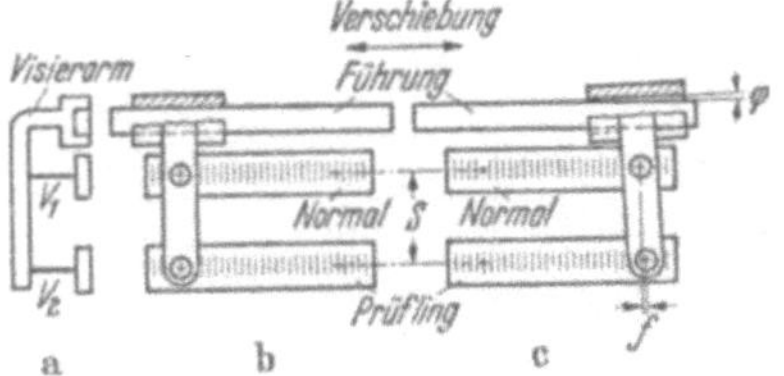

Abb. 141–1. Prüfling und Normal *parallel nebeneinander* (Longitudinal-Komparator, Längsvergleicher). a) Seitenriß, b) erste Ablesestellung, c) zweite Ablesestellung. V_1, V_2 = Visierlinien. Statt des Schiebers mit der Visiereinrichtung kann auch der Tisch verschoben werden, auf dem Prufling und Normal liegen. Verschiebung *längs* der Meßrichtung, daher Prinzip des *Längs*vergleichers oder *Longitudinal*-Komparators genannt. Kippen um φ beim Verschieben bewirkt den Fehler $f = S \cdot \sin \varphi \approx S \cdot \widehat{\varphi}$ = Fehler 1. Ordnung. Krummen des Visierarmes in der Ebene $b - c$ (z. B. durch ungleichmäßige Erwärmung) mit dem Krummungshalbmesser R bewirkt ebenfalls einen Fehler 1. Ordnung: $f = \dfrac{S^2}{2R}$. Krümmung in der Ebene a bewirkt keine Fehler.

Um den durch Parallaxe hervorgerufenen Fehler zu vermeiden, wird oft unter der Skale parallel zur Skalenebene ein Spiegel angeordnet: Wenn für das beobachtende Auge die Zeigerspitze und ihr Spiegelbild zusammenfallen, ist $f = 0$, weil die Beobachtung senkrecht zur Skale erfolgt ($\varphi = 0$). Wird eine Lichtmarke auf die Skale projiziert, wie beim Mikrolux, Abschn. 244, gibt es keinen Fehler durch Parallaxe, da $\varphi = 0$.

Abb. 141–2. Parallaxenfehler. Die Zeigerstellung entspricht dem Meßwert (Prufling), die Skale dem Normal, beide liegen nicht in der gleichen Ebene (Abstand = a).

Fehler $f = a \cdot \mathrm{tg}\,\varphi \approx a \cdot \widehat{\varphi}$ = Fehler 1. Ordnung, a möglichst klein machen.

Bei der optischen Längenmeßmaschine, Abschn. 245, und dem Leitspindelprüfer (Zeiß) werden Fehler 1. Ordnung trotz paralleler Lage von Prufling und Normal vermieden.

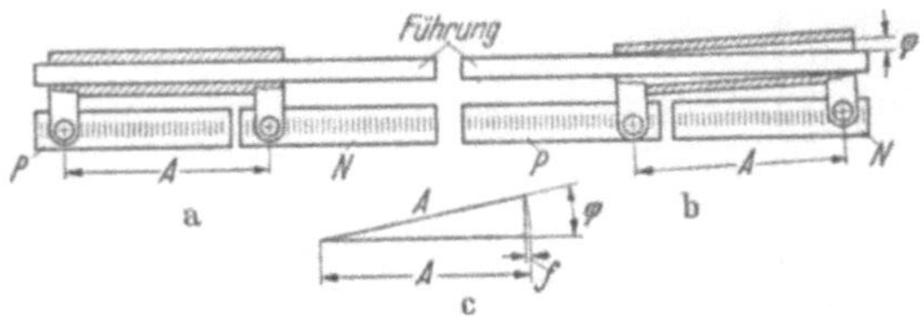

Abb. 141–3. Prüfling P und Normal N hintereinander *fluchtend* (Longitudinal-Komparator, Längsvergleicher). a) erste Ablesestellung, b) zweite Ablesestellung, dabei Schieber um φ gekippt, c) geometrische Figur (φ vergroßert) zum Berechnen von f. Statt des Schiebers mit der Visiereinrichtung kann auch der Tisch verschoben werden, auf dem Prufling und Normal liegen. Kippen um φ bewirkt den Fehler

$$f = A \,(1 - \cos \varphi) \approx \frac{A}{2}\,\widehat{\varphi}^2 = \text{Fehler 2. Ordnung.}$$

Derselbe Fehler tritt auf, wenn statt Führungsfehler N oder P um φ schief liegt. Denselben Fehler bewirkt Kippen in einer Ebene senkrecht zur Zeichenebene.

Bei der Anordnung nach Abb. 141–3 ist das Komparatorprinzip *befolgt*; durch Kippungen des Tisches oder der Verbindung der beiden Visierlinien treten **nur Fehler 2. Ordnung** auf, bei ihrer Krümmung dagegen Fehler 1. Ordnung. Nachteil: Bei großer Meßlänge (Meßmaschine) Baulänge groß. Anwendungen s. folgende Tabelle.

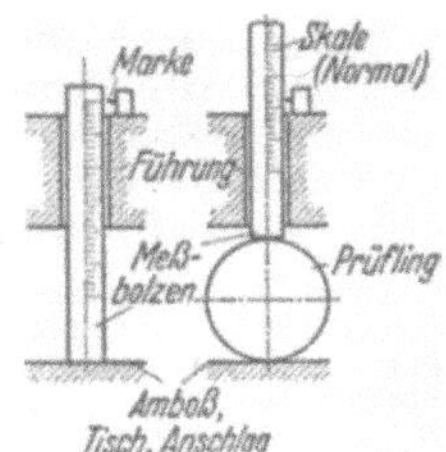

Abb. 141–4. Messen nach dem Komparatorprinzip: Prüfling und Normal fluchtend. Messen gegen festen Amboß, Tisch oder Anschlag.

Meßgerät	Visierlinien		Normal	Bemerkung
Abbe-Dicken-messer			Strichmaß-stab	1
Meßschraube	Meßfläche des verschiebbaren Meßbolzens	Marke (Nonius) zum Ablesen der Teilung	Gewinde	1 2
mech. Meß-maschine				
Meßuhr		Zeiger	Zahnstange	1 2
Fühlhebel		Zeiger	Endmaß od. Einstellehre als Normal	1 2 3
Patronenbank	Gewindestahl		Gewinde-patrone Mutter-segment	

[1] Grundsätzliche Anordnung nach Abb. 141–4.

[2] Verschiebung des Meßbolzens wird vergrößert angezeigt. Dazu besondere Skale mit Marke oder Zeiger = zweites Normal für Bruchteile. Erstes Normal = Steigung des Gewindes, Teilung der Zahnstange; bei Fühlhebeln: Einstellnormal.

[3] Mit Fühlhebel im allgemeinen nur Unterschiedsmessungen. Bei unmittelbarer Messung ohne Einstellnormal ist Skale = Normal.

In Abb. 141–3 ist der Fehler positiv, wenn auf N eingestellt und auf P abgelesen wird, im umgekehrten Falle negativ.

An Stelle beider Visierlinien, wie in Abb. 141–3, können auch eine Visierlinie und das Normal miteinander gekuppelt und gemeinsam verschoben werden: Abb. 141–5.

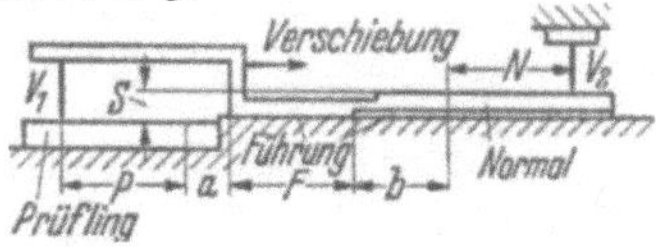

Abb. 141–5. Normal und eine Visierlinie (V_1) verschoben. Prüfling und zweite Visierlinie (V_2) stehen während des Messens fest. Bei Kippung in der Zeichenebene um φ infolge von Führungsfehlern entsteht ein Fehler

$$f = - S \cdot \varphi + \frac{1}{2}(a - b)\varphi^2 \quad \text{bzw.} \quad f = - S \cdot \varphi \pm \left[P + \frac{1}{2}(a + b) \right] \varphi^2$$

je nach Lage des Kippunktes auf F. Dies ist ein *Fehler 1. Ordnung*, der daher rührt, daß Prüfling und Normal nicht fluchten, sondern um S voneinander entfernt sind. Deshalb $S = 0$ machen. Lage der Führung ist gleichgültig.

Eine weitere grundsätzliche Möglichkeit zum Vergleich größerer Langen zeigt Abb. 141–6: Normal und Prüfling liegen parallel nebeneinander oder auch beliebig im Raum. Visiereinrichtung muß nacheinander in Meßrichtung zu N und P angeordnet werden, beide Visierlinien sind hier auf N oder P eingestellt, Abweichungen bewirken Fehler 2. Ordnung.

Wenn St in der Ebene a sich zwischen den beiden Ablesungen krummt, entstehen Fehler 1. Ordnung. Um das zu vermeiden, läßt man bei Komparatoren möglichst die Visierlinien feststehen. Bei technischen Meßgeraten ist dies meist nicht durchfuhrbar.

Anwendungen:

Meßgerat	Visierlinien	Normal	Bemerkung
Höhenreißer ohne Teilung	Fuß, Anreißspitze	Maßstab oder Endmaße	1
Außen- und Innentaster	2 Spitzen oder Kugeln	Einstellnormal od Endmaße	
Rachenlehre	2 Meßflächen	Pruflehre als Normal	
Fuhlhebel an Werkzeugmaschinen	2 Meßflachen oder 1 Meßfläche und Maschinenbett	Einstellnormal	2

---

[1] Kippen des Hohenreißers infolge Unebenheit der Anreißplatte bewirkt: Fehler 2. Ordnung, wenn Anreißmarken in derselben (senkrechten) Ebene liegen; Fehler 1. Ordnung, wenn Anreißmarken in verschiedenen Ebenen des Pruflings liegen.
[2] Siehe Abschn. 713.

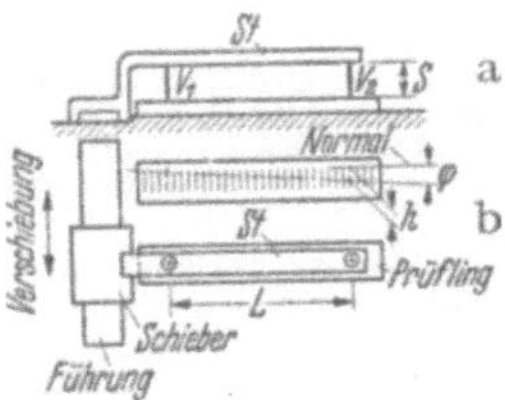

Abb. 141–6. Prüfling und Normal liegen parallel nebeneinander (Transversal-Komparator = Quervergleicher). Abstand der Visierlinien V_1, V_2 wird auf gewunschte Meßlange eingestellt, dann Schieber quer zur Meßrichtung verschoben und mit Einstellung Normal verglichen. Statt Schieber kann auch Tisch mit Prufling und Normal quer verschoben werden. Fuhrungsfehler um φ in der Ebene b (Grundriß) bewirkt Meßfehler $f = \frac{1}{2} L \varphi^2 = $ Fehler 2. Ordnung. Krummung der Verbindungsstange St mit dem Halbmesser R in der Zeichenebene a bewirkt $f_a = S \cdot \varphi = 1.$ Ordnung, in der Ebene b wird $f_b = \frac{1}{6} \cdot \frac{L^3}{R^2} = 2.$ Ordnung.

Zahlenbeispiele zu Abb. 141–6 fur $L = 1000$ mm.

$$f = \frac{1}{0,1} \, \mu \qquad \varphi = \frac{4,9'}{1,5'} \qquad h = \frac{1,4}{0,45} \text{ mm}$$

141.3 Meßfehler

141.31 Falsche Lage. Auflagefläche nicht senkrecht zur Meßrichtung (gegen die senkrechte Meßrichtung um φ gekippt). Folge: Fehler 2. Ordnung.

Zahlenbeispiel zu Abb. 141-7 für $L = 100$ mm:

$$f = \frac{1\ \mu}{0,1\mu} \qquad \varphi = \frac{15,4'}{4,9'} \qquad h:b = \frac{0,45:100}{0,14:100}$$

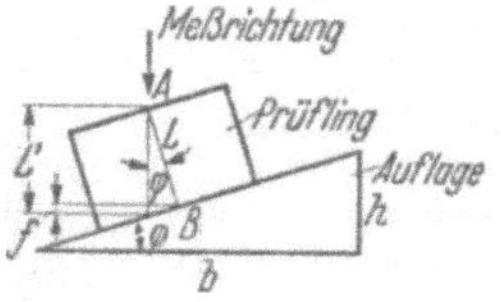

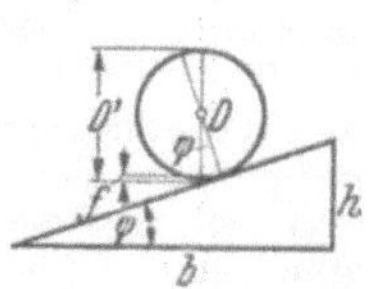

Abb. 141-7. Planparalleler Prüfling auf einer Auflage, die um φ gegen die Meßrichtung geneigt ist. Gleiche Wirkung, wenn Meßbolzenachse nicht senkrecht zur Auflagefläche. L = wirkliche, L' = gemessene Länge.

Fehler $f = L' - L = \dfrac{1}{2}\,L\widehat{\varphi^2} = \dfrac{1}{2}\,L\left(\dfrac{h}{b}\right)^2$.

Abb. 141-8. Kugel oder Zylinder auf einer Auflage, die um φ gegen die Meßrichtung geneigt ist. Gleiche Wirkung, wenn Meßbolzenachse nicht senkrecht zur Auflagefläche. D = wirklicher Dmr., D' = Meßergebnis, h = Höhenunterschied auf Länge b.

Fehler $f = D' - D = \dfrac{1}{4}\,D\widehat{\varphi^2} = \dfrac{1}{4}\,D\left(\dfrac{h}{b}\right)^2$.

Zahlenbeispiel zu Abb. 141-8 für $D = 10$ mm:

$$f = \frac{1\ \mu}{0,1\mu} \qquad \varphi = \frac{1°\ 9'}{21,8'} \qquad h:b = \frac{2:100}{0,63:100}$$

Wird ein rechtkantiger Prüfling mit einer kugeligen Meßfläche gemessen, so fällt der Fehler nach Abb. 141-8 heraus, da bei Einstellnormal und Prüfling gleich groß. — Der Fehler nach Abb. 141-7 wird sehr klein, wenn gegen Einstellnormal von der Länge L_n verglichen wird; dann ist in der Fehlerformel $L - L_n$ an Stelle von L einzusetzen.

Abb. 141-7 u. 141-8, gelten nur für Körper, nicht für Strichmaße, für diese zeigen Abb. 141-1 u. 141-3c Beispiele der falschen Lage.

Liegen die zueinander parallelen Marken oder Flächen nicht senkrecht zur Meßrichtung, wie in Abb. 141-9, so ergibt Abweichung von dieser einen *Fehler 1. Ordnung. Beispiel*: Messen von Steigung und Flankendurchmesser am Gewinde.

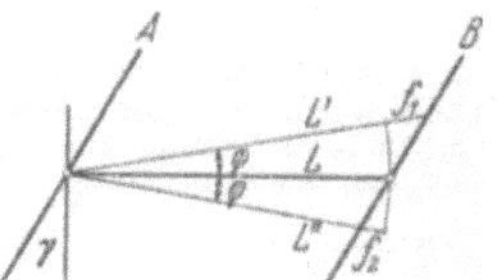

Abb. 141-9. Die Marken oder Flächen A und B sind um γ gegen die Meßrichtung L geneigt. Abweichung um φ von der Soll-Meßrichtung L bewirkt Fehler $f = L' - L$ bzw. $L'' - L$

$$= L\left[\pm\,\widehat{\varphi}\ \mathrm{tg}\,\gamma - \left(\dfrac{1}{2} - \mathrm{tg}^2\gamma\right)\widehat{\varphi^2}\right] \approx \pm\,L\varphi\,\mathrm{tg}\,\gamma.$$

Zahlenbeispiel zu Abb. 141-9 für $L = 100$ mm:

$$\gamma = \frac{30°}{60°} \qquad f = 1\mu \qquad \varphi = \frac{3,6''}{1,2''}$$

Diese Werte für φ sind praktisch nicht einhaltbar.

Deshalb bildet man den Mittelwert aus zwei Messungen L' und L''; dann ist

$$f = -L\widehat{\varphi}^2\left(\frac{1}{2} - \mathrm{tg}^2\gamma\right) = \textit{Fehler 2.Ordnung}.\ \text{Zahlenbeispiel für } L = 100\,\text{mm}:$$

$$\gamma = \begin{array}{l}30°\\60°\end{array} \qquad f = -1\mu \qquad \varphi = \begin{array}{l}26{,}6'\\6{,}9'\end{array}$$

Sind A und B noch um ψ unparallel zueinander, so ist der Fehler des Mittelwertes

$$f = \frac{L\,\psi \cdot \varphi}{2\cos^2\gamma} - L\left(\frac{1}{2} - \mathrm{tg}^2\gamma\right)\varphi^2.$$

Dies ist ebenfalls ein Fehler 2. Ordnung, denn das *Produkt* der beiden kleinen Großen $\psi \cdot \varphi$ im ersten Glied ist = einer kleinen Größe 2. Ordnung.

141.32 Nicht achsensenkrechte Meßflächen, zwischen denen ein *planparalleler Prüfling* unmittelbar oder durch Vergleich gegen Endmaße geprüft werden soll, bewirken Meßfehler 1. Ordnung. Die Fehlergleichungen sind in Abb. 141-10 für alle denkbaren Falle angegeben. Sie gelten auch, wenn φ_1 oder $\varphi_2 = 0$ ist und so eingesetzt wird, und wenn die Meßbolzen nicht gegeneinander versetzt sind, wenn also $s = 0$.

Die untersuchten Möglichkeiten treffen u. a. bei Bugelmeßschrauben häufig zu Auch beim Vergleich gegen Endmaße kann der Fall d der Abb. 141-10 eintreten, wenn nämlich der Meßbolzen sich beim Verstellen der Meßschraube mitdreht und Endmaß und Prufling sich gerade um soviel unterscheiden, daß eine halbe Umdrehung erforderlich ist, d. h. wenn die Differenz $= \frac{h}{2}$ ist (h = Spindelsteigung).

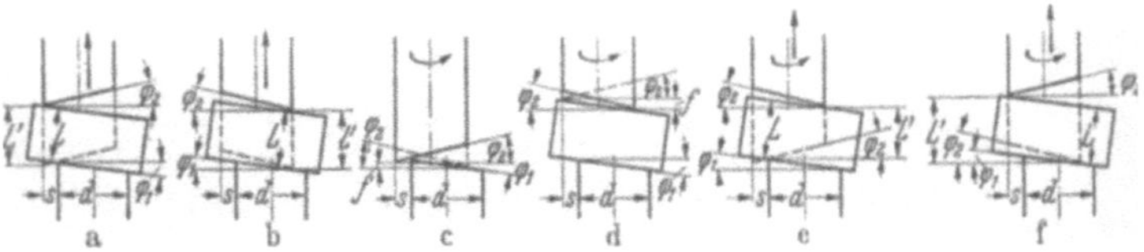

Zu a:

$$\varphi_2 > \varphi_1 \ \Big|\ s(\widehat{\varphi}_1 + \widehat{\varphi}_2) + \frac{L}{2}\widehat{\varphi}_1^2$$
$$\varphi_2 < \varphi_1 \ \Big|\ s(\widehat{\varphi}_1 + \widehat{\varphi}_2) + \frac{L}{2}\widehat{\varphi}_1^2$$

Zu b:

$$\frac{L}{2}\widehat{\varphi}_1^2$$
$$s(\widehat{\varphi}_1 - \widehat{\varphi}_2) + \frac{L}{2}\widehat{\varphi}_1^2$$

Zu c:

$$s \cdot \widehat{\varphi}_2 - (d - s)\widehat{\varphi}_1$$
$$s \cdot \widehat{\varphi}_1 - (d - s)\widehat{\varphi}_2$$

Zu d:

$$\varphi_2 > \varphi_1 \ \Big|\ -d \cdot \widehat{\varphi}_1$$
$$\varphi_2 < \varphi_1 \ \Big|\ -d \cdot \widehat{\varphi}_2$$

Zu e:

$$s(\widehat{\varphi}_1 + \widehat{\varphi}_2) - d \cdot \widehat{\varphi}_1 + \frac{L}{2}\widehat{\varphi}_1^2$$
$$s(\widehat{\varphi}_1 + \widehat{\varphi}_2) - d \cdot \widehat{\varphi}_2 + \frac{L}{2}\widehat{\varphi}_1^2$$

Zu f:

$$d \cdot \widehat{\varphi}_1 + \frac{L}{2}\widehat{\varphi}_1^2$$
$$d \cdot \widehat{\varphi}_2 + s(\widehat{\varphi}_1 - \widehat{\varphi}_2) + \frac{L}{2}\widehat{\varphi}_1^2$$

Abb. 141-10. Fehler infolge nicht achsensenkrechter Meßflächen, sowie Versetzung derselben gegeneinander um s. Der untere Meßbolzen steht fest, der obere bewegt sich gemäß den Pfeilen aus der gestrichelten in die dick augezogene Lage.
Bewegung des Meßbolzens:

$\begin{array}{l}\text{a}\\\text{b}\end{array}$ nach oben	Neigungen φ_1 und φ_2	$\left\{\begin{array}{l}\text{entgegengesetzt}\\\text{gleichsinnig}\end{array}\right.$
$\begin{array}{l}\text{c}\\\text{d}\end{array}$ Drehung um 180°	$\left\{\begin{array}{l}\text{Meßflächen aneinander}\\\text{Prufling wird gegen Endmaß verglichen}\end{array}\right.$	
$\begin{array}{l}\text{e}\\\text{f}\end{array}$ nach oben und Drehung um 180°	$\left\{\begin{array}{l}\text{Prüfling gegen}\\\text{Nullstellung}\end{array}\right\}$	φ_1 und φ_2 in Nullstellung entgegen gleichsinnig.

Ist der untere Meßbolzen (Meßamboß) größer als der obere, d. h. ist er ein Auflagetisch, so gelten die Fälle b, d und f.

Wird ein *Zylinder* oder eine *Kugel* zwischen ebenen, aber nicht achsensenkrechten Meßflachen hindurchgerollt und der größte Ausschlag gesucht und abgelesen, so treten höchstens Fehler 2. Ordnung auf.

Wird jedoch der Prüfling immer mitten zwischen die Meßflächen gebracht, wobei seine Lage z. B. durch einen Anschlag bestimmt wird, so treten infolge nicht achsensenkrechter Meßflachen Meßfehler 1. Ordnung auf. Die Fehlerformeln sind leicht abzuleiten, wie Abb. 141–11 an einem Beispiel zeigt, das aus der Fülle der möglichen Kombinationen ausgewählt wurde. Man zeichne die betreffende Figur mit übertriebenen Abweichungen auf und lese daraus den Fehler 1. Ordnung ab, indem man an Stelle von $\sin \varphi$ oder $\operatorname{tg} \varphi$ einfach $\widehat{\varphi}$ setzt. $\widehat{\varphi}$ ist das Verhältnis

$$\frac{\text{Abweichung von der achsensenkrechten Lage in mm}}{\text{Durchmesser (Dicke, Breite) der Meßflache in mm}}.$$

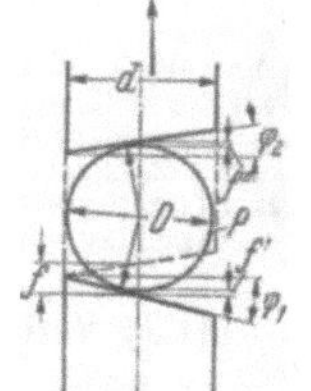

Abb. 141–11. Messen eines Zylinders oder einer Kugel zwischen Meßflächen, die nicht genau achsensenkrecht stehen. Fehler $f = \dfrac{d}{2}(\widehat{\varphi_1} + \widehat{\varphi_2}) = $ *Fehler 1. Ordnung*. Die Fehler f' und f'' entstehen dadurch, daß die Meßflächen nicht am höchsten und tiefsten Punkt des Zylinders anliegen; sie sind von 2. Ordnung und gegenüber f vernachlässigbar.

Beispiel: Eine Meßfläche weiche 2μ von der achsensenkrechten Lage ab, der Meßbolzen habe 8 mm Durchmesser; dann ist $\widehat{\varphi} = \dfrac{0{,}002}{8} = 0{,}00025$ rad.

Nach Abschn. 122.3 entspricht dies im Winkelmaß $52''$ (Bogensekunden).

Abb. 141–12 gibt die Fehler beim Messen eines prismatischen Prüflings mit kugelig ausgebildetem Meßbolzen. In Abb. 141–13 bis 141–15 sind die Fehler angegeben, die bei verschiedenen Meßanordnungen dadurch bewirkt werden, daß der Meßbolzen (= der Fühlhebel) gegen die Prüflingsauflage geneigt ist.

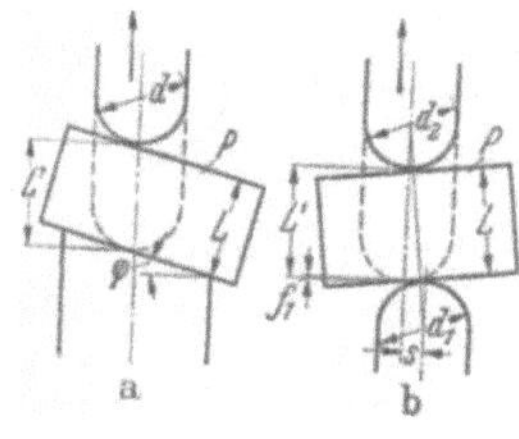

Zu a $\qquad f = \dfrac{L}{2}\,\widehat{\varphi}^2$

Zu b

$$f_1 = \frac{s^2}{d_1 + a_2}$$

$$f_2 = L' - L = - \frac{2Ls^2}{(d_1 + d_2)(d_1 + d_2 + 2L)}$$

Abb. 141–12.
Messen eines planparallelen Prüflings P.
a) zwischen ebener und kugeliger Meßfläche,
b) zwischen zwei kugeligen Meßflächen.
$f_1 = $ Nullpunktsfehler, $f_2 = L' - L = $ Fehler infolge Versetzung um s.
Beide Fehler sind von 2. Ordnung.

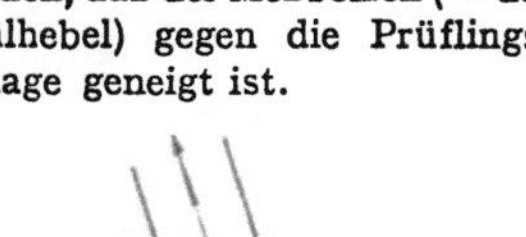

$$f = s \cdot \widehat{\varphi} + \frac{1}{2} L \cdot \widehat{\varphi}^2$$

Abb. 141–13. Fehler infolge Neigung des Meßbolzens. Planparalleler Prüfling P zwischen ebenen Meßflächen. Fehler $f = $ Fehler 2. Ordnung, da s und φ klein. Wenn der bewegliche Meßbolzen in der Nullstellung nicht um s überkragt, ist $s = 0$ zu setzen.

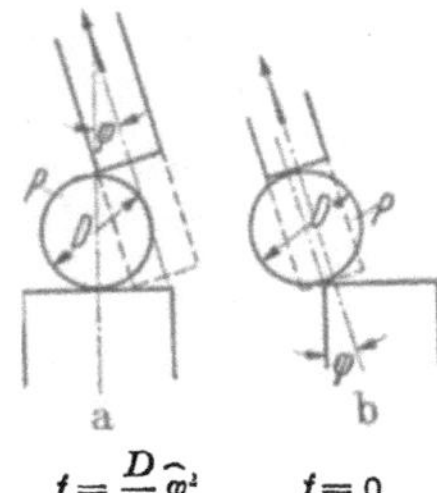

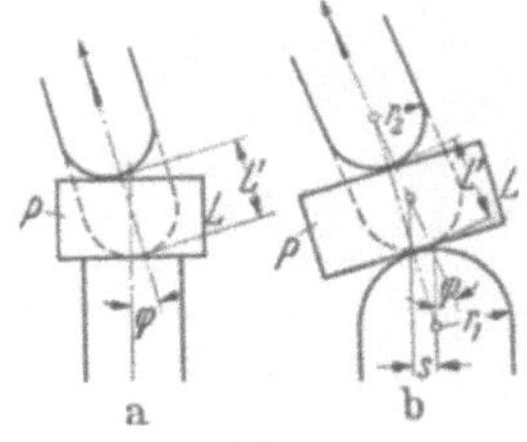

$$f = \frac{D}{2}\,\widehat{\varphi}{}^2 \qquad\qquad f = 0$$

Abb. 141–14. Fehler infolge Neigung des Meßbolzens. Zylindrischer oder kugeliger Prüfling P zwischen ebenen Meßflächen. P wird durchgerollt oder -geschoben, bis größter Ausschlag angezeigt wird.

Zu a
$$f = \frac{L}{2}\,\widehat{\varphi}{}^2$$

Zu b
$$f = \frac{r_2}{2}\left[\frac{s^2}{(r_1 + r_2)} - \frac{L\varphi^2}{(r_1 + r_2 + L)^4}\right]$$

Abb. 141–15. Fehler infolge Neigung des Meßbolzens. Planparalleler Prüfling P:
a) zwischen ebener und kugeliger Meßfläche,
b) zwischen zwei kugeligen Meßflächen.
Beide Fehler sind von 2. Ordnung.

141.33 Verformung. *Ursachen.* Eigengewicht (ungeeignete Auflage), äußere Kräfte (Meßkraft), einseitige Erwärmung, innere Spannungen.

Zur Vereinfachung ist die Krümmung in den Beispielen nach einem Kreisbogen angenommen, dabei ist $\widehat{\varphi} = \dfrac{L}{R}$.

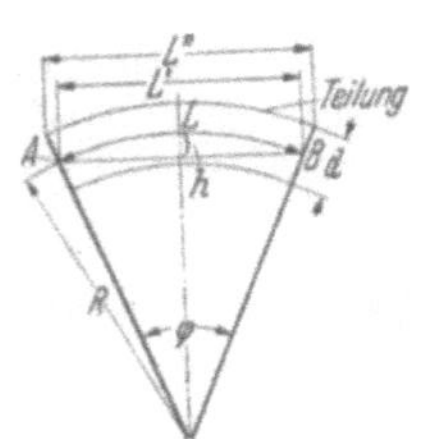

Abb. 141–16. Kreisbogenförmig gekrümmter Prüfling. $R =$ Krümmungshalbmesser, $d =$ Dicke, $\varphi = L/R =$ Neigung der Endflächen, die in ungekrümmtem Zustand parallel sind. $AB = L =$ neutrale Achse, diese behält ihre ursprüngliche Länge bei, gemessen wird aber L', dabei Fehler $f' = -\dfrac{L}{24}\,\widehat{\varphi}{}^2 = -\dfrac{1}{24}\cdot L^3/R^2 =$ Fehler 2. Ordnung. Beim Messen einer Teilung auf der oberen Fläche entsteht in 1. Näherung der Fehler $f'' = L'' - L = +\dfrac{d\cdot\widehat{\varphi}}{2} = \dfrac{1}{2}\,d\cdot L/R =$ Fehler 1. Ordnung.

Zahlenbeispiel zu Abb. 141–16 für $L = 1000$ mm, $d = 20$ mm:

$$f' = \begin{matrix} -1\,\mu \\ -0{,}1\,\mu \end{matrix} \qquad \varphi = \begin{matrix} 16{,}8' \\ 5{,}3' \end{matrix} \qquad R = \begin{matrix} 204\text{ m} \\ 645\text{ m} \end{matrix} \qquad h = \begin{matrix} 0{,}61\text{ mm} \\ 0{,}18\text{ mm} \end{matrix}$$

$$f'' = \begin{matrix} 1\,\mu \\ 0{,}1\,\mu \end{matrix} \qquad \varphi = \begin{matrix} 21'' \\ 2'' \end{matrix} \qquad R = \begin{matrix} 10\text{ km} \\ 100\text{ km} \end{matrix} \qquad h = \begin{matrix} 0{,}012\text{ mm} \\ 0{,}0012\text{ mm} \end{matrix}$$

Dabei ist die Bogenhöhe $h = \dfrac{R}{8}\,\varphi^2$.

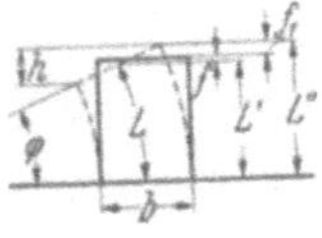

Abb. 141–17. Prismatischer Körper (Endmaß) mit der Breite b werde gekrümmt gemessen. $R =$ Krümmungshalbmesser, $\varphi = L/R =$ Neigung der Endflächen, die in ungekrümmtem Zustand parallel sind. $L =$ wahre Länge (Mittenmaß) $=$ neutrale Achse, gemessen wird aber L', dabei Fehler $f = L' - L = \dfrac{1}{6}\,L\widehat{\varphi}{}^2 = \dfrac{1}{6}\,L^3/R^2$. Beim Messen über die obere Kante wird in 1. Näherung Fehler $f_1 = L'' - L = \dfrac{1}{2}\,b\,\widehat{\varphi} = \dfrac{1}{2}\,b\cdot L/R =$ Fehler 1. Ordnung.

Die letzten Zahlen fur h zeigen, wie sehr man bei genauen Messungen auf geringste Durchbiegung, d. h. richtige Auflage achten muß.

Abb. 141–17 ist fur Endmaß-Messungen *wichtig*.

Zahlenbeispiele fur $L = 100$ mm, $b = 35$ mm:

$$f = \begin{matrix} -1\mu \\ -0{,}1\mu \end{matrix} \qquad \varphi = \begin{matrix} 20' \\ 8' \end{matrix} \qquad R = \begin{matrix} 13\,\text{m} \\ 41\,\text{m} \end{matrix} \qquad h = \begin{matrix} 0{,}27\,\text{mm} \\ 0{,}09\,\text{mm} \end{matrix}$$

$$f_1 = \begin{matrix} \pm 1\mu \\ \pm 0{,}1\mu \end{matrix} \qquad \varphi = \begin{matrix} 12'' \\ 1'' \end{matrix} \qquad R = \begin{matrix} 1{,}75\,\text{km} \\ 17{,}5\;\text{km} \end{matrix} \qquad h = \begin{matrix} 2\mu \\ 0{,}2\mu \end{matrix}$$

Dabei ist die Unparallelitat $h = b \cdot \widehat{\varphi}$.

Abb. 141–18. Die Saule T eines Statives kippe um den Winkel φ', der Arm A zur Saule um den Winkel φ'' in der Zeichnungsebene.
Fall 1: Der Prufling sei ein Strichmaßstab mit der Dicke d, auf dessen oberer Fläche eine Teilung ist, V und V' = Visierlinien senkrecht zu A. Fehler:

$$f' = T\widehat{\varphi''} - d(\widehat{\varphi'} + \widehat{\varphi''}) + \frac{1}{2} A (\widehat{\varphi'} + \widehat{\varphi''})^2 \approx (T - d)\widehat{\varphi''} - d\widehat{\varphi'}$$

Fall 2: Die Dicke d des Prüflings soll gegen ein Normal verglichen werden, V und V' = Meßbolzenachse eines Fuhlhebels. Fehler:

$$f'' = V' - V = A (\widehat{\varphi'} + \widehat{\varphi''}) + \frac{1}{2} (T - d)(\widehat{\varphi'} + \widehat{\varphi''})^2 - \frac{1}{2} T\widehat{\varphi'^2}$$

$$\approx A (\widehat{\varphi'} + \widehat{\varphi''}).$$

Beide Fehler sind 1 Ordnung, hier in 2. Näherung angegeben.

Zahlenbeispiel zu Abb. 141–18 für $T = 100$ mm, $A = 100$ mm, $d = 10$ mm:

Fall 1,   Fall 2,

wenn $\varphi' = -\varphi'' = \varphi$ wenn $\varphi' = \varphi'' = \varphi$

$$f = \begin{matrix} 1\mu \\ 0{,}1\mu \end{matrix} \qquad \varphi = \begin{matrix} 2{,}1'' \\ 0{,}2'' \end{matrix} \qquad\qquad \varphi = \begin{matrix} 1'' \\ 0{,}1'' \end{matrix}$$

Die Zahlen zeigen, daß Stative sehr kippsicher gebaut werden mussen: breite Fuhrung, Saule in langer Halterung, Arm in langer Fuhrung.

Kippen der Stativteile *senkrecht* zur Zeichenebene bewirkt Fehler 2. Ordnung: $f = \frac{1}{2} L\varphi^2$, wobei im Fall 1 L = Meßlange, im Fall 2 $L = V = T - d$ einzusetzen ist.

Im Gegensatz zu Abb. 141–18, wo die Stativteile kippten, aber geradeblieben, zeigt Abb. 141–19 den Einfluß einer Krummung von T und A. Wenn R' und R'' positiv sind, d. h. wie gezeichnet liegen, wird bei gleichen Werten von φ wie beim Kippen im *Fall 1* der Fehler größer, im *Fall 2* wird er kleiner. Bei Krummung senkrecht zur Zeichnungsebene

im 1. Falle: $f = -\frac{1}{6}L^3/R''^2$ $\Big\}$ 2. Ordnung.
im 2. Falle: $f = T^2(\frac{1}{3}T - \frac{1}{2}S)/R'^2$

Die Untersuchung der bei Abb. 141–19 gegebenen Formeln ergibt fur *Fall 1*: Der von der Krummung der Saule herruhrende Anteil wird (in 1. Näherung) = 0, wenn $d = \frac{T}{2}$, d. h. wenn die Teilung in halber Säulenhöhe liegt. Der vom Ausleger A

herrührende Anteil wird $= 0$, wenn $T = d$. Im Gegensatz zur Kippung geht aber hier auch die Länge A ein, weil $\widehat{\varphi''}$ damit anwächst. Folglich A möglichst klein machen, *Fall 2:* Fehler hängt hauptsächlich von A ab. T klein machen wegen des Einflusses auf $\widehat{\varphi'}$.

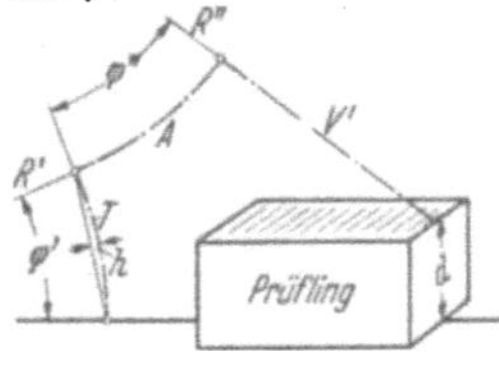

Abb. 141–19. Die Säule T eines Statives krümme sich in der Zeichnungsebene zwischen zwei Ablesungen nach dem Halbmesser R' um den Winkel $\widehat{\varphi'}$ $= \dfrac{T}{R'}$, der Auslegerarm A krümme sich nach dem Halbmesser R'' um den Winkel $\widehat{\varphi''} = \dfrac{A}{R''}$.

Dann ist in 1. Näherung für *Fall 1* nach Abb. 141–18 der Fehler:

$$f' = (T - d)\,\widehat{\varphi''} + \left(\frac{T}{2} - d\right)\widehat{\varphi'} = (T - d)\frac{A}{R''} + \left(\frac{T}{2} - d\right)\frac{T}{R'}$$

für *Fall 2:*

$$f'' = A\left(\widehat{\varphi'} + \frac{1}{2}\widehat{\varphi''}\right) = A\left(\frac{A}{R'} + \frac{T}{2\,R''}\right).$$

Beide Fehler sind 1. Ordnung.

Zahlenbeispiel zu Abb. 141–19 für $T = 100\,\mathrm{mm}$, $A = 100\,\mathrm{mm}$, $d = 10\,\mathrm{mm}$, $R' = R'' = R$:

<table>
<tr><td></td><td>Fall 1</td><td></td><td></td><td>Fall 2</td><td></td></tr>
<tr>
<td>$f = \dfrac{1\mu}{0,1\mu}$</td>
<td>$r = \dfrac{13\,\mathrm{km}}{130\,\mathrm{km}}$</td>
<td>$h = \dfrac{0,1\mu}{0,01\mu}$</td>
<td>$R = \dfrac{15\,\mathrm{km}}{150\,\mathrm{km}}$</td>
<td>$h = \dfrac{0,12\mu}{0,012\mu}$</td>
</tr>
</table>

Die Zahlen lassen erkennen, wie sorgfältig Stative vor Einflüssen geschützt werden müssen, die eine Krümmung während der Messung verursachen können.

141.34 Führungen

Konstruktion von Führungen s. Schriftt. [1, 2, 5].

Um den Einfluß von Führungsfehlern auf das Meßergebnis zu veranschaulichen, sind in Abb. 141–20 u. 141–21 einige kennzeichnende Beispiele für Meßanordnungen dargestellt und die Fehlergleichungen angeschrieben. Dabei sind Glieder höherer Ordnungen fortgelassen.

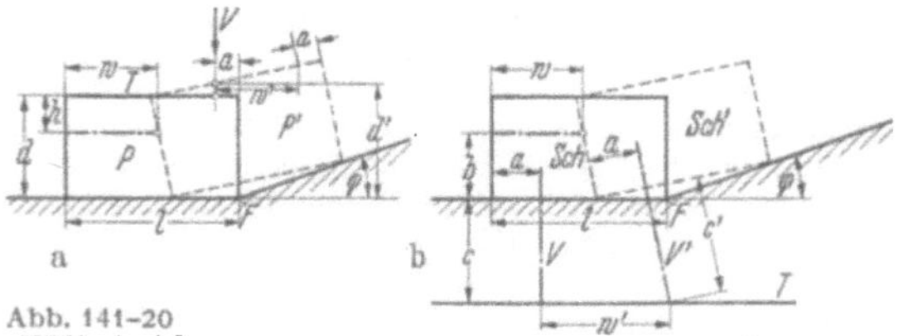

Abb. 141–20

Zu a	Zu b	Wenn *Sch* ganz auf der Schräge
$f_w = -\dfrac{h}{l}\cdot w\cdot\widehat{\varphi}$	$f_w = \dfrac{b+c}{l}\cdot w\cdot\widehat{\varphi}$	$f_w = 0$
$f_d = \dfrac{l-w-a}{l}\cdot w\cdot\widehat{\varphi}$	$f_d = \dfrac{a}{l}\cdot w\cdot\widehat{\varphi}$	$f_d = (a + w)\widehat{\varphi}$

Abb. 141–20. Einfluß von Fuhrungsfehlern. Fuhrung um φ *geknickt.*

a) Prismatischer Prufling P wird (vom Augenblick des Anstoßens an den Knickpunkt F an) um die Strecke w nach rechts verschoben, neue Lage P'; w wird im Abstand h, von der oberen Flache T gemessen (z. B. Wirkungslinie der Druckstange); $d =$ Höhe, $l =$ Länge des Pruflings.

Fall 1: Auf T befindet sich eine Teilung, die in V anvisiert wird. Infolge des Hinaufgleitens auf die Schräge entsteht der Meßfehler $f_w = w' - w$.

Fall 2: V stellt den Meßbolzen eines Fuhlhebels dar, der auf P gleitet. Fehler $f_d = d' - d$.

Gleitet P ganz auf der schrägen Fläche, so gilt Abb. 141–7. Ist die Fuhrung nach unten abgeknickt, also φ negativ, so kippt P plotzlich ab. Deshalb P mit Fußen im Abstand l versehen, die auf der Fuhrung gleiten. Dann gelten die Formeln wie angegeben, jedoch φ negativ einsetzen.

b) Schlitten Sch wird wie bei a) nach rechts verschoben, neue Lage Sch'.

Fall 1. An Sch befindet sich ein Visiergerät, Visierlinie V, mit dem die Teilung T anvisiert wird. Fehler $f_w = w' - w$.

Fall 2. An Sch befindet sich bei V ein Fuhlhebel, dessen Meßbolzen auf T gleitet. Fehler $f_d = c' - c$.

Ist die Fuhrung nach unten abgeknickt, Sch auf Fußen im Abstand l aufliegen lassen, φ negativ einsetzen.

Alle Fehler sind von 1.Ordnung, soweit nicht $= 0$ angegeben.

Kippen einer Visierlinie (nämlich des beweglichen Meßschnabels) nach Abb. 141–22 bewirkt einen Meßfehler 1. Ordnung. Zahlenbeispiel fur $S = 50$ mm: $f = 20\mu$, $\varphi = 1,4' = 0,04 : 100$. Deshalb S möglichst klein und Fuhrung des Meßschnabels möglichst lang machen.

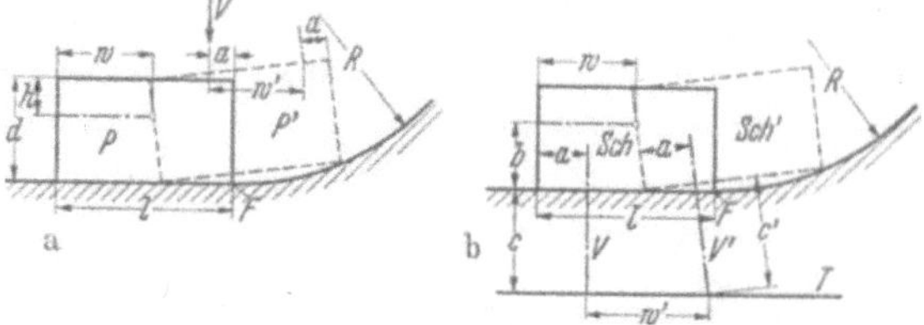

Zu a

$$f_w = -\frac{h}{2l} \cdot \frac{w^2}{R}$$

$$f_d = \frac{l - w - a}{2l} \cdot \frac{w^2}{R}$$

Wenn P ganz auf dem Kreisbogen

$$f_w = -h\frac{w}{R}$$

$$f_d = \frac{l - a + w}{2} \cdot \frac{a - w}{R}$$

Zu b

$$f_w = \frac{b + c}{2l} \cdot \frac{w^2}{R}$$

$$f_d = \frac{a}{2l} \cdot \frac{w^2}{R}$$

Wenn Sch ganz auf dem Kreisbogen

$$f_w = (b + c) \cdot \frac{w}{R}$$

$$f_d = \frac{a\left(\dfrac{l}{2} + w\right) + \dfrac{w^2}{2}}{R}$$

Abb. 141–21. Einfluß von Fuhrungsfehlern. Fuhrung geht in Kreibogen mit dem großen Radius R uber.

a) Fall 1 und 2, sowie Bezeichnungen wie in Abb. 141–20a. Wenn P mit *beiden* Kanten auf dem Kreisbogen gleitet, d. h. rechts vom Übergangspunkt F liegt, ist die Visierlinie V im Abstand a *rechts* von F anzuordnen und a entsprechend einzusetzen.

b) Fall 1 und 2, sowie Bezeichnungen wie in Abb. 141–20b. Ist die Fuhrung nach unten abgebogen (konvex), so mussen P und Sch auf zwei Fußen, Rollen oder dgl. im Abstand l ruhen, um plotzliches Abkippen, je nach Gewicht und äußeren Kräften, zu vermeiden. Dann ist R negativ einzusetzen.

Fehler in der Übertragung von Meßwerten, die durch Spiel in den
Führungen von Meßbolzen u. a. hervorgerufen werden, sind in Abb. 141–23
bis 141–25 angegeben. In Abb. 141–24 sitzt
die Schneide am Hebel, so daß nicht wie bei

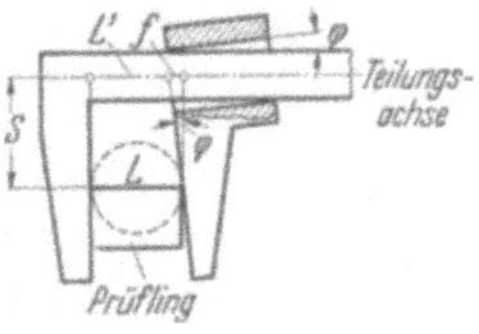

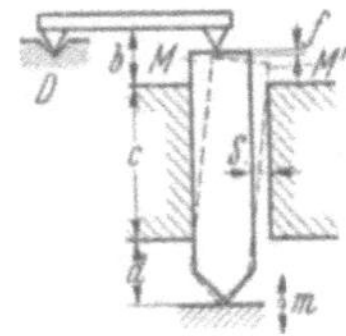

Abb. 141–22. Kippen des beweglichen Meßschnabels
an der Schieblehre um φ bewirkt einen Meßfehler f
$= \widehat{S\varphi} = $ *Fehler 1. Ordnung.* Dies gilt für Prisma,
Zylinder und Kugel in 1. Naherung in gleicher
Weise.

Abb. 141–23 jede Verlagerung des Meßbolzens eine Änderung des Hebelarmes bewirkt. Diese Konstruktion ist somit unbedingt vorzuziehen.
Bei Abb. 141–25 ist eine Stelze zwischengeschaltet.

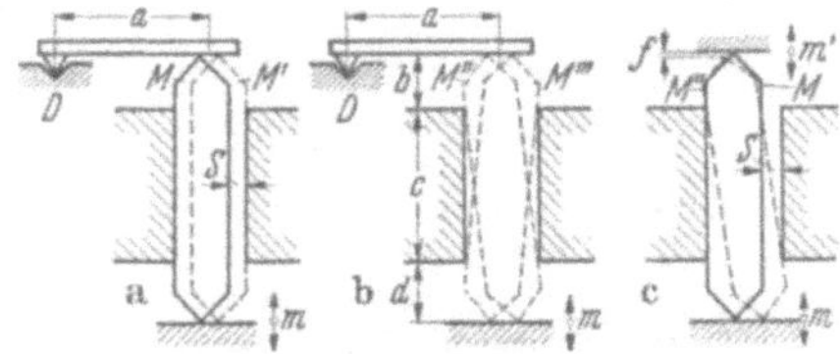

Abb. 141–23. Fehler infolge Spiel S in der Fuhrung. Ein Meßbolzen M mit zwei
Schneiden überträgt den Meßwert m auf einen Hebel mit unverruckbarem Drehpunkt D.
a) Der Meßbolzen verschiebt sich parallel um S von M nach M'. Dadurch ändert sich
der Hebelarm a; in der Übertragung von m auf den Hebel tritt der Fehler $f = \dfrac{m}{a} \cdot S$
auf.
b) Der Meßbolzen kippt in seiner Fuhrung von der Lage M'' nach M'''. Änderung
von a bewirkt den Übertragungsfehler $f = \dfrac{m}{a}\left(1 + \dfrac{2\,b}{c}\right) S$.
Beides sind *Fehler 1. Ordnung.*
c) Wird m nicht auf einen Hebel, sondern auf eine senkrecht verschiebliche Flache m'
übertragen, so entsteht durch Kippen von M nach M'' (oder M''' in Abb. b) ein Übertragungsfehler $f = \dfrac{1}{2}\left(\dfrac{1}{c} + \dfrac{b+d}{c^2}\right) S^2 = $ *Fehler 2. Ordnung.*

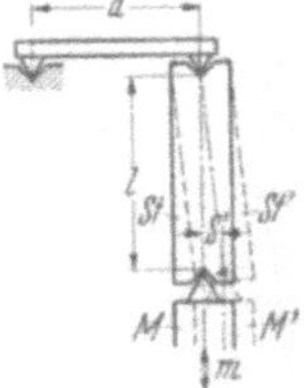

Abb. 141–24. Fehler infolge Spiel S in der Fuhrung eines
Meßbolzens, auf dessen Planfläche sich die Schneide eines
Hebels legt. Parallelverlagerung in der Führung verursacht
keinen Fehler. Kippen von M in die Lage M' bewirkt den
Fehler $f = \dfrac{d-b}{2c^2} \cdot S^2 = $ *Fehler 2. Ordnung.*

Abb. 141–25. Fehler bei Meßwertubertragung durch Stelze.
Durch Verschieben oder Kippen des Meßbolzens M in die
Lage M' kippt die Stelze St nach St'. Die Verschiebung der
unteren Pfanne um S' bewirkt den Fehler in der Übertragung
des Meßwertes m von $f = \dfrac{1}{2l} \cdot S'^2 = $ *Fehler 2. Ordnung.*

Zahlenbeispiele zu Abb. 141–23 bis 141–25:

| Abb. 141–23 | | | Abb. 141–24 | Abb. 141–25 |

$m = 0,1$ mm, $b = 5$ mm, $c = 50$ mm, $b = d = 10$ mm, $b = 20$, $c = 50$, $d = 10$ mm, $l = 10$ mm

| Fall a | Fall b | Fall c | | | | |

$$f = \frac{0,1\mu}{0,02\mu} \quad S = \frac{5\mu}{1\mu} \quad S = \frac{3,6\mu}{0,7\mu} \quad S = \frac{84\mu}{38\mu} \quad S = \frac{224\mu}{100\mu} \quad f = \frac{1\mu}{0,1\mu} \quad S = \frac{140\mu}{45\mu}$$

Werte von $S = 1$ und $0,7\ \mu$ sind wegen der Reibung praktisch nicht erreichbar, besser Blattfederführung.

Lager, *Konstruktionen* s. Schriftt. [5]. *Miniaturkugellager* s. Abb. 141–26.

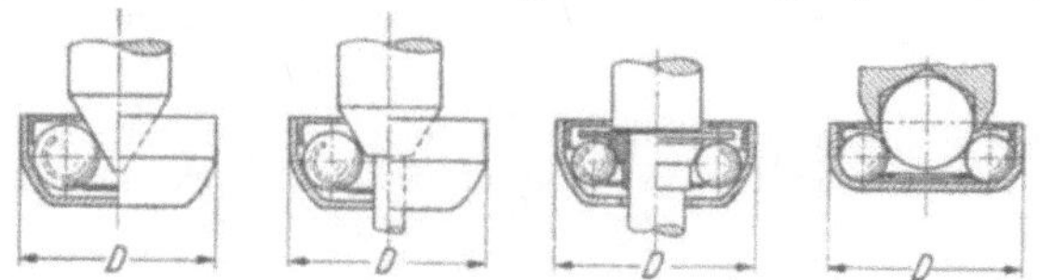

Abb. 141–26. Miniaturkugellager (Miniaturkugellager A. G. Biel, Schweiz). Einige Bauformen.

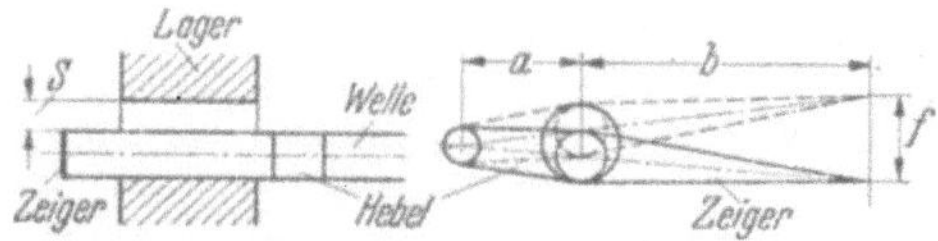

Abb. 141–27. Fehler infolge Lagerspiel. An der Welle sitzt ein Hebel mit der Armlänge a und ein Zeiger mit der Länge b. Bewegt sich der Lagerzapfen in der Lagerbohrung um das Spiel S von oben nach unten, so entsteht an der Zeigerspitze ein Fehler

$$f = S\,\frac{a+b}{a} = \text{Fehler 1. Ordnung, der noch um die Übersetzung Zeiger : Hebel vergrößert ist.}$$

Den Einfluß des Lagerspieles zeigt Abb. 141–27 an einem Beispiel. Eine Verlagerung um den vollen Betrag des Spieles S, wie hier angenommen,

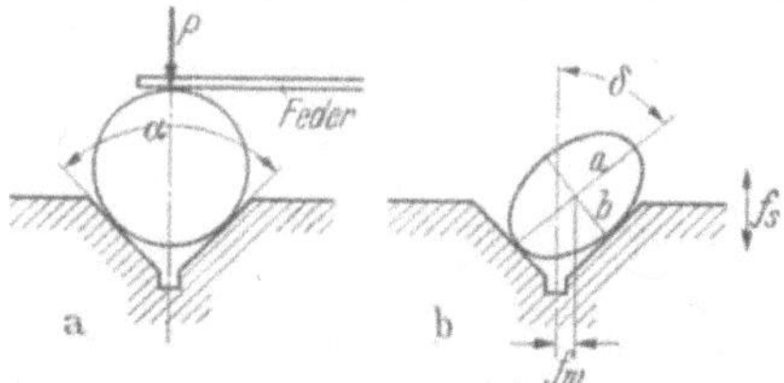

Abb. 141–28. Spielfreies V-Lager. a) Konstruktion: Lagerzapfen wird durch Feder, Meßkraft o. a. in die V-Nut gedrückt. Bei Prismenwinkel $\alpha = 90°$ wird der Zapfen am zuverlässigsten gehalten, außerdem ändert ein schwach elliptischer Zapfen bei Drehung seine Höhenlage nicht, b) Elliptischer Zapfen. Fehler für Prismenwinkel $90°$ senkrecht $f_s = 0$, waagerecht $f_w = \dfrac{a-b}{\sqrt{2}}\sin 2\delta$, a und b = Halbachsen der Ellipse, δ = Drehwinkel.

tritt jedoch infolge Reibung zwischen Lagerzapfen und -bohrung nie ein, sondern nur ein Bruchteil von S. Aber Unrundheit von Zapfen und Bohrung machen sich ebenso, namlich vergrößert, bemerkbar. Dies gilt auch für V-Lager nach Abb. 141-28; bei Kugellagern kommt die Unrundheit der Walzkörper hinzu, die jedoch durch Abplattung z. T. aufgehoben werden kann, wenn namlich die Lager vorgespannt sind.

Zahlenbeispiel zu Abb. 141-28 fur Prismenwinkel 90°:
$$a - b = 1\mu; \delta = 45^\circ; f_w = 0{,}7\mu.$$

Fur $\delta = 45^\circ$ wird f_w ein Maximum.

Zur Verminderung der Reibung kann der Zapfen auch auf Rollen gelagert werden, sog. Friktionsrollen, die so angeordnet sind, daß sie eine V-Nut mit gekrummten Flanken bilden; dabei sollen auch die Tangenten moglichst einen Winkel von $\alpha = 90^\circ$ bilden. Unrundlauf und Außermittigkeit der Lagerrollen bewirken hierbei Fehler 1. Ordnung.

Zu den V-Lagern ist auch das *Schneidenlager* zu rechnen, bei dem eine mit kleinem Halbmesser ($\approx 5\mu$) gerundete Schneide in einer Kimme liegt. Diese wird oft aus 2 Bauteilen zusammengesetzt. Auf die Form der Rundung der Schneide kommt es an. Mit Schneidenlagern konnen die sehr kurzen Hebelarme bei Fuhlhebeln erzielt werden (Hirth-Minimeter u. a.).

Spitzenlager haben wegen des kleinen Durchmessers geringe Reibung, vertragen aber wegen der Linienberuhrung nur kleine Lagerkraft. Aus-

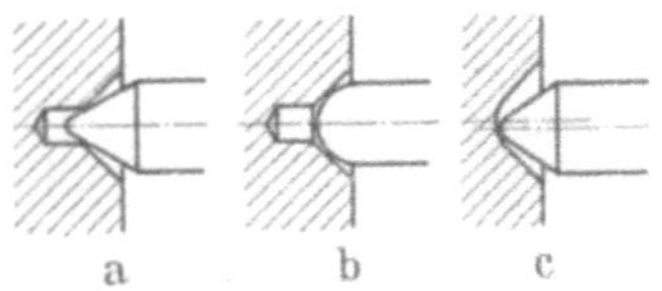

Abb. 141-29. Spitzenlagerungen. a) Kegelzapfen; b) Kugelzapfen; c) Kugelzapfen ohne Freibohrung, ungeeignet wegen großen Lagerdruckes und unsicherer Fuhrung.

fuhrungen s. Abb. 141-29, Fehlereinflusse s. Abb. 141-30. Um Radial- und Axialspiel zu vermeiden, wird die eine Lagerpfanne zweckmaßig durch Federkraft in Achsenrichtung angedruckt. Pfannen haufig aus Halbedelstein (Saphir u. a.). An Stelle von Spitzenlagern eignen sich auch Kleinstkugellager, s. Abb. 141-26.

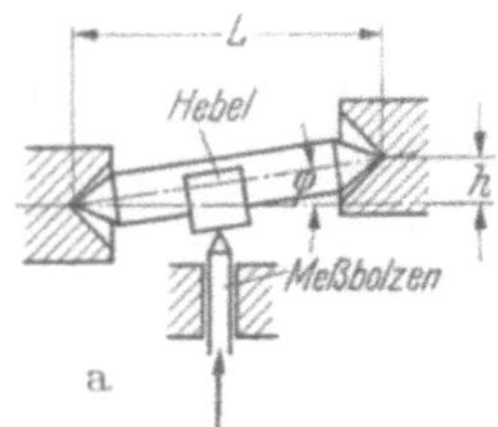
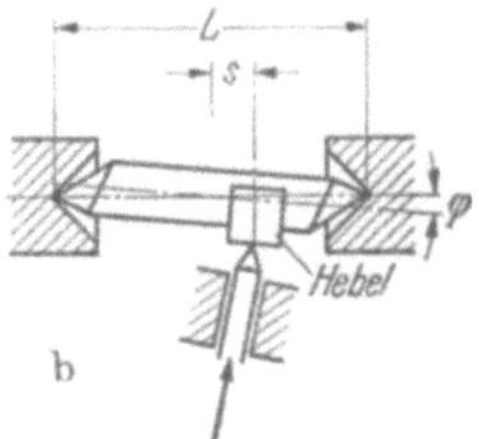

Abb. 141-30. Fehler bei Spitzenlagerung.
a) Lagerpfannen versetzt. An der spitzengelagerten Welle sitze ein Hebel mit der Länge b (aus der Zeichenebene heraus nach vorn senkrecht zur Zapfenachse), an dem ein Meßbolzen senkrecht zur Mittellinie der Lagerpfannen angreift. Fehler $f = \dfrac{a}{2}\left(\dfrac{h}{L}\right)^2$; a = Meßbolzenweg.

b) Kornerspitzen außermittig. Hebel wie bei a) wird vom Meßbolzen betätigt, der senkrecht zur Wellenmittenlinie ausgerichtet ist. Fehler $f = \dfrac{h \cdot s}{L}\left(\dfrac{a}{b}\right)^2$; Bezeichnungen wie bei a). Fur $s = 0$, d. h. Hebel in Wellenmitte wird $f = 0$

Federgelenke, Abb. 141–31, haben geringste Reibung, nur innere Reibung im Federwerkstoff. Nachteil: Drehpunkt wandert mit der Biegung der Federn, deshalb wird Meßwert nur bei kleinen Ausschlägen verhältnisgleich übertragen, Meßkraft steigt verhältnisgleich dem Ausschlag. Beim *Kreuzfedergelenk*, Abb. 141–31 b, wandert der Drehpunkt weit weniger, er geht stets durch die Kreuzungslinie der Federn; es ist verwindungsfrei.

Stützlager (Langslager) und ihre Fehler zeigt Abb. 141–32.

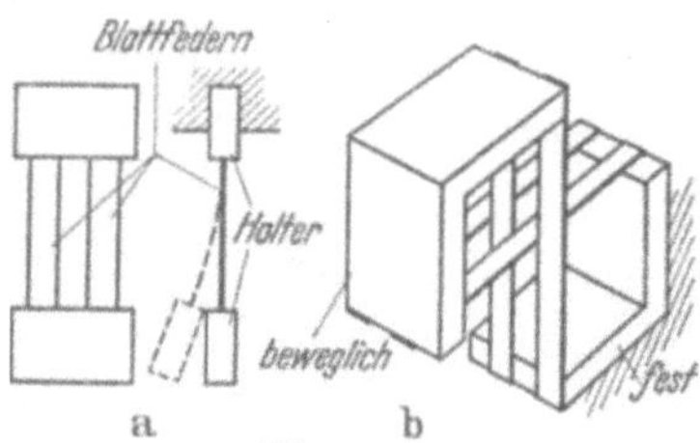

Abb. 141–31.
Federgelenke. a) einfaches Gelenk (Uhrpendelfeder). b) Kreuzfedergelenk.

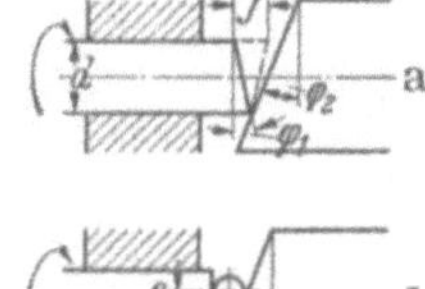
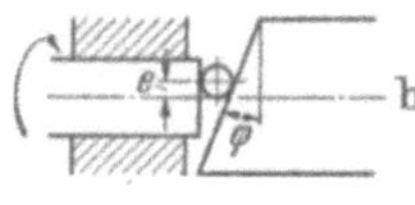

Abb. 141–32. Stützlager. a) Ebene Stirnflächen gegeneinander ergeben kleinen Flächendruck. Wenn die Flächen nicht achsensenkrecht stehen, erhält man jedoch Punktanlage und das Lager „schiebt“ um den Betrag $f = d \cdot \widehat{\varphi}$, wobei für $\widehat{\varphi}$ der kleinere der beiden Winkel $\widehat{\varphi_1}$ und $\widehat{\varphi_2}$ einzusetzen ist.
b) Kugel gegen Stirnfläche. Läuft die Kugel außermittig und steht die Anlagefläche nicht achsensenkrecht, so schiebt die Welle um $f = 2e\widehat{\varphi}$.

141.35 Hebel

Beispiele für das Übertragen von Meßwerten und dabei entstehende Fehler s. Abb. 141–33 und 141–34.

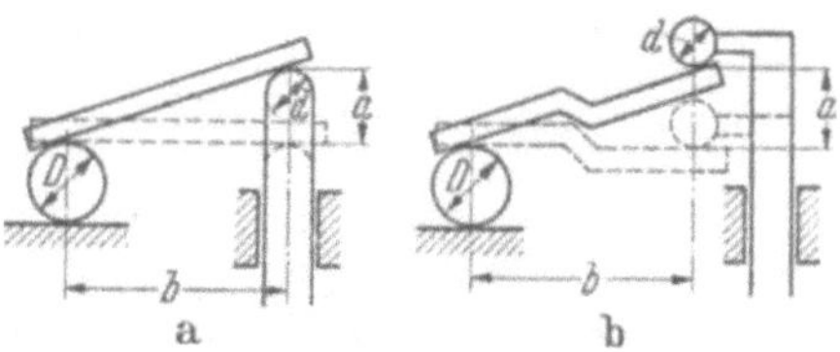

Abb. 141–33. Hebelübertragung. Hebel ist auf Zylinder oder Kugeln mit dem Durchmesser D gelagert. Meßbolzen greift an ebener Fläche des Hebels mit der Kugel (d) an.
a) Lager und Meßbolzenanlage auf derselben Seite. Durch das Abwälzen auf den Kugeln entsteht der Fehler $f = \dfrac{D-d}{4}\left(\dfrac{a}{b}\right)^2$, der für $D = d$ zu null wird.
b) Lager und Meßbolzenanlage auf verschiedenen Seiten des Hebels. Fehler $f = \dfrac{D+d}{4}\left(\dfrac{a}{b}\right)^2$. Auf Gleichheit von D und d kommt es hierbei nicht an.
Beide Fehler sind von 2. Ordnung, wenn $a \ll b$.

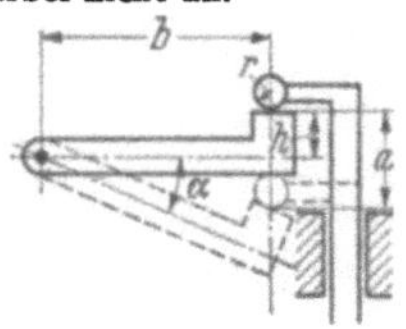

Abb. 141–34. Winkelhebel. Meßbolzen greift an einer Ebene an, die *nicht* durch die Drehachse geht. Fehler $f = \dfrac{r+h}{2}\,\alpha^2 - \dfrac{b}{3}\,\alpha^3$. Wenn die Anlageebene *unterhalb* der Hebelmittellinie liegt, ist h *negativ* einzusetzen.

Zahlenbeispiel zu Abb. 141–33:

$$D - d = 0{,}1 \text{ mm}; \quad D \approx d = 2 \text{ mm}; \quad a = 0{,}1 \text{ mm}; \quad b = 5 \text{ mm};$$

$$\begin{array}{l} \text{Fall } a \\ \text{Fall } b \end{array} \; f = \begin{array}{l} 0{,}01\,\mu \\ 0{,}4\,\mu \end{array}.$$

Zahlenbeispiel zu Abb. 141–34:

$$r = 1 \text{ mm}; \quad \alpha = 0{,}05 = 2{,}9°; \quad h = \begin{array}{c} +1 \text{ mm} \\ 0 \\ -1 \text{ mm} \end{array} \quad f = \begin{array}{c} 2{,}5\,\mu \\ 1{,}25\,\mu, \\ 0\,\mu \end{array}$$

d. h. wenn $-h = r$, wird $f = 0$.

141.4 Anschieben, Ansprengen

Hochgradig ebene und glatte Flächen (Endmaße u. ä.) haften nach dem Anschieben mit großer Kraft aneinander und springen auch freiwillig an. Haftkraft bis zu 46 kg/cm². Das Anspringen wird durch klingendes Anschlagen (mit Messingstab) begünstigt. Ebenso lösen. Zum Trennen durch Drehen Fläche verkleinern.

Deutung. Bei genügender Ebenheit werden dieselben Krafte wirksam, die auch die Moleküle im Stoff zusammenhalten. Dabei bilden sich in dem stets, auch bei sehr sorgfältiger Reinigung, auf den Flachen verbleibenden Öl, Fett usw. Molekülbrücken von einer Fläche zur andern. Die langen Fettmoleküle sind sehr fest (chemisch) an den Oberflächen verankert und, wenn die Brücken nicht zu lang werden, vermögen sie große Krafte zu übertragen. Die mikrogeometrischen Unebenheiten werden durch Fettmoleküle überbrückt, die selbst bei den besten Oberflächen noch viele Moleküllagen betragen. (Kohlenwasserstoffmoleküle sind $\approx 0{,}4$ nm lang.)

Größe der Ansprengschicht: $0{,}01 \cdots 0{,}07\,\mu$, bei völlig glatter Flache 5 nm. Größte Haftkraft Stahl-Quarz bei $0{,}024\,\mu$, bei Stahl-Stahl $0{,}03\,\mu$. Durch die Haftkraft wird die Grenzschicht des Endmaßes um $\approx 0{,}1\,\mu$ zusammengedrückt. Die größeren Werte werden dadurch vorgetäuscht, daß ein Teil der Schicht zum Auffullen der mikrogeometrischen Oberflächenfehler gebraucht wird.

141.5 Meßkraft

Meßkraft wird in kg oder g gemessen; *Druck* = Kraft je Flacheneinheit, gemessen in kg/cm², kg/mm² oder g/mm². Beides wird leider sprachlich oft durcheinander geworfen.

Eine bestimmte Meßkraft ist bei mechanischer Berührung nötig, um Gas-, Öl- und Fettschichten zu durchdrücken oder beiseite zu drücken; die erforderliche Meßkraft kann um so kleiner sein, je kleiner die berührende Fläche ist. Nur optisches Antasten ist meßkraftfrei, es dringt aber Licht doch zu bestimmtem Bruchteil der Wellenlänge in den Stoff ein; deshalb Definition eines Endmaßes in DIN 861 (Abstand zweier gleichgerichteter Flächen), z. B. Perflektometer, Abschn. 245, Interferenzkomparator, Abschn. 248.

Die Meßkraft bewirkt:

1. elastische Längenänderung, Biegung, Verdrehung von Prüfling und Meßgerat,

2. elastische Verformung an der Berührungsstelle, sog. Abplattung.

Der Druck darf an keiner Stelle so groß werden, daß die Elastizitätsgrenze der einander berührenden Werkstoffe überschritten wird, d. h. daß plastische = bleibende Verformung eintritt. Das ist z B. möglich beim Messen kleiner Wellenzapfen mit kleinem kugeligem Meßbolzen und großer Meßkraft.

141.51 Längenänderung, Biegung

Die *Längenänderung* eines Stabes innerhalb des elastischen Bereiches

folgt dem *Hookeschen Gesetz*: $\delta L = \dfrac{P \cdot L}{E \cdot F}$, in Worten:

Längenänderung in mm =

$$\frac{\text{Kraft in kg mal Länge in mm}}{\text{Elastizitätsmodul in kg/mm}^2 \text{ mal Querschnitt in mm}}$$

Elastizitätsmoduln der gebräuchlichen Werkstoffe s. Taf. 6.

Beispiel. Stahlendmaß 9×35 mm, $F = 315$ mm², $L = 1000$ mm, $P = 1$ kg, $E = 2{,}15 \cdot 10^4$ kg/mm².

$$\text{Längenänderung} \quad \delta L = \frac{1 \cdot 1000}{315 \cdot 2{,}15 \cdot 10^4} = 0{,}147 \cdot 10^{-3} \text{ mm} \approx 0{,}15 \, \mu.$$

Wirkt P druckend, ist δL negativ, wenn ziehend: positiv.

Auch unter dem Einfluß des Eigengewichtes ändert sich die Länge eines Stabes: in senkrecht stehender ist er kürzer als in waagerechter Lage. Verkürzung durch Eigengewicht:

$$\delta L = {}^1\!/_2 \, \frac{L \cdot G}{E \cdot F} \cdot 10^3 = {}^1\!/_2 \, \frac{L^2 \cdot \gamma}{E} \cdot 10^{-3} \mu \qquad \begin{pmatrix} G = \text{Gewicht in kg,} \\ \gamma = \text{Wichte in g/cm}^3 \end{pmatrix}.$$

Beispiel. Für ein Endmaß aus Stahl von $L = 1000$ mm, $\gamma = 7{,}8$ g/cm³, $E = 2 \cdot 10^4$ kg/mm² wird $\delta L = 0{,}2 \, \mu$

Biegung. Bei kleinen Biegungen ist die Formänderung f verhältnisgleich der Kraft P. Für andere Meßkraft P' als die den Kurven Abb. 141–35 bis

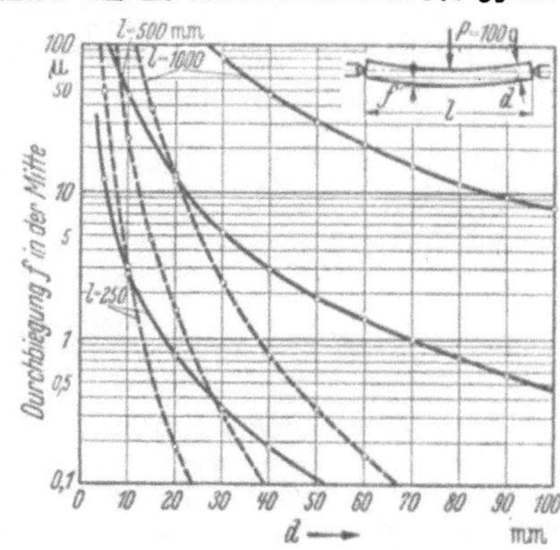

Abb. 141–35.
Durchbiegung in der Mitte eines zwischen Spitzen gelagerten zylindrischen Dornes aus Stahl.

Durchbiegung d. Eigengewicht:

$$f = 13 \, \frac{P \, l^3}{EJ} = 2{,}08 \, \frac{l^4 \gamma}{E \cdot d^2} \cdot 10^{-4}$$

für Stahl:

$$f = 7{,}6 \, \frac{l^4}{d^2} \cdot 10^{-3}$$

Durchbiegung nur durch Kraft, in der Mitte angreifend:

$$f = 20{,}8 \, \frac{P \cdot l^3}{E \cdot J} = 425 \, \frac{P \, l^3}{E d^4}$$

für Stahl und $P = 0{,}1$ kg:

$$f = 1{,}98 \, \frac{l^3}{d^4} \cdot 10^{-3}$$

$\gamma =$ Wichte in g/cm³; $E =$ Elastizitätsmodul in kg/mm²; $P =$ Kraft in kg; Längenmaße in mm; f in μ.

—— Durchbiegung durch Eigengewicht;
– – – Durchbiegung durch Meßkraft $P = 100$ g

141–37 zugrunde gelegte von $P = 0,1$ kg mussen folglich die den Schaubildern entnommenen Werte von f mit $\dfrac{P'}{P}$ malgenommen werden. Fur

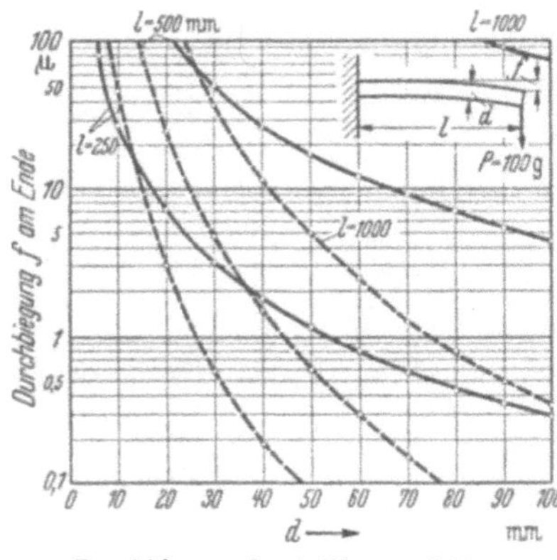

—— Durchbiegung durch Eigengewicht
– – – Durchbiegung durch Meßkraft $P = 100$ g

Abb. 141–36. Biegung eines einseitig eingespannten zylindrischen Dornes aus Stahl.

Biegung am freien Ende durch Eigengewicht:

$$f = 125 \frac{P \cdot l^3}{E \cdot J} = 2 \frac{l^4 \gamma}{E d^2} \cdot 10^{-3}$$

fur Stahl.

$$f = 7,3 \frac{l^4}{d^2} \cdot 10^{-7}$$

nur durch Kraft P:

$$f = 333 \frac{P\, l^3}{E\, J} = 6,8 \frac{P\, l^3}{E d^4} \cdot 10^1$$

fur Stahl und $P = 0,1$ kg.

$$f = 3,16 \frac{l^3}{d^4} \cdot 10^{-1}$$

γ = Wichte in g/cm³; E = Elastizitatsmodul in kg/mm²; P = Kraft in kg; Langenmaße in mm; f in μ.

anderen als zylindrischen Querschnitt mussen in die gegebenen allgemeinen Formeln die Flachentragheitsmomente J eingesetzt werden, die nach Abb. 141–38 zu berechnen sind. In die Formeln ist einzusetzen:

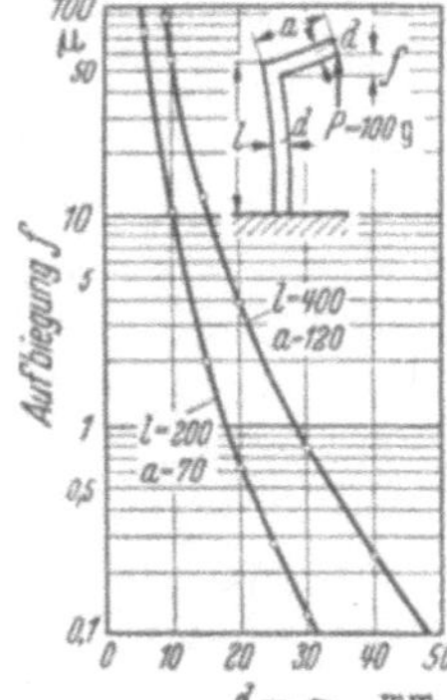

Kraft P in kg,
Längenmaße (Länge l, Ausladung a usw.) in mm,
Durchbiegung f in μ,
Elastizitatsmodul E in kg/mm²,
Wichte γ in g/cm³ = kg/dm³,
Flächenträgheitsmoment J in mm⁴.

Abb. 141–37. Elastische Biegung eines Fuhlhebelstanders durch eine Kraft $P = 0,1$ kg

Aufbiegung: $f = 2,04 \dfrac{P \cdot a^2 \left(l + \dfrac{a}{3} \right)}{E d^4} \cdot 10^4.$

P = Kraft in kg; E = Elastizitatsmodul in kg/mm²; Längenmaße in mm, f in μ

Elastizitätsmoduln E und Wichten γ fur verschiedene Stoffe s. Taf. 6.

Beim unmittelbaren oder Unterschiedsmessen (gegen Normal) eines Prüflings mit Fuhlhebel und Stander bewirkt diejenige elastische Formanderung einen Meßfehler, die vom Unterschied der Meßkräfte in den beiden Anzeigestellungen herruhrt. Um den Fehler klein zu halten, muß somit:

1. die Meßkraftschwankung des Anzeigegerates innerhalb des Anzeigebereiches so klein wie möglich sein,

2. der ausgenutzte Anzeigebereich so klein wie möglich sein, d. h. das Normal soll sich vom Prufling nur wenig unterscheiden; Unterschiedsmessungen sind unmittelbaren Messungen vorzuziehen.

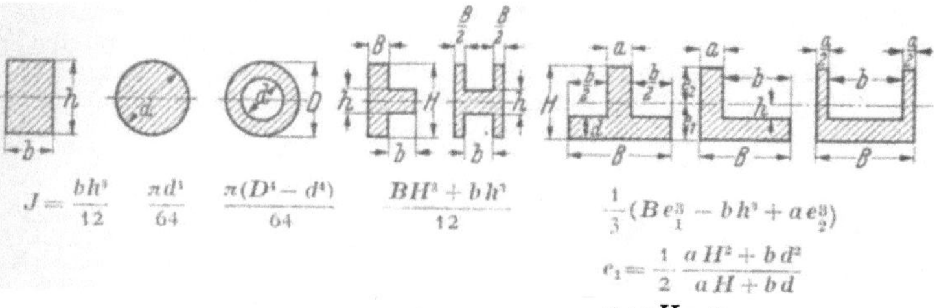

$$J = \frac{b h^3}{12} \qquad \frac{\pi d^4}{64} \qquad \frac{\pi (D^4 - d^4)}{64} \qquad \frac{B H^3 + b h^3}{12} \qquad \frac{1}{3}(B e_1^3 - b h^3 + a e_2^3)$$

$$e_1 = \frac{1}{2}\,\frac{a H^2 + b d^2}{a H + b d}$$

$$e_2 = H - e_1$$

Abb. 141–38. Flachenträgheitsmomente J in mm⁴ fur häufig vorkommende Querschnitte. Maße in mm. In die bei Abb. 141–35 bis –37 gegebenen allgemeinen Formeln einsetzen.

Arbeitsmaß einer Rachenlehre s. Abschn. 164.3.

Unterstutzung von Linealen, Endmaßen usw. Legt man ein stabförmiges Normal auf eine Flache, z. B. eine Anreißplatte, so ist es infolge der Unebenheit der beruhrenden Flachen völlig unbestimmt, an welcher Stelle das Normal unterstutzt wird. Zwischen diesen Auflagepunkten liegt es hohl und biegt sich infolge seines Eigengewichtes durch. Wie groß die durch eine kleine Verbiegung bewirkten Meßfehler sein können, ist in Abschn. 141.33 gezeigt.

Deshalb unterstutze man solche Korper an bestimmten Stellen durch Schneiden oder Rollen gemaß Abb. 141–39. Dann ist die Wirkung der Durchbiegung ein Minimum und kann gegebenenfalls durch Berichtigung am Meßergebnis berucksichtigt werden.

Abb. 141–39. Unterstutzung eines stabformigen Korpers.
Parallele Endflachen: $a = 0{,}2113 \cdot l$, gunstigste Punkte fur Endmaße und Strichmaße, deren Teilung auf der oberen Flache ist.

Kleinste Verkurzung der Gesamtlange. $a = 0{,}22031 \cdot l \approx \frac{2}{9} \cdot l$. Verkürzung der Gesamtlange: $\delta l = 0{,}653\,\frac{l^3 \cdot G^2}{E^2 \cdot J^2} \cdot 10^{-6}$. (Besselsche Punkte). Fur Strichmaße mit Teilung in der neutralen Schicht n

Kleinste Durchbiegung: $a = 0{,}2232 \cdot l \approx \frac{2}{9} \cdot l$. Durchbiegung auf der *ganzen* Länge am kleinsten und an den Enden und in der Mitte gleich groß. Fur Lineale, die auf der ganzen Lange benutzt werden.

Durchbiegung in der Mitte $= 0$ $a = 0{,}2386 \cdot l \approx \frac{6}{25} \cdot l$. Biegung zwischen den Auflagestellen sehr klein. Fur Lineale, die zwischen den Auflagestellen benutzt werden.

141.52 Abplattung

Berühren sich zwei Körper unter Kraftwirkung, so werden sie an der Berührungsstelle verformt, und zwar elastisch, solange der Druck an keiner Stelle die Elastizitätsgrenze überschreitet, plastisch, wenn er größer ist. Siehe Abb. 141–40. Infolge der Abplattung nähern sich die beiden Körper um den Betrag a mehr, als wenn sie sich nur geometrisch in Punkten, Linien oder Flächen berühren würden. Aus den geometrischen Punkten oder Linien werden infolge der Abplattung immer *Flächen,* in denen sich die Körper berühren. Der Betrag a der Abplattung ergibt sich nach der allgemeinen Ableitung von *Hertz* zu:

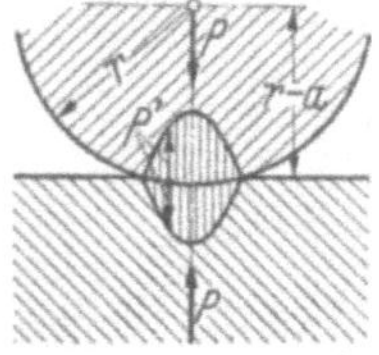

Abb. 141–40. Abplattung zwischen Kugel und Ebene. Der Halbmesser der Kugel wird an der Berührungsfläche größer, die ebene Fläche wird eingebeult. Gegenüber der geometrischen Punktanlage nähert sich der Kugelmittelpunkt der Ebene um den Betrag a der Abplattung. Die senkrecht schraffierten Flächen deuten den Verlauf der Teilkräfte P' von P in beiden Körpern an.

$$a = 0{,}9\,\sigma \sqrt[3]{\frac{9}{512}\,P^2\,(\vartheta_I + \vartheta_{II})^2\,(\varrho_{I1} + \varrho_{I2} + \varrho_{II1} + \varrho_{II2})}$$

$\sigma\ =$ von ϱ abhängiger Koeffizient,

$P\ =$ Meßkraft in kg,

$\vartheta\ = \dfrac{4}{E}\,(1 - m^2),\quad E\ =$ Elastizitätsmodul in kg/mm², $\ m\ =$ Poissonsche

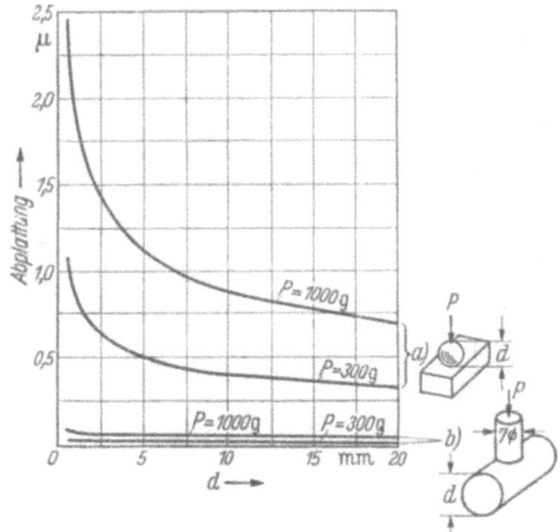

Abb. 141–41. Abplattung bei Stahl. a) Kugelige Meßfläche und ebene Werkstückfläche, b) ebene Meßfläche und zylindrische Werkstückfläche.

Zahl $= \dfrac{\text{Querzusammenziehung}}{\text{Dehnung}}$, s. Taf. 6. Fur Stahl ist $m \approx 0{,}3$,

$\varrho = 1/R =$ Krümmungsmaß an der Beruhrungsstelle.

Zeiger: I = Körper 1, II = Körper 2; 1 und 2 senkrecht aufeinanderstehende Richtungen in der Berührungsebene, von denen die eine Richtung die starkste Krummung angibt.

Die Hertzsche Formel ist wegen des schwierig zu berechnenden Wertes für σ für die Praxis ungeeignet, außerdem liegen ihrer Ableitung vereinfachende Annahmen zugrunde, die einer Berichtigung bedürfen. Nachstehend für einige Falle die berichtigten Formeln, nach denen auch Abb. 141–41 berechnet wurde (a in μ, P in kg, Maße in mm).

Zwei gleiche Kugeln oder gekreuzte Zylinder: $a = 2{,}4093 \sqrt[3]{\dfrac{P^2}{d}}$.

Kugel zwischen zwei Ebenen: $a = 3{,}8246 \sqrt[3]{\dfrac{P^2}{d}}$.

Zylinder zwischen zwei Ebenen: $a = 0{,}923 \dfrac{P}{l} \sqrt[3]{\dfrac{1}{d}}$

($l =$ Berührungslänge in mm).

Bei den beiden letzten Formeln ist zu beachten, daß a die *gesamte* Abstandsänderung angibt, die durch Abplattung an *beiden* Beruhrungsstellen hervorgerufen wird.

Bei flächiger Auflage, z. B. Rechtkant zwischen ebenen und parallelen Meßflächen ist die Abplattung meist vernachlässigbar klein. Sie wird jedoch beachtlich, sobald die Flächen nicht mit gleichmäßigem Druck aneinander liegen, also z. B. wenn sie schief stehen.

Ausschaltung des Fehlers infolge Abplattung. Gleiche Meßkraft bei Normal und Prüfling, gleiche Werkstoffe (Elast.-Modul), gleiche Form und Oberflächenbeschaffenheit.

141.6 Temperatur

141.61 Maßänderungen bei Unterschiedsmessung

Durch Änderung der Temperatur um δt ändert sich die Länge l eines Körpers um

$$\delta l = l \cdot \alpha \cdot \delta t;$$

dabei ist $\alpha =$ Wärmedehnungszahl des Werkstoffes bei $t = 20°$, s. Abb. 141–42 u. Taf. 6. Für Stahl ist $\alpha = (11{,}5 \pm 0{,}5 \cdot 10^{-6})$. *Merke*: 100 mm-1°-1$\mu$.

Wird nicht bei der Bezugstemperatur 20° gemessen, s. Abschn. 121.14, sondern haben Normal und Prüfling verschiedene Temperaturen, Warmedehnzahlen und Langen, so gilt:

$$\delta l_{20} = \delta l\,(1 - \alpha_P \cdot \delta t_P) - l_{N20}\,(\alpha_P \cdot \delta t_P - \alpha_N \cdot \delta t_N)\,(1 + \alpha_N \cdot \delta t_N).$$

$\delta l_{20} = l_{P20} - l_{N20} =$ Langenunterschied bei 20°,
$l_{N20} =$ Lange des Normals bei 20° (als bekannt vorausgesetzt),
$\delta l \ \ =$ Langenunterschied, bei den vorhandenen Temperaturen gemessen,
$\delta t_P =$ $t_P - 20° =$ Abweichung der Temperaturen des *Prüflings* von 20°,
$\delta t_N =$ $t_N - 20 =$ Abweichung der Temperatur des *Normals* von 20°,
$\alpha_P \ \ =$ Wärmedehnzahl des Pruflings,
$\alpha_N \ \ =$ Wärmedehnzahl des Normals.

Die durch geschweifte Klammern bezeichneten Ausdrücke sind fast immer gegen 1 vernachlässigbar klein, folglich:

$$\delta l_{20} \approx \delta l - l_{N20}\,(\alpha_P \cdot \delta t_P - \alpha_N \delta t_N).$$

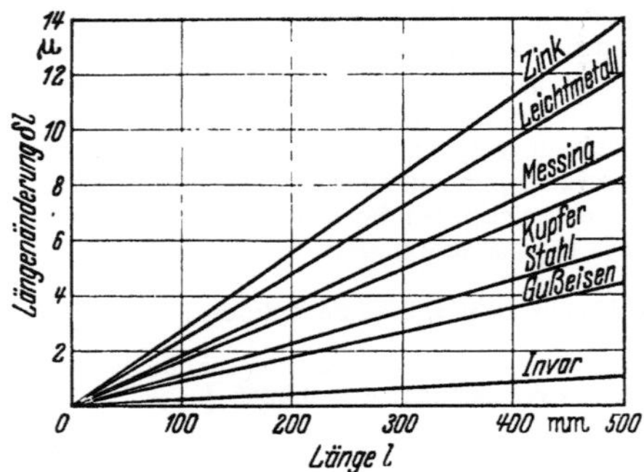

Abb. 141–42. Längenänderung durch Temperaturdifferenzen bei verschiedenen Werkstoffen, $\delta l = 1°$. Beispiel: Für $l = 300$ mm greift man für 1° C zwischen Messing und Stahl ab: 2,1 μ. Folglich: für eine Temperaturdifferenz von $\delta t = 5°$ ist $\delta l = 10,5\ \mu$.

Istlänge des Prüflings bei 20°:

$$l_{P20} = l_{N20} + \delta l_{20}.$$

Wenn Länge Prüfling $\approx$ Länge Normal, kann für l_{N20} statt des genauen Istwerts auch die Solllänge eingesetzt werden, s. Beispiel.

Für l_{N20} Istwert = Genauwert einsetzen.

Beispiel. Gegeben:

	Länge	Temperatur	Wärmedehnzahl
Werkstück	≈ 100	$\delta t_P = -0,9°$	$\alpha_P = 18,5 \cdot 10^{-6}$ (Messing)
Normal	$l_{N20} = 100,0012$	$\delta t_N = +0,8°$	$\alpha_N = 11,5 \cdot 10^{-6}$ (Stahl)

Gemessener Längenunterschied $\delta l = -61\mu$ (Prüfling $<$ Normal).

Umrechnung auf 20°:

$$\delta l_{20} = -0,061 - 100 \cdot (-18,5 \cdot 10^{-6} \cdot 0,9 - 11,5 \cdot 10^{-6} \cdot 0,8)\ \text{mm}$$
$$= -0,061 - (-0,0026)\ \text{mm} = \mathbf{-58.4\ \mu}$$
$$l_{P20} = 100,0012 - 0,0584 = \mathbf{99{,}943\ mm.}$$

Vereinfachte Fälle:

Temperatur gleich, α verschieden: $\delta l_{20} = \delta l - l_{N20}(\alpha_P - \alpha_N)\,\delta t$

δt = Abweichung von Bezugstemperatur.

Abb. 141–43. Meßfehler infolge Wärmedehnung bei l = 1000 mm. N = Normal, P = Prüfling, $N = P$ bei 20°.
a) Stoffe verschieden, Temperaturen verschieden.
b) Stoffe verschieden, Temperaturen gleich, aber nicht 20°.
c) Stoffe gleich, aber Temperaturen verschieden.

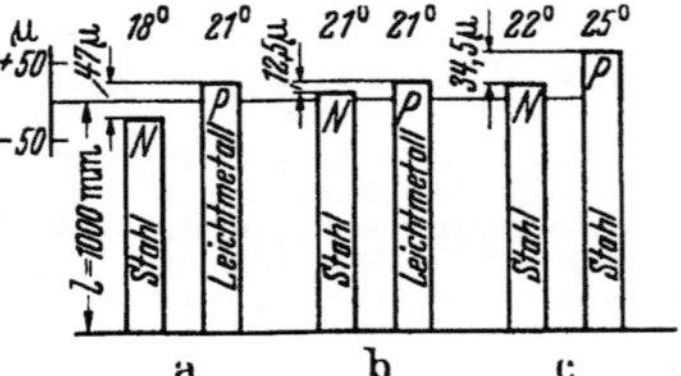

Temperaturen untereinander um δt verschieden, α gleich:

$$\delta l_{20} = \delta l - l_{N20} \cdot \alpha \cdot \delta t.$$

Zahlenbeispiel s. Abb. 141–43. Bei genauesten Messungen (Endmaße) muß die Warmedehnungszahl α am Prufling selbst bestimmt werden, da von Zusammensetzung und Behandlung des Werkstoffes abhangig. Dies ist mit Interferenzkomparator möglich.

141.62 Maßänderung bei unmittelbarer Messung

Prufling werde neben oder fluchtend hinter Strichmaßstab angeordnet und an diesem abgelesen.

$$l_{P20} = l_{Na} - l_N (\alpha_P \cdot \delta t_P - \alpha_N \delta t_N).$$

Bezeichnungen wie in Abschn. 141.61, l_{Na} = abgelesener Wert. Fur l_N kann ein gerundeter Wert von l_{Na} eingesetzt werden. Wenn der Maßstab in einem Meßgerat fest eingebaut ist, wird für t_N die Temperatur des Gerates eingesetzt, so daß $\delta t_N = t_N - 20°$ ist.

Warmedehnung und -verformung (s. Abschn. 141.63) sind die Hauptursachen von Meßfehlern und daher besonders zu beachten. Interferentiell (mit Kösters-Kompensator) sind Messungen mit einer Unsicherheit von der Größenordnung 1 nm = 0,001 μ möglich, sie sind jedoch wertlos, weil es bisher nicht gelungen ist, die Pruflingstemperatur bis auf 0,001° C zu messen *und* innerhalb des ganzen Pruflings gleich zu halten.

141.63 Verformung

Wird ein Körper einseitig erwärmt, so verformt er sich, Abb. 141–44. Bei linearem Verlauf der Temperaturänderung langs der Dicke d ist $r = \dfrac{d}{\alpha \cdot \delta t}$, δt = Temperaturgefalle zwischen den außeren Schichten. Die Krummung ist um so starker, r um so kleiner, je größer δt und α. Bogenhöhe $h = \dfrac{l'^2}{8r} \approx \dfrac{l^2}{8r}$.

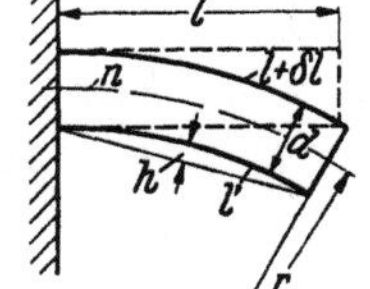

Abb. 141–44. Krummung eines Stabes infolge einseitiger Erwärmung, z. B. durch Bestrahlung. l = Lange bei Raumtemperatur, d = Dicke, δl = Ausdehnung durch Temperaturerhöhung oben, r = Krummungshalbmesser, n = neutrale Schicht.

Zahlenbeispiel zu Abb. 141–44 fur $\alpha = 11,5 \dfrac{\mu}{\text{m} \cdot \text{Grad}}$ (= Stahl):

		10 mm	870 m	144 μ
$dt = 1°$	$l = 1000$ mm	$d = 20$ mm	$r = 1,74$ km	$h = 72 \mu$
		35 mm	3,02 km	41 μ

141.64 Temperaturausgleich

Ein Körper habe die Masse G kg, die Oberflache F mm², die spezifische Warme $c \dfrac{\text{kcal}}{\text{kg} \cdot \text{Grad}}$, den Koeffizienten der außeren Warmeleitung $m \dfrac{\text{kcal}}{\text{mm}^2 \cdot \text{min Grad}}$, d. i. die Anzahl der kcal, die je mm² und min bei dem Temperaturunterschied 1° gegen die Umgebung an diese abgegeben werden. Der Temperaturunterschied des Körpers gegen die Umgebung betrage $T°$ zur Zeit $z = 0$. Bis zur Annäherung seiner Temperatur an die der Umgebung bis auf $t°$ wird die Zeit z benötigt:

$$z = 2{,}3 \frac{G \cdot c \cdot \lg T/t}{F \cdot m} \text{ min.}$$

Für $t = \frac{1}{20}$ $\frac{1}{50}$ $\frac{1}{100}$ $\frac{1}{200}$ $\frac{1}{500}$ $\frac{1}{1000}$ mal T

ist $z = 1{,}3$ $1{,}7$ 2 $2{,}3$ $2{,}7$ 3 mal so groß wie für $t = T/10$.
Die Temperatur des Prüflings nähert sich asymptotisch, d. h. immer langsamer und genau erst nach unendlich langer Zeit der Umgebungstemperatur.

Für Stahl ist $c = 0{,}11$, $m = 8 \cdot 10^{-8}$ (bei ruhender Luft); dann ist

$$z = 31{,}7 \frac{G \cdot \lg T/t}{F} \text{ min.}$$

Der angegebene Wert von m gilt aber nur für einen bestimmten Temperaturunterschied ($T \approx 1°$) und ändert sich mit diesem ziemlich stark. Deshalb gilt die letzte Gleichung nur als Faustformel.

Abb. 141–45 gibt ungefähre Anhaltswerte für erforderliche Ausgleichszeiten an ruhender Luft. Durch Anblasen mit Luft oder Auflegen des Prüflings auf eine schwere Metallplatte kann z verkleinert werden. Dabei können große Stücke den Temperaturausgleich von gleichzeitig aufgelegten kleineren verzögern.

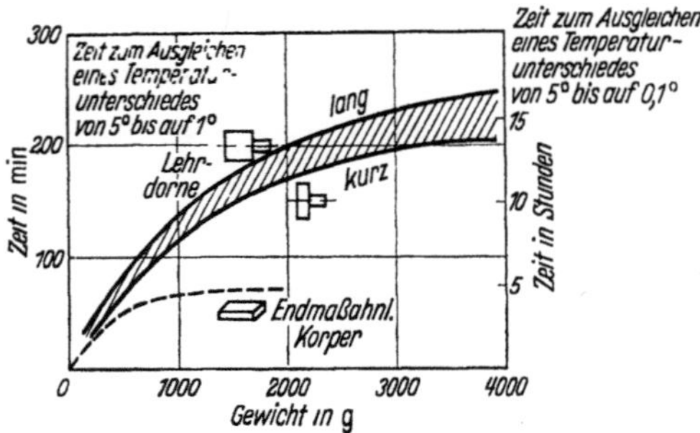

Abb. 141–45. Zeit zum Temperaturausgleich an Luft, Erfahrungswerte.

Schrifttum

[1] Berndt: Z. Instr. **63** (1943) S. 8, 44, 90.
[2] Berndt u. Bochmann: Feinm. Präz. **39** (1931) S. 30, 103, 173.
[3] Bochmann: Der Einfluß von Gelenklagerungen auf die Genauigkeit von Fühlhebeln. Diss. T. H. Dresden 1931.
[4] Leinweber: Anwendung und Erweiterung des Komparatorprinzips. Feinwerktechn. **54** (1950) H. 7. S. 163.
[5] Leinweber: Passung und Gestaltung. 2. Aufl. Berlin: Springer 1942.
[6] Leinweber: Messen in der Werkstatt. 2. Aufl. München: Carl Hanser, 1949.
[7] Richter u. von Voß: Bauelemente der Feinwerktechnik. 4. Aufl. Berlin: Verlag Technik.

142 Optik

142.1 Allgemeines

Licht ist eine Form des Energietransportes in der Natur.

Ausbreitungsgeschwindigkeit im luftleeren Raum: 299 780 km/s, in Luft rund $0,3°/_{00}$ kleiner. Ausbreitung wird zeichnerisch durch *Lichtstrahlen* veranschaulicht, praktisch beobachten kann man nur *Lichtbundel* oder *Strahlenbundel*. Die Strahlen im Achsenschnitt eines Lichtkegels bilden ein *Strahlenbuschel*.

Geometrische Optik ist der Teil der Lehre vom Licht, der auf der Vorstellung vom Vorhandensein einzelner Lichtstrahlen beruht.

Physikalische Optik betrachtet die Erscheinungen, die mit der Wellennatur des Lichtes zusammenhángen.

142.2 Reflexion

Auf einen Gegenstand auftreffendes Licht dringt stets zu einem Teil in den Korper ein, wird verschluckt, absorbiert, der andere Teil wird zuruckgeworfen, reflektiert. Gegenstande mit rauher Oberflache reflektieren *diffus*, zerstreut; dadurch werden sie sichtbar. Gegenstande mit glatter Oberflache reflektieren *regulär*, gesetzmaßig; die vollig regular reflektierende Flache ist unsichtbar. Optische Gerate dienen dazu, um von *Gegenstanden* oder *Dingen* (Objekten) ein *Bild* zu erzeugen.

Reflexionsgesetz. Der einfallende und der zuruckgeworfene Strahl schließen mit dem Einfallslot des getroffenen Flachenelements gleiche Winkel ein und liegen mit diesem Lot in einer Ebene.

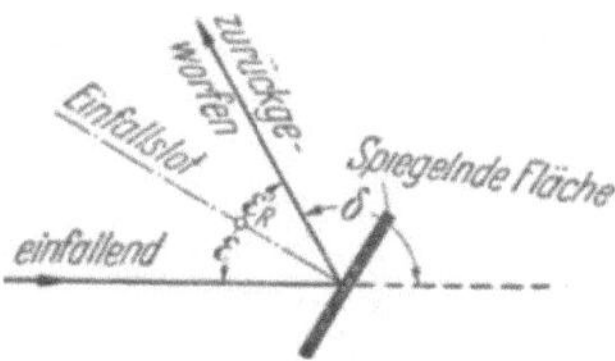

Abb. 142–1. Reflexionsgesetz. Der Einfallswinkel ε und der Reflexionswinkel ε'_R sind entgegengesetzt gleich

$$\varepsilon = -\varepsilon'_R. \qquad (142\text{–}1)$$

Der Ablenkungswinkel δ ist:

$$\delta = 180° - 2\varepsilon. \qquad (142\text{–}2)$$

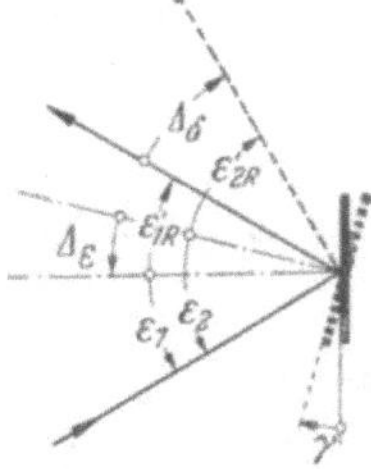

Abb. 142–2. Änderung der Strahlablenkung $\Delta\delta$ bei der Spiegelkippung um γ. Durch die Kippung des Flachenlotes ändert sich der Einfallswinkel und der Reflexionswinkel:

$$\Delta\delta = -2\Delta\varepsilon = 2\gamma. \qquad (142\text{–}3)$$

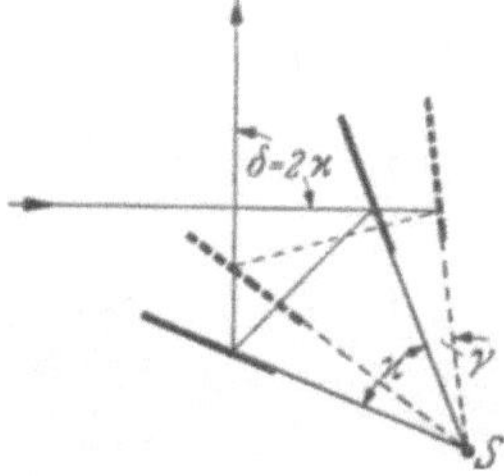

Abb. 142–3. Winkelspiegel. Ablenkungswinkel $\delta = 2 \cdot \varkappa$ (Spiegelwinkel), δ ist unabhangig von einer Drehung des Winkelspiegels um die Achse S ($\perp$ Zeichenebene).

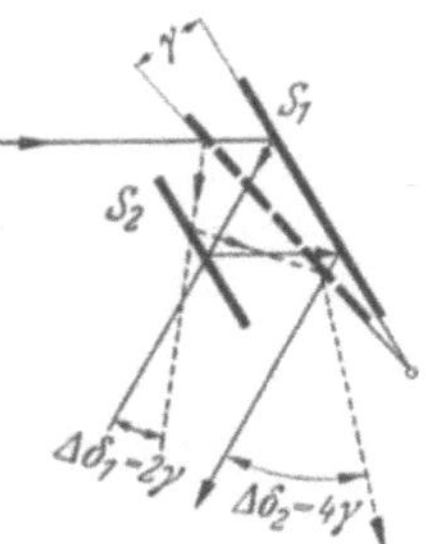

Vereinbarungsgemäß werden die Winkel vom Lot zum Strahl gemessen und sind *positiv*, wenn dabei Drehrichtung *entgegen* dem Uhrzeiger. Bei optischen Strahlengangskizzen soll das Licht stets *von links nach rechts* laufen (DIN 1335).

Abb. 142–4. Doppelreflexion am gekippten Spiegel. Der Lichtstrahl wird nach der Reflexion am beweglichen Spiegel S_1 von einem festen Spiegel S_2 zurückgeworfen und nochmals am beweglichen Spiegel S_1 reflektiert. Strahlablenkung $\Delta\delta_2 = 4\cdot\gamma$ (Spiegelkippung).

Der ebene Spiegel hat abbildende Eigenschaften. Das Bild ist virtuell und spiegelverkehrt.

Ein *virtuelles Bild* ist nicht auf Mattscheibe oder Schirm auffangbar, aber sichtbar. Es entsteht zeichnerisch durch rückwärtiges Verlängern divergierender (auseinandergehender) Strahlen.

Ein *reelles* Bild ist auffangbar. Es entsteht durch Schnitt konvergierender (zusammenstrebender) Strahlen.

Der Abbildungsmaßstab des ebenen Spiegels ist in der Einfallsebene $\beta' = -1$, senkrecht dazu $\beta' = +1$. Bild und Gegenstand sind gleich groß; das Minuszeichen gibt Spiegelverkehrtheit an.

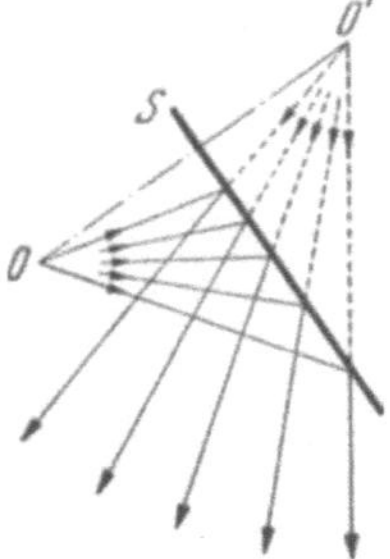

Abb. 142–5. Das von O ausgehende und an S reflektierte Strahlenbuschel scheint von O' herzukommen; O' ist das virtuelle Bild von O.

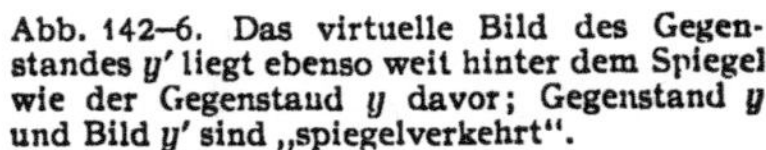

Abb. 142–6. Das virtuelle Bild des Gegenstandes y' liegt ebenso weit hinter dem Spiegel wie der Gegenstand y davor; Gegenstand y und Bild y' sind „spiegelverkehrt".

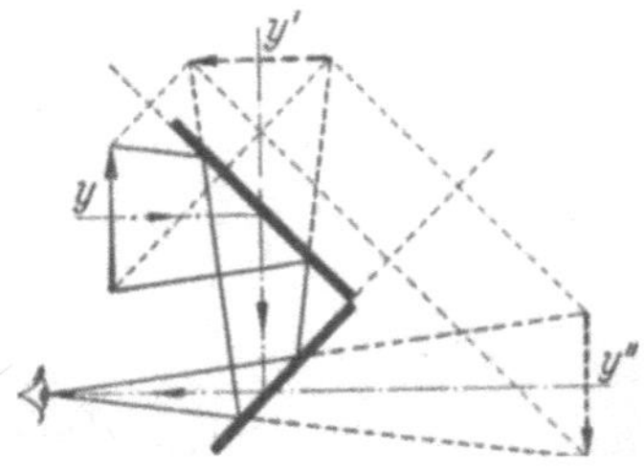

Abb. 142–7. Bildaufrichtung durch Doppelreflexion. Die spiegelverkehrte Lage von y' gegenüber y ist für y'' aufgehoben.

Die spiegelverkehrte Darstellung des Gegenstandes kann nach Abb. 142–7 durch eine zweite Reflexion aufgehoben werden. Bei Aussagen uber die Stellung von Bild und Gegenstand sind entweder *beide in* oder *beide entgegen* der Lichtrichtung zu betrachten.

142.3 Brechung

Ein durchsichtiger Korper heißt *optisch dunner* als Luft, wenn die Fortpflanzungsgeschwindigkeit des Lichts in ihm *größer*, *optisch dichter*, wenn sie *kleiner* ist als in Luft. Das Verhaltnis $n = \dfrac{\text{Lichtgeschwindigkeit im Stoff}}{\text{Lichtgeschwindigkeit in Luft}}$ wird *Brechungsverhaltnis* oder *Brechzahl* des Stoffes genannt.

Fallt ein Lichtbündel schrag auf die Trennflache zweier Stoffe mit verschiedener Brechzahl, z. B. Luft-Glas, so wird es beim Eintritt in das andere Mittel abgelenkt. Dann gilt das

Brechungsgesetz. Das Produkt aus der Brechzahl und dem Sinus des Winkels zwischen Lichtstrahl und Flachenlot ist auf beiden Seiten der Trennflache zweier Stoffe gleich groß, und einfallender Strahl, Flachenlot und gebrochener Strahl liegen in einer Ebene.

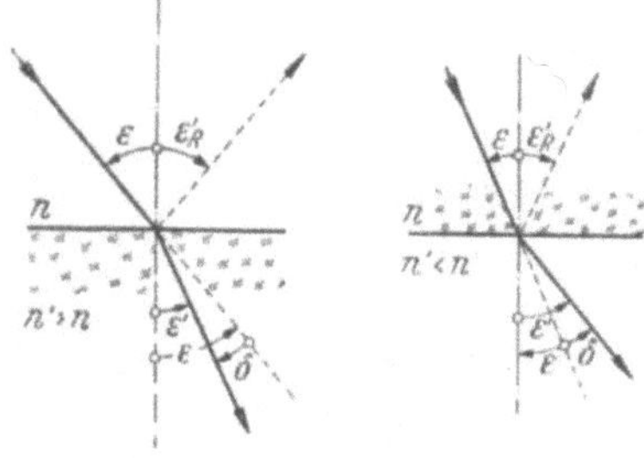

Abb. 142–8. Brechungsgesetz. Beim Übergang in das dichtere Mittel ($n' > n$) wird der Lichtstrahl zum Lote hin gebrochen, beim Übergang in das dunnere Mittel ($n' < n$) vom Lote fort. Zwischen dem Einfallswinkel ε und dem Brechungswinkel ε' besteht die Beziehung:

$$n \cdot \sin \varepsilon = n' \cdot \sin \varepsilon'. \qquad (142\text{--}4)$$

Der Ablenkungswinkel δ ist:

$$\delta = \varepsilon' - \varepsilon. \qquad (142\text{--}5)$$

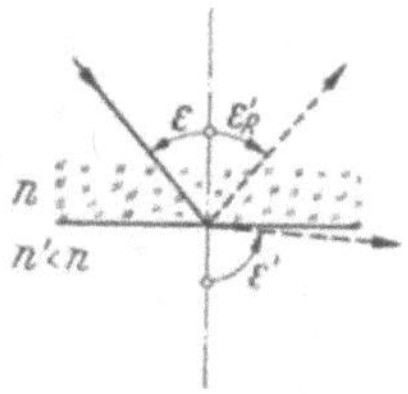

Abb. 142–9. Totalreflexion. Ist ε großer als der Grenzwinkel ε^*, so dringt der Strahl nicht in das dunnere Mittel n' ein, sondern er wird nach dem Reflexionsgesetz in das dichtere Mittel zuruckgeworfen.

Übergang des Lichtes vom dunneren zum dichteren Mittel ist stets möglich, umgekehrt nur, wenn $\dfrac{n}{n'} \sin \varepsilon < 1$ ist, da $\sin \varepsilon'$ nicht > 1 werden kann. Der *Grenzwinkel der Totalreflexion* ist

$$\sin \varepsilon^* = n'/n. \qquad (142\text{--}6)$$

Wird der Winkel größer, so tritt kein Licht mehr in das dunnere Mittel aus,

alles Licht wird reflektiert, auch ohne daß die Trennfläche verspiegelt ist:
Totalreflexion. Für Luft als dünneres Mittel wird $n' = 1$ und

$$\sin \varepsilon^* = \frac{1}{n}. \qquad (142\text{-}7)$$

Für Kronglas mit $n = 1,516$ (für gelbgrünes Licht) ist $\varepsilon^* = 41°\ 16'$, für Flintglas mit $n = 1,620$ ist $\varepsilon^* = 38°\ 7'$.

Totalreflexion wird in Reflexionsprismen, an Stelle von Spiegeln, ausgenutzt. Reflexionsfläche wird verspiegelt, wenn einzelne oder alle Strahlen so einfallen, daß sie nicht mehr total reflektiert werden.

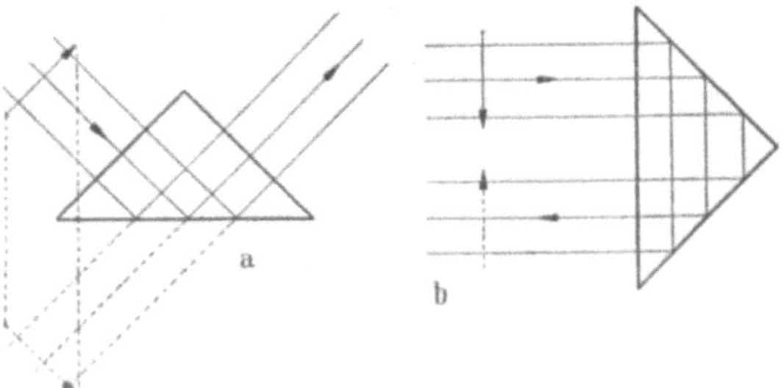

Abb. 142–10a, b   Totalreflektierende Prismen

Das durch eine *Planparallelplatte* gesehene virtuelle Bild eines Gegenstandes erscheint näher gerückt. Die Planplatte mit der Dicke d wirkt wie eine Luftplatte der
Dicke $d_0 = \dfrac{d}{n}$ (auf Luft reduzierte Dicke).

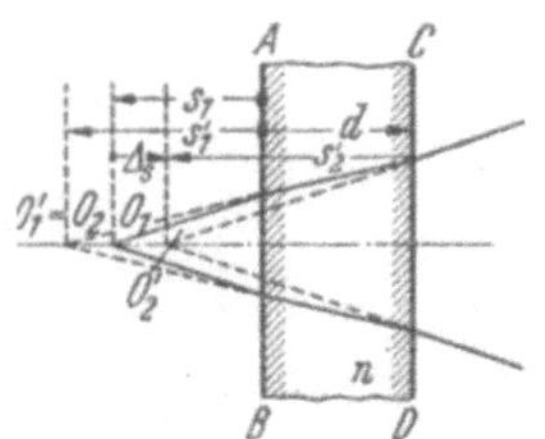

Abb. 142–11. Abbildung durch Planparallelplatte der Dicke d (in Luft).
Die Verlagerung des Bildes O_2' gegen
O_1 ist

$$\varDelta s = (n - 1) \cdot d/n \qquad (142\text{-}8)$$

(Ergibt sich aus

$$s_1' = n\, s_1; \quad s_2 = s_1' - d;$$

$$s_2' = \frac{1}{n}\, s_2 = s_1 - \frac{d}{n};$$

$$\varDelta s = s_2' - s_1 + d).$$

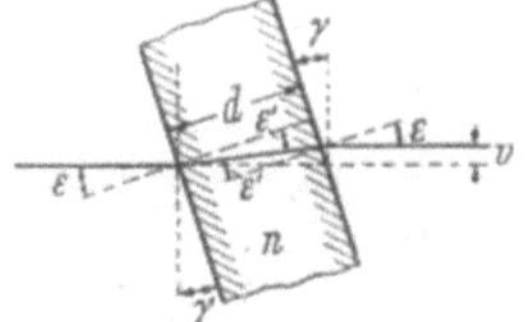

Abb. 142–12. Bildversetzung durch eine
gekippte Planparallelplatte (in Luft). Für
kleine Winkel ist:

$$\varepsilon = n\varepsilon'.$$

Mit $\varepsilon = \gamma$ ergibt sich:

$$v = d\,(\mathrm{tg}\,\varepsilon - \mathrm{tg}\,\varepsilon') \cdot \cos \varepsilon \approx d\,(\varepsilon - \varepsilon'),$$

d. h. $\quad v \approx d \cdot \gamma \cdot \dfrac{n-1}{n} \qquad (142\text{-}10)$

Die *optische Baulange* d_0 eines Systems ist um $\varDelta s$ kleiner als die *mechanische Baulange oder Dicke d*.

$$d_0 = d - \varDelta s = \frac{d}{n} \qquad (142\text{-}9)$$

Wird die Parallelplatte *gekippt*, so wird das virtuelle Bild parallel verschoben. Fur $n = 1,5$ ist $v \approx \frac{1}{3} dy$.

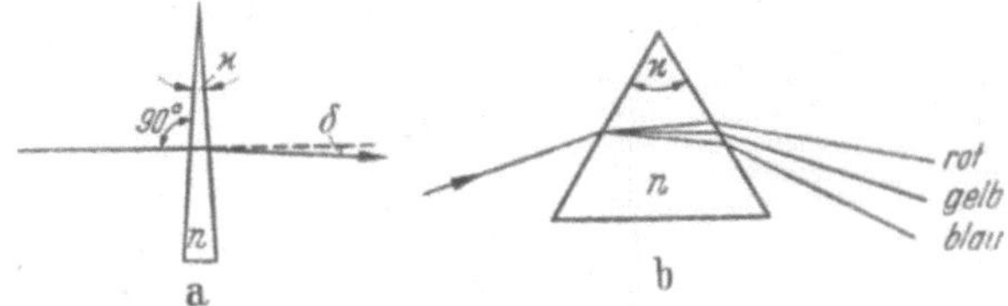

Abb. 142–13a. Die Strahlablenkung δ eines Glaskeiles mit dem Winkel $\varkappa$ ist:

$$\delta \approx - (n - 1) \cdot \varkappa. \qquad (142\text{-}11)$$

Abb. 142–13b. Farbzerstreuung des Prismas.

Beim *Glaskeil* wird die Richtung des durchtretenden Strahlenbundels geandert, es wird nach dem Brechungsgesetz nach dem *dickeren* Keilende hin abgelenkt.

Die Brechzahlen sind bei allen optischen Werkstoffen für Licht von verschiedener Farbe verschieden groß. Deshalb wird ein weißer Lichtstrahl beim schrägen Eintritt in ein anderes Mittel nicht nur aus seiner Richtung abgelenkt, sondern außerdem *in ineinander* übergehende Farben aufgespalten, *spektral zerlegt* (Dispersion).

142.4 Grundlagen der geometrischen Optik

142.41 Sphärische Linsen

Die einfache Linse ist ein von zwei Kugelflächen begrenzter Korper aus durchsichtigem Stoff, meist Glas. Die Verbindungslinie der Kugelmitten ist die *Linsenachse*, ihre Durchstoßpunkte durch die Kugelflächen heißen *Linsenscheitel*. Sammellinsen sind in der Mitte dicker als am Rand, positive oder Konvexlinsen; sie dienen dem grundsätzlichen Aufbau der optischen Instrumente. Zerstreuungslinsen sind am Rand dicker als in der Mitte, negative oder Konkavlinsen; besonders als Korrektionselemente benutzt.

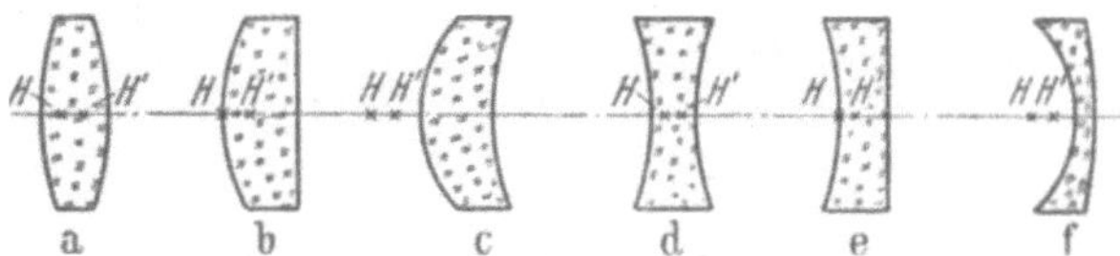

Abb. 142–14. Linsenformen.
Sammellinsen: a) bikonvex, b) plankonvex, c) konkavkonvex.
Zerstreuungslinsen: d) bikonkav, e) plankonkav, f) konvexkonkav.
H, H' = Hauptpunkte, s Abschn. 142.43.

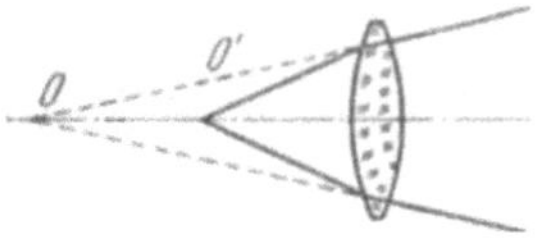

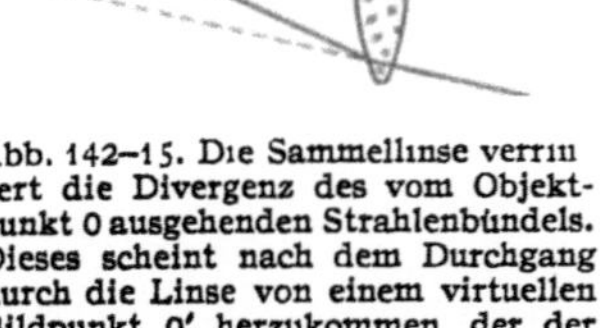

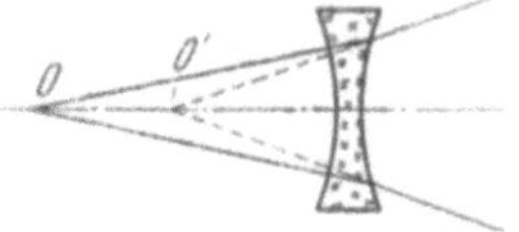

Abb. 142–15. Die Sammellinse verrin
gert die Divergenz des vom Objektpunkt O ausgehenden Strahlenbündels.
Dieses scheint nach dem Durchgang
durch die Linse von einem virtuellen
Bildpunkt O′ herzukommen, der der
Linse *ferner* liegt als der Dingpunkt O.
Die sammelnde Wirkung kann so stark
werden, daß das Strahlenbundel konvergent wird; es vereinigt sich dann
in einem reellen Bildpunkt auf der
anderen Seite der Linse (vgl. Abb.
142–17).

Abb. 142–16. Die Zerstreuungslinse erhöht
die Divergenz des von einem Objektpunkt O ausgehenden Strahlenbundels.
Dieses scheint nach dem Durchgang durch
die Linse von einem virtuellen Bildpunkt O′
herzukommen, der der Linse *näher* liegt als
der Dingpunkt O.

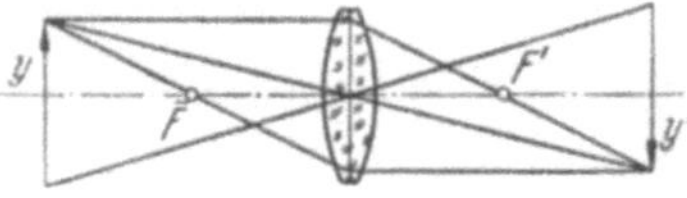

Abb. 142–17. Die Sammellinse erzeugt ein reelles, umgekehrtes Bild y' des Gegenstandes y. $\overline{F}, F'$ = Brennpunkte.

Die Linse hat abbildende Eigenschaften: alle von einem Dingpunkt ausgehenden und die Linse durchsetzenden Strahlen werden in einem Bildpunkt vereinigt, der virtuell oder reell ist (s. Abschn. 142.2). Hierbei werden
ideal abbildende Linsen vorausgesetzt; Linsenfehler s. Abschn. 142.44.
Im Brennpunkt der Linse wird ein aus dem Unendlichen kommendes
achsenparalleles Lichtbundel vereinigt (Brennglas). Jeder achsenparallele
Strahl geht auf der anderen Seite der Linse durch den Brennpunkt. Jede
Linse hat 2 Brennpunkte, je nachdem von welcher Seite das parallele
Strahlenbundel auftrifft (Betrachtung auch *entgegen* der Lichtrichtung mög-
lich). Nach DIN 1335 ist der dingseitige Brennpunkt $\overline{F}$, der bildseitige F'.

Die Brennpunkte $\overline{F}$ und F' der *Sammellinse* sind *reell*. Die achsenparallel einfallenden Strahlen schneiden sich nach der Brechung wirklich. Die Brennpunkte der *Zerstreuungslinse* sind *virtuell*: Die achsenparallel einfallenden Strahlen *scheinen* nach der
Brechung von $\overline{F}$ bzw. F' herzukommen.

142.42 Linsengleichung

Brennpunktsform (Newton):

$$- \overline{z} \cdot z' = f'^2. \tag{142–12}$$

Man rechnet nach Abb. 142–18 die Entfernungen zusammengehöriger (konjugierter) Ding- und Bildpunkte von den Brennpunkten aus.

Abb. 142–18. Die Koordinaten der Brennpunkte F' und $\overline{F}$ und konjugierter Bild-
und Dingpunkte O′ und O.

z' und $\overline{z}$ rechnen von den Brennpunkten, a' und a von den Hauptpunkten der
Linse aus, und zwar positiv im Sinne und negativ entgegen der Lichtrichtung.

Hauptpunktsform.

$$\frac{1}{a'} - \frac{1}{a} = \frac{1}{f'}. \tag{142-13}$$

Man rechnet nach Abb. 142–18 die Entfernungen konjugierter Ding- und Bild-punkte von den Brennpunkten bzw. Hauptpunkten (s. Abschn. 142.43) aus. Bei der Sammellinse ist dann $\bar{z}$ bzw. a entgegen der Lichtrichtung gerichtet und somit negativ einzusetzen.

In Luft sind beide Brennweiten gleich: $f' = -f$. Der Zahlenwert von f' ist bei Sammellinsen positiv, bei Zerstreuungslinsen negativ einzusetzen. Der Kehrwert $\frac{1}{f'}$ der Brennweite f' wird *Brechkraft* oder *Stärke* der Linse genannt und in *Dioptrien* ausgedrückt, das ist die Anzahl der Linsenbrennweiten, die in 1 m enthalten ist: $D = \frac{1\,000}{f'}$, f' in mm. Eine Sammellinse mit der Brennweite 125 mm hat eine Brechkraft von $+$ 8 Dptr.

Abbildungsverhältnis β' ist das Verhältnis konjugierter *achsensenkrechter* Strecken:

$$\beta' = \frac{y'}{y} = \frac{a'}{a} = 1 - \frac{a'}{f'} = -\frac{z'}{f'}. \tag{142-14}$$

Reelle Bilder sind umgekehrt, virtuelle aufrecht, s. Abb. 142–21 und –22.

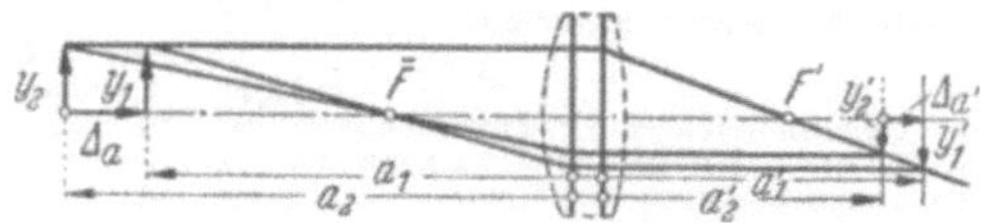

Abb. 142–19. Tiefenverhältnis der optischen Abbildung: $\alpha' = \dfrac{\Delta a'}{\Delta a}$.

Tiefenverhältnis α' ist das Verhältnis konjugierter *achsenparalleler* Strecken, das sind Strecken, die von konjugierten Punkten begrenzt werden:

$$\alpha' = \frac{a'_2 - a'_1}{a_2 - a_1} = \beta_2' \cdot \beta_1' \tag{142-15}$$

Für kleine Abstandsunterschiede $a_2' - a_1' = \Delta a'$ und $a_2 - a_1 = \Delta a$ gilt:

$$\alpha' = \frac{\Delta a'}{\Delta a} \approx \beta'^2 \tag{142-16}$$

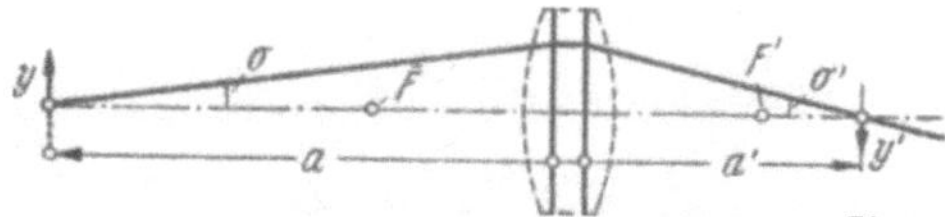

Abb. 142–20. Winkelverhältnis der optischen Abbildung $\gamma = \dfrac{\sigma'}{\sigma}$ (σ' und σ sind die Öffnungs- oder Aperturwinkel).

Winkelverhältnis γ' ist das Verhältnis konjugierter *Achsenwinkel*, das sind die Winkel σ, σ', die derselbe Lichtstrahl in Ding- und Bildraum mit der Linsenachse einschließt:

$$\gamma' = \operatorname{tg} \sigma'/\operatorname{tg} \sigma = a/a'. \tag{142-17}$$

Für Systeme in Luft ist $\gamma' = 1/\beta'$.

142.43 Kardinalpunkte der Linse

Brennpunkte F und F'. Von den Brennpunkten aus werden die Objekt- und Bildabstande fur die Linsengleichung in Brennpunktsform gerechnet.

Hauptpunkte H und H' sind die konjugierten Achsenpunkte der Linse, fur die das Abbildungsverhaltnis $\beta' = 1$ besteht, Strahl 3 in Abb. 142–21.

Ein in H befindlicher Gegenstand (Abb. 142–21) wurde in H' ein gleichgroßes aufrechtes Bild ergeben. [Hauptebenen H, H' sind Ebenen durch die Hauptpunkte senkrecht zur Achse] Hauptebenen sind wichtig fur dicke Linsen und Linsensysteme und werden zur vereinfachten Strahlenkonstruktion benutzt. Von den Hauptpunkten aus rechnen die Brennweiten in der Hauptpunktsform der Linsengleichung.

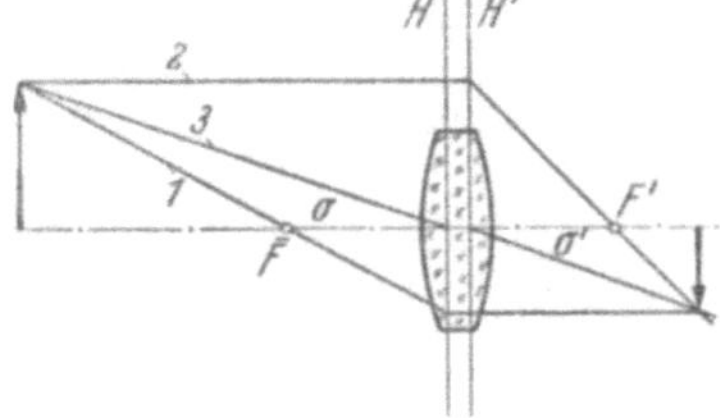

Abb. 142–21.
Bildkonstruktion bei der Sammellinse.

Knotenpunkte K und K' sind die konjugierten Achsenpunkte der Linse, fur die das Winkelverhaltnis $\gamma' = 1$ besteht, Strahl 3 in Abb. 142–21.

Von ihnen aus erscheinen konjugierte Großen in Ding- und Bildraum unter gleichen Winkeln. Bei optischen Systemen, die beidseitig an Luft grenzen, fallen Knoten- und Hauptpunkte *zusammen*. Bei geringem Kippen einer Linse um den hinteren positiven Knotenpunkt verschiebt sich der Vereinigungspunkt eines Parallelstrahlenbundels nicht.

Die Achsenpunkte im Ding- und Bildraum, fur die $\beta' = -1$ ist, heißen *negative Hauptpunkte*, fur $\gamma' = -1$ *negative Knotenpunkte*

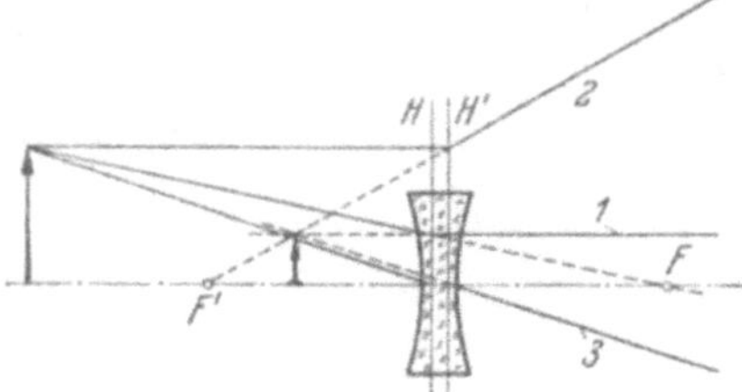

Abb. 142–22.
Bildkonstruktion bei der Zerstreuungslinse

Konstruktion der Bildpunkte. Man verwendet je 2 der folgenden 3 ausgezeichneten Strahlen:

1. Ein Strahl durch den vorderen Brennpunkt verlauft nach der Brechung parallel zur Achse der Linse, Strahl 1 in Abb. 142–21 u. 142–22.

Statt der zweimaligen Brechung an den Linsenflächen knickt man den Strahl nur an der vorderen (vom Licht zuerst getroffenen) Hauptebene H. Das ist der praktische Nutzen der Hauptebenen.

2. Ein achsenparallel einfallender Strahl geht nach der Brechung durch den hinteren Brennpunkt, Strahl 2, Knicken an der hinteren Hauptebene.

3. Ein Strahl durch den vorderen Knotenpunkt geht *in der gleichen Richtung* vom hinteren Knotenpunkt an weiter, Strahl 3, zweimal knicken. (Knotenpunkt = Hauptpunkt bei Außenmittel Luft.)

Gehen *beim Konstruieren* Strahlen an der Linse vorbei, so darf man die Hauptebenen (Knotenebenen) so weit verlangern, daß ein Schnitt mit den gezeichneten Geraden eintritt

142.44 Abbildungsfehler der einfachen Linse

Öffnungsfehler (sphärische Abweichung): Achsennahe Strahlen (in der Mitte der Linse einfallend) haben eine größere Brennweite als achsenferne (am Rand der Linse einfallend).

Das ist geometrisch durch die kugelige Begrenzung der Linsenflächen bedingt. Linsen mit andern als kugeligen Flächen sind sehr schwierig herzustellen. Unsymmetrische Linsen (z. B. plankonvex) zeigen bei verschiedener Durchtrittsrichtung verschieden große Öffnungsfehler.

Abhilfen: Randstrahlen abblenden, dann tritt aber kleinere Lichtmenge durch die Linse. Linsensysteme statt einfacher Linse verwenden.

Astigmatismus. Für schief eintretende Lichtbündel ist die Brennweite der Linse in verschiedenen durch die Linsenachse gehenden Ebenen nicht gleich.

Man erhält von einem Punkt weit außerhalb der Achse zwei senkrecht aufeinanderstehende Bilder in verschiedenen Abständen.

Abhilfe: Zusammengesetzte Linsensysteme (Anastigmate).

Koma. Das Bild eines Punktes außerhalb der Achse sieht einem Kometen ähnlich. Ursache und Abhilfe ähnlich Astigmatismus.

Bildfeldwölbung. Das Bild einer achsensenkrechten Fläche erscheint nicht in der Mitte und am Rand gleichzeitig scharf; das Bild einer Ebene ist nicht eben, sondern gewölbt.

Abhilfe: Linsensysteme aus Sammel- und Zerstreuungslinsen aufbauen.

Farbfehler (Chromasie). Bilder haben farbige Ränder, Brennweite für Rot größer als für Blau.

Wie beim Prisma, Abb. 142–13b, werden auch bei der Linse die verschiedenen Farben verschieden stark gebrochen (Dispersion).
Abhilfe: Sammel- und Zerstreuungslinse aus Glas mit verschiedener Brechzahl und Dispersion (Farbzerstreuung) werden so hintereinander geschaltet, oft verkittet, daß die entgegengesetzten Farbfehler sich aufheben, und noch eine Wirkung der Sammellinse übrig bleibt; Achromate. Apochromate sind so für mehrere Farben berichtigt.

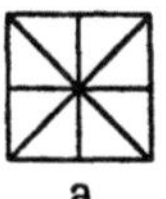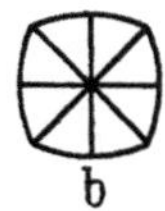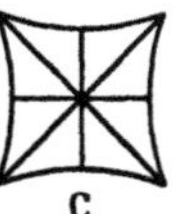

Abb. 142–23. Verzeichnung eines Quadrates a) verzeichnungsfrei, b) tonnenförmig, c) kissenförmig.

Verzeichnung. Ein Quadrat wird nicht als solches abgebildet, Abb. 142–23. *Abhilfe:* Richtige Bündelbegrenzung durch Blenden an zweckentsprechender Stelle.

142.45 Bündelbegrenzung

Die Strahlenbegrenzung der optischen Abbildung erfolgt durch zwei in ihrer Wirkung verschiedene reelle Blenden.

Die Öffnungsblende begrenzt den Querschnitt des für die Abbildung wirksamen Strahlenbündels, ihre Größe bestimmt das Auflösungsvermögen. Die *Eintrittspupille* (EP) ist das von der Dingebene aus sichtbare Bild der Öffnungsblende, z. B. beim Fernrohr meist die Objektivfassung. Die *Aus-*

trittspupille (AP) ist das von der Bildebene aus sichtbare Bild der Öffnungsblende.

Die Bildfeldblende (Luke) begrenzt den Bildausschnitt, entweder in der Dingebene oder in der zugeordneten Bildebene. *Austrittsluke* (AL): Blende am reellen Bild; das ihr zugeordnete Bild im Dingraum ist die *Eintrittsluke* (EL) (umgekehrte Betrachtung des Strahlenganges).

142.46 Bildschärfe, Schärfentiefe, telezentrischer Strahlengang

Das Auge empfindet *Lichtflecke* noch als *Lichtpunkte*, wenn sie unterhalb einer bestimmten Winkelgröße gesehen werden (s. Abschn. 151). Das Bild erscheint somit dem Auge noch scharf, wenn diese Grenze nicht überschritten ist. Die Tiefenausdehnung der Schärfe hängt nur von der gewählten Strahlenbegrenzung und vom Auflösungsvermögen des Auges ab. Nur die Punkte einer achsensenkrechten Dingebene können zugleich auf ein und dieselbe Bildebene scharf abgebildet werden.

Das optische Abbild des Raumes ist im allgemeinen eine *Zentralprojektion*, bei der gleich große Objekte um so kleiner erscheinen, je weiter sie fortrücken. Wird das Zentrum der Perspektive ins Unendliche verlegt, so werden die Hauptstrahlen parallel gerichtet, und es entsteht eine Parallelprojektion des

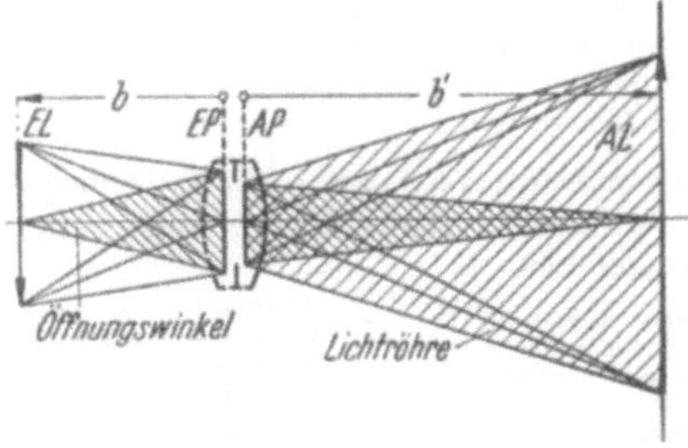

Abb. 142–24. Die wirksamen Blenden, Pupillen und Luken des Abbildungsstrahlenganges. Die Austrittsluke AL ist das Bild der Eintrittsluke EL. Die Austrittspupille AP ist das Bild der Eintrittspupille EP (z. B. Linsenfassung). EP und EL begrenzen den objektseitigen, AP und AL den bildseitigen Strahlenraum der Abbildung. Diese Strahlenräume nennt man Lichtröhren (auf der Bildseite schraffiert). Die Strahlen von Mitte EL bis zum Rand von EP heißen Öffnungsstrahlen, ihr Winkel Öffnungswinkel (dingseitig schraffiert, bildseitig kreuzschraffiert). b = Gegenstandsweite, b' = Bildweite.

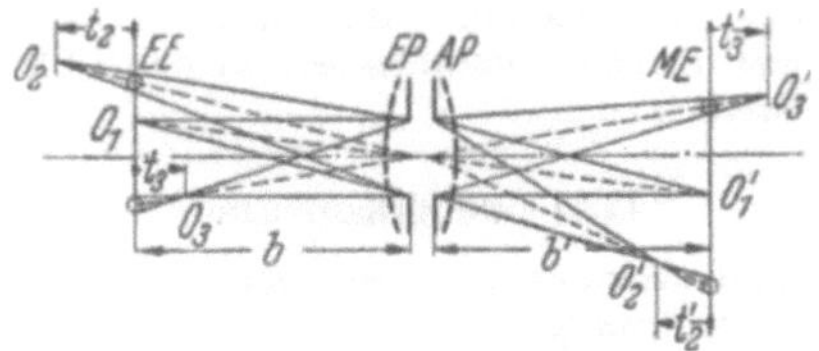

Abb. 142–25. Die Schärfentiefe der optischen Abbildung.
Der „Mattscheibenebene" ME ist die „Einstellebene" EE zugeordnet. Vor oder hinter EE liegende Objektpunkte O_2, O_3 werden nach O_2' und O_3' abgebildet; sie erzeugen auf ME Unschärfekreise, deren Größe von EP bzw. AP und der Tiefe t bzw. t' im Verhältnis zu den Entfernungen b bzw. b' abhängt.

abgebildeten, raumlich ausgedehnten (tiefen) Gegenstandes, bei der gleich große Einzelheiten unabhängig von ihrem Abstand gleich groß abgebildet werden. Dies gelingt, wenn man die Öffnungsblende in der Brennebene der

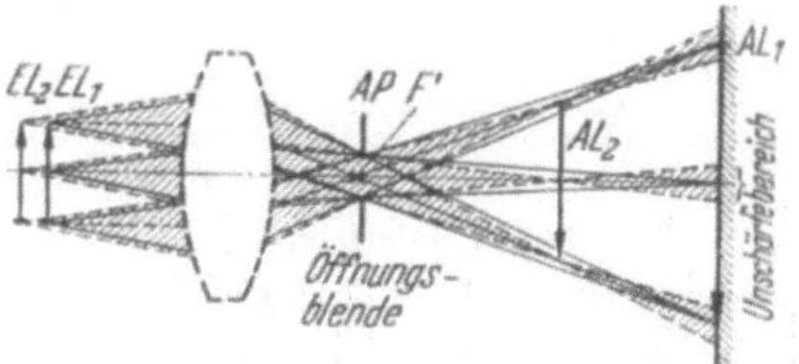

Abb. 142–26. Objektseitig telezentrischer Strahlengang. Die Öffnungsblende liegt in der hinteren Brennebene. Die durch die Hauptstrahlen erzeugten Bilder von EL_1 und EL_2 sind in AL_1 resp. AL_2 je gleich groß. Die Zerstreuungskreise der Tiefenunschärfe liegen zentrisch zu den Hauptstrahlen.

abbildenden Linse anbringt. In Abb. 142–26 liegt AP in der *hinteren* Brennebene der Linse, EP liegt virtuell im Unendlichen (ganz links), der Strahlengang ist *objektseitig telezentrisch.* Vor und hinter der Objektebene liegende Einzelheiten *konnen zwar nicht scharf abgebildet werden, sie erscheinen aber gleich groß,* d. h. im gleichen Abbildungsmaßstab wie Teile der Objektebene.

(Bei telezentrischem Strahlengang ist die Größe der abzubildenden Gegenstände durch die mögliche Linsengroße beschrankt.)

142.5 Grundlagen der physikalischen Optik

Licht laßt sich als eine elektromagnetische Wellenerscheinung beschreiben. Der Unterschied zur Tragerwelle bei der Rundfunkubertragung besteht nur im viel schnelleren Wechsel und folglich, bei gleicher Ausbreitungsgeschwindigkeit, in viel kleinerer Wellenlange, als selbst bei Ultrakurzwellen.

Jedes Lichtbundel besteht aus einer Vielzahl zeitlich begrenzter Wellengruppen, die hinsichtlich des Schwingungszustandes und Anfang und Ende zufallig gemischt sind. Abb. 142–27 soll eine einzelne solche Wellengruppe bildlich anschaulich machen. Die Amplitude A ist die größte Auslenkung aus der Nullage, sie ist ein Maß für die Helligkeit.

Abb. 142–27. Wellenlange λ, Amplitude A, Wellengruppe $m \cdot \lambda$ einer Wellenbewegung.

Die Frequenz ν (griech. „ny") ist die Häufigkeit der Wiederkehr von Berg oder Tal je Sekunde.

Die Wellenlange λ (griech. „lambda") ist der Abstand von einem Nulldurchgang bis zum nächsten, der in der gleichen Richtung, z. B. von minus nach plus, erfolgt. Sie wird in mm, μ, nm oder auch Å gemessen; s. Abschnitt 121.12 u. Taf. 7.

Ausbreitungsgeschwindigkeit c s. Abschn. 142.1.

$$c = v \cdot \lambda. \qquad (142\text{–}18)$$

Danach läßt sich bei gegebener Frequenz die Wellenlange berechnen und umgekehrt.

Wie bei allen Wellenerscheinungen (Wellen auf einer Wasseroberflache, Schallwellen = Druckwellen in Luft, elektromagnetische Wellen = wechselnde Kraftwirkung, die auch durch den leeren Raum geht), so treten auch bei Licht *Interferenz* und *Beugung* auf

142.51 Interferenz

Erzeugt man auf einer Wasseroberflache an zwei benachbarten Stellen Wellen, so breiten diese sich von beiden Stellen kreisförmig aus. Wo die Berge zweier Kreiswellenzuge aufeinander treffen, entsteht ein hoherer Berg, zusammentreffende Täler erzeugen ein tieferes Tal; an einer solchen Stelle verstärken sich die Wellenbewegungen.

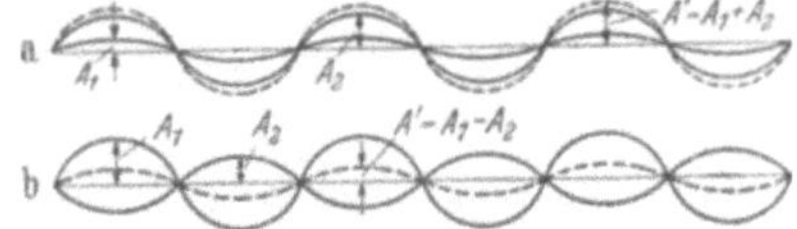

Abb. 142–28. Überlagerung zweier Wellenzuge.
a) Vergrößerung der Amplitude: $A' = A_1 + A_2$.
b) Verkleinerung der Amplitude: $A' = A_1 - A_2$.
Im Grenzfall gleicher Amplituden, $A_1 = A_2 = A$, wird bei
a) $A' = 2A$ und bei b) $A' = 0$.

An einem Punkt, wo ein Berg mit einem gleichtiefen Tal zusammentrifft, ist kein Ausschlag, die Wellen heben sich gegenseitig auf. Beides nennt man *interferieren* (lat. dazwischenkommen, aufeinandertreffen), die Erscheinung heißt *Interferenz*. Sie tritt auch bei Licht auf. Dazu mussen folgende Bedingungen erfullt sein:

1. Koharenz. Die Lichtbundel, die interferieren sollen, mussen in gleicher Richtung von gleichen Punkten der Lichtquelle ausgehen. Durch halbdurchlassige Spiegel oder Beugung kann man ein Lichtbundel leicht in zwei Teilbündel auf-

Abb. 142–29. a) Der Wegunterschied ist kleiner als die Länge der Wellengruppen. Die Wellengruppen der Länge $m \cdot \lambda$ uberlagern sich nur zu einem Teil ($k \cdot \lambda$), sie interferieren nur teilweise.

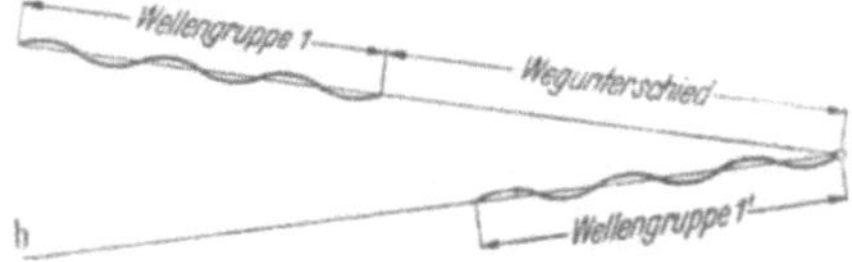

b) Der Wegunterschied ist größer als die Länge der Wellengruppe; es erfolgt keine Überlagerung mehr, und die Teilbündel interferieren uberhaupt nicht.

spalten, die man wieder vereinigt, nachdem sie verschiedenen lange Wege zuruckgelegt haben. Nur dann konnen die beiden Lichtbundel für alle darin enthaltenen Wellen paarweise gleiche Phasenlage haben. (Beispiel: In Abb. 142–28 haben die Wellenzuge bei a gleiche Phasen, Phasendifferenz 0; bei b ist die Phasendifferenz $\lambda/2$; alle denkbaren Zwischenstufen sind moglich.) Da das Licht von einzelnen, voneinander unabhängigen Atomen ausgesandt wird, konnen zwei verschiedene Lichtquellen niemals koharente Wellenzuge ausstrahlen.

2. **Der Wegunterschied der beiden uberlagerten Teilbundel** von der Teilung bis zur Wiedervereinigung darf nicht größer sein, als die Lange der Wellengruppe des verwendeten Lichts, s. Abb. 142–29. Die uberstehenden Teile der Wellengruppen interferieren nicht, die Sichtbarkeit der Interferenzen wird mit großerem Wegunterschied schwacher.

Betragt der Wegunterschied der Teilbundel ein ungerades Vielfaches der halben Wellenlange ($\lambda/2$, $3\lambda/2$, $5\lambda/2$, ...), so loscht sich bei gleicher Amplitude die Wellenbewegung ganz aus, es entsteht Dunkelheit. Ist der Wegunterschied null oder ein ganzes Vielfaches der Wellenlange, so wird die Amplitude verdoppelt und die Lichtintensitat, die dem Quadrat der Schwingungsweite verhaltnisgleich ist, vervierfacht.

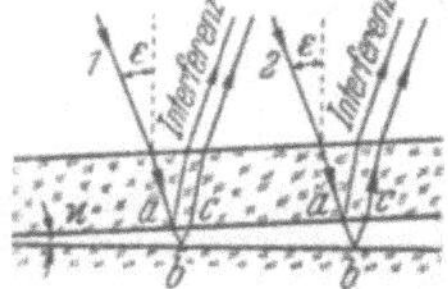

Abb. 142–30. Interferenzen am Keil. Der Lichtstrahl *1* wird bei a gespalten, ein Teil des Lichts wird reflektiert, der andere Teil tritt in den Luftkeil aus, wird an der unteren Platte nach c reflektiert; die beiden nebeneinander gezeichneten Strahlen interferieren miteinander. Bei Strahl *2* ist der Weg $a-b-c$ langer als bei *1*. Gemäß den Interferenzbedingungen tritt je nach Lange von $a-b-c$ Verstarkung oder Ausloschung ein.

Interferenzen gleicher Dicke entstehen an Keilplatten, Glaskeil in Luft oder Luftkeil zwischen Glasplatten wie in Abb. 142–30. Bei konstantem Einfallswinkel ε und festem Keilwinkel $\varkappa$ hangt der Gangunterschied innerhalb der Keilplatte nur von der Dicke des Keils an der be-

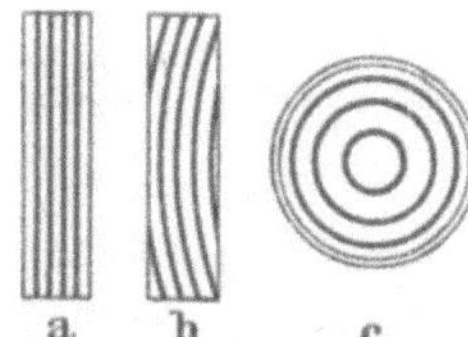

Abb. 142–31. Interferenzlinien, mit Planglas erzeugt:
a auf einer gut ebenen Endmaßfläche,
b auf einer schlechten Endmaßfläche.
c auf einer Kugel.

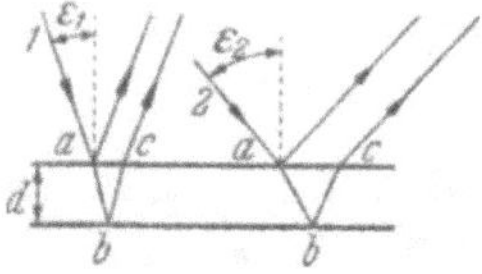

Abb. 142–32. Interferenz au einer Planglasplatte. Bei verschiedenen Einfallswinkeln ε_1, ε_2 werden die Wegunterschiede $a-b-c$ zwischen den beiden interferierenden Teilbundeln verschieden groß.

treffenden Stelle ab: Es entstehen Interferenzstreifen, die die Orte gleicher Dicke verbinden. Die Streifen stellen also Höhenschichtlinien der Keildicke dar, genau wie bei einer Landkarte Linien gleicher Höhe eingezeichnet werden. Die Höhendifferenz, die einer Streifenbreite entspricht, ist $\lambda/2$, da das Teilbundel die Keildicke zweimal durchlauft (schrager Verlauf hier vernachlässigt). *Prüfen der Ebenheit spiegelnder Flachen nach Abb. 142–31.* Kugelflachen ergeben kreisformige Interferenzstreifen,

Interferenzen gleicher Neigung entstehen an Parallelplatten. Bei konstanter Plattendicke d hängt der Wegunterschied nur vom Einfallswinkel ($=$ Beobachtungswinkel) ε ab. Die Interferenzlinien sind Kreise (die im Unendlichen liegen, da die Strahlen parallel zueinander austreten; sie werden mit auf ∞ eingestelltem Auge oder Fernrohr gesehen.

Beim *Michelson-Interferometer, Interferenzkomparator* und *Interferenzmikroskop* werden Parallel- und Keilplatten virtuell erzeugt, indem man in die Nähe einer Fläche das Spiegelbild einer zweiten bringt.

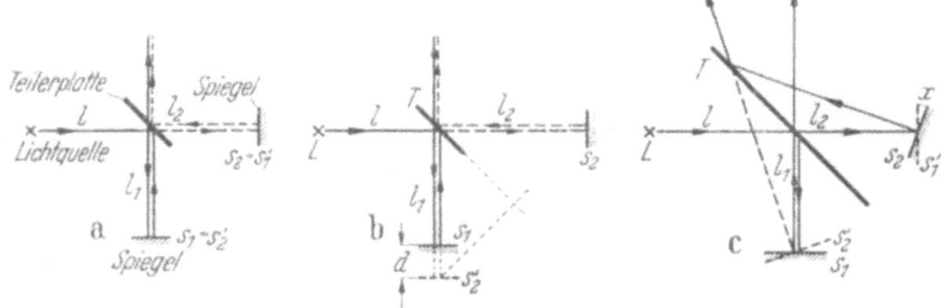

Abb. 142–33. Michelson-Interferometer.

a) Grundjustierung. Lichtstrahl l wird an der Teilerplatte in zwei Teilbundel l_1, l_2 aufgespalten. l_1 wird reflektiert, fällt senkrecht auf eine Spiegelfläche S_1, wird an dieser reflektiert, geht durch die Teilungsplatte nach oben. l_2 durchsetzt die Teilerplatte, trifft senkrecht auf die Spiegelfläche S_2 und wird nach der Reflexion von der Teilungsplatte T nach oben reflektiert. Die Spiegelflächen S_1 und S_2 sind Spiegelbilder S_1' und S_2' voneinander in Bezug auf die Teilerplatte. In der Grundjustierung sind die Wege l_1 und l_2 gleich; dann bilden S_1 und S_2 virtuell eine Planparallelplatte der Dicke $d = 0$.

b) S_2 ist gegenüber der Grundjustierung parallel zu sich verschoben. S_1 und S_2' bilden eine virtuelle *Parallelplatte* der Dicke d.

c) S_2 ist gegenüber der Grundjustierung um den Winkel $\varkappa$ geneigt. Die Dicke der *Keilplatte* kann durch parallele Verschiebung von S_1 oder S_2 eingestellt werden.

142.52 Beugung

Streift ein Lichtbundel an einer Kante vorbei, so wird ein Teil des Lichts durch Beugung aus seiner ursprünglichen Richtung abgelenkt. Nach dem *Huygensschen Prinzip* (spr. Heugens) verhält sich das Licht dabei so, als ob jeder Punkt der Kante zum Ausgangspunkt einer neuen Wellenbewegung wird. Geht das Licht durch einen schmalen Spalt, so entstehen an beiden Kanten neue Wellenzentren. Da sie von der gleichen Wellenbewegung angeregt werden, stellen sie kohärente Lichtquellen dar und interferieren miteinander. Die Beugungserscheinung ist um so deutlicher, je größer der Anteil des abgebeugten Lichts gegenüber dem nicht abgebeugten ist, d. h. je schmaler die Spaltbreite b ist.

Abb. 142–34. Beugung am Spalt. Für die unter dem Winkel δ abgebeugten Grenzstrahlen eines Parallelstrahlenbundels besteht der Gangunterschied: $BC = AB \cdot \sin \delta$. Für $BC = \lambda$ löschen sich die Strahlen durch Interferenz paarweise aus.

Lichtbeugung tritt an allen Öffnungen ein, durch die Licht hindurchgeht, besonders an der *Öffnungsblende*, welche die Lichtbundel eines abbildenden

Systems begrenzt. Folglich ist jeder Bildpunkt ein Lichtfleck, der von mehreren abwechselnd dunklen und hellen (oder farbigen) Ringen umgeben ist. Je enger die Blende, um so starker die Beugung und um so unscharfer die Abbildung. (Beim Idealobjektiv wird zwar durch „Abblenden" der Randstrahlen die „Tiefenscharfe" besser, die gesamte Abbildungsschärfe aber schlechter.) In der Brennebene eines Objektivs mit der Brennweite f' ist bei einem Durchmesser d der EP der Durchmesser des Beugungsscheibchens:

$$D'_{z'} = 1{,}22\,\frac{f' \cdot \lambda}{d}. \qquad (142\text{-}19)$$

Damit zwei nebeneinander liegende Punkte des Bildes noch getrennt wahrgenommen werden können, muß ihr Abstand mindestens gleich dem Durchmesser der Beugungsfiguren sein. Die Gl. gibt somit das theoretische *Auflösungsvermogen* eines Fernrohrobjektivs. Mikroskop s. Abschn. 142.66. Einzelheiten im Bild eines Objektes, die kleiner sind als $D'_{z'}$, lassen sich auch durch eine noch so hohe Vergrößerung des Bildes nicht auflösen („leere Vergrößerung").

142.6 Optische Geräte

Abbildende optische Gerate:

1. Optische Wirkung aus den Eigenschaften einer *Einzellinse* erklarbar: Lupe, Photoobjektiv, Projektionssystem.

2. Optische Wirkung nur durch Anwendung *mehrerer getrennter Linsen* erreicht: Mikroskop, Fernrohr.

$$\text{Vergrößerung} = \frac{\text{Sehwinkel mit Instrument}}{\text{Sehwinkel ohne Instrument}}.$$

Wie das gemeint ist, zeigt Abb. 142–35. *Davon völlig zu unterscheiden* ist der *Abbildungsmaßstab β'*, s. Abschn. 142.42, Gl. (142–14); er gibt das Verhältnis $\dfrac{\text{Bildgröße}}{\text{Dinggröße}}$ an.

142.61 Lupe

Ein Gegenstand kann deutlicher erkannt werden, wenn man näher an ihn herangeht. Dies hat seine Grenze, weil ein normalsichtiges Auge nicht auf kurzere Entfernung als etwa 100 mm akkomodieren (anpassen) kann. Damit man ihn noch mehr nahern, größer sehen, mehr Einzelheiten erkennen und trotzdem scharf sehen kann, wird die Anpassung des Auges durch eine *Lupe* unterstutzt, eine Sammellinse mit kleiner Brennweite. Dann erscheint der Gegenstand nicht mehr unter dem Sehwinkel $\overline{w}$, sondern unter w', also im Verhaltnis $w'/\overline{w}$ vergrößert.

$$\text{Vergrößerung:}\ V = \frac{250}{f} \quad (f = \text{vordere Brennweite in mm}). \qquad (142\text{-}20)$$

1. Gegenstand im vorderen Brennpunkt der Lupe, Bild im Unendlichen wird mit entspanntem Auge betrachtet, das sich in beliebiger Entfernung von der Lupe befinden kann.

2. Augenpupille im hinteren Brennpunkt der Lupe, virtuelles Bild im Endlichen, Auge auf diese Entfernung akkomodiert, Gegenstand innerhalb der Brennweite.

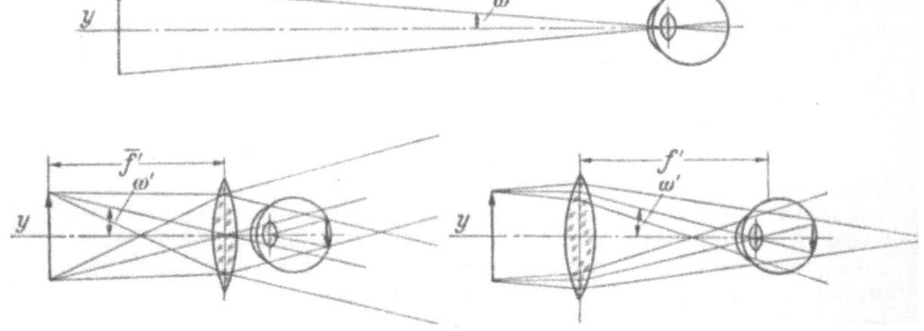

Abb. 142–35. Wirkung der Lupe. Ohne Lupe sieht das Auge den Gegenstand bei deutlicher Sehweite (250 mm) unter dem Winkel $\bar{\omega}$. Durch die Lupe werden die Strahlen konvergent gemacht, der Gegenstand erscheint unter dem Winkel ω', also größer.

Wenn Augenpupille genau im hinteren Brennpunkt, ist Vergrößerung unabhängig vom Ort des Gegenstandes, telezentrischer Strahlengang, s. Abschn. 142.46.

142.62 Kollimator

In Verbindung mit optischen Instrumenten wird oft ein unendlich fernes Ziel benotigt. Dies besteht aus einer Sammellinse, in deren Brennebene sich eine beleuchtete Strichplatte befindet. Das ganze wird Kollimator genannt.

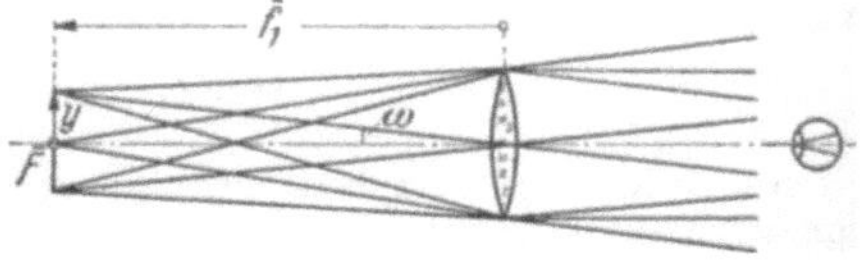

Abb. 142–36. Kollimator. Die in der vorderen Brennebene $\bar{F}$ einer Sammellinse angeordnete Strichmarke y wird virtuell ins Unendliche verlagert, denn die Strahlen treten parallel aus. Die Marke erscheint unter dem Winkel ω.

142.63 Photographisches Objektiv

Der optischen Wirkung nach eine Sammellinse, meist zusammengesetzt zur Bildebnung, Beseitigung von Astigmatismus, Farbfehler und Verzeichnung.

$$\text{Relative Öffnung} = \frac{\text{Eintrittspupille EP}}{\text{Brennweite } f'} = 1 : K \qquad (K = \text{Öffnungszahl}).$$

Bestimmend fur die Helligkeit der Bilder.

Beispiel. EP $= 30$ mm, $f' = 135$ mm; rel. Öffnung $1 : 4,5$, Öffnungszahl $K = 4,5$.

Die *Blendenskale* hat den Stufensprung $1 : \sqrt{2}$. Dann verhalten sich die Belichtungszeiten benachbarter Blendenwerte wie 1 : 2. Diese Öffnungszahlen gelten für weit entfernte Gegenstände (Einstellung auf ∞) und kennzeichnen nur die *geometrischen Verhältnisse*. Die bei den verschiedenen Objektivtypen unterschiedlichen Lichtverluste durch Absorption und Reflexion sind dabei *nicht* berücksichtigt.

Die *Tiefenschärfe* der Abbildung eines räumlichen Objektes wird um so größer, je kleiner EP ist. Wegen Beugung soll EP nicht $< 2 \cdots 2{,}5$ mm sein; diesem Pupillendurchmesser entspricht die Auflösung $D'_{2'} \approx 1'$ (Gl. 142–19).

142.64 Projektor

Das Objektiv (Abb. 142–37) bildet auf dem Schirm ein reelles vergrößertes Bild y' des Gegenstandes y ab. Um den Gegenstand (Glasbild, Formlehre) stark zu beleuchten, sammelt ein zusammengesetzter Kondensor die Lichtstrahlen der Lichtquelle, Bogenlampe oder Glühlampe. Das Bild des Kraters oder der Wendel, also die AP der Beleuchtungsvorrichtung, muß mit der EP des abbildenden Linsensystems (Objektiv) zusammenfallen; nur dann erscheint das Bild y' gleichmäßig beleuchtet.

Projektoren für Messungen im optischen Bild werden mit telezentrischem Strahlengang (Abschn. 142.46) ausgestattet, um den Einfluß von Fehlern der Scharfeinstellung auf die Meßgenauigkeit auszuschließen. Beim Profil-Kontroll-Projektor von F. Leitz befinden sich Prüfling und Vergleichsgegenstand (Formlehre, Strichplatte) auf zwei verschiedenen Objekttischen. Der Vergleichsgegenstand wird durch ein Linsensystem in die Ebene des Prüflings reell 1 : 1 abgebildet, so daß beide Bilder in gleicher Vergrößerung auf der Projektionsfläche erscheinen, *Zwischenabbildung*.

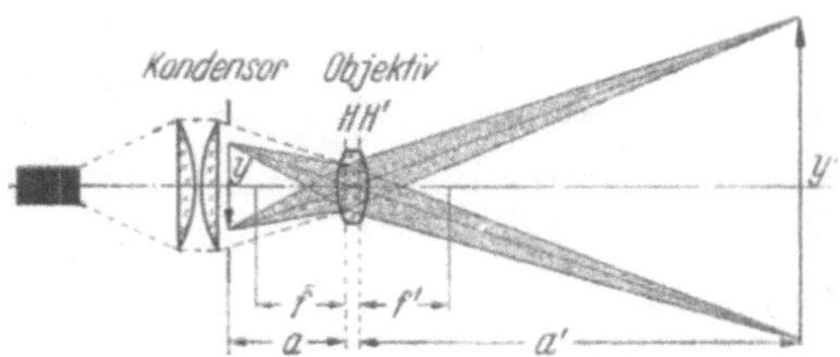

Abb. 142–37. Projektor. Abbildungsmaßstab $\beta' = \dfrac{y'}{y} = \dfrac{a'}{a}$. Projektionsvergrößerung hängt außerdem noch vom Abstand b des Beobachters vom Auffangschirm, von der *Betrachtungsvergrößerung* $V_B = \dfrac{250}{b}$ ab. Nur für $b = 250$ mm ist die Projektionsvergrößerung V_P gleich dem Abbildungsmaßstab β'. Ist $b > 250$ mm, so wird nur ein Bruchteil des Abbildungsmaßstabes als Vergrößerung wirksam (letzte Plätze im Kino).

Also $V_P = \beta' \cdot \dfrac{250}{b} = \dfrac{250 \cdot a'}{a \cdot b}$.

142.65 Fernrohr

Eine Sammellinse erzeugt ein reelles, verkleinertes Bild eines fernen Gegenstandes. Dieses kann jedoch dem Auge größer erscheinen, da man bis auf deutliche Sehweite herangehen kann (Einlinsiges Fernrohr). Vergrößerung:

$$V_F = \frac{f'}{250} \tag{142–21}$$

Das Bild erscheint größer als der Gegenstand, wenn $f' > 250$ mm, vgl. Mattscheibenbild eines Photoapparates, dessen Brennweite > 250 mm. Soll das Bild nicht auf einem diffus streuenden Schirm aufgefangen, sondern als helles *Luftbild* voll übersehen werden, so muß die durch AP und AL gebildete Lichtröhre der Abbildung (Abschn. 142.46) durch eine *Feldlinse* weitergeleitet werden.

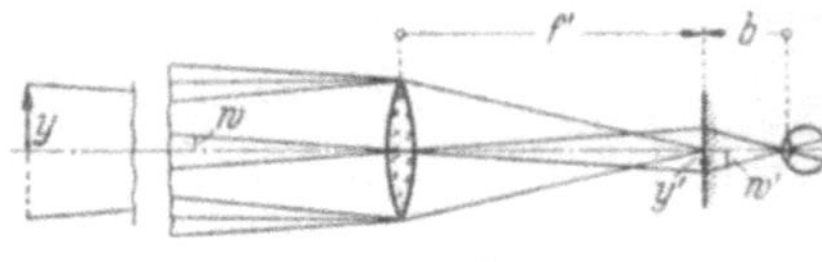

Abb. 142–38.
Einlinsiges Fernrohr. Der unendlich ferne Gegenstand y erscheint dem Auge unter dem Winkel $\bar{w}$ (tg $\bar{w} = y'/f'$), das Bild y' unter dem Winkel w' (tg $w' = y'/b$).

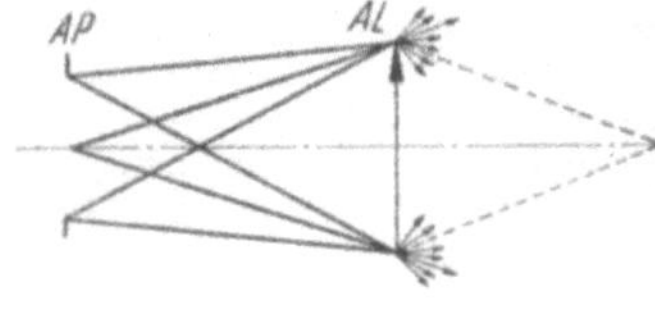

Abb. 142–39.
a) Betrachtung eines Mattscheibenbildes. Durch die Streuung des Lichtes gelangt von allen Punkten des Bildes Licht in das beobachtende Auge; der Strahlengang ist durch die Mattscheibe unterbrochen. Das Bild wird durch die Streuung lichtschwach.

b) Betrachtung eines Luftbildes. Das Auge übersieht nur den Teil AA der Austrittsluke AL, da nur aus diesem Bereich Strahlen der AP in die Pupille des Auges gelangen.

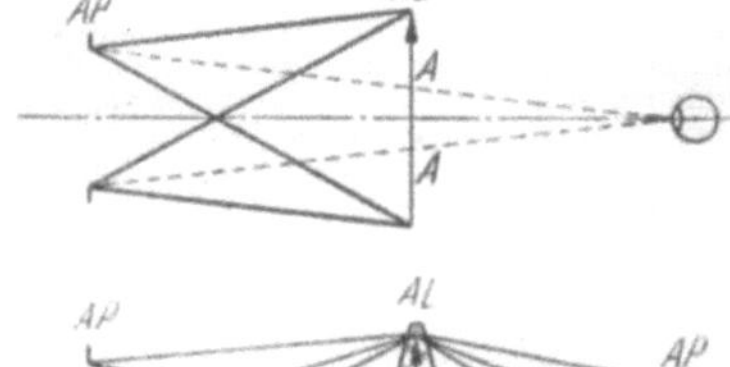

Abb. 142–40.
Wirkung der Feldlinse. Die Austrittspupille AP des Objektives wird durch die in der Nähe des Bildes AL angeordnete Sammellinse in das bei AP' befindliche Auge des Beobachters abgebildet.

Wird das reelle Bild eines einlinsigen Fernrohres durch eine Lupe betrachtet, so entsteht ein zusammengesetztes Fernrohr. Es besteht aus einem reell abbildenden System mit großer Brennweite, dem Objektiv, und einem als Lupe wirkenden, reell abbildenden System mit kurzer Brennweite, dem Okular. Dieses besteht meist aus Feldlinse (Kollektiv) + Augenlinse. Für ein unendlich fernes Objekt fallen die einander zugekehrten Brennpunkte von Objektiv und Okular zusammen. Es entsteht ein unendlich fernes (daher mit entspanntem Auge zu betrachtendes) Bild des unendlich fernen Gegenstandes, das vergrößert ist.

Fernrohrvergrößerung des zusammengesetzten Fernrohres gemäß Abschn. 142.6:

$$V_F = \frac{\text{tg } w'}{\text{tg } \bar{w}} = \frac{f'_1}{f'_2} = \frac{\text{Objektivbrennweite}}{\text{Okularbrennweite}}. \tag{142–22}$$

Ein in das Fernrohr eintretendes paralleles Strahlenbündel mit dem Querschnitt EP und der Neigung $\bar{w}$ gegen die Achse tritt als Parallelstrahlenbündel wieder aus. Es hat nach dem Durchgang den Querschnitt AP und die Neigung w'. Nach Abb. 142–41 ist somit auch:

$$V_F = \frac{\text{Eintrittspupille } EP}{\text{Austrittspupille } AP}. \tag{142–23}$$

Das in Abb. 142–41 dargestellte Okular ist die Konstruktion von *Ramsden.* Rückt man (abgeänderte Form) die Linsen etwas näher zusammen, so fallen Austrittsluke des Objektivs = Eintrittsluke des Okulars

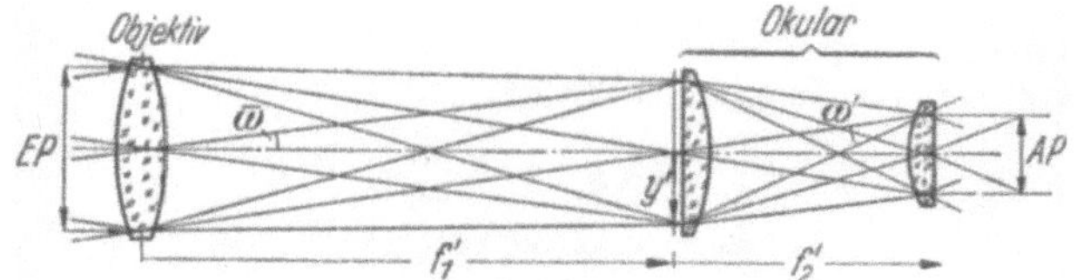

Abb. 142–41. Das zusammengesetzte Fernrohr. Der unendlich ferne Gegenstand erscheint unter dem Winkel $\overline{w}$: tg $\overline{w}$ = y'/f_1'; das unendlich ferne Bild unter dem Winkel w' = y'/f_2'.

sowie die Austrittspupille des Okulars außerhalb der Linsen, so daß an der erstgenannten Stelle eine Strichplatte angebracht werden kann. Das *Kellnersche* Okular ist ähnlich aufgebaut, nur besteht die Augenlinse aus 2 verkitteten Linsen. Das beim Forschungsmikroskop gebräuchliche Okular nach *Huygens* ist für Meßzwecke ungünstig, da das Objektivbild innerhalb des Okulars entsteht und somit die Feldlinse an dessen Entstehung beteiligt ist.

Aufrechte Bilder. Beim *Umkehrsystem* ist zwischen die Bildebenen von Objektiv und Okular noch eine reelle Abbildung durch eine weitere Sammellinse geschaltet. Diese, mit dem Okular vereinigt, heißt *terrestrisches* (terra = Erde) *Okular*, das Ganze *Erdfernrohr.* Beim *Prismenfernrohr* wird in den Strahlengang eines astronomischen Fernrohres ein System totalreflektierender Prismen gebracht, z. B. *Porrosche* Prismen nach Abb. 142–42. Durch diese Umlenkung wird die Baulänge kurzer, und man kann langbrennweitige Objektive für ein handliches Gerät benutzen.

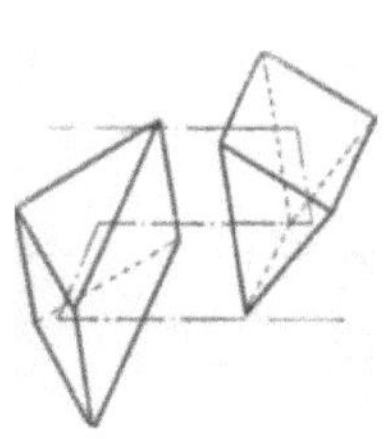

Abb. 142–42.
Porrosches Umkehrsystem.

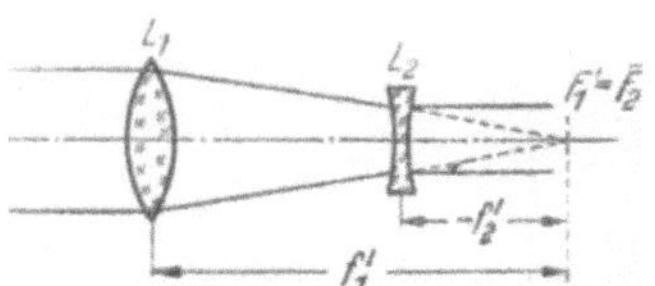

Abb. 142–43. Galileisches Fernrohr. Es liefert aufrechte Bilder. Als Okular dient eine Zerstreuungslinse. Es entsteht kein reelles Zwischenbild. Deshalb für Meßzwecke nicht benutzt. f_1' = Brennweite des Objektivs, $-f_2'$ = Brennweite des Okulars, $F_1' = \overline{F}_2$ Brennpunkt der Linsen L_1, L_2.

Beim Betrachten von Dingen in *endlicher Entfernung* muß zum Scharfstellen der Abstand Objektiv-Okular vergrößert werden, weil die Bildweite größer wird. Bei Geraten für technische Messungen kann dasselbe durch Verschieben einer Negativlinse erreicht werden, die vom Objektiv abgespalten ist und zwischen Objektiv und Strichplatte verschoben werden kann (*Innenfokussierung*).

Leistungsangabe bei Beobachtungsfernrohren in der Form $V_F \times$ EP.

Beispiel. 6×30 bedeutet Fernrohrvergrößerung $6\times$, Durchmesser der Objektivöffnung $EP = 30$ mm. Daraus folgt nach Gl. (142–23) die Größe der Austrittspupille $AP = \dfrac{EP}{V_F} = \dfrac{30}{6} = 5$ mm (Augenpupille bei Tag ca. 3 mm).

Auflösungsvermögen im Winkelmaß:

$$(\delta_z)_F = 1{,}22\,\frac{\lambda}{EP} \tag{142–24}$$

$\lambda =$ Wellenlänge des benutzten Lichts,
$EP =$ Durchmesser der Eintrittspupille,
d. h. der Objektivfassung.

In dieser Gleichung kommt weder die Brennweite noch die Vergrößerung vor, $(\delta_z)_F$ stellt den kleinsten Winkel am unendlich fernen Objekt dar, der gerade noch aufgelöst wird. Um mit dem Fernrohr Einzelheiten dieser Größe wahrzunehmen, muß man sie (mit dem Okular) so weit vergrößern, daß das Auflösungsvermögen des Auges (s. Abschn. 151) erreicht wird. $V_F \cdot (\delta_z)_F = (\delta_z)_A$ ($A \triangleq$ Auge). Für $(\delta_z)_A = 2'$ und $\lambda = 546$ nm (grün) erhält man $V_F \approx 1 \cdot EP$, für $(\delta_z)_A = 4'$ wird $V_F \approx 2 \cdot EP$. Der Grenzwert der *förderlichen Vergrößerung* beträgt demnach $V_{F\,max} = 1 \cdots 2 \cdot EP$ (EP in mm) Damit ergeben sich Austrittspupillen von $1 \cdots 0{,}5$ mm. Kleinere Austrittspupillen sind nicht zweckmäßig. (EP des Auges ≈ 3 mm).

142.66 Mikroskop

Das (zusammengesetzte) Mikroskop besteht nach Abb. 142–44 a schematisch aus einem reell abbildenden, kurzbrennweitigen (f_1') System als *Objektiv* und einem virtuell abbildenden, kurzbrennweitigen System (f_2') als *Okular*, das meist aus Feld- und Augenlinse zusammengesetzt ist.

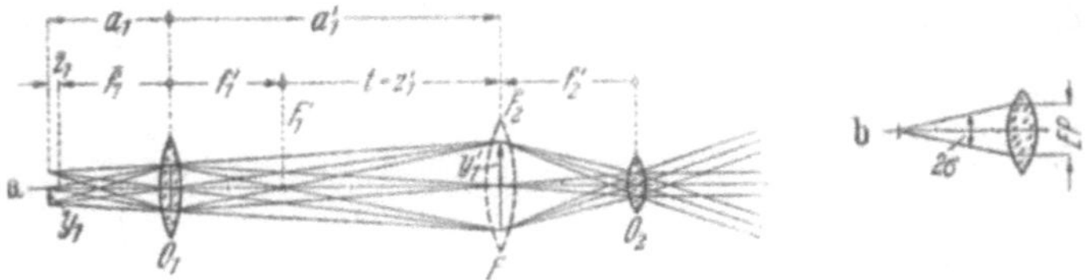

Abb. 142–44. Zusammengesetztes Mikroskop. a) Das Objektiv O_1 entwirft von dem Objekt y_1 ein reelles umgekehrtes vergrößertes Bild y_1' im Maßstab $\beta_1' = y_1'/y_1 = t/f_1'$. Dieses Bild wird durch eine Lupe O_2 (Augenlinse) der Vergrößerung $V_L = 250/f_2$ betrachtet. $F =$ Feldlinse. b) $2\sigma =$ Öffnungswinkel; Apertur $A = n \cdot \sin \sigma$.

Unterschied zum Fernrohr. Gegenstand liegt nicht im Unendlichen oder in großer Entfernung, sondern etwas (um $\overline{z_1}$) außerhalb der Brennweite f_1 des Objektivs. Hinterer Brennpunkt des Objektivs F_1' und vorderer des Okulars fallen nicht wie beim (astronomischen, auf ∞ eingestellten) Fernrohr zusammen, sondern haben den Abstand t = optische Tubuslänge.

Vergrößerung mit vorstehenden Buchstaben, Größen in mm:

$$V_M = \frac{t}{f_1'} \cdot \frac{250}{f_2'} = \beta_{obj}' \cdot V_{ok}. \tag{142–25}$$

Die Zahlenwerte $\beta_{obj}' = t/f_1'$ und $V_{ok} = 250/f_2'$ werden meist auf Objektiv- und Okularfassungen aufgraviert. Dabei ist $f_2' =$ Brennweite des Okularsystems (Feldlinse + Augenlinse).

Mit geeigneten Photookularen kann man die austretenden Strahlen konvergent machen und das *reelle* Bild auf Mattscheibe oder Photoplatte auffangen.

(Bei allen Gleichungen fur Vergroßerung ist strenggenommen ein Minuszeichen einzusetzen, sofern das Bild umgekehrt ist. Davon ist hier abgesehen worden.)

Auflösungsvermögen. Der kleinste noch trennbare Abstand e_M im Gegenstand ist gleich dem Durchmesser des Zerstreuungskreises (s. Abschnitt 142.52):

$$e_M = \frac{\lambda}{2A} \tag{142-26}$$

$\lambda =$ Wellenlänge des benutzten Lichts. $A =$ Apertur des Objektivs $= n \cdot \sin\sigma$; $n =$ Brechzahl des Stoffes zwischen Ding und erster Objektivlinse, $\sigma =$ halber Öffnungswinkel des vom Objektiv aufgenommenen Strahlenbundels, s. Abb. 142-44b.

In Luft, Brechzahl $n_L = 1$ kann A hochstens gleich 1 werden, folglich kann man Doppelpunkte am Ding bei *Trockensystemen* nicht erkennen, wenn ihr Abstand kleiner als die halbe Wellenlange des benutzten Lichts ist. Beim *Immersionsobjektiv* wird der Raum zwischen Ding und erster Objektivlinse mit einer Flussigkeit von höherer Brechzahl ausgefullt, z. B. mit Zedernholzol, $n_J = 1,52$. Dadurch wird das Auflosungsvermogen im Verhaltnis $\dfrac{n_J}{n_L}$ gesteigert.

Die *numerische Apertur* wird ebenfalls auf die Objektivfassung graviert, z. B. 0,2, fur $\lambda = 546$ nm Auflösung $e_M =$ rd. 1,4 μ; oder bei Ölimmersion 1,25, Auflösung $e_M =$ rd. 0,2 μ.

Die Apertur des Objektivs ist in Verbindung mit dem Auflösungsvermögen des Auges bestimmend für den *Grenzwert der förderlichen Vergrößerung*: $V_{M\,\text{max}} = 500 \cdots 1000 \cdot A$. Durch stärkere Vergroßerung werden keine weiteren Einzelheiten des Gegenstandes aufgelost: *leere Vergrößerung*.

Größe der Austrittspupille

$$A\,P_M = \frac{500 \cdot A}{V_M} \;(\text{mm}) \tag{142-27}$$

Mit $V_{M\,\text{max}} - 500 \cdots 1000\,A$ wird $A P_M = 1 \cdots 0,5$ mm; wenn AP kleiner: Übervergroßerung.

Gesichtsfeldbegrenzung durch Blende in der Bildebene des Okulars; deren durch das Objektiv auf das Ding abgebildetes reelles Bild (umgekehrte Betrachtung des Strahlenganges) ist die Eintrittsluke des Mikroskops. Deren Durchmesser EL in mm ist das *wahre Sehfeld*. Berechnung aus Sehfeldzahl des Okulars = Durchm. der Eintrittsluke des Okulars EL' mm und dem Abbildungsverhaltnis β' des Objektivs:

$$EL = \frac{EL'}{\beta'}.$$

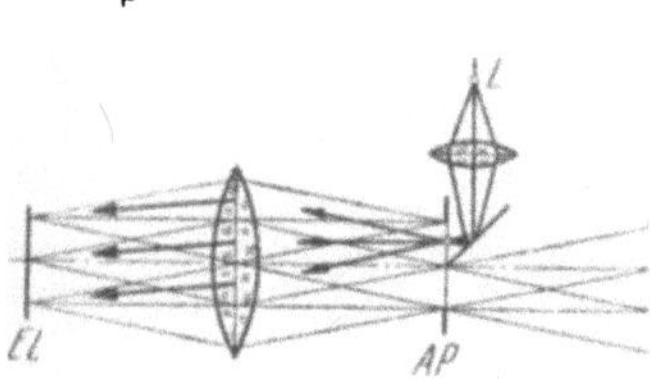

Abb. 142-45.

a) Auflichtbeleuchtung durch geometrische Strahlenteilung. Ein Teil der Austrittspupille AP des abbildenden Systems wird fur die Beleuchtung verwendet. $EL =$ Eintrittsluke.

b) Auflichtbeleuchtung durch physikalische Strahlenteilung. Durch eine den Strahlenraum kreuzende halbdurchlassige Spiegelflache wird dem Abbildungsstrahlengang ein Beleuchtungsstrahlengang uberlagert.

Beleuchtung ist für das Auflösungsvermögen ebenso wichtig wie Apertur. Die Apertur der Beleuchtungseinrichtung soll nicht größer sein als die des Objektivs, aber auch nicht viel kleiner.

Durchlichtbeleuchtung. Das Licht zur Beleuchtung des Gegenstandes wird meist durch einen Kondensor gesammelt und *durch* das Ding geleitet, das wenigstens teilweise durchsichtig sein muß, oder daran vorbei.

Auflichtbeleuchtung. Das Ding wird von der gleichen Seite beleuchtet, von der es betrachtet wird. Einfache Art: Eine oder mehrere Lampen neben dem Objektiv; bessere durch Strahlenteilung, Abb. 142–45.

Hellfeldbeleuchtung. Beleuchtung parallel zur Achse.

Dunkelfeldbeleuchtung. Beleuchtung radial von allen Seiten, so daß kein Beleuchtungsstrahl direkt in das Objektiv fällt. Bei Durchlicht besonderer Dunkelfeldkondensor; bei Auflicht besondere Ringkondensoren.

142.67 Fernrohr und Kollimator

Ein Kollimator und ein auf dessen unendlich fernes Bild gerichtetes Fernrohr bilden zusammen für die Abbildung der Kollimatorstrichplatte ein Mikroskop. Der Maßstab der reellen Abbildung ist unabhängig vom Abstand zwischen Kollimator und Fernrohr, Parallelverschiebung der optischen Achsen bewirkt keine Änderung des Bildes im Fernrohr.

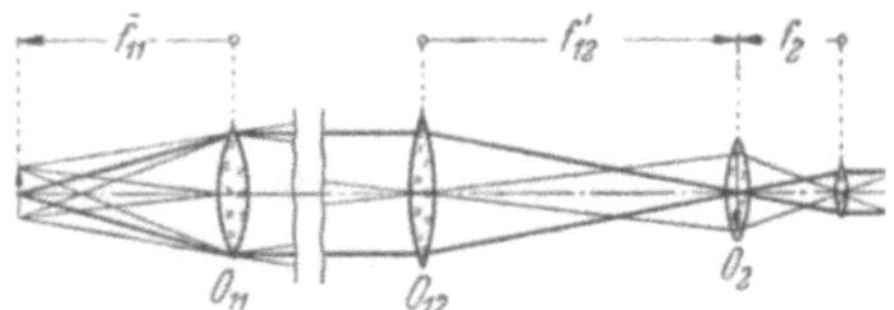

Abb. 142–46. Kollimator und Fernrohr. Die Kollimatorvergrößerung ist $V_{L11} = \dfrac{250}{f_{11}}$, die Fernrohrvergrößerung $V_F = \dfrac{f_{12}'}{f_2'}$.

Die Gesamtvergrößerung ist:

$$V'_M = V_{L11} \cdot V_F = \frac{f_{12}'}{f_{11}'} \cdot \frac{250}{f_2'} = \beta_1' \cdot V_{L2}.$$

142.68 Ablesefernrohr

Die Genauigkeit einer Skalenablesung mit Fernrohr wird durch dessen sog. *Mikroskopvergrößerung* V_M bestimmt, nicht durch die Fernrohrvergrößerung.

$$V'_M \approx V_F \cdot \frac{250}{b - f_1'}.$$

b = Dingabstand, f_1' = Brennweite des Fernrohrobjektivs, V_F = Vergrößerung des auf ∞ eingestellten Fernrohrs.

Schrifttum

Berndt, G.: Die optischen Grundlagen des Messens. Feinmechanik und Präzision. Bd. 47 (1939).

Eppenstein, O.: Die Optik im Dienst der Fertigung. VDI-Z. Bd. 78 (1934).

Flügge, J.: Grundregeln für die Gestaltung und Benutzung optischer Meßgeräte. Feinmechanik und Präzision. Bd. 47 (1939).

Kessler, H.: Eine halbe Stunde Optik für den Techniker. Werkstattstechnik und Werksleiter. Bd. 32 (1938).

Nichterlein, P.: Die Projektion in der Meßtechnik. Werkstattstechnik. Bd. 31 (1937). H. 23.

Rantsch, K.: Über die optischen Grundlagen der technischen Feinmeßgeräte. Werkstatt und Betrieb. Bd. 74 (1941).

Rantsch, K.: Die Optik in der Feinmeßtechnik. München: Hanser 1949.

15 Aus der Physiologie des Messens

151 Gesichtssinn

151.1 Grundlagen

Das Auge besteht in optischer Hinsicht aus einem reell abbildenden System, der Linse, und einer lichtempfindlichen Schicht, der Netzhaut. Auf dieser entsteht ein reelles Bild des betrachteten Gegenstandes. Durch einen Muskelapparat wird die Wölbung und damit die Brennweite der Augenlinse fortwährend so verändert, daß für jede Dingentfernung die beste Bildschärfe auf der Netzhaut erreicht ist. Dieser automatisch ablaufende Vorgang heißt Akkomodieren und die Eigenschaft des Auges Akkomodationsvermögen.

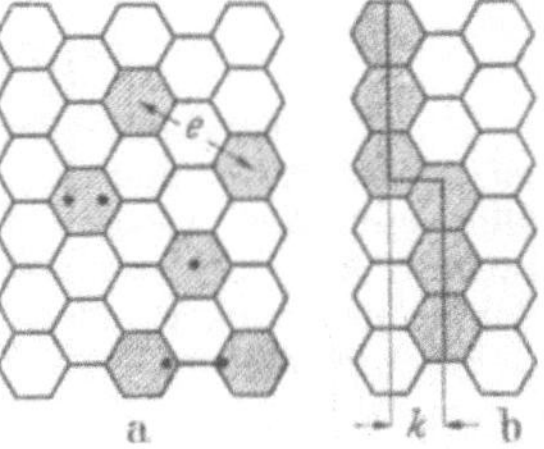

Abb. 15–1. Schema der Netzhaut. a) Jeder Lichtpunkt erregt das ganze Netzhautelement. Zwei auf das gleiche Element fallende Lichtpunkte können nicht als Doppelpunkt erkannt werden. Sie mussen dazu auf zwei Elemente fallen, die mindestens durch ein ungereiztes Element getrennt sind. Abstand. e.
b) Steigerung des Auflösungsvermögens bei der Koinzidenzablesung (Breitenwahrnehmung).

Abstand: $k \approx \dfrac{1}{4} \cdot e$.

Der *Entfernungsbereich der Akkomodation* ist je nach Person und Alter etwas verschieden. Als günstigste Nahentfernung gilt ein Abstand des Gegenstandes zur Augenlinse von 250 mm, der nach Vereinbarung allgemein als **deutliche Sehweite** bezeichnet wird.

Die *Grenze des Auflösungsvermögens* ist der *Winkel*, unter dem benachbarte Netzhautelemente von einem Punkt der Augenpupille aus erscheinen; sie beträgt etwa 1′. Ein Doppelpunkt kann bei diesem Sehwinkel nur *bei angestrengtestem Sehen* noch eben getrennt wahrgenommen werden.

Als Auflösungsvermögen für *aufmerksames* Beobachten wird ein Winkel von 2′ zugrunde gelegt, für *bequeme Wahrnehmbarkeit* 4′.

In deutlicher Sehweite können zwei Punkte mit dem gegenseitigen Abstand von 0,07 mm ($\triangleq$ 1′) gerade noch getrennt wahrgenommen werden, während der Doppelpunkt mit 0,3 mm ($\triangleq$ 4′) Abstand als solcher kaum zu übersehen ist.

Bei guten Strichen und aufmerksamer Beobachtung kann die **Parallel-versetzung** (Koinzidenz) zweier möglichst in einer Ebene liegender und scharf gegeneinander abgesetzter Striche aus der deutlichen Sehweite noch bis 0,02 mm gut wahrgenommen werden. Dieser *Breitenwahrnehmung* entspricht für den Abstand von 250 mm ein Winkel von $\approx 16''$.

Noch geringer ist die Unsicherheit beim Einfangen eines Striches zwischen zwei Parallelstrichen, Abb. 15–2. Der Fehler beim **Symmetrieabgleich** bleibt für die deutliche Sehweite unterhalb von 5'', sofern Dicke und Abstand der Markenstriche zweckmäßig gewählt sind.

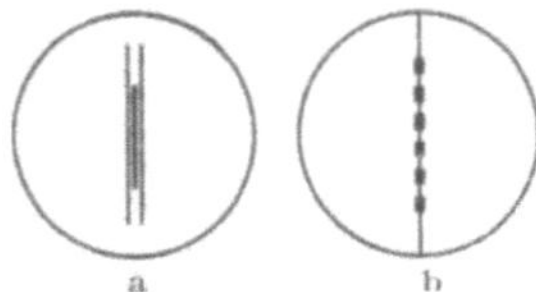

Abb. 15–2.
Symmetrieabgleich mit a Doppel-strich, b punktiertem Strich.

Ähnlich genau ist die Mitteneinstellung eines feineren Striches (oder einer Schattenkante) auf einen breiten, punktiert ausgebildeten Indexstrich.

Bei optischen Geräten lassen sich die Werte des Auflösungsvermögens, die für das unbewaffnete Auge und den Beobachtungsabstand 250 mm gelten, auf den Bruchteil verringern, der durch die *Division mit der Vergrößerung* erhalten wird, doch ist die Steigerung der Auflösung physikalisch begrenzt (s. Abschn. 142.46 und .6).
Die **Austrittspupille** eines optischen Gerätes soll zwischen 0,4 und 1 mm liegen. Optimaler Durchmesser hinsichtlich der *Auflösung* 0,7 mm.

Adaption ist der selbsttätig verlaufende Vorgang, der die EP des Auges (Regenbogenhaut) der einfallenden Lichtmenge anpaßt. Bei Dunkelheit ist die Augenpupille am weitesten geöffnet. Auch die Netzhaut braucht zum Anpassen an geringen Lichteinfall Zeit, bis zu 1 Stunde.

151.2 Praktische Hinweise

Bei Meßmikroskopen ist der Abstand zwischen Objektiv und Strich-marke i. a. unveränderlich, damit der vom Hersteller abgestimmte Ab-bildungsmaßstab erhalten bleibt. Um das optische Bild des Prüflings zu-sammen mit der Strichmarke scharf zu sehen, muß der Abstand des Prüf-lings vom Gerät verändert werden, bis seine scharfe Abbildung auf die Strichplatte erreicht ist, was im Okular selbst beobachtet wird.

Das Scharfstellen aller optischen Zielgeräte soll grundsätzlich stets so er-folgen, daß zunächst mit dem Okular auf die Strichmarke und dann erst mit dem gesamten Gerät auf das Objekt eingestellt wird.

Abb. 15 3 Parallaxe bei opti-schen Geräten. Fällt der Punkt P nicht genau in die Ebene der Strichplatte S, so projiziert ihn das Auge in der Stellung A_1 nach P_1, in der Stellung A_2 nach P_2. Das Gleiche gilt bei Okularbeob-achtung

Das beste Kriterium für die richtige Scharfstellung ist das Verschwinden der *Parallaxe* zwischen dem Bild des Gegenstandes und der Strichmarke: Beim seitlichen Bewegen des Auges, wodurch abwechselnd nur die eine oder die andere Hälfte der Aus-trittspupille ausgenutzt wird, darf das Prüflingsbild gegenüber der Strichmarke nicht wandern. Das optische Bild und die Strichmarke durfen nicht raumlich hintereinander, sondern mussen genau in der gleichen Ebene liegen.

Beim Sehen wird vom Auge auf die Entfernung der betrachteten Gegenstande akkomodiert. Jede längere Zeit andauernde Akkomodation strengt das Auge an; daher sollen optische Gerate so eingestellt sein, daß das Auge sich bei ihrer Benutzung im *entspannten* Zustand befindet: Die durch das Okular entworfenen *Bilder* sollen fur gesunde Augen *im Unendlichen* liegen.

Fur *das richtige Einstellen des Okulars* ist weiter zu beachten, daß das gesunde Auge vom natürlichen Sehen her nur auf Gegenstande oder Bilder akkomodieren kann, die sich vor dem Auge befinden, nicht aber auf solche, die in das Auge „hineinprojiziert" werden. Das Okular bzw. seine verstellbare Augenlinse ist zunachst so zu verstellen, daß das Bild der Strichmarke in das Auge hineinprojiziert wird, so daß es vom Auge nicht scharf gesehen werden kann. Dazu muß das Okular von der Strichplattenebene entfernt, d. h. weit aus dem Gerat herausgezogen oder herausgeschraubt werden. Nun wird das Okular wahrend der Beobachtung der Strichmarke langsam wieder hineingeschoben oder -geschraubt, *bis das Bild gerade scharf erscheint; das Auge beobachtet dann im entspannten Zustand.* Schraubt man das Okular weiter hinein, so ruckt das Bild aus dem Unendlichen an das Auge heran; es wird durch die Wirkung und im Bereich der Akkomodation auch weiterhin scharf erscheinen, doch ist das Auge dann angespannt und ermudet bei andauernder Beobachtung schnell.

Kurzsichtige und weitsichtige Augen sind im Ruhezustand nicht auf „Unendlich", sondern auf eine andere Entfernung eingestellt. Bei kurzsichtigem Auge entsteht das Bild vor, bei weitsichtigem hinter der Netzhaut. Ausgleich durch negative oder positive Linsen, Brillen. Das Verfahren der Okulareinstellung, ausgehend vom hineinprojizierten Bild, d. h. herausgeschraubten Okular, ist auch bei fehlsichtigem Auge richtig, da nur von dieser Einstellung ausgehend der Zustand der Entspannung mit Sicherheit erreicht wird.

Auf der durch Drehen verstellbaren Fassung der Meßokulare befindet sich die sogenannte Dioptrienteilung. Steht sie auf 0, so liegt das Bild der Strichmarke im Unendlichen. Zeigt sie $+\,1,\ +\,2,\ +\,3 \cdots +\,x$ dptr., so liegt das Bild im Abstand $+\dfrac{1}{1},\ +\dfrac{1}{2},\ +\dfrac{1}{3} \cdots +\dfrac{1}{x}$ m im Sinne der Lichtrichtung hinter der Austrittspupille des Okulars. Zeigt die Dioptrienteilung auf den Wert $-\,1,\ -\,2,\ -\,3 \cdots -\,x$, so entsteht das Bild im Abstand $-\,1,\ -\dfrac{1}{2},\ -\dfrac{1}{3} \cdots -\dfrac{1}{x}$ m entgegen der Lichtrichtung vor der Austrittspupille des Okulars.

Fur normale oder durch eine Brille *voll auskorrigierte Augen* wird die Dioptrienteilung des Okulars immer auf den Wert 0 gestellt. Beobachter mit von Astigmatismus freien Augen stellen — falls sie ohne Brille beobachten — am Okular ihr Brillenrezept ein; Beobachter mit astigmatischen Augen mussen stets mit Brille beobachten.

Der Betrag der mechanischen Verstellung eines Okulars der Brennweite f_2' fur eine Dioptrie ($z' = 1000$ mm) ergibt sich nach (142–12) zu.

$$z_{\pm 1\,\mathrm{Dptr}} = \pm \frac{f_2'^2}{z'} = \pm \frac{f_2'^2}{1000}\ \mathrm{mm} \qquad (15\,1)$$

Fur $f_2' = 25$ mm, d. h. $V_L = 10\times$, z. B. wird $z_{\pm 1\,\mathrm{Dptr}} = \pm\,0{,}625$ mm.)

Bei der Herstellung photographischer Aufnahmen des Gesichtsfeldes eines optischen Gerates tritt die Kamera mit ihrem Objektiv an die Stelle des beobachtenden Auges. Für auf Unendlich eingestellte Kamera muß die Dioptrienteilung auf Null stehen.

Die Okulare entwerfen als positive Systeme auch reelle Bilder; man kann bei genügend langem Auszug auf ein Objektiv in der Kamera verzichten. Stellt man die Dioptrienteilung des Okulars z. B. auf $+5$, so entsteht im Abstande von $\frac{1}{5}$ m $= 20$ cm hinter der Austrittspupille des Gerates ein scharfes Bild des Gesichtsfeldes, das *direkt auf einer photographischen Platte* aufgefangen werden kann. Die *relative Öffnung* ist dabei gleich dem Durchmesser der Austrittspupille des Gerates dividiert durch den gewählten Arbeitsabstand (z. B. 20 cm); wird eine auf „Unendlich" eingestellte Kamera verwendet, so ist die relative Öffnung gleich der AP dividiert durch die Brennweite f' des Objektivs.

Bei geeigneter lichtstarker Beleuchtung können durch das Okular helle Projektionsbilder erzeugt werden. Für verzeichnungsfreie Bilder muß das gewöhnliche Okular durch ein entsprechend korrigiertes „Projektionsokular" ersetzt werden; z. B. bei den Projektionsansätzen der Werkstattmikroskope (s. Abschn. 243).

152 Beleuchtung mit künstlichem Licht

152.1 Lichttechnische Begriffe und Einheiten

(gekurzte und erganzte Darstellung aus DIN 5031)

Lichtstrom Φ in Lumen (lm) ist die entsprechend der Augenempfindlichkeit (V_λ) bewertete Strahlungs*leistung* einer Lichtquelle. (Den Verlauf der Augenempfindlichkeit zeigt Abb. 15–4, das Maximum der Empfindlichkeit bei $\lambda = 555$ nm ist gleich 1 gesetzt. Alle anderen Werte sind darauf bezogen: relative spektrale Hellempfindlichkeit.)

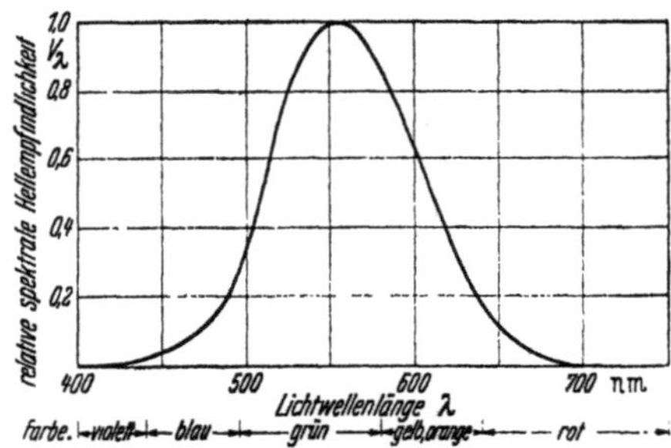

Abb. 15—4. Verlauf der Empfindlichkeit des hell adaptierten Auges in Abhangigkeit von der Wellenlange. Da z. B. fur $\lambda = 510$ nm $V_\lambda = 0{,}5$ ist, so ist fur dieses λ die doppelte Strahlungsleistung in Watt nötig, um im Auge den gleichen Helligkeitseindruck zu erzeugen wie bei $\lambda = 555$ nm.

Würde eine Lichtquelle ihre Gesamtleistung in der Wellenlänge der größten Augenempfindlichkeit ausstrahlen, dann entsprächen einem Watt 682 lm (mechanisches Lichtäquivalent).

Der Lichtstrom wird von der Lichtquelle in einen bestimmten Raumwinkel ausgestrahlt. Der Raumwinkel ω wird gemessen durch den Ausschnitt auf der Oberflache einer um die Lichtquelle als Mittelpunkt gelegten

Kugel mit dem Radius 1. Der gesamte Raumwinkel betragt demnach 4π (s. Abschn. 12.6).

Lichtstärke I in Candela (cd) bezeichnet den in die Raumwinkeleinheit (genauer in einen unendlich kleinen Raumwinkel) ($\omega = 1$) ausgesandten Lichtstrom einer Lichtquelle $I = \dfrac{\Phi}{\omega}\left(=\dfrac{d\Phi}{d\omega}\right)\dfrac{\text{Lumen}}{\text{Raumwinkel}}$.

Eine gleichmaßig in alle Richtungen mit der Lichtstärke 1 cd strahlende Lichtquelle sendet demnach einen Lichtstrom $\Phi = J \cdot \omega = 1 \cdot 4\pi = 4\pi$ lm aus.

Die fruher ubliche Lichtstärkeeinheit war die Hefner-Kerze (Hk, Amylazetatlampe). Der Umrechnungsfaktor zwischen HK und cd (Hohlraumstrahler) andert sich mit der Lichtfarbe. Fur gasgefullte Gluhlampen gilt: 1 cd = 1,16 Hk.

Leuchtdichte B einer Lichtquelle in Stilb (sb) bezeichnet die Lichtstarke in cd in einer bestimmten Richtung dividiert durch die aus dieser Richtung gesehene Flache f der Lichtquelle in cm²; $B = \dfrac{I}{f}\dfrac{\text{cd}}{\text{cm}^2} = \dfrac{I}{f}$ sb.

Die Einheit in Stilb ist definiert als der sechzigste Teil der Leuchtdichte eines Hohlraumstrahlers bei der Temperatur des erstarrenden Platins (1769° C). 1 cm² des Hohlraumstrahlers bei dieser Temperatur hat also 60 cd.

Beleuchtungsstärke E in Lux (lx) ist der Quotient aus dem auf eine Fläche fallenden Lichtstrom in lm und der Große dieser Flache in m² $\left(E = \dfrac{\Phi}{F}, \dfrac{\text{lm}}{\text{m}^2}\right)$. Bei punktförmigen Lichtquellen und senkrechtem Lichteinfall gilt ferner $E = \dfrac{J}{r^2}$, $r =$ Abstand zwischen Lichtquelle und beleuchteter Fläche in m. Eine Lichtquelle gilt als punktförmig, wenn r mindestens zehnmal so groß ist wie die größte lineare Ausdehnung derselben. Bildet die Lichteinfallsrichtung mit der Flachennormalen den Winkel α, so ist die Beleuchtungsstärke $E = \dfrac{I}{r^2} \cdot \cos\alpha$.

Reflexionsgrad ϱ (in %) bezeichnet das Verhaltnis des von einer Flache reflektierten Lichtstromes zu dem auftreffenden Lichtstrom. Die Leuchtdichte einer zerstreut reflektierenden Fläche in apostilb (asb; 1 asb $= \dfrac{1}{\pi \cdot 10^4}$ sb) ergibt sich als Produkt der Beleuchtungsstärke E in lx und des Reflexionsgrades. $B_{[\text{asb}]} = E \cdot \varrho$.

Reflexionsgrade:

weißes Zeichenpapier	70···80%
harter Bleistiftstrich	45%
weicher Bleistiftstrich	25%
schwarze Tusche	4%
schwarzer Samt	0,4%

152.2 Beleuchtungsberechnung

Die Leuchtdichte ist die maßgebende lichttechnische Große fur den im Auge hervorgerufenen Helligkeitseindruck.

Da die Reflexionsgrade der Einzelheiten eines Gegenstandes sehr verschieden sind, berechnet man eine Beleuchtung einfach nach der Beleuchtungsstarke auf der Arbeitsflache, fur die Tab. 15–1 Richtwerte angibt. Dabei ist ein mittlerer Reflexionsgrad berücksichtigt. Bei kleiner Reflexion, geringen Kontrasten, geringer Reflexion der Decken, Wande und Einrichtungsgegenstände muß die Beleuchtungsstarke uber die empfohlenen Werte erhöht werden.

Tabelle 15 — 1. **Notwendige Beleuchtungsstärken** (nach DIN 5035)

a) Beleuchtungsstarke

Art		Allgemeinbe-leuchtung allein	Platzbeleuchtung mit zusatz-licher Allgemeinbeleuchtung	
der Anspruche an die Beleuchtung	der Arbeit	Mittlere Beleuchtungs-starke lx	Platz-beleuchtung lx	Zusatzliche Allgemein-beleuchtung lx
sehr gering		30	—	—
gering	grob	60	—	—
maßig	mittelfein	120	250	20
hoch	fein	250	500	40
sehr hoch	sehr fein	600	1000	80
außergewöhnlich		—	4000	300

Den Werten der Allgemeinbeleuchtung liegt ein mittlerer Reflexionsgrad der Raumbegrenzungsflachen von 30% zugrunde, denen der Platzbeleuchtung ein mittlerer Reflexionsgrad des Arbeitsgutes von 25%.

b) Einordnung der Raume und Arbeiten

Anspruche	Art der Raume und Arbeiten
sehr gering	Flure, Abstell-· und Nebenraume
gering	Treppenhauser, Lagerräume, Garagen, Schmieden am Amboß und Gesenk, Schruppen
maßig	Drehen, Bohren, Frasen, Hobeln, Ziehen, Stanzen, Grob-schleifen, Grobmontage, Zuschneiden von Rohr- und Blech-teilen, Biegearbeiten, Schlosserarbeiten, Spritzguß, Kokillen-guß, Walzen und Ziehen mittelfeiner Profile, allgemeine Buroarbeiten
hoch	Sortieren, Instrumente ablesen, Kontrolle. Ziehen feiner Drahte, feine Dreh-, Bohr-, Hobelarbeiten, Feinschleifen, Einrichten von Werkzeugmaschinen, Polieren, Feinmontage, Schleifen, Atzen, Polieren von Glas, Wickeln feiner Drahtspulen. Allgemeine Buroarbeiten, Maschineschreiben, Postsortierung, technisches Zeichnen, Farbprufungen
sehr hoch	Kontrolle, Werkzeug-, Lehren-, Vorrichtungsbau, fein-mechanische Arbeiten, Uhrmacherei, Schleifen optischer Gläser, Gravieren, Justieren, Prufen feiner Meßinstrumente. Technisches Zeichnen, Farbprufung.
außergewohnlich	Edelsteinschleiferei

Dies ist ein Auszug aus DIN 5035, das eine weit umfangreichere Tabelle dieser Art enthalt Dementsprechend sind Meßaufgaben einzureihen

Die Beleuchtungsstarke wird gewertet als *mittlere* Beleuchtungsstarke auf der Arbeitsflache. Fehlen Angaben über diese Flache, so gilt die mittlere Beleuchtungsstärke E_m der waagerechten Flache 1 m uber dem Fußboden.

Übliche Beleuchtungsberechnung nach der Wirkungsgradmethode.

$$E_m = \frac{\Phi}{F} \cdot \eta$$

E_m = mittlere Beleuchtungstarke in lx
Φ = insgesamt erzeugter Lichtstrom in lm
F = Bodenfläche in m²
η = Beleuchtungswirkungsgrad.

Lichtstrom verschiedener Lichtquellen s. Tab. 15–2, Wirkungsgrade von Beleuchtungsarten s. Tab. 15–3.

Tabelle 15–2. **Lichtquellen**

Art	Leistungsaufnahme Watt		Lichtstrom bei 220 V etwa Lumen	Leuchtdichte etwa Stilb	Sockel
Gluhlampen	15		120	fur Klarglaskolben 500···800 sb, je nach Type	E 27
	25		220		
	40		320		
	60		610		
	75		800		
	100		1250		
	150		2100		
	200		2950		
	300		4800		
	500		8450		E 40
	1000		19000		
	2000		38000		
Quecksilberdampf-Mischlichtlampen	165		2850	52	E 27
	260		4750	52	E 40
	450		9500	52	E 40
	ohne	mit Drossel			
Quecksilberdampf-Hochdrucklampen	75	83	2850	620	E 27
	120	130	4750	620	E 27
	265	280	11000	190	E 40
	450	475	19000	190	E 40
Leuchtstofflampen	10	13	400	0,4	Stiftsockel
	16	20	720···820	0,4···0,45	
	20	25	800···900	0,4···0,45	
	25	31	1150···1300	0,4	
	40	49	1850···2100	0,4···0,45	
	65	75	3100···4000	0,6···0,75	

Lichtquellen fur Meßzwecke. Durch Spektrallampen kann praktisch jede Spektrallinie oder jeder Spektralbereich bequem erzeugt werden. Optischen Aufgaben dienen die kleineren Lichtwurf-Gluhlampen mit Leuchtdichten bis etwa 1500 sb, vereinzelt daruber, Quecksilber-Höchstdrucklampen mit Leuchtdichten bis 100000 sb, Xenon-Hochdrucklampen mit tageslichtweißer Lichtfarbe und Leuchtdichten von etwa 40000 sb.

152.3 Beleuchtungsmessung

Die Beleuchtungsstarke wird meist mit Fotozellen (Beleuchtungsmesser) ermittelt. Diese Geräte oft eichen! Besondere Eichung für Licht verschiedener Farben.

152.4 Beleuchtungsgüte (S. a. DIN 5035.)

Beleuchtungsstärke. Der ganze Raum muß vollständig ausgeleuchtet sein. Die Beleuchtung gilt als ausreichend stark, wenn die mittlere Beleuchtungsstärke in der dem Raumzweck dienenden Zone den Werten der Tab. 15-1 entspricht.

Schattigkeit. Das Erkennen der Körperlichkeit eines Gegenstandes wird durch die Schattenbildung wesentlich unterstutzt. Die Beleuchtung soll deshalb nicht schattenlos, die Tiefe der Schatten allerdings im allgemeinen gering sein.

In Raumen mit gut reflektierender Decke sind daher Leuchten mit einem oberen Lichtstromanteil von mindestens 25% vorzusehen, um durch die leuchtende Deckenflache eine Aufhellung der Schatten zu gewährleisten. In Raumen mit Oberlichtern lassen sich tiefe Schatten aufhellen, wenn jede Stelle im Raum Licht von mehreren Leuchten erhalt.

Möglichst *gleichmäßige Ausleuchtung* des Arbeitsraumes ergibt günstigste Sehbedingungen. Zeitliche Schwankungen mussen so langsam oder so schnell erfolgen, daß sie vom Auge nicht als störend empfunden werden.

Blendung wird hervorgerufen durch zu hohe Leuchtdichte von Lichtquellen oder von diffus oder regular reflektierenden Flachen. Sie hangt ab u. a. von:

Größe und Leuchtdichte der Blendungsquelle,

Leuchtdichte des Umfeldes,

Entfernung der Blendungsquelle vom Auge und Lage zur Blickrichtung.

Hochstwerte der Leuchtdichte von Leuchten:

Arbeitsplatzbeleuchtung 0,2 sb im Ausstrahlungsbereich $75 \cdots 180°$, gezählt von der Senkrechten nach unten als Nullachse;

Allgemeinbeleuchtung 0,3 sb im Ausstrahlungsbereich $30 \cdots 90°$,

Außenbeleuchtung 2 sb im Ausstrahlungsbereich $60 \cdots 90°$.

Lichtfarbe. Künstliches Tageslicht nur notwendig, wenn farbige Gegenstande naturgetreu erscheinen sollen (besonders Farbkontrolle) und wenn bei Tageslicht zusatzliche Beleuchtung gebraucht wird (Vermeidung von Zwielicht). Verschiedene Lichtfarben durch verschiedene Leuchtstofflampen-Typen wahlbar. Monochromatisches Licht erhöht Sehschärfe (Oberflachenprufung), farbiges Licht steigert Kontraste (Materialprufung).

152.5 Bei natürlicher Tagesbeleuchtung

(DIN 5034) wird an Stelle der Beleuchtungsstarke der Tageslichtquotient benutzt:

$$T = \frac{\text{Beleuchtungsstärke am Arbeitsplatz im Raum}}{\text{Horizontalbeleuchtungsstarke im Freien}} \times 100\%.$$

Für seine Arbeit, z. B. an Arbeitsplatzen in Industrie-Flachbauten mit Oberlicht wird $T = 10\%$ empfohlen, bei Seitenfenstern nur in Fensternahe erreichbar.

Tabelle 15—3.
Wirkungsgrade in Proz. für Allgemeinbeleuchtung von Innenräumen
(Leuchtabstand = 1···2 × Aufhängehöhe über Arbeitsebene)

Beleuchtungart Beleuchtungs-körper-Wirkungsgrad	direkt $\eta = 65\%$ 0% oberer, 65% unterer Halbraum	vorwiegend direkt $\eta = 80\%$ 35% oberer. 45% unterer Halbraum	halbindirekt $\eta = 80\%$ 50% oberer. 30% unterer Halbraum	indirekt $\eta = 70\%$ 70% oberer, 0% unterer Halbraum	indirekt (Hohl-kehle)
Entsprechend einem Raum-verhältnis =	$\dfrac{\text{Raumbreite}}{\text{Aufhangehohe u. Meßebene}}$	$\dfrac{\text{Raumbreite}}{\text{Aufhangehohe u. Meßebene}}$	$\dfrac{\text{Raumbreite}}{\text{Deckenhohe u. Meßebene}}$	$\dfrac{\text{Raumbreite}}{\text{Deckenhohe u. Meßebene}}$	
von	1 … 1,5 … 2,5 … 4 ..8	1 … 1,5 … 2,5 … 4 … 8	0,6 … 1,0 … 1,5 … 2,5. .5	0,6 … 1,0 … 1,5 .2,5…5	—
gehoren zu: heller Decke, mittelhellen Wänden die Wirkungs-grade:	25 … 36 … 44 … 51 … 58	17 … 25 … 33 … 41 . . 53	14 … 21 … 27 … 35. .46	11 … 15 . . 20 … 26 ..34	15
zu mittelheller Decke dunklen Wänden die Wirkungsgrade.	18 … 30 . . 40 … 47 ..54	9 … 16 … 23 … 30 … 41	7 … 13 … 17 … 24 … 33	6 … 8 … 11 … 16 … 22	10

Erläuterungen:

Direkt wirkende Leuchten lenken den Lichtstrom nach unten. Verwendung: Außenbeleuchtung, Allgemeinbeleuchtung in Werkhallen mit dunklen Wänden und Decken oder mit Glasdachern, Arbeitsplatzbeleuchtung.

Vorwiegend direkt wirkende Leuchten setzen die Leuchtdichte im Blickbereich herab und lenken den Lichtstrom mehr in den unteren Halbraum, *vorwiegend indirekt*: gleichmäßig in den ganzen Raum oder mehr in den oberen Halbraum. Verwendung: Raume mit hellen Decken und Wanden.

Indirekt wirkende Leuchten strahlen den Lichtstrom ausschließlich nach oben. Verwendung: helle Decken, praktisch schattenlos.

16 Austauschbau

161 Maße

Größe und Form eines Gegenstandes werden durch Langen- und Winkelmessungen bestimmt und durch Längen- und Winkelmaße auf technischen Zeichnungen festgelegt Erstere werden im Maschinenbau stets in mm angegeben. Winkelmaße werden in Altgrad oder durch das Verhältnis zweier Strecken, also in rad oder Bruchteilen desselben angegeben, s. Abschn. 122.1, .4, .5.

Begriffe und Formelzeichen nach DIN 7182 Bl. 1:

Istmaß I ist das durch Messung an einem Werkstuck zahlenmäßig ermittelte Maß (Abb. 161–1); es ist — bei Berucksichtigung der beherrschbaren Fehler — stets mit einer von den zufälligen Fehlern herrührenden Meßunsicherheit behaftet (s. DIN 1319, Grundbegriffe der Meßtechnik).

Sollmaß ist das beabsichtigte Maß, das der fehlerfreie Körper haben sollte.

Nennmaß N ist ein Maß, das zur Größenbezeichnung dient und auf das die Abmaße (s. Abschn. 162.2) bezogen werden.

Paarungsmaß P_m ist das Maß des formvollkommenen Gegenstückes, mit dem der (nicht formvollkommene) Prüfling eben zu paaren ist.

Paßmaß ist ein durch das Nennmaß mit Passungskurzzeichen oder mit Abmaßen bezeichnetes Maß.

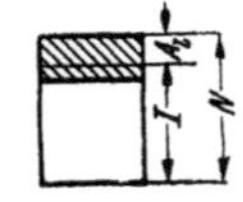

Abb. 161–1.

N = Nennmaß,
I = Istmaß,
A_i = Istabmaß

Die Nennmaße einer Konstruktion sind zweckmäßig nach DIN 3 zu wählen, falls nicht zwingende Gründe dagegen sprechen. Durch Benutzung der in dieser Norm festgelegten Normmaße wird die benötigte Zahl an verschiedenen Werkzeugen, Vorrichtungen, Lehren und Halbzeugen eingeschränkt, die Fertigung wirtschaftlicher.

Beim Entwurf einer Konstruktion ergeben sich zunächst die Maße, die für die *Funktion* des Werkstückes wichtig sind. Die Werkstatt benötigt jedoch Maß- und Toleranzangaben, die unter Gewährleistung der Funktion ein möglichst günstiges *Fertigungsverfahren* (Maschine, Werkzeug, Vorrichtung) gewährleisten. Da es grundsätzlich erforderlich ist, daß der Arbeiter in der Zeichnung die zum Fertigen nötigen Maße unmittelbar vorfindet, muß der Konstrukteur Funktions- und Fertigungsmaße aufeinander abstimmen. Ein weiterer, wesentlicher Gesichtspunkt für die Maßeintragung ist die *Kontrolle* des Werkstückes. Bei jedem Arbeitsgang muß das Werkstück so geprüft werden, wie es gefertigt wird. Die in der Zeichnung eingetragenen Maße legen somit gleichzeitig

Funktion, Fertigung und Prüfung

des Werkstückes fest. Deshalb ist es nicht gleichgültig, in welcher Weise bei der Maßeintragung verfahren wird, insbesondere dann nicht, wenn es sich um tolerierte Maße handelt. Zweckmäßig legt der Konstrukteur beim Ausarbeiten seines Entwurfs die Funktionsmaße und die dafür erforderlichen Toleranzen fest. Dabei werden sich gleichzeitig die Bau- und Anschlußmaße ergeben, die — falls von Wichtigkeit — ebenfalls Toleranzen erhalten müssen. Es empfiehlt sich, schon während der Entwurfsarbeiten die jeweils günstigste Bearbeitung und den Ablauf der Fertigung zu berücksichtigen und auf Grund eines vorläufigen Fertigungsplanes die in die Zeichnung eingetragenen Maße und Toleranzen zu revidieren. Schließlich sind in Zusammenarbeit mit der Revision die für Funktion und Zusammenbau nötigen Kontrollen und ihre bestmögliche Ausführung festzulegen.

Die Wichtigkeit zweckentsprechender Maßeintragung läßt sich am Beispiel einer Lochreihe (Abb. 161–2) zeigen, bei der die Abstände der Bohrungen von der Ausgangsfläche A innerhalb der angeschriebenen Toleranzen liegen müssen. Die Bemaßung in Form einer Maßkette (Abb. 161–2c) bedingt wesentlich kleinere Einzeltoleranzen, da diese sich im ungünstigsten Falle addieren können. Kettenmaße sind nur dann zulässig, wenn die Lage der Bohrungen beliebig ist. Würde man die Maße teils von A und teils von B aus eintragen, Abb. 161–2b, so müßte während der Fertigung das Werkstück umgespannt werden. Außerdem hätte die Kontrolle zwei Bezugsflächen zu berücksichtigen. Deshalb ist es wichtig für Fertigung, Arbeitsvorbereitung und

Kontrolle, daß die Bemaßung von nur wenigen (am besten einer oder zwei aufeinander senkrechten) Ausgangsflächen (-zapfen, Bohrungen) aus erfolgt. Außerdem ist zu fordern, daß diese Flächen ein sicheres Aufspannen (ohne Verspannung) des Werkstuckes gewahrleisten.

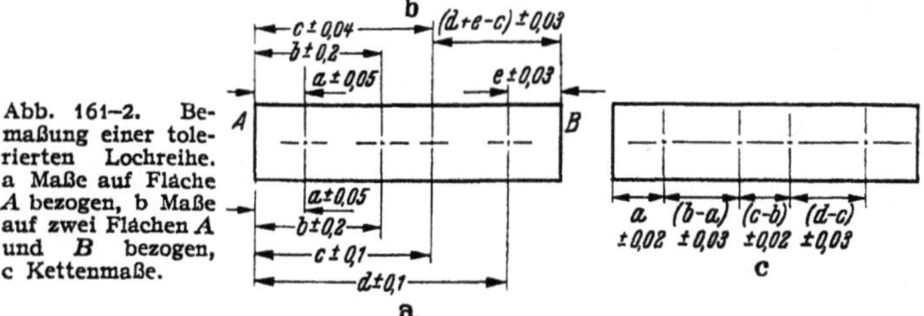

Abb. 161–2. Bemaßung einer tolerierten Lochreihe. a Maße auf Fläche A bezogen, b Maße auf zwei Flächen A und B bezogen, c Kettenmaße.

Einige Beispiele fur Maßeintragung und Verteilung der Maße bringt neben Angaben uber die zeichnerische Ausfuhrung DIN 406, Bl. 1, 2, 3 und 4.

162 Toleranzen zu Längenmaßen

162.1 Allgemeines

Eine wesentliche Voraussetzung fur moderne, wirtschaftliche Reihen- und Massenfertigung ist der 'Austauschbau, eine Fertigung, bei der Einzelteile und Baugruppen unabhangig voneinander so hergestellt werden, daß sie ohne jegliche Nacharbeit zusammengebaut oder ausgetauscht werden können. Austauschbarkeit hat folgende Vorteile:

Bei der Fertigung brauchen Anschlußteile nicht zum Anpassen bereitgestellt zu werden. Jedes Werkstuck paßt in die fur den jeweiligen Arbeitsgang entwickelte Vorrichtung.

Einzelteile können von auswarts bezogen werden. Durch Haufung und Sondererfahrungen werden sie billiger.

Beim Zusammenbau wird teure Anpaßarbeit von Hand (Verschlechterung der Abmessungen, Gestalt und Oberflachen und damit des Erzeugnisses!) uberflussig. Er kann deshalb reibungslos und wirtschaftlich in Fließarbeit erfolgen.

Bei der Instandsetzung sind austauschbare Teile ohne weiteres als Ersatzteile einzubauen.

Die Gute der Erzeugnisse wird verbessert, weil die zulassigen Abweichungen beherrscht werden. Bei richtiger Tolerierung werden die Teile billiger.

Um die Austauschbarkeit zu sichern, paßte man fruher die Werkstucke sog. *Normallehren* an. Da ein Maß nie genau eingehalten werden kann, hing letztlich die Art der Passung von Gefuhl und Geschicklichkeit des Arbeiters ab und war damit ziemlich unsicher und einer zahlenmaßigen Festlegung unzuganglich. Nun zeigt sich in der Praxis, daß Maß und Form eines Werkstückes innerhalb gewisser Grenzen beliebig schwanken durfen, ohne daß dadurch der Verwendungszweck beeintrachtigt wird. Statt möglichste Annaherung an ein bestimmtes Maß durch teures Anpassen zu erstreben, schreibt man zweckmaßig für jedes Nennmaß zwei *Grenzmaße* vor.

Ihr Unterschied ist die *Maßtoleranz*, innerhalb deren Paarungsmaß und Istmaße des Werkstückes liegen müssen. Sollen die Abweichungen von der geometrischen Form besonders beschränkt werden, so ist noch eine *Formtoleranz* vorzuschreiben. Außerdem sind bisweilen Lagenmaße (Abstände, Unparallelität u. a. zu tolerieren). In den Fällen, wo der Verwendungszweck eine bestimmte Oberflächengüte erfordert (Preßpassungen, Führungen, Meßflächen usw.), sind *Toleranzen für Oberflächenbeschaffenheit* (Beschränkung der Rauheit) anzugeben.

162.2 Begriffe und Formelzeichen

Bezugstemperatur (s. Abschn. 121.14) ist 20°C. Nach DIN 7182, Bl. 1:

Grenzmaße sind zwei angegebene Maße, zwischen denen (die Grenzmaße selbst eingeschlossen) das *Paarungs-* und *Ist*maß der Werkstücke liegen darf. Bei formvollkommenen Werkstücken ist ein Grenzmaß zugleich Paarungsmaß, und zwar das zulässige Größt-Istmaß bei Wellen und Kleinst-Istmaß bei Bohrungen. Bei nicht formvollkommenen Werkstücken muß das Größt-Istmaß der Wellen kleiner, das Kleinst-Istmaß der Bohrungen größer als das entsprechende Grenzmaß gehalten werden, damit das Werkstück trotz seiner Formfehler mit einem formvollkommenen Werkstück vom zulässigen Kleinst- bzw. Größt-Istmaß zu paaren ist.

Größtmaß G (D_g, L_g, Abb. 162–1) ist das größere der beiden Grenzmaße.

Kleinstmaß K (D_k, L_k, Abb. 161–1) ist das kleinere der beiden Grenzmaße.

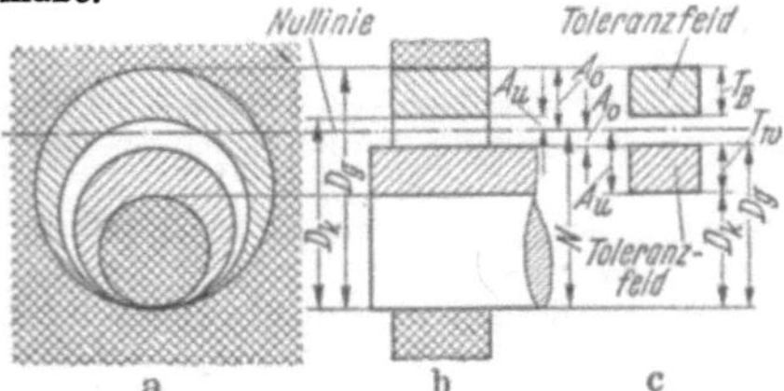

Abb. 162–1. Entstehung eines Toleranz-Schaubildes (Nullinie willkürlich gelegt) a Querschnitt durch tolerierte Bohrung und Welle. b Längsschnitt durch tolerierte Bohrung und Welle. c Toleranz-Schaubild.

Das Größtmaß wird bei Wellen als Gut-, bei Bohrungen als Ausschußmaß, das Kleinstmaß umgekehrt bei Wellen als Ausschuß-, bei Bohrungen als Gutmaß bezeichnet (bei Lehren Bezeichnung Gutseite und Ausschußseite).

Abmaß A ist allgemein der Unterschied zwischen einem Grenzmaß und dem Nennmaß.

Nennabmaß A_n ist bei einem Werkstück der festgelegte Unterschied zwischen einem Grenzmaß und dem Nennmaß.

Oberes Abmaß A_o ist der Unterschied zwischen Größtmaß und Nennmaß: $A_o = L_g - N = D_g - N$ (Abb. 162–1).

Unteres Abmaß A_u ist der Unterschied zwischen Kleinstmaß und Nennmaß: $A_u = L_k - N = D_k - N$ (Abb. 162–1).

Istabmaß A_i ist der Unterschied zwischen Istmaß und Nennmaß: $A_i = I - N$.

Paarungsabmaß A_p ist der Unterschied zwischen Paarungsmaß und Nennmaß: $A_p = P_m - N$.

Nullinie ist in der schaubildlichen Darstellung der Toleranzfelder die dem Nennmaß und somit dem *Abmaß* Null entsprechende Bezugslinie fur die Abmaße (Abb. 162–1).

Maßtoleranz T ist der Unterschied zwischen dem Größtmaß und dem Kleinstmaß (T_B und T_W in Abb. 162–1).

Toleranzfeld ist in der schaubildlichen Darstellung das Feld, das durch die Linien für Größtmaß und Kleinstmaß begrenzt wird. Es gibt sowohl die Größe der Toleranz als auch ihre Lage zur Nullinie an (Abb. 162–1).

Toleranzraum. Der Toleranzraum ist auf der Gutseite begrenzt durch das formvollkommen gedachte Gegenwerkstuck, auf der Ausschußseite durch die Bedingung, daß die Ausschußgrenze an keiner Stelle überschritten werden darf. Dementsprechend muß zum Erfassen der Formabweichungen auf der Gutseite mit einem Meßzeug gepruft werden, das das formvollkommene Gegenstuck darstellt und das Gutmaß hat (Paarungskontrolle); auf der Ausschußseite muß an möglichst vielen einzelnen Stellen (Istmaß- kontrolle) gepruft werden, ob die Ausschußgrenze nicht überschritten ist (Taylorscher Satz).

Beispiel. *Welle:* Gutseite mit Lehrring von dcr Lange der Paßfuge und Gutmaß als Durchmesser, Ausschußseite mit Ausschußrachenlehre.

Bohrung: Gutseite mit vollem Lehrdorn von der Länge der Paßfuge und dem Gutmaß als Durchmesser, Ausschußseite mit Kugelendmaß (kleine Meßfläche). Der Toleranzraum ist z. B. k e i n Rohr mit der Wanddicke T/2; ist die Welle oder Bohrung krumm, so kann ein Durchmesser ganz ein- seitig innerhalb des Gutzylinders liegen, (Abb. 162–2).

Formtoleranz ist die zu- lässige Abweichung von der vorgeschriebenen geometri- schen Form (Zylinderform, Ebenheit, Parallelitat, Recht- winkligkeit usw.). Sie kann gleich der oder kleiner als die Maßtoleranz sein. Auch ein nicht formvollkommenes Werkstück muß ganz inner- halb des Toleranzraumes liegen.

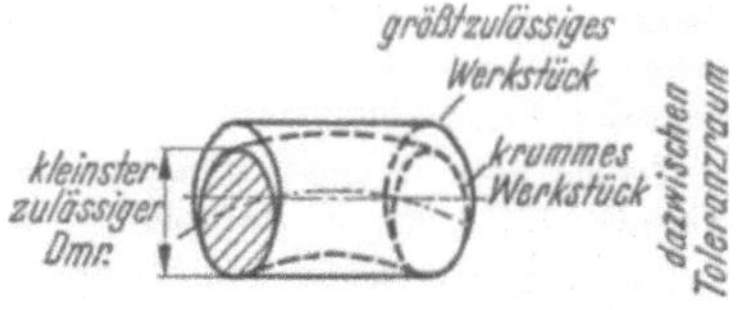

Abb. 162–2. Begriff des Toleranzraumes, ge- zeigt am Beispiel einer krummen Welle.

Der Fertigung ist es erlaubt (falls nichts anderes vorgeschrieben ist), die Begrenzungsflache eines Werkstuckes beliebig innerhalb des Toleranz- raumes zu erzeugen. Die Formabweichungen durfen an keiner Stelle die Grenzmaße des Werkstuckes uberschreiten.

162.3 Schaubildliche Darstellung der Toleranzen

Um Definitionen einpragsam zu erlautern (vgl. DIN 7182, Bl. 1) oder einen raschen Überblick uber Lage und relative Größe von Toleranzfeldern zu ermöglichen (vgl. DIN 7154, 7162), ist es zweckmaßig, Toleranzen in Schaubildern darzustellen. Wie die ubliche Darstellung entstanden ist, zeigt Abb. 162–1.

162.4 Schreibweise

162.41 Zahlenmäßige Angabe

Abmaße sind nach DIN 406, Bl. 5, nur dann zahlenmäßig anzugeben, wenn sie keinem genormten Toleranzsystem angehören. Bei der allgemein üblichen Schreibweise werden an das Nennmaß die Abmaße (kleiner) geschrieben: z. B. $100^{+0,1}_{-0,2}$, 100^{-1}_{-2}, $100^{+0,5}$, 100 ± 1. Dabei steht — ohne Rücksicht auf das Vorzeichen — das obere Abmaß über dem unteren. Das Abmaß Null wird grundsätzlich nicht eingetragen.

Die Schreibweise kann unter verschiedenen Gesichtspunkten gewählt, sollte aber einheitlich durchgeführt werden. So ist es für das Konstruktionsbüro bequem, aber für die Fertigung gleichgültig, wenn zusammengehörige

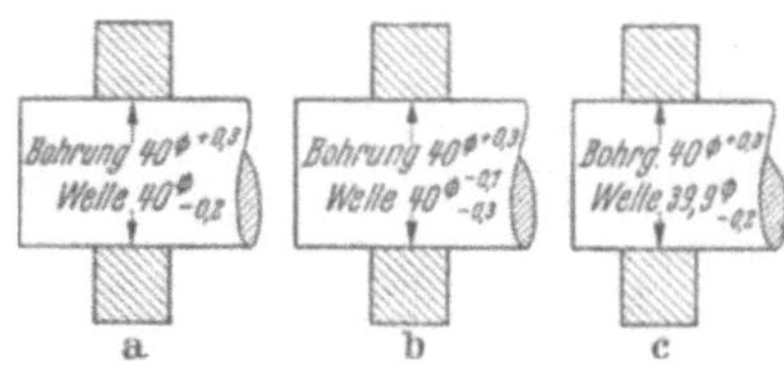

Abb. 162–3. Zeichnungsangabe von Toleranzen.
a Je 1 Abmaß, wenn Kleinstmaß Bohrung = Größtmaß Welle = Nennmaß. b Paßmaß des einen Teils mit zwei Abmaßen, wenn eines seiner Grenzmaße nicht gleich dem Nennmaß ist. c Bei Verzicht auf gleiches Nennmaß ist nur je 1 Abmaß erforderlich.

Werkstücke gleiches Nennmaß haben (Abb. 162–3a), wobei man allerdings oft 2 Abmaße angeben muß (Abb. 162–3b). Häufig gibt man unter Verzicht auf gleiches Nennmaß allen tolerierten Wellen nur ein negatives, allen tolerierten Bohrungen ein positives Abmaß (Abb. 162–3c). Maßgebend dafür sind Lehrung (Gutlehre entspricht bei Bohrungen und Wellen den Nennmaßen, Ausschußlehre den Nennmaßen + Abmaßen) und Fertigungsrichtung (zielt bei Wellen nach Minus, bei Bohrungen nach Plus). Wo keine besondere Begründung vorliegt, kann man auch $\pm$ -Toleranzen vorschreiben.

Ist ein Maß nur einseitig begrenzt, so ist die Zahlenangabe durch Worte wie „Größt-" oder „Kleinstmaß" zu ergänzen.

Lochmittenabstände und Mittigkeiten sind nach DIN 406, Bl. 5, mit $\pm$ Abmaßen zu versehen.

162.42 Angaben durch Passungskurzzeichen

Nach DIN 406, Bl. 6, werden Toleranzen, die einem genormten Toleranzsystem entsprechen, durch Passungskurzzeichen ausgedrückt. Ausdrücklich davon ausgenommen sind Abmaße von Absatzmaßen und Lochmittenabständen sowie Symmetrietoleranzen. Für die Schreibweise ist festgelegt, daß die hinter die Maßzahl zu schreibenden Kurzzeichen bei Innenmaßen höher, bei Außenmaßen tiefer als die Maßzahl (und Maßlinie) einzutragen sind (z. B. Bohrung: 40^{H7}; Welle: 40_{g6}). Ebenso wird bei gepaart gezeichneten Teilen verfahren: Passungskurzzeichen für Innenmaße über denen für Außenmaße (vgl. DIN 406, Bl. 5). Vorteile bei Benutzung genormter Toleranzen: Erleichterung der Konstruktionsarbeit, da praktisch erprobte Toleranzen übersichtlich zur Wahl stehen; Beschränkung auf bestimmte Größen von Werkzeugen, Vorrichtungen und Lehren, die wiederholt für verschiedene Arbeiten benutzt werden können.

162.5 Wann sind Maße zu tolerieren?

Unbedingt zu tolerieren sind Maße, wenn

a) die Wirkungsweise des Werkstückes die Einhaltung bestimmter Grenzmaße verlangt (z. B. Steigung einer Leitspindel);

b) der Zusammenbau unabhängig voneinander gefertigter Teile ohne Nacharbeit gesichert sein muß (z. B. Schrauben und Muttern);

c) Ersatzteile ohne Nacharbeit austauschbar sein mussen.

Maße, die fur die Funktion, den Zusammenbau oder die Austauschbarkeit der fertigen Teile unwichtig, dagegen fur die Aufnahme in Vorrichtungen wahrend der Fertigung nötig sind, sollten zweckmaßig ebenfalls toleriert werden. Sie sind jedoch Hilfsmaße fur die Herstellung und mussen als solche gekennzeichnet werden.

Freie Baumaße erhalten im allgemeinen keine Toleranzen im eigentlichen Sinne. Trotzdem ist es zweckmaßig, auch hier die zulassigen Abweichungen anzugeben (sog. Freimaßtoleranzen), um auf Grund klarer Abnahmebedingungen Streitfalle zu vermeiden. Fur die Werkstatt haben solche Angaben den Vorteil, daß unnötige Genauigkeit vermieden wird.

162.6 Die Größe der Toleranzen

Die Grundlage fur den Aufbau des heute allgemein gebrauchlichen ISA-Toleranzsystems ist die Toleranzeinheit i, die mit wachsendem Nennmaß D größer wird:

$$i = 0{,}45 \sqrt[3]{D} + 0{,}001 \cdot D \qquad \begin{array}{l} i \text{ in } \mu \\ D \text{ in mm} \end{array} \qquad \text{(s. DIN 7150, 7151, 7152).}$$

Um die Anzahl der Toleranzen zweckmaßig zu beschränken, wurden die Nennmaße (von 1,6 ··· 500 mm) in einzelne geometrisch gestufte Bereiche — Nennmaßbereiche — eingeteilt. In der Formel für i ist fur D das geometrische Mittel des jeweils größten (D_1) und kleinsten (D_2) Nennmaßes des Bereiches einzusetzen:

$$D = \sqrt{D_1 \cdot D_2}.$$

Mit Hilfe der Toleranzeinheit i wurden die Toleranzen — Grundtoleranzen (DIN 7151, s. Taf. 13) genannt — berechnet. Diese sind für jeden Nennmaßbereich entsprechend den an das Werkstuck gestellten Anforderungen geometrisch gestuft. Im ISA-Toleranzsystem sind 18 derartige Stufen — Qualitäten genannt — vorgesehen und mit den Nummern 1 ··· 18 bezeichnet. Die einer Qualität angehörenden Grundtoleranzen der verschiedenen Nennmaßbereiche sind zu Grundtoleranzreihen zusammengefaßt. Die Abkürzung IT (= Internationale Toleranz oder ISA-Toleranzreihe) mit hinzugefügter Qualitätszahl kennzeichnet eindeutig die Grundtoleranzen der genormten Nennmaßbereiche (z. B. IT 8). Wie DIN 7151 zeigt, wachsen die Grundtoleranzen mit der Qualitatszahl. Sie sind von Qualitat 6 (entspricht $10i$) an nach der Reihe R 5 (s. Abschn. 135 und Taf. 8) geometrisch gestufte Vielfache von i, so daß die Toleranzen einer Qualitat um 60 % größer als die der vorhergehenden sind. Ferner besitzt eine um 5 Ziffern höhere Qualitatsnummer die 10fachen Toleranzwerte (z. B. Nennmaßbereich 80 ··· 120 mm: IT 7 $= 40\mu$, IT 12 $= 400\mu$, IT 17 $= 4000\,\mu$).

Unterhalb Qualität 6 wurde die Stufung nach Reihe R 5 nicht fortgesetzt, da sich danach zu kleine Toleranzen ergeben hätten. Bei der 5. Qualität ist der Genauwert von $6,4i$ auf $7i$ geändert. IT 1 wurde auf Grund der Erfahrung (Berücksichtigung der Fehler bei genauesten Messungen, Temperatureinflusse) festgelegt. Die Qualitäten $2 \cdots 4$ wurden in geeigneter Stufung zwischen 1 und 5 eingefügt.

Für die Größe der *zulässigen Abweichungen von Maßen ohne Toleranzangabe* (Freimaßtoleranzen) liegen auf einigen besonderen Gebieten Normblätter vor, wie z. B.:

DIN 2519, Zulässige Abweichungen fur Flansche aus Flußstahl, Grauguß, Stahlguß.
DIN 7168, Freimaßtoleranzen (in Vorbereitung).
DIN 7524, Bl. 1 ··· 4, Zulässige Abweichungen fur Gesenkschmiedestucke aus Stahl.
DIN 7710, Preßstoffe, Preßteile und Spritzgußteile, Toleranzen.
DIN 7715, Gummiteile, Toleranzen (in Vorbereitung).
DIN 40680, Keramische Isolierteile, Toleranzen.

Diese Freimaßtoleranzen sind so groß gewahlt, daß sie ohne besondere Anforderungen an Geschick, Sorgfalt und Fertigungsmittel einzuhalten sind ($>$ IT 13). Zum Teil wurden verschiedene Genauigkeitsgrade (fein, mittel, grob) vorgesehen.

Um die Prufung von Maßen mit Passungskurzzeichen mit einfachen Meßzeugen (Schieblehre, Tiefenmaß u. ä.) zu erleichtern, sind in DIN 7170 gerundete Werte der Grundtoleranzen gegeben. Dabei muß Ungenauigkeit des Kontrollmittels kleiner ($^1/_5 \cdots ^1/_{10}$) als Toleranz sein. Also Schieblehre mit $^1/_{10}$-Nonius zur Kontrolle von Toleranzen von $^1/_{10}$ mm unbrauchbar.

Häufig werden Teile vor der Fertigbearbeitung vorgearbeitet. Um bei großen Stückzahlen möglichst gleichbleibende Arbeitsbedingungen zu haben, ist es zweckmaßig, die Vormaße zu tolerieren.

Vorschriften dafur enthält z. B. DIN 60: Schleifzugaben fur ungehartete, gedrehte Wellen und Bohrungen (wird zuruckgezogen).

DIN 70111, Schleifzugaben fur Wellen und Bohrungen, enthält Grob- und Feinzugaben, die etwa den Qualitäten 11 und 8 entsprechen (wird zuruckgezogen).

162.7 Gesichtspunkte und Richtlinien für die Wahl der Toleranz

Toleranzen so groß wählen, daß beim Überschreiten der Grenzmaße das Werkstück tatsachlich unbrauchbar wird. Große Toleranzen verbilligen die Fertigung. Bei zu engen Toleranzvorschriften werden Stucke als Ausschuß oder Nacharbeit erklart, die ohne Gefahr für Verwendungszweck oder Austauschbarkeit brauchbar wären.

Man sollte nach Möglichkeit versuchen, nur mit genormten Toleranzen auszukommen, um teure Sonderlehren zu vermeiden. Der Konstrukteur muß sich daruber klar sein, daß durch die Angabe der Qualität und die damit festgelegte Toleranz Fertigung (Verfahren, Maschine, Werkzeug, Vorrichtung) und Kontrolle (Meßzeug, Prüfung jedes Stuckes oder Stichproben) weitgehend bestimmt sind. Für die Anwendung der Qualitäten können folgende Richtlinien gelten:

Die Qualitäten 1 ··· 4 im allgemeinen für Lehrenfertigung, jedoch in Ausnahmefällen auch für Werkstücke. Die Toleranzen der Qualitäten 5 ··· 13 gelten für Rundpassungen, IT 5 ··· IT 7 auch für Lehren bei gröberen Werkstücktoleranzen. Die Reihen IT 8 ··· IT 18 gelten für Fräsen, Ziehen, Walzen, Schmieden, Pressen und als Schrupptoleranz.

Wenn der Verwendungszweck oder die Austauschbarkeit so enge Toleranzen bedingt, daß die Fertigung unwirtschaftlich wird, ist zunächst zweckmäßig nach größeren Toleranzen zu fertigen und dann in engeren Stufen auszulesen (sortieren). (Beispiel: Rollkörper für Wälzlager, s. DIN 7185 u. Abschn. 163.7).

162.8 Toleranz - Untersuchungen

Wird ein toleriertes Maß auf Umwegen erzeugt oder werden mehrere tolerierte Teile zusammengefügt, so muß man sich durch eine Toleranzuntersuchung über die Auswirkung der Einzeltoleranzen auf die Kombination Klarheit verschaffen und die Grenzwerte des Gesamtmaßes berechnen. Ist

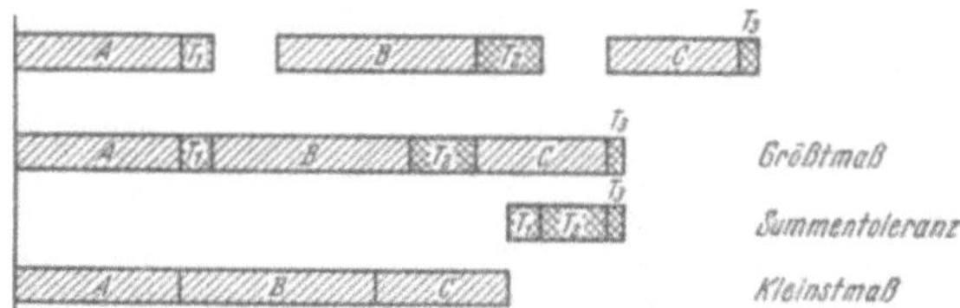

Abb. 162–4. Toleranzkette. Summe tolerierter Maße.

eine Größe die Summe tolerierter Einzelmaße, so ergibt sich nach Abb. 162–4 das Größtmaß aus der Summe der größten, das Kleinstmaß aus der Summe der kleinsten Einzelwerte.

Der Unterschied beider Grenzmaße, die Summentoleranz, ist gleich der Summe der Einzeltoleranzen.

Zahlenbeispiel.

$$20\,\text{mm}\,^{+30\mu}_{-15\mu} + 30\,\text{mm}\,^{+40\mu}_{-15\mu} + 10\,\text{mm}\,^{+10\mu} = 60\,\text{mm}\,^{+80\mu}_{-30\mu}.$$

Summe der Einzeltoleranzen: $45\mu + 55\mu + 10\mu =$ Summentoleranz 110μ.

Ist ein Maß die Differenz zweier tolerierter Einzelwerte, so erhält man das Größtmaß der Kombination nach Abb. 162–5 dadurch, daß von dem maximalen größeren Maß das kleinste niedrigere abgezogen wird. Das Kleinstmaß errechnet sich umgekehrt.

Auch hier ist wieder die Summentoleranz gleich der Summe der Toleranzen der einzelnen Kettenglieder.

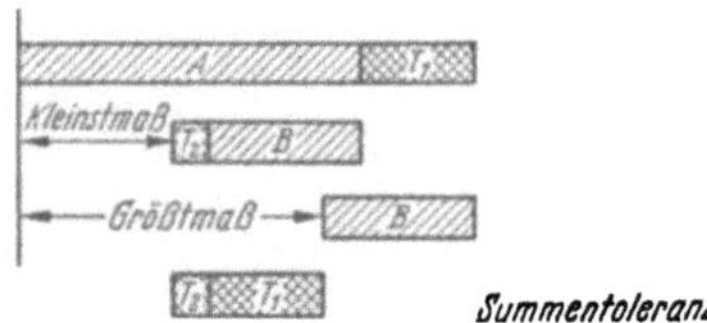

Abb. 162–5. Toleranzkette. Differenz tolerierter Maße.

Zahlenbeispiel.

$$30\,\text{mm}\,^{+40\mu}_{-15\mu} - 10\,\text{mm}\,^{+10\mu} = 20\,\text{mm}\,^{+40\mu}_{-25\mu}$$

Summe der Einzeltoleranzen: $55\mu + 10\mu = 65\mu$.

Die Toleranzuntersuchung eines durch Addition und Subtraktion tolerierter Einzelmaße erhaltenen Maßes zeigt Abb. 162–6.

Zahlenbeispiel.

$$x = 40\,\mathrm{mm}^{+\,50\,\mu}_{+\,10\,\mu} + 10\,\mathrm{mm}^{+\,10\,\mu}_{-\,15\,\mu} - 30\,\mathrm{mm}^{+\,20\,\mu} + 10\,\mathrm{mm}^{+\,20\,\mu}_{-\,10\,\mu}$$
$$= 30\,\mathrm{mm}^{+\,80\,\mu}_{-\,35\,\mu}$$

Berechnung des oberen Abmaßes:

$$+\,50\,\mu \qquad +\,10\,\mu \qquad -\,0 \qquad +\,20\,\mu \;\; = +\,80\,\mu,$$

des unteren Abmaßes

$$+\,10\,\mu \qquad -\,15\,\mu \qquad -\,(+)\,20\,\mu \qquad -\,10\,\mu \;\; = -\,35\,\mu.$$

Die Summentoleranz des Maßes x betragt 115μ. Von gleicher Größe ist die Summe der Einzeltoleranzen: $40\mu + 25\mu + 20\mu + 30\mu = 115\mu$.

Der Ansatz der Toleranzgleichung wird — besonders bei verwickelten Fällen — wesentlich erleichtert, wenn man sich die Maßkette in der Art der Abb. 162–6 aufzeichnet und von vornherein Plus- und Minusrichtung festlegt (z. B. in Abb. 162–6: von links nach rechts: plus; entgegengesetzt: minus).
Dabei muß der Maßlinienzug geschlossen sein, d. h. an einem Ende des gesuchten Maßes beginnen und am anderen enden.

Durch das vorstehend geschilderte Verfahren der Toleranzuntersuchung werden nur die ungünstigsten Falle des Zusammentreffens von Grenzwerten erfaßt. Die *Wahrscheinlichkeit* dafur ist jedoch besonders bei mehrgliedrigen Ketten sehr gering. Am haufigsten wird das Ist-Abmaß einer vielgliedrigen Kombination im Mittelbereich des Toleranzfeldes liegen, was bei der Beurteilung einer Toleranzuntersuchung zu beachten ist.

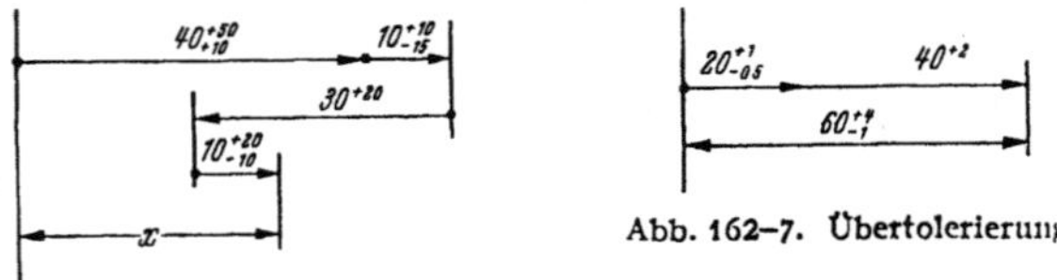

Abb. 162–6. Addition und Subtraktion tolerierter Maße.

Abb. 162–7. Übertolerierung

Fehlerfortpflanzungsgesetz s. Abschn. 133.42.
Eine Größe, die sich aus einer Reihe von tolerierten Einzelmaßen ergibt, darf nicht toleriert werden. Andernfalls sind die Toleranzen *überbestimmt* (Abb. 162–7).
Durch die Toleranzen der Teilstrecken werden die fur die Gesamtlänge vorgesehenen Grenzmaße nicht uberschritten. Wird aber die volle Gesamttoleranz ausgenutzt, so können folgende Grenzwerte der Teilstrecke auftreten: statt $20^{+1}_{-0,5}$: 22 mm, 24 mm, 17 mm, 19 mm und statt 40^{+2}: 43, 44,5, 38, 39,5 mm. Die auf diese Weise erhaltenen Maße liegen samtlich außerhalb der vorgeschriebenen Toleranzen. Um Ubertolerierung zu vermeiden, muß in einer Toleranzkette immer ein untoleriertes Maß enthalten sein, uber dessen mögliche Grenzwerte eine Toleranzuntersuchung Auskunft gibt.
Gelegentlich, insbesondere bei Neukonstruktionen, kann es vorkommen, daß fur die Toleranzwahl keine Erfahrungen vorliegen. Falls auch rechnerisch keine Lösung möglich, ermittelt man die erforderliche Größe der Toleranz zweckmäßig durch Modellversuche.

163 Passungen
163.1 Begriffe

In DIN 7182 sind festgelegt:

Passung ist die allgemeine Bezeichnung für die Beziehung zwischen gefügten Teilen, die sich aus dem Maßunterschied dieser Teile vor dem Fügen ergibt.

Paßfläche ist jede der Flächen, an denen sich gefügte Teile berühren oder an denen gegeneinander bewegliche Teile in Berührung kommen können.

Rundpassung ist eine Passung mit kreiszylindrischen Paßflächen.

Flachpassung ist eine Passung zwischen ebenen Paßflächenpaaren.

Einfach-Passung ist eine Passung zwischen zwei gefügten Teilen.

Mehrfach-Passung umfaßt die Passungen zwischen *mehr* als zwei gefügten Teilen (Abb. 163–1).

Paßteile sind Teile, die für eine Passung bestimmt sind.

Außenteil (Außenpaßteil) ist das Paßteil, das ein oder mehrere fügbare Teile umhüllt. Die Formelzeichen für seine Größen erhalten den Zeiger A.

Abb. 163–1.
Dreifachpassung.

Innenteil (Innenpaßteil) ist das Paßteil, das von einem oder mehreren fügbaren Teilen umhüllt wird. Die Formelzeichen für seine Größen erhalten den Zeiger I.

Zwischenteil (Zwischenpaßteil) ist ein zwischen Außen- und Innenteil gefügtes Paßteil einer Mehrfach-Passung. Die Formelzeichen für seine Größen erhalten den Index M, bei mehreren Zwischenpaßteilen in der Reihenfolge von innen nach außen mit der zugehörigen Ordnungszahl, z. B M_1, M_2 usw. (Abb. 163–1).

Spiel S ist der Unterschied zwischen dem Maß des Außenteiles (z. B. der Bohrung) und dem Maß des Innenteiles (z. B. der Welle), wenn das Maß des Außenteils größer ist als das Maß des Innenteils (Abb. 163–2).

Großtspiel S_g ist der Unterschied zwischen dem größtzulässigen Maß des Außenteiles und dem kleinstzulassigen Maß des Innenteiles (Abb. 163–2).

Kleinstspiel S_k ist der Unterschied zwischen dem kleinstzulassigen Maß des Außenteiles und dem größtzulässigen Maß des Innenteiles (Abb. 163–2).

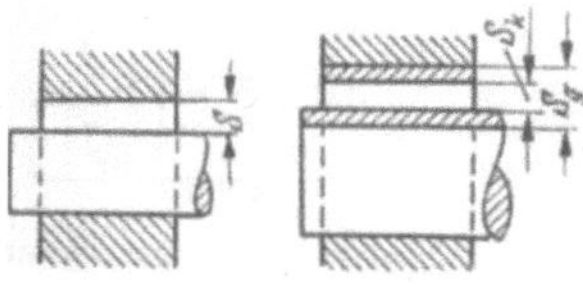
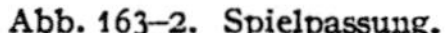
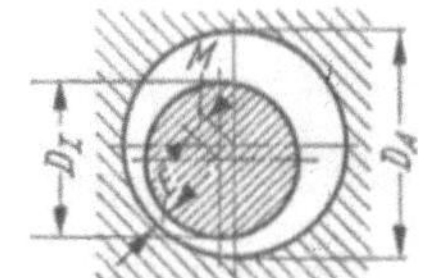

Abb. 163–2. Spielpassung.   Abb. 163–3. Begriff des Engstspaltes.

Wenn sich die Temperaturen der eine Spielpassung bildenden Teile (im Betrieb) ändern, so wird im allgemeinen auch das beim Einbau vorhandene Spiel verändert; dann sind zu unterscheiden:

Einbauspiel S_e ist das Spiel im Einbauzustand bei der Einbautemperatur = Bezugstemperatur 20° C (S_{eg} Einbau-Größtspiel, S_{ek} Einbau-Kleinstspiel).

Betriebsspiel S_b ist das Spiel, das im betrieblichen Dauerzustand entsteht.

Warmspiel S_w ist das Spiel, das im Ruhezustand in einem Raum erhöhter Temperatur als Folge der Erwärmung von Außen- und Innenteil entsteht.

Kaltspiel S_u ist das Spiel, das im Ruhezustand in einem unter die übliche Temperatur abgekühlten Raum als Folge der Unterkühlung von Außen- und Innenteil entsteht.

Bei Warmspiel und Kaltspiel ist die Temperatur, auf die sich die Zahlenwerte beziehen, anzugeben.

Sowohl das Warmspiel als auch das Kaltspiel kann je nach den Temperaturen, der Wärmeleitfähigkeit und den Ausdehnungsbeiwerten sowie der Einspannung von Außen- und Innenteil kleiner oder größer als das Einbauspiel sein ($S_w \gtrless S_e$; $S_u \gtrless S_e$).

Bezogenes Spiel ψ (psi) ist das Verhältnis des Spieles S zum Nenndurchmesser D:

$$\psi = \frac{S}{D}.$$

Engstspalt E ist die Fugenweite an der engsten Stelle zwischen Welle und Bohrung während ihrer gegenseitigen Bewegung (Abb. 163–3).

Bezogener Engstspalt ε (epsilon) ist das Verhältnis zwischen dem Engstspalt E und seinem theoretischen Größtwert $E_g = \frac{S}{2}$, der bei $M = 0$ vorhanden wäre:

$$\varepsilon = \frac{E}{S/2} = \frac{2E}{S}.$$

Außermittigkeit M ist die Versetzung der Wellenmitte gegenüber der Bohrungsmitte:

$$M = \frac{S}{2} - E.$$

Ihr Größtwert im Ruhezustand beträgt: $M_g = \frac{S}{2}$.

Bezogene Außermittigkeit χ (chi) ist das Verhältnis zwischen der Außermittigkeit M und ihrem theoretischen Größtwert $M_g = \frac{S}{2}$:

$$\chi = \frac{M}{S/2} = \frac{2M}{S}.$$

Beziehung zwischen ε und χ: $\varepsilon + \chi = 1$.

Übermaß U ist der Unterschied zwischen dem Maß des Innenteiles (z. B. der Welle) und dem Maß des Außenteiles (z. B. der Bohrung), wenn vor dem Fügen der Paßteile das Maß des Innenteiles größer ist als das Maß des Außenteiles. Übermaß kann als negatives Spiel angesehen werden: $U = -S$ (Abb. 163–4).

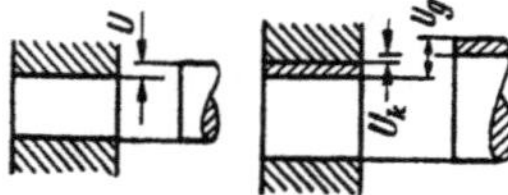

Abb. 163–4. Preßpassung.

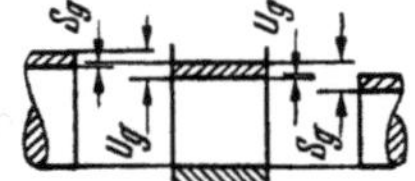

Abb. 163–5. Übergangspassung.

Größtübermaß U_g ist der Unterschied zwischen dem größtzulässigen Maß des Innenteiles und dem kleinstzulässigen Maß des Außenteiles (Abb. 163–4).

Kleinstübermaß U_k ist der Unterschied zwischen dem kleinstzulässigen Maß des Innenteiles und dem größtzulässigen Maß des Außenteiles (Abb. 163–4).

Spielpassung ist eine Passung, bei der stets nach dem Fügen der Teile Spiel vorhanden ist (Abb. 163–2). Passungen mit Kleinstspiel $S_k = 0$ sind einbezogen.

Übergangspassung ist eine Passung, bei der vor dem Fügen der Teile je nach Lage der Istmaße innerhalb des Toleranzfeldes Spiel oder Übermaß vorhanden ist (Abb. 163–5).

Preßpassung ist eine Passung, bei der vor dem Fügen der Teile stets Übermaß, also nach dem Fügen Pressung vorhanden ist (Abb. 163–4). Passungen mit Kleinstübermaß $U_k = 0$ sind einbezogen.

Längspreßpassung ist eine Preßpassung, die durch Zusammenpressen von Welle und Bohrung längs den Mantellinien entsteht.

Querpreßpassung ist eine Preßpassung, die durch loses Zusammenstecken von Welle und Bohrung und a) nachfolgendes Schrumpfen des (vorher erwärmten) Außenteils oder b) nachfolgendes Dehnen des (vorher unterkühlten) Innenteils entsteht.

Schrumpfpassung ist eine Querpreßpassung gemäß a.

Dehnpassung ist eine Querpreßpassung gemäß b.

Es gibt Vereinigungen von Längs- mit Querpreßpassungen sowie von Schrumpfen des Außenteils mit Dehnen des Innenteils.

Preßfuge F [mm²] ist die unter Normalspannung stehende Paßfläche.

$$F = \pi \cdot D_F \cdot l_F$$

Fugendurchmesser $D_F{}^1$ [mm] ist der Durchmesser der Preßfuge (im allgemeinen mit ausreichender Genauigkeit = dem Nenndurchmesser der Passung).

Fugenlänge l_F [mm] ist die Länge der Preßfuge.

Durchmesserverhältnis Q ist das Verhältnis des Innendurchmessers zu dem Außendurchmesser eines Paßteiles,

$$Q = \frac{D_i}{D_a}$$

Bezogenes Übermaß β (beta) ist das Verhältnis des Übermaßes U zum Fugendurchmesser D_F der Passung,

$$\beta = \frac{U}{D_F} \cdot 10^{-3} \quad \left[\frac{\mu}{\text{mm}}\right]$$

Übermaßverlust ΔU [μ] ist die doppelte Summe der Glattungstiefen² von Innen- und Außenteil in der Preßfuge,

$$\Delta U = 2 \cdot (G_I + G_A)$$

Haftmaß Z [μ] ist das um den Übermaßverlust ΔU verringerte rechnerische Übermaß,

$$Z = U - \Delta U = U - 2 \cdot (G_I + G_A)$$

Bezogenes Haftmaß ζ (zeta) ist das Verhältnis des Haftmaßes Z zum Fugendurchmesser der Passung:

$$\zeta = \frac{Z}{D_F} \cdot 10^{-3} \quad \left[\frac{\mu}{\text{mm}}\right]$$

---

[1] Zur Unterscheidung zwischen den Durchmessern und anderen Größen an Außen-, Zwischen- und Innenteil dienen die Zeiger A, M, I. An jedem werden der äußere und der innere Durchmesser durch die Zeiger a und i unterschieden. Beispiel: Innenteil, äußerer Durchmesser: D_{Ia}.

[2] S. DIN 7183 u. Abschn. 165.2.

Verformung e [μ] ist die Änderung eines jeweils anzugebenden Durchmessers eines Paßteiles durch die Pressung.

Pressung p $\left[\dfrac{\text{kg}}{\text{mm}^2}\right]$ ist die Normalspannung in der Preßfuge.

Einpreßkraft P_e [kg] ist die zum Zusammenfugen der Paßteile aufzubringende, in Achsenrichtung wirkende Kraft.

Haftkraft P [kg] ist die Widerstandskraft einer Preßpassung gegen eine näher zu bezeichnende äußere Kraft; folgende Arten von Haftkraften werden unterschieden:

Lösekraft P_l [kg] ist die zum anfanglichen Losen der Preßpassung aufzubringende äußere Kraft.

Längslösekraft P_{ll} [kg] ist die eine Langsverschiebung der Paßteile gegeneinander bewirkende Losekraft.

Umfangslösekraft P_{lu} [kg] ist die eine Verdrehung der Paßteile gegeneinander bewirkende, auf den Fugenhalbmesser bezogene Lösekraft.

Rutschkraft P_r [kg] ist die nach dem ersten Losen der Verbindung das weitere gegenseitige Rutschen der Paßteile erhaltende Kraft.

Längsrutschkraft P_{rl} [kg] ist die eine gegenseitige Langsverschiebung der Paßteile aufrecht erhaltende Rutschkraft.

Umfangsrutschkraft P_{ru} [kg] ist die eine gegenseitige Verdrehung der Paßteile aufrechterhaltende, auf den Fugenhalbmesser bezogene Rutschkraft.

Lösemoment M_{lu} [mmkg] ist das der Umfangslosekraft P_{lu} entsprechende Drehmoment.

Rutschmoment M_{ru} [mmkg] ist das der Umfangsrutschkraft P_{ru} entsprechende Drehmoment.

Haftbeiwert ν (ny) ist das Verhaltnis der Haftkraft zu der errechneten Normalkraft ($p \cdot F$) in der Preßfuge. Entsprechend den verschiedenen Haftkraften werden verschiedene Haftbeiwerte ν_{ll}, ν_{lu}, ν_{rl}, ν_{ru} unterschieden, z. B. $\nu_{rl} = \dfrac{P_{rl}}{p \cdot F}$. Der Haftbeiwert ν_e beim Einpressen bezieht sich auf die größte Einpreßkraft P_{eg}, die am Ende des Einpreßweges auftritt, $\nu_e = \dfrac{P_{eg}}{p \cdot F}$.

Fügetemperatur t [°] ist die zum Zusammenfugen mit dem Gegenpaßteil erforderliche Temperatur eines Paßteiles (t_A, t_I fur Außen- bzw. Innenteil).

(Fuge-) Temperaturunterschied t_u [°] ist der Unterschied zwischen den Temperaturen zweier zusammenzufugender Paßteile unmittelbar vor dem Fugevorgang

$$t_u = t_A - t_I$$

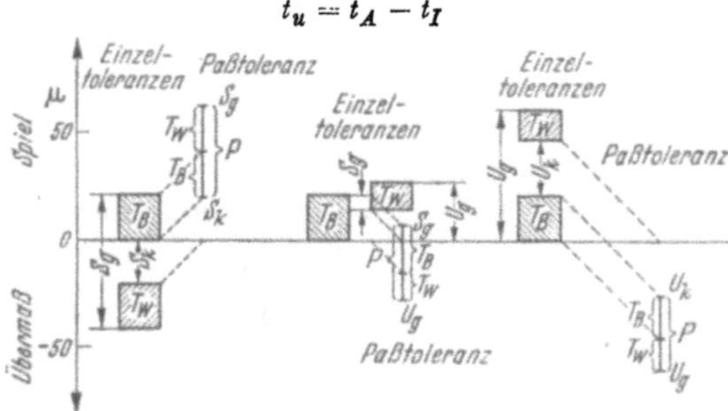

Abb. 163–6. Zeichnerische Ermittlung der Paßtoleranz P aus den Einzeltoleranzen und ihre Darstellung als Paßtoleranzfeld

Paßtoleranz P ist die Toleranz der Passung, nämlich die mögliche Schwankung des Spieles oder des Übermaßes zwischen den zu fugenden Teilen.

$$P = S_g - S_k = S_g + U_g = U_g - U_k$$

Sie ist gleich der Summe der Toleranzen von Innenteil und zugehörigem Außenteil, z. B. bei einer Einfach-Rundpassung $P = T_B + T_W$ (Abb. 163–6).

Paßtoleranzfeld ist in der schaubildlichen Darstellung das Feld zwischen den Linien fur das Größtspiel bzw. Größtubermaß und das Kleinstspiel bzw. Kleinstubermaß. Es gibt sowohl die Größe der Paßtoleranz als auch ihre Lage zur Nullinie an (Abb. 163–6).

Je nach den Anforderungen an eine Passung sind Größe und Lage der Paßtoleranzfelder verschieden. Die Verteilung der Paßtoleranz auf Innen- und Außenteile ist auf die Passung selbst ohne Einfluß; sie richtet sich nach den fur die Paßteile vorgesehenen Fertigungsverfahren.

163.2 Paßsysteme

Nach DIN 7182, Bl. 1, versteht man unter einem *Paßsystem* eine planmäßig aufgebaute Reihe von Passungen mit verschiedenen Spielen und Übermaßen. Die Systematik besteht darin, daß das eine Paßteil fur alle Passungen bei einer Qualitat einheitlich ist, wahrend sich die Passung durch Größe und Lage des Toleranzfeldes des anderen Paßteiles ergibt. Man unterscheidet im wesentlichen die beiden Systeme Einheitsbohrung und Einheitswelle.

Im *Einheitsbohrungssystem* (EB) sind fur alle Passungen die Bohrungen einer Qualitat einheitlich und besitzen das untere Abmaß 0. Die Wellen weichen um die fur die verlangte Passung nötigen Spiele oder Übermaße vom Maß der Bohrung ab (Abb. 163–7 a). Im *Einheitswellensystem* (EW) werden mit einheitlichen Wellen mit dem oberen Abmaß 0 die verschieden großen Bohrungen gepaart (Abb. 163–7 b).

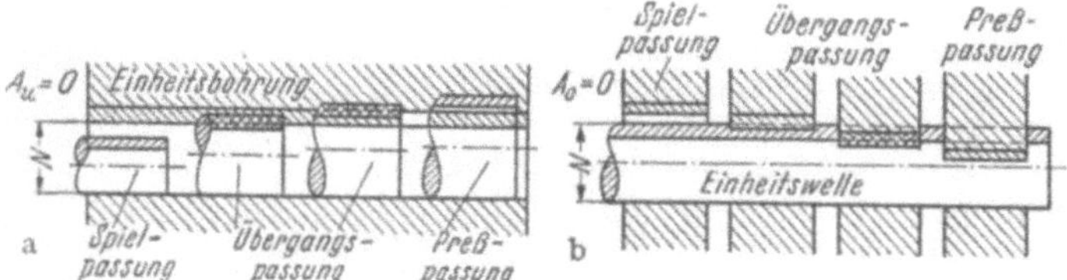

Abb. 163–7. Passungen im System a Einheitsbohrung und b Einheitswelle.

Kleinstmaß der Einheitsbohrung und Großtmaß der Einheitswelle sind gleich dem Nennmaß. Damit wird das obere Abmaß der Einheitsbohrung und das untere Abmaß der Einheitswelle gleich der Bohrungs- bzw. Wellentoleranz.

Passungsfamilie ist eine bestimmte Reihe von Passungen, die im Einheitsbohrungs-System die gleiche Bohrung, z. B. H 7, im Einheitswellen-System die gleiche Welle, z. B. h 6, haben. Nach diesen Bohrungen und Wellen wird die betreffende Passungsfamilie benannt (s. DIN 7150, Bl. 1).

Beide Paßsysteme haben Vor- und Nachteile, keines kann entbehrt werden. Gesichtspunkte für die Wahl des Paßsystems:

a) *Konstruktiv*: Durchmesserabsätze an Wellen lassen sich bei Verwendung von Querpreßpassungen in beiden Paßsystemen vermeiden. (Sie sind aber wegen Festigkeit, Gewicht, Fertigung oder als Anlauffläche manchmal erwunscht.) Bei *Langs*fugung der Teile sind Durchmesserabsätze erforderlich:

bei EB: wenn weite vor engerer Passung liegt (Abb. 163–8): um Beschädigung der Bohrungslauffläche beim Überschieben zu vermeiden; wenn umgekehrt: Schleifabsatz;

bei EW: wenn festere vor weiterer Passung liegt (Abb. 163–8), um die engere Bohrung ohne Beschadigung uberschieben zu können.

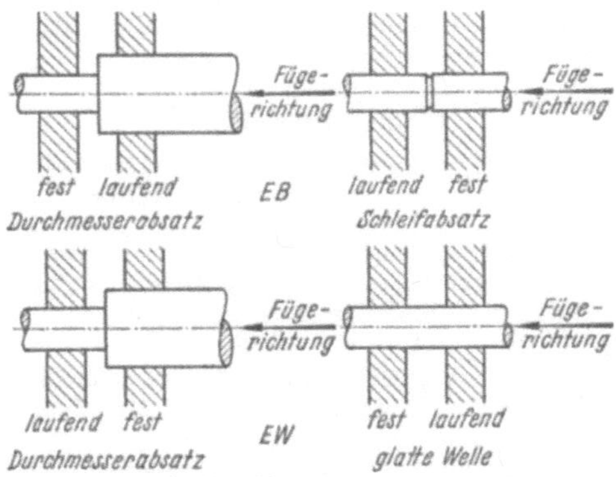

Abb. 163–8. Zum Vergleich von EB und EW.

EW vorzuziehen, wenn glatte Stangen (gezogener Werkstoff) ohne weitere Bearbeitung verwendet werden können (Land-, Textilmaschinenbau, Schaltertechnik u. a.). Unbedingt nötig ist EW im Transmissionsbau, wo quergefügte (geteilte Lager, Riemenscheiben) Spiel-, Übergangs- und Preßpassungen an beliebiger Stelle.

b) *Kosten* für *Beschaffung* und *Instandhaltung* von *Werkzeugen* und *Lehren*.

c) *Werkstoffverbrauch*: beide Systeme praktisch gleichwertig.

d) *Bearbeitungskosten*: Sind glatte, nicht abgesetzte Wellen möglich, dann EW billiger, da weniger Zerspanarbeit oder gezogenes Halbzeug. Bei *Massenfertigung* uberwiegen Bearbeitungskosten gegenuber Anschaffungskosten fur Werkzeuge und Lehren, *also EW* von Vorteil.

Außerdem hat EW bei weiten Spielpassungen fur Bohrungen, EB dagegen fur Wellen gröbere Toleranzen. Da Bohrungen meist schwieriger genau zu fertigen, ergibt sich bei EW leichtere und billigere Herstellung. In der Einzelfertigung treten Bearbeitungskosten gegen Werkzeug- und Lehrenkosten zuruck. EW besonders viel verschiedene Bohrwerkzeuge. Bei *geringen Stückzahlen* verdient *E B* den Vorzug.

e) *Zusammenbau, Instandsetzung*: Da Zusammenbau und Auswechseln abgesetzter Wellen einfacher, ist EB hier von Vorteil.

Eine allgemeine Überlegenheit eines der beiden Paßsysteme besteht nicht, so daß die Wahl je nach den Gegebenheiten des Einzelfalls zu treffen ist. Eine Auswahl von Passungen aus einem der beiden Paßsysteme oder aus beiden zugleich wird als Auswahlsystem bezeichnet (DIN 7182, Bl. 1, DIN 7157).

Freies Auswahlsystem ist ein System, bei dem beliebig ausgewählte Bohrungen mit beliebig ausgewählten Wellen gepaart werden.

Ein Auswahlsystem ist das *Verbundsystem von Gottwein*, das die Vorteile beider Systeme (glatte Wellen der EW bei Spielpassungen und weniger Bohrwerkzeuge und Lehren bei EB) zu vereinen sucht. Fur Preß- und Übergangspassungen EB, für Spielpassungen EW, s. Taf. 14 u. 15.

Anwendung der Paßsysteme:

EB	EW
Feinmechanik	Feinmechanik
Werkzeugmaschinenbau	Werkzeugmaschinenbau (einige Spielpass.)
Kraftfahrbau	Transmissionsbau
Großmaschinenbau	Textilmaschinenbau
Lokomotivbau	Landmaschinenbau
Eisenbahnwagenbau	Elektrischer Apparatebau
Elektromaschinenbau	Elektromaschinenbau.

163.3 Lage der Toleranzfelder, Passungskurzzeichen

Die Lage der Toleranzfelder zur Nullinie wird bei Außenmaßen (Wellen) mit kleinen, bei Innenmaßen (Bohrungen) mit großen Buchstaben gekennzeichnet. Folgende Buchstaben des Alphabets werden benutzt:

Wellen ergeben mit H:

a, b, c, d, e, f, g, h, j, k, m, n, p, r, s, t, u, x, z, za, zb, zc

← —— Spiel-, —— →   ← Übergangs-, →

← —————— Preßpassungen[1] — ⋯ →

Bohrungen ergeben mit h:

A, B, C, D, E, F, G, H, J, K, M, N, P, R, S, T, U, X, Z, ZA, ZB, ZC

← —— Spiel-, —— →   ← Übergangs-, →

← —————— Preßpassungen[1] ——— →

Einige Zeichen des Alphabets fortgelassen, um Verwechslungen mit anderen üblichen Bezeichnungen zu vermeiden.

h bezeichnet eine Welle mit dem oberen Abmaß 0 (Einheitswelle), H eine mit ihrem unteren Abmaß an der Nullinie liegende Bohrung (Einheitsbohrung). Aus Buchstaben und Qualitatszahlen werden die Passungskurzzeichen gebildet, die die Toleranzfelder hinsichtlich Lage und Größe eindeutig festlegen. Bei Angabe einer Passung steht immer das Kurzzeichen der Bohrung vor oder über dem der Welle, z. B. F 7/h 6 oder $\dfrac{\text{F 7}}{\text{h 6}}$.

Benennung der Toleranzfelder nach dem der Nullinie nahergelegenen Abmaß.

---

[1] n, p, N, P geben je nach Qualität Übergangs- oder Preßpassung.

Lage der Toleranzfelder (obere Abmaße der Wellen a bis h, untere Abmaße der Wellen k bis zc) der Wellen des EB-Systems folgt empirischen Formeln, s. DIN 7150, Bl. 1. Gleichbenannte Wellentoleranzfelder eines Nennmaßbereiches haben für alle Qualitäten gleiche Abstände von der Nullinie, ausgenommen die j-Wellen, deren unteres Abmaß nach Erfahrung festgesetzt ist. Bei j 8 bis j 18 liegen die Toleranzen symmetrisch zur Nullinie. Sie sind, wie auch k 8 bis k 11 nicht für Passungen bestimmt.

Die Abmaße der Bohrungen im EW-System sind so gelegt, daß gleichbenannte Passungen in beiden Systemen dieselben Größt- und Kleinstspiele oder Größt- und Kleinstübermaße haben (Abb. 163–9), wobei Bohrungen G bis ZC der 6. und 7. Qualität mit um eine Qualität feineren Wellen g bis zc

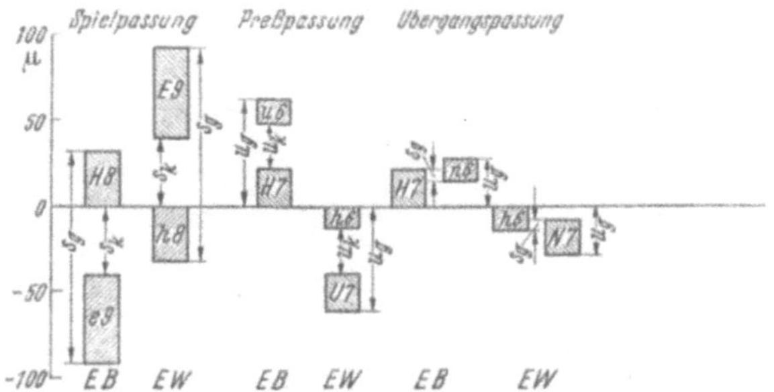

Abb. 163–9. Gleichbenannte Passungen in EB und EW haben gleiche Kleinst- und Großtspiele (S_k, S_g) oder Kleinst- und Größtübermaße (U_k, U_g). Dargestellt für Nennmaß 25 mm.

zu paaren sind, z. B. H 7/p 6 = P 7/h 6, aber z. B. H 8/d 8 = D 8/h 8. Folglich haben nur die Bohrungen A bis H eines Nennmaßbereiches in allen Qualitäten bei gleichen Buchstaben gleiches unteres Abmaß (spiegelbildlich zu den Wellen des EB-Systems). S. DIN 7150 u. DIN 7152, Bildung von Toleranzfeldern.

Auswahl aus der Vielzahl der möglichen Toleranzfelder s. DIN 7153. Die Nennabmaße dieser genormten Toleranzfelder s. DIN 7160, Bl. 1···7, ISA-Passungen, Außenmaße (Wellen) und DIN 7161, Bl. 1···7, ISA-Passungen, Innenmaße (Bohrungen).

Eine engere Auswahl der am häufigsten vorkommenden und bevorzugt anzuwendenden Toleranzfelder und deren Nennmaße bringt DIN 7157, Passungsauswahl (s. Taf. 14 u. 15).

163.4 Passungsarten

Das ISA-Paßsystem enthält 3 Arten von Passungen (Abb. 163–2 und 163–4···7):

Spielpassungen, bei denen nach dem Fügen der Teile stets Spiel vorhanden ist.

Übergangspassungen, bei denen vor dem Fügen der Teile je nach der Lage der Istmaße innerhalb des Toleranzfeldes Spiel oder Übermaß vorhanden ist.

Preßpassungen, bei denen vor dem Fügen der Teile stets Übermaß vorhanden ist.

163.41 Spielpassungen

a) *Passungen* für *genaue Wellenführungen* (H/g und G/h); Spiele wachsen mit $\sqrt[3]{D}$, also nur wenig mit dem Durchmesser;

b) *Passungen* für *Lager höchster Tragfähigkeit* bei *kleinsten Reibungsverlusten* unter Annahme nahezu gleicher Temperatur bei Fertigung und Betrieb, Spiele wachsen mit etwas höherer Potenz von *D;* (H/f, H/e, H/d und F/h, E/h, D/h);

c) *Passungen* für *ruhigen Wellenlauf* und *kleinste Reibungsverluste* bei *schnellaufenden Maschinen* sowie für Fälle, bei denen Rücksicht auf Temperaturunterschiede in Fertigung und Betrieb zu nehmen ist; Spiele wachsen angenähert mit *D;* (H/c, H/b, H/a und C/h, B/h, A/h);

d) *Passungen* für *Verbindungen,* deren Teile nur *selten* oder *nicht* in *ganzen Umdrehungen* laufen (H/h oder die Übergangspassungen H/j und J/h).

e) *Passungen* für *hin- und hergehende Teile* und *Führungen* (je nach Verhältnissen: H/a bis h und A bis H/h).

163.42 Preßpassungen

EB: Wellen r bis zc, EW: Bohrungen R bis ZC[1]. Bohrungen der 6. und 7. Qualität sind mit um eine Qualität feineren Wellen zu paaren, während in den Qualitäten 8 und 11 Bohrungen und Wellen gleicher Qualität zugeordnet sind. Bei den loseren Passungen tritt in gröberen Qualitäten auch Spiel auf, z. B. 20 H 8/p8: Paßtoleranz $\begin{smallmatrix}+11\\-22\end{smallmatrix}$ = Übergangspassung.

Genormte Preßpassungen s. DIN 7153, Empfehlungen s. DIN 7154 u. 7155, Abmaße s. DIN 7160 u. 7161.

Berechnung s. DIN 7190. Beiblatt 1 zu dieser Norm erleichtert das Auffinden der den errechneten Kleinst- und Größtübermaßen entsprechenden genormten Toleranzfelder.

163.43 Übergangspassungen

Paarung von H 6 und H 7 mit den Wellen j, k, m, n sowie von h 5 und h 6 mit den Bohrungen J, K, M, N, wenn Welle um eine Qualität feiner als Bohrung. Dabei ergeben jedoch H 6/n 6 und N 6/h 5 von 3 mm Nennmaß ab kein Spiel mehr. Übergangspassungen sind bedeutungsvoll für Wälzlagereinbau. Festgelegte Toleranzfelder s. DIN 7153, empfohlene Übergangspassungen in DIN 7154, 7155 und Passungsauswahl 7157.

163.44 Große Spiele

Keine Passung im eigentlichen Sinne stellen die großen Spiele nach DIN 170 dar, die außer den Spielpassungen zur Verfügung stehen.

---

[1] Siehe Fußnote Abschn. 163.3.

163.5 Passungsfamilien, empfohlene Passungen, Passungsauswahl

Im ISA-System sind 13653 verschiedene Kombinationen der genormten Toleranzfelder von 111 Bohrungen und 123 Wellen möglich. Aus dieser Vielfalt sind einige Passungsfamilien in DIN 7154 und 7155 empfohlen: Im System EB die Passungsfamilien mit den Bohrungen H6, H7, H8, H11, im System EW die mit Wellen h5, h6, h7, h8/h9, h11.

Eine noch engere, allgemein anwendbare Passungsauswahl bringt DIN 7157 (s Tafel 14 u. 15).

163.6 Paßtoleranz und Paßtoleranzfeld

Begriffe und Formeln s. Abschn. 163.1. Berechnung der Paßtoleranz.

Fehlerfortpflanzung s. Abschn. 133.42.

Beispiel.

Spielpassung 25 H 7/g6

Bohrung: 25^{+21} $\quad S_g = +21 - (-20) = +41\,\mu$ $\qquad T_B = 21\,\mu$

Welle: 25^{-7}_{-20} $\quad S_k = \quad 0 - (-7) = +7\,\mu$ $\qquad T_W = 13\,\mu$

$$P = S_g - S_k \quad = 34\,\mu \qquad T_B + T_W = 34\,\mu$$

Darstellung des Paßtoleranzfeldes s. Abb. 163–6. Lage zur Nullinie (Spiel = 0, Übermaß = 0) ergibt sich aus dem errechneten Größt- und Kleinstspiel oder -Übermaß (= negatives Spiel). Meist ist ein gegebenes Paßtoleranzfeld auf die Paßteile aufzuteilen und deren Einzeltoleranzfelder sind zu ermitteln.

1. Beispiel. Gegeben: Nennmaß 25 mm, EB, $P = \dfrac{+60\,\mu}{+10\,\mu}$ = Spielpassung.

Lösung: (s. Abb. 163–10): In DIN 7160 Wellen suchen mit $A_0 \approx -10\,\mu$. Für Welle f ist $A_0 = -20\,\mu$, für Welle g ist $A_0 = -7\,\mu$, damit verblieben als aufzuteilende Toleranzen 40 bzw. 53 μ. Nach DIN 7151, Taf. 13, kommen in Betracht: Bohrung und Welle mit Qualität $7 = 2 \cdot 21 = 42\,\mu$, oder:

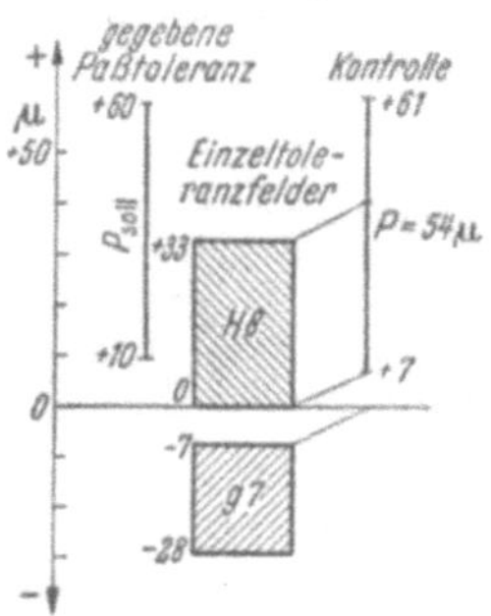

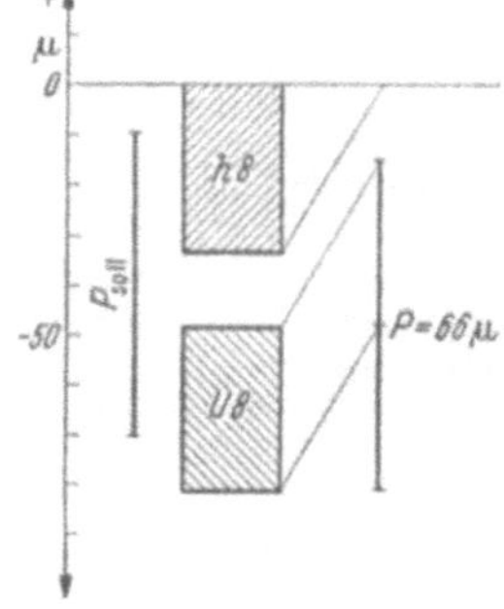

Abb. 163–10. Aufteilung eines vorgegebenen Paßtoleranzfeldes auf zwei Paßteile für Spielpassung (Nennmaß 25 mm).

Abb. 163–11. Aufteilung eines vorgegebenen Paßtoleranzfeldes auf zwei Paßteile für Preßpassung (Nennmaß 25 mm).

Bohrung 8 und Welle $7 = 33 + 21 = 54\,\mu$. Letzteres gewahlt, also $P = 54\,\mu$. Damit Passung: $H\,8/g\,7$ mit $P = {}^{+\ 61\,\mu}_{+\ \ 7\,\mu}$. Graphische Kontrolle wie in Abb. 163–10 rechts.

2. Beispiel. Gegeben: Nennmaß 25 mm, EW, $P = {}^{-\ 10\,\mu}_{-\ 80\,\mu} =$ Preß-passung.

Lösung (Abb. 163–11): $P = U_g - U_k = 70\,\mu$.

In DIN 7151, Grundtoleranzen, gefunden fur Nenndurchmesser 25 mm:

$$\text{Bohrung:} \quad IT\,8 = 33\,\mu$$
$$\text{Welle:} \quad \ \ IT\,8 = 33\,\mu$$
$$\overline{}$$
$$T_B + T_W = 66\,\mu$$

Welle $h\,8$: $A_0 = 0 \quad A_u = -\,33\,\mu$.

$$\begin{aligned}
\text{Daraus:} \quad A_0\,(\text{Bohrung}) &= A_u\,(\text{Welle}) - U_k\\
&= -\,33\,\mu - 10\,\mu = -\,43\,\mu\\
A_u\,(\text{Bohrung}) &= A_0 - IT\,8 = -\,43 - 33\\
&= -\,76\,\mu
\end{aligned}$$

Diesen Abmaßen liegt nach DIN 7161 Bl. 5 am nächsten das Toleranz-feld $U\,8$ $(A_0 = -\,48\,\mu,\ A_u = -\,81\,\mu)$.

Die Passung $U\,8/h\,8$ ergibt $P = {}^{-\ 15\,\mu}_{-\ 81\,\mu}$.

Schaubilder zum Auffinden geeigneter ISA-Preßpassungen s. DIN 7190, Bl. 1.

Berechnung von Passungen, s. Schrifttum.

163.7 Auslesepaarung

Funktionsbedingte sehr enge Paßtoleranzen lassen sich in der Massen-fertigung i. a. nur unwirtschaftlich, manchmal gar nicht einhalten. Abhilfe bringt die Auslesepaarung (s. DIN 7185). Die Paßteile werden mit größerer Toleranz gefertigt und durch Aussuchen oder Sor-tieren werden diejenigen Stucke ermittelt, die miteinander eine Passung innerhalb des gewunschten Paßtoleranzfeldes er-geben. Dazu werden die Gesamttoleranzen von Bohrung und Welle (T_B und T_W) in die gleiche Anzahl n Teiltoleranzen T_t zerlegt und diese einander zugeordnet (Abb. 163–12).

Notwendige Voraussetzung: $T_B = T_W = T = n \cdot T_t$.

Auslese-Paßtoleranz:

$$P_t = \frac{P}{n} = \frac{T_B + T_W}{n} = \frac{2T}{n}.$$

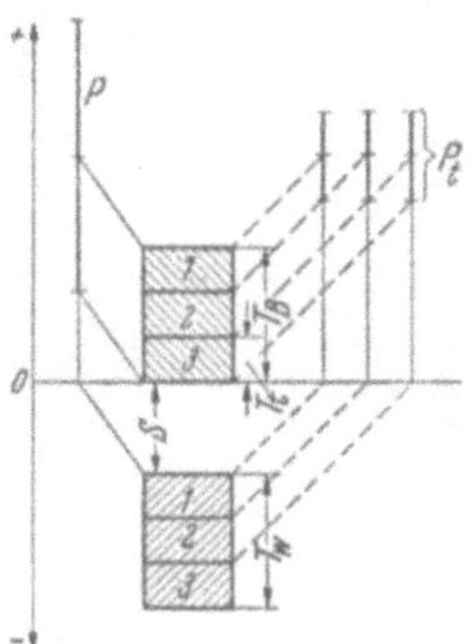

Abb. 163–12. Auslesepaarung bei gleichen Toleranzen fur Welle und Bohrung ($n = 3$).

13 *

Gesamttoleranz: $T = \dfrac{n \cdot P_t}{2} = \dfrac{n}{2}(S_{g_t} - S_{k_t})$.

Teiltoleranz: $T_t = \dfrac{1}{2} P_t \qquad n = \dfrac{2T}{P_t}$.

Die Beziehung $P_t = \dfrac{2T}{n}$ zeigt, wie sich die Paßtoleranzen durch die Gruppenbildung verringern: bei $n = 2$ wird $P_t = T$, bei $n = 4$ ist $P_t = \dfrac{T}{2}$.

Der kleinste Abstand der Werkstücktoleranzfelder:

$$S = S_{k_t} - T \frac{n-1}{n}.$$

Beispiel. Benötigte Paßtoleranz $P_t = 3\,\mu$.

Wirtschaftliche Fertigungstoleranz T sei $8\,\mu$, dann wird

$$n = \frac{2T}{P_t} = \frac{16}{3} = 5\frac{1}{3} \approx 6.$$

Es muß also in 6 Gruppen sortiert werden.

Die Werkstücktoleranz ist dann

$$T = \frac{n}{2} \cdot P_t = \frac{6}{2} \cdot 3 = 9\,\mu.$$

Um Auslesepaarung restlos durchführen zu können, muß die Verteilung der anfallenden Werkstücke über die Toleranzfelder bei Bohrungen und Wellen gleich sein (oft nicht erfüllt). Außerdem müssen die Toleranzen für Innen- und Außenpaßteile gleich groß sein. Selbstverständlich müssen die Formfehler der Werkstücke gegenüber der Teiltoleranz T_t vernachlässigbar klein sein. Das Sortieren muß somit nach dem Taylorschen Grundsatz erfolgen, falls nicht von vornherein Gewähr für genügende Einhaltung der Form gegeben.

Wenn nur für einen Paßteil die Fertigung nach enger Toleranz unwirtschaftlich, so wird dieses allein sortiert und die Gegenstücke in entsprechenden Gruppen (und Stückzahlen) gefertigt.

Auf Zeichnung ist anzugeben, wie die Teile auszulesen und wie sie zu kennzeichnen sind. Kennzeichnung sortierter Paßteile ist unbedingt nötig, um Austauschbarkeit bei Ersatz zu gewährleisten.

164 Kontrolle der Rundpassungen

164.1 Allgemeines

Normallehren sind veraltet, das sind Lehren, die dem Gegenstück entsprechen und nach denen angepaßt wird. Mängel: Verschiedene Passungen (Sitze) sind nur gefühlsmäßig zu erzielen (Lehre soll z. B. leicht, sehr leicht, saugend oder gerade nicht mehr über das Werkstück gehen); da jedes Werkstück der Lehre angepaßt, Fertigung sehr teuer.

Wirtschaftlicher ist, zwei Grenzmaße festzulegen und deren Einhaltung durch Grenzlehren zu prüfen: Grundsätzlich muß dabei Gutseitenlehre auf Paarung, Ausschußlehre die Istmaße aller voneinander unabhängigen Bestimmungsstücke prüfen (Taylorscher Grundsatz s. Abschn. 165.12 und Abschn. 111.22).

Anzeigende Meßgeräte sind nur dann für Passungskontrolle geeignet, wenn ihre Meßstücke dem Taylorschen Grundsatz entsprechen; andernfalls etwaige Formfehler der Prüflinge vorher kontrollieren oder beseitigen. Danach würden zwei Geräte, je eines fur Gut- und Ausschußseite, benötigt, die nach entsprechenden Normalen einzustellen sind. Bei vernachlässigbaren Formfehlern kann Kontrolle mit nur einem Gerät erfolgen. Die den zulässigen Grenzmaßen entsprechenden Anzeigen sind zweckmäßig durch Toleranzmarken zu kennzeichnen. Einstellung durch zwei Normale, wenn die Gerätefehler nicht vernachlässigbar.

Da auf der Gutseite der Taylorsche Grundsatz streng nur mit Lehren zu erfullen ist, sind diese in DIN 7150, Bl. 2 und DIN 7162 zur Kontrolle der Rundpassungen empfohlen.

164.2 Arten der Lehren und ihre Anwendungsbereiche

Lehren sind Meßzeuge, die einen zahlenmäßig festliegenden Wert verkörpern oder auf einen solchen eingestellt, aber während der Messung nicht verstellt werden.

Fur Bohrungen empfiehlt DIN 7150, Bl. 2, auf der

Gutseite:	bis 100 mm $\varnothing$	vollzylindrische Lehrdorne
	100 bis 250 mm $\varnothing$	Flachlehrdorne ⎫ mit großen
	uber 250 mm $\varnothing$	Kugelendmaße ⎰ Meßflächen
Ausschußseite:	bis 100 mm $\varnothing$	Kugelendmaße oder Flach⁻ lehren mit kleinen Meß⁻ flächen (möglichst nicht Lehrdorne)
	uber 100 mm $\varnothing$	Kugelendmaße oder ähnliche Meßzeuge.

Für Wellen:

Gut- und Ausschußseite:

	bis 315 mm $\varnothing$	Rachenlehren[1] (für kleine Durchmesser auch Lehrringe für Gutseite, für dünnwandige Werkstücke Lehrring auf Gut- und Ausschußseite)
	315 bis 500 mm $\varnothing$	Fühlhebel, Meßschraube usw.[2]

Nach dem Verwendungszweck sind zu unterscheiden: Arbeits-, Revisions-, Abnahme- und Prüflehren.

Die in Werkstatt und Revision benutzten *Arbeits-* und *Revisionslehren* sind grundsätzlich gleich. Zur Vermeidung von Streitigkeiten erhält jedoch die Werkstatt die *neuen,* der Revisor *gebrauchte* (etwa $^2/_3$ abgenutzte) Gutlehren.

Für Ausschußkontrolle gibt man aus gleichen Gründen der Revision die größten Bohrungs- und die kleinsten Wellenlehren.

Abnahmelehren, benutzt vom Besteller, sind in den ISA-Passungen nicht vorgesehen. Da jedes Stuck als richtig gilt, das mit innerhalb ihrer Herstellungstoleranz und Abnutzung liegenden Lehren abzunehmen ist, so können — wenn nötig — an den äußersten Grenzen gelegene Arbeitslehren zur Abnahme verwendet werden.

---

[1] Soll bis 500 mm ausgedehnt werden.
[2] Formvollkommenheit der Prüflinge muß gewährleistet sein (s. Abschn. 164.1).

Prüflehren dienen zur Lehrenkontrolle. Während Bohrungslehren zweckmäßig unmittelbar zu messen sind (ISA-Empfehlungen enthalten keine Prüf-Rachenlehren; sind zugelassen, wenn geeignete Meßeinrichtungen fehlen), werden Rachenlehren mit *Meßscheiben* und *-staben* geprüft. Hersteller benötigt solche für Gutseite neu und für Ausschußseite, Benutzer dagegen für Gutseite abgenutzt und Ausschußseite. (Häufig auch Gutseite neu zur Eingangskontrolle.)

164.3 Gebrauch der Lehren

In eine abnahmefähige Bohrung muß sich die dem Kleinstmaß entsprechende Gutlehre zwanglos einführen lassen; Ausschußseite (Größtmaß) darf nur anschnabeln. Bei Wellen gilt sinngemäß das gleiche.

Für Bohrungslehren und Lehrringe genügt diese Vorschrift, während für die als Maßübertragungsmittel wirkenden Rachenlehren besondere Festsetzungen nötig sind.
Rachenlehren sind steife U-Federn, deren Maß von der Aufbiegung durch die auf die Backen während der Messung einwirkende Seitenkraft abhängt. Diese wächst mit der Tangentialkraft (Gebrauchsbelastung) und sinkt mit der Reibungszahl, die wiederum von Schmiermittel, Art der Schmierung (dick, dunn), Feuchtigkeit und Temperatur abhängig ist. Geringe Aufbiegung durch kleine Gebrauchsbelastung und große Reibung, dadurch aber Gefahr der Beschädigung der Meßflächen. In DIN 7180 (entspricht ISA-Definition vom März 1935) ist deshalb das Maß der Rachenlehren wie folgt definiert:

Das Arbeitsmaß einer Rachenlehre ist der Durchmesser derjenigen sachgemäß gereinigten (d. h. mit Vaseline-Fetthauch versehenen und dann sorgfältig abgewischten) Meßscheibe (über 100 mm Durchm.: Meßstab), über die die Rachenlehre durch ihre Gebrauchsbelastung gerade hinübergeht, wenn die senkrecht stehende Rachenlehre beim Anschnabeln in Ruhe gebracht und dann losgelassen wurde. Die Gebrauchsbelastung ist entweder gleich dem Eigengewicht oder einem auf der Lehre angegebenen Gewicht (Entlastung großer Rachenlehren). Die Angriffsstellen der Entlastung sind bei Lehren $>$ 100 mm zu kennzeichnen. Bei der Kontrolle von Werkstücken ist in gleicher Weise zu verfahren, so daß sich Aufbiegung genügend weghebt. Werkstoff und Oberflächenbeschaffenheit haben praktisch keinen Einfluß auf das Arbeitsmaß der Rachenlehre!

Das ebenfalls in DIN 7180 definierte Eigenmaß, das ist das Maß der unbeanspruchten Rachenlehre, hat praktisch keine Bedeutung.

164.4 Herstelltoleranz (Ht) und Abnutzung (Abn) der ISA-Rundpassungslehren
164.41 Lage und Größe

Lehren benötigen — wie jedes Erzeugnis — eine gewisse Herstelltoleranz. Ferner muß für die sich beim Gebrauch fortschreitend abgenutzte Gutseite der Betrag der Abnutzung begrenzt werden, um unzulässige Vergrößerung des Werkstück-Toleranzfeldes zu verhindern.

Die in den ISA-Passungen festgelegten nominellen Grenzmaße sind die endgültigen, ideellen Grenzmaße der Werkstücke und damit grundsätzlich auch die der Fertigung. Danach mußten die durch Herstelltoleranz und Abnutzung gegebenen Grenzen der Lehren mit denen der Werkstücke zusammenfallen, wodurch aber bei feineren Qualitaten das Werkstück-

Toleranzfeld zu stark eingeengt würde. Im ISA-System deshalb erst ab Qualität 9 Ht und Abn auf der Gutseite völlig ins Toleranzfeld hineingerückt; bis Qualitat 8 (einschließlich) darf Abnutzung der Gutseite die Grenzmaße der Werkstucke um die Beträge y (Bohrungslehren) oder y_1 (Wellenlehren) *überschreiten*, s. Taf. 16. Die Beträge, um die die Sollmaße der Gutseite ins Toleranzfeld *eingerückt* sind, werden mit z bzw. z_1 bezeichnet. Zum Sollmaß liegt *Ht* symmetrisch. Auf der Ausschußseite (bis 180 mm Durchm.) ist *Ht* symmetrisch zum Werkstückgrenzmaß gelegt.

Meßunsicherheit, Temperatureinfluß und Verformung der Lehren machen sich bei größeren Durchmessern stärker bemerkbar. Deshalb sind bei Durchmessern über 180 mm die Abnutzungsgrenzen y und y_1 um die Beträge α bzw. α_1 herabgesetzt. Gleichzeitig auch z und z_1 stillschweigend um α α_1 vergrößert. Auf der Ausschußseite ist bei diesen Durchmessern *Ht* ebenfalls um α und α_1 ins Toleranzfeld gerückt.

Lage und Größe des Herstelltoleranzfeldes und der zulässigen Abnutzung der Arbeits- und Prüflehren s. DIN 7162, Sollaßmaße der Lehren s. DIN 7163 und 7164, Bl. 1 bis 7.

Den Qualitaten der Werkstücke sind die Lehrentoleranzen wie folgt zugeordnet:

Qualität des Werkstuckes	5	6	7	8···10	11 u. 12	13···18
Qualität der RL	2	3	3	4	5	7
LD und Fl.		2	3	3	5	7
KEM		2	2	2	4	6
Meßscheibe	1	1	1	2	2	(3)[1]

[1] Pruflehren fur Rachenlehren der Werkstückqualitäten 13···18 werden nicht fur unbedingt erforderlich gehalten.

164.42 Einfluß von Herstelltoleranz und Abnutzung

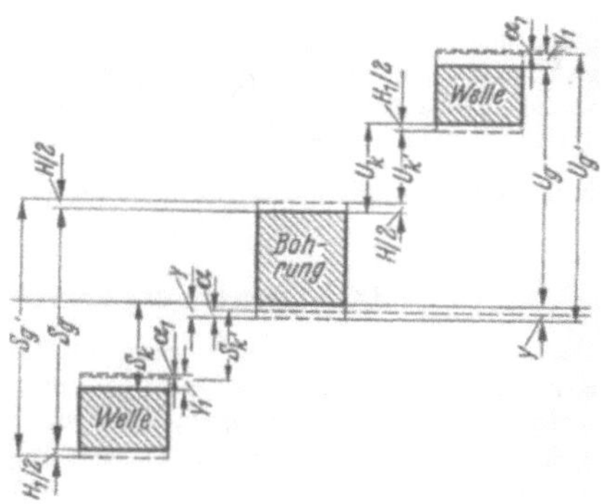

Abb. 164–1. Einfluß von Herstelltoleranz und zulässiger Abnutzung der Lehren auf Größt- und Kleinstspiel sowie Größt- und Kleinstubermaß.

Nominell: unter Berücksichtigung von $y, y_1, H, H_1, \alpha, \alpha_1$:

$\dfrac{S_g}{S_g'}$, Größtspiel

$\dfrac{S_k}{S_k'}$, Kleinstspiel

$\dfrac{U_g}{U_g'}$, Größtubermaß

$\dfrac{U_k}{U_k'}$, Kleinstubermaß

$\dfrac{y}{y_1}$ zulassige Toleranzuberschreitung durch Abnutzung für Bohrungslehre / Wellenlehre

$\dfrac{H}{H_1}$ Herstelltoleranz für Bohrungslehre / Wellenlehre $\dfrac{\alpha}{\alpha_1}$ Sicherheitsbereich fur Bohrungslehre / Wellenlehre .

Abweichungen von den nominellen Spielen und Übermaßen: Kleinstspiele und -übermaße werden kleiner, Größtspiele und -übermaße dagegen größer, s. Abb. 164—1. Sie ergeben sich folgendermaßen:

$$S'_k = S_k - y - y_1 + \alpha + \alpha_1 \qquad U'_g = U_g + y + y_1 - \alpha - \alpha_1$$
$$S'_g = S_g + H/2 + H_1/2 \qquad U'_k = U_k - H/2 - H_1/2$$

Dadurch wird z. B. für 25 H7/f6 das Kleinstspiel um 30% kleiner, das Großtspiel um 7,5% größer. Bei 25 H7/t6 verringert sich U_k um 19% und vergrößert sich U_g um 11%.

Die nominelle Werkstucktoleranz kann sich durch Herstelltoleranz und Abnutzung der Lehren erheblich ändern, besonders bei feinen Qualitäten und kleinen Nennmaßen; so wird beispielsweise bei IT 5 die Toleranz um 60% eingeschränkt und um 40% vergrößert, um 13% bzw. 2% bei IT 12.

164.5 Beschriftung und Kennzeichnung der Lehren

DIN 7181 enthält die für Deutschland gültigen Richtlinien für die Beschriftung und Kennzeichnung der ISA-Arbeitslehren.

Grundanstrich der Rachenlehren und Flachlehrdorne: schwarz; Kennzeichnung der Ausschußseite: bei RL Meßrachen abgeschrägt, rote Farbe im Ausschußrachen; bei Lehrdornen, Flachlehren, Kugelendmaßen: roter Farbring.

Beschriftung: Es ist anzugeben:
Paßmaß, Abmaße in μ, Firma und — wenn nötig — Gebrauchsbelastung (Gbl.);
Paßmaß: bei Rachenlehren auf Mittelschild, bei Bohrungslehren auf Griff,
Abmaße und Firma: bei Rachenlehren auf Meßbacken, bei Bohrungslehren auf Griff.
Gbl.: bei Rachenlehren auf Rückseite, falls nötig.

Reihenfolge der Angaben:
bei Grenzlehrdorn (von Gutseite aus): unteres Abmaß — Paßmaß — Firma — oberes Abmaß;
bei Kugelendmaßen: an einem Ende Paßmaß, darunter Abmaß, am anderen Ende Firma.

164.6 Formabweichungen der Lehren

DIN 7150, Bl. 2, sowie die übrigen für Lehren geltenden Normen enthalten keine Vorschriften für zulässige Formfehler der Lehren. Danach dürften sie — falls keine besonderen Vereinbarungen getroffen — den vollen Betrag der Herstelltoleranz erreichen. Sind Einschränkungen ausnahmsweise nötig, so sind die zulässigen Abweichungen von Rundheit und Zylinderform bei Bohrungslehren und von Parallelität und Ebenheit bei Rachenlehren zahlenmäßig (in μ) oder durch eine Qualität anzugeben, z. B.: „größter

minus kleinster auffindbarer Durchmesser $= \dfrac{IT\,2}{2}$".

164.7 Grenzen des Lehrengebrauches

Wie aus Abschnitt 164.42 hervorgeht, sind Lehren zur Kontrolle sehr enger Werkstucktoleranzen schlecht geeignet. Unterhalb IT 5 benutzt man zweckmäßig anzeigende Meßgeräte, wobei jedoch auf die Formfehler zu achten ist. Man stellt dann auf der Gutseite das Gerät nicht auf das Paarungsmaß, sondern auf den mit den jeweiligen Formfehlern berechneten Istdurchmesser ein, oder verwendet dem Taylorschen Grundsatz angenähert entsprechende Meßstücke.

164.8 Abnahme

Nach DIN 7150, Bl. 2, haben alle Werkstücke als abnahmefähig zu gelten, die mit innerhalb der äußersten zulässigen Grenzen liegenden Lehren abzunehmen sind (ISA-Grundsatz). Diese Grenzen sind für

Bohrungslehren: Gutseite: Sollmaß $- (y - \alpha)$
            Ausschußseite: Sollmaß $+ H/2 - \alpha$,

während sie bei Wellenlehren durch Abnutzungsprüfer und Ausschußmeßscheibe gegeben sind. Danach sind Rachenlehren richtig, deren Gutseite über die größtzulässige Abnutzungsprüflehre nicht und deren Ausschußseite über die kleinstzulässige Prüflehre gerade noch hinübergeht.

Grundsätzlich gilt eine Lehre als richtig, wenn ihre von objektiver Seite ermittelten Maße (Mittel aus mehreren Messungen) innerhalb der zulässigen Grenzen liegen, wobei diese mit eingeschlossen sind. Die im Prüfzeugnis eventuell mit angegebene Meßunsicherheit bleibt dabei außer Betracht.

Einstellbare Lehren und anzeigende Meßgeräte mussen für *Abnahmezwecke* so eingestellt werden, daß keine Werkstücke zuruckgewiesen werden, die den obigen Bedingungen genügen. Dies wird durch Erweitern der Grenzen um die möglichen Meßfehler erreicht. Dadurch werden zwar Überschneidungen zwischen Werksrevision und Abnahme vermieden, aber (sehr seltene) Überschreitungen der äußersten zulässigen Grenzen möglich.

Schrifttum
zu Abschn. 161···164

Berndt, G.: Lehren für Rundpassungen. ATM V 8318–1. 1940.

Berndt, G.: Die Kontrolle der Rundpassungsteile. Maschinenmarkt H. 12. 1944.

Kienzle, O.: Eingegrenzte Werkstückabmessungen. Z. VDI 80 (1936) S. 225.

Leinweber, P.: Toleranzen und Lehren. 5. Aufl. Berlin 1948.

Leinweber, P.: Spielpassungen. Werkstattblatt 192. Hanser-Verlag, München.

Leinweber, P.: Passung und Gestaltung. 2. Aufl. Berlin 1942.

Morgenroth: Bemaßen, Tolerieren und Lehren im Austauschbau. München 1950.

Senner, A.: Die ISA-Passungen in der Berufsausbildung. 5. Aufl. Stuttgart 1949.

Sievritts, A.: Toleranzen und Passungen für Längenmaße (Normenheft 13). Beuth-Vertrieb 1950.

Vogel: Accuracy in Machining — Its Standardization and Cost, Tool Eng. 25 Nr. 5, S. 17; Nr. 6, S 28.

DIN 7150, Bl. 1 und 2.

165 Formabweichungen, Oberflächenfeingestalt

Die Begrenzungsflächen eines vom Gestalter *gedachten* technischen Körpers bilden dessen *geometrische Oberflächen*. Für die Fertigung werden in der Zeichnung durch Eintragen von Maßtoleranzen und Oberflächenzeichen Abweichungen von der geometrischen Oberfläche (*Solloberfläche*) zugelassen. Das fertige Erzeugnis ist als gut anzusprechen, wenn seine *Istoberfläche* sowohl im ganzen betrachtet in ihrer *Grobgestalt* (Formabweichungen) als auch im Ausschnitt betrachtet, hinsichtlich ihrer *Feingestalt* (Oberflächengüte) den Vorschriften der Solloberfläche entspricht. Die Grobgestalt wird von der Makrogeometrie, die Feingestalt von der Mikrogeometrie beschrieben.

165.1 Grobgestalt (makrogeometrische Gestalt)

Grobgestaltsfehler sind z. B. Unebenheit, Unrundheit, Kegelform, Balligkeit usw. Nicht in dieses Gebiet fallen die Lageabweichungen, s. Abschn. 166.

165.11 Abweichungen von der geometrischen Kreiszylinderform

Mögliche Abweichungen:

Schnitt senkrecht zur Achse:

Ellipse
Gleichdick mit Ecken oder abgerundet $\Big\}$ (Abb. 165–1)

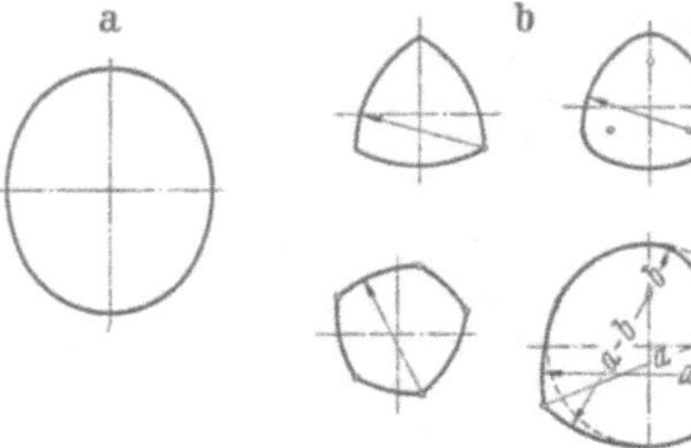

Abb. 165–1.

Achsenschnitt:

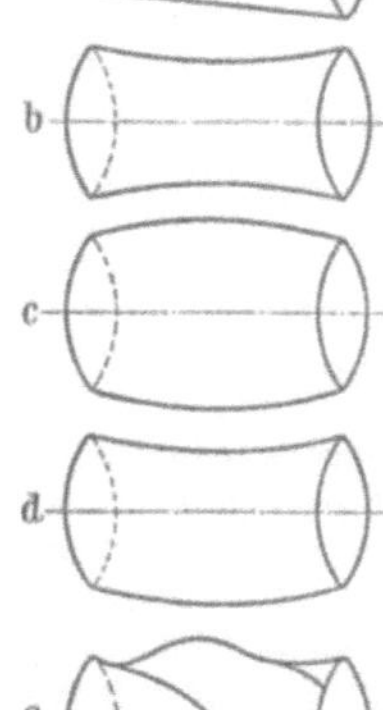

a Kegeligkeit
b Doppelglockenform (Hohlform)
c Tonnenform (Balligkeit) $\Big\}$ (Abb. 165–2)
d Krummheit
e Verwindung

Im allgemeinen treten mehrere dieser Formfehler überlagert auf.

Ursachen können sein für

Ellipse: Lagerluft der Hauptspindel; Inhomogenitat des Werkstoffes; unrunde Form des Rohlings oder vorgearbeiteten Werkstücks. Unwucht des Werkstuckes oder von Teilen der Werkzeugmaschine.

Gleichdick: Falsche Abstützung des Werkstückes bei spitzenlosem Schleifen; tritt auch beim Lappen zwischen ebenen Platten auf.

Kegel (Mantellinie gerade): Werkzeugbahn und Werkstuckachse liegen in einer Ebenc, jedoch unparallel zueinander.

Kegel (Mantellinie gekrümmt): Werkstuck einseitig (Futter) eingespannt; oder Werkzeug-

Abb. 165–2.

bahn und Werkstuckachse windschief zueinander (kurzester Abstand außerhalb des Werkstucks).

Doppelglocke: Werkzeugbahn und Werkstuckachse windschief zueinander (kürzester Abstand liegt innerhalb des Werkstückes). Gekrümmte Fuhrungsbahn.

Tonnenform: Werkstück zwischen Spitzen eingespannt; gekrummte Fuhrungsbahn.

Krummheit: Verzug durch freiwerdende innere Spannungen bei spanloser und spangebender Verformung, bei Wärmebehandlung und Alterung.

Weitere Ursachen: Fuhrungsfehler, elastische Verformung beim Bearbeiten (Verspannen), örtlich verschiedene Wärmedehnung infolge Bearbeitung.

Formabweichungen sind keine *ebenen*, sondern *räumliche* Erscheinungen.

165.12 Auswirkung der Formfehler bei der Kontrolle

Beim Messen eines *hinsichtlich Grob- und Feingestalt ungenauen* Werkstückes wird entweder:

1. eine ausgedehnte Meßflache auf die höchsten Erhebungen der Werkstückoberfläche gelegt, entsprechend der Linie L_h in Abb. 165–12. Der Abstand dieser Meßflache von einer anderen ebenso oder nach 2. oder 3. an das Werkstück gelegten Meßfläche wird als Meßergebnis gewertet.

2. Die Werkstuckflache wird mit einer kleinen Tastkugel oder -spitze nahezu punktförmig angetastet. Der Abstand zu einer zweiten Tastkugel oder zu einer Fläche nach 1. oder 3. gilt als Meßergebnis. Dabei kann die Tastspitze zufällig entweder auf einen Gipfel der grob- und feingestaltig ungenauen Fläche treffen, oder in ein Tal.

3. Durch die rauhe und mit makrogeometrischen Abweichungen behaftete Werkstuckflache wird ausgleichend eine ideal-geometrische Flache gedacht gelegt, etwa entsprechend der Linie L_m in Abb. 165–12. Meßergebnis sinnentsprechend wie bei 1. und 2. Verwirklichung angenähert bei integrierenden Meßverfahren wie pneumatischen und kapazitiven.

Die Kontrolle hat den *Zweck*, die *Funktion* sicherzustellen, d. h. im Falle der Passung Über- und Unterschreitung der vorgeschriebenen Größt- und Kleinstspiele und -übermaße festzustellen. Auf das einzelne Paßteil bezogen, heißt das, daß die Einhaltung der Toleranzgrenzen in einer bestimmten Weise gepruft werden muß.

Dies sei am Beispiel der Rundpassung erlautert.

Abb. 165–3 zeigt eine krumme Welle, die uber die ganze Länge mit Istmaß I zwischen Größt- und Kleinstmaß liegt und trotzdem mit

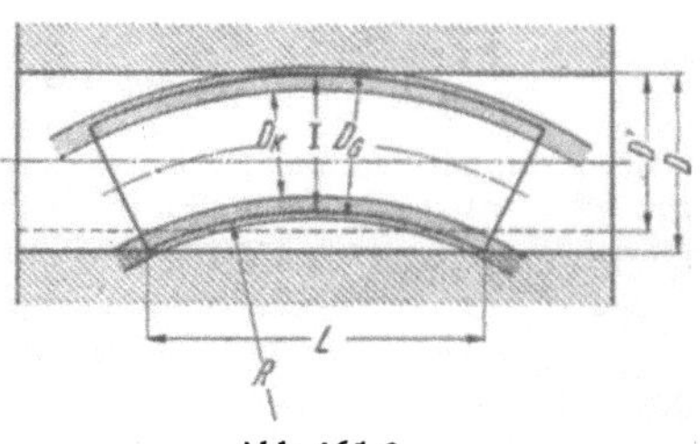

Abb. 165–3.

der Bohrung vom Durchm. D' nicht zwangfrei zu fugen ist. Zwangfreie Fügung ergibt sich erst mit Bohrung vom Durchm. D. Dieser Durchmesser des formvollkommenen Gegenstuckes, mit dem der Prufling gerade noch zu paaren ist, heißt *Paarungsdurchmesser*. Seine Größe hángt außer vom Formfehler der Welle noch von der Länge L der Lagerstelle ab. Er ist z. B. bei krummen Wellen (Krümmungsradius $R \gg L$):

$$D = d + \frac{L^2}{8R}.$$

Um den Verwendungszweck zu sichern, muß gutseitig auf Paarung geprüft werden, s. Abschn. 164. Der *Einfluß der Lehrenlänge* auf Paarungsmöglichkeit zeigt Abb. 165–4. Krumme Welle, die mit Lehrring oder Rachenlehre

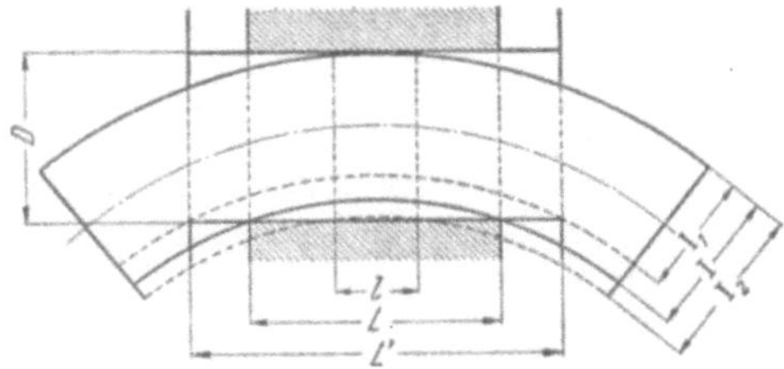

Abb. 165–4.

von der Länge l geprüft wurde, hat den Istdurchmesser I_2 und ist nicht mit Bohrung vom Durchmesser D und Länge L zu paaren. Erst bei Abnahme mit Lehre der Lange L ist Paarungsmöglichkeit gesichert (Wellen-Istdurchmesser I). Hat die Gutlehre eine größere Länge L' als die Lagerstelle L, so muß eine damit abgenommene Welle gleicher Krummung den Istdurchmesser I_1 aufweisen. Es wird also für den Formfehlerausgleich ein größerer Teil des Toleranzraumes beansprucht als bei Lehrenlänge L. Also wirkt zu lange Gutlehre toleranzeinschränkend und ist damit unwirtschaftlich.

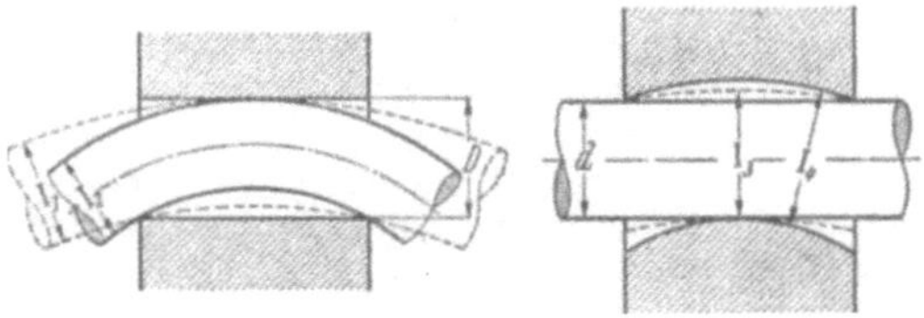

Abb. 165–5.

Kontrolle des Paarungsdurchmessers allein genügt aber nicht. So könnte trotz Paarungsmöglichkeit der Formfehler unzulässig groß sein (Abb. 165–5), wobei Istdurchmesser I_4 entsprechend kleiner bzw. I_3 größer.

Durch Kontrolle dieses *Istdurchmessers* (Ausschußseite) wird erreicht:

1. Feststellung, daß Kleinstmaß Welle nicht unter- und Größtmaß Bohrung nicht überschritten;

2. Beschrankung der Formfehler. (Häufig das Wichtigere.)

Istmaß wird um so genauer erfaßt, je kleiner die Meßflächen der Ausschußmeßzeuge sind.

Diese Erkenntnis zusammengefaßt im *„Taylorschen Grundsatz"*: *Bei der Passungskontrolle muß auf der Gutseite auf Paarung, auf der Ausschußseite dagegen müssen die Istmaße aller voneinander unabhangigen Bestimmungsstücke einzeln geprüft werden.*

Dieser Grundsatz gilt *für alle sich völlig umhüllende Paarungen* von Stück und Gegenstuck (Welle — Bohrung, Schraubenbolzen — Mutter, Flachpassungen), also nicht wenn Stücke derselben Art miteinander gepaart (Zahnrader) werden. Ferner nicht für Formen, bei denen es auf Winkel ankommt, wenn diese besonders toleriert werden mussen, z. B. Kegel. Besteht zwischen mehreren Bestimmungsstücken ein funktioneller Zusammenhang, so ist nur eines zu kontrollieren (z. B. Gewinde-Lehrung: bei Kontrolle des Flankendurchmessers werden auch Steigung und Teilflankenwinkel mit erfaßt).

Die in DIN 7150 für Passungskontrolle empfohlenen Meßzeuge (vgl. Abschn. 164.2) entsprechen nicht alle dem Taylorschen Grundsatz. Aus Tab. 165–1 ist zu ersehen, welche dieser Meßzeuge formfehlerbehaftete Prüflinge sachgemäß abnehmen.

Tabelle 165–1

Wellen Formfehler	Lehrring (LR) Guts.	Lehrring (LR) Aussch.	Rachenlehre (RL) Guts.	Rachenlehre (RL) Aussch.	2-Pkt.-Meßgerät Guts.	2-Pkt.-Meßgerät Aussch.
Ellipse	+	—	(+)[1]	(+)[2]	(+)[1]	(+)[2]
Gleichdick	+	—	—	—	—	—[3]
Kegeligkeit	+	—	+	+	+	+
Doppelglocke	+[4]	—	+[4]	+	—	+
Tonnenform	+	+	+	+	+	+
Krummheit	+[4]	+	+[4]	+	—	+
Verwindung	+	+	—	+	—	+

Bohrungen Formfehler	Lehrdorn (LD) Guts.	Lehrdorn (LD) Aussch.	Flachlehre Guts	Flachlehre Aussch.	Kugelendmaß Guts.	Kugelendmaß Aussch.	2-Pkt.-Meßgerät Guts.	2-Pkt.-Meßgerät Aussch.
Ellipse	+	—	(+)[2]	+[1]	(+)[2]	+[1]	(+)[3]	+
Gleichdick	+	—	—	—	—	—	—	—[3]
Kegeligkeit	+	+	+	+	+	+	+	+
Doppelglocke	+	+	+	+	+	+	+	+
Tonnenform	+	—	+	—	(+)	+	(+)	+
Krummheit	+	+	+	+	—	+	—	+
Verwindung	+	—	—	—	—	+	—	+

\+ sachgemäß.
(+) sachgemäß, falls gewisse Voraussetzungen erfullt.
— unsachgemäß.

[1] Nur, wenn große Achse mit geprüft; [2] nur, wenn kleine Achse mit geprüft; [3] nur 3-Punkt-Meßgerät; [4] wenn Lehrenlänge gleich Lagerlänge.

Danach wird auf der Gutseite der Taylorsche Grundsatz nur streng von LR und LD von der Länge der jeweiligen Prüflinge erfüllt. Kurze LR und LD sowie RL, Flachlehren, Kugelendmaße und 2-Punkt-Meßgeräte nur dann brauchbar, wenn Prüfling vorher auf Formfehler kontrolliert ist oder diese erfahrungsgemäß zu vernachlassigen sind.

Auf Ausschußseite RL mit kurzen Meßflachen, 2-Punkt-Meßgeräte und Kugelendmaße richtig, unbrauchbar dagegen LR und LD, diese aber bei dunnwandigen Prüflingen wegen Verformung.

Bei Gleichdickformen auf der Gutseite nur LR und LD sachgemäß, während auf Ausschußseite alle genannten Meßzeuge versagen. Deshalb

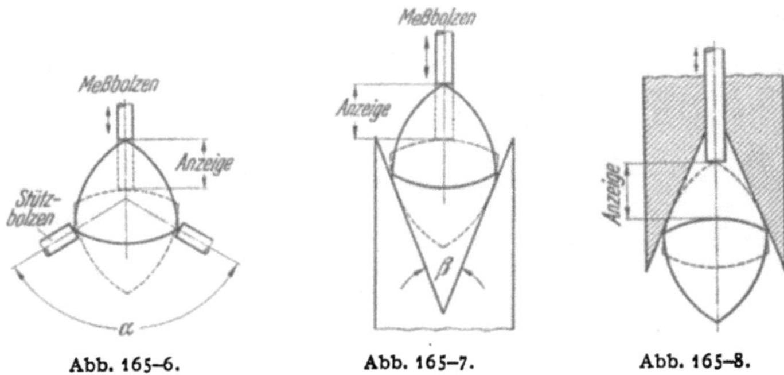

Abb. 165–6.   Abb. 165–7.   Abb. 165–8.

bei Verdacht auf Gleichdick besonders prufen. Dabei Prüfling (Welle) drehen in:

3-Punkt-Fühlhebel, Winkel α zwischen Stützbolzenachsen möglichst groß, Abb. 165–6, oder besser V-Nut, Abb. 165–7, oder Reiter mit Fühlhebel, Abb. 165–8;

Nutenwinkel möglichst spitz, damit Anzeigeänderung des Fühlhebels groß wird (bei Winkel von 60° ist geringe Ellipsenform nicht erkennbar).

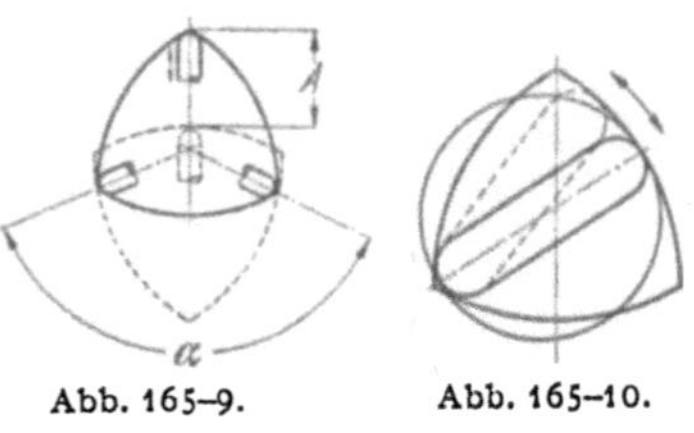

Abb. 165–9.   Abb. 165–10.

Gleichdickbohrungen werden zweckmaßig mit 3-Punkt-Innenfuhlhebel, Abb. 165–9, kontrolliert, dessen Stutzbolzenachsen einen möglichst großen (> 120°) Winkel einschließen sollen; dabei sowohl Ellipsen als auch Gleichdicke angezeigt, aber zahlenmaßig falsch. Fuhlhebel in Bohrung drehen und Anzeigeanderung beobachten. Behelfsmaßig Schwenken eines Stich- oder Kugelendmaßes, einer Flachlehre oder eines 2-Punkt-Fuhlhebels um einen Anlagepunkt in Bohrung, Abb. 165–10; nur möglich in Gleichdick, nicht im Kreis.

165.13 Formtoleranzen, Angabe auf Zeichnungen

Um eine Passung gemäß vorgeschriebenen Toleranzen zu gewahrleisten, müssen Paarungs- und sämtliche Istdurchmesser innerhalb der festgelegten Grenzwerte liegen. Formabweichungen dürfen den vollen Betrag der Maßtoleranz erreichen, wenn nichts Besonderes vereinbart (DIN 7182, Bl. 1). Ist Beschränkung nötig, dann Formtoleranz in μ oder besser ISA-Qualität angeben (DIN 7169, Entwurf). Jedoch allgemeine Angaben wie „kreiszylindrisch innerhalb IT 5" unzweckmaßig. Besser auf Zeichnung Kontrollverfahren, gegebenenfalls mit Sonderlehren, vorschreiben.

Man kann z. B. die gesamte Maßtoleranz halbieren und die Werkstucke mit zwei den beiden Teiltoleranzen entsprechenden Grenzlehren kontrollieren; Gutseite: Lehrringe oder Lehrdorne von der Lange der Paßstelle; Ausschußseite: Rachenlehre oder Kugelendmaß. Dann Formfehler schlimmstenfalls gleich halber Maßtoleranz. Zeichnungsangabe etwa: „zwei gestufte Gutlehrringe 25 lang, zwei gestufte Ausschußrachenlehren". Mehr als zweifache Stufung nur bei größeren Toleranzen möglich, da sonst erforderliche Herstelltoleranz der Lehren zu klein.

Weitere Möglichkeit, Formfehler zu beschränken, besteht darin, den Unterschied zwischen größtem und kleinstem Istmaß zu begrenzen, z. B. „größter — kleinster Istdurchmesser = 16μ" (Messung mit 2-Punkt-Meßgerät). Derartige Vorschriften in DIN 620, Maß-, Form- und Laufgenauigkeit von Walzlagern.

Ist durch Fertigungsverfahren das Auftreten von Gleichdickformen möglich, dann in Zeichnung Kontrolle mit 3-Punkt-Meßgerat und dabei zulässige Toleranz vorschreiben.

Schrifttum

Berndt, G.: Messung von Zylindern in V-Nut und Reiter. Z. Instrkde. Bd. 63 (1943) H. 1, 2, 3. S. 8, 43, 90.
Berndt, G.: Bohrungsmessung mit 2- und 3-Punkt-Geräten. Z. Instrkde. Bd. 61 (1941). S. 14, 37, 69.
Berndt, G.: Messung dreiseitiger Gleichdicke mit spitzen Ecken in V-Nut und Reiter Z. Instrkde. Bd. 63. H. 6, 7, 8 (1943). S. 189, 225, 275.
Berndt, G.: Die Kontrolle der Rundpassungsteile. Masch.-Markt Bd. 12 (1944) S. 4—7.
Leinweber, P.: Passung und Gestaltung. 2. Aufl. Berlin 1942.
Leinweber, P.: ISA-Passungstafel. Gebr. Wichmann u. Beuth-Vertrieb.
Tschirf, L.: Der Einfluß des Formfehlers auf das Meßergebnis. Werkstattstechn. Bd. 35 (1941). H. 15. S. 253.
Tschirf, L.: Formfehler und Formtoleranzen. Feinmech. Präz. Bd. 50 (1942). S. 143.

165.2 Feingestalt (mikrogeometrische Gestalt)

Die *Feingestalt der Istoberfläche*, die haufig eine genau festgelegte Funktion zu erfüllen hat, wird weitgehend durch das Bearbeitungsverfahren bestimmt.

Die Beschreibung der Feingestalt umfaßt die *technologische Kennzeichnung* des durch das Herstellverfahren bedingten *Oberflachencharakters*, die *topographische Kennzeichnung des Oberflachengebirges* und die *Funktionskennzeichnung*.

Obwohl ein allgemeines Bedurfnis nach einheitlicher Kennzeichnung der Oberflächengute besteht, steckt der Ausbau von Richtlinien, Vorschriften und Normen noch in den Anfangsgrunden. Neben einzelnen Werksnormen bestehen in Deutschland zur Zeit folgende Normen:

1. DIN 4760: Technische Oberflächen — Allgemeine Begriffe fur die Oberflächengestalt.

2. DIN 4761: Technische Oberflächen — Begriffe und bildliche Kennzeichnung der Rauheit.

3. DIN 4762: Technische Oberflächen — Bezugssystem und Maße für die Feingestalt.

4. DIN 140 Bl. 1 bis 7: Zeichnungen — Oberflächen — Beschaffenheit, Oberflächenzeichen, Wortangaben, zeichnerische Eintragung der Oberflächenzeichen, Kennzeichnungsbeispiele, Oberflächen für keramische Werkstücke (zur Zeit in Überarbeitung).

In Vorbereitung sind folgende Normblätter (unverbindlich!):

5. Technische Oberflächen — Stufung der Maße für die Rauheit.

6. Technische Oberflächen — Funktionsmäßige Ordnung.

In DIN 4760 werden die allgemeinen Begriffe der Oberflächengestalt erläutert. Bei der Feingestalt ist hiernach zu unterscheiden zwischen:

a) *Wellen*, das sind wiederkehrende Abweichungen von der geometrischen Oberfläche, deren Abstand ein großes Vielfaches ihrer Tiefe beträgt.

Wellen sind u. a. auf Formfehler, außermittige Einspannung, Verkantung oder Schwingungen des Werkzeuges oder auf Ungleichmäßigkeiten des Werkstoffes zurückzuführen. Wellen werden meist an der ungleichmäßigen Reflexion des Lichtes erkannt.

b) *Rauheit*, das sind Erhebungen und Vertiefungen der Istoberfläche, deren Abstand im Verhältnis zu ihrer Höhe klein ist.

Die Rauheit wird beeinflußt von der Form und dem Zustand der Werkzeugschneide, vom Vorschub und der Zustellung des Werkzeuges, von einer etwa vorhandenen Aufbauschneide, von der Art der Spanbildung (Reißspan, Fließspan), ferner durch chemische, elektrolytische u. v. a. Vorgänge.

Die Begriffe zur technologischen Kennzeichnung der Rauheit, wie sie sich beim Betrachten darstellt, sind in DIN 4761 festgelegt.

Ein *narbiger Oberflächencharakter* liegt bei einer mehr oder weniger gleichmäßigen Verteilung von *Mulden, Poren, Kuppen* oder *Schuppen* vor, z. B. im Sandstrahl behandelte Flächen. Ein *rilliger Oberflächencharakter* zeigt einen bevorzugten Richtungsverlauf der sich zwangsläufig ergebenden Bearbeitungsspuren (*Rillen*), z. B. gehobelte Flächen. Als *Riefen* werden nur die zufälligen grabenförmigen Bearbeitungsspuren längs oder quer zu den Rillen bezeichnet. Der *Rillenverlauf* kann gleichmäßig fortschreiten (z. B. bei Drehrillen) oder stellenweise aussetzen (z. B. bei Schleifrillen). Das Bild einer Rillenschar beim Betrachten in Richtung des Schneidenwegs heißt *Querrauheit*, Abb. 165-11, Linie AD bzw. BC, das Bild der Rille beim Betrachten senkrecht zum Schneidenweg *Längsrauheit*, Linie AB bzw. CD.

Zu den *Beschädigungen* der Oberfläche gehören *Kratzer, Risse* und (muldenähnliche) *Dellen*.

In DIN 4761 ist auch die normenmäßige Kurzbezeichnung für den Oberflächencharakter und für die Profilformen festgelegt.

Der Verwendungszweck eines Werkstückes bestimmt die Grenzen, in denen sich die zulässige Rauheit zu halten hat. Die Prüfung durch das unbewaffnete Auge oder den Tastsinn allein reicht zur einwandfreien Beurteilung nicht aus, weil „gefühlsmäßig" als gleichwertig erachtete Oberflächen doch sehr verschieden sein können. Diese Unterschiede erklären sich aus dem mikrogeometrischen Formverlauf, der in hohem Grade vom Herstellverfahren und den dabei auftretenden Erscheinungen abhängt. Da die Eignung technischer Oberflächen für bestimmte Funktionen von ganz bestimmten mikrogeometrischen Kenngrößen beeinflußt wird, ist die Kenntnis gewisser topographischer Begriffe unerläßlich. Diese sind in DIN 4762 festgelegt.

In Abb. 165–11 ist ein rechtkantiger Ausschnitt aus einem technischen Körper dargestellt. Jeder Punkt der Istoberfläche weicht mehr oder weniger von der geometrischen Oberfläche — hier einer Ebene — ab. Die senkrechten Begrenzungsebenen dieses *Flächenausschnittes* bilden ebenso wie jede andere,

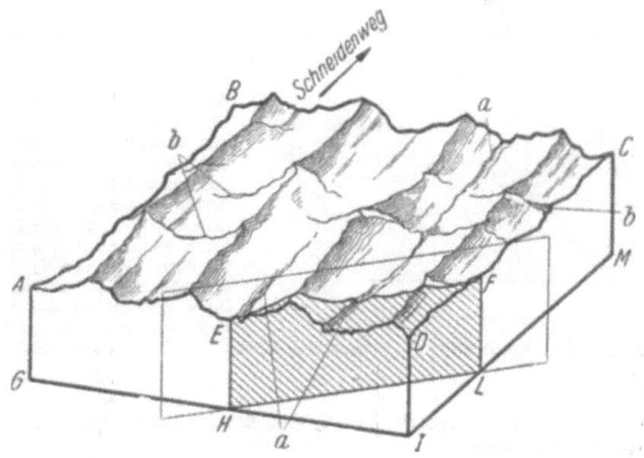

Abb. 165–11. Flächenausschnitt aus einer rilligen Oberfläche. Beim Betrachten der Rillenschar in Richtung des Schneidenwegs ergibt sich die *Querrauheit* (*AD* bzw. *BC*); beim Betrachten der Rille senkrecht zur Richtung des Schneidenwegs ergibt sich die *Langsrauheit* (*AB* bzw. *CD*).

a = Langsriefen, b = Querriefen. Fläche *ABCD* = Bezugsbereich B_b. Die Flächen *ADIG*, *EFLH* und *DCMI* stellen Profilausschnitte dar.

durch die Istoberfläche gelegte Ebene (z. B. Schnitt *EF*) *Profilausschnitte,* die in verschiedenen Richtungen durchaus verschieden aussehende Profile liefern können. Die Beurteilung der Rauheit einer technischen Oberfläche nach einem einzigen Profilausschnitt gibt daher oft ein unsicheres Ergebnis. Trotzdem werden in der Praxis die Rauheitsangaben auf den Profilausschnitt bezogen, weil Profile leichter als Flächen auszumessen sind. Profilmaße werden auf eine bestimmte Bezugsstrecke, Flächenmaße auf eine Bezugsfläche bestimmter Größe bezogen.

Die *Bezugsstrecke* S_b soll so groß gewählt werden, daß die charakteristische Form der Rauheit noch deutlich erkennbar ist. Das gleiche gilt hinsichtlich der Größe des *Bezugsbereiches* B_b, wenn die Messung an Hand eines Flächenausschnittes erfolgt. Für die Messung der Wellen ist die Wellen-Bezugsstrecke S_b' bzw. der Wellen-Bezugsbereich B_b' je nach Größe der Wellen entsprechend größer, aber mindestens so groß zu wählen, daß wenigstens zwei bis drei Wellen erfaßt werden.

Nachstehend sind die in DIN 4762 festgelegten Begriffe für das Bezugssystem und die wichtigsten, zur topographischen Beschreibung der Feingestalt notwendigen Oberflächenmaße an Hand eines Profilausschnittes,

Abb. 165–12, erlautert. (Fur den Flachenausschnitt sind sinngemaß gewahlte Begriffe festgelegt.)

Mittlere Linie L_m: die innerhalb der Bezugsstrecke S_b so gelegte Gerade, daß die Summe der werkstofferfüllten Flächen ($F_1, F_2, \ldots F_4$) uber ihr und die Summe der werkstofffreien Flachen ($F_1', F_2', \ldots F_4'$) unter ihr gleich und ein Minimum sind. Durch die mittlere Linie ist die Lage des Bezugssystems gegeben.

Hullinie L_h: die durch den in bezug auf die mittlere Linie höchsten Punkt (H)[1] des Profilausschnittes innerhalb der Bezugsstrecke abstands-

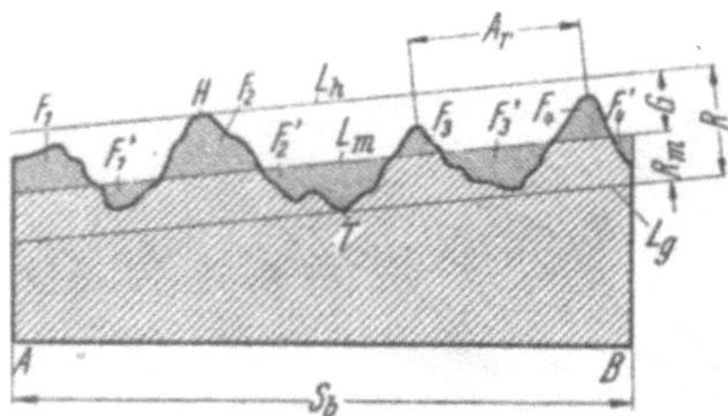

Abb. 165–12. Darstellung eines Profilausschnittes, Errichtung des Bezugssystems und Ermittlung der Oberflächenmaße. S_b = Bezugsstrecke; L_m = mittlere Linie (so gelegt, daß $\Sigma F_i = \Sigma F_i'$ und ein Minimum); L_h = Hulllinie, parallel zu L_m durch den hochsten Punkt (H) des Profilausschnittes gelegt; L_g = Grundlinie, parallel zu L_m durch den tiefsten Punkt (T) des Profilausschnittes gelegt. R = Rauhtiefe; R_m = mittlere Rauhtiefe, G = Glattungstiefe, A_r = Rillenabstand.

gleich zur mittleren Linie gelegte Linie. Von der Hullinie ausgehend wird die Feingestalt maßlich erfaßt.

Grundlinie L_g: die durch den in bezug auf die mittlere Linie tiefsten Punkt (T)[1] des Profilausschnittes innerhalb der Bezugsstrecke abstandsgleich zur mittleren Linie gelegte Linie.

Rauhtiefe R (in μ): der Abstand der Grundlinie L_g von der Hüllinie L_h.
Die Rauhtiefe R ist das wichtigste Oberflächenmaß. Fur die Zuordnung der Rauhtiefenbereiche zu den Oberflächenzeichen nach DIN 140 ist eine Stufung nach Tab 165–2 geplant.

Mittlere Rauhtiefe R_m (in μ): der Abstand der mittleren Linie L_m von der Grundlinie L_g.

Glattungstiefe G (in μ): der Abstand der mittleren Linie L_m von der Hullinie L_h. $G = R - R_m$.
Die Glattungstiefe ist als das Maß anzusehen, um das sich die Hullinie bei vollständiger Einebnung der Oberfläche verschieben wurde. Sie tritt beim Glattwalzen oder bei Langspreßpassungen in Erscheinung.

Volligkeitsgrad k: das Verhaltnis der mittleren Rauhtiefe R_m zur Rauhtiefe R. $k = R_m R$ $(\lessgtr 1)$.
Der Volligkeitsgrad gibt an, bis zu welchem Grade die Flache zwischen Hullinie und Grundlinie vom Profilausschnitt ausgefullt ist.

Rillenabstand A_r (in μ oder mm): der mittlere Abstand der Rillenkamme innerhalb der Bezugsstrecke.
Der Rauhtiefe R und dem Rillenabstand A_r bei der Maßangabe fur die Rauheit entsprechen bei Maßangaben fur die Wellen die *Wellentiefe* W (in μ) und der *Wellenabstand* A_w (in μ oder mm).

---

[1] Einzelne, offensichtlich herausfallende Punkte („*Ausreißer*") bleiben unberucksichtigt.

Tabelle 165–2.

Geplante Stufung der Rauhtiefenwerte in μ (unverbindlich!)

				(0,06)
0,1	0,16	0,25	0,4	0,6
1	1,6	2,5	4	6,3
10	16	25	40	63
100	160	250	400	630
(1000)				

Ferner sind folgende, auf den *Flächenausschnitt* bezogene Begriffe wichtig:

Tragende Flache F_t (in mm²): die Summe der Flachenstucke der Ist-oberfläche, die einen Flachenausschnitt aus der geometrischen Oberfläche eines Gegenkörpers innerhalb des Bezugsbereiches berühren, wenn dieser mit p kg/mm² angedruckt wird. Bei einem Prufstuck, dessen Werkstoff den Elastizitatsmodul E_x [kg/mm²] besitzt, betragt der Anpreßdruck $p = 0,01\,E_x/22\,000$ kg/mm² (bei Stahl ist daher $p = 0,01$ kg/mm²).

Traganteil t_a (in %): das Verhältnis der tragenden Flache zum Bezugsbereich. $t_a = 100\,F_t/B_b\%$. Der Traganteil ist in vielen Fallen für die Beurteilung der funktionsmaßigen Eignung technischer Oberflächen wichtig, z. B. bei Lagerschalen.

Abb. 165–13. Ermittlung der statistischen Maße R_a (arith-metischer) und R_s (quadra-tischer Mittenrauhwert). Die bei a) unterhalb L_m liegenden (ge-schrafften) Flachenstucke sind bei b) nach oben geklappt. Die Flache des Rechtecks $ABDC$ mit der Hohe R_a ist gleich der zwischen L_m und der neuen Profilkurve liegenden Flache. Bei c) sind als Ordinaten nicht wie bei b) die Werte $|y|$, sondern die Werte y^2 aufgetragen. Die Flache des Rechteckes $ABD'C'$, dessen Hohe R_s^2 ist, ist wieder-um gleich der zwischen Profil-kurve und L_m liegenden Flache.

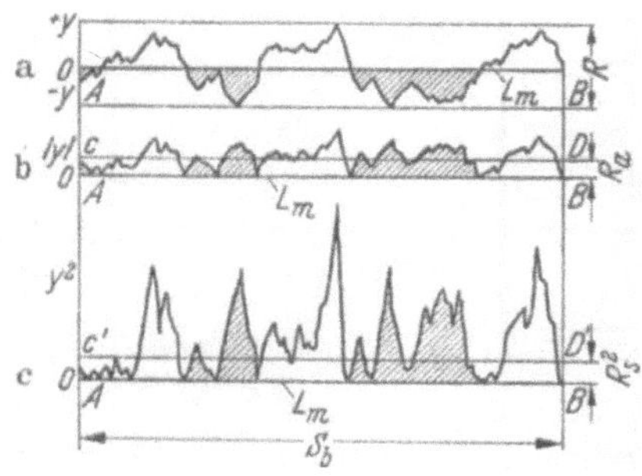

Statistische Maßzahlen. *Arithmetischer Mittenrauhwert* R_a (engl. „CLA = centre line average") (s. Abb. 165–13): das arithmetische Mittel aus der Gesamtheit aller (absolut genommenen) Abweichungen $|y|$ des Profils von der mittleren Linie, also

$$R_a = \frac{1}{S_b}\int_A^B |y|\,dx$$

R_a ist somit gleich der Hohe eines Rechteckes, das die Bezugsstrecke als Basis hat und dessen Flache gleich der Summe aller Flachenabschnitte ist, die von der mittleren Linie und der Profilkurve eingeschlossen werden.

Quadratischer Mittenrauhwert R_s (amerik. „RMS = root mean square (deviation)"): die mittlere quadratische Abweichung des Profils von der mittleren Linie, also

$$R_s = \sqrt{\frac{1}{S_b} \int_A^B y^2\,dx}$$

R_a wird in England, R_s in USA bevorzugt. Internationale Bestrebungen, R_a als allgemein benutztes Oberflachenmaß einzuführen.

Obwohl durch die Rauhtiefe allein Oberflächenfeingestalt und -charakter nicht ausreichend beschrieben werden, begnugt man sich zur *Kennzeichnung der Oberflächengüte* in Zeichnungen meist mit der Angabe der Rauhtiefe. Im

Tabelle 165–3.

Kennzeichnung des Bearbeitungsgrades durch Oberflächenzeichen

(gemäß dem Neuentwurf DIN 140)

| Ober-flächen-zeichen | Bedeutung | | Beispiele für anwendbare Herstellverfahren | | |
	quantitativ. Rauhtiefe in μ	qualitativ:	Urform-verfahren	Umform-verfahren	Abspan-verfahren
ohne Zeichen	beliebig	Oberflächen, an die keine bestimmten Anforderungen gestellt werden			
	beliebig	Oberflächen, an die nur die Forderung größerer Gleichmäßigkeit und besseren Aussehens gestellt wird	Sandguß	Freiformschmieden	Vorschruppen
	unter 160		Kokillenguß	Gesenkschmieden	Sandstrahlen (grob) Schruppen
	unter 25	Oberflächen mit einer Feingestalt, die die zugelassene größte Rauhtiefe nicht uberschreitet	Druckguß	Genauschmieden Warmwalzen	Sandstrahlen (fein) Schlichten
	unter 4		Kunstharzpressen	Kaltwalzen Drahtziehen	Feinschlichten Schleifen
	unter 1			Glattwalzen	Läppen Ziehschleifen Polieren

Neuentwurf DIN 140 ist geplant, den Bearbeitungsgrad einer technischen Oberfläche wie bisher durch *Oberflächenzeichen* zu kennzeichnen; jeder Dreieckskombination wird aber ein bestimmter Rauhtiefenbereich zugeordnet. So soll z. B. künftighin das Oberflächenzeichen ∇∇ vorschreiben, daß die Rauhtiefe der Oberfläche zwischen den Grenzen 4 und 25 μ liegen soll. Darf für Sonderzwecke nur ein Teil des einem Oberflachenzeichen zugeordneten Rauhtiefenbereiches ausgenutzt werden, so sind dem Oberflächenzeichen entsprechende Zahlenangaben hinzuzufugen (naheres liegt noch nicht fest).

In Tab. 165–3 sind die Oberflachenzeichen nebst ihrer quantitativen und qualitativen Bedeutung zusammengestellt, wie sie in der künftigen Neuausgabe von DIN 140 festgelegt sein dürften. Die Tabelle enthält ferner Beispiele für Urform-, Umform- und Abspanverfahren, die die Erzielung von Oberflächengüten gemäß den Oberflächenzeichen ermöglichen.

Genügt die Angabe eines Oberflachenzeichens nicht, um den notwendigen *Oberflächencharakter* zu kennzeichnen, so ist auf die erforderliche *Sonderbear-*

Abb. 165–14 a. Kennzeichnung einer Oberfläche, bei der der gewunschte Oberflächencharakter durch eine Sonderbearbeitung (Lappen) erreicht werden soll, durch Oberflachenzeichen und Wortangabe.

Abb. 165–14 b. Kennzeichnung einer Oberfläche durch Bezugshaken und Wortangabe bei Sonderbehandlung.

beitung (z. B. Lappen, Schaben, Ziehschleifen usw.) oder *Sonderbehandlung* (z. B. Vernickeln, Streichen, Ätzen usw.) durch zusätzliche Wortangaben hinzuweisen, Abb. 165–14.

Schrifttum

Dreyhaupt: Rauhigkeit, Völligkeit und Traganteil. Werkst.-Techn. Bd. 35 (1941), Nr. 14, S. 237/41.
Kienzle: Zur Frage der Oberflächenrauhigkeit. Werkst.-Techn. Bd. 33 (1939), Nr. 24, S. 565/66.
Perthen: Prüfen und Messen der Oberflächengestalt. Munchen: Hanser 1949.
Schlesinger: Messung der Oberflächengüte. Ihre praktische Anwendung auf die Funktion zusammenarbeitender Teile. Berlin/Göttingen/Heidelberg: Springer 1951.
Schmaltz: Technische Oberflächenkunde. Berlin: Springer 1936.
Schmaltz: Oberflächenbeschaffenheit und Passungen. Werkst.-Techn. Bd. 30 (1936), Nr. 1, S. 1/7.
v. Weingraber: Zur Normung der Oberflächengute. Technik Bd. 3 (1948), Nr. 10, S. 417/23.

166 Lageabweichungen und -toleranzen

166.1 Begriffe und Arten

Unter der Lage einer Werkstückfläche versteht man ihre räumliche Anordnung zu einer anderen Fläche des gleichen Werkstückes oder der Zusammenbaugruppe. Diese raumliche Anordnung kann durch Längen- und Winkelmaße und -toleranzen festgelegt werden.

An die Stelle einzelner zusammenhängender Flächen können auch unterbrochene oder paarweise zusammengehörige Flächen treten. Beispiel: Auf einem Teil ihrer Lange freigearbeitete Bohrung; Flachpassung.

Lageabweichungen sind dementsprechend Abweichungen von der durch Maßzahlen vorgeschriebenen raumlichen Anordnung zweier Flächen zueinander.

Lagetoleranzen sind zahlenmaßig angegebene Grenzen fur zulassige Lageabweichungen.

Hinsichtlich der *Flächenart* können sich Lagetoleranzen beziehen auf:
ebene Flächen,
zylindrische Flachen (Welle oder Bohrung),
kegelige Flachen (Schaft oder Hulse),
kugelige Flachen,
andere Rotationsflachen, z. B. halbkreisförmige Nuten in Wellen (Schmiernuten);
schraubenförmig verlaufende Flachen (z. B. Gewinde, identisches Gewinde = Meßpunktgewinde);
Flachen, die man dadurch entstanden denken kann, daß eine gerade Erzeugende (senkrecht zu ihrer Richtung) eine gekrummte Bahn durchlauft (z. B. Evolventen- oder Zykloidenstirnrader, Nocken, Daumen, K-Profil);
nach anderen Kurven verlaufende Flachen mit gekrummter Erzeugender (z. B. Schneckenradverzahnung, Globoidschnecke);
unregelmaßig verlaufende Flachen (z. B. Steuerkurvenkorper).

Hinsichtlich der Art des Maßes können Lagetoleranzen betreffen:
Abstand von Flächen;
Abstand von Mittellinien von Umdrehungs- oder Schraubenflachen;
Mittigkeit (konzentrische Lage, Fluchten) von Umdrehungs- oder Schraubenflächen (Abstand: Nennmaß = 0; Winkel: Nennmaß = 0°);
Symmetrie (Mittigkeit) von anderen als Umdrehungsflachen;
Parallelitat (Winkel = 0°);
Rechtwinkligkeit (Winkel = 90°);
andere Winkelstellung.

Lageabweichungen können gemessen und Lagetoleranzen konnen vorgeschrieben werden fur die räumliche Anordnung verschiedenartiger Flachen der vorstehenden Aufzahlungen zueinander.

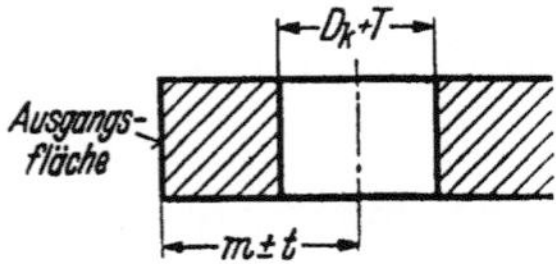

Abb. 166–1.
Abstand einer Bohrung von einer ebenen Fläche, Bemaßung und Tolerierung.
D_k = Kleinstmaß der Bohrung, T = Toleranz der Bohrung, m = Mittenabstandsmaß, t = halbe Toleranz des Mittenabstandes.

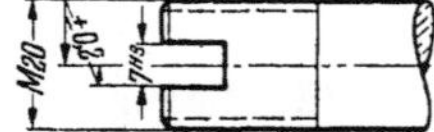

Abb. 166–2. Toleranz für die Mittigkeit einer Nut zu einem Gewinde. Die Abmaße ± 0,2 an dem Blitzpfeil geben an, daß die Nut 7 H 8 um 0,2 mm nach oben oder unten von der Mitte des Gewindes (Mittellinie zum Flankendurchmesser) abweichen darf.

Beispiele. Abstand einer Bohrung von einer Ebene (Abb. 166–1), Mittigkeit einer parallelflächigen Nut zu einem Gewinde (Abb. 166–2).

166.2 Verfahren

Die Maß- und Formabweichungen der zueinander in eine Lagebeziehung gesetzten Flächen selbst sind von den Lageabweichungen theoretisch unabhängig. Sehr oft können aber die drei Arten der Abweichungen (Maß, Form, Lage) *meßtechnisch nicht voneinander getrennt* werden, so daß z. B. Formabweichungen in die gemessenen oder geprüften Lageabweichungen *mit eingehen.*

Um Lageabweichungen zu kontrollieren, mussen die betreffenden Werkstuckflächen meßtechnisch irgendwie erfaßt werden. Dies kann nach Abschn. 165.12 geschehen:

1. durch eine Hüllfläche entsprechend L_h in Abb. 165–12;

2. durch Beruhren mit einer Tastspitze;

3. durch eine mittlere Fläche entsprechend L_m in Abb. 165–12.

Bei Lageabweichungen kommt hinzu:

4. Eine Hilfsbezugsfläche oder eine Mittellinie wird fur die Messung benutzt. Eine solche Mittellinie kann z. B. durch die Verbindungslinie zweier Körnerspitzen oder Zentrierbohrungen gegeben sein.

Wenn Lagetoleranzen vorgeschrieben werden, sind nach Vorstehendem oft Angaben über das gewünschte Meßverfahren unerläßlich. Dieses soll sowohl einfach sein als auch die Funktion des Werkstückes berucksichtigen.

Ferner ist zu beachten, daß oft die Bauteile durch die *Betriebsbelastung* elastische Formänderungen erfahren und dadurch *zusatzliche Lageabweichungen* hervorgerufen werden.

Beispiel. Genauigkeit einer Werkzeugmaschine beim Schlichten.

Anmerkungen zu 1: Hierbei gehen die mikro- und makrogeometrischen Abweichungen der Fläche nicht in das Meßergebnis ein, wohl aber *Maßabweichungen.*
Dies sei am Beispiel einer Sonderlehrenkonstruktion nach Abb. 54–8 und 54–9 erläutert. Dabei erhält der Meßzapfen oder Hilfsdorn das kleinste nach der Toleranzangabe zulässige Maß D_k, vermindert um die gesamte Abstandstoleranz $2t$, also $D_k - 2t$, damit eine Bohrung, die gerade das Kleinstmaß D_k hat, um den Zapfen herum um $\pm t$ abweichen kann, ohne noch anzustoßen. Ist die Bohrung aber größer als das fur die Berechnung des Lehrenzapfens zugrunde gelegte Kleinstmaß, so hat sie mehr „Spielraum" um den Meßzapfen herum, ihre Mitte kann also *mehr* abweichen als $\pm t$.
(Da in Abb. 54–8 und 54–9 der Meßzapfen oder Hilfsdorn *kleiner* ist als D_k, muß das *Gutmaß* der Bohrung *besonders* gelehrt werden. Geschieht dies nicht, so könnte die Bohrungstoleranz *unterschritten* sein; durch die Anwendung der Lehre wird dann die Mittentoleranz $\pm t$ eingeengt. Umgekehrt ist bei Überschreitung des Ausschußmaßes $[D_k + T]$ eine *weitere* Überschreitung der Nenntoleranz $\pm t$ moglich. Folglich muß die Bohrung auch auf Ausschuß gepruft werden.)
Somit kann bei dieser Art der Lehrung die Nenntoleranz fur die Lage *uberschritten* werden, wenn namlich z. B. die Bohrung großer als das Kleinstmaß ist. Meist ist diese Überschreitung der Lagetoleranz unbedenklich fur die Funktion; dies muß jedoch besonders untersucht werden.

Werden nach dem Verfahren 1 die Abstande einer Bohrung von *zwei* rechtwinklig zueinander stehenden Bezugsflächen gemessen, wie in Abb.166–3, so entsteht nach dem Wortlaut der Maßeintragung ein *quadratisches* Toleranzfeld fur die Mitte der Bohrung. Eine Lehre, die gemaß Abschn. 541.1

konstruiert und deren Meßzapfen oder Hilfsdorn also um 2 t dünner ist als das Kleinstmaß der Bohrung, pruft aber die Einhaltung eines *kreisförmigen Toleranzfeldes* vom Durchmesser 2 t, denn die Bohrung kann um den um 2 t dunneren Meßzapfen herum nur äußerste Lagen einnehmen, die auf einer kreisförmigen Bahn liegen.

Die sich nach dem Wortlaut der Toleranzen ergebende quadratische Toleranz wird also durch das Meßverfahren stillschweigend eingeschränkt, die Ecken des Qudrates nicht ausgenutzt. Dieses kreisförmige Toleranzfeld für die Bohrungsmitte entspricht meist besser den Funktionsanforderungen als das quadratische. Demgemäß wird meist bei solchen Lochabstandstoleranzen eine nur kreisförmige Ausnutzung der Toleranz stillschweigend vorausgesetzt und die Maß- und Toleranzeintragung so verstanden.

Zweckmäßig macht man die Toleranzen der Maße m_1 und m_2 (Abb. 166–3) gleich groß. Denn da der Meßzapfen der Lehre nicht oval ausgeführt werden kann, mußten in diesem Falle zwei Lehren für die verschieden großen Toleranzen der Maße m_1 und m_2 eingesetzt werden, was unwirtschaftlich ist.

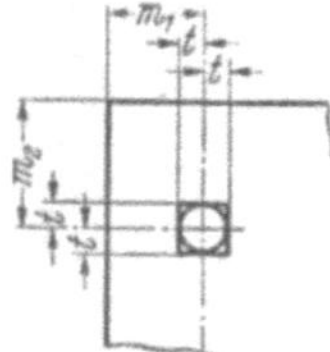

Abb. 166–3. Dem Wortlaut nach ist für die Mitte einer Bohrung ein *quadratisches* Toleranzfeld zulässig. Die Lochabstandslehre läßt aber nur ein *kreisförmiges* vom Durchmesser 2 *t* zu.

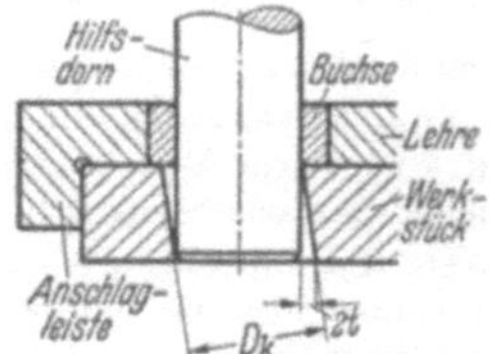

Abb. 166–4. Begrenzung des Schiefstehens einer Bohrung beim Prüfen mit einer Mittenabstandslehre.

Außer der Lage in der Zeichenebene wird bei dem Meßverfahren 1 auch das *Schiefstehen*, also eine Abweichung von der rechtwinkligen Lage zur Ebene, in der die Bohrungsabstände gemessen werden, mit erfaßt. Die Bohrung in Abb. 166–4 kann innerhalb der Lagetoleranz schief stehen. Je mehr sie schief steht, desto weniger kann aber von der Abstandstoleranz für die Bohrungsmitte ausgenutzt werden. Das Schiefstehen geht also auf Kosten der Abstandstoleranz oder der Durchmessertoleranz. Wenn im äußersten Fall die Bohrung mit dem Kleinstmaß D_k so sehr schief steht wie in Abb. 166–4, dann bleibt keine Toleranz mehr für den Abstand ubrig.

Zu 2: Bei diesem Verfahren gehen mikro- und makrogeometrische Abweichungen in das Meßergebnis mit ein, Maßabweichungen dagegen meist nicht, weil nur Unterschiede gemessen werden. Ein Beispiel für dementsprechende Prufung des Rundlauffehlers zeigt Abb. 54–33, fur Stirnlauffehler Abb. 54–34.

Zu 3: Die Anmerkungen zu 1 gelten sinngemäß, mit dem Unterschied, daß die geometrisch gedachte Bezugsfläche um die Glattungstiefe G (Abb. 165–12) und um einen entsprechenden Betrag für die Abweichungen von der Grobgestalt *in den Werkstoff des Pruflings hinein* verlegt ist.

Zu 4: Bei diesem Verfahren sind auch die Lagefehler der Hilfsbezugsfläche oder der Mittellinie zu beachten.

Beispiel. Abb. 166–5. Es ist meist sehr schwierig, diesen Fehler von den zu prüfenden Lagefehlern der beiden Zylinder zueinander zu trennen.

Abb. 166–5. Die durch die Zentrierbohrungen gegebene Mittellinie kann zu jeder der beiden Zylinderflächen, deren Mittigkeit zueinander geprüft werden soll, außermittig liegen. Übertrieben dargestellt.

Zeichnungsangaben für Lagetoleranzen siehe Neuausgabe von DIN 406. Die unmißverständliche Angabe, die gleichzeitig dem Funktionszweck und den Meßmöglichkeiten entspricht, erfordert oft sorgfältig überlegte Wortangaben. Bisweilen widersprechen sich die beiden Gesichtspunkte, Funktion und Messen, so daß ein Mittelweg gefunden werden muß.

Beispiele für zweckmäßige Zeichnungsangaben und Meßverfahren s. Abschn. 54.

Schrifttum am Ende von Abschn. 54.

167 Kegel

167.1 Allgemeines

Kegel dienen zur Drehmoment- und Kraftübertragung, zum Einmitten (Zentrieren), Dichten, als Meßelement zur Wegübertragung.

Beziehungen zwischen den Bestimmungsstücken eines (formvollkommenen) Kegels s. Abb. 167–1 und –2.

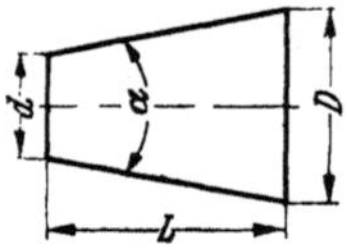

Abb. 167–1. Bestimmungsstücke eines Kegels

$$V = \frac{1}{k} = \frac{D - d}{L} = 2 \cdot \mathrm{tg}\,\frac{\alpha}{2}.$$

$V =$ Verjüngung, $L =$ Abstand der beiden Durchmesser D und d,
$D =$ großer Durchmesser, $\alpha =$ Kegelwinkel $=$ Winkel zwischen zwei diametral
$d =$ kleiner Durchmesser,   gegenüberliegenden Mantellinien
$k =$ Länge in mm, auf der sich der Kegel um 1 mm im Durchmesser verjüngt, $=$ Kegelverhältnis. Man schreibt: Kegel $1 : k$. Neigung der Mantellinie zur Kegelachse $= 1 : \frac{k}{2}$; man schreibt: Neigung $1 : \frac{k}{2}$.

Kegelverhältnis der *Morsekegel* sollte ursprünglich $1 : k = 5/8'' : 1' = 1 . 19{,}2$ betragen (1 Fuß $= 12''$). Die Abweichungen davon in DIN 228, 231, 254 sind historisch-technisch bedingt. Nach DIN 2-8 sind die Morsekegel 0···6 normale Werkzeugkegel, größere und kleinere sind metrische Kegel mit $1 : k = 1 : 20$.

167.2 Kegelpassung

Während ein Zylinder durch die Angabe einer Größe, des Durchmessers bestimmt ist, sind bei Kegeln drei voneinander unabhängige Bestimmungsstücke maßgebend; das vierte ist durch die bei Abb. 167–1 angeführte Gleichung gegeben:

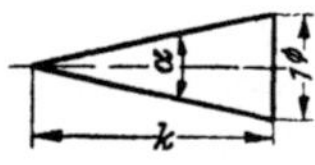

Abb. 167–2.
Kegelverhältnis $1 : k$.

Großer Durchmesser D, kleiner Durchmesser d, Kegellänge L,
Verjüngung V oder Kegelverhältnis $1 : k$ oder Kegelwinkel α.

Auf die Paarung von Kegeldorn und -hülse haben die Abweichungen der drei Größen D, L, V oder $1 : k$ folgenden Einfluß:

	Dorn	Hülse	Auswirkung bei	
			offener Hülse	am kleinen Durchmesser geschlossener Hülse (Sackbohrung)
Großer Durchmesser D und kleiner Durchm. d	großer	kleiner	Dorn ragt am dicken Ende heraus (verringerte Überdeckung)	Dorn ragt am dicken Ende heraus (verringerte Überdeckung)
	kleiner	großer	Dorn ragt mit dünnem Ende heraus (verringerte Überdeckung)	Dorn stößt mit kleiner Stirnfläche an und trägt nicht
Kegellänge L (D und α bleiben)	großer	kleiner	Dorn ragt mit dünnem Ende heraus	Dorn stößt mit kleiner Stirnfläche an und trägt nicht
	kleiner	größer	verringerte Überdeckung	verringerte Überdeckung
Verjüngung V Kegelverhältnis $1 . k$ Kegelwinkel α (D und L bleiben)	großer	kleiner	Tragen nur am dicken Ende (Kantenpressung)	
	kleiner	großer	Tragen nur am dünnen Ende (Kantenpressung). Dorn ragt am dicken Ende heraus	

Sind die Unterschiede $k_H - k_D$ klein, dann genügendes Tragen (auf eine verhältnismäßig kleine Länge) durch Verformung der beiden Stücke. Gefährlich sein können Fälle, wo Kegelmantelflächen wegen Aufsitzen der Stirnflächen nicht zum Tragen kommen. Bei Hülsen mit Sackbohrung wird dies vermieden durch genügende Hülsenlänge. Deshalb müssen die Baumaße (nicht Bestimmungsmaße des Kegels) für Hülsenlänge, Plustoleranz, für Dornlänge Minustoleranz von genügender Größe erhalten.

167.3 Maße und Toleranzen

Nach Abschn. 167.2 kann man wahlweise in die Zeichnung eintragen und tolerieren, s. Abb. 167-3:

a) D, d, L; b) D (oder d), α (oder V oder $1 : k$), L; c) D, d und α (oder V oder $1 : k$).

Die jeweils vierte Größe (Rechenwert) darf höchstens mit dem Zusatz „Richtwert" zur Erleichterung der Arbeitsvorbereitung und Fertigung angegeben werden.

D, d und L bezeichnen hier Bestimmungsmaße des Kegels, nicht Durchmesser der Körperkanten oder deren Abstand, s. Abb. 167-3. Grundsätzlich Körperkanten für sich tolerieren, um Unklarheiten zu vermeiden.

Im Fall a) kann der Kegelwinkel um δ' zu klein oder um δ'' zu groß werden.

$$\operatorname{tg}\frac{\delta'}{2}=\frac{T_D\cos^2\dfrac{\alpha}{2}}{2L-\dfrac{T_D}{2}\cdot\sin\alpha}$$

$$\operatorname{tg}\frac{\delta''}{2}=\frac{T_d\cos^2\dfrac{\alpha}{2}-T_L\cdot\sin\alpha}{2L-2\,T_L\cos^2\dfrac{\alpha}{2}+T_d\sin\alpha}.$$

Bei kleinem Kegelwinkel bis etwa 20° für Überschlagsrechnung:

$$\delta\alpha\approx\delta'\approx\delta''\approx 3,4\,\frac{T_D}{L}\ (\text{min}).\qquad \begin{array}{l}T_D\ \text{in}\ \mu\\ L\ \text{ in mm}\end{array}$$

Meist werden nur die beiden Durchmesser, nicht aber ihr Abstand toleriert. Selbstverständlich muß er bei der Lehre mit Lehrengenauigkeit eingehalten sein (also keineswegs nur werkstattübliche Toleranz).

Im Fall b) ist Winkel- (oder Verjüngungs-) Toleranz unabhängig von denen des Durchmessers und der Länge.

Bemaßung nach c) ungebräuchlich, da Einfluß auf Kegellänge unübersichtlich.

Lage der Kegelachse s. Abschn. 543.1 u. 544.

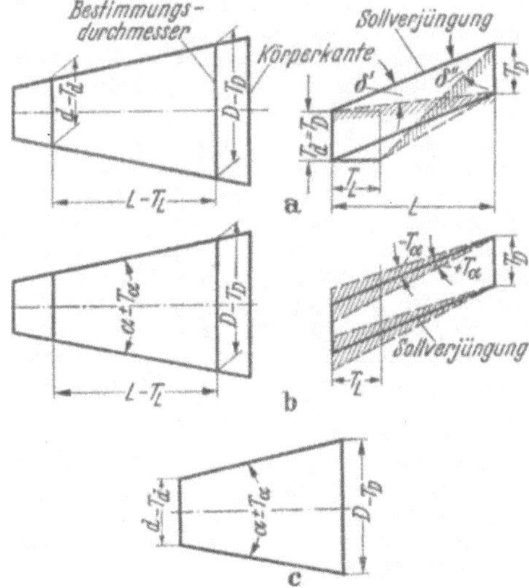

Abb. 167–3. Maß- und Toleranzangabe und deren Auswirkung auf das Toleranzfeld. Bemaßt und mit Toleranzen versehen sind:

Fall a) D, d, L Fall b) D, α, L Fall c) D, d, α

T_D, T_d, T_L, T_α = Toleranzen zu D, d, L, α

L hat Minustoleranz, weil Außenkegel, s. Abschn. 167.2.

Schrifttum

Berndt, G.: Technische Winkelmessungen, Werkstattbücher. H. 18. Berlin: Springer 1930.
Berndt, G.: Einfluß der Kantenabrundung auf die Bestimmung des Durchmessers von Kegelhulsen und -dornen. Meßtechnik Bd. 18 (1942) H. 6, 7, S. 93 u. 117.
Berndt, G.: Kegeltoleranzen und Drehmoment. Masch.-Bau Bd. 6 (1927) S. 451.
Berndt, G.: Kegelpassungen und ihre Kontrollmoglichkeiten. Werkzeugmaschine Bd. 46 (1942) H. 3, S. 65.
Leinweber, P.: Toleranzen und Lehren. 5. Aufl. Berlin: Springer 1948.
Musil u. Iby: Reibung und Drehmoment. Berichte fur Buro und Betrieb. August 1921 und Jänner 1922.
Schutz, W.: Beiträge zur Frage der Tolerierung der Werkzeugkegel. Diss. Dresden 1926.
Tschirf, L.: Kegeltoleranzen, Kegellehren und ihre Kontrolle. Meßtechnik Bd. 17 (1941) H. 8, S. 117.

168 Gewinde

168.1 Arten und Profile

Befestigungsgewinde verbinden Teile in ruhendem Zustand, meist mit Vorspannung, die elastische Formanderungen bewirkt. Die durch diese Vorspannkraft hervorgerufene Reibung zwischen den Berührungsflächen der Gewinde sowie zwischen den Teilen und Schraubenkopf und Mutter verhindert Losen der Gewindeverbindung (Selbsthemmung).

Bei Bewegungsgewinde wird die Bewegungsumsetzung und Kraftubersetzung zwischen den Gewindeteilen ausgenutzt. Die Bewegung geschieht unter Kraftwirkung zwischen den Gewindeflanken (Kraftgewinde), z. B. Leitspindeln, Spindelpressen, oder ohne größere Kraft, z. B. Meßspindeln.

Befestigungsgewinde sind hauptsachlich Spitzgewinde, weil sie kleinen Steigungswinkel, also große Kraft-Übersetzung haben, und wegen des großen Flankenwinkels (s. Abschn. 168.3) die Reibung größer ist, wodurch die Gewinde selbsthemmend sind. Als Bewegungsgewinde werden Spitzgewinde nur angewandt, wenn kleine Wege in Achsrichtung des Gewindes bei großer Wegübersetzung gewunscht werden.

Die gebrauchlichsten Befestigungsgewinde: Metrische Gewinde, Whitworthgewinde, UST-Gewinde (seit 1949, aus dem Whitworth-Gewinde und dem USA-Gewinde entwickelt). Diese Gewinde sind als gewöhnliche Gewinde (auch Regelgewinde genannt) und als Feingewinde festgelegt. Feingewinde hat bei gleichem Durchmesser wie das gewöhnliche Gewinde eine kleinere Steigung. Es wird wegen der geringen Gewindetiefe an dünnwandigen Teilen verwendet, und wenn kleine Wellenabsätze erwünscht sind, oder wenn bei Erschutterungen gute Selbsthemmung der Gewindeverbindung nötig ist.

Die Profile der meist verwendeten genormten Spitzgewinde in Deutschland sowie England und den USA zeigt Abb. 168–1 (das hierin angezogene Normblatt DIN 13 Bl. 12, Auswahlreihe, s. Taf. 19). Das Gewinde mit metrischem Profil wird in fast allen Ländern mit metrischem Maßsystem angewandt.

Trapezgewinde hat trapezförmiges Profil, genormter Flankenwinkel ist 30°, es ist häufig auch mehrgangig. Die Reibung zwischen den Gewindeflanken ist etwas geringer als beim Spitzgewinde, Verwendung deshalb vorwiegend als Bewegungsgewinde, und auch zum Erzeugen großer Kräfte, z. B. bei Pressen.

Sägengewinde, vornehmlich als Bewegungsgewinde bei einseitig wirkender Kraft und wenn es auf sehr geringe Reibungskrafte ankommt. Die tragende Flanke hat, um leichtere Herstellung zu ermöglichen, einen Teilflankenwinkel von 3°, die nichttragende Flanke einen Teilflankenwinkel von 30°.

Flachgewinde mit quadratischem oder rechteckigem Querschnitt, das fruher vielfach an Stelle des Trapez- oder Sagengewindes verwendet wurde, wird wegen seiner schwierigen Herstellung nicht mehr benutzt. Es ist deshalb auch nicht genormt.

Ist das Gewinde einer großen Abnutzung unterworfen, z. B. bei Berührung mit sandigen oder sonstwie verschmutzten Stoffen, so wird es als Rundgewinde ausgefuhrt. Rundgewinde ist aber auch angebracht, wenn mit Rücksicht auf das Herstellverfahren andere Gewindeprofile unzweckmäßig sind, z. B. in Blech, Glas, keramische Stoffe, Kunststoffe. Da die tragende Flanke des Rundgewindes nach DIN 405 nur sehr kurz ist, eignet es sich nicht zur Übertragung großer Krafte und Bewegungen.

Profile der in Deutschland genormten Trapez-, Sägen- und Rundgewinde s. Abb. 168–2.

Die Profile der vorbeschriebenen Hauptgewindearten kommen als Sondergewinde in verschiedenen Ausführungen vor. Ihre Grundformen und Bestimmungsstucke (s. Abschn. 168.3) sind aber den Hauptarten ähnlich, so daß die gleichen Überlegungen bezuglich Anwendung und Prüfung gelten und sie daher nicht besonders behandelt zu werden brauchen.

Bei keglige m Spitzgewinde liegen die Flankendurchmesser auf einem Kegel. Es wird benutzt, wenn die Gewindeverbindung fest und trotzdem schnell und leicht herstellbar sein soll, insbesondere z. B. in der Tiefbohrtechnik. Die Winkelhalbierende des Flankenwinkels steht senkrecht zur Gewindeachse.

Bei Gewinden für Holzschrauben und Blechschrauben schneidet sich der Gewindebolzen beim Einschrauben selbst das Gegengewinde. Der Gewindeanfang ist kegelig, die Gewindekämme sind schmal und scharfkantig (s. z. B. DIN 95 bis 97 bzw. DIN 7507 bis 7513).

168.2 Bezeichnungen

Die genormten Gewinde brauchen nur mit den genormten Kurzzeichen bezeichnet zu werden, bei nicht genormten Gewinden muß das Profil auf den Zeichnungen vollständig bemaßt sein. Die in Deutschland genormten Kurzbezeichnungen setzen sich zusammen aus:

1. Einem Buchstabensymbol fur das Profil (Ausnahme · Whitworth-Gewinde), z. B. M = Metrisches Gewinde, S = Sagengewinde.

2. Dem Nennmaß des Gewindes, das meist gleich dem Gewindeaußendurchmesser des Bolzens ist; beim Whitworth-Rohrgewinde ist es die Nennweite (angenähert Innendurchmesser) des zugehörigen Rohres.

3. Der Steigung, die aber nur angegeben wird, wenn sie zur Unterscheidung mit gleichartigen Gewinden notwendig ist, z. B. bei Feingewinden (z. B. M 30 × 2).

4. Dem Kurzzeichen für das Toleranzfeld, z. B. f, m oder g fur Gewinde mit metr. Profil in den empfohlenen Toleranzen nach DIN 13 Bl. 15 (z.B. M 10 m) bzw. nach den von der ISA vorgesehenen Toleranzvorschlägen, z. B. Sh6, wobei „S" der Kennbuchstabe

	Bild des Nennprofils	Normen über Gewinde-Nennmaße	Normen über Toleranzen	Bezeichnung (Beispiele)	Bemerkungen Verwendung
Gewinde mit metrischem Profil (Gewindemaße in mm)	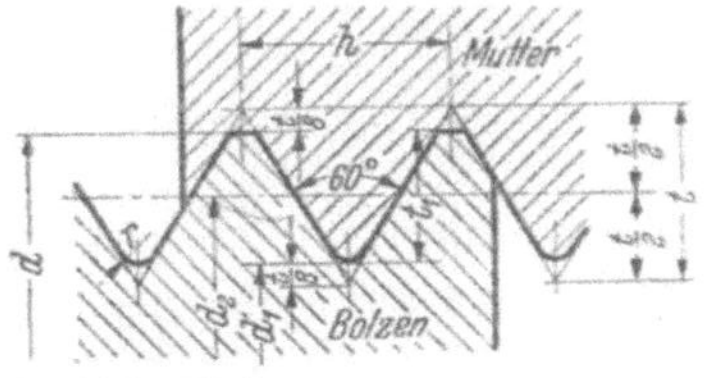 Abb. 168–1 a $t = 0{,}8660\,h$ $d_1 = d - 2\,t_1$ $l_1 = 0{,}6495\,h$ $r = 0{,}1082\,h = t/8$ $d_2 = d - t_1$	DIN 13 Bl. 1 Metr. Gewinde DIN 244 DIN 245 DIN 246 DIN 247 DIN 516 DIN 517 } Fein- DIN 518 gewinde DIN 519 DIN 520 DIN 521 DIN 13 Bl. 12 Auswahlreihe	DIN 13 Blatt 14 und 15	M 10 m M 30 × 2 f	Das Profil stimmt angenähert (und austauschbar) mit dem SI (Système International) und dem SF (Système Français) überein. Anwendung: als Befestigungsgewinde vornehmlich für Schrauben und Muttern sowie Konstruktionen. Eine geringe Abwandlung dieses Profils ist in DIN 13 Beiblatt 15, Gewinde für Festsitz, dichte Verbindungen, gegeben.
Whitworth-Gewinde	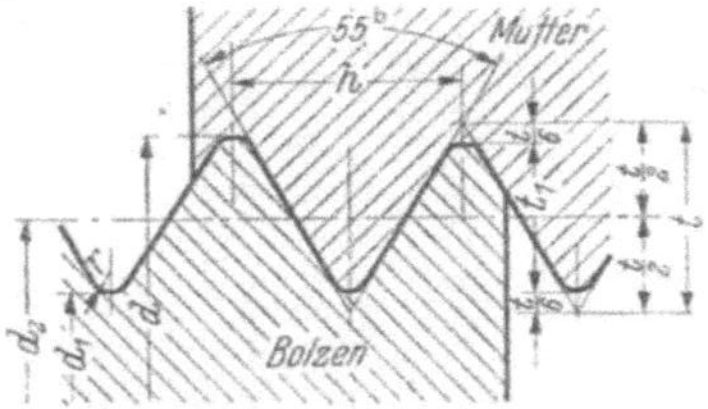 Abb. 168–1 b $h = \dfrac{25{,}4}{z}$ z = Gangzahl auf 1 Zoll $t = 0{,}96049\,h$ $r = 0{,}13733\,h$ $t_1 = 0{,}64033\,h$	Deutschland: DIN 11 DIN 239 } Fein- DIN 240 gewinde DIN 259 Rohrgewinde England: BS 84–1940 (BSW-Gewinde) BS 84–1940 (BSF-Gewinde) Feingewinde BS 84–1940 (BSP-Gewinde) Rohrgewinde	DIN 11 Beiblätter BS 84–1940	2″ g W 84 × $^1/_6$″ R 4″ $^1/_8$ in. B. S. Whit. $^1/_4$ in. B. S. Fine 1 in. B. S. Pipe (parallel)	Anwendung: Als Befestigungsgewinde vornehmlich für Schrauben und Muttern sowie Rohrverschraubungen. In Deutschland wird das Whitworth-Gewinde für Neukonstruktion nicht mehr verwendet. Das BA-Gewinde ergänzt das BSF-Gewinde unter $^1/_4$″. Es hat einen Flankenwinkel von $47^1/_2^{\circ}$ (BS 93–1951).

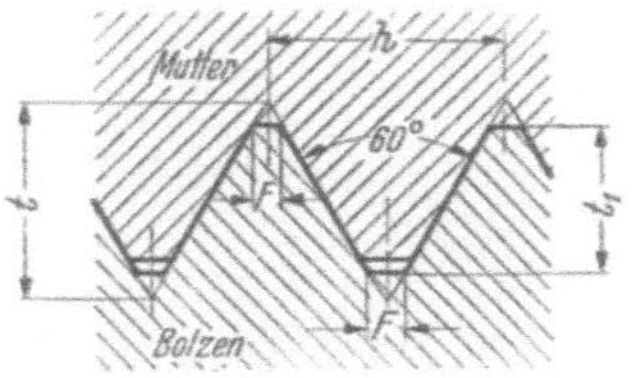 **Zollgewinde (Gewindemaße in Zoll) USA-Gewinde** Abb. 168–1 $t = 0{,}8660\,h$ $F = 0{,}125\,h$ $t_1 = 0{,}6495\,h$	USA: ASA B 1.1 –1935 ASA B 2–1919 Rohrgewinde (Briggs-Gewinde)	ASA B 1.1–1935	1''–8 NC–2	ASA B1.1 ist aus dem Sellersgewinde, dem späteren U.S. Standard, und den Gewinden der American Society of Mechanical Engineers (ASME) und Society of Automobile Engineers (SAE) hervorgegangen.
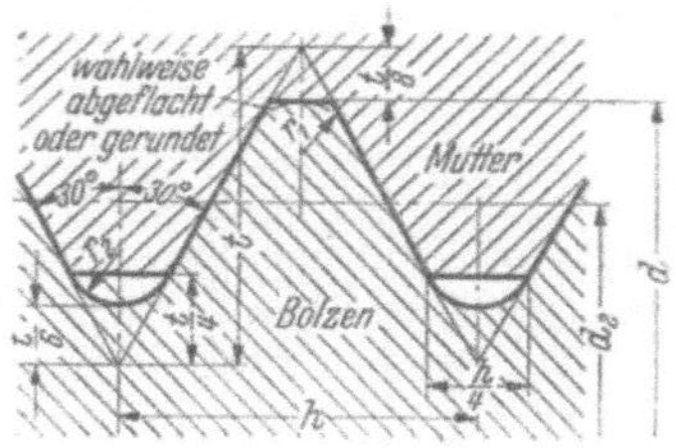 **Unified-Screw-Thread (UST-Gewinde)** Abb. 168–1 d $t = 0{,}8660\,h$ $r_1 = \dfrac{t}{8} = 0{,}1082\,h \qquad r_2 = \dfrac{t}{6} = 0{,}1443\,h$	England: BS 1580–1949 USA: ASA B 1.1–1949	BS 1580–1949 ASA B 1.1–1949	⁵/₈–24. UNF–2B 1/4''–20 UNC –2 A	Dieses UST-Gewinde soll das Whitworth- und das USA-Gewinde ersetzen und ist von England, Kanada und den USA anerkannt. (Beschluß vom November 48)

Abb. 168–1 a bis d Genormte Spitzgewinde (allgemein und häufig verwendete Gewindearten)

	Bild des Nennprofils	Normen über Gewinde-Nennmaße	Normen über Toleranzen	Bezeichnung (Beispiel)	Bemerkungen Verwendung
Trapezgewinde	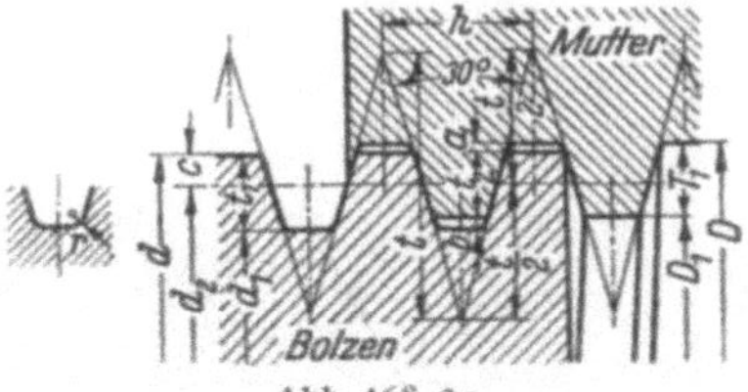 Abb. 168–2a $t = 1{,}866h$ $T_1 = 0{,}5h + 2a - b$ $t_1 = 0{,}5h + a$ $c = 0{,}25h$ $t_2 = 0{,}5h + a - b$	DIN 103		Tr 48 × 8	Bewegungsgewinde und zur Übertragung großer Kraft z. B. Leitspindel.
		DIN 378 Bl. 1 und 2 feine Steigung		Tr 48 × 3	Die Bezeichnung des zweigängigen Gewindes mit Profil des eingängigen Gewindes Tr 48 × 12 lautet: Tr 48 × 24 (zweigängig)
		DIN 379 grobe Steigung		Tr 48 × 12	(Durchmesser = 48 mm, Steigung = 2 × 12 = 24 mm).
Sägengewinde	Abb. 168–2b 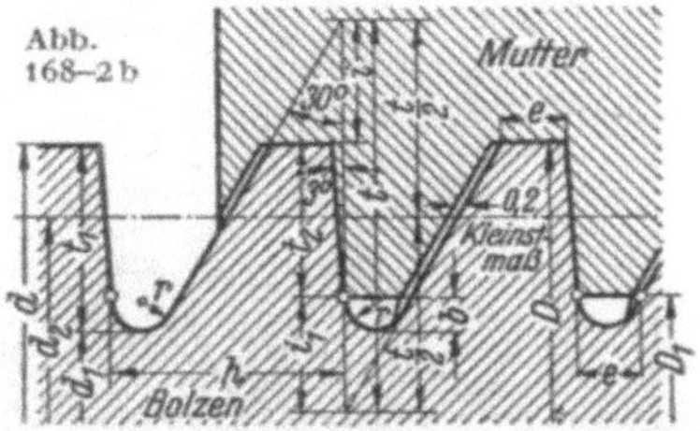 $t = 1{,}73205h$ $e = 0{,}26384h$ $b = 0{,}11777h$ $t_1 = t_2 + b$ $i = 0{,}52507h$ $r = 0{,}12427h$ $t_2 = 0{,}75h$ $i_1 = 0{,}45698h$	DIN 513		S 48 × 8	Wie Trapezgewinde jedoch bei einseitig wirkenden Kräften und geringeren Verlusten durch die Reibung.
		DIN 514 Bl. 1 und 2 feine Steigung		S 48 × 3	Bezeichnung eines mehrgängigen Sägengewindes wie bei Trapezgewinde.
		DIN 515 grobe Steigung		S 48 × 12	

Rundgewinde in Metall	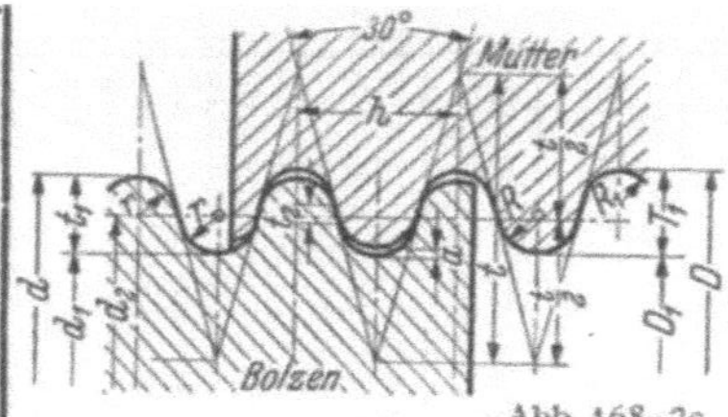 Abb. 168–2c $h = \frac{25,4}{z}$ $t = 1,86603h$ $t_1 = 0,5h$ $t_2 = 0,08350h$ z = Gangzahl auf 1 Zoll	DIN 405		Rd 40 × 1/8″	Befestigungsgewinde, wenn die Gewindeverbindung große Abnutzung erfährt, bei Verschmutzung, zum leichten Verbinden und Lösen, bei verhältnismäßig geringer Kraftübertragung, z. B. Kupplung an Feuerwehrschläuchen.
Rundgewinde in Glas	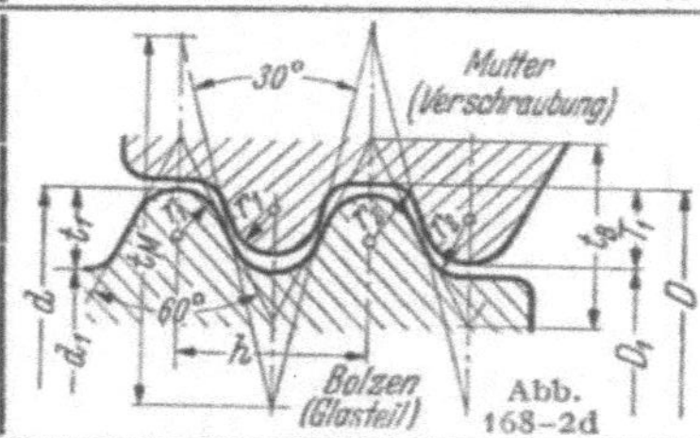 Abb. 168–2d $t_1 = 0,34h$ $t_M = 1,866h$ $t_B = 0,866h$ $r_1 = 0,263h$ $r_2 = 0,2h$	DIN 168	DIN 168	Rd50DIN168	Für Teile aus Glas und zugehörige Verschraubungen z. B. für Flaschen und Konservengläser.
Rundgewinde in Glas und Keramik	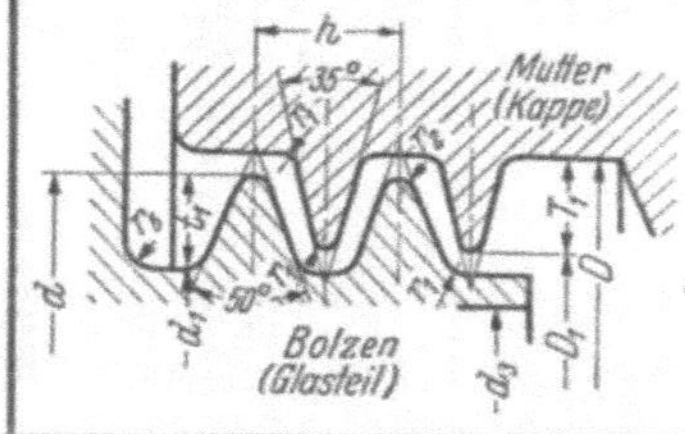 Abb. 168–2e	DIN 40450	DIN 40405	Glasg 74,5	für Schutzgläser und Kappen an elektrischen Leuchten

Abb. 168-2 a bis e Genormte Trapez-, Sägen- und Rundgewinde (allgemein und häufig verwendete Gewindearten)

fur Schraube oder Serie ist als Unterscheidung zu den Rundpassungen, „h" bei Bolzengewinden und „H" bei Muttergewinden die Lage des Toleranzfeldes zum Nennmaß angibt (in ähnlicher Weise wie bei den Rundpassungen) und 6 die Qualitatszahl für die Größe der Gewindetoleranz ist, z. B. M 10 Sh 9 (s. auch Abschn. 168.4).

5. Der Normblattnummer bei Gewinden, die nicht allgemein angewandt werden und bekannt sind, z. B. Rd 50 DIN 168.

6. Der Gangrichtung, die aber nur bei Linksgewinde angegeben wird und wenn auf der gleichen Zeichnung Rechts- und Linksgewinde vorkommt.

7. Der Gangzahl bei mehrgängigem Gewinde.

Die Abb. 168-1 und 168-2 enthalten Beispiele fur genormte Kurzbezeichnungen in Deutschland, England, USA. DIN 202 bringt eine Übersicht uber abgekurzte Gewindebezeichnungen (s. Taf. 18).

168.3 Begriffe und Bestimmungsstücke

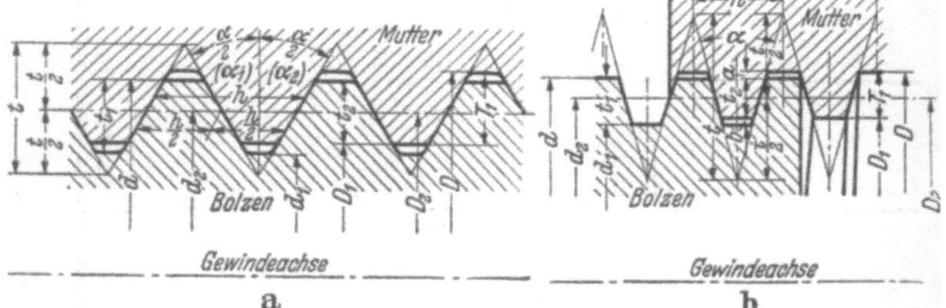

Abb. 168–3 a u. b Grundbegriffe für zylindr. Gewinde

Bestimmungsstück	Begriff
Profil	der jeder Gewindeart eigene Verlauf des Gewindes im Axialschnitt.
Theoretisches Profil (Nennprofil)	das fur eine bestimmte Gewindeart festgelegte Gewindeprofil, dessen theoretische Abmessungen Ausgangsmaße für die Gewindetolerierung sind.
d = Außendurchm. des Bolzengew.	der Durchmesser desjenigen Zylinders, der beruhrend um das Bolzengewinde gelegt werden kann.
D = Außendurchm. des Muttergew.	der achsensenkrechte Abstand der äußersten Punkte oder der Durchmesser desjenigen Zylinders, der durch die äußersten Punkte des Muttergewindes gedacht werden kann.
d_2 = Flankendurchm. des Bolzengew. ———— D_2 = Flankendurchmesser des Muttergew.	der achsensenkrechte Abstand zweier einander diametral gegenuberliegender Flanken oder bei unsymmetrischem Profil (und allgemein): der Abstand der Mitten der Flanken des scharf ausgeschnitten gedachten Profils oder der Durchmesser des Zylinders, dessen Achse mit der Gewindeachse zusammenfällt und auf welchem Gewindekamm und Gewindelucke gleich ist. (Dieser Durchmesser liegt auf der Mitte der Flanken des scharf ausgeschnittenen Gewinde-Nennprofils.)

Bestimmungsstück	Begriff
d_1 = Kerndurchm. des Bolzengew. D_1 = Kerndurchm. des Muttergew.	der achsensenkrechte Abstand der innersten Punkte des Gewindes oder der Durchmesser des durch diese Punkte gelegt gedachten Zylinders.
h = Steigung Teilung = $\dfrac{h}{n}$ (n = Gangzahl), bei eingäng. Gewinde ist Teilung = Steigung	achsenparalleler Abstand zweier benachbarter, zum selben Gewindegang gehörigen Flanken oder der Weg, den ein Gewinde in der Achsenrichtung zurücklegt, wenn ein Teil (Bolzen oder Mutter) um $360°$ gedreht wird, während das andere Teil still steht.
α = Flankenwinkel	der Winkel, den am Nennprofil die Flanken einer Lücke oder eines Zahnes miteinander bilden.
α_1 und α_2 Teilflankenwinkel	Die Winkel zwischen der Achsensenkrechten und einer Flanke am Nennprofil (bei symmetrisch geschnittenen Gewinden ist $\alpha_1 = \alpha_2 = \dfrac{\alpha}{2}$)
t = Profilhöhe	die Höhe des scharf ausgeschnitten gedachten Profildreiecks $t = \dfrac{h}{\operatorname{tg} \alpha_1 + \operatorname{tg} \alpha_2}$ bzw. $t = \dfrac{h}{2} \cdot \operatorname{ctg} \dfrac{\alpha}{2}$
t_1 und T_1 = Gewindetiefe	die achsensenkrechte Tiefe des Profils $t_1 = \dfrac{d - d_1}{2}$ bzw. $T_1 = \dfrac{D - D_1}{2}$
t_2 = Tragtiefe (Überdeckung)	die achsensenkrechte Länge, auf der sich die Gewindeflanken von Bolzen- und Muttergewinde berühren oder überdecken $t_2 = \dfrac{d - D_1}{2}$
a = Spitzenspiel im Außendurchm.	der halbe Unterschied zwischen dem Außendurchmesser des Muttergewindes und dem des Bolzengewindes.
b = Spitzenspiel im Kerndurchm.	der halbe Unterschied zwischen dem Kerndurchmesser des Muttergewindes und dem des Bolzengewindes.
φ = Steigungswinkel	der Winkel, den die Gewindegänge mit einer Ebene bilden, die senkrecht auf der Gewindeachse steht $\operatorname{tg} \varphi = \dfrac{h}{\pi d_2}$
Rechtsgewinde	Gewinde, bei denen der Bolzen durch Drehung im Uhrzeigersinn eingeschraubt bzw. die Mutter aufgeschraubt wird.
Gangzahl	Anzahl der an einem mehrgängigen Gewinde bestehenden selbständigen Gewinde, wobei jedes gegenüber dem benachbarten Gewinde um $\dfrac{360°}{n}$ versetzt ist (n = Gangzahl).

Ein Gewinde ist eindeutig durch mehrere Maßgrößen bestimmt. Damit für diese Größen zur allgemeinen und leichten Verständigung stets die gleichen Bezeichnungen, Begriffe und Buchstabensymbole verwendet werden, sind diese einheitlich festgelegt.

Abb. 168-3 und die zugehörige Übersicht geben eine Zusammenstellung der vorkommenden Bestimmungsstücke mit ihren Begriffsumschreibungen.

Für die Maßgrößen des Bolzengewindes werden kleine Buchstaben (das kleinere Werkstück) für die des Muttergewindes große Buchstaben (das umschließende, größere Werkstuck) benutzt.

Diese Bestimmungsstucke brauchen aber nicht alle angegeben zu werden. Es ist auch nicht erforderlich, jedes einzeln zu messen. Um austauschbare Gewinde zu erhalten, genugt es, nur bestimmte Bestimmungsstucke zu prufen, da einige voneinander abhängig sind; so schließt z. B. die zulässige Abweichung fur den Flankendurchmesser die zulässige Abweichung fur die Steigung und die Teilflankenwinkel ein.

168.4 Toleranzen und Passungen

Die Festlegung von zulassigen Abweichungen des Gewindes vom Gewindenennprofil soll vor allem sichern:

a) wahllose Austauschbarkeit von Bolzen und Mutter unter Wahrung des Paßcharakters,

b) Güte und Festigkeit (Tragfähigkeit) der Gewindeverbindung,

c) Wirtschaftliche Fertigung der Gewinde.

Unbedingte Austauschbarkeit ist gegeben, wenn das Bolzengewinde nicht größer und das Muttergewinde nicht kleiner ist als das Gewindenennprofil und wenn bei Abweichungen der Steigung und Teilflankenwinkel von ihren Sollmaßen der Flankendurchmesser des Bolzengewindes mindestens um den Einfluß dieser zugelassenen Fehler $f_1 + f_2$ kleiner, der der Mutter größer ist (s. Abb. 164-4 bis 164-6).

Infolge der Kraftubersetzung beim Zusammenschrauben können die Gewindegänge leicht verformt und Rauhigkeiten ausgeglichen werden, deshalb sind kleine Überschreitungen der Flankenmaße des Gewindenennprofils unbedenklich.

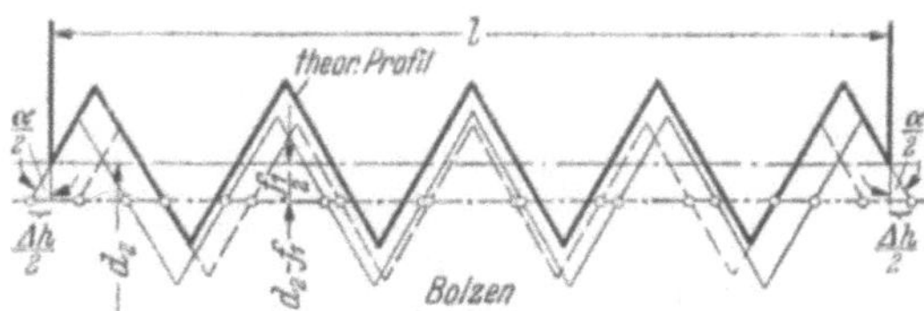

Abb. 168-4. Einfluß des Steigungsfehlers auf die Austauschbarkeit

Um den Steigungsfehler auszugleichen, muß der Flankendurchmesser des Bolzens kleiner oder der der Mutter größer ausgefuhrt werden, damit die Gewindeteile noch zusammengeschraubt werden können.

Δh = Gesamtsteigungsfehler innerhalb Einschraublänge l
f_1 = notwendige Flankendurchmesserverkleinerung des Bolzens.

$$f_1 = \Delta h \, \text{ctg} \, \frac{\alpha}{2}$$

Zulassige Abweichung fur Steigung und Teilflankenwinkel sowie Flankendurchmessertoleranz sind also voneinander abhängig, was bei sachgemaßer Lehrung der Gewinde erfaßt wird. Steigung und Teilflankenwinkel brauchen deshalb im allgemeinen nicht einzeln gemessen zu werden, sondern es wird nur geprüft, ob die Flankendurchmessertoleranz, welche die zulässigen Abweichungen für Steigung und Teilflankenwinkel einschließt, eingehalten ist. Die Gesamtgröße der Flankendurchmessertoleranzen teilt sich auf in

$$T_f = f + f_1 + f_2.$$

f = Toleranz für den Flankendurchmesser selbst als Durchmessermaß, f_1 = Einfluß des Steigungsfehlers, f_2 = Einfluß des Teilflankenwinkelfehlers.

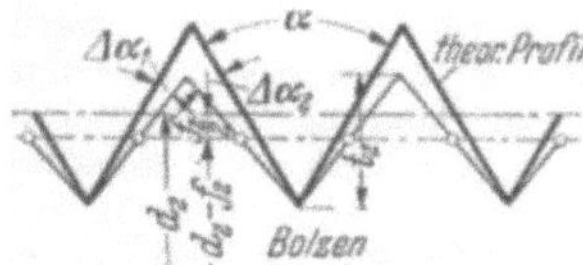

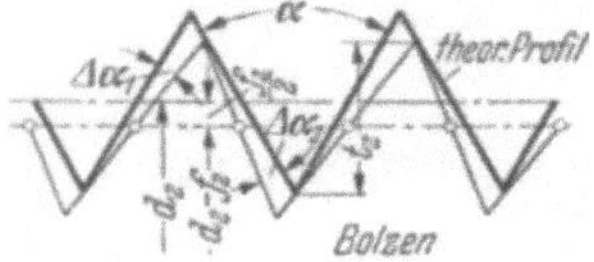

Abb. 168–5. Einfluß der Teilflankenwinkelfehler auf die Austauschbarkeit bei gleicher Abweichung für die Teilflankenwinkel

Abb. 168–6 Einfluß der Teilflankenwinkelfehler auf die Austauschbarkeit bei ungleicher Abweichung für die Teilflankenwinkel

Um den Winkelfehler auszugleichen, muß der Flankendurchmesser des Bolzens kleiner oder der der Mutter größer ausgeführt werden, damit die Gewindeteile noch zusammengeschraubt werden können.

f_2 = notwendige Flankendurchmesserverkleinerung des Bolzens.

$$f_2 = t_2 \cdot \frac{2 \Delta \dfrac{\alpha}{2}}{\sin \alpha} \qquad\qquad f_2 = t_2 \frac{\Delta\alpha_1 + \Delta\alpha_2}{\sin \alpha}$$

Je nach Größe der Flankendurchmessertoleranz werden verschiedene Gütegrade oder Qualitäten unterschieden. Eine gute Flankenanlage zwischen den Gewinden innerhalb der Einschraublänge (Länge des Muttergewindes) kann erreicht werden durch Festlegung kleiner Flankendurch

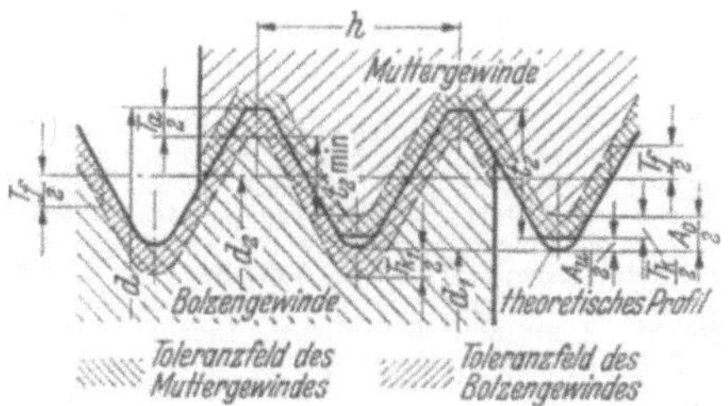

Abb. 168–7. Gewindeverbindung, H/h-Passung.

messertoleranzen oder kleiner Steigungs- und Teilflankenwinkelfehler. Im allgemeinen und insbesondere beim Befestigungsgewinde genügt es jedoch, nur die Flankendurchmessertoleranz T_f festzulegen, die den Einfluß der Steigungs- und Teilflankenwinkelfehler einschließt.

Je nach Lage des Toleranzfeldes fur den Flankendurchmesser zum Gewindenennprofil ergeben sich verschiedene **Gewindepassungen** (s. Abb. 168-7 bis 168-9). Es wird zweckmaßig das System der Einheitsmutter angewendet, also das gewunschte Spiel oder Übermaß in das Bolzengewinde gelegt (entsprechend dem System der Einheitsbohrung bei Rundpassungen), um einheitliche Gewindebohrer und verstellbare Schneideisen verwenden zu können, Lehren einzusparen und Verwechslungen zu vermeiden.

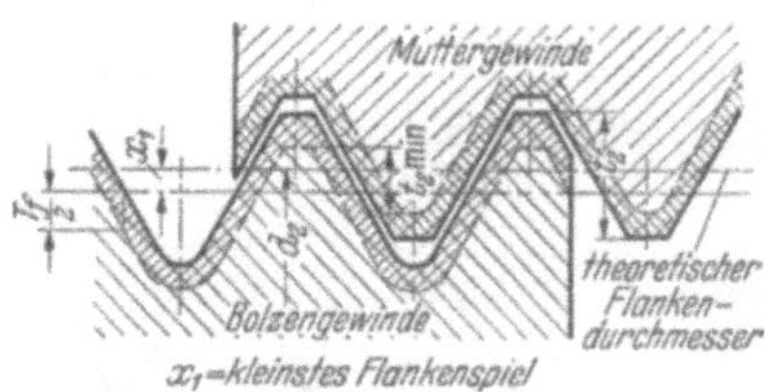

Abb. 168-8. Gewindeverbindung, Spielpassung.

Die die **Tragfahigkeit** beeinflussende **Überdeckung** der Schraubenverbindung wird durch die Angabe der zulassigen Abweichung fur den Außendurchmesser des Bolzengewindes und fur den Kerndurchmesser des Muttergewindes vom Gewindenennprofil bestimmt. Diese Toleranzen oder Abmaße sind so gewahlt, daß t_{2min} (s. Abb. 168-7 und 168-8) nicht zu klein wird, d. h. genugend große Überdeckung der Flanken des Bolzen- und Muttergewindes verbleibt. Die Toleranzen und Abmaße fur den Außendurchmesser des Bolzengewindes und den Kerndurchmesser des Muttergewindes

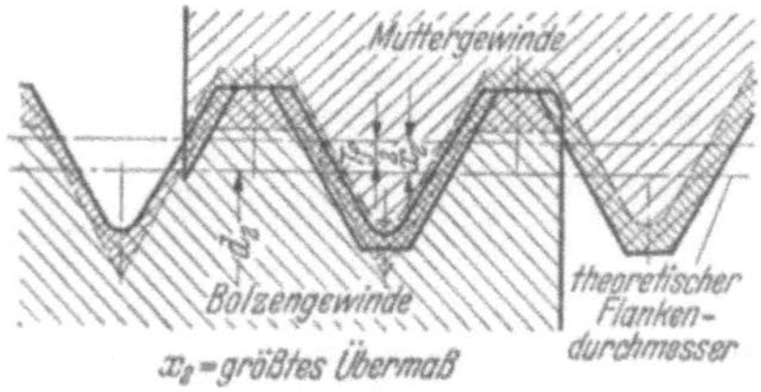

Abb. 168-9.
Gewindeverbindung. Übergangspassung.

könnten demnach (unabhangig von den Flankendurchmessertoleranzen) bei allen Qualitaten gleich gehalten sein, sie nehmen jedoch aus Grunden der Fertigung mit dem Gewindedurchmesser zu.

Damit die Gewinde auf den Flanken tragen und nicht im Außen- oder Kerndurchmesser klemmen, ist ein Spitzenspiel vorgesehen, das durch die Angabe von Toleranzen oder Abmaßen erreicht wird. Beim Gewinde mit metrischem Profil ist z. B. fur den Kerndurchmesser des Muttergewindes ein positives unteres Abmaß (A_u) festgelegt Dadurch ist es auch moglich, die schwierig zu fertigende Abrundung des Kerndurchmessers des Muttergewindes durch Abflachung zu ersetzen. Das Profil des Muttergewindes im Kerndurchmesser darf beliebig gerade oder abgerundet innerhalb des Toleranzfeldes des Muttergewindes liegen. Eine Toleranz fur den Außendurchmesser des Muttergewindes ist beim Spitzgewinde nicht festgelegt, da das Großtmaß dieses Durchmessers zwangslaufig durch die Fertigung bedingt ist.

Der Bolzen-Kerndurchmesser erhalt ebenfalls eine Toleranz, die beim Spitzgewinde aber nur gepruft zu werden braucht, wenn mit Rucksicht auf die Dauerhaltbarkeit des Bolzens der Kerndurchmesser nicht zu spitz werden darf.

Nach langjahrigen Erfahrungen mit den fruheren Toleranzen fur das metrische Gewinde, die in den Normen DIN 13 und 14 Beibl. 1 bis 12 festgelegt waren, wurde ein **Gewindetoleranzsystem** ausgearbeitet, das samtliche Gewindearten erfaßt.

Für den Flankendurchmesser sind in den Normvorschlägen die Grundtoleranzreihen (S-Reihen) 4 bis 12 vorgesehen, die innerhalb von Gewinde-Nenndurchmesserbereichen mit dem Gewindedurchmesser anwachsen, s. Tab. 168–1 (Seite 232).

Die benötigte S-Reihe oder Qualität ist auch in Abhängigkeit von der Einschraublänge (Länge des Muttergewindes) zu wählen, weil mit größer werdender Einschraublänge der Gesamtsteigungsfehler Δh und damit auch f_1 (s. Abb. 168–4) größer wird. Je länger also das Muttergewinde ist, um so größer muß die gesamte Flankendurchmessertoleranz sein, damit für eine geforderte Güte der Gewindeverbindung der zulässigen Gesamtsteigungsfehler ausgeglichen und Austauschbarkeit erreicht wird.

Um die Anwendung der S-Reihen zu erleichtern, werden in Anlehnung an die bisherigen Festlegungen der Gütegrade fein (f), mittel (m), grob (g) und den gemachten Erfahrungen sowie in Abhängigkeit von den Einschraublängen Empfehlungen zur Wahl der S-Reihe gegeben (s. Tab. 168–2).

Für die beim normalen Metr. Gewinde meist gebräuchlichen Einschraublängen 0,8 d (d = Gewinde-Nenndurchmesser) werden z. B. die S-Reihen 6 (fein), 8 (mittel), 10 (grob) empfohlen (s. Tabellen 168–2 und 168–3, Einschraublängenbereich über 0,5 d bis 1,25). Die für sämtliche genormten Gewinde mit metr. Profil gebräuchlichen Einschraublängen sind in DIN 13 Bl. 15 gegeben (s. Taf. 20). Sie entsprechen etwa den in Spalte VL gegebenen Vorzugslehrenlängen. Diese sind beim Feingewinde, bezogen auf die Steigung im Verhältnis zum Gewindedurchmesser, meist erheblich kleiner als beim normalen Metr. Gewinde, da sonst die Anzahl der Gewindegänge zu sehr anwachsen würde. DIN 13 Bl. 15 enthält die für die gebräuchliche Einschraublänge empfohlenen Flankendurchmessertoleranzen fein, mittel und grob, die entsprechend der Empfehlung nach Tabelle 168–3 festgelegt sind. Diese Tabelle ist DIN 13 Bl. 14 entnommen.

Die Tabelle 168–3 ist für den praktischen Gebrauch bei Gewinden mit metr. Profil aus der Tab. 168–2 entstanden.

Werden in Sonderfällen andere Einschraublängen als die gebräuchlichen verwendet, so müßten für diese Einschraublängen entsprechend Tab. 168–3 andere S-Reihen als die empfohlenen gewählt werden. Um aber die Zahl der Gewindeausschußlehren zu begrenzen, empfiehlt es sich, möglichst bei den nach DIN 13 Bl. 15 empfohlenen S-Reihen zu bleiben.

Bei der Ausarbeitung des Toleranzsystems wurde mit Rücksicht auf die Fertigung die Forderung gestellt, daß die Flankendurchmessertoleranz nicht größer sein darf als die Toleranz für den Außendurchmesser des Bolzengewindes. Dies ist bei der Wahl der S-Reihe zu beachten und ggf. ein feinere S-Reihe vorzusehen als in Tab. 168–3 empfohlen wird. Die nach dieser Forderung größtmöglichen S-Reihen sind in DIN 13 Bl. 14 angegeben. In DIN 13 Bl. 15 wirkt sich diese Forderung so aus, daß die Flankendurchmessertoleranz mittel und grob bei einigen Gewinden (insbesondere bei den kleineren Steigungen) nicht mehr benutzt werden sollen und deshalb nicht festgelegt sind.

Das Normblatt DIN 13 Bl. 15 (s. Taf. 20) enthält für Gewinde mit metrischem Profil auch die Toleranzen für den Außendurchmesser des Bolzengewindes und die Abmaße sowie Toleranzen für den Kerndurchmesser des Muttergewindes. Sie sind so gewählt, daß die verbleibende kleinste Tragtiefe ($t_2$min in Abb. 168–7 u. 168–8) möglichst nicht kleiner wird als 50 % von t_2.

Das neue Gewindetoleranzsystem sieht auch verschiedene Gewindepassungen vor. Die meist gebräuchliche ist die Passung mit dem Mindestspiel Null im Flankendurchmesser, bei der also die Toleranzfelder für Bolzen- und Muttergewinde einseitig am Nennprofil (Null-Linie) liegen wie in Abb. 168–7.

Für die übrigen Gewindearten gelten die vorstehend für Gewinde mit metrischem Profil gemachten Erläuterungen sinngemäß.

Schrifttum

Berndt: Die Gewinde. Springer 1925.
Berndt: Die deutschen Gewindetoleranzen. Springer 1929.

Tabelle 168 - 1   **Grundtoleranzen für Flankendurchmesser und Toleranzen für Bolzengewinde-Kerndurchmesser**[1]

Werte in μ = 1/1000 mm

| Gewinde-Nenndurchmesser in mm bzw. Zoll | | | | | | S-Reihen | | | | | | | | | |
Metr. Gew. Metr. Feingew.	Whitworth-Gewinde[2]	Whitworth-Feingew.	Whitw.-Rohr-gew. DIN 259	Trapez- u. Sagengew.	Rund-gewinde	4	5	6	7	8	9	10	11	12	13[3]
0,3 ··· 0,8	—	—	—	—	—	16	20	25	32	40	50	63	80	100	125
0,9 ··· 1,7	—	—	—	—	—	22	28	36	45	56	71	90	112	140	180
2 ··· 5,5	—	—	—	—	—	32	40	50	63	80	100	125	160	200	250
6 ··· 11	$\frac{1}{4}''$ · $\frac{3}{8}''$	—	R $\frac{1}{8}''$	10 ··· 12	7 ··· 12	45	56	71	90	112	140	180	224	280	355
11,5 ··· 33	$\frac{1}{16}''$ ·· $1\frac{1}{4}''$	20 ··· 33	R $\frac{1}{4}''$ ··· R$\frac{7}{8}''$	14 ··· 28	14 ·· 30	63	80	100	125	160	200	250	315	400	500
34 ··· 80	$1\frac{3}{8}''$ ·· 3''	36 ··· 80	R 1'' ··· R $2\frac{1}{2}''$	30 ··· 82	32 ··· 80	90	112	140	180	224	280	355	450	560	710
82 ··· 200	$3\frac{1}{4}''$ ·· 6''	84 ··· 200	R $2\frac{3}{4}''$ ··· R 7''	85 ··· 200	82 ··· 200	125	160	200	250	315	400	500	630	800	1000
202 ··· 500	—	204 ··· 499	R 8'' ··· R 18''	210 ··· 500	—	180	224	280	355	450	560	710	900	1120	1400

[1] Die Toleranzen für Bolzengewinde-Kerndurchmesser sind eine S-Reihe größer als die Toleranzen für den Flankendurchmesser, z. B. Flankendurchmesser-Toleranz = S 8, hierfür Toleranz für Bolzengewinde-Kerndurchmesser = S 9.   [2] Für Whitworth-Gewinde nach DIN 11 verbleiben vorläufig die Toleranzen in DIN 11 Beiblatt 1 und 3.   [3] Nur für Bolzengewinde-Kerndurchmesser.

Tabelle 168 - 3   **Empfehlung für die Anwendung der S=Reihen in Abhängigkeit von der Einschraublänge (Länge des Muttergewindes) für Gewinde mit metr. Profil**

Gewinde-Nenn-durchmesser mm	Einschraublangenbereiche mm					
0,3 ··· 0,8	—	uber 0,1 · 0,25	uber 0,25 ··· 0,63	uber 0,63 ··· 1,6	uber 1,6 ··· 4	uber 4 ··· 10
0,9 ··· 1,7	—	uber 0,25 ·· 0,63	uber 0,63 ··· 1,6	uber 1,6 ··· 4	uber 4 ··· 10	uber 10 ··· 25
2 · 5,5	uber 0,25 · 0,63	uber 0,63 ··· 1,6	uber 1,6 ··· 4	uber 4 ··· 10	uber 10 ··· 25	—
6 ··· 11	uber 0,63 1,6	uber 1,6 ·· 4	uber 4 ·· 10	uber 10 ··· 25	uber 25 ··· 63	—
11,5 ·· 33	uber 1,6 ·· 4	uber 4 ·· 10	uber 10 ··· 25	uber 25 ··· 63	uber 63 ··· 160	—
34 ··· 80	uber 4 ··· 10	uber 10 · 25	uber 25 ··· 63	uber 63 ··· 160	uber 160 ··· 400	—
82 ··· 200	uber 10 ··· 25	uber 25 ··· 63	uber 63 ··· 160	uber 160 ··· 400	uber 400 ··· 1000	—
202 ··· 500	uber 25 ··· 63	uber 63 ··· 160	uber 160 ··· 400	uber 400 ··· 1000	uber 1000 ··· 2500	—
Empfohlene S-Reihen für bisherige Gutegrade[1] — fein	4	5	6	7	8	9
Empfohlene S-Reihen für bisherige Gutegrade[1] — mittel	6	7	8	9	10	11
Empfohlene S-Reihen für bisherige Gutegrade[1] — grob	8	9	10	11	12	—

[1] Gegebenenfalls sind feinere S-Reihen zu wählen, da aus Herstellungsgrunden die Toleranz für den Flankendurchmesser nicht größer werden soll als die Toleranz für den Außendurchmesser des Bolzengewindes.

Tabelle 168-2 **Empfehlung für die Anwendung
der S-Reihen der Flankendurchmessertoleranzen** [1]

Einschraublängen	Metrisches Gewinde, Whitworth-Gewinde und Feingewinde			Trapezgewinde, Sägengewinde			Rundgewinde		
mm	S-Reihen								
uber 0,08 d bis 0,2 d	4	6	8	6	8	10	5	7	9
uber 0,2 d bis 0,5 d	5	7	9	7	9	11	6	8	10
uber 0,5 d bis 1,25 d	6	8	10	8	10	12	7	9	11
uber 1,25 d bis 3,15 d	7	9	11	9	11	—	8	10	12
uber 3,15 d bis 8 d	8	10	12	10	12	—	9	11	—
entsprech. etwa dem bisherigen Gutegrad	fein (f)	mittel (m)	grob (g)	f	m	g	f	m	g

[1] In Abhangigkeit von der Einschraublange (Lange des Muttergewindes).

Berndt: Zul. Abweichung der Steigung und der Teilflankenwinkel von ihren Sollwerten bei den Gewindepassungen. Instrumentenkunde 62 (1942) 220.

Leinweber: Gewinde. Springer 1951.

Kuschnereit: Die Gewindenormen in Deutschland und im Ausland. Normenheft 19. Beuth-Vertrieb.

Sievritts: Gewinde mit metr. Profil, Allgemeines, Toleranzen, Passungen. DIN-Mitteilungen Bd. 31 (1952) Heft 2.
Grundreihen, Auswahlreihen. DIN-Mitteilungen Bd. 31 (1952) Heft 10
Gewindeprofile, DIN-Mittg. Bd. 32 (1953) Heft 8/9.

169 Verzahnungen

169.1 Evolventen-Verzahnung

169.11 Vorbemerkungen

Einteilung. Zahngetriebe teilen sich auf in Walz- und Schraubgetriebe (Abb. 169–1). Beim Walzgetriebe (Stirn- und Kegelradgetriebe) rollen die radfest zu denkenden *Walzkörper* (Zylinder oder Kegel) mit gleicher Umfangsgeschwindigkeit aufeinander ab; die Drehachsen sind parallel oder schneiden sich. Beim Schraubgetriebe (Schnecken- und Schraubenradgetriebe) verschraubt sich der eine Walzkorper gegenüber dem andern [1]. Die beiden Drehachsen kreuzen sich. Beim Schrauben- und Schneckenradgetriebe ist der Eingriff in der Nahe kurzesten Abstandes der beiden Drehachsen, beim Hypoidgetriebe außerhalb.

Übersetzung. Die Übersetzung i kann sich in Abhängigkeit von der Drehstellung ändern (Ellipsenräder) oder kann, wie in den meisten Fällen, konstant sein. Es ist allgemein $i = \dfrac{\omega_1}{\omega_2}$, wo ω_1 und ω_2 die Winkelgeschwindigkeiten der beiden Räder sind. Bei konstanter Übersetzung ist

---

[1] Unter Schraubung versteht man in der Kinematik die Drehung eines Korpers unter gleichzeitiger Verschiebung in Richtung der (momentanen) Drehachse.

$$i = \text{Drehzahl } n_1/\text{Drehzahl } n_2 = \frac{z_2}{z_1}, \qquad (169\text{–}1)$$

wo z_1 und z_2 die Zähnezahlen der beiden Räder sind.

Zahnform. Die Zahnform ist gegeben durch das Zahnprofil (Schnitt quer zum Zahn) und die Flankenlinie (Abb. 169-2). Die Zahnflanke als Teil

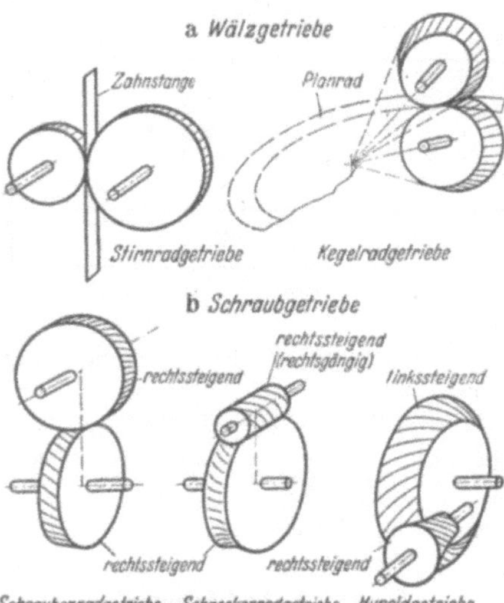

Abb. 169–1. Einteilung der Zahnradgetriebe. a) Wälzgetriebe: Stirnrad- und Kegelradgetriebe; b) Schraubgetriebe: Schraubenrad-, Schneckenrad-, Hypoidgetriebe.

des Zahnprofils ist ein Abschnitt einer Evolvente, Zykloide oder anderen Kurve. Die Flankenlinie ist der Schnitt der Zahnform mit der Teilfläche (Teilfläche beim Stirnrad: Teilzylinder; beim Kegelrad: Teilkegel). Es ist zweckmäßig, bei Walzgetrieben die Flankenlinie durch Abwälzen aus der Planverzahnung abzuleiten, weil die meisten Verzahnverfahren auf die Planverzahnung zurückgehen. In Abb. 169-3 sind die häufigsten Formen der Flankenlinie nach DIN 868 (für Stirnräder auf der Teilebene der Zahnstange, für Kegelräder auf der Teilebene des Planrades) aufgezeichnet.

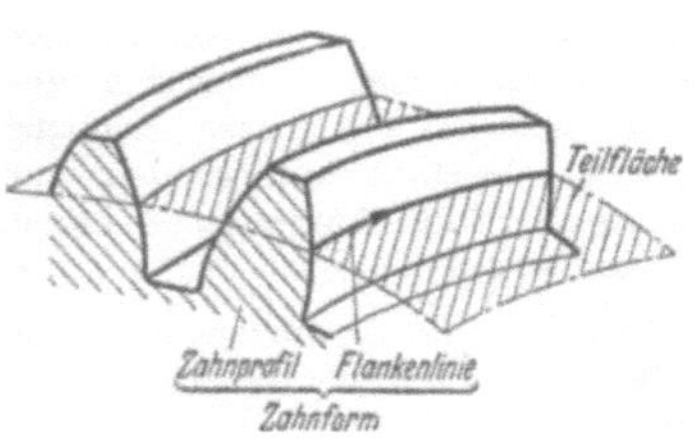

Abb. 169–2. Zahnform.

Rechtssteigende Zahnräder nennt man solche, deren Zahnverlauf, bezogen auf die Drehachse, eine Rechtsschraube gibt (Abb. 169–1 und 169–3).

Kennzeichnung der Zahnflanken, Rechts- und Linksflanken (Abb. 169—4): Nach DIN 3960 wird bei Stirnrädern auf einer Seite des Rades Zahn 1 und Zahn 2 gekennzeichnet, wodurch diese Seite zur Vorderseite erklärt ist. Dadurch wird auch die Zählrichtung festgelegt (möglichst im Uhrzeigersinn). Teilung 1 (Lücke 1) ist die Teilung (Lücke) zwischen Zahn 1 und Zahn 2. Bei Kegelrädern wählt man

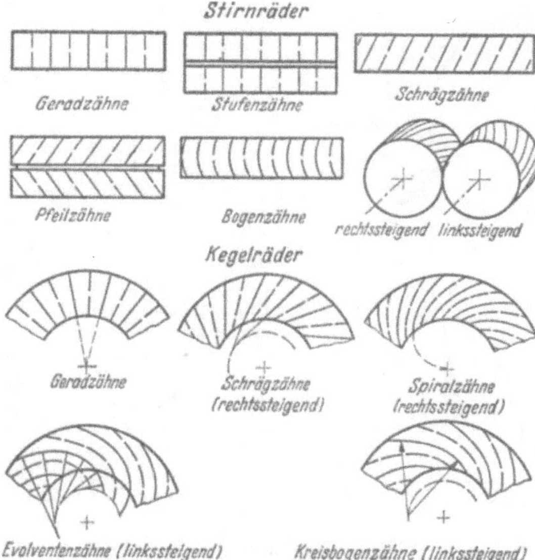

Abb. 169—3. Flankenlinien bei Wälzgetrieben.

zweckmäßig den äußeren Ergänzungskegel (Abschn. 169.17) als Vorderfläche. — Rechtsflanken sind bei einer Außenverzahnung (Innenverzahnung) die Flanken, die beim Blick auf die bezeichnete Vorderfläche von der Zahnmitte (Lückenmitte) aus in Richtung des Uhrzeigersinns liegen. Rechtsteilungen sind die Teilungen zwischen Rechtsflanken. Es kämmen bei Wälzgetrieben Rechts- mit Rechts- und Links- mit Linksflanken.

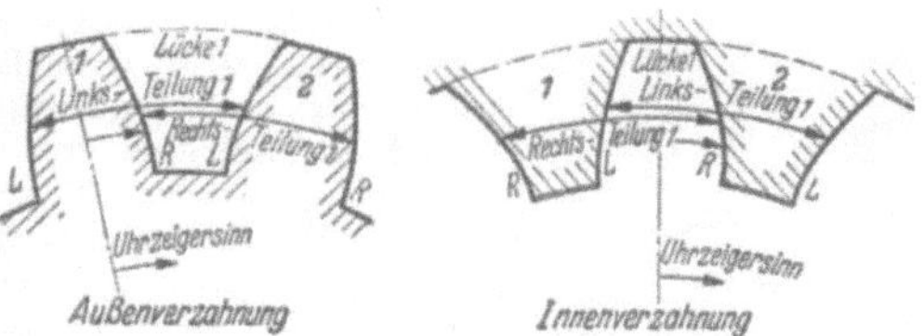

Abb. 169—4. Kennzeichnung der Zahnflanken.

Erzeugung des Zahnprofils. Gegeben ist eine Ursprungsverzahnung A_0 des Rades R_0. Zur Bestimmung des Gegenprofils B_1 des Rades R_1 läßt man die Räder R_0 und R_1 mit ihren Wälzzylindern, die sich aus dem vorgegebenen Übersetzungsverhältnis ergeben, aufeinander abrollen. Durch Aufzeichnen von aufeinanderfolgenden Relativstellungen oder durch wirkliches Abwalzen (wobei R_0 das Werkzeug, R_1 das Werkstück ist) wird die durch die Ursprungsverzahnung A_0 am Rad R_1 eingehüllte oder verdrängte Form B_1 (Hüll- oder Verdrängungsform) bestimmt. Das Gegenrad R_2 zum Rad R_1 muß mit einem Abguß $\overline{A}_0$ der Ursprungsverzahnung erzeugt werden. In den häufigen Fällen, wo der Abguß $\overline{A}_0$ gleich der Ursprungsverzahnung A_0 ist, erhält man den Satz, daß die mit derselben Ursprungsverzahnung A_0 hergestellten Verzahnungen B_1, B_2, B_3 usw. zusammen laufen.

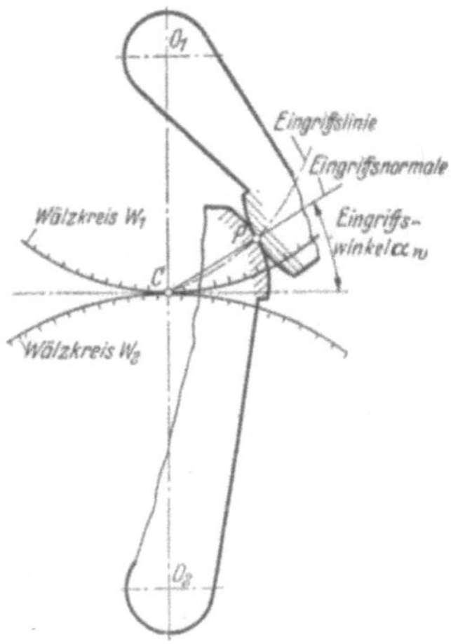

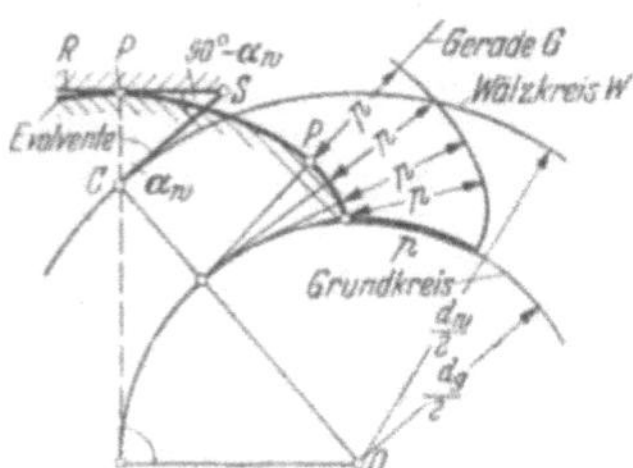

Abb. 169–5.
Allgemeines Verzahnungsgesetz.

Allgemeines Verzahnungsgesetz für Stirnradgetriebe. Das Abrollen zweier Stirnräder mit konstanter Übersetzung $i = n_1/n_2$ denkt man sich nach Abb. 169–5 ersetzt durch das Abrollen zweier radfester, sich berührender Wälzkreise W_1 und W_2 (Getriebewälzkreise). Im Berührungspunkt C, dem sog. Wälzpunkt, haben beide Kreise gleiche Umfangsgeschwindigkeit um die festen Drehachsen O_1 und O_2.

Satz für konstante Übersetzung i: Die Senkrechte $C\,P$ (Eingriffsnormale) im augenblicklichen Berührungspunkt P zweier Zahnflanken geht durch den Wälzpunkt C und teilt den Achsenabstand $O_1 O_2$ im Verhältnis $1 : i$.

Der Eingriffswinkel α_w ist der Winkel zwischen der Eingriffsnormalen und der Wälzkreistangente im Wälzpunkt C. Bei der Evolventenflanke ist der Eingriffswinkel für einen vorgegebenen Wälzkreis über die ganze Zahnflanke konstant. Pressungswinkel s. DIN 3960 (Okt. 1953). Die Eingriffslinie ist der geometrische Ort aller gemeinsamen Berührungspunkte P.

169.12 Bestimmungsgrößen des Zahnrades

169.121 Evolvente, Grundkreis und Eingriffswinkel. Der Endpunkt P einer Geraden G, die auf einem Kreis, dem Grundkreis, abwalzt, beschreibt als Punktkurve eine Evolvente (Abb. 169–6). Grundkreisdurchmesser $d_g = 2r_g$. Die Evolvente kann auch als Hüllkurve von einem beliebigen Wälzkreis W aus erzeugt werden. Die im Endpunkt S der Wälzkreistangente $C S$ unter dem Winkel $90° - \alpha_W$ angelenkte Gerade $S R$ hüllt dieselbe Evolvente ein, wenn der Walzkreisdurchmesser

$$d_W = \frac{d_g}{\cos \alpha_W} \qquad (169\text{–}2)$$

Abb. 169–6. Erzeugung der Evolvente als Punktkurve vom Grundkreis aus oder als Hüllkurve vom Wälzkreis aus.

ist. Diese Eigenschaft der Evolvente

ermöglicht es, als Hullkurven erzeugte Evolventenflanken mit Geräten zu prüfen, welche die Evolvente als Punktkurve nachbilden. Fur den Teilkreis mit dem Eingriffswinkel α_0 gilt

$$d_0 = \frac{d_g}{\cos \alpha_0} \tag{169-3}$$

Zwei auf demselben Grundkreis entwickelte, gleichgerichtete Evolventen haben konstanten senkrechten Abstand p. Die Evolventen-Zahnstange (Zähnezahl $z = \infty$), auch **Planverzahnung** genannt (Abschn. 169.126), hat gerade, um den Winkel $90° - \alpha_0$ zur Zahnstangen-Walzlinie geneigte Zahnflanken. Sie wird wegen ihrer einfachen Form mit Vorteil als Werk-

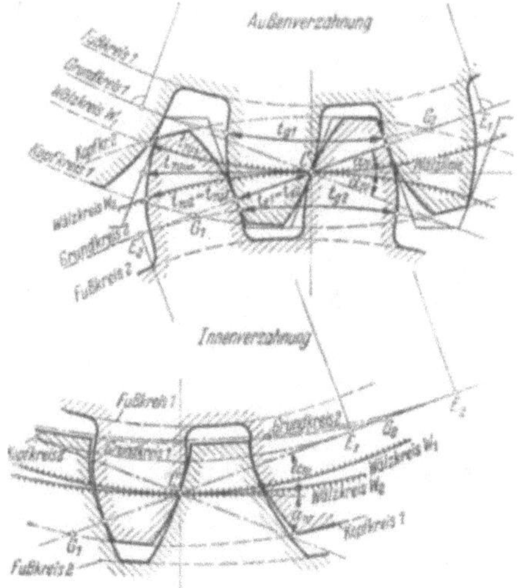

Abb. 169–7. Evolventenverzahnung t_g = Grundkreisteilung, t_w = Walzkreisteilung, t_e = Eingriffsteilung, α_w = Eingriffswinkel im Walzkreis. Fur Normalverzahnung ist Walzkreis = Teilkreis, also $t_w = t_0 = \pi \cdot m$.

Eingriffsanteil $CG_1 = e_1 = \frac{1}{2} \sqrt{a_{k1}^2 - a_{g1}^2} - \frac{1}{2} \cdot d_{w1} \cdot \sin \alpha_w$

Eingriffstrecke $G_1 G_2 = CG_1 + CG_2 = e_1 + e_2$.

zeug benutzt. Mit wachsendem Eingriffswinkel α_0 verringert sich die Grenzzahnezahl, der Überdeckungsgrad (Abschn. 169.133) und die Biegebeanspruchung der Zahne, es vergrößern sich Zahndruck und Lagerdruck. Nach DIN 867 ist in Deutschland $\alpha_0 = 20°$ genormt, es kommen auch $\alpha_0 = 15°$ und $14^1/_2°$ (England und USA) vor.

Die Evolventenverzahnung ist gegen Fehler im Achsabstand unempfindlich. Die Übertragung bleibt gleichförmig. Für geringe Zahnezahlen läßt sie sich auf einfache Weise korrigieren (Profilverschiebung, Abschn. 169.14).

Flankenrichtung. Bei Stirnrädern mit geraden Zahnen ist die Flankenrichtung parallel zur Radachse.

169.122 Teilkreis. Der Teilkreis (Abb. 169–7) ist der zur Radachse mittige Kreis vom Durchmesser

$$d_0 = z \cdot m, \qquad (169\text{–}4)$$

wo der Modul m eine möglichst genormte, in Millimetern gemessene Größe (DIN 780) und z die Zähnezahl ist. Der Teilkreis ist die Bezugslinie für die Vermaßung und Prüfung des Zahnrades und ist als solche fehlerfrei. Die übrigen, als fehlerhaft angesehenen Bestimmungsgrößen reichen aus, die Abweichungen eines fehlerhaften Rades von der Sollform festzulegen.

Die **Teilkreisteilung** t_0 ist der Teilkreisbogen zwischen zwei aufeinanderfolgenden Rechts- oder Linksflanken. Ihr Sollmaß ist

$$t_0 = d_0 / z = \pi \cdot m, \qquad (169\text{–}5)$$

Wie der Teilkreisumfang, so ist auch der Mittelwert der Teilkreisteilungen aller Rechts- oder aller Linksflanken fehlerfrei, dagegen können die einzelnen Teilungen Fehler haben.

169.123 Die Eingriffsteilung t_e (Abb. 169–7) ist der Abstand paralleler Tangenten an zwei benachbarte Evolventen-Rechts- oder Linksflanken. Das Sollmaß ist

$$t_e = \pi m \cdot \cos \alpha_0, \qquad (169\text{–}6)$$

Nur bei genauen Evolventenflanken ist t_e über den ganzen Flankenbereich konstant und gleich der Grundkreisteilung t_g. Unter dieser Voraussetzung gilt

$$t_e = t_g = t_0 \cdot \cos \alpha_0 \qquad (169\text{–}7)$$

169.124 Kopf- und Fußkreis. Der Kopfkreis (Abb. 169–7) ist bei Außenrädern die äußere, bei Innenrädern die innere Begrenzung der Verzahnung. Der Fußkreis ist der Kreis, bis zu dem die Zahnlücken in den Radkörper eindringen. Kopfkreisdurchmesser

$$d_k = d_{0\,(\overset{+}{-})}\, 2\,h_k \qquad (169\text{–}8)$$

Fußkreisdurchmesser
$$d_f = d_{0\,(\overset{-}{+})}\, 2\,h_f \qquad (169\text{–}9)$$

Für normale Verzahnung ist die Kopfhöhe $h_k = m$; die Fußhöhe $h_f = (1,1$ bis $1,3) \cdot m$; die höheren Werte nimmt man besonders bei kleinem Modul ($m < 1$). Die eingeklammerten Vorzeichen gelten für Innenverzahnung.

Die **Zahnhöhe** h_z ist der Abstand des Kopfkreises vom Fußkreis.

169.125 Die Zahndicke s_0 (Abb. 169–7) ist die Länge des Teilkreisbogens zwischen den beiden Flanken eines Zahnes. Die **Lückenweite** l_0 ist die Länge des Teilkreisbogens zwischen den beiden, eine Lücke einschließenden Zahnflanken. In der Mittellinie des Bezugsprofils, Abb. 169–8, ist $s_0 = l_0$. Dieses gilt auch bei normgerechter Verzahnung (V-Räder, Profilverschiebung $= x \cdot m$) ohne Flankenabmaß (Abschn. 169.14).

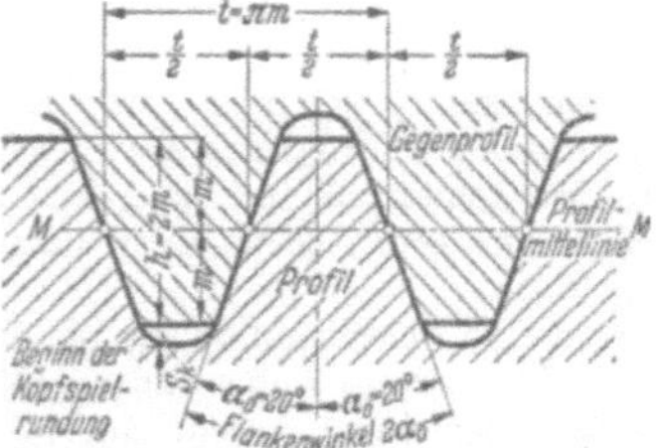

Abb. 169–8. Zahnform für Stirn- und Kegelräder nach DIN 867 Bezugsprofil. Die Flanken des Profils sind Geraden (Evolventenverzahnung). Eingriffswinkel $\alpha_0 = 20^c$ ($=$ halber Flankenwinkel). Gemeinsame Zahnhöhe $h = 2 \cdot m$ ($m =$ Modul $=$ Durchmesserteilung). In der Profilmittellinie MM (bei Flankenspiel Null) Zahndicke $=$ Zahnlücke $= \dfrac{t}{2}$ ($t =$ Umfangsteilung).

Die Kopfspielrundung beginnt dort, wo das Gegenprofil aufhört (Form der Rundung abhängig vom Herstellungsverfahren). Kopfspiel $S_h = 0,1 \cdot m$ bis $0,3 \cdot m$ (abhängig vom Herstellungsverfahren und von Sonderbedürfnissen).

Bei Profilverschiebung sind die Nennmaße im Teilkreis

Zahndicke $\quad s_0 = \dfrac{t_0}{2} + 2\,x \cdot m \cdot \operatorname{tg}\alpha_0;$ (169–10)

Lückenweite $\quad l_0 = \dfrac{t_0}{2} - 2\,x \cdot m \cdot \operatorname{tg}\alpha_0;$ (169–11)

Zahndicke und Lückenweite können auch als Sehne gemessen werden, Bezeichnung $\bar{s}_0$ und $\bar{l}_0$ (Abschn. 631.3).

169.126 Planverzahnung und Bezugsprofil. Man kann sich das Stirnrad durch Walzen einer Zahnstange (Planverzahnung) auf dem Walzkreis des Stirnrades entstanden denken. Die Planverzahnung von Rad und Gegenrad decken sich bis auf das Kopf- und Flankenspiel. Den Schnitt der Planverzahnung senkrecht zu den Zahnen gibt das Bezugsprofil (Abb. 169–8), das bei Rad und Gegenrad kurz als „Profil" und „Gegenprofil" bezeichnet wird. Das Bezugsprofil der Evolventenverzahnung besitzt gerade Flanken. Die Normverzahnung ist in DIN 867 festgelegt. Die Hochverzahnung

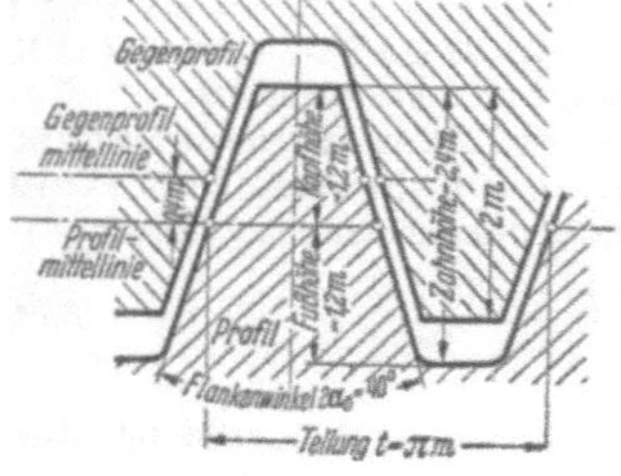
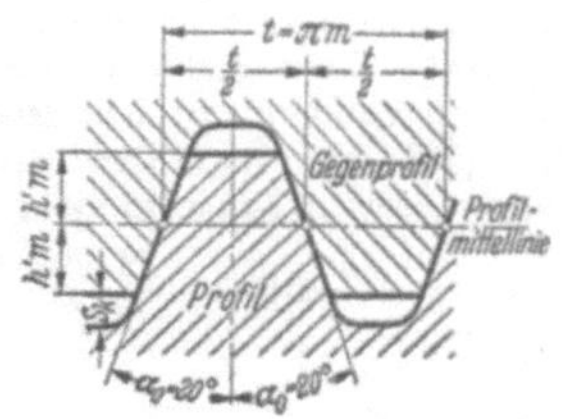

Abb. 169–9. | Abb. 169–10.

Abb. 169–9. Bezugsprofil der Hochverzahnung.

Achsabstand . . . . $a = \dfrac{m}{2}(z_1 + z_2) + 0{,}4\,m$

Teilkreisdurchmesser . . . . $d_0 = mz$
Kopfkreisdurchmesser . . . . . . $d_k = m(z + 2{,}4)$
Fußkreisdurchmesser . . . . $d_f = m(z - 2{,}4)$.

Abb. 169–10. Bezugsprofil der Stumpfverzahnung.

Achsabstand . . . . $a = \dfrac{m}{2}(z_1 + z_2)$

Teilkreisdurchmesser . $\qquad\qquad d_0 = mz$
Kopfkreisdurchmesser . $\qquad d_k = m(z + 2\,h');\ h' < 1$
Fußkreisdurchmesser . $\qquad d_f = m(z - 2{,}33\,h')$
Kopfspiel . . . . $s_k = \dfrac{m}{6}$.

(Bezugsprofil Abb. 169–9) ist eine in der Feinmechanik ($m \leqq 1$) eingeführte 20°-Evolventenverzahnung, bei der ein Eingriffsflankenspiel von $S_e \approx 0{,}27\,m$ bereits im Bezugsprofil berücksichtigt ist. Die bei Normverzahnung mit Flankenspiel auftretende Verkürzung der Eingriffsdauer wird bei der Hochverzahnung durch Erhöhen des Zahnes um $0{,}4 \cdot m$ zur Halfte ausgeglichen. Der für spielfreie Normverzahnung errechnete Achsabstand wird bei der Hochverzahnung um $0,4 \cdot m$ vergroßert. Bei spielfreiem Eingriff wurden die Zahne auf Grund laufen. Die mit der Zahndicke zusammenhangenden Prufmaße des Einzelrades berechnen sich, wenn sie nicht auf den Zahnkopf Bezug nehmen, wie bei der Normverzahnung.

Bei der Stumpfverzahnung (Bezugsprofil Abb. 169–10) werden die den Unterschnitt verursachenden Zahnköpfe abgeschnitten. Auch der Zahnfuß ist entsprechend gekurzt. Die kraftigeren Zahne werden mit geringerem Überdeckungsgrad erkauft.

Die B-Verzahnung 20° (ZF, Friedrichshafen) besitzt eine Zahnfußhöhe von $1,5 \cdot m$ und einen solchen Kopfkreisdurchmesser, daß $CG - t_p$ ist (Abb. 169–7). Eingriffsdauer des Getriebes $\varepsilon = 2$.

Maag-Verzahnung, vgl. Schrifttt. 169.1 [18].

169.127 Normen. Zahnform: DIN 867; Begriffe: DIN 868; Bestellung: DIN 869; Profilverschiebung: DIN 870; Modulreihe: DIN 780; Bestimmungsgroßen und Fehler: DIN 3960; Toleranzen: DIN 3961 u. 3962, s. a. Abschn. 169.2.

Modulreihe nach DIN 780: 0,3 (0,35) 0,4 (0,45) 0,5 (0,55) 0,6 (0,65) 0,7 0,8 0,9 1 1,25 1,5 1,75 2 2,25 2,5 2,75 3 3,25 3,5 3,75 4 4,5 5 5,5 6 6,5 7 8 9 10 11 12 13 14 15 16 18 20 22 24 27 30 33 36 39 42 45 50 55 60 65 70 75. Die eingeklammerten Werte sind zu vermeiden.

In den Landern mit Zollsystem werden Zahnrader nach Diametralpitch (DP) oder nach Circular-pitch (CP) berechnet. Die DP ist der Kehrwert des in Zoll gemessenen Moduls des metrischen Systems. Es ist

$$DP = \frac{1}{m/25,4} = \frac{25,4}{m} \left[\frac{1}{\text{engl. Zoll}}\right], \qquad (169\text{–}12)$$

wo m in mm.

Die Circular-pitch ist die in Zoll gemessene Teilkreisteilung, also

$$CP = \frac{\pi \cdot m}{25,4} = \frac{m}{8,09} \; [\text{engl. Zoll}], \qquad (169\text{–}13)$$

wo m in mm.

Normreihe: DP: 1 1,25 1,5 1,75 2 2,25 2,5 2,75 3 3,5 4 5 6 7 8 9 10 11 12 14 16 18 20 22 24 26 28 30.

CP: $^1/_{16}$ $^1/_8$ $^3/_{16}$ $^1/_4$ $^5/_{16}$ $^3/_8$ $^7/_{16}$ $^1/_2$ $^9/_{16}$ $^5/_8$ $^{11}/_{16}$ $^3/_4$ $^{13}/_{16}$ $^7/_8$ $^{15}/_{16}$ 1 $1^1/_{16}$ $1^1/_8$ $1^3/_{16}$ $1^1/_4$ $1^5/_{16}$ $1^3/_8$ $1^7/_{16}$ $1^1/_2$ $1^5/_8$ $1^3/_4$ $1^7/_8$ 2 3.

169.128 Die Flankeneintrittsform ist die Form des am Zahnkopf oder Zahnfuß gegenuber den Evolventenflachen zuruckweichenden Flankenstuckes, um ein Flankeneintrittsspiel zu erzielen.

Balligkeit: Die Breitenballigkeit ist die nach beiden Zahnenden hin gemessene Abweichung der Zahnlinie von einer volltragend gedachten Flankenlinie (Abschn. 169.11). Die Höhenballigkeit ist die nach dem Zahnkopf und Zahnfuß hin gemessene Abweichung des Profils von dem volltragend gedachten Profil.

169.13 Bestimmungsgrößen des Zahngetriebes

169.131 Der Achsabstand a ist die Entfernung der Radachsen im Getriebe. Beim Sollmaß a_0 des Achsabstandes kammen Raderpaare, deren

Rader nach dem Nennmaß der Zahndicke ausgefuhrt sind, spielfrei. Es ist

$$a_0 = \frac{z_1 + z_2}{2} \cdot m, \qquad (169\text{--}14)$$

Bei V-Getrieben ist das Sollmaß des Achsabstandes a_v (s. Abschn. 169.14 und DIN 870).

169.132 Wälzkreis. Die Walzkreise W_1 und W_2 zweier im Eingriff befindlicher Stirnrader (Abb. 169-7) berühren sich und rollen ohne Gleiten aufeinander ab. Ihr Beruhrungspunkt, der Walzpunkt C, teilt den Achsabstand im Verhaltnis der Übersetzung. Ist der Achsabstand gleich dem Sollwert a_0, so fallen Walzkreis und Teilkreis zusammen. Ändert man den Achsabstand eines Evolventengetriebes, so andern sich die Walzkreisdurchmesser so, daß ihr Verhaltnis gleich der konstanten Übersetzung bleibt. Erzeugungs- und Getriebewalzkreis sind in diesem Falle zu unterscheiden. Beim Eingriff von Zahnstange und Zahnrad ist beim Zahnrad der Getriebewalzkreis davon unabhangig, welchen Abstand die Zahnstange von der Radmitte hat. Die Tangente an den Teilkreis ist Walzlinie fur die Zahnstange.

169.133 Eingriff. Die Eingriffslinie (Abb. 169-5) ist die Kurve, auf der die gemeinsamen Beruhrungspunkte der Zahnflanken liegen, wenn das Getriebe bei festliegenden Achsen gedreht wird. Die Eingriffslinie der Evolventenverzahnung ist die (durch den Walzpunkt C gehende) gemeinsame Tangente an die Grundkreise, die Eingriffsgerade $E_1 E_2$ (Abb. 169-7). Die Eingriffsstrecke $G_1 G_2$ ist der Abschnitt der Eingriffsgeraden, der beim wirklichen Eingriff durchlaufen wird. Unterschnitt tritt bei kleinen Zahnezahlen auf, wenn bei Außenverzahnung die Kopfflanke des Werkzeugs die Eingriffsgerade außerhalb $E_1 E_2$ schneidet. Zur Vermeidung von Unterschnitt kann man den Eingriffswinkel oder die Zahnezahl vergrößern, Schragverzahnung wahlen oder Profilverschiebung durchfuhren (Abschn. 169.14). Die Grenzzahnezahl z_g ist die Zahnezahl, unterhalb der Unterschnitt auftritt. Es ist fur Geradverzahnung

$$z_g = 2/\sin^2 \alpha_0 \qquad (169\text{--}15)$$

Fur Geradverzahnung mit $\alpha_0 = 20°$ (15°) ist $z_g = 17$ (30). Der Überdeckungsgrad oder die Eingriffsdauer ε ist fur Geradverzahnung: $\varepsilon =$ Eingriffsstrecke $G_1 G_2$/Eingriffsteilung t_e. Es muß $\varepsilon > 1$ sein, damit mindestens immer ein Zahnpaar des Getriebes in richtigem Eingriff ist.

169.134 Flankenspiel. Das Flankenspiel bestimmt sich aus dem Abmaß der Zahndicke der beiden einzelnen Rader und dem Abmaß des Achsabstandes des Getriebes. Das Eingriffsflankenspiel S_e ist der auf der Eingriffslinie gemessene Abstand zweier Rechts-(Links-)Flanken eines kämmenden Radpaares, dessen Links-(Rechts-)Flanken mit der Kraft Null aneinander liegen. Fur Null-, V-Null- und V-Stirngetriebe ist mit genugender Naherung

$$S_e = -(A_{s1} + A_{s2}) \cos \alpha_W + 2 A_a \cdot \sin \alpha_W \qquad (169\text{--}16)$$

Hierin ist A_s das Zahndickenabmaß[1] (Abschn. 631,3), A_a das Abmaß des Achsabstandes und α_W der im Getriebe wirksame Eingriffswinkel nach Abschn. 169.121.

---

[1] Istabmaß nach Abschn. 162.

Das Verdrehflankenspiel S_d ist der auf dem Walzkreis gemessene Bogen, um den sich jedes der beiden Rader bei festgehaltenem Gegenrad verdrehen laßt. Mit denselben Abkurzungen wie oben gilt mit genügender Naherung fur Null-, V-Null- und Null-Stirnrader

$$S_d = - (A_{s1} + A_{s2}) + 2 A_a \cdot \operatorname{tg} \alpha_W \qquad (169\text{--}17)$$

169.14 Profilverschiebung

Das Bezugsprofil eines innen- oder außenverzahnten Rades wird (samt der Profilmittellinie) um den Wert $x \cdot m$ nach außen (x positiv) oder nach innen (x negativ) verschoben (Abb. 169–11). Mit dem Bezugsprofil verschiebt sich das Werkzeug um den gleichen Betrag. Man nennt die Räder

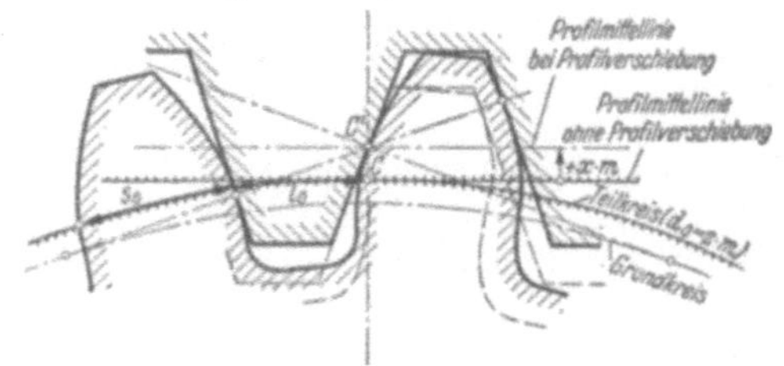

Abb. 169–11. Profilverschiebung
s_0 = Zahndicke im Teilkreis
l_0 = Luckenweite im Teilkreis
xm = Profilverschiebung (positiv vom Mittelpunkt weg).

V_{plus}-Rader und V_{minus}-Räder. Die zur Vermeidung von Unterschnitt notwendige Profilverschiebung $x \cdot m$ kann nach DIN 870 fur den Eingriffswinkel $\alpha_0 = 15°$ und $20°$ in Abhangigkeit von der Zahnezahl z aus Abb. 169 –12 entnommen werden. Bei hochwertigen Getrieben geht man höchstens

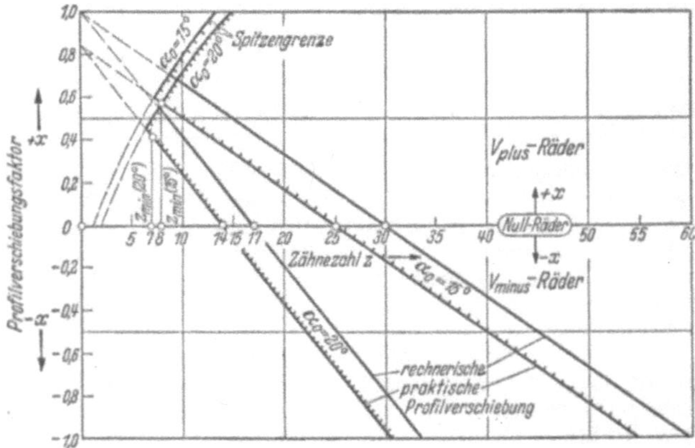

Abb. 169–12. Profilverschiebung, x = Profilverschiebungsfaktor

bis an die rechnerische Unterschnittgrenze, bei geringeren Anforderungen kann man bis zur „praktischen" Unterschnittgrenze gehen. Auf der Spitzengrenze werden die Zähne bei normaler Kopfhöhe ($h_k = 1 \cdot m$) spitz. Für noch größere positive Profilverschiebung muß die Kopfhöhe gekürzt werden, was man wegen der Verkürzung der Eingriffsdauer möglichst vermeidet.

V-Null-Getriebe. Die Profilverschiebung ist für Rad und Gegenrad gleich, aber von entgegengesetztem Vorzeichen, so daß die Profilmittellinien der beiden Rad-Bezugsprofile wieder zusammenfallen. Der Achsabstand ändert sich nicht.

V-Getriebe. Die Profilverschiebung von Rad und Gegenrad ist verschieden. Achsabstand a_v und Getriebeeingriffswinkel ändern sich (DIN 870).

Es ist
$$a_v = a_0 + (x_1 + x_2) \cdot m + \varepsilon, \quad (169\text{--}18),$$
wo a_0 der Achsabstand der Normverzahnung und ε ein von $(z_1 + z_2)$ und $(x_1 + x_2)$ abhängiger Korrekturwert sind.

In dem allgemeinen Falle, wo die Walzkreise nicht gleich den Teilkreisen sind (Sollwert des Achsabstandes a_W), sind die Walzkreisdurchmesser

$$d_{W1} = \frac{z_1}{z_1 + z_2} \cdot a_W \quad \text{und} \quad d_{W2} = \frac{z_2}{z_1 + z_2} \cdot a_W.$$

Beispiel (s. Abb. 169–12): Rad 1: $z_1 = 10$; Rad 2: $z_2 = 25$. Modul $m = 2$; $\alpha_0 = 20°$. Rad 1: Rechnerische Unterschnittgrenze bei $x_1 = + 0,4$, die praktische bei $x_1 = + 0,25$. Bei $x_1 = 0,68$ wird der Zahn spitz. Gewählte Profilverschiebung: $x_1 m = + 0,4 \cdot 2 = + 0,8$ mm (nach außen).
Rad 2: Rechnerische Unterschnittgrenze bei $x_2 = - 0,45$. Man kann also $x_2 = - 0,4$ und damit $x_2 \cdot m = - 0,4 \cdot 2 = - 0,8$ (Profilverschiebung nach innen) wählen. (V-Null-Getriebe, da $x_1 = - x_2$). Achsabstand wie bei Normverzahnung gleich
$$a_0 = \frac{z_1 + z_2}{2} m.$$

169.15 Schrägverzahnung

Bei Schrägverzahnung sind die Zähne im Teilkreis gegenüber der Achse um den Schrägungswinkel β_0 schräggestellt (Abb. 169–13). Während für die Herstellung der Normalschnitt (senkrecht zu den Zähnen) maßgebend ist, werden die Eingriffsverhältnisse aus dem Stirnschnitt (senkrecht zur Drehachse) ermittelt. Im Normalschnitt liegt das Bezugsprofil mit dem genormten[1], die Zahnkopf- und Zahnfußhöhe bestimmenden **Normalmodul** m_n. Die **Normalteilung** ist $t_n = \pi \cdot m_n$; der die Stirnteilung t_{0s} bestimmende **Stirnmodul**

$$m_s = \frac{m_n}{\cos \beta_0} \tag{169--19}$$

und die Stirnteilung $t_{0s} = \pi \cdot m_s = \frac{\pi \cdot m_n}{\cos \beta_0}$
$$\tag{169--20}$$

Der **Teilkreisdurchmesser** d_0 ist $d_0 = m_s \cdot z = \frac{m_n \cdot z}{\cos \beta_0}$
$$\tag{169--21}$$

Für Evolventenräder errechnet sich der **Eingriffswinkel** α_{ws} im **Stirnschnitt** auf dem Walzkreis W aus dem **Eingriffswinkel** α_{wn} im

Normalschnitt zu $\operatorname{tg} \alpha_{ws} = \frac{\operatorname{tg} \alpha_{wn}}{\cos \beta_w},$
$$\tag{169--22}$$

---

[1] Bezugsprofil DIN 867, Modulreihe DIN 780 (Abschn. 169.126 u. 127).

Der Grundkreisradius der Evolventenflanke (im Stirnschnitt) ist

$$r_g = \frac{d_0}{2} \cdot \cos \alpha_{0s} \qquad (169\text{-}23)$$

Die Grenzzahnezahl ist $z_g = \dfrac{2}{\sin^2 \alpha_{0s}} \cdot \cos^3 \beta_0 \qquad (169\text{-}24)$

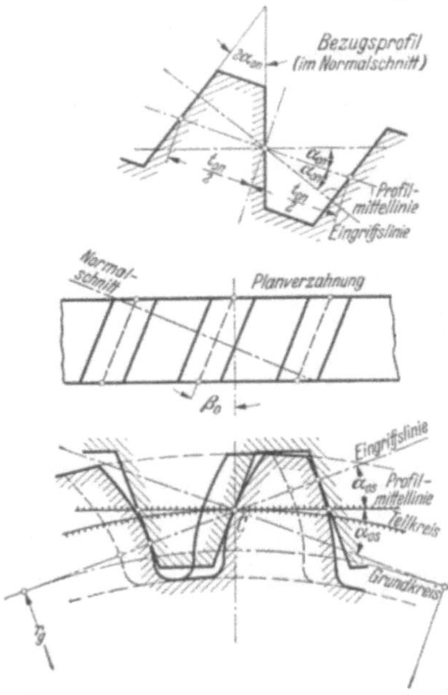

Abb. 169-13. Evolventen-Schragverzahnung

(Abschn. 169.133). Ideelle Zahnezahl z_i (die auf den Normalschnitt bezogene Zahnezahl) und ideeller Durchmesser d_i s. Abschn. 631.321.

Die Eingriffsteilung t_{en} im Normalschnitt ist der Abstand paralleler Tangentialebenen an benachbarte, gleichgerichtete Zahnflanken; die Eingriffsteilung t_{es} im Stirnschnitt ist der Abstand paralleler Tangenten an benachbarte, gleichgerichtete Zahnflanken. Es ist

$$\begin{aligned} t_{en} &= t_{0n} \cdot \cos \alpha_{0n} \\ &= \pi \cdot m_n \cdot \cos \alpha_{0n}, \end{aligned} \qquad (169\text{-}25)$$

$$\begin{aligned} t_{es} &= t_{0s} \cdot \cos \alpha_{0s} \\ &= \pi \cdot m_s \cdot \cos \alpha_{0s}. \end{aligned} \qquad (169\text{-}26)$$

Die Normzahndicke s_{0n} (DIN 3960) des Schragzahnrads ist die Bogenlange zwischen den beiden Flanken eines Zahnes, gemessen auf einer auf dem Teilzylinder senkrecht zu den Flankenlinien verlaufenden Schraubenlinie. Das Nennmaß der Normzahndicke ist fur profilverschobene Normverzahnung (DIN 867)

$$s_{0n} = \frac{t_{0n}}{2} + 2 \cdot x \cdot m_n \cdot \operatorname{tg} \alpha_{0n}, \qquad (169\text{-}27)$$

Die Stirnzahndicke s_{0s} ist die im Stirnschnitt gemessene Lange des Teilkreisbogens zwischen den beiden Flanken:

$$s_{0s} = \frac{t_{0s}}{2} + 2 \cdot x \cdot m_n \cdot \operatorname{tg} \alpha_{0s}. \qquad (169\text{-}28)$$

Die Zahnform der Evolventen-Schragverzahnung laßt sich nach Abb. 169-14 aus dunnen Stirnradern zusammengesetzt denken, die axial um gleiche Schritte verschoben und um gleiche Winkelschritte gedreht sind. Die Zahnflanke ist also Ausschnitt aus einer Schraubenflache, deren Achse die Drehachse, deren Schnitt senkrecht zur Achse eine Evolvente ist. Schneidet man den Grundkreiszylinder (Zylinder mit Radius r_g) langs einer Schraubenlinie CG mit dem Schragungswinkel β_g auf, so beschreibt die

Schnittlinie beim Abwickeln eine Evolventen-Schraubenflache. Die Ebene F kann als Zahnflanke der Planverzahnung angesehen werden. Gemeinsame Beruhrungslinie ist die Gerade CD. Fur einen beliebigen Radius r und den Schragungswinkel β der Evolventen-Schraubenflache auf diesem Radius gilt die Beziehung

$$\frac{r}{\operatorname{tg}\beta} = \frac{r_g}{\operatorname{tg}\beta_g} \qquad (169\text{–}29)$$

Fur das auf der Eingriffslinie im Normalschnitt senkrecht zum Zahn gemessene Flankenspiel S_e erhalt man mit den Zahndickenabmaßen A_{s1} und A_{s2} der beiden Rader und dem Abmaß A_a des Achsenabstandes ahnlich wie beim Stirnrad (Abschn. 169.134)

$$S_e = -(A_{s1} + A_{s2}) \cdot \cos\alpha_{wn} + 2A_a \cdot \sin\alpha_{wn} \qquad (169\text{–}30)$$

Das Abmaß A ist der Unterschied zwischen Istmaß und Nennmaß der jeweiligen Meßgröße. Das Zahndickenabmaß ist im Normalschnitt gemessen. Es ist mit negativem Vorzeichen einzusetzen, wenn Istmaß $<$ Sollmaß. Der Winkel a_{wn} ist der Eingriffswinkel im Normalschnitt auf dem Walzkreis W (Durchmesser d_W).

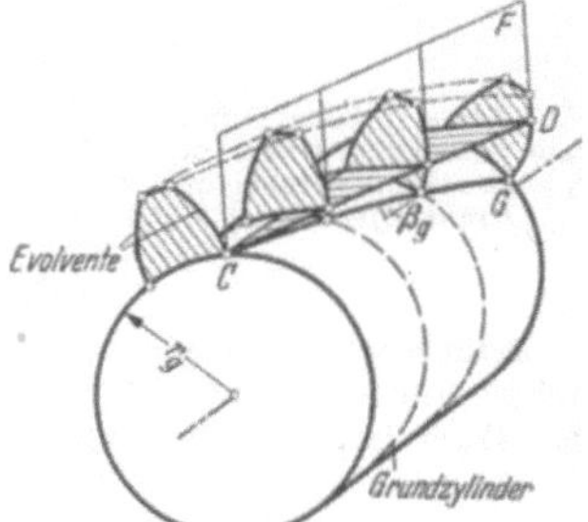

Abb. 169–14. Evolventen-Schragverzahnung. CD = Erzeugende der Evolventen-Schraubenfläche, ist zugleich Tangente an den Grundzylinder.

β_g = Schrägungswinkel im Grundzylinder.

Tangentialfläche F an die Zahnflanke beruhrt längs der Erzeugenden CD.

Fur das Verdrehflankenspiel im Stirnschnitt als Bogen auf dem Walzkreis erhalt man

$$S_d = -\frac{A_{s1} + A_{s2}}{\cos\beta_w} + 2A_a \cdot \operatorname{tg}\alpha_{ws} \qquad (169\text{–}31)$$

Fur die Berechnung des Flankenspiels und des Verdrehflankenspiels werden die Eingriffswinkel berechnet aus

$$\operatorname{tg}\beta_w = \frac{d_w}{d_0} \cdot \operatorname{tg}\beta_0; \quad \cos\alpha_{ws} = \frac{d_0}{d_w} \cdot \cos\alpha_{0s} \ (\text{Abschn. } 169.121)$$

$$\operatorname{tg}\alpha_{wn} = \operatorname{tg}\alpha_{ws} \cdot \cos\beta_w.$$

Beispiel. $z_1 = 20$; $z_2 = 30$; $m_n = 2$; $a_{0n} = 20°$; $\beta_0 = 20°$; $m_s = \dfrac{m_n}{\cos\beta_0}$

$= \dfrac{2}{0{,}9397} = 2{,}128$ mm; $t_{0n} = \pi \cdot m_n = 6{,}283$ mm; $t_{0s} = \pi \cdot m_s = 6{,}685$ mm;

$a_0 = \dfrac{z_1 + z_2}{2} m_s = 25 \cdot 2{,}128 = 53{,}200$ mm; $d_{01} = z_1 \cdot m_s = 42{,}560$ mm;

$d_{02} = z_2 \cdot m_s = 63{,}840$ mm; $\operatorname{tg}\alpha_{0s} = \dfrac{\operatorname{tg}\alpha_{0n}}{\cos\beta_0} = \dfrac{0{,}3640}{0{,}9397} = 0{,}3874$; $\alpha_{0s} = 21° 10'$.

169.16 Schraubenräder

Schraubenräder sind schrägverzahnte Stirnrader mit windschief sich kreuzenden Achsen. Sie haben gleiche Normalteilung, aber verschiedenen Schrägungswinkel β_1 und β_2 (Abb. 169–15). Der Kreuzungswinkel γ ist $\gamma = \beta_1 + \beta_2$. Die erzeugende geradverzahnte Planverzahnung ist beiden Rädern gemeinsam.

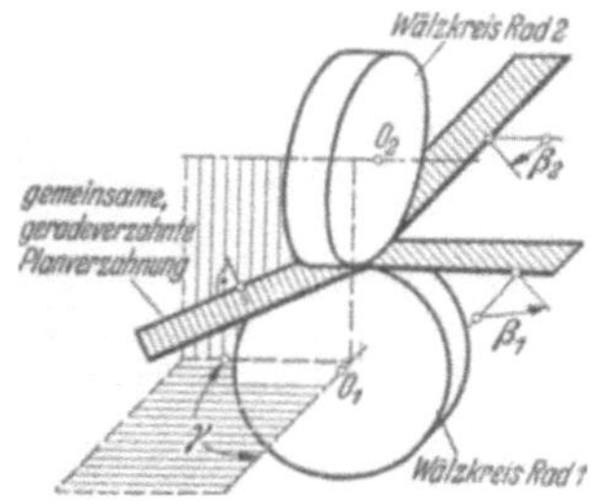

Abb. 169–15. Schraubenradgetriebe
β_1 = Schragungswinkel des Rades 1.
β_2 = Schrägungswinkel des Rades 2;
Kreuzungswinkel $\gamma = \beta_1 + \beta_2$.

Abb. 169–16. Kegelradgetriebe
δ_1 = Wälzkegelwinkel des Rades 1.
δ_2 = Walzkegelwinkel des Rades 2;
Achswinkel $\gamma = \delta_1 + \delta_2$.

169.17 Kegelräder

Beim Kegelradgetriebe (Abb. 169–16 u. DIN 3971[1]) schneiden sich die Achsen in der Spitze 0 unter dem Achswinkel γ. Die Getriebewalzkegel W_1 und W_2 walzen aufeinander ab, Walzkegelwinkel δ_1 und δ_2. Bei der Plan-

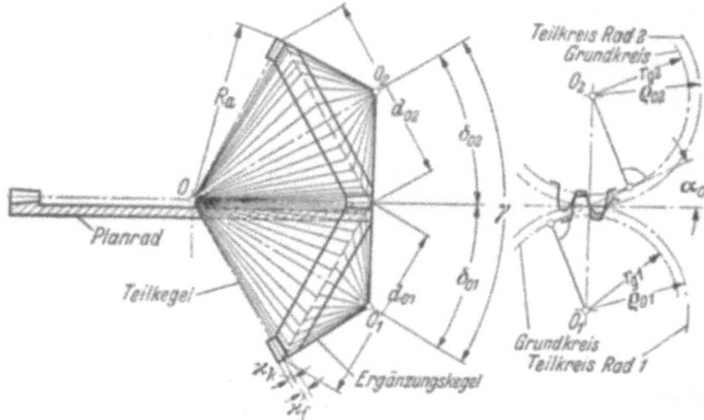

Abb. 169–17. Kegelradverzahnung, dargestellt als auf dem Ergänzungskegel aufgewickelte Stirnradverzahnung
d_{01}, d_{02} = Teilkreisdurchmesser,
$\varrho_{01}, \varrho_{02}$ = Teilkreisradius des Ersatzstirnrads = Mantellänge des Ergänzungskegels,
R_a = Mantellänge des Teilkegels,
δ_{01}, δ_{02} = Teilkegelwinkel, $\varkappa_k$ = Kopfwinkel
γ = Achswinkel = $\delta_{01} + \delta_{02}$. $\varkappa_f$ = Fußwinkel

---

[1] Entwurf DIN 3971 erschienen.

verzahnung (Planrad) artet der Wälzkegel in eine Kreisfläche ($\delta = 90°$) aus. Bei zwei im Eingriff befindlichen Kegelradern müssen sich die zugehörigen Planverzahnungen wie Form und Abguß verhalten.

Die Kegelradverzahnung wird meistens näherungsweise als eine auf dem Ergänzungskegelmantel aufgewickelte Stirnradverzahnung dargestellt (Abb. 169–17). Die Mantellinien des Ergänzungskegels stehen senkrecht auf dem Teilkegel, Teilkegelwinkel δ_{01} und δ_{02}. In der Nebenabbildung sind die Mantelflächen der beiden Ergänzungskegel samt den Zahnprofilen in die Zeichenebene abgewickelt. Das Zahnprofil des Planrades ist auf seinem Er-ganzungskegel, der zum Zylinder ausgeartet ist, aufgezeichnet. In die Zeichenebene abgewickelt, ist es die zur Stirnradverzahnung gehörende Planverzahnung, die beim Evolventen-Kegelrad naherungsweise ein geradflankig begrenztes Zahnstangenprofil ist. Die Übersetzung ist

$$i = \frac{n_1}{n_2} = \frac{z_2}{z_1} = \frac{d_{02}}{d_{01}} = \frac{\sin \delta_{02}}{\sin \delta_{01}} \qquad (169\text{--}32)$$

Teilkreisdurchmesser $\qquad\qquad d_0 = m \cdot z \qquad\qquad (169\text{--}33)$

fehlerfrei. Die Teilkreisteilung t_0 ist der Teilkreisbogen zwischen zwei aufeinanderfolgenden Rechts- oder Linksflanken. Ihr Sollwert ist $t_0 = \pi \cdot m$. Der Teilkegelwinkel δ_0 (Abb. 169-17) hängt mit dem Teilkreisdurchmesser d_0 und der Teilkegellänge R_a durch die Beziehung zusammen

$$\sin \delta_0 = \frac{d_0}{2\,R_a} \qquad (169\text{--}34)$$

Der Teilkreisdurchmesser ϱ_0 des in die Zeichenebene abgewickelten Stirnrads (Ersatzstirnrad) ist

$$\varrho_0 = \frac{d_0}{\cos \delta_0}. \qquad (169\text{--}35)$$

Seine Zähnezahl $\qquad\qquad z_e = \frac{z}{\cos \delta_0} \qquad\qquad (169\text{--}36)$

ist im allgemeinen keine ganze Zahl. Die Berechnung der Bestimmungsstücke des Kegelradgetriebes und seiner Eingriffsverhaltnisse ist damit auf die fur das Stirnrad abgeleiteten Beziehungen zuruckgefuhrt.

Eine Normung von m oder α_0 besteht beim Kegelrad noch nicht, jedoch ist $\alpha_0 = 15°$ und $20°$ üblich. Die gesamte Zahnhöhe ist am Ergänzungskegel zwischen $2{,}1 \cdot m$ (bei größerem Modul) und $2{,}3 \cdot m$ (bei Radern der Feinmechanik mit $m \leqq 1$). Die Zahnkopfhohe ist bei nicht korrigierten Radern $1 \cdot m$, die Zahnfußhöhe zwischen $1{,}1 \cdot m$ und $1{,}3 \cdot m$. Bei Kegelradern kann wie bei Stirnrädern zur Vermeidung von Unterschnitt eine Verschiebung des Bezugsprofils vorgenommen werden. Üblich sind V-Nullgetriebe, bei denen die Bezugsprofile beider Räder auch nach der Profilverschiebung sich decken ($x_1 = - x_2$), vgl. Abschn. 169.14 u. Schriftt. 169 [20].

Für Beschreibung und Vermessung des Kegelrads dient der Teilkegel als Bezugsfläche; Teilkegelwinkel δ_0 ist als Rechnungsgröße fehlerfrei. Der Ergänzungskegel mit dem Sollwert der Teilkegellange R_a wird von dem Teilkegel im Teilkreis geschnitten; Teilkreisdurchmesser d_0 ist fehlerfrei. Für die Teilkreisteilung t_0 gilt das in Abschn. 169.123 über das Stirnrad Gesagte.

Die wirkliche Erzeugung der Kegelradflanke erfolgt im allgemeinen nach Abb. 169–17a. Darstellung auf der um den Mittelpunkt M mit Radius 1 geschlagenen Einheitskugel. Die von der ebenen Planradflanke F eingehüllte Kegelradflanke wird wegen der achtförmigen Eingriffslinie *Oktoide* genannt; Doppelpunkt im Walzpunkt C. Die Evolute der Oktoide weicht etwas vom Kreiskegel und damit vom Grundkegel der Kugelevolvente ab. Die Berührungsnormale CP ist ein Großkreis auf K, der senkrecht auf der Berührungstangente steht. — *Kugelevolventenflanken*, die von der Schnittlinie eines längs einer Mantellinie aufgeschnittenen Kreiskegels (Grundkegel) beschrieben werden, können nur mit Evolventenschablone und stichelförmigem Werkzeug hergestellt werden.

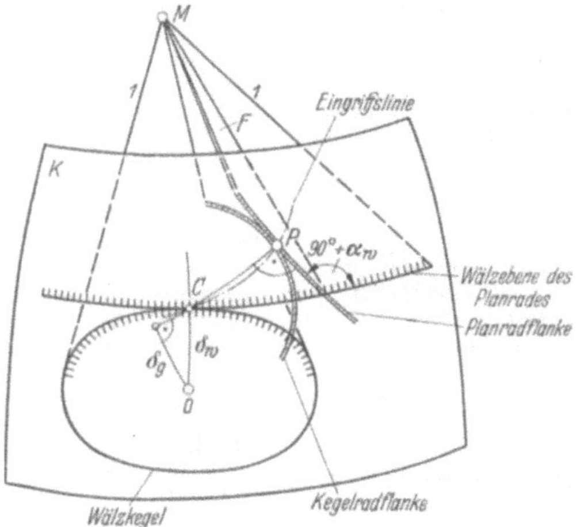

Abb. 169–17a. Entstehung der Kegelradflanke (Oktoide) durch Abwälzen des Planrads auf dem Walzkegel des Kegelrads. Die Flankenebene F des Planrads (Bewegungsebene des Werkzeugs beim Abwälzstoßverfahren) ist mit der Walzebene des Planrads starr verbunden und unter dem Winkel $90° + \alpha_w$ gegen diese geneigt; sie hüllt die Kegelradflanke (Oktoide) ein.
α_w = Eingriffswinkel auf dem Walzkegel, CM = Walzlinie, CP = Eingriffsnormale (auf K), δ_u = Walzkegelwinkel, K = Ausschnitt aus der Einheitskugel um M (Radius *1*), δ_g = Grundkegelwinkel der Kugelevolvente, ist bei der Oktoide in geringem Maße von der Walzstellung abhängig. δ_g am größten für $CP = 0$.

Weitere Bestimmungsstücke: Es ist näherungsweise Grundkreisradius

$$r_g = \frac{\varrho_0}{2} \cdot \cos \alpha_0 \qquad (169\text{–}37)$$

Grundkegelwinkel δ_g. Es ist $\qquad \sin \delta_g = \sin \delta_0 \cdot \cos \alpha_0 \qquad (169\text{–}38)$

Eingriffsteilung $\qquad t_e = t_g = t_0 \cdot \cos \alpha_0 \qquad (169\text{–}39)$

Kopfwinkel $\varkappa_k$; Kopfkegelwinkel δ_k; Fußwinkel $\varkappa_f$; Fußkegelwinkel δ_f; Profilverschiebung auf (äußerem) Ergänzungskegel $= x \cdot m$; Profilverschiebungswinkel $\varkappa_x$. — Statt einer Profilverschiebung können von der Zahnmitte aus die Zahnflanken des Planrads je um den Teilkreisbogen $x_\varphi \cdot m$ verschoben werden. *Flankenverschiebungsfaktor* x_φ positiv von der Zahnmitte weg. Für die Planradflanken gilt mit genügender Näherung zwischen den beiden Korrekturverfahren $\qquad x_\varphi = x \cdot \mathrm{tg}\, \alpha_0 \qquad (169\text{–}40)$

Die *Flankeneintrittsform* ist das am Zahnkopf und -fuß von der theoretischen Form abweichende Flankenstuck. — Die *Bezugsflache* ist die fur Herstellung, Messung und Einbau maßgebliche achsensenkrechte Anlage-flache. — *Spitzenabstand* k_b ist der Abstand der Bezugsflache von der Teilkegelspitze.

Der Verlauf des Zahnes uber die Breite des Rads wird als Schnitt der Planradzahnflanke mit der Planradwalzebene in der Walzebene aufgezeich-net. Diese Flankenlinie (Abschn. 169.11) des Planrads wird durch Abwalzen der Planradwalzebene auf dem Teilkegel eines Kegelrads auf dieses uber-tragen. Verschiedene Formen der Flankenlinie s. Abb. 169–3.

Schrifttum

I. Bücher

[1] Kutzbach, K.: Grundlagen der neueren Fortschritte der Zahnraderzeugung. Berlin 1925.
[2] Schiebel: Zahnrader, Bd. I, II, III. Berlin: Springer 1930/34.
[3] Buckingham-Olah: Stirnrader mit geraden Zahnen. Berlin: Springer 1932.
[4] Pfauter: Walzfrasen. Berlin 1933.
[5] Peters, J.: Sechsstellige Werte der Kreis- und Evolventenfunktionen. Berlin und Bonn· Ferd. Dummler 1937.
[6] Hofmann, F.: Gleason-Spiralkegelrader. Berlin: Springer 1939.
[7] Trier, H.: Die Zahnformen der Zahnrader, Werkst.-Buch. H. 47. Berlin. Springer 1939.
[8] Krumme, W.: Klingelnberg-Palloid-Spiralkegelrader. Berlin: Springer 1941.
[9] Preger-Lindner: Frasmaschinen, Verzahnmaschinen. Leipzig: Verlag Janecke 1943.
[10] Klingelnberg: Techn. Hilfsbuch. 12. Aufl. Berlin: Springer 1944.
[11] Krumme, W.: Praktische Verzahnungstechnik. Munchen. Carl Hanser-Verlag 1946.
[12] DIN-Normblatter: 867–870, 3960, 3961, 3962, Entw. 3971; VDE 3226 (AEG-Verzahnung).
[13] Fachtagung Zahnradforschung, Braunschweig 1950 (Niemann u. Glau-bitz). Braunschweig: Verlag F. Vieweg u. Sohn 1951.
[14] Lentz, A.: Zahnrader- und Getriebeberechnung. Lanz-Forschg. Bd. 2. Mann-heim: Lanz-AG 1951.
[15] Dietrich, G.: Berechnung von Stirnradern mit geraden und schragen Zahnen.

II. Aufsatze

[16] Hofer, H.: Dynamischer Ausgleich von Zahnradergetrieben. Z. VDI 44 (1926) S. 1460.
[17] Bagh, P.: Die ideelle Zahnezahl eines Schragzahnrades und ihre Anwendung bei der Zahndickenmessung an Schragzahnradern. Feinm. und Praz. (1939) S. 311.
[18] Baumann, J.: Entstehung, Vorteile und Berechnung der Maag-Verzahnung. Z. VDI 85 (1941) S. 481.
[19] Die Zahnformen der Kleinstzahnradgetriebe. Feinwerktechn. Seminar. Bd. 54 (1950) S. 146.
[20] Held, Th.: Kegelrader mit kleinen Zahnezahlen. Werkst. und Betr. Bd. 84 (1951) S. 353.
[21] Held, Th.: Berechnung außenverzahnter Schraubenrader fur 90°-Achsenlage, Werkst. u. Betr. Bd. 85 (1952) S. 139.

169.2 Verzahntoleranzen

169.21 Allgemeines über ein Verzahntoleranzsystem [1]

Um außer der rein mechanischen Austauschbarkeit der Rader von Zahnradgetrieben einen ruhigen Lauf, winkelgetreue Übertragung sowie ordnungsgemaße Schmierung zu gewahrleisten und die geforderte Belast-

---

[1] Die Abschnitte 169.21 und 169.24···27 sind teilweise Auszuge aus dem Entwurf DIN 3961.

barkeit dauernd zu sichern, müssen die Fehler aller Bestimmungsgrößen der Verzahnungen sowie der Einbaumaße im Getriebegehause innerhalb bestimmter Grenzen gehalten werden. Die Toleranzen der einzelnen Bestimmungsgrößen der Verzahnungen sind in einem Verzahntoleranzsystem zusammengefaßt. Die Lage der Toleranzfelder von Zahndicke und Achsenentfernung werden in einem Verzahnpaßsystem festgelegt. Die Verzahntoleranzen sind nach den gleichen Grundsatzen wie die Toleranzen fur die Rundpassungen entwickelt. So wie diese in ihren feinen Qualitaten über die zur Zeit ihrer Entstehung vorhandenen Bedurfnisse hinausgehen, sind auch die Verzahntoleranzen so angelegt, daß sie mit größter Wahrscheinlichkeit auch verfeinerte Bedurfnisse und bessere Meßmöglichkeiten der Zukunft berucksichtigen.

Die Toleranzen und Abmaße der Stirnrader sind von den Toleranzen und Abmaßen der Getriebegehause in den Normen getrennt aufgefuhrt. Die Normblattentwurfe DIN 3962, Bl. 1 bis 4, enthalten die Toleranzen für Stirnrader mit Evolventenverzahnung bis Modul 10, der Entwurf DIN 3963 die Zahnabmaße und Erlauterungen dazu, der Entwurf DIN 3964 die Getriebegehäusetoleranzen und Erlauterungen dazu.

Als Verzahnpaßsystem ist das des Einheitsachsabstandes festgelegt. Dazu ist es nötig, die Achsabstandsabmaße so anzuordnen, daß sich in Getrieben mit vielen Raderpaaren im Abstand der ersten und der letzten Getriebewelle keine unzulassig großen Abweichungen vom Nennmaß ergeben. Die Abmaße liegen daher beiderseits des Nennmaßes. Der Paßcharakter wird nur durch die Wahl des Toleranzfeldes fur die Zahndickenabmaße bestimmt.

169.22 Grundbegriffe für die Fehler einer Verzahnung[1]

Die einzelnen Fehler einer Verzahnung sind im folgenden erläutert. Dabei ist an Verzahnung mit Evolventenprofil gedacht.

Einzelfehler. Als Einzelfehler einer Verzahnung werden die Fehler bezeichnet, die sich auf einzelne Bestimmungsgrößen der Verzahnung wie

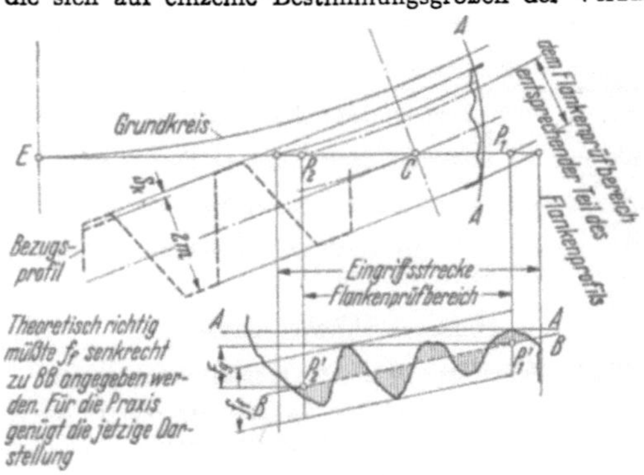

Abb. 169–18

---

[1] Die Abschnitte 169.22 bis 169.23 sind teilweise Auszuge aus DIN 3960.

Flankenform, Grundkreis, Eingriffswinkel, Teilung, Zahndicke und Flanken-richtung beziehen. Auch der Rundlauffehler gehört dazu, weil er Abweichungen vom Sollmaß des Abstandes der Verzahnungsmitte von der Fuhrungs-achse entspricht.

Der *Flankenformfehler* f_f ist die Abweichung des unregelmaßig ver-laufenden Flankenprofils von der Evolvente des Istgrundkreises. Er wird bei Meßgeraten, die bei der Messung Bewegungen nach dem Erzeugungs-gesetz der Kreisevolvente ausfuhren, zwischen zwei Parallelen zu einer durch die aufgezeichnete Fehlerkurve (s. Abb. 169–18) des Flankenprofils ge-zogenen ausgleichenden Geraden BB gemessen. Diese entspricht der Auf-zeichnung einer mathematischen Evolvente des (zu großen, zu kleinen oder außermittigen) Istgrundkreises des betreffenden Flankenprofils.

Der *Grundkreisfehler* f_g ist der Unterschied zwischen Istmaß und Sollmaß des Grundkreisdurchmessers. Er wird verursacht durch einen Fehler des Eingriffswinkels oder durch eine am einzelnen Zahn sich in gleicher Weise wie dieser auswirkende Außermittig-keit des Grundkreises der Verzahnung. Bei Vorhandensein eines solchen Fehlers verlauft die Fehlerkurve des Flankenprofils schrag zur Walzrich-tung. Als Maß fur die Schraglage der Flankenfehlerlinie innerhalb des Flan-

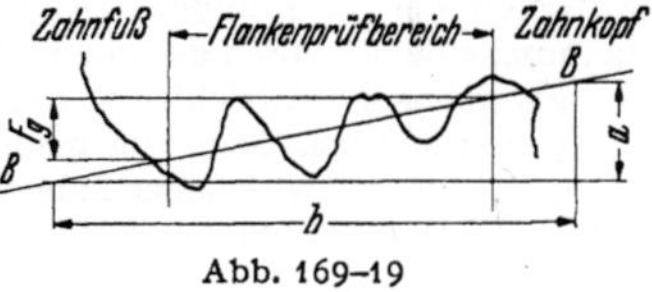

Abb. 169–19

kenprufbereiches wird in der Praxis statt des Fehlers f_g auch die Höhe F_g angegeben (s. Abb. 169–18 und 169–19). Der Grundkreisfehler f_g kann mittels nachstehender Formel errechnet werden:

$$f_g = d_{g\ \text{soll}} \cdot \frac{a}{b} \cdot \frac{v_b}{v_a} \cdot 1000\ [\mu]. \tag{169–41}$$

Hierin bedeutet b einen im Fehlerbild beliebig angenommenen Walzweg in mm; a die zu b aus dem Fehlerbild zu entnehmende Abweichung der Ausgleichenden von der die Sollevolvente darstellenden Geraden in mm; v_b und v_a sind die Vergroßerungsmaßstabe fur den Walzweg und fur die Fehleranzeige. Das Vorzeichen von a ist positiv, d. h. der Istgrundkreis ist zu groß, wenn die Neigung der ausgleichenden Geraden in Richtung auf den Zahnkopf zu im Sinne einer Abweichung von der Zahnmitte nach außen liegt; d_g ist in mm einzusetzen.

Der *Eingriffswinkelfehler* f_α ist der Unterschied zwischen dem Istmaß und dem Sollmaß des Eingriffswinkels. Das Istmaß des Eingriffswinkels kann nach Ermittlung des Grundkreisdurchmessers d_g aus der Beziehung

$$\cos \alpha_{0\ \text{ist}} = d_g/d_0 \tag{169–42}$$

errechnet werden.

Der *Einzelteilungsfehler* f_t der Teilkreisteilung ist der Unterschied zwi-schen dem Istmaß einer einzelnen Teilkreisteilung, gemessen auf dem zur Radachse mittigen Teilkreis, und dem Sollmaß.

Der *Summenteilungsfehler* F_t der Teilkreisteilung ist der Unterschied zwischen dem Istmaß der Summe einer beliebigen Anzahl aufeinanderfolgender zu bezeichnender Teilkreisteilungen des Rades, gemessen auf dem zur Radachse mittigen Teilkreis, und dem Sollmaß. Hierdurch werden die „wirksamen" Teilungsfehler bestimmt, die den Einfluß einer Außermittigkeit mitenthalten. Eine Außermittigkeit von der Größe e bewirkt einen größten Summenteilungsfehler von annähernd der Größe $2e$ zwischen zwei am Rad um 180° versetzten Zähnen.

Der *Teilungssprung* f_u ist der Unterschied zweier am Rad aufeinander folgender Teilungen.

Der *Eingriffsteilungsfehler* f_e einer einzelnen Teilung ist der Unterschied zwischen dem Istmaß und dem Sollmaß der Eingriffsteilung.

Der *Zahndickenfehler* f_s ist der Unterschied zwischen dem Istmaß und dem Sollmaß der Zahndicke. Der Zahndickenfehler der einzelnen Zähne eines Rades schwankt, weil er auf dem zur Radachse mittigen Teilkreis ermittelt wird, infolge der Ungleichmäßigkeit der Teilungen und der Außermittigkeit der Verzahnung. Bei der Herstellung der Zahnräder soll der Zahndickenfehler durch das obere und untere Zahndickenabmaß oder durch den Zweiflanken-Walzfehler begrenzt und dies als Zahndickentoleranz T_s bezeichnet werden. Sein von beiden Ursachen herrührender Betrag wird daher genauer als wirksamer Zahndickenfehler bezeichnet. Bei Schrägstirnrädern wird der Zahndickenfehler auf die Zahndicke s_{0s} im Stirnschnitt bezogen, ebenso der zulässige oder vorgeschriebene Zahndickenfehler, das Zahndickenabmaß A_s.

Der *Rundlauffehler* f_r ist die radiale Lageänderung eines nacheinander in alle Zahnlücken eines Rades eingelegten Meßstückes, das die Zahnflanken in Teilkreisnähe berührt, während das Zahnrad in seiner Führungsachse drehbar aufgenommen wird. Mit f_r wird der größte innerhalb des Radumfanges auftretende Unterschied der Meßwerte bezeichnet. Der Rundlauffehler setzt sich zusammen aus dem doppelten Betrag der Außermittigkeit der Verzahnung und einem Anteil, herrührend von der Ungleichmäßigkeit der Zahnlücken, die durch die Ungleichmäßigkeit der Teilungen der Rechts- und Linksflanken entsteht. Eine etwaige unparallele Lage der Rad- und der Verzahnungs-(Grundzylinder-)achse kann durch die Messung der Lage und Größe von f_r nahe den beiden Stirnflächen festgestellt werden.

Der *Flankenrichtungsfehler* f_β ist die Abweichung der Flankenlinie auf dem Teilzylinder von ihrer Sollrichtung (Abb. 169–20 und 169–21). Gemessen wird meist die Abweichung seines Tangenswertes vom Sollwert. Er wird in μ, bezogen auf 100 mm Zahnbreite, angegeben. Er wird als positiv bezeichnet, wenn die Abweichung im Sinne einer Rechtssteigung, als negativ, wenn sie im Sinne einer Linkssteigung liegt (ausgehend vom Sollwert des Schrägungswinkels β_0). Ein Flankenrichtungsfehler kann verursacht sein durch:

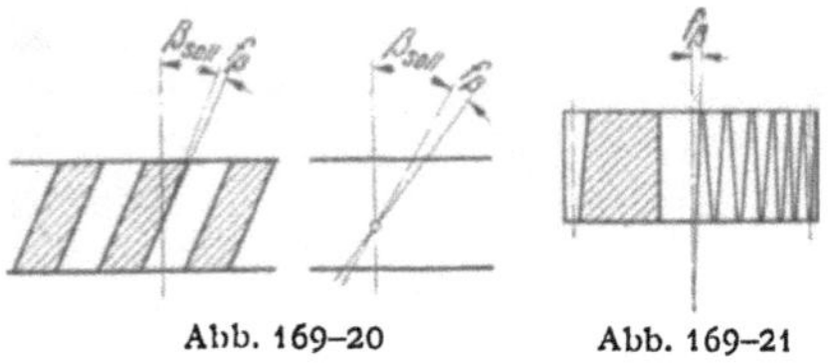

Abb. 169–20   Abb. 169–21

a) eine Abweichung der Flankenrichtung in einer Tangentialebene zum Teilzylinder, d. h. die Flanken sind bei Stirnradern mit geraden Zahnen nicht achsparallel oder haben bei Stirnrädern mit schragen Zahnen falschen Schragungswinkel;

b) eine Abweichung der Zahnrichtung in einer die Achse enthaltenden Ebene, d. h. die Zahne liegen nicht auf einem Zylinder (Abb. 169–21);

c) ein Zusammentreffen beider Abweichungen [z. B. bei unparallelen Rad- und Verzahnungs-(Grundzylinder-)achsen]. Dabei ergeben sich uber den ganzen Umfang in Größe und Richtung wechselnde Fehler. Die Fehler können an Rechts- und Links-flanken verschieden sein.

Sammelfehler. Als Sammelfehler S einer Verzahnung wird die gemein-same örtliche und gleichzeitige Auswirkung mehrerer Einzelfehler auf die Lage und Form der Zahnflanken bezeichnet. Der Sammelfehler kann durch Walzen des zu prufenden Zahnrades mit einem Lehrzahnrad nachgewiesen werden. Hierbei werden die Fehler uber dem ganzen im Eingriff mit dem Lehrzahnrad stehenden Bereich der Flanken erfaßt. Es ist zu unterscheiden:

a) der Sammelfehler beim Walzen auf einer Flanke (Einflanken-Walzprufung). Dieser entsteht durch die von Verzahnungsfehlern hervorgerufenen Winkelwegunter-schiede gegenuber einer vollkommen gleichbleibenden Drehbewegung. Zahnrad und Lehrzahnrad kammen mit dem vorgeschriebenen Achsabstand, wobei entweder die Rechts- oder die Linksflanken im Eingriff sind.

b) Der Sammelfehler beim Walzen auf beiden Flanken (Zweiflanken-Walzprufung). Dieser wird angezeigt durch die Schwankung des Achsabstandes, seltener der Zahn-dicke, zwischen dem zu prufenden Zahnrad und einem Lehrzahnrad, wenn beide Räder unter gleichbleibender Kraft spielfrei miteinander kammen. In den ublichen

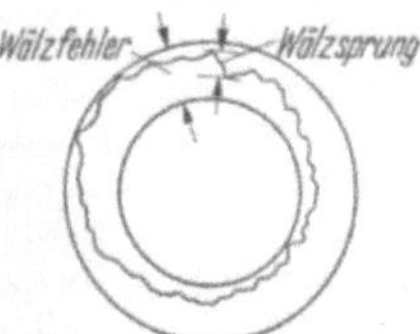

Walzprufgeräten wird der Sammelfehler ent-weder in kreis- oder streifenformigen Fehler-bildern aufgezeichnet (Abb. 169–22 und 169–23) oder an anzeigenden Meßgeraten abgelesen.

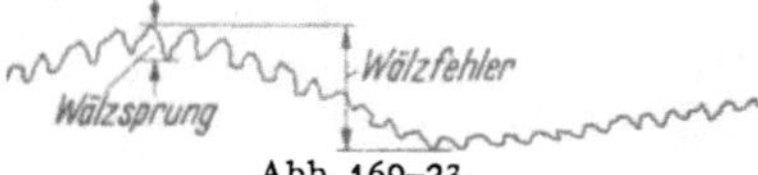

Abb. 169–22. Walzprufung
Kreisformiges Fehlerbild

Abb. 169–23.
Walzprufung. Streifenformiges Fehlerbild

Der *Walzfehler* F_i ist bei kreisformigen Fehlerbildern der Unterschied zwischen dem größten und kleinsten Abstand der Fehlerlinie von der Dreh-achse des Prufblattes, bei streifenförmigen Fehlerbildern der Unterschied zwischen der größten und kleinsten Ordinate der Fehlerlinie. Der Walzfehler wird bei der Bestimmung durch Einflanken-Walzprufung mit F'_i, bei der Zweiflanken-Walzprufung mit F''_i bezeichnet. Je nach dem gewählten Toleranzfeld verlagert sich der Walzfehler. Er liegt dann innerhalb der Grenzen der Zahnflanken-Abroll-Abmaße (vgl. Tab. 169–2).

Walzsprung f_i heißt der Unterschied eines benachbarten höchsten und tiefsten Punktes der Fehlerlinie je Teilung. Er entsteht im Zusammenhang mit dem Unterschied der Eingriffsteilungen von Prufling zum Lehrzahnrad, wonach

$$p_e = 2 \cdot f_i \cdot \sin \alpha_0 \qquad (169\text{–}43)$$

ist (p_e = Differenz der Eingriffsteilungen). Der Walzsprung wird bei Be-stimmung durch Einflanken-Walzprufung mit f'_i, bei der Zweiflanken-Walzprüfung mit f''_i bezeichnet. Bei der Einflanken-Walzprufung ist es möglich, zwischen Rechts- und Linksflanken zu unterscheiden.

169.23 Grundbegriffe für die Fehler einer Räderpaarung

Der *Achsabstandsfehler* f_a ist der Unterschied zwischen Ist- und Sollmaß des Achsabstandes.

Der *Achsparallelitätsfehler* f_p bei allgemein windschiefer Lage der Achsen 1 und 2 (Abb. 169–24) zweier miteinander kammender Stirnräder ($\sphericalangle\,2\,0\,1'$)

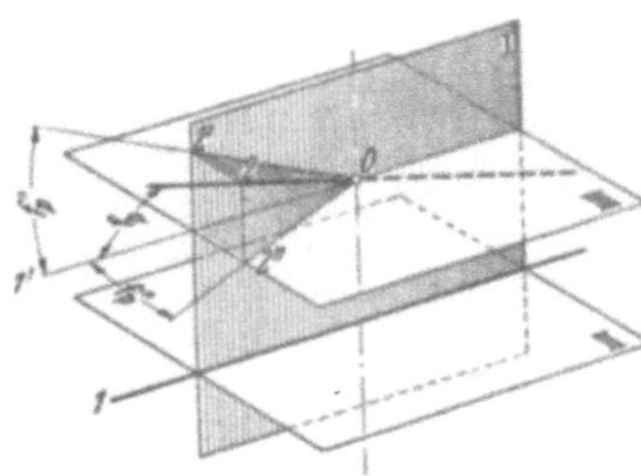

Abb. 169–24. Achslagenfehler

wird aus prüftechnischen Gründen in zwei Komponenten, den Achsneigungsfehler f_p' ($\sphericalangle\,2'\,0\,1'$) und den Achsschränkungsfehler f_p'' ($\sphericalangle\,2''\,0\,1'$) zerlegt.

Der *Achsneigungsfehler* f_p' ist die Achsparallelitätsabweichung in einer Ebene I, die die eine Radachse 1 und den Schnittpunkt der anderen Radachse 2 mit einer zu der Ebene I senkrechten Ebene, die in der Mitte zwischen den beiden Radstirnflächen liegt, enthält. Der Fehler ist der Winkel, unter dem sich die Achse 1 oder ihre Parallele 1' und die Projektion 2' der Achse 2 auf die Ebene I schneiden. Angegeben wird der Winkel als Bogenhöhe in μ auf 100 mm Achslänge oder der Tangens dieses Winkels.

Der *Achsschränkungsfehler* f_p'' ist die Achsparallelitätsabweichung in zwei zur Ebene I senkrechten (und daher unter sich parallelen) Ebenen II und III, von denen die Ebene II die Radachse 1 und die Ebene III den Schnittpunkt der anderen Radachsen 2 mit einer zu der Ebene III senkrechten Ebene, die in der Mitte zwischen den beiden Radstirnflächen liegt, enthält. Der Fehler ist der Winkel, unter dem sich in der Ebene III die Projektion 2'' der Radachse 2 und die Parallele 1' zur Radachse 1 schneiden. Angegeben wird der Tangens dieses Winkels.

Fehler des Flankenspiels: Abweichungen vom Sollflankenspiel ergeben sich aus Fehlern der wirksamen Zahndicken, der Flankenrichtung der beiden miteinander kammenden Stirnräder sowie den Fehlern des Achsabstandes. Setzt man die Abmaße hierfür ein, so wird das Flankenspiel an der engsten Stelle geringer als nach der Bestimmung aus den Abmaßen der Zahndicke am einzelnen Rad und des Achsabstandes im Getriebe. Die Größe des Flankenspieles kann sich von Zahn zu Zahn innerhalb eines Flankeneingriffs ändern; bei Angabe von Istwerten ist daher entweder die Meßstelle zu nennen oder anzugeben, ob es sich um größte, kleinste oder mittlere Werte handelt.

169.24 Der Aufbau des Toleranzsystems

Einzelfehler. Entsprechend den maßgebenden Bestimmungsgrößen einer Verzahnung sind Toleranzen zur Begrenzung folgender Einzelfehler aufgestellt:

Rundlauffehler f_r . . . . s. Tabelle 169–1
Summenteilungsfehler F_t 1
Teilkreisteilungsfehler f_t 1
Eingriffsteilungsfehler $(\pm)\,f_e$ 1

Teilungssprung (sowohl der Eingriffsteilung als auch der Teilkreisteilung) f_u . 1
Flankenformfehler f_f 1
Grundkreisfehler F_g 1
Flankenrichtungsfehler $(\pm) f_\beta$ 2

Zahndickenfehler f_s. 1

Sammelfehler. Es sind zu unterscheiden:
Einflanken-Wälzfehler F_i' 2
Einflanken-Wälzsprung f_i' 2
Zweiflanken-Wälzfehler F_i'' 2
Zweiflanken-Wälzsprung f_i'' 2

Die Toleranzen für Flankenrichtungsfehler, Einflanken-Walzfehleranteil, Einflanken-Walzsprunganteil und die Zahndickenabmaße können unverändert auf Evolventenverzahnungen jeden Eingriffswinkels angewendet werden. Ebenso alle Toleranzen fur Einzelfehler außer denen fur die Rundlauffehler.

Die Toleranzen fur die Zweiflanken-Walzfehleranteile, die Zweiflanken-Walzsprunganteile, die Zahnweitenabmaße, die Zweiflanken-Abrollmaße und die Toleranzen für die Rundlauffehler dagegen sind bei Anwendung auf Evolventenverzahnungen mit von 20° abweichendem Eingriffswinkel α_w mit einem Faktor

$$L = \frac{\operatorname{tg} 20°}{\operatorname{tg} \alpha_w} \qquad (169\text{--}44)$$

zu multiplizieren.

Schragzahnräder mit Evolventenverzahnung können als Stirnräder mit von 20° abweichenden Eingriffswinkeln aufgefaßt werden. Fur α_w ist in diesem Fall der Stirneingriffswinkel α_{0s} zu setzen. Die Zahndickenabmaße sind auf die Zahndicke s_{0s} im Stirnschnitt zu beziehen. Sie sind bei Messung der Zahnweite daher mit dem Cosinus des Schrägungswinkels der zu prüfenden Verzahnung zu multiplizieren.

V-Räder können als Stirnrader mit von 20° abweichendem Eingriffswinkel aufgefaßt werden. Ihr Eingriffswinkel folgt aus der Gleichung

$$\cos \alpha_v = \frac{a_0}{a_v} \cdot \cos \alpha_{0n} = \frac{a_0}{a_v} \cdot \cos 20° \qquad (169\text{--}45)$$

(a_0 und a_v nach DIN 870).

Qualitäten. Für jede Toleranzart sind zwölf Qualitäten vorgesehen, und zwar derart, daß Qualitat 5 der zur Zeit ublichen besten Gute bei laufender Fertigung entspricht (feingeschliffene Rader des Maschinenbaues). Die feineren Qualitaten sind fur Lehrzahnrader und fur zukunftige besondere Bedürfnisse bestimmt. Qualität 8 entspricht etwa mit durchschnittlicher Sorgfalt gefrästen Radern.

Die Qualitaten wurden derart gestuft, daß die Toleranzen jeder Qualitat das 1,4- oder 1,6fache der vorhergehenden Qualitat betragen.

Berechnung der Toleranzgrößen. Die Toleranzen sind nach Formeln berechnet, die fur die einzelnen Fehlerarten verschiedene Abhangigkeiten von Teilkreisdurchmesser und Modul zeigen. Die Formeln wurden auf Grund umfangreicher Beobachtungen in der Zahnradfertigung gefunden.

169.25 Zuordnung der Qualitäten der einzelnen Fehler zueinander

Die Zuordnung ist je nach dem Verwendungszweck des Rades verschieden. Daher können die Toleranzqualitaten der einzelnen Bestimmungsgrößen frei miteinander gekoppelt werden. Eine zu einem bestimmten Zweck zusammengestellte Kopplung von Verzahntoleranzen aus verschiedenen Qualitaten heißt Toleranzfamilie. Den Kern des Systems bildet die Toleranzfamilie, die fur alle Bestimmungsgroßen die Qualitat 5 vorsieht.

Fur feinere Unterscheidung innerhalb der Gruppen „kraftubertragende" und „winkelubertragende" Zahnrader nach Belastung, Geschwindigkeit und Laufruhe sind nur fur diejenigen Bestimmungsgroßen kleine Toleranzen zu wahlen, die fur die betreffende Eigenschaft maßgebend sind. Dagegen sind fur die ubrigen Bestimmungsgrößen Toleranzen groberer Qualitaten zulassig. Der Zweck dieser freien Kopplung ist größte Wirtschaftlichkeit der Herstellung und Vermeiden von Ausschußerklarungen von Zahnradern, die nur in nebensachlichen Bestimmungsgrößen die Toleranzen jener Qualitat uberschreiten, die fur die entscheidende Bestimmungsgroße gewahlt werden muß. Soweit gleichartige Anforderungen fur bestimmte Zahnradarten vorliegen, sollen in Fachnormen bestimmte Toleranzfamilien festgelegt werden. Beispielsweise kommt es bei stark belasteten Radern auf hohe Genauigkeit der Flankenrichtung an, bei großer Laufruhe auf hohe Genauigkeit der Flankenform und Teilung, bei großen Anforderungen an die Winkelubertragung auf hohe Genauigkeit der Summenteilung.

169.26 Anwendung und Prüfung der Toleranzen

Hinsichtlich der Verzahnung soll im allgemeinen die Prufung der Zahndicke oder der Zahnweite und die Walzprufung genugen. In manchen Fallen muß die Prufung der Zahndicke oder Zahnweite genugen (z. B. bei sehr großen Durchmessern). Sind nur fur die Zahndicke oder Zahnweite Toleranzen vorgeschrieben, so können die Toleranzen der anderen Einzelfehler als Richtwerte fur die Einstellung der Werkzeugmaschine und fur Stichproben dienen. Wenn es jedoch außerdem auf die Einhaltung von Toleranzen einzelner Fehlerarten ankommt, bei deren Überschreitung die Rader tatsachlich unbrauchbar wurden, so sind dafur Toleranzen anzugeben.

Bis zur Herausgabe von Richtlinien uber das Prufen von Zahnradern und Normen uber Zahnradprufgerate wird empfohlen, daß sich Hersteller und Abnehmer einigen, welches Prufgerat fur den Abnehmer maßgebend ist.

169.27 Angaben auf Zeichnungen

Solange keine besondere Norm hieruber besteht, wird empfohlen, die folgenden Angaben zu bringen:

Im Bild: Kopfkreisdurchmesser.

Im Schriftfeld: Zahnezahl, Modul, Eingriffswinkel, Bezugsprofil, Toleranzangaben durch Kurzzeichen, Profilverschiebung, Zahntiefe, Zahnweite, Walzmaße mit Lehrzahnrad $z = \ldots\ldots$, Gegenrad, Achsabstand im Gehause.

Tab. 169–1. Verzahntoleranzen (Einzelfehler)

Werte in $\mu = {}^1/_{1000}$ mm

Qualität	Einzelfehler	m = ···0,6 mm								m = 0,6 ··· 1,6 mm							
		Teilkreisdurchmesser						d_0 (mm)		Teilkreisdurchmesser						d_0 (mm)	
		bis 3	über 3 bis 6	über 6 bis 12	über 12 bis 25	über 25 bis 50	über 50 bis 100	über 100 bis 200	über 200 bis 400	über 3 bis 6	über 6 bis 12	über 12 bis 25	über 25 bis 50	über 50 bis 100	über 100 bis 200	über 200 bis 400	über 400 bis 800
5	f_r	8	9	10	11	12	14	16	18	10	11	12	14	16	18	20	22
	$f_t\ f_e\ f_u\ f_t$	3,5	3,5	3,5	4	4,5	5	5,5	7	3,5	4	4	4,5	5	5,5	7	8
	F_g	3	3	3,5	3,5	4	4,5	5	6	3,5	3,5	3,5	4	4,5	5	6	7
	F_t	12	12	12	14	16	18	20	25	12	14	14	16	18	20	25	28
	f_s	4,5	6	7	8	9	10	11	12	7	8	9	10	11	12	14	16
6	f_r	11	12	14	16	18	20	22	25	14	16	18	20	. 22	25	28	32
	$f_t\ f_e\ f_u\ f_t$	5	5	5	5,5	6	7	8	9	5	5,5	6	6	7	8	9	11
	F_g	4	4	4,5	5	5,5	6	7	8	4,5	5	5	6	6	7	9	10
	F_t	16	18	18	20	22	25	28	32	18	18	20	22	25	28	36	40
	f_s	8	9	10	11	12	14	16	18	10	11	12	14	16	18	20	22
7	f_r	16	18	20	22	25	28	32	36	20	22	25	28	32	36	40	45
	$f_t\ f_e\ f_u\ f_t$	7	7	7	8	9	10	11	12	7	8	8	9	10	11	12	16
	F_g	5,5	6	7	7	8	9	10	11	6	7	7	8	9	10	12	14
	F_t	22	25	25	28	32	36	40	50	25	28	28	32	36	40	50	63
	f_s	11	12	14	16	18	20	22	25	14	16	18	20	22	25	28	32
8	f_r	22	25	28	32	36	40	45	50	28	32	36	40	45	50	56	63
	$f_t\ f_e\ f_u\ f_t$	10	10	10	11	12	14	16	18	10	11	11	12	14	16	18	22
	F_g	9	9	10	10	11	12	14	16	9	10	10	11	12	14	18	20
	F_t	32	36	36	40	45	50	56	71	36	36	40	45	50	56	71	80
	f_s	16	18	20	22	25	28	32	36	20	22	25	28	32	36	40	45
9	f_r	32	36	40	45	50	56	63	71	40	45	50	56	63	71	80	90
	$f_t\ f_e\ f_u\ f_t$	14	14	14	16	18	20	22	25	14	16	16	18	20	22	25	32
	F_g	11	12	14	14	16	18	20	22	12	14	14	16	18	20	25	28
	F_t	45	50	50	56	63	71	80	100	50	56	56	63	71	80	100	125
	f_s	22	25	28	32	36	40	45	50	28	32	36	40	45	50	56	63
10	f_r	45	50	56	63	71	80	90	100	56	63	71	80	90	100	110	125
	$f_t\ f_e\ f_u\ f_t$	22	22	22	25	28	32	36	40	22	22	25	28	32	36	40	50
	F_g	18	20	22	22	25	28	32	36	20	22	22	25	28	32	40	45
	F_t	71	80	80	90	100	110	125	160	80	80	90	100	110	125	160	180
	f_s	32	36	40	45	50	56	63	71	40	45	50	56	63	71	80	90

Tab. 169–1. (Forts.)

Werte in $\mu = {}^1/_{1000}$ mm

Qua-lität	Einzelfehler	$m = 1{,}6 \cdots 4$ mm							$m = 4 \cdots 10$ mm					
		Teilkreisdurchmesser					d_0 (mm)		Teilkreisdurchmesser				d_0 (mm)	
		über 12 bis 25	über 25 bis 50	über 50 bis 100	über 100 bis 200	über 200 bis 400	über 400 bis 800	über 800 bis 1600	über 25 bis 50	über 50 bis 100	über 100 bis 200	über 200 bis 400	über 400 bis 800	über 800 bis 1600
5	f_r	14	16	18	20	22	25	28	18	20	22	25	28	32
	$f_t\,f_e\,f_u\,f_f$	4,5	5	5,5	6	7	9	11	6	7	8	9	10	12
	F_g	4	4	4,5	5	6	7	9	5	5,5	6	7	8	10
	F_t	16	18	20	22	25	32	40	22	25	25	32	36	45
	f_s	10	11	12	14	16	18	20	12	14	16	18	20	22
6	f_r	20	22	25	28	32	36	40	25	28	32	36	40	45
	$f_t\,f_e\,f_u\,f_f$	6	7	8	9	10	12	16	9	10	11	12	14	18
	F_g	5,5	6	6	7	9	10	12	7	8	9	10	12	14
	F_t	22	25	28	32	36	45	56	28	32	36	40	50	63
	f_s	14	16	18	20	22	25	28	18	20	22	25	28	32
7	f_r	28	32	36	40	45	50	56	36	40	45	50	56	63
	$f_t\,f_e\,f_u\,f_f$	9	10	11	12	14	18	22	12	14	16	18	20	25
	F_g	8	8	9	10	12	14	18	10	11	12	14	16	20
	F_t	32	36	40	45	50	63	80	40	45	50	63	71	90
	f_s	20	22	25	28	32	36	40	25	28	32	36	40	45
8	f_r	40	45	50	56	63	71	80	50	56	63	71	80	90
	$f_t\,f_e\,f_u\,f_f$	12	14	16	18	20	25	32	18	20	22	25	28	36
	F_g	11	11	12	14	18	20	25	14	16	18	20	22	28
	F_t	45	50	56	63	71	90	110	63	63	71	80	100	125
	f_s	28	32	36	40	45	50	56	36	40	45	50	56	63
9	f_r	56	63	71	80	90	100	110	71	80	90	100	110	125
	$f_t\,f_e\,f_u\,f_f$	18	20	22	25	28	36	45	25	28	32	36	40	50
	F_g	16	16	18	20	25	28	36	20	22	25	28	32	40
	F_t	63	71	80	90	100	126	160	80	90	100	125	140	180
	f_s	40	45	50	56	63	71	80	50	56	63	71	80	90
10	f_r	80	90	100	110	125	140	160	100	110	125	140	160	180
	$f_t\,f_e\,f_u\,f_f$	28	32	36	40	45	56	71	40	45	50	56	63	80
	F_g	25	25	28	32	40	45	56	32	36	40	45	50	63
	F_t	100	110	125	140	160	200	250	140	140	160	180	220	280
	f_s	56	63	71	80	90	100	110	71	80	90	100	110	125

169.28 Toleranz- und Passungstabellen

Siehe Tab. 169–1, S, 257/8 und Tab. 169–2, 260/1. Zusammengestellt nach den Entwürfen DIN 3962, 3963, 3964.

Die benutzten Kurzzeichen bedeuten:

f_r	= Rundlauffehler		F_i'	= Einflanken-Wälzfehler
f_t	= Einzelteilungsfehler		f_i'	= Einflankenwälzsprung
f_e	= Eingriffsteilungsfehler		F_i''	= Zweiflanken-Wälzfehler
f_u	= Teilungssprung		f_i''	= Zweiflankenwälzsprung
F_g	= Grundkreisfehler		f_β	= Flankenrichtungsfehler
f_g	= Grundkreisfehler		A_{os}	= oberes Zahndickenabmaß
F_t	= Summenteilungsfehler		A_{us}	= unteres Zahndickenabmaß
f_s	= Zahndickenfehler			

169.3 Lehrzahnräder (Stirnräder)[1]

Soll bei der Flankenwälzprüfung (Abschn. 632) das einzelne Rad des Getriebes geprüft werden, muß als Gegenrad eine Lehre, das sog. Lehrzahnrad (Lz) verwendet werden, dessen Fehler gegenüber denen des Prüflings vernachlässigbar klein sein müssen. Die Evolventen-Zahnstange mit ihren geraden Flanken läßt sich sehr genau herstellen, muß aber bei größeren Rädern bei der Walzprüfung umgesetzt werden. Wegen der beliebigen Durchdrehbarkeit des Lehrzahnrads wird diesem meist der Vorzug gegeben. — Lehrzahnräder können auch als Einstellnormale für die Einzelfehlermessung (Eingriffsteilung, Zahndicke usw.) oder als Urlehrzahnrader zur Überwachung der Zahnradmeßgeräte benutzt werden.

169.31 Abmessungen der Lehrzahnräder.

Die zulässige Abweichung der *Zähnezahl* des Lehrzahnrads von der des entsprechenden Getrieberades ist nach Abschn. 632 und Schrifttum 63 [27] von der Getriebe-Eingriffsdauer abhängig. Bei $\varepsilon = 1,5$ (bzw. $\varepsilon_s = 1,5$ bei Schrägverzahnung) muß die Zähnezahl des Lehrzahnrads gleich, höchstens etwas kleiner als die des entsprechenden Getrierads sein. — Die *Zahnbreite* wird zweckmäßig etwas kleiner genommen als die des Prüflings (etwa $0,9 \cdot b$), um gleichmäßige Abnutzung zu erreichen. Zahnstirnkanten runden. — *Bohrungsdurchmesser*: 16; 20; 25; 30 mm Ø; Toleranz ISA H4; Formtoleranz innerhalb IT 3.

Werkstoff: Einsatzstahl, gehärtet (feinstgeschliffene Zahnflanken); Werkzeugstahl, ungehärtet (für nicht durch Schleifen herstellbare Zahnflanken).

Schleifen der Zahnflanken nach dem Formschleifverfahren (Minerva) oder nach dem Wälzschleifverfahren (Maag, Niles).

Der *Aufnahme-Dorn* erhält zweckmäßig eine Verjüngung von 10 μ auf 100 mm Länge. Rundlauffehler, wenn nötig, bei der Auswertung berücksichtigen. Für hohe Ansprüche kann man einen zentrierbaren Dorn verwenden; Schrifttum 63 [19]. Zentrierbohrungen sauber halten, mit Schutzsenkung versehen.

(Forts. s. S. 262.)

---

[1] Nach vorl. Normvorschlägen. Vgl. auch VDI-Richtlinie 2044 Lehrzahnräder (Febr. 1943).

Tab. 169-2 **Verzahntoleranzen**

Werte in μ ($1\mu = 1/1000$ mm)

| Sammelfehler (S) | | | |
| Einflanken-Walzprüfung (S') | | Zweiflanken-Walzprüfung (S'') | |
Walzfehler F_i'	Walzsprung f_i'	Walzfehler F_i''	Walzsprung f_i''
3,5	1,5	8	3
4	1,5	9	3
4,5	1,5	10	3,5
5	2	11	4
5,5	2	12	4,5
6	2	14	5
7	2,5	16	5,5
8	3	18	6
9	3	20	7
10	3,5	22	8
11	4	25	9
12	4,5	28	10
14	5	32	11
16	5,5	36	12
18	6	40	14
20	7	45	16
22	8	50	18
25	9	56	20
28	10	63	22
32	11	71	25
36	12	80	28
40	14	90	32
45	16	100	36
50	18	110	40
56	20	125	45
63	22	140	50
71	25	160	56
80	28	180	63

Zahndicken-Abmaße oberes Zahndicken-Abmaß A_{os} unteres Zahndicken-Abmaß A_{us} Toleranzfelder						Zahnflanken-Abroll-Abmaße Toleranzfelder					
h	g	f	e	d	c	h	g	f	e	d	c
0	− 3	− 6	− 12	− 18	− 24	0	− 4	− 8	−16,5	− 25	− 33
− 6	− 9	− 12	− 18	− 24	− 30	− 8	−12,5	−16,5	− 25	− 33	− 41
0	− 3,5	− 7	− 14	− 21	− 28	0	− 5	− 9,5	− 19	− 29	− 38
− 7	−10,5	− 14	− 21	− 28	− 35	− 9,5	−14,5	− 19	− 29	− 38	− 48
0	− 3,5	− 7	− 14	− 21	− 38	0	− 5	− 9,5	− 19	− 29	− 38
− 7	−10,5	− 14	− 21	− 28	− 35	− 9,5	−14,5	− 19	− 29	− 38	− 48
0	− 4	− 8	− 16	− 24	− 32	0	− 5,5	− 11	− 22	− 33	− 44
− 8	− 12	− 16	− 24	− 32	− 40	− 11	−16,5	− 22	− 33	− 44	− 55
0	− 4,5	− 9	− 18	− 27	− 36	0	− 6	−12,5	− 25	− 37	− 49
− 9	−13,5	− 18	− 27	− 36	− 45	−12,5	−18,5	− 25	− 37	− 49	− 62
0	− 5	− 10	− 20	− 30	− 40	0	− 7	−13,5	− 27	− 41	− 55
− 10	− 15	− 20	− 30	− 40	− 50	−13,5	− 21	− 27	− 41	− 55	− 69
0	− 5,5	− 11	− 22	− 33	− 44	0	− 7,5	− 15	− 30	− 45	− 60
− 11	−16,5	− 22	− 33	− 44	− 55	− 15	− 23	− 30	− 45	− 60	− 75
0	− 6	− 12	− 24	− 36	− 48	0	− 8	−16,5	− 33	− 49	− 66
− 12	− 18	− 24	− 36	− 48	− 60	−16,5	− 25	− 33	− 49	− 66	− 82
0	− 7	− 14	− 28	− 42	− 56	0	− 9,5	− 19	− 38	− 58	− 76
− 14	− 21	− 28	− 42	− 56	− 70	− 19	− 29	− 38	− 58	− 76	− 96
0	− 8	− 16	− 32	− 48	− 64	0	− 11	− 22	− 44	− 66	− 88
− 16	− 24	− 32	− 48	− 64	− 80	− 22	− 33	− 44	− 66	− 88	−110
0	− 9	− 18	− 36	− 54	− 72	0	−12,5	− 25	− 49	− 74	− 99
− 18	− 27	− 36	− 54	− 72	− 90	− 25	− 37	− 49	− 74	− 99	−124
0	− 10	− 20	− 40	− 60	− 80	0	−13,5	− 27	− 55	− 82	−110
− 20	− 30	− 40	− 60	− 80	−100	− 27	− 41	− 55	− 82	−110	−137
0	− 11	− 22	− 44	− 66	− 88	0	− 15	− 30	− 60	− 91	−121
− 22	− 33	− 44	− 66	− 88	−110	− 30	− 45	− 60	− 91	−121	−151
0	− 12	− 25	− 50	− 75	−100	0	−16,5	− 34	− 69	−103	−137
− 25	− 37	− 50	− 75	−100	−125	− 34	− 52	− 69	−103	−137	−172
0	− 14	− 28	− 56	− 84	−112	0	− 19	− 38	− 76	−115	−154
− 28	− 42	− 56	− 84	−112	−140	− 38	− 58	− 76	− 15	−154	−192
0	− 16	− 32	− 64	− 96	−128	0	− 22	− 44	− 88	−132	−176
− 32	− 48	− 64	− 96	−128	−160	− 44	− 66	− 88	−132	−176	−220
0	− 18	− 36	− 72	−108	−144	0	− 25	− 49	− 99	−148	−198
− 36	− 54	− 72	−108	−144	−180	− 49	− 74	− 99	−148	−198	−247
0	− 20	− 40	− 80	−120	−160	0	− 27	− 55	−110	−165	−220
− 40	− 60	− 80	−120	−160	−200	− 55	− 82	−110	−165	−220	−275
0	− 22	− 45	− 90	−135	−180	0	− 30	− 62	−124	−185	−247
− 45	− 67	− 90	−135	−180	−225	− 62	− 92	−124	−185	−247	−309
0	− 25	− 50	−100	−150	−200	0	− 34	− 69	−137	−206	−275
− 50	− 75	−100	−150	−200	−250	− 69	−103	−137	−206	−275	−343
0	− 28	− 56	−112	−168	−224	0	− 38	− 76	−154	−231	−307
− 56	− 84	−112	−168	−224	−280	− 76	−115	−154	−231	−307	−385
0	− 32	− 63	−116	−189	−252	0	− 44	− 87	−173	−260	−346
− 63	− 95	−126	−189	−252	−315	− 87	−130	−173	−260	−346	−432
0	− 36	− 71	−142	−213	−284	0	− 49	− 98	−195	−293	−390
− 71	−107	−142	−213	−284	−355	− 98	−147	−195	−293	−390	−488
0	− 40	− 80	−160	−240	−320	0	− 55	−110	−220	−330	−440
− 80	−120	−160	−240	−320	−400	−110	−165	−220	−330	−440	−549
0	− 45	− 90	−180	−270	−360	0	− 62	−124	−247	−371	−494
− 90	−135	−180	−270	−360	−450	−124	−185	−247	−371	−494	−618
0	− 50	−100	−200	−300	−400	0	− 69	−137	−275	−412	−549
−100	−150	−200	−300	−400	−500	−137	−206	−275	−412	−549	−686
0	− 55	−110	−220	−330	−440	0	− 75	−151	−302	−453	−604
−110	−165	−220	−330	−440	−550	−151	−227	−302	−453	−604	−755
0	− 63	−125	−250	−375	−500	0	− 87	−172	−343	−515	−686
−125	−178	−250	−375	−500	−625	−172	−244	−343	−515	−686	−858

169.32 Genauigkeiten

Güteklassen der Lehrzahnräder

Guteklasse (Gk)	A	B	C
Verwendungs-zweck	*Urlehrzahnrad* Überprufung der Zahnradmeßge-rate	*Betriebs-Lehr-zahnrad* laufende Walzpru-fung von Werkrä-dern feiner Quali-taten	*Walz-Lehrzahn-rad* laufende Walzpru-fung von Werkrä-dern grober Qua-litäten
Qualität, neu (nach DIN 3960 bis 3963)	2	3	4
Zuläss. Stirnlauf-fehler f_{st} (nach DIN 7151)	IT 3	IT 4	IT 5

Zahndickenabmaß: Das mittlere Zahndickenabmaß A_{sm} des Lehrzahn-rads wird gleich dem des Pruflings mit umgekehrtem Vorzeichen gemacht. Für die Einflankenwalzprufung vermindert man die Zahndicke noch um das Spiel, wenn man mit dem rechnerischen Achsabstand prufen will.

f_{st} = *Stirnlauffehler* der nicht beschrifteten Stirnfläche zur Bohrungsachse.

Abnutzung: Die durch Abnutzung sich ändernden Fehler (Flankenform-, Grundkreis- und Eingriffsteilungsfehler) durfen bis zum 1,4fachen Betrag der mit obigen Qualitäten festgelegten Werte ansteigen.

Beschriftung: Die beschriftete Stirnfläche gilt zur Festlegung von Rechts- und Linksflanken als Oberseite des Lehrzahnrads.

Beispiel für Beschriftung: Lz. Gk C.
$m = 1$; $z = 31$; $\alpha_0 = 20°$; $x \cdot m = 0{,}2$; $A_{sm} = +10\,\mu$; $f_r = 4\,\mu$ [Marken-strich an Zahnlücke mit Rundlauffehler-Größtwert anbringen]; Hersteller oder Herstellerzeichen.

169.4 Andere Verzahnungen

169.41 Zykloiden-Verzahnung (Schriftt. 169.1 [19])

Die Zykloide wird erzeugt durch Abrollen eines Rollkreises R auf dem Walzkreis W (Abb. 169–25). Die Zahn-flanke des Bezugsprofils (Profilmittellinie zugleich Walzgerade W_∞) entsteht durch Abrollen der beiden, sich gegenüber-liegenden Rollkreise R_1 und R_2 mit den Radien ϱ_1 und ϱ_2. Mit R_1 wird das Flan-kenstuck vom Wälzpunkt C bis zum Punkt P'_∞, mit R_2 das Flankenstück $C\,P''_\infty$ gebildet. Bei der Zahnflanke eines Rades „1" braucht man nach Abb. 169–26 die Abwalzungen nur statt auf der Wälz-

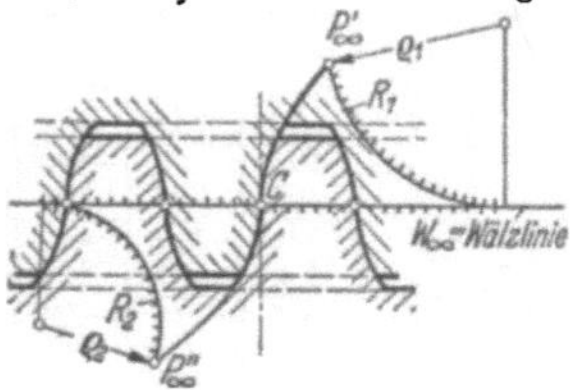

Abb. 169–25. Zykloiden-Zahnstange. R_1, R_2 = Rollkreise; ϱ_1, ϱ_2 = Rollkreisradien.

geraden W_∞ auf dem Wälzkreis des zu bildenden Rades ausführen. Zwei im Eingriff befindliche Räder müssen dasselbe Bezugsprofil, also dieselben Rollkreisradien ϱ_1 und ϱ_2 haben; ferner muß $\varrho_1 \leqq r_1$ und $\varrho_2 \leqq r_2$ (169–46) sein. Im Falle des Gleichseins schrumpft das betreffende Flankenstück auf einen Punkt zusammen. Bester Eingriff ist $\varrho_1 \approx 0{,}4 \cdot r_1$; $\varrho_2 \approx 0{,}4 \cdot r_2$. In der Uhrenindustrie ist $\varrho_1 = 0{,}5 \cdot r_1$; $\varrho_2 = 0{,}5 \cdot r_2$ üblich, weil dann die Fußflanken radial verlaufende Geraden werden. Die Eingriffslinie $E'CE''$ setzt sich aus Kreisbogen mit den Radien ϱ_1 und ϱ_2 zusammen. Der Eingriffs

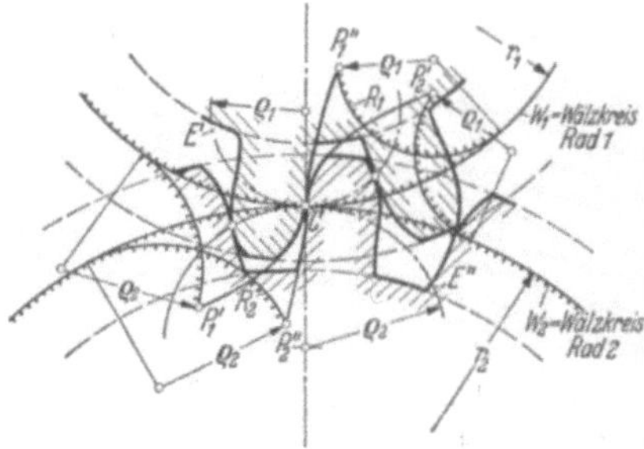

Abb. 169–26. Zykloiden-Verzahnung.
ϱ_1, ϱ_2 = Rollkreisradien; W_1, W_2 = Wälzkreise; E', E'' = Eingriffslinie.

winkel ist im Wälzpunkt C Null und steigt nach beiden Seiten an.

Abmessungen. Teilkreisdurchmesser $d_0 = m \cdot z$ = Wälzkreisdurchmesser, wo m = Modul in mm. Gebräuchlich ist Kopfhöhe $= m$; Fußhöhe $= 1{,}16 \cdot m$ bis $1{,}2 \cdot m$. Vorteil der Zykloidenverzahnung: Gibt kleinste Zähnesumme (Achsabstand) bei vorgegebenem Übersetzungsverhältnis, günstige Walzenpressung und Gleitverhältnisse. Nachteil: Keine einfachen Werkzeuge, gegen Achsabstandsänderung empfindlich im Gegensatz zur Evolventenverzahnung.

169.42 Schneckenverzahnung Schriftt. 169.1[4]

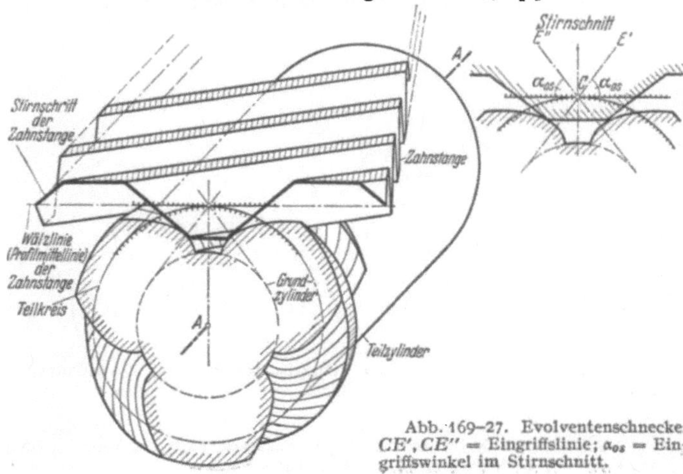

Abb. 169–27. Evolventenschnecke.
CE', CE'' = Eingriffslinie; α_{os} = Eingriffswinkel im Stirnschnitt.

Schneckengetriebe dienen zur Kraftubertragung zwischen windschief sich kreuzenden Achsen. Nach der Form des Schneckenkörpers unterscheidet man Zylinder- und Globoidschnecken, bei den Zylinderschnecken wiederum in der Hauptsache Evolventenschnecken und Archimedische Schnecken (Spiralschnecken).

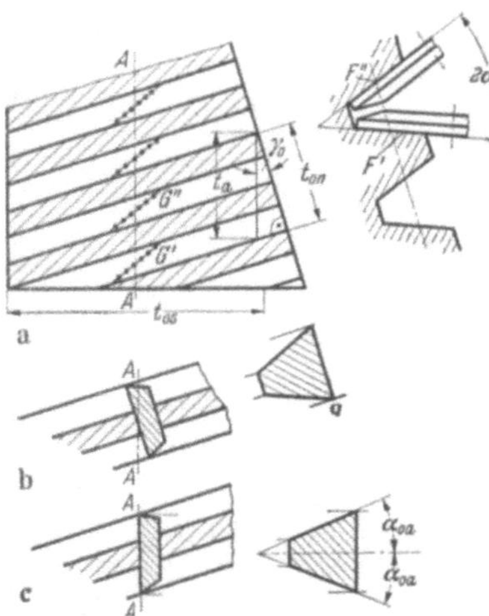

Abb. 169–28.
Erzeugung der Schnecke.
a) Darstellung der Zahnstange durch zwei unter dem Winkel $2\alpha_{on}$ geneigte Schleifscheiben (Evolventenschnecke); α_{on} = Eingriffswinkel im Normalschnitt; G', G'' = Schnitt der Eingriffsebenen mit den Flanken der Zahnstange; t_a = Achsteilung; t_{os} = Stirnteilung; t_{on} = Normalteilung; γ_o = Steigungswinkel.
b) durch Schneidstahl im Normalschnitt. Stahlwinkel $2\alpha_{on}$.
c) durch Schneidstahl im Achsschnitt (Archimedische Schnecke). α_{oa} = Eingriffswinkel im Achsschnitt.

Bestimmungsgroßen der Zylinderschnecke: Ableitung von der Zahnstange nach Abb. 169–27. In jedem Schnitt senkrecht zur Schneckenachse entsteht durch Abwalzen des Zahnstangen-Schnittprofils auf dem Teilkreis[1] der Schnecke ein Stirnrad, dessen Zahnezahl gleich der **Gangzahl** z_s der Schnecke ist. Der **Modul** wird bei der Schnecke auf den Achs-

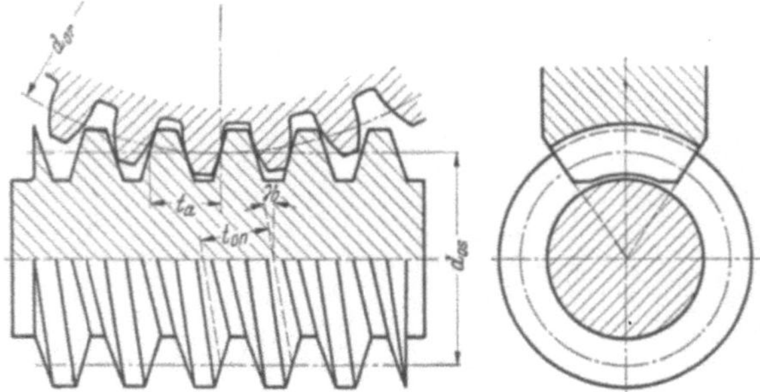

Abb. 169–29. Schneckenrad-Getriebe.
d_{os} = Teilzylinderdurchmesser; d_{or} = Teilkreisdurchmesser; t_a = Achsteilung; t_{on} = Normalteilung; γ_o = Steigungswinkel.

---

[1] Nach Abschn. 169.122 und 169.132 ist in diesem Falle der Teilkreis zugleich Walzkreis, die Teilkreistangente ist Walzgerade.

schnitt und auf die Achsteilung t_a bezogen (Abb. 169–28 und –29) und wird definiert durch die Gleichung $\quad t_a = \pi \cdot m.$ $\qquad$ (169–47)
Die Achsteilung t_a ist der in axialer Richtung gemessene Abstand zweier gleichgerichteter, benachbarter Flanken.

$$\text{Kennzahl } z_k = \frac{\text{Teilzylinderdurchmesser}}{\text{Modul}} = \frac{d_o}{m}. \qquad (169\text{–}48)$$

Die Steigung h der Schnecke (in mm) ist

$$h = z_s \cdot t_a. \qquad (169\text{–}49)$$

Der Steigungswinkel γ_0 auf dem Teilzylinder rechnet sich aus

$$\operatorname{tg} \gamma_0 = z_s : z_k. \qquad (169\text{–}50)$$

Schnecken mit geradlinigen Achsschnittprofilen erhalten[1] im Achsschnitt den Eingriffswinkel $\alpha_{oa} = 20°$. Archimed. Schnecke. Alle anderen Schnecken erhalten im Normalschnitt den Eingriffswinkel $a_{on} = 20°$.

$\qquad$ Kopfzylinderdurchmesser: $d_k = m \cdot (z_k + 2).$ $\qquad$ (169–51)

$\qquad$ Fußzylinderdurchmesser: $\quad d_f = m \cdot (z_k - 2{,}4),$ $\qquad$ (169–52)
bei größeren Steigungswinkeln sind Abweichungen für α_{on}, d_k und d_f zulässig.

Bestimmungsgrößen des Schneckenrads. Das Schneckenrad (Abb. 169–29) entsteht durch Drehung der Schnecke bei gleichzeitiger Drehung des Schneckenrads oder bei der Zylinderschnecke durch Abwalzen der Schnecke auf dem Teilkreis des Schneckenrads.

$\qquad$ Teilkreisdurchmesser: $\qquad d_{or} = z_r \cdot m.$ $\qquad$ (169–53)
$\qquad$ Teilkreisteilung: $\qquad\quad t_{or} = \pi \cdot m = t_a.$ $\qquad$ (169–54)
$\qquad$ Kopfkreisdurchmesser (im Mittelschnitt):

$$d_{kr} = d_{or} + 2 \cdot m + (2\,x \cdot m). \qquad (169\text{–}55)$$

$\qquad$ Fußkreisdurchmesser (im Mittelschnitt):

$$d_{fr} = d_{or} - 2{,}4 \cdot m + (2\,x \cdot m). \qquad (169\text{–}56)$$

$\qquad$ Übersetzung des Schneckengetriebes:

$$i = \frac{n_s}{n_r} = \frac{z_r}{z_s}. \qquad (169\text{–}57)$$

$\qquad$ Achsabstand: $\qquad\qquad a = \frac{m}{2}\,(z_k + z_r + 2\,x). \qquad (169\text{–}58)$

Zur Vermeidung von Unterschnitt kann beim Schneckenrad eine Profilverschiebung $x \cdot m$ vorgenommen werden, die sich in der Radmittenebene wie für das Stirnrad berechnet (Abschn. 169.14).

Evolventenschnecke. Sie entsteht nach Abb. 169–27 durch Abwalzen eines geradflankig begrenzten Zahnstangenkörpers mit schrägen Zähnen auf dem Teilzylinder der Schnecke. Die Zahnrichtung stimmt mit der Richtung der Tangente an die Steigungsspirale im Teilzylinder überein. In einem Schnitt senkrecht zur Schneckenachse wird der Zahnstangenkörper nach einem geradlinigen Profil geschnitten, das in diesem Stirnschnitt auf dem Schneckenteilkreis abwälzt. Die Schneckenflanken sind also im

---

[1] Nach einem Normvorschlag. Vgl. Schrift. 169.4 [2]

Stirnschnitt Evolventen; die Evolventenschnecke ist ein Schrägzahnrad, dessen Zahnezahl gleich der Gangzahl z_g ist. Die erzeugende Zahnstange berührt den Stirnschnitt der Schnecke (Abb. 169–27) auf den Eingriffslinien E' und E'', die in den beiden, den Grundzylinder beruhenden Eingriffsebenen liegen. Sie sind um den (im Stirnschnitt gemessenen) Winkel α_{os} gegen die Profilmittellinie der Zahnstange geneigt. Langs den Schnittlinien G', G'' ... der Eingriffsebenen mit den Flanken der Zahnstange (Abb. 169–28) beruhren sich Zahnstange und Evolventenschnecke. Die Geraden G', G'' hüllen die Schneckenflanken ein, wenn der Schneckenkörper eine Schraubung um seine Achse ausfuhrt. Die Geraden G', G'' können bei der Erzeugung durch Schleifscheiben ersetzt werden, deren Schleifflächen in den Flankenebenen F' und F'' liegen. Die Schneckenflanken sind im Achsschnitt ballig.

Archimedische Schnecke. Bei dieser Schnecke wird wie beim Gewinde ein im Achsschnitt der Schnecke liegendes, geradlinig begrenztes Zahnstangenprofil verschraubt, Abb. 169–28c. Der Schnitt der Schnecken-

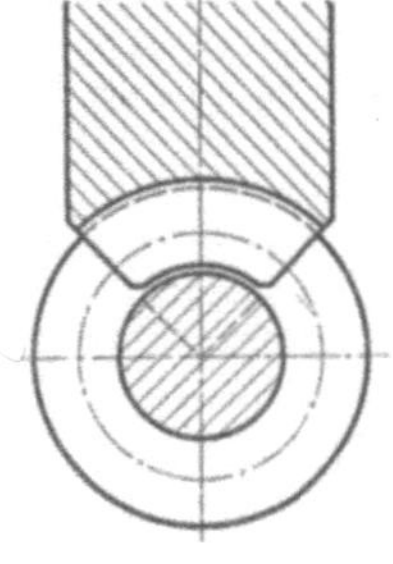

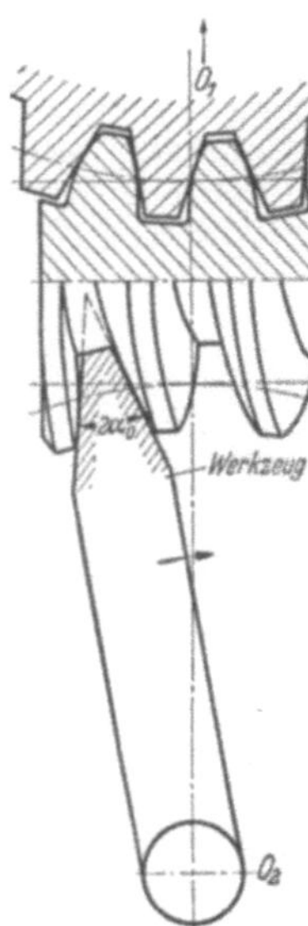

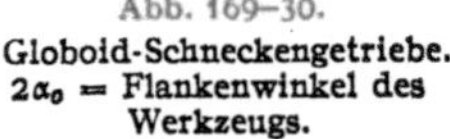

Abb. 169–30.

Globoid-Schneckengetriebe.
$2\alpha_0$ = Flankenwinkel des Werkzeugs.

flanke senkrecht zur Achse ist eine Archimedische Spirale. Die Zahnflanken des Schneckenrades sind im Mittelschnitt Evolventen, in den dazu parallelen Schnitten weichen sie von der Evolvente ab.

Von der Archimedischen Schnecke etwas abweichende Profile erhält man, wenn man des besseren Schnittwinkels wegen die Schneidbrust des Stahles nach Abb. 169–28b senkrecht zu den Schneckengängen stellt. Die Schneckenflanke ist dann im Achsschnitt schwach ballig.

Globoidverzahnung. Die Globoidschnecke entsteht nach Abb. 169–30 durch einen im Achsschnitt der Schnecke um den Punkt O_2 schwenkenden Schneidstahl bei (verhaltnisgleicher) Drehung der Schnecke. Zur Herstellung des Schneckenrades nimmt man ein der Schnecke entsprechendes Werkzeug, dessen Durchmesser man zweckmäßig etwas größer hält. Der Flankenwinkel $2\alpha_0$ liegt zwischen 30° und 60°.

Schrifttum

[1] Niemann, G., u. C. Weber: Schneckengetriebe mit flüssiger Reibung. VDI-Forschungs-Heft 414. Berlin: VDI-Verlag 1942.

[2] Bauersfeld, W.: Ein Beitrag zur Theorie der Schneckengetriebe und zur Normung der Schnecken. VDI-Forschungsheft 427. Düsseldorf: VDI-Verlag 1949/50.

[3] Weber, C., u. W. Thuß,: Profilbeziehungen bei der Herstellung von Schnecken und Gewinden. Mathematische Zusammenhänge zwischen Werkzeugprofil und Schneckenprofil im Achsschnitt und Normalschnitt. Berichte Nr. 89 (1948), 138 (1951), 140 (1951) u. 142 (1951) der Forschungsstelle für Zahnräder und Getriebebau, Techn. Hochschule München.

S. auch Schrift. 169.1 [19] u. 63 [23].

2 Maße und Meßgeräte für allgemeine Zwecke
21 Lineale, Platten

Zur Darstellung und Prüfung ebener Flächen dienen Platten und Lineale. Stahllineale: DIN 874, Tuschierlineale und Platten (Gußeisen): DIN 876. Nach DIN 874 unterscheidet man Haarlineale (auch Messerlineale

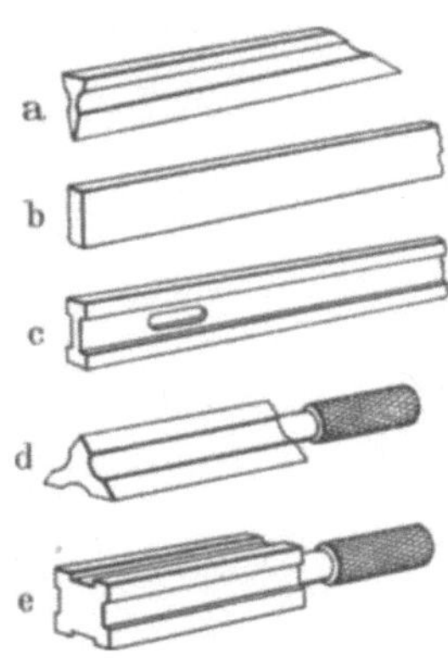

genannt), Drei- und Vierkantlineale, alle mit gehärteten Meßkanten; Normallineale und Werkstattlineale I und II mit rechteckigem Querschnitt, Abb. 21–1. Meßflachen des Lineals sind die Schmalseiten des rechteckigen Querschnitts. DIN 874 enthält Vorschriften über Werkstoff, Querschnitt, Anwendungsart, Genauigkeit der Meßflächen und Seitenflächen. Tuschierlineale und Platten bestehen nach DIN 876 aus Gußeisen. Dieses Normblatt enthält ferner Vorschriften über die Bauart der Platten und Genauigkeit der Meßfläche. Baumaße von Tuschierplatten: DIN 876 Bl. 1.

Stahllineale sind bis 5 m Länge, Platten bis 2 m Kantenlange genormt. Tuschierlineale werden im allgemeinen bis etwa 5 m Länge, Tuschierplatten bis etwa 2×1 m² hergestellt. Anreißplatten und Richtplatten aus Gußeisen werden auch in größeren Abmessungen angefertigt; sie sind nicht genormt.

Abb. 21–1. a. Haarlineal, b. Normallineal, c. Werkstattlineal, d. Dreikantlineal, e. Vierkantlineal.

Die zulässige Ungenauigkeit der Meßflächen von Linealen und Platten wird angegeben durch die Abweichungen der Meßfläche von einer idealen Ebene (Ausgleichebene zwischen den höchsten und tiefsten Stellen),

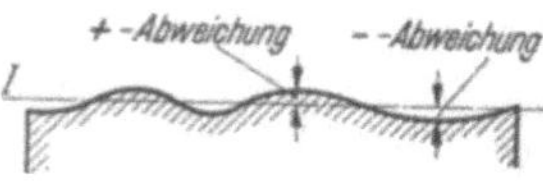

Abb. 21–2. Abweichungen an Linealen und Platten von der idealen Ebene *I*.

Abb. 21–2. Zulässige Abweichungen für Stahllineale s. Abb. 21–3, für Tuschierlineale und Platten Abb. 21–4. Lineale und Platten aus Gußeisen sollen durch Hobeln oder Schaben und keinesfalls durch Schleifen oder Lappen fertiggestellt werden, weil bei diesen Verfahren Schleif- oder Schmirgelkorner in den Poren des Gußeisens zurückbleiben und beim Gebrauch schädlich auf die mit diesen Meßflächen in Berührung kommenden Flächen einwirken. Das Anbringen von Schabezeichen an den Meßflächen von Stahllinealen ist zu verwerfen, weil hierdurch die Genauigkeit der Flächen leidet.

Prüfung der Meßflächen eines Lineals am einfachsten auf einer ebenen Fläche, deren Abweichungen bekannt sind, z. B. mit einem Lineal von möglichst höherem Genauigkeitsgrad. Die Meßkante eines Haarlineals kann an einer polierten ebenen Meßfläche durch Beobachten des Lichtspaltes geprüft werden (s. Abschn. 51). Prüfen eines Lineals mit Endmaßen und einer ebenen Fläche s. Abschn. 51. Steht keine ebene Fläche (Lineal oder Platte), deren Genauigkeit bekannt ist, für die Prüfung zur Verfügung, so kann man die Abweichungen eines Lineals von der Ebene bestimmen, indem

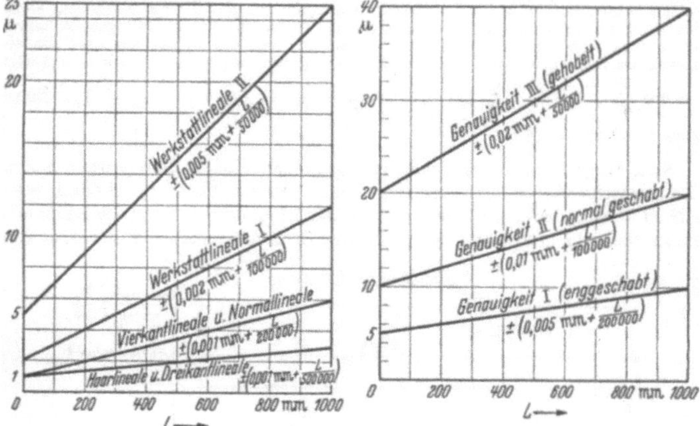

Abb. 21–3. Zulässige Abweichungen (±) der Hochkante der Lineale von der Ebenheit nach DIN 874.

Abb. 21–4. Zulässige Abweichungen (±) der Tuschierplatten von der Ebenheit nach DIN 876.

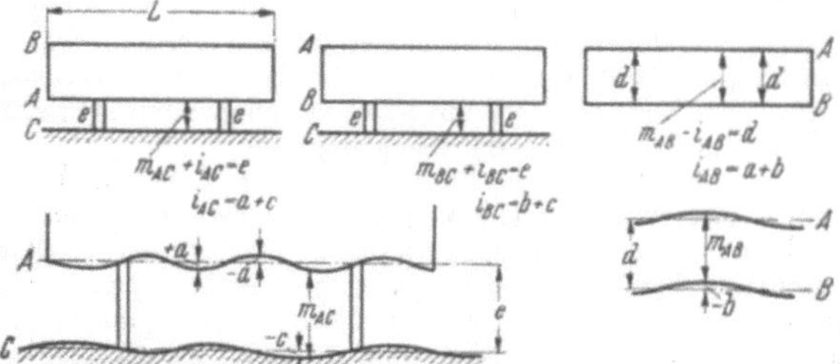

Abb. 21–5. Ausmessen von drei Linealflächen gegeneinander. Aus m_{AC}, m_{BC}, m_{AB}, e und d sind i_{AC}, i_{BC} und i_{AB} zu bestimmen und daraus die Abweichungen a, b und c zu errechnen.

man drei Linealflächen gegeneinander ausmißt (Abb. 21–5). Die Abweichungen dieser drei Flächen von der idealen Ebene werden punktweise ermittelt, indem man die Abweichung i gegenüber einem Abstand e in drei verschiedenen Lagen des Lineals (zwei Lagen gegenüber dem Hilfslineal und eine Lage ohne dieses) feststellt. Die Abweichung a der Fläche A, Abweichung b der Fläche B und Abweichung c der Fläche C ergeben sich aus den in der Abb. angegebenen Gleichungen.

Das Lineal wird mit zwei gleich großen Endmaßen e an zwei Punkten unterstützt, die um $0{,}22315 \approx {}^{2}/_{9}$ der ganzen Lineallänge von den Enden entfernt sind (s. Abb. 141–39.) Dabei ist die Durchbiegung für Unterstützung in zwei Punkten über die ganze Länge am kleinsten. Mit Endmaßen mißt man den Abstand m gegenüber der Hilfsfläche C aus; $i_{AC} = e - m_{AC}$. Dies wird nacheinander mit der Linealfläche A und der Linealfläche B ausgeführt. Dann wird der Abstand m zwischen A und B ausgemessen und die Abweichung i_{AB} von der Dicke d an den Unterstützungspunkten ermittelt; $i_{AB} = m_{AB} - d$. Hierbei ist die Bedingung, daß die Dicke d an den beiden Unterstützungspunkten gleich groß ist. Mit diesem Verfahren kann man wohl die Abweichungen der Linealflächen Punkt für Punkt festlegen, es haftet ihm jedoch eine erhebliche Meßunsicherheit an, weil die Fehler der drei Einzelmessungen sich nach dem Fehlerfortpflanzungsgesetz addieren (s. Abschn. 133.42):

$$f = \sqrt{f_{AC}^2 + f_{BC}^2 + f_{AB}^2}.$$ Ist z. B. $f_{AC} = f_{BC} = 2\,\mu$ und $f_{AB} = 3\,\mu$, dann wird $f = \sqrt{17} = 4,1\,\mu$.

Sehr lange Lineale kann man mit optischen Hilfsmitteln prüfen, wobei eine optische Achse als Vergleichsgerade verwendet wird. Hierbei wird z. B. ein Bock, der eine Skale tragt, auf das Lineal gesetzt und die Skale mit einem Fernrohr anvisiert, Abb. 21–6. Der Bock wird nacheinander uber den

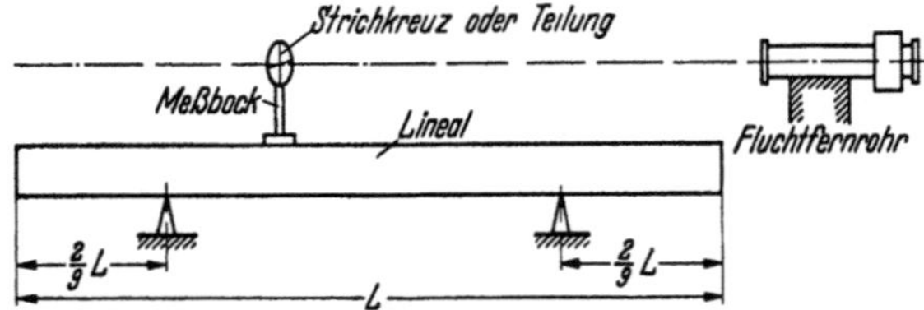

Abb. 21–6. Prüfung eines langen Lineals mittels Fluchtfernrohr. Der Meßbock wird auf dem Lineal verschoben und seine jeweilige Lage mit dem Fernrohr beobachtet.

Unterstützungspunkten des Lineals aufgesetzt und Fernrohr oder Lineal so ausgerichtet, daß beide Male der Nullpunkt der Skale anvisiert wird; s. a. Abschn. 247. Dann wird der Bock mit Skale verschoben und Abweichungen in senkrechter (und waagerechter) Ebene abgelesen.

Platten werden mit Lineal und Endmaßen gepruft, s. Abschn. 511.1. Beim Prüfen geschabter Flachen mit anzeigenden Meßgeräten sollen die Meßflächen nicht punktförmig, sondern mit der Größe einer Endmaßfläche die geschabte Flache berühren. Die geometrische Gestalt einer Platte kann auch mit Wasserwaage bestimmt werden, s. Abschn. 511.2, doch ist die Prüfung mit Lineal und Endmaßen genauer, weil mit der Libelle nur Neigungswinkel erfaßt werden. Die Prufung einer Platte durch das Antuschieren (Anreiben) einer anderen Platte oder eines Lineals gibt kein zuverlässiges Ergebnis, weil aneinanderliegende Meßflachen sich in bezug auf Form angleichen.

Handhabung. Auf richtige Unterstützung in zwei Punkten nach Vorstehendem achten; bei Aufliegen auf einer Flache können ganz andere Punkte anliegen. Beschädigung der Meßflachen, insbesondere ihrer Kanten, durch Stöße, Schlage usw. muß vermieden werden; der aufgeworfene Werkstoff (Grat) macht die Genauigkeit zunichte und muß durch vorsichtiges Abarbeiten entfernt werden. Die Handhabung der Tuschierlineale und Tuschierplatten richtet sich danach, ob sie zum Tuschieren verwendet werden oder als Grund- und Bezugsflächen für Messungen dienen. Zum Tuschieren wird das Tuschierlineal bzw. die Tuschierplatte mit Farbe

(Tuschierrot oder -blau) bestrichen, mit der Meßfläche auf die zu tuschierende Fläche aufgelegt und langsam und vorsichtig auf dieser hin- und herbewegt, d. h. „angerieben". An den hohen Punkten (tragenden Stellen) der zu tuschierenden Flache setzt sich die Farbe ab, so daß diese Stellen leicht zu erkennen sind und nachgearbeitet, z. B. nachgeschabt werden können. Die Farbe darf nicht dick, sondern soll so dünn wie möglich aufgetragen werden, damit auch noch kleine Abweichungen der Flache erkannt werden können. Werden die Lineale und Platten zum Messen verwendet, so werden sie auf ihren drei Füßen aufgestellt, so daß sie möglichst waagerecht („im Wasser") stehen, was mit der Wasserwaage überprüft wird. Die Genauigkeit bezieht sich auf die Bezugstemperatur von 20° C (DIN 102). Einseitige Warmebestrahlung durch Sonne oder Heizkörper ist zu vermeiden. Es empfiehlt sich, die Tuschierlineale und Platten bei Nichtbenutzung mit einem gefetteten Holzdeckel zu schützen. Bei der Aufbewahrung sollen diese Lineale und Platten auf ihren drei Fußen ruhen, damit jedes Verziehen vermieden wird. Aufstellung auf geeignete Ständer (Abb. 21–7). Diese haben drei Unterstützungspfannen für die Plattenfüße und an zwei Ecken Stützschrauben, die bis auf einen Millimeter an die Platte herangestellt werden, um diese beim Umkippen infolge einseitiger Belastung aufzufangen.

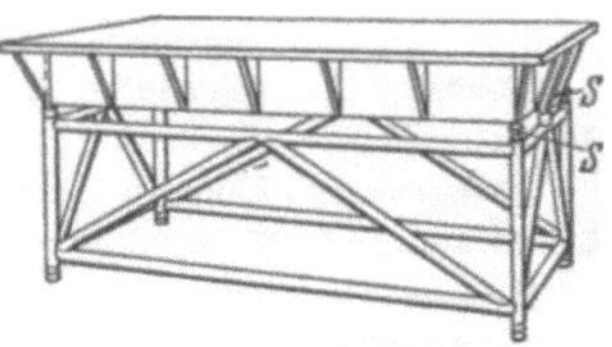

Abb. 21–7. Tuschierplatte
1000 × 2000 mm mit Ständer.

Die zwei Schrauben S sind bis auf ca. 1 mm an die Platte herangestellt und dienen dazu, die Platte bei etwaigem Umkippen aufzufangen.

22 Maße

221 Strichmaße

221.1 Längen-Strichmaße

Bei einem Strichmaßstab ist das Maß durch den Abstand zweier Teilungsstriche dargestellt.

Definition bei genormten Maßstäben: Abstand zweier Teilstriche = Abstand ihrer Mittellinien; Mittellinie eines Teilstriches = Linie, welche die Abstände seiner Ränder halbiert. Beim Einfangen mit einem Strich (z. B. Mikroskop, Strichplatte) wird auf Schwerelinie, mit zwei Strichen auf gleichen Abstand der Ränder, also auf Mittellinie eingestellt. Beide Einstellungen sind nur bei symmetrischer Strichfurche gleich.

Es gibt Längenstrichmaße mit nur zwei Endstrichen für ein bestimmtes Maß; solche mit Teilung in dm, $^1/_2$ dm ($^1/_4$ dm), cm, $^1/_2$ cm, mm. Einzelne Abschnitte dürfen enger unterteilt sein als die übrigen. Engl. u. amerik. Zoll geteilt in: $^1/_{16}''$, $^1/_{32}''$, $^1/_{20}''$ oder Dezimalbruchteile eines Zolles.

Ausführung und Werkstoff je nach Verwendungszweck und Genauigkeit (in nachstehender Reihenfolge immer genauer werdend):

1. Gliedermaßstäbe oder Maßstäbe aus einem Stück aus Holz, Stahl oder anderem Metall, s. DIN 6400, 6401.

Teilung. Gedruckt, geätzt, gewalzt, geprägt.

Abweichungen. Bei Länge 1 m im allgemeinen bis 1 mm.

Nach Eichordnung bei Länge 1···10 m: Metall 0,5···3 mm, andere Stoffe 1···6 mm.

Abb. 221–1.
Querschnitt eines
Stahlbandmaßes,
in entrolltem
Zustand steif.

2. **Maßbänder** aus Federbandstahl flach oder gewölbt (s. Abb. 221–1), Stahlbandmaße (DIN 6403).

Längen. 100 mm bis 50 m, ab 1 m in einer Dose aufgerollt.

Teilung wie bei 1. *Abweichungen* bis zu etwa 1 mm.

(Bandmaße aus Leinen können größere Abweichungen haben. Dabei Spannung und Durchhang beachten, Durchhang auch bei Stahlbändern.) Abweichungen nach Eichordnung für 1···50 m: 0,75···8 mm.

3. **Arbeitsmaßstäbe.** Genauigkeit I und II nach DIN 866.

Werkstoff: ungehärteter Stahl, Wärmeausdehnung $11,5 \cdot 10^{-6}$ bei 20° C.

Abmessungen. Länge bis 5 m, Querschnitt 5×25 bis 14×70 je nach Länge und Genauigkeitsgrad.

Teilung. Gerissen oder geätzt. Auf einer Breitseite, bis zu einer Kante durchgezogen.

	Arbeitsmaßstab I	Arbeitsmaßstab II
Enden:	Beiderseits überragendes Ende etwa 10 mm oder mehr	Ebene Endfläche an Stelle des Nullstriches, am anderen Ende etwa 10 mm oder mehr länger als die Teilung
Strichbreite (Richtlinie):	70···100 μ	100···150 μ
Ebenheit der Flächen, die an der Teilungskante zusammenstoßen:	$\pm \left(10 + \dfrac{\text{Maßstablänge}}{20}\right) \mu$	$\pm \left(20 + \dfrac{\text{Maßstablänge}}{10}\right) \mu$

Bei der Prüfung auf *Ebenheit* soll der Maßstab auf einer ebenen Fläche so aufliegen, daß die Teilung oben ist. Die Genauigkeit der Auflagefläche ist hierbei nicht festgelegt. Die Vorschrift für die Ebenheit gilt für die Teilungsfläche nur insoweit, als sie von der Teilung wirklich in Anspruch genommen wird. Innerhalb dieses Bereiches sollen die Unterschiede der Abstände beliebiger Punkte von jener Auflageebene innerhalb der vorstehenden Grenzen liegen.

Zulässige Abweichungen der Teilung nach DIN s. Abb. 221–2. Beim Prüfen der *Genauigkeit* soll der Maßstab auf einer Fläche aufliegen, deren Ebenheit mindestens DIN 876, Genauigkeitsgrad II, entspricht. Maßgebend sind die Abstände, welche die Teilungsstriche in einer Entfernung von 0,5 mm von der Teilungskante haben.

4. **Prüfmaßstäbe** nach DIN 865. *Werkstoff*: Ungehärteter Stahl. Wärmeausdehnung: $(11,5 \pm 1,5) \cdot 10^{-6}$ bei 20°. Für Sonderzwecke auch andere Werkstoffe, z. B. Messing, Bronze, Glas u. dgl.

Abmessungen: Länge bis 2 m, Querschnitt quadratisch 15 bis 25 □ je nach Länge.

Teilung: Auf einer Seite, bis zu einer Kante durchgezogen. Beiderseitige Enden etwa 10 mm oder mehr langer als Teilung.

Strichbreite (Richtlinie): 20 bis 40 μ.

Ebenheit: $\pm \left(5 + \dfrac{\text{Maßstablange}}{50} \right) \mu$, hierbei gelten die gleichen Bedingungen wie bei 3. (Arbeitsmaßstabe).

Zulässige Abweichungen, s. Abb. 221–2, hierbei gleiche Bedingungen wie bei 3. (Arbeitsmaßstabe).

5. V e r g l e i c h s m a ß s t a b e nach DIN 864. *Werkstoff*: Ungeharteter Stahl. Warmeausdehnung: $(11,5 \pm 1,5) \cdot 10^{-6}$ bei 20° C. Fur Sonderzwecke auch andere Werkstoffe, z. B. Messing, Bronze, Glas u. dgl. Vernickelung oder feste Nickeleinlagen zur Erzielung besserer Striche sind zulässig.

Abmessungen: Lange bis 1 m, Querschnitt H-, U- oder X-förmig, Teilung in der neutralen Faser. Bis 200 mm Maßlange ist auch voller Rechteckquerschnitt zulassig.

Teilung: In der Mitte der Teilungsflache, Mitten der kurzen Teilstriche in der Mitte liegend. Dort zwei parallele Langsstriche von 0,3 mm Abstand. Beiderseits uberragende Enden von etwa 10 mm Lange oder mehr. Strichbreite (Richtlinie) 3 bis 7 μ.

Zulässige Abweichungen s. Abb. 221–2. Bei der Prufung und Benutzung soll der Maßstab so aufliegen, daß er sich ohne Zwang bewegen kann, z. B. auf Rollen, die $^2/_9$ (Genauwert 0,22031) der Lange von beiden Enden entfernt sind. Bei dieser Art des Aufliegens soll die Teilungsflache keine größeren Unterschiede zu der durch die Unterlegerollen gedachten Ebene haben als

$$\pm \left(5 + \frac{\text{Maßstablange}}{50} \right) \mu$$

(Ebenheit und Parallelitat).

G e m e i n s a m e s zu 3. bis 5.: Von den Maßstaben unter 3. bis 5. (und 6.) dient jeweils der folgende zum Prufen des vorhergehenden, also z. B. der

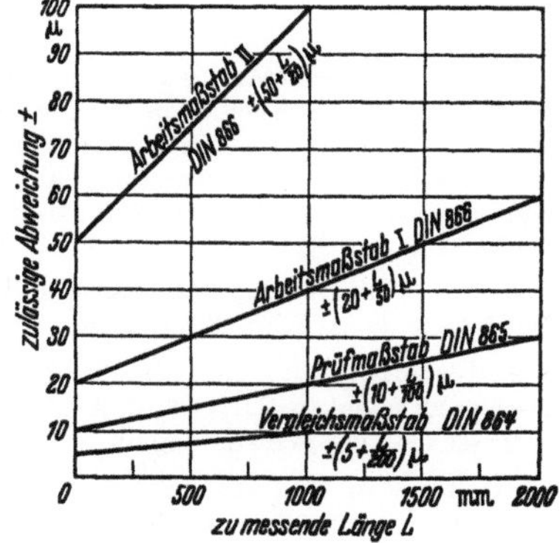

Abb. 221–2. Zulässige Abweichungen fur genormte Strichmaßstabe. Der Abstand L eines *beliebigen* Teilstriches vom Nullstrich darf bei 20° von seinem Nennwert um keinen größeren Betrag abweichen, als sich aus den eingezeichneten Linien ergibt.

Vergleichsmaßstab zum Prufen von Prufmaßstäben. Die Teilstriche müssen gerade, parallel, in sich und untereinander gleich breit sein, rechtwinklig zur Teilkante stehen, die Strichrander scharfkantig ohne aufgeworfenen oder eingedrückten Grat. Bei Vergleichsmaßstaben soll die Strichfurche symmetrisch zur Mittellinie des Striches liegen.

Bei Arbeitsmaßstäben sollen Teilung und Zahlenbeschriftung von links nach rechts verlaufen, wenn man gegen die Teilungskante sieht, bei Prüfmaßstaben umgekehrt, damit man sie aneinander legen kann; bei Vergleichsmaßstaben Teilung von links nach rechts, wenn die Zahlen aufrecht stehen.

Pruf- und Vergleichsmaßstabe können mit einer Vorteilung versehen sein, wie Abb. 221–3 zeigt. Diese ist feiner unterteilt als die ubrige Teilung.

6. Urmaßstabe sind nicht genormt. Ausfuhrung wie Vergleichsmaßstabe, Strichdicke 1 bis 3 μ. Zulassige Abweichungen $\pm \left(2 + \dfrac{L}{500}\right)\mu$. Außerdem gibt es in verschiedenen Genauigkeitsgraden:

Sondermaßstäbe aus anderen Werkstoffen oder mit anderen Teilungen. Glasmaßstäbe fur optische Gerate werden mit Mikroskop bei durch

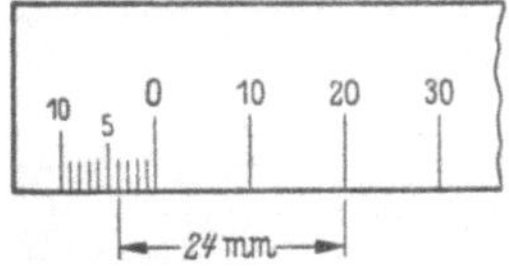

Abb. 221–3. Vorteilung an einem Strichmaßstab.

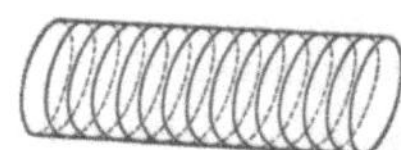

Abb. 221–4. Schraubenlinie als Maßstab. Steigung: 2 mm. Ablesung· Mikroskop mit Okularstrichplatte; Einstellen durch Drehen nach Kreisteilung. (Lehrenbohrwerk von H. Lindner, Berlin-Wittenau.)

fallendem Licht abgelesen. Wärmeausdehnung möglichst wie bei Stahl. Teilung geatzt; oft auch feiner als 1 mm unterteilt. Lange bis 1200 mm. Eingelegte Stahlmaßstabe an Werkzeugmaschinen sollen die Genauigkeit von Prufmaßstäben (4.) haben; wenn sie nicht zum Messen oder Ablesen dienen, genugt diejenige von Arbeitsmaßstaben I. Eine Ausfuhrung besonderer Art zeigt Abb. 221–4.

Höhenmaßstabe, senkrecht stehend, mit oder ohne Schieber, Anreißspitze, Nonius (s. Abschn. 221.3) dienen zum Anreißen.

Sonderteilungen. Schwindmaßstabe fur Modelltischler und Hersteller von Schmiedegesenken (DIN 64 2), Ausfuhrung nach 1. und 2. Die Teilung ist entsprechend der Schwindung um z. B. 1 % größer.

Prüfung von Maßstäben mit einem Komparator mit Mikroskop (s. Abschn. 141.2 u. 241) und Okularmikrometer durch Vergleich mit einem Maßstab, dessen Fehler bekannt sind. Zweckmaßige Mikroskopvergrößerungen: fur Urmaßstabe 100fach, Vergleichsmaßstabe 40fach, Prufmaßstabe 8fach; Arbeitsmaßstabe können mit Prufmaßstaben durch Aneinanderlegen der Teilungskanten und mit einer Lupe verglichen werden, dabei keine Zahlenangabe fur Abweichung möglich.

Benutzung (Maßabnahme): Werkstuck zum Prüfen der *Teilung* an die Teilungskante des Maßstabes anlegen und mit bloßem Auge oder Lupe vergleichen. Werden körperliche Maße mit Taster oder Zirkel abgenommen, so sind die Fehler ziemlich groß und die Strichteilungen werden rasch beschadigt. An Maschinen mit eingebauten Maßstaben wird mit Vergleichsmarke oder Nonius (Abschn. 221.3) abgelesen, im ersten Fall können Zehntel geschätzt werden. Beim Ablesen ist auf Vermeidung des Parallaxenfehlers (Abschn. 141.2 u. 151.2) zu achten.

Bei genauen Messungen vorgeschriebene Unterstützung (s. Abschn. 141.51) beachten, weil sonst die Teilung langer oder kürzer wird, sowie auf Bezugstemperatur. Vernickelte Teilungsflachen soll man nicht einfetten, weil sie nicht abgewischt werden dürfen, denn dadurch werden die Rander der feinen Teilungsstriche allmahlich zerstört und unscharf. Staubteilchen kann man mit einem weichen Pinsel entfernen.

Ausfuhrung von Strichteilungen, die mit bloßem Auge benutzt werden sollen, zweckmaßig so, daß der Teilstrichabstand 0,7···2,5 mm betragt (s. Abschn. 113.3); dann können Bruchteile, z. B. Zehntel, am sichersten geschatzt werden. Strichlänge der kleinsten Teilstriche etwa zwei- bis dreimal so groß wie Strichabstand, mindestens jeder 5. Strich langer, Zehnerstriche noch langer, Dicke etwa $100\,\mu$. Wenn Lupe oder Mikroskop benutzt wird, Strichausfuhrung dementsprechend.

Herstellen von Strichteilungen s. Abschn. 327.

221.2 Kreisteilungen

Kreisteilungen sind auf dem Umfang eines Zylinders oder Kegels oder strahlenförmig auf einer Ebene angebracht.

Teilungseinheiten. Für Winkelmessungen $1°$ ($= 60' = 3600''$) oder Vielfache oder Bruchteile davon, wobei der volle Winkel oder ein Umgang gleich $360°$ ist.

Die Einteilung eines vollen Winkels in 400 Neugrad (s. Abschn. 122) wird im Maschinenbau bisher nicht angewandt.

Andere Teilungsarten, z. B. Trommel der Meßschraube, Umfang meist in 50 gleiche Teile geteilt.

Ablesung. Mit bloßem Auge, mit Nonius (Abschn. 221.3), Lupe, Mikroskop. Erreichbare Genauigkeit der Ablesung s. Abschn. 151.

Ausfuhrung der Striche für Ablesung mit bloßem Auge zweckmäßig entsprechend wie bei Langsteilungen, namlich Abstand: 0,7···2,5 mm, Länge zwei- bis dreimal Strichabstand, Dicke $50···100\,\mu$ je nach Oberflachengute der Teilungsfläche. Dies gilt fur Benutzung mit bloßem Auge, bei Benutzung von Lupe oder Mikroskop ist die Ausfuhrung entsprechend der Vergroßerung zu wahlen. Gruppenbildung von Strichen wie am Schluß von Abschn. 221.1 beschrieben.

Wenn die Einheit als Winkelmaß gegeben ist, z. B. $1°$ oder $^1/_{100}$ des Umfanges, so hängt der Teilstrichabstand vom Halbmesser ab.

Umrechnungszahlen s. Abschn. 122, Taf. 2 u. 3.

Beispiele. 1. Es soll eine Kreisteilung mit einem Skalenstrichabstand von 1 mm hergestellt werden, wobei 1 Skalenteil $= 1°$ ist. Wie groß muß der Teilkreis sein?

Lösung: Nach Abschn. 122.3 ist $1° = 0,017453 \cdot r$. Also muß $r = \dfrac{1\ \text{mm}}{0,017453} = 57,3$ mm sein.

2. Wie groß muß der Teilkreis einer Meßuhr sein, der in 100 Teile geteilt ist, wenn der Skalenstrichabstand 1,25 mm betragen soll?

Losung: $\dfrac{\text{Umfang}}{100} = \dfrac{d \cdot \pi}{100} = 1{,}25; \quad d = \dfrac{1{,}25 \cdot 100}{\pi} = 40 \text{ mm.}$

Wenn fur die Herstellung von Kreisteilungen Toleranzen angegeben werden, so muß stets gepruft werden, wieviel die Toleranz ergibt, wenn sie in mm oder μ umgerechnet wird. Man kann auch die Toleranz in μ angeben, muß aber den Durchmesser oder Halbmesser hinzufugen, auf den sich diese Angabe bezieht.

Herstellungsgenauigkeit. Mit selbsttatigen Kreisteilmaschinen bis zu etwa 1″ erreichbar. Herstellung s. Abschn. 327.

Ableseungenauigkeit hangt vom Durchmesser ab; sie ist bei entsprechender Ausführung und Ausrustung zum Ablesen:

fur	zulassige Ableseungenauigkeit:
Prazisionskreise	± 0,5″
gute Kreise	± 0,5″…2″
mittlere Kreise	± 2″…5″
Grobkreise	± 10″ und daruber.

Dabei sind die Teilungsfehler n i c h t berucksichtigt; die Zahlen geben also nur an, wie genau man einstellen kann, sie beziehen sich hauptsachlich auf geodatische und astronomische Instrumente und die dabei ublichen Teilungsdurchmesser.

Größer als die Fehler innerhalb der Teilung sind meist die Fehler der Zentrierung, deshalb haben gute geodatische und astronomische Instrumente zwei um 180° versetzte Ablesearme. Man nimmt dann das Mittel aus beiden Ablesungen.

Die Summe aller Fehler einer geschlossenen Kreisteilung ist $= 0$.

Die erreichte Genauigkeit wird entweder an der Teilung allein oder — meist — an der eingebauten Teilscheibe oder Trommel mit der Ableseeinrichtung gepruft, bei technischen Meßgeraten wird das ganze Gerat gepruft, also z. B. Trommel + Meßspindel.

Besondere Einrichtungen und Verfahren: Kreisteilungsprufer, Exzentrizitatsverfahren von Krug, Verfahren von Henvelink (s. Schrifttum).

Fur die meisten technischen Zwecke genugen Verfahren, die denen fur Langsteilungen (Abschn. 221.1) entsprechen, dazu werden optische oder mechanische Normale benutzt, Winkelmeßgerate, optischer Teilkopf, Rundtisch usw. Hierbei ist besonders auf genaue Zentrierung zu achten, bei Kollimator und Theodolit nicht notig, s. Abschn. 142.67.

221.3 Nonius

Ein Nonius[1] gestattet, Zwischenwerte einer gleichmaßigen Hauptteilung abzulesen anstatt zu schatzen. Er kann bei Langs- (Schieblehre) und bei Kreisteilungen (Winkelmesser) angewendet werden.

Beim Nonius findet sich an Stelle der einfachen Marke oder des Nullstriches eine Teilung, die um $\dfrac{1}{n}$ weiter (nachtragender N.) oder enger (vortragender

---

[1] Falschlich nach dem Portugiesen Pedro Nuñez benannt. Erfinder ist der Flame oder Elsasser Peter Werner (Vernier) 1631.

N.) geteilt ist; dabei wird mit n der Nenner des Nonius bezeichnet. In der Technik wird meist der vortragende Nonius benutzt.

Ein Beispiel zeigt Abb. 221–5. Man liest zunächst an der Hauptteilung die ganzen mm ab: 76. Dann stellt man fest, welcher Strich der Noniusteilung einem beliebigen Strich der Hauptteilung gegenübersteht. Dies ist in der Abbildung der sechste; beim vortragenden Nonius wird von links nach rechts gezählt, beim nachtragenden umgekehrt. Also lautet die Ablesung hier: 76,6 mm.

Denkt man sich die Noniusteilung um $^1/_{10}$ mm weiter nach rechts geschoben, so würde der siebente Strich genau dem Strich 83 (diese Zahl ist nebensächlich!) gegenüberstehen, und die Ablesung würde lauten: 76,7 mm. Dies kommt daher, daß jeder

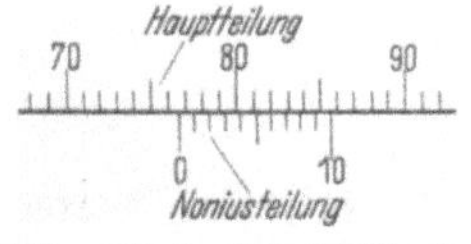

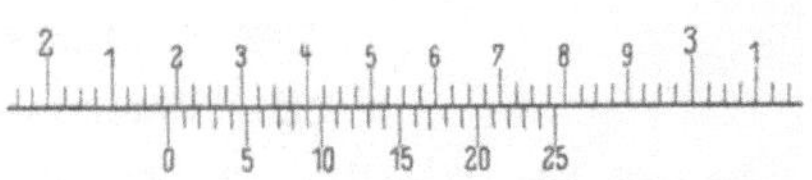

Abb. 221–5. Zehntel-Nonius ($n = 10$) einer mm-Teilung. Eingestellter Wert: 76,6 mm.

Abb. 221–6. Fünfundzwanzigstel-Nonius ($n = 25$) an einer $^1/_{40}''$-Teilung; Ablesung $^1/_{1000}''$. Eingestellter Wert $\cdot$ 2,1 + 3/40 + 0,009 = 2,184''.

Teilungsabstand der *Noniusteilung* im Beispiel um $^1/_{10}$ mm *kleiner* ist als der der *Hauptteilung*. Stehen gar keine Striche genau gegenüber, so kann man auch noch Bruchteile schätzen, die kleiner sind als $\dfrac{1}{n}$, in diesem Beispiel also halbe Zehntel = 50 μ.

Die Abb. 221–6 zeigt dementsprechend einen Nonius mit dem Nenner 25 an einer $^1/_{40}''$-Teilung.

Bei der Noniusteilung kann auch jedesmal ein Teilstrich übersprungen werden, wie in Abb. 221–7. Man sagt dann: Der Nonius hat den Modul $m = 2$.

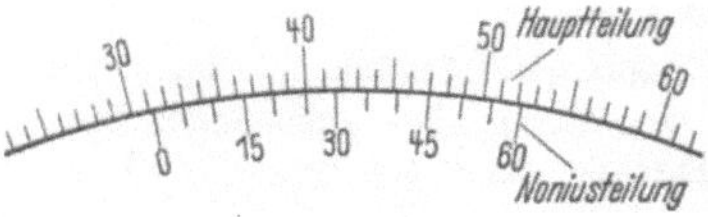

Abb. 221–7. Zwölftel-Nonius ($n = 12$) einer Gradteilung; Ablesung 5′. Eingestellter Wert: $31°\ 25'$.

Ist der Strichabstand der Hauptteilung i_h mm, so muß der Strichabstand der Noniusteilung sein:

$$i_n = \frac{(m \cdot n - 1) \cdot i_h}{n}$$

für vortragenden Nonius, für nachtragenden ist $+$ statt $-$ zu setzen).

Der Modul wird meist 1, seltener 2 gewählt, für den Nenner kommen vor: 10, 20, 25 oder 50, bei Kreisteilungen 15, 30 oder 60. Entsprechend der Sehschärfe mit bloßem Auge ist beim $^1/_{50}$-Nonius ($n = 50$) bei mm-Teilung die Grenze der Sehschärfe bereits überschritten (s. Abschn. 15). Bei Zollteilungen meist Ablesung auf $^1/_{1000}''$.

Der mit dem Nonius abzulesende Wert ist

$$a = m \cdot i_h - i_n.$$

Setzt man i_n aus obiger Gleichung ein, so erhält man für die Noniusablesung:

$$a = \frac{i_h}{n}.$$

Daher rührt die Bezeichnung „Nenner" für n.

Liegen bei einem Nonius Haupt- und Noniusteilung nicht in einer Ebene oder stoßen sie nicht unmittelbar aneinander, so ist auf Vermeidung des Parallaxenfehlers (Abschn. 141.2) zu achten.

Schrifttum

Henvelink: Z. Vermessungswesen. Bd. 45 (1925) S. 70.

Krug, W.: Z. Instrumentenkunde. Bd. 58 (1938) Nr. 10 S. 412: Zur Beurteilung von Kreisteilungen aus Exzentrizitätsmessungen.

Krug u. Oehler: Fertigung und Untersuchung von Kreisteilungen. Z. VDI Bd. 82 (1935) S. 797.

Rotzoll: Optik an einem Lehrenbohrwerk. Werkst.-Techn. 1939. H. 9 S. 238.

Scheel, K.: Grundlagen der praktischen Metronomie 1911.

Schneider, O.: Theodolite. Z. VDI Bd. 82 (1938) S. 1185.

Tuckel, N.: Strichteilungen, Einfluß des Werkstoffes. Diss. Dresden 1944.

222 Endmaße

222.1 Bauformen

Endmaße sind Verkörperungen von Längenmaßen in Form von stabförmigen Körpern, bei denen der Abstand der Endflächen ein bestimmtes Maß darstellt. Die heute für Längenmessungen benutzten Endmaße sind sehr genau und können leicht zu beliebigen Maßen zusammengesetzt werden (Endmaßkombination).

Ist das Verhältnis Länge : Querschnitt klein, nennt man sie auch *Endmaßblöcke*; lange Endmaße heißen *Endmaßstäle*.

Endmaße als Normale der Längeneinheit finden sich schon bei den Chaldäern und Babyloniern.

Endflächen (Maßflächen) eben, zylindrisch oder kugelig.

Parallelendmaße haben ebene und parallele Endflächen. Querschnitt rechteckig oder kreisförmig.

Meßscheiben und Lehrdorne sind Maße, deren Meßfläche einen vollen Zylinder darstellt.

Bei *Meßstaben* und Flachlehrdornen sind die Meßflächen Teile des gleichen Zylinders.

Kugelendmaße haben Meßflächen, die ein und derselben Kugel angehören; Querschnitt: Kreis.

Stäbe, deren Enden mit kleinerem Halbmesser als der halben Stablänge abgerundet sind, sind keine Endmaße, sondern *Stichmaße* (DIN 2062); zulässige Abweichungen im allgemeinen größer als bei Endmaßen.

Während Endmaße mit zylindrischen und kugeligen Maßflächen als Lehren für Bohrungen benutzt werden, stellen Parallelendmaße die Grundlage des industriellen Meßwesens dar. Die Bauform mit rechteckigem Querschnitt ist in DIN 861 genormt und in allen Industrieländern verbreitet.

Neben rechteckigem Querschnitt vereinzelt auch andere: in USA Maße mit quadratischem Querschnitt und Längsbohrung, Bauart Hoke (Pratt & Whitney); in Frankreich Maße mit achtförmigem Querschnitt und zwei Längsbohrungen (Manurhin). Die Längsbohrungen stellen Durchgangslöcher für Verbindungsbolzen zur Sicherung von Kombinationen mit Meßschnäbeln dar. Parallelendmaße mit *Kreisquerschnitt* werden auch zum Einstellen von Meßmaschinen und ähnlichen Meßgeräten verwendet. Sie können nur in beschränktem Umfang kombiniert werden, indem man sie auf gleich hohe Unterstützungen auflegt und gegeneinander bzw. gegen die Meßflächen der Meßmaschine schiebt. Verbindungshülsen sind hierbei nicht zu empfehlen, weil die Gefahr besteht, daß die Endmaße dann nicht nach ihren Meßflächen, sondern nach ihren zylindrischen Außenflächen und den Hülsenbohrungen ausgerichtet werden.

Im folgenden werden ausschließlich Parallelendmaße mit rechteckigem Querschnitt behandelt.

222.2 Normen und Genauigkeit

Das Normblatt DIN 861 „Parallelendmaße" wird zur Zeit umgearbeitet und erweitert. Es enthält Baumaße, Ausführung und zulässige Abweichungen der Endmaße, Meßschnabel und Halter.

Werkstoff für Endmaße: Stahl mit einer Wärmeausdehnungszahl $(11,5 \pm 1,5) \cdot 10^{-6}$, für Sonderzwecke auch Hartmetall und Quarz. Nach DIN 861 sollen Endmaße gehärtet, zumindest mit harten Meßflächen versehen und künstlich gealtert sein. Werkstoff und Alterung sind so zu wählen, daß der gehartete Stahl möglichst maßbestandig ist.

Maßbeständigkeit ist die wichtigste an Endmaße zu stellende Forderung; höchste Genauigkeit ist wertlos, wenn sie nicht maßbestandig sind. Die Verfahren der künstlichen Alterung mussen sorgfältig dem Werkstoff angepaßt sein. Nicht, ungenugend oder falsch gealterte Endmaße erleiden Längenänderungen, die z. B. bei einem 50-mm-Endmaß innerhalb eines Jahres bis zu 10 μ betragen konnen. [1]

Querschnitt für Rechteckform nach DIN 861 für 10 mm Nennmaß und darunter 30×9 mm; uber 10 mm Nennmaß 35×9 mm; unter 0,5 mm Nennmaß ist außerdem 20×9 mm zulassig. Abmaße dieser *Querschnitts*-abmessungen nur negativ. Ebenheit, Parallelitat und Winkligkeit der Seitenflächen sind ebenfalls genormt. Bei Endmaßen mit anderem Querschnitt soll der Flacheninhalt 315 mm² nicht uberschreiten; bei vollem Kreisquerschnitt ist daher 20 mm Ø vorgeschrieben.

Die *Definition der Länge eines Endmaßes* ist nach DIN 861 bzw. 2062: Das Maß eines Endmaßes (Abb. 222–1) mit parallelen, ebenen Flachen wird definiert durch den Abstand zweier ebener Meßflachen, von denen die eine die Oberflache eines Hilfskörpers ist, an der das Endmaß mit einer Fläche vollständig haftet, die andere ist die freie Flache des Endmaßes. Bei nicht völliger Parallelitat gilt als Abstand die Senkrechte von der Mitte der freien Fläche auf die Flache des Hilfskörpers (Mittenmaß m). Voraussetzungen sind, daß das Endmaß keiner langenandernden Beanspruchung unterworfen ist, daß die Meßflächen des Endmaßes und die des Hilfskörpers von gleichem Werkstoff und von gleicher Oberflachenbeschaffenheit sind und daß die Beruhrungsflachen zwischen Endmaß und Hilfskörper mit den ublichen geeigneten Mitteln so gut wie möglich gereinigt sind, ohne irgendein besonderes Mittel zu Hilfe zu nehmen, welches das Haften begunstigt. Das gleiche gilt sinngemaß fur das Gesamtmaß mehrerer aneinander angesprengter Endmaße. Als Meßverfahren, bei welchem das Endmaß keiner längenandernden Beanspruchung unterworfen ist (Meßkraft Null) gilt gegenwartig das Interferenzverfahren [2]. Man unterscheidet bei einem Endmaß das *Mittenmaß m* nach obiger Definitiou und das *Maß an beliebiger Stelle der Meßfläche* (b in Abb. 222–1). Die Differenz $b - m = f$ ist die *Abweichung des Maßes an beliebiger Stelle* der Meßfläche gegenuber ihrem Mittenmaß und wird *Flächenfehler* genannt.

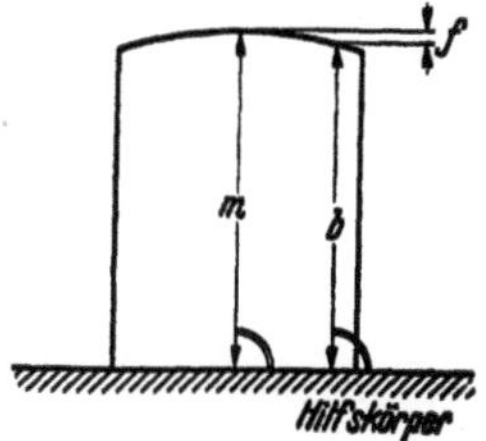

Abb. 222–1. Definition der Lange eines Endmaßes nach DIN 861. m = Mittenmaß; b = Maß an beliebiger Stelle; f = Flächenfehler.

Die *Schiefe* eines Endmaßes, Abb. 222-2, die auch bei parallelen Meßflachen vorhanden sein kann, ist die Abweichung einer Seitenflache von der
an der Kante einer Meßflache auf dieser errichteten
Senkrechten in mm. Diese Abweichung muß von
jeder Meßflache aus und an allen vier Seitenflachen
bestimmt werden.

DIN 861 (Neuentwurf) enthalt in vier Genauigkeitsgraden *zulassige Abweichungen fur Mittenmaß*,
Flachenfehler und Schiefe. Die Grenzen der zulassigen Abweichungen fur das Mittenmaß sind durch
folgende Gleichungen gegeben:

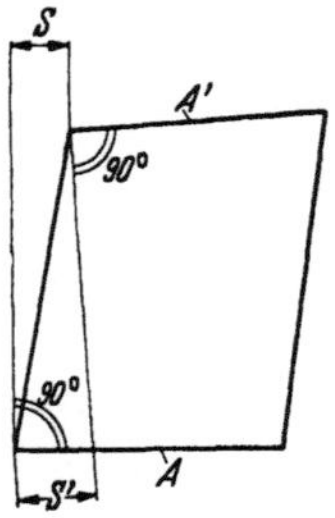

Abb. 222-2. Definition der Schiefe eines Endmaßes nach DIN
861. *s* u. *s'* = Schiefe, bezogen auf die Meßflache *A* bzw. *A'*.

Genauigkeitsgrad	zul. Abweichung fur das Mittenmaß (Sollange in mm einsetzen)
0	$\Delta m = \pm \left(0{,}1 + \dfrac{\text{Sollange}}{500}\right)\mu$
I	$\Delta m = \pm \left(0{,}2 + \dfrac{\text{Sollange}}{200}\right)\mu$
II	$\Delta m = \pm \left(0{,}5 + \dfrac{\text{Sollange}}{100}\right)\mu$
III	$\Delta m = \pm \left(1 + \dfrac{\text{Sollange}}{50}\right)\mu.$

Die *zulassige Abweichung des Maßes an beliebiger Stelle* ist gleich der
Summe der größtzulassigen Abweichungen des Mittenmaßes und dem
Flachenfehler: $\Delta b = \Delta m + f$. In dieser Bestimmung ist die Summe der
Abweichungen der Meßflachen von Ebenheit und Parallelitat bereits ent-
halten.

Die Genauigkeitstabelle in DIN 861 (s. Tafel 11) enthalt Endmaßlangen
von 0,1···4000 mm. Bis zu 4 m Lange werden Endmaße aus einem Stuck
hergestellt. Endmaße unter 0,5 mm werden mit Genauigkeitsgrad 0 nicht
gefertigt.

Die Beschaffenheit der Meßflachen der Endmaße rechteckigen Querschnitts wird nach dem vorhandenen Grad der Anschiebbarkeit und des
Haftens beurteilt und muß folgenden Anforderungen genugen:

Fur Genauigkeitsgrad 0: anspringend, sehr gut haftend.
„   „   I: gut anschiebbar, gut haftend.
„   „   II: anschiebbar, haftend.
„   „   III: noch anschiebbar, noch haftend.

Unter „Anspringen" versteht man das freiwillige Verbinden zweier Endmaße miteinander oder eines Endmaßes mit einer Planplatte ohne zusatzliche Bewegung oder Drucken. „Angesprengte" Endmaße haften dauernd
mit großer Kraft aneinander. Hierzu mussen die Meßflachen hochpoliert
sein, gut eben und frei von Staubteilchen oder sonstigen Verunreinigungen
sein. Bei nicht hochpolierten und bei dunnen Endmaßen (unter 6 mm)

mussen die Flachen angedruckt oder *angeschoben* werden, um einwandfreie Beruhrung der Meßflachen zu sichern und dauerndes Haften hervorzurufen.

Das Haften darf nicht durch Fett, Talg oder sonstige kunstlichen Mittel bewirkt werden. An Planglas- oder -quarzplatten angeschobene Endmaße durfen auf der angeschobenen Meßflache keine Interferenzstreifen oder gelblichbraunliche Flecken zeigen. Das Anspringen und Haften der Endmaße wird durch Molekularkrafte bewirkt, die um so großer sind, je vollkommener die Beruhrung und Krafteleitung zwischen den Molekulen der sich beruhrenden Flachen ist [3]. Der Luftdruck spielt hierbei keine Rolle.

Hochpolierte Endmaße sind fast frei von Polierriefen; die vorhandenen sind weniger als 0,1 μ tief.

An einer hochpolierten Meßflache sind Kratzer und Riefen besser zu sehen und fallen starker auf als bei schlechterer Politur.

Neben Endmaßen fur das metrische Maßsystem gibt es solche auch fur Zollmaße und fur typographische Maße.

222.3 Prüfung

Die Prufung von Endmaßen umfaßt das Mittenmaß, die Maße an beliebiger Stelle, die Beschaffenheit der Meßflachen und die Schiefe des Endmaßes. Messungen hochster Genauigkeit werden mit dem Interferenzkomparator vorgenommen (s. Abschn. 248). In der Praxis werden die Langenmaße (Mittenmaß und Maß an beliebiger Stelle) mit anzeigenden Meßgeraten von genugend kleinem Skalenwert durch Vergleich mit Endmaßen bestimmt, deren Maße bekannt sind oder in engen Grenzen liegen. Die Sicherheit dieser Vergleichsmessung ist um so großer, je kleiner der Unterschied zwischen Einstell-Endmaß und Pruflings-Endmaß ist. Vor der Messung muß vollstandiger Temperaturausgleich zwischen beiden Endmaßen und nach Moglichkeit auch zwischen diesen und dem Meßgerat stattfinden. Die *Ebenheit* der Meßflachen wird mit einer Planglasplatte gepruft, die so angelegt wird, daß auf der zu prufenden Meßflache Interferenzstreifen zu sehen sind, Abb. 222–3. Dies ist dann der Fall, wenn Planglasplatte und Endmaßflache einen kleinen Winkel miteinander einschließen. Am einfachsten kippt man die Planglasplatte um eine Endmaßkante auf die Meßflache zu, bis die Interferenzstreifen auftreten. Die Endmaßflache muß frei von Fett, Staub und sonstigen Verunreinigungen sein. Die Abweichung der Interferenzstreifen von der Geraden ist ein Maß fur die Ungeradheit der zu prufenden Flache in der Richtung der Streifen. Gekrummte Interferenzstreifen zeigen an, daß die Flache ballig oder hohl ist; ballig, wenn die Interferenzstreifen von der Kante, an der die Platte anliegt, in der Mitte weiter entfernt sind als außen; im umgekehrten Fall ist die Flache hohl. Aus der Pfeilhohe der Krummung der Interferenzstreifen, ausgedruckt in

Abb. 222–3. Interferenzstreifen auf Endmaßfläche. Krummung = eine Streifenbreite.

Streifenbreiten (Abstanden der Schwerpunkte der Streifen), laßt sich die Unebenheit berechnen. Eine Streifenbreite entspricht im Tageslicht ≈ 0,28 μ, bei grunem Licht ≈ 0,25 μ; sind die Interferenzstreifen um eine Streifenbreite gekrummt, wie in Abb. 222–3, so liegt eine Unebenheit von 0,28 μ vor. Grate an den Meßflachen, z. B. an verstoßenen Kanten, sind mit der Planglasplatte deutlich zu erkennen; man muß hierbei darauf achten, daß man die Platte nicht zerkratzt. Das Zerkratzen der Platte kann auch durch kleinste Schmirgelkörnchen geschehen, wenn Endmaßfläche und Platte nicht sorgfältig gereinigt wurden. Endmaße von weniger als 6 mm Dicke sind beim Prüfen an ein ebenes Stück (z. B. zweite Planglasplatte) von mindestens 12 mm Dicke anzusprengen oder anzuschieben. Ein 1 mm vom Rand der Meßfläche aus einsetzender Randabfall ist zulässig und bleibt bei den Prüfungen außer Betracht. Außer der Ebenheit kann die Beschaffenheit der Meßflächen geprüft werden durch den Grad der Haftung, den eine Meßfläche an einer anderen Meßfläche oder an einer Planglasplatte erreicht.

Bei der Prüfung gebrauchter Meßflächen ist hierbei wegen der Möglichkeit des Zerkratzens der guten Flächen Vorsicht geboten.

Die *Schiefe* wird bei Endmaßen unter 60 mm Länge mit einem Haarwinkel, bei größeren Endmaßen mit Hilfe eines Autokollimationsfernrohres geprüft.

Eine Prüfung der Genauigkeit von Endmaßen dadurch, daß man ein und dasselbe Nennmaß mehrmals aus verschiedenen Endmaßen eines Satzes zusammensetzt und diese Kombination miteinander vergleicht, ist nicht ausreichend, weil die Fehlersummen der einzelnen Kombinationen auch bei großen Fehlern einzelner Maße gleich sein können.

222.4 Endmaßsätze

Für die verschiedenartige *Anwendung* der Endmaße werden sie zu Sätzen zusammengestellt, die bei zweckmäßiger Auswahl wirtschaftliche Ausnutzung der Endmaße gewährleisten. Die *Endmaßsätze* bestehen aus Maßreihen, die bei metrischen Endmaßen nach dem dekadischen System gebildet sein sollen. Eine Maßbildungsreihe umfaßt z. B. die Maße von 1,01 bis 1,09, stufend um 0,01, oder 1 bis 9, stufend um 1 usw. In DIN 2260 ist ein Normalsatz (N-Satz) und ein Sondersatz (S-Satz) genormt (s. Tafel 12). Der Normalsatz mit der Satzbezeichnung N hat fünf Maßbildungsreihen und enthält $9 \cdot 5 = 45$ Maße. Stufung der Maßbildungsreihen: Tausendstel (von 1,001 bis 1,009), Hundertstel (von 1,01 bis 1,09), Zehntel (von 1,1 bis 1,9), Einer (von 1 bis 9), Zehner (von 10 bis 90). Wird die Tausendstelreihe nicht benötigt, so kann sie weggelassen werden und man erhält den Na-Satz mit 4 Maßbildungsreihen und 36 Maßen.

Der Sondersatz mit der Satzbezeichnung S hat 4 Maßbildungsreihen und 86 Maße. Maßbildungsreihen: Tausendstel (von 1,001 bis 1,009), Hundertstel (von 1,01 bis 1,49), halbe Einer (von 0,5 bis 9,5), Zehner (von 10 bis 90). Bei Weglassung der Tausendstel erhält man den Sa-Satz mit 77 Maßen.

Kennzeichen für den Aufbau eines Endmaßsatzes sind kleinste Unterstufung, gewöhnlicher Anwendungsbereich (untere und obere Grenze desselben) und Anzahl und Umfang der Maßbildungsreihen. Der gewöhnliche Anwendungsbereich ist derjenige Bereich, in dem die kleinste Unterstufung des betreffenden Satzes ununterbrochen unter Verwendung von nur einem Block aus jeder Maßbildungsreihe darstellbar ist; beim N-Satz: 3 bis 102,999, S-Satz: 2 bis 101,999. Während der N-Satz 5 Maßbildungsreihen hat, enthält der S-Satz nur 4, von denen jedoch 2 wesentlich mehr als 9 Maße besitzen. Der Aufbau eines Endmaßsatzes muß den mathematischen Grundlagen des Maßsystems, für das er bestimmt ist, Rechnung tragen [4].

Soll der Anwendungsbereich eines Endmaßsatzes erweitert oder seine Unterstufung verfeinert werden, so dienen hierfür *Ergänzungssätze*. Diese können z. B. die Tausendstel (1,001 bis 1,009) oder die Hunderter (100 bis 900) enthalten. Für besondere Aufgaben gibt es Endmaße mit *negativen Abmaßen* und *Passungsabmaßen*. Diese enthalten jedes in den DIN- bzw. ISA-Vorschriften vorkommende Passungsabmaß, so daß es nicht aus mehreren Endmaßen zusammengesetzt werden muß und die Rechenarbeit entfällt. Eine Verbilligung stellen die gekürzten Satze dar, die aus jeder Maßbildungsreihe nur vier Maße (1 — 2 — 4 — 7) besitzen; trotzdem werden innerhalb des gewöhnlichen Anwendungsbereichs aus jeder Maßbildungsreihe nur zwei Maße zur •Bildung einer beliebigen Kombination benötigt.

Für die Wahl eines Endmaßsatzes ist die kleinste Unterstufung, der Anwendungsbereich und der Genauigkeitsgrad bestimmend. Richtlinien fur die Anwendungsgebiete der verschiedenen *Genauigkeitsgrade*:

Genauigkeitsgrad 0: Für hohe Genauigkeitsanforderungen als Vergleichsmaße, Einstellmaße für Meßmaschinen, Fühlhebel und sonstige anzeigende Meßgeräte hoher Genauigkeit zur Kontrolle von Prüfmaßen, Prüflehren (z. B. Meßscheiben);

Genauigkeitsgrad I: Für übliche Genauigkeit als Einstellmaße, Prüfmaße, Prüflehren;

Genauigkeitsgrad II: Zur Prüfung von Arbeitslehren zum Prüfen und Einstellen von Arbeitsmeßgeräten, fur Arbeitsmaße, zur Anwendung im Vorrichtungsbau usw.;

Genauigkeitsgrad III: Einstellmaße, Arbeitsmaße, Maße für Vorrichtungsbau usw. entsprechender Genauigkeit.

Niederer Genauigkeitsgrad (nicht genormt): Für Zwecke geringer Genauigkeitsanforderungen, fur Arbeitsmaße, zur Verwendung im Vorrichtungsbau, zum Anreißen, zum Einstellen von Werkzeugmaschinen, als Anschlagmaße usw.

Innerhalb des gewöhnlichen Anwendungsbereiches soll jedes der kleinsten Unterstufung des betreffenden Satzes entsprechende Maß mit höchstens einem, bei gekürzten Sätzen mit höchstens zwei Blöcken *aus jeder Maßbildungsreihe* dargestellt werden können. Muß das gleiche Maß zur gleichen Zeit noch einmal dargestellt werden, so zieht man am besten einen zweiten Endmaßsatz heran, um ordnungsgemäße Maßzusammensetzung und die hieraus folgende besterreichbare Genauigkeit zu erhalten. Man kann unterscheiden die Gruppen: Urmaße, Vergleichsmaße, Prüfmaße und Arbeitsmaße. Der Charakter eines Endmaßsatzes als Urmaßsatz usw. wird nicht durch seinen Genauigkeitsgrad, sondern durch seine Verwendung bestimmt; er muß daher nicht unbedingt die höchste Genauigkeit besitzen. Es ist auch nicht notwendig, daß in jedem Betrieb alle vier Gruppen vertreten sind; es ergibt sich jedoch aus der Verwendung der Maße, daß nicht mitten heraus eine Gruppe weggelassen werden kann. Zum Beispiel sind Vergleichsendmaße, die zum Prüfen von Arbeitsmaßen verwendet werden, keine Vergleichsendmaße mehr, sondern Prüfendmaße [5].

Diese Prüfendmaße werden zum Prüfen aller Arten von Arbeitslehren, wozu auch die Endmaße der niedersten Gruppe gehören, eingesetzt. Sie selbst werden überwacht durch einen in längeren Zeitabständen vorgenommenen Vergleich mit Vergleichsendmaßen. Als letzte Instanz bei internen Streitfällen und zur Überwachung der Vergleichsendmaße dienen die Urmaße, die im Verhältnis zu den anderen Gruppen nur sehr selten benutzt werden. Die Überwachung der höheren Stufen kann ein Betrieb auch einem Endmaßhersteller oder einer Landesbehörde übertragen, so daß nicht in jedem Fall ein Urmaßsatz vorhanden sein muß. Die Genauigkeit jedes einzelnen Endmaßsatzes hängt von der Arbeitsgenauigkeit des betreffenden Betriebes ab.

222.5 Endmaßzubehör

Die Anwendung der Endmaße wird erleichtert und vielseitiger gestaltet durch das Endmaß-Zubehör. Hierzu gehören in der Hauptsache Meßschnabel, Abb. 222-4, Halter, Abb. 222-5 und Verbinder, Abb. 222-6.

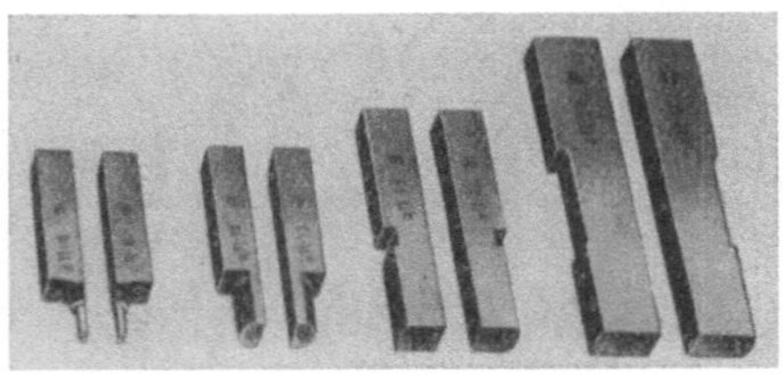

Abb. 222–4. Halbrund-Meßschnabel mit verschiedener Ansatzdicke.

Abb. 222–5 (rechts). Endmaßhalter mit Schnellverstellung. Durch Zusammendrucken der seitlichen Ansätze A wird die geteilte Spindelmutter geöffnet und die Spindel kann axsial verschoben werden.

Abb 222-6 (unten) Verbinder fur lange Endmaße

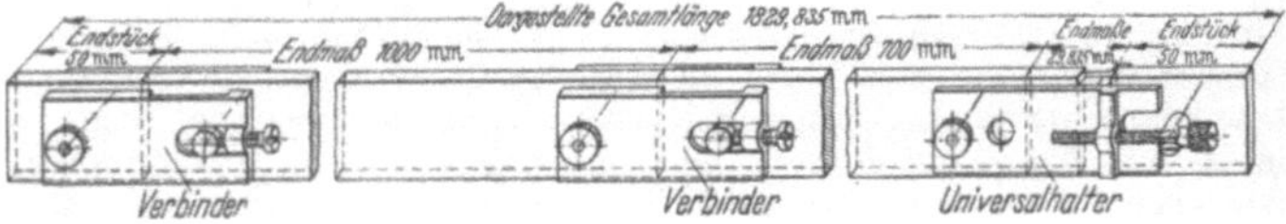

DIN 861 enthält Vorschriften über Meßschnabel und Endmaßhalter, die sicherstellen, daß die Meßschnabel stets in die Halter hineingehen, ohne zu wenig oder überflüssiges Spiel zu haben. Ferner ist die Genauigkeit der Schnabelansätze festgelegt; für den einfachen Schnabel gilt die entsprechende Endmaßgenauigkeit: $b = \pm (\varDelta m + f) = \pm$ (Mittenmaßfehler + Flachenfehler). Der Krümmungshalbmesser von Halbrundschnäbeln ist stets etwas kleiner als das Schnabelmaß. Der Meßschnabel verkörpert als Maß nur den Abstand der am weitesten von der Haftfläche entfernt liegenden Linie der gekrümmten Fläche, senkrecht zur Haftfläche gemessen. Bei der Messung von Bohrungen oder von Wellen mittels Meßschnäbeln, Abb. 222-7, kann

sich eine zu große Meßkraft besonders schädlich auswirken, weil die Aufbiegung der Schnäbel große Werte annimmt. Man darf also auf keinen Fall
stramm, sondern muß leicht messen. Rillen, Nuten, Einstiche usw. können

Abb. 222–7. Grenzrachenlehre, aus Meßschnäbeln
und Endmaßen gebildet.

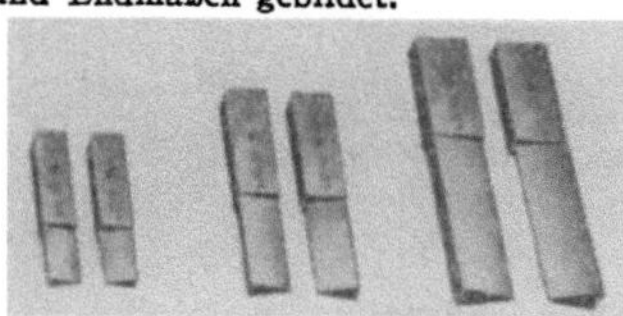

Abb. 222–8. Messerschnäbel verschiedener Länge.

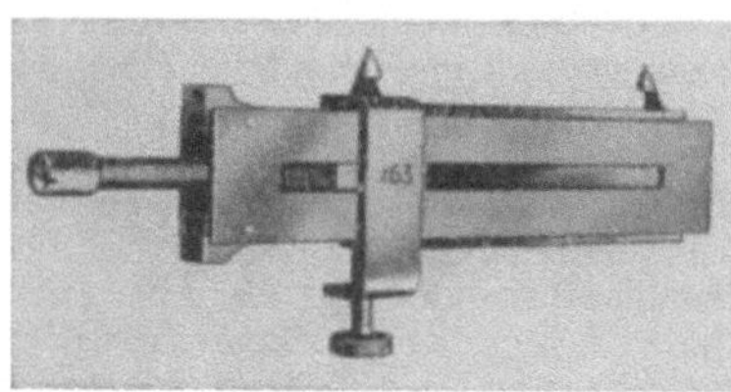

Abb. 222–10. Flankenmeßschna-
bel zur Prüfung des Flankendurchmessers von Gewinden.
Auswechselbare Meßstücke für
jede Steigung (geben Istmaß
nur bei gleichen Winkeln von
Meßstücken und Gewinde).

Abb. 222–9. Steigungsmeßschnä-
bel zur Prüfung der Steigung von
Gewinden. Einstellen derselben im
Halter mittels Einstellklaue auf
gleiche Höhe der Spitzen.

mit schneidenförmigen Messerschnäbeln, Abb. 222–8, gemessen werden. Zur
Gewindemessung dienen Steigungs-
schnabel, Abb. 222–9, und Flanken-
schnabel, Abb. 222–10, letztere mit auswechselbaren Gewindemeßstücken, s.
Abschn. 622.3. Hilfsgeräte zum genauen
Anreißen werden aus Anreißspitze,
Punktspitze, Halterfuß und Haltern
gebildet, Abb. 222–11. Als Schutz gegen
Handwärme dienen Holzklammern und
Wärmeschutzhandschuhe, die Berühren
der Endmaße mit der bloßen Hand
vermeiden. Ein wichtiges Hilfsmittel
beim direkten Messen mit Endmaßen,

Abb. 222–11. Anreißspitze in Verbindung
mit Endmaßen und Halterfuß.

Abb. 222–12, beim Einstellen von Schnäbeln, Ausrichten von Flächen usw.
ist das Messerlineal (Haarlineal). Zum Verbinden großer Endmaße miteinander werden Universal-
halter oder besondere Verbinder verwendet, s. Abb.
222–13. Diese müssen so konstruiert sein, daß die zu ver-
bindenden Endmaße sich
nach ihren Meßflächen ausrichten können, ohne durch
die Verbindungskraft ver-
kantet zu werden.

Abb. 222–12. Messen mit Endmaßen und Messerlineal.

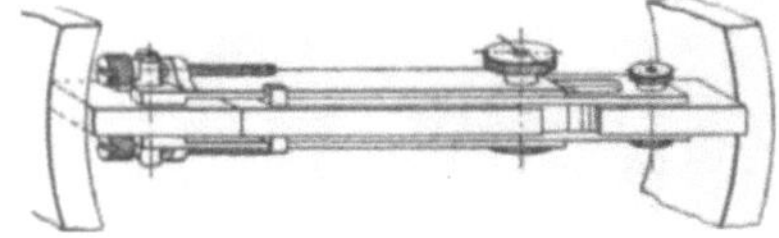

Abb. 222–13. Aus Endmaßen mit
freistehenden zylindrischen Meßflächen wird mit Universalhalter
eine Flachlehre für Bohrungen
gebildet.

222.6 Handhabung der Endmaße

Im praktischen Gebrauch der Endmaße unterscheidet man die Anwendung beim Einstellen von anzeigenden Meßgeräten und die beim direkten
Messen. Für die Handhabung von Endmaßen ist eine sorgfältige *Reinigung*
stets sehr wichtig. Zum Reinigen der eingefettet aufbewahrten Endmaße
hat sich bewährt: Abwaschen mit rückstandfreiem Leichtbenzin oder dgl.,
Trocknen mit ausgekochtem, nicht mit Seife gewaschenem Baumwoll-
flanell oder Augenwatte, Entfernen von Staubteilchen und Fasern mit
einem Haarpinsel. Diese Art der Reinigung kommt insbesondere für Maße
hoher Genauigkeit in Betracht. Die Reinigung der Meßflächen von Fett,
Staub usw. darf auf keinen Fall mit der Hand erfolgen, denn die Hand trägt
selbst stets kleine Staubteilchen, Fett, Feuchtigkeit usw. Werden Endmaße
zum direkten Messen verwendet, so ist es vorteilhaft, diejenigen Meßflachen,
die mit dem Werkstück in Berührung kommen, mit einem leichten Fetthauch
zu versehen, der ein Ansaugen der Maße an der zu messendenen Fläche verhindert und die Abnutzung verringert. Reinigen mit Benzin fällt für solche
Maße weg; es genügt ein mehrmaliges Abwischen mit reinen Putztüchern.
Diejenigen Meßflächen, die angesprengt oder angeschoben werden sollen,
dürfen natürlich nicht gefettet werden.

Angesprengt werden hochpolierte Endmaße nach sorgfältigster Reinigung durch Auflegen auf die ebenso sorgfältig gereinigte Gegenfläche. Sind
Staubteilchen zwischen die Fläche geraten, so sind sie vorher zu entfernen;
das Ansprengen ist hierauf zu wiederholen. *Angeschoben* werden Endmaße
unter mäßigem Druck, indem man sie kreuzförmig aufeinander legt und
durch Verdrehen der Meßflächen aufeinander diese zur Deckung und Haftung bringt. Die zusammengeschobenen Flachen mussen so fest aneinander
haften, daß Verschieben der Maße gegeneinander in der Richtung der großen
Querschnittsachse großen Widerstand findet. Die Maße sind beim Reinigen

und Zusammensetzen vor Anhauchen und den Einwirkungen der Handwärme und -feuchtigkeit zu schützen. Die Mittenachsen mehrerer zusammengesetzter Endmaße sollen möglichst in einer Geraden liegen. Die Endmaße dürfen nicht länger als unbedingt notwendig angeschoben bleiben, weil sonst Rostgefahr besteht. Getrennt werden zusammengeschobene Maße nicht durch Auseinanderreißen oder Auseinanderbrechen, sondern durch Auseinanderschieben, bei Maßen mit sehr guter Haftung auch durch leichtes Anschlagen mit einem Messingstab. Nach dem Gebrauch sind die Maße sorgfältig zu reinigen und mit *saurefreier Vaseline* einzufetten.

Das Zusammensetzen eines beliebigen Maßes aus mehreren Endmaßen erfolgt je nach den zur Verfügung stehenden Endmaßen auf verschiedene Weise. Ist z. B. das Maß 96,985 zu bilden, so kann dies u. a. wie folgt geschehen:

1. Normalsatz	2. Sondersatz	3. Normalsatz mit Sparstufung der Zehnerreihe
1,005	1,005	1,005
1,08	1,48	1,08
1,9	4,5	1,9
3	90	3
90	———	20
———	96,985	70
96,985		———
		96,985

4. Satz mit Minusabmaßen	5. Normalsatz (2. Kombination)
1 — 0,005	1,002
1 — 0,01	1,003
5	1,03
90	1,05
———	1,1
97 — 0,015	1,8
	40
	50
	———
	96,985

Für dieses Maß werden aus dem Normalsatz 5 Blöcke, aus dem Sondersatz 4 Blöcke, aus dem Normalsatz mit gekürzter Zehnerreihe 6 Blöcke und aus dem Satz mit Minusabmaßen 4 Blöcke benötigt. Um dasselbe Maß mit dem Normalsatz ein zweites Mal darzustellen, müssen 8 Blöcke aus diesem Satz genommen werden.

Da sich angeschobene dünne Endmaße nach der Meßfläche des längeren Endmaßes richten, ist es nicht notwendig, die dünnen Endmaße in die Mitte zwischen die stärkeren Endmaße zu setzen. Vielmehr ist es vorteilhaft, die langen Endmaße in die Mitte und die kleinen zur Schonung der ersteren an das Ende der Kombination zu bringen, weil abgenutzte kleine Endmaße billiger ersetzt werden können als große. Am besten sind an den Enden Schutzendmaße aus Hartmetall.

Werden die Endmaße zum Einstellen von anzeigenden Meßgeräten verwendet, so ist darauf zu achten, daß das Endmaß oder die Endmaßkombination nicht verkantet eingesetzt werden. Es ist hierbei zweckmäßig, wenn sich das Endmaß nach seinen Meßflächen ausrichten kann. Meßtische u. dgl., auf die es aufgesetzt wird, sind ebenso sorgfältig zu reinigen wie das Endmaß selbst.

Das direkte Messen mit Endmaßen, z. B. Messen einer Schlitzbreite Abb. 222-14, eines Bohrungsabstandes zwischen eingesetzten Meßdornen Abb. 222-15 usw., darf nicht mit großer Kraft erfolgen, d. h. die Endmaße

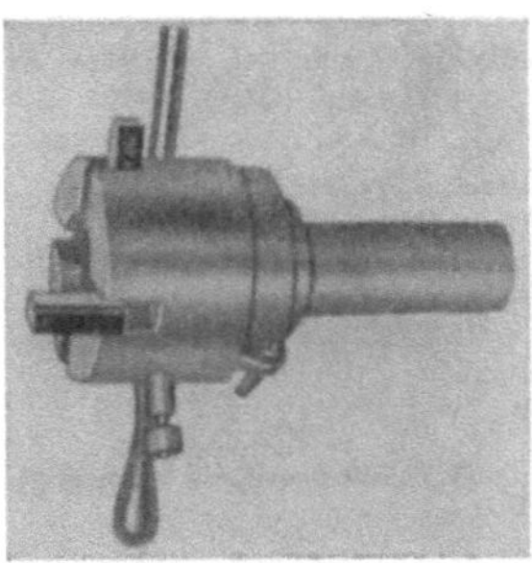

Abb. 222–14. Messen von Schlitzbreiten mit Endmaßen.

Abb. 222–15. Messen des Abstandes von Bohrungen mit Endmaßen und Meßdornen.

durfen nicht stramm gehen. Bei solchen Messungen konnen beim Einfuhren der Maße oft große Keilwirkungen auftreten, die ein zu großes Maß vortauschen.

Beim Gebrauch großer Endmaße sind die Einflusse zu berucksichtigen, die das Eigengewicht derselben auf die Maßdarstellung ausubt. Bei senkrecht stehenden Maßen wird durch das Eigengewicht eine Verkurzung hervorgerufen, die z. B. bei einem Endmaß von 1000 mm Lange $0,18\,\mu$, bei 500 mm Lange $0,045\,\mu$ betragt. Waagerecht liegende große Endmaße sind in den zwei gunstigsten Punkten zu unterstutzen; diese liegen um je 0,2113 Endmaßlange von den Enden entfernt. Die beiden Unterstutzungen mussen auf gleicher Hohe sein, damit das Endmaß waagerecht liegt. Bei dieser Unterstutzung haben die Meßflachen trotz der Durchbiegung des Endmaßes dieselbe Lage zueinander wie im unverformten Zustand desselben.

Die Verkurzung eines so unterstutzten Endmaßes betragt z. B. bei 3000 mm Lange $0,025\,\mu$, ist also ohne Bedeutung. Bei der Zusammensetzung mehrerer Endmaße mittels Verbindern muß deren Gewicht bei der Ermittlung der gunstigsten Unterstutzungspunkte berucksichtigt werden [6].

Fur sorgfaltige Behandlung und gute Aufbewahrung der Endmaße ist Sorge zu tragen. Sie sind vor Feuchtigkeit, direkter Sonnenbestrahlung, Warmestrahlung, magnetischen und elektrischen Feldern zu schutzen, auch wenn sie sich im Aufbewahrungskasten befinden. Biegende Beanspruchungen und Verletzungen aller Art sind zu vermeiden.

Die Fehler beim Gebrauch werden durch ungenugende Reinigung, Temperatureinflusse, falsche Meßkraft oder nicht ordnungsgemaßen Zustand der Endmaße hervorgerufen. Endmaße, die an den Kanten oder auf den Meßflachen verstoßen und beschadigt sind und hervorstehende Grate besitzen, sind unbrauchbar und mussen von fachkundiger Hand nachgearbeitet werden. Die naturliche Abnutzung der Endmaße kann vom Benutzer auf ein Mindestmaß gebracht werden, wenn er die Meßflachen und die mit diesen in Beruhrung kommenden Flachen stets peinlich sauber macht, zu große Meßkrafte vermeidet und die Meßflachen nicht unnotig auf ihren Gegenflachen hin- und herschiebt. Zu weit abgenutzte Endmaße mussen sofort ersetzt oder nachgearbeitet werden, man darf damit nicht warten, bis der ganze Satz abgenutzt ist, weil inzwischen durch die am häufigsten gebrauchten und daher zuerst abgenutzten Maße Fehlmessungen entstehen. Es ist also notwendig, daß die Endmaße in gewissen Zeitabstanden, die von der Starke der Benutzung abhangen, nachgepruft werden. Diese Überwachung kann der Betrieb, wenn er die geeignete Einrichtung besitzt, selbst vornehmen; andernfalls kann er die Prufung einem Endmaßhersteller oder, in besonderen Fallen, der zustandigen Landesbehörde ubertragen. Nacharbeiten der Endmaße ist möglich, aber meist nicht wirtschaftlich. Die Abmaße von nachgearbeiteten (naturlich auch von neuen) Endmaßen konnen in einem Prufschein niedergelegt werden. Um Rechenfehler beim Gebrauch der Maße auszuschließen, ist jedoch besonders fur diejenigen Satze, die in den Werkstatten verwendet werden, zu empfehlen, Endmaße mit Abmaß durch neue Maße zu ersetzen. Es ist selbstverstandlich, daß ein Prufschein keine unbeschrankte Gultigkeitsdauer hat und die betreffenden Maße von Zeit zu Zeit nachgepruft werden mussen [5].

Schrifttum

[1] Schmidt, H.: Beitrag zur Frage der Alterung von Stahl. Werkst.-Techn. Bd. 33 (1939) S. 285.

[2] Kosters, W.: Ein neuer Interferenzkomparator fur uumittelbaren Wellenlängenanschluß. Feinmech. u. Praz. Bd. 34 (1926) S. 55.

[3] Schmidt, H.: Beitrag zur Theorie des Ansprengens von Endmaßen. Z. Instr.-Kde. Bd. 54 (1934) S. 309.

[4] Schröder, R. P.: Endmaßsatze. Z. Instrumentenkunde Bd. 63 (1943) S. 109.

[5] Schroder, R. P.: Einteilung der Endmaße, Verwendung ihrer Ordnungsgruppen und Genauigkeitsgrade und ihr Ersatz. Werkst.-Techn. Bd. 33 (1939) S. 173.

[6] Preger, E.: Richtige Unterstutzung langer Parallelendmaße in zwei Punkten. Feinmech. u. Praz. Bd. 35 (1927) S. 169.

[7] Pietzsch, H.: Uber die Lange eines Parallelendmaßes bei Messung mit Lichtwellenlängen. Diss. Dresden 1928.

[8] Cahn, E.: Untersuchungen uber das Verhalten von Parallelendmaßen. Diss. Dresden 1928.

[9] Kaube, E.: Der Einfluß der Ansprengschicht auf die Lange von Endmaßen. Diss. Dresden 1930.

223 Feste Winkel

Benutzung. Prufen der Winkligkeit von Flachen oder Achsen zueinander, Ausrichten und Anreißen von Werkstucken und Maschinenteilen. Werkstoff meist Stahl, fur Zwecke der Tischlerei auch Holz. Der zwischen den Winkelschenkeln eingeschlossene Winkel betragt 90°, 60°, 120° oder 135° und andere Winkelmaße.

Haufigste Ausfuhrungsform. *Rechter Winkel* mit ungleich langen Schenkeln, als Stahlwinkel in DIN 875 genormt. Die Schenkel haben im allgemeinen gleichen, rechteckigen Querschnitt, Abb. 223-1. Federwinkel haben einen starken kurzen und einen schwachen langen Schenkel. Sie werden auch T-förmig ausgeführt und heißen dann Kreuzwinkel, Abb. 223-2. Zum Anreißen der Mitte eines runden Querschnittes werden Zentrierwinkel oder Kreismittelwinkel verwendet, Abb. 223-3.

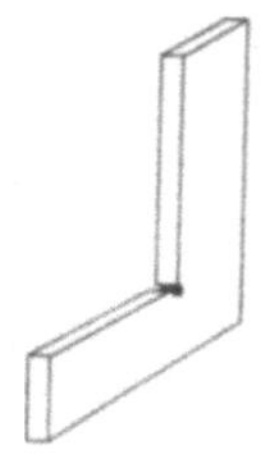

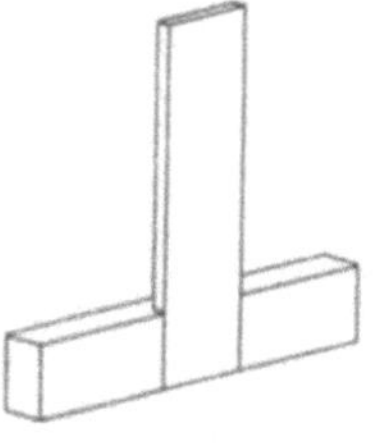

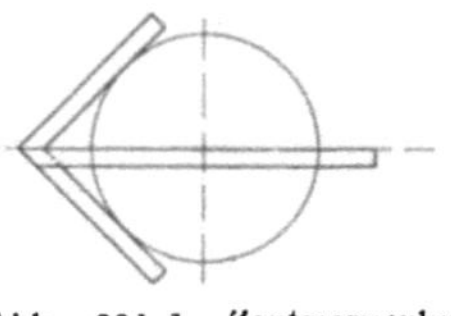

Abb 223-3. Zentrierwinkel zum Anreißen von Mittellinien

Abb 223-1. Stahlwinkel (Normalwinkel und Werkstattwinkel) nach DIN 875

Abb. 223-2 Kreuzwinkel mit federndem Schenkel.

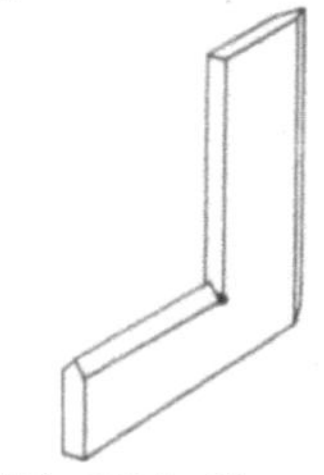

Abb 223-4 Haarwinkel Genauigkeit nach DIN 875.

In DIN 875 werden unterschieden Haarwinkel, Abb. 223-4, Normalwinkel, Abb. 223-1, Werkstattwinkel I und II, Abb. 223-1. Haarwinkel haben messerartig abgeschragte Schenkel, und zwar ist meist der lange Schenkel außen, der kurze innen abgeschragt. Normalwinkel und Werkstattwinkel werden ohne oder mit Anschlagleiste am kurzen Schenkel ausgeführt. Nicht genormt sind Anschlagwinkel mit einem dünnen federnden Schenkel (Federwinkel). DIN 875 enthält Vorschriften über die Querschnittsform der Winkelschenkel (Meßkante dreieckförmig abgeschragt bei Haarwinkeln, Querschnitt rechteckig, T-, [- oder I-förmig bei Normalwinkeln und Werkstattwinkeln), die zulässigen Abweichungen der Hochkantmeßflächen vom rechten Winkel, Parallelität und Ebenheit der Meßflächen.

Definition der Winkelgenauigkeit: Liegt ein Winkel mit seiner Meßfläche auf einer Ebene auf und legt man durch den Scheitelpunkt des Winkels eine zu der Auflageebene und zu dem auf dieser liegenden Winkelschenkel senkrecht stehende Ebene, so darf der Abstand der korrespondierenden Meßfläche des anderen Schenkels von dieser Ebene an keiner Stelle die zulässigen Grenzen überschreiten. Diese zulässigen Abweichungen der Hochkant-Meßflächen vom rechten Winkel im Abstande L vom Scheitelpunkt sind in Abb. 223-5 graphisch dargestellt. Für die Seitenflächen beträgt die zulässige Abwei-

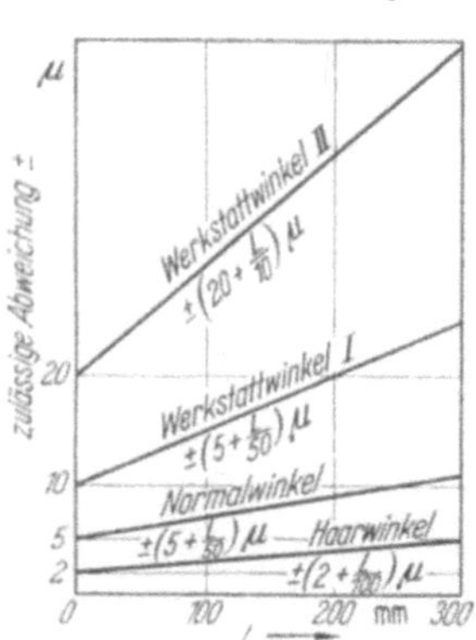

Abb. 223-5 Genauigkeit von Stahlwinkeln nach DIN 875. Zulässige Abweichungen der Hochkant-Meßflächen vom rechten Winkel im Abstande L vom Scheitelpunkt.

chung der Winkel zwischen ihnen und der zur Prutung verwandten Ebene das Dreifache der fur die Hochkant-Meßflachen zugelassenen Abweichungen. Ebenheit der Hochkant-Meßflachen und der Seitenflachen entsprechend den Vorschriften fur Lineale der gleichen kennzeichnenden Benennung nach DIN 874.

Gepruft werden Stahlwinkel durch Vergleich mit einem Winkel, dessen Fehler bekannt sind. Erforderlich ist eine hinreichend ebene Flache, die so lang sein muß, daß die beiden Winkel gegeneinandergestellt werden konnen.

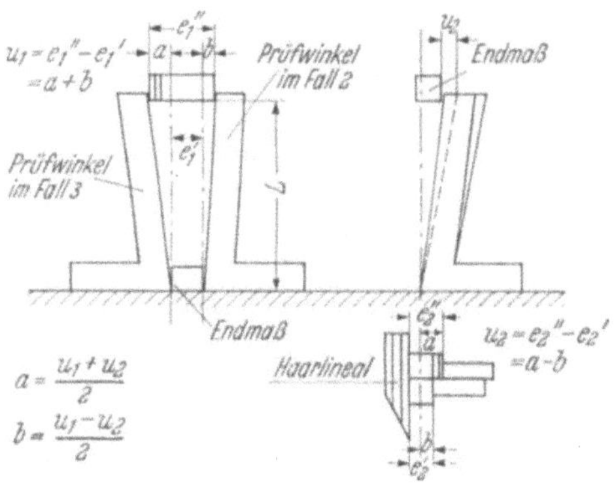

Abb. 223–6. Prufung von Stahlwinkeln mit Endmaßen.

Wenn die aufrecht gegeneinanderstehenden Winkelschenkel auseinanderklaffen, so wird dies mit Hilfe von Endmaßen ausgemessen, Abb. 223–6. Hierauf stellt man die beiden Winkel nebeneinander und mißt etwaige Abweichungen mit Endmaßen und Haarlineal aus. Fur die Auswertung dieser Messung gibt es drei Falle:

1. Abweichung des Prufwinkels wird mit 0 angenommen Dann ist die Abweichung des zu prufenden Winkels gleich der mit den Endmaßen ermittelten Abweichung u.

2. Abweichung des Prufwinkels b ist kleiner als die des zu prufenden Winkels Dann ist dessen Abweichung $a = \dfrac{u_1 + u_2}{2}$.

3. Abweichung des Prufwinkels a ist großer als die des zu prufenden Winkels Dann ist dessen Abweichung $b = \dfrac{u_1 - u_2}{2}$.

Im allgemeinen wird derjenige Winkel, der als Prufwinkel, dient, die kleinere Abweichung haben. Zur Prufung des rechten Winkels kann auch ein Prufzylinder dienen, der mit einer Stirnflache auf einer Ebene steht, Abb. 223–7; Stirnflache genau $\perp$ zum Mantel. Diese Anordnung wurde auch als Winkelprufgerat mit einstellbarem Prufzylinder ausgefuhrt, Abb. 223–8.

Bei der Handhabung der Stahlwinkel ist die Ebenheit derjenigen Flachen, an denen die Winkelschenkel anliegen, zu beachten. Unebene Flachen verfalschen das Prufergebnis ebenso wie Beschadigungen der Meßflachen des Winkels (verstoßene Kanten, Grate usw.). Die Prufebene soll moglichst genau senkrecht zu den zu prufenden Flachen stehen, d. h. der Winkel soll nicht schief zu der Werkstuckflache angesetzt werden. Die Abweichungen des Pruflings vom Normal werden entweder nach dem auftretenden Lichtspalt beurteilt oder mit Endmaßen ausgemessen.

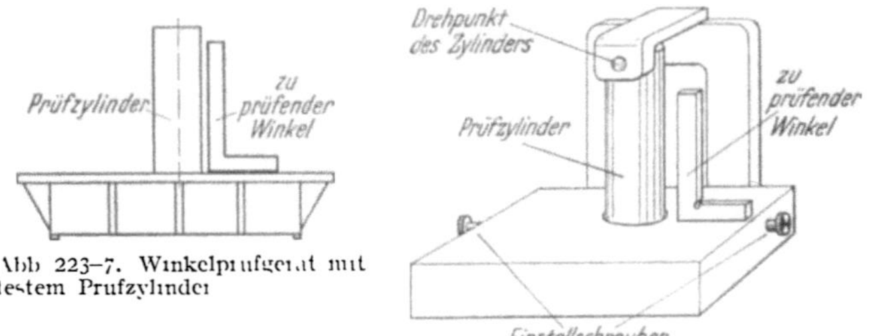

Abb 223—7. Winkelprufgerat mit festem Prufzylinder

Abb 223-8. Winkelprufgerat mit einstellbarem Prufzylinder.

Der Prufzylinder ist um einen oberen Drehpunkt schwenkbar und durch seitliche Einstellschrauben einstellbar. Mit diesen wird der Prufzylinder auf der einen Seite nach dem zu prufenden Winkel eingestellt. Ist eine Abweichung vom rechten Winkel vorhanden, so zeigt sie sich in doppelter Große, wenn der zu prufende Winkel an die andere Seite des Prufzylinders angestellt wird

Winkelendmaße. Zur Bildung beliebiger Winkel durch additive oder subtraktive Kombination von Einzelmaßen dienen Winkelendmaße, die ebenso wie Parallelendmaße zu Satzen zusammengestellt werden. Ein solcher Satz enthalt z. B. folgende Endmaße (Abb 223-9) 1° 3° 5° 15°

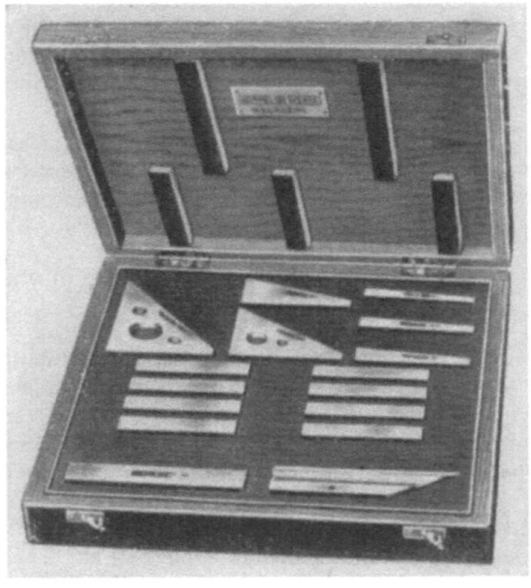

Abb 223-9 Winkelendmaßsatz mit 14 Einzelmaßen, Parallelstuck und Haarlineal

30° 45°; 1′ 3′ 5′ 10′ 25′ 40′; 20″ und 30″. Damit kann jeder Winkel zwischen
0 und 90° in Stufen von 10″ dargestellt werden. Anwendungsbeispiel s.
Abb. 223–10. Der Satz nach Tomlinson (National Physical Laboratory,

Abb. 223–10. Einstellen eines Winkelaufspanntisches mit Winkelendmaßen.

Teddington, Engl.) enthält die Blöcke: 1°, 3°, 9°, 27°, 41°, 1′, 3′, 9′, 27′,
3″, 9″, 27″, mit denen Stufung von 3″ möglich ist.

Schrifttum

Berndt. Technische Winkelmessungen. Werkst.-Buch. H. 18. Berlin. Springer 1930
Borowski: N. P. L.-Winkelendmaßsatz. Werkst.-Techn. Bd. 42 (1952) H.3, S. 103.
Rolt, The Development of Engineering Metrology, Proc. of the Inst. of Prod.
Engin ers, 19th March, 1952.

23 Mechanische Meßgeräte

231 Schieblehren

Schieblehren sind anzeigende Meßgeräte, die einen oder mehrere bewegliche Schieber haben, deren Lage an einem Strichmaßstab mit Marke oder
Nonius abgelesen wird. Im allg. zwei Meßschnabel, von denen der eine mit
der Schiene, die den Maßstab trägt, der andere mit dem Schieber fest verbunden ist. („Lehre" nur, wenn fest eingestellt wie Rachenlehre benutzt.)

Die Ausführungen der Schieblehre unterscheiden sich durch Größe,
Ausbildung der Meßschnabel und Schieber, Genauigkeit. Handelsübliche
Schieblehren und Präzisions-Schieblehren werden für *Anzeigebereiche* von
120 oder 150 mm bis 2000 mm hergestellt; entsprechende Schnabellänge
35 mm ··· 200 mm. Die Meßschnabel, deren einander zugekehrte Flachen
zum Außenmessen dienen, können mit abgesetzten Schnabelenden zum
Innenmessen versehen sein, die zusammen ein bestimmtes Maß, z. B. 10 mm,
haben, Abb. 231–1. Beim Innenmessen muß die Dicke $a_1 + a_2$ dieser

Schnabelenden zu dem abgelesenen Maß hinzugezählt werden. Dieses Hinzuzahlen wird vermieden durch schneidenförmige Schnabelverlängerungen nach oben, deren Schneiden voneinander abgewandt sind und nur in der Nullstellung übereinander stehen, Abb. 231-1. Die Schnabelenden oder die

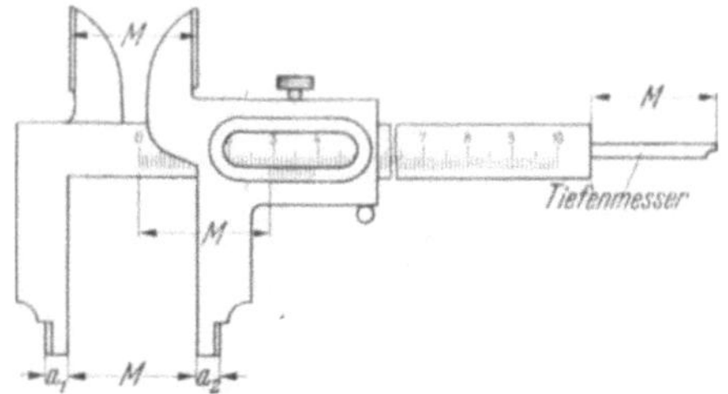

Abb. 231-1. Schieblehre mit Tiefenmesser, M = eingestelltes Maß a_1 + a_2 = 10 mm

Schnabelverlängerungen können auch als einander zugekehrte Schneiden ausgebildet sein (Abb. 231-2), die das Messen von Rillen, Einstichen u. dgl. gestatten. Als Hilfsmittel zum Anreißen dienen spitz auslaufende Schnabelenden. Der feste Meßschnabel und die Schiene sollen vorteilhaft aus einem Stück bestehen, für Schieblehren mit $^1/_{50}$-Nonius nach DIN 862 ist dies Vorschrift. Die Meßschnabel müssen nach DIN 862 bei $^1/_{10}$- und $^1/_{20}$-Nonius mindestens an den Enden, bei denen mit $^1/_{50}$-Nonius auf der ganzen Meßfläche gehärtet und ausreichend gealtert sein. Der Schieber ist durch eine Klemmvorrichtung, gewöhnlich eine Schraube, feststellbar. Diese Schraube soll nicht direkt auf die Schiene, sondern auf eine weiche Zwischenlage (Kupfer) oder eine elastische Blattfeder drücken. Die Feststellschraube soll möglichst oben sitzen, d. h., den Schieber gegen die untere Schmalseite der Schiene ziehen. Präzisions-Schieblehren besitzen einen Feinmeßschieber,

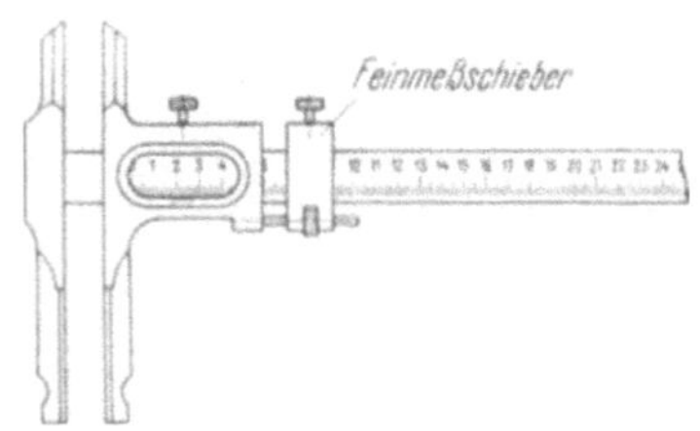

Abb. 231-2. Schieblehre mit schneidenförmigen Schnabelverlängerungen zum Außenmessen und abgesetzten Schnabelenden zum Innenmessen.

der durch eine feine Schraube mit dem Noniusschieber verbunden ist und genaues Einstellen desselben erleichtert, Abb. 231-2. Bei kleinen Schieblehren kann der Noniusschieber mit einer auf der Rückseite geführten Leiste versehen sein, die in der Nullstellung mit dem Schienenende abschließt und zur Tiefenmessung angewendet wird, Abb. 231-1. Bei *Tiefenschieblehren* (Abb. 231-3) ist kein fester Meßschnabel vorhanden; die feste Meßfläche wird hier vom Schienenende gebildet. Andere Ausführungsformen. Toleranzschieblehre mit zwei Schiebern und vier Meßschnabeln (Abb. 231-4); Zahndickenschieblehre, Abb. 231-5, zum Messen der Zahndicke (als Sehne) am Teilkreis, Messung sehr ungenau wegen Abrundung der Schnabelenden und Abstützen auf Kopfkreis, der außermittig liegen kann; Keilnutenschieblehre (Abb. 231-6) zum

Messen der Nuttiefe in Wellen oder Bohrungen. Zum Anreißen wird der Noniusschieber am Hohenreißer (Abb. 231–7) benutzt (ist keine Schieblehre).

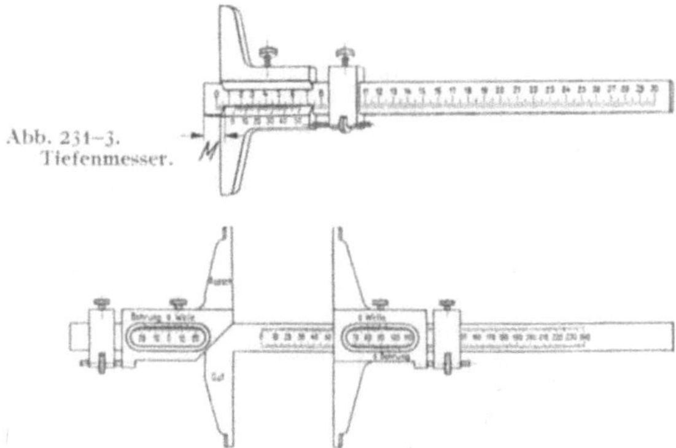

Abb. 231–4. Toleranzschieblehre mit zusätzlichem Schieber für die Einstellung des Ausschußmaßes. An jedem Schieber zwei getrennte Nonien für Außenmessung (Welle) und Innenmessung (Bohrung).

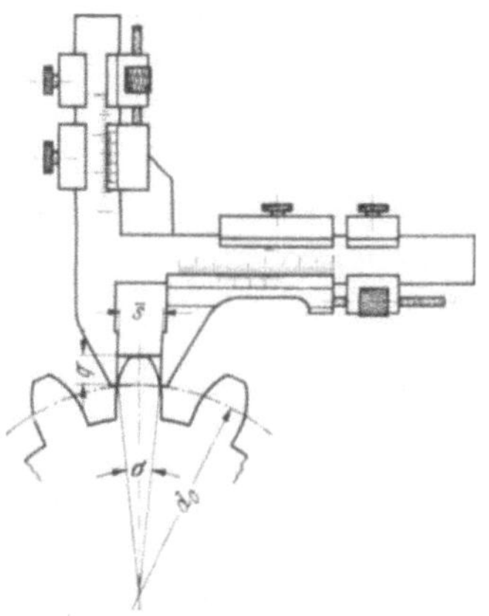

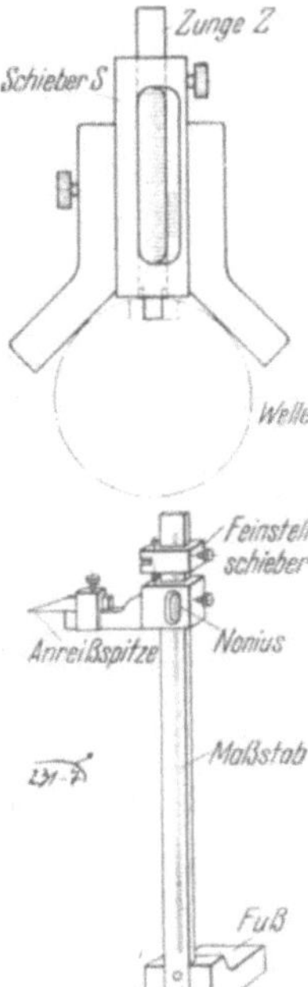

Abb. 231–5. Zahndickenschieblehre. Senkrechter Schieber zum Einstellen der Zahnkopfhöhe, waagerechter Schieber zum Messen der Zahndicke.

Abb. 231–6 (rechts oben). Keilnuten-Schieblehre. Schieber S wird nach dem Durchmesser der Welle eingestellt; dann wird mit der Zunge Z direkt die Keilnuttiefe gemessen.

Abb. 231–7 (rechts unten) Hohenreißer.

Zum Ablesen des Maßes dient bei einfachen Schieblehren eine Strichmarke am Schieber, meist jedoch ein Nonius mit dem Nenner 10, 20 oder 50, s. Abschn. 221.3. Die Genauigkeit der Strichteilung muß der Ablesemöglichkeit angepaßt sein. Metrische Teilungen sind im allgemeinen in Millimeter geteilt, Zollteilungen in 1/16″ mit 1/64″, 1/128″, 1/256″ Nonius oder 1/40″ mit 1/1000″ Nonius. Die Teilung muß um die Noniuslänge länger sein als der Anzeigebereich der Schieblehre.

Präzisions-Schieblehren sind in DIN 862 genormt.

	bei		
	$^1/_{10}$-Nonius	$^1/_{20}$-Nonius	$^1/_{50}$-Nonius
Strichdicke, Richtwerte	$100 \cdots 150\,\mu$	$70 \cdots 100\,\mu$	$40 \cdots 70\,\mu$
Ebenheit der Meßflächen der Schnabel	$\pm 10\,\mu$	$\pm 5\,\mu$	$\pm 2\,\mu$
Meßschnabel für Innenmessung, Abweichung vom Nennmaß	$\pm 15\,\mu$	$\pm 10\,\mu$	$\pm 5\,\mu$
Die Teilstriche sollen scharfkantig, gerade und gleich dick sein.			

Über die Genauigkeit der Schieblehren schreibt die Norm vor, daß diese in allen Teilen so ausgeführt sein müssen, daß bei sachgemäßem Ausmessen mit Parallelendmaßen (an beliebiger Stelle der Schnabel) die Noniusablesungen von dem Wert der Endmaße um nicht mehr abweichen, als in

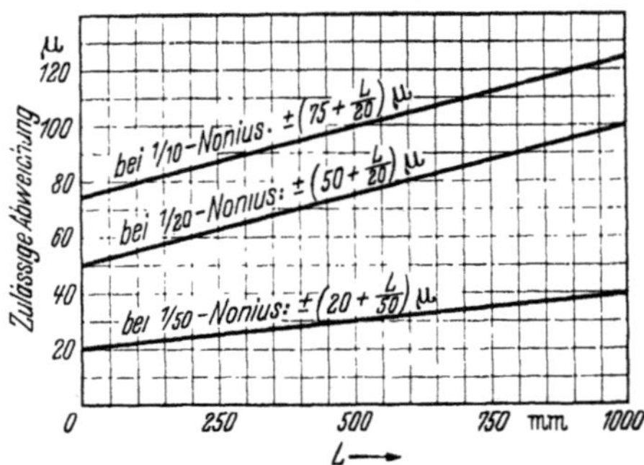

Abb. 231–8   Zulässige Abweichungen ($\pm$) der Schieblehre nach DIN 862. L = zu messende Länge, in mm einzusetzen.

Abb. 231-8 angegeben ist. Schieblehren mit 1/20-Nonius sind nach Möglichkeit zu vermeiden. Bei Schieblehren mit 1/50-Nonius ist zu beachten, daß die *Ablesung von 0,02 mm am Nonius nicht gleichbedeutend mit der zulässigen Meßungenauigkeit ist*, die z. B bei 500 mm Meßlänge $\pm$ 0,03 mm beträgt, und daß dabei die Sehschärfe des *bloßen* Auges nicht ausreicht. Deshalb Lupe benutzen, s. Abschn. 151.1 und 221.3.

Bei der Prüfung der Genauigkeit der Schieblehren wird der Schieber mit Nonius und Lupe auf das zu prüfende Maß eingestellt, z B 100 mm. Dann wird mit Endmaßen

der Abstand der Meßschnabel voneinander an versch edenen Stellen ausgemessen. Wird hierbei z. B. ein Abstand von 100,06 mm ermittelt, so hat die *Anzeige der Schieblehre* an dieser Stelle einen Fehler von — 0,06 mm, denn es wird ein kleineres Maß angezeigt, als der Abstand der Meßschnabel darstellt, s. Abschn. 112. Man kann auch umgekehrt die Schieblehre nach Endmaßen einstellen und die Abweichung am Nonius ablesen. Dieses Prufverfahren ist einfacher als das erstgenannte, aber zur genauen Fehlermittlung braucht man ein durch Meßschraube verstellbares Mikroskop mit Strichplatte oder ein Werkstattmikroskop. Die Ebenheit der Meßflachen der Schnabel wird mit Haarlineal gepruft. Die Parallelitat derselben muß so gut sein, daß im aneinandergeschobenen Zustand mit unbewaffnetem Auge kein Lichtspalt zwischen ihnen wahrzunehmen ist. Prufung auseinandergeschoben mit Endmaßen oben und unten. Die Fuhrung muß so gut sein, daß beim Anziehen der Klemmvorrichtung die Breite eines eingestellten Lichtspaltes sich nicht andert. Die Dicke der Schnabelansatze zum Innenmessen wird mit Meßschraube oder einem anderen geeigneten anzeigenden Gerat gepruft.

Schieblehren, deren Klemmvorrichtung beim Schieben dauernd betatigt werden muß und große Kraft erfordert, sind unzweckmaßig.

Handhabung der Schieblehre: Anstellen der Meßschnabel an den Prufling mit leichtem Druck auf den Schieber; Ablesen des Maßes; Auseinanderschieben der Meßschnabel. Das Herausziehen des Pruflings aus der angestellten Schieblehre ist ebenso wie das Verschieben derselben auf dem Prufling möglichst zu vermeiden, denn jedes Gleiten der Meßflachen auf dem Prufling verursacht Abnutzung, die die Genauigkeit der Schieblehre vermindert. Aus demselben Grund ist das Messen sich drehender Werkstucke nicht zulassig; außerdem Unfallgefahr.

Ablesen des Nonius s. Abschn. 221.3.   eim Ablesen eines 1/50-Nonius muß beachtet werden, daß jeder Nonius-Strich 0,02 (nicht 0,01) mm anzeigt. Da die Strichdicke 0,04···0,07 mm betragt, zur Ablesung eine Lupe mit etwa 4facher Vergroßerung verwenden.

Fehler bei der Handhabung der Schieblehre konnen vermieden werden, wenn man die Bruchteile zunachst nach der Stellung des Nonius-Nullstriches schatzt und dann die Nonius-Ablesung damit vergleicht. Weitere Fehler werden gemacht beim Innenmessen mit abgesetzten Schnabelenden, indem vergessen wird, die Dicke der Enden zu dem abgelesenen Maß hinzuzuzahlen. Zu starker Druck beim Anlegen der Meßschnabel ist zu vermeiden. Falsche Meßergebnisse entstehen auch durch abgenutzte Meßflachen und ausgelaufene Schieber, die sich auf der Schiene verkanten (Abbescher Grundsatz, Abschn. 141.2 u. Abb. 141.22, ist verletzt; Fehler 1. Ordnung moglich). Die Schieber neuer Lehren sollen etwas stramm gehen; das Leichtgehen stellt sich infolge der Abnutzung von selbst ein. Abgenutzte Schieblehren, insbesondere Prazisions-Schieblehren, können aufgearbeitet werden.

Aufbewahrt werden Schieblehren am besten in einem gesonderten Kasten oder dgl , Zusammenlegen mit anderen Werkzeugen, Hammer, Feilen usw., fuhrt zu Beschadigungen der Schieblehre und sollte vermieden werden.

232 Dickenmesser, Tiefenmesser

Dickenmesser sind Meßgerate zur Bestimmung von Dicken und Durchmessern. Meßachse bei Standgeraten: waagerecht, senkrecht, schrag.

Zwischen Dickenmessern und Langenmeßgeraten besteht im strengen Sinne kein Unterschied. Eingeburgert hat sich aber, als Dickenmesser die einfachen Gerate zu bezeichnen, die der Schieblehre ahneln, also mit Strichmaßstab versehen sind, aber im Gegensatz zu diesen das Abbesche Prinzip, s. Abschn. 141 2, nicht verletzen, s. Abb. 232–1.

Weitere zur Dickenmessung geeignete Meßgeräte: Standmeßschraube (Abb 233-4). Dickenmesser mit Fühlhebel (Abschn. 235). Ständer für Dicken-

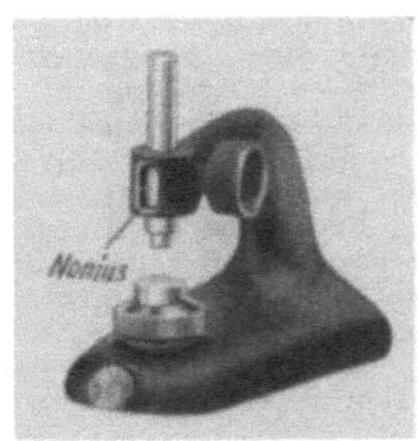

Abb. 232-1 (links).
Dickenmesser mit Nonius.

Abb. 232-2 (rechts). Tiefen-messer mit schwenkbarer Schiene. Die Meßschenkel-führung rastet in Schräglage ein. Der senkrechte Abstand ist ohne Umrechnen abzulesen (C. Zeiß).

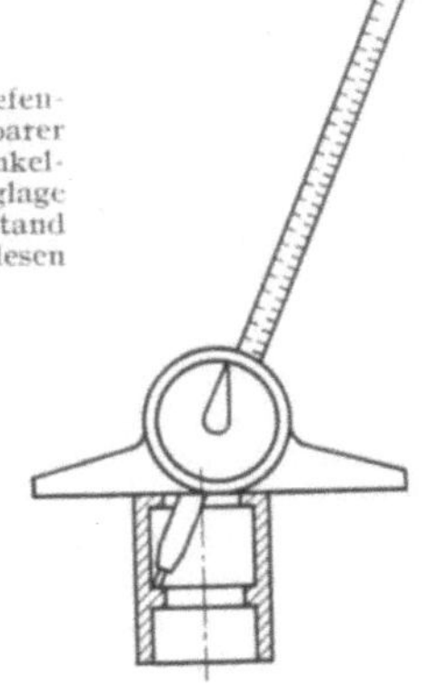

messer mit Fühlhebeln s. Abb. 234-5. Toleranzdickenmesser arbeiten mit Strichen, Absätzen oder Fühlhebeln mit Toleranz-marken.

Tiefenmesser werden zum Messen von Absätzen verwendet. Sie werden nach Art der Schieblehren ausgeführt, jedoch nur mit *einem* Meßschenkel und ohne das Abbesche Prinzip zu verletzen, Abb. 231-3. Einen Tiefenmesser mit schräger Anordnung der Meßschiene zum Messen von Hinterdrehungen zeigt Abb. 232-2. Schieblehre zum Messen der Tiefe von Keilnuten s. Abb. 231-6. Abb. 233-3 zeigt eine Tiefen-Meßschraube mit auswechselbaren Einsätzen, die den Anzeigebereich erweitern.

Toleranztiefenlehren mit Strichen und Absätzen s. Abb. 31-7.

El. Schichtdickenmesser s. Abschn. 252.2.

Schrifttum

Berthold. Messung von Schichtdicken und Wandstärken. Mitt. Forschungsges. Blech-verarbeitung. 1951. H. 23/24 S. 283ff
Becker. Ein neues Gerät zur zerstörungsfreien Schichtdickenmessung. Maschinenbau Bd 39 (1949) H 11/12 S. 359.

233 Meßschrauben (Mikrometer)

Bei Meßschrauben (Schraublehren, Mikrometern) dient als Meßmittel eine Gewindespindel mit sehr genauer Steigung. Axiale Verschiebungen der Spindel werden für volle Umdrehungen durch eine Längsteilung, für Bruchteile davon durch eine Rundteilung auf einer Trommel angezeigt.

Die Ausführungsformen der Meßschrauben unterscheiden sich in der Hauptsache durch die Ausbildung des Körpers, der das eigentliche Meßwerk trägt. Spindelsteigung für metrische Meßschrauben 0,5 mm, da-neben 1 mm, für Zollmeßschrauben 1/40″. Bei 0,5 mm Steigung hat die Meßtrommel 50 Teilstriche, bei 1 mm Steigung 100 Teilstriche, so daß 0,01 mm abgelesen werden kann. Bei 1/40″ Steigung hat die Trommel ebenfalls 50 Teilstriche: Ablesung 0,0005″. Die Meßlange der Spindel betragt 25 mm bzw. 1″. Großere Meßlangen werden wegen der Schwierigkeit, die Steigung genau einzuhalten, vermieden. Die Spindelmutter ist bei guten Meßschrauben einstellbar, nach eingetretener Abnutzung kann ein auf der geschlitzten Mutter sitzender kegliger Gewindering nachgezogen werden. Die Trommel oder Hulse ist verstellbar angeordnet, damit die Meßschraube leicht auf Null eingestellt werden kann. Wird der Ambos verstellbar angeordnet, um größere Meßbereiche zu erzielen, dann muß derselbe eine ausreichend lange Fuhrung erhalten, um die unveranderliche parallele Lage der beiden Meßflachen zu erzielen. Zur Feststellung der Meßspindel dient eine Klemmvorrichtung. Um stets mit derselben Meßkraft messen und das Gefuhl ausschalten zu konnen, ist die Meßspindel mit einer Zahn- oder Reibungskupplung (Ratsche) versehen.

Das eigentliche Meßwerk kann in verschieden gestaltete Bugel, Meßgerate, Vorrichtungen u. dgl. eingebaut werden. Meßschrauben zum Außenmessen besitzen Bugel, deren Meßweiten entsprechend der Meßlange der Spindel um 25 mm gestuft sind, Abb. 233–1. Die Bugel sind von halbrunder Tragerform mit rechteckigem oder I-formigem Querschnitt, bis zu einer Meßweite von 300 mm teilweise auch von eckiger Form, so daß die ganze Bugeltiefe beim Messen von parallelen Pruflingsflachen ausgenutzt werden kann. Meß-

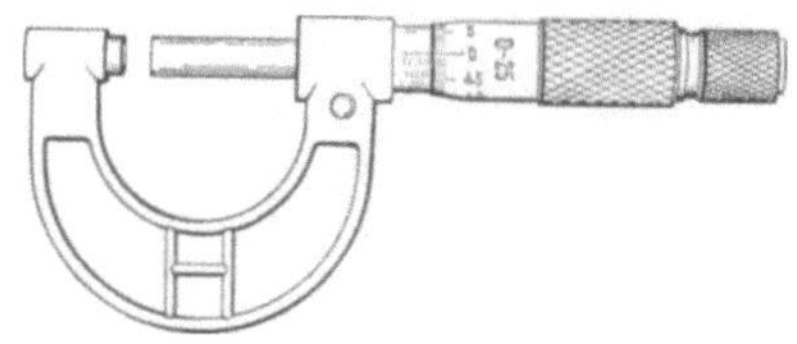

Abb. 233–1. Meßschraube.

Anzeigebereich 0···25 mm. Steigung der Meßspindel 0,5 mm, Skalenwert 10 μ.

schrauben mit rundem Bugel werden bis zu einer Meßweite von 3 m hergestellt. Bei Meßschrauben, etwa von 500 mm ab, sind Amboß und Meßwerk im Bugel verschiebbar angeordnet, um großerc Anzeigebereiche zu erhalten. Fur Sonderzwecke, z. B. zum Messen der Dicke von Blechen, wird der Bugel mit großer Bugeltiefe ausgestattet. Innenmeßschrauben werden entweder mit Schnabeln oder als Stichmaße ausgefuhrt, erstere nur fur Meßlangen bis etwa 500 mm. Stichmaß-Meßschrauben (Abb. 233–2) besitzen an beiden Enden abgerundete Meßflachen, so daß sie nur in je einem Punkt anliegen, s. Abschn. 521. Sie werden meistens mit Verlangerungsstucken, von 25 zu 25 mm gestuft, ausgerustet, so daß mit einem Mikrometerwerk und einem Satz Verlangerungen großere Verstellbereiche, z. B. von 100··· 500 mm, erreicht werden. Zum Messen von Tiefen, Absatzen u. dgl. dienen Tiefenmeßschrauben, bei denen das Mikrometerwerk

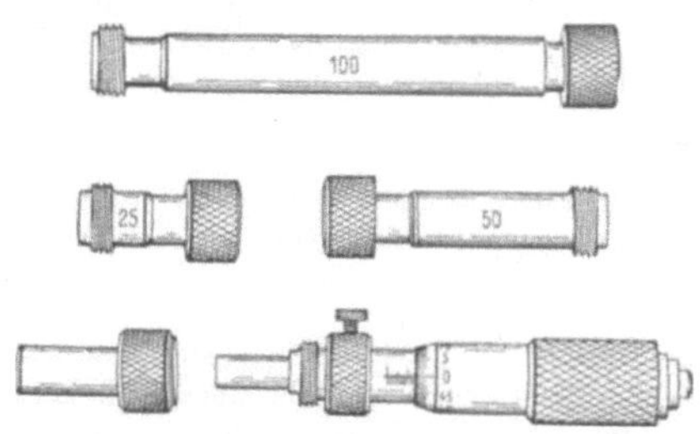

Abb. 233–2. Stichmaß-Meßschraube mit Verlangerungen. Verstellbereich 0···300 mm (ein Meßkorper mit drei Verlangerungen).

in eine Brucke eingesetzt ist, deren Auflageflache genau senkrecht zur Achse steht und eben ist, Abb. 233-3.

Beim Messen kleiner Teile, die hierbei in der Hand gehalten werden mussen, ist es praktisch, die Meßschraube in einen standfesten Halterfuß einzuspannen, damit die andere Hand bequem die Ratsche bedienen kann.

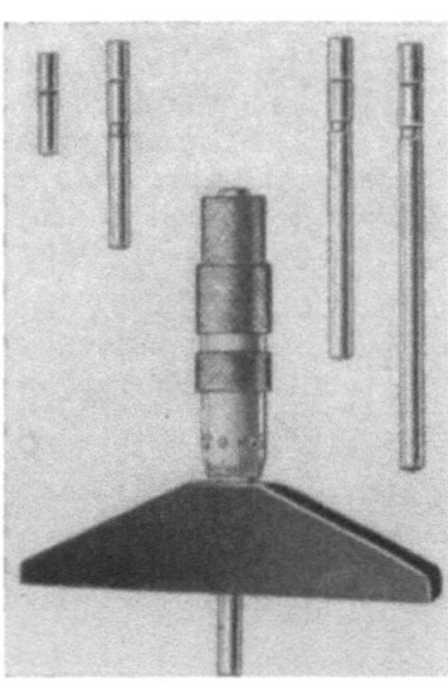

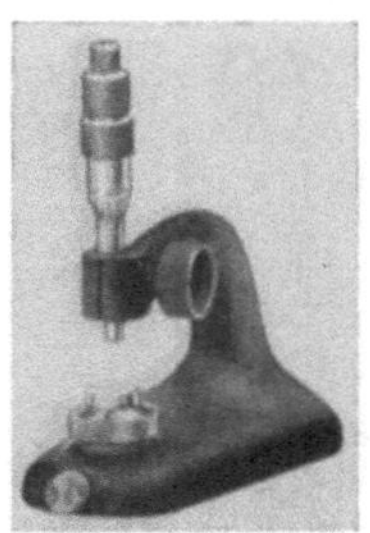

Abb. 233-4. Standmeßschraube.

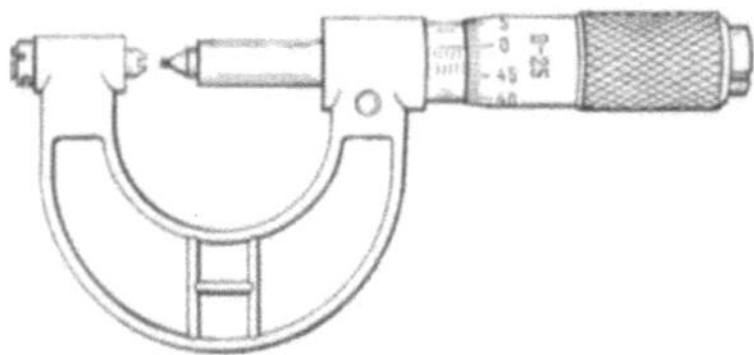

Abb 233-3. Tiefenmeßschraube mit auswechselbaren Meßbolzen. Verstellbereich 0···100 mm (4 Meßbolzen).

Abb 233-5 (rechts). Meßschraube mit auswechselbaren Meßstucken fur Gewinde (Kegel und Kimme) Anzeigebereich 0···25 mm.

Fur solche Zwecke konnen Bugel und Fuß auch aus einem Stuck hergestellt werden, Standmeßschraube, Abb. 233-4. An Stelle des festen Amboß kann eine Meßuhr oder ein Fuhlhebel eingebaut werden. Insbesondere die Meßschrauben fur große Meßlangen, bei denen ein Verkanten beim Messen leicht eintreten kann, werden vorteilhaft mit Meßuhr oder Fuhlhebel ausgestattet. Dieser dient als Nullzeiger, um gleichbleibende Meßkraft zu haben, kann aber auch als Meßorgan (bei Untersuchungen großerer Stuckzahlen) benutzt werden, nachdem die Meßschraube nach Normal einmal eingestellt und dann festgelegt ist. Die Meßflachen von Spindel und Amboß konnen mit Hartmetallauflage versehen werden, um die Abnutzung zu vermindern. Zur Anpassung an Sonderzwecke, z. B. fur die Gewindemessung, s. Abschn. 622.3, werden Spindel und Amboß mit auswechselbaren Meßstucken ausgerustet (Abb. 233-5), fur Feinwerktechnik mit schmalen Meßflachen und andere Sonderformen. Hierfur Ausfuhrung mit nur schiebender, nicht drehender Meßspindel. Fur weiche Werkstoffe, wie Gummi, Meßflachen besonders groß. Bei Gewindemeßschrauben zum Messen des Flankendurchmessers richten sich diese Einsatze (Korn und Kimme) nach dem Profil und der Steigung des zu messenden Gewindes. Um den Einfluß des Teilflankenwinkelfehlers auf das Meßergebnis zu verringern, erhalten die Meßstucke

zweckmäßig verkürzte Flanken. Die blanken Teile der Meßschraube:
Trommel, Schaft mit Längsteilung, Ratsche, können matt verchromt werden. Diese Verchromung wirkt nicht nur als Rostschutz, sondern verbessert auch die Ablesemöglichkeit der Teilung durch Vermeidung von
Reflexen, die an blanken Flächen auftreten.

Die Normung der Meßschrauben in DIN 863 unterliegt zur Zeit der
Neubearbeitung und umfaßt nach dem neuesten Entwurf Werkstoff, Ausführung, Genauigkeit, Prüfung, Kennzeichnung und Einstellmaße der Meß-
schrauben. Der Bügel soll aus Stahl, Grauguß oder Temperguß bestehen;
Leichtmetall verursacht durch den großen Unterschied der Wärmeausdeh-
nungszahlen Meßfehler. Die Meßflächen von Spindel und Amboß sollen hart
sein, wobei es freigestellt ist, auf welche Weise diese Härte erreicht wurde.
Der zulässige Fehler des zusammengebauten Meßwerkes ist bei einem
Anzeigebereich von $0 \cdots 25$ mm für Gütegrad I $4{,}5\,\mu$, für Gütegrad II
$11\,\mu$, Abb. 233–6. Bei Gütegrad I ist die zulässige Unebenheit der Meßflächen $0{,}75\,\mu$ (entsprechend drei Interferenzstreifen im grünen Licht). Die
zulässige Unparallelität der Meßflächen ist von der Meßlänge abhängig und
beträgt bei 50 mm Meßlänge $2{,}2\,\mu$. Für Gütegrad II sind keine Vorschriften
bezüglich Ebenheit und Parallelität gemacht. Die Meßkraft soll 0,75 bis
1 kg betragen. Die zulässige Bügelaufbiegung in μ je kg Meßkraft, das ist
der reziproke Wert der Steife, ist von der Meßlänge abhängig; sie ist bei
50 mm Meßlänge $2{,}0\,\mu$. Beim Anziehen der Feststellvorrichtung der Meßspindel darf ein kleiner Lichtspalt, der zwischen dieser und dem Amboß
eingestellt wurde, sich nicht (bei Beobachtung mit unbewaffnetem Auge)
sichtbar verändern.

Die Prüfung der Meßschraube erstreckt sich insbesondere auf das
Mikrometerwerk und die Meßflächen. Die Gesamtfehler werden nach
DIN 863 durch Ausmessen mit Endmaßen von 0,5 zu 0,5 mm ermittelt,
in besonderen Fällen in kleineren Stufen. Beiderseits der Stellen, die den
größten positiven und negativen Fehler aufzeigen, wird auf einen Bereich
von je 0,5 mm in Stufen von 0,1 mm geprüft; hierdurch werden auch die
periodischen Fehler erfaßt, die im wesentlichen von unparalleler Lage der
Meßflächen herrühren. Die Prüfung soll mit Endmaßen bis zu 25 mm
Länge vorgenommen werden. Bei Meßschrauben, deren Meßlänge größer
als 25 mm ist, wird an den Bügel eine Vorrichtung mit Hilfsamboß an-

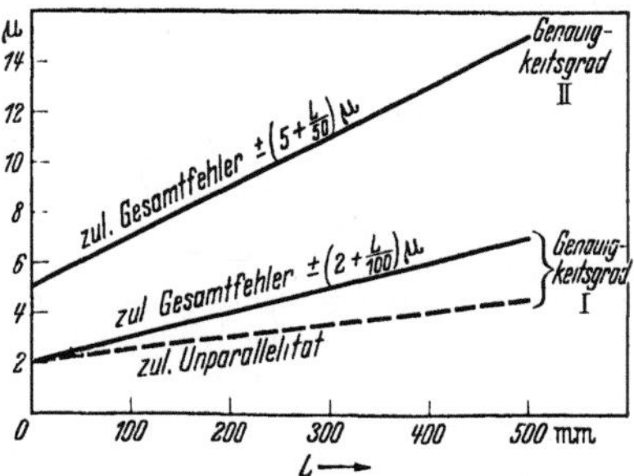

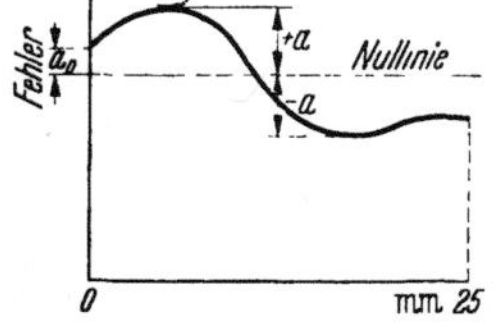

Abb. 233–7 Fehlerkurve einer
Meßschraube. Halbierter Gesamtfehler ($+a = -a$). Die Meßschraube wird so eingestellt (Fehler a_0 in der Nullstellung), daß
der Gesamtfehler 2a halbiert wird.

Abb. 233–6 Zulässige Abweichungen der Meßschrauben nach DIN 863, neuer Entw.

gesetzt, so daß keine größeren Endmaße als 25 mm erforderlich sind. Selbstverständlich muß bei der Prüfung die Ratsche angewendet werden. Die Trommel kann zur Verbesserung der Meßgenauigkeit so eingestellt werden, daß der größte positive und der größte negative Fehler gleich groß sind ($+ a = - a$); das bedeutet, daß auch in der Nullstellung ein Fehler innerhalb der zulässigen Grenzen vorhanden sein darf (a_0, Abb. 233–7). Die Fehler werden aus Anzeige und Sollmaß berechnet.

Die Meßflächen werden auf Ebenheit und Parallelität geprüft. Ebenheit wird mit Planglas geprüft. Ist die Fläche uneben, hohl oder ballig, so werden ungerade Interferenzstreifen sichtbar. Konzentrische Kreise treten auf, wenn die Fläche kugelförmig ist. Anzahl der Streifen gibt ein Maß für Unebenheit. Ein Streifen zeigt im grünen Licht eine Unebenheit von etwa $0,25\,\mu \left(= \dfrac{\lambda}{2} \right)$ an, drei Streifen etwa $0,75\,\mu$ (für Gütegrad I noch zulässig) usw. Bei anderem Licht richten sich diese Werte jeweils nach dessen Wellenlänge λ. Voraussetzung ist, daß Meßfläche und Planglas sorgfältig gereinigt und frei von Staubteilchen sind. Die Parallelität der Meßflächen wird bei Meßschrauben kleiner Meßlänge mit planparallelen Glasprüfmaßen geprüft. Ein solches wird an *einer* Meßfläche so angelegt, daß die Interferenzstreifen möglichst verschwinden. Nach dem Zuschrauben mit der üblichen Meßkraft zeigen sich auf der anderen Meßfläche Interferenzstreifen, wenn Flächen unparallel sind. Damit die Parallelität in verschiedener Lage der Spindel geprüft werden kann, sind die Glasprüfmaße um 0,12 und 0,13 mm gestuft (z. B. 12,000; 12,120; 12,250; 12,370). Durch Zwischensprengen von Parallelendmaßen können diese Glasprüfmaße auch für größere Längen verwendet werden. Beim Ermitteln der Unparallelität durch Ausmessen an verschiedenen Stellen der Meßflächen mit Kugelendmaßen ist gegebenenfalls auf Kippen der Meßspindel zu achten. Bei sehr großen Meßschrauben wird die Parallelität mit Autokollimationsfernrohr geprüft, s. Abschn. 247. Dieses kann auch bei der Bestimmung der senkrechten Lage der Meßfläche zur Spindelachse angewendet werden.

Die Prüfung wie auch die Einstellung der Meßschrauben soll in ihrer Gebrauchslage vorgenommen werden, d. h. in der Lage und mit der Unterstützung, die die Meßschraube beim Messen von Werkstücken hat. Große Meßschrauben werden am Bügel aufgehängt, so daß die Meßspindel waagerecht und der Bügel nach oben steht. Aufhängepunkte sind am Bügel zu kennzeichnen.

Bei der Handhabung von Meßschrauben ist vor allem darauf zu achten, daß die richtige Meßkraft, am sichersten mit Hilfe der Ratsche, eingehalten und eine übermäßige Aufbiegung des Bügels vermieden wird.

Die Meßspindel ist langsam, nicht mit Schwung, anzustellen und die Ratsche drei- bis fünfmal durchzudrehen. Beim Messen kleiner Teile, die in der Hand gehalten werden müssen, ist es üblich, die Meßschraube mit dem Bügel in die rechte Handfläche zu setzen und mit Daumen und Zeigefinger der rechten Hand die Meßspindel zu betätigen, während die linke Hand den Prüfling hält. Dabei bewirkt die Handwärme Meßfehler. Richtiger ist, einen Halterfuß zu benutzen, in den die Meßschraube eingespannt wird, was eine einwandfreie Betätigung der Ratsche ermöglicht. Größere Meßschrauben werden mit beiden Händen möglichst in der Nähe der Bügelenden gehalten. Nach dem Anstellen der Meßspindel werden die Meßflächen über den Prüfling geführt, um festzustellen, ob die Meßschraube verkantet wurde, was sich durch plötzliches Leichtgehen bemerkbar macht. Zweckmäßig wird der Bügel nicht mit der bloßen Hand, sondern mit Lederlappen oder dgl. angefaßt, damit die Handwärme von ihm ferngehalten wird. Meßschrauben von etwa 1 m Meßlänge ab werden am Bügel aufgehängt. Ihre richtige Einstellung ist, besonders bei großen Meßlängen, öfter mit einem Einstellmaß zu überprüfen. Hierbei ist darauf zu achten, daß Einstellmaß und Prüfling gleiche Temperatur besitzen, damit Temperaturfehler vermieden werden. Gewindemeßschrauben besitzen keine Ratsche und werden zweckmäßig nach Art von Rachenlehren benutzt, nachdem sie vorher festgestellt wurden. Dabei sollen sie leicht über den Prüfling geführt werden. Beim Messen der Prüflinge dieselbe Meßkraft anwenden wie beim Einstellen der Meßschraube. Das Einstellen geschieht am besten nach einer Gewinde-Einstell-Lehre, deren Flankendurchmesser etwa in der Mitte des Anzeigebereiches der Meßschraube liegt. Bei genauen Messungen soll der Durchmesser der Einstell-Lehre dem des Prüflings möglichst nahe kommen.

Die Meßspindel soll spielfrei in ihrer Mutter laufen. Etwa vorhandenes Spiel kann durch axiales Nachgeben der Spindel bemerkt und durch Nachstellen der Spannmutter beseitigt werden.

Die Handhabung von Stichmaß-Meßschrauben erfordert besondere Aufmerksamkeit. In der Ebene senkrecht zur Bohrungsachse ist das weiteste Maß (der Durchmesser und nicht die Sehne), in der Achsenebene das engste Maß zu suchen. Auch hierbei darf nicht zu stramm gemessen werden, weil wegen der kleinen Berührungsfläche die Abplattung der Meßflächen besonders groß ist. Die Übertragung der Handwärme ist besonders bei größeren Durchmessern zu vermeiden.

Fehler beim Messen mit Meßschrauben entstehen außer durch Fehler des Gerätes auch durch unterschiedliche Meßkraft. Insbesondere bewirkt zu große Meßkraft übermäßige Aufbiegung des Bügels oder Abplattung der Meßspitzen (von Stichmaßen) oder der Gewindemeßstücke. Zu strammes Messen hat außerdem schnelle Abnutzung der Meßflächen zur Folge. Beim Ablesen des Maßes können Fehler gemacht werden durch Übersehen der halben Millimeter (z. B. 0,48 statt 0,98); die Trommel sollte daher so eingestellt sein, daß keine Zweifel bei der Ablesung der halben Millimeter auftreten können. Fehlerquelle vermieden bei Ausführung nach Abb 233–8 u. 9. Wie

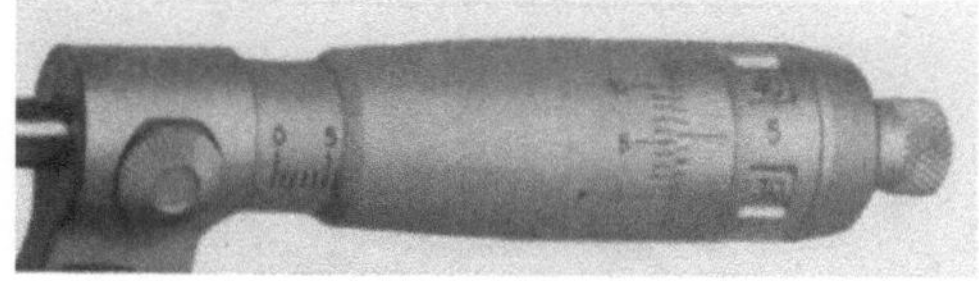

Abb. 233–8. Meßtrommel einer Meßschraube, bei der Ablesefehler von 0,5 mm vermieden werden. Beim Durchdrehen erscheinen in den Fenstern Zahlen, die erkennen lassen, ob man sich in der 1. oder 2. Hälfte des Millimeters befindet.

bei allen Meßgeräten ist auf die Temperatur zu achten. Abnutzung des Spindelgewindes, Abnutzung der Meßflächen, unrunder Lauf der Trommel

usw. konnen die Ursache dafur sein, daß eine Meßschraube unzulassig große
Fehler aufweist. In den meisten derartigen Fallen wird sich Aufarbeiten der
Meßschraube durch die Herstellerfirma lohnen.

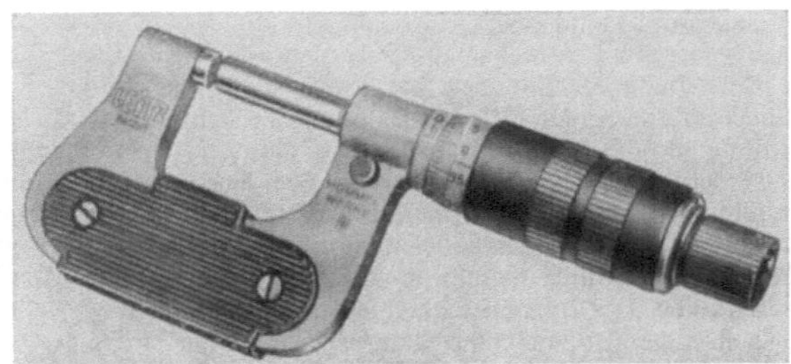

Abb 233-9. Meßschraube, bei der Ablesefehler von 0,5 mm vermieden werden.
Zwei Kulissen, die von 50···95 beschriftet sind, werden stets im richtigen Augenblick
automatisch uber die Grundbeschriftung von 0···45 geschoben oder zuruckgezogen.

234 Meßuhren

234.1 Begriffe

Nach DIN 878 Bl. 2 werden solche Meßgerate als Meßuhren bezeichnet,
bei denen der Meßbolzenweg durch Zahnstange o. a. und Zahnrader auf den
Zeiger ubertragen wird.

Fehlt eines dieser beiden Getriebeelemente in einem sonst außerlich ähnlichen
Gerat, so ist dieses keine Meßuhr. Deshalb fallen z B Millimeß, Orthotest und Supur
nicht unter den Begriff Meßuhr, sondern sind Fuhlhebel. Wird jedoch vor das fur Meßuhren kennzeichnende Meßwerk eine Hebelubersetzung vorgeschaltet, so bleibt der
Begriff Meßuhr erhalten.

234.2 Konstruktive Ausführung

Bau- und Anschlußmaße: DIN 878 Bl. 1, Abb. 234-1.

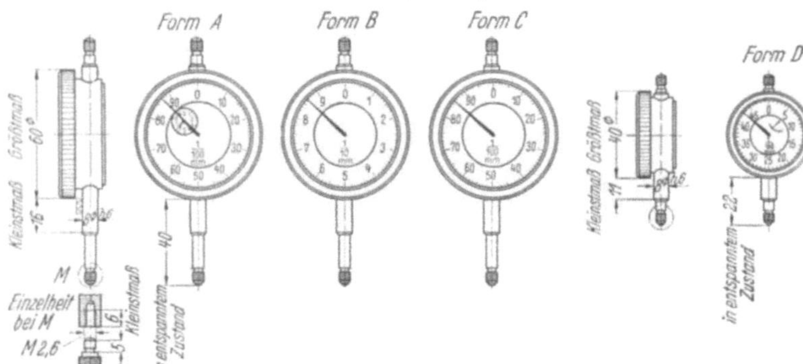

Abb 234-1. Bau- und Anschlußmaße der Meßuhren nach DIN 878 Bl. 1.

Das Meßwerk besteht meist aus Zahnstange *Zst*, Zahnstangenritzel R_1, Zahnrad Z_1 und dem in Abb. 234-2 durch *Zst* verdeckten Zeigerritzel R_2, Abb. 234-2. Statt Zahnstange und Ritzel auch Schnecke *S* und Schneckenrad R_1, Abb. 234-3. In älteren Konstruktionen befinden sich oft drei Ritzel und zwei Zahnräder, Abb. 234-4.

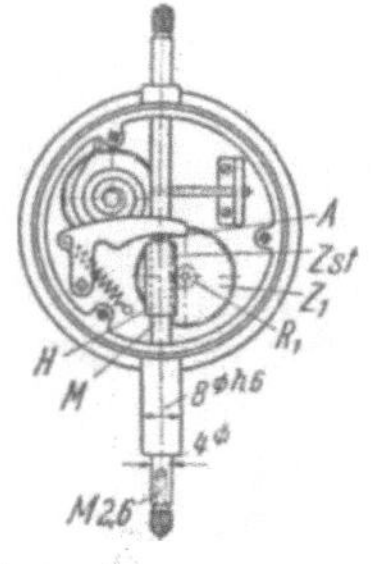

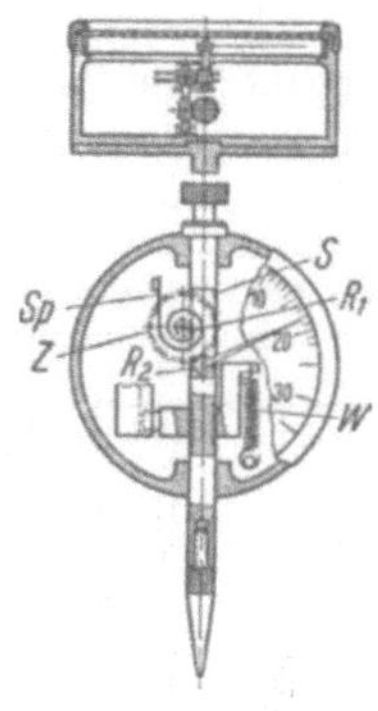

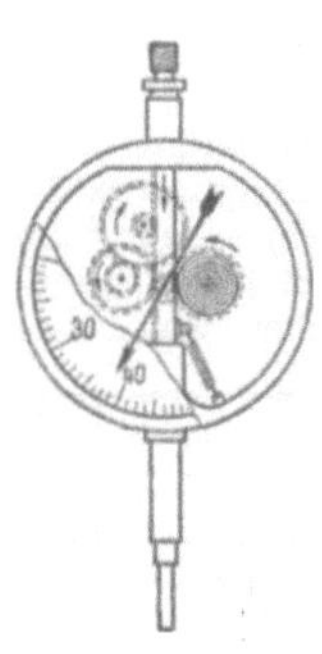

Abb. 234-2. Meßuhr mit Zahnstange, zwei Ritzeln und einem Zahnrad. Sonderausführung mit Stoßschutz u. annähernd in einem Bewegungssinne gleichbleibender Meßkraft

Abb. 234-3. Meßuhr mit Schnecke.

Abb. 234-4. Meßuhr mit Zahnstange (3 Ritzel, 2 Zahnräder).

Der Kraftschluß im Meßgetriebe wird durch eine Spiralfeder *Sp* hergestellt, die auf ein in das Zeigerritzel R_2 eingreifendes weiteres Zahnrad *Z* wirkt (Abb. 234-3). Dadurch liegen immer dieselben Flanken der Getriebeteile aneinander, so daß bei Umkehrung des Bewegungssinnes toter Gang vermieden wird. Das zusätzliche Zahnrad braucht nicht mit der gleichen Genauigkeit gefertigt zu werden wie die übrigen Getriebeteile, da es keine Meßfunktionen zu erfüllen hat.

Damit bei unmittelbarem Messen die ganzen Millimeter abgelesen werden können, ist dafür meist eine Anzeigevorrichtung vorgesehen: ein kleiner Zeiger, der die vollen Umläufe des großen Zeigers auf einer zweiten Teilung angibt.

Um Beschädigungen des Meßwerkes durch Stöße auf den Meßbolzen zu vermeiden, werden von einigen Herstellern *Meßuhren mit Stoßschutz* herausgebracht, Abb. 234-2. Zahnstange *Zst* ist nicht am Meßbolzen *M* selbst, sondern an einer diesen umschließenden Hülse *H* angebracht. Die Hülse wird durch die den Kraftschluß im Getriebe bewirkenden Teile gegen einen Anschlag *A* des Meßbolzens gezogen. Wird der Meßbolzen nun stoßartig beansprucht, so bewegt er sich zuerst allein, während die Hülse mit der Zahnstange langsamer folgt. Die Meßkraft wird gewöhnlich von einer am Meßbolzen angreifenden Schraubenfeder *W* erzeugt (Abb. 234-3) und ändert sich verhältnisgleich zum Meßbolzenweg. Damit diese *Änderung der Meßkraft* klein bleibt, muß die Feder möglichst weich sein. Um eine einigermaßen gleichbleibende Meßkraft zu erhalten, läßt man bei einigen Sonderausführungen die Schraubenfeder nicht unmittelbar am Meßbolzen, sondern an einem Hebel angreifen (Abb. 234-2), der seinerseits den Meßbolzen herausdrückt. Durch geeignete Wahl des Angriffspunktes des Hebels auf den am Meßbolzen befindlichen Anschlag wird erreicht, daß das Produkt Federspannung mal Hebelarm annähernd gleich bleibt. Das gilt jedoch nur für den jeweiligen Bewegungssinn. Bei Umkehrung ändert sich die Meßkraft um den Betrag der doppelten Reibung.

Die Skale ist im allgemeinen drehbar angebracht, um vor Beginn der Messung das Gerät auf 0 einstellen zu können. Bei Meßuhren mit Schneckentrieb kann die Nulleinstellung auch durch Drehen der Schnecke erfolgen.

Ferner befinden sich häufig zwei verstellbare Toleranzmarken am äußeren Umfang.

Während gewöhnlich die Achse des Meßbolzens parallel zur Skalenebene durch die Mittellinie des Gehäuses geht, gibt es Sonderausführungen, bei denen sich der Meßbolzen senkrecht zur Rückwand bewegt. Eine derartige Anordnung ist manchmal an schwer zugänglichen Meßstellen erwünscht.

234.3 Zubehör und Verwendung

Meßuhren werden unmittelbar an der Werkzeugmaschine oder in zweckentsprechenden *Ständern* befestigt, Abb. 234–5. Letztere sind in senkrechter Anordnung mit Tischen ausgerüstet, deren Form sich nach den Werkstücken richtet. Waagerechte Ständer sind nach Art der Meßschraubenbügel gestaltet, wobei die Meßflächen von Amboß und Meßbolzen flach, kugelig

h	a		d
	Kleinstmaß	Großtmaß	$h6$
0···125	50	80	32
0···160	63	100	40
0···200	80	125	50
0···250	100	160	60

Säulen mit anderem Querschnitt, jedoch mindestens gleichem Flächenträgheitsmoment sind zugelassen.

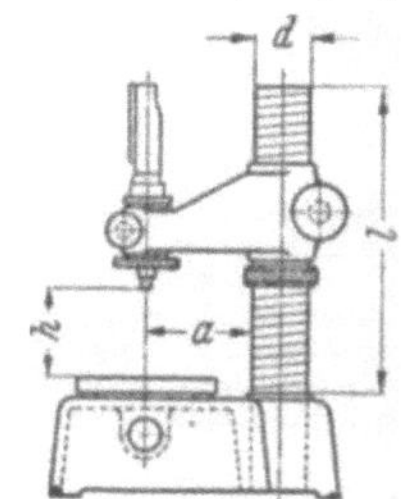

Abb. 234–5. Ständer für Meßgeräte nach DIN 2223.

oder ballig sind. je nach Prüfling. Fest eingebaut findet man Meßuhren (Skalenwert $1\,\mu$) z. B. in der *Kleinmeßmaschine von* Mahr (frühere Ausführung) oder auch als Meßkraftanzeiger in Meßmaschinen. Als *Tiefenmesser* wird die Meßuhr mit einem Querstück ausgerüstet. Zum Messen von Innenmaßen kann sie in Verbindung mit Innenmeßfüßen verwendet werden. Bildet man den Meßbolzen als schlanken Kegel aus, so ist die Meßuhr auch für die Messung von Düsen und feinen Bohrungen geeignet. Ferner wird die Meßuhr als anzeigendes Meßgerät bei der Istmaßkontrolle (Ausschußseite) von Außenteilen oder Bohrungen oder Innengewinden verwendet, vgl. Abschn. 234.6.

234.4 Fehler der Meßuhr

Beherrschbare Fehler. Die *Fehler der Meßuhr* sind die ihres Meßwerkes, eines Zahngetriebes, und rühren somit im wesentlichen von den Verzahnungsfehlern der einzelnen Getriebeelemente her. Die einzelnen Fehler der Verzahnungen [Unvollkommenheit der Flankenform, Teilungs- (und Zahndicken-) Fehler, Unrundlauf der Räder bzw. Führungsfehler der Zahnstange] wirken sich letztlich alle als Teilungsfehler aus, wodurch die Übertragung des Meßbolzenweges auf den Zeiger gefälscht wird. Es interessiert also allein der Summenteilungsfehler, der sich aus dem Zusammenwirken von Flankenform-, Teilungs- und Rundlauffehler ergibt. Abweichungen von der Sollzahndicke äußern sich ebenfalls als Teilungsfehler, da im Meßwerk für einseitige Flankenanlage gesorgt ist.

Setzt man als großtzulässige Fehler folgende Werte an:

Außermittigkeit der Räder . . . . 10 μ
Flankenformfehler (gerechnet als Teilungsfehler) der Räder . . $\pm$ 3 μ
Flankenformfehler (gerechnet als Teilungsfehler) der Zahnstange $\pm$ 1,5 μ
Summenteilungsfehler . . . . $\pm$ 5 μ

und rechnet damit überschlägig ein Meßuhrgetriebe mit Zahnstange Zst, zwei Ritzeln (R_1 und R_2) und einem Zahnrad (Z_1) durch, so ergeben sich für die einzelnen Getriebeelemente und Fehlerursachen folgende Anteile am Gesamtfehler.

	Bereich	Zst	R_1	Z_1	R_2	Un-rund-lauf	Flanken-form-fehler	Σ-Tei-lungs-fehler
Anzeigebereich	10 mm	20%	60%	10%	10%	45%	15%	40%
Teilmeßbereich	0,1 mm	30%	40%	10%	20%	10%	50%	40%

Diese Zusammenstellung zeigt den überragenden Einfluß des ersten Getriebepaares (Zst/R_1), das mit $\approx$ 80% bzw. 70% zum Gesamtfehler beiträgt. Versuche zur Verbesserung der Meßuhr müssen hier einsetzen. Weiter zeigt die Tabelle, daß alle Verzahnungsfehler mit etwa gleichen Beträgen am Gesamtfehler teilhaben, sofern man Anzeige- und Teilmeßbereich berücksichtigt. Bei der Fertigung müssen also vor allem die Ritzel sorgfältig zentriert, die Zahnstange sauber geführt und auf gleichmäßige Teilung geachtet werden. Mit Rücksicht auf den Teilmeßbereich dürfen die Abweichungen von der Evolvente bei Zahnstange und Ritzeln nur gering sein. Läßt man den Anzeigebereich außer acht, so fällt der Unrundlauf nicht mehr so stark ins Gewicht.

An einer größeren Zahl verschiedener Erzeugnisse wurden im Anzeigebereich Fehler von 6···30 μ und im Teilmeßbereich von 3···10 μ beobachtet.

Die Ausführung mit drei Ritzeln und zwei Zahnrädern wird im allgemeinen schlechter sein, da durch die größere Zahl der Übertragungselemente mehr Fehlermöglichkeiten gegeben sind.

Schaltet man vor das normale Meßwerk mit zwei Ritzeln und einem Zahnrad einen Hebel 10 : 1, so erhält man eine Meßuhr mit dem Skalenwert 1 μ, eine sogenannte *Mikromeßuhr*. Die Verzahnungsfehler wirken nur mit $\approx$ $^1/_{10}$ ihres Größtwertes, wozu jedoch noch der im allgemeinen geringe Übersetzungsfehler des Hebels zu rechnen ist. Man darf bei den Mikromeßuhren bei 1 mm Meßbolzenweg mit einem Größtfehler von $\approx$ 5 μ, im Feinbereich von $\approx$ 3 μ rechnen. Meßkraft bei Meßuhren mit Skw 1 μ ist vielfach unzulässig groß.

Meßuhren haben etwa 10- bis 20mal, Mikromeßuhren 3- bis 6mal größere Fehler als einwandfrei konstruierte und gefertigte Fühlhebel.

Meßkraft. Durch die Meßkraft verformen sich Prüfling, Meßbolzen, Triebwerk und Ständer (Hertzsche Abplattung, Hookesche Zusammendrückung, Durchbiegung, vgl. Abschn. 141.5). Bei Unterschiedsmessungen heben sich die dadurch bewirkten Fehler praktisch fort, wenn Prüfling und Normal in Abmessungen, Form und Werkstoff nicht sehr voneinander abweichen und die Messung in demselben Bewegungssinn des Meßbolzens verlauft. Bewegt sich der Meßbolzen über größere Strecken, wie bei unmittelbarem Messen, so ändert sich die Meßkraft mit dem Bolzenweg, Abb. 234–6.

Günstig verhalten sich möglichst weiche Federn, deren Vorspannung so gering ist, wie zum sicheren Aufsetzen des Meßbolzens nötig.

Das Hineindrücken des Meßbolzens erfordert eine Kraft, die Federkraft F plus Reibungskraft R überwindet, während die Kraft des herausgehenden Bolzens gleich $F - R$ ist. Somit ändert sich die Meßkraft bei Umkehrung des Bewegungssinnes um $2R$. Deshalb sollten Messungen möglichst nur in einem Bewegungssinn erfolgen: Meßbolzen jedesmal abheben und wiederaufsetzen. Bei diesen Werten ist die Hookesche Zusammendrückung praktisch vernachlässigbar, während die Aufbiegung der Ständer unter Umständen zu beachten ist, s. Abschn. 141,51.

Nach letztem *Neuentwurf* von DIN 878 Bl. 2 ist zulässige *Meßkraft* 80···150 g, *Meßkraftschwankung* $\pm$ 20···40 g.

Umkehrspanne. Kehrt sich beim Meßvorgang der Bewegungssinn um (wie bei Rundlaufprüfung), so schwankt die Meßkraft um die doppelte Reibung. Die dadurch bewirkten Verformungen und Achsverlagerungen im Meßwerk bedingen die Umkehrspanne, s. Abschn. 113.5, das ist die Differenz der Mittel der Anzeigen bei hinein- und herausgehendem Meßbolzen; je nach Genauigkeitsgrad der Meßuhr $\leq$ 4 oder 6 μ, meist kleiner. Um diesen Betrag wird z. B. der Unrundlauf einer Welle zu klein ermittelt, wenn ohne Abheben des Meßbolzens gemessen wird.

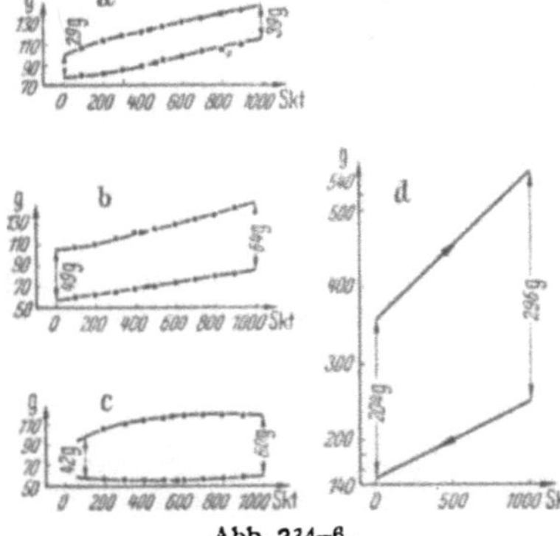

Abb. 234–6.
Meßkraftschaubilder von Meßuhren.

Streuung, vgl. Abschn. 113.5. Die Streuung der Meßuhr ist wegen der größeren Zahl der Reibungsstellen größer als bei den Fühlhebeln. Sie läßt sich durch sorgfältigste Bearbeitung (Oberflächengüte) der Meßelemente vermindern.

234.5 Prüfung der Meßuhr

Was wird geprüft? Nach DIN 878 ist an einer Meßuhr zu prüfen:

1. Fehler im Anzeigebereich (Gesamtmeßbereich),
2. Fehler in Teilmeßbereichen ($\pm$ 0,05 mm, Stelle beliebig),
3. Umkehrspanne,
4. Streuung,
5. Meßkraft.

Zulässige Werte nach DIN 878 Bl. 2. Entwurf:

Tabelle 234–1. **Meßuhren**

Genauig-keitsgrad	Größte zulässige Abweichungen in μ beim Messen mit herausgehendem Tastbolzen für eine Meßlänge L in mm bis						Streuung μ	Umkehr-spanne μ
	Teilmeß-bereich 0,1	1	2	3	5	10		
1	5	6	7	10	12	15	± 1	4
2	8	11	13	15	20	25	± 2	6

Als Fehler gilt der größte Ordinatenabstand der Fehlerkurve, Abb. 234–7. Auf Grund der Prüfergebnisse erfolgt die Zuordnung des Genauigkeitsgrades, wobei der schlechteste Befund entscheidend ist. Die Nummer des so ermittelten Genauigkeitsgrades muß deutlich sichtbar an der Meßuhr angebracht sein.

Wie wird geprüft? Fehler im Anzeige- und Teilmeßbereich mit Endmaßen.

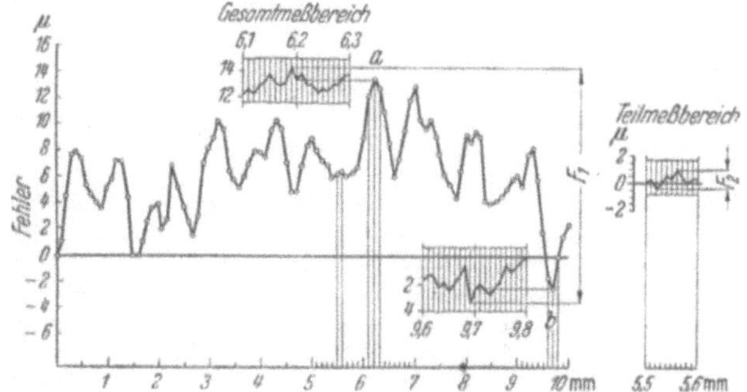

Abb. 234–7. Fehlerverlauf einer Meßuhr.

Nach DIN 878 Bl. 2 (Entwurf) ist die Meßuhr im Anzeigebereich so zu prüfen, daß der Meßbolzen von einer nahe dem unteren Ausschlag gelegenen Stelle (nicht dieser selbst, damit sichere Vorspannung gewährleistet) um bekannte Strecken über den ganzen Anzeigebereich in Stufen von 0,1 mm verschoben wird. Fehler innerhalb der Stufen von 0,1 mm können sich auf den größten Ordinatenabstand der Fehlerkurve besonders an den Stellen des Maximums und Minimums auswirken. An den Stellen des größten positiven und negativen Fehlers ist je ein symmetrisch dazu gelegener Bereich von ± 0,1 mm in Stufen von 0,01 mm zu untersuchen. Damit erhält man den Fehler f im Anzeigebereich, vgl. Abb. 234–7. Der Teilmeßbereich, dessen Lage innerhalb des Anzeigebereiches beliebig ist, umfaßt 0,1 mm. Er wird in Stufen von 0,01 mm geprüft.

Genaueste Prüfung mit Endmaßen. Dazu wird die Meßuhr in ein geeignetes Stativ gespannt, dessen Tisch einen endmaßmäßig bearbeiteten

Hilfstisch trägt, an den die Endmaße angesprengt werden. Dieses Verfahren, das allerdings nur die Prüfung bei herausgehendem Meßbolzen gestattet, ist mit einer Unsicherheit von $\approx \pm\, 1\,\mu$ behaftet.

Mit Sinuslineal und Strichmaßstab (Keilpart). Für die Massenprüfung von Meßuhren wird ein verschiebbarer Keil (Sinuslineal) verwendet, dessen Stellung an einem Strichmaßstab abgelesen wird. Man stellt zweckmäßig auf volle Skalenteile der Meßuhr ein. Das Verfahren hat geringe Ableseunsicherheit und man erhält die Fehler der vollen Skalenteile. Unsicherheit $\approx \pm\, 3\,\mu$, bei Mittelbildung aus mehreren Beobachtungen $\approx \pm\, 1{,}5\,\mu$. Mit dieser Methode ist — im Gegensatz zur Messung mit Endmaßen — Prüfung in beiden Bewegungsrichtungen möglich.

Mit Meßschraube (Mahr). Die Meßschraube wird ohne Bügel in einen geeigneten Halter so aufgenommen, daß sie koaxial auf den Meßbolzen wirkt. Die Fehler der Schraube sind zu berücksichtigen, falls nicht durch Korrekturlineal ausgeglichen. Der tote Gang wird unwirksam, wenn beim Hineingang der Meßbolzen an der Spindelfläche ruhig anliegt, der herausgehende Bolzen dagegen angelüftet wird. Besser wird jedoch eine durch Federkraft vom toten Gang befreite Meßschraube verwendet. Die Unsicherheit kann man zu $\approx \pm\, 1{,}5\,\mu$ und bei Mittelbildung aus mehreren Messungen zu $\approx \pm\, 1\,\mu$ ansetzen.

Umkehrspanne und Streuung. Am einfachsten, indem man einen Exzenter in beiden Richtungen je zehnmal vor dem Meßbolzen bis zu einer markierten Stelle vorbeibewegt. Ferner kann die Umkehrspanne mit Sinuslineal ermittelt werden. Meßschraube ist nur dann geeignet, wenn ihr toter Gang bekannt oder ausgeglichen ist.

Aus den zehn bei der Kontrolle der Umkehrspanne (in einem Bewegungssinn) erhaltenen Meßwerten kann die Streuung s in bekannter Weise berechnet werden, s. Abschn. 112.2 u. 134.22.

Meßkraft. Die Meßuhr wird in einen Halter gefaßt, der durch eine Spindel gleichmäßig verschoben wird. Dabei ruht der Meßbolzen auf einer geeigneten Waage. Nach je einer Umdrehung des Zeigers wird die Kraft an der Waage abgelesen. Trägt man die so ermittelten Kräfte über dem Meßbolzenweg (in Skt oder mm) auf, so erhält man ein Schaubild wie Abb. 234–6.

234.6 Grenzen der Meßuhrverwendung

Wird zur Kontrolle der Grenzmaße die Meßuhr (Genauigkeitsgrad I) nur nach einem einzigen Normal eingestellt, so ist sie für Toleranzen $\geqq 25\,\mu$ zu brauchen. Wird mit zwei den beiden Grenzmaßen entsprechenden Lehren eingestellt, für Toleranzen $\geqq 15\,\mu$ (dabei vorausgesetzt, daß Ungenauigkeit des Meßzeuges $\leqq {}^1/_5$ Toleranz). Bei Meßuhren Genauigkeitsgrad II Werte etwa doppelt so hoch. Streng genommen ist aber die Meßuhr nur zur Istmaßprüfung (Ausschußseite) zu benutzen. Für die Gutseite kommt sie nur dann in Betracht, wenn die Formabweichungen der Prüflinge vernachlässigbar sind. Bei unmittelbaren Messungen (also im Anzeigebereich) muß man mit Fehlern bis zu 15 bzw. 25 μ rechnen, so daß Schätzung der 1/10 Skalenteile sinnlos wird und selbst die ganzen Skalenteile nicht mehr zuverlässig sind.

Bei der Prüfung des Rundlauffehlers kann der Fehler bis zu $\pm\, 10\,\mu$ betragen, was oft die ganze Toleranz ausmacht. Dies ist vor allem bei den

Abnahmen gefahrlich, die ausdrucklich die Meßfehler unberucksichtigt
lassen (Abnahmebedingungen fur Werkzeugmaschinen nach DIN 8605/07,
8610, 8615/16, 8620/21, 8625/26, 8630/33, 8650/51), da dann der Rundlauffehler in Wirklichkeit bis $20\,\mu$ betragen kann, ohne als Fehler erkannt
zu werden. Wird dagegen der Rundlauffehler mit einem Fühlhebel (Millimeß,
Orthotest o. á.) bestimmt, so braucht man nur mit Fehlern bis zu $\pm\,1,5\,\mu$
rechnen.

Schrifttum

Barz, E.: Das Getriebe der Meßuhren und seine Fehlerquellen. Diss. Berlin 1938.

Barz, E.: Die Meßeigenschaften der Meßuhren und ihre Berucksichtigung in der
Werkstatt. Werkst.-Techn. u. Werksl. Bd. 32 (1938) S. 287.

Barz, E.: Meßverfahren und -apparaturen zur Prufung von Meßuhren. Feinmech.
u. Praz. Bd. 46 (1938) S. 187, 215.

Berndt, G.: Grundlagen und Geráte techn. Langenmessungen. 2. Aufl. Berlin 1929.

Berndt, G.: Meßuhren. Meßtechn. Bd. 20 (1944) S. 193, Bd. 21 (1945) S. 1.

Leinweber, P.: Messen in der Werkstatt. Folge 8 der Werkstattkniffe. Munchen 1949.

235 Mechanische Fühlhebel

235.1 Allgemeines

Mechanische Fuhlhebel sind Meßgerate, bei denen der Meßbolzenweg durch Hebel
vergrößert auf eine Anzeigevorrichtung ubertragen wird. Je nach der Anzahl der Hebel
unterscheidet man zwischen ein- und mehrfachen Fuhlhebeln. Dabei konnen die Übertragungsglieder gerade Hebel, Winkelhebel, Zahnrader oder Zahnradsegmente sein.
Mit entsprechenden Meßfußen sind mit den ublichen Fuhlhebeln Innenmessungen
auszufuhren. Dafur wurden auch besondere Konstruktionen geschaffen.

Durch die Moglichkeit der sachgemaßen technischen Ausfuhrung sind der Übersetzung durch Hebel praktisch Grenzen gesetzt. Ein ubertrieben kleiner Skalenwert
nutzt nichts, wenn die Fehler des Gerätes in etwa derselben Großenordnung liegen.
Von einem guten Meßgerät ist zu verlangen, daß seine Meßunrichtigkeit und -unsicher-
heit moglichst kleiner als $^1/_{10}$ Skalenwert ($^1/_{10}$-Schatzung) ist, denn Ablesen ist
nicht Messen.

235.2 Konstruktionen

235.21 Einfache Fühlhebel

Kleine Übersetzung. Die wohl alteste primitive Form des Fuhlhebels ist das
Zehntelmaß (Abb. 235–1) mit $^1/_{10}$ mm Skalenwert. Die Hebelenden bewegen sich
auf Kreisbogen, wahrend der zu messende Durchmesser eine gerade Strecke ist. Der
dadurch bewirkte Fehler ist nur bei verhaltnismäßig kleinen Pruflingen vernachlässigbar. So darf z. B. bei 10 mm Länge der kurzen Hebelarme der Pruflingsdurch-
messer 2,9 (6,2) mm nicht ubersteigen, wenn der Fehler unter 0,01 (0,1) mm bleiben soll.

Die ersten vier Zeilen von Tab. 235–1, S. 314···317, geben die technischen
Daten von neuzeitlichen einfachen Fühlhebeln mit kleiner Übersetzung.

Abb. 235–2 zeigt schematisch die Hebelübertragung bei den drei in der
Tabelle erstgenannten Geraten. Mahr und Senst verwenden Kurbeltriebe,
bei denen das Gelenk am Meßbolzen durch eine Feder ersetzt ist. Beim
Fühlhebel 40 wirkt der Meßbolzen mit einer Schneide unmittelbar auf eine
in der Axialebene der Zeigerwelle angebrachte Fläche.

Abb. 235–1. Zehntelmaß.

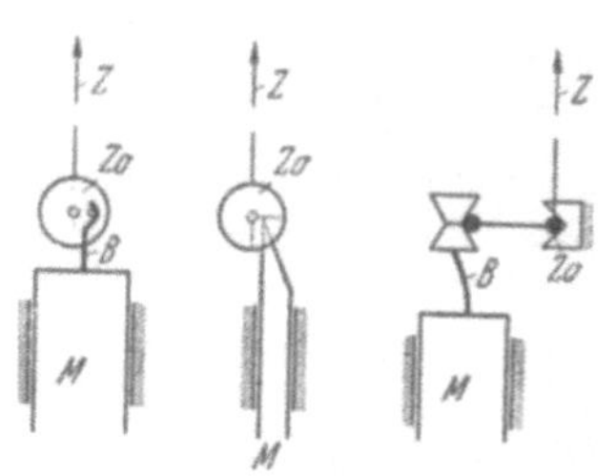

Abb. 235–2. Einfache Fühlhebel mit kleiner Übersetzung (Schema).

Z = Zeiger
Za = Zapfen
M = Meßbolzen
B = Blattfeder

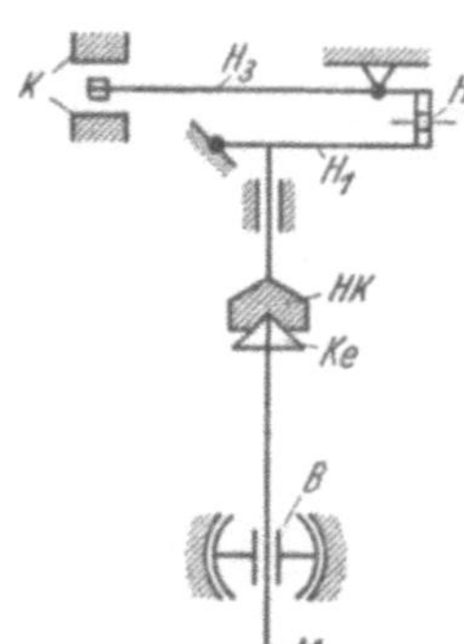

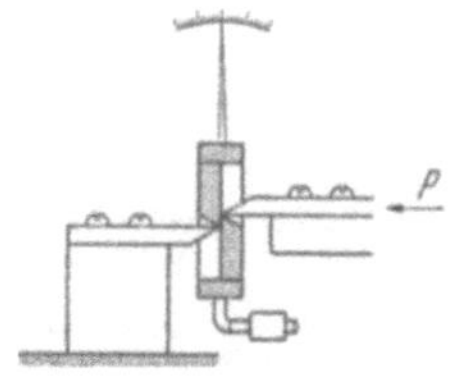

Abb. 235–4. Schneidenlagerung (Fuess).

Abb. 235–3. Schema des „Konturenwächter". Ansprechen auf axiale Verschiebung und seitliche Auslenkung des Meßbolzens.

M = Meßbolzen, geführt in
B = kardanisch aufgehängter Buchse
Ke = 90°-Kegel
HK = Hohlkegel
H_1, H_2, H_3 = Kontakthebel
K = (einstellbare) Kontakte

Der Konturenwächter (kontaktgebender Fühlhebel) (Abb. 235–3), der zum Kopierfräsen nach Muster auf einfachen Fräsmaschinen entwickelt wurde, spricht sowohl auf axiale Verschiebung als auch seitliche Auslenkung des Meßbolzens an. Um das zu erreichen, wirkt der in einer kardanisch aufgehängten Buchse geführte Meßbolzen mit seinem kegeligen Ende (90°-Kegel) auf den entsprechenden Hohlkegel eines axial verschieblichen Bolzens, der seinerseits auf drei kontaktgebende einfache Hebel arbeitet. Die kleinste Toleranz, die mit diesem Gerät zu prüfen bzw. einzuhalten ist, wird mit $30\,\mu$ angegeben. Vgl. Abschn. 71.

Die als Beispiel vorstehend aufgeführten einfachen Fühlhebel sind robust gebaut und zur Kontrolle gröberer Toleranzen im Betrieb geeignet.

Genauigkeitsfühlhebel mit Schneidenlagerung.

Die Übersetzung eines einfachen Fühlhebels läßt sich durch Verlängern des großen Hebelarmes (des Zeigers) oder durch Verkürzen des kleinen steigern. Wegen Festigkeit und Platzbedarf geht man mit der Zeigerlänge nicht über 100···120 mm hinaus. Um damit 1000 : 1 (Skw 1 μ) zu übersetzen, ist ein kurzer Hebelarm von ≈ 0,1 mm erforderlich, was mit Zapfenlagerung schwierig, mit Schneiden (Abb. 235–4) dagegen verhältnismäßig einfach zu verwirklichen ist. Die von Fuess 1877 entwickelte Schneidenlagerung wurde praktisch zuerst beim Hirth-Minimeter angewandt.

Abb. 235-5 zeigt verschiedene Hebelkonstruktionen (Minimeter, SIP, Mikrotast).

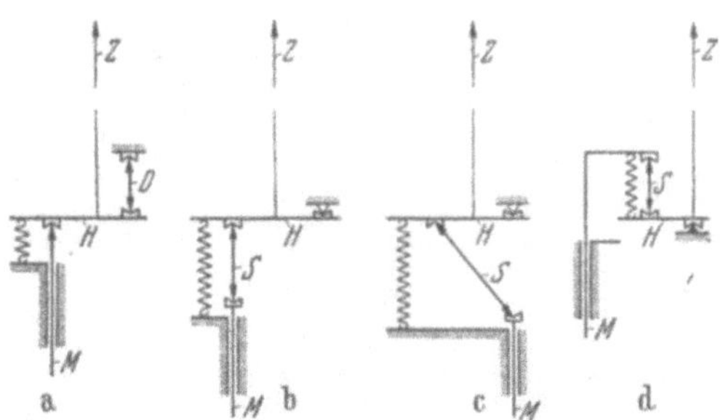

Abb. 235–5. Meßwerke einfacher Fühlhebel mit Schneidenlagerung (Schema).
a) Frühere Minimeterkonstruktion mit Doppelschneide,
b) neuere Minimeterkonstruktion mit Stelze (geschränkter Kurbeltrieb),
c) Mikrotast (reiner Kurbeltrieb),
d) Minimeter mit Stoßschutz (1934). Ähnlich SIP-Fühlhebel M 1, 2, 3, 18 und 30. Meßbolzen liegt mit Joch kraftschlüssig an Stelze. Bei Stoß Abheben des Joches, Stelze folgt nach.

M = Meßbolzen
H = Hebel
Z = Zeiger
D = Doppelschneide
S = Stelze

Die Meßwerke der Fühlhebel mit Schneidenlagerung sind Kurbeltriebe. Daraus folgt, daß der Zeigerausschlag nicht verhältnisgleich zum Meßbolzenweg ist. Streng genommen dürfte somit die Skale nicht gleichmäßig geteilt sein. Bei sehr kleinem Kippwinkel des Hebels, entsprechend kleinem Meßbolzenweg, bleibt aber der durch gleichmäßig geteilte Skale verursachte Übersetzungsfehler vernachlässigbar klein. Die Grenze des nutzbaren Anzeigebereichs, über der die Übersetzungsfehler größer als die Schätzungsunsicherheit werden, liegt bei den Schneidenfühlhebeln bei ≈ ± 30 Skalenteilen.

Bei der Herstellung muß beachtet werden, daß der Meßbolzen in 0-Stellung sorgfältig senkrecht zum Hebel ausgerichtet wird (Abweichung von der Senkrechten kleiner als $1/_2°$). Das Meßbolzenspiel muß beim alten und neuen Minimeter (Skw = 1 μ) ≤ 20 μ, beim Mikrotast mit gleichem Skw dagegen ≤ 7 μ sein, um ins Gewicht fallende Fehler zu vermeiden.

235.22 Mehrfache Fühlhebel

Durch Hintereinanderschalten mehrerer ungleicharmiger Hebel läßt sich die Übersetzung bequem steigern bzw. der Skw verringern. Allerdings ist — gleich sorgfältige Herstellung vorausgesetzt — der Gesamtfehler eines

Tabelle 235–1. **Gebräuchliche mechanische Fühlhebel**

Gerät	Hersteller	Meßwerk (nach Abb)	Skw [μ]	Sktgr (mm)	Anz.-Ber. [μ]	Übersetzung
Dezimeß	Mahr, Eßlingen	einfacher Hebel (235–2a)	100 50	3 1,5	500 500	30 : 1
Fühlhebel 40		einfacher Hebel (235–2b)	25	1	500	40 : 1
Senst	Senst	einfacher Hebel (235–2c)	20	1	300	50 1
Konturenwächter		einfacher Hebel (für axiale und seitliche Auslenkung) elektr. Kontakt gebend	zu kontrollierende Toleranz $\geqq 30\,\mu$			
Minimeter alt	Fortuna-Werke AG Stuttgart	einfacher Hebel Doppelschneide in V-Nuten	10 5 2 1	1 1 1 1	200 100 40 20	100 : 1 200 : 1 500 : 1 1000 : 1
Minimeter neu	Fortuna-Werke AG Stuttgart	einfacher Hebel Stelze in V-Nuten	10 5 2 1	1 1 1 1	600 300 120 60	100 : 1 200 : 1 500 : 1 1000 : 1
Mikrotast	Krupp, Essen	einfacher Hebel Schneiden in V-Nut	20 10 10 10 5 2 1 5	≈ 1 ≈ 1 ≈ 1 ≈ 1 ≈ 1 ≈ 1 ≈ 1 ≈ 1	1200 600 300 120 300 120 50 150	50 : 1 100 : 1 100 : 1 100 : 1 200 : 1 500 : 1 1000 : 1 200 : 1
MI 2	SIP	einfacher Hebel Schneiden in V-Nut	10 2 1	$\approx 1,3$ 1 1	400 120 (200) 60 (100)	130 : 1 500 . 1 1000 : 1
MI 5 18 30	SIP	einfacher Hebel Schneiden in V-Nut	1 1 1	$\approx 1,5$ $\approx 1,5$ $\approx 1,5$	60 100 100	1500 : 1 1500 : 1 1500 : 1
Fühlhebel 400	Greenfield	Doppelhebel Federgelenk	2,5	1	75	400 : 1
Compar	Keilpart & Co., Suhl	Doppelhebel Schneide und Pfanne	10 1	1 0,81	600 100	100 : 1 810 : 1
Kleincompar	Keilpart & Co., Suhl	Doppelhebel Schneide und Pfanne	5	0,5	100	100 : 1
Schreibhebel	W. F. Klingelnberg, Remscheid	Doppelhebel Schneide in V-Nut	1	0,99		990 : 1

Tabelle 235–1 (Forts.)

Meßkraft (g)	Fehler[μ] σ[μ] Uksp.[μ]	Abmessungen [mm]			Spannzapfen		Meßbolzen		Gewicht g	Freihub (mm)
		L	B	D	L	$\varnothing$	L	$\varnothing$		
200 ··· 300	±2 0	96	22	22	16	14	24	4	97	
		96,5	32	6,5	19	14	11	8	110	
		114	58 / 25	19	17	8	18	5,5	87	
		500	95				50	10	6000	
≈ 600		162		28 Ø		28	10	6	263	
280 290 300 320	$\frac{1}{3}$ Skt 0	200	80	16	64	28	10	6	320	5
		180	86	28	40 und 23	28 und 16			360	
≈ 700		120	56	28	40	28			280	
		88		24 Ø	23	16			150	
		180	86	28	40	28			360	
					23	16				
250 (auch 150)	Fehler < 1% des Anz. Ber.	230		30					625	
250		120	85		—	18			350	1 mm
		125	100		30	18			450	
		220	100		125	30			600	
≈ 300						28		6		
≈ 250		220	100	19	67 / 23	28 / 16	11	6	490	
						12		6		

Tabelle 235–1. Gebräuchliche mechanische Fühlhebel

Gerät	Hersteller	Meßwerk (nach Abb.)	Skw $[\mu]$	Sktgr (mm)	Anz.-Ber. $[\mu]$	Übersetzung
Sigma	Jones, London	Doppelhebel mit Federgelenk	2,5 2,5 1,25	1,25 2,5 2,1	300 150 100	500 : 1 1000 : 1 1680 : 1
Columbus		Winkelhebel Zahnsegment Ritzel (235–10)	10	1	1000	100 : 1
Nerrlich	Nerrlich	Winkelhebel Zahnsegment Ritzel (235–11)	10	1	200	100 : 1
Feinmesser	C. Zeiss, Jena	(235–10)	5	0,9	1000	180 : 1
Feintaster	C. Zeiss, Jena	(235–10)	1 2	1,1 1,1	120 240	1100 : 1 550 : 1
Passameter	C. Zeiss, Jena	(235–10)	5 2	1,1 0,9	320 160	220 : 1 450 : 1
Orthotest	C. Zeiss, Jena	(235–10)	1 0,5	0,9 0,9	200 100	900 : 1 1800 : 1
Millimeß	Mahr, Eßlingen	(235–10)	1 1	0,85 1,7	200 100	850 : 1 1700 : 1
Kleintaster	Keilpart & Co., Suhl	(235–15) n. f. Seitenbew.	10	1,4	1000	≈ 140 : 1
Kleinmillimeß	Mahr, Eßlingen	Winkelhebel doppelte Zahnradubersetzung	1	0,9	100	900 : 1
Zentimeß	Mahr, Eßlingen	Winkelhebel doppelte Zahnradubersetzung	10	1,8	500	180 : 1
Mikromeßuhr	Keilpart & Co., Suhl	Winkelhebel doppelte Zahnradubersetzung	1	0,7 (6 Umläufe)	1200	750 : 1
Supur	Keilpart & Co., Suhl	Winkelhebel doppelte Zahnradubersetzung	1	0,85	200	850 : 1
Puppitast	Mahr, Eßlingen	Hebel, doppelte Zahnradubersetzung (235–14) n. f. Seitenbew.	10	≈1	800	≈ 100 : 1
Mikrokator	Johansson, Eskilstuna; Keilpart & Co., Suhl	Torsionsfeder (235–16)	10 5 2 1 0,5 0,2	1	400 200 100 60 36 20	100 : 1 200 : 1 500 : 1 1000 : 1 2000 : 1 5000 : 1

Tabelle 235–1 (Forts.)

Meßkraft (g)	Fehler [μ]	σ [μ]	Uksp. [μ]	Lebensdauer [Fehler n. n Mssgn.]	L	B	D	L	Ø	L	Ø	Gewicht g	Freihub (mm)
					\<Abmessungen [mm]\>			\<Spannzapfen\>		\<Meßbolzen\>			
60÷75	10	±3	10		170	114	28	25	8	21	3	230	
45÷125	3	±0,2	0	$n=2\cdot10^6$ $f=7\,\mu$	75	45		16	8	15	3,5		
15	2			Bei $n=10^6$ keine Änd.	100		25 Ø			10	4	155	
1000		±2,5* ±5 ** ±1 * ±2 **			wie Meßuhr 6 Größen verstellbar 0–25, 25÷50 50÷75, 75÷100 100÷125 125÷150				8				3 3 2
≈ 200	±1	±0,1	1		210	136	28	65 (früher 36)	28	14	6	750	5
250	±1			Bei $n=1,5\cdot10^6$ keine Änd.	186	132	32	40 und 23	28 und 16	18	6	650	5
25	±10				70		25 Ø		12			40	
250	±1	±0,2			108	62	17	18	8	11	4,5	120	3
150					100	62	17	18	8	17	4,5	120	3
		1 *** 2 **			95	60 Ø	20	16	8	9	5	250	
350	1				148	100	22	22	12	10	6	460	
30÷40					86	27,5	13					35	
200÷300	Fehler ‹ 1,5 % d. Anzeige		0		207	83	30		28	15	6	470	

* im Teilmeßbereich neu ± 10 μ; ** im Gesamtmeßbereich; *** im Teilmeßbereich 100 μ.

Systems mehrerer Hebel immer größer als der eines einfachen Hebels derselben Übersetzung. Um den Fehler möglichst gering zu halten, sollte immer der Hebel mit der größeren Übersetzung als erstes an den Meßbolzen anschließendes Glied des Meßwerkes genommen werden, was aber oft praktisch nicht durchfuhrbar ist. Meist schaltet man nur zwei Hebel hintereinander (sogenannte Doppelfuhlhebel), auch Konstruktionen mit dreimaliger Übersetzung sind bekannt.

Übertragung allein durch Hebel. In Tabelle 235–1 sind einige Doppelfuhlhebel mit aufgefuhrt, die allein mit Übersetzung durch Hebel arbeiten. Prinzipskizzen s. Abb. 235–6 bis –10.

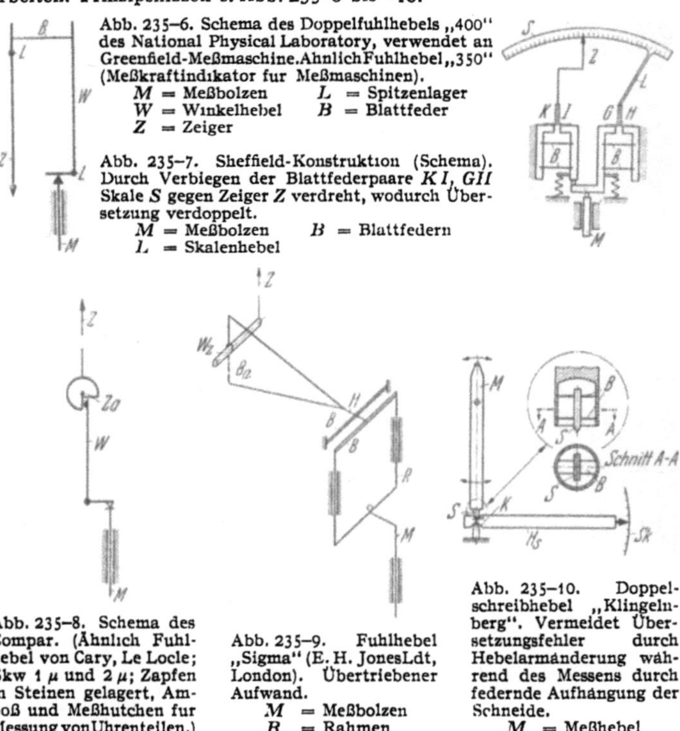

Abb. 235–6. Schema des Doppelfuhlhebels „400" des National Physical Laboratory, verwendet an Greenfield-Meßmaschine. Ahnlich Fuhlhebel „350" (Meßkraftindikator fur Meßmaschinen).
M = Meßbolzen L = Spitzenlager
W = Winkelhebel B = Blattfeder
Z = Zeiger

Abb. 235–7. Sheffield-Konstruktion (Schema). Durch Verbiegen der Blattfederpaare KI, GII Skale S gegen Zeiger Z verdreht, wodurch Übersetzung verdoppelt.
M = Meßbolzen B = Blattfedern
L = Skalenhebel

Abb. 235–8. Schema des Compar. (Ähnlich Fuhlhebel von Cary, Le Locle; Skw 1 μ und 2 μ; Zapfen in Steinen gelagert, Amboß und Meßhutchen fur Messung von Uhrenteilen.)
M = Meßbolzen
W = Winkelhebel (in Spitzen gelagert)
Za = Zapfen
Z = Zeiger

Abb. 235–9. Fuhlhebel „Sigma" (E. H. Jones Ldt, London). Übertriebener Aufwand.
M = Meßbolzen
R = Rahmen
B = Blattfedern
H = Hebel
Ba = Band
Wz = Zeigerwelle
Z = Zeiger

Abb. 235–10. Doppelschreibhebel „Klingelnberg". Vermeidet Übersetzungsfehler durch Hebelarmänderung während des Messens durch federnde Aufhängung der Schneide.
M = Meßhebel
Hs = Schreibhebel
S = Schneide
K = Kimmen
B = Blattfedern
Sk = Skale

Übertragung durch Hebel, Zahnsegment und Ritzel (Tab. 235–1). Bei einer betrachtlichen Zahl von Fuhlhebeln sind außer Hebeln auch Zahnsegmente uud Ritzel als Übertragungselemente verwendet. „Columbus",

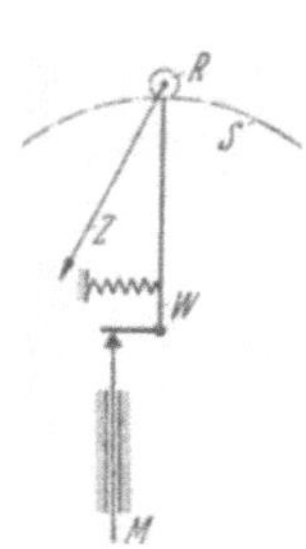

Abb.235–11. Schema eines Doppelfuhlhebels mit Hebel, Zahnsegment und Ritzel („Columbus"; Feinmesser, Passameter, Feintaster, Orthotest von C. Zeiss; Millimeß von Mahr.)

M = Meßbolzen
W = Winkelhebel
S = Zahnsegment
R = Ritzel
Z = Zeiger

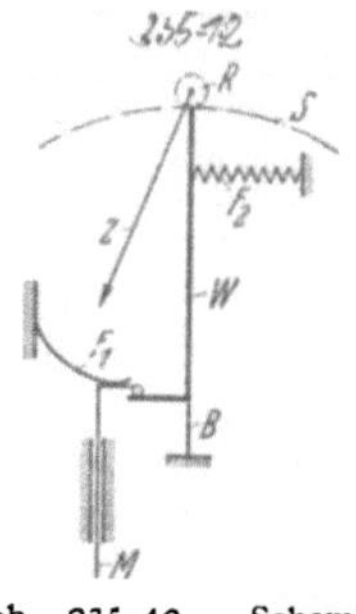

Abb. 235–12. Schema eines Doppelfuhlhebels (z. B. Nerrlich) mit Hebel, Zahnsegment und Ritzel; mit Freihub.

M = Meßbolzen
B = Blattfeder
W = Winkelhebel
S = Zahnsegment
R = Ritzel
Z = Zeiger
F_1 = Blattfeder fur Meßkraft
F_2 = Feder fur Kraft-schluß

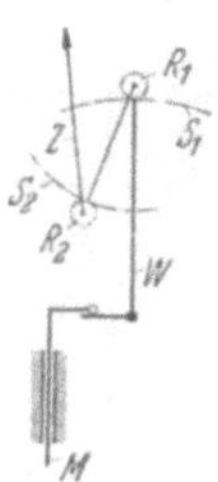

Abb. 235–13. Schema des Kleinmillimeß (Hebel + doppelte Zahnraduber-setzung), ahnlich Zenti-meß (S_2 als Zahnrad aus-gebildet). Freihub.

M = Meßbolzen
W = Winkelhebel mit
S_1 = Zahnsegment, das mit
R_1 = Ritzel kámmt, auf dessen Achse
S_2 = Zahnsegment, das mit
R_2 = Zeigerritzel kammt
Z = Zeiger

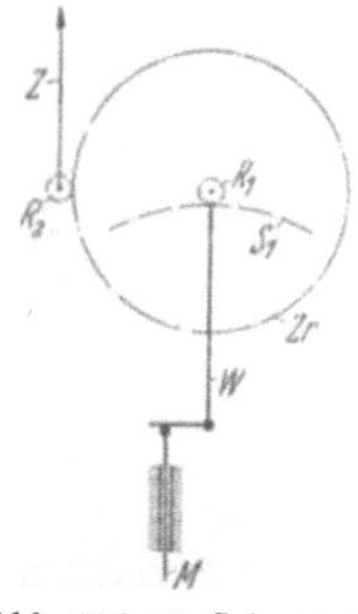

Abb. 235–14. Schema der Mikromeßuhr (Keilpart). Ähnlich Supur (Keilpart).

M = Meßbolzen
W = Winkelhebel mit
S_1 = Zahnsegment, das mit
R_1 = Ritzel kammt, auf dessen Achse
Zr = Zahnrad, das mit
R_2 = Zeigerritzel kämmt
Z = Zeiger

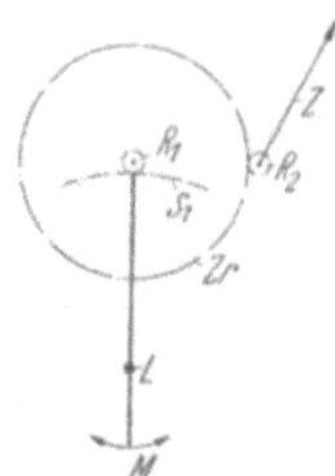

Abb. 235–15. Schema des Puppitast.

M = Meßbolzen(schwenk-bar) mit
S_1 = Zahnsegment, das mit
R_1 = Ritzel kammt, auf dessen Achse
Zr = Zahnrad, das mit
R_2 = Zeigerritzel kammt
Z = Zeiger
L = Zapfenlager

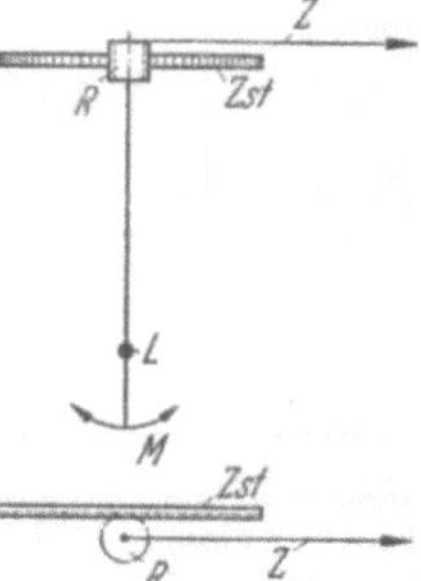

Abb. 235–16. Schema des Kleintasters (Keilpart).

M = Meßbolzen(schwenk-bar) mit
Zst = Zahnstange, die mit
R = Ritzel kámmt
Z = Zeiger

Tabelle **235–2. Mechanische Innenfühlhebel**

Gerät	Hersteller	Benutzter Fühlhebel			Innenmeßvorrichtung	
		Name bzw. Meßwerk	Skw	Anz.-Ber.	Wirkungsweise	Anz.-Ber.
Innen-Minimeter	Fortuna-Werke AG, Stuttgart	Minimeter	10 5 2	600 300 120	Ganzes Gerät in Bohrung	600 300 120
Passimeter	C. Zeiss, Jena	entspricht Passameter mit Vorschalt-hebel 1 : 1	10 2	300 400 440 120	Meßbolzen ⊥ Gerätachse	300 400 440 120
Innen-Meßstativ	Fortuna-Werke AG, Stuttgart	Minimeter			2 teleskopartig geführte Anschläge	
	Krupp, Essen	Mikrotast			Walze + 45°-Ebene	
Into	Keilpart & Co, Suhl	Compar Mikrokator	10 1	100 60	Kegel	
Indikator	Johansson		10 2 1	100	Kegel	250 ÷ 1000
Stativ für Innenmessgn.	C. Zeiss, Jena	Orthotest	1	200	Winkelhebel	
Bohrungs-Orthotest	C. Zeiss, Jena	Orthotest	1	200	Winkelhebel	
Subito	Hahn & Kolb	Meßuhr	2 10	120 10 mm	Winkelhebel	
Forotast	Fr. Mayer, Stuttgart					

Zeiss-Feinmesser, Passameter, Zeiss-Feintaster, Orthotest, Millimeß s. Abb. 235–11. Ähnlich, aber mit Freihub und Federgelenk Nerrlich-Fühlhebel, Abb. 235–12.

Meßuhren, s. Abschn. 234, sind dagegen nach DIN 878 ausdrücklich als eine besondere Gruppe definiert, deren Merkmal das Vorhandensein von Zahnstange und Zahnrädern ist.

Der Kleinmillimeß (Mahr Abb. 235–13) besitzt neben einer Hebel- noch doppelte Zahnradübersetzung, ist also ein dreifacher Fühlhebel. Das gleiche

Tabelle 235–2 (Forts.)

Verwendungs-bereich [mm]	P [g]	G [g]	Fehler σ [μ]	Bemerkung
			≈ 3	3-Punkt
			≈ 2	
			$\approx 0,5$	
11 ÷ 120* (in 5 Größen gestuft)	600	≈ 530	$\pm 2,5$ Teil-meßber.	3-Punkt
			± 8 Gesamt-meßber.	
2 ÷ 10 (5 Paar Meßschnäbel)				2-Punkt
10 ÷ 20 (2 Meß-köpfe)				3-Punkt
20 ÷ 70 (4 Meß-köpfe)				3-Punkt
50 ÷ 150 (4 Meß-köpfe)				3-Punkt
4 ÷ 450				2-Punkt
4 ÷ 25				2-Punkt
8 Größen 4 ÷ 200		490		2-Punkt
5 ÷ 120				2-Punkt
60 ÷ 370		500		2-Punkt (Handgerät)
				2-Punkt
18 ÷ 30 30 ÷ 60 50 ÷ 100				

* 11 ÷ 18; 18 ÷ 30; 30 ÷ 50; 50···80; 80 ÷ 120

gilt auch für den Zentimeß, bei dem nur wegen des größeren Weges das eine Zahnsegment noch als volles Zahnrad ausgebildet ist.

Die Mikro-Meßuhr (Keilpart), Abb. 235–14, ist keine Meßuhr im Sinne von DIN 878, da ihr die Zahnstange fehlt. Statt dessen ist dem Meßwerk ein Compar-Hebel mit Zahnsegment vorgeschaltet. Ähnlich Meßwerk des Supur (Keilpart).

Der Puppitast (Mahr), Abb. 235–15, besitzt schwenkbaren Meßbolzen und ist lediglich für Seitenbewegung verwendbar. Das gleiche gilt für den neuen Kleintaster, Abb. 235–16, der Fa. Keilpart, der sich durch geringe Meßkraft (25 g) und Umkehrspanne hervorhebt.

235.23 Torsionsfühlhebel

Beim Mikrokator (Johansson, Keilpart) ist das übersetzende Getriebeelement kein Hebel o. ä., sondern eine Torsionsfeder. Ein von der Mitte ausgehend nach der einen Seite rechts-, nach der anderen linksgängig schraubenförmig verwundenes Metallband (Abb. 235–17) hat bei Axialzug das Bestreben, sich zu strecken, wodurch sich ein in der Mitte angebrachter Zeiger dreht. Die Banddrehung und damit der Zeigerausschlag sind proportional der Längung des Bandes. Bei der Johansson-Ausführung sind in Bandmitte Löcher gestanzt, zwischen denen schmale Stege verbleiben. Dadurch wird die mittlere stark beanspruchte Faser des Bandes entfernt, die ohnehin nichts zur Vergrößerung des Zeigerausschlages beiträgt. Keilpart dagegen verwendet volle Bänder, die sich ebenso bewährt haben. Die Übersetzung hängt im wesentlichen von Querschnitt, Länge und Windungszahl des Bandes sowie von der Zeigerlänge ab und ist mittels einer sinnreichen justierbaren Aufhängevorrichtung des Bandes feineinstellbar.

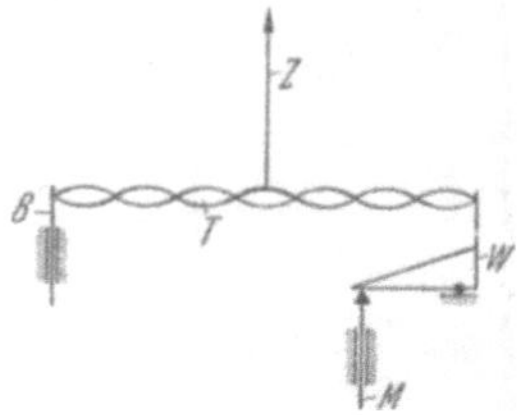

Abb. 235–17. Schema des Mikrokator-Meßwerkes.
M = Meßbolzen, W = Winkelhebel aus Blattfedern,
T = Drillband, B = Blattfeder,
Z = Zeiger

Der Meßbolzenweg wird durch einen aus Stahlfedern gebildeten ungleicharmigen Winkelhebel, der am Gehäuse festgeschraubt ist, auf das Torsionsband übertragen. Der Meßbolzen sitzt in geschlitzten Membranen, so daß im ganzen Meßwerk nur die sehr kleine innere Reibung im Stoff wirksam wird, aber kein Lagerspiel.

Um Schwingungen der Torsionsfeder zu dämpfen, ist sie in ihrer Mitte (mit reichlich Spiel) durch eine Bohrung geführt, in der sich ein Tröpfchen Öl befindet.

Daten s. Tab. 235–1.

Meßunsicherheit und Unrichtigkeit zusammen werden mit $\approx 1{,}5\%$ der Anzeige angegeben. Wegen der sehr kleinen Reibung ist praktisch *keine Umkehrspanne* zu beobachten.

Johansson stellt ein Modell mit besonders kleiner Meßkraft (10 g) her.

235.24 Innenfühlhebel
Übersicht s. Tab. 235–2, S. 320/1.

Zum Messen von Bohrungen gibt es eine ganze Reihe von mehr oder weniger geeigneten Konstruktionen, von denen die bekanntesten in Abb. 235–18 schematisch dargestellt sind.

Die in Abb. 235–18a skizzierte Möglichkeit, den ganzen Fühlhebel einzuführen, ist nur bei größeren Bohrungen (von ≈ 50 mm ab) gegeben und wurde von den Fortuna-Werken mit einem Minimeter mit 3-Punkt-Anlage benutzt.

Ein Fühlhebel mit senkrecht zur Geräteachse sich bewegendem Meßbolzen (Abb. 235–18b) ist das bis 11 mm herunter benutzbare Passimeter

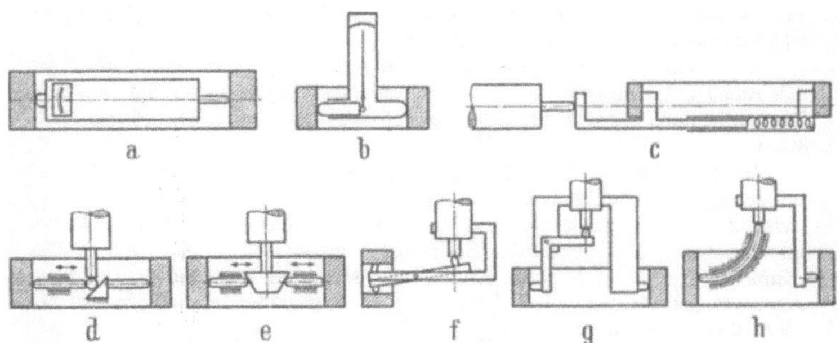

Abb. 235–18. Innenfuhlhebel und Innenmeßfüße (schematisch).

a = ganzer Innenfuhlhebel in Prüfling eingeführt
b = Meßbolzen senkrecht zur Gerätachse (Passimeter)
c = Innenmeßfuß mit zwei teleskopartig geführten Anschlägen
d = Innenmeßfuß mit Kugel (Walze) und 45°-Ebene
e = Innenmeßfuß mit Kegel
f = Innenmeßfuß mit scherenartigem Hebel
g = Innenmeßfuß mit Winkelhebel
h = Innenmeßfuß mit Vierteilkreisbogen

(Zeiss), das einem Passameter mit Vorschalthebel 1 : 1 entspricht. Die Meßunsicherheit im Anzeigebereich beträgt etwa $\pm 8\,\mu$, die im Teilmeßbereich
$\approx \pm 2\,\mu$. Eine ähnliche Konstruktion stammt von Johansson.

Mit zwei teleskopartig geführten Anschlägen, die durch Federn gegen die
Bohrungswand gedrückt werden (Abb. 235–18c), arbeiten Innenmeßgeräte
von Fortuna (bis 2 mm herunter) mit Minimeter und Zeiss (Durchmesser
über 5⋯100 mm) mit Optimeter. Auch von SIP wird ein nach diesem
Prinzip gebauter Innenfuhlhebel hergestellt.

Zum Krupp-Mikrotast gab es Innenmeßfüße, bei denen die 90°-
Umlenkung der Meßbolzenbewegung mit Walze und 45°-Ebene erfolgte,
Abb. 235–18d. Der klein-
ste damit zu messende
Bohrungsdurchmesser
war 4 mm. Meßfuße für
Durchmesser uber 20 mm
wurden auch in der soge-
nannten 4-Kreuz-Aus-
führung geliefert, Abb.
235–19.

Eine von Keilpart
(Into-Tastkopf), Zeiss
und Johansson (Indikator) verwendete Kon-

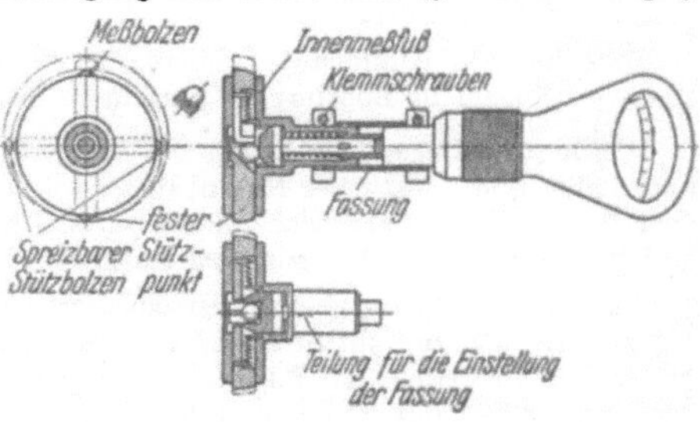

Abb.235–19. Vierkreuz-Innenmeßfuß.

21 *

struktion zeigt Abb. 235–18e. Damit Meßbolzenweg und Anzeige des Gerätes gleich der Durchmesseränderung sind, muß der Kegelwinkel 53° 8′ betragen. Die Zeiss'sche Ausfuhrung, die fur Bohrungen bis 1 mm zu verwenden ist, besaß einen 3-Backen-Meßfuß mit 120° Spreizwinkel, so daß schwache Elliptizitaten nicht angezeigt werden.

Mit einem scherenartigen Hebel nach Abb. 235–18f versehen, kann die Kleinmeßmaschine von Mahr fur Innenmessungen verwendet werden. Ebenfalls nach diesem Prinzip arbeitet das elektrische Eltas-Innenmeß-gerät.

Ein Winkelhebel 1 : 1, Abb. 235–18g, findet beim (optischen) Fühlhebel Mikrolux, s. Abschn. 244, Verwendung. Fortuna und Zeiss haben Ständer-, Zeiss, Keilpart sowie Hahn und Kolb auch Handgeräte mit Winkelhebel zur Innenmessung entwickelt (Bohrungsorthotest und Innenmeßuhr). Der „Subito" von Hahn & Kolb, ein 2-Punkt-Meßgerät mit zwei Stutzbolzen, gestattet das Messen von Lagerbohrungen (nur nahe der Stirnflache) bei eingefuhrter Bohrstange.

Waagerecht-Optimeter, fur Innenmessungen sehr geeignet, s. Abschn. 244.

Die Meßfußkonstruktion nach Abb. 235–18h mit $^1/_4$-Kreisbogen zur Umlenkung hat sich wegen zu großer Reibung nicht bewahrt.

235.3 Lagerung der Übertragungsglieder

Umkehrspanne und Streuung rühren im wesentlichen von der Reibung bzw. von deren Schwankung her. Die Übertragungsglieder eines Fuhlhebels müssen also so reibungsfrei wie möglich gelagert werden. Ferner muß die Lagerung die nötige Konstanz des Hebelarmverhaltnisses gewährleisten. Im Meßgeratebau werden verwendet (s. Abschn. 141.3):

Querlager:

Gewöhnliche Gleitlager

Olivierte Gleitlager   { Oliviert wegen besserer Ölhaltung; ist aber zweck-los, da Meßgeräte wegen Verharzungsgefahr nicht geölt werden sollen. Nur bei Uhren gebraucht.

V-Nut-Lager

Friktionsrollen

Walzlager;

Quer- und Längslager:

Schneiden in Kimmen — Spitzen in Bohrung — Spitzen in Wälz-lager — Kugeln in Bohrung — Kugeln in Walzlager.

Werden die Lager, wie haufig bei Meßgeräten, aus Edelstein (Saphir, natürlicher und kunstlicher Rubin; dieser soll am besten sein) gefertigt, so darf die tragende Lagerflache nicht parallel zur Spaltungsfläche liegen; andernfalls wird die Abnutzung zu stark.

Vergleichende Versuche an verschiedenen Hebellagerungen haben er-geben, daß in bezug auf Streuung und Konstanz der Übersetzung das V-Nut-Lager am besten ist. Fast ebensogut haben sich dabei aber folgende Lagerungen bewahrt: Kugeln in Bohrung, Schneiden und Kimmen mit gleichen Abrundungen sowie Zapfenlager mit kleinem Spiel. Überraschend gut zeigt sich danach die einfache Zapfenlagerung und erweist ihre Brauchbarkeit für Fühlhebel.

Bei einer Reihe von Fühlhebeln werden Federgelenke, s. Abschn. 141.34 verwendet, die sich durch sehr kleine (nur innere) Reibung und Streuung auszeichnen. Einfache Federn kommen nur für Null-Instrumente in Frage oder erfordern ungleichmäßig geteilte Skale. Wesentlich günstiger sind Kreuzfedergelenke, die bei viel kleinerer Streuung bessere Proportionalität ergeben. Die Streuung der Federgelenke sinkt mit wachsender Federsteifigkeit (also kurze, breite, dicke Federn).

235.4 Meßkraft

Die Meßkräfte der gebräuchlichen Fühlhebel liegen etwa zwischen 15 und 1000 g (vgl. Tab. 235–1 u. –2), jedoch weist die Mehrzahl der genannten Konstruktionen solche von ≈ 250 g auf.

Auswirkungen der Meßkraft s. Abschn. 141.5. Die Meßkraft sollte kleiner als 250 g, ihre Schwankungen geringer als 100 g, möglichst noch kleiner sein. Sehr günstig wirken sich lange weiche Meßkraftfedern oder auch zwei Federn aus.

Der Aufbiegung der Stative infolge Meßkraft und ihrer Schwankung wird am besten durch starre, gedrungene Bauweise der Ständer begegnet (vgl Abschn. 234 3).

Bei Unrundlaufprufungen benutze man kurze Spanndorne von möglichst großem Durchmesser. Hohldorne bieten gegenüber Volldornen keinen Vorteil.

235.5 Fehlerhafte Meßflächen

Eine Unebenheit der Meßflächen, s. Abschn. 141.3 kann sich mit vollem Betrage als Meßfehler auswirken und muß deshalb so klein wie möglich gehalten werden. Bei geschliffenen Prüflingen hoher Oberflächengüte können unbedenklich Kugeln verwendet werden, während geschabte Flächen zweckmäßig mit ebenen Meßhütchen abgetastet werden. Konkave (hohle) Meßflächen sind auf alle Fälle zu vermeiden, konvexe (ballige) sind unschädlich. Nicht achsensenkrechte, ebene Meßflächen sowie Meßbolzenneigung, s. Abschn. 141.3. Bei festgehaltenen zylindrischen (kugeligen) Pruflingen können Fehler 1. Ordnung auftreten. Daraus folgt die wichtige Meßregel: Kugeln oder Zylinder sind — falls irgend möglich — unter dem Fühlhebel durchzuschieben, wobei die größte Anzeige ermittelt wird. (Vorteil gegenüber der Meßschraube.)

235.6 Baumaße nach DIN 879

In DIN 879 von Okt. 43 sind (für Neukonstruktionen von Fühlhebeln) die Bau- und Anschlußmaße von drei Formen genormt, Abb. 235–20. Eine

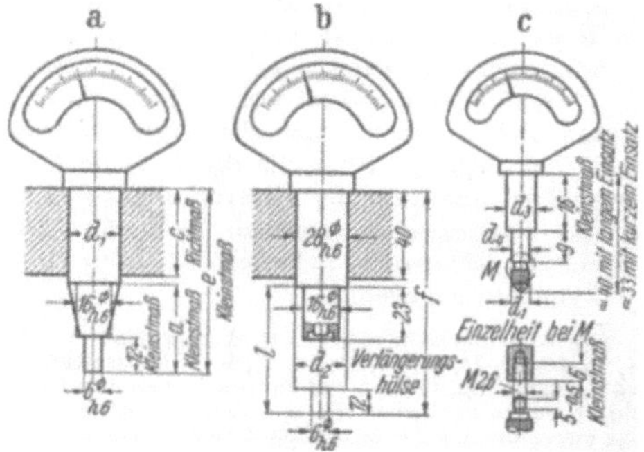

Abb. 235–20 Bau- und Anschlußmaße nach DIN 879.

Normung der Meßgeräte selbst kommt jedoch nicht in Betracht, da hier die technische Entwicklung in keiner Weise gehemmt werden darf.

235.7 Zubehör

Fühlhebel werden als Stand- und Handgeräte sowie fest in Meßvorrichtungen eingebaut verwendet. Für den Gebrauch als Standgerät gibt es eine große Zahl mehr oder minder geeigneter Ständer. Von einem guten Ständer ist zu fordern: ausreichende Starrheit, kräftige, gedrungene Säule; Ausleger so biegungssteif und leicht wie möglich; Ausladung so gering wie Verwendungszweck zuläßt; Achse der Aufnahmebohrung in jeder Stellung des Auslegers senkrecht zum Tisch; bequeme Schnellverstellung des Auslegers an der Säule und Feinverstellung des Fühlhebels im Ausleger; auswechselbare Tische. Diese Forderungen werden erfüllt durch die in DIN 2223 genormten Ständer für Meßgeräte (s. Abb. 234–5). Für Sonderzwecke wurden von einigen Herstellern Ständer entwickelt, z. B. für Kugelmessungen (Fortuna, Zeiss, Krupp), für Innenmessungen (Fortuna, Zeiss, SIP, Mahr, Krupp), zur Messung dünner Drähte (Krupp), Kugellager (Zeiss-Kulatest), Bolzenmeßgeräte mit V-Nut (Fortuna) und zur Messung kleiner Maße (Fortuna, Krupp). Für die verschiedenen Zwecke stehen besondere Tische zur Verfügung: z. B. ebener Riffeltisch, glatte ebene Tische, kleine ebene Tische (8 mm Durchm.), Kugeltische, Spezialtische mit Achatkugel in der Mitte und optisch plangeschliffenem Rand (für Parallelendmaße).

Form, Größe und Werkstoff des Prüflings bedingen die Wahl des am Meßbolzen anzubringenden Meßhütchens. Um die richtige Auswahl aus der Vielzahl der Ausführungen zu treffen, lasse man sich vom Hersteller beraten.

Listenmäßiges Zubehör moderner Fühlhebel sind unter anderen außer einem im allgemeinen balligen Meßhütchen: Anlufthebel oder Drahtauslöser zum Anlüften, Toleranzmarken.

Einige Firmen liefern für ihre Fühlhebel besondere Vorrichtungen zur Meßkraftentlastung, die man sich aber mit Hilfe einer am Meßbolzen angreifenden Feder auch bequem selbst herstellen kann.

235.8 Anwendung

Fühlhebel sind im allgemeinen wegen ihres beschränkten Anzeigebereichs nur für Unterschiedsmessungen zu verwenden, müssen also nach Normalen (Endmaßen, Einstellehren) eingestellt werden. Unmittelbare Messung ist nur bei solchen Prüflingen möglich, deren Maß kleiner als der jeweilige Anzeigebereich ist. Tab. 235–3 enthält Hinweise für die Wahl eines Fühlhebels bei gegebener Prüflingstoleranz.

Bei Verwendung der üblichen Meßhütchen (Punkt- oder Linienberührung) lassen sich mit Fühlhebeln nur Istmaße bestimmen. Ihr Einsatz bei der Kontrolle der Gutseite von Passungen von Werkstücken bedeutet also grundsätzlich einen Verstoß gegen den Taylorschen Grundsatz, s. Abschn. 165.12. Sind aber die Formfehler der Prüflinge im Vergleich zur Toleranz genügend klein — wovon man sich vorher überzeugen muß — so können Fühlhebel auch zur Kontrolle der Gutseite benutzt werden. Durch entsprechende Gestaltung der Meßstücke läßt sich ggf. ziemliche Annäherung an das Paarungsmaß erreichen (z. B. Gutgewindesegmente an Innengewinde-Meßgeräten, Zylindersegmente an Innenfühlhebeln, Zylinderschalen für Zylindermessungen).

Die Abnahmebedingungen für Werkzeugmaschinen (DIN 8601, 05, 06, 07, 10, 15, 16, 20, 21, 25, 26, 30, 31, 32, 33, 50, 51) schreiben als Meßgerät für die Messung des Unrundlaufes, Prüfung der Führungen usw im allgemeinen die Meßuhr und nur in einigen Fällen Fühlhebel vor. Aus den in Abschn 234 angegebenen Gründen sollte man zweckmäßig bei diesen Abnahmen an Stelle von Meßuhren Fühlhebel benutzen. Das gilt auch ganz allgemein für Unrundlaufbestimmungen in der Fertigung, bei Montage und in der Revision.

Tabelle 235-3 Hinweise für die Wahl eines Fühlhebels bei gegebener Prüflingstoleranz

Toleranz des Prüflings	Qualitäten	Geeigneter Fuhlhebel			
			Skw	Fehler	σ
$1,5 \div 10\,\mu$	1, 2, 3 (bis 250 mm), 4 (bis 120 mm), 5 (bis 30 mm), 6 (bis 10 mm), 7 (bis 3 mm)	Optischer-, Schneiden-, Torsions-, Pneumat. Fuhlhebel	$0,2—1\,\mu$	$< 0,3\,\mu$	$< 0,2\,\mu$
uber $10 \div 20\,\mu$	3 ($>$ 250 bis 500), 4 ($>$ 120 bis 500), 5 ($>$ 30 bis 250), 6 ($>$ 10 bis 80), 7 ($>$ 3 bis 18), 8 (bis 6)	wie vorher, dazu Mehrfach-Fuhlhebel Typ Millimeß	$1\,\mu$ $2\,\mu$	$< 1\,\mu$	$< 0,5\,\mu$
über $20 \div 40\,\mu$	5 ($>$ 250 bis 500), 6 ($>$ 80 bis 500), 7 ($>$ 18 bis 180), 8 ($>$ 6 bis 50), 9 (bis 10), 10 (bis 3)	alle vorgenannten eventuell Meßuhr	$2\,\mu$ $5\,\mu$ $10\,\mu$	$< 4\,\mu$	$< 1\,\mu$
uber $40 \div 100\,\mu$	7 (180 bis 500), 8 ($>$ 50 bis 500), 9 ($>$ 10 bis 180), 10 ($>$ 3 bis 50), 11 (bis 10), 12 (bis 3)	Mehrfach-Fuhlhebel Meßuhr	$5\,\mu$ $10\,\mu$	$< 6\,\mu$	
uber $100 \div 250\,\mu$	9 ($>$ 180 bis 500), 10 ($>$ 50 bis 500), 11 ($>$ 10 bis 180), 12 ($>$ 3 bis 50), 13 (bis 10), 14 (bis 3)	Meßuhr einfache Fuhlhebel kleiner Übersetzung	$10\,\mu$ $20\,\mu$ $25\,\mu$ $50\,\mu$ (eventuell $100\,\mu$)	$< 10\,\mu$	
über $250\,\mu$		Wie vorher, genugt aber Schieblehre mit $^1/_{50}$ Nonius			

Eine wichtige Rolle spielen die mit Endmaßen bzw. Endmaßrachenlehren eingestellten Fühlhebel beim Messen von Lehren. Maß und Form der Lehrdorne und -ringe für Rundpassungen lassen sich mit genügend kleiner Unsicherheit bestimmen. Das gleiche gilt für die Messung von Außen- und Flankendurchmesser (mit 3 Drähten oder 2 Kugeln) von Gewindelehrdornen sowie Kern- und Flankendurchmesser (mit 2 Kugeln) von Gewindelehrringen, vgl. Abschn. 62. Fühlhebel dienen ferner zur Messung von Verjüngung, Durchmesser und Form von Kegellehrdornen (Kegelmeßgeräte, z. B. Kegelprüfer Fortuna, Krupp und Knauthe) sowie zur Prüfung von rechten Winkeln (Winkelprüfer Keilpart u. a.).

Der neuzeitliche Maschinenbau erfordert des öfteren Werkstücktoleranzen, die in der Größenordnung der Herstellungstoleranzen von Lehren liegen (z. B. Wälzkörper für Wälzlager, Zahnräder für gute Werkzeugmaschinen oder schnellaufende Fahrzeuggetriebe, Kolbenbolzen usf.), die zweckmäßig mit Fühlhebeln geprüft werden. So schreibt DIN 620 „Prüfverfahren für Wälzlager", s. Abschn. 64, als Meßgeräte für Außen- und Innendurchmesser, Breitenschwankung der Laufringe, Seitenschlag des Innenringes, Radial- und Axialschlag von Innen- und Außenring Zweipunkt-Fühlhebel mit Skw 1 μ vor. Ein Gerät, mit dem die Maß-, Form- und Laufgenauigkeit von Wälzlagern bequem zu ermitteln ist, wurde früher von Zeiss als Kulatest (mit Orthotest) gebaut. DIN 5402 und 617[1] enthalten die Vorschriften zur Kontrolle von Rollkörpern für Walzlager auf Maß-, Form- und Lageungenauigkeit sowie Balligkeit (bei Nadeln). Fälschlich ist in dieser Norm die Messung mit Hilfe der ungeeigneten 60°-V-Nut vorgeschrieben, so daß bei normgerechter Kontrolle geringe Ellipsenform des Prüflings nicht festzustellen ist! Kolbenbolzen werden häufig spitzenlos geschliffen und weisen dadurch gelegentlich Gleichdickform auf. Hier und überall dort, wo die Erscheinung von Gleichdicken möglich ist, muß neben der Zweipunktmessung eine solche mit Dreipunktanlage (etwa in V-Nut) erfolgen. Eine zweckmäßige Meßvorrichtung dafür ist das Bolzenmeßgerat mit Minimeter von Fortuna.

Fest eingebaut finden sich Fühlhebel in Meßmaschinen als Meßkraftanzeiger (Sears) oder auch als Meßelement selber. Bei den Fuhlhebel-Meßschrauben (Keilpart, Zeiss) sind beide Anwendungen möglich. Entweder stellt man die Meßschraube solange zu, bis der Fuhlhebel (meist Skw 2 μ) auf 0 steht und liest an der Trommelteilung (Skw 10 μ) unter Schätzung der $^{1}/_{10}$ Skt ab, oder man dreht die Spindel noch etwas weiter, bis der nächste Teilstrich mit dem Index an der Meßschraube fluchtet und liest am Fuhlhebel den Differenzbetrag ab.

Beispiel.

Ablesung an

Trommelteilung		Fuhlhebel
	5,673	0
oder	5,68	− 7 μ
oder	5,67	+ 3 μ.

---

[1] Siehe Abschn. 64.

Wie in der Fertigung durch den Einsatz von Automaten, so läßt sich durch selbsttätiges Messen und Auslesen die Wirtschaftlichkeit erheblich steigern. Dazu sind Fühlhebel — auch in Mehrfachanordnung (Bauer und Schaurte, Kordt, Keilpart, Mahr) — geeignet. Ausführungsbeispiele: Prüfgeräte für durchlaufende Bänder, Rund- und Vierkantmaterial (Krupp, Loewe) und für Blechtafeln (Loewe). Heute verwendet man meist keine rein mechanischen, sondern mechanisch-elektrische (kontaktgebende und induktiv wirkende) Fühlhebel in Kontrollvorrichtungen (z. B. Banddicken- und Kabeldickenmeßgerät mit Eltas-Fühlhebel AEG) und Sortiermaschinen (vgl. Abschn. 25 und 722).

Schrifttum

Berndt, G.: Grundlagen und Geräte technischer Längenmessungen. 2. Aufl. Berlin 1929.

Berndt, G.: Mechanische Fühlhebel ATM 1932-T 71, I 1124—1.

Berndt, G., u. W. Vogt: Die Meßkraft der Fühlhebel, Z. f. Instrkde. Bd. 58 (1938) 389.

Berndt, G.: Messung von Zylindern mit V-Nut und mit Reiter. Z. f. Instrkde. Bd. 63 (1943) S. 8, 43, 90.

Berndt, G.: Messung dreiseitiger Gleichdicke mit spitzen Ecken in V-Nut oder in Reiter. Z. Instrkde. Bd. 63 (1943) S. 189, 225, 275.

Berndt, G.: Bohrungsmessung mit Zwei- und Dreipunktgeräten. Z. Instrkde. Bd. 61 (1941) S. 14, 37, 69.

Bochmann, G.: Der Einfluß von Gelenklagerungen auf die Genauigkeit von Fühlhebeln. Diss. Dresden 1931.

Leinweber, P.: Messen in der Werkstatt (Werkstattkniffe Folge 8). 2. Aufl. München 1949.

236 Wasserwaagen

Wasserwaagen dienen zum Prüfen von Neigungen bzw. Höhenunterschieden mit Hilfe des Oberflächenstandes von Flüssigkeiten. Die hierzu verwendeten Flüssigkeitsbehalter mit eingeschlossener Luftblase werden Libelle (Libellenrohr) genannt. Vielfach wird der Name „Libelle" auf die ganze Wasserwaage übertragen.

Die Ausführungsformen richten sich nach der Art der Libelle (Dosenlibelle oder Röhrenlibelle) und nach der Fläche, auf die die Wasserwaage aufgesetzt werden soll (Ebene oder Zylinder). Die Glaskörper genauer Libellen sind innen geschliffen. Dosenlibellen sind innen kugelförmig, Röhrenlibellen tonnenförmig; billige Röhrenlibellen stellen einen gebogenen Zylinder (Ausschnitt aus einem Ring mit kreisförmigem Querschnitt dar. Die Flüssigkeitsoberfläche hat das Bestreben, sich immer waagerecht (horizontal) einzustellen, so daß die Blase stets an die höchste Stelle wandert. Die Dosenlibelle spielt nach allen Richtungen, während die Blase der Röhrenlibelle nur in der Langsrichtung des Glasrohrs ausschlagt. Der *Skalenwert* einer Libelle ist diejenige Neigung in mm je m (also in 10^{-3} rad), die durch Verschiebung der Blase um einen Teilstrich-Abstand (Skalenteil) angezeigt wird. Die Bezeichnung „0,35" auf einer Libelle bedeutet z. B., daß diese eine Neigung von 0,35 mm auf 1 m erhalten muß, damit die Blase sich von einem Teilstrich zum nächsten verschiebt. Diese Neigung entspricht einem Winkel von 1′ 12″.

Nach dem Wasserwaagenkörper unterscheidet man Wasserwaagen für ebene Flächen mit glatter Sohle, *Transmissions-Wasserwaagen* mit prismatischer Sohle (Abb. 236-1), kurze *Kurbelzapfen-Wasserwaagen, Rahmen-Wasserwaagen* fur waagerechte und senkrechte ebene Flächen und Zylinder (Abb. 236-2), Wasser-

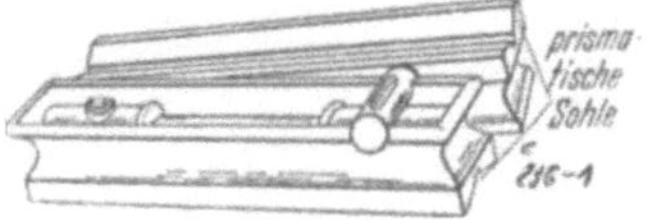

Abb. 236-1. Transmissions-Wasser- waage mit prismatischer Sohle

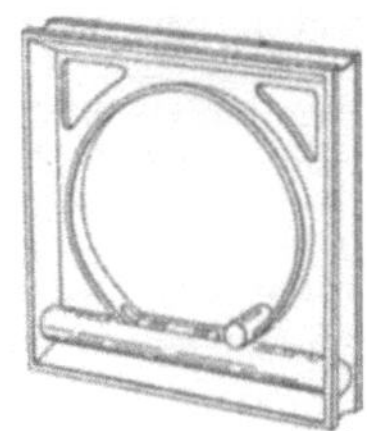

Abb. 236-2. Rahmen-Wasserwaage fur waagerechte und senkrechte ebene und zylindrische Flächen.

waagen mit Meßschraube (Abb. 236-3 u.-4), mit Winkelteilung, Schlauch-Wasserwaagen (Abb. 236-5) beruhen auf dem Prinzip der kommunizierenden Röhren.

Die ganze Lange der Wasserwaagen mit Libellenrohr ist von etwa 100 bis etwa 500 mm handelsublich. Mit Ausnahme der Schlauchwasserwaagen besitzen die Wasserwaagen Libellenrohre, die bei manchen Wasserwaagen einstellbar sind gegenuber der Auflageflache des Korpers.

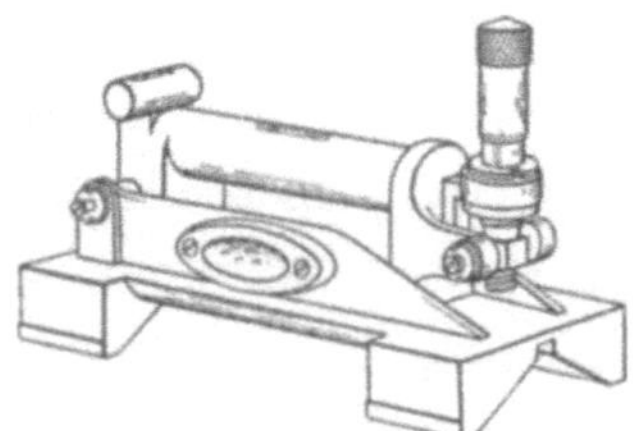

Abb. 236-3. Wasserwaage mit Meß- schraube.Einstellbereich $\pm\, 1^1/_2°$.

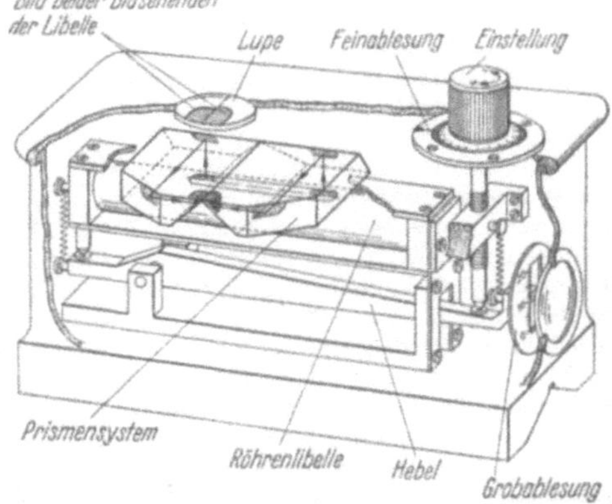

Abb. 236-4. Schema der Koinzidenz-Libelle (Zeiss-Jena). Durch Prismensystem werden beide Blasenenden im Gesichtsfeld einer Lupe vereinigt. Verstellung durch Meß- schraube innerhalb des Anzeigebereiches von $\pm$ 10 mm/1 m. Durch Hebel wird Verstellung im Verhältnis 170 mm ($=$ Länge der Auflagefläche) zu 1 m untersetzt. Skalenwert der Feinteilung 0,01 mm/1 m. Skalenteilgröße 1 mm. Meßunsicherheit im Gesamtbereich $\leqq \pm$ 0,02 mm/1 m; im Bereich von $\pm$ 1 mm/m $\leqq \pm$ 0,01 mm/1 m.

Die *Schlauch-Wasserwaage* (Abb. 236–5), besteht aus zwei zur Hälfte mit Wasser gefüllten Gefäßen, die durch einen Gummischlauch miteinander verbunden sind. Sie wird zum Nivellieren langer oder weit voneinander entfernter Flächen, z. B. Transmissionsauflager, verwendet.

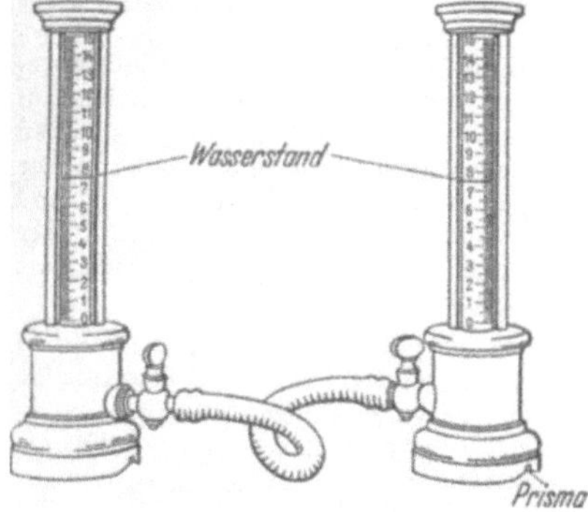

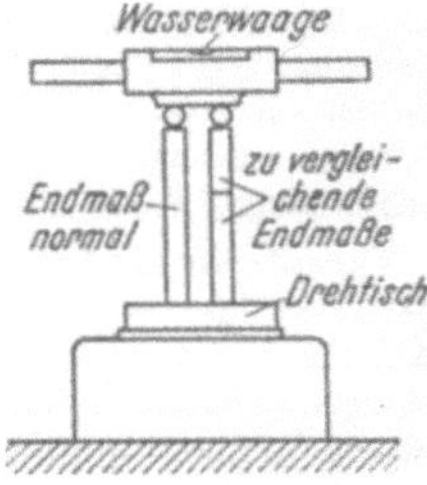

Abb. 236–5. Schlauch-Wasserwaage. Der Verbindungsschlauch kann mehrere Meter lang sein.

Abb. 236–6. Endmaß-Meß-komparator des NPL.

In einem Meßgerät für Endmaße, das von dem National Physical Laboratory, Teddington (England), entwickelt wurde, wird eine empfindliche Wasserwaage als Meßorgan verwendet, Abb. 236–6. Das zu messende Endmaß und das Vergleichs-Endmaß werden nebeneinander auf einem genau waagrecht ausgerichteten Drehtisch angesprengt oder angeschoben. Die Wasserwaage ist an einer nicht dargestellten Säule in der Höhe verstellbar aufgehängt und stützt sich mit zwei kugeligen Tastkörpern, deren Abstand mit großer Genauigkeit bekannt ist, auf den beiden Endmaßen ab. Ein Größenunterschied zwischen den Endmaßen bewirkt eine Neigung der Wasserwaage gegenüber der waagerechten Lage; der Blasenausschlag an der Wasserwaage ist ein Maß für diesen Größenunterschied, und die Skala kann in Längenmaßen ausgeführt werden. Nach der ersten Messung wird der Drehtisch mit den Endmaßen um 180° gedreht, so daß die Endmaße vertauscht sind. In dieser Lage wird erneut gemessen, um Lagefehler des Tisches auszuschalten. Aus den beiden Ablesungen wird das arithmetische Mittel gebildet.

Die Norm über Wasserwaagen (Röhrenlibellen), DIN 877, wird zur Zeit neu bearbeitet. Sie erstreckt sich auf Werkstoff, Ausführung, zulässige Ungenauigkeit und Prüfung. Für die Libelle ist ein allseitig geschlossenes Glasrohr vorgeschrieben, das mit Äthyläther oder einer anderen geeigneten Flüssigkeit gefüllt ist. Die Ebenheit der Meßflächen richtet sich nach dem Skalenwert der Wasserwaage. Für die Teilung auf der Libelle ist vorgeschrieben: Skalenteilgröße $\geqq$ 2 mm, Blase soll so lang sein, daß sie bei 20° zwischen den Nullstrichen einspielt.

Prüfung von Wasserwaagen: Nullpunkt, Prüfung auf Umschlag, Skalenwert. Nach DIN 877 wird der Nullpunkt bei Wasserwaagen mit ebenen Meßflächen an einer ebenen Fläche, bei Waagen mit V-förmigen Meßflächen an Zylindern verschiedener Durchmesser geprüft. Die Meßfläche soll auf der ganzen Länge der Wasserwaage von der Prüffläche abgestützt sein; Aussparungen müssen deutlich abgesetzt sein. Bei richtiger waagerechter Lage der Prüffläche beträgt die zulässige Abweichung der Blasenstellung vom Nullpunkt bei 20° $\pm$ $^1/_{10}$ Skalenteil. Für Prüfung an senkrechten Flächen ist diese zulässige Abweichung $\pm$ $^2/_{10}$ Skalenteil. Bei

Prüfung auf Umschlag ist demnach eine Änderung der Anzeige um $^3/_{10}$ bzw. $^4/_{10}$ Skalenteil zulässig. Hierbei wird die Wasserwaage nach der ersten Ablesung um 180° auf der Prüffläche geschwenkt und nochmals abgelesen. Die Differenz der beiden so ermittelten Blasenstellungen darf die zulässigen Werte nicht überschreiten.

Zur Prüfung des Skalenwertes wird die Wasserwaage so auf eine waagerechte Unterlage aufgelegt, daß die Blase am Nullpunkt einspielt. Hierauf wird die Unterlage geneigt, bis sich die Blase um ein Skalenteil verschoben hat. Diese Neigung wird mit geeigneten Mitteln, z. B. einer Meßschraube oder durch Unterlegen von Endmaßen unter das eine Ende, ausgehend von der waagerechten Lage, gemessen und in mm je m umgerechnet. Dieser Wert soll auf dem Glasrohr der Libelle oder, bei mit dem Waagenkörper fest verbundener Libelle auf diesem, angegeben werden.

Für die Anwendung der Wasserwaagen sind in DIN 877 Richtlinien bezüglich des geeigneten Skalenwertes gegeben. Für kurze Querlibellen wird ein Skalenwert von etwa 1,2 mm/m vorgeschlagen. Kurze Wasserwaagen haben einen Skalenwert von 0,5 ··· 0,7 mm/m, gewöhnliche Wasserwaagen für einfache Arbeiten im Maschinenbau 0,25 ··· 0,35 mm/m, Wasserwaagen für besondere Anforderungen je nach dem Verwendungszweck von 0,03 ··· 0,18 mm/m.

Beim *Gebrauch* beachten: Einwandfreies Aufsetzen auf die zu prüfende Fläche. Staubteilchen zwischen dieser und der Meßfläche verursachen Fehler. Bei einer Wasserwaage mit einem Skalenwert von z. B. 0,1 mm/m und einer Länge von 200 mm genügt ein Fremdkörper von 0,02 mm Dicke unter dem einen Ende, um eine Fehlmessung von einem ganzen Skalenteil hervorzurufen. Um einwandfreie Auflage zu erzielen, wird die Wasserwaage nach dem Aufsetzen einige Male kurz hin- und hergeschoben. Mit der Ablesung muß so lange gewartet werden, bis die Blase zur Ruhe gekommen ist. Dies dauert um so länger, je kleiner der Skalenwert ist. Messungen mit Wasserwaagen mit kleinem Skalenwert sollen stets auf Umschlag erfolgen, um kleine Unstimmigkeiten der Wasserwaage auszuschalten. Als Meßergebnis gilt der Mittelwert aus beiden Blasenstellungen. Je feiner der Skalenwert, um so mehr machen sich Temperatureinflüsse bemerkbar. Temperaturunterschiede zwischen Wasserwaage und Prüfling haben zur Folge, daß ein Temperaturausgleich zwischen beiden stattfindet, der meist eine Veränderung der Blasenstellung und des Skalenwertes verursacht. Abweichungen von der Bezugstemperatur 20° C können ebenfalls Ursache von Fehlmessungen sein. Wasserwaagen mit feinem Skalenwert (etwa < 0,1) dürfen nicht mit der bloßen Hand, sondern nur mit Lederlappen od. dgl. angefaßt werden, damit die Handwärme ferngehalten wird.

Wenn Flächen, Maschinen usw. in waagerechte Lage gebracht oder diese geprüft werden soll, kommt nur die Nullstellung der Wasserwaage zur Geltung, die deshalb vorher kontrolliert sein muß. Die Teilung auf der Libelle kann zum Ausmessen schwacher Neigungen verwendet werden.

Hierbei ist zu berücksichtigen, daß der Skalenwert den angezeigten Höhenunterschied jeweils auf 1 m Länge bezieht, so daß auf die Länge der Wasserwaage der Höhenunterschied entsprechend kleiner ist. Zeigt z. B. die Blase einer Libelle mit einem Skalenwert von 0,3 mm/m eine Abweichung von zwei Teilstrichen an und ist die Wasserwaage 300 mm lang, so bedeutet dies, daß das eine Ende der Wasserwaage um $2 \cdot 0{,}3 \cdot \dfrac{300}{1000} = 0{,}18$ mm von der Waagerechten aus höher steht als das andere Ende. Auf diese Weise kann die Wasserwaage zur Höhenmessung von Flächen (neben den Ausmessen mit Lineal und Endmaßen) verwendet werden, s. a. Abschn. 51.

Außer den schon geschilderten Fehlern (falsche Auflage, Temperaturfehler, Ablesen der noch nicht beruhigten Blase) bei der Handhabung von Wasserwaagen können Fehler auftreten durch Beschädigungen am Wasserwaagenkörper (Grat an den Meßflächenkanten) oder durch Veränderungen der Libelle (Formveränderungen des Glaskörpers). Fehlmessungen können ferner entstehen, wenn der Prüfling nicht genügend stabil aufgestellt ist, so daß durch äußere Einflüsse, z. B. Wechseln des Standplatzes der prüfenden Person, kleine Lageveränderungen und Neigungen auftreten können, die unterschiedliche Anzeigen der Wasserwaage ergeben. Diese sind an einer Wasserwaage mit kleinem Skalenwert feststellbar, die unverrückbar am Prüfling befestigt ist. Beschädigte oder fehlerhafte Wasserwaagen können durch Einsetzen neuer Libellen und Nacharbeit der Meßflächen instandgesetzt werden.

Schrifttum

DIN 877, Wasserwaagen (Röhrenlibellen).
L'Abbé Cayère: „Métrologie du plan". Montrouge (Seine) 1949.

237 Mechanische Winkelmesser

Winkeleinheiten s. Abschn. 12.
Optische Winkelmeßgeräte s. Abschn. 246 u. 247. Messen von Winkeln und Kegeln s. Abschn. 53.

Die Winkelmessung hat folgende Aufgaben: 1. Messung eines rechten Winkels oder der Abweichungen davon. 2. Messung eines beliebigen Winkels in °, ' und ". 3. Messung einer Neigung, d. i. der Tangens eines Winkels.

Zur Messung oder Prüfung von rechten Winkeln dienen die in DIN 875 genormten Stahlwinkel, s. Abschn. 223. Diese festen Winkel können außer mit 90° auch mit anderem beliebigem Winkel, z. B. 120°, ausgeführt werden.

Messung eines beliebigen Winkels am einfachsten mit Winkelmesser, der Gradteilung besitzt. Einfache Winkelmesser haben Gradteilung 0···180°, sog. *Universal-Winkelmesser*, Abb. 237-1, 0···360°. An diesen letztgenannten können mit Nonius 5' abgelesen werden. Nonius-Ablesung s. Abschn. 221.3. Sie haben eine Meßungenauigkeit von etwa $\pm$ 5'. Der bewegliche Schenkel ist in seiner Langsrichtung verschiebbar und feststellbar; durch eine Klemmvorrichtung können die beiden Schenkel in jeder beliebigen Winkellage festgestellt werden. Bei der Handhabung wird im allgemeinen der Winkelmesser so lange verstellt, bis die Lichtspalte zwischen seinen Schenkeln und

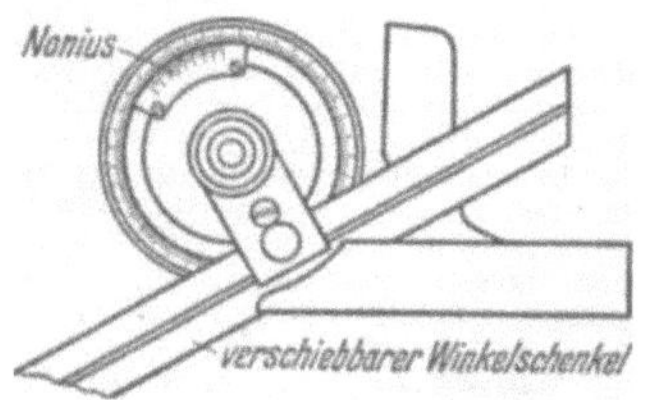

Abb. 237–1. Universal-Winkelmesser. Ablesung mit Nonius 5'.

den zu prüfenden Flächen verschwunden sind. Bei der Anlage der Winkelschenkel ist zu beachten, daß sie sich in derjenigen Ebene befinden müssen, in der der Winkel gemessen werden soll. Werden die Winkelschenkel in einer anderen Ebene, z. B. schräg, angesetzt, so können erhebliche Meßfehler entstehen.

Zur Messung von kleinen Abweichungen von der horizontalen Lage kann man auch eine Wasserwaage verwenden, s. Abschn. 236. Bei einer Wasserwaage mit einem Skalenwert von 0,29 mm/m entspricht 1 Skalenteil 1 Minute. Eine Verbindung von Winkelmesser und Wasserwaage stellt die Winkellibelle dar (Abschn. 236), mit der jede beliebige Abweichung von der Horizontalen und damit auch die gegenseitige Winkelstellung zweier Flächen oder Achsen gemessen werden kann. Sie wird auf die Prüffläche aufgesetzt, mit Hilfe der Wasserwaage die Nullachse senkrecht gestellt und die Schrägstellung der Aufsetzfläche an einem Teilkreis abgelesen.

Genaue Darstellung von Winkeln mit *Sinuslineal* oder *Tangenslineal* s. Abschn. 531.1.

24 Optische Meßgeräte
241 Allgemeines

Grundlagen s. Abschn. 142.

Lupe, Projektor, Fernrohr, Mikroskop sind vergrößernde optische *Betrachtungsgeräte*. Durch Einbau fester oder verschiebbarer Strichmarken nach Abschn. 142.65 in der Ebene eines reellen Bildes werden sie (außer Lupe) zu *Visier- und Meßgeräten*, durch Einbau von Profilstrichplatten zu *Vergleichsgeräten*. Durch Marke und Objektiv wird eine *Ziellinie* festgelegt. Das bei Betrachtung entgegen der Lichtrichtung auf dem Gegenstand erzeugte Bild der Marke kann als *optischer Tastpunkt* aufgefaßt werden, der den Gegenstand bei seiner Bewegung überstreicht.

Einfachstes Visiergerät *ohne* Optik = Kimme und Korn (Diopter).

Mit reellen optischen Abbildungen des Gegenstandes und einer Strichplatte in der Bildebene läßt sich grundsätzlich auf zweierlei Weise messen:

1. Optisches System mit fester Strichplatte wird relativ zum Gegenstand meßbar verschoben. Steht das optische *Zielgerät* fest, und wird das Werkstück senkrecht zu einem Markenstrich meßbar verschoben, so werden Fehler 1. Ordnung vermieden, s. Abschn. 141.

(Schräg zum Markenstrich entstehen Fehler 1. Ordnung, z. B. bei Flankendurchmesser- oder Steigungsmessung an Gewinde, wenn Verschiebungsrichtung nicht genau senkrecht oder parallel zur Gewindeachse liegt.)
Die *Zielgenauigkeit* ist wesentlich bedingt durch die Mikroskopvergrößerung nach Abschn. 142.66 u. 142.68. Die Verschiebungsstrecken des Zielgerätes oder des Werkstückes sind unmittelbar gleich der zu messenden Größe am Werkstück. Fehler bei der Messung dieser Strecken gehen mit vollem Betrage in das Meßergebnis ein. Kenntnis des Abbildungsmaßstabes β' ist nicht erforderlich. Die optische Abbildung braucht nicht verzeichnungsfrei zu sein, falls nicht zusätzliche Verwendungen des optischen Systems beabsichtigt sind.

Beim Perflektometer, s. Abschn. 245, wird Spiegelung an der Oberfläche des Gegenstandes zum einwandfreien Erfassen des optischen Tastpunktes **ausgenutzt**.

2. Optisches System steht fest, nur die Strichplatte wird in der Ebene des reellen Bildes des Gegenstandes diesem Bild gegenüber meßbar verschoben, oder sie enthält eine Teilung. Das optische System ist Meßmittel.

Zielgenauigkeit wie bei 1. Verschiebungsstrecken der Strichplatte beziehen sich auf die *Abmessungen des reellen Bildes.* Folglich gehen Fehler bei deren Messung im Verhältnis des Abbildungsverhältnisses β' in das Ergebnis ein, β' muß genau bekannt und die Abbildung streng ähnlich, *verzeichnungsfrei* sein, Abschn. 142.44. Dazu zweckmäßig telezentrischer Strahlengang, s. Abschn. 142.46.

Systematik optischer Meßgeräte:

1. Geräte mit optischer Abtastung des Prüflings und mechanischer Messung der Tastpunktverschiebung (Beispiel: Werkzeugmikroskop, Abb. 24–6).

2. Geräte mit mechanischer Berührung des Prüflings und optischer Messung der Tastpunktverschiebung (Beispiel: Abbescher Längenmesser, Abb. 24–22).

3. Geräte mit optischer Abtastung des Prüflings und optischer Messung der Tastpunktverschiebung (Beispiel: Universal-Meßmikroskop, Abb. 24–13).

Geräte mit mechanischer Abtastung und mechanischer Messung sind mechanische Geräte, auch wenn zum besseren Ablesen Lupe oder Mikroskop benutzt wird.

242 Projektor

Grundlagen s. Abschn. 142.64. Der Projektor dient zum Prüfen und Messen der Umrißform (Profil, Schattenbild) von Werkstücken. Mit Auflichtbeleuchtung, Abschn. 142.66, können auch die Umrißform von Absätzen, Bohrungsabstände von Sacklöchern usw. gemessen werden. Messung entweder:

1. an dem auf Schirm oder Mattscheibe entworfenen, vergrößerten reellen Bild oder

2. mit Koordinatenmeßtisch und Tastmarke auf dem Bildschirm, Abb. 24–1 u. –2.

Zu 1.: Verzeichnungsfreies Objektiv, gute Bildebnung und telezentrischer Strahlengang erforderlich Der Abbildungsmaßstab ist für einen bestimmten Abstand Schirm — Objektiv abgestimmt. Deshalb muß das vergrößerte Vergleichsprofil (Strichzeichnung) unmittelbar *in der Ebene des Projektionsschirmes* liegen, die Zeichnung darf nicht mit einer Glasplatte bedeckt werden, weil dadurch die optische Weglänge geändert wird, s. Abschn. 142.3. Kontrolle des Abbildungsmaßstabes durch Abbilden eines genauen Maßstabes (Objektmikrometer) und Ausmessen seines Projektionsbildes. Wechsel des Abbildungsmaßstabes erfordert Auswechseln des Objektivs und Anpassen der telezentrischen Beleuchtung, s. Abschn. 142.46

Abb. 24–1. Profilprüfer (Leitz) bei der Projektion eines Gewindes. Beispiel einer Durchlichtprojektion: Schattenbild des Prüflings.

Zu **2.**: Gegenstand wird nach rechtwinkligen Koordinaten meßbar verschoben; optisches System ist nur Visiermittel. Es braucht nicht verzeichnungsfrei zu sein. Abbildungsmaßstab braucht nicht genau abgestimmt zu sein. Der Maßstab der reellen Abbildung erhöht nur die Tast- oder Visiergenauigkeit.

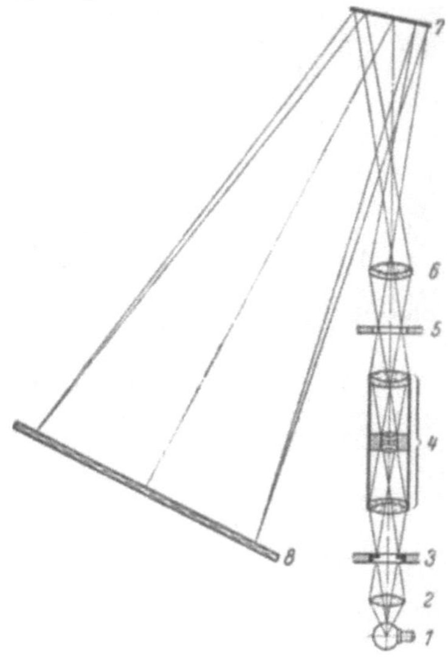

Abb. 24–2. Großer Projektor bei der Prüfung einer Gewindelehre. Beispiel einer Durchlichtprojektion.

1 Punktlampe 12 V, 100 W
2 Kondensor
3 Zwischentisch mit Vergleichsobjekt
4 Optik zur Zwischenabbildung
5 Objekttisch mit Prüfling, dorthin wird Vergleichsobjekt abgebildet, beide werden zusammen auf 8 projiziert.
6 Objektiv
7 Spiegel
8 Projektionstisch

Zahlenwerte für den großen Profilprojektor von Leitz:

Objektiv	Verzeichnungs-freies Meßfeld mm ∅	Freier Dingabstand in mm	
		vom Objektiv	von der Optik zur Zwischen-abbildung
10 ×	60	80	55
20 ×	28	60	60
25 ×	20	45	40
50 ×	10	30	45
100 ×	5	20	40

243 Lupe, Mikroskop

Die Lupe wird zum vergroßerten Betrachten und Vergleichen des Pruflings mit einer Blechschablone in der Dingebene benutzt, Abb. 24-3, dann nur zum Prufen, nicht zum Messen.

Bei der *Brinell-Lupe* befindet sich in der Dingebene ein Strichmaßstab zum Vergleichen mit dem Kugeleindruckdurchmesser, also Meßgerat.

Mikroskop mit fester Strichplatte nur zum Prufen und Einstellen, Abb. 24-4. Zweckmäßig verzeichnungsfreies Objektiv, telezentrischer Strahlengang, fest eingestelltes Abbildungsverhaltnis. Dasselbe gilt fur Meßmikroskope mit Okularschraubenmikrometer nach Abb. 24-5 und mit Okularskale.

Beim Mikroskop-Meßkopf fur Harteprufungen (Zeiss) werden zwei unabhangig verschiebbare Strichplatten benutzt. Der Durchmesser von Brinell- oder Vickers-Eindrucken wird ohne Rechnen (Differenz) bestimmt.

Abb. 24-3., Testicord-Formprufgerat. Die Lupe ist seitlich weggeschwenkt.

Das sog. *Werkstatt-Meßmikroskop*, Abb. 24-6, besteht aus einem Visiermikroskop und Einrichtungen, mit denen Mikroskop oder Prufling in einer oder zwei zueinander senkrechten Richtungen *meßbar* verschoben werden

Abb. 24-4. Drehbank-Mikroskop zum Ausrichten des Gewindeschneidstahles und Prufen seines Flankenwinkels. Es wird an Stelle des Werkstuckes mit seinem Richtbolzen zwischen Spitzen aufgenommen oder mit dem Prisma auf den Drehling gesetzt und dem Gewindedurchmesser entsprechend quer zur Achse eingestellt.

Abb. 24-5. Okularschraubenmikrometer zum Mikroskop. Mikrometrisch verschiebbare Strichplatte im optischen Bild. Meßergebnis = Unterschied zweier Ablesungen.

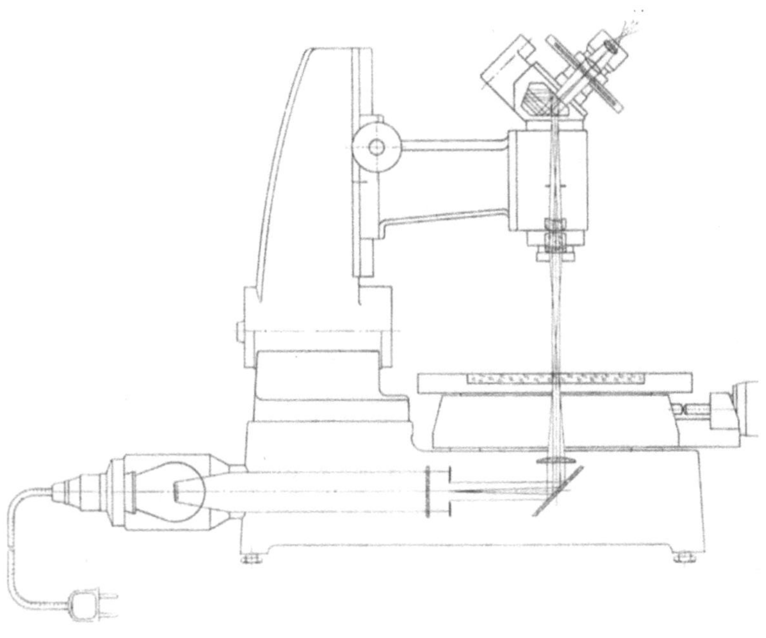

Abb. 24–6. Werkstatt-Meß-mikroskop (Leitz). Prüfling wird auf Koordinatenmeß-tisch mit Meßschrauben und Endmaßen gegenüber dem Zielmikroskop verschoben. Für Formprüfung dient Revolverokular mit Profilstrich-platte.

Abb. 24–7. Winkelmeßokular.

Abb. 24–8. Gesichtsfeld des Winkelmeßokulars
Fadenkreuz wird am Bild des Prüflings zur
Anlage gebracht. Winkelstellung des Strich-
kreuzes wird mit kleinem Mikroskop an einem
Teilkreis abgelesen, s. Abb. 24–9.

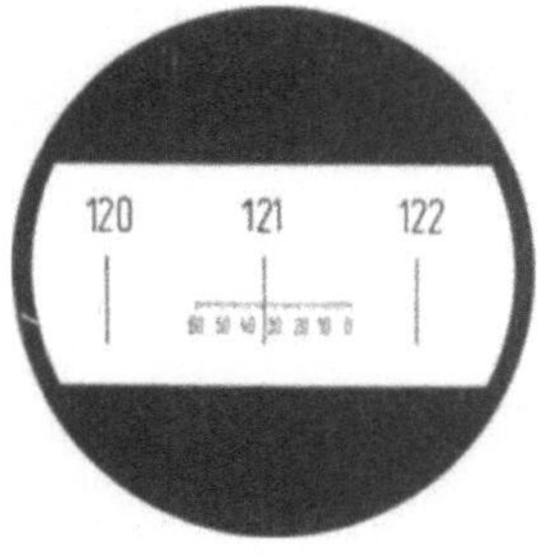

Abb. 24–9. Gesichtsfeld des Ab-
lesemikroskopes am Winkelmeßokular. Ablesung der Teilkreis-
stellung: 121° 34′.

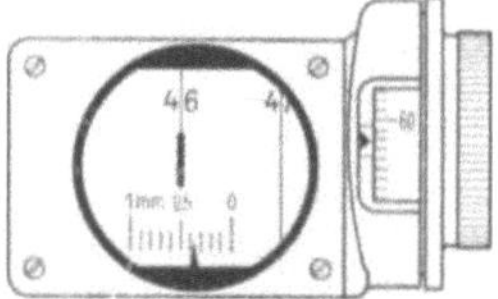

Abb. 24–10. Okular-Schraubenmikrometer.
Teilung und Zehntelbruchteile werden im
Gesichtsfeld abgelesen, μ an der Trommel der
Meßschraube. Ablesung: 46,362.

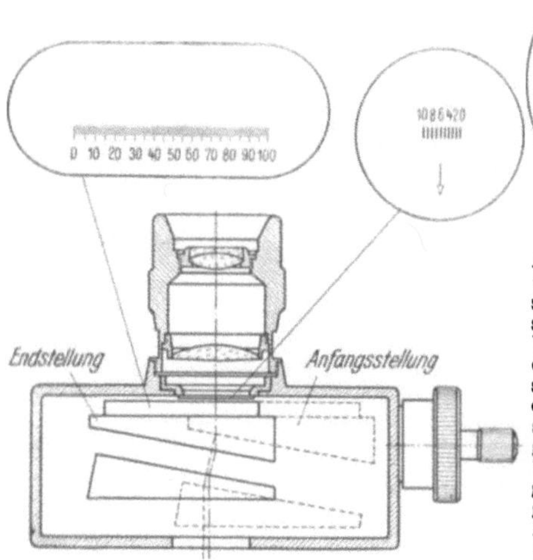

Abb. 24–11. Feinmeßokular
(Leitz), Querschnitt und Gesichtsfeld. Das Bild des Maßstabstriches (54) wird durch
Verschieben des Doppelkeiles,
der das Bild des Maßstab-
striches seitlich verschiebt, in
einem Strichpaar (4) der feststehenden Zehntelteilung eingefangen. Die Ablesung der
Teilung auf der Keilfläche
gegenüber einer festen Marke
gibt die überschießenden
Zehntelbruchteile. Ablesung.
54,4485.

konnen. Meist ist die Okularstrichplatte drehbar und kann außer fur Langen- auch fur Winkelmessungen benutzt werden, Abb. 24–7 bis –9.

Die Stellung der Meßschlitten wird mit Meßschrauben, Endmaßen oder Strichmaßstaben gemessen. Ablesung der Maßstabe meist optisch durch Zielmikroskop mit fester Marke oder Teilung wie bei Abb. 24–9. Bei hoheren Anforderungen verwendet man Okulare mit mikrometrisch verstellbarer Ablesemarke oder Teilung nach Abb. 24–10. Bequemer sind Meßokulare, bei denen der vollstandige Meßwert innerhalb des Gesichtsfeldes abzulesen ist, nach Abb. 24–11 und –12.

Das *Revolverokular* enthalt eine (oft auswechselbare) drehbare Strichplatte mit Gewindeprofilen, bestimmten Winkeln, Kreisbogen; ein Teil kann nach Belieben in das Gesichtsfeld gebracht werden.

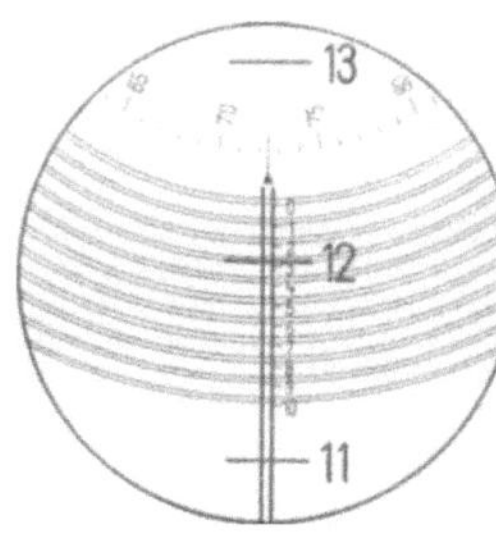

Abb 24–12 Gesichtsfeld des Spiralokulars. Zehntelteilung fest eingebaut, Doppelspiralen mit μ-Teilung drehbar Den Maßstabstrich (12) fangt man durch Drehen der Strichplatte zwischen den Strichen einer Doppelspirale ein Dann sind abzulesen mm auf dem anvisierten Maßstab, Zehntel-mm (2) auf dem im Okular eingebauten Maßstab, μ auf der μ-Teilung Ablesung 12,2724

An Stelle des Kreuztisches oder zusatzlich kann am Werkstattmikroskop ein *Rundtisch* angebracht werden, mit dessen Hilfe nach Polarkoordinaten gemessen werden kann. Meßmikroskope konnen mit einer *Projektions-einrichtung* versehen werden; dadurch wird das Ablesen bequemer und die Ermudung geringer. Das vergroßerte Bild des Gegenstandes und der Strichplatte erscheint auf einer Mattscheibe. An Stelle der Projektions-einrichtung kann auch eine *Photokamera* aufgesetzt werden.

Das Korn der Mattscheibe muß kleiner sein, als dem Auflosungsvermogen des Auges bei deutlicher Sehweite entspricht (< 70 μ), sonst leiden Scharfe der Umrisse und Einstellgenauigkeit.

Die Gesichtsfelder aller abbildenden Systeme konnen durch reelle Weiterabbildung bei genugender Beleuchtung als Projektionsbilder auf einem Schirm aufgefangen oder photographiert werden Soll nur bequemeres Betrachten erreicht werden, so kann die Abbildung bei anderem Einstellen des Okulars durch dessen Augenlinse vorgenommen werden Soll in den Bildern gemessen werden, so muß fur die Abbildung ein besonderes, verzeichnungsfreies Projektionsokular benutzt werden.

Meßmikroskope mit auswechselbarer oder fest eingebauter Bohrspindel (Leitz) sind zugleich *Lehrenbohrwerke* fur die Feinwerktechnik. Verstell bereich 100 × 50 bzw. 150 × 150 mm

Im *Profilmeßmikroskop* von Hauser Biel erscheint das Bild des Gegenstandes grun, das einer eingelegten Profilzeichnung oder Strichplatte, die in die Bildebene projiziert wird, rot. Die Farben werden durch Filter erzeugt. Uberdeckungen von beiden Bildern werden schwarz, Lucken weiß. Abweichungen von der Profilzeichnung konnen mit dem Kreuztisch ausgemessen und das Gerat kann nach Umschalten auf Schwarz-weiß-Abbildung wie andere Werkstatt-Meßmikroskope benutzt werden.

Zentriermikroskope dienen zum Einmitten von Rundtischen u. dgl. zur Spindelachse der Werkzeugmaschine. In den Morsekegel wird ein Mikroskop mit Fadenkreuz eingesetzt. In das einzumittende Gerat wird eine Zentrierspitze eingesetzt, deren Bild mit dem Fadenkreuz zur Deckung gebracht wird.

Das *Doppelbildokular* enthalt keine Strichmarke. Durch ein Prismensystem werden zwei in ihrer Achse um 180° gegeneinander verdrehte Bilder des Pruflings erzeugt. So lassen sich Lochabstande ohne Bestimmung des Lochdurchmessers messen.

Abb. 24-13. Universalmeßmikroskop (Zeiss) Ablesemikroskope der Maßstabe fur Langs- und Querschlitten mit Spiralokularen nach Abb. 24-12, Zielmikroskop fur den Prufling wahlweise mit Winkelmeß- oder Revolverokular.

Universal-Meßmikroskop Abb. 24-13 (*UMM*): Die Stellungen des Langs- und Querschlittens werden an Glasmaßstaben mit Mikroskop und Spiralokular nach Abb. 24-12 abgelesen. *Anwendung*: Samtliche Messungen am Gewinde, Winkel an Werkzeugen und Formlehren aller Art, Formprufungen. Anzeigebereich 200 × 100 mm. Bei Gewinden werden meist Meßschneiden zum sicheren Erfassen des optischen Tastpunktes benutzt, s. Abschn. 622.

Meßunsicherheit: Mogliche Summe aller Fehler bei Benutzung des Prutprotokolls fur die Maßstabe und Wiederholung der Messungen mit Mittelbildung und bei Temperaturungleichheit $\leq 0,5°$:

$$\text{Langenmessungen mit Plantisch} \quad \begin{cases} \text{langs} & \pm\left(2,5 + \dfrac{L}{25} + \dfrac{H \cdot L}{2670}\right)\mu \\[2mm] \text{quer} & \pm\left(2,5 + \dfrac{L}{48} + \dfrac{H \cdot L}{2000}\right)\mu \end{cases} \qquad \begin{array}{l} L = \text{Meßlange} \\ \text{in mm} \end{array}$$

$$\text{Durchmessermessung an glattem Zylinder} \qquad \pm\left(2,5 + \dfrac{L}{67}\right)\mu \qquad \begin{array}{l} H = \text{Objekthohe} \\ \text{in mm} \end{array}$$

$$\text{Flankendurchmessermessung an Gewinden} \qquad \pm\left(0,5 + \dfrac{2}{\sin\frac{\alpha}{2}} + \dfrac{L}{67}\right)\mu \qquad \alpha = \text{Flankenwinkel}$$

Steigungsmessung
an Gewinden

$$\pm \left(0,5 + \frac{1,7}{\cos\frac{\alpha}{2}} + \frac{L}{29} \right) \mu$$

Winkelmessung mit
Winkelmeßokular

$$\pm \left(2 + \frac{1,7}{f} \right) \text{min}$$

f = Flankenlange
in mm

Abb. 24–14. Universal-Meßstand (Leitz-Strasmann) Ablesemikroskope der Maßstabe fur Langs- und Querschlitten mit Feinmeßokularen nach Abb. 24–11, Zielmikroskop fur den Prufling wahlweise mit Winkelmeß- oder Revolverokular.

Universal-Meßstand Abb 24-14 (Leitz-Strasmann): Anzeigebereich
1000 × 200 mm bis 200 mm Glasmaßstabe, daruber Metall; Ablesung mit

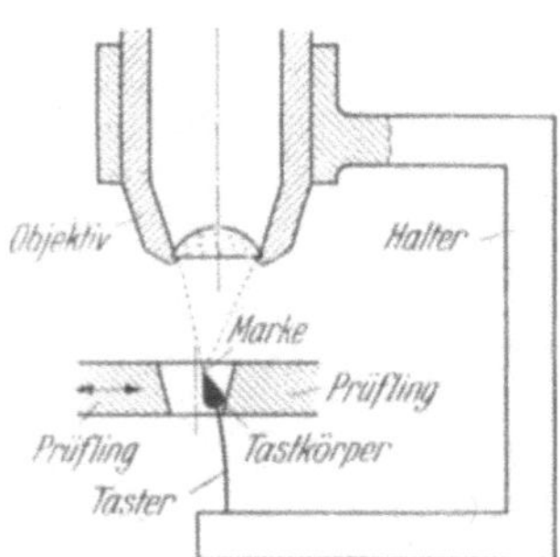

Abb 24–15 Kleinstbohrungsmeßgerat nach
Krug-Lehmann, Schema (Askania; wird nicht
mehr gebaut) An einem Mikroskopobjektiv
ist ein gekropfter Halter befestigt, der dunnen
federnden Taster mit Tastkorper mit Marke
tragt Dieser wird in die zu messende Bohrung
eingefadelt und der Prufling mit Meßschraube
in Durchmesserrichtung verschoben, so daß
der Tastkorper nacheinander an zwei gegenuberliegenden Stellen zu Anlage kommt. Verschiebung des Tisches plus Korrektur wegen
Durchbiegung des Tasters ergibt Bohrungsdurchmesser. Einer bestimmten Durch
biegung entspricht eine bestimmte Tastkraft Taster kann auch von oben in die
Bohrung ragend angeordnet, Tastkorper als
achsensenkrecht abgeschnittener Zylinder
ausgefuhrt werden. Damit s nd auch kegelige
und olivierte (Lagersteine) Bohrungen in verschiedenen Meßebenen meßbar. Messung
durch Vergleich mit einem aus Endmaßen und Meßschnabeln zusammengesetzten
Normal.

Kleinste meßbare Bohrung 30 μ Durchm , Meßkraft 10 mg · 1 g. Meßunsicherheit
bei Wiederholung und Mittelbildung < 1 μ

Mıkroskop und Feinmeßokular nach Abb. 24–11. *Anwendung:* Lehren, Werkzeuge, Spindeln, große Formlehren. Am Zielmıkroskop des UMM wie des Meßstandes konnen Revolver- und Wınkelmeßokular benutzt werden.

Universal-Meßgerät MU–214 B (SIP): Dreıkoordinaten-Meßgerat, Meßbcreich $400 \times 100 \times 150$ mm. Langs und quer Stahlmaßstabɜ, Ablesung durch Mikroskope mıt Okularstrichplatte und Teiltrommel, Skalenwert $1\,\mu$, Meßungenauigkeit $\leq \pm 2\,\mu$. Senkrecht-Mıkroskop mıt eıngebautem Maßstab fur Hohe, Skalenwert $1\,\mu$. Wınkelmeßmıkroskop Skalenwert $1'$, Aufspannfläche des Gußtisches 490×140 mm, Glastisch 420×110 mm. Rundteıltisch $200\,\varnothing$, Skalenwert $10''$. *Anwendung*: Außen-, Innen-, Wınkelmessungen, Außen- und Innengewınde, Polarkoordınaten.

Kleınstbohrungsmeßgerat nach Krug-Lehmann s. Abb. 24–15.

244 Optische Fühlhebel

Wırkungsweıse. Durch dıe Verschiebung des Meßbolzeıs wırd eın Spıegel gekıppt. Über dıesen Spıegel wird eine Lıchtmarke auf eıne feststehende Skale oder eıne Skale auf eıne feste Marke abgebıldet. Dıe Verschiebung von Marke und Skale zueınander wırd unmittelbar in Werten der Meßbolzenverschiebung abgclesen.

Beı *Mıkrolux* (Werner) Abb. 24–16 und *Tolerator* (Leıtz) Abb. 24–17 wırd dıe Marke auf eıne zylındrisch gebogene Mattscheıbe mıt Skale projızıert. Skalenwert $1\,\mu$, Meßungenauıgkeıt $\leq 1\,\mu$. Eınstcllung nach End-

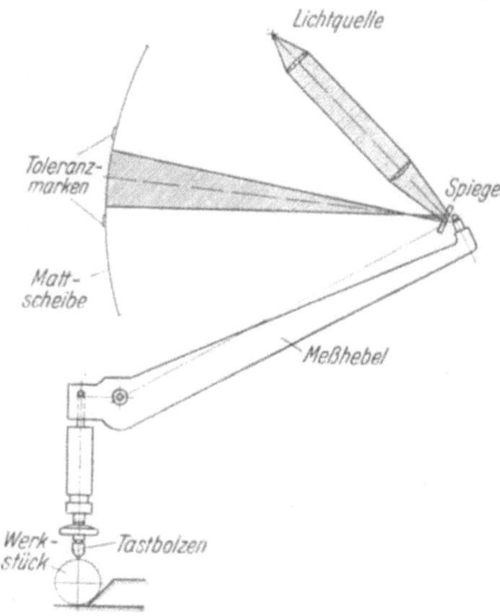

Abb. 24–16.
Mikrolux (Werner), Aufbau schematisch.

Abb. 24–17. Tolerator (Leitz). 1 Skt $= 1\,\mu$, Anzeigebereich $140\,\mu$, Meßkraft 200 g. Großte Pruflingshohe 100 mm.

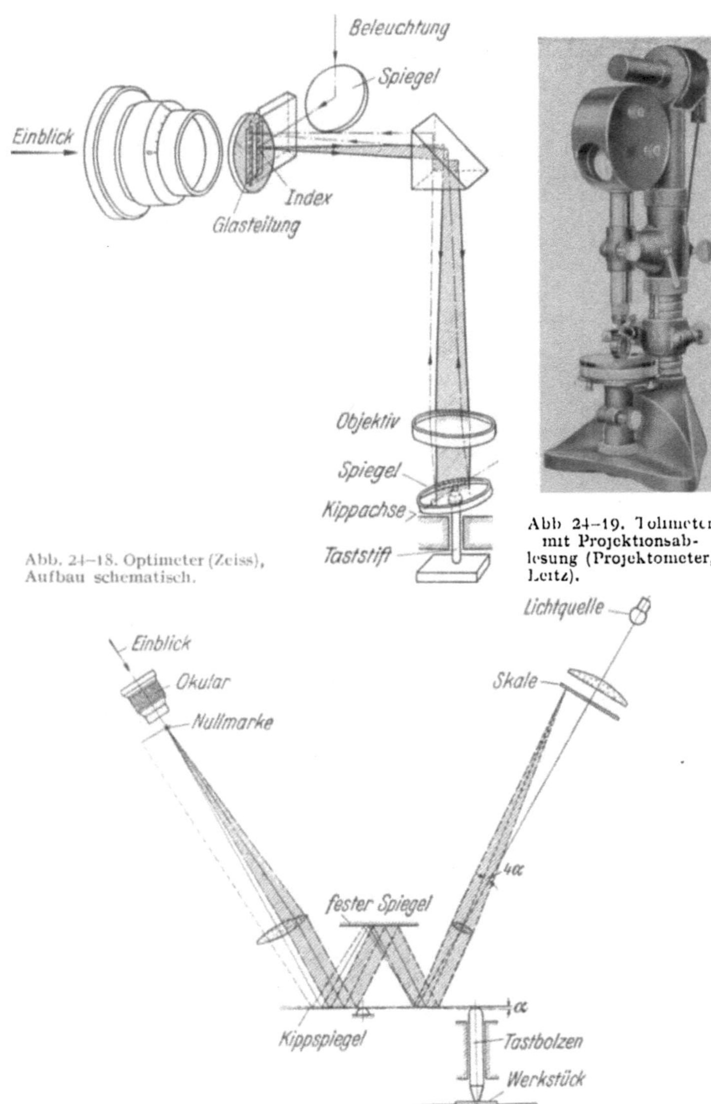

Abb. 24–18. Optimeter (Zeiss), Aufbau schematisch.

Abb 24–19. Tolimeter mit Projektionsablesung (Projektometer, Leitz).

Abb. 24–20. Ultra-Optimeter (Zeiss), Aufbau schematisch.

maßen oder ähnlichen Normalen. Einstellbare Toleranzmarken, Verstellbereich 0···100 mm, Anzeigebereich ± 70 bzw. ± 100 μ.

Optimeter (-Zeiss) Abb. 24–18 und *Tolimeter* (Leitz) Abb. 24–19: Die Skale wird über den Kippspiegel in das Gesichtsfeld eines Autokollimationsfernrohres (s. Abschn. 247) abgebildet, sie wandert also gegen eine feste Marke. Skalenwert 1 μ, Anzeigebereich ± 100 μ, Verwendungsbereich Senkrecht-Optimeter 180 mm, Waagerecht-Optimeter (wird nicht mehr gebaut) 350 mm, Tolimeter (senkrecht) 200 mm. Einstellung nach Endmaßen. Ungenauigkeit des Meßergebnisses $\leqq \pm$ 0,2 μ bzw. $\leqq \pm$ $\left(0,5 + \dfrac{L}{100}\right)\mu$, wobei $L =$ Meßlänge in mm. Waagerecht-Optimeter wurde auch mit Innenmeßeinrichtung für Lehrringe usw. gebaut, Ungenauigkeit des Meßergebnisses dann $\leqq \pm \left(0,8 + \dfrac{L}{100}\right)\mu$. Stattdessen jetzt: Universallängenmesser (s. Abschn 245).

Beim *Ultra-Optimeter* (Zeiss) und entsprechenden in- und ausländischen Geräten Abb. 24–29 u. –21 wird nach Abb. 142–4 der Strahlengang am Kippspiegel zweimal reflektiert und dadurch um den vierfachen Betrag der Spiegelkippung abgelenkt. Dadurch wird für Feinteilung ± 10 μ der Skalenwert 0,2 μ erreicht, Anzeigebereich für Grobteilung ± 83 μ mit Skalenwert 1 μ, Verstellbereich 0 ··· 250 mm, Meßungenauigkeit Feinteilung $\leqq \pm \left(0,06 + \dfrac{A}{400} + \dfrac{1,6 \cdot L}{1000}\right)\mu$,

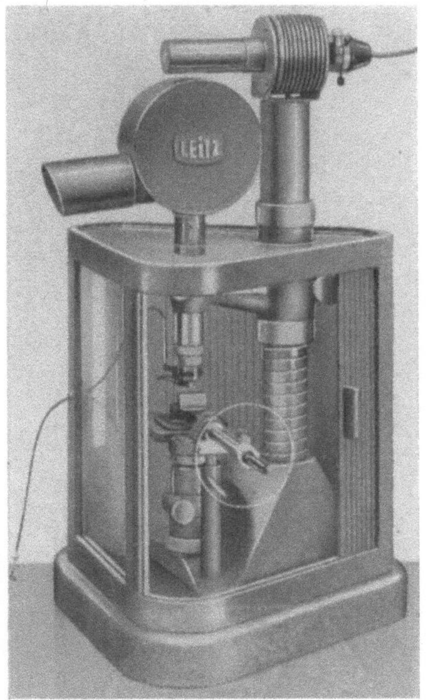

Abb. 24–21. Ultra-Projektometer (Leitz). 1 Skt = 0,1 μ, Anzeigebereich 50 μ, Meßunsicherheit ± 0,02 μ.

Grobteilung $\leqq \pm \left(0,2 + \dfrac{A}{400} + \dfrac{1,6 \cdot L}{1000}\right)\mu$, wobei $A =$ abgelesene Anzeige in μ, $L =$ Meßlänge in mm. Voraussetzungen: Temperaturgleichheit auf < 0,05°, Einhaltung der Bezugstemperatur auf ± 1°, größter Unterschied der Wärmedehnzahlen ± 1 · 10⁻⁶. Um Handwärme fernzuhalten, wird der Meßbolzen durch Bowden-Auslöser angehoben, gegen Körperwärme der Meßperson schützt Kasten mit Scheiben aus Wärmeschutzglas.

Die Geräte sind nächst dem Interferenzkomparator für genaueste Längenmessungen geeignet und dienen vorwiegend zum Vergleichen von Endmaßen, z. B Urmaße mit Vergleichsmaßen usw, sofern kein Interferenzkomparator vorhanden ist

245 Optische Meßmaschinen und Komparatoren

Mechanische Meßmaschinen mit Endmaßvergleich s. Abschn. 272.

Abbescher Langenmesser, senkrecht Abb. 24–22 (und waagerecht), Universallangenmesser (waagerecht). Mit dem Meßbolzen wird ein in der gleichen Achse liegender Glasmaßstab 100 mm lang, in mm geteilt, ver schoben. Durch die Gleichachsigkeit wird der Abbesche Grundsatz befolgt, und es werden Meßfehler 1. Ordnung infolge Fertigungs ungenauigkeit und Dejustie rung vermieden. An diesem Maßstab wird mit Spiralokular nach Abb. 24–12 auf μ abge lesen und zehntel μ geschatzt. Anzeigebereich 100 mm, Ver stellbereich 200 mm, uber 100 mm Anschluß an 100-mm- Parallelendmaß. Ungenauig keit des Meßergebnisses. Senkrechte Bauform· bei Berucksichtigung der Maß stabfehler $\leqq \pm 1{,}5\ \mu$, ohne deren Berucksichtigung

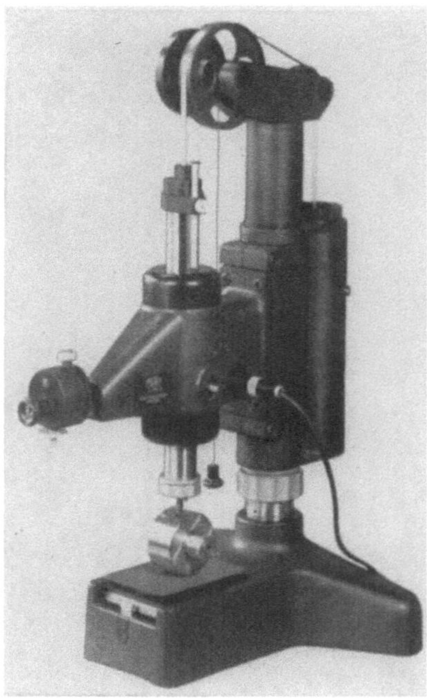

$$\leqq \pm \left(1{,}5 + \frac{L}{100}\right)\mu, \quad L = \text{Meß-}$$

lange in mm. Waagerechte Bauform Außenmessung

$$\leqq \pm \left(1{,}5 + \frac{L}{30}\right)\mu,$$

Innenmessung mit Einrichtung wie bei Waagerecht-Optimeter

$$\leqq \pm \left(2{,}5 + \frac{L}{30}\right)\mu.$$

Abb. 24–22. Abbescher Langenmesser, senkrecht (Zeiss).

Vertikal-Langenmesser (Leitz) s. Abb. 24–23 u. –24.

Universallangenmesser mit magischem Auge, das Beruhrung mit dem Pruf ling anzeigt und meßkraftloses Messen ermoglicht. Verstellbereich: Außen messungen 0···450, Innenmessungen 10···200 mm, Streuung $\leqq \pm 0{,}15\,\mu$, Messungenauigkeit $\leqq \pm \left(1{,}5 + \frac{L}{100}\right)\mu$ fur Außen-, $\leqq \pm \left(2 + \frac{L}{100}\right)\mu$ fur Innenmessung. *Anwendung*: Unmittelbare Langenmessung bis 100 mm, Außen- und Innenmaße an ebenen, zylindrischen, kugeligen Meßflachen, Gewindemessung mit Kimmen, Kugeln, Meßdrahten (s. Abschn. 62).

Meßmaschine fur Werkstattlehren MUL-250 (SIP): Stahlmaßstab, in der Meßachse liegend, 255 mm lang, Ablesen der Meßschlittenstellung durch Mikroskop mit Okularstrichplatte und Teiltrommel, Skalenwert 1μ, Einstellungenauigkeit $\leqq 1 \mu$. Anzeigebereich 250 mm. *Anwendung*. Lehrdorne und -ringe, Rachenlehren, Dickenlehren, Gewinde, Winkel. Kann nach Aufsetzen eines Mikroskopes mit Winkelmeß- oder Revolverstrichplatte wie UMM als Meßmikroskop benutzt werden.

Universalmeßmaschine MUL-1000 (SIP): Stahlmaßstab, in der Meßachse liegend, 508 mm lang, Ablesen der Meßschlittenstellung durch zwei Mikroskope mit Okularstrichplatte und Teiltrommel, dadurch Anzeigebereich

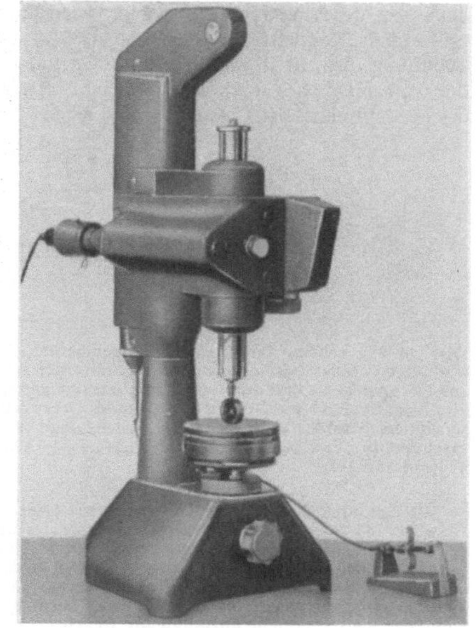

Abb. 24–23. Vertikal-Langenmesser (Leitz). 1 Skt $= 1 \mu$ Meßunsicherheit bei Berucksichtigung der Maßstabfehler innerhalb $\pm$ 1 μ, Meßkraft 200 g, Verstellbereich 100 oder 200 mm, Meßtischflache 130 mm $\varnothing$, Abstand von Mitte Meßtischplatte bis zur Saule 90 mm.

$0 \cdots 1016$ mm, Skalenwert 1μ, Ungenauigkeit des Meßergebnisses bis 100 mm: $0,5 \mu$, bis 500 mm: 1μ, bis 1000 mm: $1,5 \mu$. Meßschlitten mit Kontaktanzeiger. Winkelmeßmikroskop: Vergroßerung 11mal, 19mal, 55 mal, 70 mal, Skalenwert $1'$, Ungenauigkeit $\leqq 2'$. Koordinaten-Glasmeßtisch. *Anwendung*: Langen, Außen- und Innendurchmesser, Gewinde, Kegel. Profile, Formlehren und -werkzeuge.

Optische Langenmeßmaschine (Zeiss, z. Z. nicht gebaut): Stahlmaßstab, dessen Marken durch (mittels Keilplatten justierbare) Glasplatten mit Doppelstrichen gebildet werden, die in Abstanden von 100 mm in das Bett eingelassen sind. Als Stahlmaßstab gleiche Warmedehnung wie die meisten Pruflinge, auf Glas bessere Strichgute erzielbar. Striche konnen mit *Durchlicht* beleuchtet werden, dadurch geringere

Abb. 24–24. Ablesefeld des Vertikal-Langenmessers nach Abb. 24–23.

Erwärmung als bei Auflicht, das größere Lichtmenge nötig macht. Nach diesem langen Maßstab wird der *Amboß*schlitten eingestellt. Er wird ergänzt durch kurzen Maßstab, 100 mm in 0,1 mm geteilt, nach dem der *Meß*schlitten eingestellt wird, indem ein Strich des kurzen mit einem Doppelstrich des langen Maßstabes eingefangen wird. Bestimmung der 10 μ und 1 μ mit Optimeter am Meßschlitten, auf das der verschiebliche Meßbolzen einwirkt. Strahlengang für das Einstellen des Amboßschlittens s. Abb. 24–25.

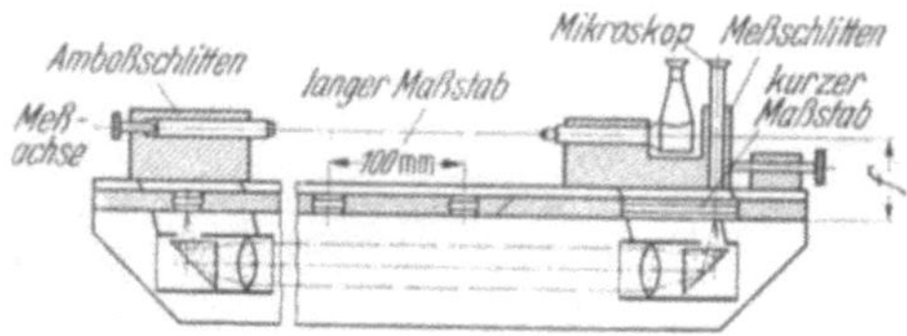

Abb. 24–25. Schema der optischen Längenmeßmaschine (Zeiss). Die vom Doppelstrich des langen Maßstabes ausgehenden Lichtstrahlen werden durch das linke Reflexionsprisma umgelenkt und durch die Linse parallel gerichtet, kollimiert, so daß der Abstand der beiden Meßschlitten belanglos ist. Die rechte Linse von gleicher Brennweite f macht die Strahlen konvergent, das Prisma lenkt sie um, das Bild des Maßstabstriches erscheint in der Ebene des kurzen Maßstabes. Dies Bild 1 : 1 wird durch das Mikroskop betrachtet.

Da der lange Maßstab im Maschinenbett liegt, scheint der Abbesche Grundsatz (Abschn. 141 2) nicht befolgt zu sein. Infolge der unvermeidlichen Ungenauigkeiten der Fertigung und Abnutzung können die beiden Schlitten um geringe Beträge kippen. Gemäß Abschn. 142 43 ändert sich beim Kippen einer Linse um den hinteren positiven Knotenpunkt die Lage des Bildes eines ∞ fernen Gegenstandes nicht. Das gleiche gilt für den vorderen negativen Knotenpunkt beim System Linse + Reflexionsprisma, wenn der ins Unendliche abzubildende Gegenstand in der vorderen Brennebene liegt (Eppenstein-Prinzip). Macht man also den Abstand Meßachse — langer Maßstab gleich der Brennweite f der beiden gleichen Linsen, wie in Abb. 24–25 angedeutet, so fällt der vordere negative Knotenpunkt in die Meßachse und eine Schiefstellung des optischen Systems hat sehr geringen Einfluß auf die Genauigkeit der Ablesung des im vorderen Brennpunkt angeordneten Maßstabes, bei Kippung um den Knotenpunkt nur Fehler 3. Ordnung, um benachbarten Punkt Fehler 2. Ordnung. Trotz der äußerlichen Verletzung des Komparator-Prinzips wird hier durch Ausnutzen der Knotenpunkts-Eigenschaft der Linsen ein Fehler 1. Ordnung vermieden.

Anzeigebereich bis 6 m, Ungenauigkeit des Meßergebnisses bei Meßlänge bis 100 mm: $\leq \pm \left(0,5 + \dfrac{L}{200}\right) \mu$, über 100 mm $\leq \pm \left(0,5 + \dfrac{L}{100}\right) \mu$, ($L$ = Meßlänge in mm). Dabei ist Temperaturgleichheit von Prüfling und Meßmaschine auf wenige zehntel Grad, bei verschiedener Wärmeausdehnung ebenso genaue Einhaltung der Bezugstemperatur vorausgesetzt. *Anwendung.* Unmittelbare Messung (ohne Einstellnormal). Außenmaße an Gegenständen mit ebenen, zylindrischen, kugeligen Begrenzungsflächen; mittelbare Messung = Vergleich gegen Endmaße; beides mit der Innenmeßeinrichtung wie für Optimeter (Abschn. 244) auch für Innenmessungen.

Bei Innenmessungen ist die Meßunsicherheit entsprechend den Angaben in Abschn. 244 größer.

Perflektometer Abb. 24–26 u. –27 (Leitz): Eine Mikroskopoptik projiziert ein Strichkreuz von unten in die Meßebene. Darüber befindet sich ein genau gleiches Mikroskop in derselben optischen Achse. Zwischen beiden wird die optisch anzutastende Meßfläche parallel zur optischen Achse langsam herangeschoben. Dabei erscheint im Gesichtsfeld des oberen Mikroskopes das an der Meßfläche gespiegelte Bild der Marke, das dem Profil der Meßfläche formgleich ist und mit dem ohne Spiegelung gesehenen Projektionsbild zusammenfallt, wenn die Meßfläche in der optischen Achse der beiden Mikroskope

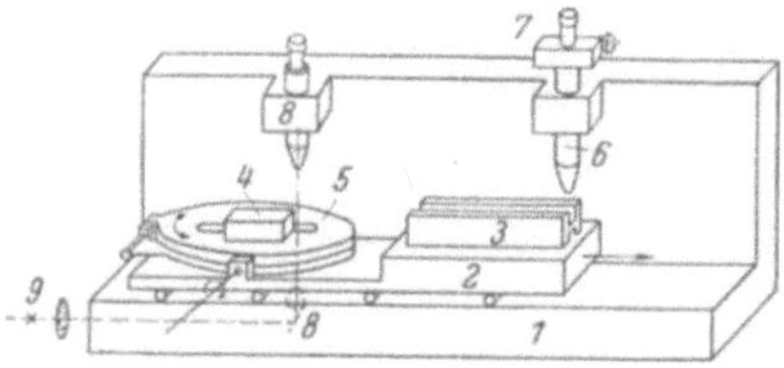

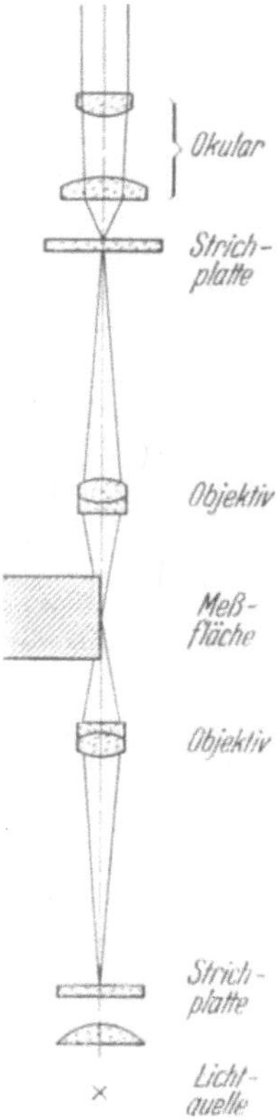

Abb. 24–26. Aufbau des Komparators mit Perflektometer (Leitz). Strahlengang im Perflektometer.
1 = Schlittenbett, 2 = Schlitten, 3 = Maßstab, 4 = Prufling (z. B. Endmaß), 5 = Dreh- und Kipptisch, 6 = Ablesemikroskop mit 7 = Feinmeßokular, 8 = Perflektometer, 9 = Lampe.

Abb. 24–27. Perflektometer (Leitz).

liegt. Die Wanderungsgeschwindigkeit des Spiegelbildes ist doppelt so groß wie die der Meßfläche, die Einstellungenauigkeit liegt bei $\pm$ 0,1 μ. Ob die Meßfläche parallel zur optischen Achse liegt, pruft man, indem man die Meßfläche parallel hebt und senkt; dabei darf sich das Spiegelbild nicht verschieben.

In der gleichen Meßachse (Abbescher Grundsatz) ist ein Stahlmaßstab angeordnet, der mikroskopisch mit Feinmeßokular nach Abb. 24–11 abgelesen wird. Meßunsicherheit $\pm$ 0,3 μ, Anzeigebereich 200 mm, kleinste Bohrungsweite 0,08 (0,1) mm, kleinste Spaltweite 0,05 (0,06) mm, kleinste

Bohrungs- oder Spalttiefe 0,5 (0,8) mm, kleinstes Verhältnis Weite : Tiefe bei Bohrung 0,15 (0,1), bei Spalt 0,1 (0,07). Größte Kegelneigung 1 : 11 (1 : 17). Klammerwerte für schwächeres Objektiv.

Anwendung. Prüflinge mit parallelen Meßflächen, Endmaße, Rachenlehren, auch sehr enge. Da meßkraftfrei gemessen wird, erhält man das Eigen-, nicht das Arbeitsmaß nach Abschn. 164.3. Bohrungen, auch sehr kleine und kegelige; hohl gekrümmte Flächen, wie Kugellager-Laufflächen. Auch fast matt erscheinende Flächen reflektieren bei dem großen Auftreffwinkel der Strahlen noch ausreichend.

246 Winkelmeßgeräte

Optische Winkelmesser haben eingebaute Glasskalen. (Herstellung s. Abschn. 327.)

Ablesung durch Lupe oder kleines Mikroskop. Das ermöglicht Ablesung ohne Nonius, zwischen den Intervallen wird geschätzt.

Bei der optischen Betrachtung liest man im durchfallenden Licht ab. Die Beobachtungsfehler werden auf ein Minimum beschränkt. Im Gegensatz dazu ist die Ableseungenauigkeit bei mechanischen Winkelmessern, welche zur feineren Beobachtung meist mit Nonius versehen sind, von Beleuchtung und Blickrichtung abhängig. Die Skalen sind vollständig eingebaut und vor Beschädigung und Verschmutzung geschützt.

Ein Schenkel ist verschiebbar und um 360° drehbar. Dadurch kann man alle stumpfen und spitzen Winkel mit oder ohne vorhandenen Scheitelpunkt an zwei Linealkanten einstellen. Auch Kegel mit kleiner Verjüngung sind meßbar.

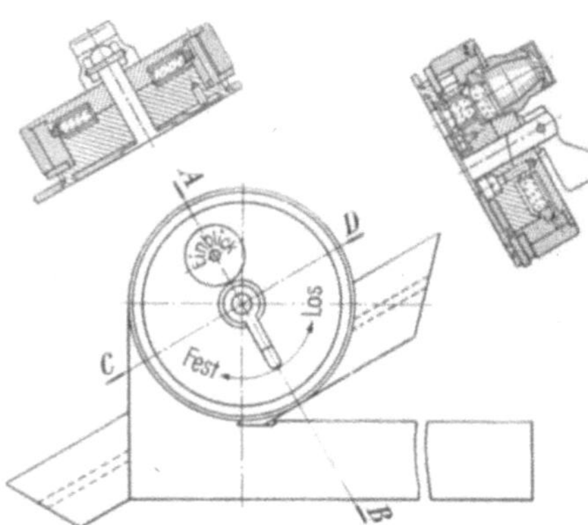

Da gegen die *beiden* Seiten des festen Schenkels gemessen werden kann, müssen diese genau planparallel sein. Zulässige Außermittigkeit der Teilscheibe 4 μ (1').

Der optische Winkelmesser von Zeiss hat zur Ablesung eine 16fache Lupe. Die Skale ist in 10' eingeteilt, Meßungenauigkeit $\leq \pm$ 5', Außermittigkeit eingeschlossen. Das verschiebbare Lineal gleitet zwischen zwei festen Linealen hindurch, wie bei einer Schmiege.

Abb 24–28 Optischer Winkelmesser (Zeiss).

Der optische Winkelmesser von Leitz entspricht in seinem Aufbau einem Universalwinkelmesser. An dem festen Parallelkörper gleitet das Meßlineal seitlich entlang. Mit Hilfe eines Rändelrades kann der Winkel fein eingestellt werden. Auf dem festen Lineal sitzt ein verschiebbarer rechter Winkel, der in jeder Lage festgeklemmt werden kann. Dadurch kann jeder Winkel eines Meßkörpers gemessen werden. Zum Messen des Winkels kegeliger Teile kann das seitliche

Lineal gegen ein Winkellineal ausgetauscht werden. Ablesung mit Mikroskop, Gesamtvergrößerung 23mal. Skalenwert 5′; Meßungenauigkeit $\leqq \pm 2^1/_2′$.

Zum besseren Arbeiten bei großen Stuckzahlen kann der optische Winkelmesser auf ein Stativ gesetzt werden.

Der optische Teilkopf wird zum Messen und Einstellen von Winkeln wie zur Fertigung auf der Werkzeugmaschine benutzt. Die Teilkopfspindel kann von der waagerechten bis zur senkrechten Stellung *geschwenkt* werden. *Gedreht* wird die Spindel mit Schnecke und Schneckenrad, abgelesen wird aber mit Mikroskop an Glasteilkreis. Nach dem Einstellen wird die Spindel festgelegt.

Zeiss. Skalenwert 10″, Gerateungenauigkeit beim Messen und Schleifen $\leqq \pm$

$$\left(10 + 10 \cdot \sin \frac{\alpha}{2}\right)″,\ \text{beim Frasen} \leqq \pm$$

$$\left(20 + 10 \cdot \sin \frac{\alpha}{2}\right)″.\ \text{Schwenkung Skalen-}$$

wert 6′. Morsekegel 4.

Leitz. Um Teilungs- und Zentrierfehler auszuschalten, werden die Bilder zweier

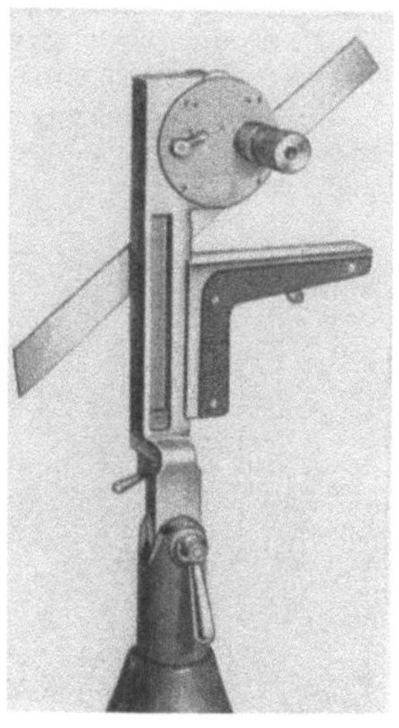

Abb. 24–29. Optischer Winkelmesser (Leitz).

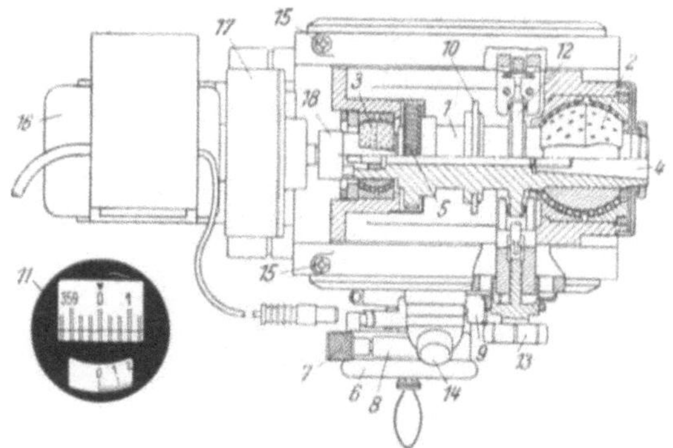

Abb. 24–30. Optischer Teilkopf, Aufbau schematisch (Leitz).

1 Teilspindel	*10* Glasteilkreis
2 vordere spharisches Walzlager	*11* Okularbild (Doppelablesung)
3 hinteres spharisches Walzlager	*12* Klemmscheibe
4 Morsekegel *4*	*13* Teilspindelklemmung
5 Schneckenrad	*14* Okular (Schwenkbewegung)
6 Handantrieb der Teilspindel	*15* Klemmen der Schwenkbewegung
7 Feineinstellung	*16* Motor
8 Kupplung der Feineinstellung	*17* Getriebe
9 Kupplung der Teilspindel	*18* elastische Kupplung

gegenuberliegender Stellen des Teilkreises durch ein Prisma so vereinigt, daß sie sich im Gesichtsfeld gegenlaufig bewegen und zum Gegenuberstehen gebracht werden können. Skalenwert 5″, Einstellungenauigkeit ≦ ± 1,5″, Arbeitsungenauigkeit ≦ ± 2,5″, Schwenkung Skalenwert 1′. Morsekegel 4. Spindel motorisch antreibbar.

Anwendung. Fertigung und Prufung von Verzahnungen, Teilscheiben, Nockenwellen und zum Aufsetzen auf Bohrwerke, Frasmaschinen, Schleifmaschinen.

Abb. 24–31. Optischer Teilkopf, Bauart Leitz

Der Winkelteilungsprufer (Zeiss, nicht mehr hergestellt) besteht aus einer Kreisteilung auf dem Mantel einer Teilscheibe und einem Ablesemikroskop mit Spiralokular nach Art der Abb. 24–12. Skalenwert 0,1′ Ungenauigkeit der Teilung ≦ ± 10″.

Beim o p t i s c h e n R u n d t i s c h liegt die Teilungsachse senkrecht. *Anwendung* vorwiegend auf Lehrenbohrwerk u. a. Werkzeugmaschinen zum Arbeiten nach Polarkoordinaten. Glasteilkreis, Skalenwert der Ableseteilung 0,5′, Gerategenauigkeit ≦ ± 10″, Aufspannflache 400 Ø, Bauhohe 180 mm (C. Zeiss, nicht mehr gebaut).

Abb. 24–32 Optischer Rundtisch (Zeiss)

247 Fernrohr

Das gewöhnliche Fernrohr wird durch Einbau eines Strichkreuzes in die Bildebene zu einem *Zielfernrohr*. Durch Einbau einer Strichplatte mit Teilung wird es zum *Meßfernrohr*. Durch je einen Teilstrich wird eine Richtung festgelegt. Die Teilung kann nach Winkeleinheiten erfolgen. Während ein Meßmikroskop zum Messen kleiner Strecken (innerhalb des Gesichtsfeldes) bestimmt ist, dient das Meßfernrohr zum Messen kleiner Winkel.

Statt eines natürlichen Zieles kann dem Fernrohr auch ein künstliches, unendlich fernes Ziel in Form des Kollimators (s. Abschn. 142.62) geboten werden. Es entsteht dabei ein *Zielkollimator*, wenn sich in der Brennebene des Kollimatorobjektivs ein einfaches Strichkreuz, ein *Meßkollimator*, wenn sich dort eine Teilung befindet. Zielkollimator und Meßfernrohr und ebenso Meßkollimator und Zielfernrohr stellen je zusammen eine Meßoptik zur *Richtungsprüfung* von Führungen u. dgl. dar, wobei die zweite Art wegen zusätzlicher Verwendung des Zielfernrohres vorzuziehen ist.

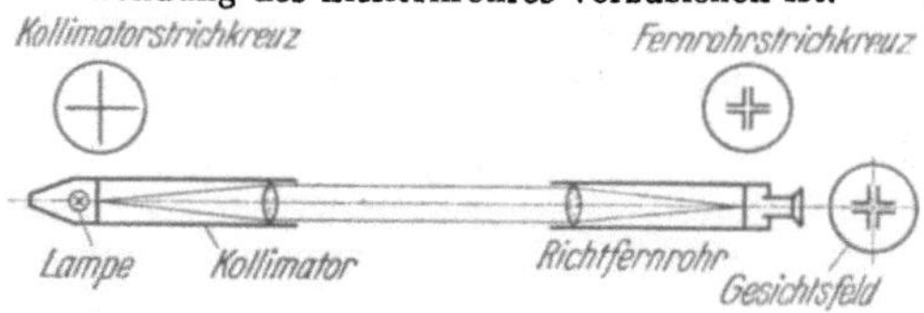

Abb. 24–33. Schema der Richtungsprüfung mit Zielfernrohr und -Kollimator. Die Achsen von Kollimator und Fernrohr fallen zusammen oder sind parallel, wenn das Kollimatorstrichkreuz symmetrisch eingefangen ist.

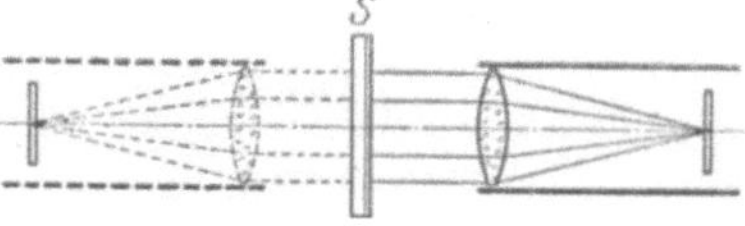

Abb. 24–34. Schema der Autokollimation. Fernrohr und sein Spiegelbild wirken in gleicher Weise zusammen wie Fernrohr und Kollimator.

Wegen des spiegelbildlichen Strahlenganges in Kollimator und Fernrohr kann man den Kollimator durch einen Spiegel ersetzen: *Autokollimationsfernrohr*. Steht der Spiegel genau senkrecht zur optischen Achse des auf ∞ eingestellten Fernrohrs, so fällt das vom Spiegel zurückgeworfene und von der Linse erzeugte *Bild* einer Marke auf der (beleuchteten) Strichplatte mit dieser selbst zusammen. Der *Abstand* des Spiegels ist wegen der Parallelstrahlen belanglos. Jede *Kippung* des Spiegels aber bewirkt ein Auswandern des Spiegelbildes um den doppelten Betrag (Reflexionsgesetz Abb. 142–2).

Teleskopische Meßgeräte sind Zielfernrohre, deren durch Objektiv und Strichmarke festgelegte Ziellinie durch Kippen um eine waagerechte oder Schwenken um eine senkrechte Achse, oder durch Querverschieben des Fernrohres meßbar verändert werden kann.

Beim *Theodolit* ist das Fernrohr um eine waagerechte Achse kippbar und um eine senkrechte schwenkbar. Beide Winkelstellungen sind an je einem Teilkreis mikroskopisch abzulesen. *Anwendung*. Teilungsprüfung an Zahnrädern in Verbindung mit Zielkollimator. Dabei braucht die senkrechte

Diehachse des Theodolits nicht genau mit der Zahnradachse zusammenzufallen, s. Abschn. 142.67.

Fluchtungsprufung ist das Prufen der Querversetzung mehrerer Stutzpunkte, die auf einer Ziellinie in endlichen Abstanden hintereinander angeordnet sind. Die Stutzpunkte werden bei der Fluchtungsprufung von Bohrungen, z. B. durch spielfrei eingesetzte Strichkreuze gebildet. Man verwendet Zielfernrohre, die auf nahe Ziele scharf einstellbar sind. Die Querversetzung wird entweder wirklich durch meßbares Verschieben des Fernrohres senkrecht zu seiner Achse (Kathetometer) oder virtuell durch zwei kippbare Planplatten gemessen. Die Parallelversetzung der Ziellinie ergibt sich nach Abb. 142–12 aus der Dicke und den Kippwinkeln der vor dem Fernrohr angeordneten Glasplatten; Fluchtfernrohr.

Bei *Richtung*sprufungen handelt es sich um *Winkel*messungen, deren Ungenauigkeit von der *Fernrohr*vergroßerung abhangt. *Fluchtung*sprufungen sind *Strecken*messungen, deren Ungenauigkeit durch die *Mikroskop*vergroßerung (s. Abschn. 142 68) des Zielfernrohres bestimmt wird.

248 Interferenzkomparator

(Grundsatzliches s. Abschn. 142.51, Abb. 142–33.)

Zweck. Unmittelbarer Vergleich von Parallelendmaßen mit Lichtwellenlangen; Vergleich zweier Endmaße von kleinem Langenunterschied ($\leqq 2\,\mu$)

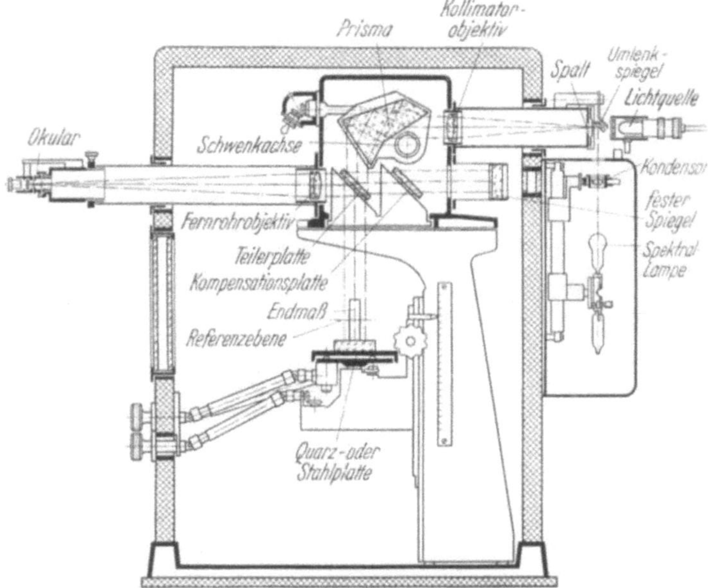

Abb 24–35 Interferenzkomparator (Zeiss, Jena).

mit Lichtwellen. Gleichzeitig werden Ebenheit und Parallelität der Meß-flächen bestimmt. Wärmeausdehnungszahl.

Definition der Länge eines Endmaßes s. Abschn. 222.2. Durch das Ansprengen an einen Hilfskörper aus gleichem Werkstoff und mit gleicher Oberflächenbeschaffenheit soll beim Messen *mit Meßkraft* die Abplattung dadurch ausgeschaltet werden, daß sie an beiden angetasteten Flächen gleich groß ist, weil Meßkräfte gleichgerichtet und gleich groß. Beim Interferenzkomparator wird ohne Meßbolzen und folglich auch *ohne Meßkraft* gemessen. Aber die aus der Definition sich ergebende Anspreng-schicht muß berücksichtigt werden.

Größte Meßunsicherheit:

Unmittelbare Messung· $\pm \left(0{,}02 + \dfrac{L}{1500}\right) \mu$. L = Meßlänge in mm;

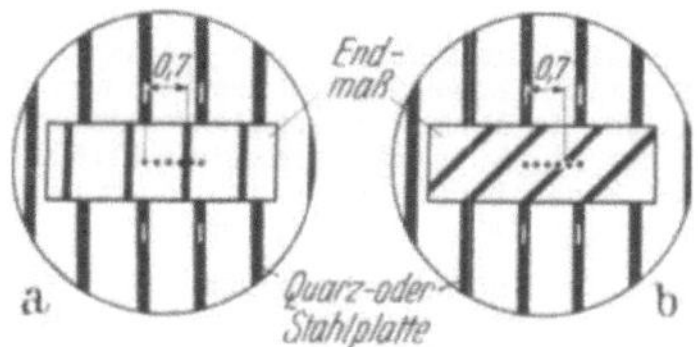

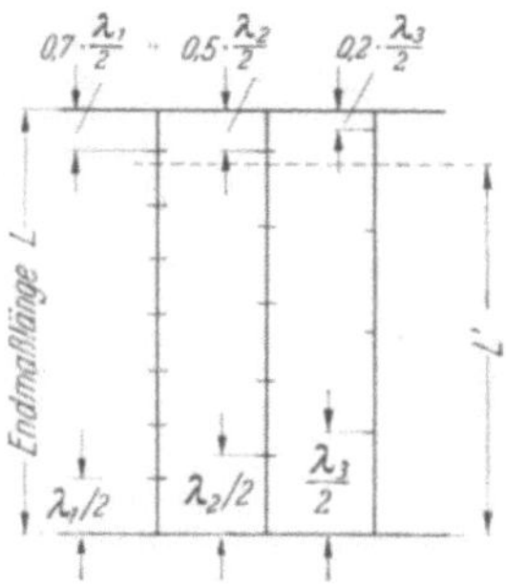

Abb. 24—36. Gesichtsfeld im Interferenzkomparator bei unmittelbarer Messung eines Parallelendmaßes, *a* wenn Endmaßflächen genau parallel, *b* wenn unparallel. Streifenbruchteil in beiden Fällen 0,7.

Abb. 24—37. Schema der unmittelbaren Längenmessung in Lichtwellenlängen. Eine bestimmte Endmaßlänge L ergibt, mit drei verschiedenen Wellenlängen λ_1, λ_2, λ_3 gemessen, je verschiedene Streifenbruchteile. Diese erhält man, wenn man L durch $\lambda/2$ teilt, als Dezimalstellen. Stark vereinfachtes Beispiel. L sei gleich $7{,}7\cdot\dfrac{\lambda_1}{2} = 5{,}5\cdot\dfrac{\lambda_2}{2} = 4{,}2\cdot\dfrac{\lambda_3}{2}$. Die Zahlen vor dem Komma sind in Wirklichkeit sehr groß und nicht auszählbar, sie bleiben unbeachtet. Die Zahlen *nach* dem Komma entsprechen den Streifenbruchteilen. Aus dem Verhältnis der Istbruchteile 0,7···0,5···0,2 kann die wahre Länge L bestimmt werden, wenn sie nur ungefähr bekannt ist. Dazu benutzt man Tabellen der Sollbruchteile bei bestimmten Längen L'. Diese ergeben sich aus $\dfrac{L'}{\lambda/2}$; z. B. für $L' = 10$, $\lambda = 0{,}00050157$ wird $\dfrac{L'}{\lambda/2} = 39874{,}777$, Sollbruchteil folglich $0{,}777 \approx 0{,}8$. Eine Sollbruchteilreihe sei z. B.

$$\text{für } L' \text{ und } \begin{array}{ccc} 0{,}8 \cdots 0{,}9 \cdots 0{,}6. \\ \lambda_1 \quad \lambda_2 \quad \lambda_1 \end{array}$$

„Ist" minus „Soll" ergibt ggf. unter Ergänzung einer 1 vor dem Komma die Differenzbruchteilreihe

Istbruchteilreihe	0,7 ··· 0,5 ··· 0,2
Sollbruchteilreihe	0,8 ··· 0,9 ··· 0,6
Differenzbruchteilreihe	0,9 ··· 0,6 ··· 0,6

Diese Bruchteilfolge wird auf einem Spezialrechenschieber aufgesucht, dann kann die Abweichung des gemessenen Endmaßes von demjenigen, dessen Sollbruchteilreihe benutzt wurde, in Bruchteilen von μ an einer Skale abgelesen werden. Denn die Differenzbruchteilreihe entspricht der (kleinen) Differenz $L - L'$. Berechnung s. Abschn. 131.31.

mittelbare (Vergleichs-) Messung. $\pm \left(0,05 + \dfrac{L}{1000}\right) \mu$;

Ebenheit und Parallelität: $0,01\ \mu$;

Wärmeausdehnungszahl: Bei 100 mm auf 5 Einheiten der 8. Dezimale.

Aufbau und Vorgänge. Interferenzkomparator nach *Köslers.* Abb. 24—35 *Monochromator* zum Erzeugen eines einfarbigen Parallelstrahlenbündels besteht aus Lichtquelle (Helium-, Quecksilber-, Cadmium-, Krypton-, Thalliumrohre, für Vergleichmessung Glühlampe), Kondensor, Kollimator mit Spalt, Prisma mit konstanter Ablenkung; *Interferometer* besteht aus Teilerplatte zum Teilen des Strahlenganges, Kompensationsplatte zum Herstellen gleicher optischer Weglängen für beide Lichtwege, Stahl- oder Quarzplatte mit dem zu prüfenden Endmaß; *Fernrohr* mit Objektiv und Okularkopf, wechselweise mit Spalt oder Okular. Durch Schwenken des Prismas wird zwar der Ablenkwinkel 90° nicht geändert, aber das Licht einer Spektrallinie nach der andern auf die Teilerplatte geworfen. Referenzebene = Spiegelbild des festen Spiegels im unteren Strahlengang; wird die Stahl- oder Quarzplatte (= beweglicher Spiegel) genau in die Referenzebene gebracht, so sind die beiden Lichtwege gleich lang. Neigt man den beweglichen Spiegel ein wenig, so erscheinen auf ihm Streifen (Interferenzen gleicher Dicke); einem Streifenabstand entspricht ein Höhenunterschied von $\lambda/2$. Bei Glühlampenlicht sind die Streifen bunt, nur der Nullstreifen ist weiß und die benachbarten dunklen Streifen sind schwarz.

Unmittelbare Messung eines Endmaßes. Das Endmaß ansprengen und Platte mit angesprengtem Ende so hoch stellen, daß Referenzebene etwa mitten zwischen beweglichem Spiegel und Endmaßoberfläche liegt. Dann sieht man im Okular nach richtigem Einstellen aller Einzelteile eine Figur nach Abb. 24—36. Durch feinfühliges Neigen kann der Streifenabstand mit Teilungsmarken in Übereinstimmung gebracht werden, die auf dem festen Spiegel eingeätzt sind. Mit deren Hilfe kann man die Versetzung der Streifen auf Ansprengplatte und Endmaßoberfläche schätzen, in Abb. 24—36 beträgt sie 0,7 mal Streifenabstand (Die Richtung, in der zu messen ist, wird durch leichtes Ankippen der Quarz- oder Stahlplatte und der dabei beobachteten Wanderungsrichtung der Streifen bestimmt.) Wie dieser Streifenabstand zustande kommt, zeigt Abb. 24—37 schematisch. Im Bildtext ist erläutert, wie man durch Bestimmen der Streifenbruchteile bei mehreren Wellenlängen das genaue Maß des Endmaßes ermitteln kann. Die Länge des Endmaßes muß vorher ungefähr bestimmt sein, bei Krypton auf $\pm 2,5\ \mu$, bei Helium auf $\pm 3\ \mu$. Größere Abweichungen können durch Benutzen der Sollbruchteilreihe für $1\ \mu$ berücksichtigt werden.

Abb 24—38 Endmaß-Komparator
von Carl Zeiss, Oberkochen, Deckel geöffnet

Korrektinen. Temperatur, Luftdruck, Dampfdruck (Luftfeuchte), hierfür besondere Korrekturtafeln und Rechenschieber; außerdem bei Quarzplatte Ansprengkorrektur.

Endmaß-Komparator von Carl Zeiss, Oberkochen. Die Endmaße werden waagerecht aufgestellt und nicht mehr angesprengt. Die Länge eines Endmaßes wird entweder aus einer kombinierten Messung dreier unbekannter Endmaße oder durch Messung gegen ein bekanntes Endmaß bestimmt. Aus der Messung zweier Quarzendmaße unterschiedlicher Länge

ergibt sich der Korrektionswert für den Zustand der Luft. Die gesonderte Messung von Luftdruck und Luftfeuchtigkeit ist daher überflüssig. Bei dieser Meßmethode wird dem Endmaß von selbst eine mittlere Ansprengschicht hinzugefugt.

Abb. 24–39. Strahlengang im Endmaßkomparator von Carl Zeiss, Oberkochen, bei unmittelbarer Messung dreier Endmaße E_1, E_2, E_3. Kollimator, Fernrohrobjektiv und einige Umlenkspiegel sind weggelassen. Die Messung erfolgt m. drei Cadmiumlinien

Das von der Lichtquelle kommende Strahlenbundel durchsetzt das Dispersionsprisma 1 und wird in der Teilerplatte 2 aufgeteilt. Teil a geht uber Umlenkspiegel 3 zu einer Flache von E_1 und E_2, Teil b uber Kompensationsplatte 5 (zum Ausgleich des Lichtweges von 2) und Spiegel 6 zur anderen Flache von E_1 und zu E_3. Die zuruckgeworfenen Teilstrahlen vereinigen sich wieder an 2 und gelangen zum Einblick 8.

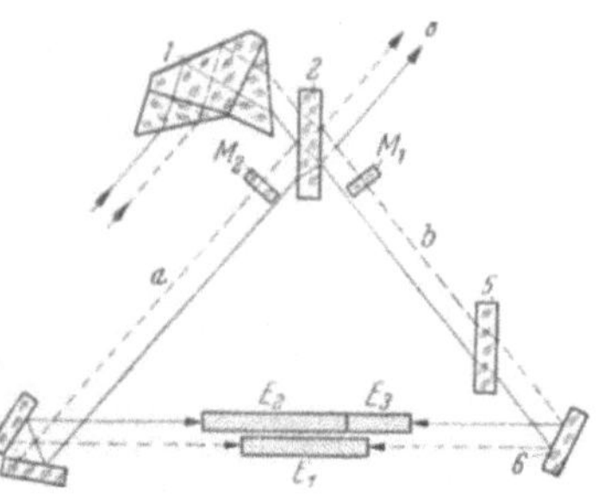

Die Streifenbruchteile werden nicht mehr geschatzt, sondern gemessen: Eines der beiden im Gesichtsfeld sichtbaren Streifensysteme wird durch eine Kompensator-Einrichtung so lange verschoben, bis die mittleren Streifen beider Systeme auf gleicher Hohe stehen. Die dazu nötige Verschiebung ist in Bruchteilen des Streifenabstandes geeicht an einer Skala abzulesen. Beim Umschalten auf eine andere Wellenlange wird selbstandig die zugehörige Skala ins Blickfeld gebracht.

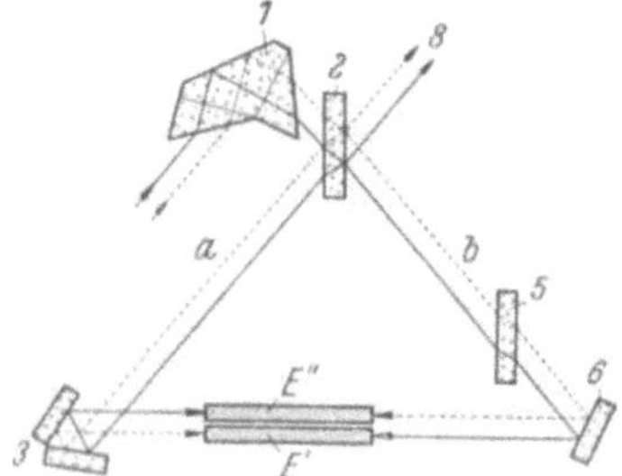

Abb. 24–40. Strahlengang im Endmaßkomparator von Carl Zeiss, Oberkochen, bei mittelbarer (Vergleichs-) Messung eines Endmaßes E'' durch Vergleich mit einem solchen bekannter Lange E'. Kollimator, Fernrohrobjektiv und einige Umlenkspiegel sind weggelassen. Bezeichnungen wie in Abb. 24–39. Messung mit weißem Licht und drei Cadmiumlinien moglich.

Großes Universal-Interferometer Ig 140 (Askania). *Anwendung*: In der Schaltung nach Abb. 24–41 fur Vergleichsmessung an Endmaßen bis 150 mm, nach Abschalten von 10 und 11 und Zuschalten einer Keilplatte (nicht gezeichnet) unterhalb 9 zur Prufung der Ebenheit oder des Krummungshalbmessers an Platten bis 140 mm Ø, Planparallelitat ohne diese Keilplatte, Mikrointerferenzen (s. Abschn. 282.12) mit Mikroansatz 130 × und 230 ×, Rauhtiefen bis 0,03 μ. Zusatzlich kann Interferenzfeintaster angebracht werden, bei dem die Verschiebung des Meßbolzens interferentiell gemessen wird, Meßunsicherheit $\pm$ 0,1 μ. Formabweichungen von zylindrischen, kegeligen, planparallelen Meßflachen mit entsprechendem Spiegel, wie Abb. 24–42 als Beispiel zeigt. Umschalten auf Photokamera durch Schwenken von 13 um eine senkrechte Achse.

Abb. 24-41. Universal-Interferometer von Askania.

1 Spektrallampe
2 Kondensor
3 Filter
4 Irisblende
5, 6 Umlenkspiegel
7 Beleuchtungsobjektiv
8 Einschaltobjektiv
9 Teilerplatte, halbdurchlässig verspiegelt
10 Kompensationsplatte, dient zum Ausgleich der Lichtwege
11 Vergleichsplatte
12 Beobachtungsobjektiv
13 Umlenkspiegel
14 Okular

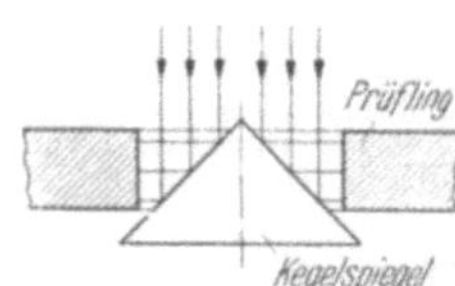

a) Schema Die eingezeichneten Lichtwege sind gleich lang, wenn Prüfling genau zylindrisch.

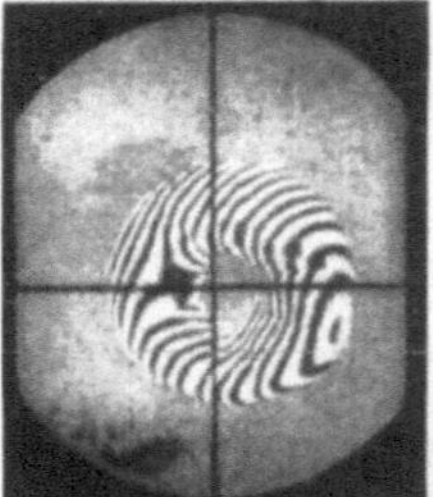

b) Interferenzbild an einer Bohrung mit großen Formfehlern.

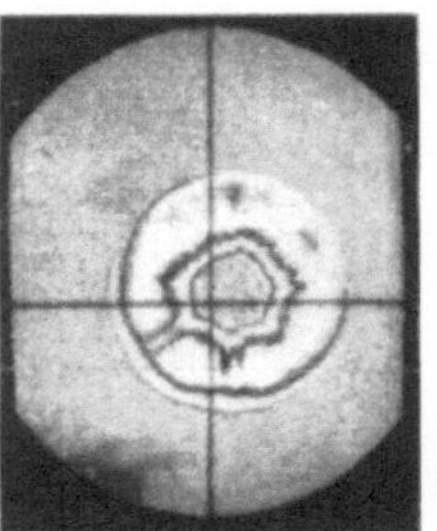

c) Interferenzbild einer guten Bohrung

Abb. 24-42. Interferentielle Prüfung des Formfehlers an einer zylindrischen Bohrung

Schrifttum

Grisbrook Autokollimatoren im Betrieb Werkst.-Techn. u. Masch.-Bau Bd 43 (1953) H. 11, S. 507.
Hellgrebe Über Kollimator und Fernrohr zum Ausfluchten von Bohrungen Feinwerktechnik Bd 53 (1949) H. 1 S 5.
Holecek Über ein interferentielles Verfahren zur Bestimmung der Formfehler an Bohrungen und Innenkegeln Werkst.-Techn. Bd 36 (1942) H 23/24, S 481

25 Elektrische Längenmeßgeräte

Bei den elektrischen Langenmeßgeraten zerfallt der Meßvorgang in die Umwandlung der mechanischen Meßgroße in einen elektrischen Meßwert und in die Umwandlung des elektrischen Meßwertes je nach Verwendungszweck in einen mechanischen Anzeigewert, ein Signal oder eine mechanische Bewegung in einer selbsttatigen Pruf-, Registrier- oder Regeleinrichtung. Langenwerte werden in elektrische Meßwerte durch Meßköpfe umgewandelt, die den Prufling meist mechanisch abtasten.

Aus der Tatsache, daß das Ergebnis einer Langenmessung als elektrische Große erscheint, ergeben sich gegenuber den mechanischen und optisch-mechanischen Geraten folgende *Vorteile*:

1. Moglichkeit Meßstelle und Anzeigeort raumlich zu trennen,

2. Anpassungsfahigkeit an verschiedene Erfordernisse der Auswertung des Meßergebnisses durch die Moglichkeit, durch den elektrischen Meßwert sowohl elektrische Anzeige-, Schreib- und Signalgerate als auch Steuerungen tur selbsttatige Pruf- und Bearbeitungsmaschinen zu betatigen,

3. bequeme Handhabung.

Elektrische Feintaster sind Feintaster mit elektrischer Anzeige (z. B. Elektro-Compar, Elmillimess) oder elektrischer Ubersetzung (z. B. Eltas); sie bestehen aus einem Meßkopf und einem Anzeigegerat, in dem das Anzeigeinstrument bzw. die Signallampen, der Netzanschlußteil und die im Meßkopt nicht eingebauten Schaltungsteile enthalten sind. Uber die einzelnen Bauarten s. Tab. 25–1. Entsprechend dem im Meßkopf zur Anwendung kommenden Geberverfahren sind kontaktgebende, induktive, kapazitive und bolometrische Feintaster zu unterscheiden.

251 Kontaktgebende Feintaster

Toleranzprufungen nach Untermaß, Gut und Übermaß erfolgen am einfachsten durch kontaktgebende Feintaster oder Grenztaster, die nacharbeitbare Teile durch grunes, maßhaltige Teile durch weißes, Ausschußteile durch rotes Lichtsignal anzeigen.

Wirkungsweise Abb 25–1 zeigt die Schaltung eines Grenztasters. Der Kontakthebel *1*, auf den sich die Verschiebung des Taststiftes *2* ubertragt, beruhrt je nach Große des Pruflings *3* einen oder keinen der auf das Großt- und Kleinstmaß eingestellten Kontakte *4* und *5* Bei maßhaltigen Pruflingen steht der Kontakthebel *1* zwischen den Kontakten *4* und *5*, und die weiße Lampe brennt. Die Widerstande *6* und *7* sind so bemessen, daß die weiße Lampe die volle Betriebsspannung bekommt, solange sie allein an den Transformator angeschlossen ist. Bei noch nachzuarbeitenden Teilen bzw Ausschußteilen wird die grune bzw. rote Lampe durch den Kontakthebel *1* uber die Kontakte *4* bzw. *5* eingeschaltet und die weiße Lampe

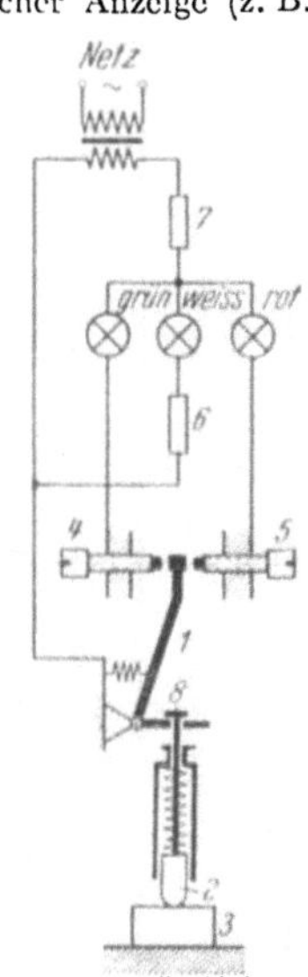

Abb. 25–1. Schaltung eines Grenztasters.

1 Kontakthebel
2 Taststift
3 Prufling
4, 5 einstellbare Kontakte
6, 7 Widerstande

Tabelle 25.1 **Deutsche elektrische Feintaster**

Fein.aster	Hersteller	Meßwerk Wirkungsweise	Meßkopf-abmessungen mm	Elektrische Übersetzung	Anzeige-bereich μ	Meßunsicher-heit	Schaft-durch-messer mm	Frei-hub mm	Bemerkungen
Elektro-Com-par „Normal"	Keilpart, Suhl	Mech. Hebel elektr. Kontakte	80×30×220	—	600	± 1 μ	28	2	Nur fur Toleranz-prufungen
Elbus	Bauer & Schaurte	Mech. Hebel elektr. Kontakte	22Ø×123	—	1000	± 0,5 μ	20	5	Nur fur Toleranz-prufungen
Geatest	AEG	Kontaktblatt-feder als Knick-stutze, elektr. Kontakte	28×15×150	—	500	± 2 μ	—	2,5	Nur fur Toleranz-prufungen
Elektro-Com-par „Zwerg"	Keilpart, Suhl	Mech. Hebel elektr. Kontakte	35×14×105	—	400	± 5 μ	8	2	Nur fur Toleranz-prufungen
Elmess	C. Mahr, Eßlingen a. N.	Mech. Hebel elektr. Kontakte	22Ø×120	—	800	± 0,5 μ	8	3	Nur fur Toleranz-prufungen
Elmillimess	C. Mahr, Eßlingen a. N.	Mech. Hebel, Zahnsegmente, Ritzel, elektr. Kontakte	62×17×108	—	± 50	± 1 μ	8	3	Mechan. Feintaster mit Kontakten fur Toleranzprufungen
Eltas	Bauer & Schaurte-AEG	Elektrisch induktiv	105×42×125	1 : 4000/2000 1 : 2000/1000 1 : 500	± 12,5/± 25 ± 25/± 50 ± 100	± 1,5% vom Skalenendwert	—	5	Umschaltbar auf 2 verschiedene Ska-lenwerte
Mahr-Siemens-Gerat	Mahr-Siemens	Elektrisch induktiv	80Ø×140	1 : 5000/1000	± 10/± 50	± 1,5% vom Skalenendwert	28	3	Umschaltbar auf 2 verschied. Skalen-werte Elektr.Abhebevor-richtung des Tast-bolzens
Bolometer	Siemens	Elektrisch bolometrisch	80×30×180	1 : 2000/200	50···500	± 1% vom Skalenendwert	—	—	Ausgangsleistung der Bolometer-brucke: 100 mW

durch den am Widerstand *7* durch den Strom der grunen bzw. roten Lampe verursachten Spannungsabfall am Leuchten verhindert. Mechanische Überlastungen des
Kontakthebels *1* und der Kontakte *4* und *5* werden durch Freihub des Taststiftes *2*
verhutet.

Fur Blinde können die Lichtsignale durch akustische Signale oder elektromagnetisch arbeitende Fuhlzeichengeber erganzt oder ersetzt werden.

Einstellung der Toleranzgrenzen. Die verschiedenen Ausfuhrungsformen
der Grenztastermeßköpfe lassen sich in bezug auf die Toleranzeinstellung
in zwei Gruppen aufteilen. Bei den Meßköpfen der ersten Gruppe erfolgt
die Einstellung der Kontakte durch Feinstellschrauben ohne Teilung nach
Parallelendmaßen oder Einstellehren. Um die Herstellungstoleranz möglichst weitgehend auszunutzen, werden fur die Einstellung der oberen und
unteren Toleranzgrenzen je zwei Einstellmaße verwendet, die nur um die
Größe der Streuung voneinander verschieden sind. Bei der zweiten Gruppe
ist nur zur Nulleinstellung des Meßkopfes ein Einstellmaß mit dem Nennmaß des Pruflings erforderlich. Die Einstellung der Kontakte auf das untere
und obere Abmaß erfolgt entweder unmittelbar durch Mikrometerschrauben
(Elektro-Compar) oder nach der Skale des als mechanischer Feintaster mit
Signalkontakten ausgebildeten Meßkopfes (Elmillimess). Diese Ausfuhrung
gestattet im elektrischen Anzeigegerat die Abmaßlage und am Meßkopf das
Istmaß des Pruflings festzustellen.

Maßnahmen zur Minderung der Meßunsicherheit. Die Meßunsicherheit
der Grenztaster an den Toleranzgrenzen setzt sich aus den Fehlern der Einstellung und der Schaltungenauigkeit zusammen. Die Schaltungenauigkeit
ist abhangig vom Übersetzungsverhaltnis Meßhub : Kontakthub, von
Kontaktstrom, Kontaktwerkstoff, der Oberflachenbeschaffenheit der Kontakte, vom Kontaktdruck, von Schalthaufigkeit, Schaltspannung, Strom-
art und Lagerspiel. Die besten Ergebnisse ergibt Wechselstrom und nicht
geglatteter gleichgerichteter Wechselstrom bei einer Spannung von etwa
6 Volt. Reiner Gleichstrom ist ungunstiger. Grenztaster hochster Genauigkeit schalten die Signallampen nicht direkt, sondern uber Feinrelais. Bei
selbsttatigen Prufgeraten wird Schalten der Kontakte unter Strom dadurch
vermieden, daß ein besonderer Schalter den Meßstromkreis so lange unter-
bricht, wie die Kontakthebel der Meßköpfe in Bewegung sind. Meßunsicherheit der verschiedenen Bauarten s. Tab. 25–1.

Besondere Vorteile und Anwendung. Die Prufung einzelner Maße mittels
Grenztaster ergibt gegenuber der Prufung mit Zeigerinstrumenten oder
Festmaßlehren bei gleichzeitig geringerer Ermudung des Prufers und kleinerer Meßunsicherheit wesentlich kurzere Prufzeiten. Eine erhebliche Vereinfachung und Beschleunigung der Prufung ermoglichen Mehrfach-Prufgerate, bei denen mehrere Meßköpfe derart angeordnet sind, daß alle Maße
eines Pruflings in einem einzigen Prufgang zwangslaufig erfaßt werden.
Die Prufung mehrerer Maße kann dabei auch nacheinander erfolgen, da das
als „Strom" oder „kein Strom" sich ergebende Prufergebnis jeder einzelnen
Meßstelle in einfacher Weise mittels eines Relais bis zum Schluß der Prufung
gespeichert werden kann. Durch ihre kleinen Abmessungen sind die Meßköpfe
der Grenztaster fur Mehrfach-Prufgerate besonders geeignet. Mit F. von
elektromagnetisch betatigten Weichen, die uber Feinrelais von den Kontakten der Meßkopfe gesteuert werden, können die Prufgerate auch selbsttatig

sortierend ausgebildet werden. Weiterhin werden Grenztaster bei selbstgesteuerten Arbeitsmaschinen für die Abgabe von Steuerimpulsen an den Antrieb oder Vorschub beim Erreichen der eingestellten Grenzmaße verwendet. Eine Auslese in mehr als drei Klassen kann durch mehrere hintereinanderliegende Grenztaster erfolgen. So können z. B. Prüflinge in fünf Klassen ausgelesen werden, indem sie zwei hintereinander liegenden Grenztastern zugeführt werden und von jedem jeweils in drei Klassen unterteilt werden.

Durch in die Signallampenstromkreise eingeschaltete elektrische Zählwerke, die die insgesamt geprüften Stücke, die maßhaltigen Stücke und, für jede Meßstelle getrennt, die zu großen und zu kleinen Stücke zahlen, können gleichzeitig mit der Prüfung wertvolle Hinweise für die Überwachung der Fertigung und der Prüfung gewonnen werden.

252 Induktive Meßgeräte

Die Istmaßermittlung von Werkstücken kann elektrisch grundsätzlich durch induktive, kapazitive oder bolometrische Meßverfahren erfolgen. Für betriebsmäßige Messungen als auch für Feinmessungen im Meßraum hat sich in erster Linie das induktive Verfahren durchgesetzt.

Bei den induktiven Meßgeräten wird durch die Meßgröße der Luftspalt einer eisengeschlossenen Drossel und dadurch deren Wechselstromwiderstand geändert. In einer Brückenschaltung erhält man dann einen der Meßgröße in gewissem Umfang verhältnisgleichen Wechselstrom, der zum Messen gleichgerichtet wird oder für Sortier- und Regelzwecke über Rohren- oder Relaisschaltgeräte die Steuervorgänge auslöst. Beim induktiven Geber läßt sich der magnetische Widerstand in sehr kleinen Luftspalten zusammendrängen, so daß sehr kleinen Meßwegen verhältnismäßig große Widerstandsänderungen entsprechen. Bei induktiven Feintastern kann man daher ohne Hebelübersetzungen auskommen und überträgt die Taststiftbewegung unmittelbar auf den Luftspalt oder man verwendet einen einseitig in einem Federgelenk gelagerten Anker, der vom Taststift aus gelenkt wird. Der wesentliche Vorteil des induktiven Verfahrens liegt in der Vermeidung empfindlicher Lagerstellen oder Kontakte im Meßkopf, die stets eine gewisse Erschütterungsempfindlichkeit bedingen und die Betriebssicherheit und Lebensdauer beschränken.

Auch die elektrischen Bestimmungsgrößen sind einfach zu übersehen und von äußeren Einflüssen fast unabhängig. Die verhältnismäßig hohe Strombelastbarkeit des induktiven Gebers ermöglicht ohne Zwischenschaltung von Rohrenverstärkern die Verwendung widerstandsfähiger Anzeigeinstrumente. Als Wechselstromfrequenz verwendet man vorzugsweise den technischen Wechselstrom von 50 Hz, um ohne eine besondere Stromquelle auszukommen. Die Anwendung einer höheren Frequenz ist notwendig für die Anzeige und Aufzeichnung des zeitlichen Verlaufs schneller Längenänderungen, für Steuerungen, bei denen eine Ansprechzeit von $1/_{50}$ s bereits zu lang ist, und bei sehr empfindlichen Prüflingen, bei denen die kleinen magnetischen Wechselkräfte an der Meßstelle unzulässige Erschütterungen hervorrufen.

252.1 Induktive Feintaster

Wirkungsweise. Bei dem in Abb. 25–2 schematisch dargestellten Eltas-Feintaster ist die Lage des zwischen den beiden Meßspulen *1* beweglichen Ankers *2* durch die Dicke des Prüflings *3* bestimmt. Steht der Anker genau in der Mitte zwischen beiden Spulen, so sind die Luftspalte und damit auch die Induktivitaten beider Meßspulen gleich. Nahert sich der Anker der einen Spule, so nimmt deren Scheinwiderstand zu, wahrend der der andern abnimmt. Da beide Meßspulen in benachbarten Zweigen einer Wechselstrom-Meßbrucke liegen, so ist die an der Meßdiagonale liegende Wechselspannung ein Maß fur die Dicke des Prüflings. Erfolgt der Bruckenabgleich, d. h. die Einstellung des Ankers auf Mittellage, mittels eines Parallelendmaßes beim Nennmaß, so ist der Betrag der Abweichung eines Prüflings vom Nennmaß durch die Amplitude und das Vorzeichen durch die Phasenlage der Wechselspannung bestimmt. Wird die Wechselspannung phasenabhangig gleichgerichtet, so kann ein Drehspulinstrument *5* mit Nullpunkt auf der Mitte der Skale so geeicht werden, daß Abweichungen vom Nennmaß direkt abgelesen werden konnen.

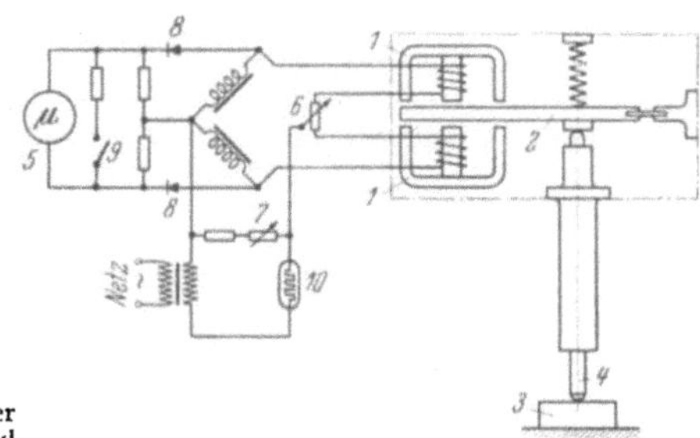

Abb. 25–2. Meßkopf und Schaltung eines induktiven Feintasters.

1 Meßspulen
2 Anker
3 Prufling
4 Taststift
5 Anzeigeinstrument
6 Nulleinstellung
7 Skalenwerteinstellung
8 Trockengleichrichter
9 Anzeigebereich-Umschalter
10 Eisenwasserstoffwiderstand

Einstellung von Nullpunkt, Skalenwert und Anzeigebereich. Wahrend das Nennmaß durch Verstellen des Meßkopfes grob eingstellt wird, kann die Feineinstellung auch elektrisch durch Verstellen des Widerstandes *6* erreicht werden. Durch den Widerstand *7*, der die Bruckenspannung stetig zu andern gestattet, laßt sich die Übersetzung (Skalenwert) um etwa $\pm$ 10% stetig andern. Dadurch kann die bei Bohrungsmessungen nach dem Dreipunktverfahren, bei dem nicht unmittelbar der Durchmesser, sondern die Hohe des eingeschriebenen Dreiecks gemessen wird, notwendige Umrechnung von der tatsachlich gemessenen Langenabweichung auf die gesuchte Durchmesserabweichung vermieden und der Skalenwert so geandert werden, daß die Durchmesserabweichungen unmittelbar abzulesen sind. Durch Shunten des Anzeigeinstrumentes kann auf mehrere Skalenwerte und Anzeigebereiche umgeschaltet werden.

Meßunsicherheit. Die Meßunsicherheit einschließlich des Einflusses von Netzspannungsschwankungen von $\pm$ 10% liegt nach einer Einschaltdauer von 15 Minuten bei etwa $\pm$ 1,5% vom jeweiligen Anzeigebereich.

Anwendung zur Toleranzprufung und zum Steuern. Soll beim Erreichen eines bestimmten Meßwertes ein Signal oder eine Steuerung ausgelost werden, so kann entweder mit der gleichgerichteten Meßspannung ein Feinrelais oder mit der Bruckenmeßspannung uber eine Verstarkerrohre das Gitter einer gasgefullten Schaltrohre (Thyratronrohre) gesteuert werden.

Die Schaltung mit Feinrelais genugt fur viele Sortieraufgaben und einfache Maschinenabschaltungen, bei denen der Meßwert nur mit steigenden

oder nur mit fallenden Einstellungen des Taststiftes erreicht wird; der Streubereich der Ansprechwerte umfaßt dann etwa 3% des Anzeigebereiches.
Andernfalls macht sich eine größere Umkehrspanne des Ansprechwertes
bemerkbar. Fur Maschinensteuerungen mit Ein- und Ausschaltung
kommen nur Rohrenschaltungen in Frage. Der Ansprechwert einer Schaltrohre kann durch eine regelbare, im Gitterkreis der Schaltrohre in Reihe
mit der verstarkten Meßspannung liegende Gleichspannung nach dem
Anzeigeinstrument eingestellt werden. Zum gleichzeitigen Auslesen in
mehrere Klassen konnen mehrere Schaltrohren uber getrennte Verstarker
an eine Meßbrucke angeschlossen werden.

Gegenuber Grenztastern hat das wesentlich teurere induktive Prufverfahren folgende Vorteile:

1. Keinerlei mechanische Ruckwirkung durch den *Steuervorgang* auf den
   Taststift des Meßkopfes,
2. hohere Betriebssicherheit,
3. elektrische Einstellbarkeit der Toleranzgrenzen,
4. Einstellmoglichkeit mehrerer Toleranzbereiche in Abhangigkeit von
   einer Meßstelle.

252.2 Induktive Schichtdickenmesser

Die Dicke unmagnetischer Schichten auf einer ferromagnetischen Unterlage, z. B. von Bronzelagerschalen, Lack- und auch Chromuberzugen auf
Eisenflachen u. a. konnen mit induktiven Schichtdickenmessern gemessen
werden. Diese enthalten induktive Geber mit veranderbarem Luftspalt,
wobei an die Stelle des Luftspaltes des induktiven Feintasters die unmagnetische Schicht und an die Stelle des Eisenankers das magnetische Grund-

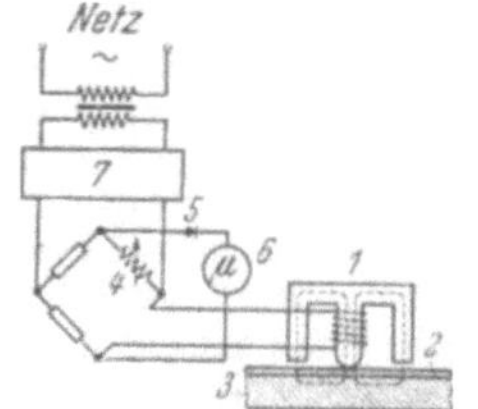

Abb. 25–3. Induktiver
Schichtdickenmesser
1 induktiver Geber
2 unmagnetische Schicht
3 magnetischer Grundstoff
4 einstellbare Induktivitat
5 Gleichrichter
6 Anzeigeinstrument
7 Spannungskonstanthalter
(Aus Pflier: Elektrische Messung
mechanischer Großen. 3. Aufl. 1948,
S 107.)

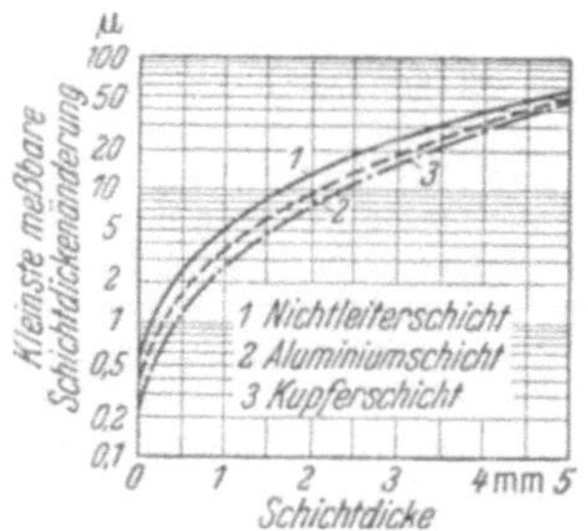

Abb. 25–4 Ansprechunsicherheit des
Schichtdickenmessers der AEG, als Funk-
tion der Dicke der unmagnetischen Schicht
(Aus Sommeregger: Elektromagnetische
Dickenmessung von Deckschichten auf
Eisengrundkorpern Metallwirtschaft,
XXI. Jahrg., S. 630)

material tritt. Die grundsatzliche Anordnung zeigt Abb. 25–3. Die Induktivi-
tatsanderung und damit die Schichtdicke wird in einer Bruckenschaltung
bestimmt. Gewohnliche Anzeigebereiche sind 0,1 ··· 5 mm Schichtdicke, die

erreichbare Genauigkeit 0,5 · 1,5 % der Schichtdicke, je nach der Dicke der
Schicht und der Form des Prüflings. Die Brücke wird vor Beginn der Mes-
sung mit einer verstellbaren Induktivität *4* und einem Normalstück auf Null
eingestellt; das Anzeigeinstrument *6* zeigt dann die Abweichungen von der
Solldicke an. Der Anzeigebereich ändert sich je nach der eingestellten
Solldicke.

Das Meßverfahren bringt es mit sich, daß die elektrischen Eigenschaften
der zu messenden Schicht und die magnetischen Eigenschaften des Grund-
materials die Messung auch beeinflussen. Um Fehlmessungen zu vermeiden,
müssen die Normalstücke daher aus denselben Werkstoffen hergestellt sein
wie die Prüflinge. Abb. 25–4 zeigt die Meßunsicherheit des Schichtdickenmessers der AEG, abhängig von der Dicke und vom Werkstoff der unmagnetischen Schicht.

253 Kapazitive Meßgeräte

Durch die Meßgröße wird der Plattenabstand eines Luftkondensators
und dadurch seine Kapazität geändert. Da die Kapazität der kapazitiven
Geber meist nur etwa 100 pF beträgt, kann die Messung der Kapazitätsänderungen praktisch nur durch Hochfrequenzmeßverfahren mit einem
erheblichen Aufwand an Hilfsgeräten und Schaltungsteilen erfolgen. Der
wesentliche Vorteil des kapazitiven Verfahrens liegt in der Möglichkeit,
die bewegliche Elektrode leicht und steif zu machen und somit eine hohe
Eigenfrequenz zu erzielen. Gegenüber dem induktiven Geber hat der kapazitive noch den Vorteil der wesentlich geringeren Rückwirkung auf den
Taststift, da die durch die angelegte Spannung auf die bewegliche Elektrode
ausgeübten Kräfte viel kleiner als die Magnetkräfte beim induktiven Verfahren sind. Bezüglich der konstruktiven Gestaltung der Geber ist in elektrischer Hinsicht auf geringe Streuung, sorgfältige Abschirmung und hohe
Isolation, in mechanischer auf feste, starre Ausführung zu sehen.

Die Geber werden als Zweiplattenkondensatoren mit einer beweglichen
und einer festen Platte oder als Dreiplattenkondensatoren mit einer beweglichen und zwei festen Platten ausgeführt.

253.1 Geber mit einer festen und einer beweglichen Platte

Die Messung der Kapazitätsänderungen erfolgt bei Zweiplatten-
kondensatorgebern stets in Resonanz-
schaltungen. Bei der Methode der
halben Resonanzkurve, deren Grund-
schaltung in Abb. 25–5 dargestellt ist,
bildet der Geber C_x zusammen mit
einem regelbaren Kondensator C_N
und einer Induktivität L einen
Schwingkreis, der von einem Hochfrequenzgenerator *1* erregt wird und
mit ihm lose gekoppelt ist. Wenn der
Schwingkreis mit dem Generator nahezu in Resonanz ist, so bewirkt schon
eine sehr kleine Änderung der Geber-

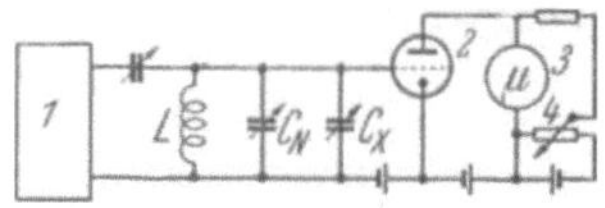

Abb. 25–5. Kapazitätsmessung nach
dem Verfahren der halben Resonanzkurve.

1 Hochfrequenzgenerator
2 Verstärkerröhre
3 Anzeigeinstrument
4 Nulleinstellung
C_x Geber
C_N Abstimmkondensator
L Schwingkreisinduktivität

kapazität C_x eine große Änderung der Spannung am Schwingkreis.
Mit dem Kondensator C_N wird der Schwingkreis so abgestimmt, daß
der Arbeitsbereich des Gebers in dem nahezu geradlinig ansteigenden
Teil der Resonanzkurve bleibt; der eigentliche Resonanzpunkt darf
nicht erreicht werden, weil bei ihm die Messung unbestimmt wird. Die
Schwingkreisspannung wird mit dem Anzeigeinstrument 3 im Anodenkreis
der als Gleichrichter geschalteten Röhre 2 gemessen. Durch entsprechende
Wahl der Dämpfung des Schwingkreises kann die Steilheit der Resonanz-
kurve und damit der Skalenwert in weiten Grenzen verändert werden. Die
Nulleinstellung des Anzeigeinstrumentes erfolgt durch den Widerstand 4.

Zur Erzielung eines ausreichend linearen Zusammenhanges zwischen
Abstandsänderungen und Kapazitätsänderungen muß der Plattenabstand
groß gegen die Abstandsänderung sein. Durch Temperaturschwankungen
verursachte Abstandsänderungen im Geber gehen ebenso wie Spannungsschwankungen des Generators und Änderungen der Röhrencharakteristik
direkt als Fehler in das Meßergebnis ein. Frequenzschwankungen des Generators wirken sich in ihrer ganzen Größe als Nullpunktsverschiebungen aus.

Bei einer Gesamtkapazität des Schwingkreises von 150 pF lassen sich
mit der beschriebenen Anordnung relative Kapazitätsänderungen von 10^{-1}
und damit Verschiebungen von etwa 10 nm messen. Geber mit einer festen
und einer beweglichen Platte werden hauptsächlich zur berührungsfreien
Messung schneller Längenänderungen verwendet. An Stelle der beweglichen
Platte kann auch eine Fläche des zu untersuchenden Körpers treten.

253.2 Geber mit zwei festen und einer beweglichen Platte

Für den als kapazitiven Spannungsteiler nach Abb. 25-6 ausgebildeten
Dreiplattenkondensator mit einer beweglichen und zwei festen Platten gilt

$$U_1 - U_2 = U \cdot \frac{\Delta a}{a},$$

wenn U die Gesamtspannung,
U_1 und U_2 die Teilspannungen
und a die Plattenabstände in der
Mittellage bedeuten. Die Span-
nungsdifferenz wird mit einem
Röhrenspannungsmesser nach
Abb. 25-7 gemessen. Ein Hoch-

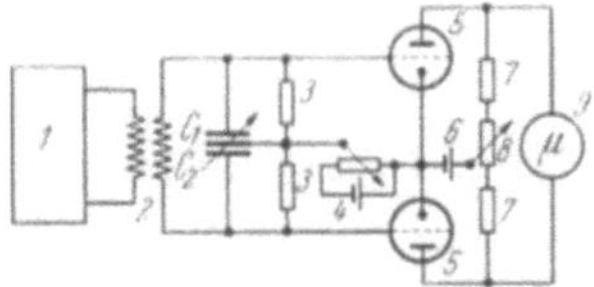
Abb. 25-7.
Schaltung eines kapazitiven Spannungs-
teilers mit Rohrenspannungsmesser

1 Hochfrequenzgenerator
2 Übertrager
3 Gitterableitwiderstände
4 Gitterbatterie
5 Verstärkerröhren
6 Anodenbatterie
7 Brückenwiderstände
8 Nulleinstellung
9 Anzeigeinstrument
C_1, C_2 Teilkapazitäten des Gebers
(Aus Pfier· Elektrische Messung mechanischer Größen. 3. Aufl. 1948, S. 65)

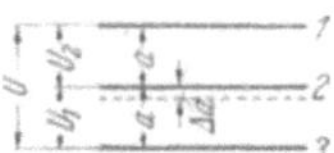
Abb. 25-6.
Kapazitiver Spannungsteiler.

1, 3 feste Platten
2 bewegliche Platte
a Plattenabstand
U Gesamtspannung
U_1, U_2 Teilspannungen
Δa Lageänderung der beweglichen
Platte

frequenzgenerator *1* speist mit einer Frequenz von etwa 10^6 Hz uber den Übertrager *2* die hintereinandergeschalteten Teilkapazitaten C_1 und C_2 mit der konstanten Spannung U; die Teilspannungen U_1 und U_2 liegen an den Gittern zweier Verstarkerrohren *5*, und die Differenz der Anodenstrome, die mit dem Anzeigeinstrument *9* gemessen wird, ist der Verschiebung der beweglichen Platte verhaltnisgleich. Das Anzeigeinstrument wird mit dem Widerstand *8* auf Null gestellt. Zur Wahrung der Linearitat mussen die Verschiebung der beweglichen Platte klein gegenuber dem Plattenabstand, die Schaltungskapazitat klein gegen die Geberkapazitat, die Gitterableit-widerstande *3* groß gegen die Scheinwiderstande der Teilkapazitaten und der Verbrauch des Anzeigeinstrumentes *9* klein gegen den Anodenstrom sein. Bei einer Schaltungskapazitat von 25% der Geberkapazitat betragt die durch die Verschiebung der beweglichen Platte um 20% des Platten-abstandes bedingte Abweichung von der Linearitat etwa 1%. Der besondere Vorteil des Spannungsteilerverfahrens besteht in der symmetrischen An-ordnung von Geber und Schaltung, durch die ein naturlicher Nullpunkt, eine lineare Eichkurve und ein geringer Temperaturfehler erzielt werden.

Mit dem Spannungsteilerverfahren lassen sich noch relative Kapazitats-anderungen von 10^{-5} und damit Verschiebungen von etwa 1 nm messen.

Schrifttum zu Abschn. 25.

Bruchmann, F Der AEG-Kontaktfuhler Radio-Mentor Bd 14 (1948), S. 488···490.

Coffmann, M. C, u C H Bornemann· Measuring millionth of an inch in the gage room. Gen. Electr. Rev. Bd. 41 (1938), S. 502. Ref. ETZ Bd. 60 (1939), S. 369

Fritsch, V Hochfrequenztechnische Bestimmung kleiner Wege. Arch. techn. Messen V 1121–4, 1121–5 (1949).

Frobose, E, u K. Schonbacher: Elektr. Messung kleiner Langenunterschiede. Arch. Elektrotechn. Bd. 33 (1939), S. 341···346.

Hermann, P K.: Elektr. Sortiermaschinen als Mittel zur Leistungssteigerung in der Massenprufung. Z. VDI 1942, S. 769···774.

Hermann, P. K.: Selbsttatige Steuerung zur Ersparung von Meßarbeit in der Massen-fertigung. Werkst.-Techn. u. Werksleiter 1940, S. 202···206.

Hermann, P. K., u. W. Schmid: Anwendung der elektr. Meßlehre zum Messen und Steuern. AEG-Mitt. 1937, S. 407···411.

Kordt, W., u. W. Schreiner. Schnellprufgerate mit elektr Anzeige Werkst -Techn u. Werksleiter 1942, S. 486···491.

Lehr, E, H Bratsch u. W Willms· Ein neuer statischer Feindehnungsmesser nach dem induktiven Prinzip Arch. techn. Messen V 91, 122–9 (1943).

Merz, L, u H. Niepel· Messung kleiner Strome und Spannungen und kleiner Langen-anderungen mit dem bolometrischen Kompensator. Wiss. Veroff. Siemens-Werke, Bd. 18 (1939) S. 148···160. Ref. Feinmech. u. Praz. 48 (1940), S. 149.

Pflier, P. M.: Elektr. Messung mechanischer Großen. 3. Aufl. 1948.

Redepenning, W Messung nichtmagn. Schichten. Z. VDI 83 (1939), S 1071.

254 Bolometrische Feintaster

Bei dem in Abb. 25-8 schematisch dargestellten Meßkopf eines bolo-metrischen Feintasters werden die Abweichungen eines Pruflings von seinem Nennmaß uber eine Drehmomentkompensation in proportionale elektrische Meßwerte umgewandelt.

Wirkungsweise. Die Bewegung des in den Federbandern *1* reibungsfrei gefuhrten Taststiftes *2* wird uber eine vorgespannte Meßfeder *3* in eine Kraft umgewandelt, die an der im Feld eines Magneten *4* gelagerten Drehspule *5* des Steuergalvanometers ein der Taststiftbewegung proportionales Drehmoment erzeugt. Mit der Drehspule *5* gerät dadurch die an ihr befestigte Steuerfahne *6* in Bewegung, die sich zwischen den Schlitzdusen *7* eines Winderzeugers *8* und vier zu einer Brucke vereinigten elektrisch geheizten Bolometerwendeln *9…12* befindet. Die Steuerfahne *6* beeinflußt die Kuhlluft und ruft eine Widerstandsanderung der Bolometerwendeln hervor. Ein Teil des hierdurch bewirkten Bruckenstromes *i* erzeugt in der Drehspule *5* ein elektrisches Drehmoment, das dem vom Taststift *2* erzeugten mechanischen Drehmoment entgegenwirkt. Die Drehspule *5* bewegt sich daher so lange, bis die beiden gegeneinander gerichteten Drehmomente gleich groß sind. Da das Drehmoment eines Drehspulinstrumentes dem Strom verhaltnisgleich ist, so ist auch der das Anzeigeinstrument *13* durchfließende Bruckenstrom *i* proportional der Taststiftbewegung. Um Pendelungen des Bruckenstromes *i* auszuschalten, wird mittels des Ubertragers *14* der Differentialquotient des Bruckenstromes *i* in den Galvanometerkreis ubertragen. Die Erregung des Blasmagneten *15* und die Heizung der Bolometerwendeln *9…12* erfolgt durch pulsierenden Gleichstrom, der uber einen magnetischen Spannungsgleichhalter und einen Trockengleichrichter dem Wechselstromnetz entnommen wird.

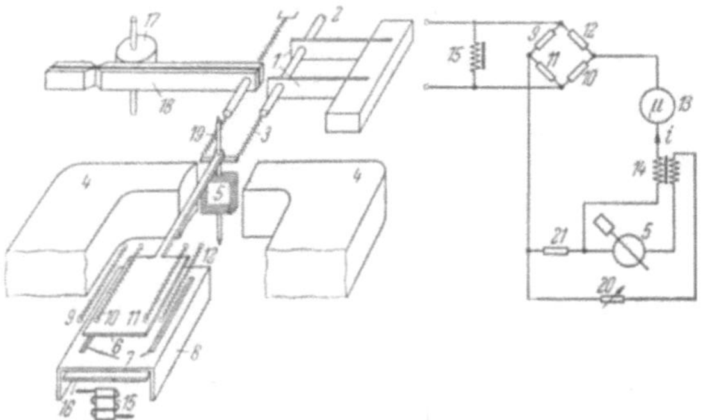

Abb. 25–8. Meßkopf und Schaltung eines bolometrischen Feintasters in Kompensationsschaltung.

1 Federbander zur reibungsfreien Fuhrung von *2*	
2 Taststift	*13* Anzeigeinstrument
3 Meßfeder	*14* Ubertrager
4 Magnet des Steuergalvanometers	*15* Blasmagnet
	16 Blattfeder
5 Drehspule des Steuergalvanometers	*17* Exzenter fur Nulleinstellung
6 Steuerfahne	*18* Hebel mit Federbandgelenk
7 Schlitzdusen	*19* Gegenfeder
8 Winderzeuger	*20* regelbarer Vorwiderstand
9…12 Bolometerwendeln	*21* Nebenwiderstand

(Aus Merz-Niepel: Messung kleiner Strome und Spannungen und kleiner Langenanderungen mit dem bolometrischen Kompensator. Wiss. Veroff. Siemens-Werke Bd. 18 (1939) S. 151.)

Einstellung von Nullpunkt und Anzeigebereich. Mit dem Exzenter *17* kann durch den Hebel *18* die Spannung der Gegenfeder *19* verandert und dadurch der Nullpunkt im Bereich von etwa 20% der Skale des Anzeigeinstrumentes verstellt werden. Der Anzeigebereich wird durch den regelbaren Vorwiderstand *20* gewahlt.

Meßunsicherheit. Die Meßunsicherheit einschließlich des Einflusses von Netzspannungsschwankungen von $\pm$ 20% liegt bei etwa $\pm$ 1% vom jeweiligen Anzeigebereich.

Besondere Vorteile und Anwendung. Der wesentlichste Vorteil des bolometrischen Feintasters gegenüber dem induktiven oder kapazitiven ist die hohe Ausgangsleistung mit etwa 100 mW, die ausreicht, um Schreib- und Regelgeräte mit größerem Leistungsbedarf, wie z. B. große Schalt- röhren, auch ohne Zwischenschaltung von Röhrenverstärkern zu betätigen. Weitere Vorteile sind die große Unabhangigkeit gegenuber Temperatur- und Spannungsschwankungen und der geringe Meßkrattbedarf (2 g bei Sonder- ausführungen). Das Hauptanwendungsgebiet ist (neben der Messung) die Steuerung von Sortier- und Werkzeugmaschinen über Kontaktfeinrelais oder Schaltröhren.

26 Pneumatische Meßgeräte

261 Grundlagen

Ein in einen Luftstrom gebrachtes Hindernis verursacht einen Luftstau und dieser eine Druckerhöhung. Diese Tatsache wird bei den pneumatischen Meßgeräten praktisch ausgenutzt. Bei gleichbleibendem Druck h_1 der zu- strömenden Luft, Abb. 26–1, ändert sich der Druck h_2, der in der zwischen den Düsen g und s liegenden Kammer herrscht, mit den Querschnitten von g und s sowie ihren Ausflußzahlen. Der Druck h_2 wird auch größer, wenn bei gleichbleibenden Düsenquerschnitten s und g eine Fläche p, Abb. 26–2, der Düse s genähert wird. Dieser physikalische Vorgang kann nur dann für meßtechnische Zwecke ausgenutzt werden, wenn für die aus- tretende Luft gleichbleibende Strömungsbedingungen vorliegen.

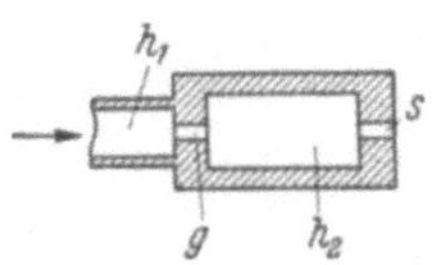

Abb. 26–1. Pneumatische Meß-   Abb. 26–2. Pneumatische Meßkammer
kammer mit zwei Düsen.   mit Duse und Luftspalt.
g = Eintritts-(Kopf-)duse; g = Eintritts-(Kopf-)duse;
s = Meßduse. s = Meßduse; p = Pruflingsfläche.

Alle bekannten pneumatischen Meßgeräte bestehen im wesentlichen aus Preßlufterzeuger, Druckregler, Anzeigegerat und eigentlichem Meßkörper, der dem jeweiligen Verwendungszweck angepaßt wird.

262 Das Solex-Gerät[1]

Von einem Verdichter, einer Preßluftflasche oder einer Preßluftleitung gelangt, Abb. 26–3, bei a Luft in ein unten offenes Rohr t mit verhältnis- mäßig großem Querschnitt. Bis zur Höhe h_1 taucht dieses Rohr in einen mit Wasser gefullten Behalter r ein. Die überschüssige Luft entweicht durch das Wasser. Der Luftdruck im Rohr t entspricht der Wasserhöhe h_1. Durch die Düsen g und s wird der Druck h_1 der zuströmenden Luft auf h_2 herabgesetzt. Der in der Kammer b herrschende Druck h_2 wird am Manometerrohr m

---

[1] Deutsche Hersteller: Nieberding u. Co., Neuß.

beobachtet; er bleibt so lange gleich, wie sich die Strömungsbedingungen der Luft an der Duse s nicht ändern. Der Querschnitt von m ist gegenüber dem des Behälters r sehr klein; deshalb bewirkt die beim Meßvorgang

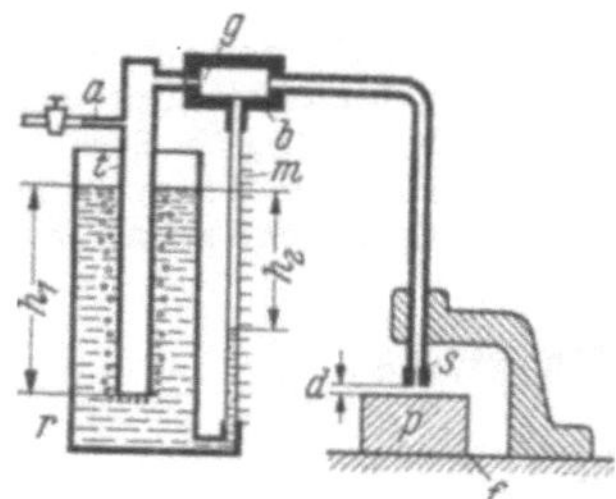

Abb. 26–3. Schema der Druckregelung und -messung beim pneumatischen *Sole x-Meßverfahren*.
a = Lufteintritt; g = Kopfduse;
s = Meßduse; t = Tauchrohr;
r = Gefäß des Druckreglers;
m = Anzeigemanometer;
b = Meßkammer; p = Prüfstuck;
f = Auflagetisch.

wechselnde Höhe der Wassersäule des Manometerrohres kein merkliches Steigen oder Sinken des Wasserspiegels im Gefäß r, so daß die Druckhöhe h_1 praktisch gleichbleibt. Die kleinen Änderungen werden außerdem bei der mittels Endmaßen oder Normalen festgestellten Abhangigkeit der Anzeige von der Meßgröße erfaßt.

Bei der praktischen Ausführung des Solex-Gerätes wird dem Tauchrohr zur Herabsetzung des Anfangsdruckes eine Druckmindereinrichtung vorgeschaltet. Sie ist mit dem Druckregler (Wasserbehälter, Tauchrohr) und dem Anzeigemanometer zu einem Aggregat zusammengebaut.

Die Raum- und Flussigkeitstemperatur ist praktisch ohne Einfluß auf die Messung. Hingegen ist, wie bei allen Meßgeräten, auf gleiche Temperatur von Prüfling, Einstellnormal und Meßgerat zu achten. Eine Änderung des atmospharischen Druckes kann bei $h_1 \approx 500$ mm fur Werkstattmessungen unberücksichtigt bleiben. Zu beachten ist der Einfluß der Dusenform und -rauheit sowie des Dusendurchmessers auf die Ausflußzahl, die auch stark vom herrschenden Überdruck abhängig ist.

Der Skalenwert der Solex-Anordnung wird weitgehend von den Abhängigkeiten bestimmt, die zwischen der Luftmenge, dem Druck, den Düsenquerschnitten und den Ausflußzahlen bestehen. Deshalb ist stets eine empirische Bestimmung nötig; Querschnittsmessungen und Messungen der ausströmenden Mengen sind nicht möglich, weil die Ausflußzahlen verschiedener Stoffe einander nicht gleich sind. Zur Prufung von Vergaserdusen ist daher das Solex-Verfahren nur mit einer gewissen Vorsicht (Vergleich unter gleichbleibenden Umstanden) zu verwenden.

Die exakte mathematische Behandlung der hier auftretenden Strömungsvorgänge ist nicht ganz einfach. Unter anderem ist zu berucksichtigen, daß allen Berechnungen nicht die wirklichen, sondern α-mal kleinere Dusenquerschnitte zugrunde gelegt werden mussen, weil der Luftstrahl in der Duse eine Einschnurung erfährt. Der Faktor α heißt *Dusenausflußzahl*. Er ist stets kleiner als 1 und hangt außer von der Gestalt der Duse auch vom Verhaltnis der Drucke vor und hinter der Duse und der Zahigkeit der Luft ab (vgl. Schriftt.: *Goethel*). Die Grundlage bildet die Formel von *St. Venant-Wantzel-Weißbach* fur den adiabatischen Ausfluß aus einer Duse. In Wirklichkeit handelt es sich um einen polytropen Vorgang. Die Theorie geht zwar vom adiabatischen Vorgang aus; fur die Berechnung wird aber Isothermie in der Kammer angenommen. *Goethel* erhält bei den Dusenausflußzahlen α_g und α_s folgende Beziehung zwischen dem Überdruck h_2 in der Meßkammer, den Dusenquerschnitten F_g und F_s, dem Vordruck h_1 und dem atmospharischen Druck h_a:

$$\frac{\alpha_s}{\alpha_g} \cdot \frac{F_s}{F_g} \sqrt{\frac{h_a + h_2}{h_a + h_1}} = \sqrt{\frac{h_a - h_2}{h_2}}.$$

Die praktische Anwendung dieser bereits sehr vereinfachten Näherungsformel stößt indes auf erhebliche Schwierigkeiten. Diese liegen vor allem in der Bestimmung der Zahlenwerte fur α_g und α_s. Die Ermittlung der Ausflußzahlen aus den Dusenabmessungen allein ist unzureichend, da die nie exakt erfaßbare Rauheit von Dusenbohrung und -rand sowie die Form der Dusenkante (besonders an der Einstromseite) sehr großen Einfluß ausuben. Da somit das Verhaltnis α_s/α_g nicht gesetzmäßig dargestellt werden kann, lassen sich auch keine Angaben uber den Zusammenhang der Drucke h_1 und h_2 und der Querschnitte F_g und F_s mit dem Skalenwert des Meßgerätes machen. Um diesen fur ein bestimmtes Gerat festzustellen, muß auf jeden Fall eine empirische Bestimmung der Anordnung vorgenommen werden.

Auf Grund physikalisch nicht ganz einwandfreier Betrachtungen, die nur in grober Annaherung genugen, ergibt sich fur den Druck h_2 in der Meßkammer die Beziehung:

$$h_2 = \frac{h_1}{1 + c^2} = K_1 \cdot h_1,$$

worin

$$c = \frac{\alpha_s\, F_s}{\alpha_g\, F_g}$$

bedeutet. Der Verlauf von K_1 in Abhängigkeit von c (Abb. 26–4) zeigt, daß bei gleichbleibender Eintrittsdüse g der Druck h_2 um so kleiner wird, je größer die Austrittsduse s ist und umgekehrt.

Die *Empfindlichkeit*

$$e = \frac{d h_2}{d c} = -\frac{2c}{(1 + c^2)^2}\, h_1 = K_2 h_1$$

zeigt den in Abb. 26–4 strichpunktiert dargestellten Verlauf. Fur $K_1 = 0{,}75$ wird im Punkt E die größte Empfindlichkeit erreicht.

Durch geeignete Wahl der Vordüse g hat man die Möglichkeit, den Skalenwert der Meßeinrichtung den jeweiligen Bedürfnissen anzupassen. Für $c = 1$, d. h. bei völliger Übereinstimmung von Vor- und Hauptduse, weist die Empfindlichkeitskurve bei $K_1 = 0{,}5$ einen Wendepunkt (Punkt F in Abb. 26–4) auf. Im Bereich zwischen $h_2 = {}^1\!/_2 h_1$ und $h_2 = {}^3\!/_4 h_1$ ist also auch die Maßstabsteilung am Manometer am weitesten und somit am besten abzulesen. Es hat aber keinen Sinn, durch die Wahl einer möglichst kleinen Vordüse eine sehr große Genauigkeit erzielen zu wollen, weil mit kleiner werdendem

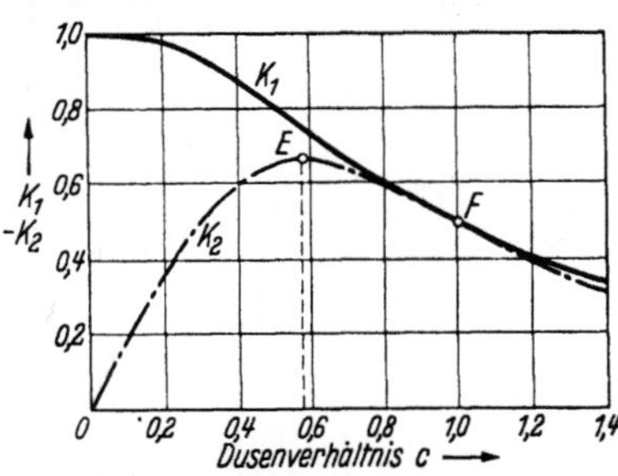

Abb. 26–4. Abhängigkeit der Faktoren K_1 und K_2 vom Dusenverhältnis c.

Druck h_2 die Einspielzeit der Wassersäule wächst. Am zweckmäßigsten ist es, die Vorduse so zu wahlen, daß die Meßungenauigkeit fur die vorliegenden Bedurfnisse gerade noch zulassig ist, ohne die Prüfzeit unnütz zu verlangern.

Die erreichbare *pneumatische Übersetzung* hangt von der Wahl der Vordüse und der Höhe der Wassersaule ab. Handelsublich sind zwei Bauarten von Druckreglern: fur Feinstmessungen verwendet man die Bauart mit 1230 mm WS; fur Werkstattzwecke genugen Gerate mit 500 mm WS. Bei einer üblichen Übersetzung von 10000 : 1 (die aber in Sonderfallen, z. B. bei Dehnungsmessungen, bis zu 200000 : 1 gesteigert werden kann) macht sich 1 μ Maßabweichung immer noch in einer Verschiebung der Wassersäule um 10 mm bemerkbar. Dabei muß aber berucksichtigt werden, daß die durch Kapillaritat und Parallaxe auftretenden Fehler 0,2···0,5 mm WS betrageu können.

Fehler in der Übersetzung treten bei mangelhafter Gleichförmigkeit der Druckhöhe h_1 auf; sie können durch gelegentliches Nachfullen des verdunsteten Wassers leicht vermieden werden. Undichtheiten in Gerät- und Zuleitungsteilen sind schadlich und unbedingt zu beseitigen. Atmosphárische Druckánderungen haben bei Geraten mit 500 mm WS keinen Einfluß auf die Messungen; Gerate mit 1230 mm WS hingegen sind in dieser Hinsicht empfindlicher. Fehler der Vordüse werden dadurch ausgeschaltet, daß fur jede neue oder ausgewechselte Vordüse und nach jeder Manipulation in der Meßkammer eine Kurve aufgenommen wird.

263 Andere pneumatische Meßgeräte

Neben den französischen und deutschen Solex-Geráten haben in Deutschland in den letzten Jahren noch andere pneumatische Meßgeráte ausländischer Herkunft Eingang gefunden.

Die wesentlichen Merkmale der pneumatischen Meßgeräte *„Precisionaire"* der Sheffield Corporation, Dayton/Ohio, gehen aus der schematischen Darstellung, Abb. 26–5, hervor. Vom Preßlufterzeuger gelangt die Luft zunächst in einen Vorregler, der den Druck nahezu bis auf den Betriebsdruck herabsetzt. In einem Vorfilter wird die Luft von Kondenswasser und Verunreinigungen grob gereinigt. Über einen Absperrhahn strömt die Luft in den Feindruckregler, den sie mit dem vorgeschriebenen und gleichbleibenden Betriebsdruck verläßt. In einem Endfilter werden die letzten Verunreinigungen und Feuchtigkeitsspuren zuruckgehalten. Kennzeichnend ist fur dieses Gerát, daß im Gegensatz zum Solex-Gerat zwischen Druckregler und Anzeigegerät keine Duse eingebaut ist. An Stelle eines Flussigkeitsmanometers wird zur Anzeige

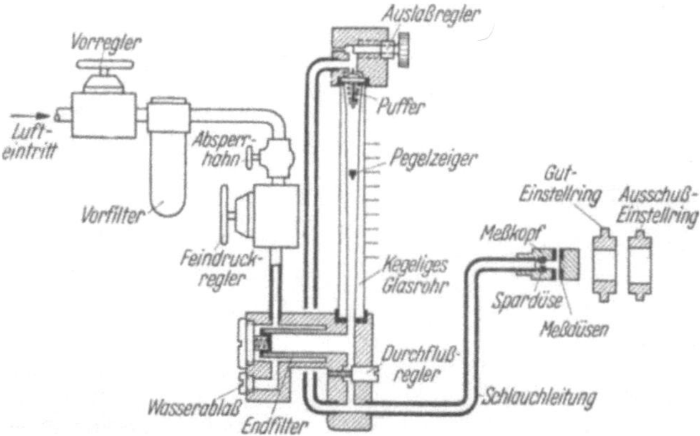

Abb. 26–5. Grundsátzlicher Aufbau des *„Precisionaire"* der Sheffield Corporation. Der eintretende Luftstrom wird zweimal gefiltert und durch zwei Druckregler auf den Betriebsdruck gebracht. Mit je einem Gut- und Ausschuß-Einstellnormal kann durch Einregeln des Auslaßventils der Pegelzeiger auf bestimmte Toleranzmarken eingestellt werden. Der Durchflußregler begrenzt die Luftmenge am Meßkopf und bestimmt das Übersetzungsverhältnis.

entweder ein Dosenmanometer oder folgende Anordnung (Rotameter) benutzt: In einem innen kegeligen Glasrohr, dessen verjüngtes Ende nach abwärts gerichtet ist, befindet sich ein leichter Metallkörper, welcher von der im Rohr jeweils herrschenden Luftströmung mehr oder weniger hochgeschoben wird. Am oberen Ende des Rohres ist ein Auslaßregler angebracht, dessen Querschnitt durch eine Feinstellschraube beliebig verandert werden kann. Vor der Schlauchleitung zum Meßkopf befindet sich noch ein Durchflußregler, der es gestattet, die zu den Meßdüsen strömende Luft-

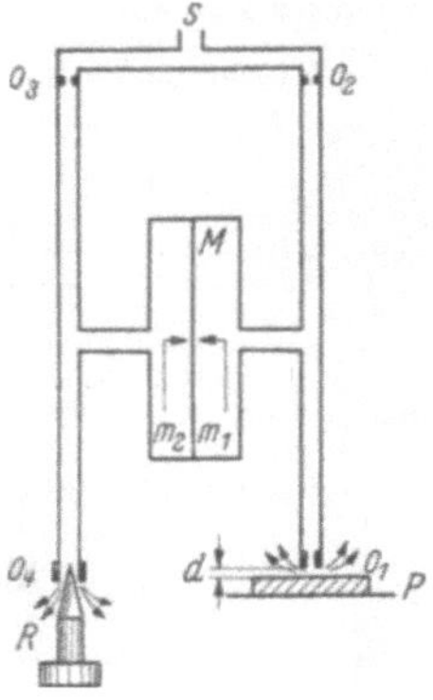

Abb. 26–6. Wirkungsweise der „*Etamic*"-Gerate (Ateliers de Normandie, Paris).

Von einer Preßluftquelle S fuhren zwei Leitungen zu den kalibrierten Dusen O_2 und O_3. Von O_2 gelangt die Luft zur Meßdüse O_1, wahrend die durch O_3 strömende Luft bei der Reglerduse O_4 austritt. Zwischen den beiden Leitungszweigen liegt im Nebenschluß eine Manometerkapsel M, deren Membran sich dann in der Ruhelage befindet, wenn der Luftdruck auf beiden Seiten gleich groß ist. Ändert sich der Abstand d zwischen dem Prufstuck P und der Meßduse O_1, so verringert oder vergrößert sich der Druck in der Meßleitung, und die Membran wird nach der einen oder anderen Seite ausgelenkt. Einer der beiden Kontakte m_1 und m_2 wird dadurch geschlossen und betätigt optische oder akustische Signale oder irgendwelche Steuerungen an der Bearbeitungsmaschine.

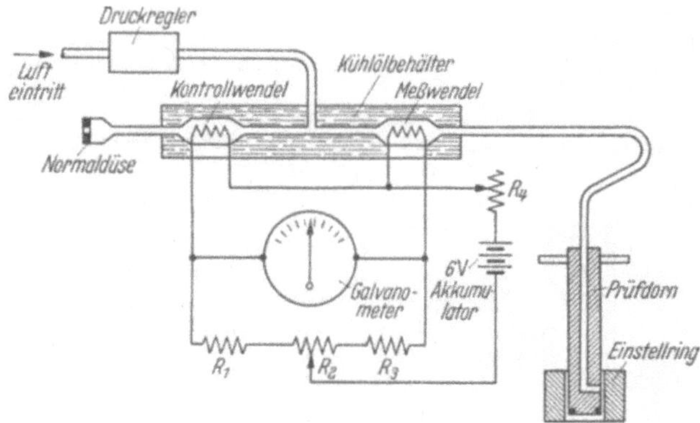

Abb. 26—7. Grundsatzlicher Aufbau eines *Dusenbolometers*.
Die an einen Druckregler angeschlossene Hauptluftleitung teilt sich in zwei Zweige: der eine ist uber eine Normalduse mit der Außenluft verbunden, der andere fuhrt über eine Schlauchleitung zum Prufdorn. In den Luftkanalen liegen Wendeln, die mit den Widerständen R_1 bis R_3 zu einer Wheatstoneschen Brucke zusammengeschaltet sind. Wird der Schiebewiderstand R_2 so eingestellt, daß das Galvanometer auf Null steht, wenn der Prufdorn in den *Einstellring* eingefuhrt ist, so werden beide Wendeln durch den Strom eines 6-V-Akkumulators auf gleiche Temperatur geheizt. Wird der Prufdorn in die zu *messende Bohrung* eingefuhrt, erhitzt sich die Meßwendel stärker oder schwächer, das Bruckengleichgewicht ist gestort. Am Galvanometer, dessen Skale nach Längeneinheiten geteilt ist, kann dann unmittelbar die Maßabweichung des Werkstuckes abgelesen werden. R_1 bis R_4 = Widerstände. Um Einflusse der Umgebung auszuschalten, werden die beiden Glasrohre mit den Wendeln in einem Kühlölbehalter angeordnet (Gerat der Sigma Instrument Comp., Ltd., Letchworth, Engl.).

menge (und damit gleichzeitig das Übersetzungsverhältnis) den vorliegenden Bedürfnissen anzupassen. Durch das Betätigen des oberen Auslaßreglers kann der Pegelzeiger auf bestimmte Marken der Ableseskale eingestellt werden. Unter Benutzung je eines Gut- und Ausschuß-Einstellnormals können auf diese Weise z. B. die Grenzen eines Toleranzfeldes markiert werden.

Weitere amerikanische Herstellerfirmen von ähnlich arbeitenden pneumatischen Geräten sind:

Pratt & Whitney, West Hartford, Connect. (*Air-O-Limit-Comparator*);
Taft-Peirce Manufacturing Comp., Woonsocket, R. I. (*Compairator*);
Landis Machine Comp., Waynesboro, Penns.

Die „*Etamic*"-Meßgeräte der Ateliers de Normandie, Paris (Deutsche Vertretung: MAW Handelsgesellschaft, Stuttgart O) arbeiten mit einem Betriebsdruck von $4 \cdots 5 \ kg/cm^2$, so daß sie unmittelbar an eine Preßluftleitung angeschlossen werden können und sehr wenig störanfällig sind. Die grundsätzliche Wirkungsweise des Etamic-Differentialverfahrens, das Einflüsse durch Temperatur- oder Druckschwankungen in der Preßluftanlage praktisch ausschaltet, ist aus Abb. 26–6 zu erkennen.

Nach Firmenangaben liegt die Meßunsicherheit unter $0,1 \ \mu$; die Ansprechzeit des Gerätes soll weniger als $0,01$ s betragen. Das Etamic-Verfahren ist, wie auch die anderen, geeignet zur Prüfung von Außen- und Innenmaßen an planen und zylindrischen Körpern, zur Messung von Bändern und Drähten sowie zur Steuerung von Maschinen.

Auf *Bolometergrundlage* beruhen die elektro-pneumatischen Geräte, Abb. 26–7.

264 Anwendungsgebiete

Bei dem pneumatischen Meßverfahren sind grundsätzlich zu unterscheiden:

1. die *unmittelbare Messung*, bei der das Prüfstück p vom eigentlichen Meßorgan s nicht berührt wird, Abb. 26–3. Eine Veränderung des Abstandes d zwischen Meßdüse und Prüfstück bewirkt die zu beobachtende Druckänderung;

2. die *Kontaktmessung*, bei der das Prüfstück von einem Tastbolzen (Solex-Aerotest) berührt wird, der ein den Luftstrom beeinflussendes Ventil steuert, Abb. 26–8.

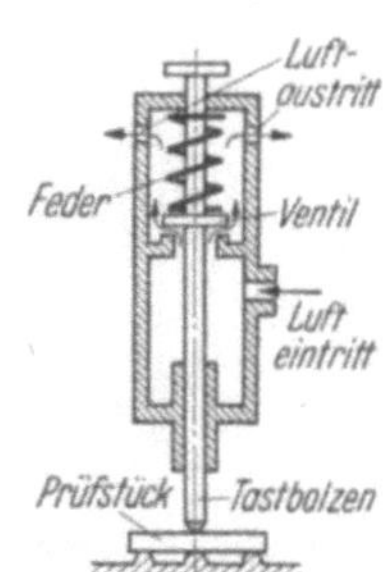

Abb. 26–8. „Aerotest" für pneumatische Kontaktmessungen (Nieberding & Co. Neuß).

Die Bewegung des Tastbolzens verändert den Luftdurchlaß des Ventils und damit auch den Druck in der Meßkammer

Die *unmittelbare* pneumatische Messung hat gegenüber der Kontaktmessung folgende Vorzüge:

a) Am Werkstück wirkt nur der verschwindend kleine Luftdruck, daher entstehen keine Formänderungen am Werkstück oder den übertragenden Zwischenmitteln und keinerlei mechanische Abnutzung am Meßgerät;

b) Prüfmöglichkeit an sonst schwer zugänglichen Stellen;

c) Kippfehler sind ohne Einfluß.

Ein Nachteil der berührungslosen Messung ist, daß sie den Prüfer zu einer mangelhaften Säuberung des Werkstückes verleitet, denn Verunreinigungen machen sich nicht so sinnfällig störend bemerkbar wie bei optischen Geräten; sie beeinflussen das Meßergebnis aber sehr. Ein weiterer Nachteil ist, daß sich unter Umständen Einflüsse der Oberflächenbeschaffenheit bemerkbar machen; die Vergleichsnormale sollten daher ebenso bearbeitet sein wie die Prüfstücke.

Meist werden die erforderlichen Meßelemente an ein pneumatisches Anzeigerät normaler Bauart angeschlossen. Zur wirtschaftlichen Prüfung von Massengütern wird hingegen oft die gesamte Apparatur der besonderen Prüaufgabe angeglichen. Diese Anpassung fuhrt unter Umständen bis zur Schaffung von halb- und vollautomatischen Spezialanlagen (z. B. pneumatische Filmprüfanlage).

264.1 Prüfung von Innendurchmessern

Fur die pneumatische *Messung von Bohrungen* über 1,5 mm Ø benutzt man Lehrdorne, die mit zwei oder mehreren Auströmdüsen am Umfange versehen sind, Abb. 26–9. Der Dorn wird mit Spiel in die zu messende Bohrung eingefuhrt. Dorne mit zwei gegenuberliegenden Ausström-dusen eignen sich auch dazu, eine *Unrundheit* und *Kegeligkeit* festzustellen. Maßgebend für den ermittelten Meßwert ist die Summe des Abstandes der beiden Dusenstirnflachen von der Bohrungs-wandung. Ein geringes seitliches Versetzen des Dornes hat keinen merklichen Einfluß auf das Meßergebnis. Neben dem eigentlichen Meßteil besitzen die Prufdorne noch einen oder zwei Fuhrungszylinder, die mit Langsnuten oder Bohrungen versehen sind, durch welche die ausströmende Luft entweichen kann. Zum Schutze vor Beschadigungen liegen die Dusen-stirnflachen etwas hinter den Fuhrungsteilen.

Der *Skalenwert* der Apparatur hangt vom ge-forderten Anzeigebereich ab. Bei 0,1 mm An-zeigebereich ist z. B. eine *Meßunsicherheit* von $1\,\mu$ und bei einigen 0,01 mm Anzeigebereich eine Meßunsicherheit von $0,1\cdots0,2\,\mu$ ohne Schwierig-keit zu erreichen. Von Nachteil ist, daß die Bohrung eine gewisse Mindesttiefe besitzen muß, weil in der Nahe der Bohrungsenden der Luft-austritt des verringerten Widerstandes wegen starker wird (Vortauschung einer Vorweite).

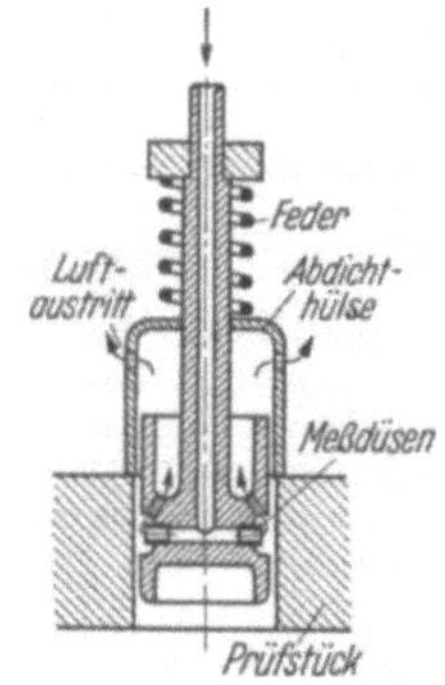

Abb. 26–9. Prufdorn mit federnder Abdichtungs-hulse.
Beim Herausziehen des Dornes schiebt die Feder die Abdichtungshulse über die Meßdusen. Dadurch wird ein plötzlicher Druckabfall in der Meß-kammer und ein zu großes Schwanken der Wasser-säule im Manometerrohr verhindert.

In Tab. 26–1 sind die bestimmten Anzeigebereichen zugeordneten Mindestdurchmesser nebst den notwendigen Mindesteintauchtiefen der Meßdusen und den Mindestbohrungslangen zusammengestellt.

Oft wird der Prüfdorn, wie in Abb. 26–9, mit einer federnden Hülse ver-sehen, welche die Meßdusen beim Herausziehen des Dornes aus dem Prüf-stuck abdeckt. Dadurch wird erreicht, daß der Stauraum um die Meßdüsen abgeschlossen bleibt, jedesmaliges Hochschnellen der Wassersaule beim Auswechseln der Prufstücke vermieden und damit Prufzeit gespart wird.

Für Bohrungen unter 1,5 Ø sind pneumatische Prufdorne nicht mehr anwendbar,

Tabelle 26—1. **Zahlenwerte für Bohrungsprüfungen mit dem Solex-Gerät**

Gewünschter Anzeigebereich in μ	14	20	26	32	44	200	260
Die Prüfdorne sind herstellbar ab Durchmesser (mm)	3	5	7,5	10	11	10	12
Erforderliche Mindesteintauchtiefe der Meßdusen (mm)	1,8	3	4,5	6,5	7	6	6,5
Kurzeste noch meßbare Durchgangsbohrung (mm)[1]	3,5	6	9	13	14	12	13

[1] Fur Sacklochbohrungen vergrößern sich der ungunstigeren Stromungsverhält-
nisse wegen die fur Durchgangsbohrungen geltenden Mindestlängen um rd. 10···30%.

264.2 Prüfung von Außendurchmessern

Zum Prüfen von Zylindern werden *Prufringe*, die dem Prüfling angepaßt
sind, benutzt, Abb. 26-10. Der Dusenring dient zur Fuhrung des Prüfstuckes und als Halter fur die Düsen. Zur Erfassung von Gleichdicken dienen
Prüfringe mit drei um 120° versetzten Dusen. Bei auslandischen Geräten
werden neben Dusenringen auch einstellbare pneumatische Rachenlehren
verwendet.

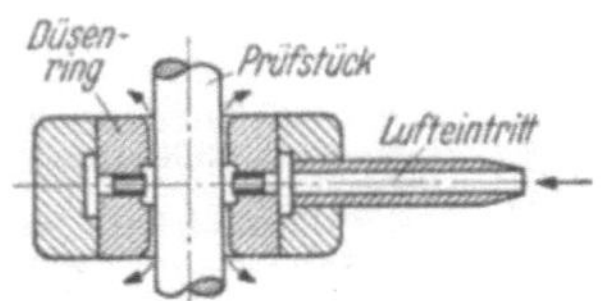

Abb. 26–10.
Prufring für Außenmessungen
an zylindrischen Teilen (Wellen).

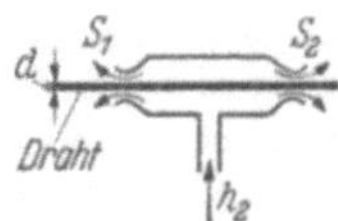

Abb. 26–11. Schematische Darstellung
einer pneumatischen Vorrichtung fur
Messungen der Drahtdicke d.
Der Draht wird durch die beiden
Dusen s_1 und s_2 laufend hindurchgefuhrt.

Auch verwickelte Werkstücke, z. B. Ventilschafte, können mit ähnlichen
Einrichtungen geprüft werden. Es ist ferner möglich, gleichzeitig Innen- und
Außendurchmesser zu prufen. Fur die laufende Überwachung des Durchmessers von Drahten oder Textilfaden eignet sich ein T-förmiges Meßstuck
mit zwei Dusen ahnlich Abb. 26–11, durch die das Meßgut frei hindurchlauft.

264.3 Prüfung ebenflächiger Teile

Die Dicke von Werkstucken mit prismatischem Querschnitt laßt sich
gleichfalls durch zwei einander gegenüberliegende Düsen bestimmen. Auf
genügenden Abstand der Dusen von den Kanten ist zu achten. Besonders
sei auf die Eignung des pneumatischen Verfahrens für die *Vergleichsmessung
von Endmaßen* hingewiesen. Bei den Solex-Geräten wird hier wie bei anderen
Feinstmessungen zur Steigerung der Meßgenauigkeit mit einem Meßdruck
von 1230 mm WS gearbeitet. Wahrend fruher Endmaße nur nach dem

Kontaktverfahren pneumatisch gemessen wurden, wird jetzt die unmittelbare Messung, die allerdings DIN 861 widerspricht, bevorzugt. Von der Sheffield Corporation wurde auf dieser Grundlage ein besonderes *Endmaß-Vergleichsgerät* entwickelt. Der Abstand zweier Teilstriche auf der Ableseskala entspricht hier einem Millionstel Zoll ($\approx 0{,}025\,\mu$).

Rachenlehren und parallele Innenmeßflachen werden mittels *Düsenendmaßen* geprüft. Es sind diese Endmaße, die in der Mitte der einen Meßfläche eine Duse aufweisen. Zwei solcher Dusenendmaße bilden mit ihren nach außen gerichteten Dusen die Begrenzungsstücke einer der Rachenweite entsprechenden Endmaßzusammenstellung, mit der sich die gesamte Herstellungstoleranz von Rachenlehren erfassen laßt. Diese Art der Rachenlehrenmessung entspricht allerdings nicht den bestehenden Prufvorschriften, da hier ohne Meßkraft geprüft wird. Das „Arbeitsmaß" der Rachenlehre, das durch Aufweiten des Lehrenkörpers bei der praktischen Anwendung entsteht, wird also nicht erfaßt.

264.4 Sonstige Prüfungen

Die Freizugigkeit in der Anordnung der Meßdüsen gestattet die vielseitigste Anwendung des pneumatischen Meßverfahrens, Abb. 26–12 bis –14. Zur Steuerung selbsttatiger

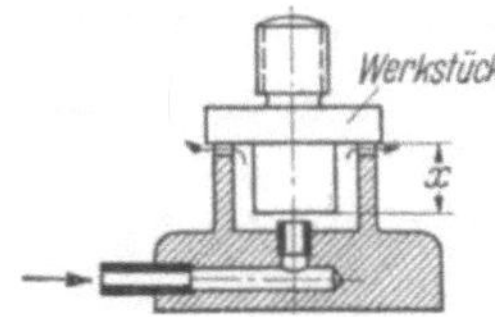

Abb. 26–12. Pneumatische Prüfung des Abstandes x an einem Werkstück.

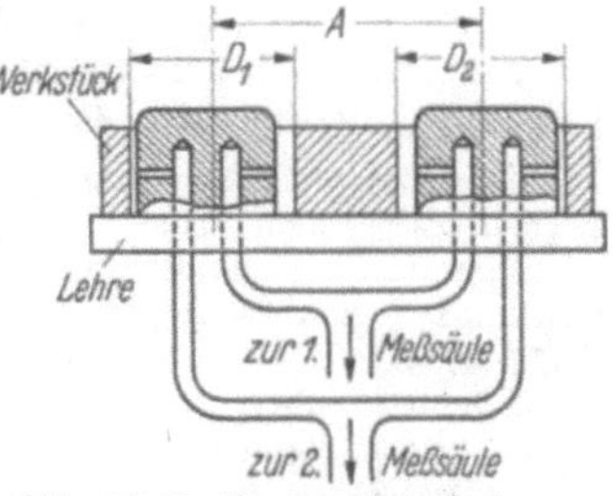

Abb. 26–13. Pneumatische Lehre für einen Lochabstand A.

pneumatischer *Auslesegeräte* werden zwischen Prüfmittel und Anzeigegerät *elektrische Kontaktgeber* eingeschaltet. Diese besitzen einen Membrankontakt, der mit einstellbarer Federkraft gegen einen Gegenkontakt gedrückt wird. Beim Überschreiten der zulässigen Druck-(Toleranz-)grenzen wird ein elektrischer Stromkreis unterbrochen, wodurch Steuervorgänge ausgelöst werden können. Schließlich sei noch auf die Verwendungsmöglichkeit des Solex-Verfahrens für *Dichtheitsprüfungen* und für *Dehnungsmessungen* hingewiesen.

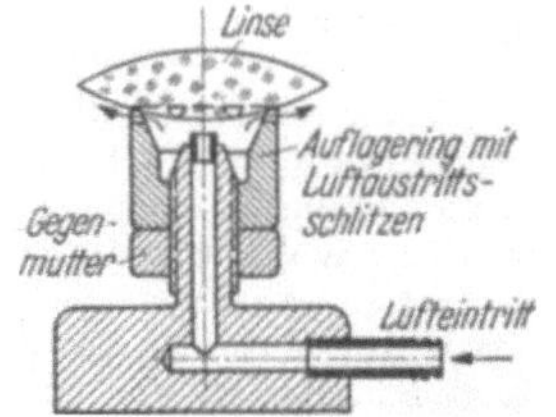

Abb. 26–14. Pneumatisches Sphärometer zum Prufen des Krummungshalbmessers von Kugelflächen, besonders von Linsen.
Der Auflagering kann in seiner Lage zur Meßduse verstellt werden.

Schrifttum

Goethel, E.†: Ein pneumatisches Längenmeßverfahren. Dtsche Kraftfahrtforsch. 1944, H. 80.

Goethel, E.†: Pneumatisches Längenmeßverfahren. ATM V 1121–6, Juli 1947.

Grodzinski, P.: Sigma elektro-pneumatische Lehre. Werkst. u. Betr. Bd. 82 (1949) Nr. 2, S. 53.

Leinert, L.: Feinmeßgerat auf Stromungsgrundlage. Werkst.-Techn. Bd. 36 (1942) Nr. 11/12, S. 228/31.

Mennesson, M.: Méthode de mesure des longeurs et des épaisseurs. C. R. Acad. Sci., Paris Bd. 194 (1932) S. 1459/51.

Nieberding, O.: Die praktische Verwendung des Solex-Meßverfahrens. Werkst.-Techn. Bd. 36 (1942) S. 498/504.

Niepel, H.†: Die pneumatischen Meßlehren. Grundlagen und Meßeinrichtungen. Feinmech. u. Praz. Bd. 50 (1942) Nr. 17/18, S. 255.

Raum, M.: Das pneumatische Prufverfahren, ein vielseitiges Hilfsmittel fur die Feinmeßtechnik. Z. techn. Phys. Bd. 24 (1943) Nr. 3, S. 46.

Vorrichtung zum Messen des Abstandes von Flächen (Franz. Patent 1985576 vom 25. 12. 1934, M. Menneson). Meßtechnik, Bd. 11 (1935) S. 77.

v. Weingraber, H.: Pneumatische Meß- und Prufgerate. Masch.-Bau/Betrieb Bd. 21 (1942), Nr. 12, S. 505/10.

27 Komparatoren und Meßmaschinen

271 Allgemeines

Komparatoren sind Meßeinrichtungen nach Abschn. 113.1, die zum Vergleichen von Markenabstanden (z. B. Strichmaßen) mit Strichmaßen dienen.

Meßmaschinen dienen zum Vergleich von Körpern mit einem Längennormal; dieses kann sein:

a) Endmaß oder anderes geeignetes korperliches Normal, Unterschiedsbestimmung durch Meßschraube oder Fuhlhebel;

b) Strichmaß;

c) Meßschraube.

Demgemaß kann man auch unterscheiden:

Meßmaschinen mit Endmaßvergleich (a und c) und *Strichmaß-Meßmaschinen* (b).

Nach vorstehender Begriffsfestlegung gehort z. B. der Abbesche Langenmesser zu den Strichmaß-Meßmaschinen. Beim Interferenzkomparator wird ein Endmaß mit Lichtwellenlängen als Normale verglichen. Meist versteht man unter Meßmaschinen Einrichtungen mit kleiner Meßunsicherheit fur große Langen.

Grundsatzlicher Aufbau der Meßmaschinen. Meßrichtung meist waagerecht. Auf einem Bett sind zwei Meßbocke oder -schlitten angeordnet, in denen die beiden einander zugekehrten Meßbolzen gelagert sind. Der Abstand der Meßflachen der Meßbolzen stellt die Meßstrecke dar; er kann innerhalb des Verstellbereiches (bis 12 m) verandert werden. Der Abbesche Grundsatz (s. Abschn. 141.2) muß berucksichtigt sein, um Fehler 1. Ordnung auszuschalten, die von Ungenauigkeiten der Fuhrungen und dadurch verursachten Kippungen der bewegten Meßböcke herruhren. Mit einem der Meßbolzen ist eine Einrichtung verbunden, die folgende Aufgaben hat: Gleichhalten der Meßkraft, dadurch Ausschalten des Meßgefuhls; Anzeigen der Nullstellung oder auch von Maßunterschieden in großer Übersetzung. Arbeitsweise: mechanisch, hydraulisch, optisch, elektrisch.

Optische Meßmaschinen und Komparatoren s. Abschn. 245.

272 Meßmaschinen mit Endmaßvergleich

Als körperliche Normale dienen Parallelendmaße zum Einstellen des Abstandes der Meßflachen.

272.1 Aufbau

Der eine der Meßböcke tragt eine Meßschraube, mit der Abweichungen vom Einstellmaß gemessen werden können. Innerhalb des Anzeigebereiches, meist 25 mm, werden Steigungsfehler durch Korrekturlineal ausgeglichen.

Der Teilung der Meßtrommel oder des Teilungsgrades gegenüber befindet sich ein Nonius zum Ablesen von 0,1 oder $0,2\,\mu$. Zum langsamen Anstellen der Meßschraube dient eine Feinstellvorrichtung. Weicht der Prufling vom als Normal benutzten Endmaß nur um wenige μ ab, so können die Fehler der Meßschraube vernachlässigt werden; deshalb vorzuziehen.

Der andere Meßbock tragt eine hydraulische Meßdose (Hommel, Abb. 27–1, Reinecker) oder einen

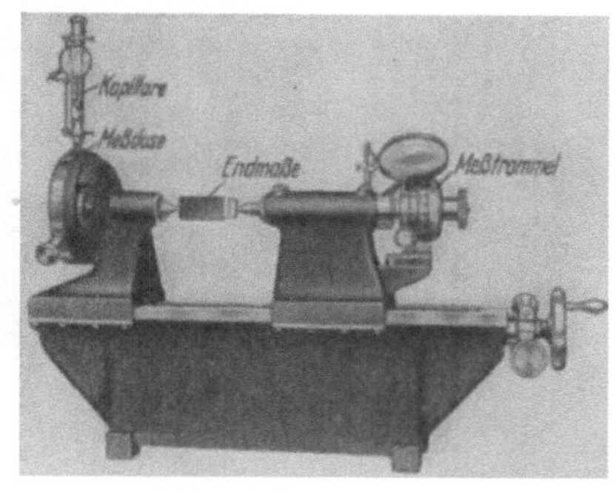

Abb. 27–1. Meßmaschine mit hydraulischer Meßdose. Einstellung nach Endmaßen. Verstellbereich 0···250 mm. Übersetzung im allgemeinen 10000 : 1.

mechanischen, optischen oder elektrischen Fuhlhebel.

Die *hydraulische Meßdose* ist ein mit destilliertem Wasser gefulltes Gehäuse, in dem sich ein durch eine Membran gedichteter Kolben bewegt und das oben ein Kapillarglasrohr tragt. Durch Hineindrucken des Meßbolzens wird das Wasser im Gehause verdrangt und steigt in der Kapillare. Empfindlichkeit etwa 10000 : 1, d. h. 10 mm $\triangleq 1\,\mu$. Äußere Reibung ist

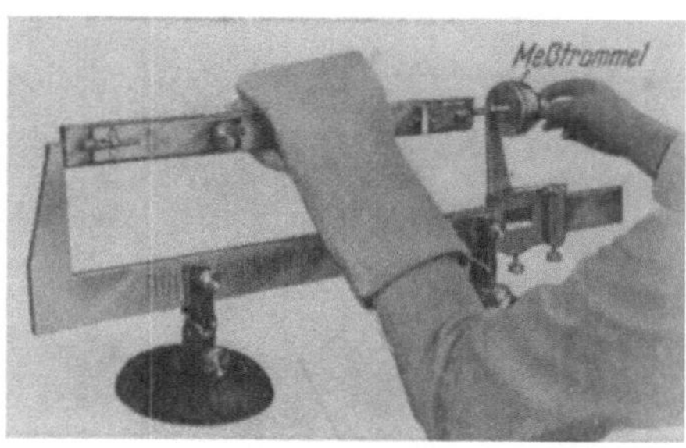

Abb. 27–2. Vergleichsmikrometereinrichtung. Ablesung an der Meßtrommel $2\,\mu$. Einstellung mit Endmaßen oder nach Strichteilung.

vermieden, es bleibt nur die geringe innere Reibung in der Flussigkeit und in der Feder, die auf den Meßbolzen wirkt, und bei gleicher Höhe der Wassersaule die gleiche Meßkraft abgibt. Die Meßdose ist temperaturempfindlich, deshalb vielfach durch mechanische oder optische Fuhlhebel ersetzt.

Der Abbesche Grundsatz ist dadurch befolgt, daß Meßstrecke, Meßspindel und Nullzeiger in der gleichen Achse liegen. Beim Vertauschen von Normal (Einstellmaß) und Prufling liegt die Meßstrecke an der gleichen Stelle.

Abb. 27–3. Kleinmeßmaschine mit Fuhlhebel und nachgeschalteter Meßuhr.

Einfache Längenmeßmaschinen haben Meßschraube mit Ratsche (Vergleichsmikrometereinrichtung, Abb. 27–2), oder Meßschraube und Fuhlhebel, oder nur Fuhlhebel (Kleinmeßmaschine, Abb. 27–3). Langenmeßapparate (Abb. 27–4) fur große Meßlangen (über 1 m) haben Fuhlhebel oder Meßuhr als Nullzeiger am festen Meßbock und Meßschraube am verschiebbaren Schlitten.

Meßunsicherheit: Zuverlassigkeit des Vergleichs bei Meßmaschine mit

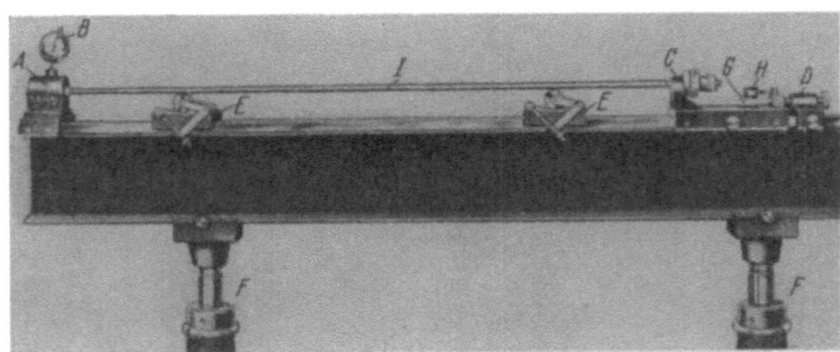

Abb. 27–4. Längenmeßapparat. A = Anzeigebock, B = Meßzeiger, C = Meßschraubenbock, D = Feinstellschieber, E = Auflagebock, F = Fußschrauben, G = Fenster fur Maßstabablesung, H = Lupe, I = Prufling.

hydraulischer Meßdose wird mit $\pm\left(0,05 + \dfrac{\text{Meßlänge}}{1000}\right)\mu$ angegeben, Meßlange in mm. Hinzu kommt der Fehler des als Normal benutzten Endmaßes.
Bei dieser Angabe ist größte Sorgfalt und Beachtung der Temperatur vorausgesetzt.

272.2 Benutzung

Einstellen nach Endmaß. Verschiebbaren Meßbock langsam an das
Einstellmaß heranfahren und mit Feinstellschraube verschieben, bis Nullzeiger 0 anzeigt. Meßschraube zurückschrauben und wiederzustellen, Nullstellung am Nullzeiger berichtigen.

Langere Endmaße nur warmeisoliert anfassen: Lederlappen, Holz-
klammer. Zum Wegscheren der Zwischenschichten Endmaß in zwei zueinander senkrechten Richtungen etwas bewegen. (Druckfestigkeit 70 kg/mm²,
Zerreißfestigkeit 0,17 kg/mm²). Dabei Nullzeiger beobachten.

Messen. Prüfling an Stelle des Vergleichsendmaßes zwischen die Meßbolzen bringen wie oben. Meßschraube, zuletzt mit Feinstellvorrichtung,
so lange zudrehen, bis Nullzeiger wieder 0 zeigt. Dann kann Unterschied
zwischen Prüfling und Normal an der Meßtrommel abgelesen werden. Bei
sehr kleinem Unterschied: Meßtrommel auf Null stellen und Unterschied
am Nullzeiger ablesen. Trommel immer in Richtung herausgehender Tastbolzen betatigen, um toten Gang auszuschalten.

Fehlerquellen, Temperatur. Meßmaschine, Endmaße und Prüfling
müssen gleiche Temperatur haben. Temperaturausgleich s. Abschn. 141.64.
Bei verschiedenen Ausdehnungszahlen von Prüfling und Normal muß die
Bezugstemperatur von 20° C eingehalten werden. Temperaturschwankungen
vermeiden, da die Teile verschieden schnell folgen.

Unsaubere Meßflächen. Entfetten und mit sauberem Leder oder Baum-
wollflanellappen abwischen.

Außerdem. Zu schnelles Zustellen der Meßschraube vermeiden. Fuhrungen am Maschinenbett und den Meßschlitten vor Beschädigung und Rost
schützen; nach Gebrauch säubern und mit säurefreier Vaseline einfetten;
keine Gegenstände auflegen. Die Meßflächen der Meßbolzen sollen sich im
Ruhezustand nicht berühren, nach Gebrauch einfetten. In der Kapillare
muß das Wasser so hoch stehen, daß bei Verdunsten keine Luftblasen in die
Meßdose gelangen.

272.3 Messen mit Lehrenbohrwerk

Da jedes Lehrenbohrwerk Mittel zum genauen Einstellen nach rechtwinkligen Koordinaten hat, kann es zum Messen benutzt werden. Dazu wird
in die Bohrspindel ein Fühlhebel eingesetzt. Es können Abstände von
Flächen und Bohrungen gemessen werden, auch wenn sie nicht in einer
Ebene liegen.

28 Geräte für Oberflächenprüfung und -messung

Für die Brauchbarkeit eines Werkstückes ist oft neben der Einhaltung
einer Maßtoleranz auch die einer bestimmten Oberflächengüte maßgebend.
Beide sind nur lose voneinander abhängig: kleine Toleranz bedingt glatte

Oberfläche, aber auch bei großer Toleranz kann hohe Oberflächengüte zweckmäßig sein.

Prüfmöglichkeiten, *subjektiv* und *objektiv* (Ermittlung von Maßzahlen für Oberflächengüte).

Grenzen der Prüfmöglichkeit. Untere: theoretisch Gitterstruktur des Werkstoffes, praktisch mikrogeometrische Unterscheidungsmöglichkeit verschiedener Bearbeitungsstrukturen. Obere: Übergang zur makrogeometrischen Gestaltsabweichung.

281 Oberflächenprüfung

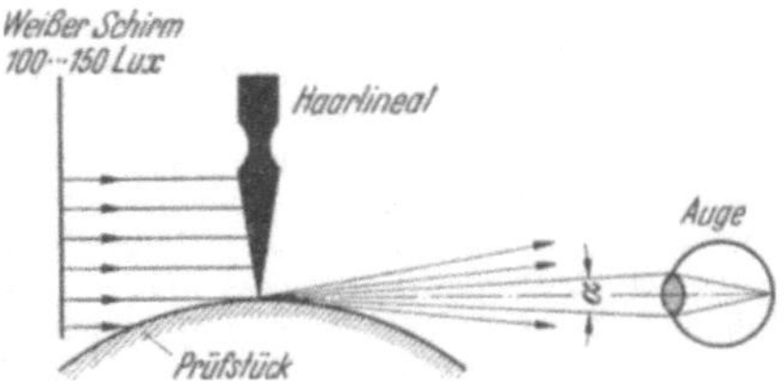

Abb. 28–1. Lichtspaltprüfung mit Haarlineal. Das auf den Lichtspalt zwischen Lineal und Prüfstück fallende Licht wird gebeugt. Die im Sehwinkel α liegenden Lichtstrahlen gelangen ins Auge.

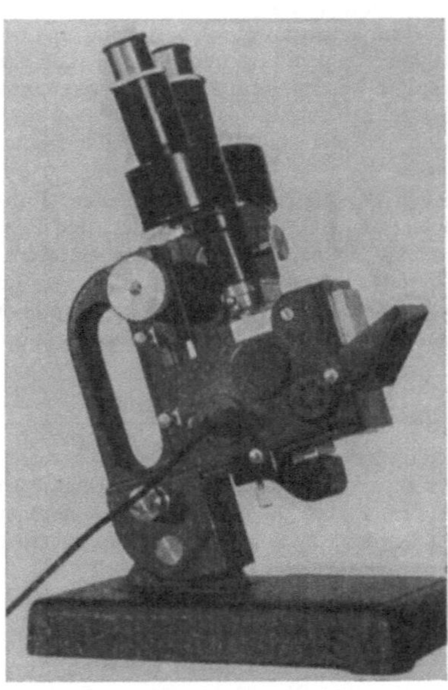

Abb. 28–2. Binokulares Vergleichsmikroskop der Fa Ernst Leitz.

Verfahren liefern keine Maßzahlen nach DIN 4762. Die Prüffläche wird mit einer Musterfläche verglichen oder ohne solche beurteilt. Das Ergebnis ist sehr von Eignung und persönlicher Auffassung des Prüfenden abhängig.

Tastsinn. Fingerkuppe; empfindlicher ist Abfühlen mit Fingernagel oder mit Kante eines Metallstückes (Münze). Bei günstigster Gleitgeschwindigkeit sind Rauheiten von $\approx 0{,}5\ \mu$ wahrnehmbar.

Auge. Unterscheidung von Rauheiten von $70 \cdots 80\ \mu$ in deutlicher Sehweite bei gleichmäßig beleuchteter Fläche. Bei diffus (nicht reflektierend) auffallendem Licht lassen sich noch Risse von $0{,}7\ \mu$ Breite wahrnehmen.

Haarlineal, Abb. 28–1. Spalt von $1\ \mu$ ist bei sehr guter Oberfläche (Endmaß) noch gut zu erkennen, da durchfallendes Lichtbundel am engen Spalt gebeugt, in der Flache gespiegelt wird und dem Auge Hell auf dunklem Grunde größer erscheint. Geradheit bei 75 mm Lange nach DIN 874 0,75 μ. Bei feinstbearbeiteter Flache werden meist weniger die Rauheiten als die Formfehler beobachtet. Schatzen ihrer Größe fuhrt oft zu groben Irrtümern, deshalb soll Musterlichtspalt bestimmter Größe zum Vergleich benutzt werden. Fehler des Haarlineals durch Verschieben desselben prufen: Fehler wandert mit.

Lupe. Vergrößerung 2···10fach, zum Beobachten von Fehlstellen, z. B. des Abstandes von Rattermarken. *Binokulare Lupen* geben ein räumliches Bild der Oberflache. Der Wert der Beobachtung wird erhöht, wenn man die zu prüfende Flache mit einer Musterflache vergleicht. Besonders günstig ist es, wenn beide Flächen gleichzeitig dicht nebeneinander im Mikroskop betrachtet werden können: *binokulares Vergleichsmikroskop von Leitz*, Abb. 28–2, Vergrößerung 15···50fach. Ähnliches Gerat wurde von Busch gebaut.

282 Oberflächenmessung

Zu unterscheiden sind:

1. Verfahren, die ein oder mehrere, die Oberfläche geometrisch beschreibende (topographische) *Maße nach DIN 4762* liefern: Profilschnitt- und Schichtlinienverfahren, z. T. auch das Traganteilmeßverfahren. Normal- und Vergleichsstücke sind nicht notwendig.

2. Verfahren, die eine Art *Integralwert* anzeigen, der in keinem erkennbaren Zusammenhang mit der geometrischen Feingestalt der Oberflache steht. Zulässig ist nur der Vergleich von Prüfstucken gleichen Herstellungsganges, da bei abweichender Endbearbeitung völlig falsche Beurteilung möglich. Besonders geeignet für die Prüfung großer Stuckzahlen gleichartiger Werkstücke.

282.1 Topographische Oberflächenmeßgeräte

282.11 Profilschnitt-Geräte

A. Querschliffverfahren. Älteste Methode, die Zerstorung des Prufstückes erfordert. Diese ist zu vermeiden durch Querschliff am Abdruck. Verfahren ist umständlich und zeitraubend; viel Sorgfalt und Übung notwendig, um Profilverletzungen auszuschalten.

B. Tastschnittgeräte. Oberfläche wird mit spitzem Stift stetig „abgefühlt" (*Abfühlgeräte*) oder mit Nadel sprungweise „abgetastet" (*Abtastgeräte*). Die Fuhlstift- oder Tastnadelbewegung wird vergrößert angezeigt oder aufgeschrieben.

Vorteile der Tastschnittgeräte. Erhalt anschaulicher Profilkurven; Möglichkeit, auf große Langen (bis 1 m) zu messen. Durch starke Profiluberhöhung werden auch kleine Rauheitsunterschiede sichtbar. Mit einigen Geraten sind auch makrogeometrische Formabweichungen bestimmbar.

Grundsätzliche Mängel. a) Scharfe Profilecken und -lücken werden nicht erfaßt (Profilverzerrung), wenn diese kleiner als der Tastnadeldurchmesser sind.

b) Sicheres Abfuhlen oder Abtasten erfordert eine gewisse Mindestmeß-
kraft (meist < 1 g), die ausreicht, um bei kleinen Tastnadelradien ($r = 2 \cdots$
$30\,\mu$) u. U. bildsame Verformung der Oberflache und Profilverzerrungen
zu bewirken.

c) Profilverzerrungen bei nicht sehr genau waagerechter Vorschubbewegung von Nadel oder Prufstück (notwendige Ebenheit der Fuhrung
unter $1\,\mu$).

Abfuhlgeräte. a) Deutsche: *Perthograph* (Dr.-Ing. Perthen, Hannover)
mit kapazitiv-elektrischer Übertragung mit 1000- bis 10000facher Vergrößerung in vier Stufen. Meßkraft des Fuhlstiftes $\approx$ 500 mg. Rauheits-
anzeige auf Skale mit Zeiger oder Profilaufzeichnung auf Papier (ohne Entwicklung). *Mikrogeometer* (Hahn & Kolb, Stuttgart) mit elektrischer Übertragung und Lichtpunktprofilaufzeichnung (ohne Entwicklung). Vergrößerung: vertikal 300- bis 10000fach, horizontal 24- bis 240fach. Fuhrung der
Saphirnadel ($r \approx 10\,\mu$) durch Kufe, motorischer Vorschub ($\approx$ 0,5 mm/min)
bei max. 25 mm Meßweg. Meßbarer Rauhtiefenbereich 0,1 $\cdots$ 100 μ. *Perth-O-
Meter* (Hommelwerke, Mannheim) mit wahlweise lieferbaren elektronischen
Rechengliedern zur Anzeige von Wellentiefe, Rauhtiefe, Glattungstiefe, Traganteil und arithmetischem und quadratischem Mittenrauhwert[1,2]. Abtast-
länge normal 5 mm. Einstellbare Rauheitsmeßbereiche 0,25–1,0–2,5–10 μ.
Bohrungen ab 12 mm meßbar. Profilaufzeichnung mit besonderem Schreib-
gerat möglich.

b) Amerikanische: *Profilometer* (Physicists Research Comp., Ann-Arbor
Mich.) mit induktiv-elektrischer Aufzeichnung der Nadelbewegung, Vor-
schub von Hand oder motorisch, Meßkraft des Fuhlstiftes $\approx$ 200 mg. *Surface
Analyzer* (Brush-Development Comp., Cleveland, Ohio), der den piezo-
elektrischen Effekt ausnutzt, Meßkraft des Fuhlstiftes 50 mg oder weniger.
Beide Gerate liefern den quadratischen Mittenrauhwert[1].

c) Englische: *Talysurf-Gerät* (Taylor, Taylor & Hobson, Leicester), bei
dem die vertikale Bewegung des Taststiftes eine Trägerwelle aus einer
Fremdstromquelle moduliert. Meßkraft des Fuhlstiftes 100 mg. Anzeige des
arithmetischen Mittenrauhwertes[2] oder Profilaufzeichnung. *Tomlinson Surface Finish Recorder* (J. E. Baty & Co., London) mit rein mechanisch 100fach
vergrößerter Profilaufzeichnung auf berußter Glasscheibe, Meßkraft des
Fuhlstiftes $\approx$ 50 mg. Abfuhllange 3 mm.

d) Schwedisches: Werkstattgerat *Oberflachenindikator Nr. 533* (C. E.
Johansson, Eskilstuna) mit mechanischer Übersetzung zwischen Diamant-
fuhlstift ($r \approx 10\,\mu$) und Mikrokator. Vorschub des Gerats auf drei Gleitschuhen von Hand oder mittels Feinschraube. Meßkraft $\approx$ 1 g. Hilfs-
vorrichtungen fur Messung kleiner Werkstucke, Zylinder und Bohrungen.

Mängel der Abfühlgeräte. Soweit die vorgenannten Gerate das Werkstück selbst als Fuhrungsbahn fur den Fuhlstift benutzen, wird bei ungünstiger Form und Anordnung der Gleitschuhe ein Integralwert der Wellen
uberlagert und mitgemessen. Hängenbleiben des Fühlstiftes an Steilhängen

---

[1] Höhe der Rauheit, errechnet als Wurzel aus dem Mittel der quadratischen Abweichungen von der mittleren Linie nach DIN 4762.

[2] Höhe der Rauheit, errechnet als arithmetisches Mittel der Abweichungen von
der mittleren Linie nach DIN 4762.

des Oberflachengebirges, unkontrollierbare Reibungseinflusse, Profilverformung durch Seitenkrafte. Bei elektrischer Verstarkung ist Ergebnis von Verstarkerbauart und Frequenz abhangig.

Abtastgerate. Die Tastnadel wird in regelmaßigen Intervallen von der Oberflache abgehoben und nach einem bestimmten Vorschub des Prufstuckes wieder aufgesetzt, daher keine Profilverzerrung durch Seitenkrafte, kein Hangenbleiben der Tastnadel und keine Beschadigung der Oberflache.

a) Deutsche: *Oberflachenmeßgerat nach Forster* (E. Leitz, Wetzlar), Abb. 28–3 und 28–4. Die Tastnadel wird elektromagnetisch durch Glimmentladung periodisch mit 50 oder 100 Hz angehoben und fallengelassen. Hubhöhe der Nadel konstant etwa 1,5 μ und vom Profilverlauf unabhangig. Optische Übertragung der Nadelbewegung auf Mattscheibe oder Film, dessen Bewegung auf die (motorisch erzeugte) Vorschubbewegung abgestimmt ist. Meßkraft der Tastnadel 300···400 mg. Besonderer Fuhrungsschlitten fur den Vorschub, dessen

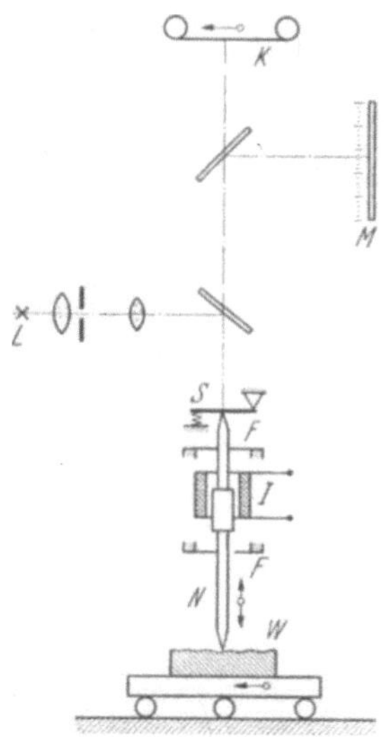

Abb. 28–3 Schema des Leitz-Oberflachenmeßgerats nach Forster. Das Prufstuck W wird unter der auf- und abbewegten Nadel N hinweggefuhrt. Durch die Rauheiten des Profils wird der mit dem Taststift kraftschlussig bewegliche Spiegel S gekippt. Ein von der Lichtquelle L auf den Spiegel projizierter Lichtstrahl schwingt uber die Mattscheibe M und zeichnet auf dem bewegten Film K die Profilkurve auf. I = Impulsspule fur den Nadelhub, F = Scheibenfedern.

Schrittweite je nach Einstellung 0,16···1,66 μ betragt. Der Fehler der Profilaufzeichnung, Abb. 28–5, infolge Ungenauigkeit der Fuhrungen betragt im Höchstfall 0,5 μ. Abtastbare Lange 100 mm in einem Arbeitsgang, daher nicht nur Aufzeichnung der Rauheit, sondern auch des Formverlaufs. Die Rauhtiefe wird (normal) 1000mal, der Vorschub 10mal vergrößert aufgezeichnet.

Das Leitzgerat nach Forster stellt das zur Zeit vollkommenste deutsche Abtastgerat dar. Nur fur Laboratorium oder Meßraum, nicht fur Werkstattbetrieb geeignet. Zusatzeinrichtungen fur das Abtasten der Langsrauheit gewölbter Werkstucke, von Bohrungen und von Werkzeugschneiden (Messung der Schartigkeit).

Rauhtester (Leitz, Wetzlar), Abb. 28–6. Taststiftbewegungen werden auf ein Tauchspulensystem ubertragen. Induzierte Spannungen werden uber Verstarker angezeigt und ergeben Mittelwert fur Rauheit, und zwar die durchschnittliche Rauhtiefe in μ. Pruflange 6 mm, Ablaufgeschwindigkeit 0,6 mm/sec, Tastkraft $\approx$ 1 g, Tastspitzenhalbmesser $\approx$ 15 μ, Meßbereiche: 0···1 μ, 0···10 μ, 0···50 μ. Innentasteinrichtung fur Bohrungen von 9 mm $\varnothing$, $\leq$ 35 mm tief.

Leinweber, Langenmeßtechnik 25

Abb 28-4 Ansicht des Leitz-Oberflachenmeßgerates nach Forster.

b) Schwedisches *Oberflachenindikator nach Woxén* (C. E. Johansson, Eskilstuna). Die Tastnadel ist am Meßbolzen eines Mikrokators (vgl. Abschn. 235.2) angebracht. Meßkraft $\approx$ 300 mg. Auslosung des Nadelhubs und des Seitenvorschubes durch Druck auf eine Taste. Ablesung der Mikro-

Abb 28-5 Profilbild, aufgenommen mit dem Oberflachenmeßgerat nach Forster. Feinbohrung, 64 mm Ø, Vorschub 0,02 mm (Hohenmaßstab 1,3 mm = 1 μ, Langsmaßstab 1,3 mm = 10 μ). (Aufn Versuchsfeld fur Werkzeugmaschinen, T. H. Munchen).

katoranzeige nach jedem Tastschritt. Erhalt der Profilkurve durch Eintragung der Einzelablesungen in ein Diagramm. Den grundsätzlichen Vorzugen der Abtastgeräte stehen hier als Nachteile die große Schrittweite (50 μ) und das zeitraubende Aufzeichnen der Kurve von Hand gegenüber.

C. Lichtschnittgeräte. Eine Lichtquelle erzeugt über eine Spaltblende eine Lichtebene, die mit der Prüffläche einen bestimmten Winkel einschließt, Abb. 28-7. Der entstehende Profillichtschnitt wird durch ein Mikroskop beobachtet und ausgewertet. Bei ausländischen Geräten Bild des Spaltes durch das eines oder mehrerer Fäden (in hellem Gesichtsfeld) ersetzt.

Vorteile der Lichtschnittgeräte. Eignung für den Werkstattgebrauch, einfache, zuverlassige und schnelle Handhabung; Erhalt konkreter Zahlenwerte für die Rauhtiefe; Moglichkeit, Profillichtschnitte, die ein anschauliches Bild der allgemeinen Rauheit des Prüfstuckes geben, im Lichtbild festzuhalten.

Abb 28-6. Rauhtester

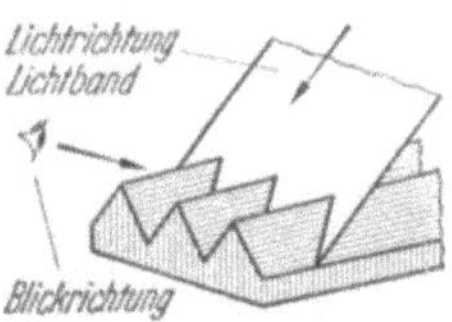

Abb. 28-7. Entstehung eines Oberflächen-Lichtschnittes

Abb. 28-8. Grundsatzlicher Aufbau des Zeiss-Lichtschnittgerates nach Schmaltz. Eine Lichtquelle L bildet über ein Objektiv O_1 einen feinen Spalt S auf der Prüffläche W ab. Der entstehende Lichtschnitt wird über das Objektiv O_2 und das Okular mit Mikrometer O_k beobachtet und gemessen. I = Beleuchtungs-, II = Beobachtungstubus.

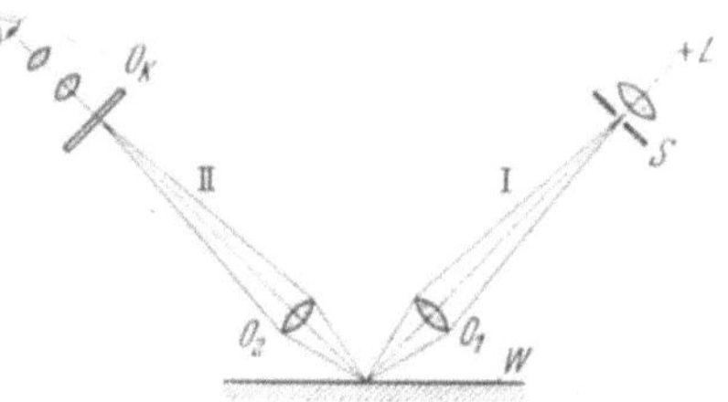

Grundsätzliche Mangel. Profilverzerrung durch den Schrägschnitt; keine Moglichkeit, das Profilbild wesentlich zu uberhohen, daher untere Anwendungsgrenze bei Rauhtiefen von $0{,}5 \cdots 1\,\mu$; geringe Länge des beobachtbaren Profilausschnittes.

a) Zur Zeit einziges deutsches Gerät: *Zeiss-Lichtschnittgerat nach Schmaltz* mit zwei getrennten optischen Systemen, deren Achsen einen Winkel von 90° miteinander einschließen und um 45° zur Prüffläche geneigt sind, Abb. 28-8

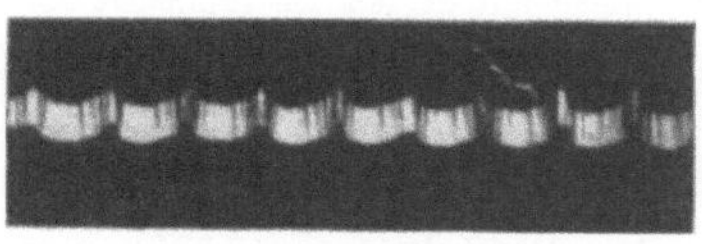

Abb. 28-9. Lichtschnittbild einer feingedrehten Stahlflache (Gesamtvergroßerung 130×).

(Überhöhung des Profilschnittes, Abb. 28-9, um das $\sqrt{2}$ fache). Durch Austausch der paarweise übereinstimmenden Objektive sind vier verschiedene Vergrößerungen erreichbar, so daß das Gerät den Rauhtiefen der Werkstücke angepaßt werden kann (Tab. 28-1).

Tabelle 28—1

(Gemäß neuester Druckschrift der Firma C. Zeiss, Jena)

Objektivpaar	Gesamt-vergrößerung	Sehfeld mm	Geeignet für Rauhtiefen von
Epi 7 ×	60 ×	2,5	10 bis 25 μ
Epi 14 ×	120 ×	1,3	5 bis 15 μ
Epi 30 ×	260 ×	0,6	1,5 bis 5 μ
Epi 60 ×	520 ×	0,3	(0,5)[1] bis 1,5 μ

[1] Untere Grenze im praktischen Gebrauch nur mit verhältnismäßig großer Unsicherheit meßbar.

Meßunsicherheit bei mehrmaliger Messung und Mittelwertsbildung lt. Firmenangabe: $\pm$ (0,03 R + 0,07) μ (R = größte Rauhtiefe in μ).

Nicht mehr gebaut. Raulimeter der früheren Firma E. Busch, Rathenow.

b) Amerikanisches Schneidenschattengerät nach Stewart Way

282.12 Schichtliniengeräte

A. Mechanisches Abtragen gleich dicker Schichten nach Art des Antuschierens erfordert großen Aufwand an Zeit und Prüfungsmitteln, daher ohne praktische Bedeutung.

B. Optische Schnitte parallel zur Oberfläche durch Lichtinterferenz.

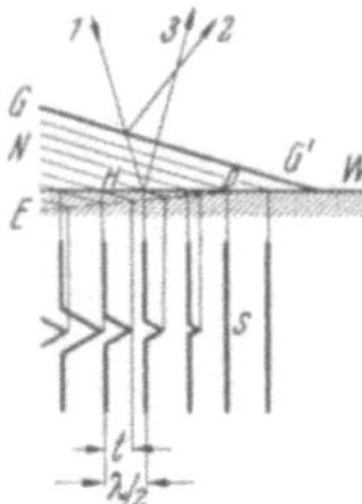

Grundlage. Interferenzen gleicher Dicke am Keilspalt nach Abb. 142-30 u. -31. Dadurch entstehen Niveauflächen vom Abstand $\lambda/2$, s. Abb. 28-10. Rauheiten der Prüffläche, z. B. der keilförmige Riß *E D*, bewirken zackenartige Streifenauslen-

Abb. 28–10. Entstehung von Interferenzbildern von Oberflächen Die Niveauflächen N sind um $\dfrac{\lambda}{2}$ voneinander entfernt. Ihre Schnittlinien mit der ebenen Prüffläche sind die Interferenzstreifen S. Der keilförmige Riß ED wird durch Zacken in den Interferenzstreifen sichtbar.

kungen, aus deren Größe sich die Tiefe der Rauheit errechnen läßt. So ergibt sich z. B. die Rißtiefe t an der Stelle H bei Verwendung monochromatischen Thalliumlichts von der Wellenlänge $\lambda = 0{,}535\,\mu$ etwa

$$\text{zu } \frac{7}{10} \cdot \frac{\lambda}{2} = 0{,}19\,\mu.$$

Neben Interferenzen gleicher Dicke werden auch *Interferenzen gleicher Neigung* benutzt, s. Abb. 142–32.

Bei visueller Betrachtung unter gunstigen Umstánden sind Streifen-auslenkungen von $1/10 \cdots 1/20$ Streifenabstand noch gut zu beobachten, Rauhtiefenunterschiede von rd. $0,05\,\mu$ daher noch meßbar. Feinere Rauhtiefen nur mehr schátzbar. Bei Verwendung von weißem Licht entstehen farbige Interferenzstreifen, die bessere Beobachtung ihres Verlaufes bei verwickeltem Oberflachencharakter ermoglichen.

Besonders scharfe Streifen werden durch die Mehrfachinterferometrie nach Tolansky erhalten, so daß Rauhtiefenunterschiede von $0,001\,\mu$ noch meßbar sind.

Vorteile der Interferenzgeráte. Flachenmaßige Beurteilung der Rauheit; weitestgehende Auflösung; keine zeitraubende Aufzeichnung des Meß-ergebnisses; Meßmöglichkeiten auch bei sehr weichen Körpern (Lackabdrucke).

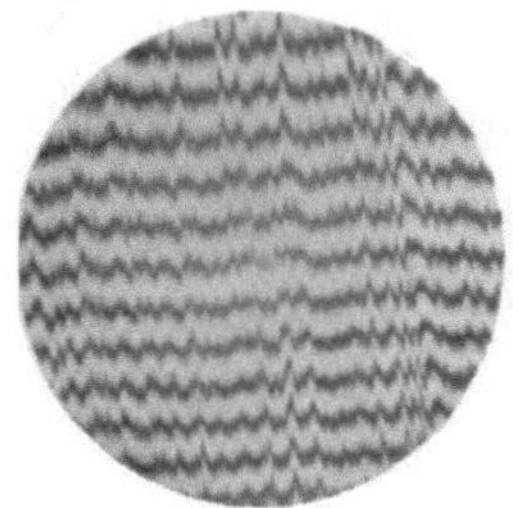

Abb. 28–11. Interferenzbilder der Oberflache eines Lehrdornes. *a* nach dem Schleifen, *b* nach erfolgter Verchromung (ohne Nachbearbeitung) ($V = 180\times$).

Nachteile. Nur bei gut spiegeln-den Oberflächen anwendbar; da sehr erschutterungsempfindlich, nur für Messungen im Laboratorium geeignet; zahlenmäßige Auswertung der Interferenzbilder oft schwierig.

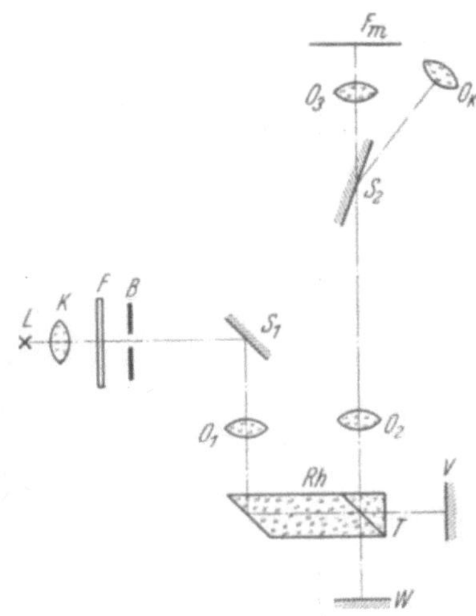

Abb. 28–12. Strahlengang beim Mikro-interferometer der Askaniawerke. Das von der Quecksilber- oder Thallium-lampe L erzeugte Lichtbundel gelangt uber Kondensor K, Filter F, Irisblende B und Spiegel S_1 zum Beleuchtungs-objektiv O_1, von dort zur Teilungs-fläche T des rhombischen Prismas Rh. Der eine Teil des Lichtes fállt auf das Prufstuck W, der andere auf die Vergleichsfláche V. Nach der Reflexion vereinigen sich die Strahlenbundel bei T und interferieren. Das Interferenzbild wird entweder uber Objektiv O_2 und Spiegel S_2 subjektiv im Okular O_k beobachtet oder uber O_2 und O_3 auf dem Film F_m photographisch abgebildet.

Besondere Anwendungsgebiete. Prüfung von Endmaßen, Meßflächen (Abb. 28–11), Kugeln und anderen feinstbearbeiteten Oberflächen.

Geräte. a) Deutsche: *Mikro-Interferometer* (Askaniawerke, Berlin), Abb. 28–12, bei dem die Teilung des Strahlenbundels zwischen Objektiv und Objekt vorgenommen wird, so daß Beleuchtungs- und Beobachtungsobjektiv optisch nicht identisch sein müssen. Die austauschbare, daher dem Prüfstück anpaßbare Vergleichsfläche ist in zwei aufeinander senkrechten Richtungen kippbar, um Streifenabstand und -richtung einstellen zu können. Monochromatisches Licht wahlweise mit Thallium- oder Quecksilber-Spektrallampe, letztere mit Filter für 0,546 μ. Subjektive Beobachtung bei 63-, 180-, 280facher Vergößerung; Abbildungsmaßstab der Lichtbilder 20- und 30fach.

Das benutzte optische Prinzip ermöglicht auch (mit Sondergeräten) interferentielle Untersuchungen in Bohrungen und von durchsichtigen Objekten (im Durchlicht): *Oberflächenprüfgerät Mig 50* (Askaniawerke).

Großes *Universal-Interferometer Iŋ 140* der Askaniawerke, hauptsächlich für makrogeometrische Formprüfungen; mit Zusatzeinrichtungen für mikrogeometrische Untersuchungen ausgestattet.

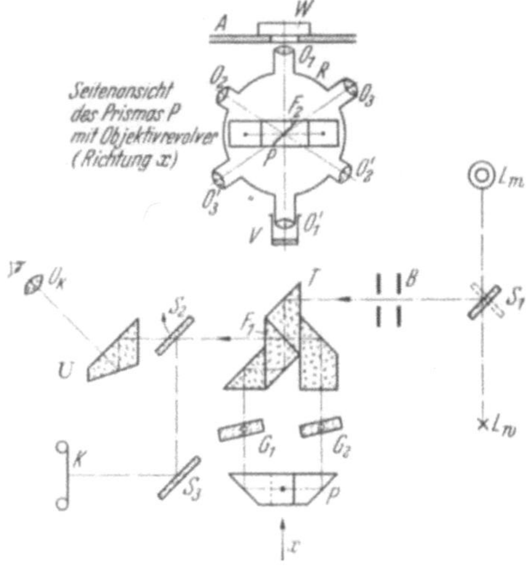

Abb. 28–13. Strahlengang beim Interferenzmikroskop von Zeiss, Oberkochen (vereinfachtes Schema). Von der Thalliumlampe L_t (monochromatisches Licht) oder der Lichtquelle L_s (weiße- Licht) gelangen die Lichtstrahlen über Spiegel S_1 und Blenden B zum Prismensatz T, wo sie an der Teilungsfläche I in zwei kohärente Lichtbundel zerlegt werden. Diese gelangen über die Planglasplatten G_1 bzw. G_2 zum Umlenkprisma P und dessen Trennfläche F_2. Die über G_1 laufenden Lichtstrahlen treffen über Objektiv O auf das Werkstück W, das auf dem Auflagetisch A ruht, die über G_2 laufenden Lichtstrahlen fallen über das (mit O optisch identische) Objektiv O' auf die Vergleichsfläche V. Die reflektierten Strahlen gelangen auf gleichem Wege nach F_1 zurück, wo sie sich wieder vereinigen und interferieren. Subjektive Beobachtung über Umlenkprisma U und Okular O_k oder photographische Aufnahme über Spiegel S_2 und S_3 mit Kamera K.

Interferenzmikroskop (Zeiss, Oberkochen), Abb. 28–13, das mit Interferenzen gleicher Neigung arbeitet. Beobachtung oder Lichtbildaufnahme wahlweise mit weißem oder monochromatischem (Thallium-) Licht. Einstellung der Streifenrichtung durch gleichsinnige, der Streifenbreite durch gegenlaufige Drehung der Planglasplatten G_1 und G_2 (Einknopfbedienung). Bei 8fachem (austauschbarem) Okular ist bei subjektiver Beobachtung eine 80-, 200- und 480fache Vergrößerung einstellbar. Die Sehfelder am Objekt betragen hierbei 2, 0,8 und 0,3 mm. Abbildungsmaßstab der Lichtbilder an der Kamera 13-, 33- und 80fach. Die auf die Objektive für den Vergleichsstrahlengang aufsteckbaren Spiegel sind austauschbar, daher Kontrastverbesserung durch Anpassung an das Reflexionsvermogen des Prufstuckes möglich. Der in der Waagerechten verstellbare und in seiner Neigung justierbare Kreuztisch zur Auflage des Objektes liegt oberhalb des Objektivrevolvers (Le Chatelierprinzip), daher keine Begrenzung der Prufstuckgröße. Hilfseinrichtungen zur Untersuchung kleiner und besonders geformter Prüfstücke.

Interferenzmikroskop (Carl Zeiss, Jena), Abb. 28–14, ist nach ahnlichen optischen Gesichtspunkten wie das vorangehende Gerat, aber in außerlich anderer Form aufgebaut.

Interferopak nach Kohaut (Hahn & Kolb, Stuttgart) ist ein Zusatzgerat fur bereits vorhandene Mikroskope

b) Französisches. *Rugomètre* (Précision Mécanique, Paris) mit nur einem Objektiv, sehr einfacher Aufbau Betriebserfahrungen fehlen.

Schwedisches: *Multimi* (C. E. Johansson, Eskilstuna) arbeitet mit Vielstrahlinterferenzen, liefert daher besonders scharfe Streifen. Betriebserfahrungen fehlen.

Abb. 28–14. Ansicht des Interferenzmikroskopes von Zeiss, Jena.

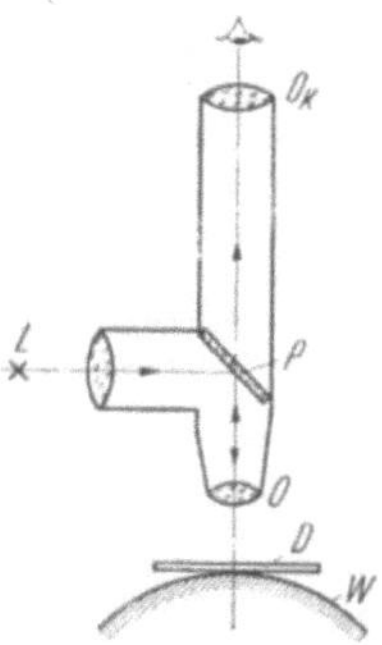

Abb 28–15 Interferenzverfahren nach Ruhle. Auf dem Prufstuck W liegt ein halbdurchlassig verspiegeltes Deckglas D (Spiegelschicht nach unten). Von der (moglichst monochromatischen) Lichtquelle L gelangen die Lichtstrahlen uber die halbdurchlassig verspiegelte Planglasplatte P zum Objektiv O. Jeder Lichtstrahl wird zum Teil an der Spiegelschicht des Deckglases, zum Teil vom Prufstuck zuruckgeworfen. Die zum Teil mehrfach hin und her reflektierten Strahlen interferieren und gelangen uber O, P und Okular O_k zum Auge des Beobachters.

c) *Verfahren nach Ruhle* mit Interferenzen gleicher Dicke. Durchfuhrung mit einfachsten Hilfsmitteln ohne kostspielige Sondergerate, Abb. 28–15. Die Intensitat der Interferenzstreifen ist vom Grade der Verspiegelung der benutzten Deckglaser abhangig. Am besten geeignet: Mikroskopdeckglaschen von 0,15 mm Dicke mit aufgedampfter Aluminiumschicht von 40% Reflexionsvermogen. Zweckmaßigster Winkel zwischen Deckglas und Prufstuck < 0,5°. (Bei ebenen Prufflachen zu erreichen, indem unter den Rand des Deckglases ein Papierstreifen geschoben und an der Prufstelle das Deckglas leicht angedruckt wird). Außen verspiegelte Bruchstucke dunner Glaskugeln sowohl fur ebene als auch hohlgewolbte Oberflachen. Beliebige monochromatische Lichtquelle (z. B. Natriumdampflampe) oder notfalls weißes Licht mit geeigneten Filtern. 150- bis 250fach vergroserndes Auflichtmikroskop ausreichend.

282.13 Traganteilmeßgeräte

Diese sind nur noch bedingt zu den topographischen Oberflachenmeßgeraten zu zahlen. Der Traganteil (vgl. Abschn. 165.2) laßt zwar eine gewisse Aussage uber die Feingestalt der Oberflache langs eines schmalen Flachenstreifens zu; er wird aber sehr stark von den Festigkeitseigenschaften des Prufstuckes und durch den Auflagedruck des Gegenstuckes beeinflußt, der deshalb nach DIN 4762 dem Werkstoff angepaßt wird.

Trifft ein Lichtstrahl von einem optisch dichteren auf einen optisch dunneren Stoff, Abb. 142–9, so tritt bei Uberschreitung des Grenzwinkels ε^* Totalreflexion ein. Diese erfolgt aber nicht genau an der Grenzflache, sondern das Licht dringt noch etwa $0,3\cdots0,4\,\mu$ in das dunnere Medium ein, ehe es zuruckgeworfen wird. Liegt ein Glas- oder Quarzprisma mit seiner Hypothenuse auf der zu prufenden Oberflache auf, so wird daher die Totalreflexion an allen jenen Stellen gestort, die das Prisma beruhren oder nicht mehr als $0,3\cdots0,4\,\mu$ entfernt sind. Diese Stellen sind annahernd mit jenen identisch, die ein aufgesetztes Gegenstuck „tragen" wurden.

Vorteile der Traganteilmeßgerate. Einfache Bauart, schnelle Handhabung.

Nachteile. Im allgemeinen nur fur zylindrische Teile brauchbar. Meßwerte können unter Umstanden mehr als $\pm$ 10% streuen. Versagen bei Rauheiten unter $0,5\,\mu$ (Vortauschung eines Traganteils von 100%). Starker Einfluß auch dunner Schmutz- und Olschichten bei Glasprismen.

Gerate: *Zeiss-Oberflachenprufer nach Mechau,* z. Zt. nicht gebaut. *Traganteilprufer nach Dreyhaupt* (Hahn & Kolb, Stuttgart). *Visoport* (Kordt & Co., Eschweiler).

282.14 Geräte für die Abbildung von Oberflächen

Vergrößerte Abbildung gibt Aufschluß uber den Oberflachencharakter nach DIN 4761, aber nicht uber Rauhtiefe oder andere Oberflachenkenngroßen.

Lichtbildaufnahme mit beliebig vergrosernden Auflichtmikroskopen im Hell- oder Dunkelfeld, auch stereophotographisch.

Mikrostereophotogramme ermoglichen durch plastische, vergroßerte Wiedergabe geometrische Auswertung. Keine praktische Bedeutung.

Elektronenoptische Wiedergabe durch Ubermikroskop. Wertvolle Aufschlusse uber die Oberflachenfeinststruktur. Nur fur Forschungszwecke.

282.2 Integrierende Vergleichsgeräte

Diese liefern gleichfalls objektive Meßwerte. Da sie auf ganz verschiedenen physikalischen Grundlagen beruhen, so ist nicht zu erwarten, daß die Gute verschiedenartig hergestellter Oberflachen von allen Geraten gleich beurteilt wird.

282.21 Geräte nach dem Kondensatorverfahren

Eine isoliert auf das Prüfstück gedrückte Elektrode bildet den einen Beleg eines Kondensators, das Prüfstück den anderen. Änderungen der Oberflächengüte bewirken Kapazitätsänderungen, die gemessen werden. Zur Zeit ist noch nicht geklärt, ob die Kapazitätsanzeige mit Sicherheit der Flächen-Glättungstiefe G_f nach DIN 4762 entspricht. Sollte dies zutreffen, so wären Kondensatorgeräte zu den topographischen Geräten zu zählen.

Vorteile. Hohe Meßgeschwindigkeit, unmittelbare Ablesung des Meßwertes, Unempfindlichkeit gegen Erschütterungen.

Nachteile. Elektrodenform muß dem Prüfstück angepaßt sein; Empfindlichkeit gegen Staub, Feuchtigkeit und Anpreßdruck.

Deutsches Gerät: *Perthometer* (Dr.-Ing. Perthen, Hannover). Bei den (wenigen) vorhandenen Geräten werden als Gegenelektrode eloxierte Aluminiumfolien benutzt. Anpreßdruck $\approx 1 \text{ kg/cm}^2$. Auch als Innenmeßgerät erhältlich.

282.22 Geräte nach dem photometrischen Vergleichsverfahren

Ein gerichtetes Lichtbündel wird um so mehr regulär reflektiert, je glatter die Prüffläche in Richtung der Reflexionsebene ist. Das Verhältnis der Lichtintensitäten des auffallenden und des zerstreut reflektierten Lichtes wird photometrisch gemessen und als Rauheitsmaß angesehen. Keine Beziehung zu den Oberflächenmaßen nach DIN 4762. Es sind noch Rauheitsunterschiede in Bereichen erkennbar, in denen andere Oberflächenmeßverfahren bereits versagen (z. B. bei Endmaßen).

Geräte: *Hell-Dunkelfeldphotometer nach Heyes und Lueg, Rauheitsmesser nach Guild.* Geräte nicht im Handel.

282.23 Pneumatische Oberflächenmeßgeräte

Durch eine Düse strömt Luft konstanten Druckes gegen die zu prüfende Oberfläche. Der Luftstau — und damit eine meßbare Druckänderung — wird um so größer, je rauher die Oberfläche ist. Das Verfahren bedarf noch einer eingehenden Prüfung und Weiterentwicklung, ehe es für den praktischen Einsatz empfohlen werden kann.

Schrifttum

Dreyhaupt, W.: Verbesserungen beim Prüfen von Oberflächen auf Traganteil. Schleif- und Poliertechn. Bd. 20 (1943) Nr. 2.

Forster, A.: Oberflächenmessung durch Profiltasten. Werkstattstechnik u. Masch.-Bau Bd. 39 (1949) Nr. 6.

Gabler, F.: Ein einfaches Inteferenzgerät zur Oberflächenprüfung. Metalloberfl. A 6 (1952) Nr. 9.

Kienzle, O., u. Heiß, A.: Die Oberflächenabtastung in zwei Richtungen. Werkstattstechnik u. Masch.-Bau Bd. 41 (1951) Nr. 3.

Kiesewetter, W.: Untersuchung verschiedener Methoden zur Bestimmung der Unebenheit (Rauhigkeiten) von Metalloberflächen. Diss. Dresden 1931.

Kohaut, A.: Messen und Prüfen technischer Oberflächen. Feinmech. u. Präz. Bd. 52 (1944) Nr. 7/12.

Krug W., u. Lau, E.: Neue Verfahren der Interferenzmikroskopie. Technik 6 (1951) Nr. 3.

Leinert, L.: Ein einfaches Interferenzgerät zum Messen hochwertiger Oberflächen. Werkst. u. Betr. Bd. 37/22 (1943) Nr. 7.

Lüscher, H.: Neuzeitliche optische und optisch-mechanische Geräte zur Oberflächenprüfung. Werkst. u. Betr. 84 (1951) Nr. 9.

Maaz, J.: Die Oberflächenprüfung nach dem Verfahren von Mechau. Werkstatttechnik Bd. 35 (1941) Nr. 13.

Naumann, H.: Über Oberflächen-Rauhigkeitsmessungen. Metall 1948 Nr. 19/20.

Perthen, J.: Prüfen, Messen der Oberflächengestalt. München: Hanser 1949.

Rántsch, K.: Optische Betrachtungen zum Lichtschnittverfahren für die Oberflächenprüfung. Werkstattstechnik Bd. 35 (1941) Nr. 18.

Rántsch, K.: Oberflächenprüfung durch Lichtinterferenz. Feinmech. u. Präz. Bd. 52 (1944) Nr. 7/12.

Rántsch, K.: Optische Verfahren der Oberflächenprüfung. Zeiss-Nachrichten 1945, 5. Folge, Nr. 6.

Rinker, W.: „Leitz-Rauhtiefenmesser" in Werkstatt und Fertigungskontrolle. Werkstattstechnik u. Masch.-Bau 42 (1952) Nr. 6.

Schlesinger, G.: Messung der Oberflächengüte. Berlin/Göttingen/Heidelberg: Springer 1951.

Schmaltz, G.: Technische Oberflächenkunde. Berlin: Springer 1936.

Tolansky, S.: Multiple beam interferometry of surfaces and films. Oxford: Clarendon Press 1948.

Tolansky, S.: Lichtprofil-Mikroskop für Oberflächenuntersuchung. Z. Elektrochem. Bd. 56 (1952), S. 263.

v. Weingraber, H.: Ein Beitrag zur Frage der Beobachtungsfehler beim Lichtschnittverfahren. Werkstattstechnik u. Masch.-Bau Bd. 39 (1949) Nr. 6.

v. Weingraber, H.: Untersuchungen am Zeiß-Lichtschnittgerät nach Schmaltz. Werkstattstechnik u. Masch.-Bau Bd. 39 (1949) Nr. 9.

Zehender, E.: Ein Interferenzverfahren zur Untersuchung rauher Oberflächen. Z. VDI 94 (1952) Nr. 14/15.

MIX
Papier aus verantwortungsvollen Quellen
Paper from responsible sources
FSC® C105338